山东科技年鉴 2020

SHANDONG SCIENCE & TECHNOLOGY YEARBOOK

山东省科学技术厅 编

科学技术文献出版社
SCIENTIFIC AND TECHNICAL DOCUMENTATION PRESS
·北京·

图书在版编目(CIP)数据

山东科技年鉴 . 2020 / 山东省科学技术厅编 . —北京：科学技术文献出版社，2020.12
ISBN 978-7-5189-7618-8

Ⅰ. ①山…　Ⅱ. ①山…　Ⅲ. ①科学研究事业—山东—2020—年鉴　Ⅳ. ① G322.752-54

中国版本图书馆 CIP 数据核字（2020）第 266755 号

ISBN 978-7-5189-7618-8

9 787518 976188 >

山东科技年鉴2020

策划编辑：周国臻　责任编辑：周国臻　责任校对：王瑞瑞　责任出版：张志平

出　版　者　科学技术文献出版社
地　　　址　北京市复兴路 15 号　邮编 100038
编　务　部　(010) 58882938，58882087 (传真)
发　行　部　(010) 58882868，58882870 (传真)
邮　购　部　(010) 58882873
官 方 网 址　www.stdp.com.cn
发　行　者　科学技术文献出版社发行　全国各地新华书店经销
印　刷　者　山东黄氏印务有限公司
版　　　次　2020 年 12 月第 1 版　2020 年 12 月第 1 次印刷
开　　　本　889 × 1194　1/16
字　　　数　1075 千
印　　　张　30　彩插 12 面
书　　　号　ISBN 978-7-5189-7618-8
定　　　价　300.00 元

《山东科技年鉴》编纂委员会

编辑说明

一、《山东科技年鉴》是由山东省科学技术厅主办、山东省科学技术情报研究院承办的地方专业年鉴，是一本逐年编纂、连续出版、公开发行的资料工具书，是山东省大型、权威的科技编年史册。

二、《山东科技年鉴（2020）》是自2004年创刊以来的第17卷，主要收录2019年度山东省各行各业科技工作的新进展和依靠科技进步促进各项工作的情况。记载起止时间为2019年1月1日—2019年12月31日，凡未明确界定时间的均指2019年。为保证内容的完整性，有些资料适当上溯或下延。

三、本卷年鉴内容分为栏目、分目、条目3个层次。共设11个栏目：特载、科技管理、行业科技进步、高新技术产业开发区科技发展、高校科技发展、科研院所科技发展、区域科技发展、科技成果和奖励、科技统计、科技大事记、附录。卷中条目后的署名为供稿单位及供稿人。

四、本卷年鉴用记叙文体和说明文体，以第三人称书写。标点符号、数字用法、计量单位和各种专业术语等均执行国家相关规定。

五、本卷年鉴的统计资料由山东省科学技术厅提供，正文中的数据由各供稿单位提供，主要数据以统计部门公布的为准。

六、本卷年鉴配备双重检索系统，在卷首提供详细目录，卷尾设有索引和英文目录。

七、《山东科技年鉴》编辑部向多年来一直支持年鉴编纂工作的供稿单位与撰稿人员表示诚挚感谢。同时恳请广大读者一如既往地支持年鉴工作，并对本卷年鉴的不足之处给予批评指正。

《山东科技年鉴》编辑部

2020年11月

4月4日，山东省科学技术奖励大会在济南召开。省委书记、省人大常委会主任刘家义出席会议并为2018年度省科学技术最高奖获得者颁奖。省委副书记、省长龚正讲话，省政协主席付志方出席，省委副书记杨东奇主持。省领导王可、关志鸥、于晓明、于杰出席。

省委书记、省人大常委会主任刘家义为山东省科学技术最高奖获得者吴立新院士颁奖。

省委副书记、省长龚正讲话。

2 月 21 日，全省科技工作暨党风廉政建设工作会议在济南召开。

3 月 1 日，省科技厅和沈阳新松机器人自动化股份有限公司合作共建山东新松人工智能研究院签约暨揭牌仪式在济南举行。副省长于杰出席，沈阳新松机器人自动化股份公司创始人、总裁曲道奎，省科技厅党组书记、厅长唐波共同签署框架协议并为“山东新松人工智能研究院”揭牌。

5月19日，郭永怀高等技术研究院暨威海市产业技术研究院在山东威海成立。

6月17日，2019山东省创新驱动发展院士恳谈会在济南举行。省委书记、省人大常委会主任刘家义出席恳谈会并发言，中国工程院院长李晓红、中国科学院副院长张涛致辞，省委副书记、省长龚正主持。

8月26日，省委书记、省人大常委会主任刘家义在威海会见了参加高层次外国专家山东行活动的专家。

9月4日，中国科学院种子创新研究院山东基地和遗传发育所中科东营分子设计育种研究中心揭牌仪式在东营市现代农业示范区举行。

10 月 7—16 日，中国（德国）研发创新联盟与山东省科学技术厅签订战略合作协议书。

11 月 10 日，山东高等技术研究院在济南成立。

山东能源重装集团通过应用激光高速分层熔射技术，在大型液压立柱表面获得耐磨蚀涂层。

12 月 10 日，2019 年度齐鲁友谊奖颁奖仪式暨外国专家建言会在济南举行。

12 月 17 日，山东省第一届科技创新战略咨询专家委员会成立大会暨第一次全体会议在济南召开，副省长于杰出席会议并为受聘委员颁发聘书，省科技厅厅长唐波主持成立大会。

目　录

特　载

科技管理

海洋科技工作

科技创新资源与能力

科技合作与交流

知识产权工作

科技人才工作

外国专家工作

政策法规与环境建设

科学技术普及

行业科技进步

农业科技

畜牧科技

水利科技

黄河科技

工业科技

电力科技

冶金科技

卫生科技

邮政科技

环保科技

安全生产科技

气象科技

防震减灾科技

高新技术产业开发区科技发展

济南高新技术产业开发区

青岛高新技术产业开发区

淄博高新技术产业开发区

枣庄高新技术产业开发区

东营高新技术产业开发区

烟台高新技术产业开发区

潍坊高新技术产业开发区

济宁高新技术产业开发区

泰安高新技术产业开发区

威海火炬高技术产业开发区

日照高新技术产业开发区

莱芜高新技术产业开发区

临沂高新技术产业开发区

德州高新技术产业开发区

聊城高新技术产业开发区

滨州高新技术产业开发区

菏泽高新技术产业开发区

青岛蓝谷高新技术产业开发区

文登高新技术产业开发区

高校科技发展

山东高校科技综述

山东大学

中国海洋大学

中国石油大学（华东）

济南大学

青岛大学

烟台大学

潍坊学院

聊城大学

临沂大学

滨州学院

济宁学院

泰山学院

青岛农业大学

青岛理工大学

鲁东大学

齐鲁工业大学（山东省科学院）

哈尔滨工业大学（威海）

德州学院

菏泽学院

科研院所科技发展

中国科学院海洋研究所

中国科学院青岛生物能源与过程研究所

中国科学院烟台海岸带研究所

中国农业科学院烟草研究所

中国水产科学研究院黄海水产研究所

山东省农业科学院

山东省中医药研究院

山东省计量科学研究院

山东省科学院生物研究所

山东省食品发酵工业研究设计院

山东省农业科学院作物研究所

山东省农业科学院农产品研究所

山东省海洋化工科学研究院

区域科技发展

济南市

青岛市

淄博市

枣庄市

东营市

烟台市

潍坊市

济宁市

泰安市

威海市

日照市

临沂市

德州市

聊城市

滨州市

菏泽市

科技成果和奖励

科技统计

科技大事记

附 录

索 引

特　载

TEZAI

重 要 讲 话

省委书记、省人大常委会主任刘家义 在2019山东省创新驱动发展院士恳谈会上的讲话

（2019年6月17日）

尊敬的晓红院长，尊敬的张涛副院长，尊敬的各位院士，同志们：

“海右此亭古，济南名士多”。今天的济南群贤毕至，名家云集，100多位院士齐聚一堂，助力山东创新驱动发展，这是山东发展史上的一次盛会。在此，我向各位院士致以崇高的敬意！刚才，晓红院长、张涛院长作了热情洋溢的讲话，八位院士从不同角度提了很好的建议。由于时间关系，还有不少院士没来得及发言，提供了书面意见建议。在此，我代表中共山东省委、山东省人民政府，代表一亿多齐鲁儿女，对两院领导和院士们莅临山东，对大家长期以来给予山东的关心支持表示衷心感谢！

山东历史厚重、人文荟萃，是中华文明的重要发祥地、儒家文化的发源地，素有“孔孟之乡、礼仪之邦”的美誉，军民水乳交融、生死与共铸就的沂蒙精神，与延安精神、井冈山精神、西柏坡精神一样，是党和国家的宝贵精神财富。新中国成立后，山东人民筚路蓝缕，艰苦创业，逐步建立起门类齐全的工业体系，成为全国重要的化工、建材、医药、装备制造生产基地。改革开放以来，山东解放思想、敢闯敢试，全方位推进改革创新，各领域扩大对外开放，综合实力显著增强，2018年经济总量超过1万亿美元，居全国第三位。作为东部沿海经济大省、人口大省、资源大省、文化大省，山东产业基础雄厚，科技实力较强，市场空间巨大，发展前景广阔，有条件有能力在全国大局中担当更大责任、实现更大作为。

各位院士，各位领导，同志们！

党的十八大以来，习近平总书记多次视察山东，发表重要讲话，要求山东“在全面建成小康社会进程中走在前列，在社会主义现代化建设新征程中走在前列，全面开创新时代现代化强省建设新局面”。我们牢记总书记嘱托，深入调研、系统谋划，形成了以习近平新时代中国特色社会主义思想为指导，以“走在前列、全面开创”为目标，以新旧动能转换、乡村振兴、海洋强省、三大攻坚战、军民融合、打造对外开放新高地、区域协调发展、重大基础设施建设八大发展战略为支撑，以全面深化改革为保障，以全面从严治党为统领的整体发展格局。在实践中，我们加快高质量发展，大力推进全国第一个新旧动能转换综合试验区建设，集中培育壮大新一代信息技术、高端装备、新能源新材料、现代海洋、医养健康、高端化工、现代高效农业、文化创意、精品旅游、现代金融等“十强”产业，2018年新动能创造的增加值已占GDP的48%，新旧动能转换已全面起势。我们强力实施乡村振兴战略，全面推进产业、人才、文化、生态、组织“五个振兴”，着力打造乡村振兴齐鲁样板。我们高标准推进海洋强省建设，充分发挥海洋资源富集优势，实施海洋强省建设十大行动，加快建设世界一流的海洋港口、完善的现代海洋产业体系、绿色可持续的海洋生态环境。我们大力推进军民融合发展，推动基础设施、人才培养、服务保障社会化等领域深度融合。我们坚决打好“三大攻坚战”，着力防范化解各种风险，实施脱贫攻坚、污染防治，取得明显成效。我们坚定打造对外开放新高地，深度融入共建“一带一路”，积极申建中国（山东）自贸区，扩大高质量招商引资招才引智，加快中国—上合组织地方经贸合作示范区建设，采取一系列措施塑造开放型经济发展新优势。我们稳步推进区域协调发展，深入实施胶东半岛一体化，加速推进鲁西南农业、生态环保建设，加快以济南为中心的城市经济圈建设。我们强化基础设施建设，完善综合交通网中长期发展规划，加快构建“四横六纵三环”现代化高速铁路网络和高速公路网络，基础设施支撑能力显著提升。随着八大发展战略的稳步实施，山东正加快步入高质量发展轨道，必将在国家整体发展战略布局中，发挥更大作用、体现更大价值！这其中，各位院士专家做出了重大贡献。

习近平总书记指出，“发展是第一要务，人才是第一资源，创新是第一动力”。当前，山东正处在爬坡过坎的

关键期、动能转换的胶着期，在国内外形势复杂严峻、经济下行压力加大的背景下，要实现习近平总书记提出的“腾笼换鸟、凤凰涅槃”的要求，实现更高质量、更有效率、更加公平、更可持续的发展，关键靠科技引领，靠人才驱动。我们持续优化科技创新体系，加快构建“政产学研金服用”创新机制，推动科技成果转移转化，高新技术企业突破 8900 家；每年财政拿出 100 亿元以上的资金用于建设大科学计划、大科学平台等，全社会研发投入占 GDP 的比重达到 2.46%。我们持续突破关键核心技术，依托 300 多家国家级创新平台、21 个国家重点实验室等创新载体，攻克了一批“卡脖子”技术，涌现出“蓝鲸 2 号”半潜式钻井平台、“蛟龙号”载人潜水器、新一代神威 E 级原型机系统等重大科技成果。我们持续引育科技创新人才，实施“海创山东”“齐鲁英才汇聚”“青年人才聚集”等专项计划，打造“齐鲁之约”“海洽会”“名校人才直通车”等引才品牌，住鲁院士已达 70 多位，比 2017 年增加 20%，今年一季度人才留存率比 2018 年四季度上升了 13.7%，全省人才回流态势加速形成。齐鲁大地焕发出科技发展的勃勃生机，迸发出创新创造的巨大活力。

各位院士，各位领导，同志们！

孟子曾说：“人之相识，贵在相知；人之相知，贵在知心。”两院院士是国家的财富、人民的骄傲、民族的光荣，是山东创新发展最为倚重的力量。热情好客、开放包容的山东人民真诚希望各位院士一如既往关心支持山东，把目光聚焦在山东，把力量投放在山东，把成果转化在山东，为山东创新发展贡献智慧。

我们全力搭建创新平台。着力提升青岛海洋科学与技术试点国家实验室建设水平，强力推进中科院海洋大科学研究中心、国家高速列车技术创新中心、国家健康数据北方中心、国际医学科学中心等建设，加快推进山东产业技术研究院、高等技术研究院、能源研究院，着力加快山东大学、康复大学等高等院校建设，为院士及团队施展才华提供广阔舞台。

我们全力创新支持政策。赋予院士在科研成果转化、经费使用、收益分配、工作生活环境等方面更多自主权。对在科研一线创新、建设重大科研设施、大科学装置的院士及团队，最大努力给予资金支持。对柔性合作的院士及团队，在政策支持上实行一事一议、一人一策。对海外院士、中生代新生代专家，以更加积极、更加有效的政策，欢迎到山东创新创业。对创办科技型企业、实施成果转移转化的院士及团队，省新旧动能转换基金将给予优先支持。

我们全力优化创新环境。继续深化“放管服”改革，加速实施“一次办好”，全面推进审批服务便民化。我们正在研究并将很快颁布《山东省人才发展条例》，为院士及团队创新创造提供法治保障。完善山东省科学技术最高奖、齐鲁杰出人才奖、齐鲁友谊奖、山东省国际科技合作奖等制度，对贡献突出的院士及团队给予表彰奖励。

我们全力提升服务保障。把服务院士及团队作为各级各部门“一把手工程”，建立领导干部与院士及团队联系服务“直通车”。成立山东省院士专家联合会，设立秘书处，作为永久性联络服务办事机构。支持各地建设“院士驿站”“院士之家”，对院士出行、就医、生活等开辟绿色通道，让院士在山东工作生活得更加顺心、舒心、安心。

各位院士，各位领导，同志们！

我们深深感到，山东改革发展取得的成绩，根本在于以习近平同志为核心的党中央坚强领导，在于全省人民的共同努力，在于社会各界的大力支持，海内外院士付出了辛勤汗水、作出了重要贡献，山东人民永远不会忘记！

芒夏时节，且收麦香，且种希望。今天我们在这里播下合作的种子，期待收获的季节，展望美好的前景。我们真诚希望各位院士与山东人民一道，共同创业发展，共享山东机遇，共创科技辉煌，谱写新时代山东发展新篇章！

最后，衷心祝愿首届院士恳谈会取得圆满成功，真诚提议将院士恳谈会机制化、制度化。祝愿各位院士身体健康、工作顺利，携你们的家人常来山东，常住山东！

谢谢大家！

省委副书记、省长龚正
在全省科学技术奖励大会上的讲话

（2019 年 4 月 4 日）

今天，我们隆重召开全省科学技术奖励大会，表彰为我省科技事业和现代化建设作出突出贡献的科技工作者。刚才，省委书记刘家义同志为获得省科学技术最高奖的吴立新院士颁发了奖励证书；与会领导同志为获奖代表颁了奖。在此，我代表省委、省政府，向全体获奖人员表示热烈祝贺！向全省科技工作者致以诚挚问候！

2018 年，是我省发展史上极不平凡的具有里程碑意义的一年。习近平总书记对山东工作两次发表重要讲话，多次作出重要批示指示，为新时代山东发展，包括科技创新，把舵定向、擘画蓝图，全省上下备受振奋和鼓舞。一年来，我们牢记总书记嘱托，聚焦整体发展格局，抓贯彻、抓执行、抓落实、抓见效，新旧动能转换全面起势，新时代现代化强省建设迈出坚实步伐。这当中，科技战线奋勇争先、捷报频传，较好发挥了支撑引领作用。主要表现在“三个新突破”：一是原始创新取得新突破。一年来，我省获国家科学技术奖 25 项，首次实现国家自然科学奖、技术发明奖、科技进步奖和国际合作奖全覆盖。青岛海洋科学与技术试点国家实验室科研实力，跻身世界海洋领域前五强。二是创新成果取得新突破。一年来，我省科技工作成绩喜人，今天表彰奖励的 206 项优秀科技成果中，有的攻克了关键核心技术，有的破解了发展瓶颈，有的产生了显著的经济社会效益。比如，“重型商用车动力总成关键技术及应用”“大洋能量传递过程、机制及其气候效应”“高性能传感器及其集成式传感器关键技术研发及产业化”等重大科研成果，均处于领先水平，代表了我们山东的科技实力。三是创新发展取得新突破。一年来，我省新增高新技术企业 2612 家，数量创历史新高，总数达到 8912 家，提前实现“十三五”规划目标；高新技术产业产值占规模以上工业产值比重达到 36.92%，同比提高 1.96 个百分点。以上这样的新突破，还有很多，见证了科技战线的骄人成绩，为全省加快新旧动能转换、推动经济高质量发展，提供了强力支撑、作出了突出贡献。

习总书记反复强调“三个第一”，发展第一要务、人才第一资源、创新第一动力，要求把创新摆在发展全局的核心位置。这一重要论述，把握大势、顺应潮流、契合实际，为我们指明了迈向高端的康庄大道，也赋予科技创新、广大科技工作者前所未有的历史重任。一看发展大势，我国正转向高质量发展，这个阶段不同于以往的高速增长，其逻辑是：发展靠创新、创新靠人才，谁牵住了科技创新这个牛鼻子，谁走好了科技创新这步先手棋，谁就能抢占先机、赢得优势。历史车轮滚滚向前，广大科技工作者已站在前沿一线，成为支撑发展的“顶梁柱”。二看科技潮流，全球新一轮科技革命和产业变革加速演进，颠覆性技术不断涌现，我们赶超国际，实现从跟跑、并跑到领跑的转变，既面临难得机遇，也面临压力和挑战，广大科技工作者重任在肩，“士不可以不弘毅，任重而道远”。三看机遇舞台，山东新旧动能转换纵深推进，新技术、新产业、新业态、新模式破土而出、茁壮成长、快速发展，迫切需要广大科技工作者勇当先锋、添薪助燃，将数字化、智能化的星星之火，引爆为动能转换的燎原之势，这也为广大科技工作者，提供了大显身手的历史机遇，提供了施展才华的广阔舞台。这“三个看”，标定了科技创新事业的定位和使命。希望全省各级各部门和广大科技工作者，认清使命、勇于担当，拥抱机遇、奋力攻坚，用智慧和汗水，齐心协力办好“三件事”，书写新时代山东科技发展的辉煌篇章。

第一件事，要大力攻克关键核心技术，跑出动能转换“加速度”。习总书记强调，关键核心技术是要不来、买不来、讨不来的，要在关键领域、卡脖子的地方下大功夫，集合精锐力量，作出战略性安排，尽早取得突破。习总书记这段重要论述要求我们：必须坚定不移走自主创新之路，实现关键核心技术自主可控，把竞争和发展的主动权牢牢掌握在自己手中。我省新旧动能转换重大工程，中心任务是，发展新技术、新产业、新业态、新模式，培育壮大“5+5”十强现代优势产业集群，促进产业智慧化、智慧产业化、跨界融合化、品牌高端化，这当中，关键支撑就是自主创新。前段时间，省委、省政府组织新旧动能转换项目落地现场观摩，我们高兴地看到，一些企业自主研发技术、自主设计生产线、自主培育高端品牌，有的是传统产业“老树发新芽”，有的是新兴产业“平地起惊雷”，腾笼换鸟、凤凰涅槃，展现出自主创新的蓬勃活力、巨大潜能。从今年开始，省级财政每年安排不少于 100 亿元，集中支持自主创新，重点实施“四大计划”：一是实施大科学计划和大科学工程。聚焦“十强”产业集群，在每个产业领域，梳理 3 ～ 5 个技术链条，每个产业选择 1 ～ 2 个关键共性技术、前沿引领技术、现代工程技术，开展重大课题攻关，力争实现前瞻性基础研究、引领性原创成果的重大突破。大力推进“现代优势产业集群 + 人工智能”，建设人工智能产业生态链，加快为高质量发展赋能。二是实施大科学平台建设计划。“十强”产业的每一大产业，要力争实现基础研究、应用研究和产业化领域国家级创新平台全覆盖。支持青岛海洋科学与技术国家实验室正式入列，巩固发展海洋科技领先优势。三是实施大科学中心建设计划。对标全球主要科学中心，发挥济南、青岛、烟台三核引领作用，分别建设国家量子大科学中心、海洋大科学研究中心、新材料与高端装备制造业大科学中心。同时，支持各地立足科技和产业优势，建设特色大科学中心，打造区域创新高地。四是实施大科学装置建设计划。积极争取大科学装置落户山东，支持大科学装置建设，着力打造海洋领域大科学装置聚集区，厚植基础研究根基。这“四大计划”，目标就是攻克一批标志性、颠覆性技术，打造动能转换“强引擎”。这个过程中，我们要树立全球视野，全方位加强国际科技合作，建设离岸创新中心、海外人才工作站，聚四海之智、借八方之力，实现更高层次的自主创新。

第二件事，要大力培育融合创新生态，激活创新创业创造“一池春水”。习总书记指出，要营造有利于创新创业创造的良好发展环境，特别是要为中小企业、年轻人发展提供有利条件，为高技术企业成长建立加速机制。这一重要论述，给了我们推动创新的一把“金钥匙”，就是要从环境入手、从体制突破，向改革要动力，向开放要活力，释放全社会创新创业创造潜能。我们山东是教育、科技、经济大省，在校大学生、创新平台、市场主体、开发园区，总量均居全国前列，创新要素富集，但资源分散、各自为战，还没有形成有效合力、没有转化为强大创造力。去年，全省科技奖励大会上，我们对打造“政产学研金服用”创新创业共同体，进行了部署，目的就是握指成拳，形成创新创业创造的强大爆发力。经过一年的调研、谋划，这个构想，已转化为路线图、时间表、任务书，就是以山东产业技术研究院为示范样板，五年培育 30 个省级创新创业共同体，带动各地建设一批不同主体、不同模式、不同路径、不同方向的创新创业共同体，形成“1+30+N”的创新体系。现在我们要做的，就是把路线图变为施工图，把时间表变为计程表，早见成果、多见成效。要把握好“三个关键”：一是体制创新。要坚持问题导向，解放思想、勇闯新路，鼓励多元主体参与，探索建立事业单位 + 公司制、理事会制、会员制等多种新型运行机制。比如，山东产业技术研究院，实行“四不像”体制，不完全像大学、不完全像科研院所、不完全像企业、不完全像事业单位，无主管部门、无行政级别，企业化管理、市场化运营。宗旨就一句话：怎么有利于创新，就怎么办。二是要素融合。按照省委部署，聚合“七大要素”，就像“北斗七星”，政府主导创环境、企业主体强创新、各类人才激活力、科技研发出成果、金融配套强保障、中介服务提效率、成果转化增效益，形成创新生态圈，实现产业链、创新链、人才链、资金链的融通发展、互促共济。三是成果导向。突出企业创新主体地位，促进成果转移转化，源源不断培育一批又一批科技型、创新型、领跑型企业。今年，全省高新技术企业要力争突破 1 万家。

第三件事，要大力构筑人才高地，聚天下英才而用之。习总书记指出：“世上一切事物中人是最可宝贵的，一切创新成果都是人做出来的。硬实力、软实力，归根到底要靠人才实力”。习总书记这段话，寓意深刻。我省是人口大省，户籍人口、常住人口“双过亿”，但还不是人才强省、创新强省，要按照习总书记要求，统筹人口、人力、人才，精心做好人才集聚、服务、激励三篇文章。一是精心做好人才集聚的文章。全面落实人才新政 20 条，实施好泰山系列人才工程，大力招才引智，探索终身学习支持政策，努力引进、培养、集聚“高精尖缺”人才。“四新经济”往往是年轻人干起来的，年轻人在哪里，发展活力、创新活力就在哪里，一定要注意培养、留住、引进青年科技人才。要继续举办好青年企业家创新发展国际峰会，实施好青年科技人才竞争力提升计划，为青年人成长创造条件、搭建舞台。二是精心做好人才服务的文章。全面落实好“五句话”的服务理念，就是：换位思考、主动服务、有求必应、无事不扰、结果评价，提供精准化、个性化、能解决问题的“店小二”“保姆式”服务。比如，实施更加方便简约的科研管理办法，赋予科研院所和高校更大科研自主权，赋予创新团队和领军人才更大的人财物支配权，以及技术路线决策权。比如，要减除繁苛，大幅度减少上报的表格材料，让科研人员少一些羁绊束缚和杂事干扰，多一些时间自由探索。三是精心做好人才激励的文章。全面落实以增加知识价值为导向的分配政策，完善科技成果转化收入分配机制。今年，我们省对获得国家科技奖的项目团队实施配套奖励，对一等奖、二等奖的项目团队，分别配套奖励 500 万元、100 万元。同时，大幅提高省科技奖奖金标准，最高奖由 100 万元提高到 300 万元，并全部归个人支配。通过这些政策，就是要体现人才价值、知识价值，让作出贡献的科研人员“名利双收”，让一流人才拥有一流待遇。

同志们，时代呼唤创新，创新大有可为。我们要更加紧密团结在以习近平同志为核心的党中央周围，在中共山东省委的坚强领导下，勇当新时代泰山“挑山工”，脚踏实地、担当作为，努力攀登科技发展高峰，为新时代现代化强省建设提供坚实科技支撑，以优异成绩庆祝新中国成立 70 周年！

省科技厅厅长、党组书记唐波在2019年全省科技工作暨党风廉政建设工作会议上的报告

（2019年2月21日）

这次全省科技工作暨党风廉政建设工作会议，是经省政府领导同意召开的。主要任务是，以习近平新时代中国特色社会主义思想为指导，全面贯彻党的十九大及十九届二中、三中全会精神，深入落实省委省政府“工作落实年”决策部署，传达学习习近平总书记对科技工作的重要指示精神，传达学习十九届中央纪委三次全会、省纪委十一届四次全会精神和全国科技工作会议精神，总结2018年工作，部署2019年任务，动员全省科技系统振奋精神，担当作为，奋力赶超，加快推动科技大省向科技强省迈进。

一、2018年全省科技工作回顾

2018年，在省委、省政府正确领导下，全省科技系统以习近平新时代中国特色社会主义思想和党的十九大精神为指导，深入贯彻习近平总书记视察山东重要讲话、重要指示批示精神，牢牢把握走在前列的目标定位，全面落实高质量发展要求，加快实施创新驱动发展战略，推动综合科技创新能力稳步提升，实现了基本建成创新型省份的目标，为全省新旧动能转换提供了有力科技支撑。

这一年，我们着力健全关键技术攻关机制。聚焦新旧动能转换“十强”产业部署创新链，在信息科学、生命科学、新能源、新材料及其交叉领域连续实施重大应用基础研究项目，在信息安全、高端装备、精准农业等16个领域持续实施重大科技创新工程，在先进制造和技术装备、航空航天等5个领域实施重点研发计划军民科技融合专项，在新一代信息技术、高端装备、新能源新材料、医养健康、现代农业等领域突破了一批制约产业发展的关键核心技术，取得了新一代神威E级原型机系统、全球计算性能和密度最高的AI服务器AGX5、高性能机器人控制系统、重型商用车动力总成关键技术、M55J高强高模碳纤维、治疗慢性乙型肝炎的1.1类新药“乐复能”、第一个治疗阿尔茨海默症的海洋新药、小麦基因编辑技术等标志性技术创新成果，为“十强”产业发展注入新动力，全省高新技术产业产值占规模以上工业产值比重达到36.92%，同比提高1.96个百分点。

我们着力打造特色科技创新中心。聚焦全省重点区域发展战略布局建设重大科技创新载体，一方面，加快打造具有国际影响力的海洋科技创新中心。省政府为青岛海洋科学与技术试点国家实验室安排8亿元年度科技经费，推动试点国家实验室科研实力跻身世界海洋科研领域前五强，加快走近海洋科技国际舞台中央，习近平总书记亲临视察并给予充分肯定。同时，省政府与中科院启动中科院海洋大科学研究中心共建工作，与试点国家实验室共同成为海洋强省建设的核心支撑。另一方面，加快打造现代农业科技创新中心。与中科院共建黄河三角洲现代农业技术创新中心，与中国农科院等加快建设黄河三角洲现代农业研究院等创新平台，支持黄河三角洲农业高新技术产业示范区打造全国领先的现代农业科技创新中心。特色科技创新中心的建设，也推动了海洋、农业领域科技工作持续走在前列。

我们着力培育企业技术创新主体地位。把握企业成长规律，组织实施科技型中小微企业创新竞技行动计划、高新技术企业培育行动计划和企业科技特派员“千人服务千企”三年行动计划等系列措施，构建从科技型中小微企业到高新技术企业、科技小巨人企业和瞪羚企业、科技领军企业梯次发展的培育体系。全省高新技术企业新增2612家，数量创历史新高，总数达到8912家，提前实现“十三五”规划目标。在这一过程中，更加重视普惠性科技政策的落实，2088家企业享受省市企业研发投入后补助资金8.7亿元，享受研发费用税前加计扣除政策企业数同比增长113.7%，研发费用税前加计扣除总额同比增长56.2%，高新技术企业税收优惠减免税额同比增长27.1%，有力地激发了企业研发积极性。

我们着力强化科技人才队伍建设。按照高质量招商引资、招才引智要求，加快高水平科技人才培养引进。在省人才工作领导小组带领下，深入实施泰山学者、泰山产业领军人才工程，遴选科研院所领域泰山学者青年专家23人，泰山产业领军人才高效生态农业创新类、战略性新兴产业创新类、科技创业类108人。“外专双百计划”等重大引才工程稳步推进，全年引进到我省工作的外国人才达4万多人次。全面实施外国人来华工作许可制度和

外国人才签证制度，全年共办理外国人来华工作许可证 14919 件。创新出国培训管理，组织 1414 名中青年人才和企业家赴发达国家培训。相继举办了首届“创业齐鲁·共赢未来”高层次人才大赛、中国山东第十届海内外高端人才交流会、首届海外创新创业大赛等活动，为海内外各类高端人才提供创新创业平台。

我们着力推进科技领域制度创新。在新型研发机构建设方面，提请省政府常务会议审议通过《关于打造“政产学研金服用”创新创业共同体的实施意见》，在济南市布局建设山东产业技术研究院，在全省培育创新创业共同体，促进“政产学研金服用”融合创新。在人才体制机制方面，以省委、省政府名义印发《关于加强新形势下引进外国人才工作的实施意见》，在全国率先出台离岸创新人才引进使用支持办法，以省委办公厅省政府办公厅名义印发《关于加快实行以增加知识价值为导向分配政策的实施意见》，在人才引进和人才激励方面做出积极探索。在科技奖励制度改革方面，省深改领导小组会议审议通过《山东省深化科技奖励制度改革方案》，为高水平科技成果涌现创造条件。2018 年我省获得国家科技奖励数量、质量和覆盖面再上新台阶，25 个项目获得国家科技奖励，其中第一完成单位获奖数量达到 12 项、自然科学奖 3 项、国家科技进步奖一等奖 1 项。

我们着力推进全面从严治党。厅党组坚定落实全面从严治党要求，严明党的政治纪律和政治规矩，引导党员干部旗帜鲜明讲政治，有力推动了习近平总书记关于山东工作重要指示批示要求在全省科技系统落地落实，推动了科技精准扶贫、中央环保督查整改、机构改革等重点工作高质高效完成，在重大任务攻坚中坚定落实“两个维护”。持之以恒正风肃纪，认真贯彻中央八项规定及其实施细则精神和省委实施办法，深入开展“大学习、大调研、大改进”，用深化改革、制度建设加快构建党风廉政建设长效机制。这些工作，都为 2018 年工作顺利推进提供了有力保证。

这些成绩的取得，是习近平新时代中国特色社会主义思想在全省科技系统落地生根的结果，是省委、省政府科学决策、正确领导的结果，是全省广大科技工作者和科技系统干部职工无私奉献、奋力拼搏的结果，也是各级党委、政府高度重视和有力推动的结果。在此，我代表省科技厅党组，向给予全省科技工作无私支持的各级各部门，向全省广大科技工作者和科技系统干部职工表示崇高的敬意和衷心的感谢！

二、当前的新形势新任务新要求

习近平总书记指出，当前中国处于近代以来最好的发展时期，世界处于百年未有之大变局，两者同步交织、相互激荡。在这一大背景下，全省科技工作面临的形势发生重大变化，必须深入分析、准确把握。一是正确理解和把握新一轮科技革命和产业变革带来的新机遇。当前，全球新一轮科技革命和产业变革加速演进，以智能、绿色、泛在为特征的群体性技术革命将引发国际产业分工重大调整，颠覆性技术不断涌现，正在重塑世界竞争格局、改变国家力量对比。我省正处于结构的深度调整期、瓶颈的突破期、动能转换的胶着期，与全球新一轮科技革命和产业变革形成历史性交汇融合，为我省加快非对称赶超提供了重大机遇。二是正确理解和把握中美贸易摩擦形成的新影响。此次中美贸易摩擦，充分暴露出我国在原始创新、科技人才、知识产权等方面的不足，对提升关键领域自主创新能力提出了新的更高更迫切要求，我们既要坚定实施科技创新国际化战略，坚定向美国等科技发达国家学习，也要始终不渝地坚持自主创新，尽快实现从跟跑、并跑到领跑的转变。三是正确理解和把握中央对科技部门定位调整发生的新变化。党中央国务院将科技部门划分到经济建设领域，凸显了科技作为推动高质量发展的重要支撑作用，将更加深入融入国民经济发展的主战场，科技部门职能相应发生深刻变化。这就要求我们必须科学把握新时代经济发展规律和特征，主动融入、深度融入经济发展主战场。四是正确理解和把握加快推动高质量发展产生的新需求。今年，省委、省政府将省级财政科技资金提高到 100 亿元，对科技工作的重视程度前所未有，充分体现了省委、省政府对科技工作的殷切期望。虽然我省科技工作取得长足进步，但我省区域创新能力多年徘徊在第 6 名，与经济大省地位极不相称；存在关键核心技术创新动力不足、科技供给不能满足新旧动能转换需求、科技人才队伍大而不强、制度创新供给质量不足等问题，在一定程度上制约了高质量发展。要立足全省八大战略布局的科技需求，抬高标杆，采取非常规措施，在重要工作上加快非对称赶超，培育与经济大省地位相称的区域创新能力，为经济社会发展提供重要支撑。五是正确理解和把握机构改革后对科技（外专）部门提出的新要求。各级科技管理部门相继重新组建，其职能和组成相应进行调整，为加快推动政府职能从研发管理向创新服务转变，最大限度解放和激发科技作为第一生产力、人才作为第一资源所蕴藏的巨大潜能创造了重要条件。要深入贯彻习近平总书记提出的“政府科技管理部门要抓战略、抓规划、抓政策、抓服务”的要求，把改革机构设置、优化职能配置、转变管理方式有机结合起来，真正将科技系统建设成为全省经济社会发展的中坚力量。

面对省委、省政府战略部署，面对科技工作面临的形势，必须深入贯彻落实全省“担当作为、狠抓落实”工作动员大会精神，集成全省科技系统力量，深入开展“进位赶超”创新行动计划，力争利用 3 ~ 5 年时间，推动主要科技创新指标走在全国前列，区域创新能力实现“进五争四”，加快由科技大省向科技强省迈进。做好 2019 年全省科技工作，总体要求是，坚持以习近平新时代中国特色社会主义思想为指引，深入贯彻习近平总书记视察山东重要讲话、对山东工作重要批示指示精神，坚定落实省委、省政府和科技部战略部署，牢牢把握走在前列的目标定位，坚持稳中求进工作总基调，坚持新发展理念，坚持高质量发展要求，以供给侧结构性改革为主线，聚焦聚力全省八大战略布局，抢抓新一轮世界科技革命与产业变革同我省加快新旧动能转换、实现高质量发展形成历史性交汇融合的重大机遇，大力实施创新驱动发展战略，全面提高自主创新能力，加快建设更高水平创新型省份，为新时代现代化强省建设提供科技支撑，以优异成绩庆祝中华人民共和国成立 70 周年。

2019 年的主要目标是：自主创新能力稳步提升，创新型省份建设达到更高水平。科技创新体系建设系统推进，基础研究、应用研究和产业化融通发展机制更加健全，建成一批省级创新创业共同体，区域性科技创新中心和大科学中心加快形成，力争实现国家高新区 16 市全覆盖。创新创业生态更加优化，取得一批具有重要影响的制度创新成果，“政产学研金服用”各要素加速流动、融合发展，人才创新动力进一步释放，科技管理部门创新服务职能明显强化，创新政策和科技成果落地更加畅通。科技创新供给质量显著提升，取得一批标志性的颠覆性关键核心技术成果，高新技术企业突破 10000 家，高新技术产业产值占规模以上工业产值比重提高一个百分点以上，年登记技术合同成交额超过 900 亿元。

实现上述目标要求，必须明确做好科技工作需要长期坚持的工作原则。要坚持党对科技工作的全面领导，自觉服从和服务于党的新时代中心工作，以习近平新时代中国特色社会主义思想指导科技工作。坚持把支撑全省八大战略布局作为重大牵引，突出发挥好省级大科学计划、大科学平台、大科学中心、大科学装置规划牵引作用，更加广泛地聚集和利用高端科技资源，加快提高自主创新能力，以高质量科技供给支撑引领高质量发展。坚持把融通发展作为重要方式，推动产业链、创新链和人才链融通发展，推动基础研究、应用研究和产业化融通发展，推动高等院校、科研院所和企业融通创新，推动自主创新与开放创新融合发展，推动与地方政府、省直部门单位和产业行业融合发展。坚持把制度创新作为重要动力，推动科技创新与制度创新双轮驱动，发挥市场在科技资源配置中的决定性作用，突出企业技术创新主体地位，强化人才是引领发展的战略资源作用，最大限度激发各类创新主体活力。坚持把服务民生作为重要导向，加快科技成果转移转化步伐，深入开展科技精准扶贫，以更多更好的科技创新满足人民日益增长的美好生活需要。

三、2019 年重点工作

按照“进位赶超”创新行动计划部署，今年重点组织实施好“四三二一”工程（实施大科学计划、大科学平台、大科学中心、大科学装置四个计划，构筑科技领域制度创新、对外开放创新、人才创新创业三个高地，健全科技创新治理、创新政策落实两个体系，打造科技园区创新示范），突出抓好重点任务落实，推动重要科技工作实现新突破。

（一）实施“四个计划”，打造高质量发展的科技创新引擎。聚焦全省八大战略布局，实施省级大科学计划、大科学平台、大科学中心、大科学装置规划，推动基础研究、应用研究和产业化融通发展，加快关键核心技术自主创新，积极构建高质量现代产业技术体系，支撑制造业高质量发展。

第一，实施大科学计划和大科学工程。围绕新旧动能转换“十强”产业发展，加快构建关键核心技术攻坚体制，重点在每个产业领域梳理 3 ～ 5 个技术链条，每个产业选择 1 ～ 2 个关键共性技术、前沿引领技术、现代工程技术开展重大课题攻关。落实山东省大科学计划和大科学工程规划，联合中科院等国家力量，在人工智能、生命科学、能源技术等领域实施 30 项左右省级大科学计划和大科学工程，推动成为各领域技术创新的“领跑者”。在信息科学、生命科学、新能源、新材料及其交叉领域组织实施 50 项以上重大应用基础研究项目，在新一代信息技术、高端装备、新能源、新材料、现代海洋等领域组织实施 300 项左右重大科技创新工程项目，探索科技军民深度融合的项目实施新机制，大力推进“现代优势产业集群 + 人工智能”，力争取得若干颠覆性技术创新成果，为经济高质量发展提供新动能。依托现代农业、新能源、新材料等领域技术创新优势，积极推动“透明海洋”“蓝色药库”“盐碱地综合利用”“盐碱地种业自主创新”等计划纳入国家重大科技计划专项，牵头或参与实施国家科技计划项目 100 项以上，在更多技术领域实现“领跑”。

第二，实施大科学平台建设计划。全面推进新旧动能转换“十强”产业重大创新平台建设，力争在每个产业实现基础研究、应用研究和产业化领域国家级创新平台全覆盖。完善基础研究平台布局，争取省委、省政府出台支持青岛海洋科学与技术国家实验室建设的意见，加大国家实验室建设支持力度，力争尽快进入中央认可的国家实验室序列；积极谋划在优势领域创建国家实验室和国家重点实验室，推动国家战略科技力量向我省集聚；在优势重点领域谋划组建山东省实验室，启动基础科学研究中心建设，支持山东高等技术研究院建设。系统推进技术创新与成果转化类平台建设，调动地方政府、行业部门和高校、院所、企业积极性，争取建成黄河三角洲现代农业技术创新中心等 1 ～ 2 家国家技术创新中心，实现国家临床医学研究中心建设零的突破，与中科院启动山东能源研究院共建工作，提升对产业创新发展的支撑能力。深化与清华大学、北京大学等“双一流”高校，以及国内领军企业的多方位对接合作，吸引支持在我省设立专门研究院。

第三，实施大科学中心建设计划。发挥济南、青岛、烟台三核引领作用，强化与中科院、中国工程院等国家战略科技力量合作，吸引海洋、农业、能源、材料、装备等领域科研基础设施、优势科技创新团队、先进技术成果等落地，加快区域大科学中心建设。在济南，加快建设国家量子信息技术实验室济南基地，争创国家量子大科学中心，支持济南建设齐鲁科创大走廊。在青岛，与中科院实质性推进海洋大科学研究中心等建设，积极推进海洋试点国家实验室、深海基地等国字号海洋平台建设，打造国际国内一流的创新平台、人才高地和产业培育基地。在烟台，支持建设中科院（山东）绿色制造产业技术研究院，扶持明石创新产业技术研究院引进建设，依托中科院先进制造相关研究院及高校院所资源，加快建设新材料与高端装备制造业大科学中心，支撑服务全省新材料和高端装备制造业高质量发展。同时，支持各地立足科技和产业优势建设特色大科学中心，打造区域高质量发展的引擎。

第四，实施大科学装置建设计划。制定出台支持大科学装置落户我省的政策措施，积极协调发改委、科技部、自然资源部等国家部委，加大重大科学装置争取和建设力度，开展好“观澜号”海洋科学卫星建设预研工作，完善科学考察船队共享平台，着力打造海洋领域大科学装置聚集区，厚植基础研究的根基。

（二）构筑“三个高地”，探索创新驱动发展齐鲁样板。用好改革开放“关键一招”，积极构筑科技领域制度创新高地、对外开放创新高地，释放各类创新主体活力，加快形成人才创新创业高地，为全国实施创新驱动发展战略探索山东方案。

第一，构筑制度创新高地。谋划和推进一批制度创新项目，力争推出一批具有重要社会影响力的制度创新成果，激发科技创新内生动力，为实施创新驱动发展战略提供制度保障。在服务产业发展方面，围绕“聚焦现代产业发展，健全科技创新市场导向制度”，加大政策创新力度，尽快以省委、省政府名义出台制度创新举措。在创新载体方面，力争尽快出台《关于打造“政产学研金服用”创新创业共同体的实施意见》，实施创新创业共同体建设五年培育计划，加快山东产业技术研究院建设，带动培育一批不同主体、不同模式、不同路径、不同方向的创新创业共同体，在新型运行机制、人才激励机制、资金支持机制、创新评价机制等方面开展创新，促进“政产学研金服用”创新要素融合发展。加强新型研发机构顶层设计和管理创新，支持各类创新主体建设开放式、高水平新型研发机构。在科技人才方面，落实以增加知识价值为导向的分配政策，完善科技成果转化收入分配机制，建立一流人才一流待遇激励机制，激发科技人才创新创业积极性。发挥高端人才引领作用，开展好基础研究团队、青年科技人才团队等遴选培育工作，强化科技人才团队建设，在技术路线选择、经费使用、收益分配等方面，赋予科研机构和高端人才更多自主权。探索建设国际人才试验区，推进政策体制机制先行先试，让各类科技人才安心创新创业。在科技成果转化方面，积极探索科技成果转化和产业化机制，加快推进济青烟国家科技成果转化示范区建设，在科技成果转移转化主体、服务平台载体、人才队伍和金融支撑体系建设方面开展体制机制创新和政策先行先试，畅通科技成果转化通道。

第二，构筑对外开放创新高地。实施科技创新国际化战略，重点把握好三个结合。在合作国别上，做好创新大国与关键小国的结合。准确把握中美经贸摩擦对我省科技对外交流合作带来的影响，立足新旧动能转换重大科技需求，以世界主要创新型国家和“一带一路”沿线国家为主，着力开展高层次、多形式、宽领域的科技合作。在巩固与美国、独联体国家等合作基础上，力争在对日韩、欧洲科技合作方面实现突破。在合作内容上，做好技术引进和人才引进的结合。改变过去更多注重技术合作的做法，重点围绕人工智能、5G、生物医药等领域，按照“人才＋关键技术”一体化原则深入推进合作，探索形成国际科技合作的新模式、新路径、新机制。在合作方式上，做好政府引导与企业主体的结合。政府部门主要从策划举办国际科技合作论坛、国际技术转移大会、专题技术对接洽谈会，以及培育国际科技创新合作基地等方式，为企业开展科技合作搭建平台；突出企业主体地位，支持企业在海外通过自建、并购、合作共建等方式建立研发中心或科技企业孵化器，集聚高层次创新人才，组织实施重大科技项目攻关，实现“人才＋关键技术”一体化发展。

第三，构筑人才创新创业高地。实施更加积极开放有效的引才引智政策，把人才智力引进更好地融入科技创新事业全局。一是大力推进引才引智机制创新。研究制定《加强科技和人才国际合作加快建设国际化人才聚集高地行动计划（2019—2022）》，强化效益意识和柔性引才理念，突出一事一议、特事特办，重点引进具有原始创新能力的科学家和具有推进重大技术变革能力的科技领军人才等“高精尖缺”人才。二是大力推进引才引智平台载体建设。加强海外离岸创新基地建设，优化山东省海外引才工作站和国际人才海外联络处布局，加大“外专双百计划”引才工程和“省级高端外国专家项目”“一带一路”“诺奖大师齐鲁行”等引智专项实施力度，探索实施海外工程师引进计划和省级高等学校学科创新引智计划，绘制“高端人才全球分布和流动趋势图”，吸引更多高端人才来鲁创新创业。加强院士工作站等平台建设，集中力量打造“国际顶尖科学家实验室”，实现更大范围内的人才汇聚和优势学科集成。三是大力提升人才创新创业服务。适时出台《外国人在山东工作管理办法》，健全来华外国人才服务保障制度。继续举办好“创业齐鲁·共赢未来”高层次人才大赛，提升各类科技合作交流活动层次和水平。创新出国（境）培训方式，举办好新旧动能转换出国培训、重点出国培训、民营企业出国培训、重大科技培训和“齐鲁国际讲堂”“十大科技讲座”等培训工程，探索走出去“借训引才”新模式，强化出国（境）培训服务科技创新和新旧动能转换的作用。

（三）健全“两个体系”，营造创新创业良好生态。适应新时代科技创新需求，协同推进科技创新治理体系和创新政策落实体系建设，强化科技管理部门创新服务职能，着力打造全国最优的创新创业环境。

第一，健全科技创新治理体系。深入贯彻习近平总书记提出的“政府科技管理部门要抓战略、抓规划、抓政策、抓服务”的要求，加快推进科技创新治理体系和治理能力现代化。一是强化战略引领。积极争取成立山东省科技领导小组，强化对全省科技创新工作的领导和协调。加快设立山东科技创新战略咨询专家委员会，成立山东籍院士联谊会，重点为全省科技发展战略、科技规划等提供战略咨询，谋划好新时代科技发展的战略路径。二是突出规划指导。启动山东省中长期科技发展规划编制工作，系统谋划新时代科技创新的指导方针和总体思路，提出科技改革发展重大任务和战略举措。瞄准世界科技前沿，立足我省发展实际，强化大科学计划、大科学平台、大科学中心、大科学装置建设规划，做好军民科技协同创新、海洋科技创新中心建设、5G、生物技术与生物工程产业发展、高端医疗器械与制药等专项规划编制工作。三是优化科研管理。加快建立健全科研诚信管理和科技创新容错机制，积极推进项目评审、人才评价、机构评估改革，优化科研管理，改革完善科研经费使用和管理制度，进一步完善科技奖励制度，努力构建符合科技创新规律的体制机制。四是深化“放管服”改革。推进政务信息资源整合共享，完善山东省科技云平台，加快打造审批事项最少、办事效率最高、发展服务最优“三最环境”。

第二，健全创新政策落实体系。把2019年作为科技创新政策落实年，协同推进政策制定与政策落实工作，强化普惠性和精准性的科技创新政策供给，组织开展政策落实情况评价评估，推动各项创新政策落地落实，解决政策落实“最后一公里”问题，激发各类创新主体积极性。针对科技型企业，建立科技型企业全生命周期扶持体系，实施高新技术企业培育行动计划，加大企业研发投入财政补助普惠政策落实力度，落实好研发费用税前加计扣除、高新技术企业税收优惠等政策，开展企业科技特派员“千人服务千企”三年行动，实施企业技术研发和服务机构建设计划，加快推动企业成为技术创新主体，力争新增高新技术企业1000家左右。针对高校院所，深化高等学校、科研院所科研体制改革，扩大科研主体自主权，加快建立现代科研管理体系和运行机制，支持行业骨干企业联合高等学校、科研院所共建开放、协同、高效的共性技术研发平台，促进企业与高等院校、科研院所融通创新。

（四）打造“一个示范”，发挥科技园区创新示范作用。科技园区在创新驱动高质量发展中担负着示范引领的重要使命，要以推动园区专业化发展为主线，以体制机制创新为动力，加快打造成为创新驱动发展示范区和高质量发展先行区。

重点实施好四个工程。一是实施高新区全覆盖工程。目前，16市中还有日照、滨州、聊城、菏泽未建有国家级高新区，其中，日照高新区已通过科技部组织的国家高新区升级现场考察，菏泽、聊城高新区已列入考察范围。要坚持以升促建，指导菏泽、聊城等高新区编制完善发展规划，促请科技部尽快组织专家组现场考察；滨州高新区要自我加压，千方百计争取纳入科技部考察范围，尽快实现国家高新区16市全覆盖。同时，对列入科技部考察范围的寿光高新区，也要加大指导协调力度，尽快完成升级国家高新区工作。二是实施科技园区提质工程。强化高新区发展顶层设计，支持济南、青岛高新区争创“世界一流高科技园区”，支持淄博、潍坊、威海等国家高新区加快建设“创新型科技园区”，支持济宁、临沂、枣庄、泰安等国家高新区加快建设“创新型特色园区”。支持山东半岛国家自主创新示范区协同一体化发展，加快打造成为高质量发展的核心引领区。加快推进黄河三角洲农业高新技术产业示范区建设，突出盐碱地综合开发利用这个基本任务，突出科技创新核心支撑作用，突出体制机制创新，加快培育具有全国影响力的农业科技创新中心。三是实施科技园区先行先试工程。创新高新区体制机制，在高新区建立“亩均税收”领跑者激励机制，积极探索“政府引导、企业运作”“管委会＋公司”等模式，引进园区运营商，加快市场化改革，实行多元化投入、企业化管理、市场化运作、专业化服务。深化“大部制”和“双轨制”人事制度改革，推动岗位聘任制、绩效工资制，建立激励约束机制，调动干事创业积极性。贯彻落实联合国《2030年可持续发展议程》，支持有条件的市创建国家可持续发展议程创新示范区，探索独具特色的可持续发展道路。四是实施“名片产业”培育工程。支持高新区聚焦园区产业方向，重点选择1～2个创新型产业集群，明确“名片产业”技术路线图，省市区联动提升产业集群创新能力和核心竞争力，打造支撑园区产业发展的核心力量。

以上是2019年主要工作思路，下一步，厅党组将按照“四三二一”工程部署，凝练重点工作任务，组成工作专班，与各市和有关部门协同推进，力争尽快实现新突破。

四、推进全面从严治党

打铁还需自身硬。做好新时代科技创新工作，肩负起省委、省政府赋予我们的重大历史使命，关键是要以坚如磐石的决心和韧劲，推进全面从严治党向纵深发展。全省科技系统要不忘初心，牢记使命，牢固树立“抓全面从严治党是本职、不抓全面从严治党是失职、抓不好全面从严治党是渎职”的理念，以党的政治建设为统领，全面加强党的建设，为科技创新高质量发展提供坚强政治和组织保证。

（一）坚持把政治建设摆在首位，旗帜鲜明讲政治。党的政治建设是党的根本性建设，必须放在首要位置，落实到方方面面。要严明党的政治纪律、政治规矩。树牢“四个意识”，坚定“四个自信”，做到“两个维护”，自觉用习近平新时代中国特色社会主义思想武装头脑、指导实践、推动工作，自觉在政治立场、政治方向、政治原则、政治道路上同以习近平同志为核心的党中央保持高度一致。组织开展多种形式的党性教育，坚定不移地提高党员的政治觉悟和政治能力。要严肃党内政治生活。坚持以党章为根本遵循，坚决纠正和查处党内政治生活不健全、政治生态不健康等问题，严格执行党内政治生活若干准则，推动民主集中制等党内各项制度落实，坚定不移地增强党内政治生活的政治性、时代性、原则性、战斗性。要确保政令畅通、令行禁止。对照习近平总书记关于科技工作重要论述、视察山东重要讲话、重要指示批示精神，对照省委、省政府决策部署，梳理每项工作、每项制度，看看符不符合总书记要求，符不符合党中央和省委部署，落实了没有，完成得怎么样，切实把“两个维护”落实到行动上、体现到工作成效上。

（二）驰而不息改进作风，自觉树立科技部门良好形象。党的作风关系党的形象，关系人心向背，关系党和国家的生死存亡。作风建设永远在路上，永远没有休止符。要持之以恒纠治“四风”。以永远在路上的执着深入落实中央八项规定及其实施细则精神和省委实施办法，严查隐形变异“四风”问题，持续释放越往后执纪越严的强烈信号。从讲政治的高度整治形式主义、官僚主义，对不担当不作为特别是空泛表态、应景造势、敷衍塞责、推诿扯皮、出工不出力等现象，要严肃批评、严肃问责、严肃处理。要自觉正行风、转作风、树新风。今年是我省“工作落实年”，也是科技工作起势的关键一年，科技部门的干部要在担当作为、狠抓落实方面做表率、树标杆。今年，从我做起，从省厅领导班子做起，带头深入基层一线，在市县、高校院所、企业建立联系点和“直通车”，面对面、点对点听取意见建议，协调解决遇到的问题，每年调研时间不少于 2 个月。要弘扬严细深实作风。自觉解放思想、抬高标杆，主动向北京、上海、广东、江苏、浙江等先进地区对标对表，着力强优势、补短板，做稳第二梯队领头羊，逐步缩小差距，争取早日迈进第一梯队。要带头精简会议文件。规范督查考核验收工作，今年从省厅做起，会议数量减少 1/3，文件数量减少 1/3，科研人员上报表格材料压减 50%，把科研人员从烦琐的表格材料中解放出来。

（三）狠抓干部队伍建设，全面提振干事创业生机和活力。人是事业发展最关键的因素。没有一支高素质专业化的干部队伍，推动科技工作高质量发展将无从谈起。当前，全省科技干部队伍既存在体制不畅、总量不足、结构不优问题，也存在干事创业动力不强、能力不足、活力不够问题。各级科技管理部门要抓住机构改革的有利契机，把队伍建设摆在更加突出的位置，全面激发干事创业的热情和活力，全力打造科技工作铁军。要明确导向抓队伍。坚持好干部标准，严格执行《党政领导干部选拔任用条例》，以工作论英雄、凭实绩选干部、以公平作保障，旗帜鲜明地选拔忠诚干净担当的干部，理直气壮地支持敢闯敢干、锐意进取的干部，为担当者担当、为负责者负责、为干事者撑腰，真正让那些想干事的有舞台、会干事的有机会、干成事的有发展。对不敢担当、敷衍塞责、贻误发展的干部，坚决进行调整、实施问责，绝不姑息迁就。要完善制度抓队伍。对现有干部管理制度进行系统梳理，建立健全年度考核、内部巡察、竞争上岗、干部调任、轮岗交流、教育培训、挂职锻炼等制度，搭建起符合科技管理规律、涵盖干部监督管理各环节的内部制度体系，着力提高干部监督管理的科学化规范化水平。要加强培训抓队伍。认真贯彻落实《2018—2022 年全国干部教育培训规划》，通过多岗位锻炼、业务培训、考察学习等多种途径，培养和提高干部履职能力和水平，充分调动干部的积极性、主动性、创造性。

（四）坚定不移推进廉政建设，巩固发展反腐败斗争压倒性胜利。坚持全面从严治党，是我们党在新时代进行的一场伟大自我革命，是我们党保持先进性和纯洁性的内在要求，是新时代建设创新型省份的根本保证。要落细落实主体责任。管党治党责任是不可推卸的政治责任。各级科技部门党组（党委）作为管党治党的领导者、实践者、推动者，要把全面从严治党摆在突出位置，扛起主责、抓好主业、当好主角，与业务工作同部署、同落实、同检查、同考核。“一把手”要亲自抓、主动抓、严格抓、经常抓，认真履行“第一责任人”责任，做到重要工作亲自部署、重大问题亲自过问、重要环节亲自协调、重要案件亲自督办，抓好班子、带好队伍、管好自己。其他班子成员要严格落实“一岗双责”，抓好分管范围的全面从严治党工作，做到业务工作分管到哪里，主体责任就落实到哪里。要强化日常监督管理。把纪律挺在前面，积极运用监督执纪“四种形态”，特别是第一、二种形态，坚持抓早、抓小、抓苗头，抓常、抓细、抓长，对党员干部身上出现的苗头性倾向性问题早发现、早处置，及时咬耳扯袖、红脸出汗，防止小问题演变成大问题。对违纪问题坚决查处，做到不回避、不放纵、不护短，督促党员干部不断锤炼坚强党性、强化敬畏意识、秉公行使权力、严守红线底线。要发挥领导干部表率作用。“关键少数”担负关键责任，“关键少数”应有关键作用。领导干部当表率，就要带头廉洁自律，做合格党员、合格领导干部。无论什么职级、什么岗位上的领导干部，都要带头践行“四个合格”标准，要求别人做的自己首先做到，要求别人不做的自己首先不做。带头旗帜鲜明讲政治，增强“四个意识”、坚定“四个自信”、做到“两个维护”；带头严格自律，强化党性修养，弘扬优秀传统文化，树立良好家风；带头担当负责，在科技工作中敢挑重担、埋头苦干，全力以赴抓贯彻、抓执行、抓推进、抓见效，发挥示范表率作用。要自觉接受各方面监督。各级科技部门党组（党委）要自觉接受派驻纪检监察机构的监督，积极支持他们“三转”，旗帜鲜明支持他们开展监督执纪问责工作，凡涉及项目评审、干部调整、工程建设、大额资金使用等重要事项，都要主动报告、邀请他们监督，积极主动帮助他们解决遇到的困难，为他们履行监督责任创造良好条件。

同志们，人勤春来早，奋斗正当时。我省科技创新工作已经站在加快高质量发展、实现非对称赶超的关键时期，让我们高举习近平新时代中国特色社会主义思想伟大旗帜，在省委、省政府的坚强领导下，与时间赛跑，用奋斗追梦，担当作为，奋力赶超，努力推动科技工作走在前列，以高质量科技创新支撑引领新时代现代化强省建设，以优异成绩庆祝新中国成立 70 周年！

2019 年全省科技工作综述

【全省科技工作概况】 2019 年，全省科技系统以习近平新时代中国特色社会主义思想为指导，深入贯彻习近平总书记视察山东重要讲话、重要指示批示精神，聚焦聚力全省八大发展战略，大力实施省级大科学计划、大科学平台、大科学中心、大科学装置规划，创新型省份建设全面起势，区域创新能力稳步提升，为全省经济高质量发展提供有力支撑。全省高新技术企业增长强劲，新增 2500 余家，总数突破 1.1 万家。规模以上高新技术产业产值占规模以上工业产值比重达到 40.14%，比年初提高 3.22 个百分点。获得 32 项国家科技奖，其中全省单位主持完成获奖项目 13 项，数量居全国第 4 位。截至 2019 年底，山东拥有国家级科技企业孵化器、众创空间 98 家和 192 家，拥有国家专业化众创空间 5 家，数量分别居全国第 3 位、第 2 位、第 1 位。全省各类孵化载体聘请创业导师 17958 人，服务创业团队 16300 个，在孵企业数量已达 29609 家，累计孵化毕业企业超过 12500 家。全省技术市场交易活跃，2019 年共登记技术合同 35505 项，成交金额 1152.21 亿元，同比分别增长 2.75% 和 34.47%，成交金额首次突破 1000 亿元。

【创新型省份建设】 创新型省份建设共建格局基本形成。积极构建全社会齐抓共建格局，提请省政府成立山东省科技领导小组，出台《关于深化创新型省份建设若干措施的通知》，全面加强对全省科技工作的指导和协调，确定了 2020 年跻身全国创新型省份前列的目标，动员全社会为创新型省份建设贡献力量。在经济下行压力加大的形势下，省财政设立 100 亿元省级财政专项资金，同比增长 470%，创造了省级财政投入新纪录。组建山东省第一届科技创新战略咨询专家委员会和 13 个领域咨询专家委员会，打造创新型省份建设的“思想库”“智囊团”。

【创新平台建设】 重大源头创新平台建设奋力突破。青岛海洋科学与技术试点国家实验室入列工作稳步推进，“透明海洋”“蓝色药库”等重大科技创新工程顺利实施，建成深远海科考共享平台，冷冻电镜中心启动试运行。超级计算机升级项目成功落户，国际上首个超算科技园开园启用。山东高等技术研究院揭牌成立，聘请丁肇中先生为名誉院长，第 1 批聘任 6 位世界知名科学家为研究员，加快打造一流的国际学术机构。山东能源研究院启动建设，加快打造新能源行业国际水平新型研发机构。山东应用数学中心获批建设，有力提升数学支撑创新发展的能力和水平。

创新创业共同体建设稳步推进。山东产业技术研究院启动运行，探索市场化运作的新型研发机构治理体系，已建设各类研发机构 41 家，注册高技术产业化公司 21 家，吸引省外高端人才团队 23 个，集聚高层次人才超过 500 人，对全省“四不像”新型研发机构建设形成有力示范，加快打造省级共同体的示范样板和核心支撑。启动实施创新创业共同体培育计划，建成 22 个省级创新创业共同体，推动“政产学研金服用”各类创新要素融合发展。

新型研发机构蓬勃发展。市级产业技术研究院基本实现 16 市全覆盖，山东新松工业软件研究院、山东航天人工智能安全芯片研究院、山东可信云信息技术研究院等一批新型研发机构启动建设，有力支撑融合创新生态培育。

【科技创新能力】 建立科技型企业梯次培育体系。启动山东省科技型企业梯次培育三年行动计划，着力构建科技型中小企业铺天盖地、高新技术企业持续涌现、创新型领军企业顶天立地的发展格局，加快推动企业成为技术创新主体。国家科技型中小企业库企业达 9521 家，同比增长 41.6%；高新技术企业突破 1.1 万家，同比增长 28%；高新技术企业数占规模以上工业企业数的比例达到 40%。实施科技型企业上市培育计划，推动符合条件的企业到科创板上市发展。

加大科技型中小企业源头培育。推动科技企业孵化器（众创空间）提质增效，国家级科技企业孵化器达 98 家，省级以上大学科技园达 15 家，在孵企业数量达 2 万多家；众创空间服务初创企业和创业团队数合计 3.2 万个。将创新券支持范围扩大到合作研发、委托研发等科技创新服务，全年预计 400 家中小微企业使用创新券 4400 次，享受补助 1150 余万元。精心组织山东省中小企业创新竞技行动计划，报名参赛企业（团队）达 2135 个，同比增长 56.4%。

【创新创业环境】 省市联动强化普惠政策落实。全省享受 2018 年度研发费用加计扣除政策企业达 1.4 万户，加计额达 551 亿元，同比增长 115%；落实 2018 年度高新技术企业所得税减免 129 亿元，同比增长 8.9%。将企业研发投入省级后补助资金部分，由跨年拨付调整为汇算清缴结束当年拨付，对 5367 家企业 2018 年度的研发投入给予省级补助 8.23 亿元。对 2018 年度升级为高新技术企业的中小微企业补助 1.611 亿元，调动市县配套奖补资金近 10 亿元。加快推进科技金融结合，科技成果转化贷款风险补偿合作银行为 644 企业发放贷款 35.3 亿元。

科技园区产业生态持续向好。加快高新区“以升促建”，日照、菏泽、聊城 3 家省级高新区升级国家高新区进入国家部委会签程序，等待国务院批复。深入贯彻省委十一届九次全会决定，支持 6 家高新区开展体制机制改革试点，引导高新区更加突出主责主业。至 2019 年底，全省共有省级以上高新区 20 家，其中国家级高新区 13 家，现有高新区新注册企业 37364 家，固定资产投资总额 4097.72 亿元，规模以上工业总产值 19718.52 亿元。黄三角国家农高区加快建设现代农业技术创新中心，实现全国首次在盐碱地上成功试种高原、高寒作物藜麦。枣庄市创建国家可持续发展议程创新示范区取得实质性进展。

【关键核心技术突破】 时速 600 千米高速磁浮试验样车下线，标志着我国在高速磁浮技术领域实现重大突破。具有完全自主知识产权的国内首台煤矿大直径大埋深全断面盾构机“新矿 1 号”正式投入运行，矿井安全高效掘进方式发生重大变革。原创一类新药“泰它西普”系统性红斑狼疮关键临床试验达到主要终点。“体外受精冷冻单个囊胚移植与新鲜单囊胚移植的比较”研究成果在国际著名医学期刊《柳叶刀》杂志上发表，标志着全省成为国际生殖医学临床研究的引领者。农业良种工程取得显著成果，自主培育出超强筋小麦新品种“济麦 44”，成功克隆小麦抗条锈病新基因，冬小麦单产连破全国高产纪录，构建了世界上第 1 个甜瓜全基因组变异图谱，从源头上有力支撑现代高效农业发展。

【应用基础研究】 重大科技创新工程精准实施。全面落实山东省大科学计划和大科学工程规划，系统梳理制约“十强”产业发展的关键核心技术，按照从基础研究、应用研究到技术开发和产业化应用创新链一体推进的原则，通过竞争择优、定向委托等方式，精准组织实施重大科技创新工程和重大基础研究项目，对国家科技计划成果和国家科技奖励成果进行接续支持，全面提升产业技术创新能力。争取各类国家科技计划项目 94 项，资金 21.93 亿元。省级财政科技资金投入 47 亿元，实施 582 个重大科技创新工程项目，带动社会总投资超 386 亿元；立项支持省重大基础研究专项 17 个。

【科技体制改革】 “放管服”改革深入推进。重塑省级科技计划体系，将科技计划优化整合为 4 大类专项、20 个类别，着力构建布局合理、定位明确、支撑有力的省科技计划体系。遵循科研管理规律，加速科技计划管理流程再造，着力建立决策、执行、评价相对分开、协同配合的运行管理机制。创新科研项目组织实施方式，在 2019 年度省重大科技创新工程实施过程中，首次委托科技部项目管理专业机构组织专家进行评审，首次对遴选出的项目进行全覆盖现场考察，首次采用厅市会商、部门联动方式，确保入选项目高质量、高水平。深入推进法治机关建设，规范完善权责清单和“一次办好”事项清单，推进行政权力事项网上运行，清理规范证明材料，进一步优化科技创新环境。

重点领域改革持续深化。健全科技创新市场导向，在科研项目管理、企业技术创新、高校和科研院所科研、创新平台载体、科技成果转移转化等方面，发挥市场配置科技资源的决定性作用，推动科技创新深度融入经济发展主战场。深化项目评审、人才评价、机构评估改革，推进项目评审更加科学公正，赋予科研人员更大的人财物自主支配权，树立科技人才评价正确方向，建立科研院所评估管理制度，减轻科研人员负担，激发各类创新主体的积极性创造性。启动全省“十四五”科技创新规划和中长期发展规划编制工作。

【科技合作与人才队伍建设】 科技人才体制更加完善。出台外国人来山东工作便利化服务措施，在全国率先对持有外国人才签证人员免办工作许可。办理外国人工作许可15433件，居全国第6位；办理人才签证191件，居全国第3位。出台聚集院士智力资源政策措施，建立对院士团队科研活动的稳定支持机制，设立山东院士专家联合会，举办2019山东省创新驱动发展院士恳谈会，吸引院士团队到全省发展。出台《关于加强全省科技干部人才队伍建设的若干措施》。组织举办高层次人才创业大赛，选拔出71名企业类人才、50名项目类人才。遴选泰山学者和泰山产业领军人才（高效生态农业创新类、战略性新兴产业创新类）93名。

国内科技合作积厚成势。全面深化与国内外知名高校院所、大企业的合作，推动省政府与中科院签约共建中科院海洋大科学中心、山东能源研究院、黄河三角洲现代农业技术创新中心，与中国工程院共建中国工程科技发展战略山东研究院，利用国家战略力量服务全省经济发展。高质量建设院士工作站，新增院士工作站246家，总数达到690家，累计入站院士433名，吸引团队成员1860名，开展合作项目730余项。

国外智力引进和国际科技合作提质增效。举办中韩创新大赛、中日科技创新合作大会等10余场国际科技合作和人才交流活动，山东省科学院与立陶宛物理科学与技术中心签署合作协议，立陶宛副总理阿尔吉达斯·斯通柴蒂斯（中）出席会议。新建首批2家离岸创新创业基地、3家海外引才工作站。4名外国专家荣获2019年度中国政府友谊奖，数量居全国第2位。20名外国专家荣获2019年度省政府齐鲁友谊奖，总量达到518名。入选国家高端外国专家引进计划109项，同比增长40%。评选“外专双百计划”项目60个，其中外籍院士25名，累计有77名专家和68个团队入选。3家诺贝尔奖得主工作站（创新示范基地）落地。组织高层次外国专家齐鲁行活动11期，举办十大科技讲座、齐鲁国际讲堂40期。创新出国（境）培训工作，组织1200余名各类人才赴国（境）外培训。

【社会发展领域科技创新】 2019年，共组织实施社会发展领域科技计划重大项目122项，聚力突破了一批重大关键技术；高标准规划建设了一批医养健康、生态环保、公共安全等领域创新载体，高水平建设了12个省级临床医学研究中心，为全省社会发展提出了有效科技支撑；国家和省级可持续发展实验区建设进程不断加快，枣庄市创建国家可持续发展议程创新示范区取得重大进展，以专家论证第1名成绩进入最后一轮部际答辩会议；组织开展了新型城镇化及城市发展、公共安全与应急管理、防灾减灾、社会治理、文物保护、新发突发人类传染病、重大自然灾害、公共安全事件等领域关键技术研发工作，示范应用一批先进技术和适用成果，为全省智慧社会建设提供了有效助力，全省社会发展科技工作能力和水平不断提高。

【农业科技创新】 农业良种数量及贡献率稳步提升。组织实施重大科技创新工程、农业良种工程等农村领域科技计划项目157项，安排补助经费6.9675亿元。全省主粮育种形成集团作战优势，已累计审定（认定）农业良种近3000个，良种对农业产业的贡献率达到45%，高于全国平均水平2个百分点。省农科院赵振东院士领衔研发的“济麦”系列种植面积连续多年蝉联全国第一，累计达2.7亿亩，增加效益270多亿元。山农大“山农20”荣获2017年国家科技进步奖二等奖，“烟农1212”创我国冬小麦单产最高纪录。黄河三角洲农业高新技术产业示范区按照“高新技术支撑、现代服务业引领、一二三产融合、四化同步发展”的创新模式，成为带动东部沿海地区农业经济结构调整和发展方式转变的强大引擎。

大力推进科技扶贫工作。深入推行科技特派员制度，召开了全省科技特派员工作会议，注册科技特派员达到6724人。以科技特派员为骨干组建了448支科技扶贫服务队，实现科技服务由“单兵作战”转向“组团联战”，为实现全省8654个扶贫工作重点村科技指导人员全覆盖奠定了基础。积极推进农业科技园区建设，各类农业科技园区数量达到175个，加快了农业产业创新发展、集聚发展步伐。努力搭建基层科技服务平台，制定印发《山东省农科驿站备案管理办法》（鲁科字〔2019〕67号），备案建设农科驿站643家。深化农业科技合作，与中科院合作实施科技服务网络（STS）计划，合计投入2150万元，省内8家科研院所、企业，30多名研究人员，联合中科院20个研究所、40多名研究人员开展协同创新，进一步提升了全省农业科技创新能力。

（山东省科学技术厅办公室　徐文东）

责任编校：李绮斌

科技管理

KEJI GUANLI

高新技术及其产业

【概述】 2019年，全省规模以上高新技术产业产值同比增长2.20%，占规模以上工业产值比重为40.14%，比2018年提高3.22个百分点；全省高新技术产业固定资产投资占工业固定资产投资比重为38.7%，比2018年提高4.9个百分点。从各市情况来看，东营、烟台、临沂三市规模以上高新技术产业产值同比增长8%以上，分别达到15.16%、12.69%、8.78%；青岛、济南、潍坊、威海、烟台5市规模以上高新技术产业产值占规模以上工业产值比重超过48%，分别达到53.33%、51.23%、49.74%、49.51%、48.26%；威海、德州、青岛、济南、烟台5市高新技术产业固定资产投资占工业固定资产投资的比重超过40%，分别达到56.9%、50.3%、43.9%、42.2%、41.9%。2019年 全省及各市高新技术产业主要指标详见下表。

2019年全省及各市高新技术产业主要指标

地区	高新技术产业产值同比增长（%）	累计占规模以上工业比重（%）	高新技术产业固定资产投资累计占工业固定资产投资的比重（%）
全省	2.20	40.14	38.7
济南	−0.66	51.23	42.2
青岛	6.69	53.33	43.9
淄博	−8.45	36.00	37.2
枣庄	2.89	37.68	34.3
东营	15.16	32.12	27.6
烟台	12.69	48.26	41.9
潍坊	4.15	49.74	39.9
济宁	−11.51	30.70	34.4
泰安	3.35	44.31	27.8
威海	5.18	49.51	56.9
日照	−8.18	18.94	29.3
临沂	8.78	39.95	31.7
德州	−1.04	38.48	50.3
聊城	−7.19	32.24	31.7
滨州	−12.80	31.00	29.9
菏泽	2.50	37.23	32.9

【高新领域研发部署】 ①加强高新领域项目研发部署和服务。实施高性能计算示范工程，国家超算济南中心的神威E级超算原型机的峰值性能达到每秒浮点运算速度3.13P，在Linpack测试中持续性能达到每秒浮点运算速度2.556P，计算性能位列国内超算Top100第4位，全球超算Top500第87位。围绕人工智能、新材料新能源、高端装备等重点产业的高端发展需求，加强对产业创新现状和重大技术问题的梳理，组织专家凝练重大科学问题，为科技计划科学布局打好基础。加强医用食品关键技术研发部署，抢占医用食品产业发展先机，对有较好的前期研发基础的医用食品原料和产品制剂关键制备技术研发项目进行了扶持。加强对省重大科技创新工程项目和国家重点研发计划项目的跟踪服务，推动项目顺利实施，在高端铝材、高性能纤维、燃料电池、智能机器人等领域掌握了一批关键共性技术，有力支撑了全省高新技术产业的高质量发展。②积极参与国家重大研发任务的实施。立足山东省产业技术创新基础和优势，积极组织有关企业、高校和科研单位牵头或参与实施国家科技计划。围绕加快推动燃料电池的发展，为潍柴动力承担的“燃料电池发动机及商用车产业化技术及应用”安排省级配套经费7067万元，推动燃料电池央地专项顺利实施。已开发了8米、9米和10米燃料电池城市公交车，累计运行里程已达110万千米；成功研发全球首台固态氧化物燃料电池公交车，天然气燃料电池发动机热效率达到61%。

【高新领域科技创新平台建设】 ①积极推动山东能源研究院建设。指导山东能源研究院编制《山东能源研究院建设方案》，并分别通过省政府常务会、省委常委会和中科院院长办公会。其间，山东能源研究院与十余家高校院所、近10家企业就共建功能实验室和产业技术创新中心初步达成合作共识。②积极推动潍柴动力创建国家燃料电池技术创新中心。指导潍柴动力编制《国家燃料电池技术创新中心建设方案》，通过科技部高新司审核，推荐进入综合审核论证环节。③积极创建新一代人工智能开放创新平台。抢抓新一代人工智能产业发展机遇，积极推动浪潮集团发挥自身技术及产业优势，创建国家新一代人工智能开放创新平台，以基础计算架构作为平台研究方向，着力打造融合、开放、敏捷的人工智能产业生态，为企业、高校、科研机构和个人开发者提供服务，促进人工智能与经济社会发展深度融合。

【科技型企业培育】 积极培育科技型企业，打造推动经济高质量发展主力军。①建立科技型企业梯次培育体系。启动《山东省科技型企业梯次培育三年行动计划》（鲁科字〔2019〕114 号），实施科技型中小企业培育工程、高新技术企业培育工程、创新型领军企业培育工程，着力构建科技型中小企业铺天盖地、高新技术企业持续涌现、领军企业顶天立地的发展格局，加快推动企业成为技术创新主体。②积极推动科技型中小企业培育发展工作。发挥全省 37 家科技型中小企业评价工作机构积极性和主动性，引导符合条件的科技型中小企业加入国家科技型中小企业库。2019 年入库企业数达 9521 家，同比增长 41.6%。组织实施了第 8 届中国创新创业大赛（山东赛区）暨 2019 年山东省中小微企业创新竞技行动计划，共有 2135 个企业和团队报名参赛，同比增加 56.4%，遴选出 554 个优胜企业和团队，推荐 51 家企业参加国赛行业总决赛。积极推动技术先进性服务企业培育认定工作，2019 年认定技术先进型服务企业 13 家。③加大高新技术企业培育力度。加强高新技术企业源头培育，将小微企业升级高新技术企业财政补助范围扩大到中型企业，调动中小企业参与高新技术企业认定的积极性和主动性。简化高新技术企业申报材料和认定工作流程，让企业认定申报只跑一次、只进一门。实施培育情况通报制度和考核机制，统筹制定各市高新技术企业培育目标，形成省市县推动高新技术企业培育工作合力。全省新增高新技术企业 2562 家以上，全省高新技术企业总数突破 1.1 万家。④推动高新技术企业发展壮大。联合财税部门制定出台《山东省企业研究开发财政补助实施办法》（鲁科字〔2019〕91 号），对企业研发投入省市联动按一定比例给予财政补助，切实降低企业创新成本，增强企业研发投入的信心和动力。上半年为 2088 家企业研发投入兑现省级补助 4.36 亿元，下半年为 5367 家企业研发投入兑现省级补助 8.23 亿元。会同财税部门加大高新技术企业所得税优惠、研发费用加计扣除政策落实力度，全省享受 2018 年度研发费用税前加计扣除政策的企业达到 14001 家，享受研发费加计扣除优惠金额 551 亿元，同比增长 114.9%；落实 2018 年度高新技术企业所得税减免 129 亿元，同比增长 8.9%。会同财税部门在全国率先实施高新技术企业城镇土地使用税优惠政策，自 2019 年起，有效期内高新技术企业按现行城镇土地使用税税额标准的 50% 计算缴纳城镇土地使用税。

【高新技术产业发展】 ①加强高新技术产业发展基地建设。2019 年，山东省建有国家火炬特色产业基地 69 家，国家高新技术产业化基地达到 11 家，其中，68 家国家火炬特色产业基地参加火炬统计。统计数据显示，国家火炬特色产业基地 2019 年实现工业总产值 12963 亿元；基地内企业数达到 20152 家，其中高新技术企业 1603 家，经认定的骨干企业 1009 家；基地企业从业人员达到 157 万人，其中研发人员 20 万人；基地专利授权 23513 件，其中发明专利授权 5656 件。②加大创新型产业集群培育建设。山东省经科技部认定的创新型产业集群（培育）试点达到 11 个，2019 年实现工业总产值 3896 亿元；集群内企业数达到 1630 家，其中高新技术企业 416 家；集群从业人员达到 33 万人，其中科技活动人员 9 万人；集群当年发明专利授权 1389 件。

（山东省科学技术厅高新技术发展及产业化处　韩绍华）

【高新技术产业开发区】 2019 年，省级以上高新区批准入区项目 5272 个；固定资产投资增速为 25.19%；年度主营业务收入 8223.25 亿元；承担省级以上科技计划 1731 项；省级以上技术创新平台 1187 家；省级以上孵化器、众创空间数 234 家；建立创业投资服务机构 848 家；设立的产业引导基金、创业投资基金或其他政策性扶持基金 180 支。截至 2019 年底，全省省级以上高新技术产业开发区 20 家，其中，国家高新技术产业开发区 13 家。

认真落实《中共山东省委关于推动开发区体制机制改革创新促进高质量发展的意见》，与各高新区建立了联席会议制度，成立了工作专班。指导青岛、潍坊、莱芜、泰安（肥城）、枣庄、滨州 6 家高新区参加改革试点，指导各高新区研究制定改革试点方案，加强政策宣传解读，帮助解决问题。

加快推进山东半岛国家自主创新示范区建设，会同省财政部门修订印发了《山东半岛自主创新示范区建设资金管理办法》，聚焦打造专业化“名片”园区、重大科技创新平台、国际科技成果转移转化中心三个重点，充分发挥好自创区引领示范作用。

坚持“以升促建”，推动省级高新区升级为国家级高新区。菏泽、聊城 2 家高新区于 2019 年 4 月高标准通过科技部组织的专家现场考察。

（山东省科学技术厅成果转化与区域创新处　张惠莉）

农村科技工作

【概述】 2019年，全省农村科技工作紧紧围绕习近平总书记关于“要给农业插上科技的翅膀”、打造乡村振兴齐鲁样板等系列重要讲话、重要指示精神，全面贯彻落实2019年中央一号文件、省委一号文件、脱贫攻坚、乡村振兴等有关文件精神和省委、省政府关于农村工作重大决策部署，研究制定了《山东省农科驿站备案管理办法》（鲁科字〔2019〕67号）、《关于深入推进科技扶贫助力乡村振兴若干措施》（鲁科字〔2019〕89号），组织召开全省科技特派员工作会议，以强烈的责任感和使命担当，深入谋划科技创新驱动乡村振兴、脱贫攻坚、农业高质量发展的思路、举措，突出重点、狠抓落实，农村科技工作取得初步成效，有力推动了全省农业新旧动能转换。

【农业科学技术】 2019年，农业种业创新取得重大突破，优质强筋小麦新品种被国家评为超强筋小麦品种，初步解决了全国缺乏优质强筋小麦新品种的“卡脖子”难题；烟台市农业科学研究院选育的小麦新品种“烟农1212”，高产攻关田单产达到840.7千克，刷新全国冬小麦单产最高纪录，标志着全省“一年两熟制”高产冬小麦研究整体水平达到国际领先水平；山东农业大学成功克隆了小麦抗条锈病基因YrAS2388，为改良小麦和大麦等作物抗条锈病水平提供了新的基因资源；青岛农业大学成功构建了世界上第1个甜瓜全基因组变异图谱，为甜瓜重要性状定向育种提供了较为精准的标记和基因资源；山东省果树研究所选育的“鲁丽”苹果新品种，每年每亩可减少生产成本1000元左右，对改善全国苹果品种结构，实现苹果产业节本增效和转型升级具有重要意义。围绕良种创新、盐碱地梯度利用、乡村产业振兴、脱贫攻坚、林业科技创新等，统筹全省高校、院所、企业等优势科技资源，坚持“人才项目基地”一体化和集中力量办大事的原则，部署安排了农业良种工程、“渤海粮仓”科技示范工程升级版、农业科技园区产业提升工程、高效生态农业类泰山产业领军人才等99个农业科技项目，省财政补助经费2.735亿元，项目实施后，预计引进培养27名农业领军人才；培育30个以上突破性新品种；筛选培育7个以上耐盐碱优良作物品种（系），建立5个以上盐碱地绿色生态高效农业技术标准体系；建立10个以上循环农业、观光农业、体验农业、智慧农业、乡村旅游等不同特色的园区带动乡村产业振兴示范点，园区产业产值提高10%以上；筛选20份林木新材料或新型微生物制剂材料，推广示范13项林木新技术、新品种，以科技创新助力打造乡村振兴齐鲁样板、助推打赢脱贫攻坚战。围绕精准农业、智慧农机、盐碱地绿色开发三大方向，立项支持重大关键技术研究和成果转化及产业化项目58项，省财政补助经费3.4亿元，2019年全省科技进步奖199项，涉农项目36项，其中一等奖25项，涉农项目5项，全省唯一一个科学技术最高奖被山东省农业科学院院长万书波摘得。

【农业领域科技创新平台建设】 2019年，建设农业农村众创空间——“星创天地”146个，总数居全国第一。新出台《山东省农科驿站备案管理办法》，对全省备案建设的682家农科驿站进行了拉网式核查和绩效评价，取消了备案资格213家，确定绩效评价结果为优秀等次的100家，将农科驿站打造成为科技特派员扎根基层、服务农民、助推脱贫攻坚和乡村振兴的前沿阵地和科技服务平台。依托山东省科技云平台，完成了集政府、大学、科研机构、企业和用户“五位一体”、功能齐全的“山东省农业科技综合服务平台”，可实现对科技特派员、星创天地、农科驿站、科技教育基地等工作成效的在线绩效考评与管理服务，形成了科技服务乡村振兴的综合服务载体。

【省级科技计划】

农业良种工程 2019年，围绕促进大豆和奶业振兴、调整优化农业结构，按照种质资源创新、关键技术研发、新品种选育和应用示范等全链条创新模式，组织开展了包括优质强筋小麦、粮饲兼用玉米、高档优质耐盐水稻和高蛋白大豆、替代进口高档蔬菜和优质高档水果、优质高产畜禽和耐盐碱饲用牧草、优质高抗鱼虾类新品种选育等20个重大研发项目，省财政补助经费1.45亿元。

“精准农业”重大科技创新工程 2019年，将精准农业列为省重大科技创新工程现代高效农业的一项重点研究方向，大田作物耕种与土壤残膜减量化、水肥精准调控、新型肥料农药精准施用、设施农业精准管理、农产品智能分选通用机器人、畜禽水产精准养殖等立项支持了36个重大关键技术项目，省财政补助经费21985万元，研究突破一批农作物重大灾害发生

规律与成灾机理，研发遥感诊断、雷达预警及绿色精准防控等技术。

“盐碱地绿色开发”重大科技创新工程 2019年，立足盐碱地自然禀赋，围绕盐渍土生态修复和快速改良产品研制、盐碱地动态监测、农田利用分类评价、生物高效生态共生、农田水盐高效调控、水资源高效循环利用、农作物轻简化高效生产、盐碱地生态保育与修复等关键技术等立项支持了6个重大关键技术研究项目，省财政补助经费4085万元，着力突破高价值耐盐性经济林木和特色优势作物种植技术，探索微生物改良技术，为农业措施和生物措施改良盐碱地提供了技术支撑。

“智慧农机”重大科技创新工程 2019年，坚持农机农艺深度融合，聚焦大宗粮食、经济作物、特色果蔬等优势领域，立项支持智能农机专用传感器、智能高速精量排种器、大型拖拉机动力换挡控制系统等16个重大关键核心技术研究项目，省财政补助经费8105万元，研发一批玉米、小麦等典型经济作物机械化精播联合作业、低损高效收获等全程机械化关键技术与装备，将进一步突破制约全省农业现代化发展的装备创新关键瓶颈的问题。

农业科技园区产业提升工程 2019年，为充分发挥农业科技园区支撑科技扶贫和乡村产业振兴的重要作用，针对制约园区产业提升的技术瓶颈问题，部署安排了农业科技园区产业提升工程项目38项，省财政补助经费4750万元。

“渤海粮仓”科技示范工程升级版 2019年，在总结实施“渤海粮仓”科技示范工程成功经验的基础上，进一步实施“渤海粮仓”科技示范工程升级版，围绕推动“内涵、路径、范围、粮仓概念”4个“升级”，部署安排盐碱区域适宜植物品种筛选示范和多元化绿色高效农业生产模式创新与示范2个重点方向，共计6个重大项目，省财政补助经费1550万元。

【农业科技园区体系建设】 2019年，全省农业科技园区四级体系建设得到进一步完善。黄河三角洲农业高新技术产业示范区建设取得新进展，黄河三角洲国家级盐碱地综合利用技术创新中心、黄河三角洲现代农业产业研究院等平台建设项目进展顺利，引进科研团队62个，高层次科技人才120名，联合中国农业大学、山东省农业科学院等知名高校院所和创新团队申请国家、省各类科技项目70项，申请科研经费1.5亿元，引培农作物新品种48个。全国第1至第5批118家国家农业科技园区综合评估中，全省6家园区全部达标，数量位居全国第一；全国第7批82家国家农业科技园区考核验收，全省10家园区全部通过，数量位居全国第一；推荐淄博、日照争创国家农业科技园区，为实现国家农业科技园区16市全覆盖奠定了基础。组织专家对兰陵、岚山和肥城申建省级农业高新技术产业开发区进行现场考察和评审论证。委托第三方专业机构对42家第2批省级农业科技园和限期整改的省级农高区开展了评估验收工作，促进了园区工作比学赶超、提档升级。

（山东省科学技术厅农村科技处）

黄河三角洲农业高新技术产业示范区（简称黄三角农高区） 2019年，黄三角农高区地区生产总值65亿元，同比增长3%；规模以上工业总产值252亿元，同比增长111%；一般公共预算收入3.05亿元；农民人均可支配收入21516元，同比增长8%。

系统谋划黄三角农高区总体发展思路。围绕贯彻落实国务院批复精神和省委、省政府部署要求，综合分析黄三角农高区资源禀赋、区位优势、发展基础和战略使命等要素，聚焦使命任务，精准谋篇布局，研究确定了总体发展思路，即以创新驱动为基本路径，以盐碱地综合利用为基本任务，着力打造以盐碱农业技术创新为引领、具有国际影响力的全国农业创新高地，以特色种业、农业智能装备制造、大健康及功能性食品、农业科技服务业为重点的高新技术产业基地，以滨海盐碱地生态风貌为特色的科技振兴乡村样板，建设盐碱地现代农高区。

扎实开展“不忘初心、牢记使命”主题教育。围绕初心使命，黄三角农高区党工委扎实开展“不忘初心、牢记使命”主题教育，积极推进主题教育常态化制度化。党工委带头加强学习教育和调查研究，牢牢把握主题教育正确方向，召开党工委会议5次、专题会议和领导小组会议6次，及时传达学习习近平总书记重要讲话精神和中央部署、省委要求；围绕17个调研课题，开展2轮调研成果交流，保障调研成果及时转化为推动工作的具体措施。坚持从严从实检视问题，聚焦党员干部队伍政治、思想、作风“三个建设”，着力解决使命担当弱化、宗旨意识淡化、服务企业缺位、抓落实不深入、抓项目不聚焦、创新意识不强、干事业劲头不足、纪律规矩不严等8个方面问题，逐条逐项抓好整改。扎实开展专项整治，从12个方面细化问题清单，确定重点解决问题35项，明确71条整改措施，至2019年已全部完成整改或实现阶段性目标。主题教育期间，黄三角农高区建立健全专班推进工作机制，成立了黄河三角洲现代农业技术创新中心、现代农业孵化展示区、滨海新动能产业园三个工作专班，抽调专人集中办公，有力保障重点工作重点项目推进实施。严格落实“工作项目化、项目清单化”工作要求，建立健全项目清单工作机制，各部门单位（专班）主要负责人每2个月制定1张重点工作项目化清单，明确具体工作内容、目标要求、推进措施和完成时限，量化到天、细化到人，全区公示，定期调度，考核情况与干部评价进行挂钩，倒逼工作推进落实。全区上下众志成城，积极应对，合力抵御“利奇马”台风洪涝灾害，夺取了抢险救灾的重大胜利，党心民心进一步凝聚，这是对农高区主题教育成果最好的检验。

科学谋划农高区规划布局。牢固树立规划科学是最大效益的理念，高水平高质量推进规划编制工作。一是黄三角农高区总体规划。会同农业农村部规划设计团队，聚焦国务院批复“七大任务”、黄河流域生态保护和高质量发展、新旧动能转换重大工程等战略使命，统筹把握农高区的功能定位和总体布局，形成“核心引领、四区协同”的规划布局，以北部科技创新区为引领，打造“一中心六基地”，发展农业科技服务业；以中部滨海新动能产业区为支撑，打造涉农高新技术产业基地；西部形成乡村振兴样板区，积极发展农业“新六产”，率先实现农业农村现代化；东部形成海洋生态保育区，控制面源污染入海数量，保护近海生态环境。二是空间规划和专项规划。按照“多规合一”的要求，启动国土空间规划编制工作，完善土地利用规划、城乡规划、主体功能区规划和“三区三线”划定。同步推进技术创新中心规划、农业智能装备制造产业园规划、大健康及功能性食品产业园规划、乡村振兴规划、水利专项规划等5个专项规划，以及特色种业、农业智能装备制造产业、大健康及功能性食品产业等三年行动计划，进一步深化完善黄三角农高区高质量发展的思路举措和重点任务，形成思路、战略、规划、政策、项目的立体化工作体系。

加快推进创新平台落地见效。把黄河三角洲现代农业技术创新中心作为黄三角农高区“一号工程”，加快推进创新平台建设。2018年4月，省政府与中科院共同签订《推进山东新旧动能转换重大工程合作协议》，将建设黄河三角洲现代农业技术创新中心列为6项合作内容之一。黄三角农高区紧抓省院共建重大机遇，成立45人工作专班，实行功能平台、专家团队、重点项目、中试基地一体化推进，创新中心建设取得重大进展。编制完成了总体规划和建设方案，规划了科教孵化区、野外观测验证试验区和综合试验示范区3个功能板块；加紧建设新一代智能农机装备中试研发平台、盐地藜麦种质创新与产业化开发平台、多尺度农田生态系统定位观测试验场、益虫资源综合利用中试研发平台首批4个科研平台。逐步完善基础保障条件，积极争取建设用地指标，在原有515亩的基础上新争取了366亩，达到881亩，满足了基建需要；加快推进水利设施等配套，完成水利道路基础设施提升工程规划设计，投资2920万元建设了6.5千米的田间循环路、试验用地水利配套工程和10kV双回路供电线路，启用4.5万平方米电商总部基地，完成7个村3789名村民1.17万亩集体土地流转任务，保障平台项目顺利落地实施。扎实做好苜蓿分子选育与生态友好栽培关键共性技术研发项目、食品危害因子快速检测与溯源云平台项目、生物可降解地膜制备产品研发与示范应用项目3个STS项目实施前准备工作。同时，加快推进省农科院综合试验基地建设，实施国内首个农业迁飞害虫高空雷达预警防控平台等5个国家级农业科技项目，建成2200亩综合试验基地。青岛农湾孵化器积极争创省级众创空间，产业孵化培育平台、智慧农业数字平台、农创云赋能服务平台建设实现突破，已有5家企业入孵。2019年，全区新增创新平台3家，总数达到7家，较同期实现大幅增长。

多点突破项目建设。坚持一切聚焦项目、一切围绕项目、一切服务项目，以项目建设助推高质量发展。①扎实推进重点项目建设。布局了105个“四个一批”重点项目。聚焦黄河流域生态保护和高质量发展，聚焦黄三角农高区主导产业发展，聚焦突破盐碱地综合利用关键技术领域，逐一研究论证实施一批重大产业化项目，加快推进总投资503.45亿元的105个“四个一批”重点项目建设，包含6个省级重点项目，即黄河三角洲现代农业技术创新中心、华东智能网联汽车试验场、中芳特纤年产1万吨对位芳纶纤维3个省重点项目，东营广元生物黄三角盐碱地酸枣道地食药产业化基地、山东恒兴年产20万吨高档水产饲料2个省新旧动能转换优选项目，东营瑞达生物抗病毒抗菌乳铁蛋白创新药的研发及产业化强弱项补短板项目。此外，还包括“竣工一批”项目29个，总投资94.26亿元；“开工一批”项目27个，总投资50.29亿元；“储备一批”项目29个，总投资92.7亿元；“谋划一批”项目20个，总投资266.2亿元。包含6个省级项目在内的12个项目已于3月12日先期开工，总投资52.67亿元。争取了6个省级政府债券资金项目。2018年6月以来，先后争取到黄河三角洲现代农业技术创新中心中试研发平台一期工程、黄河三角洲现代农业孵化展示项目、耐盐碱资源植物综合利用中试研发和盐地藜麦种质创新与产业化项目、滨海新动能产业园污水处理厂收购改造项目、农业孵化展示基地项目、黄三角农高区科技创新区基础设施提升工程等6个项目，到位资金2.9445亿元。谋划了3个重大科技计划项目。编写了《2020年度盐碱地绿色开发项目申报指南》，聚焦盐碱地农业综合开发、盐碱地重要经济作物、盐碱地生态农业三大领域，拟实施盐碱地现代农业综合解决方案及关键技术集成示范、盐碱地特种经济作物核心技术研发与高值化利用、盐碱地生态高效有机循环农业全产业链模式构建与示范3个科技专项，研究形成可复制可推广的盐碱地高值高效利用路径模式，发挥黄三角农高区现代农业示范引领作用。②保障项目顺利实施。完善项目推进服务机制。所有重大项目全部成立专班，实行“一个项目、一名领导、一套专班、一律脱产、一抓到底”的“五个一”工作机制，所有人员一律脱产，集中办公，所有项目一律清单化推进，逐个制定工作计划，挂图作战，负责到底，直至项目建成。安排专员帮办代办，提升项目服务效能，保障项目快速落地、顺利开工。坚持“要素跟着项目走”。积极向上争取土地、煤炭等指标，重点保障“四个一批”项目顺利落地建设。2018年以来全区新增建设用地指标811亩，其中农用地计划指标711亩，有效保障了技术创新中心等重点项目用地需求。使用东营市耕地占补平衡指标469亩，立项3个耕地占补平衡项目，新增耕地1581亩。加强项目推进督导考核。实行一月一通报、一季一部署、一年一观摩的“三个一”调度制度，每月对全区“四个一批”项目开竣工、形象进度、投资额度等进展情况全区通报，每季度召开一次项目部署会，研判解决困难问题，年底开展观摩点评，将项目建设情况作为各部门单位年终考核首要指标，量化打分，奖优罚劣，倒逼项目推进服务上水平、项目建设快见效。

深化体制机制改革。认真贯彻省委、省政府关于开发区体制机制改革的部署要求，制定了《黄河三角洲农业高新技术产业示范区体制机制改革建设方案》，并先期开展了相关工作。①探索剥离社会事务。计划将教育、医疗等28项社会职能交由东营市、广饶县和丁庄街道承担，推动管委会瘦身强体。②推进市场化运行。推行“管委会＋公司”，组建山东现代农业科技创业投资集团，作为黄三角农高区建设发展的市场主体；拟组建黄三角农高区招商服务公司，实施专业化、市场化“双招双引”；探索“平台＋公司”，组建了山东黄河三角洲建设发展有限公司、滨海投资开发有限公司，分别管理运营技术创新中心和滨海新动能产业园。③工作运行机制逐步完善。加快理顺黄三角农高区体制机制，设立了自然资源分局、生态环境直属分局，完成原东营农高区、滨海新区、丁庄街道及东营市（含广饶县）696名在编人员的随编划转，稳步推进农高区机关职务职级、事业单位岗位设置、落编落岗、工资调整、离退休人员管理等干部人事工作，对部分干部职务进行了调整。

持续改善保障民生。聚焦人民群众新期待，扎实办好群众操心事、烦心事、揪心事，让群众生活更加舒心、更加美好。城乡居民养老保险、基本医疗保险、大病保险等社会保障制度覆盖面持续扩大，实现应保尽保。农村“七改”工作实现攻坚突破，美丽乡村、道路改造、校舍改造、旱厕改造、危房改造、自来水改造、燃气村村通等一批惠民工程深入实施，取得阶段性成果。扎实开展城乡环境综合治理和农村环境连片整治，推进城乡环卫一体化建设，营造整洁优美、生态和谐的城乡人居环境。坚持教育优先发展战略，总投资2800万元的丁庄街道中心初中餐厅、体育馆工程实现开工建设。推进东营市人民医院与丁庄卫生院合作建设“医联体”，持续改善城乡居民就医条件。牢固树立安全发展、绿色发展理念，深化安全生产风险分级管控和隐患排查治理双重预防体系建设，全年排查整改各类安全隐患6000余项，妥善处置3起环保案件，园区没有出现重大安全环保问题。深入开展“扫黑除恶”专项斗争，打掉涉黑涉恶团伙3个，破获涉黑涉恶刑事案件3起，不断提升人民群众的获得感、幸福感、安全感。

全面推进从严治党。树牢“四个意识”，坚定“四个自信”，做到“两个维护”，深入学习习近平总书记重要讲话、重要指示批示及党中央作出的重大决策部署，坚决抓好贯彻落实；2019年，党工委会议传达学习12次、理论学习中心组集体学习14次。高度重视意识形态工作，认真落实意识形态工作责任制，加强阵地管理，筑牢思想防线，牢牢掌握意识形态领域领导权管理权话语权。持续改进工作作风，以“工作落实年”为总抓手，深入开展“担当作为、狠抓落实”大竞赛、大比武，领导干部以身作则、以上率下，积极担当作为，带头推进落实。加强基层党组织建设，成立了黄三角农高区机关党委、机关纪委、综合党委、国有企业党委，设立了8个机关、1个事业单位党支部，理顺了基层党组织隶属关系；扎实开展党建示范点创建工作，年内创建2个村、1个非公企业党建示范点；从黄三角农高区机关和丁庄街道选派24名干部，到区内7个村开展下派帮扶工作；组织全区253名村“两委”干部开展“适岗体检”，为各级党组织发挥作用提供了组织保证。坚持零容忍、无禁区、全覆盖，坚持重遏制、强高压、长震慑，坚持铁面执纪、有案必查、有腐必惩，严查基层“微腐败”，加大案件查办力度，保持惩治腐败高压态势，推进全面从严治党向纵深发展。

（山东省黄河三角洲农业高新技术产业示范区管委会 徐云祥）

【科技特派员工作】 2019年，省科技厅深入贯彻落实习近平总书记在科技特派员制度推行20周年重要指示精神，创新工作思路，不断加强科技特派员队伍建设。11月14日，组织召开了全省科技特派员工作会议，于杰副省长出席会议并作讲话，对做好新时期科技特派员工作进行再动员、再部署。启动实施“农业科技综合服务体系建设”农业科技创新重点项目，依托省科技云平台，开发完成了省科技特派员管理系统，实现了科技特派员在线注册、审核、确认、管理等功能。通过实施科技特派员行动计划等激励措施，鼓励引导省科技计划项目主持人和其他各类科技人员注册成为科技特派员，印发公布了科技特派员名单、科技特派员证书和服务胸牌。活跃在农业农村一线的科技特派员6724名，为实现科技指导人员省扶贫工作重点村全覆盖奠定了坚实基础。配合省委组织部遴选符合条件的200名科技特派员到西部经济隆起带和省扶贫开发重点区域开展创新创业和科技指导服务，印发了选派名单、签订了服务协议等，有效推进农业科技人才向基层一线流动。

（山东省科学技术厅农村科技处
山东省农村科技促进中心）

【科技扶贫】 2019年，省科技厅深入贯彻习近平总书记关于脱贫攻坚系列重要讲话、重要指示精神，落实省委、省政府关于打赢脱贫攻坚战、实施乡村振兴战略等决策部署，以省科技厅《关于打赢脱贫攻坚战三年行动工作方案》确定的年度任务目标为重点，统筹科技资源、创新工作方法，多措并举，有效发挥科技示范带动作用，为打赢脱贫攻坚战提供科技支撑。

科技指导人员选派 2019年，省科技厅创新工作方法，进一步巩固提升扶贫工作重点村科技指导人员全覆盖成效。以科技特派员为骨干，在全省县域组建了448个科技扶贫服务队，印发公布了科技扶贫服务队名单，推动科技指导人员由“单兵指导”转向“组团服务”，鼓励支持面向基层开展技术咨询、科技培训、现场巡回指导等科技综合服务，提高了科技指导服务的有效性和针对性。

科技专家服务 2019年，省科技厅组织开展了省科技扶贫专家服务团基层行活动，邀请省农科院、山东农业大学等单位18名农业技术专家，分赴20个脱贫任务较重的县区，集中开展现场技术指导服务50余次，现场解决基层科技人员、农户等提出的实际问题100余项，举办科技致富带头人培训班20场次，累计培养科技致富带头人等乡土科技人才1443名。

农科驿站建设 2019年，省科技厅研究制定了《山东省农科驿站备案管理办法》，进一步强化农科驿站的规范化管理。在省扶贫工作重点村新备案建设农科驿站177家。组织开展了省农科驿站绩效评价工作，其中绩效评价结果为优秀等级农科驿站100家，推动省农科驿站真正成为科技人才培养和农技推广、技术培训、技术咨询等科技综合服务的良好平台和载体。

科技扶贫干部培训 2019年，省科技厅先后举办科技扶贫干部培训班2期，培训基层科技扶贫主管人员、省科技厅驻村第一书记、部分科技特派员及优秀企业代表等167人，科技扶贫干部素质得到进一步提升。

科技扶贫示范基地建设 2019年，省科技厅统筹科技特派员行动计划、农业科技园区产业提升工程和中央引导地方科技发展专项等科技计划资源，鼓励支持科技特派员牵头或者参与实施计划项目，在扶贫工作重点村转化应用科技成果214项，在脱贫攻坚重点区域打造科技扶贫示范基地71个，印发公布了科技扶贫示范基地和科技成果名单。

（山东省科学技术厅农村科技处
山东省农村科技促进中心）

【科技对口支援】

鲁渝科技扶贫协作 1月22日，科技厅党组书记、厅长唐波率队赴重庆，代表省科技厅与重庆市科技局举行了科技扶贫协作联席会议暨深化科技扶贫协作框架协议签约仪式。双方在回顾总结2018年鲁渝科技扶贫协作工作开展情况的基础上，就落实鲁渝扶贫协作第十次、第十一次联席会议和两省市主要领导讲话精神，进一步深化科技领域扶贫协作进行了工作会商，并正式签署了《山东省科学技术厅 重庆市科学技术局深化科技扶贫协作框架协议》，明确双方将在科技研发计划设立、扶贫适用技术转化、科研院所结对共建、科技扶贫培训、科技人才支援交流和网络扶贫协作等6个方面加强协作，精准对接、精准施策、精准发力，助推重庆高质量脱贫、高质量发展。

按照项目、平台、人才一体化思路，省科技厅率先开创科技对口支援新模式，实现科技扶贫协作的精准化和可持续。2019年，省科技厅、重庆市科技局各出资1000万元联合实施了鲁渝科技协作计划，启动实施31项技术示范项目、6个平台建设和技术攻关项目，全省共派出50余名技术专家到重庆有关区县开展调研对接和技术指导，双方先后组织了6期鲁渝科技精准扶贫专题培训班，共培训科技人才、致富带头人300余人次，为贫困区县重点产业发展注入了科技动力。

科技对口支援新疆 2019年8月30日，在科技部召开的全国科技援疆工作会议上，省科技厅作为4个先进援疆单位之一作了大会典型发言。同时，山东省科学技术厅分别与新疆维吾尔自治区科学技术厅、新疆生产建设兵团科技局签署了《关于进一步深化科技对口援疆和创新合作协议》。

（山东省科学技术厅成果转化与区域创新处 张惠莉）

农业科技园区对口帮扶工作和黄河滩区科技帮扶工作 2019年，聚焦20个重点扶贫县科技扶贫和黄河滩区科技帮扶重点任务目标，发挥科技园区在技术、人才、产业等方面优势，部署安排了22个农业科技园区带动科技扶贫项目，在全省扶贫重点县（市、区）打造科技扶贫示范基地22个，对口帮扶园区周边省扶贫工作重点村和黄河滩区贫困村105个。精准制定黄河滩区生产发展科技帮扶工作方案和“一县一策”帮扶措施，统筹涉农科技经费2405万元，带动市、县（区）及企业投入4576万元；支持4个企业、5个农业科技园区、5个农科驿站开展对口科技帮扶示范；选派科技特派员30人，开展现场观摩和技术培训27场次，直接受训人员1235人，重点推介先进适用技术190项。

（山东省科学技术厅农村科技处）

积极推进智力援助 由厅领导带领19位专家赴西藏日喀则、宁夏、新疆喀什、重庆奉节送教上门，组织课堂培训和现场指导40余场（次），培训现代农业、创新创业、先进制造等领域一线科研人员和当地群众600余人次。相关工作受到受援地的高度评价，宁夏回族自治区科技厅两次发来感谢信。

（山东省科学技术厅引进智力与出国培训管理处）

【实施农村领域国家科技计划项目情况】 2019 年，为突破制约全省在农业科技创新发展中面临的技术瓶颈，积极争取国家创新资源落地山东，牵头实施“黄河三角洲耐盐碱作物提质增效技术集成研究与示范”等国家重点研发计划项目 4 项（含中央驻鲁单位，下同），承担课题 8 个，国拨经费 11537 万元；牵头项目总数累计达到 29 项、课题总数累计达到 130 个，国拨经费总数累计 67801 万元。项目实施后，将有效解决黄渤海现代化海洋牧场构建与海域分层立体开发利用模式示范、黄河三角洲盐渍化土地高值高质农产品缺乏等问题，进一步提升全省农业科技创新能力。

【与中科院共同实施 STS 计划项目情况】 2019 年，在中科院科技服务网络计划（STS 计划）一期工程取得成功的基础上，聚焦黄三角农高区建设和智慧农业发展，凝练形成了“黄河三角洲现代生态农业技术系统集成示范”和“智慧农业核心技术突破与集成示范”等 2 个合作项目。集成中科院院内 20 个研究所的 40 名研究人员和省 8 家企业参与实施，投入总经费 2150 万元。项目实施后，预计建成 5000 亩核心试验示范基地，进一步促进了高效生态农业生产系统样板的打造。

（山东省科学技术厅农村科技处）

社会发展科技工作

【概述】 2019 年，围绕人口健康、环境保护、文化科技融合、可持续发展等社会发展重点领域，积极完善优化创新创业环境，大力支持共性关键技术研究和转化应用，推动人才、项目、平台一体化发展。出台了《关于成立首届山东省临床医学研究中心专家咨询委员会的通知》《打好渤海区域环境综合治理攻坚作战方案》，研究起草了《省级政策预算事前绩效评估（临床医学研究中心）开展情况报告》等一系列政策文件，全面加强民生领域科技支撑，扎实推进全省健康科技、文化和科技融合、生态文明建设及其他社会事业领域创新发展。以省重大科技创新工程为抓手，组织实施了“Ⅰ类抗术后痛新药 LY03014 的临床前研究”“金银花‘华金 6 号’新品种全链条研究与产业化”“多级耦合处理高浓高盐化工废水新材料和新工艺开发及工程示范”“超临界 CO_2 无水染色产业化关键技术与装备研究”等省级重大科技创新工程，推进民生领域重大科技攻关。面向全省组织编发了《山东省水污染防治技术指导目录》（第三期）。支持枣庄创建国家可持续发展议程创新示范区，纳入备选辅导城市名单。

【社会发展科学技术】 2019 年，在省科技厅党组的正确领导下，在各兄弟处室和单位的大力支持下，前瞻研究制定全省社会发展领域科技创新规划和政策，高质量研究提出了一批重大科技创新任务。①组织实施社会发展领域科技计划重大项目 122 项，聚力突破了一批重大关键技术。②高标准规划建设了一批医养健康、生态环保、公共安全等领域创新载体，高水平建设了 12 个省级临床医学研究中心，为全省社会发展提出了有效科技支撑。③国家和省级可持续发展实验区建设进程不断加快，枣庄市创建国家可持续发展议程创新示范区取得重大进展，顺利通过国家辅导并以专家论证第 1 名成绩进入最后一轮部际答辩会议。④严格遵守《中华人民共和国人类遗传资源管理条例》，全省人类遗传资源管理相关工作安全、有效。⑤组织开展了新型城镇化及城市发展、公共安全与应急管理、防灾减灾、社会治理、文物保护、新发突发人类传染病、重大自然灾害、公共安全事件等领域关键技术研发工作，示范应用一批先进技术和适用成果，有效助力全省智慧社会建设，全省社会发展科技工作能力和水平不断提高。

【社发领域科技创新平台建设】 截至 2019 年底，全省社发领域省级工程技术研究中心共有 230 家。其中，生命健康领域 114 家，环境保护领域 56 家，资源利用领域 39 家，公共安全领域 6 家，城镇化领域 15 家。布局建设了山东省免疫诊断技术创新中心（筹）、山东省生态纺织技术创新中心（筹）2 个省级技术创新中心。

【人口与健康工作】 2019 年，省级临床医学研究中心建设成效显著，批复建设的 12 家省级临床医学研究中心共建立新型诊疗技术共计 6 项，牵头制定行业指南、专家共识 22 项，网络机构覆盖全省 287 家医疗机构，一批先进的诊疗技术、工作规范和技术方法在基层医院得到推广应用。组建临床中心专家智库，开展中心建设评估工作，对 8 家省级临床医学研究中心给予 2880 万元科技创新基地专项资金支持，用于支持临床中心平台、项目、人才一体化建设。率先开展政策事前评估工作，研究形成了《省级政策预算事前绩效评估（临床医学研究中心）开展情况报告》。

组织实施医养健康产业领域重大科技创新工程 在充分调研座谈的基础上，组织有关专家编制了重大新药创制、生命健康、医养健康、高端医疗器械等领域重大科技创新工程申报指南，明确了重点领域的主要关键技术方向，立项实施重大科技创新工程项目122项，组织开展“Ⅰ类抗术后痛新药LY03014的临床前研究”“金银花‘华金6号’新品种全链条研究与产业化”“临床级别干细胞疾病治疗安全性和有效性评价关键技术的建立及临床应用”等重大关键技术研发与应用。

国家中药现代化科技产业基地建设成效显著 2019年，科技部牵头在成都举办第六届中医药现代化国际科技会议。山东省在大会上作了“建设中药基地，助力动能转换，全面提升全省中药产业核心竞争力”典型发言，介绍了全省中医药产业发展成绩和亮点。山东省中药材种植总面积已达260万亩，通过GAP认证的基地12个，中成药制造企业121家，中药饮片生产企业64家，中药产业已成为全省增长速度最快的产业之一。

强化医养健康产业创新政策落实 根据省科技厅会同省教育厅、财政厅、卫生计生委（原）、食品药品监管局（原）等部门联合制定的《关于加快推进健康产业科技创新的实施方案》中“对在我省实现产业化的Ⅰ类新药，最高给予2000万元的后补助支持”政策。2019年，省科技厅会同省财政厅，按程序对杰华生物技术（青岛）有限公司自主研发的“重组细胞因子基因衍生蛋白注射液”（乐复能）项目进行了专家咨询论证，一次性给予了2000万元的后补助支持。

（山东省科学技术厅社会发展科技处　尹晓东）

【环境保护科技工作】 2019年，大力加强环境保护领域关键共性技术攻关和成果转化，全面提升生态环保领域科技创新水平。

跟踪实施重大科技创新项目，强化生态环保技术创新 持续实施生态环保领域重大科技创新工程，推动水污染防治、大气污染防治、土壤和固废污染防治及绿色低碳领域关键技术攻关、重大工艺创新和重大环保设备开发，从源头上解决环境污染问题，为生态文明建设提供有力科技支撑。山东省重大科技创新工程——“多级耦合处理高浓高盐化工废水新材料和新工艺开发及工程示范”项目，完成抗污染与增强型超滤膜及MBR组器关键技术开发，建成高浓高盐含氰废水处理示范工程1座，实现了高浓高盐化工污水的循环回用，深度处理的水实现固液分离，将盐分和水彻底分离，实现资源化利用和零排放，填补了国内技术空白，所形成的配套装置国产化程度高，提高了国产装备制造业的技术水准。青岛即发集团承担的2019年省重大科技创新工程项目——“超临界CO_2无水染色产业化关键技术与装备研究”，通过产学研合作，与大连工业大学联合开展超临界CO_2无水染色技术预研，基本解决了设备、工艺、检测等多项影响产业化生产的关键技术问题，自主设计建设完成的国际首条涤纶筒子纱超临界CO_2无水染色中试示范线，染出合格无水染色涤纶筒子纱，产品各项指标达到传统水染同类产品相关国家标准。

推进落实生态环保战略部署 ①形成环保督查整改长效工作机制。实施了《关于贯彻落实〈省政府关于印发山东省低碳发展工作方案（2017—2020年）的通知〉的具体措施》《贯彻落实中央环境保护督察反馈意见整改方案》《贯彻落实〈山东省落实《水污染防治行动计划》实施方案〉的实施方案》《贯彻落实〈山东省加强污染源头防治推进“四减四增”三年行动方案〉的专项方案》等一系列政策措施，在政策体系、技术创新、平台建设、成果转化等多个方面，推动环保整改工作落到实处。②贯彻落实省生态环保厅《污染防治攻坚战1+8方案》部署要求。明确了标准要求和量化指标，对方案落实情况按季度报送。③贯彻落实《关于加快推进生态文明建设的实施方案》（鲁发〔2016〕11号），按照创新、协调、绿色、开放、共享发展的要求，细化了职责分工、目标任务和工作措施，将生态文明建设情况月报送生态文明领导小组办公室。④贯彻落实《山东省人民政府办公厅关于印发山东省打好渤海区域环境综合治理攻坚战作战方案的通知》（鲁政办字〔2019〕29号）要求，印发实施《打好渤海区域环境综合治理攻坚作战方案》（鲁科办发〔2019〕4号）。

征集发布《山东省水污染防治技术指导目录》（第三期） 贯彻落实省委、省政府的政策要求，落实年度省总河长会议精神，面向全省公开征集了水污染防治相关技术成果105项，组织行业专家进行了评估论证，最终确定34项通过评审，在此基础上编制形成了《山东省水污染防治技术指导目录》（第三期），加快推动节水用水、治污排污、水生态修复、河湖湾泊污染防治等领域先进适用技术推广应用，为打好饮用水水源水质保护攻坚战、黑臭水体治理攻坚战提供科技支撑。

【文化和科技融合工作】 2019年，省科技厅大力支持文化和科技融合工作，积极构建文化和科技深度融合的创新体系。聚力打造文博会科技创新馆，第8届山东国际文化产业博览交易会举办期间，省科技厅打造了以“科技创新促进文化繁荣发展”为主题的独立科技创新馆，全面展示推进大科学计划、大科学平台、大科学中心、大科学装置“四大”计划取得的重大成果，营造创新创业良好氛围，激发全省企业创新活力。省科技厅获得第八届山东国际文化产业博览交易会优秀组织奖和优秀展示奖。

按照《关于促进文化和科技深度融合的指导意见》（国科发高〔2019〕280号）通知要求，会同省委宣传部、网信办、财政厅、文化和旅游厅、广播和电视局等五部门，着手《关于加快推动山东省文化和科技深度融合的实施意见》起草工作。

（山东省科学技术厅社会发展科技处 严海月）

【公共安全科技工作】 2019年，围绕安全生产、食品安全、消防安全、防灾减灾等重点领域，开展先进技术研发、成果转化及示范应用，突破一批重点行业、关键领域的安全生产技术，提升“科技强安”水平，立项实施“矿山动力灾害演化机理与监测预警装备及安全管控技术”“基于矿山安全云的事故灾害预警安全生产综合管控平台”“基于化工过程安全关键技术的化工园区智慧安全风险管控系统研究”等重点研发计划项目，大力推动安全生产领域的技术创新，为公共安全领域提供技术支撑。

【可持续发展实验区和可持续发展议程创新示范区建设】 截至2019年底，山东省国家级可持续发展实验区总数达14个，居全国第2位；国家级可持续发展先进示范区3个，居全国第1位。

加快创建国家可持续发展议程创新示范区 ①2019年，省委书记刘家义与科技部长王志刚会商，将枣庄创建国家示范区工作纳入省部会商议题。②创建工作纳入《山东省新旧动能转换重大工程实施规划》，列入了省委、省政府2019年度重点督办事项。③科技部在北京组织召开国家可持续发展议程创新示范区创建工作推进会议，经专家组审议，枣庄市在创建工作的13个省市中，综合排名第3位，纳入了备选辅导城市名单。④科技部专家组对枣庄市进行了现场调研辅导，枣庄市纳入5个辅导城市名单。⑤省政府在北京组织召开专家咨询论证会议，明确了“创新引领乡村可持续发展”创建主题，咨询论证了《枣庄市国家可持续发展议程创新示范区建设方案》和《枣庄市可持续发展规划》。

（山东省科学技术厅社会发展科技处 尹晓东）

海洋科技工作

【概述】 2019年，山东省深入实施创新驱动发展战略和海洋强省战略，海洋科技工作成效显著。一是高端人才团队建设稳步推进。山东省汇聚海洋领域两院院士22名，占全国海洋领域院士总数的34%，打造了一支上万人的海洋专家队伍。二是重大基础研究平台建设奋力突破。青岛海洋科学与技术试点国家实验室（以下简称“海洋试点国家实验室”）“三会治理”结构更加合理完善，突破型、引领型、平台型一体化的综合性研究基地初具雏形，年度在研科研项目合同总经费提升至43亿元，入列工作有序推进。中国科学院海洋大科学研究中心（以下简称“海洋大科学研究中心”）建设成效显著，中科院、山东省、青岛市签署三方共建协议，实施“1（重大科技基础设施集群）+X（核心科学家团队）+N（重大科技任务）”的创新组织模式，承担重大科技创新任务，2018—2019年度获中央财政支持超9亿元。三是海洋科技重大项目继续领跑。组织实施2019年国家自然科学基金—山东省联合基金，获批涉海项目34项，共获资助8400万元。截至2019年底，山东省科研院所主持“蓝色粮仓”专项项目19项，占总项目50%，领先地位进一步巩固。四是重大海洋科技成果加快应用。实现基于我国北斗卫星的深海大容量数据实时传输，改变了依赖国外通信卫星的历史。“海燕－X”水下滑翔机最大下潜深度达10619万米，刷新水下滑翔机下潜深度的世界纪录。有害藻华监测、预警和应急处置技术体系在美国、智利、秘鲁等国近海赤潮防控得到有效应用，为全球海洋环境治理提供了中国方案。五是新型科技创新机构平台不断涌现。区域性工程科技智库——中国工程科技发展战略山东研究院正式运行，首家海洋领域省级创新创业共同体——山东省海洋科技成果转移转化中心获批成立。

（山东省科学技术厅海洋科技处）

【海洋科学技术】

中国第十次北极科学考察圆满完成 2019年9月，由自然资源部第一海洋研究所牵头实施、首次采用非破冰船“向阳红01”执行的中国第十次北极考察历时49天顺利完成返回青岛。考察围绕北极海域在全球气候变化中的作用这一前沿科学问题，开展了多学科海洋业务化监测和调查，航行10300余海里，最北到达76°02′N。首次开展了东白令海断面调查，拓展了我国北极考察的范围；利用水下滑翔机实现多平台多学科同步观测，成功监测到台风“玲玲”在白令海测区的过境过程，获取白令海大范围大纵深高密度同步观测数据；研究了楚科奇边缘地海底冰蚀地貌类型和浅部地层结构特征；开展了重点海域生物调查，北极海洋酸化、微塑料和人工核素等调查。共获取基础数据152G和各类样品逾6640份，相关研究正在开展，将为提高北极环境和气候的认识做出贡献。

国际首个对虾基因组、首个蚶科基因组和鞍带石斑鱼参考图谱绘制完成 海洋试点国家实验室海洋生物学与生物技术功能实验室、中国科学院海洋研究所团队与国内外多家单位共同合作，历时10年，成功破译凡纳滨对虾基因组，完成世界上首个对虾基因组参考图谱。对虾基因组是世界上公认的高复杂基因组，该工作为甲壳动物底栖适应和蜕皮等研究提供了重要的理论基础和数据支撑，同时也为对虾基因组育种和分子改良工作提供了重要的基础平台。相关成果在《自然—通讯》(*Nature Communications*) 发表。

海洋试点国家实验室海洋渔业科学与食物产出过程功能实验室、中国水产科学研究院黄海水产研究所团队成功破译魁蚶（俗称赤贝、血贝、大毛蛤，一种大型海洋底栖经济贝类）基因组。该研究利用第二、三代测序和Hi-C染色体构象捕获技术，构建了国际上首个染色体水平的蚶科动物基因组参考图谱。魁蚶基因组大小为885Mb，经进一步分析发现魁蚶基因组中重复序列高达408Mb，占基因组总长的46%。该研究为蚶科贝类抗病抗逆、生长发育等重要性状的遗传解析及种质改良等研究提供了重要理论支撑。相关成果在《大数据科学》(*GigaScience*) 发表。

中国水产科学研究院黄海水产研究所团队联合中山大学、美国密歇根州立大学科研人员完成了鞍带石斑鱼（龙胆石斑）的全基因组测序和基因组图谱绘制。鞍带石斑鱼基因组大小为1.086Gb，含有24718个蛋白编码基因。该工作解析了鞍带石斑鱼先天性免疫和快速生长的基因组学机制，为研究石斑鱼科鱼类生长、抗病等经济性状的分子机制奠定了重要基础，为石斑鱼杂交育种及良种选育提供了基因资源。相关成果在《分子生态资源》(*Molecular Ecology Resources*) 发表。

鱼类胚胎体轴发育调控机制研究方面取得重要突破 海洋试点国家实验室海洋生物学与生物技术功能实验室团队利用斑马鱼为模式生物，在纤毛调控体轴发育的分子机理研究方面做出重要突破。研究发现了一条影响体轴发育的关键信号通路，鉴定出其中的关键神经肽Urotensin，并指出脑脊液中多巴胺信号是调控该神经肽分泌的主要信号。该工作明确了纤毛突变导致鱼类体轴弯曲的分子机理，发现Urotensin神经肽的受体蛋白缺陷可引起斑马鱼成鱼发生脊柱弯曲表型，模拟青少年特发性脊柱侧凸（AIS）疾病，对脊柱侧凸疾病的发病机理研究和未来的诊断具有重要的参考价值。相关成果在《自然—遗传学》(*Nature Genetics*) 发表。

马里亚纳海沟深渊微生物生态功能研究取得重要成果 海洋试点国家实验室海洋生态与环境科学功能实验室、海洋动力过程与气候功能实验室团队研究发现，深渊水体中的微生物呈现明显的垂直成层，在万米以下深水体中快速转变为以烃类降解菌为优势类群的微生物群落。同时，在深渊底部沉积物中鉴定出大量生物来源烷烃，这些烷烃可能支持了烷烃降解菌在马里亚纳海沟底层水的勃发。研究结果指出烷烃可能是万米水体微生物的重要“燃料”，为深入理解深渊海沟的生命过程与机制奠定了重要基础。相关成果在《微生物组学》(*Microbiome*) 发表。

亚中尺度过程及其地球生物化学效应研究取得进展 海洋试点国家实验室海洋动力过程与气候功能实验室团队基于海表漂流浮标、高度计及叶绿素遥感数据，构造了计算海表亚中尺度的非地转流速与叶绿素随体变化的方法，解决了观测上的瓶颈，并在全球范围内给出了两者的定量关系。揭示在地转变形场作用下的中尺度锋面上，亚中尺度非地转运动与叶绿素响应的空间结构。地转变形场与其产生的亚中尺度非地转运动可以对全球生态系统的初级生产力及其固碳能力做出重要贡献，在全球变暖大背景下的气候变化过程中扮演关键角色。相关成果在《自然—通讯》(*Nature Communications*) 在线发表。

热带气旋活动增强厄尔尼诺研究方面取得重要进展 海洋试点国家实验室海洋动力过程与气候功能实验室气候动力学研究团队在厄尔尼诺研究方面取得新成果。该研究成果首次揭示了热带气旋累积效应在跨时间尺度影响中的重要性，并从这一新视角建立了ENSO（El Niño-Southern Oscillation，厄尔尼诺与南方涛动）发展的新机制，为业务部门改进ENSO气候预测提供了理论基础。建立的预测模型可用于业务部门提高ENSO强度预测能力，丰富ENSO气候预测业务产品，为国家防灾减灾服务提供决策参考。相关成果在《自然—通讯》(*Nature Communications*) 发表。

热带跨海盆相互作用研究取得新成果 中国科学院海洋研究所团队利用CMIP5（国际耦合模式比较计划第五阶段）多模式数据及海气耦合模式实验，发现全球变暖将导致大西洋尼诺／尼娜对ENSO的影响减弱，且具有模式间一致性。此项成果首次揭示了热带大西洋—太平洋跨海盆相互作用的未来变化，未来赤道大西洋海温对ENSO预测的贡献将显著下降，而前人研究已经表明将来极端ENSO事件的发生频率会加倍，意味着有关极端ENSO的预测将更具挑战。全球变暖将削弱大西洋尼诺—太平洋遥相关。相关成果在《科学进展》(*Science Advances*) 发表。

改性黏土治理赤潮技术实现重大突破 赤潮是一种全球性海洋生态灾害，如何有效治理赤潮是一项世界级科技难题。中国科学院海洋研究所科研人员历时20多年科研攻关，发明了改性黏土治理赤潮的技术与方法，攻克了赤潮治理长期存在二次污染、效率低、成本高、不能大规模应用等技术难题，实现了海洋环保领域重大突破。迄今，该技术已在我国近海 20 多个水域大规模应用，成功保障了滨海核电冷源等一系列重要水域的水环境安全，产生了显著的社会和经济效益。近年，该技术走出国门，在美国、智利、秘鲁等国家示范应用，被誉为“中国制造的赤潮灭火器”“国际赤潮治理领域的引领者”，为国内外赤潮防控做出了突出贡献。该技术获得 2019 年度国家技术发明奖二等奖。

我国首次实现深海 6000 米大深度数据北斗卫星实时传输 “科学”号科考船完成西太平洋综合考察航次，首次实现深海潜标大容量数据的北斗卫星实时传输，融合感应耦合和水声通信技术首次实现了深海 6000 米大水深数据的实时传输，改变了以往依赖国外通信卫星的历史，显著提高了深海数据实时传输的安全性、自主性和可靠性。西太平洋科学观测网经过 5 年的建设，深海连续和实时观测能力稳步提升。观测网内的 20 套深海潜标、4 套大型浮标共千余件观测设备已经稳定获取连续 4 至 5 年的观测数据，不断刷新我国观测网获取深海数据的最长时间纪录，服务国家深海科学研究、气候预报预测和海洋环境预报的能力显著增强。

海洋 DMS 对环境快速变化的响应及其潜在气候效应研究取得进展 二甲基硫（DMS）是一种自然来源的气体，并被认为是一种“负温室气体”。DMS 的大气氧化产物形成气溶胶，能增加大气云凝结核数量，提高云层对太阳光的反射率，使全球热量收入减少。自然资源部第一海洋研究所团队通过对 2012—2016 年白令海二甲基硫化物时空变化研究发现，夏季白令海海表温度升高 2.8℃，浮游植物生物量和甲藻比重提升，大型桡足类的优势地位逐步被小型桡足类所取代，二甲基硫化物高浓度区域范围明显扩大，垂向延伸至深水区，DMS 海气释放量显著提高 3～5 倍。暖年 DMS 浓度增加及其海气通量提高可能缓解白令海变暖现象。此项研究为深入研究北极海域对区域和全球生态效应、气候变化的响应提供了重要的科学依据。相关成果在《地球物理研究快报》(*Geophysical Research Letters*) 发表。

（青岛国家海洋科学研究中心　代仁海）

【海洋领域科技创新平台建设】 2019 年，海洋试点国家实验室入列工作有序推进，海洋大科学研究中心建设进展顺利，中国工程科技发展战略山东研究院正式运行，首家海洋创新创业共同体获批成立。

海洋试点国家实验室实现高质量发展 2019 年，实验室理事会、学术委员会和主任委员会“三会治理”结构更加合理完善。围绕国家重大战略需求，进一步凝练透明海洋、海底发现、海洋安全、蓝色开发四大战略任务。“两洋一海”立体观测系统实现跨越式发展。在研科研项目合同总经费从 2016 年不到 30 亿元，提升至 2019 年约 43 亿元。配套建成全球海洋领域运算速度最快的 E 级超算中心。深远海科考共享船队总规模达 27 艘，成为全球功能最全、规模最大的科考共享平台。汇聚形成了一支含 30 位院士的 2000 余人的高端人才队伍，在 *Nature*、*Science* 等国际学术期刊发表论文的数量比肩全球顶尖海洋研究所。实验室突破型、引领型、平台型一体化的大型综合性研究基地初具雏形，试点期各项任务基本完成。

海洋大科学研究中心建设取得阶段性进展 5 月，中科院、山东省、青岛市成立三方共建海洋大科学中心理事会；6 月，院省市签署了三方共建协议。海洋大科学研究中心探索实施“1（重大科技基础设施集群）+X（核心科学家团队）+N（重大科技任务）”的创新组织模式，打造更具综合优势和发展活力的国家海洋科技战略力量。“海洋系统模拟设施”进入中科院拟向国家争取的“十四五”国家重大科技基础设施项目候选清单。海洋大型仪器区域中心连续两年在中央级科研仪器设备开放共享评价考中获评优秀。胶州湾站在 2019 年国家野外科学观测研究站考核中获评优秀。海洋大数据中心获批国家海洋科学数据中心分中心。紧密结合地方需求深入实施中科院类战略性先导科技专项“美丽中国”和“地球大数据”项目。2018—2019 年，集聚省外 2 名院士、9 名杰青等创新团队，承担“蓝色粮仓”“健康海洋”“多圈层相互作用”“深海生命”“数字海洋”等科技部、基金委、军科委、中科院等重大任务，获中央财政支持超 9 亿元。

中国工程科技发展战略山东研究院揭牌成立 6 月，由中国工程院和山东省人民政府共建的中国工程科技发展战略山东研究院（以下简称山东研究院）正式揭牌成立。山东研究院依托青岛国家海洋科学研究中心建设，为无行政级别、不纳入编制管理的独立法人（事业）单位，是学术研究机构与区域性工程科技智库，旨在加快实施创新驱动发展战略，以科学研究支撑科学决策，以科学决策引领科学发展，促进工程科技服务于山东经济社会发展。12 月，首个重大咨询研究项目“山东省能源高质量发展战略研究”获批立项，项目总经费 300 万元，由中国工程院院士刘中民、凌文、陈勇、于俊崇领衔，聚焦研究山东能源高质量发展的指标体系、战略定位、发展目标和实现路径。

首家省级海洋创新创业共同体正式获批成立 9 月，由中国科学院海洋研究所和青岛国家海洋科学研究中心共同牵头建设的山东省海洋科技成果转移转化中心获批启动，成为山东“1+30+N”创新创业共同体体系中唯一的海洋领域省级共同体。该创新创业共同体旨在促进涉海院所资源和科技成果在山东汇聚、落地和转化，建设国家级海洋科技成果转移转化和交易平台。11 月，海洋共同体在青岛召开首场中国科学院——山东省科技成果转化对接会。3 名院士、中科院16家院属单位的科研专家、山东省15个地方科技局负责同志和企业家代表约500人参加会议。对接会面向全省沿海7市推介了300多项技术含量高和可转化度强的成果，并征集了100余项企业技术需求，签署了21项合作协议。现场推介发布近200项成果，30余项科技成果达成合作意向。

“蓝海101”“东方红3”海洋科考船正式入列 7月25日，我国最大的海洋渔业综合科学调查船——3000吨级“蓝海101”号在青岛首航。该船是农业农村部迄今投资最多、吨位最大、设施最先进的海洋渔业科学调查船，由中国水产科学研究院黄海水产研究所负责建设和具体运行维护，主要承担海洋渔业资源与渔业环境的常规、专项和应急调查监测及海洋综合调查研究。“蓝海101”号入列后，山东省近岸、近海、外海及远洋渔业资源科研考察的能力得到进一步加强，显著提高我国海洋渔业科学调查装备水平和海洋渔业科学技术研究能力。10月25日，5000吨级深远海综合科学考察实习船“东方红3”号正式加入中国海洋大学科考船舶序列。该船长103米、宽18米、定员110人、续航力15000海里、自持力60天，配备有国际先进的船舶装备和科考装备，是国内首艘、国际上第4艘获得船舶水下辐射噪声控制最高等级——“静音科考级”认证的海洋综合科考船。具备从近海到大洋的高精度、全海深和空间一体化的海洋综合科学考察能力，具有与无人机、科学考察船队和布放的其他观测仪器形成观测阵列的功能。

（青岛国家海洋科学研究中心 孙晓春）

【海洋科技成果和知识产权管理】 2019年，山东省海洋领域共有55项成果（个人）获得省部级及以上海洋科技成果奖励；全省海洋界申请专利1583件，获得授权专利954件。

国家级奖励 获2019年度国家科技奖励4项，其中获技术发明二等奖1项，科技进步一等奖1项、二等奖2项。

省部级奖励（含青岛市） 获省部级奖励共51项，其中12项海洋科技成果（个人）获2019年度山东省科学技术奖励，包括自然科学一等奖1项、二等奖2项，技术发明二等奖1项，科技进步一等奖1项、二等奖3项、三等奖3项，国际科学技术合作奖1项；13项海洋科技成果获2019年度青岛市科学技术奖励，包括自然科学一等奖2项、二等奖2项，科技进步一等奖3项、二等奖5项、三等奖1项。

专利申请和授权 2019年，全省海洋界申请专利1583件，其中发明专利1267件，实用新型专利316件；获得授权专利954件，其中发明专利524件，实用新型专利430件。

（说明：专利数据由52家涉海科研机构数据统计得出。）

（青岛国家海洋科学研究中心 赵喜喜）

【实施海洋领域国家科技计划项目情况】 据不完全统计，2019年山东承担市级以上海洋领域新上科技项目（课题）795项，合同国拨经费总额17.55亿元。其中国家级项目（课题）346项，合同国拨经费11.56亿元；省、市级项目449项，合同国拨经费5.99亿元。全省在研海洋领域科技项目（课题）共计3946项，年度国拨到位经费24.8亿元。

国家科技计划项目 山东在海洋领域共牵头承担了17项国家重点研发计划项目，总经费3.99亿元。其中，承担“蓝色粮仓科技创新”重点专项10项，项目总经费2.73亿元；“深海关键技术与装备”重点专项2项，经费2423万元；“海洋环境安全保障”重点专项2项，经费3443万元；“重大自然灾害监测预警与防范”重点专项1项，经费2298万元；“全球变化及应对”重点专项1项，经费1805万元；“主要经济作物优质高产与产业提质增效科技创新”重点专项1项，总经费2571万元。

省、市科技计划项目 山东实施的省级科技计划项目中，海洋项目有359项，总经费5.57亿元。其中，重大科技创新工程项目61项，经费4.05亿元，主要布局在现代海洋、高端装备、人工智能、新材料等领域；2019年山东省技术创新引导计划对国家重点科研项目（课题）进行了研发和成果转化补助和奖励，海洋领域资助项目（课题）80项，经费3334万元。市级科技计划在海洋领域布局项目90项，经费4177万元。

（说明：数据来自涉海高校、科研院所等19个单位及7个沿海市科技局，基本覆盖了主要承担单位和地区，能够反映海洋科技项目的基本情况。限于统计范围，难免有些单位承担的海洋科技项目未能统计。）

（青岛国家海洋科学研究中心 黄 博）

科技创新资源与能力

【科技计划及投入】

科技资金 2019年，省财政统筹安排省科技厅省级科技创新发展资金99.6953亿元，其中预算安排省自然科学基金4.54亿元、重点研发计划36.153亿元、技术创新引导计划13.265亿元、科技创新基地专项39.2425亿元、青岛海洋科学与技术国家实验室等项目建设6.4948亿元。

为管好用好科技创新发展资金，省科技厅紧紧围绕新旧动能转换和“十强”产业发展重大需求，聚焦重大科技创新任务落实，以“补短板、增供给、强主体、固优势、促转化”为目标，贯彻落实省委、省政府重大战略部署，充分发挥财政科技资金的集聚引领优势，集中力量办大事，支撑全省新旧动能转换和经济社会高质量发展。截至2019年底，科技创新发展资金预算执行80.57亿元，其中自然科学基金4.25亿元、重点研发计划26.53亿元、技术创新引导计划18.91亿元、科技创新基地专项25.38亿元、青岛海洋科学与技术国家实验室等项目建设5.49亿元。主要用于以下方面：一是充分发挥财政科技资金的集聚引领优势，集中力量办大事，支持山东产业技术研究院、山东高等技术研究院、青岛海洋科学与技术国家实验室、中科院海洋大科学研究中心、山东半岛自主创新示范区和黄三角农高区建设；二是全面落实大科学计划和大科学工程规划任务，实施重大科技创新工程项目582项，开展“卡脖子”关键核心技术攻关和成果转化及产业化；三是聚焦重大科技创新任务落实，支持E级超级计算机研发；四是持续加大基础研究投入，对青年科技人才开展基础研究进行梯次资助，组织实施重大基础研究计划51项，加快补齐源头创新不足短板；五是加强科技型企业培育，全面落实企业研发投入后补助、科技型中小微企业升级高新技术企业补助、创新券补助等普惠性政策，进一步激发中小微企业创新活力；六是夯实科技创新基础，支持省部共建国家重点实验室、省级创新创业共同体、省重点实验室、技术创新中心、临床医学研究中心等重大科技创新平台建设。

此外，2019年还安排省科技厅省级人才建设资金1.14亿元、农业科技资金1.85亿元。其中，人才建设资金主要用于外专双百计划人选项目专家的工作经费、引智成果示范推广、外国专家齐鲁行、齐鲁友谊奖评审表彰、引智业务培训、智力援助等方面；农业科技资金主要用于继续实施农业良种工程、农业园区产业提升工程、渤海粮仓科技示范工程以及高效生态农业创新类泰山产业领军人才科研配套等方面。

（山东省科学技术厅资源配置与管理处 毛原宁）

科技计划 2019年，为规范科技计划管理，重点推进科技计划体系重构和流程再造等工作。①重构省科技计划体系。制定出台了《省科技计划设置实施改革初步方案》(鲁科办发〔2019〕51号)，将省科技计划优化整合成为自然科学基金、重点研发计划、技术创新引导、基地和人才4大类专项、20个类别，加速构建符合科技创新规律，布局合理、定位明确、支撑有力的省科技计划布局体系。②再造省科技计划管理流程。研究制定了《省科技计划组织实施工作流程实施方案》(鲁科办发〔2019〕13号)，建立健全决策、执行、评价既相对分开又协同配合的内部管理运行机制，完善从指南发布、项目评审、项目立项、过程管理、结题评价等流程，实现项目管理服务关键环节有机衔接、闭环运行。③完善重大项目形成机制。强化目标导向的任务形成机制，竞争择优与主动布局相结合，综合运用定向委托、一事一议、厅市合作、部门协同等多种方式，推动企业、高校、科研单位组成创新联合体。研究制定了《省科技计划定向委托项目组织实施办法》(鲁科办发〔2019〕40号)，贯彻落实省委、省政府重大部署，加强顶层设计和主动布局，集中优势科技资源加快解决制约发展的“卡脖子”技术。目前，正抓紧谋划“深地资源勘查开采”“蓝色药库”“核电研发”“高端轴承”“新一代人工智能”等定向重大项目。④规范省科技计划评审管理。学习借鉴国家和广东、江苏、浙江等省做法，研究制定了《省科技计划评审管理规范》(鲁科办发〔2019〕41号)，明确了省科技计划评审方式、评审主体、专家遴选、评审纪律等，提高评审的科学性、公平性和公正性。研究制定了《省科技计划申报限项规定》(鲁科办发〔2019〕42号)，提出了对科研人员申报省科技计划项目限项的规定。

（山东省科学技术厅战略规划处 王 婷）

【软科学研究计划】 2019年，软科学研究坚持目标导向，坚持改革创新，坚持对省重大发展战略实施提供有力支撑，重点围绕山东省创新驱动发展战略和创新体系建设对战略研究的需求，在创新型省份建设、科技发展规划制定、科技体制机制改革、科技支撑八大发展战略实施路径等方面进行部署研究。年度立项该批计划安排项目359项，其中重大项目34项、重点项目47项、省科协研究专项40项、科技金融研究专项10项、省扶贫开发研究专项4项、一般项目224项。该批计划共安排补助经费1345万元。其中，重大项目和重点项目补助经费989万元，由省科技厅专项拨款，2019年拨付989万元；省科协研究专项补助经费300万元，由省科协专项拨款，2019年拨付200万元；科技金融研究专项补助经费20万元，由省金融学会专项拨款，2019年拨付20万元；省扶贫开发研究专项补助经费36万元，由省扶贫开发办专项拨款，2019年拨付18万元；一般项目为无资项目。项目遴选采用定向委托、招标和择优选择的方式确定。定向委托项目是按照《省科技计划定向委托项目组织实施办法》规定，为做好全省中长期科学技术发展规划纲要编制工作，委托中央财经大学、中国国际科技合作协会及山东院士专家联合会等省内外各领域战略专家、技术专家、产业专家、宏观经济学家等承接的项目。定向委托项目不向社会招标，直接进入评审，评审合格即可立项。招标项目是在向厅有关处室、高校和科研院所等单位征集软科学研究题目的基础上，经厅相关处室酝酿、专家讨论，拟定了研究题目向社会发布，符合条件的单位和负责人均可选择申报投标。项目遴选参照招投标方式进行，投标项目题目必须与发布的招标项目题目相一致，不得更改题目或加副标题，具体研究内容自行拟定，作为评标的主要内容。经专家评审，对每个项目的多个申报者只确定1名最优者立项。专项项目分为省扶贫开发办专项、科技金融研究专项、省科协智库高端人才专项，分别由扶贫专项基金、金融学会、省科协协调财政出资进行支持。一般项目以培养青年人才、挖掘优秀成果为目的，按选题领域自行设计选题和研究内容，全部为自筹经费项目，采取会议评审方式进行评审，择优立项。

软科学研究严格过程管理，按照省重点研发计划相关要求，落实监督责任，确保项目完成质量。为保证研究的时效性，提高应用绩效，实时聘请省内知名专家对课题的研究思路、研究目标、技术路线等进行逐一点评，点评结果反馈课题组，对成果形式、研究进度、存在问题、经费使用等方面做明确要求，保证课题研究质量。

强化软科学成果的有效供给与应用，牢固树立软科学研究的应用导向，改革结题办法，把成果刊发、推介、应用作为结题“刚性”要求。2019年软科学项目共结题193项，出版著作22部，汇编4部；在省级以上期刊发表论文305篇，在《人民日报》《大众日报》等省级以上重点报刊发表文章5篇；获得各类奖励证书14项、专利10件；被各级各类决策部门采用14项。组织专家成立编委会，对取得的研究成果认真梳理、及时挖掘，定期印发《软科学研究》刊物向厅领导和厅有关处室推送。已编辑推送42期《软科学研究》，提升了软科学服务决策能力。把政务信息与软科学研究成果结合起来，先后编发“我省石墨烯产业技术创新前景良好　面临四方面问题亟需关注”“我省科技型中小企业发展存在资源资金人才‘孤岛现象’”“我省科技人才培养引进政策存在四方面不足需关注”等多篇政务信息，在省委省政府专报、《今日信息》上刊发，部分政务信息还得到省领导的肯定性批示，软科学研究应用成果成效明显。

（山东省科技战略与政策研究所　廉　荣）

【科技规划】 2019年，按照山东省统一部署，启动了新一轮中长期科技发展规划和“十四五”科技创新规划制定工作。①加强规划编制的组织领导。成立了唐波厅长任组长、于书良副厅长任副组长，有关处室主要负责同志为成员的厅规划编制工作领导小组。厅办公室印发了规划编制工作方案，组建了工作专班。②部署开展战略研究和领域技术预测工作。组织了21个战略研究和17个领域技术预测专题，由各责任处室单位牵头负责，厅有关事业单位、中国工程科技发展战略山东研究院、院士专家联合会等作为平台，寻求国家大院大所高层次专家支持，列入软科学计划支持。③启动规划编制前期工作。初步开展了“十三五”和2006—2020年科技发展中长期规划的实施评估工作。实行开门编规划，在科技厅网站挂出“众筹科技2035：我为山东中长期科技规划建言献策”专栏，广泛征集省内科技领军人才、省直有关部门、高校、科研单位对“十四五”和中长期科技发展规划的意见建议，召开市科技局规划科长座谈会、高层次专家座谈会，邀请中国科学院科技战略咨询研究院专家做技术预测辅导培训等。

（山东省科学技术厅战略规划处　王　婷）

【基础科学研究】

国家自然科学基金　2019年，山东省共获国家自然科学基金资助立项2038项，直接经费10.62亿元，获得的资助项目、资金数量较2018年均有所增加，获得资金数量列各省市第8位，位列北京（64.89亿元）、上海（29.15亿元）、江苏（24.72亿元）、广东（19.95亿元）、湖北（15.07亿元）、浙江（12.86亿元）、陕西（12.13亿元）等省市之后。

国家自然科学基金委—山东联合基金　2019年度国家自然科学基金委—山东联合基金项目最终确定立项项目34项，涉及26个研究方向，直接经费总额为8400万元，其中省内单位牵头项目20项，直接经费为4940万元，均占总数的58.8%。从领域来看，生命科学领域立项5项，占生命科学领域立项总数的83.3%，山东省在地球科学领域立项12项，占地球科学领域立项总数的63.1%，在工程与材料领域立项3项，占工程与材料领域立项总数的33.3%。

山东省自然科学基金 2019年，山东省自然科学基金（以下简称省基金）以培养基金、博士基金、青年基金、省属优青、省杰青、面上项目、重大基础、联合基金的形式对省内的优秀科研人员进行资助。共资助各类项目1959项，省财政安排经费36415万元。

激发优秀青年创新能力，加大对优秀青年科研人员的培育、支持力度。通过培养基金、博士基金、青年基金、省属优青、省杰青等层次分明的资助项目类别，保持对青年科研人员的稳定支持的同时，适度提升各类项目的资助率。①培养基金。支持刚开始从事科研工作的青年科技人员开展基础研究和应用创新研究，积累和提高创新创业的经验与能力。共资助项目357项，经费1731万元。②博士基金。支持以博士为主体的青年科技人员，独立开展科研工作，进一步加强理论与实践结合，鼓励开展具有较强创新性的应用基础研究。共资助项目582项，经费5612万元。③青年基金。支持有一定科研经验与能力、发展潜力好的青年科技人员，瞄准学科发展前沿有针对性地选择研究方向，组建形成研究团队，成长为学术带头人。共资助项目184项，经费2613万元。④省优青。在省属高校中择优支持一批发展潜力较大的优秀青年科研人员，促进省属高校源头创新能力的提高。共资助项目31项，经费924万元。⑤省杰青。支持在相关研究领域已取得突出成绩，有望获得国家杰出青年基金、国家自然科学基金重点项目等国家层面学术带头人的优秀青年学者。共资助项目25项，经费2398万元。

突出服务支撑作用，组织实施应用基础研究。支持科研人员及团队围绕山东省新旧动能转换、新兴产业培育，以及民生问题解决等事关经济社会发展的重大需求提炼科学问题，组织开展应用基础研究。①面上项目。支持具有较好科研基础、研发和组织能力强的中青年科技人员组建团队，重点围绕山东省经济社会发展的重点领域和方向，开展较为系统的创新性科学研究。共资助项目684项，经费12137万元。②重大基础研究项目。跟踪学科发展前沿，积极开展技术创新前瞻性布局，实现技术战略储备；加强基础研究成果深度消化，填补基础研究与应用开发之间的沟壑，实现重大关键核心技术突破，为后续产业承接奠定基础。共资助项目51项，经费10000万元。

发挥引导作用，拓宽基础研究社会投入渠道。省自然科学基金与济南市科技局、淄博市科技局、浪潮集团、东岳集团、济南市高新区、山东省肿瘤医院等联合资助方设立联合基金，共同出资支持应用基础研究课题，拓宽了基础研究的投入渠道，加强应用导向的基础研究，共资助项目51项，经费2790万元。

实验动物管理 2019年，按照国家实验动物的法律、法规和标准，实行实验动物许可证管理办法，不断提高实验动物等级质量和应用水平，提高从业人员素质，全年共受理行政许可申请和换证30项（全程网办），通过网上材料审核，进入专家（质量监督员）现场验收环节30项；新发放30份实验动物生产、使用许可证，且均在“双公示”法定时限内予以公示。2019年，指导山东省实验动物中心对全省15家单位的实验动物质量进行检测，总共79个批次，以确保实验动物质量；对全省实验动物环境设施进行检测，共125家次，其中，监督检测30家次，以确保实验动物环境设施质量。省实验动物中心参加全国实验动物检测能力验证，检测结果均为满意，表明山东省实验动物中心具有良好的实验动物检测能力和水平。为提高全省实验动物从业人员的专业技术水平，保障实验动物从业人员素质，省实验动物学会组织举办了11期实验动物从业人员培训班，共有800人次参加培训并取得合格证。全年未发生实验动物传染病和公共卫生事件；实验动物环境设施规模逐年扩大，2019年有半数左右被许可单位从业人员持证上岗率达到100%。

（山东省科学技术厅基础研究处）

【省重大科技创新工程项目】 2019年，省重大科技创新工程紧密围绕省委、省政府中心工作，以落实八大战略和新旧动能转换重大工程部署为重点，按照全厅工作“进位赶超”和“四三二一”工程部署，坚持问题导向，针对制约新旧动能转换“十强产业”高质量发展的重大技术问题，按照整体设计、链条布局、企业主体、产学研协同的原则，围绕新一代信息技术、高端装备、新材料、新能源、绿色化工、智慧海洋、现代农业、医养健康、安全生产、环保治理等重点产业和大科学计划大科学工程重点领域共立项587项，2019年支持财政资金194304万元。

项目立项情况 ①厅市联合项目。注重与各市联动，集成省、市等创新资源，组织实施重大科技创新工程厅市联合项目，支持各市加速新旧动能转换。通过技术答辩、现场考察等，共立项77项，2019年支持财政资金44284万元。重点支持了各市重点发展的新材料、高端装备、新一代信息技术、医养健康、高端化工、新能源、现代高效农业和现代海洋等技术需求旺盛的8个产业领域。②竞争择优项目。坚持问题导向，针对制约新旧动能转换“十强”产业高质量发展的重大技术问题，以成果转化和产业化示范为重点，面向全国吸引优势创新力量开展协同攻关。通过专家评审、现场考察、预算评审，共立项505项，2019年支持财政资金144448万元，项目涵盖了新一代信息技术、高端装备、新材料等“十强”产业中科技需求旺盛的八大产业及山东省大科学计划和大科学工程的大部分领域。③定向委托项目。为贯彻落实省委、省政府关于安全生产的工作部署，支持山东省煤炭、黄金等深地资源勘查开采行业新旧动能转换，设立了深地资源勘查开采重大科技创新工程定向项目，通过定向委托方式，集中优势科技创新力量实施协同攻关。通过项目论证，共立项5项，2019年支持财政资金5572万元。重点针对深部资源占比高、冲击地压威胁大等制约山东省煤炭、黄金等资源勘查开采行业安全、高效发展的重大科学技术问题进行重点科研攻关。

项目预期成效 通过项目实施，可有效促进全省优势产业做大做强，进一步补齐短板，在技术、产品、模式等方面有望实现系统性突破，带动产业链全面创新发展。

推动传统产业转型发展。充分发挥人工智能的引擎作用，按照“机械化换人、自动化减人、智能化无人”的思路，重点布局无人驾驶、智能交通、语音交互、智能搜索引擎、智慧工厂等领域相关项目，全面拓展“智能+”，为传统产业转型升级赋能。在新材料产业，着力提升山东省钢铁、合金、陶瓷等传统材料性能，满足航空航天、轨道交通、海工装备等高端制造需求。

激发新兴产业发展新动力。对新兴产业科技创新项目加大支持力度，为经济发展培育新动能。在医养健康产业围绕生命健康、重大新药创制与高端医疗装备等领域重点布局，在新一代信息技术产业围绕人工智能和高端自主芯片两个方向重点布局，在新能源产业围绕多能互补智慧应用、可再生新能源利用、新能源装备智能制造等领域重点布局，通过科技创新引领，助力新兴产业尽快发展壮大。

人才、团队带动效益明显。项目的负责人及参与人员中具有高级职称4287人，其中两院院士77名、外籍院士8名，入选长江学者等省级及以上人才800人，外籍人才131人；341个项目具有省级以上创新平台，项目实施预期将新建或升级省级以上平台413项，引进和培养各级各类人才超3218人。

各项预期效益显著。预计项目投入资金约290亿元，可实现新增产值1250多亿元，新增利润230多亿元，新增税收60多亿元，出口创汇近20亿元；预期申请专利近4200件，其中发明专利2700多件；新增各类技术标准500多项、软件著作权960余项，新品种或各类批件近180项；带动就业近5万人。

绩效评价情况 2019年，对2016年（含）前立项的314项重大科技创新工程项目进行了综合绩效评价，根据项目绩效评价情况，对综合绩效评价为优秀的、按照计划文件资金尚未全部拨付到位的36个项目进行了结转，2019年拨付财政资金3000万元。这批项目涵盖新材料、新能源、信息技术、高端装备、高端化工、生物医药、生命健康、现代高效农业、现代海洋和智慧工厂等10个重点产业领域，通过项目实施攻克了一大批关键共性技术，促进了一大批创新成果的转化及产业化，在优化产业结构、助推传统产业转型升级方面取得了显著成效。

在关键共性技术研发方面取得了重大突破。通过项目实施，突破了一批重大关键技术和工艺，填补了多项重要产品和装备的空白，在诸多领域打破了国外技术壁垒，对相关产业的发展起到了驱动作用。浪潮电子信息产业股份有限公司的“高端容错计算机监控管理子系统核心技术研究”项目，提出一种基于SOC平台的高端容错计算机自主可控监控管理方案，开发基于自主监控管理SOC芯片的核心Linux外设驱动，系统的可信计算机系统架构，以打破现有计算机监控管理子系统几乎被国外厂商垄断的局面，并解决监控管理子系统长期使用国外芯片及软件代码解决方案所存在的安全隐患，从而获得具有自主知识产权安全可控的监控管理方案，形成了自主品牌的监控管理解决方案国产化产业链。中国海洋大学的“深海实时潜标关键技术”项目，突破了深海实时潜标的标体设计、实时通讯与传输、稳定控制等系列关键技术，研发了具有自主知识产权的深海实时潜标，实现海洋上层流场的剖面观测，观测垂向分辨率16m，流速剖面测量范围≥500m，为全面开展海洋动力环境实时长期连续观测奠定了重要基础。

在科技成果的应用和产业化方面实现了重大进展。通过项目实施，在生物医药、新材料、高端装备等方面，实现了多项科技成果的产业化应用，产品部分或全部替代国外进口，打破国际垄断，提升全省科技创新能力。烟台荣昌制药股份有限公司的“‘注射用重组人B淋巴细胞刺激因子受体—抗体融合蛋白’（泰爱）的Ⅲ期临床研究”获得了单细胞表达量大于40pg/cell/d的高产细胞株，建立了2000L新型生物反应器生产线，蛋白表达量超过3g/L，达到国内领先、国际先进水平，确立了一整套完善的细胞无血清悬浮流加培养工艺，解决了生物新药行业发展的瓶颈问题。山东工业陶瓷研究设计院有限公司承担的“新一代氮化硼陶瓷纤维规模化制备技术及关键工艺装备研发”项目，完成了与氮化硼陶瓷纤维连续规模化生产相匹配的工艺优化，突破了连续化氮化硼陶瓷纤维制备关键技术，建立国内首条氮化硼纤维连续化生产线，达到吨级制备能力，从而带动了国内特种纤维制备关键共性技术的突破，推进了关键热处理装备的升级改造，填补了国内超高温复合材料用增强纤维的应用空白。

在产业转型升级、助推新旧动能转换方面取得突出成绩。通过项目的实施，在轮胎、冶金、食品加工、农用机械等领域突破了一系列关键共性技术，从而推进传统企业升级改造，培养壮大新动能，加快推动产业转型升级。山东阳谷华泰化工股份有限公司（聊城）承担的“组合氧化法绿色合成橡胶助剂类精细化工产品的产业化技术研发平台”项目（成果转化），突破了组合氧化法合成橡胶助剂绿色化生产技术，建成行业内首个千吨级规模的组合氧化法绿色合成橡胶助剂产业化平台；开发的母液套用技术及蒸气压缩蒸馏回收技术使能耗降低 30% 以上，从根本上解决了涉及氧化反应的橡胶助剂产品的共性难题，从工艺技术上杜绝了高盐有机废水的产生，年杜绝高盐废水产生 50 万吨以上。烟台万隆真空冶金股份有限公司的“350km/h 以上高铁铬锆铜接触线及线棒材短流程工艺研发及产业化”自主研发了真空水平连铸设备和大规格大盘卷卷取设备，突破了大断面棒坯真空连铸和高速线材热连轧等技术，制备出满足 350km/h 以上高铁用铬锆铜接触线及线棒材制品，形成了完整的生产工艺。达产后，可建成国内外最具竞争力的特种铜合金线棒材生产线，成为全球首家批量生产铬锆铜高铁接触线、承力索的企业。

取得了显著的经济社会效益。据统计，这批项目在 2015—2018 年内单位自筹到位资金 60 多亿元，银行贷款到位资金 6 亿元，新增研发投入近 285 亿元，实现累计销售收入 7000 多亿元、净利润 830 多亿元，利税 350 多亿元。共带动平台建设国家及省级 231 个，市级 103 个；专利申请 2856 件，授权 1843 件；软件著作权申请 493 项，授权 500 项；新品种申请 243 项，获得 115 项；新药证书申请 5 项，获得 3 项；主持制定技术标准 512 项，参与制定技术标准 265 项；获得国家级奖励 29 项，省部级奖励 181 项，市级奖励 144 项；引进人才 3000 余人，通过项目培养人才 4000 余人。

（山东省科学技术厅重大专项办公室）

【科技创新平台基地建设】

创新创业共同体　2019 年 9 月，根据《山东省人民政府关于打造“政产学研金服用”创新创业共同体的实施意见》(鲁政字〔2019〕49 号）规定，经省政府同意，启动建设了激光装备、无机功能材料与智能制造、聚合物新材料、海洋科技成果转移转化中心、微纳传感技术与智能应用 5 家创新创业共同体。拟用 5 年左右的时间，以山东产业技术研究院为示范样板，培育 30 个以上省级创新创业共同体，同时带动各地建设一批不同主体、不同模式、不同路径、不同方向的创新创业共同体，形成“1+30+N”的创新体系，创新驱动发展成效更加显著。

省技术创新中心　2017 年和 2018 年分两批批准筹建 10 家省技术创新中心，其中，医药卫生领域 3 家，先进制造领域 3 家，新材料领域 1 家，农业领域 1 家，轻工领域 1 家，生物技术领域 1 家。截至 2019 年底，10 家省级技术创新中心，共承担或参与国家重点研发计划等国家级科技项目 150 余项、省重大科技创新工程等省部级项目 160 余项，引进或新增加院士 10 多人、省级以上人才近 40 人，高层次专家 300 余人，申请专利近 600 件，编写规范或标准近 100 项，获得省部级以上奖励近 20 项，孵化企业 50 余家。出台了《山东省技术创新中心建设方案》，明确了省技术创新中心建设的总体思路、功能定位与主要任务、建设布局与组建模式、建设程序、保障措施等内容。建立了省技术创新中心培育库，对入库单位实行动态管理，总数量控制在 400 家左右，截至 2019 年底入库单位达 420 家。

省级工程技术研究中心　截至 2019 年底，全省建有省级工程技术研究中心 1273 家，其中省示范工程中心 268 家。按照省科技厅科技计划改革领导小组会议要求，国家、省工程技术研究中心建设纳入省科技创新平台体系整体考虑，与“1+30+N”创新创业共同体体系一体部署。2019 年，未新建工程技术研究中心，对 2016 年度建设的省级工程技术研究中心进行了绩效评估，优秀的 41 家，补助经费 4100 万元，对 3 家评估结果为差的予以摘牌。

新型研发机构　2019 年出台了《山东省新型研发机构管理暂行办法》，明确了新型研发机构的功能定位、备案条件与程序、运行、管理与评估、扶持措施等。对备案新型研发机构，根据评估绩效择优给予后补助支持。对“十强”产业发展支撑强的备案新型研发机构，可采取“一事一议”给予支持。

（山东省科学技术厅资源配置与管理处　尹承山）

重点实验室　截至 2019 年底，全省建有国家重点实验室 20 个，其中，学科国家重点实验室 3 个、企业国家重点实验室 15 个、省部共建国家重点实验室 2 个。为培育国家重点实验室后备力量，全省布局建设省重点实验室 238 个，其中学科省重点实验室 145 个，企业省重点实验室 93 个。重点实验室在推动源头创新，加快创新型省份建设中发挥了重要作用。

①重点实验室成为推动经济高质量发展的新引擎。围绕全省重大需求，省重点实验室凝练重大科学问题，聚焦关键共性技术，开展基础和应用基础研究，为推动行业创新驱动发展提供了有效技术供给。2019 年共获得授权专利 6065 件，软件著作权 722 项，植物新品种 72 件，新药品及临床新药证书 14 个，主持或参与制定标准 518 个，有力支撑了全省经济高质量发展。

②重点实验室成为开展基础研究和应用基础研究的重要平台。省重点实验室不断明确功能定位，总体科研能力持续加强，一批国家重大科研项目依托重点实验室在全省组织实施，重点实验室承担科研项目的数量、水平不断提高。2019 年在研省部级以上各类科研项目 5742 项，经费 19.78 亿元。其中，国家级项目 2119 项，经费 6.96 亿元。

③重点实验室成为产出原始创新成果的重要源头。省重点实验室高水平科研产出不断涌现，产生了一批标志性重大成果。2019 年，省重点实验室共获得国家级科技奖励 29 项（含参与完成），其中国家科学技术奖一等奖 2 项。省科学技术奖励 150 项（含参与完成），其中省自然科学奖一等奖 2 项，省技术发明奖一等奖 2 项，省科技进步奖一等奖 25 项。

④重点实验室成为高层次人才的集聚高地。截至2019年底，省重点实验室共有科研人员14911人，其中，固定人员10755人。其中拥有高级职称人员7249人，占总数的48.6%，并有两院院士、长江学者、国家杰出青年基金获得者百余人，引进、培养了一批梯次结构合理、创新能力突出的科研人才和团队。

大型科学仪器开放共享暨创新券 2019年，大型科学仪器开放共享暨创新券工作主要从完善政策、优化网络平台、扩大政策影响等角度进行实施和推广工作。

①修订创新券管理办法，加大创新券实施力度，提高科研设施与仪器资源开放共享水平。认真研究分析山东省创新券管理使用过程中存在的突出问题，会同省财政厅对原《山东省创新券管理使用办法》进行修订，并于2019年8月15日印发《山东省创新券使用管理办法》(鲁科字〔2019〕66号，以下简称《办法》)，自当年10月1日起正式实施。《办法》主要有以下几方面改进：一是扩大创新券支持对象和范围。将创新券支持范围扩大到合作研发、委托研发、研发设计、标准制定等科技创新服务。二是下放创新券审核权限到设区市。三是增加了创新券兑付频次、缩短兑付周期，制定《山东省创新券补助资金拨付实施细则》，明确创新券补助资金实行直接拨付方式，将创新券兑付周期由每年1次调整为每月1次。全部实现网上在线兑付，将创新券拨款兑付的时间缩短为10个工作日。四是强化创新创业载体的主体责任。规定各级各类科研院所、高等学校、重点实验室、工程技术研究中心等创新创业载体必须按规定在省仪器设备网注册成为会员，对外开展科技创新服务。五是强化创新券工作激励措施。以财政性资金为主建设的供给方依托省仪器设备网对外提供科技创新服务，可以根据人力成本等收取服务费，并按照成本补偿和非盈利性原则收取材料消耗费和水、电等运行费；服务费可主要用于奖励提供科技创新服务的科技人员及团队。六是建立以信任为本的管理制度。对诚信使用创新券作出规定，要求供给方和使用方按照诚实守信的原则申请、使用创新券。截至2019年底，加入全省仪器设备网的科研仪器原值10万元以上仪器12635台（套)，设备原值111.51亿元；50万元以上科研仪器5413台（套)，设备原值91.83亿元；入网会员单位达到11302家，其中中小微企业9079家。2019年度仪器设施供给单位对外服务次数7129次，全省共有580家中小微企业预约共享科学仪器设备，预约金额9518.72万元，获得审核通过创新券补贴共计1135.24万元。根据开放共享效果、对外服务量、综合效益等情况，对33家仪器供给方奖励资金407.18万元。

②搭建开放共享平台，提高服务便利化。为配合《办法》的顺利实施，对山东省大型科学仪器设备协作共用网进行升级改造，整合省内高校、科研院所和其他企事业单位的科研设施与仪器资源，向社会开放共享。依托开放共享平台，落实创新券政策，实现了用户注册、仪器信息查询、预约使用、数据统计、创新券管理服务等网上全流程办理，为全面盘活科研设施与仪器资源，更好地为服务科技创新、服务社会提供了重要支撑。平台根据政策的修订不断完善，逐渐建成覆盖全省各类科研设施与仪器、统一规范、功能强大的专业化、网络化管理服务体系，推动科研设施与仪器开放共享制度、机制更加健全，建设布局更加合理，开放水平显著提升，分散、重复、封闭、低效的问题基本解决，资源利用率进一步提高。

③扩大政策影响力，提升社会各界对政策的关注度和知晓度。充分利用网站、公众微信号、报纸、电视等各类媒体广泛宣传科研设施与仪器开放共享暨创新券工作，宣传解读科研设施与仪器开放共享暨创新券政策，推动政策落实落地。及时总结、宣传山东省创新券暨大型科学仪器开放共享工作典型做法与成效，形成各类主体积极参与共享的良好氛围。全省深化制度创新，完善创新券管理流程再造的典型做法得到国家审计署的肯定。

（山东省科学技术厅基础研究处）

图书情报服务 2019年，省情报院积极发挥省级文献服务公共共享服务平台核心作用，对文献平台批量下载、原文传递、统计分析等功能进行了优化升级，打通了NSTL济南站接口，在临沂等4市、省轻工集体经济科技信息研究所建立科技文献服务站，为当地科技型中小微企业开展专题培训，全省科技文献共享服务体系建设效果十分显著。10家市级服务站累计服务科研人员2万名；获服务对象书面肯定反馈意见12封；科技文献用户注册、文献下载量从2018年底的12087个，增加到20058个（年初目标20000个)；文献使用量从2018年底的30449篇增至89372篇（年初目标50000篇)，分别提升66%、193%。

继续做好省科技厅各处室业务档案的接收整理加工和存储工作。全年接收整理项目资料316盒，加工上架业务档案241盒，提供到馆借阅查询服务143人次2000余份。

聚焦科技创新支撑新旧动能转换、科技体制机制改革等方向，深入做好科技情报支撑服务。一是继续做好技术创新跟踪服务，“氢燃料电池产业发展趋势和技术发展方向”等4期《技术创新跟踪专报》获省科技厅主要领导肯定批示；二是实时跟踪国内外科技创新动态，全年编辑推送《今日科技快讯》80期，获省科技厅主要领导批示67期；三是贯彻“进位赶超”创新行动，调研撰写《科技文献助力企业创新调研报告》《山东省科技情报智库联盟建设方案》《浙粤情报院(所）奖励性绩效工资分配方案》《东营市科技创新现状》等报告报省科技厅及相关业务处室参考。

科技报告 2019年，省情报院积极推动科技报告呈交系统纳入科技云平台，优化科技报告工作流程，简化科技报告工作环节，创新开展“以干代练”等工作方法，先后派员赴省农科院开展科技报告改写培训；派员赴烟台开展科技报告撰写培训；“以干代练”培训青岛、德州、菏泽、潍坊科技情报所及省中医 11 名工作人员，全年培训科技报告撰写员 900 余名，科技报告指导员 110 余名，科技报告注册用户数量全国第一，共享报告数量全国第四；完成科技云科技报告采集加工系统开发，科技报告审核状态可实时查询，提升改审工作效率。

（山东省科学技术情报研究院　亓　亮　董振宇）

【科技创新服务平台建设】

大学科技园　积极探索大学科技园的创新发展模式和建设机制，促进科教产融合发展。会同省教育厅批准山东理工大学、哈尔滨工业大学威海分校、济南大学、荣昌制药股份有限公司、日照大学科技发展集团有限公司 5 家单位建设省级大学科技园，省级以上大学科技园达到 15 家，吸纳 2000 多名大学生创业就业。

科技企业孵化器和众创空间　实施科技企业孵化器（众创空间）提质增效行动。制定印发《山东省科技企业孵化器管理办法》(鲁科字〔2019〕70 号)，进一步规范省级科技企业孵化器和众创空间的标准和管理。对全省备案的省级科技企业孵化器和众创空间运营情况进行了核查，对运营绩效差的 22 家单位运营管理的省级科技企业孵化器备案资格和 79 家单位运营管理的省级众创空间备案资格给予摘牌。发挥国家关于孵化载体的税务优惠政策激励引导作用，指导 55 家国家级科技企业孵化器（含众创空间）通过 2018 年度税收优惠审核；指导 30 家国家级科技企业孵化器（含众创空间）、7 家省级科技企业孵化器通过 2019 年税收优惠审核，推动孵化载体提质增效高质量发展。新增国家级科技企业孵化器 14 家，总数达到 98 家。

（山东省科学技术厅高新技术发展及产业化处　韩绍华）

山东信息通信技术研究院公共研发服务平台　2019 年，山东信息通信技术研究院公共研发服务平台共为全省信息通信领域华芯、华翼、概伦、盛品、神思、中孚等 148 家企业的 564 种产品，提供技术研发及测试服务时长 52 万余小时；全年组织技术专题培训 18 次，为 149 家次企业培训 358 人次。其中，集成电路设计平台为 12 家企业的 45 个产品，提供技术研发及测试服务时长 51 万余小时，提供技术培训 8 次，为 73 家次企业培训 194 人次；通信测试平台为 84 家企业的 384 种产品，提供技术研发及测试服务 2310 次共 5338 小时，组织技术培训 4 次，为 47 家次企业培训 107 人次；物联网与嵌入式系统研发平台为 22 家企业的 59 种产品，提供技术研发及测试服务时长 1244 小时，组织技术培训 4 次，为 27 家次企业培训 45 人次。

（山东信息通信技术研究院管理中心　李　萌）

技术市场　2019 年，全省技术市场认真贯彻科技部《关于技术市场发展的若干意见》和省政府《关于加快全省技术转移体系建设的意见》精神，加快技术转移政策落实落地，聚力技术创新服务，加强线上线下技术交易平台建设，努力构建全省统一开放的技术市场体系，推动技术市场整体实现持续稳定发展。根据科技部火炬中心《2019 年度全国技术合同交易数据》统计，全年登记技术合同 35505 项，技术合同成交额 1152.21 亿元，成交额首次突破 1000 亿元，居全国第 8 位。

技术交易质量与规模明显提升。2019 年全省共登记技术合同 35505 项，同比增长 2.75%，成交额 1152.21 亿元，同比增长 34.47%，技术交易规模实现快速增长；平均每项技术合同成交额为 324.52 万元，与上一年度相比增长 30.87%，技术交易质量同步提升。技术合同成交额占全省 GDP 比重达 1.62%，为全省新旧动能转换提供了强有力的科技支撑。

技术服务与科技创新能力显著增强。全省科技服务业快速发展，登记技术服务合同 15663 项，成交额 495.67 亿元，同比增长 66.10%，占全省技术合同成交总额的 43.02%，成交额、增幅和全省占比均居四类技术合同首位；登记技术开发合同 14216 项，成交额 481.12 亿元，同比增长 17.28%，占全省技术合同成交总额的 41.76%，技术服务和技术开发是全省技术交易的主要类型。全省技术创新能力稳步提升，科技实力显著增强，有力推动科技资源在山东集聚。

“十强”产业相关领域快速发展。在输出技术领域方面，成交额居前 5 位的依次为先进制造、新能源与高效节能、城市建设与社会发展、电子信息、新材料及其应用，成交额分别达到 270.77 亿元、207.07 亿元、141.95 亿元、121.48 亿元、121.13 亿元，共计 862.40 亿元，占全省输出技术成交额的 77.69%；在吸纳技术领域方面，城市建设与社会发展、先进制造、新能源与高效节能、电子信息、环境保护与资源综合利用依次居前 5 位，成交额分别达到 203.63 亿元、201.35 亿元、149.43 亿元、123.14 亿元、107.59 亿元，共计 785.14 亿元，占全省吸纳技术成交额的 70.67%。技术市场的良好发展态势为培育新的经济增长点、壮大十强产业提供了不竭动力。

企业技术创新主导地位强化。企业继续发挥技术交易主力军作用，共输出技术 26976 项，成交额 1005.12 亿元，同比增长 33.06%；共吸纳技术 24454 项，成交额 898.41 亿元，同比增长 15.88%。企业创新投入增加，技术创新和科技成果转化能力提升，增强了企业活力和竞争力，促进了全省技术市场的繁荣与发展。

高校科研机构技术输出活力持续释放。高校技术输出能力显著增强，共输出技术4081项，成交额23.14亿元，同比增长43.52%；科研机构输出技术2884项，成交额22.21亿元，同比增长49.60%；高校科研机构创新源头作用明显，为技术市场提供了大量高质量科技成果，引领了科技创新和技术发展的方向，为全省技术市场发展增添了活力，促进了全省科技、经济的发展。

区域联动发展为技术交易注入活力。2019年，济青烟“三核”引领作用显著，三地共输出技术20730项，成交额544.01亿元，同比增长52.46%；共吸纳技术15840项，成交额591.32亿元，同比增长46.90%，分别占全省输出和吸纳技术成交额一半左右。省会经济圈、胶东经济圈、鲁南经济圈依靠技术转移全力推动项目落地，着力打造具有竞争力的科技创新区域。省会经济圈输出技术合同和吸纳技术合同成交额分别为563.88亿元和552.32亿元，同比分别增长50.36%和28.03%，分别占全省输出和吸纳技术成交额一半左右；胶东经济圈技术交易持续活跃，输出技术成交额425.29亿元，吸纳技术成交额418.14亿元，同比分别增长24.41%和3.47%；鲁南经济圈技术需求旺盛，共输出技术120.84亿元，吸纳技术140.49亿元，同比分别增长17.24%和36.15%。

技术输出能力稳健增长，技术承接能力有待提高。2019年共输出技术35167项，成交额1110.02亿元，同比增长35.38%；共吸纳技术32920项，成交额1110.94亿元，同比增长18.35%；输出技术与吸纳技术成交额基本持平。流出山东技术共11909项，同比增长16.69%，成交额431.60亿元，同比增长32.60%。流入山东技术共9662项，同比增长11.71%，成交额432.53亿元，同比下降2.64%。

技术进出口合同增加，高新技术竞争力增强。2019年，登记输出到国外和我国港澳台地区的技术合同共1046项，成交额82.33亿元，同比增长80.11%。其中输出到港澳台地区的技术合同40项，成交额10.80亿元，同比增长320.42%；先进制造领域技术合同成交额为8.81亿元，占输出到港澳台地区技术合同成交额的81.57%。输出到国外的技术合同1006项，成交额71.53亿元，同比增长65.80%。技术输出排名前3位的领域是先进制造、新能源与高效节能和电子信息领域，成交额分别为37.01亿元、13.69亿元和10.69亿元，3个领域技术合同成交额之和占输出到国外总成交额的85.83%。其中技术出口合同主要集中在韩国、美国和芬兰。

引进台湾地区和国外的技术合同共344项，成交额42.57亿元，同比增长13.70%。生物、医药和医疗器械为引进台湾地区技术合同主要领域，成交额98.88万元。吸纳国外技术合同342项，成交额42.56亿元，同比增长14.49%，排名前三的技术领域为先进制造、电子信息和新材料及其应用，成交额分别为18.14亿元、9.16亿元和7.42亿元，3个领域技术进口成交额之和占进口国外技术合同成交额的81.57%。其中技术进口合同来源国前3位是意大利、韩国、日本。

2019年山东省各市技术合同登记情况

城市	合同项数	成交额（亿元）	技术交易额（亿元）	排名
济南市	10940	286.47	159.55	1
青岛市	7736	170.58	170.46	2
烟台市	2235	110.95	107.10	3
淄博市	1552	106.46	80.86	4
潍坊市	3498	77.47	72.45	5
威海市	1410	56.92	53.36	6
东营市	1988	56.90	56.45	7
济宁市	1193	52.22	47.83	8
泰安市	1976	42.61	31.00	9
日照市	290	39.92	39.80	10
聊城市	474	37.94	20.28	11
德州市	741	27.54	26.57	12
菏泽市	260	26.50	26.35	13
枣庄市	710	25.71	22.99	14

续表

城市	合同项数	成交额（亿元）	技术交易额（亿元）	排名
临沂市	387	19.75	13.59	15
滨州市	115	14.27	10.54	16
合计	35,505	1152.21	939.19	

2019 年山东省各经济区域技术交易情况

经济区域	输出技术			吸纳技术		
	合同数	成交额（亿元）	增长率（%）	合同数	成交额（亿元）	增长率（%）
山东半岛蓝色经济区	16872	482.56	23.65	15197	474.59	2.69
黄河三角洲高效生态经济区	3157	105.21	19.65	3607	115.82	11.27
西部经济隆起带	3882	190.94	18.13	5986	187.23	27.54
济青烟国家科技成果转移转化示范区	20730	544.01	52.46	15840	591.32	46.90
省会经济圈	17751	563.88	50.36	15408	552.32	28.03
胶东经济圈	14876	425.29	24.41	13452	418.14	3.47
鲁南经济圈	2540	120.84	17.24	4060	140.49	36.15

2019 年山东省各类技术合同统计表

	合同类别	合同项数	成交额（万元）	占比（%）	其中：技术交易额（万元）
合计		35505	11522132.08	100	9391884.70
技术开发	合计	14216	4811176.73	41.76	4309548.01
	委托开发	12190	3846560.70	33.38	3474463.97
	合作开发	2026	964616.03	8.37	835084.04
技术转让	合计	1707	1111933.11	9.65	1072037.57
	技术秘密转让	619	691207.18	6.00	679206.79
	专利实施许可转让	488	211725.48	1.84	205917.38
	专利权转让	350	150945.62	1.31	131750.27
	计算机软件著作权转让	64	19724.11	0.17	19339.11
	生物、医药新品种权转让	71	13405.31	0.12	12278.61
	植物新品种权转让	56	12068.50	0.10	11148.50
	专利申请权转让	51	11202.00	0.10	11152.00
	集成电路布图设计专有权转让	5	1386.50	0.01	976.50
	设计著作权转让	3	268.40	0.00	268.40
技术咨询		3919	642366.25	5.58	607296.62
技术服务	合计	15663	4956656.00	43.02	3403002.50
	一般性技术服务	15174	4726177.11	41.02	3234265.21
	技术培训	350	179524.30	1.56	153697.70
	技术中介	139	50954.59	0.44	15039.59

2018—2019 年山东省各类技术合同对照表

合同类型	合同项数			成交额（亿元）		
	2018 年	2019 年	增长率（%）	2018 年	2019 年	增长率（%）
合计	34554	35505	2.75	856.87	1152.21	34.47
技术开发	14417	14216	−1.39	410.22	481.12	17.28
技术转让	1966	1707	−13.17	80.08	111.19	38.85
技术咨询	4850	3919	−19.20	68.15	64.24	−5.74
技术服务	13321	15663	17.58	298.41	495.67	66.10

2018—2019 年山东省输出技术合同技术领域构成对照表

技术领域	合同项数			成交额（亿元）		
	2018 年	2019 年	增长率（%）	2018 年	2019 年	增长率（%）
城市建设与社会发展	3477	3285	−5.52	40.15	141.95	253.52
电子信息	7699	7369	−4.29	108.55	121.48	11.91
航空航天	70	111	58.57	0.64	3.06	375.57
核应用	17	13	−23.53	0.23	5.37	2197.05
环境保护与资源综合利用	1981	2276	14.89	60.38	68.97	14.23
农业	3344	2740	−18.06	53.56	64.82	21.02
生物、医药和医疗器械	2979	3564	19.64	62.74	76.44	21.83
先进制造	7277	7830	7.60	232.08	270.77	16.67
现代交通	728	829	13.87	28.65	28.97	1.11
新材料及其应用	2591	2475	−4.48	92.90	121.13	30.40
新能源与高效节能	4092	4675	14.25	140.07	207.07	47.83
合计	34255	35167	2.66	819.95	1110.02	35.38

2018—2019 年山东省吸纳技术合同技术领域构成对照表

技术领域	合同项数			成交额（亿元）		
	2018 年	2019 年	增长率（%）	2018 年	2019 年	增长率（%）
城市建设与社会发展	4025	3753	−6.76	75.69	203.63	169.02
电子信息	8001	8146	1.81	113.34	123.14	8.64
航空航天	495	239	−51.72	6.93	4.39	−36.65
核应用	13	14	7.69	0.06	5.43	8867.02
环境保护与资源综合利用	2062	2095	1.60	117.77	107.59	−8.64
农业	3131	2367	−24.40	52.36	53.37	1.94
生物、医药和医疗器械	2677	3467	29.51	59.96	71.67	19.51
先进制造	5913	5915	0.03	206.17	201.35	−2.34
现代交通	953	977	2.52	116.12	88.44	−23.84

续表

技术领域	合同项数			成交额（亿元）		
	2018 年	2019 年	增长率（%）	2018 年	2019 年	增长率（%）
新材料及其应用	2199	2145	−2.46	74.26	102.50	38.02
新能源与高效节能	3229	3802	17.75	116.02	149.43	28.80
合计	32698	32920	0.68	938.70	1，110.94	18.35

国家技术转移机构。2019 山东省为优化技术转移服务架构，建设了以企业单位、高等院校、科研机构、政府部门等主导的 26 家山东省国家技术转移机构，共拥有从业人员 2604 人，其中本科以上人员 2212 人，技术经纪人 236 名。共组织技术交易活动 1308 次，组织技术转移培训 64759 次，促进技术转移项目 8459 项，成交额达 138.41 亿元，利税总额 0.88 亿元，积极推动科技成果加速转化，充分发挥在促进技术转移和引领科技服务业发展中的示范带动作用，不断提高服务能力与水平，为全省新旧动能转化提供有力的科技支撑。

青岛市技术市场依托高校、国内外知名咨询机构完备的教学体系和师资力量，进一步推进共建国家技术转移人才培养基地合作，开展技术经纪人、技术经理人的市场化培训。继与青岛大学、中国石油大学（华东）之后，又与蓝谷管理局、斯坦福青岛研究院达成三方共建人才培养基地协议，通过项目、基地、教学合作等多种载体和形式，构建起产学研用互动融通的对接合作机制。青岛市国家技术转移人才培养基地多次承担火炬中心、科技评估中心培训任务，并与“2+N”其他基地合作，面向全国累计开展科技评价培训万余人次，实现了技术经纪培训模式和科技成果评价经验的输出。

山东省国家技术转移机构名单（26 家）

兖矿水煤浆气化及煤化工国家工程研究中心有限公司
山东百诺医药股份有限公司
山东省建筑科学研究院科技开发中心
济宁市技术市场
鲁南技术产权交易中心
山东大学技术转移中心
齐鲁工业大学技术转移中心
山东省科学院生产力促进中心（白俄罗斯国家科学院济南技术转移中心）
济南市产学研协作管理服务中心
中国科学院山东综合技术转化中心
山东省医学科学院药物研究所
山东省药学科学院
山东力创科技有限公司
潍坊高新技术产业开发区技术交易服务中心
青岛科大都市科技园集团有限公司
青岛华慧泽知识产权代理有限公司
中国海洋大学科学技术处
青岛市科技创业服务中心（青岛技术交易市场）
青岛连城创新技术开发服务有限责任公司
青岛胶科邦信技术服务有限公司
中国科学院青岛产业技术创新与育成中心
青岛中天智诚科技服务平台有限公司
山东科技大学科技园管理有限公司
青岛技术产权交易所有限责任公司
青岛海大新星计算机工程中心
青岛中石大科技创业有限公司

创新驿站。山东省共有山东省科学院和青岛市技术转移中心 2 家区域创新驿站站点，山东淄博生产力促进中心和东营市景华石油石化装备技术转移中心 2 家基层创新驿站站点。

山东大学科技成果直通车系列行动是省技术市场管理服务中心联合山东大学共同推出的服务创新之举，旨在搭建高校与地方的科技成果转化便捷通道，推动科技成果落地转化，将创新能力转化为经济发展动能，助力地方经济高质量发展。2019 年已经在山东各地举办 9 场，赢得了地方科技型企业的一致好评，为加速创新成果和资源聚集，提升区域技术创新能力起到了重要推动作用。

2019 年，青岛市牵头与全国 33 家单位联合通过中国标准化协会发布了《应用技术类科技成果评价规范》《科技成果挂牌交易服务规范》《科技成果拍卖服务规范》《技术合同认定登记服务规范》4 项团体标准。这是国内首套围绕促进技术转移、贯穿技术交易全链条的科技服务领域系列国家团体标准。

（山东省技术市场管理服务中心　王　剑）

【科技金融】 2019 年，持续完善省、市两级财政主导的科技成果转化贷款风险补偿机制，省、市两级政府部门共同为合作银行对科技型中小企业的贷款本金损失承担 70% 的风险，引导银行信贷资金支持科技型中小微企业发展。已有 14 个市设立市级风险补偿金，省市补偿资金规模达到 3.57 亿元，累计确定合作银行 35 家，除六大国有银行、全国性股份制银行外，还有地方银行、村镇银行。其中，省农信社下辖 14 市共计 110 家农商行已完成签约并陆续开展业务。2019 年累计为 631 家企业提供贷款，贷款总额 35.06 亿元，有效缓解了科技型中小微企业融资难融资贵的问题。

为更好发挥财政资金杠杆撬动作用，不断引导合作银行持续加大对科技型中小微企业贷款支持力度，创新性地通过竞争性评审方式公开遴选中行山东分行、齐鲁银行、建行山东分行3家银行为风险补偿资金托管银行。三家银行分别承诺放大托管资金不低于31倍、26倍、20倍的贷款。

因工作成效突出，国家审计署发布的2019年第1号公告将山东省科技成果转化贷款风险补偿政策作为降低民营和中小微企业融资成本的有效措施列入《一些地区和部门积极推进国家重大政策措施落实的经验做法》。

（山东省科学技术厅资源配置与管理处　毛原宁
山东省科技服务发展推进中心　姜宁朋）

科技合作与交流

【国（境）外科技合作与交流】 2019年，按照“控制总量、保证重点、严格管理、提高效益”的原则，结合全省科技工作重点领域和对外合作交流重点国家，全年共办理赴欧洲、美洲、亚洲等国家等因公出访团组共29批43人次。

推进高层互访，营造国际科技合作良好氛围。2019年，接待了美国驻华使馆、匈牙利创新与科技部、日本国立产业技术综合研究所（AIST）先进镀膜技术研究中心、俄罗斯国家科技园、格鲁吉亚国家科学院等代表团和专家，就推进双方和多方合作进行了深入探讨和研究，进一步拓宽了合作渠道和途径。

6月，于杰副省长率团出访乌克兰、塞尔维亚，签署了《山东省人民政府乌克兰国家科学院合作框架协议》，促成了省科学院等单位与外方在生物技术、新能源、环境保护及人才交流合作等方面签署12项合作协议，加深与两国主要科研机构的合作关系。

10月，唐波厅长率团访问塞尔维亚、瑞士、德国，参加“第4届中国—中东欧国家创新合作大会”，在德国参加了以“科技、合作、创新”为主题的中德科技创新合作大会，广泛接触三国政府部门、高校、科研机构，举办合作交流活动，签署了系列合作协议，进一步推动了全省与塞瑞德三国在科技创新领域的务实合作。

12月，省委书记刘家义率山东省代表团访问日韩。为完成好出访期间的科技合作任务，省科技厅厅长唐波率山东省科技代表团同期访问了日韩，先后到首尔、东京等地，广泛接触韩国、日本各界人士，举办了“山东省与京畿道科技创新合作论坛”“首届中日新能源车用动力电池论坛”“国际人才交流平台建设座谈会”等多场外事活动，考察日韩企业和在日山东企业，拜访韩国生产技术研究院、首尔大学、日本科技振兴机构、日本国立产业技术综合研究所等科研机构，共同签署一批合作协议和项目，取得一系列重要合作成果。

策划举办各类国际科技合作与人才交流活动，积极拓展科技合作渠道。根据全省对外科技合作需要，先后承办了科技部在山东省举办的“中欧科研快车”宣讲活动，举办了乌克兰国家科学院技术项目推介会，与中科院广州能源研究所联合在烟台举办了第二届可持续生物燃料国际会议，在乌克兰基辅举办了第二届山东—乌克兰科技创新研讨会，举办了中国—欧盟（威海）膜产业技术创新合作大会，组织了2019海外院士“齐鲁行”活动，承办了由省政府与中国工程院、法国国家技术院、法国科学院共同主办的核能发展与环境国际高端论坛等多个合作交流活动。同时，与省直有关部门联合举办了“2019中国—以色列跨境投资合作论坛”，参加友好省州领导人峰会有关活动，进一步密切了与相关国家的科技合作，推动了技术双向转移转化，为企业、科技园区、高校与科研机构搭建了科技合作交流平台。①举办“中欧科研快车”系列宣讲活动。3月12日至13日“中欧科研快车”系列宣讲活动在济南和青岛举办。宣讲活动由科技部中国科技交流中心和欧盟驻华代表团共同主办。欧盟驻华大使郁白、科技部国际合作司领导班子成员雷风云、中国科学技术交流中心副主任庄嘉、山东省外国专家局局长张祝秀出席了在济南举行的启动仪式和首站活动。会上，欧盟驻华代表团公使衔科技参赞魏立国介绍了欧盟“地平线2020”科研计划和参与规则。德国驻华大使馆科学参赞霍言思、奥地利驻华大使馆科技副参赞孙晓龙、拉脱维亚驻华大使馆参赞马丽卡、意大利驻上海总领事馆科技参赞帕加尼分别就各自国家创新政策和对华合作情况做了专题报告。中国欧洲科研人员网络项目官员围绕如何利用其网络平台寻求欧盟科技创新资源、建立合作关系、促进科技项目合作进行了详细介绍。来自全省高校、科研单位、企业和各市科技管理部门代表约400人参加了两地的宣讲活动。活动的举办对全省畅通对欧合作渠道，深化科技创新务实合作，推动打造对外开放创新高地具有重要推动作用。②组织参加第 3 届中国—阿拉伯国家技术转移与创新合作大会。第 3 届中国—阿拉伯国家技术转移与创新合作大会于 9 月 5 日至 8 日在宁夏银川举办，此次大会是第四届中国—阿拉伯国家博览会的重要板块之一。大会以“推动科技创新合作、实现中阿发展共赢”为主题，邀请中国和阿拉伯国家科技主管部门、技术转移机构、科研机构、高校及企业等各界代表参加，通过创新合作高层论坛、高新技术及装备展、专场技术对接会等系列活动，进一步推动中国和阿拉伯国家科技创新合作与技术转移，探讨区域科技合作机制，共商共建合作平台，促进“一带一路”科技创新合作与区域内各国发展。为利用好此次合作平台，针对山东省与阿拉伯国家科技合作较少情况，省科技厅组织全省科技系统梳理项目需求，派出参会人员 35 人，参与大会 18 个论坛、活动，进一步拓宽了全省与阿拉伯国家技术合作渠道。③举办丝绸之路高科技园区联盟第四届会议。10 月份，在格鲁吉亚组织举行了丝绸之路高科技园区联盟第四届会议，来自俄罗斯、阿塞拜疆、乌兹别克斯坦、巴基斯坦、土耳其等丝绸之路沿线国家的 30 多个高校、科研机构、高新技术企业的 100 余位代表出席会议，对接签订了一系列合作协议，取得了丰硕的成果。④承办“第 2 届中韩创新大赛”。11 月 19 日至 22 日，由山东省政府、韩国中小企业部主办，中国科技交流中心、韩国中小企业振兴工团协办，省科技厅、威海市政府承办的“第二届中韩创新大赛暨首届中韩工业设计大赛总决赛”成功举办。韩国政府机构、高校院所嘉宾，中韩两国参赛选手，国内有关高校、投融资机构、孵化机构负责人等，共计 350 多人参加活动。中国科技交流中心党委书记陈志敏，省外国专家局局长张祝秀，省工业和信息化厅副厅长孔庆成，威海市长张海波，副市长张伟，韩国中小企业部中国协力官局长金壹浩、韩国庆山市政府副市长李章植、韩国韩医大学校长卞畅壎等领导和嘉宾出席于 22 日上午举行的颁奖会。会上举行了威海韩国科创城推介、威海韩国技术创新研究院和威海韩国科技产业园（威海韩国大学科技园）揭牌、合作协议签署、专题报告等活动。⑤主办首届中日科技创新合作大会。12 月 26 日至 27 日，首届中日科技创新合作大会在威海市成功举办。此次会议是在中日两国高层交往频繁，经济、科技、人文等领域务实合作不断加强的大背景下，第一时间内落实省委主要领导出访日本成果，举办的一次重要国际科技创新合作活动。日本相关高校院所和企业代表 52 人、省内高校院所和企业代表 240 多人参加会议，会上签署合作协议 10 项，达成合作意向 19 项，取得了较好成效。

【国（境）内科技合作与交流】 2019 年，进一步深化国内科技合作。一是充分挖掘国内高端科技创新资源，搭建山东省与大院大所和知名高校的合作桥梁。着眼全省新旧动能转换重大工程，充分发挥大院大所和知名高校技术创新和人才集聚优势，积极谋划重大合作事项和重大合作平台，将相关事项纳入省院、省校合作协议，积极推动相关合作协议顺利签署。山东省已与中科院、工程院、北京大学、清华大学等国内一大批知名高校及科研院所签订了战略合作协议。二是积极打造各类科技创新平台，做好“筑巢引凤”大文章。在全省共同努力下，山东能源研究院、山东产业技术协同创新中心、中国工程科技发展战略山东研究院、山东新松人工智能研究院等一大批省级层面重大科技创新平台启动建设；积极推动各市与大院大所和知名高校科技合作，共建各类科技创新平台，在突破关键核心技术，促进重大科研成果转化落地，汇聚和培养高层次人才方面发挥了重要作用。

举办 2019 创新驱动发展院士恳谈会 6 月 16 至 18 日，组织召开了 2019 山东省创新驱动发展院士恳谈会。大会以“智汇齐鲁、科创未来”为主题，邀请了 116 名院士，围绕信息技术、绿色化工论坛、新材料论坛、新能源论坛、卫生健康论坛、海洋、环保等领域，举办了 7 个平行分论坛，集中推介项目 170 余项，现场签约 36 项，出台了《关于进一步做好院士智力引进推动科技创新合作的意见》，成立山东院士专家联合会，为全省汇聚国家科技领军力量，发挥院士高端智力优势，谋划创新驱动发展道路，奠定了坚实基础。

成功搭建新动能·青岛展览洽谈会科技成果展示交易区 10 月 19 日至 21 日，省政府主办的 2019 新动能·青岛展览洽谈会举行。作为跨国公司领导人青岛峰会的配套活动，此次展洽会设有 1 个主题展区、5 个产业展区、4 个专题展区，在为期三天的时间内集中展示了山东新旧动能转换的规划、成果、重大项目和合作需求。省科技厅负责的科技成果展示交易区作为专题展区之一，分为序厅、科技成果区和引智联盟区。序厅集中展示了山东省开展“进位赶超”创新行动计划，引领全省经济实现高质量发展取得的一系列成就，主要包括健全制度创新体系、开展招才引智工作、完善科技创新基础条件、统筹规划区域创新格局、推动高新技术及产业化发展、加快农业科技创新、培育企业技术创新主体等方面的内容。科技成果展区下设 6 个板块，一系列新产品、新技术集中亮相。创泽引导机器人集听觉、视觉、触觉、自由行走技术于一体，与观众频频互动交流；顺诺智能科技有限公司的 B 超检测机器人引得众多外宾驻足询问；如意集团推出的全球第一款通过数码印花生产的红外伪装面料、兖煤蓝天清洁能源有限公司的煤炭高效清洁燃烧成套技术和超低排放整体解决方案、海尔智慧客厅等展台也都是人头攒动、熙来攘往。展洽会期间，多位省领导和跨国公司领导人青岛峰会嘉宾参观展览。

【实施科技合作与交流领域国家科技计划项目情况】对接科技部合作司，强化项目培育，争取更多的国家资源向山东省倾斜。2019年，共有山东天瑞重工“用于废热发电的密封性高速磁悬浮发电机开发”等12项项目列入政府间国际科技合作专项，获得2340万元经费支持，合作国别包括芬兰、韩国、日本、希腊等7个国家；“导热聚合物复合材料结构与性能研究”等4项纳入中国—白俄罗斯、中国—保加利亚、中国—乌克兰和中国—捷克政府间科技合作例会项目，山东大学杜林获中法杰出青年科研人员交流计划支持，争取科技部批复赴英国、乌克兰、德国科级干部培训班，执行科技部3个发展中国家培训班，进一步融入国家科技创新合作机制，使得山东省国际科技合作的层次和水平不断提高。

实施国际科技合作项目 围绕全省科技发展需求，优化顶层设计，精准实施国际科技合作项目。2019年，共组织实施34项省重点研发计划国际科技合作项目，资助经费6434万元，巩固了山东省与乌克兰、以色列、俄罗斯、加拿大等“一带一路”沿线重点国家政府间合作框架下的国际科技合作，带动全省重点领域科技创新能力不断提升。

举办多个国家培训班次 为加强与英国、乌克兰、德国等国家科技合作，先后举办乌克兰科研系统管理体系培训班、英国海洋技术领域和德国技术转移转化领域国际培训班，进一步开拓了眼界，与外方相关部门建立了合作联系。举办了面向发展中国家的“麻风防治技术”和“农机技术”培训班和上合组织成员国科技园区管理人员培训班，为俄罗斯、乌兹别克斯坦、印度尼西亚、马来西亚、卢旺达、印度、巴西、埃塞俄比亚、菲律宾等国家学员提供培训机会，为下一步合作开拓渠道。

组织实施“樱花计划” 积极推进中日青少年科技交流，共有3批次6个项目70人次赴日交流，为双方青少年科技交流创造了良好条件。在友好省州框架下，组织参加了在巴西圣保罗举办的技术协调人会议和系列科技合作交流活动，密切了山东省与友好省州之间的关系。

【科技合作平台建设】

国际科技合作平台 国际科技合作基地建设是推进国际科技合作的重要载体。2019年，全省共有国家级国际科技合作基地45家，省级品牌国际合作基地34家。这些平台在引进国外高技术、高层次人才，推动科技成果转移转化，有效利用国际、国内两种资源方面起到了重要作用。为进一步优化整合科技创新资源，规范国合平台的认定和管理，按照《山东省国际科技合作基地管理办法》相关规定，围绕国际合作平台的研发能力与贡献、国际科技合作与交流、队伍建设与人才培养、日常运行与管理等方面，组织相关领域的专家对2008—2014年认定的山东省国际（港澳台）科技合作平台进行绩效评价，评价结果分为优秀、合格、不合格三档。

（山东省科学技术厅科技合作处　王南南）

国内科技合作平台 2019年，进一步推动院士工作站发展，对备案满3年的工作站进行了绩效评价。全年新备案院士工作站263家。累计备案院士工作站达687家，引进院士433人、院士团队1850余人，围绕新材料、新能源、节能环保、生物技术、新一代信息技术、高端装备制造等战略性新兴产业领域，开展合作项目920余项。2019年备案院士工作站详细名单如下。

2019年山东省备案院士工作站（263家）

序号	申请单位	属地	合作院士
1	山东理工大学	其他	蒋剑春
2	山东怡讯电气有限公司	淄博	张勇传
3	山东牧兰生物医药有限公司	临沂	杨子彬
4	山东东华水泥有限公司	淄博	任阵海
5	华熙福瑞达生物医药有限公司	济南	陈　坚
6	山东省临沂市三丰化工有限公司	临沂	韩布兴
7	山东九航农业科技有限公司	潍坊	龙乐豪
8	莱州大自然园艺科技有限公司	烟台	束怀瑞
9	山东省张江生物工程有限公司	临沂	杨胜利
10	淄博鑫旭电源科技有限公司	淄博	钱逸泰

续表

序号	申请单位	属地	合作院士
11	济宁市第一人民医院	济宁	高祖华
12	淄博中科新技术研究院	淄博	徐滨士
13	淄博沃德机械科技有限公司	淄博	陈蕴博
14	淄博惠华石油添加剂有限公司	淄博	刘维民
15	德州天瑞风力发电有限公司	德州	倪维斗
16	山东序元环保科技有限公司	淄博	蹇锡高
17	山东龙昌动物保健品有限公司	德州	林浩然
18	青岛市城阳区人民医院	其他	陈孝平
19	山东森宇重工机械有限公司	泰安	宋振骐
20	山东泰星新材料股份有限公司	济南	王玉忠
21	山东省滨州畜牧兽医研究院	滨州	Andrew Allan Potter（安德鲁·波特）
22	青岛戴姆雷博机器人科技有限公司	青岛	高伟俊
23	山东海特数控机床有限公司	枣庄	戴汝为
24	山东合力牧业有限公司	潍坊	方荣祥
25	山东惠民齐发果蔬有限责任公司	滨州	袁隆平
26	山东省科学院新材料研究所	其他	潘复生
27	山东菊芋农业科技有限公司	泰安	赵其国
28	山东省淮河流域水利管理局规划设计院有限公司	济南	王　超
29	临沂市人民医院	临沂	李兆申
30	山东鹏奥石油科技有限公司	潍坊	刘维民
31	山东潍乐农业科技有限公司	潍坊	方智远
32	菏泽博爱手外显微骨科医院	菏泽	顾玉东
33	山东天鹰生物科技有限公司	淄博	Галина Семеновна Нечитайло
34	利华益维远化学股份有限公司	东营	钱逸泰
35	潍坊鸿诺和泰新材料科技有限公司	潍坊	吴养洁
36	山东斯福特实业有限公司	泰安	Brahim Benmokrane
37	山东伟丽种苗有限公司	济南	方智远
38	聊城市东昌府区妇幼保健院	聊城	刘以训
39	济宁医学院	济宁	贺　林
40	昌邑市龙港新材料有限公司	潍坊	蹇锡高
41	龙口市茂源果蔬专业合作社	烟台	戚发轫
42	胜利油田中心医院	东营	李兆申
43	山东莱阳白垩纪国家地质公园管理处	烟台	周忠和
44	山东骏骐机器人科技有限公司	日照	李砚耕
45	济南重工股份有限公司	济南	陈湘生

续表

序号	申请单位	属地	合作院士
46	东营市众兴农业科技开发有限公司	东营	赵振东
47	东营广元生物科技股份有限公司	东营	石学敏
48	青岛科技大学日照工程技术研究院	日照	吴开明
49	诺莱生物医学科技有限公司	泰安	李兆申
50	青岛聚纳达科技有限公司	青岛	Seeram Ramakrishna
51	山东省立医院	济南	葛均波
52	梁山众兴机械制造有限公司	济宁	郭孔辉
53	山东万新威纳材料科技有限公司	临沂	段　雪
54	华盛江泉集团有限公司	临沂	Ostap Zhukorskyi，Voloshchuk Vasyl
55	临沂矿业集团有限责任公司	临沂	宋振骐
56	邹城市人民医院	济宁	李兰娟　郑树森
57	山东赛克赛斯氢能源有限公司	济南	李亚栋
58	滨州东海龙活塞有限公司	滨州	周勤之
59	烟台星辰航天育种科技有限公司	烟台	龙乐豪
60	山东润林新材料科技有限公司	泰安	蒋剑春
61	山东天星农业技术开发有限公司	东营	龙乐豪
62	山东联科科技股份有限公司	潍坊	冯守华
63	冠县仁泽复合材料有限公司	聊城	李洪钟
64	青岛盛瀚色谱技术有限公司	青岛	张玉奎
65	山东鲁宁药业有限公司	东营	颜德岳
66	鲁商乡村发展集团有限公司	济南	陈　勇
67	潍坊市顺通电控设备有限公司	潍坊	何满潮
68	山东万通液压股份有限公司	日照	张铁岗
69	山东福瑞达医药集团有限公司	济南	唐希灿
70	山东奥扬新能源科技股份有限公司	潍坊	陈学东
71	山东亚特尔集团股份有限公司	济南	宋振骐
72	山东汇丰铸造科技股份有限公司	济南	陈蕴博
73	山东晨彰生物科技有限公司	济南	Santos Bermúdez Ramón
74	山东犀牛高分子材料有限公司	济南	宋振骐
75	济南华庆农业机械科技有限公司	济南	束怀瑞
76	时创科技（青岛）股份有限公司	青岛	邓兴旺
77	东营市海域化工有限公司	东营	江　雷
78	烟台金潮宇科蓄电池有限公司	烟台	钱逸泰
79	蓬莱国宾葡萄酒庄有限公司	烟台	Jeffrey McDonnell
80	潍坊先进光电芯片研究院工程技术研究中心	潍坊	褚君浩

续表

序号	申请单位	属地	合作院士
81	山东兴瑞生物科技有限公司	潍坊	侯云德
82	潍坊郭牌农业科技有限公司	潍坊	赵春江
83	山东半岛蓝色经济工程研究院	潍坊	Seeram Ramakrishna
84	邦普种业科技有限公司	潍坊	包振民
85	山东诸子生物科技有限公司	潍坊	夏咸柱
86	山东良福制药有限公司	济宁	佟振合
87	兖州煤业股份有限公司	济宁	王国法
88	山东亿豪陶瓷有限公司	济宁	张文海
89	山东道淼新材料科技有限公司	济宁	Seeram Ramakrishna
90	曲阜市中医院	济宁	石学敏
91	山东全利核工程技术有限公司	威海	叶奇蓁
92	日照心脏病医院	日照	葛均波
93	岚桥集团有限公司	日照	宋振骐
94	山东中牧兽药有限公司	临沂	魏复盛
95	东岳机械股份有限公司	临沂	Seeram Ramakrishna
96	沂水县人民医院	临沂	石学敏
97	聊城信源集团有限公司	聊城	葛昌纯
98	信发集团有限公司	聊城	费维扬
99	聊城市天元电子工程有限公司	聊城	沈昌祥
100	临清绿泽海棠苑花木有限公司	聊城	束怀瑞　齐　康
101	华纺股份有限公司	滨州	周　翔
102	菏泽市立医院	菏泽	付小兵
103	山东省中源生态环境新能源科学研究院	菏泽	茆　智
104	菏泽三垒塑业股份有限公司	菏泽	蹇锡高
105	山东水控发展集团有限公司	济南	朱玉贤
106	山东省台儿庄古城旅游集团有限公司	枣庄	曹进德
107	滕州瑞科天启能源科技有限公司	枣庄	Key Ke Liu
108	乳山中诚果汁饮料有限公司	威海	周　远
109	山东百地农业科技有限公司	威海	Popov Alexander
110	威海天航信息技术有限公司	威海	Kortunov Vyacheslav
111	创泽智能机器人股份有限公司	日照	Modris Greitans
112	山东圣克莱尔新能源有限公司	日照	陈清泉
113	日照梦方舟智能科技有限责任公司	日照	徐芑南
114	海汇新能源汽车有限公司	日照	Hans-Peter Michael
115	山东益矿钻采科技有限公司	聊城	张铁岗

续表

序号	申请单位	属地	合作院士
116	山东博科生物产业有限公司	济南	汪尔康
117	山东龙冈控股集团有限公司	济南	卢耀如
118	青岛海研电子有限公司	青岛	Kabanikhin Sergey Igorevich
119	枣庄市台儿庄锐翔通用航空有限公司	枣庄	李椿萱
120	山东美晨生态环境股份有限公司	潍坊	Amir Khajepour（阿米尔·卡杰普尔）
121	山东晨阳新型碳材料股份有限公司	济宁	Diane Hildebrandt
122	泰安泰山高压开关有限公司	泰安	斯特雷布科夫·德米特里·斯米奥诺维奇
123	日照天一生物医疗科技有限公司	日照	Johan H.C.Reiber
124	日照地质地理信息大数据研究院	日照	宋少先
125	山东临工工程机械有限公司	临沂	Naser EI–Sheimy
126	山东鹤洋木业有限公司	临沂	吴　澄
127	山东高速集团有限公司	济南	钱七虎
128	山东商业职业技术学院	济南	Ling Charles
129	海汶涞（山东）医疗科技有限公司	济南	姜文国
130	济南磐升生物技术有限公司	济南	卢世璧
131	青岛海通机器人系统有限公司	青岛	申作军
132	毅康科技有限公司	烟台	李家春
133	烟台海誉新材料有限公司	烟台	Potkin Vladimir
134	微山县南四湖渔业有限公司	济宁	宋微波
135	泰安市泰山森林病虫害防治检疫站	泰安	印象初
136	山东大学日照智能制造研究院	日照	梅顺齐
137	山东丰沃农业有限公司	日照	Jeffrey Lynn Bennetzen
138	日照海恩锯业有限公司	日照	朱　静
139	山东清沂山石化科技有限公司	临沂	胡永康
140	太平洋（聊城）光电科技股份有限公司	聊城	Dieter Bimberg
141	山东科林动力科技有限公司	聊城	葛树志
142	中通客车控股股份有限公司	聊城	高伟俊
143	山东锐华氟业有限公司	菏泽	燕　红
144	山东澳万德信息科技有限责任公司	济南	张立人
145	山东交通学院	济南	Персональные данные
146	青岛科技大学鲁中安全环保工程与材料研究院	淄博	Anthony Cohn
147	淄博市高光效农业发展有限公司	淄博	兰玉彬
148	山东天音生物科技有限公司	淄博	Neil Russell Foster
149	中建材科创新技术研究院（山东）有限公司	枣庄	顾真安
150	山东牛电汽车科技有限公司	枣庄	Vasyl Kukharchuk

续表

序号	申请单位	属地	合作院士
151	山东欧乐食品有限公司	枣庄	Perrova Zhanna
152	山东健袖生态科技有限公司	枣庄	Vitalii Kotovskyi
153	枣庄和顺达机电设备有限公司	枣庄	Anatolii Orlov
154	海阳市黄海水产有限公司	烟台	唐启升
155	山东南山铝业股份有限公司	烟台	周丰峻
156	威海成景科技有限公司	威海	Hryhorenko Tetiana
157	吉林大学威海仿生研究院	威海	任露泉
158	吉士超砼（山东）新材料技术有限公司	威海	Ghani Razaqpur
159	山东盈和生物科技有限公司	日照	Carlos Guillermo Borroto Nordelo
160	施可丰化工股份有限公司	临沂	Popov Alexander
161	山东开泰抛丸机械股份有限公司	滨州	周勤之
162	山东平安建设集团有限公司	济南	王思敬
163	山东峰祥畜牧种业科技有限公司莱芜黑山羊原种场	济南	魏复盛
164	山东威科维乐健康产业有限公司	济南	Aleksander Suvorov
165	济南第二汽车配件有限公司	济南	胡正寰
166	青岛松灵电力环保设备有限公司	青岛	秦裕琨
167	青岛华凯海洋科技有限公司	青岛	胡敦欣
168	青岛德通纳米技术有限公司	青岛	Andre Geim
169	尚好科技有限公司	青岛	Arun Sadahiv Mujumdar
170	创启时代（青岛）科技有限公司	青岛	Rose Amal-Tjandra
171	山东万豪陶瓷有限公司	淄博	张文海
172	山东金润德新材料科技股份有限公司	淄博	周　廉
173	山东铭城环保新材料科技有限公司	淄博	Harald S.Müller
174	山东巨成实业有限公司	枣庄	Lizunov Petro
175	山东正夏自动化设备有限公司	枣庄	Kvasnikov Volodymyr
176	烟台宏远载人压力舱工程技术研究院有限公司	烟台	徐芑南
177	诸城市瑞达生物质科技有限公司	潍坊	伊万·尼古拉耶维奇·科威尔宁
178	山东豪迈机械制造有限公司	潍坊	牛济泰
179	山东天瑞重工有限公司	潍坊	Anne Neville
180	山东通佳机械有限公司	济宁	Mohini Sain
181	山东滑孚石化股份有限公司	济宁	Dzhumataev Murat
182	山东天工石油装备有限公司	济宁	王成彪
183	泰安市智慧能源科技有限公司	泰安	Sniezhkin Yurii
184	山东征途信息科技股份有限公司	泰安	Bykov Valerii
185	威海飞牛高分子科技有限公司	威海	Jean Pierre Majoral

续表

序号	申请单位	属地	合作院士
186	威海金合思化工有限公司	威海	Jean Pierre Majoral
187	乳山韩威生物科技有限公司	威海	张友明
188	威海晨源分子新材料有限公司	威海	Jean Pierre Majora
189	威海市金运游艇有限公司	威海	Klymenko Leonid
190	威海智融信息科技有限公司	威海	Kovalchuk Volodymyr
191	威海长青海洋科技股份有限公司	威海	孙　松
192	威海市威鹰塑胶有限公司	威海	Borys I.Bondarenko
193	山东钢铁集团日照有限公司	日照	Anh Kiet Tieu
194	日照华斯特林科技有限公司	日照	彭公炳
195	临沂市金秋化工有限公司	临沂	袁渭康
196	山东红花防水建材有限公司	临沂	Martinus Abraham Cohen Stuart
197	山东省第七地质矿产勘查院	临沂	杨经绥
198	山东史蒂夫医疗科技有限公司	德州	刘新垣
199	寰茂（山东）智能科技有限公司	德州	毕思文
200	山东鲁北企业集团总公司	滨州	Cher Vonyi Ivan
201	山东高棉集团有限公司	菏泽	姚　穆
202	山东省生态环境规划研究院	济南	陈飞勇
203	山东赫恩林翰生物科技有限公司	济南	刘新垣
204	山东莱威新材料有限公司	济南	蒋士成
205	济南智造小镇房地产开发有限公司	济南	李培根
206	济南海创曼城产业园运营管理有限公司	济南	Anatoly Speranskiy
207	青岛先楚能源发展集团有限公司	青岛	诺索夫斯基・阿纳多利
208	青岛大学	青岛	Peter E. Strizhak
209	中德智能技术博士研究院（青岛）有限公司	青岛	Axel Kuhn
210	爱彼爱科医学科技有限公司	青岛	Moshe Szyf
211	山东小巨人海洋科技有限公司	青岛	Michael Adrian Peters
212	哈尔滨工程大学青岛船舶科技有限公司	青岛	王兴治
213	青岛海尔智能技术研发有限公司	青岛	许庆瑞
214	青岛锐智智能装备科技有限公司	青岛	宋　梁
215	青岛金智瑞油气田开发技术发展有限公司	青岛	Krister Axel Holmberg
216	青岛高校信息产业股份有限公司	青岛	谢克昌
217	中稷航空工业（山东）有限公司	淄博	杨凤田
218	山东正天电子科技有限公司	枣庄	Kartuzov Valeii
219	山东多乐新能源科技有限责任公司	枣庄	Basok Borys
220	山东省北斗制冷设备有限公司	枣庄	Sniezhkin Yurii

续表

序号	申请单位	属地	合作院士
221	枣庄通晟实业有限公司	枣庄	韦尔霍夫留克·阿纳托利·米哈伊尔洛维奇
222	山东莺歌食品有限公司	枣庄	Snezhkin Yuri Fedorovich
223	中国石榴研究院	枣庄	Waclaw Gudowski
224	枣庄市金恒通农业新能源科技有限公司	枣庄	Sigal Oleksandr
225	枣庄市银光新型建材有限公司	枣庄	Ivan Nazarenko
226	山东宇能机械股份有限公司	枣庄	Ivan Nazarenko
227	山东美果来食品有限公司	枣庄	Georgia (Gia) Destouni
228	山东鲁南大数据产业发展有限公司	枣庄	Witold Pedrycz
229	山东汉旗科技有限公司	枣庄	Dmytro Lande
230	山东丰源集团股份有限公司	枣庄	熊　健
231	山东中力高压阀门股份有限公司	枣庄	Spilansky Anatoly Alexeyevich
232	山东力源铁塔制造有限公司	枣庄	C Aldrich
233	烟台山河液压部件有限公司	烟台	강민수
234	烟台市牟平区中医医院	烟台	Намазбеков Мамбетакун Намазбе
235	山东奥精生物科技有限公司	潍坊	柳百新
236	山东潍坊精鹰医疗器械有限公司	潍坊	Perrova Zhanna
237	潍坊城投房地产开发有限公司	潍坊	Borys BASOK
238	山东航天威能新能源动力系统有限公司	潍坊	于本水
239	潍坊中创新材料科技有限公司	潍坊	Белятинський Андрій Олександр
240	山东华准机械有限公司	济宁	孙靖夷
241	山东艾克来科技发展有限公司	泰安	Serik Mashekov
242	山东海斯摩尔医疗器械有限公司	泰安	张祥成
243	肥城金塔机械科技有限公司	泰安	Zakharov Mikhall
244	威海职业学院	威海	Kartuzov Valerii
245	威海市豪顿风机股份有限公司	威海	Kondratenko Yuriy
246	威海鲁源科技环保设备有限公司	威海	Kondratenko Yuriy
247	威海佳美化工有限公司	威海	Solonin Iurii
248	威海银兴预应力线材有限公司	威海	苏卡其·米哈伊尔·库兹米奇
249	威海克莱特菲尔风机股份有限公司	威海	Radionov Oleksandr
250	威海鑫宝食品有限公司	威海	TodosiichukTetiana
251	乳山宏伟食品有限公司	威海	Petrova Zhanna
252	山东好当家海洋发展股份有限公司	威海	李乃胜
253	威海光威复合材料股份有限公司	威海	杜善义
254	山东名邦食品股份有限公司	日照	Hosahalli Ramaswamy

续表

序号	申请单位	属地	合作院士
255	方鼎科技有限公司	日照	David A Leigh
256	山东罗欣药业集团恒欣药业有限公司	临沂	张礼和
257	山东华通路桥工程有限公司	临沂	贺可强
258	山东阳都健华药业有限公司	临沂	ЛЯХОВ НИКОЛАЙ ЗАХАРОВИЧ
259	德州市鑫华润科技股份有限公司	德州	孙文华
260	聊城昌佳变电设备有限公司	聊城	Heyets Valeriy
261	山东创新金属科技有限公司	滨州	张新明
262	愉悦家纺有限公司	滨州	张以河
263	山东蓝晶生物技术有限公司	菏泽	孙　燕

（山东省对外科技交流中心　付　颖）

知识产权工作

【顶层设计】 11月11日，中共中央办公厅、国务院办公厅印发《关于强化知识产权保护的意见》（中办发〔2019〕56号），为新时代全面加强知识产权保护提供了基本遵循；6月28日，省人民政府办公厅印发《关于实施“春笋行动”大力培育具有自主知识产权企业的通知》（鲁政办字〔2019〕115号），提出了内强创新能力、外引人才技术、严格产权保护、聚焦精准服务4个方面的10条具体措施，加快培育自主知识产权。10月17日，省委办公厅、省人民政府办公厅印发《关于规范省级议事协调机构管理的通知》（鲁办发〔2019〕18号），省政府知识产权战略实施工作联席会议更名为省政府知识产权战略实施工作领导小组。省政府办公厅印发了《山东省知识产权军民融合试点工作实施方案》重点任务分工；3月1日，省市场监管局、省科技厅等6部门联合印发《山东省知识产权对外转让工作审查细则（试行）》（鲁市监知发字〔2019〕104号），进一步规范对外贸易中知识产权对外转让工作。11月12日，举办全省市场监管、知识产权体制改革后第一次全省性的知识产权业务骨干培训暨全省知识产权工作座谈会，加强队伍建设，明确工作要求。

【知识产权注册、授权】 2019年，全省专利申请26.3万件，授权专利14.7万件，分别比上年增长10.3%和10.7%。其中发明专利申请7.0万件，授权量2.1万件；累计有效发明专利10.1万件，比上年末增长15.5%；万人有效发明专利10.1件，比上年末增加1.3件。国际专利（PCT）申请受理量2329件，比上年增长32.8%。

商标注册申请46.5万件，比上年增长16.6%；核准注册37.2万件，比上年增长47.2%；马德里商标国际注册申请836件；新增地理标志商标59件。共拥有有效注册商标129.8万件，比上年末增长35.2%；马德里国际注册商标有效量8146件，比上年末增长24.2%；地理标志商标总量737件，连续9年居全国首位。支持各类市场主体加强驰名商标认定保护，共有行政认定驰名商标792件，居全国第1位。

【知识产权保护】 围绕地理标志、展会、电子商务领域、民营企业、涉外知识产权保护5个工作重点，开展知识产权保护专项行动、知识产权执法“铁拳”行动、春茶地理标志专项保护行动和秋季地理标志专项保护行动、知识产权保护进乡村行动，构建知识产权“严保护、大保护、快保护、同保护”工作格局，办理专利案件1590件，商标违法案件1225件，地理标志产品侵权案件16件。1件专利侵权纠纷案例入选全国专利十大典型案件。

开展知识产权代理机构“双随机、一公开”专项检查和专利代理机构“蓝天”专项整治行动，出动执法人员1000余人次，检查涉嫌无资质代理企业298家、专利代理机构202家，排查违法线索308条，办理案件58件。

建立知识产权保护重点联系机制，建成省、市知识产权保护重点企业库，入库企业900余家。出台支持重点企业、行业协会、电商平台开展知识产权保护的20项具体配套措施，为优化知识产权营商环境提供有力支撑和保障。

国家知识产权局在全省建设中国（山东）知识产权保护中心，在海洋和新一代信息技术产业领域开展专利快速审查、快速授权、快速确权等服务。共有国家级知识产权保护中心5家，快速维权中心1家，国家级知识产权保护规范化市场10家，国家知识产权侵权纠纷检验鉴定技术支撑体系建设试点单位3家。

构建知识产权纠纷多元化解决机制。拥有国家级知识产权维权援助中心10家，省级维权援助中心4家，同时在县（市、区）设立了维权援助分中心，在重点企业设立工作站或专职联络员，形成中心—分中心—工作站三级维权援助服务网络。在国家知识产权局考核中，2018年度维权援助中心工作取得98分的历史最好成绩。参与2项专利侵权纠纷案件审理，完成6项维权援助案件，进驻展会进行知识产权维权4次，出具电子商务知识产权侵权判定意见书30余份。

【知识产权运用】 2月，青岛被确定为国家知识产权军民融合试点工作地方。全省已有国家知识产权军民融合试点工作地方3个，分别为山东省、青岛市、烟台市。省知识产权军民融合公共服务平台上线运营，相关基础数据库建设加速推进，共筛检收录解密国防专利7038件。

6月14日，济南市被财政部和国家知识产权局确定为2019年度国家知识产权运营服务体系建设重点城市，获得中央财政2亿元资金支持。全省已有济南、青岛2个国家知识产权运营服务体系建设重点城市。

加快推进省新旧动能转换重点产业专利库建设，入库专利达2.6万件。遴选培育第3批16项关键核心技术知识产权（专利群），共培育3批46项。40项专利成果在全省企业转化实施、产品化，140项专利完成交易。开展33个企业技术类专利导航项目，完成现代农业、海洋、新材料等产业分析报告，为产业发展提供专利数据支撑。

3月1日，省市场监管局、省财政厅、省地方金融管理局、山东银保监局印发《山东省知识产权质押融资风险补偿资金使用管理实施细则》（鲁市监知发字〔2019〕108号），依托5000万元国家知识产权运营资金，设立山东省知识产权质押融资风险补偿基金，进一步完善知识产权质押融资风险补偿机制。建立以政府扶持为导向，以银行信贷投入为基础，以保险、担保等服务机构为保障的知识产权质押融资模式，全年全省知识产权质押融资总额144.2亿元，其中专利质押项目643项，融资84.4亿元，比上年分别增长26.8%、42.3%；商标质押融资59.8亿元。

8月30日，根据国家知识产权局办公室《关于印发〈地理标志运用促进工程实施方案〉并组织推荐2019年项目申报的通知》要求，组织指导济南、青岛2市编制地理标志运用促进工程项目，纳入国家知识产权运营服务体系建设。到9月底，组织龙山小米、商河大蒜、文登西洋参等地理标志参加2019中国国际商标品牌节、第十届中国知识产权年会、第二十六届杨凌农高会全国地理标志产品展，集中设立山东地理标志展厅，持续加大地理标志商标品牌宣传推介力度。

组织开展第三届山东省专利奖评审工作，受理、公示申报专利项目372项。组织推荐95个专利项目参加第二十一届中国专利奖评选，据评审结果公示，全省的金奖项目6个，银奖5个，优秀奖48个。全省已有中国专利金奖项目27项，山东专利奖120项，完成第20届中国专利奖奖励工作。

积极推动知识产权军民融合试点工作。3月，青岛被确定为国家知识产权军民融合试点工作地方。分解省政府办公厅《关于印发山东省知识产权军民融合试点工作实施方案的通知》重点任务分工，搭建国防知识产权运营平台，建设国防专利受理服务窗口，相关基础数据库建设加速推进，共筛检收录解密国防专利7038件。

3月28日，国家知识产权局印发《关于做好第一批知识产权强省建设试点经验与典型案例复制推广工作的通知》（国知办发运字〔2019〕9号），选取部分知识产权强省试点经验和典型案例在全国范围内复制推广，其中，全省“专利权‘政银保’融资服务新模式”“以关键核心技术专利群助推高质量发展”两项工作被国家知识产权局在全国范围内复制推广。

【知识产权管理、服务】 贯彻国家知识产权局《关于规范知识产权管理体系贯标认证工作的通知》要求，规范推进知识产权企业知识产权管理国家标准认证，新增国家知识产权管理标准贯标认证企业1632家，全省共有国家知识产权贯标认证企业3625家。

2月11日，国家知识产权局印发《关于确定2019年度国家知识产权示范企业和优势企业及2013年度、2016年度国家知识产权示范企业和优势企业通过复验企业的通知》（国知发运函字〔2019〕245号），确定潍柴动力股份有限公司等27家企业为2019年度国家知识产权示范企业，确定东阿阿胶股份有限公司等112家企业为2019年度国家知识产权优势企业。济南市济阳区等10家区县被确定为国家知识产权强县工程试点县（区），济南市槐荫区等4家区县被确定为国家知识产权强县工程示范县（区）。全省共有国家知识产权优势企业486家、示范企业76家，国家知识产权强市创建市4个、示范试点城市11个、试点示范园区11个、试点示范县54个；专利代理机构249家、商标代理机构 2680 家。

2 月 11 日，国家知识产权局办公室、教育部办公厅确定首批全国中小学知识产权教育示范学校及第 4 批全国中小学知识产权教育试点学校及首批全国中小学知识产权教育示范学校，山东省济南市历城第二中学、济南市经十一路小学被确定为首批全国中小学知识产权教育示范学校，山东省济北中学、济南市育英中学、章丘市第四中学被确定为第 4 批全国中小学知识产权教育试点学校。全省共有试点示范学校 10 所。

3 月 7 日，国家知识产权局、教育部联合开展了首批高校国家知识产权信息服务中心遴选工作，中国海洋大学等首批 23 家高校被确定为国家知识产权信息服务中心。4 月，青岛市崂山区获批建设国家知识产权服务业集聚发展示范区。12 月，建设涵盖商标、专利、地理标志、版权等内容的知识产权主题信息资源库。

整合全省知识产权发展与保护情况通报机制，向各市、省直有关部门及各大企业通报 2018 年度及 2019 年上半年知识产权发展与保护情况。加强知识产权和商标战略专项资金政策扶持和正向引导作用，向各市拨付商标战略专项资金 824 万元。

深化知识产权“放管服”改革，构建便民利民的知识产权公共服务体系。省知识产权事业发展中心建成专利信息网络平台，中外专利检索分析平台上线运行并正式对外提供服务。济南商标审查协作中心完成商标注册实质审查 124.5 万件；各知识产权保护中心共受理专利申请 1539 件，预审 532 件，授权 291 件；国家知识产权局专利局济南代办处共受理专利申请 28071 件，办理费减备案 45939 件，备案 66 项专利实施许可合同，保密审查 1951 件。

【知识产权宣传培训】 先后举办 2019 年 4.26 世界知识产权日新闻发布会、新中国成立 70 周年知识产权工作成就新闻发布会，发布《2018 年山东省知识产权发展状况》(白皮书)，人民日报、中国新闻网、大众日报等 22 家媒体集中报道相关新闻 100 余篇。联合山东广播电台开设“品牌山东之声”专栏，推出节目 50 期，大力宣传知识产权战略、品牌战略。10 月 26 日，与中国发明协会、省教育厅等单位联合主办第十届高等职业院校“发明杯”大学生创新创业大赛，激发市场主体创新创造活力。11 月 30 日至 12 月 6 日，组织开展第十三届中国专利周活动，组织全省各市知识产权服务机构、企业、高校科研院所、中小学，开展了知识产权宣传教育进校园、进企业及知识产权公共服务平台公众开放日活动、知识产权质押融资银企对接等系列活动。建设完成山东省专利信息人才网络平台，全省远程教育培训规模达 65 万余人次。

【知识产权交流合作】 强化与世界知识产权组织合作。9 月 2 日，山东省专利信息服务中心获得世界知识产权组织技术与创新支持中心授牌，实现省内技术与创新中心零的突破。11 月 26 日，国家知识产权局启动第三批技术与创新支持中心筹建，青岛市知识产权事务中心、山东专利工程总公司被确定为承建机构。截至 2019 年底，全省入选国家知识产权局和世界知识产权组织联合确定的技术与创新支持中心 3 家。举办跨国公司领导人青岛峰会知识产权闭门会。建立粤川鲁知识产权合作交流。组织举办新旧动能转换与知识产权国际保护与运用论坛、中德知识产权保护运营论坛。

（山东省市场监督管理局）

科技人才工作

【概述】

“高精尖缺”科技人才持续集聚 2019 年引进国际顶尖人才 3 人，累计引进 7 人；拥有住鲁院士 86 人，国家杰出青年科学基金获得者 85 人、长江学者 94 人，累计遴选泰山学者 1529 人，泰山产业领军人才 969 人，224 位专家（其中院士 50 人）组建了山东省科技智库。

科技人才载体建设力度不断加大 加快科技创新平台载体战略布局，建成 22 家省级创新创业共同体，布局建设 4 家山东省实验室，构建起科技型中小企业、高新技术企业、创新型领军企业全生命周期梯次培育体系，高新技术企业增长态势良好，总数突破 1.1 万家。

科技人才政策体系进一步完善 出台加强科技干部人才队伍建设若干措施等多项政策措施，推出一批健全科技创新市场导向、科研诚信建设和项目评审、人才评价、机构评估改革等方面的制度创新成果，构建起全方位、全周期、全类别人才发展支撑体系。

科技人才发展生态持续向好 加强对人才的政治引领和政治吸纳，完善省、市、县三级联系服务科技人才工作体系。举办 2019 山东省创新驱动发展院士恳谈会，设立山东院士专家联合会，启动离岸创新创业

基地建设，在全国率先对持有外国人才签证人员免办工作许可，高层次人才聚集态势开始显现。

【科技人才队伍建设】

科技部创新人才推进计划推荐工作 积极推荐优秀人才申报国家重点人才工程，组织创新人才推进计划等拔尖人才遴选推荐，聘请14位专家，为120余名科技人才进行答辩辅导，精准服务科技人才，提高申报入选率。在科技部公布的2019年度创新人才推进计划入选名单，山东省共有24人入选，其中，中青年科技创新领军人才5人、科技创新创业人才19人。

科研院所领域泰山学者遴选工作 会同省委组织部等部门做好2019年科研院所领域泰山学者特聘专家和青年专家计划申报工作，经推荐申报、资格审核、答辩评审等，36人入选泰山学者工程，其中特聘专家15人，青年专家21人。

泰山产业领军人才战略性新兴产业创新类遴选工作 按照省人才工作领导小组要求，会同省委组织部做好泰山产业领军人才战略性新兴产业创新类人选的申报、审查、会评答辩、实地考察等工作，经综合论证，确定战略性新兴产业创新类人选36人。

“创业齐鲁·共赢未来”高层次人才创业大赛 按照省人才工作领导小组办公室部署，会同省委组织部举办了第二届“创业齐鲁·共赢未来”高层次人才创业大赛，“以赛代评”遴选科技创业类人才，受到了海内外高层次人才广泛关注，共有1295人报名参赛。其中，创业企业类474人，创业项目类821人（海外项目320人），报名人数是第一届报名人数的3倍。参赛选手通过申报、形式审查、项目遴选、专家初评及决赛路演等流程，最终产生创业企业类人选71人、创业项目类人选50人。

离岸创新基地引才用才补贴评审 选调专家组对离岸创新人才进行评审并实地考察，确定了补助单位2家，并按程序拨付补助资金900万元。

（山东省科学技术厅引进智力与出国培训管理处）

农村科技人才队伍建设 2019年，省科技厅认真贯彻落实中共中央、国务院关于实施乡村振兴战略重大决策部署和省委、省人民政府关于打造乡村振兴齐鲁样板工作要求，深入推行科技特派员制度，不断完善科技人才支持体系。一是大力推行科技特派员制度，把推行科技特派员制度作为助力脱贫攻坚和乡村振兴的重要抓手，推动出台《关于贯彻国办发〔2016〕32号文件加强科技特派员队伍建设的实施意见》（鲁政办发〔2016〕49号），强化政策引导，营造良好环境；组织召开全省科技特派员工作会议，省政府副省长于杰出席并讲话，传达学习习近平总书记关于科技特派员制度的重要指示和全国科技特派员制度推行20周年总结会议精神，通报表扬了全省88名科技特派员和35家组织实施单位，对新时代科技特派员工作进行了再动员再部署；实施科技特派员计划，鼓励广大科技特派员瞄准制约全省农业转型升级的瓶颈问题，把新技术、新品种、新模式等创新要素输送到农村基层，全省注册科技特派员达到6724名，累计引进推广新技术2872项、新品种2583个，推送各类技术信息23万多条，惠及农民3亿多人次。二是积极推进高层次科技人才引进与培养，引进培养泰山产业领军人才高效生态农业创新类27人，总数达到104人，覆盖现代种业、高效种植、健康养殖、农产品精深加工、安全高效农业投入品（新型肥料、生物农药兽药、绿色有机饲料等）、智能农机装备、高效设施农业、生物质能源、生物基材料、农业物联网、农产品现代物流及电子商务等全部农业产业领域，为推进全省现代农业产业高质量发展、助力乡村振兴提供了有力智力支持。

（山东省科学技术厅农村科技处）

山东信息通信技术研究院人才团队引进工作 2019年，信通院驻院团队中新增泰山产业领军人才1人。2019年底，信通院驻院团队共引进和培育省级以上人才69人，其中两院院士11人，省泰山系列人才39人。

（山东信息通信技术研究院管理中心 李 萌）

【科技人才激励政策】 认真落实《关于深化人才发展体制机制改革的实施意见》《关于做好人才支撑新旧动能转换工作的意见》等文件要求，参与起草《中共山东省委关于深入学习贯彻党的十九届四中全会精神进一步加强干部人才队伍建设的决定》，研究制定加强全省科技干部人才队伍建设的若干措施，出台集聚院士智力资源10条措施、外国人来山东工作便利化服务若干措施等政策措施，会同省委组织部等部门制定《加强新形势下引才用才工作的若干意见》《关于鼓励引导人才向基层流动的若干意见》等政策文件，进一步完善科技人才激励政策。

（山东省科学技术厅引进智力与出国培训管理处）

【科技副职选派】 2019年，省科技厅从省内外高等院校、科研院所、国有重要骨干企业等单位，选派232名高层次人才到全省县（市、区）和国家级高新区、开发区担任科技副职，挂职范围实现了全省137个县（市、区）和所有国家级高新区、开发区的“全覆盖”。会同省委组织部在济宁市举办第5批科技副职培训班。进一步强化挂职工作和生活保障，帮助科技副职创新创业、扎根基层服务奉献，广大科技副职累计帮助各地引进各类高层次人才2306人，协助新建各类研发平台662个，科技孵化器105家，促成各类人才合作项目778个。

【科技人才平台建设】 组织完成2019年度国家高层次专家工作站评审工作，共评审出10家专家工作站，其中企业类 5 家、科研院所高校类 5 家。协调省财政厅拨付 2018 年度专家工作站资助资金，涉及单位 10 家，资金 2000 万元，召开了工作站建设单位负责人座谈会，签订了建设合同书。

（山东省科学技术厅引进智力与出国培训管理处）

【省自然科学研究高级专业技术职务资格评审】 根据省人力资源和社会保障厅《关于做好 2019 年度职称评审工作公告》《山东省专业技术职务任职资格评审办法》(鲁人发〔2002〕26 号文件）和《职称评审管理暂行规定》(人社部令第 40 号)，省科技厅制定了 2019 年度山东省自然科学研究高级专业技术职务资格评审工作方案，对评审范围、报送程序、报送材料及要求等做了具体部署。更新了由 65 名专家组成的 2019 年度职称评审委员会备选专家库，全部外单位遴选专家，更换率 92.31%。按照省人力资源和社会保障厅的要求从专家库中遴选出具有代表性和较高学术水平的专家 17 人组建新一届山东省自然科学研究系列高级职称评审专家委员会，上报人社厅批准。共收到申报自然科学研究高级专业技术职务资格合格材料 147 份，其中申报研究员职务资格的 31 人（正常晋升申报 17 人，高层次人才直评申报 13 人，非企事业单位交流到企事业单位人员申报 1 人)；申报副研究员职务资格的 116 人（正常申报的 93 人，破格申报的 1 人，高层次人才直评申报 12 人，非企事业单位交流到企事业单位人员申报 4 人，改系列申报 6 人)。2020 年 4 月 25 日，组织召开了评审会议。经过高级职称评审专家委员会评审会议。经过高级职称专家委员会评审、网上公示等环节，上报省人力资源社会保障厅批准，最终研究员通过 16 人，副研究员正常及破格通过 68 人。

（山东省科学技术厅人事处　郭学志）

【人才管理服务工作】

山东省出国（境）培训申报和执行审核　2019 年，山东省立项的 80 个团组中，有 68 个团组获批执行，其中 62 个团组执行完毕，派出 762 人。批准执行率和实际执行率分别为 85% 和 77.5%，在全国处于领先水平。落实“担当作为、狠抓落实”大会布置，在全国唯一组织中长期党政培训，培训中青年党政人才 270 人。在全国唯一试点民营企业家培训，培训民营企业家 112 人。省科技厅 5 个团组都顺利执行，受到全省科技系统和有关民营企业的一致好评。

（山东省科学技术厅引进智力与出国培训管理处）

外国专家工作

【概述】 2019 年，山东深入贯彻落实习近平总书记“聚天下英才而用之”的战略思想，紧紧围绕创新型省份建设和经济高质量发展，以“高精尖缺”为导向，以制度建设为抓手，以激发人才创新创业活力为核心，以打造“最优政策、最优环境、最优服务”为目标，全力改革创新、担当作为、狠抓落实，全省外国人才引进规模不断扩大，结构不断优化，质量不断提高，2019 年来鲁工作的外国人约 4 万人次，长期在鲁服务的外国专家约 1.5 万人，这些高层次外国专家活跃在山东经济社会各个领域，有力地推动了新旧动能转换，促进了科技进步和产业转型升级，为山东新时代现代化强省建设提供了有力人才支撑。

【外国专家引进计划】

省级高层次外国人才工程　2019 年共评选出团队项目 26 个，个人项目 34 个，其中，院士 25 名，院士入选数量为前两年总和。截至 2019 年底，共有 77 个个人项目和 68 个团队项目入选省级高层次外国人才工程。入选专家团队涉及高端装备、新能源新材料、现代海洋、医养健康、现代高效农业等多个领域，在核心关键技术突破、产业转型升级、国际交流合作等方面发挥了重要作用。

国批、省批引智项目　2019 年全省共入选国家高端外国专家引进计划 109 项，同比增长 40%，获得资助经费 4154 万元。围绕全省重大战略实施和重点产业发展，共资助省级引智成果示范推广项目 49 项，普通高端外国专家项目 30 个，中日韩专项 12 项，“一带一路”专项 4 项，外国专家系列专题讲座 40 项，合计资助经费 2740 万元。

【外国专家管理服务】

实施外国人来华工作许可制度和外国人才签证制度　在济宁市和青岛市组织召开两次外国人来华工作许可工作专题调研座谈会，总结梳理具体实施中遇到的问题难题，有针对性地提出解决措施。会同省人社厅、省公安厅、省外办联合印发《外国人来山东工作便利化服务若干措施（试行）》(鲁科字〔2019〕83 号)。内容包括进一步放宽外国专业人才年龄限制、放宽外国专业人才学历要求、进一步压缩工作许可审批时间、实施鼓励性加分政策等。其中，“持人才签证者免办工作许可”政策为全国首创。2019年共签发《外国高端人才确认函》191件，数量居全国第3位，办理外国人来华工作许可证15433件，数量居全国第6位。

离岸创新人才认定工作 结合首批人才认定和基地评审的实际情况，会同省委组织部、省财政厅、省人社厅四部门修订出台《山东省离岸创新人才引进使用支持办法》，进一步规范离岸创新人才、离岸创新创业基地引才用才补贴认定条件和程序、优惠政策、服务保障等内容。审核认定海信集团、潍柴动力等单位在海外设立的基地共41名外国高端人才为山东省离岸创新人才。

外国专家表彰奖励工作 4名外国专家入选中国政府“友谊奖”，20名外国专家入选省政府齐鲁友谊奖，12月10日举办2019年“齐鲁友谊奖”颁奖仪式，省领导出席并为获奖专家颁奖。推荐16名外国专家参加科技部9.27国庆招待会活动，推荐3名外国专家参加国庆70周年阅兵活动，推荐11名专家参加山东省国庆招待会。

【引进外国专家平台建设】

积极争取国家级引智平台 2019年，“生态化过程与介尺度结构材料学科创新引智基地”等6个基地入选国家“高等学校学科创新引智计划”（简称“111计划”），入选数量较上年实现翻番。截至目前，山东已有28个基地入选国家“111计划”，数量位居全国前列。

不断加强省级引智平台建设 2019年共评选出30家省级引智成果示范推广基地，全省已有109家省级引智成果示范推广基地，基地在聚集国内外高层次人才、培育、转化和推广引才引智成果方面发挥着重要作用。

（山东省科学技术厅外国专家服务处 王炳姝）

进一步拓展海外引才渠道，在香港特区新设立了山东省海外引才工作站 发挥香港华鲁集团的工作和区位优势，与香港华鲁集团共建省海外引才工作站。山东省海外引才工作站达到7家，分布在美国、英国、韩国、芬兰、爱尔兰这5个国家和我国的香港特区。

（山东省科学技术厅引进智力与出国培训管理处）

【外国专家活动】

“高层次外国专家齐鲁行”活动 围绕十大战略重点产业要求，积极搭建国际人才交流与合作对接平台，创新推出10期“高层次外国专家齐鲁行”系列招才引智活动。合计对接高层次外国专家超过300名，达成合作意向500余个。其中，山东承办的科技部高层次外国专家山东行活动，邀请26名国际外国专家及家属到山东威海、烟台考察、休假。省委书记刘家义会见外国专家一行，科技部党组成员陆明，省领导孙立成、于杰参加会见。

外国专家系列专题讲座 围绕全省重大战略实施和重点产业发展，举办十大科技讲座10期，齐鲁国际讲堂14期，外国专家讲座16期。其中，山东省农科学举办的2019年度齐鲁国际讲堂—特殊医学用途配方食品学术研讨会、山东省科学院举办的山东省创新科技讲堂等均邀请到多名国际知名专家学者现场授课，成效良好。

外国专家建言工作 2月份组织召开山东省外国专家迎新春座谈会，6名外国专家出席会议并建言。推荐7名外国专家参加李克强总理出席的新春座谈会及科技部举办的外国专家建言会，5名外国专家在会上建言。12月10日，举办外国专家建言会，围绕山东省科技创新及创新型省份建设专题听取外国专家意见建议。

（山东省科学技术厅外国专家服务处 王炳姝）

国际人才交流工作 ①组织参加中国深圳第17届国际人才交流大会。深圳大会期间累计有6000余人次到展区参观交流，山东省代表团带去1644个项目需求参会，有484个项目进行了对接洽谈，共达成合作意向301项，现场签约26项。②参与组织省创新驱动发展院士恳谈会。根据任务分工，引智处牵头负责院士与山东合作成果展览工作，全方位征集、遴选展览素材，高标准设计、制作展板，高质量完成了展览任务，为与会嘉宾直观感受院士与山东省多年合作成果提供了平台。③参与组织齐鲁海外创新创业项目交流会。筛选海外优秀创业人才来鲁参加“创业齐鲁·共赢未来”高层次人才创业大赛。④组织山东海外人才机构负责人座谈会暨山东引智联盟成立大会。各海外机构负责人，引智联盟发起单位负责人、会员单位代表和各界人士260参加大会，进一步拓展合作渠道，搭建平台，共享资源。

（山东省科学技术厅引进智力与出国培训管理处）

政策法规与环境建设

【科技政策和法规】

以深化科技管理改革为动力，推动部门职能转变，提升科技管理效能。①实施管理体系重构和流程再造。出台了《山东省科学技术厅办公室关于印发省科技计划设置实施改革初步方案的通知》（鲁科办发〔2019〕51号）、《山东省科学技术厅办公室关于印发省科技计划组织实施工作流程实施方案的通知》（鲁科办发〔2019〕13号）、《山东省科学技术厅办公室印发省科技计划评审管理规范的通知》（鲁科办发〔2019〕41号），构建了符合科技创新规律，布局合理、定位明确、支撑有力的省科技计划体系，建立健全了决策、执行、评价相对分开、协同配合的内部运行管理机制。②全面构建依法行政制度体系。积极推进2019年度地方立法计划，全面开展《山东省技术市场条例》《山东省高新技术发展条例》立法调研，系统梳理存在的制度性问题，完成了《山东省技术市场条例》初稿；制定出台《山东省新型研发机构管理暂行办法》《山东省自然科学基金管理办法》《山东省科技企业孵化器和众创空间管理办法》等规范性文件12件，构建起较为完备的行政行为规范体系。

规范行政管理行为，夯实现代科技法治治理基础。①根据机构改革总体部署，开展了全省科技系统权责清单规范和完善工作，建立权责清单动态调整机制。制定了《省科技厅关于规范和完善权责清单制度的工作方案》，组建了省、市、县三级工作专班，按照权力清单、责任清单“两单融合”和“三级四同”要求，完成了科技系统权责清单通用目录编制，规范完善行政许可事项3项、行政处罚事项4项、行政确认事项6项、其他权力事项25项和公共服务事项1项。②依托权责清单，推进行政权力事项执行规范和网上运行。编制“一次办好”执行清单，重点对行政许可、行政确认、其他行政权力和公共服务中依申请的20项行政权力事项进行规范，进一步减材料、压环节、优流程、缩时限，确保政务服务“一次办好”全覆盖。③建立法规性文件定期清理机制。按照“谁执行、谁负责”“谁制定、谁清理”的原则，对由省科技厅负责的地方性法规、规章及科技创新政策文件进行全面清理，共研究梳理相关文件76件，提出拟修改《山东省技术市场条例》《山东省高新技术发展条例》等法规及政策文件5件，拟废止《关于做好自主创新专项资金竞争性分配工作的通知》《山东省省级工程技术研究中心提质升级的实施意见（试行）》等文件7件。④强化规范性文件审查备案。全面落实省司法厅印发的《关于行政规范性文件认定的指导意见》等文件精神，对2019年12件规范性文件，逐件进行全面审核，并按统一登记、统一编号、统一发布的规定进行管理，全部顺利通过省司法厅审查备案。

【科技体制改革】 持续深化科技体制改革。制定出台了《山东省人民政府关于健全科技创新市场导向制度的若干意见》（鲁政发〔2019〕13号）、《山东省人民政府办公厅关于深化项目评审、人才评价、机构评估改革的实施意见》（鲁政办发〔2019〕21号）、《中共山东省委办公厅　山东省人民政府办公厅印发〈关于弘扬科学家精神加强科研诚信建设的若干措施〉的通知》等纲领性改革文件，在完善科研项目管理，扩大高校、科研院所自主权，激发广大科技人员和各类创新主体的积极性，营造诚实守信的科研环境等方面实施改革，充分发挥好市场对科技资源配置的导向性作用。

深化“放管服”改革。按照省委省政府关于实施流程再造，推进“一窗受理·一次办好”改革精神，深入推进科技领域“放管服”改革，不断完善工作流程，优化政务服务。①积极下放管理权限。按照省委省政府提出的“省市同权”改革要求，对照济青烟三市和中国（山东）自由贸易试验区3个片区的用权需求，向三市下放“科研用品进口免税资格审查”“科技成果登记”等2项省级权力，向中国（山东）自由贸易试验区3个片区下放“科研用品进口免税资格审查”“科技成果登记”“实验动物生产许可”“实验动物使用许可”“实验动物许可证年检”等5项省级权力，提前完成压减50%省级行政许可事项任务。②切实落实扩权强县改革。根据省人民政府《关于深化扩权强县改革促进县域经济高质量发展的十条措施》的要求，将“创新券管理使用”“科技企业孵化器管理”“企业研发补助管理”等3项工作纳入扩权强县落实举措，印发了《关于扶持省财政直管县高质量发展政策措施清单和直报直管工作流程的通知》，分别修订相关管理办法，确保扩权强县改革落地落实。③全面落实行政监管职能。制定出台了行政执法“三项制度”实施办法，健全完善了“一单、两库、一细则”制度，实施“双随机、一公开”监管，对98家（批次）实验动物许可单位开展许可执行情况年检，其中，85家单位实验动物许可证年检确认合格，13家单位实验动物许可单位未参加年检予以注销许可证，对部分实验动物许可单位开展许可执行情况进行实地核查，对实施设施与动物质量开展抽检，加强事中事后监管，书面检查、实地核查和质量抽检结果均依法向社会进行公布。④不断完善科技云平台服务能力。聚焦“互联网＋政务服务”和流程再造，打造科技管理的“智慧＋”和全链条的科技创新管理模式，编制完成《云平台业务应用建设规范》等16个规范文本和7大类400余项科技数据标准，进一步简化科技项目申报环节。2019年以来，服务平台入库专家数量达34569人，新增注册单位、个人用户数量15868个，项目申报总数25339个。

（山东省科学技术厅政策法规与创新体系建设处）

【科技成果转移转化】

完善科技成果转化政策环境 2019年，开展修订《山东省技术市场条例》调研，修订《山东省支持培育技术转移服务机构补助资金管理办法》，印发《山东省支持菏泽市技术转移补助资金实施细则》，首次实现省级财政资金对科技成果转化受让方的资金补助，配合省财政厅做好《关于进一步加大授权力度促进科技成果转化的通知》贯彻落实意见的起草工作，以鼓励支持市场化的技术转移体系建设为重点，完善优化科技成果转移转化链条，创造更加优良的氛围。

技术转移服务机构建设 2019年，依据新修订《山东省支持培育技术转移服务机构补助资金管理办法》，开展年度省级技术转移机构备案和资金补助工作，全省备案省级技术转移机构14家，对其中8家符合条件的机构给予261万元资金补助。

（山东省科学技术厅成果转化与区域创新处　张惠莉）

促进科技成果转移转化活动 在淄博举办第十二届百名专家淄川行暨科技成果引进洽谈会，中国科学院院士宋振骐、都有为、刘维民，中国工程院院士蒋士成、陈蕴博，日本工程院外籍院士高伟俊，俄罗斯工程院外籍院士张以河等来自国内112家高校及科研院所的386名专家教授和来自德国、意大利、日本、荷兰等9个国家的24名外国专家参加活动。

印发《山东省技术转移先进县（市、区）创建活动方案》。推进健全省、市、县三级技术转移工作网络的建立，加快先进适用科技成果向县域转移转化，推动县域创新驱动发展。

（山东省技术市场管理服务中心　王　剑）

【科技系统党的建设和党风廉政建设工作】

机关党的建设 2019年，着力打造机关党建工作“四大体系”，大力实施学先进担当作为抓落实、全国精神文明单位创建、党支部标准化建设、“科技大讲堂”教育培训四大工程，扎实组织开展“不忘初心、牢记使命”主题教育，特别是牢牢把握第六届全国文明单位创建工作契机，围绕发展抓创建，抓好创建促发展，深化创建内容，全面加强“1+2”三大板块机关党的建设工作。

着力打造“四大体系”，全力协助党组认真落实抓党建领导责任。①加强组织体系建设。积极协助党组落实党建领导责任，当好参谋助手。提请厅党组调整了党建工作领导小组，建立了厅党组、厅党建工作领导小组和厅直属机关党委3个层面的工作责任体系，制订印发《2019年省科技厅直属机关党的工作要点》，明确党建工作目标任务和措施，夯实工作责任，形成了上下联动、合力共建的工作格局和各级重视党建、人人参与党建的良好氛围；严格组织落实好党组理论中心组学习制度。年初，按照厅党组部署要求制定了《厅党组理论学习中心组2019年学习计划》（鲁科党组字〔2019〕14号），明确指导思想、学习内容、方式方法和学习要求，一年来牢牢抓住思想理论武装这个根本，守好阵地、科学计划、严密组织，全年已组织召开13次厅党组中心理论组学习，每次学前有计划、有方案，学中有记录、有研讨，学后有总结、有宣传，每季度及时将学习情况上传省精神文明管理系统，年终撰写上报省委省直机关工委《关于党组理论中心组学习情况的报告》；强化基层党组织建设，严格执行基层党组织按期换届有关规定，从2018年底开始着手筹划各基层党组织换届选举工作，建立《基层党组织换届工作台账》，并起草印发了《省科技厅基层党组织换届选举工作实施办法（试行）》，科学规划设置机关基层党组织架构，推动党建工作与中心工作紧密融合，配齐配强基层党组织领导班子，系统稳步推进选举进程，2019年3月省科技厅机构改革大会后，各机关处室于3—4月集中进行了换届选举，各相关直属事业于12月份底换届完成，正提报厅党组会审议。②强化制度体系建设。起草制定了《中共山东省科学技术厅党组关于进一步落实全面从严治党主体责任的意见》（鲁科党组字〔2019〕27号）和《厅党组关于加强新时代机关党建工作的实施意见》（鲁科党组〔2019〕52号），将管党治党工作与业务工作同部署、同落实、同检查、同考核。机关党委定期向厅党组汇报机关党建工作情况；严格落实党风廉政建设责任制，年初制定出台了2019年度党风廉政建设和反腐败工作要点，组织召开两次党风廉政建设工作会议，制订党风廉政建设和反腐败责任清单，形成厅党组书记负总责、分管领导具体抓、部门负责同志“一岗双责”、广大党员干部积极参与的党风廉政建设工作格局；提请成立科技厅意识形态工作领导小组，制定《关于加强厅系统意识形态工作的意见》，强化党对意识形态工作的领导，制定出台《省科技厅意识形态工作责任制分工落实方案》，印发《关于做好谈心谈话的意见》，下发《关于加强思想政治动态研判工作的通知》。做到组织落实、责任明确、制度健全，上半年和下半年两次向党组会汇报专题研究意识形态工作，两次向省委、省直机关工委报送了省科技厅半年和全年意识形态工作总结；严格党的组织生活制度，2019年厅党组高质量召开1次年度民主生活会和1次专题民主生活会。修订印发2019年《党支部工作手册》和《党费收缴台账》，在《党支部工作手册》中，规范和督促各基层党组织认真落实“三会一课”、组织生活会、民主评议党员、党员领导干部参加双重组织生活等党内政治生活制度，要求各党支部，每月1次党小组会，1～2次支委会，每季度1次支部大会。③加强运行体系建设。强化机关党建责任体系建设，抓紧抓实全厅各基层党组织建设，机关党委先后11次向厅党组汇报党建相关工作，组织召开2次党风廉政建设工作会议，组织两期处级干部“不忘初心、牢记使命”主题教育读书班。3月，组织召开了科技厅直属基层党组织负责人会议，认真传达学习《中共中央关于加强党的政治建设的意见》。4月和7月，两次组织全厅广大党员认真聆听了厅党组书记、厅长唐波同志专题党课，9月，组织召开了全厅党的建设工作会议，传达学习贯彻全省党的建设暨机关党的建设工作会议精神，11月，厅党组书记唐波同志参加全国科技管理系统党建工作交流座谈会，在会上作了《强化党建引领　激发组织活力　为科技创新发展提供坚强保证》典型交流发言，介绍了省科技厅党建工作经验，得到了科技部和其他省市的充分肯定；建立和完善党员管理台账，深入贯彻《中国共产党支部工作条例（试行）》，完善了厅内各支部党员组织关系网上转接制度，对发展党员档案材料不规范不齐全的党员，按照程序组织补充有关材料。通过落实严格的组织生活制度，党员的党性观念和规矩意识得到进一步强化，党组织的凝聚力和向心力得到增强；强化作风建设，坚持把党的纪律和规矩挺在前面，2次组织赴廉政教育基地开展警示教育、4次组织观看警示教育片，切实做到警钟长鸣。2次组织参加《阳光政务热线》直播节目，宣传科技创新工作，接受群众热线咨询，树立良好的政务行风形象；加强学习平台载体建设，以灯塔党建在线、学习强国、厅门户网站、山东科技微信公众号等为学习平台载体，深入细致做好思想政治工作，为切实发挥好“灯塔党建在线”综合管理服务平台的作用，组织专人进行“灯塔党建在线”学习使用培训，主要对“灯塔党建在线”平台操作、e支部的后台管理、党员活动计划上报、通知发放，以及个人党员使用e支部等注意事项进行了详细的讲解培训。另外，还发放学习资料3000余册，举办4期科技大讲堂，印发33期《党建工作简报》；积极开展“双联共建”帮扶工作。自2018年6月以来，省科技厅认真贯彻落实省委省直机关工委《关于深入推进省直机关脱贫攻坚“双联共建”活动的通知》要求，将“双联共建”作为科技扶贫和乡村振兴工作的载体平台和实践路径，建立了厅党组领导、厅直属机关党委协调，省情报院党委具体实施，全厅各相关处室、单位齐抓共管的工作格局，在先后9次入村调研、4次外出学习、2次来厅对接协商的基础上，制定了《以科技创新促美丽和谐乡村建设工作方案》并予以贯彻落实。7月18日，省委省直机关工委在聊城莘县组织召开了省直机关脱贫攻坚“双联共建”现场交流推进会暨第三批启动仪式，省科技厅作为参与第二批“双联共建”活动省直部门典型代表，与省总工会、省政协办公厅一起，接受了来自省直机关100多名与会代表的现场检验并作典型发言。大众日报以“优化科技创新供给，助力美丽乡村建设”为题进行了报道。④强化奖励监督体系建设。注重抓好党支部规范化标准化建设。3月，各机关处室集中进行了换届选举，全厅36个党支部全部做到科学规范设置，在《党支部工作手册》中，规范督促各基层党组织认真落实“三会一课”、组织生活会、民主评议党员等党内政治生活制度，组织生活与业务工作贴得紧、融得深，助推科技工作成效明显。年初，重点把基层党支部标准化建设提升工程作为厅党组书记抓基层党建突破项目，研究制定了考核方案，抓实抓细组织体系设置、支部班子建设、党员教育管理和党建工作保障等9大类56项工作，推行精细化管理，坚持先进性标准。全厅36个党支部从年初开始认真对照指标全面加强支部标准化建设，年中积极开展特色品牌创建工作，年终分别建立了支部标准化资料档案，集体观摩，全面提高了支部凝聚力和战斗力，在聚焦中心，狠抓落实中，充分发挥了党建引领作用，为推动山东科技创新发展提供了有力支撑；注重抓支部特色品牌创建工作。以建设“学习型、服务型、创新型、务实型、清廉型”党支部为目标，创建党支部科技服务品牌，竖起红色旗帜。比如，政策法规处党支部形成了与科技企业结对子送政策的品牌，山东复材成型与装备研究院申办企业时遇到难题，政策法规处积极对接，帮助解决实际难题。机关农村处党支部形成“定点扶贫、送技术下乡”的品牌，全省组建科技扶贫服务队452个，深入基层开展创新创业服务。山东信息通信研究院党支部加强与驻院企业交流互动，积极开展共建活动，不断擦亮“将党建效应拓展延伸到驻院企业”的特色支部党建品牌。省情报院形成了“利用文明爱心基金开展特色志愿服务”品牌，真正做到了为群众生活排忧解难，为社区群众服务，凝聚起持续发展的向心力；注重创先争优倡树典型。7月下发了《关于开展优秀共产党员和先进基层党组织评选工作的通知》，启动推荐评选工作，评选过程中严格做到事迹感人，经得起推敲，有较强的说服力，经过层层筛选和严格上报，最终在厅系统36个党支部，436名党员中，推选出3个先进基层党组织，7名优秀党员，在全厅党的建设工作会议上进行了表彰，通过身边一系列鲜活、生动的优秀党员事例弘扬共产党员无私奉献精神，凸显了先锋模范作用；建立党建述职评议考核机制，对基层党组织的党建工作每半年开展一次督导检查，年底进行述职评议，印发了《省科技厅抓基层党建述职评议考核办法》。

高质量开展“不忘初心、牢记使命”主题教育，取得显著成效。抓住主线，聚焦主题，把“四项重点措施”贯穿全过程，在落实学习教育、调查研究、检视问题、整改落实、专题党课、调研成果交流等关键动作上，突出具体细化，始终坚持贯穿主题教育全过程，坚持党课围绕问题展开，研讨围绕问题剖析，措施围绕问题制定，形成开始就抓，一以贯之，即知即改的良好氛围。一是精心组织以上率下。提请成立了“不忘初心、牢记使命”主题教育工作领导小组，6月10日，按照厅党组部署，组织召开了全厅“不忘初心、牢记使命”主题教育工作会议，全厅上下迅速掀起了开展主题教育热潮！随后，青岛海洋中心、信通院管理中心、省情报研究院、省科技统计中心等厅直属单位及时召开了“不忘初心、牢记使命”主题教育工作会议。起草制定了《关于在省科技厅开展“不忘初心、牢记使命”主题教育的实施方案》和《活动配档表》，制定近30项具体举措，扎实推进主题教育各项工作。主要领导同志带头学习研讨、带头调查研究、带头检视问题、带头整改落实，充分发挥了表率作用。另外，厅领导班子有效传导压力，抓实基层党支部和直属单位主题教育工作，既帮助被指导单位解决主题教育推进过程中的困难、广泛征集意见建议，又及时纠正工作推进中的认识误区和工作偏差，确保全厅主题教育不偏不虚、落到实处，高质量推进。二是学习教育一以贯之。多次组织召开厅党组中心理论组集中学习研讨，以“集中学习—个人自学—集中研讨”的方式，重点围绕8个方面进行学习研讨，同时邀请省委第十五巡回指导组及省委省直机关工委领导列席指导。全厅各基层党组织也通过多种形式抓实学习教育：积极组织通过“三会一课”“主题党日”开展集中学习交流，充分利用“学习强国”“灯塔—党建在线”引导党员干部充分自学。同时在全厅开展科技大讲堂、道德讲堂，开展“庆七一暨主题教育知识竞赛”，增强主题教育的针对性、丰富性和感染力。组织党员干部到省党史陈列馆、省档案馆、长清大峰山抗日革命根据地等开展革命传统教育。开展“学习郭永怀、建功新时代”倡议活动，向“全国优秀共产党员”张富清同志学习活动，学习党史、新中国史活动，将扎实开展学习教育贯穿整个主题教育始终，各党委、总支、支部书记也积极带头全力抓好学习研讨。三是调查研究力求精准实效。重点聚焦痛点难点问题积极调研，真正把情况摸清楚、把症结分析透，形成解决问题、改进工作的思路和具体措施，撰写了《省科技厅“不忘初心、牢记使命”调研活动实施方案》，呈报厅领导审阅，全厅组成16个调研组，厅领导分别带队，每组负责一个市，蹲在基层深入调研，真正做到解剖“麻雀”。通过深入调研，共梳理全省科技创新重点问题69项，措施建议64条，形成高质量报告16篇，最终机关党委汇编成册。为推动调研成果转化，及时召开全厅主题教育调研成果交流会，梳理全省在科技创新、创新驱动发展中存在的问题，深入探讨问题产生的根源，研究下步整改落实意见，对调研过程中发现的突出问题和基层反映的意见建议，逐条列出问题清单，按照轻重缓急，全力推进整改，确保一件一件整改到位。四是检视问题注重刀刃向内。重点在找实问题、深挖根源、明确方向上下功夫，从严从实查摆问题。对照先进检视问题，自我革命检视问题，听取意见检视问题，对照省委、省政府安排的中心任务和厅党组最初的工作部署检视问题，对照巡视整改和审计整改要求检视问题，机关党委按照省委要求，及时撰写召开“对照党章党规找差距”专题会议通知方案，8月21日下午，厅党组召开对照党章党规找差距专题会议，厅领导紧扣党章党规和“18个是否”，逐条逐项进行对照检视发言。会后机关党委按照要求，及时撰写了会议情况上报省委第十五巡回指导组，组织全厅各基层党组织及时召开了对照党章党规找差距专题会议。五是整改落实注重善作善成。重点在立查立改、即知即改上下功夫。一是以问题清单督促整改。撰写厅重点查摆问题整改方案，及时把厅领导班子问题清单和厅领导干部问题清单等上报省委主题教育领导小组，组织各处室单位制定形式主义官僚主义问题查摆清单，逐一明确整改目标、措施和整改时限，确保逐项整改落实到位，以制度创新固化整改效果。六是围绕主题教育组织开展丰富多彩活动。以主题党日为活动载体，抓实各支部主题教育活动，观看红色电影《焦裕禄》、组织党员干部职工赴参观省档案馆“不忘初心、牢记使命”主题教育档案文献展，举办了庆祝建党98周年“不忘初心、牢记使命”知识竞赛活动，开展了“不忘初心、牢记使命”道德讲堂活动等，以多种方式抓实学习教育。各党支部积极组织开展了丰富多彩的主题活动，其中直属单位省科技情报院党委组织广大党员干部到前往长清大峰山抗日革命根据地参观学习，组织庆祝建党98周年歌咏比赛，组织党员前往舜泺社区进行节能宣传活动；省科技统计分析研究中心党支部组织党员赴山东省党史陈列馆开展“迎七一·庆祝建党98周年”主题党日活动。社发处党支部与驻厅纪检组党支部联合开展了一次“学雷锋”志愿服务行动，并与山东大学第二医院联合开展义诊、健康宣传等特色活动。广泛宣传积极营造浓厚氛围。通过厅门户网站、山东科技微信公众号、一楼大厅宣传展板广泛宣传“不忘初心、牢记使命”主题教育精神、要求部署及系列活动等，3个月期间，在山东科技微信公众号和厅外网发布主题教育宣传活动50余条，真正做到网络上有党建专栏、大厅里有宣传栏展示、微信里有图文、山东卫视上有报道，扎实做好全方位多层次立体报道。七是积极参加，反响强烈。省科技厅主题教育各项任务扎实顺利完成。通过开展主题教育，全厅广大党员干部对习近平新时代中国特色社会主义思想更加认同，为民服务意识切实增强，牢固树立了“四个意识”，坚定“四个自信”，坚决做到“两个维护”，自觉在思想上、政治上、行动上同以习近平同志为核心的党中央保持高度一致，有效激发出在加快创新型省份建设、助推八大发展战略实施中的使命担当。省委组织部副部长朱开国来科技厅实地调研时，给予了充分肯定，主要特色做法在省委“不忘初心、牢记使命”主题教育领导小组办公室工作简报第 8 期、13 期、14 期等进行了宣传报道。

多措并举，精神文明建设成绩显著。2019 年，把全国文明单位创建作为工作重中之重。调整创建全国文明单位建设工作领导小组成员，制定详尽的任务分工台账，把建设文明单位的各项工作纳入到年度目标任务中，与各项工作的硬指标一并纳入目标考核，做到同部署、同落实、同考核。一是加强组织领导，成立工作专班。及时调整创建全国文明单位工作领导小组成员。为加强对创建第六届全国文明单位工作的全面领导，今年 3 月，经厅党组第五次会议研究，成立了省科技厅创建全国文明单位工作领导小组，坚持一把手负责制，主要领导亲自抓、班子成员负责抓，充实领导小组办公室成员组成，领导小组下设综合协调、思想道德建设、法治建设、理想信念教育、机关自身建设、文明环境建设等 6 个工作组，由厅领导担任各工作组组长，机关党委和 5 个事业单位主要负责同志为牵头单位，其他处室、单位主要负责同志为成员，对各个工作组分工进行明确，形成上下联动，层层落实的工作格局。二是制定系列活动方案，召开全厅推进大会。根据《全国文明单位评选标准》《全国文明单位测评体系》《山东省省直文明单位考核细则》及厅党组印发的《山东省科学技术厅创建第六届全国文明单位实施方案》的要求，创建领导小组办公室牵头制定了《关于印发山东省科学技术厅创建全国文明单位系列活动方案的通知》(鲁科机党字〔2019〕6 号)，召开创建全国文明单位推进大会，对创建工作进行了再动员再部署。制定了《省科技厅创建全国文明单位宣传工作方案》，制定了《省科技厅创建全国文明单位任务分解台账》。三是组织召开协作区会议，把文明创建与党建工作紧密结合。按照省直文明办的要求，充分发挥协作区秘书长单位重要职能，切实担负起组织与服务的责任，为加强省直机关之间的工作交流，推动省直机关精神文明创建工作深入开展，科技厅组织协作区 14 个单位召开了省级文明单位第三协作区会议，相互交流精神文明创建中好的经验做法，省直机关工委宣传部徐东田副部长出席会议，组织参观了山东信息通信技术研究院量子通信研发平台、集成电路设计公开研发平台和数字媒体技术平台等，建立联络员微信群，群策群力，积极组织协作区活动，充分发挥秘书长单位作用。另外，组织开展了诗文咏诵会、“道德讲堂”宣讲、书画摄影展、先进典型选树等特色活动，积极营造了全厅浓厚的文化氛围。四是加强志愿服务，以多种方式抓实宣传文明创建工作。建立科技厅志愿者服务支队和直属单位志愿服务分队，构建三级志愿者服务体系，按照省直文明委《关于开展 2019 年省直机关党员志愿服务月暨寻找省直机关“最美党员志愿者”活动的通知》要求，科技厅积极响应省直文明委“做志愿表率，为党旗增辉”志愿服务主题号召，深入推动学雷锋志愿服务和帮扶共建活动制度化常态化，全厅积极组织开展了“科技成果送农家”“蓝天责任义务植树”“保卫黄河　关爱河流山川”“文明交通　文明出行”等系列志愿服务活动。9 月 10 日，省科技厅组织干部职工开展了“热血守初心、奉献担使命”义务献血活动，23 名同志积极参加献血活动，以实际行动弘扬奉献精神。组织举行“慈心一日捐”活动，捐款人数 366 名，当场共捐款 50200 元，所捐善款全部上交省慈善总会。文明爱心基金志愿项目荣获“全省十佳最佳志愿服务项目”。五是加强群团工作，努力推进文明机关建设。把群团工作纳入党建工作总体布局，坚持以党建带群建，积极发挥好党组织联系职工、青年、妇女的桥梁和纽带作用，进一步完善了厅机关工委、妇委会和青年工作组织，为干部职工安排合理福利，在生日、年节为他们送去慰问品，对困难职工特别关照。组织参加省直机关第十四届运动会、低碳环保健步走、篮球比赛等系列特色活动。积极开展向“时代楷模”王富清同志学习，开展送温暖、献爱心和金秋助学活动，努力推进文明机关建设，按季度在省直机关精神文明建设动态管理系统中提交省级文明单位管理和考核台账。围绕文明风尚传播、学雷锋志愿活动等内容定期及时更换了一楼宣传栏，今年共策划宣传展板 45 期，打造了两层机关文化长廊，努力营造整洁优美、文明和谐的办公环境。

党风廉政建设　2019 年，省科技厅加强廉政建设，强化政治纪律和政治规矩。一是扎实开展廉政教育学习。组织厅党组理论中心组深入学习《关于贯彻习近平总书记重要批示精神深入落实中央八项规定精神的工作意见》《龚正同志在省政府第二次廉政工作会议上的讲话》等文件精神，并就“全面从严治党”“强化政治纪律和政治规矩”“廉洁自律”为主题进行发言交流。组织党员深入学习《习近平关于反对形式主义官僚主义重要论述》和省纪委《关于深入整治形式主义官僚主义的工作方案》《关于 2019 年深入推进全省扶贫领域腐败和作风问题专项治理的工作方案》，及时传达中纪委、省纪委关于违反中央八项规定精神问题和群众身边不正之风及腐败案例通报。二是坚持把党的纪律和规矩挺在前面，组织开展内部巡察工作。制定了《关于开展巡察工作的实施方案》，建立内部巡察制度，及时组织召开巡察工作动员培训会议，全面动员部署内部巡察工作。三是强化廉政教育，扎实推进廉政建设。年初召开全省科技工作暨党风廉政建设工作会议，印发《省科技厅2019年党风廉政建设和反腐败工作要点》，逐级明确党风廉政建设责任，与各基层党组织签订《党风廉政建设责任书》，明确各级领导责任，形成厅党组书记负总责、分管领导具体抓、部门负责同志“一岗双责”、广大党员干部积极参与的党风廉政建设工作格局。加强警示教育，6月17日，组织省情报院、科技统计中心及软科学办公室、机关党委等处室单位党员干部，8月13日，组织厅机关和直属单位副处级以上党员领导干部（含领导班子成员）两次到山东省廉政教育馆开展纪律和廉政教育活动，引导广大党员干部见贤思齐。9月6日，邀请省纪委省监委党风政风监督室四级调研员张梦柳为全厅党员干部做了题为“牢固树立纪律规矩意识，永葆清正廉洁的政治本色”党风党纪专题讲座。四是扎实推进党风廉政建设和反腐败工作。加强政风行风建设，2019年1月和7月两次组织厅领导及相关处室参加《阳光政务热线》直播节目，宣传科技创新工作，接受群众热线咨询和投诉，反馈群众问题处理情况，树立良好的政务行风形象。在元旦、春节、中秋、国庆节等重要时间节点，进行重点提醒和专项检查，准确把握运用好“四种形态”。

（山东省科学技术厅机关党委）

科学技术普及

【概述】 2019年，省科技厅认真落实习近平总书记关于科技创新、科学技术普及的重要论述，弘扬科学精神，普及科学知识，为满足全省社会大众对科技创新多样化的需求，在全社会营造学科学、懂科学、爱科学的浓厚氛围。一是加强协作联动，社会化科普工作格局不断深化。充分发挥全民科学素质工作牵头部门作用，加强与成员单位沟通协调，社会化科普工作机制取得新进展。二是加强科普设施建设，科普基础设施体系更趋完善。遵循全覆盖、均等化原则，大力推进现代科技馆体系建设和基层科普服务体系建设。三是加强平台管理，科普公共服务能力持续提升。不断深化科普服务供给侧改革，加快推进科普信息化和各类科普服务平台建设。四是加强品牌培育，科普活动品牌效应日益显现。着力提升科普活动的社会影响力和公众关注度，不断推动科普活动创优升级。

（山东省科学技术厅引进智力与出国培训管理处）

【山东省科协工作】

概述 截至2019年底，全省共有省辖市科协16个，县（市、区）科协137个，全省91.49%的乡镇、街道办事处建有科协组织。省科协所属学会155家，会员40余万人。推动30余家高校成立大学生科协，共有高校科协130家，建成率95%。全省16市和70%县（市、区）建有农技协联合会，企业科协1500家，国家级园区科协27家。

科普工作 建立社会化大科普格局，联合开展“新时代优秀科普工作者”选树、全省科普宣讲大赛、健康科普宣传平台建设、应急科普创作大赛、设立“科普山东”在线点播频道、科普示范学校命名等工作，全社会广泛参与大科普格局初步构建。

加快现代化科技场馆体系建设，省科技馆累计接待65.28万人次，展品演示活动1576次。省科技馆新馆主体工程封顶，顺利进入内容建设阶段。全省市县建成及在建科技馆47家，筹划建设12家，免费开放各级科技馆19家。

实施“山东省科普示范工程”，评定科普示范单位130家，补助1300余万元。推进实施“基层科普行动计划”，支持建设科普社区110个、科普教育基地55个。268家单位被评为2019年度山东省科普教育基地。积极推动流动科普创新升级，加强校园科技馆建设，组织流动科普特效影院车、科普大篷车等开展“送科技电影下乡”，召开全省“馆校合作”培训班，开展研学活动204次，科普公共服务能力不断提升。

加强“互联网＋科普”建设，与山东海看新媒体研究院合作开设“科普山东”专区。集中打造“科普山东”信息集成平台，微信公众号关注量突破80余万人。

精心打造科普品牌，2019年成功举办山东科学大讲堂142期。组织山东省科普创作大赛，征集作品2122件。启动全国科普日山东省主场活动，副省长于杰出席启动仪式并讲话，全省同步开展1399项科普活动，居全国第3位，取得了良好社会效果。

科技服务 聚焦八大发展战略，发挥智库人才作用，举办山东省新旧动能转换国家战略创新峰会系列活动，围绕服务乡村振兴、工业互联网产业创新生态系统等主题，举办10场次峰会，千余人参与。畅通

《院士专家建议直通车》渠道，呈报23期决策建议，省委书记刘家义批示14期，多篇建议纳入决策程序。与省科技厅建立战略合作机制，将智库创新项目纳入省软科学计划，评选20项重大研究课题。加强与清华大学智库中心、清华大学技术创新研究中心双向交流，建立长效合作机制。组织智库专家赴青海、西藏开展智力援青援藏活动，持续提升智库服务力、传播力、影响力。

实施学会创新驱动发展工程，争取1500万元资金，评选30家创新争先学会，开展20项助力创新驱动发展行动，服务31个协同创新基地发展。持续助力创新创业，成功举办第三届科技工作者创新大赛，参赛项目306项。举办第十一届大学生科技节，参与大学生16.8万人次。组织78家创业平台申报"创客之家"，评选20家。组织双创培训进校园、全国高职院校发明杯、第十届山东省"创青春"大学生课外学术科技作品竞赛等系列活动，营造了浓厚的创新创业氛围。

开展助力脱贫攻坚行动，组织新时代文明实践农业科技志愿服务总队赴莒南县，开展技术培训、举办主题讲座、捐赠科普器材等志愿服务，联合莒南县举行茶溪川田园综合体招商推介会、青岛沂蒙周等大型招商展示会。组织农业科技志愿服务队5支分队，开展各类科普服务活动。

学术交流 成功申办中国科协年会，组建年会组织架构，确定重点调研课题，为年会成功召开做好准备。与日照市政府联合举办2019年山东省科协年会，邀请3位院士、25位专家作专题报告，签约合作协议12项，发布可供转化的科技项目400余个。举办世界海洋科技大会，700余名专家参会，发布200余项海洋科技成果，形成"青岛共识"。举办中日韩工程技术大会，300余名专家参会，签订多项合作协议。

做强泰山科技论坛学术品牌，2019年A类论坛举办46期，1名诺奖获得者、21名院士做学术报告，10500名科技工作者参加。开展自然科学学术创新奖评选，100人获评"山东省自然科学学术创新奖"。

人才与建家 加强对科技界政治引领政治吸纳，成功召开省科协九大，省委书记刘家义、中国科协党组书记、常务副主席怀进鹏出席开幕会并讲话，省委副书记杨东奇出席闭幕会并讲话。大会全面总结过去5年工作，选举产生新一届省科协领导机构，明确了今后5年的总体思路和目标任务，向科技界发出了弘扬爱国奋斗精神、建功新时代的号召。

以庆祝新中国成立70周年为主线，开展5·30"全国科技工作者日"系列活动，召开纪念省科协成立60周年座谈会，推出系列主题活动，在科技界营造了爱国奋斗的浓厚氛围。大力弘扬科学家精神，郭永怀事迹陈列馆被命名为全省"中国科学家精神宣传教育基地"。举办全省青年科技领军人才国情研修班，增强了家国情怀。

推动院士专家工作站建设，新批复成立12家院士专家工作站。积极开展院士推选和推举服务工作，陈子江、李术才分别当选。举办夏季院士专家考察休假疗养活动，8位院士、12位知名专家参加。大力实施海智计划，全省已获批国家级海智工作基地5个，海外人才离岸创新创业基地2个。

实施青年科技人才托举工程，对20名青年科技人才给予资金支持。成立山东省青年科学家协会，首批吸纳250名优秀青年科学家入会，建立"山东青年科学家"网上宣传服务平台，举办首届青年科学家论坛。

开展"齐鲁最美科技工作者"评选活动，评选出10名齐鲁最美科技工作者，梁建英被选树为"全国最美科技工作者"。积极宣传科技工作者先进事迹，通过各类媒体宣传科技工作者2000余人次。联合省直有关部门，推荐28名中国青年科技奖、中国青年女科学家、未来女科学家、优秀中外青年交流计划等候选人，为人才成长搭建良好平台。

自身建设 扎实开展"不忘初心、牢记使命"主题教育，推动学习贯彻习近平新时代中国特色社会主义思想走深走实。加强党组理论学习中心组学习，运用网络讲堂、网上培训、电化教学等新兴媒体平台，专题讲座、交流研讨等不同形式，拓宽学习渠道，增强学习实效性，全年开展中心组学习16次，集中讨论交流12次。借助"学习强国"创新学习载体，经中宣部批准，在"学习强国"山东学习平台开设"开放创新"栏目，推荐选送全国稿件200余篇，载登4000余条次，成为团结引领科技工作者的有效载体。

全面加强党的建设，将推动全面从严治党向纵深发展列为年度四大重点任务之一。修订《山东省科协党组工作规则》。组织党员干部到井冈山等地开展党性教育，全面提升党员干部政治素质。深入整治形式主义官僚主义，对照19个突出问题，逐项查摆整改。狠抓党风廉政建设，层层落实责任，开展"廉政教育月"活动，进行廉政谈话，2019年省科协未出现违法违纪事件。密切联系基层，班子成员人均基层调研超过两个月，帮助基层解决实际问题。严格精文简会，全部按要求完成会议、发文精简和简报清理工作，对市督查全部清理。积极开展"对标先进"活动，到浙江省科协实地学习调研，对标先进各项年度任务圆满完成，长期任务稳步推进，对标效果持续显现。

坚决落实意识形态责任制，联合大众网舆情中心，加强对省科协所属网络平台24小时监测，确保不出问题。加强对省科协举办的学术论坛、科普讲座、年会、报告会等监管，确保在意识形态领域不出问题。省反邪教协会积极开展"全省十佳反邪教志愿者"学习宣传活动，组织开展"防范邪教宣传日（周、月）活动"，评选出100名"山东省反邪教协会突出贡献奖"，聘任全省反邪教形象大使，编写印制反邪教挂图等，营造了崇尚科学的良好氛围。

科协改革 持续推进市县科协改革，16 市科协和 137 个县级科协全部出台改革方案，95% 的县级科协实现独立建制，市县科协新成立事业单位 56 个。开展基层科协组织力“3+1”试点，召开推进会，新增 4 个试点单位，基层“四缺”问题有效解决。

深化党建带群建工作，扎实开展“不忘初心、牢记使命”主题教育，省委副书记杨东奇出席省科协党组专题民主生活会，对班子和班子成员检视剖析给予肯定。加强学会组织建设指导，召开省级学会秘书长培训班，推动 12 个学会完成换届，督促 5 个学会党支部换届，新成立协会党建工作小组 2 个、党支部 2 个。抓好基层党建带群建工作，开展换届选举工作标准化、规范化试点，指导 5 市科协开展换届工作，各级科协组织党的建设全面加强。

深化学会治理结构治理方式改革，出台学会党建工作指导意见和学会管理工作暂行办法，持续推进学会动态调整，约谈 23 个省级学会，劝退 1 家学会，3 家协会列入脱钩名单。将省作物学会、创新战略研究会纳入业务主管，吸收省研究型医院协会、海洋发展研究会作为团体会员，省科协主管学会达到 105 家、团体会员 50 家，学会方阵不断优化。

开展智慧科协一期工程建设，以创新联系服务全省科技工作者为宗旨，着力打造资源汇聚、工作协同、精准服务、创新交流四位一体综合平台。智慧科协入驻机构 3655 个，汇聚视频、音频、文本、表格、图片等数据资源约 1T。

大力实施改革品牌培育工程，遴选 74 项品牌项目，2018 年度 A 类项目形成案例，编印成册在全省科协系统推广。在泰安召开学习贯彻党的十九届四中全会精神暨科协改革现场推进会，科协系统改革创新热情高涨。

（山东省科学技术协会 袁慎庆 郝美想）

【科技活动周、科技下乡活动】

组织举办山东省“科技活动周” 2019 年，活动周突出“科技强国 科普惠民”主题，设立了山东省科技成果展、科普展，并对农业高新技术进行了集中展示推广。赵家军副主席、唐波厅长亲自出席启动仪式，全省各地陆续开展了形式多样、精彩纷呈的科普系列活动，切实共享科技创新成果，服务于人民群众对美好生活的向往，聚焦科技扶贫，提高人民生活质量，助力实现中华民族伟大复兴的中国梦。

积极开展科技下乡活动。组织省高校、科研院所专家，举办科技知识技能培训讲座，科技助力脱贫攻坚，通过“互联网 +”形式，及时解决群众技术难题。

（山东省科学技术厅引进智力与出国培训管理处）

责任编校：李绮斌

行业科技进步

HANGYE KEJI JINBU

农业科技

【概述】 2019年，全省粮食总产535.7亿千克，农村居民人均可支配收入17775元，农业科技进步贡献率达到64.56%，主要农作物良种覆盖率97%以上，农机总动力10679.84万千瓦，农作物耕种收综合机械化率达到87.85%，省现代农业产业技术体系创新团队27个。

【农业技术成果】 2019年，全省共发布70项农业主推技术。开展2019年度山东省农牧渔业丰收奖评审，54个项目获省丰收奖。组织推荐参选2016—2018年度全国农牧渔业丰收奖，17个项目获成果奖，25人获个人贡献奖。组织推荐参选2018—2019年度神农中华农业科技奖，11个项目获奖。

【农民培训】 2019年，全省高素质农民培育工作共计培训4.2万人。广泛开展新型农业经营主体带头人培训、现代青年农场主培训、农业经理人培训、创业创新培训等品牌培训工作。

【基层农技推广体系改革】 2019年，扎实做好基层农技推广体系改革建设补助项目实施管理工作。分批分层次集中培训基层农技人员8622名，其中省级班列专题集中举办农技推广骨干人才培训班，棉技、果树、环能、农机、种子、渔业、畜牧等行业县级站长（主任）素质提升培训班，农业政务网站信息员培训班，农民“田间学校”师资培训班等，共计培训相关人员1475名。

【农业技术推广系统】 2019年，全省组织实施了小麦宽幅精播、小麦规范化播种、玉米“一增四改”、玉米机械精播、生姜专用膜覆盖轻简化高效栽培技术、设施蔬菜绿色高效生产技术、早春马铃薯多层覆盖高效栽培技术、蔬菜水涝灾害后生产管理技术、茄果类蔬菜粘接嫁接集约化育苗技术、高效节能菇棚食用菌周年生产技术、种养废弃物高效生产食用菌及菌渣综合利用关键技术、菌菜轮作关键技术、主栽食用菌菌种及标准化高效生产技术、秸秆轻简化种植大球盖菇技术、甘薯绿色优质高效栽培、水稻绿色优质高产技术、麦茬直播稻绿色生产技术、谷子精播轻简化栽培、高粱全程机械化栽培等19个重大技术推广。全省小麦宽幅精播技术推广面积2855.3万亩，小麦规范化播种技术推广面积4619.5万亩；玉米“一增四改”技术推广面积4674.5万亩，玉米机械精播面积4468.7万亩；生姜专用膜覆盖轻简化高效栽培技术推广面积9.8万亩、设施蔬菜绿色高效生产技术推广面积320万亩、早春马铃薯多层覆盖高效栽培技术推广面积45.4万亩、蔬菜水涝灾害后生产管理技术推广面积25.8万亩、茄果类蔬菜贴接嫁接集约化育苗技术嫁接育苗数量1.2亿株，推广种植面积5.1万亩；推广食用菌秸秆轻简化种植技术推广1100多亩，高效节能菇棚、蔬菜食用菌轮作推广大棚等各类设施近5000个；甘薯绿色优质高效栽培推广面积102.5万亩、水稻绿色优质高产技术推广面积108万亩、麦茬直播稻绿色生产技术推广面积22.5万亩、谷子精播轻简化栽培推广面积15.4万亩、高粱全程机械化栽培推广面积2.4万亩。

【农机系统】 2019年，全省农机总动力达到10679.84万千瓦，比2018年增长2.54%。其中，拖拉机247.33万台，总动力4296.72万千瓦；联合收获机32.32万台（稻麦联合收割机18.85万台、玉米联合收获机13.47万台），总动力1546.56万千瓦；配套机具439.28万台；农机专业合作社10944个；创建国家级主要农作物全程机械化示范县45个。

【渔业系统】 2019年，全省稳步推进“海上粮仓”建设，启动海洋牧场示范创建新一轮三年计划，省级以上海洋牧场示范区（项目）达105处，其中国家级海洋牧场示范区44处，占全国的40%，拓展远洋渔业发展空间，在全国率先获批建造2艘南极磷虾船。全省渔业增加值为858.2亿元。水产品总产量（含远洋）823.27万吨，比2018年减少4.43%，其中，海水产品产量706.21万吨，比2018年增加2.15%；淡水产品产量117.06万吨，比2018年减少6.60%。水产养殖面积1138.34万亩，比2018年减少2.99%，其中，海水养殖面积842.25万亩，比2018年减少1.64%；淡水养殖面积296.09万亩，比2018年减少6.62%。

【棉花果树茶叶系统】 2019年，全省植棉面积253.92万亩，总产19.6万吨，单产77.19千克／亩。年末果园面积878.01万亩，园林水果产量1739.71万吨。其中，苹果园369.88万亩，产量950.23万吨；梨园51.42万亩，产量104.24万吨；葡萄园54.73万亩，产量 112.48 万吨；桃园 192.85 万亩，产量 364.57 万吨。年末实有茶园面积 37.67 万亩，茶叶产量 2.47 万吨。

【植保系统】 2019 年，全省病虫草鼠等有害生物发生程度为中等，轻于常年，发生面积 5.6 亿亩次，防治 5.9 亿亩次，挽回产量损失 2179 万吨。全年监测病虫 118 种，发布病虫预报 2500 多期，中长期预报准确率达 90%，短期预报准确率达 95%。截至 2019 年底，全省建立各种形式专业防治队伍 3592 个，其中注册或备案的 1832 个，全省拥有高效植保机械 8.5 余万台（套），其中大中型植保机械约 2.4 万台（套），植保无人机 4600 余架，日作业能力 550 万亩以上，全年三大粮食作物统防统治面积 9400 余万亩次。全省绿色防控覆盖面积 5902.9 万亩次，全省农作物绿色防控覆盖率由 2018 年的 36.8% 上升到 37.6%。

【种子管理系统】 2019 年，全省共审定农作物新品 124 个，其中，小麦新品种 23 个，玉米新品种 73 个，棉花新品种 13 个，水稻新品种 11 个，大豆新品种 4 个。全省持证种子企业 569 家，省级以上发证企业 95 家，注册资本 1 亿元以上国家育繁推一体化企业 7 家，中国种业信用骨干企业 5 家，蔬菜种子信用骨干企业 5 家。

【重点企业科技发展】 2019 年，全省县级以上重点龙头企业 6586 家，涉农营业收入 11742 亿元。共有农业产业化国家重点龙头企业 106 家、省级重点龙头企业 901 家、市级重点龙头企业 5058 家，规模以上农产品加工企业 8315 家，营业收入 1.5 万亿元。

【农村人居环境】 2019 年，山东省农村公共服务和基础设施改造持续加强，新建改造农村公路 1.2 万千米，行政村通水泥路率达 99.93%，自来水普及率稳定在 95% 以上，自然村动力电实现“村村通”，新改厕 45.9 万户，累计完成 1041.3 万户。

（山东省农业农村厅　李月圆　王东旭）

畜牧科技

【概述】 2019 年，全省畜牧业科技工作聚焦全省畜牧业高质量发展，推进产学研深度融合，加强技术推广应用，科技对畜牧业的支撑作用进一步增强。

【成果与奖励】 2019 年，全省畜牧兽医行业取得一批重要畜牧兽医科技成果。家禽主要病毒病防控技术的示范与推广和青贮饲料新技术创新集成与示范推广两个项目获得 2016—2018 年度全国农牧渔业丰收奖农业技术推广成果奖二等奖。我国新发和再发禽流感病毒传播与进化规律研究项目获得省自然科学奖二等奖，猪四种重要疫病防控新技术的研发与应用项目获省科学技术进步奖一等奖，奶牛新药研制及细菌病防治、毛皮动物腹泻主要病原防控关键技术创新与应用、畜禽新疫苗技术创新体系（企业科技创新）项目获省科学技术进步奖二等奖。“粮改饲”高产高效模式与关键技术的研究与应用项目获省农牧渔业丰收奖成果奖一等奖，奶及奶制品质量安全控制关键技术研究及推广、猪链球菌病高通量快速诊断新技术研究与示范推广、农副产品发酵饲料生态养猪关键技术集成与推广项目获省农牧渔业丰收奖成果奖二等奖。

【科技项目支持】 2019 年，“粮改饲”品种筛选及配套生产技术创新研究与应用，畜禽粪污减量与资源化利用关键技术研究与示范，非洲猪瘟快速诊断及预防控制关键技术研究，蛋鸡安全生产关键技术集成创新与示范，奶牛 OPU-IVP 技术研发与产业化应用，影响动物卫生安全的重大动物疫病及人畜共患病综合控制技术研究、集成和应用，畜禽主要疫病混合感染防控新模式的建立和应用，“乌头”德州驴快速繁育技术研究，种鸡场沙门氏菌病净化关键技术研究与应用，生猪健康养殖与农牧循环关键技术研发应用，智慧生态养羊模式的研究与应用，良种肉鸭智能化生态养殖创新技术集成与示范，菌酶协作促进全株玉米及牧草高效利用技术研究等项目获省农业重大应用技术创新项目支持。健康养殖、无抗饲料、新型兽药、疫病防控等方面的项目获省重点研发计划项目支持。优质高产奶牛突破性新品种选育、优质高产肉羊突破性新品种选育、畜禽种质资源收集保护与精准鉴定等省农业良种工程项目启动实施。驴良种高效繁育及配套饲养技术集成与示范项目启动实施，将进一步健全完善全省的驴良种繁育体系，形成更加有效的驴繁育、规模化饲养配套技术，为山东省驴产业提质增效提供科技支撑。

【技术推广应用】 2019年，通过开展科技创新、技术集成、示范培训、推广应用和科企合作，推动产业转型升级，提高质量效益和竞争力。省畜牧局联合省科技厅发布20项畜牧业主推技术，进一步加快畜牧业先进适用技术推广应用。依托基层农技推广体系改革与建设补助项目，组织举办基层畜牧（畜牧兽医）站技术骨干能力提升培训班和动物疫病防控技术培训班，共培训140余名畜牧兽医技术人员。

（山东省畜牧兽医局）

水利科技

【科技项目】 2019年3月23日，山东省水利科学研究院牵头承担的国家重点研发计划“水资源高效开发利用”重点专项——“滨海城市海水淡化综合利用技术研究及应用”项目启动会暨实施方案论证会在山东省荣成市召开，标志着该项目正式启动实施。组织实施山东省自然科学基金（青年基金）项目“城市化进程中济南泉域岩溶地下水水文地球化学演化特征及其水环境响应”、山东省重点研发计划“大型调水工程现场管理单位标准化管理研究”2项省级涉水科技项目。下达2019年省级水利科研与技术推广项目计划15项，其中科研类10项、技术推广类5项，项目总投资2668.3万元，省财政补助资金1020万元。

【项目管理】 2019年，“地下水硝酸盐污染处理技术集成示范”“露顶式大跨度双曲拱闸门新技术推广应用”“地下水源地开采红线控制与回灌补源技术应用示范”“水利量水测水技术集成示范场”4项水利部技术示范项目完成结题备案。“调水工程建设运行管理关键技术研究”“农村水环境综合整治关键技术研究与示范”2项省级水利科研项目通过验收。省级财政经费支持项目“水生态文明试点科技支撑计划”于2019年12月28日通过验收。

【科技创新服务与基础工作】 2019年3月，夏军院士工作站落户山东省水利科学研究院。工作站3年为一个工作期，按照“政产学研用”协同发展思路，打造以院士工作站为核心的水利“政产学研用”协同发展平台。通过调查研究形成了“水利科技成果转化对策研究报告”。在征集水利科技需求的基础上，组织开展了2020年度山东省水利科技创新储备项目申报工作。组织有关专家与济南市田山电灌管理处开展了技术对接。召开全省水利科技工作座谈会，研究部署下一阶段水利科技工作，凝心聚力为更好地推动水利“补短板、强监管”提供科技支撑。组织完成了年度科技成果登记、水利科技统计工作。

【科技推广】 2019年，依托水利部技术示范项目和省级技术推广项目，开展了水安全与水处理关键技术、生态清洁型小流域综合治理关键技术等技术推广工作。协调推动技术持有单位与水利一线建设管理单位对接，加大自主研发的“水库安全运行综合监测系统”在青岛、济南等地防洪度汛水利工程中的应用力度。组织参加第16届国际水利先进技术（产品）推介会。14项技术列入2019年度水利部水利先进实用技术重点推广指导目录。

【科技奖励】 组织提名2019年度省科技进步奖4项，推荐申报第21届中国专利奖2项、第3届山东省专利奖1项，指导山东水利学会完成了水利科技奖设立备案工作。

【科技交流与合作】 2019年，山东省水利科学研究院与美国理海大学共建水处理技术创新研究中心，双方致力于破解农村饮水水质及城市水资源利用存在的问题，已取得阶段性成果。举办了中荷（山东）水利科学技术交流会。参加节水与地下水水量管理国际研讨会，围绕水库安全运行综合监测、城市防洪和内涝预警及节水与地下水管理等内容与荷兰、丹麦、加拿大有关专家进行了技术交流。组织水利专业技术人员赴德国参加气候变化下地下水超采区含水层恢复与管理培训活动。美国理海大学教授阿如普·森古普塔、加拿大工程院院士爱德华·麦克比恩、加拿大瑞尔森大学终身教授李耀华等到山东考察交流，分别作复合离子交换纳米技术定向水处理研究、“一水”方法在流域环境问题中的应用、防洪混凝土渠道的环境修复等学术报告，并对有关水利科技项目进行了咨询与指导。

【省农业农村专家顾问团水利分团工作】 2019年，组织省农业农村专家顾问团水利分团成员开展调研，形成“关于尽快提高我省水文水质监测水平的建议”等调研报告4篇、“提升我省小型水库运行管理水平的对策建议”等简报信息7篇。2019年12月23日，组织召开了水利分团2019年度工作总结会，会议总结了2019年工作并研究提出了2020年工作设想。

（山东省水利厅　朱玉芬）

黄河科技

【概述】 2019年，黄河水利委员会山东黄河河务局协作承担国家“十三五”重点研发计划项目2项，完成水利技术示范项目1项。组织申报“十四五”黄河流域水安全及重大问题科技需求重点项目68项。8项科技项目纳入山东黄河河务局科技项目储备库实行滚动管理。批准5项科技项目开展研究。6项科技成果通过水利部黄河水利委员会年度集中评审（评价）。128项科技创新成果获得奖励。借助“齐鲁黄河讲堂”等学术平台广泛开展学术交流活动。编辑印发《山东黄河》4期。

【科技创新项目】 2019年，山东黄河河务局所属单位协作承担2项国家“十三五”重点研发计划项目。3月，“黄河下游河道与滩区治理研究”项目负责人清华大学张红武教授等到黄河东明河段查看选定示范坝址。11月，提交“黄河口演变与流路稳定综合治理研究”项目进展报告。3月5日，黄河水利委员会成立“十四五”黄河流域水安全及重大问题科技需求重点项目建议编写工作组，制定工作大纲和整体计划，组织和协调有关单位，集中力量、通力合作，高效率、高质量完成有关《“十四五”黄河流域水安全及重大问题科技需求重点项目建议》编制任务。根据编写工作要求，山东黄河河务局征集重点项目建议75项，经审查申报68项。6月，参加编制完成《“十四五”黄河流域水安全及重大问题科技需求重点项目建议》报告，7月，提出该报告的修改意见，建议增加“黄河入海水沙对河口浅海及海岸湿地影响研究”项目。2019年，征集符合储备要求的科技项目17项，经科技储备项目专家评审与山东黄河河务局专题办公联合会议讨论，确定“泥沙远距离输送智能水上作业平台”等8个项目纳入山东黄河河务局科技项目储备库实行滚动管理。11月5日，公布2019年山东黄河科技储备项目计39项。2—9月，批准“东平湖（老湖）生态水位及多水源联合保障措施研究”“东平湖老湖防汛预报及调度决策支持系统研究”“黄河惠民白龙湾至兰家所处河段河势演变特点及治理对策研究”“黄河下游淤背区表层土保水技术应用研究”“植生混凝土护坡技术在黄河堤防边坡的试验及应用研究”5项科技项目开展研究，研究经费197.24万元。

【科技成果与奖励】 2019年，山东黄河河务局组织评审验收科技成果52项，6项通过黄河水利委员会年度科技成果集中评审（评价）。其中，“造孔灌注一体化插筋混凝土桩施工新技术”1项成果达到国际先进水平，“聊考断裂带对黄河堤防聊城段影响分析研究”等2项成果达到国内领先水平，“引黄涵闸施工洞身模板整体移动技术”等3项成果达到国内先进水平。推荐245项成果参加黄河水利委员会“新技术、新方法、新材料及其推广应用成果认定”，121项通过认定，通过率占49.39%。全年获各类奖励科技创新成果128项，6项获黄河水利委员会科技进步奖。“滨州黄河数字防洪预案管理系统”“聊考断裂带对黄河堤防聊城段影响分析研究”“新型生态护坡在东平湖蓄滞洪区围坝改建中的应用”3项成果获黄河水利委员会科技进步奖二等奖，“山东黄河应急抢险多途径信息采集与传输系统”“多功能梯形独体趸船”“引黄涵闸施工洞身模板整体移动技术”3项成果获黄河水利委员会科技进步奖三等奖。39项科技成果获山东黄河河务局科技进步奖，其中一等奖5项，二等奖8项，三等奖26项；83项成果获得山东黄河河务局科技火花奖，其中一等奖38项，二等奖45项。颁发2018年度山东黄河河务局科技进步奖奖金22.5万元。

【科技体制改革与创新】 2019年4月，调整山东黄河河务局科技项目评审及验收委员会成员，人员组成扩展至8个市级黄河河务（管理）局，进一步增强了科技咨询评审力量。

【科技成果推广活动】 2019年，“雨量计智能防护系统”“基于智能SPD监控下的综合防雷系统”“重力式现浇混凝土船闸施工关键技术”“新型锁扣式钢管桩围堰”4项科技创新成果入选《2019年度水利先进实用技术重点推广指导目录》。组织申报2020年度成熟适用水利技术成果12项。4月，组织9人参加16届国际水利先进技术（产品）推介会。齐河黄河河务局承担的水利技术示范项目“泥沙芯钢筋混凝土复合结构备防石”在郑州通过水利部国际合作与科技司验收。在济阳举办山东黄河割草机性能演示活动，选取滨州恒达黄河水利工程维修养护公司、上海天堤机械设备有限公司等 11 种型号的割草机参与演示，黄河工程管理、维修养护与厂家 62 人参加活动。通过堤坡割草技能竞演、产品性能介绍与交流，搭建起黄河工程管理、维修养护人员与专业厂家的沟通平台，提升了全河工程维修养护机械的专业化水平。

【信息化建设】 2019 年，山东黄河河务局制定印发《山东黄河河务局使用正版软件管理办法》，实现 51 个局属单位操作系统、办公和杀毒三类软件正版化全覆盖。按照《山东黄河信息化机房标准化管理考核验收办法》，完成 25 处信息化机房标准化管理考核验收。通过 3 年的考核验收工作，全局 47 处信息化机房全部达到标准化管理要求，机房管理水平得到显著提高。针对网络安全存在的突出问题，落实资金 234 万元用于局机关网络安全体系建设。修订完善了《山东黄河网络安全事件应急预案》，健全了网络安全应急处置机制。联合有关网络安全公司，对局机关和 8 个市级黄河河务（管理）局进行了网络安全攻防演练，检验和提升网络安全防护和应急处置能力。2019 年，基于滨城黄河河务局县级移动防汛抗旱前线指挥部（网信平台）建设试点成果，筹集资金 180 余万元，在东明黄河河务局、东平黄河河务局推广县级移动防汛抗旱前线指挥部，并开展防汛指挥调度演练。

【学术交流活动】 2019 年，山东黄河河务局力促国内外学术交流、治黄优秀论文评审活动。1 月，组织参加黄河上中游水沙变化及水土流失治理对话研讨会。7 月，组织参加“十四五”黄河流域水安全及重大问题科技需求重点项目建议专家咨询会。9 月，组织参加黄河流域生态保护和高质量发展重大科技问题需求座谈会。11 月，组织参加“致敬 70 年”《人民黄河》办刊座谈会。12 月，组织参加黄河流域菌草产业发展技术交流会。组织完成 1 次出国（境）学术交流活动。利用“齐鲁黄河讲堂”学术平台，组织开展 4 期讲座，内容涉及物权法、个人所得税法、信息安全保护、中国航天发展及第四次工业革命。11 月，组织 2019 年度山东黄河治理优秀论文评审活动，征集论文 285 篇，评审出 79 篇获奖论文。编辑印发《山东黄河》4 期。

（山东黄河河务局　李长海）

工业科技

【推进企业技术创新体系和能力建设】

推进制造业创新中心建设 2019 年，制定出台了《山东省制造业创新中心建设工作指南（试行）》。认定高端智能家电、海洋药物、先进印染技术、虚拟现实、生物医药和高端铝合金材料 6 家制造业创新中心，省级中心达到 12 家。

开展技术创新示范企业培育工作 2019 年，新增 4 家国家技术创新示范企业，培育了 88 家省级技术创新示范企业。全省共有 53 家国家技术创新示范企业，103 家省级技术创新示范企业，加速形成涵盖各行业的技术创新示范体系。发挥龙头企业的引领带动作用，推广技术创新先进经验和模式，为山东各产业、企业技术创新提供标杆示范。

开展省级“一企一技术”研发中心培育认定工作 2019 年，新培育认定“一企一技术”研发中心 117 家，总数达到 1492 家。加大对企业技术创新的引导、培育和服务工作，推动“一企一技术”创新活动更广泛地开展，促进企业提质增效，增强企业核心竞争力，在全省企业创新驱动发展和转型升级方面发挥示范和引领作用。

实施省级企业技术创新项目 2019 年，组织实施 4 批省级企业技术创新项目，共计 6585 项，较 2018 年同比增长 17.7%，开发新技术 2993 项、新产品 3300 项、新工艺 2178 项。

【实施百年品牌培育工程】

推动出版《解码山东制造》两会专刊 全国两会期间在《财经国家周刊》上，公开发行《解码山东制造专刊》5 万册，3 万册全面覆盖 2019 年全国两会各代表团及驻地，同时通过新华社 APP、公众号等进行网络传播，实现精准宣传。

开展“山东制造·硬科技 TOP50 品牌榜”推广工作 2019 年，新华社瞭望智库联合工信部赛迪研究院、中国机械科学研究总院共同发布了“山东制造·硬科技 TOP50 品牌榜”，扩大了山东制造在全国乃至全球的影响力，在全省范围内营造了关注、鼓励企业技术创新的氛围。

开展“好品山东”产业集群培育工作 2019 年，培育了 2 家精品高端产业集群区域品牌，5 家特色产业集群区域品牌。在《财经国家周刊》开辟“新动能新山东”专栏，围绕上述产业集群刊发专栏稿件 8 篇。

启动“好品山东·乡村名品”建设活动 2019

年，省工业和信息化厅与山东广播电视台联合下发《关于开展“好品山东·乡村名品”建设活动的通知》，启动“好品山东·乡村名品”建设工作，培育一批乡村特色产品和特色基地，助力乡村振兴。

公布一批工业企业质量标杆 2019年，开展了工业企业质量标杆活动，确定23项工业企业“质量标杆”典型经验。全省3家企业典型经验上榜全国质量标杆名单。国家级标杆典型经验26项，省级标杆典型经验47项。

做好工业领域标准工作 组织推荐省电子信息产品检验院制订的《无人机安全技术要求》等36项地方标准列入2019年“山东标准”建设项目。

【加速推动新兴产业发展培育新动能】

创建济南—青岛人工智能创新应用先导区 2019年，获批工信部支持山东创建济南—青岛人工智能创新应用先导区。利用济南、青岛两市人工智能市场规模、应用场景、数据资源等优势，创建了全国第2个人工智能创新应用先导区。

举办世界人工智能融合发展大会 2019年11月19—20日，以“动能焕新·智慧融合”为主题的世界人工智能融合发展大会在济南召开。大会展示了国内外人工智能领域的前沿趋势和融合创新应用新成果，搭建了山东与世界人工智能对话的平台，公布了《100个山东人工智能与产业深度融合应用场景技术需求》，对接需求包含高端装备、交通、物流等领域，发布了《山东省人工智能产业发展报告》。大会的召开为人工智能赋能实体经济发展打下坚实基础。

组织人工智能领域企业和优势产品遴选 2019年，印发了《关于强化产学研融合创新 加快培育山东省人工智能领军企业和优势产品的通知》，遴选4家领军企业、10种优秀产品、8个解决方案、3家服务平台。

【突破产业发展技术瓶颈】 2019年，充分发挥线上线下各自优势，做好产学研对接工作。发挥山东省产学研合作对接网上平台作用，搭建产学研合作对接信息化平台。进一步与国内重点高校、科研院所深化长期稳定合作关系。按照省委、省政府安排，完成了北京理工大学、北京航空航天大学、哈尔滨工业大学、有研科技集团有限公司的对接筹备工作，形成了“协议”“会谈纪要（草拟稿）”；完成了与北京邮电大学和航天科工集团衔接走访对接事项。围绕山东省新旧动能转换十强产业重点领域，征集清华大学、浙江大学、南京大学、中科院沈阳分院等高校科研院所最新科技成果和山东省企业产品、技术、工艺和人才需求，优化省产学研网上合作对接平台作用，线上推广清华、北航、中科院等重点高校、科研机构技术成果11533项，征集发布省内企业技术需求7910项，建立科研成果供需方对接机制，搭建技术创新成果转化平台。组织潍柴、兖矿、山东能源、时风等61家省内重点企业，赴浙江大学开展产学研专题对接活动。组织浪潮集团、临工集团、盛瑞传动等84家企业，与参加第3届海外院士青岛行暨青岛国际院士论坛的63位海外院士举行专场对接。

（山东省工业和信息化厅 杨肖方）

电力科技

【电力物联网建设】 2019年，全面贯通省市两级政企数据通道，助力获得电力，实现“一链办、一证办、刷脸办”。率先完成电力物联网企业级技术中枢的构建，大云平台提升统筹能力，实现基础资源灵活分配，业务需求敏捷响应，系统部署时间缩短80%。智慧物联提升感知能力，部署配电感知终端6万台，实现规模化、实用化应用。人工智能提升处理能力，上线27种模型，智慧赋能7个专业13项应用。建成全国最大规模的电动车有序充电小区、最大覆盖的5G智能电网试验网，开展了物联网配电室、智慧变电站、AI辅助调控、综合用能改造等一系列试点。智慧电网5G应用示范纳入省政府重点任务。

【前沿技术攻关】 2019年，电力机器人获得国家重点研发项目立项，保持行业创领者地位。青岛多能互补综合能源示范工程启动建设，并获得省重点研发计划立项。输电线路巡视攻克图像智能分析技术难关。源网荷协同控制技术在国网两级平台部署应用。“变电站带电水冲洗机器人”获得中国发明专利金奖。获得省部级以上科技成果49项，其中国网一等奖2项，获奖数量和质量均创历史新高。无人机巡检IEEE标准立项获批，实现“零”的突破，科技创新引领作用得到初步显现。

【成果转化推广】 2019年，对内打通成果转化推广瓶颈，形成全流程体系，成果推广收益纳入国网山东省电力公司业务收入，累计完成324项成果转化，多项职工创新成果纳入国网一级采购专区，实现对第1批5家单位创新团队精准激励，通过调增工资总额方式奖励金额30余万元。动态大气腐蚀地图、安全作业管控装置等成果广泛推广，产值1.5亿元。对外成立创新成果转化推广联盟，吸收120余家企业参加，服务中小微企业发展。

【新技术应用】 2019年，充分利用“大云物移智”前沿技术，有效破解生产运营难点。现场作业安全管控平台实现9类典型违章自动识别，违章人次下降54%。源网荷初步实现协同调度，具备了短时恢复电力平衡的能力。规模化部署机器人、无人机、监拍装置，实现设备智能运维、故障隐患精准定位。建成“零信任”防护体系，实现数据全生命周期可管可控。打通数据壁垒和流程断点，下线系统33套，减少基层数据重复填报。公网通信卡实现智能管控，关断僵尸卡83万张，调优套餐101万张，节支1570万元，海量物联连接“可管能控”。

【科技创新管理】 2019年，建立十大柔性管理团队，实施“公司命题指南＋各单位自主研发＋实验室专项＋青年人才专项”相结合的立项方式，研发更加聚焦，管控日益精准。命名区块链、数据挖掘等5个省公司实验室，规范5个国网实验室开放标准。国网山东省电力公司发布《能源互联网技术研究框架》，明确2020—2024年公司3大技术方向、22个专业领域重点研究任务。国网山东省电力公司制定《进一步加强科技创新工作的行动方案》，确定未来3年十大重点任务、30项具体措施。加强市县协同，群创活动覆盖全部县公司。

（国网山东省电力公司　吴观斌）

冶金科技

【概述】 2019年，全省和山钢集团累计完成工业总产值7373.34亿元和1210.15亿元，与2018年同期相比分别增长8.01%和－14.05%。全省14种冶金产品中，9种产品产量比2018年同期有所增长。全省和山钢集团累计生产生铁分别为5770.1万吨和2617.35万吨，与2018年同期相比分别增长－10.64%和16.67%；累计生产粗钢分别为6357万吨和2757.68万吨，与2018年同期相比分别增长－11.43%和18.82%；累计生产铁矿石分别为2458.6万吨和639.35万吨，与2018年同期相比分别增长23.7%和3.37%。全省20项冶金主要技术经济指标当中，有9项好于或持平2018年同期水平，占45%。

【经营情况】 2019年，全省和山东钢铁集团钢材平均销售率分别为99.15%和99.66%；钢材期末库存量分别为26.48万吨和12.55万吨；累计工业销售产值分别为7316亿元和1217亿元，与2018年同期相比分别增长13.32%和－12.30%；累计实现销售收入分别为7802.52亿元和1891.77亿元，与2018年同期相比分别增长11.79%和21.65%；累计实现利税分别为523.03亿元和105.90亿元，与2018年同期相比分别增长－30.98%和－19.10%。

【能源消耗】 2019年，全省和山钢集团累计实现万元产值能耗分别为1.10吨标煤／万元和1.08吨标煤／万元，与2018年同期相比分别下降了3.08%和3.10%；全省和山钢集团累计实现万元工业增加值能耗分别为5.24吨标煤／万元和6.17吨标煤／万元，与2018年同期相比分别增长了11.58%和18.07%；吨钢综合能耗分别为554.71千克标煤／吨和548.87千克标煤／吨，与2018年同期相比分别下降了－0.63%和0.15%。

【环境保护】 2019年，山东钢铁股份有限公司、山钢集团永锋淄博有限公司、山东耐火材料集团有限公司、山东金岭铁矿、青岛特殊钢铁有限公司、山东泰山钢铁集团有限公司累计工业废水排放量为56.01万吨，其中达标排放量为56.01万吨，占排放量的100%；烟尘排放量为2556065.1千克，其中达标排放量为2461145千克，占排放量的96.29%；工业粉尘排放量为285822千克，其中达标排放量为2857830千克，占排放量的100%。

【科技成果鉴定与奖励】 2018年，鉴定科技成果84项，其中技术鉴定69项、产品鉴定15项；国际先进水平以上30项，占鉴定总数的35.7%；国内领先水平37项，占鉴定总数的44%；国内先进水平17项，占鉴定总数的20.2%。年创经济效益约25.26亿元。申报2019年度省冶金科技进步奖成果90项，81项获奖，其中一等奖18项、二等奖29项、三等奖34项。

【成果选介】

用后镁碳砖资源化高效利用技术开发及应用 莱芜钢铁集团银山型钢有限公司在镁砂资源日益紧缺，环保要求日趋严厉，镁砂价格飙升，镁质耐材产品成本大幅上升的情况下，开发了具有重大意义的用后镁碳砖资源化高效利用技术。该项目以用后镁碳砖为主原料，开发分类、分级利用技术，开发连铸中间包再生料综合工作衬技术，工作衬各部位研制应用不同品级、性能的再生干式料、涂抹料，攻克了连铸中间包工作衬各部位侵蚀速率差别大、使用寿命不同步的共性技术难题，破解了用后镁碳砖再生颗粒料高配比（> 65%）生产的再生镁碳质干式料高温性能指标降低的行业难题，发明设计了高寿命复合式湍流控制器及其安装工艺，突破了高寿命条件下湍流控制器质量不稳定的关键技术瓶颈，实现了连铸中间包再生料工作衬低成本、高寿命，用于大 H 型钢近终型异型坯连铸中间包，单包连浇时间达到 35 小时以上，中间包耐材吨钢成本同比降低 3.98 元。该项目中的关键技术已获授权发明专利 4 件、实用新型专利 5 件。经山东省冶金工业总公司组织鉴定，其技术达到国际先进水平。该项目取得了用后镁碳砖分类、分级利用技术的新突破，实现了用后镁碳砖短流程高效利用和再生价值最大化，推动了连铸中间包再生料工作衬长寿技术进步，引领了用后镁碳砖资源化利用技术的发展。

超大规格圆坯轧制关键技术研究与应用 山东钢铁股份有限公司自主开发了超大规格圆坯轧制关键技术，提高轧制生产线生产效率及产品质量。发明了大型连铸圆坯加热方法，针对高碳、高合金钢种，通过降低预热段温度，使其控制在 500 ~ 850℃之间，并延长铸坯在预热段停留时间，降低加热速度，减少应力、裂纹等缺陷的产生。创造了可用于轧制不同断面连铸坯的粗轧机轧辊及轧制方法，将粗轧机轧辊孔型设计为浅、宽槽箱孔型，直径 500 ~ 700 毫米断面连铸坯采用相同的轧槽，不同的轧制速度、压下量系数及道次分配，实现两断面单工艺具备同时交替生产能力，减少了更换轧辊的时间，提高了轧机作业率。发明了一种圆形大棒材的定尺控制技术，解决因凹形测量辊与大棒材间的相对位移带来的定尺计算误差，从而提高轧材定尺精度，提高用户满意度。该项目中的关键技术获得授权发明专利 4 件、实用新型专利 1 件。经山东省冶金工业总公司组织鉴定，其技术达到国际先进水平。该项目开发通过实施高碳、高合金钢大圆坯加热技术、双断面单工艺大圆坯轧制工艺控制技术，连轧无扭微张力轧制及精准定尺、高效锯切控制技术实现超大规格圆坯轧制生产线高效生产，降低产品缺陷，为大规格棒材的质量控制及产能提升创造了良好条件。该项目经济效益和社会效益显著，推动了圆轧圆生产优特钢技术的发展，推广应用前景广阔。

钢铁流程工序界面一体化融合技术研究与应用 钢铁行业作为典型的流程制造业，关键共性问题主要表现在工序界面间的物质流、能量流、信息流协同不足，各工序异质、异构信息系统融合度不够，从而导致钢铁流程界面的能耗高、效率低、质量控制差。针对以上问题，山东钢铁集团日照有限公司通过深入分析各界面约束生产的瓶颈问题，就如何降低能耗、提高效率，增强物质流、能量流、信息流融合传递能力，开展了一系列关键技术研发工作。该项目提出“五点一线”的技术框架。“五点”即开发原燃料界面、铁钢界面、钢轧界面、冷热轧界面、成品界面的协同制造技术，“一线”即在以上界面的基础上，搭建贯通多界面、多业务智能协同管控信息平台 MCS。该项目研发基于算法库的优化排产方法及工序界面协同技术。在原料工序界面，研发等硅等铁优化算法、堆取料机无人驾驶信息系统，解决配料品质不稳定、劳动效率低、库存数据不准确等问题；在炼铁—炼钢界面，开发支持铁水柔性安全调度的智能信息平台，在钢铁行业首次实现了基于汽车运输铁水的智能路径寻优调度；在炼钢—热轧—冷轧界面，研发应用无人行车技术，与跨工序库区智能管控系统和短流程钢卷运输系统，引入自动导引新能源托盘车轨道运输系统，结合库区管理系统和无人行车技术，产品信息传递准确高效，减少倒运次数；在成品发运界面，开发多目标、抗扰动的钢铁全流程物流智能管控系统，全厂提升库容利用率 25% 以上。山东钢铁集团日照有限公司通过以上系列关键技术的研发实施，促进钢铁生产全流程的动态有序协同、连续智能高效运行，实现生产全流程的整体优化。产品订单交准率达到 96.5% 以上，整体处于行业领先水平。2018 年 12 月通过中钢协组织的专家评价，项目总体技术达到国际领先水平。2019 年该项目获山东省冶金科技进步奖一等奖。

新一代钢铁流程智能制造研究与应用 针对行业内普遍存在的管理流程复杂、内外部协同融合困难、生产效率不高、成本控制不精细、产品质量不稳定等共性问题，山东钢铁集团日照有限公司自 2013 年着手研发包括产销一体化系统、精准自动化控制系统、全流程质量管控系统、设备状态精确诊断及预知维修系统、全方位智慧能源管控系统、多业务智能协同管控系统、多模式集成的智慧物资计量系统、精细化成本核算企业管理系统高效融合等关键技术，打造“流程创造”和“集中一贯”智能钢铁生产管控平台。该项目搭建基于“流程创造”和“集中一贯制”的智能化钢铁生产平台（iPlant）。以流程创造为驱动，研发流程创造驱动下智能化钢铁生产平台，系统中固化生产经营 11 个大流程、84 个中流程及 305 个小流程，实现“一级调度、一级财务、一级管控”的产销一体化；研发全方位智慧能源管控系统，预测能源平衡和负荷变化，有效提高能源循环利用和自给比例；研发多业务智能协同管控系统，依托企业管理、MES、智慧物流等系统，实现生产、物流、能源、设备检修等计划的一级管理。该项目研发基于订单特征标注的柔性制造技术、边缘计算的件次级精细化成本核算技术和时空融合的钢铁全流程在线质量分析、溯源与精准控制技术。构建柔性制造模式，提高生产计划兑现率、降低物流成本。实现多资源、多工序成本中心动态映射下的生产费用的准确计算。实现全流程自动跟踪、智能控制、智能分析和动态指导生产。该项目申请国家专利9件，其中获得授权3件；发表论文6篇。2018年12月，经中钢协组织专家评价，该项目总体技术达到国际领先水平。2019年该项目获山东省冶金科技进步奖一等奖。

高寒地区特高压输电铁塔用Q420D角钢开发 该项目由石横特钢集团有限公司完成。项目通过开发“洁净钢冶炼＋微合金化＋控制轧制＋轧后冷却”工艺路线，实现了高寒地区特高压输电铁塔用Q420D级别电力角钢的稳定生产，其中−20℃冲击功在70焦耳以上，伸长率在23%以上，形成了具有自主知识产权的生产技术。该项目与传统“高纯净钢冶炼＋高温开轧常规轧制”工艺技术路线相比，炼钢精炼成本、合金添加成本两项平均降低200元／吨以上，同时解决了传统工艺路线存在的产品冲击功波动较大、生产效率低的技术难题。通过该项目生产的1.06万吨Q420D∠12.5～∠20型号电力角钢，在国家电网“±800千伏青海—河南特高压线路工程”的青海冻土段得到成功应用，用户反馈良好。通过该项目的研发，石横特钢Q420D∠12.5～∠20型号电力角钢在国内的市场占有率达到75%以上。该项目不仅取得了巨大经济效益，而且填补了国内外特高压输电铁塔用Q420D角钢低成本生产技术的空白，对于推动我国钢铁行业节能减排工作持续进步，建设资源能源节约型社会具有重要意义，对于进一步提升我国钢铁生产技术水平具有良好的示范作用。

提升炉卷轧线不锈钢深冲性能关键技术开发 该项目由山东泰山钢铁集团有限公司完成。针对410S热轧钢带不经退火直接冷轧的工艺现状，存在深冲性能差不能满足高端制品行业需求的问题，该项目通过提高钢水纯净度、优化连铸、热轧工艺等措施，实现提高410S深冲性能的攻关目标，产品综合性能指标显著提升，达到用户对深冲性能要求，提高产品的市场竞争力。该项目的创新点：①开发炉口出钢控渣技术、钙处理技术、高质量连铸稳定控制技术，吨钢综合能耗节约6.15千克标煤，实现T[O]≤50ppm，夹杂物≤1.0级；研究铸坯传热凝固特性，开发二冷控制模型，配合电磁辊控制技术，等轴晶≥45%。②开发热轧组织调控轧制和低温退火技术，使热轧钢带屈服强度降低50～100兆帕，延伸率提高7%～12%，屈强比控制在0.5～0.7。③采用该项目开发的技术工艺流程短、效率高，产品可满足下游用户直接使用要求，冷轧板极限深冲比达到2.12，抗皱性能达到A′级以上，具有优异的成形性。通过研究不锈钢深冲性能的影响因素，提出了相应的工艺控制方法，并在泰钢的大生产中得以应用，取得了显著效果。泰钢的410S不锈钢原料生产的冷轧板抗皱性能达到A′级以上，深冲比能够达到2.12，r值也由原来的0.95左右提高到了1.2以上，深冲成品率由攻关前的不足92.6%提高到98.8%。该项目达到国内领先水平，所研究的技术已应用于山东泰山钢铁集团有限公司不锈钢生产系统，利用炉卷轧线生产的深冲用不锈钢满足了用户使用要求，应用于家电、厨房器皿等领域，逐渐占领了山东、广东市场，成为深冲用钢的主要供应厂家。

（山东省冶金工业总公司　王铁毅　王洪利　满　强）

卫生科技

【概述】 2019年，全省卫生健康科技教育与交流合作工作紧紧围绕全省卫生健康事业改革发展中心任务，以提高支撑保障能力为目标，坚持需求导向，突出重点、协同推进，不断加强人才培养和科技创新，持续扩大对外交流与合作，科技教育和外事工作都取得了新的进展。

【科技项目与成果】 2019年，全省卫生健康系统获山东省科技进步奖一等奖6项，科技进步奖二等奖20项，省自然科学奖二等奖1项。山东中医药大学王振国，青岛大学附属医院董倩分别获国家科技进步奖二等奖。获批山东省重大科技创新专项、重点研发计划专项，创新公共服务平台专项等94项，获得经费支持2033万元。

【推进医学科技创新平台建设】 2019年，开展了山东省健康医疗大数据科技创新平台建设工作。召开全省健康医疗大数据科技创新联盟建设暨专病大数据队列研究工作推进会，工作再安排、再推动。年内完成27个队列科研数据标准制定，参与并承担国家重大重点专项 9 项，承担省重点项目 3 项，获得省科技进步一等奖 1 项。开展省级临床医学研究中心建设工作。配合省科技厅推进省级临床医学研究中心建设工作，对省立医院山东省内分泌与脂代谢临床医学研究中心等 8 个省级临床医学研究中心给予专项经费支持 2880 万元。

【加强全省生物安全管理工作】 2019 年，建立全省生物安全管理协调机制。山东省卫生健康委员会作为第一牵头单位，制订印发了《山东省生物安全工作协调机制》，明确了机制领导小组成员及职责，建立了联络员队伍，成立了专家委员会。召开了全省生物安全工作协调机制领导小组第一次会议。加强实验室生物安全管理。做好建国 70 周年等重大活动期间生物安全保障工作，举办培训班，组织全省医疗机构、疾控机构、采供血机构、教学科研单位、出入境检验检疫部门、生物制品生产企业等 3800 余家病原微生物实验室开展专项检查，确保全省实验室生物安全。

【推进干细胞临床研究管理工作】 2019 年，建立干细胞临床研究备案项目省级评审制度，对 7 家医疗机构和项目进行了全面核查。开展全省干细胞研究与应用专题调研，加强与山东省产业技术研究院协调，积极支持山东第一医科大学与产业技术研究院成立山东省干细胞与再生医学产业技术研究院。组织推动山东第一医科大学牵头组建山东省干细胞研究与应用创新创业共同体。

【全省健康医疗大数据科技创新联盟建设暨专病大数据队列研究工作推进会】 2019 年 3 月 8 日，全省健康医疗大数据科技创新联盟建设暨专病大数据队列研究工作推进会议在济南召开。会议的主要任务是，总结前期全省健康医疗大数据科技创新联盟建设暨专病大数据队列研究工作进展和成果，交流经验，安排部署下一步工作任务。

【加强医学教育】

推进住院医师规范化培训工作 加强住院医师规范化培训基地评估。组织开展 2019 年住院医师规范化培训基地督导评估工作，对齐鲁医院等 14 个培训基地和 37 个专业基地认定为合格，对山东大学第二医院等 5 个培训基地和 20 个专业基地拟给予限期整改。发挥典型示范引领作用，开展住院医师规范化培训“优秀管理工作者”“优秀基地主任”“优秀带教医师”“优秀住院医师”评选活动，遴选出全省住院医师规范化培训优秀住培管理工作者 10 名，优秀专业基地主任 15 名，优秀带教医师 20 名和优秀住院医师 10 名。完成 2019 年全省住院医师规范化培训结业考核工作。2019 年全省设置考核基地 10 个、专业考点 31 个。全省首次参加住培结业考核的住院医师 4639 人，考核合格 4309 人，考核合格率为 92.89%。2019 年新招收 2906 人参加住院医师规范化培训，其中，全科、儿科、精神科、妇产科、麻醉科等紧缺专业招收 1006 人。全省住培绩效考核取得好成绩，获得国家奖励资金 150 万元。

做好全科医生转岗和助理全科医生培训工作 2019 年，落实全科医生转岗培训三年行动方案，完成 2019 年全省全科医生转岗培训结业统考工作，全省共 3027 人参加结业统考，合格 2746 人，全省新招收 3359 名全科医生参加转岗培训。完成首批全省助理全科医生培训结业考核工作，90 人考核合格。印发《关于做好 2019 年沂蒙革命老区助理全科医生招收培训工作的通知》，经有关县（市、区）卫生部门和培训基地的努力，2019 年全省招收助理全科医生 116 人。全省在培助理全科医生 406 人。

实施公费医学生培养工作 2019 年，全省公费医学生招生，本科计划招收 1000 人，实际报到 985 人。专科计划招收 300 人，实际报到 284 人。

开展继续医学教育工作 2019 年，根据基层医务人员需求，制订印发《山东省基层卫生人员全科医学知识培训方案（2019—2021 年）》，将全科医学知识纳入基层卫生人员继续医学教育培训，确定对全省基层医疗机构管理人员及卫生专业技术人员及乡村医生每年进行 30 个学时全科医学知识培训。确定《抗菌药物临床应用指导原则》为 2019 年公共必修课程，《全科医学概论》《医学文献检索》《急诊与灾难医学》等 3 门为选修课程，进行全员学习。全省 42 万人次参加公共课程学习，33.7 万人次参加项目学习，全省继续医学教育对象学分达标率 98% 以上。

【国际合作与交流】 2019 年，省委书记刘家义率团出访日本、韩国，推动山东省卫生健康工作与国外优质资源对接，在建立政府间长效交流机制、卫生健康大数据、医养结合、康复养老等领域取得了一系列成果。副省长孙继业出访新西兰和汤加，看望第 3 批援汤加医疗队队员，其间，山东省卫生健康委员会与新西兰奥克兰卫生部签署合作协议。省卫生健康委主任袭燕在“对话关西”等活动上亲自推介山东医养健康产业政策。围绕省卫生健康委重点工作推进与重点国家（地区）合作交流，组织举办了中美医疗健康圆桌会议、2019 年中韩保健医疗产业合作交流会等活动。组派 12 名医院院长赴美国约翰霍普金斯大学培训。6 个项目获得国家外专局批准，获得经费资助 40 万元。选派 46 名医疗技术人员赴美国等国际知名医疗机构研修学习。完成博鳌亚洲论坛全球健康论坛大会相关工作，同时配合国家 CDC 举办全球公共卫生合作分论坛。

（山东省卫生健康委员会 李 君）

中医药科技

【第 6 届中医科学大会在济南召开】 2019 年 11 月 23—24 日，第六届中医科学大会在山东省济南市召开。会议由农工党中央和国家中医药管理局主办。全国人大常委会副委员长、农工党中央主席陈竺出席大会并讲话，山东省委书记刘家义、国家中医药管理局党组书记余艳红出席开幕式并致辞，国家中医药管理局局长、农工党中央副主席于文明主持开幕式，全国政协副秘书长、农工党中央副主席兼秘书长曲凤红出席。大会以“传承创新发展中医药，服务全面小康新时代”为主题，共有 3 位诺贝尔奖获得者、4 位国外知名专家、13 位两院院士及多名国医大师、全国名中医等 1000 余位代表受邀与会。与会者从国家重大战略需求与中西医融合应对策略、中医药国际化、中西医融合血液病学等方面展开深入探讨。会议期间，省政府和国家中医药管理局签署了共建山东中医药大学协议，共建双方将在学校发展规划、一流学科专业建设、教育教学改革、科研创新平台建设、服务体系建设及国际交流合作等方面给予更多指导和支持，着力加强学校内涵建设，提升学校办学实力，推动山东中医药大学更好地服务中医药事业和区域经济社会发展。

【第 7 届世界中西医结合大会在济南召开】 2019 年 12 月 5—8 日，由中国中西医结合学会、山东中医药大学主办，山东省中西医结合学会、山东中医药大学附属医院承办的第七次世界中西医结合大会在济南市山东大厦召开。国家中医药管理局副局长孙达，山东省副省长孙继业，中国中西医结合学会会长、中国工程院院士陈香美，山东省中医药管理局局长孙春玲等出席大会。大会以“中西医结合传承发展，保障人类健康”主题，12 位两院院士，2 位国医大师，来自各国科研院所、医疗机构的海内外专家学者参加了开幕式。大会设有主会场及 12 个分会场，分别从临床医学、药学、麻醉学、眼科、妇产科、骨伤科、消化内镜、疼痛学、科研院所、眩晕病、风湿类疾病和急救医学等多个领域开展学术活动。

【推进中医药传承创新工程项目建设】 2019 年 1 月 23 日，山东中医药大学附属医院西院区项目开工。潍坊市中医医院东院区项目于 2019 年 10 月 1 日投入使用。2019 年 9 月 30 日，由《中国中医药报》报社主办、潍坊市中医院承办的全国首届中医药传承创新工程发展大会在潍坊举行，山东省中医药管理局局长孙春玲、《中国中医药报》报社总编辑王淑军、潍坊市副市长李萍等出席开幕式。大会主题是“贯彻《中共中央　国务院关于促进中医药传承创新发展的意见》精神，推动中医药传承创新工程重点中医医院建设”，两院院士、国医大师和全国中医药工作者 600 余人参加。

【加强国家中医临床研究基地建设】 2019 年，山东中医药大学附属医院作为国家中医临床研究基地，深化基地重点病种和拓展病种研究，推进基地成果共享，在中医临床科研规范、成果转化方面取得显著成效。依托“早期高血压中西医防治策略的建立及诊疗规范研究”课题，开展经方治疗高血压病的网络药理学研究和难治性高血压中医换药策略研究，启动《难治性高血压中医药干预专家共识》工作组建设等标准化工作，初步形成了难治性高血压中西医结合诊疗临床路径。成立了山东省高血压中西医结合专科联盟，启动山东省高血压达标行动工作组，由省、市、区、县级共 46 家单位成立的联盟旨在与省级高血压联盟共同完善山东省三级高血压防治网络。编写的高血压达标行动基层培训口袋书在全省疾控系统进行推广。针对高血压病、月经病、股肿病 3 个主要病种，发布中医指南 3 个，专家共识 1 个，开展新技术 2 项，新增省级奖励 1 项，新增各级各类课题 26 项，发表论文 175 篇（其中 SCI 收录论文 10 篇），获批发明专利 1 件，软件著作权 3 件。山东中医药大学附属医院心病科获艾力彼医院管理研究中心颁发的中国中医医院最佳研究型专科奖。山东中医药大学附属医院周围血管病科获中国医师协会“人文爱心科室”，作为业务牵头科室引领医院获全国第 2 批静脉血栓防治中心优秀单位荣誉称号。

【提升中医药科研创新能力】 2019 年，加强中医药科研项目管理，委托山东中医药大学开展完成了山东省中医药发展现状和战略研究项目，赴广东、四川等省份和山东 16 市调研，初步摸清了山东省中医药发展现状和制约发展的短板、问题，为中医药强省建设提供了政策支撑。组织专家制定 2019—2020 年度山东省中医药科技发展计划招标指南。开展 2019—2020 年度山东省中医药科技发展计划项目，组织专家评审，共立项 1075 项课题，创历史新高。

【科技创新成果】 2019年，山东中医药大学完成的“基于中医原创思维的中药药性理论创新与应用”项目获得国家科技进步奖二等奖；山东中医药大学和山东中医药大学附属医院完成的“高血压病肝阳上亢证证候实质及藤菔降压方的干预机制研究”项目获得中国中西医结合学会科技奖三等奖；山东中医药大学和山东中医药大学附属医院完成的“基于多重组学技术的肾主生殖藏象理论研究”项目获得中华中医药学会科学技术奖三等奖；山东中医药大学、山东中医药大学附属医院、山东中医药大学第二附属医院、北京中医药大学、山东大学齐鲁医院共同完成的“脐疗防治疾病技术与临床应用”项目，山东省中医药研究院完成的“丹参、金银花、黄芩系列产品谱—效相关评价技术集成创新及应用”项目，山东省文登整骨医院完成的“骨折延迟愈合及不愈合的关键技术及临床应用”3个项目获得省科学技术进步奖二等奖。

（山东省卫生健康委员会　王　玉）

油田科技

【概述】 2019年，胜利油田围绕油田“五大战略、三大目标”战略部署，全面推动油田创新驱动发展战略，在基础理论研究、关键技术攻关、体制机制创新、科技人才培养等方面开展了大量的工作，科技向现实生产力转化的步伐不断加快，为油田勘探开发、生产经营、安全绿色发展提供了有力支撑。截至2019年底，胜利油田拥有勘探开发研究院、石油工程技术研究院、物探研究院、技术检测中心4个重点科研单位；油田从事科技活动人员有5500余人，其中具有高中级技术职称4500余人；油田拥有2个国家级研发中心，9个省部级重点实验室，16个油田级重点实验室。

【科技成果与奖励】 2019年，胜利油田获省部级以上奖励24项，国家科技进步奖二等奖2项；省部级以上奖励22项，集团公司级奖励19项（前瞻性基础性研究科学一等奖1项、技术发明一等奖1项、二等奖1项、科技进步一等奖4项、二等奖4项、三等奖8项），山东省科学技术奖3项（技术发明三等奖1项、科技进步一等奖1项、二等奖1项）。“薄储层超稠油高效开发关键技术及应用”和“多类型复杂油气藏叠前地震直接反演技术及基础软件工业化”两个项目获得国家科学技术进步奖二等奖。“胜利化学驱聚合物溶液保黏关键技术及应用”“老油田绿色高效开发关键技术与应用”等4项成果获得集团公司科技进步奖一等奖。“陆相湖盆低渗油藏碎屑岩优质储层成因机制、评价技术及其应用”等2项成果获得山东省科技进步奖一等奖。申请专利605件（其中发明专利389件），发明专利申请率为64%；专利授权392件（其中发明专利授权123件）。

【重大科技项目进展】 2019年度胜利油田共组织实施各类项目429项，其中国家项目13项、中石化项目107项、油田项目309项。国家重大科技专项12项、国家重点研发计划1项，中石化重大项目2项，中石化“十条龙”项目3项。

【国家科技重大专项选介】

渤海湾盆地精细勘探关键技术（三期） 该研究取得的咸化环境烃源岩成烃及高成熟油源对比分析技术成果，通过在济阳坳陷系统应用，提出了咸化环境烃源岩具有高效成烃效率的新认识，深层优质烃源岩恢复系数最高在2.0左右，排烃效率取值从50%～70%提高到60%～90%，新增资源量28亿吨，提升了济阳坳陷乃至东部探区的油气勘探潜力，为桥东、青南、三合村等油田的发现提供了资源依据。其成熟探区高精度地震勘探技术，完成新采集三维地震16块，面积4196.91平方千米，地震资料处理77块，19191.87平方千米。通过高精度处理，地震剖面品质提高，识别复杂地质体的能力提高。研究成果指导东部老区精细勘探，新发现及落实圈闭254个，面积1669.59平方千米，圈闭资源量157796万吨。基于新采集的高精度地震资料，落实三级储量25218.6万吨。

胜利油田特高含水期提高采收率技术（二期） 该研究取得的聚驱后油藏井网调整非均相复合驱技术成果，在孤岛油田中一区Ng3聚驱后油藏开展先导试验，含15口注入井和10口生产井，地质储量123万吨。试验区降水增油效果显著，综合含水由98.2%最大下降幅度19.7%；中心井日产油量由试验前的3.3吨/日最高上升至79.0吨/日，中心井区已累计增油7.9万吨，已提高采收率6.4个百分点。预计先导试验可提高采收率8.5个百分点，最终采收率将达到63.6%。该成果突破了高含水、高采出程度聚驱后油藏提高采收率技术瓶颈，形成了特高含水后期挑战采收率60%的技术，在胜利东部可推广储量2.29亿吨，提高采收率 7.0 个百分点。取得的复杂断块油藏立体开发技术成果，在永安油田永 3-1 块开展了先导试验，日产油由 18 吨 / 日上升至 156 吨 / 日，含水由 92.3% 降至 63.5%，已增油 20.6 万吨，已提高采收率 4.7 个百分点，预计提高采收率 7.0 个百分点。

渤海湾盆地济阳坳陷致密油开发示范工程 该项目取得了地震精细处理及储层预测技术、非线性渗流研究及开发优化技术及钻井高效提速配套技术和立体组合缝网压裂完井技术等多项成果，完成了 21 个区块方案编制，实施完成 8 个，动用储量 2408 万吨，完钻新井 88 口，建成产能 22.5 万吨。为东部老油区的持续稳定发展提供有效技术支撑。

准噶尔盆地碎屑岩层系油气富集规律与勘探评价 该研究揭示了石炭系成烃成储机制，明确了石炭系差异富集规律，实现了火山岩油藏有效开发动用；剖析了深洼区成藏地质条件，明确了大中型油田分布规律，发现了 4 个 5000 万吨级储量阵地；完善了压扭叠合盆地盆缘凸起区油气大规模富集理论，拓展了勘探领域和层系，实现了持续规模增储；剖析了山前带复杂地质结构特征，量化评价了断裂结构控制下的多期幕式成藏，明确了山前带油气分布的有序性和差异性；形成了一套适应性地球物理勘探及提高产能井筒技术，促进了勘探开发一体化进程。

济阳坳陷页岩油勘探开发目标评价 该项目将页岩油勘探目标评价中涉及的甜点要素，按照含油性、储集性、可动性、可压性等四性，细化为 21 项可操作性、可量化表征的具体指标，形成了基于四性指标的陆相页岩油勘探目标评价体系。依据该评价体系实现了对济阳坳陷陆相页岩油的目标优选及甜点细化评价，部署的页岩油专探水平井义页平 1 井，在严格控制压力情况下仍获得日产近百吨的油流。明确了济阳坳陷亿吨级有利区 4 个，有利勘探目标 12 个，建议页岩油专探井 3 口。针对陆相页岩压裂和泥页岩地层钻井过程中存在的一系列难题，建立了陆相页岩可压性评价方法，揭示了人工裂缝控制因素和扩展规律，自主研发了高效防膨、助排等 7 种页岩压裂关键材料。建立了页岩油水平井井壁稳定技术、提速提效钻井关键技术、固井工作液及工艺优化技术，研发出适合泥页岩地层高性能钻完井工作液。制定了多套泥页岩地层钻井井眼轨迹高效控制方案。最终形成了泥页岩地层高效钻进控制技术及陆相页岩多尺度组合裂缝压裂工艺，建立了陆相页岩的高效钻完井和增产工艺技术。

【国家重点研发计划项目选介】

临海油气管道检测监控技术研究与仪器装备研制 该项目研发适用于临海油气管道的涂层检测装置，识别涂层缺陷类型；研制在役海管应力集中磁记忆内检测系统与小口径直流脉冲电磁内检测装置，实现临海油气管道应力及腐蚀状况内检测评价方法；研究海底管线探测与缺陷定位关键技术，研制自主调整的双壁管缺陷定位和轨迹扫描智能装置；研制压电多通道超声波内检测系统，实现输油管道腐蚀 / 裂纹检测。研究积液—超声回波交互作用机制，识别提取界面回波特征指纹，自主研发临海管道非介入式积液检测装置；建立电场特征与腐蚀缺陷关联模型，研制基于电场指纹的管体腐蚀监测装置；研究基于 Brillouin 散射的水下分布式光纤温度和应变传感海底管道监测技术，实现涵盖非介入式积液监测、全管段温度应变监测、非侵入式管体腐蚀监测的临海管道全方位实时动态监测。

【中国石化“十条龙”科技攻关项目选介】

单点高密度地震技术研究与应用 该项目自主研发了单点高密度地震采集监控和设计软件，优化了陆用压电检波器，初步形成一套单点高密度地震采集技术系列；开发了高密度地震“两拓一保”宽频处理技术系列，实现了地震资料从窄方位到宽方位处理的跨越；完成了宽方位五维地震岩石物理模型建立和正演模拟，实现了宽方位五维属性及反演技术；研究了单点高密度地震勘探软件集成应用技术，完成了部分模块集成并应用于生产；形成了高密度地震资料的处理和解释流程，建立了地震资料品质评价流程与方法；完成了多个工区高密度三维的采集与处理，应用高密度资料成功部署多口探井，有力支撑了东部老区持续增储上产。

胜利油田特高含水期提高采收率技术 该项目形成特高含水后期油水差异渗流数值模拟方法，研究建立基于“双目标”的高耗水层带调控优化方法，初步形成特高含水后期转流线调流场技术，开展坨 11 南沙二 8 转流线调流场先导试验；研究低序级断层强化处理技术，形成基于断层强化的交互解释技术，研究复杂断块油藏平面分区方法，建立复杂断块油藏分区调控技术政策，开展辛 16 断块分区调控先导试验；优化生产工艺，实现黏弹性颗粒驱油剂、超高分微支化嵌段型共聚物工业化生产，明确降黏驱油剂微观作用机制，设计形成降黏驱油体系，开展营 8 沙二 8 高温高盐高钙镁油藏聚合物驱先导试验；创新发展连续油管快速修井技术，形成高导低阻差异化防砂技术，建立 $5\frac{1}{2}$ 英寸套管大排量有杆泵举升技术，形成复杂采出液物化耦合强化破乳技术。

胜利整装油田特高含水期深度堵调技术 该项目形成 4 项创新成果：①依据水驱效率及剩余油分布特征，基于堵调需求将储层划分为极端水洗带、强水淹带和弱水驱带 3 个级次，形成特高含水油藏储层水驱“三带”划分模式；②明确了不同级次水驱带“相渗两极分化”形成机制，揭示了不同含水率、不同油水黏度比条件下宏观和微观压力梯度对剩余油启动能力的影响，形成以“驱替压力梯度调控”为核心的深度堵调新理念；③建立了水驱带识别与描述方法，开展了堵水调剖数值模拟研究，初步形成堵调优化决策技术；④针对不同级次水驱带调堵需求，通过上下游联合攻关，初步研制高强封堵、流度调控、相渗调节3类8种分级堵调体系，系统评价了体系油藏适应性；⑤组织开展了孤东七区西Ng63+4、孤岛中一区Ng5两个单元共计12井组深度堵调先导试验，累计注入堵剂46.5万立方米（0.152PV），调堵后注水压力平均上升2兆帕，试验区对应33口油井中有21口出现增油降水趋势，累计增油7600吨。

【中国石化重大项目选介】

东部探区油气聚集规律与精细评价关键技术 该研究提出了济阳坳陷古近系咸化环境烃源岩的发育演化序列和高效生排烃机制；揭示了济阳坳陷古近系“压力—流体—储集性”协同演化、匹配成藏机理及油气差异富集规律；集成应用了三大层系地质—地球物理一体化精细评价技术，支撑了成熟层系高效勘探和“三新”领域规模增储。形成的成熟探区剩余油气资源评价方法及配套技术、盆地地层压力—流体—储集性协同演化分析技术、不同类型油藏—地质地球物理一体化评价等评价配套技术及成熟探区精细勘探研究工作规范，有效指导了济阳坳陷复杂隐蔽油气藏的精细评价与勘探实践。

特高含水油田水驱提高采收率技术 该研究针对特高含水油藏极端耗水现象，深化了特高含水期水驱开发理论认识；围绕影响油气渗流的关键因素，创新低序级断层处理解释方法，实现7米左右断层有效识别，基于岩相储层参数解释，实现了储层非均质性精准刻画；形成了特高含水后期整装、中深层、高盐、聚驱后油藏流场调整技术系列；形成了高导低阻防砂、精细分层注水、可控分层采油、套损井二次完井主导工艺技术。该项目技术成果持续转化为生产力，新技术已推广应用覆盖地质储量4.2亿吨，增加可采储量653万吨，有力地支撑了中石化东部老油田的持续稳定发展。

【安全环保技术项目选介】

人工湿地达标处理富余采油污水技术 该研究针对老油田开发中后期面临的富余采出水处理能力不足问题，提出并开发了高盐采出水人工湿地处理技术体系。重构培育了高于15℃水温条件下的高效微生物菌群，开发了低剂量复合微生物菌剂技术，实现了以原油类为代表的难降解污染物的快速消解；筛选培养了低于15℃水温条件下嗜冷微生物菌群，并制作成嗜冷生物酶，实现了低温条件下污染物的有效降解；研究开发了微气泡气浮工艺、新型高效絮凝剂，实现了水体内污染物负荷的快速降低，减少了含油污泥产生量；驯化了适盐范围宽广的耐寒沉水植物孔石莼，确保了冰封条件下湿地水体内氧气的有效供给；建立了污染物消解模型、水盐平衡技术规范，构建了高盐油田采出水人工湿地，实现了长期稳定运行。截至2019年底，利用研究成果构建高盐采出水人工湿地17700亩，人工湿地生态净水区水质稳定满足《流域水污染物综合排放标准》，可用于盐碱滩涂的地表灌溉，实现了富余采出水的资源化利用，区域内生态显著提升，经济和社会效益显著。

油田废弃井探测和复杂井筒封井技术 该项目针对废弃井结构特点及探测难点，基于金属磁记忆识别铁磁性材料的特性，开展了不同埋地金属物磁信号响应特征研究、废弃井磁信号响应特征研究，研发了无缝采集技术及时域信号增强技术，开发了自动识别系统，构建了废弃井快速精准探测技术体系。针对井下落物难打捞及严重漏失问题，研制开发新型切割工具、锚定工具、打捞工具，形成了独具特色的切割打捞一体化工艺技术。应用纤维搭桥、颗粒暂堵原理，优选暂堵颗粒、早强剂及触变剂，形成了强驻留、低温固化、高效暂堵的两种堵剂体系。针对深水泥返高废弃井存在的安全隐患，开发设计了偏心旋转井口、扇形清理工具、低密度泥浆／水泥浆体系和施工工艺4项核心技术，构建了独具特色的套管外二次加固技术体系，填补了套管外环空二次固井领域的空白。探测技术累计应用2064口，定位成功率达94.4%，最大检测深度5.12米。封井及二次加固技术现场实施1563口，成功率97.44%，实现了复杂废弃井标准化封井，消除了潜在隐患，经济效益和社会效益显著，推广应用前景广阔。

稠油热采新型高效制输汽节能装备及技术 该研究针对胜利油田注汽锅炉燃气改造后，面临的水处理成本高、运行干度不高、热效率提升不足，提出并开发新型高效制输汽节能装备及技术并开展现场应用。设计高温高压硫酸盐溶解度测量系统，通过析盐结垢实验，掌握不同温度下给水含盐量限值；采用内径60毫米的水平管，模拟锅炉实际运行过程中的饱和蒸汽和饱和水环状流研究，得出环状流的液膜在水平管上部首先发生破损。实验确定现有锅炉干度提升幅度为90%，此时需保证最低流量为额定蒸发量的50%；根据燃气火焰特性造成的受热面温差和热流密度变化，研发适合燃气锅炉的对流段、高干段、对流段的尾部组合受热面结构，在燃料量投入不变的条件下，实现干度提升到90%；研制了冷凝式烟气余热回收装置，利用烟气露点58℃和烟气无酸腐蚀的特性，通过烟气凝结换热吸收燃料的低位发热量，实现热效率提升至98%；研制了新型高效燃气锅炉过渡段喷管区和对流段冷凝区，形成烟阻消除结构设计；采用小型化高效燃气锅炉装备，实现注汽锅炉受热面增加88平方米辐射对流换热面比例由6：4优化为5：5，锅炉整体长度缩短2米；制汽干度提升8%，注汽锅炉热效率提升1.5%，吨汽耗燃料降低1.9千克标准煤／吨。截至

2019 年底，累计增油 28 万吨。

【智能油田建设项目选介】

油田企业级勘探开发服务云平台关键技术研究 该研究针对功能重复开发、公用功能共享等难题，构建了油田企业级公共服务云化技术，完成了阶段事件驱动模型算法、云平台服务安全控制机制、服务接口监控预警技术、勘探开发工业 APP 评价推荐方法攻关；针对软件交付周期长、响应业务需求慢等难题，研发完成了具有油田特色的敏捷开发环境，完成了标准化服务耦合、跨平台移动、基于流程服务的免编程移动等软件开发技术攻关；针对用户体验差、系统集成难等问题，研发了具有油田特色的软件工厂技术，完成了基于角色的企业级权限管控、异构系统统一待办、异构组件集成共享、基于角色的应用功能装配等技术攻关。

勘探信息智能化服务与应用技术研究 该研究设计形成了可扩展的轻量级勘探数据服务框架，支持勘探多源异构数据的获取和发布；研究建立了探井知识图谱，集成探井多源异构数据，开发形成了探井百科；研究了 WebGIS 环境下 GIS 多图层信息投放及智能多维导航技术，研发完成了基于微组件架构的 GIS 应用框架；研究了井轨迹绘制及插值算法、储量计算单元三维建模、地下三维导航等技术，形成了基于 Web 的井身结构图、实时录井图、井筒关键地质信息等值线图等绘制技术及相应组件；初步实现了基于 WcbGIS 的勘探信息集成应用，建立了胜利探区生态红线区数据库，实现生态红线区管理，优化部署涉及生态红线区探井 20 余口；研发完成了矿权压覆分析组件并投入运行，共处理压矿数据 26 次，完成压覆项目 36 个，大大节省了人力物力，取得了显著经济效益。

人工智能技术在井位部署中应用探索研究 该研究开展了基于大数据分析的岩性自动识别方法研究，选择岩性敏感曲线，建立了训练集、测试集、验证集和基于半监督学习算法的分类模型，岩性识别准确率达到 80% ～ 90%；针对测井数据潜在的数据漂移现象，在已有模型中引入主动学习和迁移学习技术，将源域知识迁移到目标域，扩充目标域数据空间，岩性预测吻合率达 91%；研究了井间地层对比的大数据分析实现方法，利用全连接神经网络研究了井间岩性序列的预测方法，实现了井间地层智能自动对比，构建了研究区岩相模型。

云应用系统智能感知及自愈技术研究 该研究实现了云系统多种数据的高效聚合，奠定了数据分析基础，采用分布式存储和数据库集群技术，有效提升了大数据下的快速检索；初步形成了云系统的智能感知技术体系，实现了故障根因的感知定位及资源应用的趋势预测感知，为被动运维向主动运维转变奠定了基础；利用智能感知结果，形成了一种云系统资源主动调优技术方法，实现了闭环资源自动调优，主动满足了用户应用需求；根据故障根因定位，开发了故障自愈功能，实现了云系统故障自动恢复，大幅缩短了部分故障处理周期，缩减了用户等待时间，实现了用户对故障处理的无感知，保障了生产的高效率。

【科技成果转化项目选介】

老油田精细注水技术集成配套及规模应用 该项目创新研究形成了整装油藏韵律层精细分层注水工艺技术，实现了未避射段长胶筒炮眼封堵与卡封和薄夹层的精确定位，分层能力由 4 层提高到 10 层；创新研究形成了断块油藏大压差精细分注工艺技术，“水嘴节流＋预节流”组合节流技术提高节流压差，最大层间配注压差由 5 兆帕提高到 12 兆帕，胶筒特殊纹路表面结构实现管柱无卡瓦长效锚定，避免了对套管的伤害，胶筒防蠕动力提升了 75%，实现了强非均质断块油藏的长期有效分层注水；创新研究形成了低渗透油藏高温高压长效精细分层注水工艺技术，研制了压缩式高温高压胶筒材料配方和胶筒，设计了易解卡锚定工具，形成了高压水井测调技术，满足最大井深 4000 米、最大注水压力 35 兆帕分层注水；制定了胜利油田细分注水技术政策界限，形成了不同油藏不同井况标准化管柱，形成了胜利东部老油田精细注水技术，为提高胜利油田分注率和层段合格率奠定了技术基础。推广应用 2656 井次，累增油 1205700 吨，平均单井增油 335 吨，发挥了分层注水的技术优势，提高了水驱开发效果。

水驱稠油微生物驱技术研究及示范应用 该项目针对水驱稠油油藏微生物驱技术存在的主要制约规模化应用问题，开展水驱稠油油藏关键技术攻关研究和示范区建设，为微生物驱技术规模化应用奠定基础。完成了两个示范区油藏地质特征及典型区块菌群结构解析；研制了水驱稠油油藏驱油功能菌高效激活技术，激活后稠油降黏率达到 85%；研发了生物指标预测生产动态的配套技术；建立了适用于水驱稠油油藏的微生物降黏驱数值模拟方法；编制了中二区馆 1+2 和营 8 沙二 108 区块两个示范区微生物驱实施方案，方案预测现场实施最终提高采收率达到 7%；编制了微生物驱油藏微生物群落检测中石化企业标准；示范区中二区馆 1+2 已进入现场实施。

高导流通道压裂技术 该项目在前期研究的基础上，修正了适合胜利油田油藏特点的高导流通道压裂评价标准，并形成了一套参数优化标准体系。形成了裂缝纵深方向的强化支撑技术。压裂液悬砂能力是常规瓜胶体系的 3 倍；自悬浮支撑剂沉降速度为常规支撑剂的 1/16 ～ 1/10；石英砂支撑剂柱能有效支撑裂缝，可实现对陶粒的替代。该技术已应用 133 口井，施工成功率 100%，平均单井产能提高 21.3%，节约压裂成本 23%。

【专利项目实施】 2019 年，共开展专利实施项目 12 项，创意创新项目 12 项。

液控压缩式封隔器长寿命分注技术 该专利在成熟的 150 Ⅰ型液控压缩式封隔器的基础上，完成了适用于 7 英寸套管新型同心双管分注工艺管柱的 150 Ⅱ型（内径 90 毫米）液控压缩式封隔器图纸绘制，采用双胶筒单液缸结构设计，对胶筒厚度及坐封结构进一步优化，设计坐封压力 8 ~ 12 兆帕，密封压力 18 ~ 20 兆帕；同时完成了适用于机械挂滤防砂管柱后 5 英寸套管的 102II 型液控压缩式封隔器图纸绘制，采用四胶筒双液缸结构，对胶筒厚度及坐封结构进一步优化，设计坐封压力 12 ~ 15 兆帕，密封压力 18 ~ 20 兆帕，提高了解封及密封性能，满足了日常注水分层及后期酸化需要。进行了现场推广应用，该技术已在海上应用 63 口井，施工成功率 100%，验封结果显示分层良好。

抽油机井分级助抽技术 该专利开展泵上分级助抽技术研究，采用分解泵上液柱压力、改善杆柱载荷分布的方式，设计形成分级助抽装置，在杆柱上行时与油管形成具有一定配合间隙的密封副，分段安装在抽油杆柱中，上冲程时可分段承载泵上液柱载荷，具有减少泵漏失、杆柱伸长量的作用，现场应用提高泵效 23%；同时开展提效工艺管柱完善及系列化，针对不同井况，形成了针对普通油管、内衬油管、普通抽油杆，以及空心抽油杆的助抽装置系列；同时针对深井工况优选了悬挂式抽油泵及防腐斜井抽油泵作为举升装置，并开发了泵上减压装置来降低下冲程时泵上液柱对抽油泵阀副的冲击，以延长使用寿命。现场试验 20 余井次，增液 20% 以上，均正常生产。

防腐蚀合金抽油杆 该专利优化了抽油杆接箍、扳手方、墩粗头等部位结构参数，满足了防腐蚀合金抽油杆的抗拉性能和疲劳性能；改进了抽油杆正火、回火等加工过程中的温度及时间等关键工艺参数，满足了特殊材质的热处理性能要求。

【创新项目管理模式】 2019 年，聚焦制约高效勘探、效益开发等领域的难题，以“8+8”勘探开发科技工程为抓手，建立基础理论创新、瓶颈技术突破的集成攻关机制，深化跨系统、跨专业的协同创新机制，培育系统、配套及实用化的科技创新成果，坚持科技攻坚和成果转化双向发力，推动成果转化与产业发展深度融合。项目管理严把“立项关”和“验收关”，优化中评估模式，梳理简化流程审批节点，压缩办理时限，提升服务意识，提高科技管理工作效率。

【充分发挥科技人才队伍优势】 2019 年，胜利油田大力实施人才强企工程，拓展人才发展空间，推进人才成长通道建设，建立健全了一系列具有胜利特色的人才培育体制机制，逐步形成了以 2 名集团首席专家、11 名集团高级专家，以及油田首席专家、高级专家、二级单位首席专家和专家为骨干，以 1.6 万名专业技术人员为基础的一支结构合理、素质优良的科技人才队伍，已拥有 8 个中国石化优秀创新团队、18 个油田级科研创新团队。

【加快科技成果转化和孵化器建设】 2019 年，胜利油田推动院厂结合、区块承包工作，把科研院所的技术创新实力与开发单位的资源潜力结合起来，形成利益共同体，用技术成果支撑区块提质增效，实现了成果高效转化、合作共赢。油田作为中石化孵化器建设首个试点企业，探索科技创业公司设立方式和知识产权作价入股新模式，第一家创业公司已被中国石化股份公司批复成立。

【推动创新资源融合发展】 2019 年，胜利油田加强技术交流与合作实现“合作双赢”，瞄准国内外领先水平，建立强强合作关系。建立与中国石油大学的战略合作，与长江大学签订合作协议，实现了资源共享和优势互补。充分发挥石油学会交流平台的桥梁纽带作用，加强与国内外企业、院校交流合作，全年组织 20 个学术交流活动。搭建开放共享的“胜利专家在线”平台，畅通专家与专业技术人才的信息交流渠道。

【重点实验室建设】 2019 年，为加强胜利油田重点实验室建设，更好发挥实验室在油田科技工作中的支撑作用，油气成藏地球化学实验室等 16 个实验室被认定为胜利油田第 6 届重点实验室，东营市油气成藏地球化学重点实验室和东营市耐盐碱林木新种质创制重点实验室被认定为 2019 年东营市重点实验室。形成了以 10 个省部级以上重点实验室为引领，16 个局级重点实验室为支撑的油田创新平台体系。

（中国石化胜利油田分公司　梁　栋　韩世春）

汽车工业科技

【概述】 2019年，山东省共有汽车及零部件企业1400余家，其中整车27家，专用车255家，零部件企业1000余家。

【生产经营情况】 2019年，山东省汽车工业规模以上企业完成工业总产值4067.99亿元，同比下降0.1%；实现主营业务收入5838.33亿元，同比增长9.8%；工业增加值612.07亿元，同比增长11%；利税418.83亿元，同比下降1.1%。全省汽车产销分别为201.45万辆和202.15万辆，比2018年同期分别下降6.48%和7.23%。其中，乘用车产销97.91万辆和98.08万辆，同比分别下降15.94%和16.26%；商用车产销97.70万辆和97.84万辆，同比分别增长19.17%和17.06%；新能源汽车产销5.85万辆和6.23万辆，同比下降65.53%和63.79%。

【完善产业政策促进行业发展】 2019年，山东省制定出台《关于山东省实施国家第六阶段机动车排放标准的通告》《关于禁止拍卖报废汽车的通知》《山东省人民政府关于大力拓展消费市场加快塑造内需驱动型经济新优势的意见》《关于禁止违法超限超载运输车辆通行高速公路的通告》产业相关政策，促进行业健康发展。

【重点企业发展】

中国重汽集团 2019年，中国重汽集团生产汽车28万辆，其中重型汽车17.4万辆，中、轻型汽车10.5万辆；实现营业收入1166亿元，同比增长6.0%；实现利税总额72亿元；工业增加值109亿元；全年重卡出口4万辆，同比增长10.2%。全年中国重汽占中国品牌重卡出口占有率48.05%，重型汽车出口连续15年居全国首位。

潍柴控股集团 2019年，潍柴控股集团完成发动机销量76万台，功率17146万千瓦。从主要细分市场占比来看，重卡占31.5%，大中客占42.5%，汽车吊占59.2%。实现营业收入超过2600亿元，各项经济指标运行情况较好。

中通客车 2019年，中通客车销售客车1.51万辆，同比增长15.10%；实现营业收入67.47亿元，同比增长10.99%，利润同比增长12.11%，继续居客车行业第2位。累计出口销量2807台，实现收入11.5亿元，同比分别增长77.5%、41.5%。6米以上客车市场占有率为10.5%，同比增长2.3个百分点。

上汽通用五菱汽车青岛分公司 2019年，上汽通用五菱汽车青岛分公司生产汽车63.9万辆，实现产值273亿元，发动机产量达到51万台。

北汽福田诸城汽车厂 2019年，北汽福田诸城汽车厂共生产汽车35.9万辆，同比增长22.8%；实现销售收入272.7亿元，同比增长18.4%；实现利税16.2亿元，同比增长237.4%。

一汽解放青岛汽车有限公司 2019年，一汽解放青岛汽车有限公司生产汽车19.8万辆，同比增长28.5%，实现工业总产值386亿元，同比增长41%；利税14.16亿元，同比增长65%。

【研发与创新】

潍柴 2019年，潍柴举行潍柴动力13G发布暨卓越动力系统上市仪式。该系统搭载了具有最先进指标的潍柴13G加强版发动机，以及最优配置的法士特1810集成化AMT自动变速器和汉德HDZ425单级减速驱动桥，实现了商用车动力系统的动力性、经济性与可靠性的最佳匹配。全年获得省部级以上科技进步奖17项，其中“商用车机械自动变速式混合动力系统总成关键技术及其产业化应用”获国家科学技术进步奖二等奖；“耐磨蚀抗热震结构功能材料及涂层技术”获国家技术发明奖二等奖；“柴油机高效后处理系统关键技术开发及产业化”获山东省科技进步奖一等奖；“内燃机动态过程智能控制方法与应用”获天津市技术发明奖一等奖。全年获得授权专利662件，其中发明专利220件。

中国重汽集团 2019年，中国重汽集团先后推出了面向港口环境的L4级无人驾驶电动集装箱卡车、面向城市公共交通的氢燃料电池城市客车、高可靠性T系列国六工程车和高品质HOWO轻卡等新产品。全年申请专利466件，其中发明专利115件。“重型汽车声振关键传递路径集成优化方法”项目获中国汽车工业科学技术二等奖。中国重汽集团在国家重型汽车工程技术研究中心基础上获批组建山东省重型汽车技术创新中心。

一汽解放青岛汽车有限公司 2019年，一汽解放青岛汽车有限公司推进V系列产品升级，悍V2.0和龙V2.0产品达成量产。推进混动技术开发，悍V PTO混动牵引车完成3万千米用户工况试验验证，综

合节油 >12%，完成 JH6 P2 混动车型开发试制。3 升机车型实现单车降重 500 千克。“卡车纵梁柔性制造系统开发及产业化应用”项目获中国汽车工业科学技术二等奖；“商用车驾驶室及座椅悬置系统正向开发关键技术研究及产业化应用”项目获中国汽车工业科学技术三等奖。主导编制了《商用车整车大气暴露试验评价方法》行业标准。

北汽福田诸城汽车厂 2019 年，北汽福田诸城汽车厂全新开发了 TM、M3、M4、新领航等一系列新产品等，销售比重达到总销量的 53.3%。投入 4.5 亿元研发资金，重点用于提升产品性能，CAE、NVH、电控标定及测试验证能力，形成行业一流的商用车研发能力。2019 年客户满意度达到 89.31，位居行业前列。

山东五征集团有限公司 2019 年，山东五征集团有限公司飞碟汽车研发了奥驰 EV、缔途 EX 两款新能源车，推出发布了飞碟缔途国六车型、飞碟新奥驰产品。

【重点项目】 2019 年 10 月，在白俄罗斯明斯克中白“巨石”工业园，潍柴马兹公司举行投产暨批量交付仪式，标志着潍柴“一带一路”发动机项目的落地。位于俄罗斯图塔耶夫的潍柴卡玛斯新工厂首台博杜安 M 系列发动机下线，标志着潍柴独联体国家第 2 家工厂进入试生产阶段。中国重汽集团向德国曼恩集团乌兹别克斯坦公司出资 1078 万欧元建立合资公司。该项目建成后，有利于突破区域贸易壁垒，获取当地政府的优惠政策，提高产品竞争力。中通客车控股股份有限公司大 VAN 项目落地，智能制造项目通过省级验收，成为企业加快转型升级的又一次重大机遇。

（山东省汽车行业协会 郭金娜）

电子信息科技

【概述】 2019 年，山东省信息技术产业呈现整体平稳增长的态势，增速保持在合理区间范围内。信息技术产业（含信息技术制造业、软件业）实现主营业务收入 8769.1 亿元，同比增长 6.67%，利润 609.2 亿元，同比增长 5.28%。其中，电子信息制造业主营业务收入 3263.2 亿元，同比下降 6.1%，软件业收入 5505.9 亿元，同比增长 16%。

【产业结构调整】 2019 年，得益于云服务、大数据服务、电子商务平台技术服务等的增长支撑，全省软件业增长趋势良好，在信息技术产业中的占比达到 62.8%，已成为信息技术产业增长的主引擎。信息技术制造业因统计解捆、外资在鲁业务调整和国际贸易等因素影响，收入增长下滑，行业分化明显。山东省内资企业为主生产的计算机、彩色电视机产量分别同比增长 16.4% 和 20.8%；外资企业为主生产的打印机、手机分别同比下降 13.33% 和 63.88%。

【提升重点企业实力】 2019 年，海尔、海信、浪潮、歌尔 4 家企业入围中国电子信息百强。海尔、浪潮、海信、中车四方、中创、东软载波 6 家企业入选中国软件和信息技术服务综合竞争力百强。海尔、浪潮入围 10 家国家级双跨工业互联网平台。浪潮集团服务器产量达 115.7 万台，同比增长 12%，其中高端、高配置产品及 AI 服务器的增长明显。歌尔股份引领山东虚拟现实产业发展，虚拟现实头盔显示器占据全球同类中高端产品 50% 以上的市场份额，产销量全球第一，在智能无线耳机迭代升级浪潮下，2019 年实现营收 351 亿元，较 2018 年同比增长 40%。

【重点领域科技创新发展】

智能家居与黑电 2019 年，山东省电子信息领域以四大电子百强企业为创新支柱，引领产业重大创新突破。在智能家居和黑电领域，海尔推出 UHomeOS 智慧家庭安全操作系统，打造工业物联网平台 COSMOPlat，牵头制定的首个“智家云”标准获世界最大物联网标准组织（OFC）通过。海信聚焦视像领域率先推出叠屏电视、社交电视、全色激光电视等创新产品，引领行业发展，其自主研发高端激光器芯片，接入网光模块连续 8 年全球第一，研制的 5G 无线光模块产品已广泛应用于 5G 信号基站的建设，其中 5G 前传 25G 光模块发货量全球第一。海尔高端智能家电制造业创新中心获得省级制造业创新中心认定，并提交了升级国家级制造业创新中心方案。海信超高清视频制造业创新中心列入省级制造业创新中心培育。

云计算大数据领域 2019 年，浪潮集团通过再造流程、创建平台、优化结构、完善制度实现研发力量整合，聚力攻克核心技术，增加企业内涵式增长能力。围绕战略核心技术、主营业务成长与新兴产业三大方向，聚焦服务器、关键应用主机、存储、网络交换机、云平台、数据库、区块链等“硬科技”领域，2019 年科技研发投入达到 19.8 亿元，增幅 20% 左右。实现专利数量、质量协调发展，全年申请并受理专利7353件（其中发明专利6176件），参与制定国际标准12项（发布2项），国家标准60项（发布21项）。参与制定国际标准4项，国家标准64项，参与制定了服务器领域的全部国家标准，推动了企业整体业务快速发展。

电子元器件领域 2019年，歌尔股份加大研发投入，在潍坊、青岛、北京等国内主要城市及美国、英国、丹麦、日本、韩国等国家和地区分别设立研发中心，形成“七国二十四地”全球化体系。该公司研发投入近20.2亿元。每年从全国知名院校招聘大学生近千名，985和211院校毕业生占比达30%，硕士以上学历达45%，拥有工程技术人员1.8万余名，其中专职研发人员8000余名，经形成巨大的人才集聚效应。歌尔股份与美国斯坦福大学、麻省理工学院、日本东北大学、清华大学、北京航空航天大学、浙江大学、中国科学院等国际知名高校和科研机构建立战略合作关系。拥有8个省级以上研发平台，参与12项“国字号”重大专项、20余项省级计划专项的实施，以及多个国家和行业标准的制订。全年申请专利约3100件（其中发明专利1700件），PCT国际专利330件，累计申请专利18500件（其中发明专利8500件），PCT国际专利1400项。连续4年获得中国电子元件百强研发实力榜单冠军，获得2019年省科技进步奖一等奖。

（山东省工业和信息化厅　刘　晶）

交通科技

【概述】 2019年，山东交通运输立足综合交通运输体系构建，不断强化服务，以完善行业科研平台体系为主线，促进各类科研要素有效聚集，推动全省交通运输行业科技创新更富活力。

【科技管理与服务】 2019年，下达了2019年度全省交通运输科技计划69项，涵盖道路、机场、轨道等综合交通运输各领域。完善省级交通运输行业科研平台体系，继续组织开展省级行业科研平台认定工作，认定13家省级行业实验室和12家省级行业研发中心，有效地聚集了交通科研资源。获得省科技进步奖一、二、三等奖各1项。以山东高速集团为依托单位的公路交通节能与环保技术及装备交通运输行业研发中心（济南）获交通运输部2019年度交通运输行业重点科研平台十大“创新平台”称号。

【国家重点实验室创建工作】 2019年，齐鲁交通发展集团牵头，联合有关科研院所和企业，依托滨莱高速26千米测试基地，发挥综合研究、实验、检测、验证等功能，在智慧高速、自动驾驶、交通安全、新型材料开发应用等方面，统筹整合利用优势资源，全力申报国家重点实验室。2019年12月29日智慧交通重点实验室揭牌运行。这是山东建设交通强国试点、开创山东交通运输事业发展新局面的重大举措，对进一步发挥科技创新支撑引领作用，汇聚、推广前沿科技成果，满足广大人民群众对交通的新期待、新要求，建设安全、便捷、绿色、高效的人民满意交通具有重要意义。

【推进智慧高速建设】 2019年，智慧高速建设作为交通强国山东试点的重要内容纳入实施方案。加强智慧高速公路系统工程关键技术研发，加快突破智慧高速公路系统工程关键技术，全面提升基础设施智能化和车路协同基础技术研究水平，重点以济青中线高速公路新建项目为依托，以智能网联高速公路测试基地及研发中心为技术研发试验平台，集成应用物联网、大数据云计算等信息化先进技术，建成全国领先、具有较强示范带动作用的智慧高速示范项目，推动高速公路安全、便捷、高效、绿色、经济发展。

【统筹加快智能交通发展】 2019年，按照副省长凌文对《关于印发〈智能交通发展近期行动方案〉的通知》的批示要求，研究制定了实施意见，明确任务分工，建立部门间联络机制，打通智能交通发展信息壁垒，合理引导车路协同示范应用，推动综合客运枢纽管理服务智能化和交通设施设备智能化升级，不断提升交通运输服务智能化水平。

（山东省交通运输厅　杜洪涛）

市场监管科技

【科技计划】 2019年，全省市场监管技术机构围绕质量基础开展科技创新，推荐各类科研项目41项，8个项目获得立项，其中国家市场监督管理总局批准7项，省科技厅批准1项。

【重大科技进展】 2019年，绿色包装评价国家标准在国内率先确立了绿色包装概念、准则，开发了计分制量化分级评价方法和系列物质的检测方法，构建了一套以再利用核心技术为主要控制指标、并经实践验证具有可操作性的绿色包装评价体系，形成了重要国家标准。山东省产品质量检验研究在全国率先研究开发成品油快速检测相关技术依据，研发制定《车用汽油快速筛查技术规范》《车用汽油快速检测方法——近红外光谱法》等6项山东省成品油快速检测地方标准，建立健全了车用汽柴油快速检测能力，完善了成品油监管链条，彻底改变了以往成品油质量监管周期长、缝隙大、处置难的问题，为山东省成品油质量监管提供了强力、高效的手段，提升了成品油质量监管工作效能，为净化车用汽油市场、保护公众消费权益提供了有力的技术支撑。国家计量基标准资源共享平台课题“纳米尺寸测量专题服务”、山东计量测试学会科技项目“新旧动能转换中检测机构发展方向及对策”通过验收。“环境安全防护用标准物质的研制与应用”等7项科技成果通过了由山东计量测试学会组织的科技成果鉴定。《在用安装式交流电能表》《汽车氮氧化物检测仪》2项地方检定规程通过审定。《在用安装式交流电能表检定规程》正式发布实施。《珠宝玉石鉴定红外光谱法》《珠宝玉石鉴定紫外可见分光光谱法》2项中国质量检验协会团体标准通过标准委审定。《珠宝玉石鉴定红外光谱法》《珠宝玉石鉴定紫外可见光谱法》和《地理标志产品木鱼石》等3项山东省地方标准通过审定。

【重要科技成果】 2019年，6项科技成果获得山东省科学技术奖励，其中，省科技进步奖二等奖2项，省科技进步奖三等奖4项。山东省产品质量检验研究院牵头完成的《包装再利用核心国际标准制定与代表性包装的应用示范》项目、山东省计量科学研究院牵头完成的《环境及安全领域系列国家标准物质研制关键技术与应用》项目获得山东省科技进步奖二等奖；山东省产品质量检验研究院牵头完成的《食品药品用高性能包装材料质量安全评价关键技术及产业化应用》项目、山东省产品质量检验研究院牵头完成的《基于车用汽柴油质量提升的产业化关键技术创新与质量控制体系构建》项目、山东省计量科学研究院牵头完成的《耐电压测试仪系列国家标准在高端制造及检测领域的应用》项目、山东省计量科学研究院牵头完成的《高端装备制造业材料试验装备关键计量技术研究及应用》项目获得山东省科技进步奖三等奖。

【重要平台建设】 2019年，依托高水平技术机构申报建设一批国家质检中心，规划建设一批省级质检中心。截至2019年底，全省共有国家质检中心46个（建成40个、在建6个），省质检中心105个（建成98个、在建7个）。2019年，山东省产品质量检验研究院承建的国家体育用品质检中心（山东）、聊城市产品质量监督检验所承建的国家铜铝及冶炼产品质检中心（山东）经国家市场监督管理总局批准正式成立。国家市场监督管理总局专家组对日照市产品质量监督检验所承建的国家碳素结构钢产品质量监督检验中心进行了现场验收，对滨州市产品质量监督检验所申请筹建的国家商用厨具产品质量监督检验中心进行了现场可行性论证。青岛海检检测有限公司承建的国家海洋装备质检中心加快建设进度，向市场监管总局提出验收申请。国家海产品质检中心、国家海洋设备质检中心建设和能力提升工作被省委海洋委列入《山东海洋强省建设行动方案2019年工作台账》。

【科学技术普及】 2019年，全省市场监管系统围绕“科技强国　科普惠民”主题开展科技周活动，聚焦群众关心的热点工作，发挥人才技术优势，组织开展了实验室开放日、专题知识讲座、计量器具免费检测、科普知识竞赛、发放宣传资料等一系列形式多样、丰富多彩的科技周活动。科技部对山东省市场监督管理局在2019年度全国科技活动周重大示范活动中的优异表现给予表彰。

【计量技术】 2019年，实施计量标准提升工程，健全完善量值传递体系，批准济南市、青岛市、德州市市场监督管理局新建社会公用计量标准180项，全省社会公用计量标准4990项，计量能力建设位居全国前列。提升产业计量能力，国家节能家电产业计量测试中心获批成立，国家环境监测仪器产业计量测试中心获批筹建，国家产业计量测试中心批准和筹建总数位居全国前列。成立了国家节能家电产业计量测试联盟和国家核电核岛装备产业计量测试联盟。获批筹建烟尘粉尘测量仪、颗粒物采样器和大气采样器3个国家型式评价实验室。发布实施了《光柱式血压计检定规程》和《在用安装式交流电能表检定规程》。组织开展“十三五”重点用能单位能源计量审查，推动完成能源消耗总量和强度“双控”目标任务。指导、督促企业按照国家强制性标准配备能源资源计量器具，加强能源资源计量管理。开展了全省定量包装商品、法定计量检定机构、安全防护计量器具、环境监测计量器具、能效标识、水效标识、法定计量单位7项“双随机、一公开”计量专项监督检查，做到计量检查事项全覆盖。

【标准化工作】 2019年，全省国家标准化综合改革试点工作顺利推进，截至2019年底，3年（2018—2020年）改革试点任务中政策制度任务完成98%，标准制定任务完成95%，标准创新平台、基地任务完成90%，标准试点示范项目建设完成99%。全省主导和参与制定国际标准127项、国家标准6451项、行业标准9861项，发布实施地方标准3645项，承担国际、国家专业标准化技术组织60个，建立省级标准化技术组织78个，建设国家级标准化试点示范项目511个，开展省级标准化试点项目1256个。全国量子计算与测量标准化技术委员会、国家技术标准创新基地、国家技术标准创新基地（化工新材料）落户山东。国家现代农业、畜禽养殖、林果产业、果品加工流通等区域性标准化服务和推广平台获批建设。18个国家社会管理和公共服务标准化试点、16个国家服务业标准试点、24个国家农业标准化示范区、17个国家农村标准化示范区、7个国家循环经济标准化试点通过国家验收。批准下达2019年度标准化综合改革暨“山东标准”建设项目计划733项。组建自然资源、海洋、轨道2交通、大数据、人民防空等领域13个省级标准化技术委员会。批准发布农业农村、海洋强省、节能环保、安全生产、政务服务、司法鉴定等地方标准456项。编制完成涵盖5个子体系、137项4级类目的乡村振兴标准体系。组织开展企业标准“领跑者”工作，培育团体标准316项，持续推动国家“百城千业万企”对标达标专项活动。举办2019年山东省IEC国际标准化培训班和第2届国际标准化论坛。完成了《山东省标准化条例（草案）》的编制，将全省标准化改革实践中证明行之有效的做法或成果加以固化，形成了标准化工作的法治保障机制。

【检验检测与认证认可】 截至2019年底，全省各类认证证书总数17.1万张，占全国7%，居全国第4位。其中，全省质量管理体系认证证书43471张，占全国证书数的7.01%，全国排名第四；环境管理体系认证证书20388张，占全国证书数的7.76%，全国排名第四；职业健康安全管理体系认证证书18136张，占全国证书数的8.3%，全国排名第三；能源管理体系认证证书443张，占全国证书数的9.71%，全国排名第三；强制性产品认证证书30378张，占全国证书数的5.23%，全国排名第四；食品农产品认证证书8330张，占全国证书数的9.18%，全国排名第一。其中有机产品认证证书838张。全省有资质认定检验检测机构3383家，从业人员8.5万人，检验检测行业年产值达150多亿元，年均向社会出具检验检测报告4000余万份，机构数量位列全国第2位，产业规模、从业人数均位居全国前列。全省在济南高新区、青岛崂山区、济宁高新区创建了3个国家级检验检测认证公共服务平台示范区，数量位居全国第一。“泰山品质”高端特色认证继续开展，中车青岛四方机车车辆股份有限公司的时速350千米复兴号动车组、山东如意毛纺服装集团股份有限公司的精纺呢绒等20家企业的20个产品获得“泰山品质”认证，涉及机械设备及零部件、化工产品、建材、食品药品、纺织品、陆路交通设备、金属制品、日用品、纸制品等9大类行业。

【提升质量强省战略】 2019年，省质量强省及品牌战略推进工作领导小组进行了调整强化，省委副书记、省长龚正担任组长，省市县三级质量协调推进机制初步建立。对省委、省政府《关于开展质量提升行动的实施方案》进行了中期评估，在全国率先形成了首份省级质量提升中期评估情况报告。从夯实质量发展基础、推动先进质量管理方法应用、加快品牌高端化进程、加强全面质量监管等8个方面，确定了2019年全省开展质量提升行动的重点工作任务，印发《山东省质量提升2019年行动计划》。4家单位、3位个人获得第7届山东省省长质量奖，10家单位、5位个人获得提名奖获。10月22日上午，在全省质量发展座谈会上，省长龚正为获得第3届中国质量奖、第7届山东省省长质量奖的单位和个人颁奖，并作重要讲话。

【推进品牌战略】 2019年，组织开展区域品牌价值评价工作，委托第三方对自愿申报的38家优质产品基地创建单位进行品牌价值测算并发布山东省优质产品基地品牌价值10强榜单。组织开展全省制造业高端品牌企业的培育和评价工作。经对企业的品牌战略、品牌价值、品牌推广、品牌创新、品牌保护等情况进行综合评价，研究发布2019年度山东省制造业高端品牌培育企业名单148家，引导助推企业自主开展高端品牌培育。5月10日，在山东大厦金色大厅组织召开以“推进品牌高端化，打造发展新优势”为主题的2019年山东省“中国品牌日”活动。活动现场发布了

“2019 年度山东省制造业高端品牌企业培育名单”“第四批知名农产品区域公用品牌和企业产品品牌”“2019 年山东省重点产业企业品牌价值榜单”“2019 年山东省民营企业品牌价值 100 强榜单”“2019 年度创建山东省优质产品基地品牌价值 10 强”“首批获得泰山品质认证企业产品名单”，并举行“山东品牌创意设计大赛”启动仪式及品牌发展高端论坛。活动被人民日报客户端、人民网等新闻媒体刊发、转载报道 1100 余次，微博、微信等自媒体信息 310 余条，山东电视台“新闻联播”、《大众日报》头版对活动都做了专题报道。

（山东省市场监管局　姜志勇）

药品监督科技

【概述】 2019 年，省药监局组织指导省食品药品检验研究院、省医疗器械产品质量检验中心、省药品不良反应监测中心、省食品药品审评认证中心等直属单位坚持以科技服务监管，以监管支持创新，严格落实药品安全“四个最严”要求，大力提升药品监管领域科技创新能力，加快推进药品监管体系和监管能力现代化，全方位服务药品医疗器械化妆品科技创新，助力山东省医药产业高质量发展。

【重大科技进展】 2019 年，省食品药品检验研究院和省医疗器械产品质量检验中心的仿制药一致性评价关键技术、胶类产品质量评价、生物材料器械安全性评价、药品包装材料质量控制 4 个实验室，被国家药品监督管理局认定为重点实验室。国家药品监督管理局批准山东大学为国家药品监督管理局药品监管科学研究基地。山东省医疗器械生物学评价重点实验室建设成为全国唯一的省级医疗器械生物学评价重点实验室。

【重要科技成果】 2019 年，省药监局组织指导直属单位承担国家自然科学基金委、国家药典委、国家药品监督管理局、国家卫生和健康委员会等科研课题。先后获得中国药学会科学技术奖二等奖 1 项，山东省药学会科学技术一等奖 2 项、二等奖 5 项、三等奖 2 项。发表科技论文 112 篇（SCI 收录论文 12 篇），获得发明专利 10 件，获实用新型和软件著作权 13 件。

药品成果　2019 年，完成小儿定喘口服液等国家药品标准起草品种 26 个、复核品种 49 个、复核补充检验方法 7 个。参与国家自然科学基金委、国家药典委、国家市场监督管理总局、卫生健康委的子课题和专项研究 10 多项。主持国家食品安全国家标准（包括补充检验方法）3 项、山东省重点研发项目 2 项、山东省地方标准 20 项。山东省重点研发计划（重大关键技术）项目“药物一致性评价共性关键技术研究”通过省科技厅验收。“动物药真伪鉴定关键技术突破和中药掺杂使假检测技术平台的建立及其应用”获得中国药学会科学技术奖二等奖。

医疗器械成果　2019 年，2 项成果分别获得“十三五”国家重点研发计划和山东省重点研发计划立项。发布了 25 项制定或参与制修订的标准，完成国家药品监督管理局下发的 22 项国家标准和行业标准制修订工作，完成 15 项行业标准的预立项申报工作。3 项国际标准制修订提案获得国际标准化组织 ISO/TC 76 立项。

化妆品成果　省药品不良反应监测中心制定的《化妆品不良反应皮损形态判断标准及处理原则》经省市场监管局批准作为山东省地方标准发布。该标准是国内首个化妆品不良反应地方标准。

【科技成果推广与转化】 2019 年，省药监局支持药品医疗器械化妆品科技研究和成果推广转化。在药品科研方面，围绕国家仿制药一致性评价工作，支持药品检验技术发明专利成果转化和应用，建设药品遗传毒性评价公共服务平台，推动科研成果服务于全省药品企业研发需求，助推医药产业创新发展、高质量发展。省食品药品检验研究院建立的乙肝解毒胶囊中二氧化钛检查法、HPLC 指纹图谱及多成分含量测定等方法作为乙肝解毒胶囊的内控标准，为药品生产企业的质量监控提供技术支持。省医疗器械产品质量检验中心完成“基于 Elispot 技术的小鼠局部淋巴结试验生物标志物的研究和反应机理的探索”等 7 项科研课题，并进行了科技成果登记。

【科技咨询与服务】 2019 年，发挥省药监局注册处作为国家药品审评中心药品创新与审评制度改革联系点和省食品药品检验研究院作为国家药品审评员实训基地的作用，邀请国家药品审评专家、检查专家、检验专家对山东省生产企业、研发机构等单位近千人开展培训指导。省食品药品检验研究院对接企业在药品检验、质量标准研究、一致性评价方面的需求，建立的“体内外相关性评价”“药物杂质分析”等服务平台，为企业提供杂质分析和遗传毒性评价等服务，完成38个品规的仿制药质量和疗效一致性评价复核和方法学研究服务工作。

【科技人才队伍建设】 2019年，省药监局依托重大课题、重点实验室和职业检查员建设工作，加强直属单位科研学术团队建设。3月，省食品药品审评认证中心加挂省药品监督管理局查验中心牌子，增加事业编制150名，专门用于引进专业技术人员，建立药品职业化检查员队伍。按照国家药品监督管理局药品审评中心与省药监局《共同推进药品技术审评能力建设战略合作协议》，省食品药品审评认证中心选派业务骨干5人到国家局中心挂职锻炼，建设高水平审评技术团队。省食品药品检验研究院成立两个学术层次高、科研创新能力强的学术委员会。10月签约引进美国FDA食品营养安全专家王功明博士。开展了山东省有突出贡献的中青年专家推荐工作。

（山东省药品监督管理局 武海军）

粮食科技

【概述】 2019年，省粮食和储备局按照国家粮食和物资储备局“科技兴粮”要求，积极推进“科技兴粮”工作，全省各级粮食部门加快技术研发，激发行业活力，粮食科技创新体系更加完善，科技创新能力显著提高。

【统筹推进粮食科技发展】 2019年，以政策为引领，统筹协同推进粮食科技发展。按照《关于大力推进科技兴粮和人才兴粮的实施意见》，结合实际，争取优惠政策，加快科技创新步伐。全省粮食行业列入国家财政科技项目投资总预算1402万元，除中央财政资金外，地方财政拨款662万。滨州市将科技创新工作列入《打造国家级粮食产业融合循环经济示范区三年行动计划（2018—2020年）》；烟台市加大仓储物流设施建设力度，推进龙口港粮食现代物流（产业）园区高效物流科技创新，打通胶东半岛粮食物流瓶颈，促进深加工产业发展和聚集；威海市加快科学储粮新技术研究应用，推进基础设施和技术改造项目，累计投入资金1380万元，21个智能化升级库点实现数据信息化、业务智能化。

【搭建粮食科技发展平台】 2019年，省粮食和储备局会同德州市政府举办第2届山东粮油产业博览会，以“新时代、大产业、强品牌、促发展”为主题，以粮油精品和科技成果展为主要内容，参展企业299家，参会人数2000余人。大会同期举办粮食产业创新转型发展报告会及项目签约、推介会，全面推动企业高质量发展。全省粮食行业获评国家级科技创新平台6个，获评省级科技创新平台5个。国家小麦、玉米、大豆三大产业技术创新中心落户山东。烟台支持建设莱阳鲁花高端食用油生产基地、招远双塔粉丝产业园区等科技成果集成示范基地和农业科技园区。德州市利用德州职业技术学院专业人才优势，联合构建产教融合平台。

【加快成果转化】 2019年，山东省粮食行业共获得基础类成果55项。其中，发明专利9件，实用新型专利31件，制定标准2项；获得国家级科研成果1项，省级科研成果2项；发表学术论文10篇。临沂市莒南县金胜集团、玉皇粮油食品有限公司等花生加工企业累计研发新产品项目52个，获得省科技进步奖3项，新研发的黑花生油、鲜果花生油、橄榄玉米油等产品，填补了国内油脂领域多项空白，科技进步对花生生产的贡献率达到75%。西王玉米申报专利4件，香驰大豆申报专利51件，中裕小麦申报专利6件。滨州国家玉米深加工产业技术创新中心“结晶果糖绿色制造系统集成关键技术及产业化”项目获得2019年度山东省科学技术进步奖三等奖。与华东理工大学合作项目“淀粉糖分离纯化关键技术及装备开发和应用”获得中国轻工业联合会科学技术发明奖一等奖。香驰粮油研发的天下五谷非转基因大豆油获2019第10届IEOE中国（北京）国际食用油产品博览会金奖。全省粮食行业加快新旧动能转换，拉长产业链条，进一步推动了企业转型升级和经济结构调整。

【推进科学储粮】 2019年，认真落实粮食安全省长责任制和全省经济社会发展综合考核工作，将储粮安全作为粮食系统安全工作的两个“重点之一”，依托全省粮食流通管理云平台，推动粮油仓储单位备案、电子货位卡及粮库智能化升级等模块上线运行，提升储粮工作科学化水平。优化完善仓储备案功能实现“仓”的管理，借鉴识别代码标准开发电子货位卡功能实现“粮”的管理。全省仓储备案企业1790家、仓容3877万吨。建成菱镁板58.8万平方米，低温准低温仓容

708 万吨，内环流应用仓容 351.6 万吨，食品级惰性粉防虫应用仓容 30 万吨，多参数粮情测控应用仓容 324.8 万吨。总投资 3.83 亿元，建成光伏发电 19.9 兆瓦，年可发电 1833 万千瓦时。

【开展粮食科技活动周】 2019 年，组织开展了粮食科技活动周。组织全省粮食行业参加国家粮食和物资储备局在南京召开的科技活动周科技和人才工作座谈会等活动，参加了科技成果、科研团队、科研机构、人才供需与企业“三对接”活动，展示科技成果 9 项、粮油新产品 11 种，有力宣传了山东省粮食行业科技创新和人才兴粮成果。组织临沂、日照、东营等市分别举办粮食科技活动周主题宣传活动，开展座谈交流、粮食科技宣传进社区等，宣传粮油科技创新成果。

（山东省粮食和物资储备局　吴高峻　张宗慧）

邮政科技

【概述】 2019 年，山东邮政科学技术工作坚持开拓创新，聚焦强化企业核心能力，不断推进信息网基础能力建设，提升全网运行质量、运维水平；主动支撑寄递翼改革，推进协同融合；深化信息系统研发与应用，不断探索新技术应用，坚守信息安全红线，信息化水平稳步提升，科技驱动效能成果显著。

【信息化项目】 2019 年，推进 CRM 系统二、三阶段功能、新一代集邮业务系统、邮政电子发票管理系统、邮政车辆北斗和 GPS 升级改造工程、邮票数字化鉴别系统、统一柜面系统等 30 余项信息化项目省内推广、落地。围绕核心生产系统数据，实施数据审计、数据备份系统，提升数据容灾防御能力。聚焦网络安全加固，实施省中心机房互联网区域安全加固、两网防火墙更新、金融网两地三中心项目改造（山东部分）等项目，优化网络安全策略。发挥技术优势，支撑各业务条线信息化建设。

【信息网建设】 2019 年，稳步推进省、市信息中心改造建设。省中心机房改造建设项目正式启动，工程实施按进度顺利推进。在全国邮政范围内，率先开展地市机房模块化改造工作。11 地市改造工作完成，从根本上解决了地市机房设备老旧、产能不足的问题，降本节能效果明显，改造前后月均用电量下降 40% 以上。加快推进全省网路扩容建设，夯实网络安全。实施金融网上联改造、综合网省际网络扩容、灾备线路扩容、邮政大厦 WIFI 改造等项目，提升出口传输速度。对信息网网络关键节点实施安全加固措施，部署动态感知、入侵检测系统、入侵防御系统、病毒防护、病毒库管控、操作系统补丁分发等设备。加强信息网机房环境、配套系统、硬件资源池等基础设施建设。完成 12 地市机房 UPS 主机更新。持续推进硬件资源池建设与应用，省中心虚拟化容机能力大幅提升，活跃虚拟主机达 140 余台，数据承载量级达到 150TB。

【运维安全管控】 2019 年，完成关键时期重点保障工作。通过强化预检预修、运行监控、安全防范和应急响应等工作的制度性、流程性，完成春节、两会、70 周年国庆期间信息网安全保障任务。实施网络隔离和安全漏洞修补等措施，提高防入侵能力，完成集团公司信息网安全重点保障任务。落实信息系统定级监测入网流程，推进整改措施落地。按集团要求开展信息系统等备案测评工作，金融系统科技风险大排查。推进全省互联网系统安全漏洞扫描和渗透测试及整改工作，确保信息系统零风险入网。加强运行质量管理力度，各项考核成绩位列全国前列。修订《信息网安全运行考核管理办法》。组织开展全省信息网安全运行竞赛，全省信息网安全现场检查，全省信息网安全技术培训等活动。全年省中心运行保持零故障，全省自助设备完好率达到 97%，位居全国前列，全省安全考核成绩保持满分，延续了信息网高质量运行的势头。

【信息系统建设与应用】 2019 年，为代理金融专业客户营销、业务管理、风险管控提供全方位的系统支撑。拓展金融智能云平台、云迹 APP 系统的功能，叠加保险业务处理、智能厅堂等模块，开发金融从业人员业绩清分系统、中邮保险省份资料远程预审系统，以信息化、智能化手段不断促进代理金融专业工作绩效的提升。围绕风险防控，开发营业主管日常履职 APP、金融从业人员业绩清分系统、风险从业人员风险画像 APP、金融风险管控平台、合规档案信息系统等，建立全省金融风险防控事前、事中、事后全覆盖防控体系。重构新一代寄递平台接口对接系统，使全省接口处理效率全国领先，为寄递翼相关系统的研发及数据利用打好基础。以提升预约投递、分拣下段等环节的自动化、智能化水平为目标，优化投递智能下段系统、开发山东邮政包裹预约投递管理系统，确保业务高峰系统稳定可靠；推广应用山东邮政投递计件薪酬等系统，确保了投递员薪酬计件核算的精准性。开发山东邮政智能营销管控系统，支撑传统邮务专业营销管理。开发民主测评系统、绩效考核系统、客户服务体验评价系统、邮务管家等，不断提升企业管理效率。

（中国邮政集团公司山东省分公司　赵军泰）

环保科技

【加强生态环保科研】2019 年，面向全省征集生态环保领域 9 项重点科技需求项目，推进实施“大气污染防治关键技术与空间管控平台研究”等生态环保领域省级大科学计划、大科学工程项目。省生态环境厅“污染源排放在线监测动态管控技术研究与应用”技术成果获山东省科学技术进步奖二等奖。举办生态环境与污染治理、挥发性有机物污染治理、非电行业烟气深度治理等生态环保技术成果交流和供需对接会，组织 700 余家环保技术供需企业交流对接，促进先进环保技术成果推广应用。组建生态环境省级院士工作站和市级专家工作站，建成运行二噁英重点实验室和工业产品中消耗臭氧层物质（ODS）监测实验室，提升生态环保基础科研能力。推荐省内相关单位申报国家生态环境科普基地，推进生态环境科普宣传教育。

【推进环保科技交流】2019 年 6 月，组织承办了“2019 山东省创新驱动发展院士恳谈会——生态环境保护与健康”平行论坛，邀请中国科学院、中国工程院院士作专题演讲，为山东省生态环保工作存在问题把脉问诊、建言献策。建立与院士团队合作交流长效机制，助推全省生态文明建设和生态环境保护事业发展。10 月，在青岛市召开了第 8 届生态山东高层论坛暨绿色博览会，其间举办鲁韩环保合作论坛和 7 场专业技术论坛，邀请国内外 130 余家企业参展，有效促进山东省与国内外先进环保技术产业的交流合作。

【完善生态环保标准】2019 年，全省发布实施 19 项地方标准，其中强制性标准 7 项。组织完成了《区域性大气污染物综合排放标准》《钢铁工业大气污染物排放标准》《工业炉窑大气污染物排放标准》《火电厂大气污染物排放标准》《建材工业大气污染物排放标准》《锅炉大气污染物排放标准》6 项标准的修订并发布实施，形成包括 1 项区域性大气污染物综合排放标准，5 项分行业排放标准，以及 8 项挥发性有机物排放标准的全省“1+5+8”大气污染物排放标准体系。山东省基本建立以分阶段逐步严管为主线，以《区域性大气污染物综合排放标准》和《流域水污染物综合排放标准》为统领，具有山东特色的地方生态环境标准体系。

【发展生态环保产业】2019 年，充分发挥绿色博览会等平台作用，引导先进环保产业走出去、引进来，促进环保产业沟通交流、发展壮大。省生态环境厅与省发展改革委联合印发《关于落实国家部署加快推进园区环境污染第三方治理的通知》，重点在钢铁、冶金、建材、电镀等行业推广环境污染第三方治理，加快环保服务业发展，提升企业环境治理水平。在济南、淄博、枣庄、聊城 4 市开展省级环境综合治理托管服务模式试点，推广先进环境治理模式。加强环保产业监督管理，起草《山东省社会化生态环境监测机构监督管理办法（试行）》。组织对省内社会化生态环境监测机构进行现场监督检查，出台《山东省生态环境厅建设项目竣工环境保护验收效果评估工作方案》《关于进一步规范建设项目环境影响报告书（表）编制监督管理工作的通知》等文件，强化事中事后监管，推进环保产业规范建设。

（山东省生态环境厅　吴　渊　王　伟）

安全生产科技

【概述】2019 年，围绕“走在前列、全面开创”的目标定位和应急管理“建体系、建平台、建中心、建队伍、建机制、建责任”的工作要求，积极推进应急管理事业改革发展，有效地应对了“利奇马”等灾害险情，保障了人民群众生命财产安全和社会稳定。全年累计发生各类生产安全事故1430起，死亡883人，同比分别下降41.1%和21.0%。发生较大生产安全事故10起，死亡37人，同比分别下降50.0%和63.0%；发生重大事故2起，死亡20人，2018年同期发生重大事故1起，死亡20人，全省安全生产形势总体稳定。

【安全生产科技】 2019年，联合清华大学合肥公共安全研究院开展全省应急产业发展课题研究工作。调研组分别到有关省直部门、地市、单位组织、高等院校、科研院所、重点企业、国家级应急产业示范基地开展调研。课题研究报告明确山东应急产业从监测预警、预防防护、处置救援、应急服务4个领域发展，重点建设应急产业示范基地、应急科技研发中心、综合监测预警中心、安全文化体验中心、应急产业联盟等工程。加大安责险普及推广力度，全省高危行业企业全面实施安责险制度。全省安责险参保企业达44005家，实现保费收入2.42亿元，保障额度8328.99亿元。构建“参保企业＋承保机构＋第三方服务机构”模式，深入4000余家企业进行现场指导。面向高等院校、企事业单位、市、县（区）两级应急管理部门征集科技创新项目10项，批复1项。在全省规划建设森林火灾、危化品事故等5个区域性应急救援中心，明确了各区域应急救援中心建设模式、管理体制，系统编制了各中心的具体建设方案。推进航空应急救援体系建设，与省通用航空协会、上海金汇通航等社会力量签署战略协议，与齐鲁华通公司合作，购买2架H135直升机提供应急救援服务，并正式进入战备执勤状态。山东是国内第一个购买航空救援服务的省份。省政府出台了加强森林消防专业队伍建设的意见，在森林防火重点市、县分别组建森林消防专业队伍，逐步建成“保证重点、辐射周边”的森林火灾应急救援体系。

【安全生产信息化】 自2017年以来，利用中央和省财政资金6870万元，先后实施了安全生产风险管控和隐患治理监管巡察信息平台［包括安全生产信息资源库、安全生产风险管控云、教育培训云、巡察中心、呼叫中心和举报投诉信息系统、安全生产“一张网”、安全监管移动执法系统和终端配备、高危行业（危险化学品）企业风险预警与防控系统试点工程、安全生产应急救援指挥系统等9个系统］。移动执法系统执法5万余次，下达执法文书2万余份，立案5000余起，促进了安全生产执法信息化水平。利用教育培训云组织3项岗位人员考试，考试人次达9.6万人次，发放证书4.9万个。专家库收录专家应急管理专家527名。风险管控云共划分安全生产风险点163万个、排查隐患88万个。安全生产信息资源库收录救援队伍104支、救援装备1万余件、救援物资400余组。在全国率先完成了危险化学品重大危险源风险监测预警系统示范工程建设，362家一级重大危险源企业、81家二级重大危险源企业全部接入系统。制定下发了《危险化学品安全生产风险预警管理机制（试行）》，建立了监测预警管理机制，实现了动态监测和自动预警。应急部在青岛市召开了全国现场推进会议推广山东省经验做法。省政府安委会制定印发《关于加强危险化学品道路运输安全管理信息化建设工作的通知》，在全省确定6个危险化学品道路运输重点市、27个重点县（市、区），加快推进全过程信息化监管体系建设，防范化解重大安全风险。

【安全生产专家库建设】 2019年，在调查研究的基础上，结合山东省应急工作实际，出台《山东省应急管理专家管理办法》《山东省应急管理专家遴选实施办法》和《山东省应急管理专家行业领域和专业范围分类表》等规范性文件，明确了专家管理的有关要求、详细说明了专家遴选的有关条件，将专家从业领域划分为自然灾害、安全生产、基础保障及其他4个领域、23个主要行业、82个重点行业及261个专业。对符合基本条件的1729名报名专家进行了复审，确定第一届山东省应急管理专家咨询委员会专家22名，第一届山东省应急管理专家委员会专家527名。调派42名专家为应对第9号台风“利奇马”和建国70周年安全生产专项整治行动督导检查工作提供有力支持。

（山东省应急管理厅　韩　磊　刘桂法　纪兆云）

气象科技

【推进气象科技创新顶层设计】 2019年，坚持把科技创新作为根本动力，优化人才科研环境。持续发挥山东省气象局人才工作领导小组、科技创新工作领导小组作用，按照《山东省气象局气象科技创新工作方案（2018—2020年）》《山东省气象局科技人才队伍建设规划（2018—2022年）》《山东省气象局科技人才管理办法（试行）》开展2019年度气象科技创新工作，加强部门人才队伍建设和气象科技创新发展。推进科研管理制度建设，印发《山东省气象局科技成果业务准入办法（试行）》《山东省气象局科技成果转化管理办法（试行）》，初步建立科研项目管理、经费管理、立项奖励、科技奖励、成果认定、业务准入、成果转化等全流程的科研管理制度，激发科技创新活力。

【加强科技支撑气象业务能力】 2019年，完善智能网格预报业务系统，全省实现单轨业务运行，预报质量稳步提高，网格预报产品投入应用。中尺度数值模式研发取得重大进展，建成新一代快速循环同化系统。基本建成山东客观预报技术体系，气温预报客观订正取代人工订正，降水客观预报技术取得突破，获得全国优秀奖。山东气象业务一体化平台在省、市、县三级投入业务应用，实现全省集约发展。地面观测自动化改革顺利推进，气象观测质量管理体系完成建设。新一代双偏振天气雷达建设扎实推进，济南、青岛、烟台、泰山雷达实现双偏振功能并投入业务运行，济宁雷达完成基础设施建设，聊城雷达进展顺利。淄博数字化雷达完成设备吊装。聊城、平阴风廓线雷达纳入中国气象局业务网运行。济南象山综合观测基地初具规模。长岛国家气候观象台和青岛国家综合观测专项试验外场正式公布。新建和升级33个作物长势、20个农业小气候、25个海岛和6个平台自动气象站。完成雨量传感器异地检定实验室建设。首次将机械臂控制引入气象检定工作。市级移动校准维修系统投入业务化试运行。气象装备保障一体化平台试点运行。省级基础资源池能力进一步提升。搭建了开放互联的省级气象大数据云平台。在全国率先推进数字化气象档案馆建设。

【提升科技支撑气象服务水平】 2019年，聚焦乡村振兴、脱贫攻坚战略，提升现代农业气象服务水平。“三中心、两基地、两平台”在全省为农服务中的业务指导、服务支撑和示范引导作用不断显现。设施农业气象服务中心完成9省（市）共享数据综合应用、智能业务支撑和服务平台建设，并与农业农村部门联合开展了针对性的服务。德州粮食安全智慧气象服务系统投入应用，沾化冬枣生态种植基地完成建设。打造农业气象服务“县域特色”品牌，创建了全省首批13个生态农业特色服务示范点。推进了23个“三农”专项实施县建设。落实重大政治任务，全省选派26名“第一书记”驻村脱贫。聚焦海洋强国，提升海洋气象服务水平。完善“一基地、两中心、一电台”海洋气象发展格局，加快构建“1+7”海洋服务模式，海上生产安全和海洋经济新兴产业的服务能力得到有效增强。优化了海洋智能网格预报业务，完善了海洋预报业务平台。聚焦生态文明建设战略，提升生态环境气象服务水平。编制了生态气象公报、环境气象评估报告。建立了省级生态遥感业务体系，研发了山东卫星遥感业务综合应用平台。加强重污染天气形成机理研究，与省生态环境厅共同做好重污染天气预报预警。加强气象卫星林火监测业务建设，与省应急厅联动开展森林火点监测。重点针对$PM_{2.5}$浓度开展气象条件和减排治污效益评估，为全省打好污染防治攻坚战提供气象支撑。积极谋划黄河下游生态保护和高质量发展气象保障服务工作。

【科技计划】 2019年，加强科技规划，争取国家、地方和行业科技资源的支持，申报省科技厅、中国气象局等科技计划。年内获批省科技厅自然科学基金项目1项、中国气象局预报员专项6项、环渤海区域基金项目1项。“鲁南地区伏后异常降水延伸期海洋可预报信号研究”项目获省自然科学基金项目立项；“‘摩羯’和‘温比亚’造成山东暴雨的对比分析”“一种臭氧污染客观预报方法的实现”“FY-4A资料在鲁中暴雨短时预报中的应用研究”“台风‘摩羯’与‘温比亚’路径异常变化分析”“预报员业务竞赛培训系统”“拉尼娜年山东汛期降水异常前兆信号综合分析”6项研究获得中国气象局预报员专项支持；“环渤海区域夏季极端降水特征及对应大气环流和海温型态研究”获环渤海区域基金项目立项。山东省气象局2019年立项科研课题67项（包括重点课题9项、面上课题23项、预报员专项15项、青年科研基金项目20项），项目总经费131万元。

【知识产权】 山东省气象局全年发布《天气预报检验 风预报》《地面气象资料服务产品技术规范》2项国家标准，《设施农业气象观测数据质量控制与评估》《气象服务信息开放数据目录编制指南》《港口作业气象服务》3项地方标准，《日晒盐生产的塑苫气象服务规范》《移动气象台建设规范》2项行业标准。“一种基于多雨量传感器观测降水的方法”获得发明专利，“一种地温分线通信箱”“一种新型便携式大气监测装置”“用于气象观测站拾取风信息传感器的保护装置”“一种气象信息采集装置”4项技术获得实用新型专利。登记软件著作权37件。全省气象部门发表学术论文318篇，核心期刊论文74篇，SCI（E）收录1篇，EI收录1篇；出版科技著作1部。

【科技成果及选介】 2019年，完成2项省重点研发项目、1项中国气象局关键技术集成与应用项目、1项华东区域基金项目及其他30余项省局科研课题研究任务，多项实现业务化应用；5项科技成果通过省气象局业务准入评审。规范科研成果管理，及时组织成果公示和成果登记，向中国气象局报送成果登记30余项；对“山东省气象GIS数据集”等5项成果进行了省气象局评审认定，推荐 2 项科技成果参加中国气象局 2019 年度气象科技成果认定。山东省气象服务中心（作为第二完成单位）参与完成的“电网致灾预警及应急处置关键技术与应用”成果获得山东省科学技术进步奖一等奖。山东省气象局科学技术委员会组织年度省气象局科技工作奖励评审，评选出山东省气象局科技工作奖青年科技奖 2 人，研究开发与应用奖 10 项，2017 年度青年基金一等奖 1 项、二等奖 2 项和三等奖 3 项。对 2019 年度省内气象部门优秀论文 78 篇进行奖励。对立项的 1 项省部级以上科研项目的主持人进行奖励。

区域性空气重污染气象条件预警关键技术研究（山东省重点研发计划项目） 该项目使用 2012—2018 年的山东大气环境监测资料、气象观测资料，以及 ECMWF 再分析资料等，统计分析了山东区域性重污染天气时空分布特征，依据主要气象因子对山东冬季重污染天气型进行了客观分类。使用天气学分析和 WRF-Chem 数值模拟技术，开展了重污染积聚和消散的物理机制研究；采用 GBDT 算法，得出了区域性重污染过程污染物积聚和消散的物理量阈值模型；采用 LSTM 模型，建立了城市 AQI 预报技术，并基于天气分型和 CFS 数值预报产品研制了山东冬季 AQI 短期气候预测方法。研发了“区域性空气重污染气象条件预警平台”，实现了污染实况显示、预报分析、检验评估、重污染个例查询、气象条件预报等功能。成果已经在预报业务和决策气象服务中应用。

基于集合预报融合释用的山东省气象要素和灾害天气精细化格点预报系统（山东省重点研发计划项目） 该项目围绕智能网格预报业务开展气象要素和灾害性天气精细化格点预报技术研发，采用数值预报订正释用、集合预报融合、机器学习、最优集成、目标对象识别选优等技术，建立了气温、相对湿度、降水、降水相态、风等客观预报方法，研发了融入观测信息的 1 千米高分辨率网格产品降尺度技术。构建了基于集合预报融合释用的山东省气象要素和灾害性天气精细化格点预报系统，主要包含气温、相对湿度、降水、大风等多个子系统，并建立了相应的检验系统，提升了气象要素与灾害性天气的客观预报技术水平。该项目成果在天气预报业务中得到应用，为智能网格预报业务、暴雨洪涝风险评估业务、精细化预报服务保障等提供了技术支撑。

强对流天气的中尺度分析和落区预报技术集成（中国气象局预报预测核心业务发展专项） 该项目应用 2009—2016 年山东省 123 个大监站的风观测资料和雷电、卫星及雷达监测产品等，选取 4—11 月的雷暴大风日，建立了雷暴大风资料库，分析研究了雷暴大风的时空分布特征。分析研究了 4—11 月产生雷暴大风的地面 -500 百帕各层天气系统特征，进行了归类分型，研究了上下层系统的配置特征；统计分析了山东内陆和半岛地区 22 个物理量参数的阈值，建立了各月内陆和半岛地区产生雷暴大风的物理量参数预报指标。采用多指标叠套方法，应用 ECMWF 模式和 WRF 4 千米中尺度模式产品，分别建立了雷暴大风的潜势概率预报系统，对预报产品的效果进行了检验，产品提供预报员参考。

山东气象业务一体化平台研究与开发（山东省气象局重点科研项目） 该项目面向省、市、县三级天气业务需求，研发了“山东气象业务一体化平台”。该平台主要采用 B/S 架构，利用 Web、缓存数据库、GIS 等计算机技术开发，主要包括天气实况、短临预报、山洪预警、网格预报、产品制作发布、预报共享、预报检验和业务管理共八大功能模块。提供了天气实况快速查询、灾害性天气自动识别报警、上下级业务交互、预警信号制作与发布、服务产品智能生成与发布、产品共享等较为全面的功能。平台研发了服务产品智能生成技术，开发了多个标准的气象数据接口，形成了一套可供省内共享的精细到乡镇边界的 GIS 数据集。同时，集成了多个最新科研成果，应用了开源 GIS 平台，Redis 内存数据库等最新技术，满足了气象业务集约化、智能化发展需求。平台已经在山东省、市、县气象部门推广应用，提升了全省灾害性天气监测、预报、预警、联防和服务能力。课题成果已在汛期决策气象服务及应急气象服务中发挥了重要作用，显著提升了气象服务保障能力。

济南暴雨（雪）概念模型研究与应用平台开发（山东省气象局重点科研项目） 该项目收集整理济南国家气象观测站逐日降水量、最低气温、最高气温及自动站逐小时降水量，分析暴雨、短时强降水、暴雪等灾害性天气的天气气候特征，建立了历史个例库和天气概念模型，凝练了物理量阈值指标。研发了济南灾害性天气概念模型查询分析系统，实现了历史相似个例的自动分析和相关查询。研究成果在天气预报业务中得到了应用，提高了济南暴雨（雪）天气的预报能力。

葵花八号卫星数据在小麦苗情分类监测中的应用（山东省气象局青年科研项目） 该项目针对 Himawari-8 遥感数据特性，结合云具有高反斜率和低温度的特点，提出采用比值指数法进行云自动判识技术，通过调整阈值，提高了 Himawari-8 自动云判识精度。针对遥感空间尺度分辨率低、混合像元植被信息提取难，研究了红光（Red）～近红外（Nir）通道反射率空间分布特征，研制了混合像元植被覆盖度指数模型，提高了小麦植被指数及关键发育期监测精度。开展了 Himawari-8 与极轨卫星数据小麦苗情监测对比分析，初步探讨了苗情分类技术方法，相关技术在实时业务中应用，为小麦苗情监测业务提供技术支撑。

【科技交流】 2019 年，加强科技交流，注重协同创新，搭建科技交流平台。联合广东省气象学会举办了海洋气象技术交流会，邀请丁一汇院士等高层专家做学术报告。山东省气象科学研究所创办的期刊《海洋气象学报》学术影响力不断扩大。与浪潮集团、济南大学等企业、高校、科研院所开展了合作。参加华东区域、环渤海区域、大北方区域数值模式体系等气象科技协同创新工作，各区域联盟通过学术交流、工作协调、区域科技咨询委研讨、区域协同发展调研、系统开展模式研发、区域培训研讨班等多种途径，深入开展合作交流。

【科技人才队伍建设】 2019 年，新增省级首席预报员 3 人、高级工程师 20 人，首次评选省级首席气象服务专家 2 人，选拔第 2 批骨干人才 14 名、青年人才 28 名，气象人才队伍结构更加优化。加强创新团队建设，在智能网格预报、现代农业服务研发中发挥了主力军作用。举办第 10 届全省气象行业职业技能竞赛，涌现出一批优秀人才。参加第 14 届全国竞赛，获得团体第 1 名、个人全能第 1 名的成绩。

【气象服务】 2019 年，面对有气象记录以来持续时间最长、降雨强度最大的台风“利奇马”，省气象台提前 81 小时开始预报服务，与 10 个市、75 个县气象台共发布、升级预警信号 504 次。全省各级气象部门围绕政府科学指挥防灾减灾救灾，围绕人民群众及时防灾避险，第一时间做好决策服务、公众服务。准确预报、提前预警、高效服务为全省夺取防台抢险重大胜利发挥了第一道防线作用。省气象台等 3 个单位和 11 人受到省委、省政府表彰。充分运用气象现代化建设成果，精准对接，提前演练，专班驻场，在一线研判，为海军节青岛阅兵和我国首次海上卫星发射两项重大活动提供了可靠的服务。省气象局与省应急厅建立了联动工作机制，为省水利厅接入了决策服务平台，在省应急广播电台开通了预警信号“绿色发布”通道。全省各级气象部门全年启动应急响应 732 次、提供决策材料 3.7 万份、发送预警短信 5596.3 万条。开通了今日头条、抖音服务平台，新媒体服务覆盖面进一步扩大。与交通、公安等部门及电力、铁塔等公司签署合作协议，专业气象服务供给能力进一步增强。组织飞机增雨 36 架次、地面作业 2889 轮次。

（山东省气象局　杨璐瑛）

防震减灾科技

【概述】 2019 年，山东省地震局强化科技创新引领，编制印发全局科技发展战略规划，积极参与中国地震局重点领域科研攻关。加强科研项目预研究储备和各级各类科研项目管理。修订了《山东省地震局科学技术委员会章程》，完成省地震局科技委员会换届，召开科技委年度工作会议。广泛开展了学术交流和走基层活动。加强科技创新团队建设。推进“山东郯城巨震区低速率挤压逆冲构造野外科学观测研究站”建设。完善科技成果评价机制，推动科技成果转化和推广应用。推进地震灾害工程防御重点实验室建设。积极参与“一带一路”地震减灾合作。加强地震科技人才队伍建设和科技交流与合作，不断提升地震科技支撑能力。

【科研项目及管理】 2019 年，省地震局获得国家自然科学基金立项 1 项，获得经费 64 万元；获得省部级科研项目立项 10 项，其中中国地震局地震科技星火计划项目 2 项，地震监测、预报、科研三结合课题 8 项，经费总额 40.66 万元。在研省部级项目 21 项，经费总额 187 万元。资助一般科研项目 15 项，经费总额 8.5 万元。全年完成 46 项各级各类科研项目的验收。向省科技厅推荐了省自然科学基金项目 3 项。制定了《山东省地震局重点科研项目和一般科研项目管理办法》。

【科技交流与人才队伍建设】 2019 年，省地震局积极开展对外科技交流与合作。1 人赴老挝实施地震监测台网援建项目。与中国地震局地震预测研究所签署了《科技交流与合作框架协议》，联合开展了“地槽式短基线应变仪”科技成果的转化。与齐鲁工业大学（山东省科学院）激光研究所开展合作，联合申报的山东省重大科技创新工程项目“地下空间光纤智慧感知物联网建设与应用示范”获省科技厅立项，联合申报的“山东郯城巨震区低速率挤压逆冲构造野外科学观测研究站”获中国地震局批准。与甘肃省地震局（中国地震局兰州地震研究所）开展合作，共同对人工主动源建设与运行等开展调研，并将相关技术思路写入“十四五”规划。与中国地震局地球物理研究所签订“2019 年度中韩合作地震台站运行与维护”合作协议。举办学术报告会 9 场。修订了《山东省地震局科技创新团队管理办法》，对科技创新团队进一步整合，重新组建了“地震灾害风险评估技术及应用”和“信息化建设与智能服务”2 支科技创新团队。注重高层次人才的引进和培养，截至 2019 年底，山东省有突出贡献的中青年专家 6 人、中国地震局新世纪百人计划人选 3 人，8 人入选山东省高级人才专家库，5 人入选地震科技青年骨干人才培养项目，13 位专家获准享受国务院特殊津贴。在职研究员 10 人，博士 19 人，其中 35 岁以下博士 3 人、在读博士 5 人。

【科技成果及奖励】 2019 年，28 篇学术论文在核心期刊以上学术期刊上发表，其中 4 篇被 SCI 收录、7 篇被 EI 收录。获得发明专利 1 件、实用新型专利 4 件、软件著作权 1 件。编印了《齐鲁地震科学专辑》(第六辑·2019)。评选出山东省地震局防震减灾优秀成果 4 项，其中二等奖 1 项，三等奖 3 项。制定了《山东省地震局科技成果转化实施细则（暂行）》。下达科技成果推广转化项目 2 项。

【成果选介】

沂沭断裂带及其附近地区三维构造形变特征分析研究 该项目利用高精度、高密度的 GPS 观测资料结合水准、重力等资料获取沂沭断裂带及其附近地区的三维构造活动特征，通过对不同断层区段的构造形变态势、应变积累水平及断层蠕滑速率等参数的分析，为地震危险区域的判定提供定量依据，为地震的动力学预测提供支持。在收集研究区内 112 个连续 GPS 观测站、88 个非连续 GPS 观测站、20 条跨断层水准测线、154 个流动重力观测点数据及地震目录、地质构造、断层模型数据基础上，通过 GPS 数据筛选、高精度数据解算、序列分析及非构造形变干扰剔除等过程，获得了研究区高精度、高时空分辨率的地壳形变场；利用 GPS 垂直向及水准资料研究了该区域垂直形变特征及其与苍山地震、日本地震及地形构造的关系，在此基础上建立了三维速度场；以日本地震为时间节点，研究了地震前后区域应变积累水平、沂沭断裂带分段形变特征等参数，为区域地震危险性判定提供定量依据；通过块体模型建立了区域构造运动演化过程与地震活动特征之间的相关关系，探讨了区域地震活动形势的动力学机制，结合重力观测结果为区域动力学预测提供帮助。

活动断层“避让带”宽度的统计分析与数值模拟研究 该项目采用野外震害实地测量和调查、室内数据统计分析及数值模拟计算相结合的方法，讨论建筑物震害原因与防震措施分析；分析同震地表破裂带宽度与建筑物破坏特征之间的定量关系；用同震地表破裂带宽度统计法，综合 92 处测点汶川地震地表破裂带宽度与其他 16 处逆断层型历史地震地表破裂带宽度数据，计算得出活动逆冲断层“避让带”的有效宽度约为 45 米；综合实测断层上、下盘变形带宽度的 2∶1 ～ 3∶1 比值关系及相关文献数据，初步给出活动断层上盘的避让宽度取值约为 30 ～ 45 米，下盘的避让宽度范围约为 15 米；进一步采用数值模拟方法，分别研究覆土层厚度、断层倾角、断层错动位移量等多因素对上覆土层地表破裂的影响规律。综合数据统计与数值模拟结果，给出不同类型的活动断层的避让原则与避让宽度。该项目研究结果可为全国建筑物选址时避让活动断层灾害提供定量分析与科学依据，有效地减轻地震灾害。该成果首次采用实地建筑物破坏分析、卫星影像解译与野外 GPS 测量相结合的方法，定量分析同震地表破裂带宽度与建筑物破坏特征的关系，获得建筑物破坏情况与其距断层距离的关系，以及断层上、下盘变形带宽度数据及其比值关系，为活动断层“避让”宽度确定提供了定量判别标准。通过建筑物破坏分析、卫星影像解译与地表地形剖线结果，获得的断层上、下盘变形带宽度数据及其比值关系，是学术研究方法上的新突破。

联合利用高频 GPS、强震动及测震台网数据快速测定震级方法研究 该项目利用 2008—2014 年国内 M ≥ 4.0 测震及强震动台网 P 波初始记录，首次建立适用于中国大陆地区的计算预警震级的经验统计关系。基于山东 GNSS 台网，实现 1 赫兹高频 GPS 数据的同步接收与实时解算，完成 GPS 震级计算程序的编制，将高频 GPS 作为一种有效观测手段用于大地震的预警震级确定。研究联合利用高频 GPS、强震动及测震台网数据快速测定预警震级的综合计算方法，实现地震预警过程中震级的动态、持续测定，解决仅利用 P 波初始记录测定震级时出现震级的饱和问题，以及对于中小地震容易出现误报的问题，最大程度的提高地震预警过程中震级确定的准确性，有效地降低地震预警系统误报率及漏报率，提供一套完整地震预警震级计算解决方案。

【科技服务】

增强地震监测预测预警能力 2019 年，速报天然地震 619 次，其中 2.0 级以下地震 583 次，2.0 ～ 2.9 级地震 31 次，3.0 级及以上地震 5 次；记录非天然地震 501 次，其中塌陷事件 57 次，爆破事件 444 次。完成全国两会、省两会、海军 70 周年活动、“一带一路”高峰论坛、高考、国庆 70 周年、十九届四中全会等重大活动地震安全服务保障工作任务。印发《山东省地震局监测预报业务体制改革实施方案》，组建地震监测预警中心，重构监测预报业务中心布局。印发《山东省地震局信息化建设实施方案》，组建信息服务中心，推进地震信息化建设。印发《山东省地震监测台网观测效能评估办法》，制定各类观测项目的观测效能评估标准。拓展服务范围，加强对塌陷、爆炸等地面强震动事件的监测和信息报送管理工作，不断健全矿震信息共享机制。印发《山东省防范煤矿矿震次生灾害确保安全生产的意见》《关于加强煤矿开采区地震监测能力建设的通知》，推动《山东省煤矿冲击地压防治办法》出台。推进震后地震会商自动化技术系统的研发应用，完善震例库、预测指标库和典型异常数据库，提高震情会商时效。推进地震烈度速报与预警工程项目实施，完成全部 79 个新建站点土建施工任务和 1230 个一般站的点位确定工作。

提高地震灾害防治能力 2019 年，加强地震活断层探测规范化管理，确保活断层探测项目稳步推进。完成菏泽市高新区小宋—解元集断裂、济南新旧动能转换先行区断层探测和活动性鉴定项目验收。济南新旧动能转换先行区断层探测和活动性鉴定通过建设单位的技术审查。推进滨州市活断层探测、安丘—莒县断裂（潍坊段）活动断层探测项目实施。制定了《山东省地震系统权责清单》，明确了省、市、县三级地震工作主管部门行政许可、行政处罚、行政奖励、行政检查、公共服务等权力事项。发布《区域性地震安全性评价技术规范》，规范和推广区域性地震安评工作。省地震局、省教育厅、省科技厅、省科协联合召开了全省防震减灾科普大会。省地震局联合省教育厅、省科协对全省 923 所省级地震示范学校进行复查，重新认定省级地震科普示范学校 886 所。加强建设抗震设防要求监管工作，举办了全省抗震设防要求管理培训班。对第五代地震动参数区划图执行情况进行检查，全省 458 项建设工程抗震设防要求均达到区划图要求。

强化地震应急准备和响应能力 2019 年，妥善处置邹城 2.2 级、2.0 级塌陷和泰安岱岳区 2.9 级、菏泽牡丹区 2.9 级等有震感地震 20 余次。完成省地震应急预案（修订）初稿，修订印发了重点地区地震行业应急预案、应急准备工作方案和重点时段专项预案。完成了重点地区地震灾害风险调查和预评估年度工作，形成应急处置建议。对潍坊市、青岛市开展了地震应急工作检查。在东营市举行了全省地震应急救援综合演练，23 支救援队伍、2200 余人参加演练。全省中小学和高校共举办地震应急疏散演练 2.71 万次、近 150 万人次参加。省内大中型企业也广泛开展了应急疏散演练，取得良好成效。青岛市和潍坊市新建成 2 处 I 类地震应急避难场所。省应急救援训练基地全年完成 14 期、523 名专业救援队员和社会救援力量的培训任务。

（山东省地震局　赵　冰）

责任编校：杜启明

高新技术产业开发区
科 技 发 展

GAOXINJISHU CHANYE KAIFAQU KEJI FAZHAN

济南高新技术产业开发区

【概述】 济南高新技术产业开发区管理委员会（以下简称济南高新区）是1991年3月经国务院批准设立的首批国家级高新区，总面积318平方千米，辖5个街道办事处、192个村居（社区），常住人口超过40万人。2016年4月，经国务院批准，列入山东半岛国家自主创新示范区。主要产业为电子信息、生物医药、高端装备制造和现代服务业四大主导产业，有量子通信、大数据、新材料等领先技术和产品；已投入资金超16亿元，打造国家综合性新药研发大平台、山东省机器人与智能装备公共技术服务平台、量子通信研发平台、集成电路设计平台等34个高效能研发平台；强化引领前沿的技术源头供给能力，建设了以山东产业技术研究院为引领，引进建设了山东中科院协同创新中心、山东中科院深圳先进技术研究院、北京理工大学前沿技术研究院，并发挥特色产业优势，建设了山东工业技术研究院、大生命科学工程研究院等一大批具有影响力的新型研发机构；有中国（山东）自由贸易试验区济南片区、国家信息通信国际创新园（CIIIC）、“侨梦苑”、中德（济南）企业合作区、全国软件出口创新基地等多个国家级金字招牌，全区市场主体已达7.9万户。2019年，火炬统计入统企业1368家，同比增长26.55%；工业总产值4023.85亿元，同比增长13.49%；营业收入5850.84亿元，同比增长14.14%；净利润356.9亿元，同比增长14.82%；实际上缴税费总额312.21亿元，同比增长10.6%。

【科技计划项目与经费】 2019年，争取科技各级财政资金约7.5亿元，其中，新争取山东半岛国家自创区发展建设项目、山东省重大创新工程项目63项，占全省比重超过1/10，引导企业研发经费投入超过10亿元，居全市首位。2019年，列入省级科技计划项目123个，拨付研发经费金额20736万元。其中，2019年，科技创新发展转移支付资金（山东半岛国家自主创新示范区建设发展资金）项目由华熙生物科技股份有限公司等22家单位获得，共获扶持资金3270万元；山东省科技创新发展资金（自然科学基金联合基金结转及第一批）项目由济南国科医工科技发展有限公司获得，获扶持资金47万元；山东省科技创新发展资金（科技基地工程技术研究中心、重点研发计划医用食品和科技特派员、中央引导地方科技发展资金）项目由山大地纬软件股份有限公司等10家单位获得，共获扶持资金1000万元；山东省科技创新发展资金（重点研发计划）战略性新兴产业创新类项目由齐鲁制药有限公司等2家单位获得，共获扶持资金600万元；省级人才建设资金及市级配套资金项目由山东众阳健康科技集团有限公司等5家单位获得，共获扶持资金500万元；省级科技创新发展资金（重点研发重大科技创新工程和结转）项目由浪潮电子信息产业股份有限公司等52家单位获得，共获扶持资金13604万元；省级科技创新发展资金项目由5家单位获得，共获扶持资金1030万元；省级科技创新发展资金[技术创新引导计划(中小型企业创新竞技行动)]项目由山东普罗维登斯教育科技有限公司等24家单位获得，共获扶持资金505万元；省级科技创新发展资金（自然科学基金重大基础研究）项目由泰华智慧产业集团股份有限公司获得，获扶持资金180万元；2019年，列入市级科技计划项目61个，拨付研发经费金额44290.58万元。济南市科技发展计划（山东中科先进技术研究院）项目获扶持资金10000万元；济南市科技发展计划（山东中科院产业技术协同创新中心）项目获扶持资金7000万元；济南市科技发展计划（量子探测雷达、面向量子通信的片上光学子系统集成芯片）项目获扶持资金6000万元；济南市科技发展计划（植物基因编辑技术产业化）项目获扶持资金13300万元；济南市科技发展计划（量子信息科学中心研究中心）项目获扶持资金4411万元；2018年，市级人才发展专项（泉城5150引才倍增计划创业类扶持资金）由山东蓓明医疗科技有限公司等10家单位获得，共获扶持资金640万元；2018年，市级人才发展专项（泉城产业领军人才创新团队支持计划扶持资金）由中国重型汽车集团有限公司等11家单位获得，共获扶持资金560万元；2018年，市级人才发展专项（泉城产业领军人才创业类支持计划扶持资金）由山东厚德测控技术股份有限公司等4家单位获得，共获扶持资金200万元；通过验收的2016年度市级科技计划小巨人、金种子项目，共获扶持资金150万元；2019年，泉城高端外专计划项目由济南磐升生物技术有限公司等7家单位获得，共获扶持资金355.75万元；济南市科技发展计划（海外孵化器、海外研发机构）由济南墨泽生物科技有限公司等13家单位获得，共获批扶持资金930万元；济南市科技发展计划（泉城众创空间支持计划）由博科控股集团有限公司等9家单位获得，共获批扶持资金

743.83 万元。

【科技成果与奖励】 2019年，获得国家级科学技术奖1个，中国重型汽车集团有限公司承担的“商用车机械自动变速式混合动力系统总成关键技术及其产业化应用”获国家科技进步奖二等奖；获得省级科学技术奖16个，其中，浪潮电子信息产业股份有限公司承担的“面向人工智能加速的智能异构计算系统关键技术及应用”获山东省科学技术进步奖一等奖，山大地纬软件股份有限公司等5家单位所承担项目获山东省科学技术进步奖二等奖，积成电子股份有限公司等9家单位所承担项目获山东省科学技术进步奖三等奖，山东华云机电科技有限公司承担的“难加工关键构件超声抗疲劳制造技术及应用”项目获山东省技术发明奖三等奖。

【知识产权管理】 2019年，推进原山东省知识产权局与高新区共建的知识产权“一站式”综合服务平台；中国（山东）知识产权保护中心落地济南高新区；与山东千慧知识产权代理咨询有限公司合作，共建知识产权咨询服务平台项目；新增2家区级知识产权指导站；获得市级知识产权专项资助奖励资金1200余万元；专利质押融资质押额3.4亿元以上，占全市50%；全年新增国家级知识产权示范企业1家、优势企业11家，贯标企业566家；新增驰名商标2件；华熙生物科技股份有限公司的“酶切法制备寡聚透明质酸盐的方法及所得——寡聚透明质酸盐和其应用”和国网智能科技股份有限公司“变电站带电水冲洗机器人系统及方法”入围第21届中国专利金奖预获奖公示名单，有望实现高新区中国专利金奖“零”的突破；浪潮电子信息产业股份有限公司的“大规模数据中心与信息技术专利导航项目”入选2019年度山东省专利导航试点项目。根据部署，开展了铁拳行动、春笋行动、地理标志保护等知识产权专项行动，区内知识产权保护力度进一步加大。

【科技合作与交流】

创新源头能力增强，创新载体不断完善 山东产研院、山东大生命科学工程研究院揭牌，全市12家中科院相关研究所8家落户济南高新区，其中，济南国科医工科技发展有限公司已正式运营，中科院协同创新中心、深圳先进技术研究院已在区内完成注册，并通过山东中科院协同创新中心搭建起与中科院的系统化合作体系。山东工研院授牌22家协同创新中心，并在打造10万平方米综合性智慧谷。大科学计划和大科学工程实现破题，符合“十四五”国家重大科技基础设施重点规划方向的超高速电磁驱动试验及测试设施项目已经落地，建成后将是山东省首个国家大科学装置。

对外开放不断深化，科技交流成果丰硕 2019年，承办中德大会、第18期国家高新区“创新双月谈”、人力资本产业高端论坛等活动，其中，中德中小企业合作交流大会在济开幕，26个项目集中签约，协议投资总额共计158亿元，与“欧洲硅谷”法国索菲亚科技园签约。中欧装备制造小镇入选全国首批15家典型经验特色小镇，是全省唯一一家，并作为国家新型城镇化试点经验予以推广。海外孵化器总数达到4家，海外研发机构总数达到14家，居全市首位。

【科技改革与管理】

鼓励区内企业创新创业，推动新旧动能转换 根据《济南高新区加快创新创业发展 助力新旧动能转换若干政策（试行）》及实施细则的有关规定，2019年7月，济南高新区发布系列奖励政策兑现通知，重点围绕在加强创新创业载体建设、实施创新创业主体培育、帮助企业扩大规模、引导企业注重研发、支持企业信息化建设、推进创新成果转化、营造创新创业氛围等方面，预计支出约1亿元，兑现创新创业政策资金。

实施高新技术企业梯次培育攻坚行动，加强企业创新主体地位 为助力济南高新区中小企业升级高新技术企业，强化企业的创新主体地位，确保完成《山东省创新型省份建设实施方案》中“到2020年济南高新区高新技术企业总数超过1000家”目标任务。2019年，济南高新区创新工作思路，扎实工作做法，重点围绕电子信息、生物与新医药、先进制造与自动化等高新技术产业，探索、建立高新技术企业培育库，开展高新技术企业调研、培育、遴选、申报和政策扶持等工作。

人才引领发展，产才不断融合 2019年，济南人力资本产业研究院围绕全力打造具有全球竞争力的人力资本产业高地战略目标，发挥新旧动能转换综合试验区、中国（山东）自由贸易试验区、黄河流域生态保护和高质量发展战略三大国家战略交汇叠加优势，在人力资本服务业领域开展了一系列探索实践，获得了许多宝贵的经验与不俗的成绩，2019年8月26日，“人才团队有身价、知识产权可作价、成果转化能估价”列入中国（山东）自由贸易试验区规划方案，为山东的新旧动能转换贡献“济南方案”“高新智慧”。研究院在传统人才评价体系的基础上，创新建立了才、彩、采、财“四CAI”人才评价新模型。基于人才评价的“四CAI”模型，通过区块链技术的大数据采信和大数据算法，将人才的综合信用以身价的形式呈现，实现了人才、团队有身价。

【战略性高新技术产业发展】

电子信息产业 产业集群中的信息技术服务产业集群入选国家发改委第1批66个战略性新兴产业集

群，获批创建全国人工智能创新应用先导区。从龙头企业看，浪潮集团发展迅猛，服务器市场占有率居全国第一、全球前三，是全球可自主研发超大规模处理器高速互联缓存一致性协同芯片的3家公司之一；浪潮云工业互联网平台入选国家重点支持的10个工业互联网平台序列。从产业生态看，引进富能功率半导体、泉芯12英寸逻辑集成电路项目，填补芯片制造环节空白，初步构建起“材料—设计—制造—封测”的集成电路全产业链生态。

生物医药产业 全区生物医药企业突破3000家，销售收入突破1000亿元，增长20%，连续3年进入全国生物医药产业园区综合排名前5强。从创新能力看，建有国家级平台实验室14个，国家重大新药创制平台、国家级创新药物孵化基地两个国字号创新创业平台，建成美国、德国等11个海外基地。从龙头企业看，齐鲁制药、华熙生物、恒瑞医药OTC药物研发生产中心、植物基因编辑研究院等世界一流项目带动作用明显，形成了细胞与基因集群、抗衰医美集群、抗肿瘤集群等8大产业集群，并细分为干细胞治疗、基因检测、单克隆抗体等13个产业领域。

高端装备智造产业 产业分类细分为交通装备、信息通讯、智能制造、新能源新材料、激光等产业。从龙头企业看，形成了以重汽、临工、轻骑、积成等为代表的行业龙头企业，以易恒、鲁能智能等为代表的“行业隐形冠军”“细分市场前三强”企业，以费斯托、SKF、瀚瑞森、马勒贝洱、威伯克、曼胡默尔为代表的国际先进制造企业，以及一批理念前瞻、产品先进、增长性强的高质量的中小创新型企业。

现代服务业 产业发展有12个国家及省级服务业项目通过验收，新增4家省级服务业创新中心。电商互联网企业首次突破1000家，网络零售额突破300亿元。全区上市挂牌企业总数达119家，华熙生物成为济南市首家科创板企业。从消费方面看，奥特莱斯项目开业，中垠广场加快建设，万达、银座、丁豪、美莲等项目形成集聚态势，夜间经济亮点频现，打造全市高标准消费地标。

【山东半岛国家自主创新示范区】 2019年3月公布的2019年度山东半岛（济南）国家自主创新示范区发展项目立项名单中，济南高新区推荐上报的11家建设项目和11名人才项目全部获得立项，共获批省级财政资金3270万元，连续3年项目和资金获批量均居全省首位，2016—2019年，获批总资金已达到1.14亿元。济南高新区先进技术与智力资源集聚度在全省进一步凸显，源头创新整体实力进一步加强。2019年10月，济南高新区以专业化“名片”园区建设与重大科技创新平台建设为导向，全面开展2020年度山东半岛（济南）国家自主创新示范区发展建设资金推荐项目征集工作，济南高新区聚焦优势产业与新经济业态，最终“以区块链为核心技术的人力资本金融创新平台”和“集成电路EDA研发应用平台”2个项目获得省科技厅批复，占全省批复数额的1/4。

【山东省创新创业共同体建设】 2019年9月，公布的第一批省级创新创业共同体名单中，济南高新区智能装备产业发展中心为主体实施的“激光装备创新创业共同体”入选全省首批省级创新创业共同体，激光共同体将坚持“协同创新、开放共享、融合融通”的产业创新创业生态构建理念，着力探索和推广多元主体协同创新、创新资源开放共享、大中小企业融通发展的新模式、新机制，通过建设重大激光产业创新平台、组织激光关键技术联合攻关、建立科技成果转移转化平台、构建跨区域协同创新网络、培育发展共享制造平台等措施手段，推动激光装备产业高端高质量发展。为促进“政产学研金服用”创新要素有效集聚和优化配置，济南高新区聚焦生物医药主导产业，由博科控股集团有限公司着力打造“山东省生物诊断分析产业创新创业共同体”，共同体以科技创新服务和产业技术应用为核心，围绕生物安全防护、生物传感、精准诊疗、人工智能、细胞应用等领域整合产业链条资源，推动核心技术攻关，深化产学研合作，建设一批创新服务平台，打造高水平创新创业服务基地。同时，共同体将借助博科集团海外优势进行全球化布局，汇聚全球产业资源，构建国际孵化联合体。此外，产业基金的加入将为共同体高效发展赋能，助推“服务+产业”联合运转，将有效推动生物诊断分析产业集群集聚发展，形成高端人才集聚高地、成果转移转化高地、创新创业孵化高地，打造生物诊断分析千亿产业大集群。

【技术创新服务平台建设】

集成电路EDA研发应用平台建设 该项目平台以对集成电路的公共服务为主，EDA平台建设实现从设计、制造、封测、装备到材料、系统、整机都齐备的完整产业链；实现与现有集成电路平台的增速和扩容，重点扶持EDA软件研发和设计应用企业，促进济南市集成电路产业更好更快发展，提高集成电路设计人员工具使用能力和水平，实现新旧动能转换。集成电路EDA平台还可提供芯片架构评估、设计服务、量产服务、流片测试，以及系统解决方案等不同层次需求的专业化服务，高效率、低风险、低成本地为客户赋予自主知识产权芯片的研发、应用和创新能力，推动我国电子信息产业国产化率的提升和传统产业的转型升级。同时，平台的投入运行，将极大地降低了集成电路设计企业的研发投入，缩短研发生命周期，提高研发的精度和效率，对吸引集成电路优秀人才和集成电路创新创业企业，带动山东省集成电路产业发展，同时也能提供更多就业机会。

以区块链为核心技术的人力资本金融创新平台 该项目的建设，为山东省引进人才，金融支持人才，实现“人才强鲁”注入新的动能，成为产业经济新旧动能转换的强大动力，成为“信用中国”建设的有效载体和科技创新、现代金融的创新高地。为推动该项目建设，济南高新区率先在全国成立了第一个人力资本产业研究机构——济南人力资本产业研究院事业单位，设立了济南人力资本产业开发有限公司、人才有价（山东）有限公司、山东省人才有价股权投资有限公司、山东省人力资本产业创业投资有限公司。研究院做理论推动，市场主体做产业推动，“双轨运行”机制相互补充，相互促进，合力发展。依托济南（国际）人力资源产业园4.6万平方米的物理空间，已入驻企业21家，建成了全国人力资本产业公共服务平台，设立战略经营委员会和大开发、大产品、大市场、大服务四大作为产业推进部门，组建了近百人的人力资本服务产业创新创业团队和“百名专家智库”团队，确立了“四同”理念，为该项目推进奠定了基础。已经申报发明专利10件、商标36项、版权38项、著作权18项。

【重大项目进展选介】

中国科学院苏州生物医学工程技术研究所山东医疗器械创新研究院（简称：山东创新院） 由济南高新区与中科院苏州医工所共建，以济南国科医工科技发展有限公司为运营主体的新型研发机构，致力于生物仪器与医疗器械的工程化和产业化发展，旨在提高济南市乃至山东省在生命健康和生物医药领域的装备水平。山东创新院现有全职研发人员53人，其中，国家重大人才工程2人、国家重点研发计划首席科学家2人、省部级重大人才工程6人，主持国家、省、市科研项目共计20项，建成的医疗器械工程化平台、GMP超净标准车间、分析测试中心等累计为在济及周边企业服务3000余次，孵化产业公司5家，形成了集研发、工程化、中试生产及产业化于一体的新型研发平台。2019年，山东创新院成功研制以流式细胞仪、共聚焦显微镜、胚胎时差培养系统、荧光微球为代表的一批拥有自主知识产权的高端医疗装备及体外诊断试剂，突破了自动进样、微球合成、超高微滴生成等一系列“卡脖子”关键技术。其中，自主研发的流式细胞仪已进入山东省药监局的优先审批流程；自主研发的国内第一台胚胎时差培养系统已经以独家授权的方式完成了成果转化，未来市场规模将达数十亿元；用于体外诊断的荧光微球已完成了工程化，进入中试生产阶段。

济南基因编辑产业化 山东舜丰生物科技有限公司，现已建成植物基因编辑技术平台5800平方米，主要包括植物基因编辑技术分子平台和作物表型鉴定平台两大分析平台。拥有高通量测序仪及超高分辨率飞行时间质谱等高精密仪器，达到世界一流水平；拟建设80亩产业化基地、560亩高标准实验农田，均已完成规划方案设计。先后引进科研及工作人员160余位，其中，国家引才工程专家1名，泰山学者计划级人才3位、“5150”计划人才2位，博士近30人，硕士研究生及以上学历人才占50%。核心科研团队由美国科学院院士朱健康教授引领，在世界范围内率先将新型基因编辑技术系统应用在植物上，已是国际上植物编辑领域的核心团队；运营团队由具有中科院、美国杜邦先锋种业公司、跨国生物技术公司管理运营经验的一批高水平人才领衔；已成立由6位国内外顶级院士组成的专家顾问委员会，完成2个院士工作站备案。汇聚全球智力资源，为基因编辑产业化项目的顺利实施提供智力支持与产业帮助。截至2019年，技术研发及成果转化工作推进迅速，已申报12件专利；高效建立十余种作物的标准化植物基因编辑体系，突破了多数作物不能完成遗传转化的世界科研瓶颈，达到国际一流水平；申报开展3个高品质小麦品种的品种审定试验；同时，围绕山东省重点需求的产业方向，在高新区完成1000亩藜麦试种；申报了国家级、省级重点项目，已与山东省农科院联合申报了山东省农业良种工程，参与国家重大科技专项——农业部转基因生物新品种培育重大专项等。

山东中科院产业技术协同创新中心 由济南市人民政府、山东省科学技术厅与中国科学院控股有限公司三方联合共建，2019年6月成立以来，已引进业务平台10个，落地科技成果产业化项目50个；培育的科技项目中，拥有高级职称以上人才59人，其中，院士专家团队领衔的项目3个（含国家杰出青年科学基金1人），中科院百人计划专家项目2个，外籍专家项目2个，共持有专利100余件。为全力推动中科院及国内外优质技术成果在山东落地转化迈出了坚实的一步，对于提升济南乃至山东的产业技术创新能力、推动地方科技产业转型升级具有重要意义。

山东中科先进技术研究院 由济南市人民政府、济南高新区管委会、中国科学院深圳先进技术研究院三方共建的集科学研究、教育、产业、资本为一体的新型研发机构，作为高端研发及成果转化平台，在科技研发方面：①打造人才团队。组建了以院士、国家领军级人才等高端人才为核心的人才梯次团队共70余人。同时，获深圳先进院特批研究员“双聘制度”，建立双导师机制，与山东大学等达成双导师联合培养研究生意向。②建设科研平台。已建成山东省院士工作站1个；新能源电动汽车、人工智能与机器人2个公共技术平台正加速建设；已经启动“ETS”10个研究中心建设；参与省市创业创新示范综合体和创新创业共同体建设。③开展科研活动。已累计承担国家、省市各类科研项目6项，发表EI收录论文3篇；申请专利55件（含发明专利23件）、PCT4件；通过了

ISO 9001、ISO 14001、OHSAS 18001 国际三位一体体系认证和AAA级企业信用等级认证。在产业化方面：①引进优质项目。遴选近百个符合济南市产业规划的项目，对接洽谈智能无人机、四足仿生机器人等40余个优质项目；孵化注册中科创智、中科卫泰、中科伞亮、中科派蒙等高科技公司，具有良好的经济社会效益。②推进成果转化。对内精准对接浪潮、神思、重汽、二机床等市内大型骨干企业技术需求，成立联合实验室，推动技术创新突破；对接国内外最新科研成果在本地转化，中标中联重科、吉利控股、北方重汽等重点技术项目，总合同金额近1700万元。③成立转化基金。已经成立一支规模5500万元的基金。

【科技人才管理】 济南高新区以人才有价为突破，向千亿人力资本产业蝶变升级，赋能人才创新创业。①全国首创，实现身份变身价。济南高新区上线全国首个人才身价评估平台，打造全国首个以个人身价为基础的金融创新模式。以人才有价为依托，高新区民营企业家耿哲获无抵押融资3000万元，山大华天人才团队获人才信用贷600万元，成功获得股权激励。人力资本“济南模式”成为破解融资难题、护航人才创新创业的有益实践。②打造双招双引“高新样板”。2019年，济南市创新创业大赛中评选出10个“亿元团队”、10个“千万团队”并提供配套金融服务、战略规划，推动优质项目落地。推动设立5亿元专项发展资金、省高层次人才科技成果转换母基金，助力人才团队成长和科技成果转化。③成功融入国家发展战略。“探索人才和技术资本化评估机制，实现知识产权可作价、成果转化能估价、人才团队有身价”写入《中国（山东）自由贸易试验区总体方案》；源发高新的“人力资本服务业”新增写入《产业结构调整指导目录（2019年本）》。辖区内集聚院士等国家级人才153人、泰山产业领军人才等省部级人才228人、泉城特聘专家等市级人才2623人，高层次人才数量和质量始终保持省市领先。

（济南高新技术产业开发区　刘瑞彬）

青岛高新技术产业开发区

【概述】 青岛高新技术产业开发区（以下简称青岛高新区）始建于1992年11月，是经国务院批准设立的国家级高新技术产业开发区。在近30年的发展历程中，形成“一区七园一带”的格局，总面积327.8平方千米。其中，胶州湾北部主园区于2008年5月正式启动建设，占地面积63.44平方千米，是国家级“双创”示范基地、首批国家科技服务业区域试点、国家首个生态文明先行示范区。2019年，完成规模以上固定资产投资375.01亿元，增长13.8%；实现营业收入2641.23亿元，增长10.9%；实现工业总产值2189.49亿元，增长9.6%；实现增加值607.44亿元，增长12.4%；实现工业增加值527.83亿元，增长11.2%；实现进出口总额67.58亿美元，其中，进口额30.8亿美元，增长16.4%；出口额36.78亿美元，增长14.6%。青岛高新区国家“双创”示范基地连续两年获国务院督查激励，是山东省唯一获评开发区，也是青岛市唯一获评单位；国家高新区综合排名位列全省第一，全国第13名，其中，可持续发展能力列全国第3名、国际化和参与全球竞争能力列全国第7位。

【科技计划项目与经费】 2019年，青岛高新区获批山东半岛自创区发展资金1000万元，支持软控股份有限公司轮胎智能成型系统关键技术研发、山东立菲生物产业有限公司液相芯片诊断系统及公共研发平台等8个项目及青岛海信电器股份有限公司郭汝海、青岛比特信息技术有限公司刘微等6个“蓝色汇智双百人才”。青岛高新区胶州湾北部主园区共获批上级科技资金5749.6万元，支持青岛易邦生物工程有限公司、青岛小优智能科技有限公司等企业及青岛海大生物集团有限公司海上浒苔高效打捞技术的研究、融智生物科技（青岛）有限公司临床微生物快速鉴定飞行时间质谱的研制及应用开发等项目260余个；落实区级科技资金4499.9万元，支持青岛智能产业技术研究院、西南交通大学青岛轨道交通研究院等院所，青岛思锐科技有限公司、中译语通科技（青岛）有限公司等企业，惠及近300家单位。

【科技成果与奖励】

国家科学技术奖 青岛海信医疗设备股份有限公司“基于小儿肝胆胰计算机辅助手术系统研发、临床应用及产业化”、山东省科学院海洋仪器仪表研究所“系列海洋检测浮标研制及在国家海洋环境监测中的应用”两个项目，获国家科学技术进步奖二等奖。

山东省科学技术奖 青岛海洋科学与技术试点国家实验室吴立新院士获山东省科学技术最高奖；海高设计制造有限公司“新型智能人机交互与融合入计算

关键技术及应用”获山东省科技进步奖一等奖；易邦生物“畜禽新疫苗技术创新体系”、山东森科特智能仪器有限公司“近海生态环境和溢油立体监测与处理关键技术和研究、装备研制与应用”、青岛蔚蓝生物股份有限公司“奶牛新药研制及细菌病防治”、青岛海尔股份有限公司“基于MSA控氧保鲜技术冰箱的研制与应用”、青岛海尔滚筒洗衣机有限公司“微蒸汽空气洗洗护模式的创新及产业化”、中车青岛四方机车车辆股份有限公司“时速160千米城际动车组”、青岛海信宽带多媒体技术有限公司“基于元源耦合技术的超算应用光模块”、青岛海信电器股份有限公司“低能耗高动态范围电视液晶显示管家技术研发及产业化”、青岛海信日立空调系统能够有限公司“家用多维度空气品质智能管理系统”和“具备冷媒星自适应能力的宽温去空气源热泵系统”10个项目，荣获山东省科技进步奖二等奖。

青岛科学技术奖 山东省科学院海洋仪器仪表研究所“系列化海洋生物化学在线监测仪器的研制及应用”、青岛海尔洗衣机有限公司“单桶洗全自动洗衣机关键技术的研究及产业化”、中车青岛四方机车车辆股份有限公司“轨道客车关键承载构件激光电弧复合焊接技术及其产业化”3个项目，获青岛科技进步奖一等奖；国家深海基地管理中心“深海技术装备公共研发平台”、山东省科学院海洋仪器仪表研究所“海底冷泉水下自主探测平台关键技术研发”、青岛蓝光晶科新材料有限公司“高纯溅射靶材产品开发与应用”3个项目，获市科学技术进步奖二等奖。

【知识产权管理】 2019年，新增专利申请6134件，增长16.2%，其中，发明专利4117件，增长17.7%；新增专利授权4504件，增长18.2%，其中，发明专利1470件，增长18.8%；科技活动经费总支出141.24万元，其中，R&D经费支出124.92万元，增长15.3%；新增青岛海大生物有限公司等10家国家知识产权优势企业。

【科技合作与交流】 国际科技合作为特色，青岛中以“国际客厅”开门迎客，中以天梯产业创新研究院等2个平台项目签约落户，储备优质项目30余个，打造集展示、推介、路演、接洽、交易于一体的“超级市场”。加快欧盟项目创新中心建设，举办蓝贝国际创新创业大赛，打造链接全球优质创新资源的平台，全力构建百花齐放的国际创新合作生态圈。与山东大学、海尔集团签署了双创示范基地协同创新战略合作协议，成立三方融通创新工作领导小组，强化政产学研用协同创新，建立了“政、校、企”三类“国家双创示范基地”融通创新机制，推动产生“1+1+1>3”的聚变效应，相关工作经验入刊国务院《专报信息》。推进科研院所在各自领域积极开展研究并与本地企业、高校院所展开合作，胶州湾北部主园区科研院所累计授权知识产权328项，累计开展产学研项目518项，服务企业638家（次）。强化与市技术交易市场等工作对接并签署战略合作协议，探索与深圳物联网协会等合作开展青深技术交易对接会，启动院所成果转化破冰行动，全力推进科技成果转化、交易“双高地”建设。胶州湾北部主园区全年完成科技成果转化537项，转化金额达到5.57亿元，增长92%。

【科技改革与管理】 青岛高新区以激活创新主体创新能力为重点，深化科技领域“放管服”改革，探索实施由专家“相马”变为市场“赛马”的科技项目遴选、奖补机制。采取购买服务方式委托专业机构参与科技项目管理，强化“事前规范、事中检查、事后监管”工作模式，不断完善科技项目管理方式。围绕服务效能提升，按照“小管委、大公司、强服务”的战略方向开展体制机制改革，整合成立科技创新部、招商部等8个管委直属部门及若干平台公司，努力营造市场化、法治化、专业化、开放型、服务型、效率型的营商环境，提升科技创新发展服务水平。出台《加快新旧动能转换 深入推进科技创新创业若干政策》《大力培育市场主体 加快发展民营经济的意见》等详尽完备的创新创业扶持政策，鼓励创新突破，推进全区创新创业热情迸发，为全区创新发展保驾护航。

【战略性高新技术产业发展】 青岛高新区胶州湾北部主园区聚焦全省“十强”产业，对原有的六大主导产业进行再聚焦、再优化，聚力发展新一代信息技术、医药及医疗器械制造、高端装备制造三大主导产业集群，着力提高资源要素整合能力，催动产业裂变式发展。2019年，主导产业营业收入达到264.8亿元，增长29.8%。

新一代信息技术产业 获批国家软件和信息服务业示范基地，连续两年荣膺“中国最具活力软件园”前10强。依托30平方千米的青岛软件科技城建设，引进建设了MAX产业园、计世物联网和云服务中心等35个专业园区；拥有腾讯双创小镇、中兴网信青岛科技产业园、华为智慧云小镇、微软（中国）孵化基地、百度（青岛）智创基地、甲骨文、软控总部、人民视频等项目1100余个。

医药及医疗器械制造产业 获批建设国家火炬青岛海洋生物医药特色产业基地，2019年，位列国家生物医药产业园区综合竞争力第8位。聚焦创新药物、高端医疗器械、康复产业等细分领域，累计引进康复大学、山东大学国际产业园、国药器械华东研发产业基地、黄海制药、华仁太医、易邦生物、辉瑞公司医学智能研究院等项目150余个，总投资400多亿元。

高端装备制造产业 获批国内首家“国家机器人高新技术产业化基地”。聚焦人工智能、机器人及智能制造装备等领域，累计引进锐嘉科移动智地，以及博世、联东U谷、海克斯康产业园、环球石墨烯集团企业总部、毕勤集团亚太研发中心、迪玛尔海洋加速器、埃地沃兹真空泵制造、瑞凯威航空座椅、国际机器人创新中心等项目。全球机器人“四大家族”瑞典ABB、德国库卡、日本安川、日本发那科齐聚高新区，全球排名前10的机器人企业已入驻6家，累计引进100余个机器人项目，占全市机器人企业数量的80%以上。

【创新型科技园区建设】

加快创新资源集聚 依托中科研发城、国家大学科技园等，累计引进运营中科院院所6家，西南交通大学青岛轨道交通研究院建成运营，康复大学、山东中医药大学青岛研究生院加快建设，2019年，围绕主导产业新引进数码港集团总部、谱尼测试集团山东总部等优质项目近400个。

加快创新型优势产业集群 青岛高新区机器人国家创新型产业集群、生物医药特色产业基地建设加快推进，相关产业链进一步完善，企业创新能力进一步激发。软控股份主导制定的轮胎用RFID四项国际标准正式发布，新松机器人进驻新加坡港世界最大集装箱中转枢纽港，融智生物、简码基因、汉唐生物防疫抗疫产品通过欧盟CE认证，产品顺利进军全球市场。2019年，实现规上工业增加值两位数增长，主导产业集聚度进一步提高，优势产业对园经济高质量发展支撑、拉动作用增强。

【产业技术创新战略联盟构建】 青岛高新区自实施国家技术创新工程试点以来，先后认定青岛市智能机器人产业技术创新战略联盟、干细胞与再生医学产业技术创新战略联盟、青岛市北斗卫星导航产业技术创新战略联盟等青岛市产业技术创新战略联盟14家，涵盖了新一代信息技术、智能制造、医疗医药等产业领域，涉及企业9家、科研机构5家及数家行业协会，基本形成了企业为主，科研机构参与的产业创新格局。发起成立青岛高新区“蓝贝孵化器产业联盟”，推进孵化企业资源、平台共享，提升企业协同创新能力。创新联盟的建立在推动青岛高新区产业技术创新发展方面起到了推动作用。

【创新型企业培育】 以高企培育为重点，成立工作专班、出台高企梯度培育方案，打造“高企培育入库企业—高新技术企业—高企上市入库企业”梯次培育链条，开展高企培育第三方专业服务机构选聘工作，整合高企专班、第三方服务机构及企业服务网格员三方力量，加大科技型企业成长跟踪及精准服务，合力推动创新型项目成长。青岛高新区胶州湾北部主园区，2019年，新培育国家级专精特新“小巨人”企业2家、瞪羚企业11家、省级高端装备制造业领军（培育）企业10家、累计培育国家高新技术企业302家、国家科技型中小企业入库242家、规上企业305家，引进孵化创新创业项目超过2500个。

【技术创新服务平台建设】 青岛高新区重视科技创新服务平台建设，已建成国家高新技术产业化基地、火炬计划特色产业基地18家。其中，胶州湾北部主园区新获批青岛市技术创新中心36家，搭建了青岛市软件与信息服务、青岛市生物医药公共研发平台—生物技术药物子平台、青岛市储能产业公共研发平台—石墨烯产业子平台、青岛市科学仪器创新孵化等多个公共研发平台，建成22家市级以上工程技术研究中心，4家市级科技企业孵化器，14家市级产业技术创新战略联盟，12家市级国际科技合作基地。

【重大项目进展选介】

国家人工智能与生态环保产业园 总投资8.1亿元，占地面积56.7亩，拟建设人工智能基地、中试基地、地下车库及人防工程、变电站等9栋单体功能建筑，以及室外管网、道路、广场、绿化等公共配套设施，着力发展人工智能、大数据、互联网+智能环保、光谱技术及战略性新兴产业与高科技产业，在对传统环保设备进行升级的同时，促进和带动上下游环保监测行业从传统制造业向服务性制造转型升级。2018年10月开工，目前已完成正负零建设，预计2021年底完工并投入使用。

海克斯康智慧产业园 总投资2亿美元，占地200亩，建筑总面积6800平方米，以提供智慧工厂、制造自动化等应用方面的解决方案为导向。区别于现代建筑施工流水线、快速开发的建设方式，项目应用海克斯康智慧城市解决方案SMART Build，在青岛高新区建设海克斯康集团全球首个制造智能工厂，未来将围绕智能化、数字化目标，规划引进海克斯康制造智能产业单元全球最先进的全系列测量设备生产和校准系统，同时，涵盖更广泛的相关软件开发和方案开发，让数据更好地服务相关产业发展。2018年10月正式开工后，目前项目办公楼已进入装修阶段，智能工厂平台的188工作站，已在商务、财务、生产等多部门成功验证，全体员工可登录进行使用，适时将进行阶段性发布和释放。

青岛嘉星晶电科技产业园有限公司半导体科技产业创新创业服务平台 属于支撑关键领域技术创新的创新创业服务平台项目，总投资近1.4亿元，建成后可为半导体关键领域上下游企业、创新创业群体提供研发、设计、检验检测、中试熟化、资源共享、信息技术服务、创业指导、孵化管理、国际交流，以及成果转化一条龙服务，降低创新创业成本，提高创新创业成功率。该平台项目已获国家发改委批复，纳入双创示范基地“双创”支撑平台项目及后续中央预算内投资计划，计划安排中央资金2500万元。2019年1月20日，正式开工，拟于2020年底前竣工并交付使用，2021年验收。

【科技人才管理】 2019年，新引进海内外高层次专家6人，中国政府友谊奖1人、省泰山产业领军人才2人、市创新创业领军人才3人、市拔尖人才1人，新引进硕士、博士636人，同比增长72%，新引进本科3642人，同比增长350%，人才知识结构得到较大优化；人才引进呈现年轻化、国际化、加速流入态势，新引进人才平均年龄32岁左右，美、日、欧等90余名海外人才纷纷集聚，“橄榄型”人才年龄结构初步形成。

（青岛高新技术产业开发区　孙冠妮　罗文进　宋晗雪）

淄博高新技术产业开发区

【概述】 2019年，淄博高新技术产业开发区（以下简称淄博高新区）实现工业总产值2122.5亿元，工业增加值613亿元；固定资产投资467亿元，增长1%；实现公共财政预算收入161.2亿元，增长1.71%。科技创新能力不断增强，研发经费占GDP比重预计达到4.9%。在国家高新区2018年度综合评价排名中，淄博高新区在国家高新区中居第46位，较2018年前进4位。

【高新技术企业培育】 2019年，科技型中小企业评价高新区入库173家，占全市入库数量的36%。通过大力宣传、引导，高新技术企业申报、批复取得新突破，完成了93家企业的高新技术企业申请推荐工作，申报数量较2018年增长29%，高企总数达到184家，占全市高企总数的38%，增速27.6%，位列全省高新区前茅。

【科技计划项目与经费】 2019年，积极对上争取国家省市各级各类科技资金，获批各级各类科技计划项目75项，获得支持资金共15537.17万元，较2018年增长1亿余元，科技计划对上争取资金额创历史新高。其中，已到位资金11461.17万元，省级42项，共获得7670.17万元无偿补助；市级33项，共获得1291万元。积极争取财政部、科技部等打造科技资源支撑型特色载体推动中小企业创新创业升级专项资金，获得国家财政资金5000万元，推动创新创业载体建设。

【科技成果与奖励】 2019年，鲁泰纺织股份有限公司的“纺织面料颜色数字化关键技术及产业化”项目荣获2019年度国家科技进步奖二等奖，新华医疗器械股份有限公司的“图像引导加速器调强放疗系统关键技术构建及产业化应用”项目和山东一诺威聚氨酯股份有限公司的“性能可控的新型聚氨酯弹性体制备关键技术及产业化”项目荣获2019年度山东省科技进步奖三等奖；荣获淄博市重大科技成果奖22项，其中，获淄博市重大技术发明成果奖二等奖2项，获淄博市重大技术发明成果奖三等奖2项，获淄博市重大科技创新成果奖一等奖2项，获淄博市重大科技创新成果奖二等奖6项，获淄博市重大科技创新成果奖三等奖9项，获淄博市重大科学技术国际合作成果奖1项。2019年9月，召开了淄博市火炬工作暨自创区建设大会，会上按照《关于加快山东半岛国家自主创新示范区（淄博）建设发展的实施意见》有关政策，资助及奖励金额达7224.9万元。

【研发机构建设】 2019年，组织完成了山东省重点实验室申报工作，3家市级重点实验室申报；组织完成了山东省技术创新中心申报工作，9家企业申报，组织新华医疗、MEMS研究院两家单位向省科技厅报送了技术创新中心建设方案；组织完成了2019年度淄博市重点实验室申报工作，推荐上报8家，其中，山东硅元新型材料股份有限公司、山东联能电力设计有限公司两家获批，获批数量居全市前列；2019年，完成了公共技术服务平台财政补助工作，组织申报7家，其中，3家获批补助立项，占全市的1/3；工陶院的国家工业陶瓷材料工程技术研究中心等4家省级以上中心被纳入省技术创新中心培育库；2019年，组织相关企业完成了省重点实验室绩效评估工作，其中，工陶院和鲁泰分别获得150万元和100万元的省财政专项资金扶持；生物医药研究院加盟省产研院，成为首批加盟省产研院的3所院所之一。截至2019年底，淄博高新区已拥有省级以上工程技术研究中心23家、省级重点实验室4家、院士工作站30家、市级工程技术研究中心90家、市级重点实验室5家，与国内外高校院所共建研究院7家、技术转移中心9家、企业产业研究院13家。

【科技合作与交流】 截至2019年底，组织各类科技交流对接活动14次，参加企业130余家次，达成合作协议、合同、意向63项。接待乌克兰国立科技大学、中科院兰化所、中科院过程所、华中科技大学、南京大学等国内外高校院所专家60余人次，赴北京、重庆、深圳、广州、武汉、西安等地的清华大学、中科院自动化所、中国航天科技集团五院、深圳清华大学研究院、西北工业大学等20余家高校院所开展产学研对接活动。推动校城融合发展，与山东理工大学达成深度合作共识。引导企业开展与两院院士及专家的合作，申报入选淄博市院士工作站1家。

【科技人才战略】 积极做好高层次人才引进工作，新引进中国工程院院士丁健在内的院士等国家级创业人才8人、泰山学者2人。10名人才入选2019年度山东省"蓝色汇智双百人才"，获得省科技厅支持资金540万元；入选山东省泰山产业领军人才科技创业类人才1人、创业项目1个，入选"外专双百"人才1人。申报科技部人才推进计划7人，入选淄博市英才计划专家4人。区内拥有在站院士31人，国家重点人才工程专家44人，山东省泰山系列人才57人，"淄博英才计划"32人。

【知识产权管理】 积极推进知识产权战略实施，全力推进国家知识产权示范园区建设，2019年，全区专利申请共计3073件，同比增长10.03%，其中，发明专利申请1093件，同比增长10.10%，发明专利授权228件，同比增长5.07%。加快开展贯彻知识产权管理规范标准推广，贯标企业达到24家，国家知识产权优势（示范）企业9家。山东新华医疗器械公司入选全国专利500强名单，淄博市共入选2家。山东一诺威聚氨酯股份有限公司等单位的8个专利项目，被确定为2019年度淄博市高价值专利项目。

【战略性高新技术产业】 淄博高新区围绕主导产业升级、战新产业培育壮大，科学确立了"一核四区"总体空间布局，MEMS产业园、圣海奥斯健康产业园、淄博开放型产业加工中心等园区规模进一步壮大，新能源汽车产业园、电子信息产业园、生物医药产业园、综合保税物流园、齐鲁电商谷等园区集聚效应凸显。先后被认定为国家新材料高新技术产业化基地、先进陶瓷、功能玻璃、生物医药、聚氨酯特色产业基地、山东省创新药物孵化基地和外贸转型升级专业型示范基地，形成了以新材料、医药健康、电子信息、智能装备制造为主导的特色产业集群，以高新区为核心的淄博新材料产业荣获"中国新材料名都"称号。2019年，高新区高新技术产业产值占规模以上工业总产值比重为61%。

（淄博高新技术产业开发区　肖丽娟）

枣庄高新技术产业开发区

【概述】 枣庄高新技术产业开发区（以下简称枣庄高新区）于1990年11月经山东省人民政府批准建立，辖区面积120平方千米，下辖兴仁、兴城、张范3个街道办事处。2019年，全区GDP增长7.7%，规模以上工业总产值增长15%，工业增加值增长8.5%；完成一般公共预算收入7.5亿元，增长3.5%；新登记企业数量同比增长82.8%；成功申报人才平台载体6个；柔性引进国家级人才11人；认定高新技术企业8家，46家企业进入国家级科技型中小企业库；新增省级创新平台4家。鲁南大数据中心获批国家新型工业化示范基地，国家高新技术产业标准化示范区通过验收，枣庄互联网小镇被国家知识产权局确定为第4批国家知识产权保护规范化市场。重点项目观摩评比、双招双引考核、经济社会发展综合考核均居全市第一。

【科技计划项目与经费】

科技计划立项 2019年，组织申报各级科技计划、创新平台200项。其中，组织申报国家众创空间、院士工作站、省技术创新中心等省级及以上平台9家，省重大创新工程、省重点研发费用、小微企业升高新技术企业、国家科技型中小企业入库等82项，申报市级科技计划项目26项，市级技术创新中心、市级协同创新中心、市级重点实验室、市级孵化器等创新平台34项。申报枣庄市科技计划26项，创新券、市级科技小巨人、市产学研联合基金等项目24项，"山东省智能慢病诊疗设备技术创新中心"获市科技局推荐申报；其中省级项目立项4家，分别是：山东智光通信科技有限公司承担的省厅市联合"年产2400万芯公里光纤拉丝"项目获省级补助500万元；浙江大学山东工业技术研究院承担的省重点研发计划重大科技创新工程"慢病生化指标现场快速检测技术和设备研发”项目获省级补助 250 万元；库仑核孔膜科技（枣庄）有限公司承担的省重点研发计划重大科技创新工程“重离子微孔膜精密过滤技术研究与产业化”项目获省级补助 870 万元；浙江大学山东工业技术研究院承担的重点研发计划公益类“变电站智能消防机器人关键技术研究”项目获省级补助 20 万元。省研发费用补助申报 18 家，获省级补助共计 117.09 万元。申报小微企业升高新技术企业 3 家：枣庄维信诺电子科技有限公司、山东中塑泰富科技有限公司，省级补助共计 10 万元。枣庄市科技计划项目立项 13 项，获市级资金补助企业 6 家，科技补助资金共计 215 万元，分别是：枣庄维信诺电子科技有限公司的“高迁移率铝掺杂氧化锌（AZO）导电基板的研发及产业化”项目获市级补助 50 万元，山东阳光博士太阳能工程有限公司的“太阳能新风供暖系统”项目获市级补助 50 万元，山东精工电子科技有限公司的“新一代高比能量圆柱形磷酸铁锂电池技术开发”项目获市级补助 50 万元，山东云尚信息科技有限公司的“基于云计算的大数据共享服务系统”项目获市级补助 30 万元，山东源丰印染机械有限公司的“新型高效节能节水型地毯水洗机”项目获市级补助 30 万元，5 个项目被列为枣庄市自主创新及成果转化专项；山东奥华生态农牧有限公司的“冰鲜及速冻调理牛肉制品生产关键技术研究及示范”项目被列为枣庄市科技发展计划（工业应用技术研发类），获市级补助 5 万元；新通过认定国家级高新技术企业 3 家，重新认定 5 家；获批枣庄市产学研联合基金项目 3 项；新增 2 家枣庄市科技小巨人企业，3 家小巨人培育企业；获批枣庄市科技创新券 6 家。24 家科技企业被认定为枣庄市科技型中小企业；入库国家级科技型中小企业 46 家企业，其中新增 24 家。

创新平台建设 2019 年，新增国家众创空间 1 家，院士工作站 1 家，市级及以上科技创新平台 35 家：10 家枣庄市技术创新中心、12 家枣庄市协同创新中心、11 家重点实验室、2 家枣庄市孵化器。

【科技成果与奖励】

科技创新奖励 2019 年，获得省级补助资金共计 1757.09 万元，分别是：山东智光通信科技有限公司承担的省厅市联合“年产 2400 万芯公里光纤拉丝”项目，获省级补助 500 万元；浙江大学山东工业技术研究院承担的省重点研发计划重大科技创新工程“慢病生化指标现场快速检测技术和设备研发”项目，获省级补助 250 万元；库仑核孔膜科技（枣庄）有限公司承担的省重点研发计划重大科技创新工程“重离子微孔膜精密过滤技术研究与产业化”项目，获省级补助 870 万元；浙江大学山东工业技术研究院承担的重点研发计划公益类“变电站智能消防机器人关键技术研究”项目，获省级补助 20 万元。山东威智百科药业有限公司等 18 家企业，获批山东省企业研究开发财政补助资金共计 117.09 万元。2019 年，枣庄高新区对获批认定的 8 家国家级高新技术企业山东威智百科药业有限公司、库仑核孔膜科技（枣庄）有限公司、枣庄凯尔实业有限公司、枣庄瑞兴机械制造有限公司（重新认定）、山东阳光博士太阳能工程有限公司（重新认定）、八亿橡胶有限责任公司（重新认定）、华润三九（枣庄）药业有限公司（重新认定）、山东泉兴银桥光电缆科技发展有限公司（重新认定）分别给予奖励，共计 110 万元；鲁南大数据中心引进加拿大皇家工程院院士 Witold Pedrycz，建立鲁南大数据中心院士工作站，给予奖励资金 20 万元；山东泉兴银桥光电缆科技发展有限公司、枣庄维信诺电子科技有限公司 2 家企业获批的“枣庄市科技小巨人”项目，给予一次性奖励 10 万元；获批枣庄市重点实验室的 11 家企业，补助资金 55 万元；获批枣庄市技术创新中心的 10 家企业，补助资金 50 万元；新获批的 11 家枣庄市科技协同创新中心分别给予奖励资金 55 万元；给予首次入库的 23 科技型中小企业进行奖励资金 46 万元。

项目结题验收 市级科技计划项目，通过枣庄市科技局组织的专家组验收。分别是：山东精工电子科技有限公司承担的“电动汽车用高比能量锂离子动力电池产业化”项目、枣庄维信诺电子科技有限公司承担的“新型 OLED 导电基板的研发及产业化”项目、山东威智百科药业有限公司承担的“胆固醇吸收抑制剂依折麦布的研究与开发”、山东阳光博士太阳能工程有限公司承担的“太阳能耦合相变空气源热泵双热源三联供系统研发”项目。枣庄高新区对符合有关政策条件、在规定时间内结题验收的各级科技计划项目，严格按政策兑现配套奖励资金，共计 140 万元。

【知识产权管理】 2019 年，枣庄高新区全年专利申请总量 650 件，其中，发明专利申请 236 件，专利授权总量 308 件，其中发明专利授权 32 件。截至 2019 年底，全区有效发明专利 202 件，比 2018 年底增加 18 件，同比增长 9.7%；每万人口发明专利拥有量达到 23.99 件，较 2018 年底提高 2.14 件，为枣庄市每万人口发明专利拥有量的 6.95 倍。马德里商标申请 3 项，PCT 申请 1 项，共获得省、市、区专利资助 79.77 万元。枣庄互联网小镇被国家知识产权局确定为第 4 批国家知识产权保护规范化市场；8 家企业通过《企业知识产权管理工作规范》认证。与工行、农行、建行和枣庄银行、日照银行对接，以专利权质押，协助枣庄金万通电子科技有限公司、泉兴银桥光电缆科技有限公司、山东益源环保科技有限公司和枣庄瑞兴机械股份有限公司贷款 4500 万元。

【科技合作与交流】 2019 年，枣庄高新区深入实施创新驱动发展战略，深化与大学院所产学研合作，以集聚高端人才为引领，以合作研发技术为纽带，以共建创新平台为载体，不断聚集创新要素，激发创新创业活力，合作研发项目不断增加。先后与清华大学、中科院、浙江大学、北京交通大学等39所大学院所建立产学研合作关系。山东智光通信科技有限公司与烽火通信科技股份公司合作研发的“年产2400万芯公里光纤拉丝”项目获省重大创新工程立项，获批科技资金500万元；库仑核孔膜科技（枣庄）有限公司与中国科学院近代物理研究所合作研发“重离子微孔膜精密过滤技术研究与产业化”项目获省重大创新工程立项，获批科技资金870万元；浙江大学山东工业技术研究院与山东先仪医疗科技有限公司合作研发“慢病生化指标现场快速检测技术和设备研发”获省重大创新工程立项，获批科技资金200万元；鲁南大数据中心引进加拿大皇家工程院院士Witold Pedrycz，建立鲁南大数据中心院士工作站，在省科技厅完成备案。

【科技改革与管理】

园区体制改革顺利推进 实行“党工委（管委会）+公司”管理模式，将35个部门单位归并为8个内设机构，构建“1+2+4”运营公司主体架构，建立精简高效的管理体制；实施全员聘任，圆满完成竞聘上岗和双向选择，变“身份管理”为“岗位管理”，构建“能者上、平者让、庸者下”的选人用人新机制。

“放管服”改革深入实施 加快审批流程再造，为企业提供“妈妈式”全程代办服务，推进“一次办好”，营商环境持续优化，全年兑现产业扶持资金1.55亿元，提供应急转贷资金3亿余元；新登记各类市场主体2887家，其中企业1805家，同比增长83.15%；完成“个转企”46家，全流程登记企业2401家；新增“四上”企业69家。

【战略性高新技术产业发展】

锂电产业 坚持育龙头、强骨干，以锂电产业园为载体，以固态锂电池研发为方向，以航天新能源、天瀚新能源为龙头，精准布局锂电配套和锂电池终端应用产业，对接比亚迪、汤浅等电池企业，推进威固锂电、国晟电池、张飞出行、矿用锂电池等项目建设，启动实施金光高科异地搬迁，形成龙头带动到成链引进、集群发展的新态势，以新技术新产品抢占锂电发展制高点。

光电产业 瞄准光通信、光显示、光存储等关键领域，优选整合服务资源，重点发展智光通信、睿诺光电两大骨干企业，着力培植赛富乐斯、易道芯片、科锐思等一批高成长性种子企业，延伸光电元器件、激光、半导体芯片、光电周边产品，做大做强光纤光缆产业链，做精做优光电显示产业链，全力打造“纤芯网屏端”全光电网完整产业链。

医药健康产业 以新医药产业园等为载体，以三九药业、海王医药、威智百科为依托，建设集研发、检测、孵化、展示、交易等功能为一体的公共服务平台，吸引一批国内外医药研发、检验、检测等机构进驻，积极对接华大基因，扶持勃森干细胞、澳德普济、鑫桥联康、心镜云影、柯润玺等项目茁壮成长，推进大参林生产制造基地尽快落地，引导和鼓励医药企业向园区集聚，形成以中医药为基础，以生物制药、创新药、创新医疗器械等为突破口，以大健康产业为附加值的医养健康产业发展格局。

智能制造产业 抢抓市委、市政府大力实施智能制造优先发展战略重大机遇，开展智能化技改三年攻坚行动，紧扣关键工序智能化、关键岗位机器人替代、生产过程智能优化控制、供应链优化，将人工智能融入智能制造，建设黑灯工厂、智能车间，重点抓好交大智邦（枣庄）数字科技、人民控股（山东）智能电气产业园、智能制造产业园、易教数字教育高端装备等项目建设，推动装备制造向智能化、信息化、数字化迈进。

大数据产业 发挥好鲁南大数据中心、互联网小镇等园区载体作用，打造大数据清洗加工基地和云存储灾备基地，抓住平台建设和场景应用两个关键环节，大力引进数据预处理、互联网数据中心、互联网信息安全等业态，延伸发展物联网、云计算、区块链、5G通信等新兴智慧产业，推进泰盈科技、审核通、万声等项目做大做强，加快建设数据中心二期、云溪科创、数字产业园，全面推进数字产业化和产业数字化，大力发展数字经济，培育经济发展新动能。

【创新型科技园区建设】 2019年，枣庄高新区以双招双引、项目建设为全部工作的突破口，全力打造创新创业的国家高新区。

主导产业蓬勃发展 围绕“四新一大”产业布局，狠抓招商引资和项目建设，一批好项目、大项目顺利落地。全年引进优质项目58个，总投资306亿元，其中，50亿元以上项目3个，亿元以上项目30个，项目开工率86.7%。总投资393.3亿元的40个区级重点项目，扎实推进。①双轨推进“双招双引”。紧盯世界500强，瞄准航天科工、比亚迪等大央企、大民企，精准对接项目，签约落地了中国航天新能源产业园、人民电器产业园等重大项目；创新异地孵化招商模式，建设了高新区杭州创新中心、长三角国家科创中心。②聚力攻坚项目建设。开展“项目建设推进年”活动，实行“一线作战、百日会战”，绘制“作战地图”，明确帮包人员，跟踪督导考核，每月召开一次重点项目暨双招双引工作调度会，智光通信、睿诺OLED、枣矿智慧物流等项目建设如火如荼，大瀚、科锐思等项目跑出了“当年规划建设、当年投产达效”的“高新速度”。③强化资源要素保障。开展“亩均效益”评价改革，通过兼并重组、破产结算、政府回购等形式，清理“僵尸”企业7家，盘活低效土地1500多亩，新建交大智邦（枣庄）数字科技等项目，昂立大厦、天衢宾馆等闲置楼宇重新启用，土地资源利用效率显著提高，成为全省先进典型。

创新创业生态不断优化 新增国家级众创空间1家，全区现有省级及以上孵化器5家，省级及以上众创空间6家，在孵企业达到367家。鲁南大数据中心获批国家新型工业化示范基地。新医药产业园、锂电产业园、国际芯片产业园建成使用，澳德普济、威固锂电、科锐斯、赛富乐斯等一批优质项目落地进园。航天新能源产业园、枣矿智慧物流产业园、浙大网新产业园、节能环保产业园、九洲双创产业园正在加快建设。“放管服”改革深入实施。加快审批流程再造，为企业提供“妈妈式”全程代办服务，推进“一次办好”，营商环境持续优化，全年兑现产业扶持资金1.55亿元，提供应急转贷资金3亿余元；新登记各类市场主体2887家，其中企业1805家，同比增长83.15%；完成“个转企”46家，全流程登记企业2401家。

人才引进成效显著 柔性引进863首席科学家、省泰山学者等高端人才3人。新认定泰山产业领军人才1人。2人入选山东省高端人才智库。9人被认定为山东省科技特派员。5人入选枣庄市老科技专家智库。17人当选为枣庄市博士联谊会会员。2人被认定为枣庄英才。2019年，共促进企业与科研院所合作项目53个，项目合作主要集中在太阳能光热、节能环保、新能源新材料、大数据、智能制造等领域。

国际合作不断深化 成功引进外籍专家35人，留学归国人员38人；建设6个国际研发中心；引进境外技术15项；申请PCT专利18件；获外国授权专利8件；参加制定国际标准2项；拥有境外注册商标23件；2019年全区出口总额为16.32亿元，同比增长15%。①积极推进国际研发平台建设。成立中英精密工程研究中心、中美纳米工程研究中心、中法精度与装配创新实验室、中关村离岸研发中心，建设了中美生物大分子制药分析研发中心、中美建设半导体新材料研发中心。②积极探索海外孵化平台搭建。枣庄高新区海外孵化器在英国完成注册，已经运行。重新激活山东英创企业管理咨询有限公司（在枣庄建设的英国项目孵化基地）。与山东财金新业国际信息服务有限公司合作，在英国瓦特大学爱丁堡主校区 Research Park 科技产业园内建设“英国枣庄高新科技产业孵化器”。③引导国际科技贸易交流。2019年，出台《枣庄高新区促进外贸稳定增长实施意见》。阳光博士生产的太阳能成功打入日本市场；山东精工电子科技有限公司应邀携家庭储能、基站储能、商业储能等锂电池解决方案出席慕尼黑国际储能电池博览会；山东益源环保科技柔性引进毕业于挪威奥斯陆大学的林岩博士，对流域污染治理、水处理技术开发等进行难题攻关。

产城融合品质提升 以产城融合为切入点，协同发展的“高新品质”显著提升。①发展空间拓展优化。坚持“东拓、中融、西转”战略，科学调整功能定位，完善产业发展布局，新规划20平方千米的产业东区，推进要素向项目汇聚、产业向园区聚集。②城乡统筹协调发展。兴城片区开发加速推进，五美佳墅等人居工程主体竣工，安康苑二期顺利上房；兴仁、德圣等片区棚改旧改启动实施，南石东西村、东谷山村完成拆迁；规划建设杏峪、横山口、和尚寺等美丽乡村，打造乡村振兴“齐鲁样板”。③城市功能配套完善。实施基础设施提升两年行动计划、镇域路域环境整治，世纪大道、蟠龙河等市级重大工程扎实推进，中兴路、华信路、企兴路竣工通车，光明西路、黑龙江路、复元三路等城市道路全面升级，路网能级持续提升。

绿色发展保持主调 编制绿色制造体系建设实施方案，抓好绿色园区、绿色工厂、绿色供应链、绿色产品创建工作，杜绝污染型企业入区。加强村居、环境生态治理，累计投入山林绿化资金6.7亿余元，完成26座可视山头绿化和蟠龙河沿线绿化，造林面积达2.2万亩。共投资1.7亿元组织实施了区内村居、蟠龙河、宏图河综合治理，25个美丽乡村建设力度加大，全区绿化覆盖率达到41%，森林覆盖率达26.41%，PM2.5低于50的天数达130天，努力保持枣庄市国家森林城市和全国卫生城市良好状态。

辐射带动作用明显 东方光源集团生产的电缆，用于川藏铁路、昌赣高铁、郑徐高铁、商合杭、鲁南高铁等国家主要干线高铁上，实现年产值22亿元。鲁南大数据中心项目总投资30亿元，作为枣庄“智慧城市”建设的必备载体，承载了枣庄市6大电子平台、16朵政务云和100项大数据应用场景的建设任务。枣庄与济南、青岛并列为省内3个一级骨干节点城市，被工信部认定为“宽带中国示范城市”。浙大工研院石墨烯小型空调已研发成功，与海尔的合作产品出口至韩国，吸引了格力、盾安、美的、志高、上海通用等空调、汽车厂家洽谈合作，获2019年度日内瓦国际发明展铜奖，正进行产业化准备；高压带电作业机器人正在进行全国推广。浙大工研院无偿提供用于生产急救呼吸机的石墨烯冷排产品紧急援驰武汉等疫区。精工电子的无线医疗设备用锂电池产品被火神山医院建设项目紧急调用。天衢铝材被西安新型肺炎医院建设项目紧急调用。

【创新型（试点）企业培育】 依托国家科技型中小企业库建立高新技术企业培育库，已梳理入库名单62家，对入库企业进行辅导，拟申报高企的进行重点跟踪服务。组织召开高企申报培训会议，邀请省科技厅专家作专题辅导报告，深度解读高企认定、研发费用加计扣除、所得税优惠等政策。组织申报企业与科技、财政、税务等部门对接咨询、答疑辅导，扎实做好申报工作，及时抓好落实。山东威智百科药业有限公司、库仑核孔膜科技（枣庄）有限公司、枣庄凯尔实业有限公司、枣庄瑞兴机械制造有限公司（重新认定）、山东阳光博士太阳能工程有限公司（重新认定）、八亿橡胶有限责任公司（重新认定）、华润三九（枣庄）药业有限公司（重新认定）、山东泉兴银桥光电缆科技发展有限公司（重新认定）8家企业，认定为国家高新技术企业。入库备案全国科技型中小企业46家。新获批枣庄市科技小巨人企业2家，市小巨人培育企业3家。

【技术创新服务平台建设】 互联网小镇成功申报国家众创空间。新增市级孵化器2家：浙江大学山东工业技术研究院和山东科盛科技孵化园。培育浙江大学山东工业技术研究院、枣庄职业技术学院联合建设国家大学科技园。培育山东中泰达科技孵化创业园、枣庄跨境电商产业园建设国家级孵化器。培育鲁南大数据中心、张范汽车产业孵化园、山东科盛科技企业众创孵化园、九洲双创平台、旺星孵化产业园、新医药产业园建设省级众创空间。

【重大项目进展选介】

智光通信产业园 由东方光源集团投资20亿元建设，总占地386亩，建筑面积50万平方米，重点建设集光纤预制棒、光纤、光缆、光器件、特种电缆及高铁贯通地线等相关产品研发、生产为一体，打造国内最大的全光网产业链通信基地。一期投资15亿元，占地102.6亩，建设贯通地线厂房1栋、预制棒厂房4栋、研发楼1栋，主要生产低损耗光纤预制棒及高铁贯通地线产品。项目相关产品在技术水平上达到了国内一流的水平，达产后年产值可达15亿元，利税2亿元，解决就业200人。

新医药产业园 2019年年初，由高新区管委会与百奥麦格（枣庄）生物发展有限责任公司共同投资建设，计划总投资5亿元，2019年，完成投资3亿元，项目占地104亩，建成标准化厂房和综合办公楼近10万平方米，入园企业20余家。着力建设生物医药公共技术服务平台、创新孵化平台。

睿诺光电 该项目计划总投资142465.7万元，一期工程的总投资9000万元，其中，设备投资为5006万元，建筑投资为3000万元，铺底流动资金994万元；项目规划总占地200亩，一期工程占地100亩，建筑面积12000平方米，其中办公区域2000平方米，万级无尘室2000平方米，十万级无尘室3000平方米，洁净区2300平方米，动力机房800平方米，废水处理站1600平方米，仓库300平方米。至2019年底，已经完成办公楼厂房建设、设备入场、调试等投产前准备。

天瀚高端锂电池 山东天瀚新能源科技有限公司于2018年7月30日正式注册成立，注册资本金5000万元人民币，山东天瀚新能源科技有限公司作为一家锂电高科技企业，主要从事锂离子电池、动力电池、电池组、BMS电池管理系统等全产业链的研发、设计、制造、销售和服务业务。全部建成后，可实现年销售收入70亿元、利税13亿元，年产8GWh高端锂离子电池。至2019年底，已经完成办公楼厂房建设并正式投产。

交大智邦（枣庄）数字科技 由山东威能数字机器有限公司负责实施，总投资15亿元，主要建设汽车动力总成高端装备国产化与智能制造系统研发生产基地。2019年底，已经开工建设，预计2020年正式建成投产。

【科技人才管理】 2019年，引进高端人才19人，柔性引进国家863首席科学家郭继香，山东财经大学博导、国家“百千万人才工程”专家，泰山学者刘培德、山东省泰山学者青年专家胡琼政博士等人才11人；2019年，申报人才项目13项。1人在泰山产业领军人才创业项目决赛中胜出，9人被认定为山东省科技特派员，2人进入山东省智库高端人才入库，2人被认定为2019年度枣庄英才，枣庄市老科技专家智库入选5名，组织推荐枣庄市博士联谊会会员17位；促进校企联合，“助力新旧动能转换，双百联合技术攻关”，2019年度共促进企业与科研院所合作项目53个，项目合作主要在太阳能光热、节能环保、新能源新材料、大数据、智能制造等领域。

（枣庄高新技术产业开发区　毛丽荔）

东营高新技术产业开发区

【概述】 2019年，东营高新技术产业开发区（以下简称东营高新区）实现地区生产总值55亿元，同比增长6.5%；“四上”企业实现营业收入280亿元，规模以上工业总产值120亿元，同比增长10%；完成固定资产投资26亿元，完成一般公共预算收入1.3亿元，同比增长31%。高新技术产业产值占规上工业总产值的比重在 85% 以上。

【科技计划项目与经费】 2019 年，承担省级以上科技项目 3 项，分别为科瑞一体化智能石油钻井装备技术研究及产业化项目、德仕海上油田提高采收率用表面活性剂体系研究与应用项目、恒鑫重型燃气轮机单晶空心涡轮工作叶片控形关键技术研究项目，均为 2019 年度山东省重点研发计划（重大科技创新工程）入库项目，为企业争取科技专项资金 2750 万元。

【科技成果与奖励】 2019 年，东营百华石油公司完成的生物质硅碳／单甲基丙烯酸锌协同增强氢化丁腈橡胶的制备及产业化项目获山东省科学进步奖三等奖。推荐 5 家科技型企业申请了科技成果转移转化贷款补偿资金，帮助企业落实贷款 2700 余万元。评价科技成果 14 项，8 项达到国际先进水平，6 项达到国内领先水平。探索“科技创新券”试点，创新政策扶持方式，实现由“事后奖励创新变为事前引导创新”，首期创新券已经发放至 58 家企业，累计发放额度 480 万元，已兑现 97 万元。

【知识产权管理与服务】 2019 年，东营高新区授权发明专利 37 件、实用新型 273 件。为激励企业申报专利，调动企业申报专利的积极性，2019 年，出台了《东营高新区科技创新券管理暂行办法（试行）》，通过对园区纳税 30 万～ 100 万元的企业发放 5 万元、纳税 100 万元以上企业发放 10 万元的创新券，鼓励企业利用创新券委托第三方科技机构开展高企申报、平台建设、专利申报、技术成果评价等各类创新活动，首期创新券已兑现 97 万元。

【科技合作与交流】 2019 年，邀请油地校专家 50 余名组织“人工智能＋石油工程”等 5 场技术精准对接活动，全区 140 余家企业、300 余名企业技术人员参加了技术对接，共发布科技成果 40 项，达成合作意向 20 余项。2019 年，举办科技成果对接活动 30 余次，为企业提供精准人才服务 37 次，落地专家 7 人、科研合作 13 项。

【科技改革与管理】 依托胜利创新孵化器重要载体，制定《高新区关于支持入孵企业发展的意见》，19 家创新创业团队实现入驻。探索“科技创新券”试点，创新政策扶持方式，首期累计发放额度 480 万元，惠及企业 58 家。

探索油地校协同高效一体化发展模式 2019 年，举办了油地石油装备职业技能暨“金牌工匠”选拔大赛，在企业发现人才、锻炼人才、选拔人才方面发挥了良好的平台效应。2019 年 8 月，为促进油地校融合发展，更好地服务企业，促进企业转型升级，联合中国石油大学（华东）、胜利油田、省科学院等多家科研单位，举办油地校产学研对接会暨东营石油装备产业技术研究院成立仪式，“东营市技术转移转化中心”“中国石油大学（华东）技术转移中心东营分中心”等一批科技服务机构落户高新区，为油地校融合发展打下良好基础。2019 年，举办了首届“油地融合杯”创新创业大赛，紧紧抓住胜利油田分公司作为中石化唯一创新创业试点单位契机，油地共建了胜利创新孵化器，出台了《高新区关于支持胜利创新孵化器入孵企业发展的意见》，已有 13 个油田创新创业团队入驻，油田分公司第一个创业项目完成公司注册。联合中国石油大学（华东）在东营高新区组织共建了研究生实践基地，联合胜利学院开展了专家博士助企结对帮扶工作。依托利丰石油装备基地打造油地产业融合园区，建设人才、技术离岸孵化器——青岛胜钻工程机械技术研发中心，带动了区域发展，起到了融合发展的良好示范效果。

创新型科技园区建设 推行管理体制改革，按照“两剥离、两整合”改革要求，制定《东营高新区体制机制改革创新的实施方案》，积极协调市委编办，加快省级高新区机构报批。同时，抽调精干力量成立东营高新区建设发展领导小组，负责高新区建设发展工作；推进运行机制改革。探索推行“管委会＋公司＋基金＋专业招商团队”的管理机制，东营高新区投资管理有限公司注册完成，实现资金注入并计划增资至 5 亿元，统筹负责高新区土地熟化、产业导入、基础设施配套等各项工作。与华耀资本公司进行合作，设立高新区产业基金，一期规模 5 亿元。成立领客招商服务有限公司，招聘专业招商人员 20 人，成立对外招商专班、装备制造产业招商专班等 7 个工作专班，制定了《招商引资工作公司化运作改革方案》《专业招商公司招商引资工作考核办法》等有关文件，计划先行试点全员聘任、KPI 考核和绩效薪酬体系，激发广大职工干事创业的积极性；推进审批制度改革。按照“应放尽放”“办事不出高新区”的思路，成立了区行政审批服务局高新区分局，初步实现了 103 项区级行政事项审批“一站式”办理。

产业技术创新战略联盟构建 2019 年，联合中石化胜利油田分公司、中石化胜利工程公司、中国石油大学（华东）、石油大学胜利学院等部门共同签订了“油地校协同创新联盟”，从人才、科技成果、平台建设等方面达成了战略合作关系，为推进高新区高质量发展，推动高新区创建工作开提供了强有力的科技支撑。

创新型（试点）企业培育 2019 年，首次申报高企 7 家，到期复审高企 6 家，全年新增高企数量达到 13 家，高企总数达 37 家。2019 年，新增科技型企业 4 家，成功申报省级“专精特新”企业 4 家、省级高端装备制造业领军（培育）企业 4 家、隐形冠军 1 家、瞪羚企业 1 家、市级专精特新企业 5 家、市级高成长型中小企业重点培育企业 5 家。

【技术创新服务平台建设】 大力推进企业科研平台建设，2019 年，成功申报省级科研平台 3 家、市级平台 17 家，累计省级平台达 40 家、市级平台 60 家。

【重大项目进展选介】

东营天东制药有限公司年产 25 亿粒（支）制剂及配套项目 该项目总投资 6.6 亿元，新上生产线 9 条，主要包括 10 亿粒片剂生产线；年产 3 亿支肝素水溶液生产线；年产 3 亿粒舒洛地特软胶囊生产线；年产 2 亿支西林瓶水溶液生产线；年产 1000 万支多磺酸黏多糖软膏生产线；年产 2 亿粒胶囊生产线及为制剂配套的年产 6 吨依诺肝素钠原料药生产线 1 条；并预留 5 亿粒支制剂生产空间。2019 年，甲类仓库、公用工程楼、辅料仓库建设完成；乙醇回收车间建设完成并达到试生产条件；污水处理系统、消防池进行试运行；完成小试流程，进行商业批次验证，进入验证数据收集阶段。

山东德仕石油工程集团股份有限公司平台型油田服务企业新模式建设 该项目总投资 5 亿元，项目的实施将从单纯提供产品或劳务服务转变为面向老、旧、关停油井及低产区块提供提高石油采收率整体方案的设计及综合服务，整合增产技术和提高采收率技术的所有模式，配备油藏评价、工艺、开发地质、动态地质、生产管理、项目管理、安全环保等多方面的专业技术人员组成项目组，形成一个高速运转的平台模式。2019 年，恢复老旧油井 368 口，增产权益油 80 万吨；全球油服中心投入使用，建成大数据生产指挥中心；2052 实验室继续开展全球油田增产产品调研，已确认 5 项产品重点研发；引进的一名国际高端人才已到位并开始进行相关产品研发工作；启动联盟建设，着手招募会员。

【科技人才管理】 2019 年，引进龙乐豪院士工作站、中科院成都有化所抗菌材料项目等十余个人才团队入驻园区。东营高新区被认定为“省级专家服务基地”，获批成立省加工制造业人才市场石油石化行业分市场，打造了山东省首家石油石化行业人才基地等人才交流平台。组织辖区 20 余人申报 2019 年度市、区两级人才工程，挖掘人才资源 23 人；2019 年，德仕集团的修宗明教授成功入选山东省泰山产业领军人才工程。打造油地人才合作新样板，13 个油田人才团队成功入驻胜利创新孵化器，胜利星科检测技术有限公司作为油田第一家创新创业公司在高新区成功落地。

（东营高新技术产业开发区　刘燕红）

烟台高新技术产业开发区

【概述】 2019 年，烟台高新技术产业开发区（以下简称烟台高新区）实现规模以上工业总产值 527.7 亿元，增长 7%；高新技术产业产值 274.0 亿元，增长 13.0%；规模以上工业增加值 164.4 亿元，增长 8.0%；一般公共预算收入 41.5 亿元，增长 17.3%。全区外贸进出口总额达到 124.0 亿元，增长 8.0%，其中，进口 28.3 亿元，出口 95.7 亿元。

【科技计划项目与经费】 2019 年，烟台高新区共 52 个项目获市级以上立项批复，立项资金 4701 万元。其中，山东东仪光电仪器有限公司“用于 CT 核心部件硅漂移探测器阵列芯片的研发及产业化”等 5 个项目获批省重大科技创新工程。

【科技成果与奖励】 山东绿叶制药有限公司“无菌制剂智能制造关键技术研究与应用”项目获得 2019 年度山东省科学技术进步奖三等奖。山东航天电子技术研究所“一种激光传能系统”项目获得第二十一届中国专利奖优秀奖。

【知识产权管理】 2019 年，烟台高新区持续完善知识产权政策体系，相继出台了《烟台高新区知识产权质押融资管理办法》《烟台高新区知识产权专项扶持资金管理办法（试行）》。截至 2019 年底，核心区发明专利申请 401 件、发明专利授权 128 件，有效发明专利拥有量 496 件。积极推行《企业知识产权管理规范》，华顺机械等 11 家企业通过贯标认证，帮助龙港泵业等 11 家企业取得知识产权质押贷款 5990 万元。海研制药、卓越新能源、金建工程 3 家企业入围国家知识产权优势企业，全区知识产权优势示范企业累计达到 10 家。

【科技合作与交流】 依托烟台校地合作示范基地，举办中英海洋科技交流合作论坛、双一流高校烟台创新协同中心成果转化技术对接活动、国家轻量化材料成形技术及装备创新中心汽车轻量化中心签约对接交流活动等各类产学研对接活动14次。依托中韩（烟台）产业园加强对韩合作，出台《支持引进韩资项目加快东片区发展的政策措施》，组建驻韩办事处，烟台中韩跨境电商公共服务平台正式启动。依托“丝绸之路高科技园区联盟”，深化与“一带一路”倡议沿线国家合作，组织参加丝绸之路高科技园区联盟第四届会议，联盟成员拓展至17个国家的59家高校院所、科技园区，中集巴顿焊接技术研究中心获批中欧海洋工程示范型国际科技合作基地，中俄科技园与乌兹别克斯坦塔什干纺织与轻工业学院共建国际技术转移中心，当选为山东引智联盟首届轮值理事长单位。依托中日产业研究院，加强与日交流合作，瞄准中日双方产业发展前沿领域，重点围绕新材料、智能制造、生物技术3个领域，开展技术、项目、人才交流合作。

【战略性高新技术产业发展】 制定出台了产业项目引育办法，签约引进树兰国际生命医学中心、中科创新广场等“高科技、高潜力、高附加值”产业和创新平台项目150个，腾讯云瀚客生态圈、新加坡智能健康系统、卫星遥感大数据、医疗物联网平台等25个技术创新平台和产业化项目正式运营，大项目支撑、新项目引领、好项目驱动的产业格局快步形成。2019年，核心区新增高企26家，高新技术企业总数达到94家，43家企业纳入市级高企培育库。

【创新型科技园区建设】 以山东半岛国家自主创新示范区建设为引领，依托烟台校地合作示范基地、军民融合创新示范基地，加速集聚高端创新要素，着力打造创新型科技园区。立足产业基础，编制《2019年自创区发展建设专项资金实施方案》，起草《2019年自创区项目评审工作方案》并开展项目评审，13个项目获立项扶持资金1550万元，完成自创区设定目标任务18项；上报2020年度烟台自创区重点建设项目并顺利完成答辩工作。加快校地合作示范基地建设，引进双一流高校协同创新中心、国家轻量化材料成形技术及装备创新中心汽车轻量化中心等校地合作项目11个，清华启迪中英“两国双园”、思科创新中心等一批项目投入运营。加快军民融合创新示范基地建设，引进中关村联创军民融合装备产业联盟（烟台）产业园、中国航天环境可靠性试验与检测中心烟台实验室等4个创新平台。推进国际生物科技园医药与健康公共技术服务平台建设，完成二期6个平台、1.2亿元资金验收。

【技术创新服务平台建设】 2019年，烟台高新区新增国家级平台2家、省级平台8家，省级以上创新平台达到50个。园区获批中国科协“海智计划”工作基地、山东国际生物科技园发展有限公司获批国家小型微型企业创业创新示范基地。中国农业大学烟台研究院“农业废弃物高效利用技术研究推广中心”，获批省级技术中心，山东华谱检测技术有限公司，获批山东省引智成果示范推广基地，山东航天电子技术研究所、山东海洋现代渔业有限公司、山东华宇航天空间技术有限公司3家企业，获批省级海洋工程协同创新中心，山东航天电子技术研究所“量子磁与电磁工程实验室”，获批省级工程实验室，博源科技材料获批省级“一企一技术”研发中心，烟台中科网络技术研究所，获批省博士后创新实践基地。山东华鼎伟业能源科技股份有限公司、烟台北方星空自控科技有限公司两家企业，获批市级工程实验室，烟台友开通信技术有限公司、烟台磐能电气控制系统有限公司、山东华鼎伟业能源科技股份有限公司3家企业，获批市级企业技术中心。

【重大项目进展选介】

信息安全与智能制造烟台研发基地 该项目由中国电子信息产业集团第六研究所投资建设，总投资20亿元，位于科技大道以南、海博路以西、学府西路以北，规划路以东，占地面积约175亩，总建筑面积650583平方米，打造信息安全防护基地、金融CRS及智能制造基地。一期项目正在施工建设。

谛源光科研发生产总部基地 该项目由深圳市谛源光科有限公司投资建设，总投资20亿元，位于创新路以南、纬五路以北、经一路以东、经三路以西，总建筑面积约1511911.6平方米，建成后主要从事投影仪整机及配套镜头、抗光幕，以及光学镜头研发生产加工，拟打造成为全洲最大的精密物理光学仪器生产与激光投影组装基地。总部基地1号厂房主体已封顶，正在进行室内装修。

航天高新技术园续建（微纳卫星与脉冲导航项目） 该项目由山东航天电子技术研究所投资建设，总投资约9亿元，位于科技大道以南、海天路以东、学府西路以北，占地面积约345亩，总建筑面积约55万平方米。航天高新技术园及山东省微纳卫星与脉冲星导航示范工程技术研究中心建成后，主要生产卫星、飞船等电子产品，打造成为国内外具有重要影响力的航空航天产品研发、转化与生产基地。航天大厦和3栋中试车间正在进行地砖铺设、空调管道、消防管道与强弱电等安装，新建微纳卫星与脉冲星导航项目已取得红线图、已出具规划设计条件。

烟台北航科技园加速器 该项目由北京北航星空科技发展有限公司投资建设，总投资约4亿元，位于航天路以北、学府东路以南、规划23号路以西、规划22号路以东，占地约63.72亩，总建筑面积约70000平方米。主要建设以航空航天相关精密电子设备研发、制造及软件开发为主的高新技术产业聚集区和科技型中小企业的孵化基地和加速器，建成后主要从事特色创新创业孵化基地运营。土地摘牌已完成。

【科技人才管理】 2019年，大力实施“蓝海英才计划”，制定高层次人才管理暂行办法、创业启动资金管理办法等系列配套文件，完善人才梯队建设，形成政策“组合拳”，凸显“洼地”优势。加强人才工作专项资金的筹划使用，重点资助高层次创新产业人才和顶尖人才创业团队，共引进培养国家级层面高层次人才13人、累计50人，省级层面高层次人才8人、累计50人，市级层面高层次人才8人、累计76人，获评国家海智计划工作基地、2018年省人才工作先进单位，入选省人才工作创新特色案例。

（烟台高新技术产业开发区　马清涓）

潍坊高新技术产业开发区

【概述】 2019年，潍坊高新技术产业开发区（以下简称潍坊高新区）完成地区生产总值（GDP）499.92亿元，按可比价计算同比增长7.7%；规模以上工业企业实现工业总产值1208.35亿元，增长17.9%；实现高新技术产业产值954.07亿元，增长21.3%；高新技术产业产值占规模以上工业总产值比重达到79%，增加5.3个百分点；完成财政总收入112.96亿元，增长7.7%；完成一般公共预算收入59.09亿元，增长5%。

【科技计划项目与经费】 2019年，获批各级科技计划项目293个，获批科技政策资金2.8亿元。获批山东半岛国家自主创新示范区发展建设资金项目13项，争取省级扶持资金2640万元，创历史新高。10个项目获批2019年度山东省重点研发计划（重大科技创新工程），占全市18%，获批资金9085万元。获批2019年度省级技术创新引导计划（企业研究开发财政补助）资金365.77万元。2019年，3个项目获批山东省科技创新发展资金（技术创新引导计划国家重点科研项目补助和奖励）385.42万元，占全市100%。获批潍坊市科技发展计划项目44项，立项扶持资金755万元。

【知识产权管理】 2019年，国内专利申请5447件，同比增长35.87%，发明专利申请2144件，同比增长17.74%；国内专利授权2823件，同比增长12%，其中发明专利授权785件，同比增长22.46%；全区有效发明专利拥有量2965件，专利密度156.05件／万人，专利拥有量占全市总量的39.22%。潍柴、沃华的3件专利荣获中国专利奖优秀奖，歌尔、盛瑞、潍柴3家企业分别荣获山东省专利奖一、二、三等奖，获得潍坊市专利奖共16件，居全市第一。通过国家知识产权管理体系认证企业达到137家。国家知识产权优势、示范企业工作扎实推进，潍柴、天瑞升级为国家知识产权示范企业，赛马力等4家企业被评为国家知识产权优势企业。专利补贴及专利权质押融资开创新局面，为企业申报省、市级专利资助资金1073万元，有10家企业获批专利质押贷款15笔，融资金额46799.55万元，有效拓宽了企业融资渠道。

【科技奖励与成果转化】 潍柴动力的“柴油机高效后处理系统关键技术开发及产业化”项目荣获2019年度山东省科学技术进步奖一等奖，盛瑞传动的皮特·谭伯格荣获2019年度山东省国际合作奖，天维膜的“扩散渗析器开发及应用”项目荣获2019年度山东省科学技术进步奖三等奖。“高效节能8挡自动变速器研发及产业化”“生物质气发电技术研究与应用”“液晶面板智能柔性焊接线研发及产业化”等8个项目（人选）荣获2019年度潍坊市科学技术奖，其中，荣获潍坊市科技进步奖一等奖2项、二等奖5项，国际科技合作奖1项。

【高新技术产业】 2019年，潍坊高新区坚持以发展高新技术产业为主线，紧紧围绕发展高科技、实现产业化的职责使命，瞄准“十强产业”，落实“三个聚焦”，大力实施腾笼换鸟，全面加快动能转换，培育形成了结构良好的优势高新技术产业集群。2019年，潍坊高新区新认定高新技术企业64家。

【瞪羚企业培育】 2019年，联合认定和发布瞪羚企业名单和发展报告，其中，认定类瞪羚企业23家、培育类瞪羚企业14家。2014—2017年，认定类瞪羚企业的平均营收复合增长率达到31.93%，平均研发投入强度达到6.4%。在全省国家高新区率先筹建瞪羚企业俱乐部，致力将俱乐部打造成为企业与企业、企业与政府、企业与服务机构资源共享平台，加快培育潍坊高新区新的经济增长点。

【创新创业平台建设】 引导和支持区内企业“以我为主”组建各类创新平台，打造企业技术创新和成果转化的"策源地"。已建成潍柴内燃机可靠性重点实验室1个国家级重点实验室，沃华心脑血管中药研究与开发实验室等4个省级重点实验室，盛瑞乘用车自动变速器工程技术研究中心等2个国家级工程技术研究中心，天维膜山东省荷电膜工程技术研究中心等26个省级工程技术研究中心，以及潍柴动力氢燃料电池技术创新中心等共计34个省级以上研发平台。围绕区域科技创新和产业发展需求，引导建设高端创新创业孵化平台，完善提升"众创空间＋孵化器＋加速器＋产业园区"四位一体创新创业服务体系，共建成省级以上孵化器、省级以上众创空间各10个。

【科技合作与交流】 创新招引方式，加大科研院所引进力度，新认定院士工作站1家、院士专家工作站1家，新认定市招院引所机构8家。其中，北航歌尔机器人与智能制造研究院、潍坊磁悬浮产业技术研究院和中科地理信息技术研究院完成公司化运营，已累计认定市招院引所机构24家。积极协助新力超导与山东大学、潍柴新能源与省科学院、怡通科技与中科院合肥物质所、新港电子与中科院上海信息技术研究所等10个重大产学研项目的合作实施，总投资超5亿元。

【科技人才服务】 2019年，全区新入选省泰山产业领军人才5人、鸢都产业领军人才6人，引进高端技术人才（团队）51个。全年组织企业家赴中科院、清华大学、中科大、哈工大等高校院所及英国、芬兰等国家招才引智7次，对接紧缺急需高端专家40余名，新引进高校毕业生3665人。依托省级留创园和专家服务基地等人才平台，承办"2019年走进潍坊留创园暨中国海外学子报国行"活动、首届潍坊中医药产业大会、百千万专家走进潍坊服务基层活动，吸引专家190余人，对接用才企业200余家，现场签约人才（团队）9个。

【技术交易服务】 坚持为企业提供"店小二"式科技创新服务，2019年，先后组织企业参加技术转移及税收政策公开课、全市技术经纪人培训班等科技成果专题培训，为企业提供成果转化高水平技术指导。山东领潮科技服务等3家企业，获批市级技术转移示范机构，获批奖励补贴13万元；山东兆源智能科技、潍坊子乙泽霖新材料获批促进科技成果转移转化补贴6万元。全年完成技术合同网上注册44家，网上完成合同登记215条，登记金额8.22亿元。

【重点项目选介】

潍柴国际配套产业园 园区规划面积30000亩，计划总投资2000亿元，规划引进企业500家以上，建设世界一流的万亿级动力产业园，打造潍坊国际动力城，建成后预计年产值超过5000亿元、税收超过300亿元。其中，一期占地680亩，计划投资106亿元，建筑面积50万平方米。布局氢燃料电池和发动机关键零部件、智能装备、汽车电子等项目，按照生产、生活、生态"三生融合"理念，规划建设现代厂房、蓝领公寓、科研办公、综合服务中心，打造生产研发一体、配套设施一流、生态环境优美的绿色高端园区。

潍坊航空航天产业园 园区规划面积4640亩，按照"统筹共享、聚集发展"的原则，融入"蝶变"的空间设计理念，以生态绿廊串联浞河湿地＋人才公寓＋研发办公＋科研孵化＋智能工厂，打造极具活力的航空航天产业现代小镇。一期同步配套小学、社区服务中心、商业中心和工业配套服务中心，致力于打造生产研发一体、设施配套完善、航空航天产业集聚的核心示范区。二期重点引进投资密度高、科技含量高、带动作用大的航空航天企业，做大做强航空航天新型工业化产业园区，带动全域产业体系的优化升级。

潍坊物联网产业园 园区是潍坊市重点支持发展的新一代信息技术产业园区，面积5.4万平方米，重点引进人工智能、物联网、区块链、大数据、5G等领域的知名企业和科研孵化机构，筹备建设AIoT全球研发中心和Ayla云平台北方运营中心，设立物联网产业投资基金，致力打造具有国际影响力的物联网产业集群和"云＋端"生态高地。

（潍坊高新技术产业开发区　闫　晨）

济宁高新技术产业开发区

【概述】 2019年，济宁高新区抢抓建设全市新旧动能转换增长极、全面深化改革先行区两大历史机遇，全力推进"三次创业"，加快创新型特色园区建设，园区全面提速、提质、提效发展。全年实现营业总收入3506亿元，增长11.1%；固定资产投资完成325亿元，增长7%；高新技术产业产值完成447亿元，增长4.6%；规模工业增加值增长4%；完成进出口额103亿元；一般公共预算收入完成38.5亿元，增长

0.02%，城乡居民可支配收入分别增长 8.1%、9.7%。

【科技计划项目与经费】 2019 年，济宁高新区组织申报各级各类科技计划项目 386 项，获批 312 项，其中，国家级 49 项、省级 184 项、市级 79 项，成功入选国家中小企业创新创业特色载体，获批资金 5000 万元；山推工程机械股份有限公司的“面向一体化施工的工程机械智能成套装备技术研发及示范应用”、山东加睿晶欣新材料股份有限公司的“4 英寸氮化镓单晶衬底产业化技术研究”等 8 个项目获批山东省重大创新工程资助 6720 万元，争取省级项目资金创历史新高。

【科技成果与奖励】 2019 年，辰欣药业股份有限公司的“猪肠黏膜活性成分的制备、质控体系的构建及产业化开发应用”项目获得山东省科技进步奖二等奖；区内企业山东如意科技集团、山推工程机械股份有限公司、山东通佳机械有限公司等 15 家公司分别牵头或参与制定国家、行业标准 19 项；2019 年，兑现各类科技奖励资金 2600 余万元。

【知识产权管理】 2019 年，济宁高新区按照“发展有战略、创新有协作、支撑有平台、产品有专利、竞争有优势”的思路，全区三类专利申请量增长 59.8%，授权量增长 51.3%，其中，发明专利申请量增长 62.1%，企业专利申请量和授权量占比达到 90% 以上。如意科技荣获中国专利奖银奖、山推股份荣获山东省专利奖三等奖；新增国家知识产权示范企业 1 家，全区国家知识产权知识产权示范企业达到 5 家，支撑全区经济社会发展的作用明显增强。

【科技企业发展】 2019 年，建立了全区百家成长、千家培育企业池和数据库，103 家企业通过国家科技型中小企业备案；40 家企业通过国家高新技术企业认定，净增国家高新技术企业 20 家。推动区内企业与中国科学院、中国工程院、加拿大多伦多大学、古巴基因工程与生物技术中心、印度卡图专家团队等国内外 120 余家院校、科研团队开展了紧密的产学研合作。区内 90% 以上的大中型企业与高校院所建立合作关系，全区各类产学研合作项目超过 500 项。

【技术创新服务平台建设】

公共服务平台建设 区内建有国家级创业服务中心、生产力促进中心、留学人员创业园，产学研基地、大学科技园、创意设计园、产业加速器等各类孵化器面积突破 200 万平方米，获批国家级孵化器和中国产学研合作示范基地，形成了涵盖项目发现、团队构建、企业孵化、技术支持、法务商务等全价值链的创业服务体系，2019 年，成功入选国家中小企业创新创业特色载体，获批国家级科技孵化器 1 家。高标准启动济宁创新谷建设，济宁创新谷上升为市级战略，创新谷、蓼河数谷、蓼河国际英才港、麒麟岛、济宁资本中心等五大核心载体建设。

创新研发平台建设 全区有各类创新载体平台 300 多家，其中，国家级 59 个，省级 129 个，主要是国家工程技术研究中心 1 家、国家级企业技术中心 5 家、国家工程实验室 3 家、省级重点实验室 2 家、省级工程技术研究中心 25 家、省级企业技术中心 26 家、省级工程实验室（研究中心）8 家。持续推进济宁高新区新型研发机构和产业研究院建设，已引进和培育中关村—信息谷创新中心、南京理工大学济宁产业研究院、山东生命科技研究院等高端研发机构 30 余家。

科技金融服务体系建设 加快推进济宁创新谷•济宁资本中心核心区，科技金融创新园•吴泰闸路金融街，麒麟岛•科技金融示范基地三大金融载体建设，引进中企云链、北京中关村网金中心、金融超市等科技金融新模式，目前已聚集银行、风险投资、天使资金、微贷等科技金融机构 100 余家，投资基金规模达到 100 亿元。

【科技人才管理】 完善“一事一议”人才机制，实行“蓼河英才卡”和服务专员制度，从平台扶持、人才补贴、科研资助等方面制定支持政策，科技人才投入超过 1 亿元，全力打造人才洼地。重点探索“人才 + 项目 + 资本”引资引智联动模式，2019 年，引进 2 名“诺贝尔”奖获得者，新增欧洲科学院院士 1 名、英国皇家工程院士 1 名、两院院士 3 名、省泰山学者海外特聘专家 1 名，兑现各类人才政策资金 1000 余万元。

【科技项目选介】

济宁国际生命健康科技城 济宁国际生命健康科技城由中国 500 强金科集团投资建设，项目总投资 50 亿元，总占地面积 800 亩。项目重点围绕遗传学、基因组学、蛋白组学和医疗保健培育四大产业集群，按照“一核三圈”进行空间功能布局，构建以“生命信息 +”为先导的智能生命健康产业生态，建设生命数字、高端医药、健康服务三大产业生态圈，打造鲁西南生命科技创新基地、健康产业集聚区、蓼河健康宜居新城。项目建成后，将打造成为鲁西南地区最大的国际健康科技研发创新中心，国际一流的生物技术生产服务总部和医疗与健康服务中心，将带动相关产业年产值约 80 亿元，利税达到 20 亿元以上。

济宁智能终端产业园 该项目总投资 150 亿元，建设 100 万平方米标准电子厂房，计划引进 100 家以上的智能终端类企业项目，5 年预期可形成 500 亿元产值规模、可形成 10 亿元税收。主要引进智能终端、高端计算机、机器人、无人机、汽车电子、可穿戴设备、智能家居、智慧医疗、智慧教育、智慧安防等终端设备企业，并以此为核心要素招引上下游等零部件产业配套企业落户，延伸产业链，打造山东省智能终端生产制造中心。

比利时中心实验室 该项目由比利时 Histogene XN.V. 投资建设，总投资 1.1 亿元，建立为国内外药企临床试验提供覆盖全球的国际多中心实验室，为临床试验提供全面的病理学和生物标记物评估服务，客户涵盖辉瑞、罗氏、诺华、百时美施贵宝、强生、艾伯维等国际顶尖药企。由于 HistoGeneX 具备全球尤其是欧盟认定的临床试验结果颁发资质，未来将对全球创新型、基地型、平台型的医药项目入驻全区具有莫大吸引力，对全区的生物医药产业板块进行补链招商，也将打破现有制药类企业落地难的瓶颈，为招引全球 500 强医药企业提供了真实的可能性。

海美科技智能制造产业园 该项目由海美新能源科技有限公司投资建设，项目总投资 20 亿元，主要建设新能源整车四大工艺所需的生产车间、研发中心、公共办公及配套设施等，总建筑面积约 18 万平方米，购置各类高端生产设备 500 台套，主导产品为新能源乘用车整车，同时开展各类新能源专用车的研制和开发。项目全部投产运营后，年可生产 30 万辆新能源整车，年可实现年销售收入 50 亿元。通过建设新能源整车制造基地，集中优势力量打造新能源新材料“产业新地标”，对优化全区产业结构，实现经济转型升级、助推新旧动能转换具有重要意义。

山重新能源挖掘机 济宁山重新能源有限公司专注于挖掘机的生产经营，技术研发重点为蓄能挖掘机及山重建机产品的有效补充机型的开发，公司研发的新能源混合动力挖掘机，在施工作业实测节油率为 30%，综合效率提高 40%，在 30 吨以上挖掘机市场有极强的竞争力。项目总投资 6 亿元，占地 150 亩，厂房建设面积 5.8 万平方米，新上挖掘机整机装配线 1 条，生产新能源混合动力挖掘机，一期达到年产 1000 台，预计实现销售收入 25 亿元。

（济宁高新技术产业开发区 蔡 超）

泰安高新技术产业开发区

【概述】 2019 年，泰安高新技术产业开发区（以下简称泰安高新区）围绕高质量发展总体要求，全力推动经济社会健康平稳发展。全区生产总值同比增长 8.2%；规模工业增加值增长 5.9%，规模工业主营业务收入同比增长 6%；“一带一路”进出口总额 7.53 亿元，同比增长 79.37%；实现一般公共预算收入 23.77 亿元，同比增长 7.45%，境内税收总收入同比增长 19.78%，其中工商税收收入同比增长 43.98%。主要经济指标增速均保持在全市前列。

【科技计划项目与经费】 申报省 2019 年度（山东省重点研发计划）重大科技创新工程，其中，2 个厅市合作项目、2 个公开申报项目分别入围山东省重点研发计划重大科技创新工程，有 2 家企业入围山东省重点研发计划国际科技合作项目。路德新材料公司“高性能土工格栅绿色关键工艺突破项目”成功入选山东省 2019 年度绿色制造“1+N”示范项目（1 是指绿色制造重大工程示范项目，N 是指绿色制造带动提升项目），全省重点支持 5 个项目，泰安高新区占 1 个。2019 年，政府科技投入达到 14958.79 万元，同比增长 88.9%。其中，兑现区级科技创新政策资金 5809.46 万元，获批省级重点研发计划项目等上级资金 9149.33 万元，对 230 家（次）企业的创新创造活动进行了支持，引领高新区以创新驱动高质量发展。

【科技成果与奖励】 2019 年，山东能源重型装备制造集团有限责任公司的“耐磨蚀抗热震结构功能材料及涂层技术”项目获国家技术发明奖二等奖；力博重工科技股份有限公司的“复杂地形下长距离大运力带式输送系统关键技术”项目获国家科技进步奖二等奖；泰安路德工程材料有限公司、山东路德新材料股份有限公司、山东谱信工程试验检测有限公司的“高强智能集成化纤维复合土工材料关键技术研发及产业化”项目获市科技奖励一等奖；山东泰开成套电器有限公司的“KYN28A－12（Z）铠装型移开式交流金属封闭开关设备自主创新平台”项目，山东能源重型装备制造集团有限责任公司的“高可靠性智能刮板输送机关键技术及产业化”项目，山东第一医科大学（山东省医学科学院）、山东众志电子有限公司的“数字医疗与养老融合平台的研究及应用”项目，获市科技奖励二等奖；山东能源重装集团泰装工程装备制造有限公司的“SD10 隧道内—双向自卸式运管车”项目，获市科技奖励三等奖。

【知识产权管理】 2019 年，全区共有 22 家企业通过国家企业知识产权规范认证；在前期企业微导航的基础上，已形成输变电、高端装备和智能制造、新材料、生物医药 4 个产业专利导航分析报告，11 月 20 日，顺利通过验收；专利导航可为区内产业和企业发展提供精准的知识产权服务，引领创新发展的方向。2019年，协助区内企业路德新材料获得贷款2000万元，有效盘活了企业核心知识产权，积极推进知识产权质押融资，帮助创新型企业破解发展瓶颈。向市场监督管理局做好知识产权交接工作。

【科技合作与交流】 组织企业参加第四届“外国专家泰安行”活动，共征集24个外国专家需求，区内8家企业与外国专家签订合作意向。针对已经申报的企业，以及与外国专家有过深入接触但尚未签约的企业，泰安高新区将继续跟进，切实推动合作项目落地，确保外国专家才智与企业需求深度融合，帮助企业克服技术瓶颈，推动转型升级。组织区内9家企业参加泰安市“牵手才智·助跑泰安”科技招才引智签约，签约仪式上与北京大学白树林教授、中科院吴丽芳博士等高端人才签订合作协议，积极组织企业参加中国国际人才交流大会、2019新动能青岛展览洽谈会；与西安交大、江南大学等校地科技合作交流活动，促进产学研合作。

【科技改革与管理】 泰安高新区推行“党工委（管委会）＋公司”改革模式，充分参考省内、外先进开发区体制机制改革工作经验，结合泰安高新区实际，制定了包括岗位竞聘、绩效考核、薪酬管理在内的相关改革方案和办法。归并整合内设机构，管委会原32个部门整合精简至8个，在编人员由285人压减至150人。通过改革，打造干部队伍，将高新区建成科技创新引领区、深化改革试验区、对外开放先行区、新旧动能转换集聚区和高质量发展示范区。

【战略性高新技术产业】 发展战略性新兴产业，发挥政策导向作用，产业结构呈现持续优化的态势，2019年，规模工业企业中的输变电设备、矿山装备、汽车及零部件3个优势产业产值同比增长4.9%，占全部规模工业产值的52.2%，同比下降0.6%；新材料、新一代信息技术、生物医药3个战略性新兴产业产值同比增长20.9%，占全部规模工业产值的24.4%，同比提高2.9%，新兴产业拉动力逐步增强。

【创新型科技园区建设】 泰安开发区泰山创业投资有限公司“泰山创业·星火科技园”获批国家级科技企业孵化器，现共拥有市级以上孵化载体9个，其中国家级4个。此外，从产业、人才、创新创业、发展环境等方面着手，与北京长城企业战略研究所合作，策划编制了国家创新型特色园区建设方案，形成了《泰安高新区创新型特色园区建设方案》《泰安高新区创新型特色园区建设研究报告》《泰安高新区评价指标体系（创新指数）研究》等成果。市委、市政府对此给予大力支持，积极推进建设进程。

【产业技术创新战略联盟构建】 泰安高新区始终把科技创新作为引领发展的第一动力，积极引导区内企业、机构建立产业联盟，有效整合产业及科技创新资源，加强企业、项目、人才、资本的横向流动，促进产业互构共塑，优化产业结构与生态，促进政产学研金服用高效合作。2019年，已经建立了“泰安高新区机械工业自由创造联盟”“泰安高新区创新平台开放发展联盟”“泰安高新区智慧建造产业技术联盟”“泰安高新区清洁能源高效利用联盟”，同时，泰安市供应链与冷链协会、泰安市水科技学会也落户高新区，形成了资源共享、抱团发展的产业发展有利态势。

【创新型（试点）企业培育】 2019年，认定29家高新技术企业，净增17家，全区高新技术企业达到87家。77家企业通过国家科技型中小企业评价。2019年，泰安市政府公布了第一批科技创新型50强企业名单，高新区共有11家企业入选，6家企业的营业收入增幅在30%以上，8家企业通过高新技术企业认定，10家企业拥有市级产业技术研究院，4家企业建有省级研发平台，3人入选省级以上人才，成为高新区科技型企业的翘楚、战略性新兴产业发展的排头兵。

【技术创新服务平台建设】 围绕主导产业发展需求，高新区大力引进知识产权、科技咨询、检验检测、律师事务所、会计事务所等中介服务机构，为企业提供知识产权、科技咨询、检验检测、法律、财务审计、认证评估、咨询策划、市场推广、招投标等服务。累计引进科技中介服务机构60余家，推动了主导产业和战略性新兴产业发展。

【科技人才管理】 2019年，培育省级以上科技人才6人，其中，泰山产业领军人才3人，山东省“外专双百计划”2人（团队）。另有3人入围“科技部创新人才推进计划”，已进行评审答辩。推荐20人参加市高层次人才创新创业大赛，13人获奖，其中7人获优秀奖；3个项目在第八届中国创新创业大赛获优胜奖。

（泰安高新技术产业开发区　孙常龙）

威海火炬高技术产业开发区

【概述】 威海火炬高技术产业开发区成立于1991年3月6日，是由科技部、山东省政府和威海市政府三方共建的全国3个火炬高新区之一。总面积140平方千米，海岸线46.5千米，总人口28万。先后被认定为山东半岛国家自主创新示范区、国家大众创业万众创新示范基地、国家知识产权示范园区、国家留学人员创业园区、国家创新人才培养示范基地、中国产学研合作创新示范基地、国家中小企业创新创业升级特色载体等。2019年，实现地区生产总值424.1亿元，增长6.1%；工业营业收入1092.5亿元，增长8.4%；工业利润116.7亿元，增长11.5%；一般公共预算收入27.9亿元；工业实交“两税”24.2亿元，增长18.1%；实际到账外资2.03亿美元，增长22.4%。在全国169家国家级高新区最新排名中居第28位；在威海市督导考评中，连续4年位居第一。

【区域创新体系建设】 2019年，成立了郭永怀高等技术研究院暨威海市产业技术研究院，建立市场化运营的实体公司，设立10亿元专项基金，成立2支子基金，推动区域创新体系建设。整合了工信部电子信息技术综合研究中心、哈工大威海创新创业园、山东大学威海工业技术研究院、高端医疗器械技术创新中心四大平台资源，建设“1+4+N”区域协同创新体系。以威海市产业技术研究院为主体，申报山东省高端医疗器械创新创业共同体。工信部电子信息技术综合研究中心“部省共建”山东海洋信息技术研究院，规划建设6个研发中心。哈工大创新创业园正式开园，入驻创客空间团队5个，培育专业技术研究院8家，孵化科技型企业15家，获批省级大学科技园。山东大学威海工业技术研究院发挥山东大学一校三地科研优势，建设协同创新平台。高端医疗器械技术创新中心列入省部会商项目。

【科技计划项目与经费】 2019年，威海高新区争取各类科技立项补助经费突破2.4亿元。威海市产业技术研究院等3个项目获中央引导地方科技发展资金扶持，山东威高集团医用高分子股份有限公司等18个项目获山东省重点研发计划（重大科技创新工程）立项，哈尔滨工业大学（威海）等64个项目列入省级科技创新发展资金支持，威海万丰镁业科技发展有限公司等3个项目获2019年度山东省科技专项立项支持，威海北洋电子集团等155家企业获批省研究开发财政补助资金4600余万元；国家双创特色载体建设被科技部评定为A（优秀）等级，累计获中央财政补助资金达到4000万元。

【科技成果与奖励及知识产权管理】 2019年，威海高新区共推动企业与高校院所等签订产学研合作协议41项，完成技术合同500多项，技术交易额8.83亿元。山东海富光子科技股份有限公司获得省科技进步奖二等奖。全区授权专利1459件，其中发明专利授权279件，占全市50.3%。PCT国际专利申请量38件，占全市55.1%，国外专利授权23件。万人有效发明专利达46件，是全市这一指标值的4倍。获得市级专利资助239万元，占全市的47.8%。威海华菱光电股份有限公司获评国家知识产权示范企业。威海万丰镁业科技发展有限公司、山东卡尔电气股份有限公司2个项目入选省专利导航项目。

【科技合作与交流】 2019年，威海火炬高技术产业开发区承办了威海首届中日科技创新合作大会，来自日本的50余位专家学者、企业家代表与会，威海市联桥国际合作集团有限公司、山东大学（威海）等企业和高校分别与日本技术士会日中技术交流中心、日中科学技术文化交流中心、东京产业株式会社、东北大学（日本）Ito实验室等达成合作意向，有力促进了国际交流合作。举办了“威高杯”“北洋杯”“光威杯”“迪尚杯”专业竞赛等各类双创主题活动25场，落地项目50余个。引进了中国有色金属工业昆明勘察设计研究院设立信息分院，共建勘察（查）设计先进技术研发平台；引进了天津大学技术转移中心威海分中心，开展技术转移、人才培养与培训、企业培育、科技创新与国际技术转移；与工信部部属7所高校签署了合作协议，达成合作意向20多项；深化与中科院战略合作，推动威海产业技术研究院、威海康州生物工程有限公司与中国科学院苏州生物医学工程研究所三方共同出资成立了产业化实体——山东康州诊断产品股份有限公司，共建即时诊断与健康监测物联网创新中心，实施检验检测产品研发生产；推动山东大正医疗器械股份有限公司与中国科学院兰州化学物理研究所开展项目合作，共建医疗器械表面改性技术研发中心。继续实施“中科院—威高”计划，累计投入科研经费

1.6亿元，立项48个；申请发明专利64件（其中获得授权22件），发表论文97篇（其中SCI收录论文38篇）；获得医疗器械产品注册证10件，获国家技术发明二等奖1项、国家科技进步二等奖1项，20个项目实现产业化，新增产值45亿元。

【战略性高新技术产业】 威海高新区坚持以“发展高科技、培育新产业”为中心，强化科技引领，形成了医疗器械及生物医药、电子信息、时尚设计制造、新材料及制品、智能装备制造五大产业集群，为推动经济高质量发展提供了强力支撑。

医疗器械及生物医药产业 以威高集团有限公司、山东吉威医疗制品有限公司、山东大正医疗器械股份有限公司等为龙头，重点打造医疗装备、血液净化、骨科材料、生物疫苗、心内耗材等产品，汇聚了高性能医疗器械创新中心、山东省医疗器械产品质量检验中心等创新平台，血站用品、预充注射器、骨科植入物、药物涂层支架系统等实现国内同类产品市场占有率第一。其中，威高集团有限公司是目前全球品种最齐全、中国最大的医疗系统解决方案制造商，是全国医疗器械行业唯一入选中国企业500强企业，荣获国家工业领域最高奖“中国工业大奖”。

电子信息产业 重点依托美国惠普公司、威海北洋电气集团股份有限公司、威海新北洋信息技术股份有限公司、一诺仪器（中国）有限公司等企业，重点发展新一代信息技术。山东华菱电子股份有限公司是全球第三大热打印头（TPH）研发生产厂商，新北洋是国内最大并掌握核心技术的专用打印机生产企业，产品主要应用于智慧金融、智能物流、智能零售等领域，建有国内最大的智能设备／装备生产基地，可年产热打印头（TPH）2000万支、接触式图像传感器（CIS）500万支、智能设备／装备（整机）120万台，智能自助设备／装备25万台。总投资12.4亿美元的华菱电子、威海大振电子有限公司、台湾正崴集团、香港亿和山东（威海）电子产业园等过亿美元的全球激光打印机供应链项目全部实现投产，新引进韩国奎科半导体激光器项目、香港威斯打印机供应链配套项目等总投资2亿美元的7个产业链项目，产业配套最全、技术水平最高、营商成本最低、具有世界影响力的千亿级激光打印机产业集群正在加速形成。

时尚设计制造产业 以迪尚集团有限公司、威海市金猴集团有限责任公司、威海联桥国际合作集团有限公司等为主体，拥有生产及配套企业50多家，通过实施品牌战略，大力优化产品和产业结构，实现传统产业转型升级。其中，威海市金猴集团有限责任公司是中国轻工业百强企业和皮革行业十强企业第1名；迪尚集团有限公司通过“互联网＋”培育发展新动能，运用大数据平台创造出集产品市场反馈、设计、生产和销售为一体的新型产业链，出口产品95%以上属于自主品牌，已在40多个国家注册商标，营销网络遍布欧亚美等地。

新材料及制品产业 拥有威海光威集团有限责任公司、威海中复西港船艇有限公司、威海万丰镁业科技发展有限公司、威海云山科技有限公司等规模以上企业。重点推进高性能碳纤维复合材料、医用高分子材料等领域技术和产品开发。其中，光威集团研发的碳纤维系列渔具及其他制品在国产碳纤维织物、风机叶片用碳纤维预浸料、碳纤维汽车零部件等的产业化进程中有较大突破；万丰镁业拥有国家车轮检测中心，推动镁合金零部件及镁合金材料在航空航天、兵工、军工通讯等领域的深加工及产业化。

智能装备产业 以山东海富光子科技股份有限公司、山东未来机器人有限公司、威海华美航空科技有限公司、威海信诺威电子设备有限公司、威海远航科技发展股份有限公司等企业为依托，不断提升工业机器人及系统、潜水机器人、飞行器、智能仪表控制系统、食品原料前处理设备、光纤激光器、3D打印机等领域的研发能力和制造水平。

【创新型科技园区建设】 威海高新区按照“发展差异化、产业集群化、园区专业化”的思路建设，举全区之力，推进“一城三园”建设，促进高新技术产业蓬勃发展。“一城”，即统筹双岛湾科技城和初村科技新城，打造总面积63平方千米的科技创新城，作为全市“西展”新核心；“三园”，即科技创新城内医疗器械与生物医药产业园、电子信息与智能制造产业园、科技创新园，是全区创新驱动的新高地、集群发展的增长极、产城互动的示范区、三生共融的样板区。

【创新型（试点）企业培育】 2019年，全区入库国家科技型中小企业148家，入选威海市“千帆计划”企业157家，新增高新技术企业15家，总数达到122家。迪尚集团获批国家级纺织服装创意试点，联桥集团毛衫纱线产业协同创新平台获评国家制造业“双创”平台试点示范项目，威海光威复合材料股份有限公司获批碳纤维行业唯一的国家级企业技术创新示范企业，威海克莱特菲尔风机股份有限公司获批国家专精特新“小巨人”企业，威海吉威重症医疗制品有限公司等7家企业获批省级“专精特新”中小企业，威海光威复合材料股份有限公司等3家企业，获评省级制造业单项冠军企业，威海天力电源科技有限公司获批省瞪羚示范企业，威高集团、金猴集团，获批省级质量标杆企业，威海盛安德软件有限公司，获批省技术先进型服务企业。

【技术创新平台建设】 威海威高血液净化制品有限公司、威海天力电源有限公司、威海市天罡仪表股份有限公司3家企业获批省级工程实验室，威海汉邦生物环保科技股份有限公司获批省级企业技术中心，威海克莱特菲尔风机股份有限公司、威海智融信息科技有限公司2家企业获批省级院士工作站，威海中威橡胶有限公司、威海克莱特菲尔风机股份有限公司2家企业获批市级工程实验室，威海恒科精工有限公司、山东海博橡塑制品有限公司2家企业获批市级企业技术中心，山东未来机器人有限公司、威海克莱特菲尔风机股份有限公司、威海市天罡仪表股份有限公司3家企业获批市级工业设计中心，威海联桥新材料科技股份有限公司、威海东兴电子有限公司2家企业获批建设市级重点实验室，威海西立电子有限公司、威海百博医疗智能机器人有限公司、威海福瑞机器人有限公司3家企业获批组建市级工程技术研究中心，哈工大创新创业园、工信部电子信息技术综合研究中心、山东船舶技术研究院、威海天鑫现代服务技术研究院有限公司等4家研究机构获批威海市重点新型研发机构，哈尔滨工业大学（威海）技术转移中心备案山东省技术转移服务机构。组织10家机构参加威海市技术转移服务机构业务考评，8家获得优秀等次。

【科技人才管理】 截至2019年底，威海高新区集聚各类人才9万余人，其中，市级以上重点人才工程专家200余人，包括全职国家级特聘专家5人、齐鲁杰出人才提名奖获得者1人、泰山系列人才36人、国家省市级有突出贡献中青年专家29人、省级以上留学人员创业启动支持计划10人、国家自主创新示范区“蓝色汇智双百人才”17人、省蓝色产业领军人才团队4个、市人才项目产业工程特聘专家34人，高层次人才数量位居全市前列。2019年，威高集团被山东省委、省政府授予全省人才工作先进单位，并入选全省首批企业技能人才自主评价试点单位，威高集团总工程师股敬华被省委、省政府授予齐鲁杰出人才提名奖。

（威海火炬高技术产业开发区　宋运利）

日照高新技术产业开发区

【概述】 2019年，日照高新区荣获山东省“攻坚克难奖”先进集体称号。截至2019年底，全区注册企业7896家，其中，高新技术企业78家，上市挂牌企业56家，收入超亿元企业55家。2019年全区实现规模以上工业总产值1064.41亿元、固定资产投资356.33亿元、高新技术产值460.7亿元。

【创新型园区建设】 启动创新型园区创建工作，出台了《日照高新区创建创新型园区实施方案》和《日照高新区创新型载体培育方案》，全年全区共有13个单位被纳入市级首批创新型载体建设试点单位，占全市总数的38%，其中，日照高新区为日照市首批创新型园区试点单位。

【科技计划项目与经费】 2019年，全区有2家企业获省中央引导地方资金扶持，2家企业获省中小微企业竞技行动资金扶持，38家企业获省级企业研究开发财政补助资金；另有3家企业荣获日照市科技奖，7家企业获得市级科技专项财政资金扶持。用于科技研发、科技平台建设、人才引进、培养及创业投资等方面工作的区级财政投入资金为6800余万元。认真落实《日照高新区科技成果转化贷款风险补偿资金管理办法》，帮助企业申请科技成果转化贷款，助力高新技术企业、科技型中小微企业破解融资难题，全年共办理完成科技成果转化项目贷款2700万元。新授权各类专利513件。其中，“一种基于3D打印的义齿制造方法”“一种基于双向超越离合器的汽车”等42件专利获得发明专利授权；“一种小空间用低速大转矩永磁电动机驱动系统”“一种中央动力型多旋翼飞行器”等408项专利获得实用新型授权；“智能巡防机器人”“智能药盒保温杯”等63件专利获得外观设计专利授权。

【科技合作与交流】 先后举办、协办第三届未来汽车大会暨日照新能源汽车人才与产业峰会、软件和信息服务业领袖年会和山东省中小微企业竞技行动；与山东大学、西安电子科技大学、哈尔滨工业大学等20余所高等院校、科研院所开展产学研合作。

【科技改革与管理】 大力推行“党工委（管委会）+”体制机制改革，将内设机构缩减为8个，实行“大部制、扁平化”管理，推行全员岗位聘任制，打破选人用人、薪酬分配、奖惩激励等机制性障碍；坚持实绩导向，深化薪酬制改革，修订完善《日照高新区2019年度职员个人目标管理绩效考核实施意见》，实行“日考勤、季考核、年终总评”全程绩效考核管理办法；提升扩建政务服务大厅，大厅面积由200平方米增加到1000平方米，窗口数量由12个增加到66个，成立54人的帮办代办专职队伍，公布519个“贴心帮办”

事项清单，生成296个帮办事项二维码，开展“码”上办、网上办；企业开办时间压缩到1个工作日，资料齐全，30分钟即可领取营业执照，工业类征地项目自营业执照办理到开工建设缩减至3个月，环节减少40%以上，时间节省50%以上；实行窗口前移，在企业相对集中的安泰国际广场、江豪国际家居城等地设立服务站，送服务上门。日照高新区共有招商引资项目443个，计划总投资2598.08亿元。在建项目共18个，计划总投资144.91亿元。拟建项目共37个，计划总投资263.73亿元，在谈项目共244个，计划总投资1949.03亿元，投产开业项目共137个，计划总投资183.31亿元。

高端智能装备制造领域 总投资3亿元的蓝鲸腾飞深海耐压舱项目，其“新型碳纤维高分子复合材料耐压舱”产品下海深度突破水深10000米，具有完全独立的自主知识产权，是目前国内唯一可用于深海探测的轻型载体，打破国外垄断，填补国内空白。山东飞奥航空发动机有限公司的常书增荣获2019年度“泰山产业领军人才（科技创业类）”称号，并参与制定了国军标航空活塞发动机标准；该公司现已掌握了稳定可靠的发动机生产技术和工艺，通过了武器装备质量管理体系认证（GJB 9001C—2017标准），国家质量体系认证（ISO 9001：2015），目前已自主研发设计生产出多款民用、军用无人机配套发动机，填补了中国专业无人机发动机领域的空白。

新一代信息技术领域 总投资60亿元的东华软件金融科技总部基地项目面向金融科技、智能制造、大数据、人工智能等新兴产业领域，吸引优质企业落户，培育地方产业，带动产业协同发展。海声尼克芯片和光电继电器芯片项目拥有多项设计专利，掌握了硅麦中关键MEMS、ASIC芯片技术及硅麦的制造技术，样品已取得国内外手机、智能音箱客户的认可。

生命大健康领域 总投资1.5亿元的新型组织工程创面修复生产和研发基地项目，建设新型组织工程创面修复生产和研发基地，生产以细胞治疗为基础的高端创面敷料，并将在国内建立首家应用型皮肤干细胞库，构筑尖端创面修复技术平台。项目建成运营后，将成为山东省乃至全国新型组织工程创面修复技术的标杆，成为山东省内烧创伤领域的特色诊疗中心。总投资5亿元的上海芯超生物银行项目，建设生物芯片上海国家工程研究中心日照分中心暨上海张江生物银行日照分行（日照生物样本库），致力于打造国内高标配、高标准、强管理、全自动化、高度安全与信息化的第三方生物样本存储中心（集约化生物银行），为科研、医药、临床等工作者提供集约化的存储空间。

【外资利用】 2019年，日照高新区共完成实际到账外资15179.97万美元，同比增长760%。其中，香港兴华芯片晶圆生产线、瑞典倍合瑞新材料、香港费马新型建材研创基地等项目开工建设，日照康桥生命科技园、日本安地斯空气净化器等项目签约落地。

【科技人才管理】 采用“人才＋项目”的方式，2019年，引进高层次创业创新团队19个、创新人才132名；培育“泰山产业领军人才”“急需紧缺人才”各1名；新增山东省口腔医学大数据与3D打印工程技术研究中心、山东沪鸽口腔材料股份有限公司企业技术中心等省级以上创新平台21个，日照市智能安防机器人工程技术研究中心、日照市智能制造工程实验室等市级研发机构22个。累计购置、改造、建设人才公寓2322套，面积14.5万平方米，已入住人才1500余人。

【技术创新服务平台建设】 创业服务平台方面，全区省级以上创业孵化载体平台达到14个。推进科技创新中心、新一代信息技术产业园、高新智慧谷等创新创业平台建设，总面积超过150万平方米的创新创业平台初成规模。其中，新一代信息技术产业园一期签约入驻项目11个，二期即将投入使用。

【公共技术平台】 日照大学科技园获批建设山东省大学科技园；西电日照电子信息研究院、山东大学日照智能制造研究院、哈工大先进焊接与连接国家重点实验室日照研究院等公共技术平台投入运营，增强“筑巢引凤”服务功能。其中，西电日照电子信息研究院以“一个孵化器、一个产业园、一个工程技术中心、一支产业基金”为服务载体，以“企业孵化、产业聚集、科技研发、人才引进、高等学历教育”为建设目标，打造西安电子科技大学和高新区合作的重要载体平台。

【重大项目进展选介】

奥莱电子金属蒸镀遮罩生产 该项目由成都马思克科技有限责任公司投资，计划投资2亿元，用地50亩，建设精密金属掩模板项目。生产的金属蒸镀遮罩是OLED面板制造中的关键原材料，蒸镀方案采用Fine Metal Mask（金属蒸镀遮罩）技术，主要应用于RGB三色排列的OLED屏幕，具有色彩饱和度好、省电、轻薄的特点，该项目将填补国内技术空白。项目建成投产后，将成为山东省第一家OLED行业上游关键原材料企业，预计实现年产值1亿元，年税收1000万元。

日照康桥生命科技园 该项目由中民金达（北京）投资管理有限公司、香港飞腾创新投资有限公司联合投资，计划总投资12亿元，用地120亩，打造集产、学、研、用于一体的细胞再生医学产业基地，核心定位是第三方检测中心及大数据管理中心，并设立6大模块，分别是再生医学国际研究院、细胞第三方检测中心、再生医学生物资源储存中心、再生医学细胞制备中心、再生医学国际抗衰中心，再生医学科学馆。项目建成投产后，预计 5 年内实现年产值 30 亿元，税收 1.1 亿元，并间接拉动日照医疗旅游资源、特色产业等相关产业链。

新发地农产品冷链物流产业园 该项目由北京新发地集团投资建设。北京新发地农产品批发市场是北京乃至世界交易规模最大的专业农产品批发市场，2018 年，交易量 1698 万吨，交易额 1080 亿元，是带动中国农产品大流通的超级绿色航母，承担了首都 90% 以上的农产品供应，是首都名副其实的大“菜篮子”和大“果盘子”。该项目总投资 10 亿元、占地 400 亩，主要建设农产品批发市场及国际农产品展示交易、贸易服务、国际会展等。项目全部建成后，预计第 5 年起年交易额达到 150 亿元，交易量达到 300 万吨。该项目高起点规划、高标准建设、高水平运营，既做“产地市场”，又做“销地市场”，将成为日照市农产品流通和市场体系建设的一张名片，成为拉动周边农业产业转型升级的重要引擎。

（日照高新技术产业开发区　周存兰　庞　晓）

莱芜高新技术产业开发区

【概述】 莱芜高新区 2001 年 5 月启动建设，2015 年 9 月被国务院批准升级为国家高新区。截至 2019 年底，总规划控制面积 108 平方千米，辖 1 个街道、70 个村（社区），人口 15 万人。近年来，先后被认定为山东省“科学发展园区”、“高端装备制造产业园区”和“知识产权示范园区”。2019 年，努力打造全市产业转型升级的新载体、创新要素集聚的新板块、城乡统筹发展的新组团，加快迈进国家高新区第二方阵，确定了“12345”的总体工作思路，努力在建设“大强美富通”现代化国际大都市中体现莱芜高新区担当作为，全区全年地区生产总值增长 8.5%；固定资产投资增长 7%；完成一般公共预算收入 101030 万元，税收占比 88.7%，同比提高 1.45 个百分点。

【科技计划项目与经费】 2019 年，建立了 60 家企业，120 项科技项目的科技发展计划项目储备库，作为全年的重点发展和申报对象。为提升企业自主创新水平，经组织专家评审，该区 27 个科技含量高带动能力强的项目获得区科技创新与发展专项资金项目，共扶持资金 1950 万元。2019 年，获得省重点研发计划重大科技创新工程共 5 项，其中，威马泵业列入厅市联合项目，力创科技、金智瑞新材料、济世药业、耀华医疗列入竞争择优类项目，共计获得扶持资金 4550 万元。金智瑞列入省外专双百计划项目，泰金精锻和金智瑞列入泉城高端人才计划项目。2019 年，组织朗进科技、力创科技、润达新材料等 24 家单位申报省级研发补助资金 721.21 万元。组织威马、华冠智能卡、兴业、主力能源、耀华、金智瑞等 10 家企业报名参加国家创新创业大赛山东赛区个人和团队项目，华冠智能卡、主力能源、威马泵业、新兴业环保等企业获得优胜奖资金共计 190 万元。根据济南市市场监管局关于申报 2019 年度济南市知识产权专项资金的通知，组织黑旋风、金田水利、朗进科技等企业上报，根据省市场监督局关于申报第三届山东省专利奖的通知，组织环球、润达等企业上报。2019 年，组织企业申报省级专精特新企业，获批 3 家分别是美貌、沃丰、山歌；申报济南市级专精特新企业，获批 6 家，分别是山东美貌、大侨、新兴、沃丰、永保、汇源。

【科技成果与奖励、知识产权】 根据济南市市场监管局关于申报 2019 年度济南市知识产权专项资金的通知，组织黑旋风、金田水利、朗进科技等企业上报，根据省市场监督局关于申报第三届山东省专利奖的通知，组织环球、润达等企业上报。2019 年，积极组织企业申报省级专精特新企业，获批 3 家分别是美貌、沃丰、山歌；申报济南市级专精特新企业，获批 6 家，分别是山东美貌、大侨、新兴、沃丰、永保、汇源。莱芜高新区全力支持鼓励具有自主知识产权的优势企业主导起草行业标准、国家标准和国际标准，打造一批具有核心竞争力、高附加值和自主知识产权的知名品牌，通过标准品牌建设，提升企业核心竞争力。截至 2019 年底，区内企业主持或参与制定国家标准 11 个，行业、地方标准 7 个，采用国际及国外先进标准 54 项。其中，爱地高分子承担制定了我国超高分子量聚乙烯纤维行业第一个国家标准，力创科技公司主导制定了我国首个高压电能表国家标准，泰禾公司主导制定了“食品营养强化剂柠檬酸钙”国家标准；黑旋风公司依托核心技术主导制定行业标准 2 项，形成了覆盖 368 项标准的完整体系；拥有中国驰名商标 5 个，山东省著名商标 18 个，山东名牌产品 18 件，山东省国际知名品牌 1 件。朗进科技通过了 SIL2 安全等级认证，在国内轨道空调企业尚属首家。2019 年，全区企业申请授权专利 180 件；获批专利 82 件，其中发明专利 30 件。

【科技合作与交流】 2019 年，利用高校院所人才资源密集、科研能力强的优势为全区企业服务，截至 2019 年底，共有 60 余家科技企业与中科院、山东大学、济南大学等 80 多家高等院校和科研机构建立了长期稳定的合作关系。收集和对接企业技术难题 100 余项，8 月，组织开展了一次山东交通学院与区内企业进行技术供需对接活动，取得了良好的效果，企业依托高校院所开发新产品，进行技术难题攻关已经成为共识。10 月，山东黑旋风锯业有限公司与中国工程院院士翁宇庆合作共建院士工作站，获得奖励资金 20 万元。指导支持力创科技与济南大学开展技术合作联合共建实验室，威马泵业与山东大学开展合作联合共建研究中心，利用国外智力资源，积极开展国际合作，泰金精锻与白俄罗斯国家科学院物理技术研究所联合设立大型轴类件轧制成形技术研究中心。提升全区创新能力，充分利用国外智力资源，根据市委、市政府《关于实施“泉城双创”人才计划的意见》，经专家评审和实地考察确定，泰金精锻的葛瑞琪娜·科瑞乌尼科娃入选济南“泉城高端外专计划”个人项目；金智瑞的克里斯特．霍姆伯格院士入选济南“泉城高端外专计划”团队项目。组织春雨滴灌申报省级高端外国专家项目“一带一路”专项。按照《关于申报 2019 年度省级引智成果示范推广基地和山东省外国专家工作室的通知》要求，组织金智瑞申报了山东省引进国外智力成果示范推广基地项目。

【高新区改革与管理】 2019 年，莱芜高新区实行“管委会 + 公司”的管理运行模式，形成了“大经济”“大审批”“大建设”“大招商”管理体制；推行全员聘用制，打破身份界限，实现干部人事管理由身份管理向岗位管理转变；建立激励考核机制，优化薪酬分配制度。优化园区功能布局，着力培育产业发展新动能；创新服务理念模式，全力塑造政策集成优势；探索市场化合作模式，提升园区专业运营水平。

【战略性高新技术产业发展】 2019 年，全区有各类市场主体 1.5 万家，注册企业 4090 家，其中，“四上”企业 225 家，高新技术企业 41 家，高新技术产业产值占规模以上工业比重达 56.1%。工作中明确了“一个路径、两个重点、三个转变”，形成了“四大主导产业”：

一个路径 瞄准世界 500 强、国内 500 强、民营 500 强“三强”企业，按照“龙头项目—产业链—产业集群—产业基地”的产业发展路径，积极引进配套能力强、带动能力强、支撑能力强的好项目，产业发展的集群效应日益凸显。

两个重点 做好对外、对内两篇文章：对外“无中生有”，做好“筑链”文章，引进投资规模大、科技含量高、创税能力强、发展前景好的战略性项目；对内“有中生新”，做好“强链”文章，聚焦产业链核心节点和缺失环节，积极引进向产业创新链、价值链延伸的关联配套项目和高端项目。

三个转变 从“引资”向“选资”转变，从工业项目为主向工业项目与研发类项目并举转变，从占用新资源引项目向腾笼换鸟、无地招商转变。

四大主导产业 ①以美国环球集团投资的环球汽车公司，深交所上市企业山东朗进科技有限公司，“新三板”上市企业山东威马泵业有限公司、山东泰金精锻有限公司等为骨干的高端装备与智能制造产业；②以山东力创科技有限公司、莱芜成威电子材料有限公司等为骨干的电子信息产业；③以清华大学自动化系杨士元教授领衔创办的清芸太阳能公司，能源再利用的德正环保、鼎裕生物能源、圆泰新能源等公司为骨干的新能源与节能环保产业；④以国际欧亚科学院院士、中国医学科学院药物研究院杜冠华院长领衔创办的济世药业公司、北京汇源集团投资的鲁中汇源公司、李先生食品有限公司等为骨干的生物医药与食品产业。目前，四大主导产业产值占工业产值比重达 70%。2019 年，引进投资过 5 亿元项目 15 个，其中，投资过 10 亿元项目 6 个，如投资 35 亿元的中关村信息谷创新示范基地、投资 10 亿元的盘古云商双创中心、投资 10 亿元的瑞青科技、投资 10 亿元的碧桂园商业综合体、投资 10 亿元的普兴新材料项目。

【创新型科技园区建设】

创新创业产业园 该项目总占地 142 亩，规划建筑面积约 5.5 万平方米的厂房 4 座、办公楼 1 座、研发楼 1 座。该产业园是高新区“苗圃—孵化器—加速器”全链条科技创新孵化体系的重要一环，主要服务处于初期的科技型企业快速产业化。天津清芸主力能源科技有限公司已入驻，主要从事太阳能光热聚光设备及其配套产品生产及销售。

生命健康科技产业园 该项目规划建设综合科研楼、生产车间、质量检测中心等总建筑面积 9 万平方米，主要生产国家一类创新药物、高端仿制药、高端保健品和健康食品。山东济世药业有限公司已入驻，正在进行试生产。

创微医疗科技产业园 该项目总建筑面积约 4.3 万平方米，主要规划建设万级净化车间、设计研发中心、专业教育培训基地等设施。山东创微医疗科技有限公司已入驻，山东钛盾医疗科技有限公司已达成入驻协议。

汽车零部件产业园 该项目总占地 642 亩，主要生产汽车发动机、电控系统、曲轴和齿轮等。环球汽车零部件、海纳齿轮桥箱已正式投产运营。

【技术创新服务平台建设】 高新技术创业服务中心是莱芜高新区坚持创新驱动发展理念规划建设的公共创新平台，面积5万平方米，地上20层，重点引进智能制造、数字经济等新兴产业的高层次创新创业人才、高科技企业和研发机构。2014年以来，累计引进研发机构及创新创业型项目140多个，高层次专家25名，硕士人才80余名，合作院校、科研机构20多家，逐步形成了“创业苗圃＋创新平台＋创意智库”的特色发展模式，2016年，被科技部认定为国家级科技企业孵化器。围绕打造自主创新创业洼地和高新技术成果转化基地，加快推进新旧动能转换，高创中心建设了“一空间、两院、三中心”6个创新平台。主要有高创中心与青岛橡胶谷生产力促进中心、山东海右科技企业孵化器、中关村 Makebator 科技孵化器在孵化器第14层合作建立了国家级创客空间，孕育创新创业苗圃，储备创业项目资源；为促进本地产业结构调整升级，在第12层市政府主导建立了莱芜工业设计研究院，引领本地企业工业创新；与青岛科技大学合作，在第11层筹建青科大莱芜化工研究院。与北京科技大学、西安交通大学等5所院校合作，在孵化器九楼建立了山东省金属新材料协同创新研发中心，为项目提供研发实验场所、检测、基础生产等技术服务；与创客基地科技孵化器（北京）有限公司合作建立了中关村 Makebator 智能制造创新中心，促进本地智能制造产业升级与发展。

【创新企业培育】 建立了总额1亿元的重点科技企业过桥基金、中小科技企业发展基金、新兴产业发展引导基金、科技型人才引进专项基金、科技创业种子基金。针对基金的管理使用，专门出台了《科技创新与发展专项资金管理办法》《科技创业种子资金管理办法》《科技金融风险补偿金管理办法》《人才工作专项经费使用办法》等配套政策，为推动企业发展提供了最直接、最有力的政策保障。制定下发了《支持企业挂牌上市股权投资资金管理办法》和《莱芜高新区加快推动规模企业规范化公司制改制工作实施方案》，鼓励引导企业规范化改制和挂牌上市。全区已有20%的规模以上企业完成规范化改制，上市挂牌企业达到17家，其中，新三板上市4家，齐鲁股权交易中心13家，2019年7月，山东朗进科技股份有限公司在创业板上市成功，融资4.2亿元。

【科技人才管理】 2019年，累计引进院士5名、“泰山学者”“泰山产业领军人才”等省级人才10名，共实质性引进各类高层次人才80多名。

政策先行引人才 莱芜高新区先后出台了《人才工作专项经费使用办法》《科技创新与发展专项资金管理暂行办法》《莱芜高新区科技创业种子资金管理办法》，每年拿出3500万元支持高端人才科技研发和成果转化，如黑旋风锯业公司引进了中国工程院院士、国内钢铁材料首席科学家翁宇庆，共同主导制定行业标准2项，形成了覆盖368项标准的完整体系；制定了《支持企业挂牌上市股权投资资金管理办法》，针对高层次人才创办、领办的科技型企业，设立股权投资资金，支持其挂牌上市。对市场潜力大、技术成熟度高的高层次人才创业项目，如济世药业、清芸太阳能、创微医疗等，采取一事一议的办法，通过市场化运作方式给予了更大支持。

搭建平台留人才 积极创设人才成长载体，为各类人才施展才华搭建了广阔舞台。①在企业创新平台方面：全区规模以上工业企业101家，高新技术企业41家，博士后科研工作站2家；省级以上创新平台18个，市级创新平台64家。泰金精锻公司在白俄罗斯设立了技术联合研究中心；金智瑞新材料公司获批省引进国外智力成果示范推广基地；2019年，全区新增省级企业技术中心、工程实验室等省级创新平台5家、院士工作站1家。积极组织企业开展创新活动，组织华冠智能卡、主力能源等6家企业专家参加国家创新创业山东赛区比赛，获得奖励资金190万元，在全市各区县居第3位；此外，积极组织参加省市创新创业大赛、区级创新创业路演等活动30多次。在创新项目实施方面，依托各类专家人才，2019年，实施省重点研发计划重大科技创新工程项目5项，获得扶持资金4550万元，获得省级专精特新奖励、研发补助等项目资金780万元；全区授权专利180件，其中发明专利30件。②在公共创新平台方面：高创中心建立了总面积2500平方米的创客空间，建成了金属新材料协同创新研发中心、达内培训等公共创新、培训平台，增强了对科技人才的吸引力。同时加强与高校、科研单位合作，组织在孵企业积极“走出去”参与形式多样的创新创业峰会，举办各类人才交流活动，截至2019年底，累计引进博士以上人才31名，硕士人才50名，其中，长江学者奖励计划专家2名。③在优化人才服务方面：规划建设了4栋专家公寓，总面积1.2万平方米，总投资3500万元，已完成装修并将投入使用；落实高层次人才扶持资金243万元，并全部发放到位。

多措并举育人才 重点实施了“三个计划”。①头雁计划，针对行业顶尖人才，实行党工委领导“一对一”联系、“平台＋基金”服务模式，发挥其科技创新的“主攻手”作用。如济世药业公司董事长、中国医学科学院药物研究院杜冠华院长领衔的专家团队研发的国家一类创新药物丹酚酸A已进入二期临床试验阶段，该区“不比条件比拼劲、不比基础比干劲”的招才引智工作精神受到了市委主要领导肯定。2018年11月，杜冠华入选欧亚科学院院士。②领雁计划，针对行业突出人才，全年发放创业启动资金、贷款贴息等扶持资金3000余万元，加快了人才成长步伐。金智瑞新材料公司聘请的瑞典皇家科学院院士霍姆伯格

教授入选“山东省外专双百计划”，荣获“齐鲁友谊奖”“泉城友谊奖”，并与泰金精锻公司的白俄罗斯科学院院士葛瑞琪娜入选“泉城高端外专计划”，希波电气等10家企业依托技术人才成功申报为高新技术企业。③群雁计划，针对众多科技创新人才，2019年依托中关村孵化器等高层次培训机构，举办培训活动14次，培训各类人才2000余人，许多人才新星脱颖而出。

【重大项目进展选介】

济南中关村信息谷 济南市和北京中关村展开经济技术合作，按照“一中心、一基地、一园区”的发展思路，在济南高新区“一中心”的基础上，莱芜高新区筹建“济南·中关村信息谷创新示范基地”“济南·中关村信息谷生物医药产业园”。北京中关村信息谷将整合“中关村生命科学园”的生物医药产业资源，为莱芜高新区持续导入生物医药上下游产业资源，吸引不少于40家生物医药前沿龙头企业落地，形成年产值不少于50亿元、利税10亿元以上的生物医药产业聚集区。济南中关村信息谷生物医药产业园位于莱芜高新区，项目位于云台山路以东、响水湾大街以南、泰莱高速以北，总投资20亿元，总用地面积约330亩、总规划建筑面积约24万平方米，建设内容包括生物医药产品生产区、研发办公中心、实验楼、配套人才公寓等。一期规划100亩，引入中国医学科学院药物研究院杜冠华院长领衔的济世药业生产基地项目。二期规划230亩，引入北京“中关村生命科学园”创新生物医药产业资源及其他发达地区的生物医药人才、企业及创新产业资源等。园区将以北京中关村信息谷为主导运营，借助北京“中关村生命科学园”产业资源，围绕生命科技前沿领域，聚焦“生物医药、医疗器械、健康产品”三大产业，积极培育和发展包括生物制药、现代中药、动物疫苗、体外诊断IVD、手术器械、一次性医用耗材、家用医疗产品和健身产品等相关产品在内的生命健康产业。同时建设八大公共服务平台：发达地区产业外溢承接平台、百级净化公共实验室共享平台、大型仪器设备共享服务平台、灵长类实验动物技术研究中心、园区生命基因库平台、生物医药成果转化平台、生物医药及医疗器械注册服务平台、园区基础公共服务平台。为生物医药企业研发、产业增值服务提供“一站式”服务，实现生物医药产业集群发展，形成一流的生命科学研发和产业聚集区，形成了以基础研究为核心，从研发、中试、生产到临床应用的生物医药体系完整产业链聚集区。预计2020年底，完成一期部分载体封顶。筹建园区运营团队、制定园区运营管理制度，完善企业入驻流程等，形成具有中关村信息谷特色的科技创新服务机制。2022年，启动园区二期规划建设，借助“中关村生命科学园”高尖端生物医药产业聚集优势和中国医学科学院技术优势，整合全国生物医药领军企业及人才，搭建生物医药八大公共服务平台。2025年，搭建完成涵盖研发、中试、临床、申报全流程的生命科学公共服务体系，聚集不少于40家生物医药企业，打造具有全国影响力的生物医药产业聚集区。

山东瑞青科技有限公司 该项目占地160亩，总投资20亿元，建设4个四层车间，以及1个二层车间和1个研发楼，共13万平方米，新上生产线8条。项目建成后，年产压缩机50万套，形成产值20亿元，利税2.5亿元分两期建设，其中，一期占地70亩，建设3.6万平方米车间，两座车间已经竣工，新上瑞士精密加工设备、德国精密检测设备、钣金加工线等设备80余台（套），项目产品压缩机已经推向市场，正在洽谈订单。项目二期建设4层车间4座，总建筑面积16.5万平方米，新上生产线8条，计划10月份正式开工，2020年，建成4号、6号两个车间，建设面积8万平方米。全部建成达产后，年产空调压缩机50万台，实现销售收入20亿元，利税2.5亿元。该项目是济南市“十强产业”中的高端装备制造，也是符合新旧动能转换的新技术型项目，项目前景可观。该项目一期已经投产，二期正在进行车间基础施工，4号和6号车间预计2020年底可以建成。

莱芜盘古电子商务产业园 该项目由盘古集团投资运营，计划总投资10亿元，规划总建筑面积6.5万平方米，着力打造智慧云商、物联网开发等新业态新模式项目的创业乐园和生态基地。项目建成后，年可实现线上交易额20亿元，纳税6000万元以上。项目规划建设体验式购物中心、创孵办公、SOHO公寓等设施，运用独创的“3+6+1+10”运营模式，建有金融、创孵、置业“三大平台公司”，云商总部、孵化、培训、SOHO、O2O网货博览城、物流分拨“六大功能中心”，利用全国统一的产业园交易服务管理平台和金融支持、供应链整合等十大业务模块，从而形成良性的生态系统，为中小电商企业提供定制化的孵化服务。项目建成运营后，将成为领集聚电子商务、物联网、软件开发等新业态新模式项目的创业孵化乐园和促进全市新旧动能转换的重要载体。目前，已按既定计划圆满完成立项、环评、图审、规划、土地证、控价、消防设计审核等手续，并已发布主体工程招标公告，待确定中标队伍后立即进行基础施工。计划2021年初装修完成并交付使用。

（莱芜高新技术产业开发区　张伟杰）

临沂高新技术产业开发区

【概述】 2019 年，临沂国家高新区坚持“一城引领、三核支撑、五线带动、八园协同”总体工作布局，全年实现 GDP 210.12 亿元，增长 10.49%；一般公共预算收入 10.53 亿元，增长 17.68%；固定资产投资 230.91 亿元，增长 9.97%；进出口总额 37.28 亿元，增长 14.55%；规模以上工业增加值增长 16.3%；规模以上工业总产值 768.6 亿元，“四上”企业营业收入 912.51 亿元，利润 47.45 亿元，分别增长 4.98%、4.79% 和 3.83%。

【科技计划项目与经费】 2019 年，临沂高新区科技创新项目取得重大进展，盘活闲置低效土地及存量建设用地 816 亩，争取各类用地指标 791.9 亩，建设工业标准化厂房 8.2 万平方米，实施了 6 个拿地即开工改革试点。中瑞电子、高速物流等 4 个省新旧动能优选项目全部开工，累计完成投资 7.65 亿元，占年度计划的 103%；7 个市重点项目全部开工，累计完成投资 12.7 亿元，占年度计划的 96.6%；利群消防、佰晟金属二期、泰宇橡塑、鲁润净水等 17 个项目投产运行。2019 年临沂市高新区落实《关于做好人才科技支撑新旧动能转换工作的实施意见》(临高工发〔2018〕36 号)，开展企业用地亩均效益评价，新出台《关于支持民营经济发展　加快新旧动能转换的若干意见（试行）》(临高管发〔2019〕4 号)；获批市级科技计划项目 6 个、省级 3 个、省重大创新工程厅市联合项目 2 个，争取市级以上科技项目资金 4830 万元。

【科技成果与知识产权管理】 2019 年，临沂高新区先后出台了《关于做好人才科技支撑新旧动能转换工作的实施意见》《关于支持民营经济发展　加快新旧动能转换的若干意见（试行）》等政策，明确对企业研发平台建设、科技成果转化给予奖励扶持，兑换科技成果转化奖励 60 万元、知识产权和人才奖励 349 万元、科技金融奖励 47 万元。鼓励企业积极参与科技创新奖项申报工作，推荐 30 余项优秀成果评价，推荐 2 家企业单位申报省级科学技术进步奖，获得市级科学技术奖 18 个，其中，3 家企业单位获得临沂市科学技术奖进步奖一等奖，10 家企业单位获得二等奖。专利奖励政策进一步落实，企业申请专利数量和质量均有上升。2019 年，临沂市高新区申请专利数达 768 件，其中发明专利 161 件，专利密度达到每万人 9.16 件，居全市第一。累计实施市级以上科技计划项目 551 项，区内高新技术企业已达到 68 家。

【科技合作与交流】 2019 年，积极响应国家号召，大力开展“创响中国临沂站”活动，海智项目对接活动、成立临沂市创新创业协会、双创发展论坛、创新创业大赛、磁电产业与人工智能融合发展高峰论坛等贯穿全年。2019 年 6 月，举办的海智项目对接会，邀请了来自德国、英国等国家和地区的 18 位“海智计划”专家进行项目推介，7 个项目签订了合作协议。11 月承办的“农商银行杯”第三届“赢在沂蒙”临沂市青年创新创业大赛，吸引参赛青年 700 余名、参赛项目 150 多个，涵盖智能硬件、节能环保、企业服务、“互联网 +”、农村电商等诸多领域，极大激发了企业和科技工作者的创造活力。

【创新型科技园区建设】 临沂市高新区致力于打造创新型科技园区，不断完善“众创空间→科技企业孵化器→科技企业加速器→产业园区”孵化链条，到 2019 年，龙湾科技企业加速器一期已投入使用，建筑面积 6 万平方米已入驻 18 家企业，二期已开始动工建设，建筑面积 10 万平方米。科技人才港项目已开工建设，建筑面积 32 万平方米，建设专业孵化器、科研综合体、科技人才公寓等，龙湖软件园认定为省级成长型数字经济园区。2019 年，临沂市高新区出台了《临沂高新区民营科技孵化园建设管理办法》，深入推进民营科技孵化园区建设鼓励民营企业利用低效闲置土地建设民营科技孵化园，龙湾壹品科创孵化园、天榜科技创业园、金晶科技创业园、西墩创业园、兰华韩国工业园等民营科技孵化园开工建设，其中，兰华科技产业园已认定为省级科技企业孵化器。

【创新型（试点）企业培育】 2019 年，临沂高新区制定出台高企入库培育政策，依托国家科技型中小企业库建立临沂高新区高企培育库，对入库培育企业给予奖励，2019 年，新认定高企 32 家、净增 10 家，累计高新技术企业数量 64 家；其中，28 家企业纳入国家科技型中小企业库，57 个优质项目入选市级科技重点项目库。中瑞电子、博胜动力成功申报省重大创新工程厅市联合项目；春光磁电、中瑞电子列入省技术改造导向目录，9 个项目列入市重点项目技术改造项目，获市级技改专项资金200万元；新华印刷获批省级智能制造示范项目；阿帕网络获批省级优秀行业云平台。中瑞电子建成省内首个5G智能制造工厂，成为全省首批“现代优势产业集群+人工智能”试点示范项目，在新一代信息技术领域全市唯一。

【科技人才管理】 2019年，临沂高新区人才平台载体建设取得新成绩，申报省重点实验室3个，申报省级技术创新中心3个，获批省级创新平台5个，获批市级创新平台18个。临沂高新区深入推进“双招双引”工程，强化科技人才引育，创新创业人才培育取得新进展。3名人才获批省级创新创业人才，其中，泰山产业领军人才2名，重点区域引进急需紧缺人才1名，4名人才申报创新人才推进计划完成答辩。同时积极进行引才国际化探索，与德国SiSy解决方案有限公司合作设立德国引才工作站，与日本花甲协会、乌克兰聚英科技人才推广中心等10余个海外引才机构建立联系，引进外国专家5人，申报“国家重点人才工程”外专项目4人，获评“沂蒙友谊奖”3人，临沂市高新区，获批省级高端人才引领型“双创”升级特色载体。

【重大项目进展选介】

基于人工智能的电子元器件智慧工厂关键技术研发及产业化 该项目由山东中瑞电子股份有限公司承担的2019年度山东省重点研发计划重大科技创新工程(厅市联合)，总投资9100万元。在智能制造方面完成了5大类核心技术装备开发，包括：scara机器人、多段式自动布线技术及自动绕线机、焊锡测试一体机、点胶机、视觉比对设备；完成了4种核心工业软件开发，包括产线仿真系统（数字双胞胎技术）、MES、PDM、ERP，技术指标中BI系统计划2020年开发完成。已建成33条智能制造生产线，智慧工厂正在建设，预计建成后可实现年产能2.1亿只；申请专利13项，其中，申请国内发明专利2项、国外发明专利（PCT）4项、实用新型7件、软件著作权2件。授权发明专利1件，授权实用新型3件、软著2件。专利数量已完成任务书指标，行业标准方面目前联合国机集团正在制定智能制造有关标准。

智能新能源园林机械的研发及产业化 该项目山东博胜动力科技股份有限公司承担的2019年度山东省重点研发计划重大科技创新工程（厅市联合），总投资5410万元。研制了适用于智能新能源园林机械的尖晶石结构的新型锰酸锂电池，提高电池充电特性、放电比率特性、放电温度特性、循环特性、切削效率及续航能力。建立新能源园林机械切割过程被切割 材料—涂层适配模型，实现涂层结合强度和耐磨性能的优化匹配；涂层厚度2～4微米，涂层硬度20～30GPa，涂层刀具寿命比现有刀具提高1倍以上。基本实现任务书要求的技术指标。已着手研发新能源园林机械制造网络化车间管控系统建设产业化基地，规划生产线建设，预计建成后可实现年产能80万台。申请专利6件，其中申请国内发明专利1件，实用新型3件，外观2件。授权外观专利1件，实用新型3件。

（临沂高新技术产业开发区 高新庆）

德州高新技术产业开发区

【概述】 2019年，德州高新区实现地区生产总值59.25亿元，同比增长6.08%，工业总产值195亿元，同比增长6.31%，营业收入同比增长5.98%，实现税收11.5亿元，同比增长37.97%，高新技术产业产值占工业总产值的比重为46.2%。

【科技计划项目】 抢抓全省启动实施科技创新“四三二一”工程这一重大机遇，获批省级以上科技项目14项。其中，重点实施了新能源汽车轻量化智能化关键技术产业化、高转化率生物发酵新菌种构建等8项省重大创新工程项目，为新旧动能转换提供了有力的科技支撑。

【孵化载体建设】 以“禹创中心”为核心的5家孵化载体服务能力不断提升（3家国家1家省级1家市级），现入孵企业（团队）达到169个，41家企业实现纳税，法博士生物、禹泽医药等3家在孵企业在全省中小微企业创新竞技行动计划中获得优胜。加快中央创新区核心区建设，先期引进毕思文院士来禹构建寰茂科技智慧城市项目，建成中央改革院士工作站办法后德州首批建设的院士工作站。协同发展产业园、智能制造产业园、博通数控产业园等专业园区逐步竣工，为承接孵化成果产业化奠定了基础。

【企业创新平台】 推进实施一企一平台计划，提高规模以上企业研发平台数量，切实夯实企业研发基础，为人才引进和成果转化提供“温床”。两年来，新增省级以上创新平台21家，增长了1/3；市级平台年新增达到10家以上，金冠蛋白、国晶新材料、伟日生物等20余家规模以上企业纷纷建立相关领域市级创新平台，大豆蛋白酶、乳酸链球菌素等一系列成果得到加速转化。2019年，入选泰山产业领军人才工程5人。

【招研引学工作】 通过“招研引学”，先后与山东大学、江南大学、北京林业大学等大院大所建立深入合作关系，引进建立分支机构42家，为企业提供需求研发和转化服务，提高了成果转化的效率。其中，引进的山东大学盾构材料工程技术研究中心，一年多就完成20多种产品的中试，并获得了中铁十四局的投资意向。

【招商引资工作】 坚持把产业招商作为高质量发展的突破口，依托产业园区载体平台，大力开展精准化招商、产业链招商，2019年，新引进过亿元入区项目15个，杭化哈利玛、一普环保、新凌志汽车检测设备等项目建成投产，艾兰药业、鲜之源、中科华缘、梯度硬质合金、皓华5G通信设备等项目推进迅速。

（德州高新技术产业开发区　毛学瑞）

聊城高新技术产业开发区

【概述】 聊城高新技术产业开发区（以下简称聊城高新区）位于聊城市东部，辖区面积206平方千米，人口15万人。2019年，完成地区生产总值108.75亿元，可比价增长3.5%；实现规模以上工业总产值284.13亿元，规模以上工业增加值增速19.9%；实现营业收入273.82亿元，工业利润25.74亿元，工业利税29.25亿元。完成固定资产投资59.69亿元，同比增长9.5%。全年完成一般公共预算收入11.35亿元，税收占一般公共预算收入比重为88.11%。招商引资到位资金37.5亿元，同比增长71%，其中，十强产业到位资金18.2亿元，同比增长167%。利用外资217万美元，同比增长47%。2019年高新区12家企业通过高新技术企业认定，总数达到34家；科技型中小企业入库23家；高新技术产业产值占规模以上工业总产值的比重达到91.2%；万人发明专利拥有量达到16.86件，以上科技创新水平指标均居全市第1位。

【国家高新区创建】 按照“以升促建”的工作思路，扎实推进国家高新区创建步伐。2019年4月26日，科技部专家组到聊城高新区调研，召开了“以升促建”专家咨询座谈会，科技部专家组对该区的工作给予充分肯定。根据专家意见，省科技厅、聊城市政府已联合行文上报科技部。

【平台建设】

孵化器和众创空间建设　创业孵化服务亮点突出，拥有国家级孵化器1个、国家级众创空间3个、省级科技企业孵化器2家，成功孵化出中宇航空、龙普太阳能等77家科技型中小企业。山东省首个阿里云产业创新中心（聊城产业基地）落户聊城高新区，将整合阿里巴巴在阿里云大数据、电子商务、蚂蚁金服、大健康、人工智能、创业大学等方面的优势，为聊城高新区传统企业改造升级和创新创业者提供优质服务。

企业研发机构建设　积极引导企业建立重点实验室、工程技术研究中心，拥有国家地方工程联合研究中心、企业技术中心等省级以上研发平台28家，2019年，科林动力与新加坡工程院院士葛树志建立院士工作站，博源节能获批省级工程实验室，阿华制药建立省级工程技术研究中心。

【高新技术产业发展】

做大高新技术企业群体　2019年，12家企业通过高新技术企业认定，总数达到34家。高企实现税收减免2亿元，为企业节省了运营成本。

做强企业技术创新优势　鼓励企业加大技术创新投入力度，2019年，24家企业申报山东省企业研究开发财政补助资金730万元，激活了企业的创新活力。引导企业用好科技成果转化贷款风险补偿资金，已成功申请科技成果转化贷款2200万元。技术合同登记50项，技术交易额4.23亿元。

【科技创新人才】

探索“人才+项目”引才模式　聊城高新区已累计引进泰山系列人才6人，其他海内外高层次人才367人。2019年，山东大学田新诚教授依托诺伯特机器人荣获泰山产业领军人才战略性新兴产业创新类人才，高新生物王正平教授荣获泰山产业领军人才科技创业类人才。与聊城大学专家合作共建高新生物制药协同创新平台，成立了150多人的研发团队，已成为全市药物制剂方面的一流研发平台。国家中药现代化

（上海）创新中心国内首个分中心落户高新区。

持续推进以企业为主体的产学研合作 聊城高新区企业已与清华大学、山东大学、哈尔滨工业大学、聊城大学等多所高校院所建立产学研合作关系。鲁西化工与大连理工大学蹇锡高院士为依托，建立了院士工作站，实现了聚碳酸酯光学性能提升技术、耐紫外聚碳酸酯技术等关键技术突破。诺伯特以聊城籍中国工程院院士王子才为依托，建立了山东院士工作站，开展智能制造技术领域科技成果转化。中宇航空联合北京通航研究院、北京航空航天大学、北京信息科技大学、中北大学、聊城大学建有“无人机工程技术研究中心”等研发实验机构，取得了多项工程无人机（核心技术）发明专利和遥感、航测、监控、喷洒作业程序科技成果。

【对外交流】 中铁建、洲际酒店等世界500强企业，美国奥洛瑞集团的核磁共振生产基地项目、山东省首个阿里云创新中心（聊城产业基地）等优质项目，先后签约落户。此外，聊城高新区积极融入“一带一路”倡议，成功加入丝绸之路高科技园区联盟，先后与白俄罗斯国立技术大学科技园、匈牙利波克什工业园区、莫斯科政府科技园签订了友好园区合作协议。

（聊城高新技术产业开发区 邵雪红）

滨州高新技术产业开发区

【概述】 2019年，滨州高新技术产业开发区（以下简称滨州高新区）实现地区生产总值39亿元，按可比价格计算，比2018年增长8.1%（根据第四次全国经济普查结果，市统计局对全区2018年生产总值初步核算数进行了修订，修订后2018年全区生产总值为35.5亿元），其中，第一产业增加值为3.68亿元，增长0.7%，第二产业增加值16.64亿元，增长16.9%，第三产业增加值18.68亿元，增长1.9%。全年实现进出口总额23.02亿元，下降0.13%，其中，出口额20.87亿元，下降3.84%，进口额2.15亿元，增长59.63%。高新技术产业产值占规模以上工业总产值的比重为58.25%。地方财政收入5.91亿元，增长11.43%，实现人均可支配收入27805元，增长8.0%，人均消费支出18558元，增长6.4%，经济社会继续保持稳中向好的运行态势，质量效益稳步提升，社会民生事业持续改善。

【科技计划项目与经费】 愉悦家纺有限公司“多功能纳米碳素复合纤维与制品研发及产业化示范”项目获批省重点研发计划（厅市联合）立项，获得资金1400万元。全年获得省市级研发经费补助440.92万元，其中，第一批省级补助248.82万元，市级配套49.76万元，第二批省级补助142.34万元。愉悦家纺有限公司张国清获批进入省级以上重大科技计划人才，获得市级奖励50万元。山东滨州华创金属有限公司成功申报科技成果转化贷款贴息项目，获得贴息资金19.58万元。

【科技成果与奖励】 获得2018年度滨州市科技进步奖2项，其中，山东鸿星新材料科技股份有限公司完成的“一种金属面复合幕墙板系统创新”项目获滨州市科技进步奖二等奖；滨州高新技术产业开发区中心医院、滨州市人民医院和滨州市中医医院联合完成的“妇科盆腔肿块的超声造影及良恶性鉴别诊断技术研究与运用”项目获滨州市科技进步奖三等奖。申报2019年度滨州市科学技术奖3项。

【知识产权管理】 2019年，申请专利192件，其中，发明专利申请21件；获得专利授权161件，其中，发明专利授权31件、实用新型专利授权91件。全区累计专利授权698件，其中，发明专利授权累计143件，每万人累计发明专利拥有量达到21.80件。7项授权发明专利申请省级专利资助资金，共计1.4万元；72项专利申请市级专利资助资金，获得市级专利资金7.24万元。山东滨州华创金属有限公司获得市级专利权质押贷款贴息补助15万元。申报第3届山东省专利奖一项：愉悦家纺有限公司“织物的仿真蜡印花方法”项目。申报2019年度滨州市专利奖5项：愉悦家纺有限公司“一种浆纱方法”“一种织物的印染方法”项目、山东科伦药业有限公司“聚丙烯输液袋”项目、滨州市金毅设备有限公司“一种水陆两用挖掘机”项目、山东鸿星新材料科技股份有限公司“一种金属面复合幕墙板及其幕墙”项目。

【技术创新服务平台建设】 山东鸿星新材料科技股份有限公司、山东赛恩吉新材料有限公司、中节能六合天融（山东）催化剂有限公司3公司申报筹建市级工程技术研究中心，全部获得批准，其中，山东赛恩吉新材料有限公司的滨州市聚苯硫醚复合材料工程技术研究中心，为市县共建。愉悦家纺愉悦居家创意国际共享空间，获批滨州市众创空间备案。

【科技人才管理】 依托愉悦家纺有限公司专家申报“微流控结构色”无水印染产业化项目，获批传统产业创新类“泰山产业领军人才”；引进澳大利亚海归博士、青岛大学特聘教授牛海涛、周华参加“赢在滨州·创新创业大赛”获二等奖1名、三等奖1名。实施实用人才培养战略，新增渤海英才N十佳6名、学术学科带头人3名，引进本科硕博士303名，其中，博士3人、硕士20人、本科生280人。

【高新技术企业培育和科技金融】 滨州市金毅设备有限公司、山东科伦药业有限公司、山东赛恩吉新材料有限公司3家企业通过高新技术企业认定，全区资格有效期内高新技术企业总数12家。推荐12家企业加入科技型中小微企业信息库，推荐1家企业进入滨州市高新技术企业培育库。落实科技成果转化贷款风险补偿政策，与工商、华夏、邮储等8家银行签订科技成果转化贷款风险补偿协议，推荐山东滨州华创金属有限公司完成工商银行科技成果转化贷款300万元。

【争创国家高新区】 全面启动创建国家高新区工作，成立了市区两级工作专班，到科技部、科技厅汇报对接15次，编发工作专报8期，获得市委市政府主要领导批示8次，聘请中科院科技战略政策研究院编写《滨州高新区产业发展规划》和《滨州高新区发展战略规划》，9月底，已上报科技部。市委市政府出台了《中共滨州市委 滨州市人民政府关于举全市之力加快滨州高新区高质量发展的意见》。9月20日，滨州市副市长曹玉斌、高新区党工委书记、管委会主任郭树龙一行到科技部区域创新司汇报创建工作；10月25日，滨州市市长宇向东、副市长曹玉斌、高新区党工委书记、管委会主任刘学俭一行到省科技厅汇报创建工作。8月27—28日，区党工委委员、管委会副主任吴玉平带队到菏泽、聊城两地高新区学习考察；11月12—13日，区党工委书记、管委会主任刘学俭带队到济宁、日照两地高新区考察学习创建国家高新区工作。

【科技项目选介】

山东康普锡威微电子互联/3D打印及新能源材料 该项目由山东康普锡威新材料科技有限公司投资建设。公司是国务院国资委管理的有研科技集团有限公司成员企业，注册于2019年2月，注册资金1000万元，主要生产微电子专用焊接材料、3D打印用金属材料及高性能软磁材料。该项目依托北京康普锡威“球形金属粉末雾化制备技术”，建成后，将形成锡基合金焊粉2000吨、3D打印用金属材料及高性能软磁材料3000吨的生产能力。项目租用高新区科技孵化器厂房两栋，面积5500平方米。C栋厂房主要生产微电子专业焊接材料——锡基合金焊粉，共计4台离心雾化制粉设备。F栋厂房主要生产3D打印用金属材料及用于充电桩、变频器件、超高压电力输送等方面的高性能软磁材料。

华滨聚成20万吨/年陶瓷骨粒新材料 该项目由滨州市华滨聚成环保科技有限公司承建。公司与山东省科学院新材料研究所、中国环境科学研究院合作，山东省科学院拥有成熟的骨料技术及经验丰富的研究团队，为该项目提供专业技术支持，中国环境科学研究院土壤与固体废物研究所是我国成立最早、研究方向最齐全的固体废物领域专业院所，经公司无害化处置后的含油污泥已由中国环境科学研究院鉴定为一般固废，可作为原料进行骨料处置。在前期油泥干渣实验室处置研发的基础上，针对各类典型危险废物的特性开展研究，将油泥干渣及周边土壤的油泥干渣骨料化处置，完成中试，优化配方。此技术可实现含油污泥彻底的减量化、无害化和资源化，成品陶粒可用于建筑构件、轻骨料混凝土、污水滤料、生态湿地建设等，具有较高的使用价值。

（滨州高新技术产业开发区　焦立立）

菏泽高新技术产业开发区

【概述】 2019年，菏泽高新技术产业开发区（以下简称菏泽高新区）实现地区生产总值106亿元，增长4.6%；完成一般公共预算收入11.4亿元，税收、主体税种占比分别为90.4%、68.5%，均位居菏泽市前列；规模以上工业企业实现主营业务收入263亿元、利润57.6亿元，分别增长4.1%、6%；完成固定资产投资51亿元，增长7%；实现进出口2.8亿元，新增进出口实绩企业6家。菏泽创业创新孵化基地、清华启迪科技孵化器、金光彩新材料孵化器等孵化机构建成投用，入驻新医药、新材料等科技型企业60余家；区内50家企业与国内外60余所知名高校院所建立长期稳定的科技合作关系，市级以上企业创新平台发展到36家，山东省科学院菏泽分院已完成建设，天和铜箔院士工作站正在筹建；承担国家及省市科技计划30余项，累计开发新技术、新产品150多项，取得重要科技成果50多项，拥有发明专利150多件。引进泰山学者、院士、国务院特殊津贴专家、海外专家、博士等高端人才200余名。全区高新技术产业产值占比达到68.9%，居菏泽市第1位。调动各类创业主体的热情，截至2019年底，全区市场主体1000余家；全区发展电子商务企业42家、网店1070个、从业人员8000余人，海普电器、米老头食品等30余家企业建立了网上店铺，10家企业建设了电商平台，9家规模以上企业，入驻阿里巴巴产业带，2019年，实现电子商务交易额40亿元，同比增长29%。

【知识产权管理】 菏泽高新区按照健全科技创新服务体系进行谋划、高点定位，邀请菏泽市仲裁委在高新区成立知识产权仲裁庭。仲裁庭以“为科技工作者分忧、为科技企业解难”作为服务定位和工作宗旨，围绕中心，服务大局，牢牢把握“高”和“新”引领科技型中小企业发展、切实为科技工作者排忧解难、努力提供优质高效的知识产权仲裁维权服务，在全国率先建立了科技工作者知识产权仲裁庭。自成立以来，仲裁庭累计受理中小企业各类争议纠纷300余件，涉及标底额近4亿元，仲裁案件的调解率达50%以上，实现“定纷止争、案结事了”仲裁目的。

【科技计划项目与申报】 2019年，菏泽高新区共申报国家、省、市科技项目26项，争取项目资金2725万元；其中，获批科技部重点研发计划——中原城市群综合科技服务平台应用与示范项目获批；启迪之星孵化器获批国家科技企业孵化器；获批了1家省级工程技术研究中心；推荐筹建了三仪生物、平安电器、郎峰新材料、葆年堂等4家菏泽市重点实验室；省级科技项目通过6项，其中，步长制药——儿童用1类新药呼吸道合胞病毒融合蛋白质抑制剂、晶辉制药——医用聚谷氨酸及其材料制品关键技术研发及应用示范两个项目通过实地考察，德通新材料山东省“外专双百计划”通过实地考察；市科技突破计划申报3项，并公示；争取19家企业获得省研发经费加计扣除奖励。

【战略性高新技术产业发展】 菏泽高新区战略性高新技术产业，是生物医药产业及新材料产业。生物医药产业：全区拥有医药生产及关联企业50余家，涉及现代中药、化学药、保健品、医疗器械、制药设备、药用包装材料、医药物流等十大门类，千余品种，形成了以步长制药、健民制药等企业为龙头的中药材加工、制剂生产到流通的现代中药生产基地，以润泽制药、方明制药等为中心的头孢类、大环内酯类医药中间体、原料药生产基地，以海王、华润、润生医药物流和步长医药销售等企业为龙头的医药销售物流基地，初步建成了集研发、生产、销售、物流等为一体、产业链条趋于完整的医药产业聚集区。步长制药连续5年入围全省纳税企业百强，稳居全国制药工业百强排名第6位、中医药企业第1位，成为全市纳税企业第一大户。新材料产业：机电新材料产业主要形成了以航空高铁装备制造、镁合金轻质材料、精密铜箔、高速列车刹车片、半导体材料芯片、敏感元件、传感器、高温耐火材料等为主的产业特色，实现了华盛荣镁合金公司与中航工业集团、宝钢集团、北汽集团3家世界500强的合作，启动了轻质材料生产制造及研发基地项目，新材料产业发展后劲凸显。另外，安泰服饰、海普电器、瑞和纺织、青岛啤酒、国花白酒、范府食品、米老头食品、巧媳妇食品等传统产业稳步发展。

【创新型科技园区建设】 以推进科技进步、改造提升传统产业、发展新兴产业为主要内容，出台了新的《菏泽高新区科技创新资金管理办法》《关于进一步做好人才工作的意见》等政策。将建设科技创新服务体系作为重中之重，加强创新载体建设，优化创新载体空间布局、完善创新孵化链、优化创新孵化环境；打造公共服务平台，加强公共技术平台建设、加强技术转移和成果转化平台建设、促进科技服务机构发展、强化科技金融支撑；加快聚集科技金融资源、拓宽科技企业多元化融资渠道、深化科技与金融结合体制机制；加快科技人才聚集，引进聚集高层次创新创业人才、加强科技服务人才队伍建设、优化科技人才配套服务、切实维护科技工作者合法权益；引导企业提升创新意识，为菏泽高新区科技创新“添砖加瓦”。

【技术创新服务平台建设】 菏泽高新区原有国家火炬生物医药特色产业基地、国家知识产权集群管理试点区、山东省第一批生物高技术产业基地、省可持续发展实验区、山东省创新药物（菏泽）孵化基地、省级战略性新兴产业（生物医药）示范基地等创新平台9个。2019年，新增跨省域的技术成果转化平台——中原技术市场。中原技术市场是由菏泽市科技局、菏泽高新区管委会、鲁苏豫皖冀五省生产力促进中心、启迪国际技术转移有限公司和政和科技股份有限公司等企事业单位联合共建的综合性技术转化平台，是中原城市群综合科技服务平台应用与示范项目。省级小微企业创业创新示范基地、菏泽市科技创新云计算服务平台、山东省中药知识产权运营中心、菏泽市中小企业科技服务中心、菏泽市生物医药知识产权产业联盟、菏泽高新区知识产权运营（现代中药产业）服务平台、国家知识产权局专利局审查天津中心（菏泽）专利审查实训服务实训基地、菏泽启迪孵化中心、菏泽创业大学培训中心等12个创新平台高效运行，在高新区科学技术创新、技术成果转化工作中发挥重要作用。生物医药大健康创新型产业集群被列入全国试点，成功创建国家众创空间——启迪之星孵化器，国家科协创新驱动科技成果转移转化中心菏泽分中心正式运行，国家级创新平台达到8家；新增省级工程技术研究中心、工程实验室3家，技术创新服务平台总数达到26个。

【科技服务与交流】 菏泽高新区以创新服务为基准，利用启迪孵化器、创业大学等平台资源，累计开展知识产权培训、社缴劳保政策、投融资服务、企业股权分配、科技项目申报、高新技术企业认定指导、创业团队搭建、全国创新创业大赛等9个方面的86场次活动和培训，受益创业者90人、企业223家、大众2600余人次。为科技工作者提供维权服务12次，极大提高了高新区企业的创新激情及创新能力。开展企业创新大调研活动：2019年，菏泽高新区科技部门人员分批次走访调研区内46家企业，涉及机械、电子、新材料、生物医药等多个门类，形成《菏泽高新区关于加快培育高新技术企业的调研》《高新区科技工作者知识产权维权工作探索》和《菏泽高新区机械电子新材料产业知识产权调研报告》3篇调研报告。强化担当，发挥园区科协精准服务活动，激发了企业创新发展的积极性。为使国家、省、市相关部门密集出台支持企业创新发展的各项政策让企业真正读得懂、吃得透、用得上，邀请行业科技专家，就高企申报、产权保护、科技红利等方面开展一对一服务，针对每个企业的具体情况提出有效解决措施，收到超预期效果。

【科技人才管理】 围绕生物医药、机电新材料、先进装备制造等产业领域，研究出台高层次人才集聚政策；发挥“海智计划工作基地”作用，引进一批带动区域科技发展的杰出人才、领军人才和创业团队。推动齐鲁工业大学菏泽分校、菏泽职业技术学院、菏泽药学会等机构开展职业教育和技能培训，为产业发展培养专业技术人才和职业技术工人。推进与国内著名高校和专业机构的合作，建立企业家培训基地，打造具有战略眼光、市场开拓精神和社会责任感的创新型企业家队伍。2019年，菏泽高新区依托海智工作基地，在人才工作方面取得丰硕成果：在聘海外专家8名，开展和支持引智和科技交流活动5项，企业需求入库30余项。

（菏泽高新技术产业开发区
樊祥光　王浩东　任贵选　秦　爽）

青岛蓝谷高新技术产业开发区

【概述】 青岛蓝谷高新技术产业开发区（以下简称青岛蓝谷高新区）原名即墨高新技术产业开发区，是2001年1月经省政府批准设立的省级高新技术产业开发区；2017年11月，经省政府批准同意，更名为青岛蓝谷高新区。2019年11月，在国务院第六次大督查中，青岛蓝谷打造开放创新合作平台提升科技支撑能力的做法获国务院通报表扬。2019年，实现高新技术产业产值289.7亿元，占规模以上工业总产值55.8%；实现固定资产投资283.6亿元，同比增长4.7%；新认定高新技术企业21家，总数达84家，同比增长33.3%；累计注册企业5672家，同比增长51.2%。加快推进转型升级：一是产业发展逐渐加速，一汽一大众华东生产基地、一汽商用车基地产销两旺，斯坦福青岛研究院正式启用，国信孵化器二期、智能网联测试基地一期等项目建设完成，华为、碧桂园集团、奇瑞集团等重点项目签约落地，空客直升机项目正式投产运营。二是科技创新活力竞相迸发，新增山东省海洋工程技术协同创新中心6个、青岛市工程研究中心2个、青岛市企业技术中心2个，各类创新平台累计达到62个。三是高层次人才加速集聚，新增山东省院士工作站1家、青岛市院士专家工作站1家、青岛市专家工作站5家，新引进各类人才800余人，其中省级及以上高层次人才30余人。四是科技成果转化卓有成效，新增山东省标杆示范瞪羚企业1家、中国独角兽企业1家，实现海洋技术交易额9亿元，新增高新技术企业21家，新增专利申请量799件。五是金融支撑不断强化，引进和设立新型银行、保险、风险投资等各类金融机构20家，资金规模累计达到178.9亿元。青岛海洋新动能产业基金、鲁信现代海洋产业基金和海洋检验检测基金等三支海洋产业基金成功落地青岛蓝谷高新区，基金总规模近100亿元。六是平台建设日趋完善，申请通用机场和国家级综合保税区两大平台，并分别于2019年11月8日和12月18日，获中央军委和国务院批复同意，开创“区场一体、双核驱动、互联互通、互促共用”这一全国独有的通航产业发展新模式。

【体制机制】 按照“小管委＋大公司”的模式深化

改革，实行法定机构体制和扁平化管理，内设机构由13个精简到8个。按照“全体起立、重新上岗、择优选配、统筹安排”的原则，着力打造市场化、法治化、专业化、开放型高素质干部队伍。蓝谷在双招双引、产业发展、科技创新等重要领域和关键环节取得突破性进展。青岛蓝谷已引进落户了海洋国家实验室、国家深海基地等23个“国字号”科研平台，山东大学、天津大学、北京航空航天大学等24所高等院校设立校区、研究院或创新园；依托高校机构、科技型企业，引进各类人才达到5000余人；新增注册企业1002家，累计达到3751家，开创了跨越式高质量发展新局面。青岛汽车产业新城实现管委管理制度，即墨区副区级，设4个正处级事业部，实施专业化发展，2011年，开始规划建设。截至2019年，汽车产业新城已落户企业400余家，重点企业130余家，总投资达750亿元。2019年，本地汽车产值超800亿元，同比增长33.0%，完成固定资产投资105.6亿元，同比增长2.0%；完成财政收入11亿元，同比增长78.0%。资金到账60亿元。荣获青岛市重点工业产业集聚区等荣誉称号。初步构建起以三大整车（一汽—大众、一汽解放、解放新能源）、四大专用车（海隆、海誉、青特、九合重工）为支撑，集成电路产业为引领的产业发展格局。

【产业发展】 随着基础设施的完善和一系列重大项目的落地，青岛蓝谷高新区进入了发展的快车道。青岛蓝谷高新区实现地区生产总值305.7亿元，其中，海洋生产总值30亿元，占地区生产总值的10%，成为区域第三大产业；实现规模以上工业总产值519.2亿元，其中汽车整车制造作为第一大产业，产值达到300亿元；汽车零部件及配套制造作为第二大产业，产值56.8亿元；前三大产业产值达386.8亿元，产业聚集度达到74.5%。高新技术产业产值289.7亿元，占规模以上工业总产值比重达到55.8%。在青岛蓝谷高新区的强力支撑下，2019年10月，《人民日报》发布《2019年中国中小城市高质量发展指数研究成果》，即墨区经济基本竞争力位列山东省第1位、全国第14位。青岛蓝谷高新区已经形成了有重大项目依托的海洋、汽车、通用航空三大优势产业，并正积极布局互联网、科技服务和大健康产业。海洋产业按照“蓝色、高端、新兴”产业方向，依托众多高端海洋科研平台，对特色产业进一步整合聚焦，构筑起以海洋信息、海洋生物、海洋技术装备三大产业为主导，以众创服务、高端服务、金融三大产业为支撑的“3+3”产业体系，形成蓝色优势和蓝色引擎，2019年，完成海洋经济生产总值30亿元，同比增长30%。青岛海洋科学与技术试点国家实验室、国家深海基地、国家海洋设备质检中心等20余个项目已建成投入使用，在建项目102个，新开工亿元项目21个。华录海洋大数据中心、海洋国家实验室东区、山东大学青岛校区二期、北航青岛国际科教新城等30余个项目加快建设，涵盖海洋技术装备、航空航天、生物医药、人工智能等多个领域，打造海洋新旧动能转换先行区。汽车产业已引进包括一汽—大众（青岛）华东生产基地、一汽商用车基地、一汽解放新能源商用车在内的汽车类项目120个，涉及总投资500亿元。2019年，汽车产业产值超800亿元，同比增长33.0%，仅一汽—大众华东生产基地就带动了总投资约50亿元的40个零部件配套项目，本地配套率达30%。通用航空产业园区龙头企业空客直升机项目已投产运营，正式开启空客直升机“中国·青岛造”，2019年，交付直升机7架，产值逾4亿元。即墨通用机场和国家级综合保税区获批后，平台效应凸显，成功签约赛峰发动机、中国通航等项目。围绕通航产业，深度对接国内外一大批优质项目，建立了通航产业项目库，涉及70多个项目，总投资200亿元，涵盖直升机、无人机等航空器总装、部件制造、维修改装、通航运营、飞行员培训、融资租赁等多方面领域。由国家发改委立项、应急管理部投资的危险化学品重大事故防控技术支撑中心项目，现已开工建设，总投资30亿元，配备大型试验设备370套。

【科技创新】 先后引进建设青岛海洋科学与技术试点国家实验室、国家深海基地、天然气水合物钻采船码头等23个“国字号”科研机构，山东大学、北京航空航天大学、西北工业大学等24所高等院校在蓝谷高新区设立校区和研究（生）院；获批国家实验室、重点实验室、工程技术研究中心、工程研究中心等各级各类创新平台累计达到62个，其中，国家级12个、省部级28个、市级22个、国家实验室1个、重点实验室12个、工程技术研究中心14个、工程研究中心（工程实验室）12个、其他平台18个；参与青岛市大型科学仪器共享单位12家，其中，20万元及以上入网大型科学仪器设备共计332台（套），总价值38620.75万元；获批设立院士工作站、专家工作站、海智工作站、海外人离岸创新创业工作站、博士后创新实践基地等工作站25个。青岛海洋科学与技术试点国家实验室超级计算升级系统加速建设，打造超算产业生态，培育大数据、人工智能等新兴产业，并形成超算产业招商方案。支持“透明海洋”“智慧海洋”“蓝色药库”等重大科技计划，积极促进海洋科学的发展。山东大学建设海洋气候环境模拟实验体系将打造海洋环境研究领域综合性实验基地，已在全球征集超过200个拟合作项目。海检集团海洋设备检验检测公共研发平台顺利通过青岛市项目验收。西北工业大学青岛研究院与海洋一所联合建立的极地环境声学联合实验室落地蓝谷高新区。加速推进北京邮电大学、北京大学海洋研究院等在蓝谷高新区设立青岛研究院。连续举办3届博士后创业创新论坛，加强营造良好发展环境最大限度地释放创新创业创造动能，不断增强蓝谷高新区科技创新发展的影响力、竞争力。

【人才集聚】 全面优化招才引智环境，将人才作为全速发展的核心要素，紧紧围绕创新政策聚人才、拓宽渠道聚人才、优化生态聚人才等工作，打好招才引智‘组合拳’，实现政策“引才”、平台“聚才”、产业“兴才”、环境“留才”，凝心聚力加大人才引进力度和做好人才引进服务。通过政府自建、配建、存量房改造、用人单位自建等多种方式筹措人才公寓23.8万平方米，建成后约提供人才公寓2000余套。发挥海洋试点国家实验室、国家海洋设备质检中心、山东大学青岛校区等高端平台的虹吸效应，支持其以项目合作、人才交流等方式吸引国内外知名企业、机构、人才到蓝谷发展，使之成为国家海洋科技创新的中坚力量。累计引进各类人才5000余人，其中，两院院士75人、国家级高层次人才61人、省级高层次人才47人、具有博士学位人才占比达1/3。

【科技成果转化】 打通科研机构、中字头国字号企业、大学院校、科技型企业成果转化路径，推进融通创新、协同攻关，积极构建以企业为主体、市场为导向、“政产学研金服用”深度融合的技术创新体系。斯坦福青岛研究院正式启用，助力青岛蓝谷高新区引进、培育国内外优质高新技术产业及具有市场潜力的初创项目；拥有科技企业孵化载体10家，其中，孵化器5家，国家级众创空间1家、省级众创空间1家；新增山东省标杆示范瞪羚企业1家，占全市三分之一，中国独角兽企业1家，占全市四分之一；有市级技术转移服务机构4家，天津大学青岛海洋技术研究院、哈工大青岛科技园投资建设有限公司、青岛海洋仪器仪表研究所3家单位建设国家海洋技术转移中心专业领域分中心；阿斯图国际技术转移中心获批国家国际科技合作基地，成为全市第3个国家级技术转移中心；建设国家海洋技术转移中心，实现技术交易258项，交易额11.06亿元，其中海洋技术交易额9亿元；新增专利申请量799件，其中，发明专利申请量468件，专利授权量461件，专利申请量累计达3533件，授权量累计达1778件；高新技术企业累计达到84家；建设高性能科学计算与系统仿真平台等公共研发平台5个。青岛海洋科学与技术试点国家实验室“大洋能量传递过程、机制及其气候效应”，获国家科学技术奖励自然科学二等奖，“扇贝分子育种技术创建与新品种培育”获国家科学技术奖励技术发明奖二等奖；2019年，国家实验室主任吴立新院士获山东省科学技术最高奖。山东省科学院海洋仪器仪表研究所“系列海洋监测浮标研制及在国家海洋环境监测中的应用”获科国家科学技术奖励学技术进步奖二等奖。“蛟龙”号载人潜水器完成技术升级后的第一次测试下潜。天津大学青岛海洋工程研究院“浮星”自持式剖面浮标在西太平洋开展海试任务，标志着我国在4000米深海自持式剖面浮标的实用化道路上迈出了关键一步；“海燕”滑翔机在白令海公海圆满完成了中国北极第10次考察任务，这是我国首次实现水下滑翔机在北极海域的组网观测，为我国认识极地、探索极地提供了新的应用示范。大洋钻探船建设项目获批立项，将成为我国深海资源勘查开发与大洋科学研究的“航母”。国家海洋设备质检中心正式运营，可提供5700多项检验检测服务。

【国际交流合作】 设立青岛市海外人才离岸创新创业工作站1个；成功举办2019（第四届）青岛国际海洋科技展览会，全面展示了当前国内外海洋科技发展最新成果，逾3万人次参观和交流合作；举办2019青岛海洋国际高峰论坛，包括2019年水下无人系统技术高峰论坛、2019（第二届）智慧海洋与技术装备发展论坛、海洋生物学术会议等专业论坛；举办第十二届国际水中机器人大赛（URC）及20余场新技术新成果推介会等活动，促进了蓝谷高新区更好地引领海洋科技发展新趋势和科技成果转化与科技金融新模式的形成；举办2019中国通用航空创新创业大赛，促进航空产业成果转化落地。抢抓上合示范区建设机遇，支持企业、各类科研院所开展国际海洋科技合作，打造海上“一带一路”国际合作新平台。青岛罗博飞海洋技术有限公司与芯片研究世界排名前三的爱尔兰丁达尔国家实验室共建国际联合实验室，海洋试点国家实验室与澳大利亚联邦科工组织在霍巴特共建的“国际南半球海洋研究中心”正式启用，哈工大青岛科技园协助组织4届青岛国际技术转移大会，累计吸引国外专家、代表2000余人，储备国际科技合作项目超过300项。

（青岛蓝谷高新技术产业开发区　仇泽平）

文登高新技术产业开发区

【概述】 2019年，文登高新区积极“寻标对标、比学赶超”，着力“抓重点、破难点、补短板、树亮点”。截至2019年底，文登高新区共有高新技术企21家。其中，2019年，获批6家[威海银泽生物科技股份有限公司、山东佳德信息技术有限公司、山东汇科工控技术有限公司、威海嘉和热系统有限公司、山东爱而生智能科技有限公司、凌航食品（山东）有限公司]。入库国家科技型中小企业总数达到30家。

【科技计划项目与平台】 2019年，新获批省级科技计划项目2个[润辉生物成功牵头申报2019年度山东省重点研发计划（厅市联合）项目；万鑫畜牧获得2019年度山东省重点研发计划（公益类科技攻关）项目立项]。获批市级及以上创新平台13个（吉林大学威海仿生研究院院士工作站；威海市新型研发机构：科博乐新能源汽车PTC研发中心、蓝谷材料分析研究院、创科新材料、南海碳材料科技研究院；重点实验室：润辉生物获批威海市市级重点实验室；工程技术研究中心：银泽生物成功获批威海市级工程技术研究中心；南海碳材料和润辉生物获批市级工程实验室、碧奥生物获批市级企业技术中心；汇银新能源获批市级工业设计中心；汇科工控成功认定市级“一企一技术”研发中心；爱而生成功认定省级“一企一技术”研发中心）。2019年1月10日，成功申报获批省级综合化工园区。

【科技合作与交流】 2019年3月8日，威海市政府与吉林大学战略合作协议暨南海新区与吉林大学共建吉林大学威海仿生研究院协议签字仪式在威海举行；吉林大学将与南海新区在北京高科威海科创城共建吉林大学威海仿生研究院；研究院重点打造和培育以仿生技术为鲜明特色的产业经济，在仿生机械与材料、仿生智能制造、仿生智能农机等多领域开展仿生项目的建设，进行科技成果转化。2019年5月11日，南海新区与北京青苗教育科技集团签订合作协议，在南海新区开办青苗国际双语学校，建起了从学前教育到高等教育、国际教育的完整教育体系。2019年7月8日，威海南海新区电子商务协会成立并举办首届大会，60名企业代表投票选举产生了第一届会长、副会长、监事长、秘书长等协会主要负责人，协会旨在搭建政府与行业、行业与企业，以及企业之间的沟通平台。

【重大项目选介】

吉林大学威海仿生研究院 总投资1.29亿元，由威海市人民政府与吉林大学共同在南海新区科创城建设成立。研究院重点在威海打造和培育以仿生技术为鲜明特色的产业经济，围绕仿生机械与材料、仿生智能制造、仿生智能农机与仿生大健康工程四大仿生领域，整合相关人力、物力和社会资源，打造仿生产业链条，形成仿生工业园区，助推威海市及南海新区产业转型升级，创建国内外仿生名城。

电子信息产业园一期 该项目总投资100亿元，占地416000平方米，一期占地190692平方米，建设加工车间、单身职工公寓、研发车间、食堂等共计331769平方米，用于电子产品生产。二期占地225308平方米，建设加工车间、单身职工公寓、食堂等共计516732平方米，用于电子产品生产、半导体零部件生产。

威海鑫石电子科技有限公司商用商显液晶显示屏生产 该项目总投资5亿元，租用厂房面积20000平方米，购置12条生产线，设备200余台，建设期限2019年12月—2020年12月，主要生产商用商显液晶显示屏，用于手机数码等行业。项目完全达产后，预计年产能5亿元以上，可实现利税1.3亿元。

威海安屯尼智能电子科技有限公司智能设备、智能穿戴手环、共享机柜设备制造 该项目总投资20000万元，租用电子信息产业园产房75000平方米，装修面积75000平方米，购置设备117台，建设期限为2019年10月—2020年10月。主要产品有导航机、导游机、贩卖机、手机扫码充电设备、充电宝、智能穿戴设备等电子产品。

【科技人才管理】 截至2019年底，全区共引进、申报国家级、省级、市级各类高层次人才56个（其中自主申报43个）。2019年，科博乐的丛文豪、好慧淦的肖志忠、博庚生物的靳广毅3人在山东省高层次人才创业大赛中胜出，纳入科技创业类泰山产业领军人才。

（文登高新技术产业开发区　赵志超）

责任编校：张玉华

高校科技发展

GAOXIAO KEJI FAZHAN

山东高校科技综述

【概述】 2019年，山东省有高等学校157所，比2018年增加1所。其中，普通高等学校146所（含独立学院10所），比2018年增加1所；成人高等学校11所，与2018年持平。普通高等学校中本科院校70所，比2018年增加3所（独立学院减少1所）；高职（专科）院校76所，比2018年减少2所。全省有研究生培养机构34个，其中，高等学校31所，科研机构3个；国家"双一流"重点建设高校3所；国家重点实验室4个，省部共建国家重点实验室培育基地4个，教育部重点实验室（含省部共建）28个；国家工程技术研究中心5个，教育部工程研究中心15个。

国家"双一流"重点建设高校（3所）

山东大学（A类）
中国海洋大学（B类）
中国石油大学（华东）（B类）

国家重点实验室（4个）

晶体材料国家重点实验室（山东大学）
微生物技术国家重点实验室（山东大学）
重质油国家重点实验室（中国石油大学）
作物生物学国家重点实验室（山东农业大学）

国家工程技术研究中心（5个）

国家糖工程技术研究中心（山东大学）
国家胶体材料工程技术研究中心（山东大学）
国家辅助生殖与优生工程技术研究中心（山东大学）
国家海洋药物工程技术研究中心（中国海洋大学）
国家苹果工程技术研究中心（山东农业大学）

【科技人员】 2019年，山东省高校有科技人员74846人，其中，教授6963人、副教授15915人、其他技术职务系列高级人员5876人。

【科研项目与经费】 2019年，山东省高校拨入科技经费1307639万元，承担科技课题37914项，其中，国家"973"计划项目8项、国家科技支撑计划项目22项、国家"863"计划项目3项、科技部重大专项201项、国家重点研发计划项目1110项、国家自然科学基金项目6968项、企事业单位委托科技项目13639项、国际合作项目15项。

【科技成果】 2019年，山东省高校出版科技著作363部；发表科技学术论文57880篇，被SCI、EI、ISTP三大检索系统收录论文34537篇；获国家科技奖励10项，省部级科技奖励229项。山东省高校签订技术转让合同492项，合同金额20694.4万元，当年实际收入17456.9万元。山东省高校申请专利17744件，其中，发明专利10672件、实用新型专利6256件；授权专利12733件，其中，发明专利5690件、实用新型专利6182件。

（山东省教育厅　王　勇）

山东大学

【概述】 山东大学是一所历史悠久、学科齐全、学术实力雄厚、办学特色鲜明，在国内外具有重要影响的教育部直属重点综合性大学，是世界一流大学建设高校（A类）。学校占地总面积8000余亩（含青岛校区约3000亩），形成了一校三地（济南、威海、青岛）的办学格局。学校是中国目前学科门类最齐全的大学之一，在综合性大学中具有代表性。本科生和研究生层次教育涉及哲学、经济学、法学、教育学、文学、历史学、理学、工学、农学、医学、管理学、艺术学等12大学科门类。拥有一级学科博士学位授权点44个，一级学科硕士学位授权点55个，专业学位博士点3个，专业学位硕士点27个，本科专业117个，博士后科研流动站41个。现有4所附属医院，3所非隶属附属医院，11所教学、实习医院。拥有在职教职工

7493人（不含附属医院）。各类全日制学生达6万人，其中，全日制本科生40789人、研究生18816人、留学生3791人。学校汇聚了一批杰出人才，共有教授1246人、博士生导师897人。学校现有中国科学院和工程院院士12人；“长江学者奖励计划”特聘教授37人、青年项目入选者5人；国家杰出青年科学基金获得者41人、优秀青年科学基金获得者29人；教学名师5人、青年拔尖人才11人；国家百千万人才工程人选者32人；泰山学者攀登计划人选者15人、泰山学者特聘教授（专家）90人、泰山学者青年专家48人。学校拥有精良的教学科研平台，有一级学科国家重点学科2个（涵盖8个二级学科）、二级学科国家重点学科14个、二级学科国家重点培育学科3个，有省级重点学科70个，覆盖文、理、工、医四大学科领域，实现了各学科的协调发展；有国家重点实验室、国家工程技术研究中心、国家工程实验室、国家工程技术推广中心等国家级科研平台7个，国家级人才培养基地6个，教育部人文社会科学重点研究基地4个，教育部、卫生部重点实验室及工程技术研究中心21个，另有大批省级重点实验室和工程技术研究中心。

【科研项目与经费】 2019年，实到自然科学竞争性科研经费16.24亿元，其中，各类科学基金经费47997.51万元，国家各级政府高新技术经费49294.37万元，科技开发经费34999.09万元，军民融合经费13729.98万元，成果转化经费11147.91万元，其他经费5232.40万元。

【科技成果（含重点成果选介）】

科技奖励 2019年，山东大学作为第一完成单位获国家科技进步奖1项，省部级科技奖励共计36项，其中，教育部高等学校科学研究优秀成果奖4项（一等奖2项、二等奖2项）；山东省科学技术奖12项（一等奖4项、二等奖8项）。

黄河中下游地区粉土路基建造支撑技术及工程应用 崔新壮教授带领项目团队经过10余年的联合攻关，攻克了粉土路基长期服役性能差这一国际公认的技术难题。该技术体系创建了粉土地基与路基长期性能演变理论及预测方法，发明了“控沉降、抗液化、抑劣化”的饱和粉土地基处理技术；创新了粉土路基结构设计与施工技术，研发了路基变形内外联动智能监测与灾变预警系统。成果成功应用于黄河中下游地区1600多千米高速公路建设中，并在海外多个国家推广应用，该成果为黄河中下游地区粉土路基建造和长期性能维护提供了理论支撑和技术保障。

科技论文 结合学校实际，制定出台了《山东大学关于规范学术论文（理工医）完成单位署名的暂行办法》，分类强化论文署名规范引导，助力学术核心竞争力内涵式提升。2019年，山东大学黄柏标、戴瑛、刘宏、熊胜林、冯奎双5位教授入选2019年度全球高被引科学家名单。山东大学黄柏标、陈代荣、吕孟凯、熊胜林、高宝玉等22位教授入选2018年度中国高被引学者榜单。一批优秀学术成果在*Nature*、*Cell*、*The New England Journal of Medicine*等顶尖期刊发表。据中国科学技术信息研究所发布的数据，山东大学科学引文索引扩展版（SCIE）收录文献（2018年发表）4486篇，其中，论文4311篇，收录数量在全国高等院校排名中列第13位。在SCIE收录论文中，中国卓越科技论文（原“表现不俗论文”，即被引次数超过所在学科论文被引次数世界均值的论文）2452篇，在全国高等院校排名中列第19位。学科影响因子前1/10的期刊收录论文811篇，在全国高等院校排名中列第16位；作为第一作者国际合著论文收录831篇，在全国高校排名列第13位。科学引文索引扩展版（SCIE）2009—2018年收录的25815篇论文被引用375522次，在全国高校中排名第13位。工程索引核心部分（EI）收录期刊论文2358篇，在全国高等院校排名中列第25位。科技会议录引文索引（CPCI−S）收录论文538篇，列全国高校第23位。国内收录期刊论文1543篇，在全国高等院校排名中列第36位。国内论文被引用6210篇10578次，在全国高等院校排名中列第28位。

Ctcf在建立人类胚胎染色质结构中的关键作用（Key role for CTCF in establishing chromatin structure in human embryos） 生殖医学陈子江教授团队与中科院北京基因组研究所刘江教授团队再次合作，在*Nature*杂志以长文（Article）形式发表了题为“Key role for CTCF in establishing chromatin structure in human embryos”的突破性成果。该研究首次解析了人类精子和早期胚胎的高级结构，发现在人类早期胚胎发育过程中，出现了全基因组层次的染色质高级结构重编程，并发现CTCF蛋白在此过程中起到了至关重要的作用；除此以外，还发现人类精子缺少TAD结构，与其他物种精子（包括小鼠、猕猴等）完全不同。该研究首次绘制了人类早期胚胎的染色质三维构象图谱，对深入理解人类早期胚胎发育具有重要的理论和临床意义，是生殖发育领域的重大突破。

牙釉质蛋白质组揭示巨猿是猩猩家族的早期成员（Enamel proteome shows that Gigantopithecus was an early diverging pongine） 文化遗产研究院王伟教授与哥本哈根大学Enrico Cappellini教授带领的科研团队，在英国*Nature*杂志上发表其研究成果“牙釉质蛋白质组揭示巨猿是猩猩家族的早期成员”(Enamel proteome shows that Gigantopithecus was an early diverging pongine)。该团队首次在距今193万年的巨猿化石中成功提取遗传信息，并确认了这个早已灭绝的物种与亚洲猩猩存在密切的演化关系。王伟教授认为这一发现具有里程碑式的意义。

单核交叉共变及其对进化的意义（Per-nucleus crossover covariation and implications for evolution） 山东大学生殖医学研究中心王顺心教授团队在国际权威学术杂志 *Cell* 发表了“Per-nucleus crossover covariation and implications for evolution”的突破性成果。该研究发现并解析了交叉重组频率在同一减数分裂细胞的不同染色体之间协同变化这一重组调控新机制，揭示其在生物进化适应中的重要作用，并且为深入研究染色体结构与重组之间的关系及重组对生物进化适应的影响，提供了新思路。

BRCA2 双等位基因突变导致早发性卵巢功能不全（BRCA2 in ovarian development and function） 由山东大学生殖医学陈子江教授团队秦莹莹课题组与复旦大学附属妇产科医院张锋教授合作在权威科学期刊 *The New England Journal of Medicine* 发表了 1 篇题为“BRCA2 双等位基因突变导致早发性卵巢功能不全 (BRCA2 in ovarian development and function)”的通讯文章，这一发现为肿瘤易感基因 BRCA2 突变导致卵巢早衰提供了新证据。该研究揭示了肿瘤易感基因的多系统致病性，为评估卵巢早衰患者的激素治疗安全性及远期健康管理提供了重要依据，再次显示了山大生殖团队 POI 遗传学研究已走在世界前列。

专利申请与授权 2019 年度，学校专利申请 1764 件，其中，PCT 申请 54 件，国内发明专利申请 1585 件，实用新型专利申请 125 件；山东大学专利授权 1409 件，其中国外发明专利授权 19 件，比 2018 年翻两番，发明专利 1158 件，实用新型专利 232 件。专利授权数量同比增长 23%。李术才申请的“一种盾构搭载的非接触式频域电法实时超前探测系统与方法”等 19 项专利获得国外授权。山东大学张承慧教授发明专利“一种三相模块化多电平变换器并联系统及其控制方法”获得中国专利奖优秀奖。山东大学赵显团队“高温压电晶体与传感器关键技术专利群”获批山东省关键核心技术知识产权（专利群）资助，金额 100 万元。山东大学获批的济南市知识产权维权工作站正式挂牌成立，2019 年，获省市专利资助共计 246 万元。

【基础研究】

自然科学基金 2019 年，自然科学领域各类基金项目实到经费 47997.51 万元，同比增长 36.00%，新上项目 851 项，立项经费 42394.9 万元 [其中国家基金为立项直接经费（不包含 2019 年度立项间接经费）约 4164.18 万元]，同比增长 34.28%。

国家自然科学基金 2019 年，国家自然科学基金项目实到经费 36838.22 万元，同比增长 27.19%。2019 年，申报国家自然科学基金项目 2779 项，新获批立项项目 539 项，年度立项数列全国第 8 位，立项经费 31801.90 万元（另有间接经费约 4164.1785 万元）。其中，集中申报期申报 2639 项，获批立项 505 项（2018 年同期立项 393 项，同比增长 112 项，增幅 28.5%），面上项目立项 256 项，列全国第 9 位，青年基金立项 227 项，列全国第 6 位，均创历史最好成绩。获批国家自然科学基金杰出青年科学基金项目 2 项，优秀青年科学基金项目 6 项，两类人才项目立项数较 2018 年均增长 1 倍。国家自然科学基金重大项目获批 3 项，重点类项目获批 26 项，均创历史新高，取得较大突破。

山东省自然科学基金 2019 年，组织申报山东省自然科学基金项目 1612 项，获批立项 312 项，立项经费 10593 万元，实到经费 11159.29 万元，同比增长 81.13%。其中，山东省自然科学基金一般项目获得立项 267 项，获资助经费 3777 万元，立项经费增长 142%；杰出青年基金项目获得立项 13 项，获资助经费 1300 万元，立项经费增长 91.18%；重大基础研究项目获得立项 20 项，获资助经费 5022 万元；联合基金项目获得立项 12 项，获资助经费 494 万元。

【应用研究与高技术研究】

高新技术 2019 年，国家各级政府高新技术项目新立项 515 项，立项经费 40640.93 万元；高新技术类项目实到经费 49294.37 万元，同比增长 45.91%，其中，获得国家级项目实到经费 30808.23 万元，国际合作（境外）项目科研经费 60.99 万元，省级科技计划项目实到经费 11803.33 万元，其他地方政府项目实到经费 3954.06 万元。

山东大学 2019 年度省部级以上项目
实到经费及项目立项一览表

项目类别	实到经费（万元）	主持及参与立项项目数
国家重点研发计划	23394.33	141
国家重大科技专项	2199.18	17
其他国家科技计划	350.86	3
国家部委科技项目	956.76	18
省级项目	11803.33	183
合计	38704.46	362

国家科技计划 2019 年，获批国家科技计划项目及课题 277 项，较 2018 年增长 47.34%，立项经费 32653.28 万元，实到经费 34309.80 万元，较 2018 年增长 78.46%。国家重点研发计划：2019 年，山东大学牵头获批立项国家重点研发计划项目 12 项，获批国拨经费约 14000 万元，立项数和立项经费再创新高；主持承担国家重点研发计划课题（山东大学科研人员参加外单位牵头的项目）27 项，获批国拨经费 9219 万元。国际科技创新合作项目：2019 年，山东大学获批政府间国际科技合作专项 3 项，主持承担战略国际科

技合作课题1项，获批国拨经费1071万元。其他国家级重点项目：2019年，2项国家科技重大专项课题，1项科技创新2030重大项目课题获批立项，参与国家重大战略任务的范围与广度不断拓展。学校药学院娄红祥教授和刘新泳教授分别作为课题负责人参与重大新药创制科技重大专项，计算机科学与技术学院聂礼强教授作为课题负责人参与科技创新2030重大项目“新一代人工智能”专项，立项经费共计1262.63万元。山东省重点研发项目：2019年，聚焦山东省八大发展战略和十强产业需求，紧抓山东省科技计划体系改革机遇，坚持重点突破，获地方政府科技计划资助立项400项，实到经费13174.93万元。山东大学主持承担山东省重大科技创新工程项目（第1批、第2批）共27项，获批立项经费11860万元，参与承担山东省重大科技创新工程项目（含厅市联合项目）共110项，获批立项经费15000余万元；主持承担山东省重点研发计划（公益类）项目224项，获批立项经费3541万元。获批山东省资助的国际科技合作项目4项，立项经费985万元。

【科技成果转化】

成果转化 2019年，科技成果转让合同签订33项，合同金额9665.3万元，年度实际到账经费11147.91万元（含团队股权）。实施转让与许可的专利数达到76件，注重打造专利群的氛围初步形成。

氧化铝特种陶瓷材料及相关应用 该成果系由陈代荣教授团队研发，转化合同额6000万元，主要涉及的技术是氧化铝微晶陶瓷磨料（S—G磨料）和氧化铝基陶瓷纤维的“溶胶—凝胶”法制备及其相关应用等，氧化铝特种陶瓷材料及相关应用市场需求大，技术转化条件成熟，具有良好的转化前景。微晶陶瓷磨料（S—G磨料）和氧化铝纤维在国际上已经得到普遍的应用和推广，尤其在军事材料、航空航天材料。陈代荣教授团队研究的氧化铝特种陶瓷材料填补国内空白，打破美日等国对我国的技术封锁。

甲基苯基硅橡胶生产技术 该成果系由周传健教授团队研发，转化合同额1000万元，该技术在耐高温、阻尼、耐辐照，耐烧蚀硅橡胶材料方面具有不可替代优势，在航空航天、武器、核电、电力、汽车、高铁、体育器材等领域具有广泛应用。

大尺寸碳化硅单晶材料制备关键技术 该成果系由徐现刚、胡小波教授团队研发，转化合同额1000万元，涉及单晶设备、单晶生长坩埚、缺陷控制、粉料合成和衬底加工，解决了大尺寸碳化硅单晶制备中的技术难题，对现阶段的产品品质具有极大的提升和成本的降低。

【科技创新平台建设】 2019年，学校共计新增省部级以上政府主导类科研平台12个。其中，国家级平台3个、教育部等部委平台3个、省级平台6个。各类平台荣获竞争性资助运行经费共计2400万元，12个科研平台入选济南市对国家级和省级创新基地资助与支持序列。截至2019年底，山东大学主要政府主导类科研平台（自然科学类）共计153个，其中，国家级科研平台10个，部委级科研平台33个，省级科研平台110个。

新型科研平台（机构）培育建设 以材料学科为主体的新一代半导体材料集成攻关大平台作为首批集成攻关大平台获批立项。集成攻关大平台是教育部面向国家急需布局建设的创新大平台，旨在整合相关学科研究力量改革科学研究“小散虚”的科研组织模式，集成优势力量聚力解决国家面临的“卡脖子”技术问题。山东应用数学中心作为省部共建应用数学中心进入科技部首批支持立项的5个应用数学中心序列。山东应用数学中心充分发挥山东大学数学学科传统引领优势，以面向不确定性现象的非线性概率统计这一前沿科学研究问题为导向，以相关领域企业和行业的迫切需求为起点，打破校内学科、学院的界限，突破学校和企业、行业的隔阂，开展广泛交叉科学研究，服务行业与经济社会发展需求。山东大学首个国家工程研究中心新能源与高效节能国家地方联合工程研究中心获批立项。研究中心将围绕我国能源产业和经济发展中的“高投入”“高耗费”“高污染”“低效益”等问题，开展全方位基础与应用基础研究，以满足提升产业创新能力、促进区域经济发展等方面需求。以山东大学数学、控制等学科为主体建设的非线性期望前沿科学中心列入教育部前沿科学中心培育序列。前沿科学中心是教育部在基础研究领域布局的创新大平台，目标是以前沿科学问题为牵引，开展前瞻性、战略性、前沿性基础研究。

省部级科研平台建设 2019年，新增省部级科研平台9个，其中，教育部野外科学观测研究站、国家药品监管科学研究基地为新增类型平台，科研平台建设体系不断拓展。3个国家工程技术研究中心、10个山东省示范工程技术研究中心、7个2019年新申报的省技术创新中心被列入山东省技术创新中心培育库。积极参与山东省实验室筹建工作，牵头组建的济南全生命周期空间组学山东省实验室，参与建设的青岛能源山东省实验室、网络信息与空间安全山东省实验室各项工作加速有序推进。

【学科建设】 5个学科进入ESI前1‰，18个学科进入ESI前1%，入选数分别居国内第6位和第7位。数学、考古、护理3个学科在软科中国最好学科排名中列全国前3。数学、化学、控制等12个学科进入ESI、软科世界最好学科等国际主流排名世界前100名。金融数学、生殖医学、密码学等领域已达到世界顶尖水平。

【大学科技园建设】 2019年，国家大学科技园泰山分园（东平）被认定为省级创新创业平台。山东大学国家大学科技园筹集社会资金，投资5亿元与青岛莱西市合作共建山东大学国家大学科技园青岛双创中心（莱西），在3～5年中将孵化300个高新企业，产值将达100亿元，税收10亿元，成为服务当地经济社会发展的新旧动能转换示范基地。山东大学国家大学科技园与中科院中物九鼎签署合作协议，在历城院士谷共建科技创新创业孵化器，助推山东大学与济南市全面合作“山大系”工程实施。

2019年度山东大学新增院士一览表

序号	姓名	类别	院系单位
1	陈子江	中国科学院院士	生殖医学研究中心
2	李术才	中国工程院院士	岩土与结构工程研究中心
3	张友明	欧洲科学院院士	微生物技术研究院

山东大学2019年度国家自然科学基金杰出青年一览表

序号	类别	姓名	院系单位
1	国家自然科学基金杰出青年基金	张　建	环境科学与工程学院
2		王光臣	控制科学与工程学院

山东大学2019年度国家自然科学基金优秀青年一览表

序号	类别	姓名	院系单位
1	国家自然科学基金优秀青年基金	赵立璐	数学学院
2		王一峰	化学与化工学院
3		薛丽坤	环境研究院
4		宋清华	机械工程学院
5		刘　斌	岩土与结构工程研究中心
6		徐娟娟	控制科学与工程学院

2019年山东大学获批立项山东省高等学校优秀青年创新团队一览表

序号	团队名称	负责人	院系单位
1	能源与环境功能材料创新团队	王　朋	晶体材料研究所
2	工业物联网与智能制造创新团队	张海霞	控制科学与工程学院
3	新能源与电能变换创新团队	高　峰	电气工程学院
4	表界面化学及其应用创新团队	张进涛	化学与化工学院
5	催化合成化学创新团队	孙　頔	化学与化工学院
6	大气VOCs污染原理与控制技术创新团队	杜　林	环境研究院
7	代谢相关组织与器官再造创新团队	于　晓	基础医学院
8	豆科牧草种质创新团队	周传恩	生命科学学院
9	地下工程重大灾害预警控制创新团队	李利平	齐鲁交通学院
10	高能物理创新团队	周　剑	前沿交叉科学青岛研究院

【科技人才队伍建设】 为进一步推进山东大学前沿交叉科学研究发展，培育一批引领性的新兴交叉科学研究方向，不断加强对年轻人才的支持力度，支持青年人才快速成长成才，确定20个首批资助建设的青年交

叉科学创新群体。

【科技合作与交流】

科技开发与技术咨询 2019年，科技开发实到经费34999.09万元，同比增长26.07%，横向科研项目新立项791项，合同额45134.454万元。百万元以上项目80项，其中，立项金额1000万元9项，500万元以上12项。

校地、校企合作情况 面向各功能园区、重点企业、高校院所征集确定了支持27家协同创新中心建设。其中山东大学牵头建设14家，参与建设10家，拨付协同创新中心建设经费1710万元。工研院建设的集总部办公、育成孵化、创新体验为一体的1万平方米育成孵化基地并投入使用，筛选并签约高科技项目30余项。聘请侯保荣等9位院士为工研院特聘专家，与14家新型研发机构签订战略合作协议。2019年，与工研院合作共建的3家协同创新中心，获得济南市科技局产业创新载体补助支持资金180万元。推动"山东大学淄博先进制造与人工智能研究院""山东大学—泰安市固废综合利用研究院""共建碳化硅产业技术研究院""山东大学诺亚创生生物研究院"等40余个校地、校企共建平台签约，其中合同额达到千万元以上合作协议的11个。学校实施"山东大学科技成果直通车行动"，主动到区县、工业园区推介学校科技成果，获科技部重点连续报道，有效地提升了学校的社会影响力。首次举办山东大学科技成果发布会暨重大项目签约活动，发布7项最新科技成果，9个重大科技合作与成果转化项目签约，合同额2.1亿余元。发挥借调与挂职干部的桥梁纽带作用，掌握最新科技政策信息，构建多层次的技术转移人才队伍，提升学校服务国家重大战略需求与科技成果转化的能力，服务经济社会发展需求，2019年，学校积极推进科技挂职工作，共有山东省第5批科技副职21人、济南市市中区科技副职7人、山东省第1批科技特派员3人、江苏科技镇长团及企业兼职科技人员等90余名挂职人员。

（山东大学　傅茂笋　任敏利　刘俊花）

中国海洋大学

【概述】 中国海洋大学是一所海洋和水产学科特色显著、学科门类齐全的教育部直属重点综合性大学，是国家"985工程"和"211工程"重点建设的高校，2017年9月入选国家"世界一流大学建设高校"（A类）。学校创建于1924年，历经私立青岛大学、国立青岛大学、国立山东大学、山东大学等办学时期，1988年更名为青岛海洋大学，2002年更名为中国海洋大学。现有全日制在校生27300余人，其中，本科生15000余人、硕士研究生10400余人、博士研究生1900余人。教职工3678人，其中，专任教师1814人，博士生导师443人、正高级专业技术人员615人、副高级专业技术人员799人，中国科学院院士5人、中国工程院院士9人。学校拥有教学和科学考察船舶3艘，包括5000吨级新型深远海综合科考实习船"东方红3"号、3500吨级海洋综合科学考察实习船"东方红2"号、300吨级的"天使1"号科考交通补给船，形成了自近岸、近海至深远海并辐射到极地的海上综合流动实验室系统，具备了一流的海上现场观测能力。学校是青岛海洋科学与技术试点国家实验室的主要依托单位，主持其中"海洋动力过程与气候""海洋药物与生物制品"2个功能实验室的工作，作为骨干力量参与其他6个功能实验室的建设。学校地球科学、植物学与动物学、工程技术、化学、材料科学、农学、生物学与生物化学、环境学与生态学、药理学与毒理学9个学科（领域）名列美国ESI全球科研机构排名前1%。获国家技术发明奖一等奖1项、二等奖3项，自然科学奖二等奖2项，科技进步奖二等奖9项；"十二五"以来，主持国家级各类项目1700余项，获省部级科技奖励59项、人文社科奖励68项，被SCI、EI、ISTP等三大检索系统收录论文22000余篇，申请发明专利2586件，授权发明专利1245件，其中国际发明专利34件。

【科研项目与经费】 2019年，学校科研经费8.96亿元，新获批重点研发专项项目5项，国际合作项目4项，中央财政经费逾1.1亿元，其中国际合作项目为2016年国家科技体制改革后中国海洋大学首次牵头；2019年新增国际合作项目合同额1400余万元，为历年之最。国家自然科学基金获资助项目数、资助率均创历史新高，共168项项目获得资助，总经费约1.5亿元，面上、青年项目平均资助率33.7%。省市项目首次破亿元，成为科研经费新增长点。

【科研成果】 2019年，学校获国家奖2项，体现了学校在海洋工程领域重要的学术地位和影响力；2019年，获山东省科技进步奖一等奖1项、技术发明奖二等奖

1 项、科技进步奖二等奖 1 项、国际科技合作奖 1 项。董军宇教授的合作者迈克尔·钱特勒教授获山东省国际科技合作奖，是学校历史第 1 位山东省国合奖获得者；获得教育部奖 5 项，自然科学奖一等奖 1 项、自然科学奖二等奖 1 项、技术发明奖二等奖 1 项、科技进步奖二等奖 2 项；获海洋工程科学技术奖二等奖 3 项，获海洋科学技术奖 3 项，其中，一等奖 1 项、二等奖 2 项。吴立新院士主持完成的成果“热带多尺度跨海盆海—气相互作用”入选 2019 年度“中国高等学校十大科技进展”，这是我国高等学校在海洋领域的唯一入选项目，也是学校继 2014 年首次入选后，时隔 5 年再次入选，彰显了学校在海洋研究领域的重要地位和学术影响力。吴立新院士获 2019 年度美国地球物理学会 Ambassador 奖并被授予 AGU Fellow，这是 AGU 历史上首位获此奖项的亚洲科学家，也是首位成为 AGU Fellow 的中国海洋学家。

2019 年，学校教师作为第一作者或通讯作者在 *Science*、*Nature* 及其子刊发表 8 篇论文。

【一流大学建设】 认真编制学校“双一流”建设年度进展报告，展现学校一流大学建设成效。制定《一流大学建设引导专项及省市共建经费安排方案》，完善一流大学建设经费体系。认真组织开展“双一流”建设中期自评，编制《中国海洋大学“双一流”建设中期自评报告》，学校“双一流”中期建设成效获得专家组肯定，通过中期评估。推进落实“四方共建”省市经费政策支持学校一流大学建设。加强学科平台条件建设，海洋高等研究院超算平台、碳 −14 加速器质谱中心投入试运行。三亚海洋研究院揭牌成立，过渡期实验平台装修改造等工作有序推进；与宝安区政府、盐田港集团签署合作共建中国海洋大学深圳研究院框架协议，深圳研究院进入落地阶段，学校服务国家海洋事业和区域经济社会发展布局更加完善。在食品科学与工程学院、信息科学与工程学院开展投入机制改革试点，服务青岛产业发展。

【科研成果转化】 学校积极服务地方经济建设，促进成果转化，梳理、收录学校科技成果 138 项，形成《中国海洋大学科技成果汇编》(第一版）向社会发布并得到高度关注；国家药品监督管理局有条件批准了由学校、中国科学院上海药物研究所和上海绿谷制药有限公司接续研发的甘露特纳胶囊（商品名“九期一”，代号 GV−971）上市注册申请，填补了 17 年来抗 AD 领域无新药上市的空白；学校新增 1 个水产新品种长牡蛎“海大 3 号”，已经全国水产原种和良种审定委员会审定；作为山东省唯一参展高校首次入选全国“双创”展览。作为主要牵头部门之一，积极谋划，主动作为，全力推进建设“中国海洋大学产业园”，为学校产业园建设提供了初步方案。获批山东省省级技术转移服务机构，入选山东省军民融合重点企业（单位）等，服务地方经济建设能力持续增强。

【科技创新平台建设】 科技平台建设显示度增强，把握教育部实施“高等学校基础研究珠峰计划”重大机遇，深海圈层与地球系统教育部前沿科学中心获立项建设，成为教育部第 2 批立项的 7 个前沿科学中心之一，是山东省首个教育部前沿科学中心，该中心聚焦关键科学问题开展深海跨学科交叉融合研究，致力打造全球深海科技创新高地和一流创新人才培养基地，对服务国家海洋强国战略和“一带一路”具有重要意义。深度参与海洋试点国家实验室 8 个功能实验室科研任务，多位专家受聘大科学平台主任或首席科学家，实验室项目到款经费 1.44 亿元。获批首个国家地方联合工程研究中心、山东省工程研究中心、教育部野外科学观测研究站，完成国家科技创新基地改革后所有三类平台布局建设全覆盖；海—气作用动力学学科创新引智基地评估获得优秀，并得到“111 计划 2.0”支持；中国海洋大学方宗熙—萨斯海洋分子生物学中心建设全面推进。

【科技人才培养与队伍建设】 物理海洋教育部重点实验室林霄沛教授获得国家杰青资助，学校连续 5 年 6 人获该项目资助，5 人获优秀青年科学基金资助，列全国高校第 25 位，学校首次在食品科学、地质学和地球物理学 3 个学科获优青资助，开辟了新的增长点。获批山东省杰青资助 1 人（杨庆轩），山东省泰山产业领军人才 1 人（董双林）；第 5 批青岛市创新领军人才 2 人（张绍晴、刘永江）。首次入选山东省“外专双百计划”个人项目 1 个、团队项目 1 个；启动实施“中国海洋大学创新交叉团队培育计划”，推动学科汇聚和交叉融合、培养领军人才和创新团队为根本，强化超前部署。

【国际科技合作与交流】 2019 年，重点立项研发计划国合专项项目 4 项，这是自 2015 年国家科技体制改革以来，学校首次牵头重点研发计划国合项目；获批山东省重点研发计划—国际科技合作主持项目 2 项；新增国际合作项目合同额 1400 余万元，为学校历年之最。稳步推进中国海洋大学—伍兹霍尔海洋研究所国际联合实验室、中国海洋大学—美国奥本大学水产养殖与环境科学联合研究中心科研合作，积极推动中国海洋大学方宗熙—萨斯海洋分子生物学中心建设。组织申报的科技部发展中国家技术培训班项目—“海洋微生物学技术高级培训班”获批立项（全额资助）并成功举办，该培训班是 2019 年度批复的全国 2 个涉海类培训班之一，充分体现了学校在服务国家“一带一路”倡议中的积极作为。

【科技项目与成果选介】

近浅海新型构筑物设计、施工与安全保障关键技术 李华军院士领衔完成的“近浅海新型构筑物设计、施工与安全保障关键技术”荣获国家科技进步奖二等奖，该项目属于港口工程、交通运输安全工程领域。研发了透空式新型近浅海构筑物及分析设计理论，发明了复杂恶劣海况下桩基施工与软基处理关键技术，创建了近浅海工程安全防浪、水下自动测控安装、损伤实时检测与修复加固新技术，形成了一套近浅海新型构筑物设计、施工与安全保障关键技术体系。成功应用于30余项国内外重要工程，显著提升了我国海上基础设施的建设水平，产生了重大的经济社会效益和国际影响力，具有重要推广应用价值。

近海赤潮灾害应急处置关键技术与方法 于志刚教授作为第二完成人参研的“近海赤潮灾害应急处置关键技术与方法”荣获国家技术发明奖二等奖，该项目属于海洋环境保护技术。首创了改性黏土治理赤潮的技术与方法，解决了国际上赤潮治理长期存在二次污染、效率低、用量大、不能大规模应用的技术难题，引领了国内外赤潮治理技术的创新与进步。相关成果在我国近海大规模应用，产生了显著的社会和经济效益；相关技术出口美国、智利等国家，被誉为中国制造的“赤潮灭火器”，研究团队被国际同行誉为“国际赤潮治理的引领者”。

基于我国资源特性的海洋能高效利用创新技术研发 学校获批国家重点研发计划“基于我国资源特性的海洋能高效利用创新技术研发”(项目负责人史宏达教授)。将海洋环境数据与海洋能技术属性相结合，提出准确的海洋能资源评估体系；以高精度潮流—波浪耦合模型为基础，以实时数据获取为手段，构建海洋能大数据库平台，评估重点开发海域的资源分布，并进行实测验证。开发高效双向全贯流潮汐能发电技术；揭示叶片载荷分布与双向性能间的响应机制；有效识别水力诱发轴系振动源；控制机组稳定运行工况；研制原理样机。提出潮流能的悬浮载体轮辋转子发电技术；模拟能量摄取条件下叶片与水流的相互作用；采用负压引流增速解决低流速启动的技术困难，提高潮流能机组的捕获效率；研发原理样机并进行海试。研发适用于宽谱条件下的完全自主创新波浪能装置——Rolling；合理释放波浪能装置的运动自由度，揭示能量沿不同自由度的分配规律；探讨获能体在波浪作用下的响应，优化装置形状与质量；设计机械式多向联动PTO系统；制作海试样机。识别海洋能模型试验相似准则的主导因素，确定捕获与转换环节的传递参量；研制全程匹配的实验室集成模拟系统；制订实海况测试的全生命周期电力质量评价方法。

深远海工业化大型养殖装备与模式 学校获批国家重点研发计划“深远海工业化大型养殖装备与模式”(项目负责人高勤峰教授)。以黄海冷水团为典型深远海养殖海域，聚焦养殖环境、养殖模式、养殖平台及配套装备、智能化管控系统等问题，研发环境监测与预警技术，筛选适宜的养殖鱼类种类，研发主养鱼类健康养殖技术和模式，构建深远海养殖综合平台，研制深远海养殖关键配套装备和智能化管控系统，开展技术和装备集成，实现养殖和营销一体化生产示范。

细胞外基质在管腔器官形态发生与稳态维持中的角色和功能研究 学校获批国家重点研发计划“细胞外基质在管腔器官形态发生与稳态维持中的角色和功能研究”(项目负责人董波教授)。中方利用转录组和原位杂交等筛选脊索管腔形成时期高表达的细胞外基质，日方利用RNAi和转座子突变技术筛选果蝇细胞外基质突变体。利用荧光蛋白标记、实时摄影技术、基因敲除等方式研究细胞外基质合成、运输、分泌的调控机制。在海鞘和果蝇中，通过遗传操作，改变细胞外基质的物理和化学性质，分析其对管腔形态发生的影响，并通过理论模型，阐明细胞外基质调控管腔形态发生的生物化学过程和生物物理学机制。

北极快速变化的机理、影响及其气候效应研究 学校获批国家重点研发计划“北极快速变化的机理、影响及其气候效应研究”(项目负责人陈显尧教授)。在整合北极历史观测数据、开展北极快速变化关键区域强化观测与数值模拟的基础上，研究多年代际时间尺度上北极快速变化的特征和规律，分析北极海冰—海洋—大气耦合过程、探索气候系统的外部强迫作用影响与调控北极快速变化的关键物理机制，分析影响未来北极气候多年代际变异趋势的关键情景及其气候效应，提升预估北极未来气候变化的能力；在此基础上，研究欧亚大陆中纬度区域极端天气事件演变和大气环流背景场变率的特征，分析它们与北极快速变化的动力学联系；研究北极冰冻圈多要素变化（多年冻土、积雪和海冰等）对北极多年代际变异的响应与可能的反馈作用。

水产品危害物质检测与质量控制技术 学校获批国家重点研发计划“水产品危害物质检测与质量控制技术”(项目负责人林洪教授)。针对鱼贝类等水产品中典型的生物危害、环境污染物、内源性化学危害物等，开展智能化前处理研究，研发检测新技术及相关产品，重点突破共性提取净化与非定向精准识别的技术瓶颈；突破抑菌材料纳米缓释、化学危害物定向阻断等技术难题，研发安全高效的危害物抑制消减剂，构建加工贮藏过程中生物危害非热控制及化学危害的过程控制技术；研究生物消化吸收过程的危害识别特征，研发风险评估新技术和新模式，显著提升评估的精准性和快速性；重点突破水产品智能储运微环境高精度远程监控与品质实时可视化展示技术，构建多维度一体化智能监测系统；集成构建全供应链质量安全智能管控技术体系并开展产业化示范验证。

（中国海洋大学　尹文月）

中国石油大学（华东）

【概述】 中国石油大学是教育部直属全国重点大学，是国家“211 工程”重点建设和开展“985 工程优势学科创新平台”建设并建有研究生院的高校之一。2017 年，学校进入国家“双一流”建设高校行列。中国石油大学（华东）是教育部和五大能源企业集团公司、山东省人民政府共建的高校，是石油石化高层次人才培养的重要基地。学校现有青岛、东营两个校区，校园总面积 4774 亩，建筑面积 125 万平方米，图书馆藏书 284 万册。学校建有研究生院，有地球科学与技术学院、石油工程学院、化学工程学院、机电工程学院、储运与建筑工程学院、材料科学与工程学院、新能源学院、海洋与空间信息学院、控制科学与工程学院、计算机科学与技术学院、经济管理学院、理学院、外国语学院、文法学院、马克思主义学院、体育教学部等 16 个教学学院（部），以及荟萃学院、国际教育学院、远程教育学院和继续教育学院。学校现有 5 个国家重点学科——矿产普查与勘探、油气井工程、油气田开发工程、化学工艺、油气储运工程，有 2 个国家重点（培育）学科——地球探测与信息技术、工业催化，11 个博士后流动站，14 个博士学位授权一级学科，3 个博士学位授权自主设置二级学科，2 种博士专业学位授权类别，32 个硕士学位授权一级学科，2 个硕士学位授权二级学科，15 种硕士专业学位授权类别，68 个本科专业。学校现有重质油国家重点实验室、海洋物探及勘探设备国家工程实验室、非常规油气开发教育部重点实验室、油气加工新技术教育部工程研究中心、石油石化新型装备与技术教育部工程研究中心等 70 多个国家及省部重点实验室和研究机构。学校企业山东石大科技集团有限公司、山东石大胜华化工股份有限公司既是国家级高新技术企业，也是石油石化行业重要的科研中试及工业试验基地。

【科研项目与经费】 2019 年，学校纵向科研项目立项 445 项，包括国家重点研发计划项目 2 项、课题 2 项、子课题 12 项；获批国家自然科学基金项目 110 项，资助直接经费 7137 万元，其中首次牵头承担国家自然科学基金重大项目，另获批 2 项优秀青年科学基金、6 项重点类项目。2019 年，学校签订横向科研合同 1277 项，其中，500 万元以上项目 9 项，1000 万元以上项目 6 项。全年到位科研经费达到 7.2 亿元。

【科技成果】 2019 年，学校获得省部级以上科技成果奖励 45 项；授权专利 1065 件，其中，国外专利 34 件、国内发明专利 598 件。1 项专利获得第 21 届中国专利优秀奖（已公示）。学校作为第一署名单位发表三大检索论文 2677 篇，其中，被 SCI 收录 1206 篇、EI 收录 1364 篇、CPCI−S 收录 107 篇。

【一流学科建设】 全面总结“双一流”建设以来的突出成效和重大进展，圆满完成“双一流”中期评估。在《2019 安邦中国“双一流”大学建设绩效中期评价报告》中，学校排名进入全国高校前 50，位于一流学科建设高校前列。教育部部长陈宝生、副部长翁铁慧分别对学校发展及“双一流”建设给予肯定。

【科技成果转化】 2019 年，学校共转化科技成果 38 项，转化额 1201.35 万元，其中专利权转让 13 件，转化额 245.5 万元；专利实施许可 24 项，转化额 926.85 万元；软件著作权许可 1 项，转化额 29 万元。全年到位成果转化收入 342.2 万元。

【科技创新平台建设】 学校成为青岛海洋科学与技术试点国家实验室理事单位。“深层油气探测技术与装备教育部工程研究中心”获得教育部培育建设，“氢能开发与利用技术创新中心”入选首批山东省技术创新中心培育库，“海洋物探及勘探设备国家工程实验室”入选首批省重点领域战略新兴装备技术研发转化平台名单，1 个青岛市工程研究中心和 2 个青岛市国际科技合作基地获批建设。2 个教育部工程研究中心顺利通过评估。截至 2019 年底，学校在建国家及上级部门重点科研机构已达 89 个。

【学科建设】 继续推进“强化、拓展、提升”的学科总体布局，持续强化优势传统学科，积极拓展新能源、海洋等学科，基本完成理工科类学科、人文社科类学科专业布局和机构调整。调整成立海洋与空间信息学院、新能源学院、外国语学院、文法学院，控制科学与工程学院、计算机科学与技术学院完成更名。启动实施“通用基础学科提升计划”，促进各学科协调发展。工程学学科首次进入 ESI 全球排名前 1‰。学科、学位点、专业一体化试点工作顺利推进。

【大学科技园建设】

青岛园区 启动国家大学科技园青岛园区建设，按照新出台的《国家大学科技园管理办法》对科技园进行规划和建设。预计2020年底之前基本完成青岛园区一期主体建设工作，部分建筑达到入住条件。

东营园区 推动学校与东营经济技术开发区签署全面战略合作协议，共建中国石油大学“双招双引”创新发展服务平台，联合5个学院及相关部处赴东营组织开展2019东营中石大“新材料、新能源、智慧经济”高峰论坛，整合学校与东营经济技术开发区、山东海科集团三方优势资源签署新能源材料省部级协同创新中心筹建协议，该活动被山东卫视转播。在东营市设立中国石油大学东营科技成果转化中心，在学校设立东营经济技术开发区“招才引智”工作站，依托地方资源为学校人才培养、创新、发展及产学研深度融合提供服务。

【科技人才培养与队伍建设】 启动实施“光华学者计划”，举办第二届“能源科学与工程”国际青年学者论坛和国（境）外青年人才专场招聘会，实质性聘用新能源领域的顶级科学家、挪威两院院士陈德，引进培育了包括外籍院士、国家百千万人才工程入选者、国家杰出青年科学基金获得者在内的国家“四青”及以上人才10人、省部级人才17人，新增享受国务院政府特殊津贴专家3人，4人入选科睿唯安2019年度全球高被引科学家。发挥高层次人才的支撑引领作用，聘任挪威两院院士陈德为新能源研究院院长，国家“杰青”科技创新领军人才孙晓明为重质油国家重点实验室主任。

【科技合作与交流】

国内科技合作 学校与中国石油天然气集团有限公司合作的重大科技项目正式启动，与兖矿集团共建的石大兖矿新能源学院揭牌，迈出了校企共建“新工科”的探索之路。与西南油气田公司等企业共建科研合作平台6个。与山东省、青岛市、东营市、西海岸新区等校地合作进一步深化。基金会和教育基金管理委员会募集资金超过3600万元，创7年来新高。基金会“中基透明指数”评分为满分（100分），连续24个月居全国首位。

国际科技合作 与英国曼彻斯特城市大学等27所国（境）外知名高校新签署协议47份。获批高端外国专家引进计划13个、发展中国家杰出青年科学家来华工作计划3项。援建乌干达麦克雷雷大学石油工程学院。获批国家公派优秀本科生国际交流项目20项、创新型人才国际合作培养项目7项。邀请各类来访外国专家670人次。选派师生和管理人员赴境外交流学习研修1600余人次。

学术交流 组织各类学术交流活动450余场次，其中，主办、承办的大型国际、国内学术会议40余场次，2019年，邀请国内外专家开展学术交流400余场，均超2018年同期。黄岛讲坛举办20期，并依据大学科分类举办分论坛1期，24位专家登上讲坛，其中，包括20位中外院士，讲坛入选山东省科协首批改革品牌项目，是全省企事业科协推荐申报项目中的唯一入选项目。

［中国石油大学（华东） 单宝来］

山东师范大学

【概述】 山东师范大学（以下简称山师）在济南历下区和长清区两地办学，总占地面积近4000亩（约258.78万平方米），建筑面积141.05万平方米。设有1个国家级虚拟仿真实验教学中心、1个国家级实验教学示范中心、1个省部共建高等山师协同创新中心、1个教育部重点实验室、1个教育部工程技术研究中心、1个教育部人文社科重点研究基地、6个省重点实验室、1个省工程实验室、5个省工程技术研究中心、2个省理论建设重点研究基地、1个省重点新型智库、4个省高等山师协同创新中心、7个省高等山师实验教学示范中心、9个省“十三五”高等山师科研创新平台等53个国家级、省部级以上研究培训机构。图书馆馆藏书刊452.94万册，数据库198个，各类电子图书912.94万册，电子期刊4.44万种。山师现有21个学院（部），88个本科专业，13个博士后科研流动站，14个博士学位授权一级学科、33个硕士学位授权一级学科、17个专业学位授权类别，覆盖十大学科门类，学科、专业学位数量居省属高校前列。有1个国家重点学科、1个国家重点（培育）学科。3个学科进入基本科学指标数据库（ESI）学科排名前1%。6个学科进入省一流学科建设行列。在全国第四轮学科评估（2017年）中，24个学科参评，其中，有13个学科进入B及以上等次，B+等次和B等次数量均居山东省属高校首位。山师建有9个国家级特色专业，18个省级品牌专业和特色专业，20个专业获评山东省一流专业，8个专业（群）获批山东省高水平应用型立项建设重点专业（群）、山东省教育服务新旧动能转换专业对接产业项目。山师成立基础教育集团，附属中学、第二附属中学、附属小学是省级规范化山师或示范山师，先后分别被授予中国百强中学、全国十佳科技教育创新山师、首批全国心理健康教育特色山师、全国首批青少年校园足（篮）球特色山师等称号。2005年，山师历山学院是经教育部和山东省人民政府批准设立的全日制普通本科独立学院，2013年，迁址青州市办学，2019年6月，经教育部批准转设为潍坊理工学院。历山学院现有在校生8500余人，已培养12届毕业生13000余人，赢得良好社会声誉。

【科技项目】 2019年，山师共承担各级各类纵向项目187项，落实经费8035万元。本年度获得国家级项目83项，资助经费4434万元，国家级项目立项数量突破80项，完成年度项目立项目标，立项数和经费数均创山师历史新高。国家自然科学基金77项，项目直接经费为3886万元；其中，青年科学基金项目36项，面上项目30项，专项项目6项，重大研究计划培育项目2项，重大科研仪器研制项目1项，国际（地区）合作与交流项目1项，重点项目合作课题1项。另获国家重点研发计划课题1项，经费357万元，国家重点研发计划子课题5项，经费190万元。获省部级项目87项，经费3244万元；其中，省科技重大创新工程2项，省重点研发计划项目13项，省软科学研究项目10项，省自然科学基金项目53项（其中，省杰青、省优青、省重大基础研究项目各2项），省渤海粮仓、农业良种、林业创新等项目9项。获得厅局级项目8项，项目经费167万元。其他项目9项，经费190万元。

【科技平台】 2019年，获重点建设立项经费1918万元，上级拨付到账经费1918万元。山师牵头的化学成像功能探针省部共建协同创新中心成功获批，这是山师获批建设的第1个国家级科技平台，是山师在科研平台建设上的重大突破，对山师今后建设高等级科研平台具有引领和示范作用。山师细胞生物学协同创新中心到账建设经费1050万元；光学与光子器件技术重点实验室和分布式计算机软件新技术重点实验室年度绩效评估分获优秀、良好等次，获建设经费500万元；重大疾病相关标志物超高分辨荧光成像创新技术平台，获中央引导地方科技发展专项资金项目经费300万元；“光场调控及应用研究创新团队”获济南市促进高校和科研院所协同创新和成果产业化扶持政策支持项目经费68万元；教育部分子与纳米探针实验室通过五年定期评估，位列良好等级；多效智能分子与纳米诊疗药物协同创新中心，通过山东省高等山师协同创新中心（产业对接类）评审获立项建设；完成山东师范大学与山东产业技术研究院战略合作协议签约。

【科技成果】 2019年，山师获得各级科技奖励13项。其中，获得山东省自然科学奖二等奖1项；山东省高等山师优秀科研成果奖12项，包括一等奖3项，二等奖1项，三等奖8项。共发表科技论文2241篇，其中SCI收录论文1343篇。作为第一单位发表论文739篇，EI检索期刊论文803篇，会议论文95篇。其中，一、二区检索论文407篇，与2018年相比，增加107篇，增长35.7%，超额完成高水平论文实现增长30%的目标。

【学术交流】 全方位多维度支持学院开展各种学术交流活动，引导鼓励学院邀请国内外学术水平高、影响力大、具有国际视野的领域专家前来指导，2019年，累计资助各种学术活动20多人次；引导科研平台开展原创性理论、先导性技术的研究工作，鼓励学科交叉、学术融合，在平台重大学术会议、评估考核、重大项目论证等关键工作上，做好多维度的科技服务工作；大力支持来校青年博士教师的成长成才，用好青年培育基金，发挥经费最大效能；开展调研活动，主动向相关部门、学院及师生征求意见，畅通信息渠道，做好协调配合工作，解决实际问题。

【产学研合作】 2019年，山师科技服务工作，签订横向科研项目合同185项，横向经费达3251万元，比2018年横向经费增长112%，实现翻番。进一步落实完善山师促进科技合作转化的相关政策，横向课题项目在技术服务，技术合作与转化的方向稳步前进；山师自主创新能力有了较大增强与提升，专利转化与实施取得突破。申请国家专利435件（发明334件，新型41件，外观60件），授权国际专利3件，授权国家专利166件（其中发明专利131件），授予软件著作权47项，国家专利授权量达到山师历史最高水平。专利技术转让实施5项。申报山东省专利奖1项。积极组织科技人员参加各地组织的成果展示交易会、洽谈会，积极对接各地科技管理部门，先后与10多个市县科技局主管领导进行了接触交流产学研政金服用融通合作。与齐河县政府等四方签署合作协议，开展藜麦育种种植研究工作。东营研究院工作开展顺利，逆境植物研究、环境生态评估、法律技术咨询服务等工作全面铺开。生科院积极参与渤海粮仓项目及黄河三角洲农业高新技术产业示范区建设工作。

【规章制度建设】 围绕服务山师科技工作，进一步激活释放科研活力，落实放管服，配合人力资源处、财务处、审计处、法规处等，制定出台了多项科研项目经费使用管理办法，为老师科研工作保驾护航。依据山师发展规划，配合相关部门制定了新一轮聘期目标，并针对新一轮聘期目标，起草了多项保持措施，拟在2020年出台，更加有力支持学院开展科研活动。

（山东师范大学　张怀远）

山东农业大学

【概述】 山东农业大学是一所以农业科学为优势，生命科学为特色，融农、理、工、管、经、文、法、艺术学于一体的多科性大学。学校现有在校生34904人，其中，本科生30783人，博士、硕士研究生4121人，在职攻读硕士学位133人，继续教育类学生15451人。现有教职工2483人，教师中有教授、副教授1050人，中国科学院院士1人，中国工程院院士3人，入选国家“百千万人才工程”专家11人，国家有突出贡献的中青年专家6人，“长江学者奖励计划”特聘教授1人，国家杰出青年科学基金获得者6人，国家优青2人，国家级教学名师4人；“长江学者和创新团队发展计划”创新团队2个，国家级教学团队3个；泰山系列工程专家50人，其中，泰山学者优势特色学科人才团队1个，泰山学者攀登计划专家4人、泰山学者特聘专家23人，泰山学者青年专家12人；泰山产业领军人才工程专家10人。学校设有21个学院，拥有12个博士后科研流动站，12个一级学科博士点，24个一级学科硕士点、2个二级学科硕士点，8个硕士专业学位授权类别，91个本科专业；有1个国家重点实验室，2个国家重点学科，2个国家工程实验室，2个国家工程技术研究中心；2个农业农村部重点学科，1个农业农村部综合性重点实验室，2个农业农村部专业性（区域性）重点实验室，2个农业农村部农业科学观测实验站，1个国家农产品加工技术研发专业中心，1个国家小麦改良分中心，1个农业农村部农产品质量安全监督检验测试中心，1个全国农业农村信息化示范基地，1个科技部、教育部新农村发展研究院，1个国家小麦育种栽培技术创新基地，1个黄淮海区域玉米技术创新中心，1个国家林业和草原局定位观测研究站，1个国家林业和草原局重点实验室；21个省级重点学科，5个省级协同创新中心，11个省级重点实验室，15个省级工程技术研究中心，4个省级国际合作研究中心，2个省级工程实验室，1个省级人文社科研究基地，2个省级新型智库，1个省级科教基地。学校有5门国家级精品课程，2门国家级双语示范课程，5门国家级精品资源共享课，9个国家级特色专业，2个国家级人才培养模式创新实验区，3个国家级实验教学示范中心，1个国家级虚拟仿真实验教学示范中心，1个国家虚拟仿真实验教学项目，1个国家大学生校外实践教育基地，1个全国高校实践育人暨创新创业基地，1个省级大学生创业孵化示范基地。改革开放以来，学校获得包括国家技术发明一等奖在内的国家级科技成果奖29项，省部级以上科技成果奖400多项。获得国家级教学成果奖8项，其中，国家级教学成果特等奖1项、一等奖2项，省级以上教学成果奖84项。建校以来，培养了以中国科学院院士李振声、印象初、朱兆良，中国工程院院士束怀瑞、山仑、于振文、李玉、李培武，国际欧亚科学院院士唐克丽，4位“长江学者”，12位国家杰青为代表的各类优秀人才22万余人。

【科研项目与经费】 2019年，学校到位经费约3.34亿元，立项经费约3.37亿元（较2018年增加2700万元），新上项目585个。自然科学项目包括：主持国家自然科学基金项目73项，国家重点研发计划项目课题1项，国家重点研发计划项目—政府间国际科技创新合作重点专项1项，国家现代农业产业技术体系岗位专家1人，农业部项目8项，省自然科学基金53项，山东省自然科学基金重大基础研究项目1项，省重点研发计划重大科技创新工程项目8项，省重点研发计划（公益类）项目44项，山东省农业良种工程项目2项，山东省农业重大应用技术创新项目10项，省农业科技资金（林业科技创新）项目4项，省农业科技园区产业提升工程8项，鲁渝科技合作项目7项，“渤海粮仓”科技示范工程升级版项目1项，山东省高等学校优秀青年创新团队支持计划8项，泰山产业领军人才工程高效生态农业创新类1人。社会科学立项国家社科基金年度项目6项，其中，面上项目3项，教育规划项目、艺术科学项目、后期资助项目各1项，为学校首次申报成功。新上教育部人文社科项目3项，农业部软科学项目1项。省社科规划项目年度项目10项、专项项目8项，中标省委决策咨询重点招标课题2项，省软科学项目9项。

【科技成果（含重点成果选介）】 学校获各级各类研究成果奖励46项。其中，自然类科技奖励14项，省科技进步奖二等奖、三等奖各1项，省高等学校科学技术奖11项，泰安市科技进步奖一等奖1项。社科类成果奖 32 项，省社科优秀成果三等奖 2 项；省高等学校人文社会科学优秀成果奖三等奖 3 项；市社科优秀成果奖 27 项，其中一等奖 5 项。

经济作物高亲和型微生物肥料创制与产业化应用 该项目获山东省科技进步奖二等奖，项目以具有作物亲和潜力的植物根际促生菌（PGPR）为研究对象，经过二十余年的科技攻关，实现关键理论、技术和产品的创新与突破；项目获发明专利 14 件、实用新型技术专利 1 件、计算机软件著作权 1 项，取得各类标准 4 项，登记新产品 14 个；发表论文 106 篇，其中 SCI 收录论文 16 篇；培养硕博士研究生 78 名；近 3 年来推广 1459 万亩，项目完成单位新增利润 2.42 亿元，农业增收节支 58.36 亿元，对推动我国经济作物产业的绿色我国经济作物产业的绿色可持续可持续发展做出了重大贡献。

山东省奶牛高产群培育关键技术研究与应用 该项目获山东省科技进步奖三等奖，为解决奶牛育种数据和科学选配的问题，项目在国家级和省级奶牛培育项目的支持下，为实现在牛群中的有目标的选育进而达到高产，开展了 10 多年的创新研发和集成推广，该技术体系年平均提升产奶量 260kg/ 头，经济、社会和生态效益显著；项目获国家授权专利 16 件，计算机软件著作权 1 件；发表论文 25 篇，其中 SCI 收录论文 15 篇。地方标准 2 项。培训奶农 3000 余人次。累积推广 130 万头泌乳牛，获得经济效益 11.5 亿元。

【基础研究】 2019 年，学校主持或参与基础研究类项目 162 项，经费 5954.6 万元。其中，国家自然科学基金项目 73 项，经费 3814 万元。2019 年度发表学术论文 1914 篇，其中 SCI 收录论文 945 篇。SCI 收录论文影响因子高于 10 的有 18 篇，1 篇被 *Nature Genetics* 收录，1 篇被 ACS Nano 收录，1 篇被 *Advanced Science* 收录，影响因子最高的达 31.077。

【应用研究与高技术研究】 2019 年，学校主持或参与应用研究类项目 312 项，经费 19980.57 万元。主持国家重点研发计划项目课题 15 项，经费 1751.7 万元。授权专利 383 件，其中发明专利 130 件；获植物新品种权 16 项，审定新品种 24 个，计算机软件著作权 121 个，审定标准 21 个。

【科技成果转化】 合作开发、技术转让、技术咨询、技术服务、技术培训等多种形式推进科技成果转移转化，学校共签订各类技术合同 2468 项，金额 8000 多万元，其中，成果转化 18 项，金额 1503 万元。

【科技创新平台建设】 山东省农产品精深加工技术与质量控制协同创新中心、山东省农业装备智能化工程实验室获批立项建设，学校省部级及以上科技创新平台达 57 个。国家苹果工程技术研究中心、山东省农业环境污染控制工程技术研究中心、山东省食品安全分析与检测工程技术研究中心等 8 个中心入选省技术创新中心培育库。作物生物学国家重点实验室获国家重点实验实验室专项经费 2637 万元支持；山东果蔬优质高效生产协同创新中心和山东绿色低碳畜牧业技术协同创新中心分别获省财政专项经费 620 万元和 1050 万元支持；山东泰山森林生态系统国家定位观测研究站以优秀成绩通过国家林业和草原局陆地生态系统定位观测研究站评估；山东省小麦遗传改良与栽培耕作示范工程技术研究中心以优秀成绩通过省科技厅绩效评估，获 100 万元专项经费资助；山东省园艺机械与装备重点实验室以良好成绩通过省科技厅绩效评估，获 200 万元专项经费资助；山东省农业装备智能化工程实验室和山东省盐碱地植物—微生物联合修复工程技术研究中心各获泰安市 50 万元资金奖励扶持。

【学科建设】 2019 年，学校植物与动物科学学科获批“山东省高峰计划学科”立项建设学科，建设经费 1 亿元。学校新增化学学科进入 ESI 全球前 1%，全校 ESI 全球排名前 1% 学科达到 3 个。农林学科连续 5 年入选 QS 世界大学学科排名前 200 强，植物与动物科学学科 ESI 全球排名 269 名，列前 2.11‰，相比 2018 年 7 月前进 7 名；农业科学学科 ESI 全球排名 218 名，列前 2.54‰。

【科技人才培养与队伍建设】 2019 年，学校坚持优秀人才“一人一策、一事一议”，引进国家杰青 1 人、中科院“百人计划”入选者 1 人、香江学者 1 人，与 2 位院士达成双聘意向，与 10 名国家杰青等高层次人才达成引进意向。聘请兼职教授 19 人，讲座教授 4 人。成功举办 2019 青年学者泰山国际论坛，50 名海内外优秀青年人才参会，与 17 名达成引进意向。学校有 1 人入选“国家百千万人才计划”，1 人获批国家优秀青年基金，1 人入选山东省引进顶尖人才“一事一议”，获批总经费 1000 万元，1 人入选“外专双百”计划，1 人入选泰山学者特聘教授，3 人入选泰山学者青年专家，2 人享受国务院政府特殊津贴，3 人入选山东省有突出贡献的中青年专家，4 人获泰安市专业技术拔尖人才。推荐 3 人申报长江学者。

【科技合作与交流】 科技服务“五个一工程”继续推进，学校服务社会工作在推进县域经济发展和实施乡村振兴建设中发挥了重要作用。学校与平原县、冠县、青州市、泰安岱岳区开启了全面战略合作；推进校企合作，与博华农业、舜丰生物、新汶矿业泰兴物业、山东省城建工程集团公司等企业开展了相关领域的全面合作，在昌邑市建立了种苗组培研究中心，在潍坊坊子区、临朐县等地建设了4个农科驿站。在冠县、平原、青州等县市区建设了乡村振兴研究院分院。

（山东农业大学　胡丽琴）

曲阜师范大学

【概述】 曲阜师范大学为省属重点大学，拥有曲阜和日照两个校区，学校现有ESI世界前1%学科3个（工程学、化学、数学），山东省一流学科6个（工程学、数学、中国史、化学、中国语言文学、物理学），18个学科入选软科2019“中国最好学科排名”，居全国第156位，其中教育学学科位居全国前10%。设有博士一级学科11个（涵盖72个二级学科博士点），博士专业学位授权类别1个，硕士一级学科25个，硕士专业学位授权类别15个，博士后流动站11个，本科专业87个，形成了涵盖文、理、工、法等十大学科门类的综合性学科专业体系。建有国家虚拟仿真实验教学中心等国家级平台10个，省部级科研平台24个，省级重点学科18个，构筑了充满活力的学术创新平台。现有在校本科生33625人，全日制博士、硕士研究生4547人，形成了学士、硕士、博士及博士后贯通培养，远程教育、继续教育、职业教育、成人教育等相互衔接的层次完备的人才培养体系。

【科技项目】 2019年，学校获批立项各类纵向科技项目115项。获批国家自然科学基金项目38项，国家重点研发计划重点专项2项，省部级科技项目69项，其中省自然科学基金项目51项，省重大创新工程项目1项，省重大基础研究项目1项，省农业重大应用技术创新项目1项，省重点研发计划项目5项，省软科学项目4项，省青年创新团队科技支持项目6项。

【科技成果】 2019年，学校获得省部级以上科技奖项21项。获山东省自然科学技术奖二等奖4项，三等奖2项，获奖数量与质量均创历史新高，居全省省属高校首位；另参与获得山东省科技进步奖二等奖1项；合作单位获得国家自然科学奖二等奖1项；获山东高等学校优秀科研成果奖13项，其中，一等奖2项，二等奖4项，三等奖7项。学校署名发表SCI检索期刊论文达1163篇，EI检索期刊论文769篇。在*PNAS*、*Nature*子刊*NC*、*ACIE*、*JMLR*等顶级期刊发表高水平论文6篇；TOP期刊论文达到295篇，ESI高被引论文数达到203篇；科睿唯安发布2019年全球高被引科学家榜单，学校刘立山教授入选，上榜人数居全省第4位、全国第66位。

【科技平台】 2019年，山东省物联网信息技术工程实验室获批建设，山东省康复与护理智能机器人协同创新中心获批立项建设，省部级以上科研平台达到14个。智能控制技术、国土空间规划与生态建设、大数据与智能计算、海洋医药与材料应用技术4个实验室获批建设日照市学科重点实验室；组建济宁市可再生能源材料与器件创新中心，组建日照市物流与供应链创新型研究中心；成立食品安全与农业绿色发展研究中心、机器人智能与数据分析中心，其中，由机器人智能与数据分析中心主办的国际学术期刊*Mathematical Foundations of Computing*入选ESCI期刊库。

【科技转化与服务地方】 2019年，与鱼台县、单县等地签订国土空间总体规划编制项目，承担临沂、日照等地企业技术升级改造工程，承担莒县贫困村旅游扶贫规划等20多项服务乡村咨询帮扶项目，与生态研究部南京环境科学研究所、内蒙古呼伦湖国家级自然保护区、东营河口区、济南历城区等地开展基因技术、资源普查等生物技术合作项目。

（曲阜师范大学　武　楠）

山东中医药大学

【概述】 现有中医学、中药学、中西医结合3个博士后科研流动站；有1个教育部重点实验室，6个国家中医药管理局三级重点实验室，2个国家中医药管理局重点研究室，2个全国学术流派传承工作室，33个全国名老中医药专家传承工作室，2个山东省重点实验室，6个山东省工程技术研究中心，1个山东省示范工程技术研究中心，1个山东省工程实验室，3个山东省技术创新中心（培育），4个山东省高等学校协同创新中心，7个山东省高校科研创新平台。“十二五”以来，共承担厅局级以上科研课题1054项，其中，国家级项目228项，2018、2019年连续两年获得国家科技进步奖二等奖，连续获得山东省科技进步一等奖8项。建校以来，获国家级和省部级一等奖奖励的科研成果共计30项，拥有国家中医临床研究基地、国家重大新药创制平台（山东）中药单元平台。2019年，在中医经典名方、中医药抗病毒、视觉智能等领域新申报山东省技术创新中心3个，成功立项2019年度山东省名中医药专家传承工作室建设项目5个，成功申报山东省教育厅优秀青年创新团队5个。

【科研项目与经费】 2019年，山东中医药大学组织国家自然科学基金、国家社科基金、国家重点研发计划等34批次各级各类科研计划项目申报，共获科研立项147项，总经费2322万元。其中，国家自然科学基金立项22项，资助金额891万元；2019年，山东省自然科学基金重大基础研究项目立项1项、省重大科技创新工程1项，省自然科学基金项目13项，省重点研发（公益类）项目5项；2019年度教育部人文社会科学研究中国特色社会主义理论体系研究立项1项、省社会科学规划研究项目10项。

【科研成果及选介】 2019年，国家科学技术奖励、山东省科学技术奖励、中国中西医结合学会科学技术奖等6个类别科研奖励申报工作，共荣获各级科技奖励11项。王振国教授主持的“基于中医原创思维的中药药性理论创新与应用”荣获国家科技进步奖二等奖；马玉侠教授主持的“脐疗防治疾病技术与临床应用”及魏本征教授主持的“小儿肺炎指纹图像微观辨证相关性研究及临床应用”分别获山东省科技进步奖二等奖、三等奖。2019年共获专利授权146件，其中，实用新型79件、发明专利22件、外观设计45件；共获软件著作权授权139项。主办第七届世界中西医结合大会，辅助承办第六届中医科学大会中医药科学博览会工作。完成了“世界一流学会建设工程国际健康智库”专家人选，中华中医药学会、山东中西医结合学会、山东省企业管理研究会等20个相关专业委员会候选人的推荐工作；协调组织“第四届中医药抗病毒研究专业委员会”“第二届中药发酵专业委员会”联合举办学术年会。组织参加第二届山东省科普创作大赛及首届药学科普大赛，分别获大赛一等奖1项、二等奖1项；主办第169（总）期泰山科技论坛—灸疗法的普及与灸疗技术的产业化和第207（总）期泰山科技论坛—系统中医学与中医现代化。

基于中医原创思维的中药药性理论创新与应用 在国家973计划“中药药性理论相关基础问题研究”（首席科学家王振国）等项目支持下，基于中医原创思维和认知规律，开展的以“寒热”为核心的药性系统认知、客观评价与传承应用的深入研究，取得主要的科技创新为：①创立了药性认知新思路：遵循中医临床用药思维，提出药性是中药与机体因素综合表达的整体药性观；遵循药性发生学原理，提出本原药性和效应药性两个新概念，明确了药性关键三要素，为科学认知药性、指导临床合理用药、促进传承创新奠定理论基础。②创建了药性评价新方法：发明了符合中药药性临证判别的4种动物模型复制方法和3种药性表征仪器，创新了效应药性认知方法体系；创建了基于临床实证的药性表征评价体系，实现了中药寒热药性综合特征信息的系统认知、智能识别与客观评价，为寒热药性创建了现代判别方法。③发现了药性表征规律：通过中药成分性—构研究，开展多元谱学数据的数理分析，发现寒热药物的物质组群、化学成分、分子骨架的不同特征，揭示了常用中药本原药性的物质基础；通过中药成分分子靶点的预测及动物实验，发现寒热药物的靶点、信号通路、代谢物质的差异，并进行了临床实证，揭示了效应药性的生物学机制，中药药性理论实现了现代诠释。④开拓了药性应用新领域：根据药性认知凝练中药药物警戒思想，指导临床合理用药，重塑寒热药性在中药临床合理用药策略中的关键地位；采用药性模式识别和客观评价方法，对300余味海洋药物新资源进行了药性评价，实现药性判别实操；根据寒热药物对微循环、血液流变学的性效作用特点，拓展了心可舒片、养心氏片的临床适用范围。该项目形成的药性理论科学内涵、构建的技术方法体系和中药性效评价体系，已在上海医药集团青岛国风药业股份有限公司、山东沃华医药科技股份有限公司、山东中医药大学附属医院等多家单位推广应用。已发表论文466篇，其中，在国际高水平期刊发表SCI、EI收录论文43篇，主编相关专著及规划教材35部，授权发明专利28件，培养研究生240名，建设形成省部级以上优秀团队4支，获得省部级奖励12项，其中，一等奖6项、二等奖5项、三等奖1项。研究成果直接推动临床合理用药与中医学术传承教育，项目成果作为中药现代化主要成果载入《中药现代化二十年》，在全国多家医院及高校推广应用十余年，获得良好的社会效益和经济效益，推动了中药药性理论的传承与创新。

脐疗防治疾病技术与临床应用 该项目在文献结合临床及实验研究的基础上构建脐疗理论体系，标准化研究制定脐疗技术操作规范，临床研究确定优势病种形成规范化诊疗方案、实验研究探讨效应机制，并在国内外推广应用，重塑脐疗法在临床优势病种应用中的关键地位。该成果历经30年研究与临床实践，在国家973计划、国家自然基金面上项目、山东省科技惠民计划等15项各级项目的支持下取得。具备以下创新点：①首次提出“脐通五脏六腑、十二经脉”新学说，系统构建了脐疗理论体系，丰富了中医理论；②创新使用脐疗介质、筛选确定脐疗方药、确定量效关系，首次制定了脐疗技术操作规范，整套技术被纳入中华中医药学会颁布的《中医治未病技术操作规范》；③首次确定脐疗优势病种，首创原发性痛经、腹泻型肠易激综合征、排卵障碍性不孕症脐疗规范化诊疗方案；④首次证实肥大细胞在脐疗治疗原发性痛经及腹泻型肠易激综合征信号转导过程中发挥重要作用，代谢组学进一步研究揭示了脐疗的作用机理。与国内外同类技术指标比较，该项目从两个领域九个方面进行了自主原始创新。在应用推广方面：建立以济南市脐疗联盟为辐射点的脐疗技术推广体系，推动脐疗在济南市的全市普及和全省的推广，通过卫生部十年百项推广计划等进行全国和国际推广，脐疗法临床疗效显著，惠及患者众多。

小儿肺炎指纹图像微观辨证相关性研究及临床应用 该项目围绕小儿肺炎的中医临床诊断需求，针对传统中医小儿指纹诊法传承与创新的关键技术问题，应用中医工程学和人工智能等技术方法，对传统中医小儿指纹诊法进行挖掘性、创新性研究，系统深入地开展了小儿肺炎指纹图像微观辨证相关性研究，创建了“指纹—特征—证型”三位一体关联的微观辨证理论技术体系，并进行了临床及产业化推广应用。项目研究过程中，首创小儿指纹图像采集仪，创建智能图像分析方法，实现了小儿肺炎指纹诊法的“精确定量诊断”。部分研究成果，作为小儿肺炎重要诊断指标和参考，已纳入4项国家和行业临床标准（中医临床路径、中医诊疗指南／方案），促进了中医药特色诊法的传承与创新。

【科研管理】 2019年，山东中医药大学制定了《山东中医药大学科研管理体制改革方案》，从8个方面对学校科研管理体制机制进行了优化提升，横向上重新明确了科研处各个科室的职责分工，实现了从科研项目管理到科研成果转化的有效衔接，纵向上明确了学校、学院两级科研管理体系的职责及工作关系，充分调动二级学院的工作积极性。优化经费管理流程，修订《山东中医药大学科研经费管理办法》《山东中医药大学纵向科研项目间接经费管理实施细则》等，放宽科研经费审批权限，简化经费报销程序，给科研人员更大自主权。2019年10月25日，学校召开科研创新和成果转化交流座谈会，加强产学研协同创新及成果转移转化，全方位、多渠道构建科研创新和科技成果转化全链条创新体系。创建了山东中医药大学科研创新成果转移转化网络平台。2019年，与相关企业共签署横向合作协议10项，合同金额11.03万元。

【重点学科与科研创新平台建设】 2019年，启动团队“增员”工作，为有关团队增加青年博士25人。完成团队中期考核工作，重点对团队科研成果、制度建设、学术活动、项目结题、预算执行等进行考核。以现有团队青年科技骨干为重点，培育青年科研创新团队，山东省教育厅优秀青年创新团队立项5项，该青创团队项目负责人均为40周岁以下青年科技骨干，具有较高的发展潜力。以一流学科绩效评价整改工作为契机，完成《一流学科建设任务清单》梳理工作。拟定《山东中医药大学二级单位科研质量评价实施办法（试行）》，完成了部分单位负责人论证工作。成立“山东省中医药组学工程技术研究中心”专家委员会并组织召开成立大会。组织召开山东省高校“中药质量控制与全产业链建设协同创新中心”项目建设工作推进会。2019年，组织申报省部共建协同创新中心；在中医经典名方、中医药抗病毒、视觉智能等领域，申报山东省技术创新中心3个。2019年，组织完成高校协同创新中心绩效评价工作。

学校现有：

教育部重点实验室：中医药经典理论重点实验室。

国家中医药管理局三级科研实验室：中药质量分析实验室、微循环实验室、细胞生物学实验室、中药制剂实验室、视觉分析实验室、辅助生殖技术实验室。

国家中医药管理局重点研究室：中医学术流派重点研究室、高血压病血脉理论及应用研究室。

国家中医药管理局中医学术流派传承工作室：齐鲁内科时病学术流派传承工作室、齐鲁伤寒学术流派传承工作室。

国家中医药管理局名老中医药专家传承工作室： 国医大师张灿玾传承工作室、张珍玉名老中医药专家传承工作室、张鸣鹤名老中医药专家传承工作室、尚德俊名老中医药专家传承工作室、郑惠芳名老中医药专家传承工作室、焦中华名老中医药专家传承工作室、丁书文名老中医药专家传承工作室、王国才名老中医药专家传承工作室、程益春名老中医药专家传承工作室、姜兆俊名老中医药专家传承工作室、林慧娟名老中医药专家传承工作室、周翠英名老中医药专家传承工作室、尹常健名老中医药专家传承工作室、单秋华名老中医药专家传承工作室、姜建国名老中医药专家传承工作室、侯玉芬名老中医药专家传承工作室、隗继武名老中医药专家传承工作室、邵念芳名老中医药专家传承工作室、冯建华名老中医药专家传承工作室、张志远名老中医药专家传承工作室、董建文名老中医药专家传承工作室、宋爱莉名老中医药专家传承工作室。

国家中医药管理局技术服务中心： 中药原料质量检测技术服务中心。

山东省重点实验室： 中医药基础研究重点实验室、中西医结合眼病防治重点实验室。

山东省高校重点实验室： 中西医结合眼病防治技术重点实验室、中药资源学重点实验室、中西医结合肿瘤防治重点实验室、中医心血管病重点实验室、天然药物重点实验室、中药制剂重点实验室。

山东省工程实验室： 山东省中药药效物质发现与纯化工程实验室

山东省工程技术中心： 山东省中医经方工程技术研究中心、山东省中药材良种选育工程技术研究中心、山东省中药炮制工程技术研究中心、山东省中医药组学工程技术研究中心、山东省视觉智能工程技术研究中心、山东省中医药转化医学工程技术研究中心。

山东省高校协同创新中心： 中医药抗病毒协同创新中心、中医经典名方协同创新中心、中医药文化协同创新中心、中药质量控制与全产业链建设协同创新中心。

山东省技术创新中心（培育项目）： 山东省视觉智能技术创新中心、山东省中医经典名方技术创新中心、山东省中医药抗病毒技术创新中心。

【科研队伍建设】 2019 年，学校有教职医护员工 3500 余人，其中，博士生导师 176 人，硕士生导师 828 人。荣获国家“国医大师”荣誉称号者 3 人，“全国名中医”3 人，“岐黄学者”2 人，“973”项目首席科学家 1 人，全国优秀教师 8 人，中医药高等学校教学名师 2 人，山东省教学名师 10 人，山东省优秀教师 7 人，山东省“泰山学者”特聘专家 10 人，山东省“泰山学者”攀登计划专家 1 人，省部级有突出贡献的中青年专家 27 人，享受国务院特殊津贴专家 52 人，山东省名中医药专家 94 人，“山东名老中医”6 人。有山东省优秀教学团队 6 个，山东省十大优秀创新团队 1 个，“全国高校黄大年式教师团队”1 个。2019 年，学校继续开设“名家论坛”栏目，积极向知名专家约稿；《山东中医药大学学报》继续开设“创校元老学术经验撷英”栏目，重点介绍学校 9 位名老中医大家的学术思想和临证经验，下半年，开始开设“系统中医学研究专题”，深入推进中医系统学的研究。2019 年，《山东中医药大学学报》《山东中医杂志》连续入围中国科技核心期刊；经申报、专家评审，《山东中医药大学学报》《山东中医杂志》荣获“2019 年度中国高校优秀科技期刊”；编辑部多人荣获“中国高校科技期刊优秀主编”等荣誉称号。

（山东中医药大学　王诗源　马　莉）

山东理工大学

【概述】 山东理工大学是山东省重点建设的以理工为主的多科性大学。校园占地 3600 亩，校舍建筑面积 107.36 万平方米，运动场面积 13.28 万平方米。图书馆藏书 333 万册，电子图书、期刊（含学位论文）782 万册。教学科研仪器设备总值 5.89 亿元。学校现有教师 2179 人，其中，教授 264 人、副教授 692 人。具有博士学位的 1005 人。现有 26 个学院，20 个校级研究院。拥有 3 个博士后科研流动站，拥有 4 个博士学位授权一级学科，24 个硕士学位授权一级学科，14 个硕士专业学位授权类别，3 个省级一流学科。拥有 69 个本科招生专业，有全日制本科在校生 34000 余人、在学研究生 3700 余人。

【科研项目与经费】 2019 年，山东理工大学获批国家级项目 62 项，其中，国家自然科学基金 53 项，国家重点研发计划项目 1 项、课题 2 项、子课题 6 项。获批省部级项目（主持）92 项。签订横向合同 370 项，横向经费到位 12400 万元，纵向经费到位 12000 万元。

【科研成果与奖励】 2019 年，山东理工大学主持或参与国家奖、省政府奖及国家级协会奖 20 项，发表 SCI 论文 469 篇，EI 收录论文 133 篇，中文核心论文 346 篇，非检索外文期刊 147 篇，出版专著 12 部，获批国内授权发明专利 308 件、国外授权发明专利 4 件，PCT 申请 6 件。

【科研创新平台建设】 山东理工大学现设有 1 个国家工程技术研究中心、2 个国家地方联合工程研究中心、1 个教育部工程研究中心。山东工程技术研究院设在学校，有 17 个省级工程技术研究中心、1 个省检测研发公共服务基地、3 个省级协同创新中心、2 个山东省重点实验室、5 个山东省高校重点实验室、2 个省工程实验室、4 个淄博市重点实验室，其中，2019 年，新增教育部工程研究中心、省协同创新中心、省工程实验室、淄博市重点实验室各 1 个，另有 7 个中心进入山东省技术创新中心培育库名单，2 个省重点实验室在绩效评估中分别获优秀和良好，2 个省工程技术研究中心绩效评估中获得优秀。

【科研机构、科技人才培养与队伍建设】 2019 年，引育国家级人才 10 人、省部级人才 22 人，全职引进报到高层次及博士人才 138 人。完成 9 个国家级、省部级人才工程的组织申报工作。共申报各类人才工程 54 人次（个），获批 16 人次（个）(其中，“国家百千万人才工程”1 人，国务院特贴 1 人，泰山学者 1 人，青年泰山 3 人，省突贡专家 1 人，山东省外专双百 2 个，“青创计划”团队 8 个，市突贡专家 2 人)。

2019 年山东理工大学新增科研机构

序号	机构名称	批准部门
1	无氯氟聚氨酯泡沫材料工程研究中心	教育部
2	先进陶瓷协同创新中心	山东省教育厅
3	山东省食品快速分析技术工程实验室	山东省发展和改革委员会
4	山东省车辆工程技术研究中心	山东省科学技术厅
5	山东省分布式电源并网工程技术研究中心	
6	山东省蔬菜质量安全溯源工程技术研究中心	
7	山东省清洁能源工程技术研究中心	
8	山东省车辆工程技术创新中心	
9	山东省先进陶瓷与绿色制备技术创新中心	
10	山东省农产品质量安全溯源技术创新中心	
11	淄博市农产品安全追溯重点实验室	淄博市科学技术局
12	淄博市激光高端微纳制造技术重点实验室	淄博市科学技术局

【科研成果转化与推广】 山东理工大学现有技术经纪人 40 人。2019 年，发布了《山东理工大学科技成果转移转化暂行管理办法》、设立了成果转化型教授岗位，与国内外政府签订科技合作协议，设立科技成果转移转化基地、专业化研究机构等，推动科研成果转化与推广。建立了科技推广体系，通过各地市科技主管部门、技术中介公司、网络推广平台等手段加大了科技成果推广力度；山东理工大学科技园，2019 年 10 月，投入使用，为科技成果自主转化、科技企业孵化打下基础，现在已经有 20 余家新成立企业入驻。

【重点学科建设】 2019 年，培育建设国家一流学科 4 个、山东省一流学科 6 个；培育达到审核申请条件博士点学科 5 个、硕士点学科 4 个；完成 16 项学科亮点发展计划项目年度考核工作；以优异成绩通过山东省组织的高校“双一流”建设奖补资金绩效评价；完成了 3 个省一流学科年度自评和年鉴编纂工作。

【科技合作与学术交流】 2019 年 2 月 28 日，学校申报的科技成果转化和技术转移基地入选首批全国高等学校科技成果转化和技术转移基地。4 月 4 日，2018 年度山东省科学技术奖励大会。学校 9 项成果荣获 2018 年度山东省科学技术奖励，其中一等奖 5 项、二等奖 3 项、三等奖 1 项，获奖档次。9 月 2 日，省科技厅公布 2019 年度省重点实验室绩效评估结果。学校山东省精密制造与特种加工重点实验室、山东省旱作农业机械及信息化重点实验室分获优秀、良好等次。9 月 17 日，学校与中国科学院广州能源研究所、淄博经济开发区签订协议，三方共建淄博能源研究院。9 月 23 日，学校“无氯氟聚氨酯泡沫材料工程研究中心”获批 2019 年度教育部工程研究中心建设项目立项。10 月 31 日—11 月 1 日，由山东省教育厅主办、学校承办的山东省高校科研管理暨服务新旧动能转换工作培训。12 月 10 日，学校共建的国家高分辨率对地观测系统山东省淄博市数据与应用中心揭牌仪式，在淄博举行。12 月 19 日，学校易维明教授作为项目负责人牵头申报的国家重点研发计划“绿色宜居村镇技术创新”重点专项“村镇生物质资源制备清洁能源及高值利用关键技术研究”获批立项，总经费 3687 万元。

（山东理工大学　张传滨）

山东建筑大学

【概述】 山东建筑大学创建于 1956 年，是山东省与住建部共建高校、服务国家特殊需求博士人才培养高校、国家文物局重点研究基地依托单位。学校现有专任教师 1757 人，其中高级岗位人员 1008 人、博士生导师 38 人。学校拥有日本工程院院士、俄罗斯自然科学院院士、双聘院士、长江学者、新世纪百千万人才工程国家级人选、山东省“一事一议”引进顶尖人才、泰山学者优势特色学科人才团队领军人才、泰山学者特聘专家等省级及以上高层次人才 74 人次，教育部创新团队等省部级教学科研团队 14 个；建筑学、土木工程 2 个省一流学科，建筑节能技术省“泰山学者”特支计划优势学科；乡土文化遗产保护国家文物局重点科研基地 1 个、教育部重点实验室（筹建）1 个、山东省协同创新中心 3 个、省重点实验室 2 个、省工程技术研究中心 8 个、省工程实验室（研究中心）2 个、国家文物协会研究基地 1 个等 28 个科研创新平台。

【科研项目与经费】 2019 年，科技活动经费达到 2.105 亿元，其中，学科平台人才 6540 万元，到账科研项目经费 11510 万元。基础研究，2019 年，学校获批承担国家自然基金项目 29 项，山东省自然科学基金项目 24 项，各项目团队按照计划开展基础研究；应用研究与高技术研究，学校获批国家重点研发计划 1 项，立项经费 3508 万元。2019 年，主持山东省重点研发计划（重大科技创新工程）3 项，立项经费 1050 万元；参与山东省重点研发计划（重大科技创新工程）10 项；主持山东省重点研发项目（公益类）21 项，立项经费 363 万元。另外，还承担了中国博士后基金、工信部项目子课题、青创科技计划、青创人才引育计划、科研带头人工作室计划等项目。2019 年，政府和企事业单位委托的 352 项应用研究项目，到账经费 6133 万元。新增科研立项项目 590 项，其中，国家科技计划（专项、基金）、国家社科基金、教育部人文社科研究项目 40 项，山东省科技计划（专项、基金）、社科规划项目 83 项，政府及企事业委托科技横向课题立项 452 项。获得省部级政府科研奖励 8 项，获得国家奖励办备案社会力量设奖项目奖励 2 项；获得授权发明专利 102 件；获批计算机软件著作权 172 件；发表 SCI 收录论文 331 篇、SSCI 收录论文 36 篇、EI 收录论文 257 篇、CSSCI 源期刊论文 25 篇，ESI 工程学学科潜力值在年末增长到 1.116。建立了“山东建筑大学服务新旧动能转换 2019 年重点工作清单”，签订 17 件专利转化合同，向各级政府推荐 100 余人次科技专家和智库。“建筑结构加固改造与地下空间工程”教育部重点实验室立项建设通过专家论证，“土木结构诊断改造与抗灾”入选“山东省技术创新中心培育库入库中心”，“山东省装配式建筑工程实验室”获批山东省工程实验室（研究中心）。学校崔东旭教授主持的“村镇社区空间优化与布局研究”（2019YFD1100800）获批国家重点研发计划立项，立项经费 3508 万元，取得学校主持重大科研项目历史性突破。学校主持和参与 13 个项目，获批 2019 年度山东省重点研发计划（重大科技创新工程）立项。其中，学校作为牵头单位获批 3 项，分别是“新型原理精密减速器研制及应用验证”立项经费 500 万元；“赤泥微晶材料产业化技术与装备”立项经费 350 万元；军民融合项目立项经费 200 万元。

【科技成果】 学校作为主要完成单位获得省部级政府科技奖励二等奖 2 项、三等奖 2 项；获得国家奖励办备案社会力量设奖项目奖励 2 项；获得山东省高等学校优秀科研成果奖 15 项，其中类一等奖 2 项，二等奖 2 项，三等奖 11 项。获批授权专利 182 件，其中发明专利 102 件；获批计算机软件著作权 172 件；‘鲁盐 1 号’和‘鲁盐 3 号’优良白榆新品种入选山东省 2019 年度林木良种名录。出版专著（标准规范）52 部，发表 SCI 收录论文 331 篇、SSCI 收录论文 36 篇、EI 收录论文 257 篇、CSSCI 源期刊论文 25 篇，ESI 工程学学科潜力值，2019 年底增长到 1.116。

建筑物移位技术　学校泰山学者张鑫教授团队，

针对建筑物移位工程中结构托换、牵引控制、就位连接等关键技术，发明了移位装置、设备和测控系统等，形成了成套技术，编制了国家行业标准《建（构）筑物移位工程技术规程》，在高层建筑和历史建筑的移位保护中发挥了重要作用。典型工程应用：①海南省文昌市龙楼镇铜鼓岭国际生态旅游区英迪格滨海酒店项目移位工程，是国内最大规模的建筑物拖车移位项目。②山东国际时尚创意中心顶升工程，是国内顶升高度最大的建筑物顶升项目。

内台阶截面环件径轴向轧制成形的方法 该专利以普通许可5年的方式转化给伊莱特能源装备股份有限公司实施，转化金额10万元，近3年已累计实现风电机组中大型环锻件销售收入17.84亿元，上缴税收8500万元，已推荐参评第三届山东省专利奖。以该专利为支撑的成果，2018年获山东省科技进步奖二等奖。

【科技成果转化】 2019年，学校452份横向科研合同到账经费9310万元。建立了“山东建筑大学服务新旧动能转换2019年重点工作清单”，与山东省生态环境厅签订《关于联合开展大气科研观测的协议》，与济南市住房和城乡建设局签订《科技合作框架协议》；初步建立了《科技成果转化推广和技术咨询与服务目录》，推进科技成果转化，成功转化专利17件，转化收益69.018万元；组织参加省科技厅、教育厅，以及各地政府组织的科技成果推介对接交流活动；向各级政府推荐科技专家和智库100余人次；落实省委、省政府高校科技扶贫工作要求，聚焦产业振兴、美丽乡村建设，继续对接5个扶持乡镇开展科技服务；学校与济南市住建局签订科技合作框架协议。双方重点在装配式建筑、建筑节能与生态建筑、可再生能源建筑利用、城市生态及污水资源化利用、新材料与新型建材、建筑机械、智能建筑、数字城市与智能化管理、工程项目咨询与管理、济南市传统村落保护挖掘等领域，建立七大合作机制，强化组织领导，助推济南城乡建设事业高质量发展。省委常委、济南市委书记王忠林会见学校党委书记陈国前、校长靳奉祥一行，就深化校地合作，特别是学校服务济南经济社会发展事宜，提出指示和要求；学校武道吉教授团队，2019年，山东省人大常委会组织开展的水污染防治法实施情况评估中，科学严谨、务实高效完成了评估工作，参与形成了《山东省水污染防治法实施情况评估报告》，为山东省水污染防治提供了重要依据，省人大常务委员会办公厅特向学校致感谢信。

【科技创新平台】 2019年，学校“建筑结构加固改造与地下空间工程”教育部重点实验室立项建设通过专家论证，“土木结构诊断改造与抗灾”入选“山东省技术创新中心培育库入库中心”，“山东省装配式建筑工程实验室”获批山东省工程实验室（研究中心），科研创新平台建设布局得到进一步优化；新成立了青岛绿色建筑研究院、资源与环境创新研究院、山东未来城市与智能规划研究中心等研究平台，科研创新平台的内涵外延得到进一步深化和延伸。启动了学校科研机构调整、整合和分类建设工作。组织省重点实验室、高校协同创新中心等科研平台完成年度报告和绩效评估，以及各级主管部门布置的省高校科研创新平台服务新旧动能转换情况专项调研、省工程实验室调研、高校科研实验室安全检查、科研实验室危险废弃物品专项检查。

【学科建设】 2019年，国务院学位委员会正式发文，学校“绿色建筑技术及其理论”博士项目经专家评估、国务院学位委员会审议，验收通过。第一轮学位点合格评估的28个学位点，以及抽评到的机械工程一级学科、交通运输工程一级学科和风景园林学一级学科全部通过评估。增列马克思主义理论、物理学2个硕士学位授权一级学科，撤销工程力学、固体力学2个硕士学位授权二级学科；工程硕士调整为专业学位类别，学校获得电子信息、机械、材料与化工、资源与环境、能源动力、土木水利和交通运输7个专业学位类别授权。推进实施学科分类建设，按照“一流学科”“优势特色学科”“基础能力提升学科”明确和细化了建设目标和绩效指标，签订27份学科建设任务书（2019—2022年）。组织协调编制填报建筑学、土木工程省一流学科2019年度建设年鉴和中期（年度）绩效评价。

【科技人才培养与队伍建设】 2019年，学校全职引进日本工程院外籍院士陈飞勇，实现全职引进院士零突破；柔性引进中国工程院院士孟建民，获批省聘任院士；新引进博士科研人员173人。聘任国家杰出青年基金获得者赵千川教授为学校泰山学者特聘专家（兼职），鲁守银教授获批享受国务院特殊津贴，武道吉、张志斌教授入选山东省高端智库人才，母锐敏教授通过省有突出贡献的中青年专家实地考察，14个青年教师团队获批省高校青年创新团队；聘请了山东互联网传媒集团股份有限公司副总经理姜长勇，全国勘察设计大师、北京建筑设计研究院总建筑师胡越，山东省特种设备检验研究院有限公司副总经理李义善，山东临工工程机械有限公司总工程师迟峰为学校产业教授。聘请日本环境专家门上希和夫、寺岛光春为“客座教授”；聘请日本环境专家、日本北九州市立大学国际环境工学部教授安井英齐为“客座教授”；聘请中国科学院院士、中国科学院地理科学与资源研究所研究员周成虎院士为“特聘教授”；2019年，学校仝晖教授获评全省工程勘察设计大师，成为学校第5位获此殊荣的行业人才；赵斌获评全省杰出青年工程勘察设计师称号；2019年，学校参与科技活动的人员有1230人。学校遴选了 26 名中青年骨干教师出国研修，27 人次参加国外合作研究，78 人次出席国际学术会议，34 篇论文在国际学术会议上进行交流，19 人次做特邀报告，拓展了国际视野。

【科技交流与合作】 2019 年，学校与曹县、济南四建集团、中房联合集团山东公司、山东省第一地质矿产勘察院、浪潮集团等政府和科研院所、企业等签订了战略合作框架协议；与蓬莱嘉信染料有限公司、山东省交通科学研究院、北京中环世纪工程设计有限责任公司、山东东高速路桥集团股份有限公司、济南二建集团工程有限公司、山东龙祥新材料科技有限公司等单位签订产学研合作协议；与山东省高级人民法院、迈麦（山东）体育产业有限公司、山东省特种设备检验研究院有限公司等单位签订联合共建基地协议；管理工程学院、热能工程学院、机电工程学院、信电工程学院等二级单位也与对口企业展开了密切合作，与莱博智环球科技有限公司、蓝城瑞和房地产项目管理公司、潍坊北海热力有限公司、汉嘉设计集团山东分公司、中物科技园唐冶院士谷、山东天意机械股份有限公司等单位签订了合作协议或共建协议。

（山东建筑大学　李　洪）

山东科技大学

【概述】 学校建于 1951 年，在青岛、泰安、济南三地办学，总占地面积 3800 余亩，建筑面积 146 万平方米，固定资产总值 30.15 亿元，教学科研仪器设备总值 7.96 亿元。学校设有教学单位 32 个，科研单位 5 个，教辅单位 5 个，独立学院 1 个。有博士后科研流动站 9 个，博士学位授权一级学科 10 个，硕士学位授权一级学科 27 个，硕士专业学位类别 16 个。有 93 个本科专业。有国家重点（培育）学科 1 个，山东省一流学科 5 个，另有省市级重点学科 19 个，工程学、数学、化学、材料科学、地球科学 5 个学科进入 ESI 全球排名前 1%。有省部共建国家重点实验室培育基地 1 个，国家地方联合工程研究中心 2 个，国家工程实验室 1 个，省部级及青岛市实验室（基地）和工程（技术）研究中心 71 个。现有全日制本科在校生 36100 余人，研究生 9040 余人。有教职工 3170 余人，其中教授 297 人。有两院院士 4 人，双聘院士 10 人，日本工程院外籍院士 1 人，国家级工程人才、杰出青年基金获得者、长江学者特聘教授等 20 人，国家有突出贡献的中青年专家 6 人，享受国务院政府特殊津贴人员 52 人，“泰山学者优势特色学科人才团队领军人才” 2 人，泰山学者攀登计划专家、特聘专家及青年专家 36 人，山东省有突出贡献的中青年专家 22 人。省级教学名师 11 人，全国模范教师 3 人，全国优秀教师 8 人。教育部创新团队 2 个，山东省高校创新团队 2 个，山东省高等学校青创科技计划创新团队 14 个、人才引育计划创新团队 11 个。现有国家级一流本科专业 8 个，特色专业、综合改造试点专业 8 个，通过工程认证专业 8 个，精品视频公开课、资源共享课、精品课程 10 门，教学成果奖 5 项，实验教学示范中心、虚拟仿真实验教学中心、工程实践教育中心 5 个，虚拟仿真实验教学项目 1 个，人才培养模式创新实验区 1 个，教学团队 1 个，大学生校外实践教育基地 1 个。有省级一流本科专业建设点 12 个，品牌特色专业 18 个，高水平应用型立项建设专业群 9 个，教育服务新旧动能转换专业对接产业项目 5 个，一流课程 32 门，精品课程 58 门，教学成果奖 95 项，实验教学示范中心 7 个，人才培养模式创新实验区 2 个，教学团队 8 个，新旧动能转换行业（专项）公共实训基地 1 个。近 5 年，学校承担国家级科研课题 407 项，省部级项目 896 项。获得省部级以上科研奖励 255 项，其中，获国家科学技术进步二等奖 3 项、国家技术发明二等奖 1 项。授权国家发明专利 1532 件。学校与 23 个国家和地区的 120 多所高校和研究院所建立了交流与合作关系，成功入选“高等学校学科创新引智计划”，在校外籍专家教师每年近百人。教育部批准的中外合作办学项目 5 个，在校生规模近 2000 人，有 70 个国家和地区的留学生 500 余人。

【科研项目与经费】 2019 年，科研立项共计 1031 项，计划与合同经费 2.63 亿元，其中，纵向项目经费 1.01 亿元、横向项目经费 1.62 亿元。实到经费 1.87 亿元，其中，纵向项目经费 0.94 亿元、横向项目经费 0.93 亿元。

【科技成果（含重点成果选介）】 2019 年，申报各类科研奖励 375 项，其中申报省部级以上奖励 187 项。全年共获奖励 113 项，其中，国家级奖励 2 项、省部级奖励 47 项。其中，获国家技术发明奖二等奖 1 项（第一完成单位和第一完成人）、国家科技进步奖二等奖 1 项（第二完成单位和第二完成人获奖 1 项）、山东省科学技术奖一等奖1项、教育部优秀成果奖二等奖1项、第21届中国专利奖优秀奖1项。授权国内发明专利350件、PCT专利57件，授权国际发明专利6件。发表SCI、SSCI收录论文2324篇；ESI高被引和热点论文分别435篇和55篇。

采煤塌陷地建设利用关键技术与工程应用 该项目获2019年度山东省科学技术奖一等奖。项目属于采矿工程、工程地质、岩土工程等学科交叉领域，近3年为政府和企业增加1000余亩建设用地，新增经济效益3.2亿元。项目授权发明专利18件、实用新型专利10件、软件著作权4项，发表学术论文45篇（SCI、EI收录27篇），出版专著2部；培养博士3名，硕士8名，取得一批原创性研究成果，中国煤炭工业协会组织的以宋振骐、蔡美峰院士为主任的专家组一致认为达到国际领先水平。

深部煤层“强化增透—高效抽采”一体化关键技术及工程应用 该项目获2019年度山东省科学技术奖二等奖。项目成果达到国际先进水平，获得国家授权发明专利11件；发表核心期刊以上学术论文80余篇，其中SCI收录16篇，EI收录10篇；培养博士研究生5名，硕士研究生36名。研究成果已应用于山能集团、兖矿集团、陕西正通煤业有限公司等30多个矿井，近3年共新增销售额68914万元，新增利税32120万元，经济和社会效果显著。

深部采场动力灾害防控成套技术及关键装备 该项目获2019年山东省科学技术奖二等奖。项目获授权发明专利36件、软件著作权3项，发表相关学术论文46篇，出版著作5部。成果在国家能源集团、山东能源集团等深部矿井得到应用，并在山东能源临矿集团建立工程示范基地。项目团队多次在全国召开学习和技术培训会，研究成果丰富和发展了深部煤矿安全高效开采理论。

煤气/天然气中汞污染物的常温脱除技术及应用 该项目获2019年山东省科学技术奖二等奖。项目授权发明专利14件，发表学术论文58余篇，培养博士2名，硕士6名，研发的脱汞材料已在多家企业进行了工业化应用，达到了国际领先水平。该成果不仅为企业创造了可观的经济效益，而且有效减少了汞污染物的排放量，符合山东省新旧动能转换的政策，在我国履行《关于汞的水俣公约》新形势下，对生态环境的改善和人类健康的保护均具有重要的示范意义。

煤矿综采面“注渗润—雾封除”粉尘集成防治技术工艺与实践 该项目获中国职业安全健康协会科学技术奖一等奖。项目属于矿山安全与采矿环境工程学科，针对矿井综采面高浓度粉尘严重威胁安全生产和矿工职业健康而提出，自2013年以来，项目成果已成功应用于国内多家大型煤矿企业，近3年，新增产值38689万元，新增利税14574万元。实践表明，该技术装备显著改善了作业环境，保障了现场安全生产及人员职业健康。项目授权发明专利26件，发表学术论文86篇，其中SCI收录论文21篇、EI收录论文15篇，出版专著1部。

基于煤矿火区特征的防灭火材料体系及工程实践研究 该项目获2019年度中国煤炭工业协会一等奖。总结出复杂火区治理的“五步法”：一探测、二灭火、三堵漏、四注惰、五正压。进行了近10个地面对井下、井下对本煤层、井下对上煤层等3种复杂典型大火区治理工程实践，均取得完全成功。同时，单一材料在国内也得到了广泛应用，应用矿井总数超过100个。

微细粒尾矿膏体浓缩及充填技术与装备研究 该项目获冶金科学技术奖一等奖。项目属于矿业、冶金工业废物处理与综合利用技术领域，研究成果适用范围广、安全性高。所研发的旋流器分级回收技术、大高径比无耙柱式膏体浓密机微细粒尾矿膏体浓缩技术和微细粒尾矿胶结技术，从根本上消除了尾矿外排造成的安全隐患和环境污染，可根据矿山实际情况部分或全部实施。

裂隙岩体剪切渗流试验装备与富水围岩协同稳控关键技术 该项目获教育部高校优秀成果技术发明奖二等奖。项目历经十余年持续科技攻关和工程实践，围绕富水裂隙岩体变形破坏机理和工程灾害防控，研制了裂隙岩体剪切渗流成套试验装备，发展了富水裂隙岩体稳定性多尺度分析理论，形成了工程围岩等级精细评定方法，开发了以“锚—注—拱架一体化支护结构体系”为核心的协同稳控关键技术，为围岩变形破坏和灾害防控提供了理论依据和科学指导。

【基础研究】 2019年，计划与合同经费26259.91万元，其中，纵向项目经费10015.97万元、横向项目经费16243.94万元。实到经费18655.54万元，其中，纵向项目经费9361.57万元、横向项目经费9293.97万元。国家自然科学基金立项77项，居山东省省属高校第2位；国家自然科学基金重点项目4项，实现了数量突破；省部级项目立项137项，计划经费2720.9万元其中山东省自然科学基金立项89项；厅局级项目立项26项，计划经费655.97万元；纵向其他类立项40项，计划经费319万元。科研立项共计1031项，其中国家级项目立项99项。

【应用研究与高技术研究】 2019年，国家自然科学基金重点项目4项。承担保密项目1项，国家发改委政策研究项目3项，科技部国际合作例会交流项目1项；作为合作单位共同承担：“十三五”国家重点研发计划课题4项。自动化学院王子栋教授、测绘学院阳凡林教授、矿业学院程卫民教授和地科学院李旭平教授分别获得国家自然科学基金重点项目资助，资助直接费用分别为292万元、301万元、299万元和247万元。

【一流学科建设】 2019 年，学校大力实施“学科筑峰工程”，出台了《山东科技大学学科筑峰工程实施方案》（山科大综字〔2019〕42 号）《山东科技大学关于进一步加强学科建设的实施细则》（山科大综字〔2019〕53 号）等文件，加强学科交叉融合，协同创新，形成综合优势，组建了 3 个高原学科群和 1 个培育学科群，着力打造“高原”学科群和“高峰”学科；矿业工程、控制科学与工程、机械工程 3 个省一流学科通过省财政厅绩效评价工作；计算机科学与技术、机械工程 2 个学科，获批“在青高校服务青岛产业发展重点学科”，获专项资金支持 3000 万元。

【科技成果转化】 2019 年，完善科技成果转化和技术转移工作体质及操作流程，制定《山东科技大学教学科研单位科技服务分类考核评价办法》《山东科技大学成果处置试点初步方案》《山东科技大学专业技术人员创新创业管理暂行办法》等文件。成立“山东科技大学鱼台技术转移中心”“山东科技大学汶上科技园”；与日照市科技局、五莲县科技局、江苏省科技镇长团建立合作关系；共建山东科技大学单县孵化器、山东科技大学技术转移诸城分中心。学校签订横向科技合同 526 项，合同经费 16243.93 万元，实到经费 9293.97 万元。新签合同数同比增长 15.6%，合同经费同比增长 30.4%；实到经费同比增长 26.8%。山东科技大学科技园完成高水平科技成果转化 59 项，技术交易额 6879 万元，其中，学校技术交易额为 681 万元；青岛技术交易中心认定技术合同 625 项。

【科技创新平台建设】 矿山灾害预防控制重点实验室省部会商持续推进工作，获中央引导地方科技发展专项计划经费 150 万元。申报各级各类科研平台 31 个，其中山东省海洋耐磨蚀材料工程实验室、新一代人工智能技术协同创新中心、山东省海洋工程勘测工程技术协同创新中心、青岛市机器人与智能制造技术工程研究中心、青岛市生产安全火灾重大事故智能控制工程研究中心等 5 个科研平台已获批立项建设。增设 5 个专门科研机构，新成立 2 个校级学科交叉科研平台。组织矿山生产安全检测技术与设备教育部工程研究中心参加评估工作；组织学校 7 个省级重点实验室填报 2018 年度工作报告并上报省科技厅；组织 5 个省级重点实验室进行绩效考核会议答辩工作，其中，1 个实验室考核结果为优秀，1 个实验室考核结果为良好，3 个实验室考核结果为合格；组织学校 4 个山东省协同创新中心绩效评价工作；组织学校 5 个青岛市工程研究中心（工程实验室）评价工作；拨付学校山东省重点实验室专项资金，支持重点实验室建设，督促省级重点实验室发布开放基金、召开学术委员会；2019 年上半年，各级各类科研平台共获黄岛区经费支持 240 万元。

【学科建设】 2019 年，数学、化学、材料科学 3 个学科新进入 ESI 全球排名前 1%，至此，学校共有 4 个学科进入 ESI 全球排名前 1%，进入 ESI 全球排名前 1% 学科数量从 2018 年的省属高校第 8 名跃居第 2 名。ESI 大学综合排名全球位次前移 896 位，成为中国内地进步最快的大学。2019 年，学校发表 ESI 论文共 2417 篇，较 2018 年增加 759 篇，同期增幅 45.8%，其中，高被引论文 435 篇，较 2018 年同期增加 274 篇，增幅达 170%。出台《山东科技大学学位授权点建设五年规划》，遴选法学、电气工程、材料科学与工程、化学工程与技术、地质学 5 个一级学科硕士点并获省教育厅进行申报博士点重点培育建设。完成工程硕士专业学位授权点对应调整相关工作，电子信息、机械、材料与化工、资源与环境、能源动力、土木水利、交通运输 7 个硕士专业学位类别成功获批，学校硕士专业学位类别授权点增加至 16 个。获批应用经济学硕士一级学科。开展 2019 年学位授权点动态调整工作，申报增列船舶与海洋工程硕士一级学科。完成山东省博士、硕士学位授予立项培养单位结对帮扶工作，与齐鲁工业大学、山东建筑大学、山东交通大学、滨州学院签订联合培养协议。调研、分析和研判各学科整体实力和水平，开展第 5 轮学科评估预评估工作。测绘科学与技术、地质资源与地质工程 2 个博士点和力学、动力工程及工程热物理、电气工程、化学工程与技术 4 个硕士点顺利通过学位授权点合格评估抽评。金融硕士和公共管理硕士顺利通过国务院学位办专项评估，其中，公共管理硕士在全部参评的 77 家单位中排名第 9。

【大学科技园建设】 山东科技大学科技园是科技部、教育部共同认定的“国家大学科技园”和“高校学生科技创业实习基地”；科技部认定的“国家级科技企业孵化器”、“国家级众创空间”、“国家技术转移示范机构”和“科技型中小企业创业投资机构”；工业和信息化部认定的“国家小型微型企业创业创新示范基地”；山东省人社厅认定的“山东省大学生创业孵化示范基地”；省科技厅、知识产权局认定的“中国专利山东明星企业”；青岛市经济和信息化委员会认定的“青岛市小企业创业（孵化）基地”。园区设有省市两级“院士专家工作站”“海智工作站”“青岛市技术转移服务机构”“技术合同服务点”“青岛市科技成果评价机构”“科技园科学技术协会”“非公有制经济党支部”等服务组织机构。

山东科技大学科技园位于大学校园西北域，占地 120 亩，规划建设 20 万平方米，已建成孵化场所 6.3 万多平方米。科技园建立了七大创业公共服务体系，可为园区内企业（团队）进行创客空间—创业苗圃—孵化器—加速器—产业基地等链条式孵化。截至 2019 年，入园企业 159 家，研发机构和创业团队 35 个；其中大学生创业企业45家。共培育高新技术企业15家，"软件企业"2家。园区企业获得国家授权专利210件，软件著作权30多项。研究开发的项目获得国家科技进步奖二等奖4项，其他省市级科技奖17项。建立形成了移动测绘技术、GPS定位服务技术、三维地理信息技术、软件开发、新材料技术、机电一体化等研发中心（创业团队），其中移动测量技术、三维地理信息技术、等离子熔覆技术、矿山安全多功能钻机技术、振弦传感技术、供电安全控制系统等多项研发成果达到国内领先或国际先进水平。

【科技人才培养与队伍建设】 2019年，学校新增各类人才230名。其中，引进高层次人才72人；新增国家级人才3人，省部级人才7人；11支团队入选2019年山东省高等学校青创人才引育计划。首批遴选9名"山海英才工程"、163名"菁英计划"人才进行重点培养。1人获批山东省自然科学基金省属高校优秀青年人才联合基金，2人获批青岛市科技计划创新领军人才项目，2019年，14个团队获批山东省高等学校"青创科技计划"立项支持团队。1人获煤炭领域最美科技工作者，1人获煤炭青年科技奖，1人获青岛最美科技工作者。

【科技合作与交流】 参加山东省创新驱动发展院士恳谈会，学校有11项海洋科技推介项目入选山东省海洋局编写的《山东省现代海洋产业项目简介》；承办煤炭行业高层次科技人才创新发展论坛；组织参加2019年度中国煤炭协会科技交流洽谈会、中国煤炭学会2019年会、第十二届百名专家淄川行暨科技成果洽谈会、山东省煤矿智慧化建设和智能化改造论坛等活动，走访浙江大学山东工业技术研究院、山东中科研究院、兖矿集团、淄矿集团、青岛海检集团等单位，推介学校科技成果，搭建产学研合作平台；举办首届山东科技大学煤炭高校产教融合研讨会与全国煤炭行业高校科研管理工作研讨会。

（山东科技大学　别海燕）

山东交通学院

【概述】 山东交通学院占地面积3200余亩，学校设有济南、威海两地设置长清校区、无影山校区、威海校区、东校区4个校区办学。现有全日制在校学生25000余人，在职教职员工约1900人。图书馆藏书约212.3万册，电子图书280万册，教学科研仪器设备总值3.83多亿元。学校充分发挥优势和特色，着力提升服务国家战略及解决地方经济社会发展中重大问题的能力，为交通强国战略、乡村振兴战略、海洋强省建设、新旧动能转换重大工程等贡献有力支撑。

【科研项目与经费】 2019年，学校立项纵横向项目901项，科研经费到账总金额12368万元。获批省部级以上项目立项52项，纵向项目到账经费总额1301万元。横向项目新立项763项，横向项目共计到账经费11067万元。

【科研成果】 2019年，学校获国家科技进步奖二等奖1项（第二单位），省部级科技奖励2项（山东省科技进步奖三等奖1项，山东省社会科学优秀成果奖三等奖1项），省高校优秀成果奖11项；发表核心期刊以上级别论文187篇；出版学术专著49部。授权专利305件，其中，授权发明专利84件，授权发明专利总数位列全国693所新建本科院校第17位、全省新建本科院校第1位；另取得软件著作权146项。

【应用研究与特色】 学校坚持"立足山东　服务交通"发展理念，在交通运输工程装备、先进道路建养技术与材料、交通物流规划与管理、船舶与海洋工程、智慧交通与控制工程等领域已初步形成了自己的特色与优势。

【科技成果转化】 2019年，学校先后与华为技术有限公司、国家电网、中航东方蓝天钛金科技有限公司、中集海洋工程研究院有限公司、利星行机械有限公司、山东统亚模塑科技实业有限公司等企事业单位就技术联合攻关和科技成果转化开展合作；联合济南市平阴县共同组织举办"固废利用技术成果转化暨平阴县新旧动能转换示范项目推介会"；积极参与山东产业技术研究院相关建设，并作为首批9所高校与山东产业技术研究院签署战略合作协议。2019年，经省科技厅技术转移中心认定四技合同208项，合同金额总计6700余万元，合作范围覆盖全省16个地市，并辐射到广东、江苏、浙江、北京等省市。

【学科建设】 学校设有17个二级学院，开设61个本科专业和2个工程硕士专业，涵盖工、理、经、管、文、艺、法7大学科门类。学校拥有2个国家级特色专业、2个国家级一流本科专业建设点、4个省级重点学科、1个省级特色重点学科、7个省级特色专业和13个省级一流本科专业建设点；轮机工程专业群，获批山东省教育服务新旧动能转换专业对接产业项目立项。

【科技平台建设】 学校拥有全国交通运输行业重点实验室等省部级科研平台6个，山东省高校协同创新中心1个，设有山东省高等学校重点实验室、山东省交通行业实验室等其他市厅级科研平台16个；同时，积极凝聚学校现有资源，组建校级科研平台36个。2019年，与乌克兰专家安德烈—别拉金斯基院士共建“综合交通运营与控制”院士工作站；学校联合山东省交通运输厅、山东省交通科学研究院、山东省宏观经济研究院等交通运输行业相关单位成立“山东省综合交通智库”；充分发挥学校交通特色优势，为“交通强国”“交通强省”战略实施贡献力量。

【科技人才队伍建设】 学校现有教职工1876人，其中，专职人员1519人，取得博士学历教师426人，具有硕士学历教师901人，正高级专业技术职称98人，副高级专业技术职称395人，享受国务院政府特殊津贴者6人，省部级优秀教师18人，山东省有突出贡献的中青年专家4人，山东省高校黄大年式教学团队1个。学校深入推进科研团队建设，构建“交通+”科研团队体系，跨学科、跨学院组建“攀登计划”科研创新团队14个，为学校进一步产出高水平科研成果和服务地方行业发展提供有力支撑。

【科技合作与学术交流】 2019年，学校主办和承办了“院士论坛”“山东综合交通智库研讨会”“泰山科技论坛”“山东科学大讲堂”“交通大数据与智能交通高峰论坛”“山东省智慧高速高端论坛”“2019国际工程科技高端论坛暨第十三届中国工程管理论坛”高层次学术会议。形成了高端论坛、博士论坛、专题讲座、成长论坛四位一体互为补充的学术交流新格局。2019年，累计举办各类学术讲座、报告110余次，进一步营造了良好的学术氛围。

（山东交通学院　来逢波　彭　欣　许振峰）

济南大学

【概述】 济南大学是山东省人民政府和教育部共建的综合性大学、省重点建设大学，具有学士、硕士、博士学位授予权。学校校园占地243万平方米，校舍建筑面积104万余平方米，固定资产总值26.6亿元，教学科研仪器设备总值3.98亿元。图书馆建筑面积6.3万平方米，藏书及电子文献800余万册，中、外文现刊4200余种，电子期刊30000余种。学校现设24个学院，拥有3个博士后科研流动站、5个一级学科博士学位授权点、36个二级学科博士学位授权点、25个一级学科硕士学位授权点、156个二级学科硕士学位授权点、18个硕士专业学位培养类别、96个本科专业。学科专业涵盖经济学、法学、教育学、文学、历史学、理学、工学、医学、管理学和艺术学等10个门类。全日制在校本科生、研究生、国际学生37529人。学校现有专任教师2117人，其中，教授304人，副教授761人，具有博士学位的1140人，国家杰出青年科学基金获得者3人，“国家百千万人才工程”2人，国务院学位委员会学科评议组成员1人，教育部教学指导委员会委员10人，国家优秀青年科学基金获得者2人，教育部新世纪优秀人才支持计划3人，泰山学者攀登计划人选1人，泰山学者特聘教授、海外特聘专家15人，泰山学者青年专家12人，国家和省部级有突出贡献专家28人，享受国务院政府特殊津贴专家25人，国家教学名师1人，国家级教学团队1个，省级教学名师12人，省级优秀教学团队6个。学校建有省部级以上重点学科及研究平台70个，其中，省部共建协同创新中心1个、教育部工程研究中心1个、国家“高等学校学科创新引智计划”（“111计划”）引智基地1个，教育部国别与区域研究基地2个、国家专利导航项目研究和推广中心1个、“山东省一流学科”立项建设学科4个、培育建设学科1个。省级协同创新中心5个，省级重点学科14个、“十三五”山东省文化艺术重点学科3个、省级重点实验室及省部级科研平台3个、“十三五”省高校重点实验室7个、省级人文社科研究基地11个，省级工程技术研究中心、工程实验室和工业设计中心16个。学校入选全国首批深化创新创业教育改革示范高校，建有国家级特色专业4个，国家级精品课程5门，国家级双语示范课2门，国家级精品视频公开课2门，国家级精品资源共享课立项5门，国家卓越工程师教育培养专业6个，省级品牌特色专业16个，省级校企共建专业9个，省级精品课程53门，国家级实验教学示范中心1个，首批国家虚拟仿真实验教学项目1个，山东省实验教学示范中心5个。山东省高水平应用型专业（群）重点立项建设3个、自筹经费立项建设6个，山东省教育服务新旧动能转换专业对接产业项目立项专业5个。学校坚持开放式办学理念，积极扩大与国（境）外教育机构的合作与交流，与93所国外高校建立校际合作关系，与港澳台地区的22所高校建立友好学校关系，在刚果共和国首都布拉柴维尔、美国南达科他州阿伯丁和科罗拉多州首府丹佛市建有孔子学院3所。

【科研项目与经费】 2019年，科技项目经费共计15247.5万元，较2018年增长6.5%。横向项目到账经费5049.6万元；承担各类纵向科技项目225项（不含军工项目），科技经费总计7646.321万元。其中，国家级科技项目立项67项（国家自然科学基金项目59项，直接经费2043.291万元；国家重点研发计划课题1项，子课题4项，立项经费463万元；其他国家级课题3项，立项经费133.6万元）；省部级科技项目137项；其他纵向项目15项。平台经费2270.0万元；国防科研经费281.6万元。

【科技成果（含重点成果选介）】 2019年，学校获山东省技术发明奖二等奖1项、山东省科技进步奖三等奖2项、山东省自然科学奖三等奖1项；获2019年度山东省高等学校优秀科研成果奖15项。被SCI、EI及CPCI-S收录论文1516篇，其中，SCI收录论文907篇，影响因子大于20的8篇、大于10的29篇、大于5的286篇。一区论文212篇、二区论文263篇。被EI收录论文1073篇、CPCI-S收录论文87篇。获得知识产权授权670件，其中发明专利460件，实用新型专利190件，外观设计专利22件，国外授权专利2件。

高铁桥梁系列支座设计制造关键技术与应用 该项目突破常规高铁桥梁支座设计制造技术限制，基于机械设计创新方法和赫兹接触力学理论，发明了具有自主知识产权的适用于高寒地区和多地震带的系列高铁桥梁支座，形成了成熟的技术体系，实现了产业化，打破了国外技术与产品在该领域内的垄断。

抗菌性抗污染中空纤维超滤膜制备关键技术研发及产业化应用 该项目首次系统地对辣素衍生物、壳聚糖、纳米二氧化钛、纳米银等抑菌剂与PES共混制备抗菌性抗污染超滤膜的成膜机理、抗污染机理及成膜工艺进行了研究，选择、确定适用的抑菌剂种类、含量和铸膜液配制工艺参数，确定抗菌抗污染超滤膜的小试、中试和产业化生产工艺及制备关键技术，实现了抗菌性抗污染聚醚砜中空纤维超滤膜的产业化，生产出具有国际先进水平的抗菌性抗污染中空纤维超滤膜，同时，对其他抗菌性抗污染超滤膜、微滤膜的研制具有一定的指导作用。

山东省山洪灾害监测预警关键技术研究与应用 该项目以山东省山洪灾害监测预警需求为导向，围绕“监测技术—特征识别—预报预警—信息平台”4个环节开展了系统研究与应用。项目构建了山东省山洪灾害监测预警理论体系，形成的成套技术已应用于山东省山洪灾害防治工作中，提高了山丘区山洪防御能力，发挥了较大的经济、社会效益。

状态受限系统的稳定性和全局吸引集 项目建立了溢出影响下滤波器系统稳定性准则，改进和推广了现有的结果；突破了原有不等式约束条件的限制；研究了神经网络的全局吸引集方法，揭示了不变集和全局吸引集的内在联系，提出了全局吸引集计算方法，减小了全局吸引集的范围；揭示了神经网络稳定性与不确定参数的关系，建立了新的鲁棒稳定判别准则，突破了原有稳定判据的约束条件；系统阐述了非线性系统的稳定性研究方法，并针对线性量子光学领域中的一类线性扰动量子系统，提出了一种奇异摄动近似方法；首次提出了“Markov链重构”方法，为Markov跳变随机时滞问题提供了有效工具；揭示了基于不同类型差分Riccati方程滤波器解析解的规律，发现了稳态Markov跳跃滤波器的最大值解与稳定性解存在的唯一性条件。

【基础研究】 2019年，学校完成1项国家自然科学基金优秀青年科学基金、4项山东省自然科学基金重大基础研究、1项山东省自然科学基金杰出青年基金项目等研究项目。

【应用研究与高技术研究】 国家重点研发计划1项：循环肿瘤细胞检测工作站及相应配套设备的集成研发；山东省自然科学基金重大基础研究项目1项：新型含氟单体合成及其与四氟乙烯共聚制备高性能多元氟树脂的研究；山东省自然科学基金重大基础研究项目1项：脱硫石膏基节能保温墙材的基础理论和关键技术研究。

【一流学科建设】 2019年，学校材料科学学科成功入选山东省一流学科“高峰计划”。作为省属高校入选该计划的10个学科之一，材料科学学科将直接对标国家一流学科和国家学科评估A类标准，引领济南大学学科建设向更强、更高层次发展。组织协调并完成对省立项建设（培育）化学、材料科学、工程学、临床医学、水利工程5个一流学科的建设成效、保障措施、组织管理等实施情况的年度考核与评价工作，完成对5个省一流学科的年鉴编撰工作。化学、材料科学、工程学、临床医学ESI排名稳定在前1%，且学科全球排名、阈值不断提高，超额完成了预定目标。顺利通过一流学科的第三方绩效评价工作，标志着济南大学的一流学科，在建设工作中注重经费效益的最大化。经过近4年的建设，5个学科拥有国家级人才11

人，获得国家级科研奖励 3 项，新增 1 个国家级协同创新中心，1 个 111 引智基地，1 个国家级研究中心，获批国家重大专项 1 项，国家重点研发计划 17 项及其他一系列省部级以上科研项目、论文、发明专利，取得了优异的建设成果，完成了建设任务。

【科技成果转化】 2019 年，出台《关于成立济南大学科技成果转化指导委员会的通知》。2019 年，签订科技合同 254 项，技术合同额 9764 万元，到账合同经费 5049.6 万元，比 2018 年增长 22.3%。其中，登记认定技术开发及技术转让合同额 8209 万元，可为教师减免增值税款 268 万元。作为山东省技术合同登记机构，独立开展各项技术合同登记工作，除登记学校签订的技术合同外，还登记济南市辖区企事业单位技术合同 38 份，登记技术合同额 3062 万元。精心组织展板、汇编、实物等材料，参加省内外大型产学研活动 5 次，完成学校科技成果汇编（2019 版）修订出版工作，与山东省技术成果交易中心（济南）、济南科技创新促进中心等机构合作，发布、更新学校科技成果。建设济南大学科技成果转化信息平台；与山东省技术成果交易中心（济南），上海迈坦科技信息有限公司济南分公司等第三方服务单位展开合作交流；积极参加第十八届中国（淄博）新材料技术论坛暨国际科技成果招商洽谈会、2019 济南技术转移论坛、2019 中国高校科技成果交易会（华东专场）、山东省高校科研管理暨服务新旧动能转换工作培训会、周村区“政产学研金服用”创新创业推进会等地方政府组织的产学研活动；组织专家团队与东阿阿胶股份有限公司、济南圣泉集团股份有限公司、青岛伟力工程有限公司等企事业单位进行多次科技专项对接活动；与聊城东阿县、青岛平度市等人民政府展开科技合作交流活动。

【科技创新平台建设】 2019 年，出台《济南大学省级及以上协同创新中心建设运行管理办法》，新建省高校对接产业类协同创新中心 1 个、省工程实验室 1 个、济南市工程实验室 2 个，济南大学水污染控制工程研究所校级科研机构 1 个，济大—杨嘉专用汽车研究所等校企研究机构 8 个。学校牵头建设的山东省“机械构件减摩抗磨控制”“建材工业综合自动化”“管道气力输送”“水泥”等 4 个工程技术研究中心人选山东省技术创新中心培育库。2019 年，获得科技平台建设支持经费 2270 万元。

【国防科研建设】 新立项国防科研项目 7 项，其中，中央军委科技委国防科技创新特区项目 3 项，立项总经费 70 万元；山东省重点研发计划（军民科技融合）1 项，立项经费 170 万元；新立项军工横向项目 3 项。完成“山东省军民融合单位（企业）”的申请和现场答辩，被山东省委融办认定为山东省军民融合单位（企业）；完成山东省委融办军民融合特色基地（园区）的申报工作，并通过现场考核。通过了 GJB 9001C—2017 国军标质量管理体系 2019 年度审核工作；完成 2019 年度全省“双随机”保密抽查工作和武器装备科研生产单位年度自检。高分辨率对地观测系统山东数据与应用中心在淄博和威海设立了分中心，举办山东高分推进会议，强化以点带面、协同推进的高分应用发展模式。

【大学科技园建设】 2019 年 8 月，济南大学科技园（天桥）获批山东省省级大学科技园；获得山东省省级众创空间备案资金扶持，并获得天桥区区人才平台载体建设配套奖补资金，已建设成集国家级众创空间、省级大学科技园为一体的创新创业孵化平台。科技园一期建筑面积 11000 余平方米，已签约入驻 31 家企业、7 个创客团队，培育入孵企业山东东鼎电气有限公司申报成为“国家高新技术企业”，并获得培育奖励资金。2019 年 8 月，东鼎电气公司创始人程新功教授，在山东省“共赢齐鲁 • 创业未来”第二届高层次人才创业大赛中脱颖而出，获得优胜奖并获得“泰山产业领军人才”称号，集“泉城产业领军人才”“泰山产业领军人才”称号于一身。

【科技人才培养与队伍建设】 2019 年，制订《济南市市中区人民政府　济南大学关于印发〈济南市市中区、济南大学关于协同开展招才引智促进创新创业的意见（试行）〉的通知》《关于印发〈济南大学“龙山学者”特聘专家聘任办法（修订）〉的通知》。学校新增 1 人，获得山东省顶尖人才“一事一议”，1 人获得济南市“一事一议”顶尖人才领军人才称号；2 人获得泰山学者特聘专家称号，1 人获得泰山学者青年专家称号；1 人泰山学者特聘专家考核优秀续聘；1 人获得山东省有突出贡献的中青年专家称号。

【科技合作与交流】 出台《济南大学关于深化产教融合提升服务企业水平的实施意见》。以“济南大学周村技术转移中心”为平台，与淄博市周村区特教中心签约“基于脑机接口技术的音乐治疗”项目，推动特殊教育的康教结合。与山东梁轴科技有限公司共建“泰山学者工作站”；与梁山县轴承产业对接；助推梁山通亚重工机械有限公司、山东杨嘉汽车制造有限公司等 3 家梁山县企业通过国家高新技术企业认定；与 10 家企业签订合作协议。

（济南大学　于政宇）

青岛大学

【概述】 青岛大学是省属重点综合大学，是山东省首批应用基础型人才培养特色名校建设单位。1993 年由原青岛大学、青岛医学院、山东纺织工学院、青岛师范专科学校合并组建而成。学校设有 36 个学院和医学部，101 个本科专业，涵盖文学、历史学、哲学、理学、工学、医学、经济学、管理学、法学、教育学、艺术学等 11 个学科门类。现有 8 个博士后流动站，13 个一级学科博士点，博士专业学位类型 2 种（涵盖 18 个培养领域）；37 个一级学科硕士点，硕士专业学位类型 23 种（涵盖 81 个培养领域）。拥有国家重点学科 2 个，山东省重点学科 20 个，山东省一流学科 8 个；临床医学、工程学、化学、材料科学、神经科学与行为学和药理学与毒理学 6 个学科进入 ESI 全球排名前 1%；系统科学和纺织科学与工程 2 个一级学科进入教育部全国一级学科排名前 10 名。2019 年，7 个学科入围软科世界一流学科排行榜，列全国 90 位；25 个学科进入软科中国最好学科名单，列全国 65 位。学校拥有省部共建国家重点实验室 1 个，国家地方联合工程研究中心 1 个，国家国际科技合作基地 1 个，国家国际联合研究中心 1 个，“高等学校学科创新引智计划”（简称“111 计划”）引智基地 1 个，山东省高校协同创新中心 5 个，省部级重点实验室、工程技术研究中心等重点科研平台 20 余个。

【科研项目与经费】 2019 年，获批国家级项目 138 项，其中，国家自然科学基金 127 项（含重大项目 1 项、联合基金项目 1 项），列全国高校第 80 位，资助经费 4890 万元；国家重点研发计划重点专项 1 项、子课题 6 项，资助经费 694.2 万元；中央军委科技委国防科技创新特区项目 3 项，资助经费 1100 万元。获批省部级项目 175 项，其中，山东省自然科学基金 129 项（含重大基础研究项目 4 项），资助经费 2075 万元；山东省重点研发计划项目 41 项（含重大科技创新工程 5 项），资助经费 2632 万元；其他项目 5 项，经费 46 万元。获批市厅级项目 35 项，其中，青岛市源头创新计划项目 16 项，青岛市科技惠民专项 10 项，共资助经费 330 万元；山东省教育厅青创人才团队项目 9 项。2019 年，科技经费总量 2.2033 亿元，其中，纵向项目经费 1.1767 亿元，横向项目经费合同额 1.0994 亿元、到账额 0.5285 亿元，科研平台与人才团队建设经费 0.4981 亿元，科技经费总量稳步增长。

【科技成果】 2019 年，学校师生发表的学术论文有 3173 篇被 SCI 收录，567 篇被 EI 收录，175 篇被 CPCI-S 收录。ESI 高被引论文总数达 164 篇。2019 年，自然指数排名中列中国内地高校第 75 位，较 2018 年前进 14 位；文章数 75 篇，较 2018 年增加 24 篇；文章分值 26.77，较 2018 年增长 10.94，论文质量有显著提升。2 人入选 2019 全球高被引科学家名单。获国家科技进步奖二等奖 1 项，取得重大突破；获山东省科技奖 13 项，其中一等奖 1 项（第二完成单位）、二等奖 5 项、三等奖 7 项，创近年来最好成绩；获山东高校优秀科研成果奖 18 项，其中一等奖 4 项、二等奖 5 项、三等奖 9 项；获青岛市科技奖 32 项，其中一等奖 2 项、二等奖 19 项、三等奖 11 项。获授权专利 462 件，其中发明专利 323 件、实用新型 95 件、外观设计 44 件，PCT 专利授权 2 件、公开申请 17 件。完成高校知识产权贯标专家认证工作，学校成为山东省第一家正式通过国家知识产权管理认证的达标单位。

基于小儿肝胆胰计算机辅助手术系统研发、临床应用及产业化 该成果获 2019 年度国家科技进步奖二等奖，是山东省外科领域取得的第一项国家科技进步奖。团队研发出基于小儿三维可视化医疗设备，建立了海信数字化手术室，进而形成人类数字肝脏大数据平台，并以此为技术核心，构建了儿童肝、胆、胰肿瘤精准治疗体系，运用数字肝脏大数据分析技术，提出新的肝段分型及各年龄段平均肝体积。近千张原始 CT 片中的数据输入系统，海信 CAS 会自动建立虚拟立体的数字肝脏。自此，医生可三维观察分析病变与血管、脏器的关系，精确计算脏器、病变的体积，还可实施虚拟手术切除，从而最大限度保留正常肝组织，减少手术出血量，降低术后患者肝功能衰竭的风险。海信 SID 是术中手势控制导航系统，该款产品通过智能识别，可在手术中根据医生手势指挥，三维立体展现数字肝脏的不同侧面和不同角度，既方便医生迅速判断手术操作路径，又保证操作环境无菌、无污染。近 3 年，海信 CAS 与 SID 及相关产品实现销售收入近 1 亿元，荣获中国医学创新大赛银奖、中国产学研合作创新成果奖；研发成果相继参加了国家“十二五”科技创新成就展和创科博览 2018；关键技术在全国 100 余家医院推广应用，疗效显著，引领和推进了我国小儿精准肝胆胰外科发展。

【基础研究】 2019 年，获批的国家和省自然科学基金数量，均列山东省属高校第 1 位。

薄制品高分子材料实现高火安全性的表面阻燃机制与技术 该项目获国家自然科学基金重大项目资助，经费 319 万元。针对大飞机、高铁用比表面积较大的薄膜、纺织品、皮革和泡沫等高分子材料制品的阻燃高性能化难题，该课题以典型的高分子材料为研究对象，发展可连续化制备的表面阻燃新方法与新技术，分别实现聚酰亚胺等膜材料的耐火焰烧穿与低火焰蔓延、纺织品及皮革等内饰材料的环境友好与高火安全性、软质聚氨酯泡沫的低热低烟毒释放与力学高回弹，制备出兼具高火安全性与优良综合性能的高分子材料，揭示材料的组成—结构—性能之间的关系，构建火安全性与其他性能的协调机制，阐明高分子材料表面与界面阻燃实现其高火安全性的作用机制，为大飞机、高铁用火安全关键高分子材料的设计与制备提供理论依据和技术支撑。

固态锂空气电池的原位同步辐射研究 该项目获国家自然科学基金联合基金项目资助，经费 300 万元。项目针对固固界面所涉及的新的离子电子输运及电化学反应机理，在多年研究固体电解质和固态锂电池的基础上，结合同步辐射先进技术，开展原位监测固态锂空气电池工作过程的前沿基础研究。预期能够揭示固体表界面锂空气反应机理，阐明影响电池性能的关键因素，从而获得提高电池性能的有效方案，推动高能量密度长循环固态锂空气电池的实用化进程。

【应用研究与高技术研究】

基于 EFIRM 和等温扩增技术的核酸快速检测研究 该项目获国家重点研发计划重点专项资助，经费 258 万元。项目中核酸扩增方面已取得显著进展，针对肺炎支原体核酸可以实现在 30 分钟内完成 12 拷贝／反应的检测，远低于预期检测限 1000 ～ 100000 拷贝的目标任务。已开发针对新冠肺炎病毒的检测新技术与产品（SARS-CoV-2 Nucleic Acid Detection Kit），并获得欧盟的 CE 认证，为充分筛查、检测新型冠状病毒患者、全力抗击新冠肺炎做出了重要贡献。

人源化细胞工程制药 学校与青岛华赛伯曼医学细胞生物技术有限公司、青岛万明赛伯药业有限公司合作建立青岛大学华赛医学细胞和蛋白质药物研究院，联合开展人源化细胞工程制药研发，10 年合作研发，经费合同额 1000 万元。2019 年，研发团队获国家重点研发计划子课题、国家自然科学基金等国家级项目资助 220 万元，获省重大科技创新工程项目 1 项，经费 400 万元。研究院依托青岛华赛伯曼医学细胞生物技术有限公司成立了国内首家“红十字干细胞公益库”。针对蛋白质一类新药、新型生物合成疫苗、新型细胞类药物、功能细胞再生和重建、组织器官修复、再生和体内保存等技术难题展开专项攻关项目，不断研发出医药生物新技术、新工艺、新应用和新产品。

【科技成果转化】 2019 年，成功获批山东省省级技术转移服务机构，并获得山东省财政奖励补贴资金 18 万元。完成青岛大学高新区国家大学科技园技术转移中心、青岛大学蓝谷技术转移中心和青岛大学潍坊技术转移中心的设立工作。承办“李沧区技术经理人培训班”“第 1 期科技成果标准化评价培训班”“山东省高校科技创新与成果转化高级研修班”等活动。学校王斌教授团队以一项发明专利作价入股，联合国外科研团队及投资公司，以“学校技术 + 社会技术 + 社会资本”的形式成立了合资公司，2019 年 3 月，公司成立并落户青岛蓝色硅谷核心区，并与学校联合成立青岛大学—华赛医学细胞与蛋白质药物研究院，主要从事脐带血造血干细胞和脐带间充质干细胞药物的研发、免疫细胞存储与治疗。2019 年，学校通过作价入股、技术转让、实施许可等形式，全年共完成单管内逆变无形电能传输技术、一种外源蛋白核分泌表述系统及其应用等成果转化 16 项，技术合同交易额 362 万元。

【科技创新平台建设】 学校省部共建生物多糖纤维成形与生态纺织国家重点实验室建设工作有序推进，省、市的配套建设资金及学校相关支持已经到位；完成对电动汽车智能化动力集成技术国家地方联合工程研究中心的专项调研并召开建设工作专题汇报会，梳理问题、明确对策，进一步推进其建设发展；完成对国家级国际科技合作平台“一中心两基地”的专项调研，建设工作稳步推进，在共建国家杂化材料技术国际联合研究中心的基础上，学校与美国科罗拉多州立大学共建联合学院。新增山东省协同创新中心 1 个、山东省工程实验室 1 个、青岛市工程研究中心 3 个、青岛市国际科技合作基地 1 个。依托学校建设的“威海创新研究院”已顺利揭牌并成立第一届理事会，各项工作正加快推进；与泰安市政府签订战略合作协议，共建“泰山纺织服装产业技术研究院”；与济南大学等 8 所高校发起并签约“山东产业技术研究院大学产业技术创新联盟”；与山东产业技术研究院共建“山东绿色高端纺织技术与应用研究所”；与华赛医学、华为等公司共建研发平台工作有序推进。

【学科建设】 临床医学，入选山东省一流学科“筑峰计划”，获批学科建设经费 5000 万元；神经科学与行为学入选山东省立项建设一流学科，2019 年，获批建设经费为 1400 万元。完成“双一流”建设奖补资金绩效考评现场考评工作，学校 6 个省立项建设一流学科，通过绩效考评，各学科平均得分 86.26 分，高于全省平均分 85.86 分。新增药理学与毒理学进入 ESI 全球排名前 1%，至此，学校共 6 个学科进入 ESI 全球排名前 1%，入选数量居省属高校第 1 位，临床医学、工程学已进入全球 ESI 排名前 5‰。加强学位点建设绩效管理，印发《关于落实目标任务责任加快学科建设的通知》《学科建设经费使用管理指导意见》，加强年中、年底绩效考核，根据各学科建设目标任务，向各院部划拨学科建设经费共计 3095 万元，实现学科建设经费全覆盖。

【大学科技园建设】 青岛大学科技园成立于 2003 年，是经省科技厅、教育厅批准的首批省级大学科技园，青岛国家大学科技园的分园区。科技园分南、北两区，建筑面积 24000 平方米，其中，位于青岛大学正门北侧（宁夏路 306 号）为北区（A 楼、B 楼、C 楼），建筑面积 14000 平方米是科技创新创业基地；位于青岛大学南门东侧（香港东路 9 号）为南区（D 楼），建筑面积 10000 平方米，是文化产业基地。科技园经过近 7 年的运用，现已吸引入住企业 108 家，其中，科技创新型企业 39 家、合作发展型企业 15 家、教学研究型企业 17 家、研究服务型企业 37 家，使园区入住率达到 95% 以上。

【科技人才培养与队伍建设】 2019 年，引进人才 191 人，具有 1 年以上海外工作研究经历人员超过 40%，引进人员达到特聘教授及青年卓越人才层次人员 122 人，占比达到 64%。引进海外院士 3 人，新增青年千人 3 人，外专千人 1 人；获批山东省“顶尖人才一事一议”项目 1 人，山东省外专双百专家 1 人。承办第二届山东省高校青年学者泰山国际论坛、2019“智汇城阳”高层人才论坛暨第三届青岛大学国际青年学者崂山论坛等，扩大了学校招才引智的规模和影响力。2019 年，获批泰山学者 27 人，山东省突贡专家 2 人，山东省青创人才引育计划立项建设团队 12 个，青岛市特殊津贴专家 1 人，青岛市拔尖人才 3 人。举办 5 场泰山学术论坛，加大了学校国际学术交流，扩大了学校知名度和影响力。遴选特聘教授、青年卓越人才 79 人，提高学校教师的国际化水平，36 人获国家、省市留学项目资助，获资助经费 424 万元，选派 159 名中青年教师到海外高校、科研院所进修访学，举办访学汇报会 13 场。

【科技合作与交流】 签订横向科技合作协议 126 项，合同经费 10994 万元，已到账 5285 万元，合同额较 2018 年增长 111%，到账额较上年增长 55%；千万元以上项目 5 项，百万元以上项目 8 项，国际合作项目 2 项。新增校企联合共建研发机构 13 个。技术合同成交额达 1.4 亿元。围绕青岛发展战略需求，依托高端学术平台和高水平研发团队，精准对接“十强产业”，实施《青岛大学服务青岛“十五攻势”行动方案》，重点建设洁净核能源开发等 15 个重大项目、空间信息与地球大数据等 36 个重点项目，为服务青岛十五大攻势提供科技支撑。2019 年，与青岛海尔科技有限公司、芯恩（青岛）集成电路有限公司、青岛华赛伯曼医学细胞生物有限公司等签订合作协议 43 项，服务青岛地方经济能力大幅提升。开展“学术活动月”系列活动，征集重点活动 73 个，其中，学术会议 13 个，高端专家学术报告 60 个；开展“高端专家讲坛”活动，邀请诺贝尔奖、图灵奖获得者、院士等高端专家来校做报告；承办山东省细胞生物治疗高端论坛、中日智能康养研讨会等高水平学术会议。

（青岛大学　朱晓明）

烟台大学

【概述】 学校 1985 年正式招生，1998 年成为硕士学位授权单位。2001 年 3 月，经山东省人民政府批准，原山东省建材工业学校、原山东省水产学校并入烟台大学。2012 年获批山东省名校工程首批立项建设单位，同年获批服务国家特殊需求博士人才培养项目，2019 年成为省市共建高校。“药学”和“材料科学与工程”学科分别于 2018 年、2019 年入选山东省“一流学科”建设立项。学校现设 22 个学院（部），65 个研究院所，22 个硕士学位授权一级学科，11 个硕士专业学位授权类别，69 个本科专业，涵盖文、理、工、法、农、医、经、管、教、艺 10 个学科门类。全日制在校本科生、研究生、留学生共 3 万余人。另有成人高等教育学生 16000 余人。现有国家技术转移中心 2 个，教育部重点实验室 1 个，国家民委民族理论政策研究基地 1 个，国家知识产权培训基地 1 个。省级重点学科 7 个，省高等学校协同创新中心 4 个，省工程实验室 1 个，省级重点实验室 7 个，省人大常委会地方立法研究服务基地 1 个，省理论建设工程重点研究基地 1 个，省高校人文社科研究基地 2 个，省民族问题研究中心 1 个，省级工程技术研究中心 8 个，省泰山学者种业人才团队支撑计划 1 个，省高校优秀科研创新团队 1 个，省国际（港澳台）科技合作平台 1 个，省级研究院 1 个，省软科学研究基地 1 个，省级大学科技园和省级科技企业孵化器 1 个。法学进入教育部第 4 轮学科评估 B 类学科和中国最好学科排名前 20%，数学进入世界一流学科排名前 400。化学、药理学与毒理学、工程学先后进入 ESI 全球前 1%。获国家科技进步奖二等奖 1 项，中国专利金奖 1 项，入选国家社科成果文库 2 部，获省部级以上奖励 200 余项。主持国家自然科学基金、国家社会科学基金、国家重点研发计划项目等国家级科研项目 340 余项。主持省部级科研项目近 800 项。主持横向科研项目 1700 余项。《烟台大学学报》(哲学社会科学版）为“全国中文核心期刊”“中国人文社会科学核心期刊”。《烟台大学学报》(自然科学与工程版）入选《中国学术期刊文摘数据库》。牵头组建科研合作平台 35 个，发起成立烟台设计产业联盟、烟台市物联网行业协会等行业组织，主动对接烟台市八大战略新兴产业，不断提高人才培养质量，加快科技成果转移转化，构建“政产学研用”融合创新发展生态。整合建设山东省知识产权研究院、中韩（烟台）产业园发展研究中心等智库，深化融合式发展的办学特色。

【科研项目与经费】 2019 年，获批省部级以上科研项目 129 项，其中，国家级科研项目 40 项，获批国家社科基金各类项目 12 项。学校已连续 4 年获批国家社科基金重点项目。学校省部级重大项目立项数及立项经费数创历史新高。首获省“渤海粮仓”科技示范工程升级版计划项目；首获省自然科学基金联合基金项目；学校作为第一申报单位，获批 3 项省重大科技创新工程项目，同时，作为参与单位获批 7 项省重大科技创新工程项目，这一数量名列省属高校前列；连续 4 年获批农业部重大项目；连续 2 年获批省自然科学基金重大基础项目和省重大科技创新工程项目。理工科纵向科研项目立项经费数 4817.13 万元，文科纵向科研项目立项经费 461.3 万元，横向课题到位经费 3137.6 万元，科研创新平台到位经费 1150 万元，省市各类人才项目经费 4950 万元（一事一议 3000 万元、泰山学者 1200 万元、烟台市双百 300 万元、外专 110 万元、引育计划 300 万元），截至 2019 年 12 月 15 日，全校科研总经费 14486.03 万元，比 2018 年增长 77.8%，首次突破亿元。截至 2019 年底，全校科研经费总计 18396.03 万元，是 2018 年的两倍多。

【科研成果】 2019 年，获批省部级科研奖励 7 项，其中，山东省社会科学优秀成果奖一等奖 1 项。授权职务专利 115 件，其中，授权职务发明专利 46 件，实用新型 63 件。“阻燃、耐黄变、低雾化牛皮汽车坐垫革制造工艺”先后荣获烟台市专利奖二等奖和第 21 届中国专利奖优秀奖。发表高水平论文 631 篇，其中，SCI 收录论文 560 篇，人文社科类 A、B 刊论文和 C 刊论文 52 篇。高水平论文是继 2018 年突破 500 篇后，再次取得重要突破，首次突破 600 篇。全年协调组织学术报告（讲座）195 场次，其中两校名师讲堂 23 场次。

【一流学科建设】 持续实施学科特区计划，形成学科特区中期考核绩效体系，对特区学科进行中期考核，并根据考核结果动态调整部分学科支持经费，增列土木工程和计算机科学与技术学科进入学科特区培育学科；统筹推进一流学科建设与博士学位授予单位立项建设两大任务，及时与教育厅联系沟通，成功增列学校第 2 个省一流学科—材料科学与工程；顺利通过博士授权单位立项建设中期汇报考核并获好评，获省教育厅专项支持经费 500 万元；组织学科建设会议，组织人员前往武汉、南昌、长沙、厦门等地高校开展调研和学术交流，并在校内广泛调研，制定《烟台大学学科建设突破工程实施方案》和《学科建设管理办法》，提交学科建设会议讨论。

【科技成果转化】 2019 年，新立项横向科研项目 167 项，到账经费 3137.6 万元，立项数量和到账经费数均创历史新高。完成“四技”合同登记 108 项，技术合同登记总额 2881.15 万元，其中，技术开发和技术转让合同总额 1344.77 万元，为老师减免税款近 80 万元。

【科技创新平台建设】 组织申报山东省工程实验室(工程研究中心)，其中，学校申报的“山东省低功耗光电检测智能终端工程实验室”获批，学校是 2019 年烟台市唯一获批山东省工程实验室（工程研究中心）的高校。山东省石化轻烃综合利用工程技术研究中心、山东省黄金工程技术研究中心进入山东省技术创新中心培育库。

【大学科技园建设】 制定《烟台三校科技园关于鼓励和扶持企业创新创业奖励实施办法（试行）》，设立烟台三校科技园创业扶持基金，先后与北京宏羲投资有限公司、北京中科创大创业教育投资管理有限公司等金融资本接洽，帮助企业获得发展所需的资金投入。搭建财务代理、法律事务、人力资源、知识产权代理等服务平台，为园区企业提供工商注册、项目申报等全链条专业服务。2019 年科技园新增入驻企业 9 家，重点扶持的烟台屹海新材料科技有限公司实现营业额年增 3000 余万元；烟台荣华软件科技有限公司成功入库“国家中小科技型企业”；烟台高新区海洋生物工程研究所 2 家企业筹备申请高新技术企业认定。已于烟台经济技术开发区、腾讯新工科研究院达成一致，三方拟合作申报国家大学科技园认定，拓展大学科技园发展空间。

【科研人才培养与队伍建设】 2019年，学校投入人才专项经费8629万元，其中，人才配套或垫付资金1070万元，安家费及生活补助3960万元，科研启动费3051万元，人才津贴548万元。2019年，学校共获得省市各类人才项目经费7250万元，其中烟台市校地融合人才工作类项目经费2300万元。持续打造高层次人才聚集高地，扩增高层次人才规模。新增全职国家人才3人、省部级人才24人，包括山东省“一事一议”顶尖人才1人、省泰山学者特聘专家3人、泰山学者青年专家7人、泰山学者产业领军人才1人、省“外专双百”专家1个、省有突出贡献的中青年专家1人、省杰青1人、省优青2人、齐鲁文化英才1人、享受国务院政府特殊津贴专家1人、省优青2人、省青创团队引育计划团队带头人5人、烟台市“双百计划”专家2人、烟台市有突出贡献的中青年专家1人。柔性引进国家级人才7人。学校成功获批省“一事一议”顶尖人才（全省两批共17人入选），药学学科和材料学科通过“一事一议”顶尖人才项目顺利获得了两个省一流学科立项建设。学校建立师资队伍建设委员会例会制度，出台《烟台大学人才引进与管理实施办法〈补充规定〉》，学校加大学科带头人以上高层次人才引进力度，2019年，学校正式引进各类人才124人，其中，引进的90名博士研究生含学科带头人及以上层次24人。另外，还有10～15名博士研究生正在办理入职或调动手续。学校正积极向人社部申报招收博士后人才项目资质。面向海内外汇聚一批“高精尖缺”人才，人事处积极为“一事一议”顶尖人才组建团队，引进具有海外背景的优秀博士5人，其中2人入选省级重点人才工程。推行“学校搭平台、学院引人才、双方共用才”模式，支持学院与地方政府或企事业单位加强人才引进培养合作，柔性引进国家杰青、长江学者等国家级专家7人。组织第二届青年学者泰山国际论坛，邀请海内外优秀青年学者18人参会，其中11人经学校研究同意引进。妥善处理好人才引育问题，组织11名高层次人才参加省市人才培训班，打造专业化服务队伍，学校持有山东省惠才卡或烟台市优才卡的高层次人才已达80余人。对科研业绩突出的校内教师及新引进的高层次人才开通绿色通道开展高级专业职务直聘，2019年，直聘高级职称32人，其中，用近5年学术成果参加学校当年的副教授职称14人，教授18人。

【科技合作与交流】 2019年，组织校企合作洽谈会等产学研对接活动或赴企业洽商100余场／次，对接包括清华大学、北京大学、中科院、中国极地研究中心、哈尔滨工程大学、新华三集团、山东裕龙石化、冰轮集团、德邦科技、海德实业、东方蓝天钛金、德尔福科技、华大基因等在内的50余家科研院所和行业龙头企业；顺利承办了第二次烟台市校地合作联席会议，初步确定了烟台市校地合作专项资金规模；编辑完成《烟台大学服务地方工作简报》3期，报送烟台市委、市政府和市校地合作联席会议办公室，并定期加强沟通交流；更新完善“烟台大学对外合作与服务地方网站”，打造学校“窗口”形象，学校与烟台市各级部门的联系进一步加强，工作渠道进一步畅通。学校推荐申报的14个项目全部命中，其中，2项获“一事一议”支持，7项获优先支持、2项获一般支持、3项获培育支持，获批校地融合发展专项资金3880万元，获批项目数量、资助金额均为驻烟高校最高。协助承办全省“深化产教融合、服务新旧动能转换校企合作对接会”，来自省内外70余家企业的负责人、65所高校的分管校领导参加会议。推荐“产学研实质性结合的股份制联合办学”等2个案例参评中国高等教育学会组织的“校企合作双百计划”典型案例评选，从全国1280个产教融合案例中脱颖而出，在中国高教博览会进行了路演和展示。协调促成2个共建科研创新平台获省级立项。光电学院联合浪潮集团有限公司、山东航天电子技术研究所等4家企业、高校（院所）共建的“低功耗光电检测智能终端”实验室获批山东省工程实验室（工程研究中心），是2019年烟台市唯一获批山东省工程实验室（工程研究中心）的高校。法学院获批“山东省地方立法研究服务基地”，为地方立法工作提供智力支持和咨询服务。学院参与企业共建了7处省级平台（山东省海洋渔业养殖装备工程技术协同创新中心、山东省智能化海洋牧场建设工程技术协同创新中心、山东省海洋智能感知工程技术协同创新中心、山东省海洋耐腐蚀轻质合金材料工程技术协同创新中心、山东省远洋渔业工程技术协同创新中心、东方蓝天钛金省企业技术中心、东润仪表省企业技术中心等），校内批准成立了多个校地、校企共建平台。共推动学校签署校地、校企、校校（院所）合作协议42份，合作企业将直接为学校提供1100余万元的合作经费或科研设备支持。校地、校企合作平台运行效果显著，新立项横向课题167项，合作研发经费3137.6万余元，其中，118项是与烟台市政府部门、企事业单位的合作项目，到位经费达1977.2万元，占横向课题合作经费总额度的62.3%，相较于2018年度增加700余万元，年增幅超过20%。

（烟台大学　徐　扬）

潍坊学院

【概述】 潍坊学院是教育部批准建立的一所省属全日制综合性普通本科高校。学校是省应用型人才培养特色名校立项建设单位、省硕士学位授予立项建设A类单位、省文明校园。学校现占地1543亩（103万平方米），校舍建筑面积84.3万平方米，馆藏图书298万册、数字资源38.5TB。学校建有高标准的大型体育运动场和4万平方米的现代化多功能体育馆，建有国内同类院校领先水平的校园网，是中国教育和科研计算机网（CERNET）潍坊地区城市节点单位、全国教育信息化理事会常务理事单位、省首批教育信息化示范单位。学校现有教职工1985人，其中，高级职称人员689人，博士生、硕士生导师92人。有国家高层次人才特殊支持计划入选人员、享受国务院政府特殊津贴专家、教育部教学指导委员会委员、全国优秀教师、泰山产业领军人才、省有突出贡献的中青年专家等50余人。聘任多位知名专家学者担任学校特聘（兼职）教授或专业委员会负责人。学校面向全国29个省（自治区、直辖市）招生，现有全日制在校生24600余人。学校现设22个教学单位、70个本科专业，涉及理、工、文、经济、管理、农、法、历史、教育和艺术十大学科门类。有国家级特色专业和教育部综合改革试点专业3个，省级一流专业建设点10个，省级特色专业、高水平应用型立项建设专业、应用型人才培养发展支持计划专业、卓越工程师培养专业、成教品牌专业等30个；有省级一流课程、精品课程、双语教学示范课程、成教特色课程等82门，省级教学团队5个，国家级大学生校外实践教育基地、省级实验教学示范中心、省级人才培养模式创新实验区、省级大学生创业孵化示范基地4个，校外教学实践基地317个；开展教育部"国培计划"特殊教育骨干教师培训项目，承担国家教育体制改革试验区试点项目6项。学校现有省级重点学科2个、省文化艺术科学重点学科1个、省级科研创新平台13个、市级科研创新平台15个，建有量子信息技术研究院、新型电磁材料研究所等56个研究院所。公开出版学术期刊《潍坊学院学报》。近3年时间，学校承担国家级项目17项、省部级项目144项，师生取得授权专利285件，出版著作等219部，被SCI、EI、SSCI等检索系统收录学术论文412篇，发表其他学术论文1624篇，举办学术会议27场，举办学术讲座272场。

【学科建设】 学校以打造高水平科研创新团队，产出高水平、标志性、原创性科研成果，增强社会服务能力等为主要目标，以培养引进学科领军人物和学科带头人，优化学科团队结构等为建设重点，进一步加强重点学科动态管理，完善绩效考核、奖惩激励体系机制，加大经费支持力度，2019年度重点学科建设经费较上年增加15%，引进学科带头人多名，建立校级科研创新团队12个。依托光学工程、农业工程、控制科学与工程、马克思主义理论等第一层次重点学科建设的硕士学位授权点，已全面达到国务院学位委员会申报审核条件要求，为学校申报硕士授予单位提供了有力支撑；数学等12个第二层次重点学科发展水平持续提升，取得明显的建设效果。

【科技人才培养与队伍建设】 学校高层次人才规模不断壮大，全职引进2名、柔性引进5名省级学科带头人。完善《"潍院学者"建设工程实施办法》《青年人才支持计划管理办法》，新增"优博"支持计划，健全人才培养链条。新增"杰青"10名、"优青"20名；1人获批国务院政府特贴，2人入选潍坊市有突出贡献中青年专家。积极搭建人才发展平台，获批3个省教育厅"青创团队"，成功申办2个"泰山学术论坛"。学校多措并举，有序推进中青年教师成长计划，举办第二届"鸢都行"博士论坛，新引进博士45名，6人在职取得博士学位。构建了新教师入职宣誓与岗前培训、青年教师导师制、海外培训工程和国内访学计划为主的培育体系；组织70余名新教师入职岗前培训，52名青年教师与优秀教师结对指导，64名教师境外访学，60余名教师国内研修；认真落实领导干部联系专家制度，联系服务210多名高层次人才，及时协调解决其工作生活的困难和问题；组织了首次高层次人才学术休假考察活动。聘请12位国内外著名学者、企业家为特聘、客座、兼职教授，至此特聘、客座和兼职教授等达到269人，其中，两院院士8人，英国皇家学院院士1人；兼职博士、硕士研究生导师达到92人。

【科研项目与科技成果】 2019年，学校立项市级以上科技项目92项，其中，国家级项目5项，省部级项目18项；学校立项横向科研项目43项，项目合同金额达到1700余万元。学校获得市级以上科技奖励15项；

获得专利授权71件，其中，发明专利29件；发表学术论文291篇，其中被SCI、EI等收录124篇；出版学术著作13部。

【基础研究】

基于多比特超纠缠体系的量子噪声模拟与量子相干性恢复的实验研究 该项目面向多天线传输系统，重点围绕新兴的空间调制技术、大规模天线传输技术、多天线协同传输技术等领域开展了创新性研究工作。提出了空间调制星座图及比特到空间调制符号映射关系的优化设计方法，克服了传统数字调制应用到空间调制系统时传输性能不佳的问题，以及传统空间调制对发射天线数目有限制的问题；提出了空间调制系统的链路自适应传输方案，通过有限反馈调整比特到符号的映射关系，获得了传输性能的显著提高，并针对大规模天线系统设计了复杂度简化的实施方案；提出了数种差分调制技术，有效避免了接收端的信道估计开销，包括空间调制系统中的非相关发送与接收技术、大规模天线系统的差分QAM调制技术，以及针对差分酉空时调制系统的低复杂度检测算法等；提出了基于星座图分割的增强空间调制技术；提出了利用发射端与期望用户间信道状态信息作为发送符号的空间调制安全传输技术；提出了在全信噪比变化范围内均具有良好性能的多天线中继转发技术等，相关研究成果大大提高了多天线技术的实际应用范围。

【应用研究与高技术研究】

纳米TiO_2参与成膜的汽车板材绿色磷化关键技术 该项目从节能环保角度，研发了一种性能稳定的不含亚硝酸盐和镍离子的常温磷化液，通过对复合磷化膜的显微组织、物相组成、耐蚀性及其电泳漆膜与基体的附着力测试分析，研究并验证了纳米TiO_2参与成膜的磷化液的成分和工艺条件，制备了一种纳米TiO_2参与成膜的复合磷化膜，该复合磷化膜平整致密，与基体结合紧密，耐蚀性优良。经用户使用证明其节能环保效果明显，市场应用前景广阔。项目核心技术已申请国家发明专利4件。

【科技合作与社会服务】 学校以科学发展为主题，以创新驱动为主线，搭建科技项目转移转化、人才交流、新技术与产品展示、科技发展论坛四大平台，加强科技成果宣传和展览展示，鼓励科研人员面向企业开展技术开发、咨询、服务，与企业联合实施科技成果转化，取得成效。完善《潍坊学院科研项目经费管理办法》《潍坊学院科研奖励办法》，明确横向科研项目管理级别，对转移转化成功的科技成果，将转让收益的95%用于科研人员绩效支出和奖励资金，调动了广大科研人员从事科技成果转移转化的积极性。各学院还相继成立科技成果转移转化工作领导小组，建立了科技成果转移转化重大事项集体决策制度，科技成果转移转化体制机制进一步优化。贯彻落实学校第5次科研大会精神，2019年6月，召开了“潍坊学院2019年产学研合作促进大会”，参加会议的省市企事业单位45家，发布企业最新需求28项，校企签订“一种用于病虫害监测及自动农药喷洒的智能无人机控制系统”“消防设施监控预警及维保系统的建设及开发”等合作项目27项，签约额达1000余万元。围绕控制科学与工程、机械工程、生物学、海洋科学等优势特色学科，培育发展新的科研生长点，开展与需求相关的前瞻性高水平应用基础研究，针对行业、产业技术创新攻关研究，着力解决区域经济发展的重大和关键技术问题。目前，在供热控制与节能、材料表面处理、工业设计、机器人与智能装备、海洋生物与养殖等研究领域已建立科技创新团队，并取得一批高精尖科技成果，“一种基于光电成像的农田作物生长情况监测智能无人机控制系统”“基于植保无人机的光电驱鸟系统”“消防设施监控预警及维保系统的建设与开发”“核反应堆拆堆机器人”等一批百万元以上项目签约。

【科技创新平台建设】 学校现有科学研究和技术开发机构41个，其中，省级工程技术研究中心1个，省级工业设计中心1个，省级中外合作研究中心1个，山东省高校重点实验室2个，山东省高校协同创新中心1个，省级工程实验室1个。潍坊市重点实验室及技术研究中心13个，校级科学研究和技术开发机构21个。

山东省蔬菜种植装备智能化工程实验室 2019年4月，省发改委下发《关于公布2019年认定山东省工程实验室（工程研究中心）名单的通知》，依托学校机电与车辆工程学院建设的蔬菜种植装备智能化工程实验室获批为山东省工程实验室。该工程实验室依托学校农业工程重点学科建设，现为潍坊市智能农业装备重点实验室和潍坊市蔬菜生产装备工程技术研究中心。实验室拥有各类先进机械加工设备、高精度试验检测仪器、专业机械设计软件及先进试验设备。实验室研究团队以工程技术与农业生物、计算机信息技术、资源环境系统密切结合与交叉渗透为基础，针对各类蔬菜规模化生产技术需要，围绕土壤—作物—机器耦合作用机理、精细生产及智能控制、装备系统集成等方面的关键问题和关键技术，重点开展蔬菜种植全程智能化、机械化生产技术装备集成等方面的技术研发和应用推广，进而构建农机、农艺、农信紧密融合的机械化生产技术体系，降低蔬菜生产成本和劳动强度，推动蔬菜产业健康可持续发展。

山东省多光子纠缠与操纵高校重点实验室 由山东省教育厅批准建设，主要依托光学学科和多光子纠缠与操纵实验室建设。研究领域集中在测量设备无关量子密钥分发技术、频率转换与光量子探测、非线性集成光学、中远红外超灵敏探测与成像、大尺寸近化学计量比晶体生长、器件无关量子随机数、多光子干涉测量研究、多体量子模拟技术等多个方向。2019年，与济南量子技术研究院紧密合作，联合申报山东省量子信息科学重点实验室；与潍坊先进光电芯片研究院达成合作协议，双方在光电信息材料与器件、先进芯片制造等方面开展合作，联合培养研究生，以及所输送的电子通信、半导体制造等专业高素质人才得到合作方高度认可。实验室建设为光学工程学科高质量发展提供了支撑，光学研究团队入选首批山东省高等学校优势学科人才团队。量子信息研究团队是国内少数几个具备多光子（超）纠缠源制备、优化、操纵与应用能力的团队之一，在量子信道安全确认、纠缠信息的非定域性分发方面取得许多原创性成果。

【科技活动与学术交流】 2019年共举办学术会议6场，举办学术讲座26场。

鸢都科技论坛——智能农业装备科技创新研讨会 2019年5月15日，在潍坊学院举行。由潍坊市科学技术协会主办、潍坊学院科协、潍坊学院机电与车辆工程学院承办，来自潍坊市40余位智能农业装备企业代表和学院相关专业师生共计260余人参加论坛，论坛以“智能农业装备科技创新”为主题，旨在通过研讨交流，促进政府、高校、企业之间的多边交流与技术合作，解决在企业发展中遇到的实际问题，欧洲科学院院士、国家特聘专家兰玉彬先生在《精准农业航空发展现状与未来展望》的报告中对国内精准农业航空技术的基础研究、关键技术、关键部件与实际应用等方面取得的创新成果进行了交流。张铁中先生在《农业机械化发展与农业机器人技术研究》的报告中对蔬菜嫁接机器人及草莓高效采摘机器人，在自主创新研究中的一些前沿成果进行了交流分享。谭佃会先生在《潍坊市农机化现状与发展趋势》的报告中，从耕、播、收、植保等几个方面介绍了潍坊市农机的机械化现状及未来发展趋势。王乐刚先生在《谷物收获机智能化技术应用发展情况》的报告中，对谷物收获机械智能化关键技术的发展应用进行了经验交流。

山东物理学会2019年学术年会暨物理院长（系主任）年 2019年7月26—29日，在潍坊学院召开。由山东物理学会主办，潍坊学院物理与光电工程学院承办。来自中国科学技术大学、山东大学、哈尔滨工业大学（威海）、吉林大学、河北工业大学、山东师范大学等40余所高校和科研院所的200多名代表参加会议。报告内容涉及凝聚态物理、粒子物理、理论物理、光物理、计算物理、原子分子物理、高压物理、物理教育研究等物理学及其交叉领域。会议期间召开的山东省高校物理学院（系）院长（主任）联席会议，深入交流省内物理学科发展、学科建设、人才引进等问题。

山东省2019年外国专家讲座——信息与控制工程专题 2019年11月22日，在潍坊举行。由山东省科学技术厅主办，潍坊市科学技术局、潍坊学院承办。省内25家企业的40余名企业负责人和工程师代表、部分兄弟高校专家学者、潍坊学院部分教师，以及学生代表200余人参加会议。讲座分两个阶段，潍坊学院唐述宏教授主持第1个报告“The Further Study of Sliding Mode Observers”，潍坊学院王文成教授主持第2个报告“A Self-organized Pattern Classification Based on Deep Thinking”。

图的无圈和广义无圈染色专家项目咨询会 2019年5月16—18日，在潍坊学院召开。各位参会专家对针对图的染色问题和图的划分问题的思想和方法进行广泛讨论，并对潍坊学院数学与信息科学学院相关课题项目进行指导。

现代果树栽培与乡村振兴观摩培训会 2019年6月4—5日，在诸城市召开。由潍坊市科协、潍坊市农科院、潍坊市农业农村局、潍坊学院等联合举办。参会人员到万兴苹果乐园、蔡家沟民俗试验场、东方田园综合体、永辉生态农场、农林科技孵化器、华山农林万亩榛子园进行观摩学习。

2019第二届中国蔬菜农资交流大会 2019年11月27—29日，在寿光市举办。由《蔬菜卫士》微信媒体平台、山东省农药行业协会、生物与农业工程学院、潍坊市农业科学院4家单位联合主办。来自全国各地从事蔬菜生产、科研、技术推广、农资经销等领域700余人参会。

高性能分布式光纤传感及其应用学术报告会 2019年6月21日，在潍坊学院举行。哈尔滨工业大学董永康教授以高性能分布式光纤维传感及应用为主题，从光纤维的起源发展历程、光纤维领域的技术进步、光纤维传感在现实生活中的应用3个方面展开讲解。

“热能控制的艺术”学术报告会 2019年6月24日，在潍坊学院举行。欧洲科学院院士李保文作题目为“热能控制的艺术”的学术报告，潍坊学院物理与光电工程院师生参加报告会。

（潍坊学院　马俊玉）

聊城大学

【概述】 聊城大学是省属重点综合性大学。学校拥有硕士、学士学位授予权，具有硕士研究生推免资格，并与海内外诸多高校合作培养博士学位研究生。学校现设 25 个学院，9 个研究院所，21 个一级学科硕士学位授权点，8 个硕士专业学位授权点，98 个本科专业。学科专业涵盖哲学、经济学、法学、教育学、文学、历史学、理学、工学、农学、管理学、艺术学、医学等 12 大学科门类。学校拥有教育部国别和区域研究机构 1 个，共建有 2 个国家工程技术研究中心，山东省一流学科立项建设学科 1 个，省重点学科 10 个，省重点实验室 2 个，省工程技术研究中心 3 个，省哲学社会科学规划研究基地 3 个，省重点新型智库 1 个，省理论工程重点研究基地 1 个，省软科学研究基地 1 个，省高校重点实验室 3 个，省协同创新中心 4 个。

【科研项目与经费】 2019 年，学校新上各级科技项目 145 项，新增科技项目经费 3500 余万元。

【科技成果及选介】 2019 年，学校获得省级科技进步奖一等奖 1 项，省级自然科学奖三等奖 2 项。山东高校优秀科研成果奖 9 项。授权发明专利 36 件。PCT 专利申请 2 件。发表学术论文 1500 余篇，其中被 SCI、EI、ISTP 收录 1000 余篇。主持或参与编写国家及地方标准 12 项。

精液超低温保存技术体系和人工授精技术规范 该成果原创性发明出驴精液专用抗冻剂，明确了精液最佳保存条件，使鲜精精子经过冷冻后折损率降低至 50% 以内，实现冷冻对精子顶体损伤＜ 20%，解冻后精子活力＞ 40%，率先攻克了驴精液冷冻的世界难题，使优质公驴精液利用率提高了 1005 倍以上。依托此技术建成了世界上首家种公驴站，年产 1005 万剂细管冻精，约占我国驴人工授精市场份额的 70%，实现了驴精液的长期保存和长距离运输。在推广应用过程中创制出具有自主知识产权的驴专用的输精器具，推广应用驴细管冻精 500 万剂以上；制订了《德州驴冷冻精液生产技术规程》等地方标准 35 项，填补了国内外行业空白。

生物电化学传感器的制备及应用研究 该项目以发展高灵敏度和高选择性的生物电化学传感器为目标，采用导电性和电催化性能优异的新型纳米材料如羟基磷灰石、功能化石墨烯等作为电极修饰材料，实现了对过氧化氢、乙醇、葡萄糖和 8- 羟基脱氧鸟嘌呤核苷等生物小分子的高灵敏性检测；将核酸扩增技术、纳米模拟酶等信号放大策略引入到生物传感器的制备中，构建了 DNA 电化学传感器，实现了对特异性序列 DNA 和生物分子的高灵敏高选择性检测；以石墨烯等纳米材料作为负载电化学发光体和抗体的载体，基于纳米材料大的比表面积和优良的导电性，结合电化学发光高灵敏、低背景的优点，构建了高灵敏高选择性检测肿瘤标志物的免疫电化学发光传感器。该项目的研究为生物小分子、DNA 和重大疾病标志物的检测提供了新的分析方法，在重大疾病的预防和诊断方面具有重要潜在应用价值。2019 年，该项目荣获山东省自然科学奖三等奖。

基于自组织云演化算法的铁水运输调度理论与方法研究 该项目针对钢铁企业铁水调度问题，提炼出柔性工序选择的混合流水车间调度问题。深入调研炼钢行业中铁水调度问题，建立模型，充分结合炼钢行业特点，针对不同铁水成分加工工序柔性选择的问题特征，借鉴传统调度问题的建模方法，建立问题的数学模型；考虑铁水合理分配、不同成分铁水合理安排工序及多种调度目标，包括最大完工时间、平均流经时间、在线库存、准时交货率、低碳等。针对高性能的 HFS-F 混合群体智能算法，提出离散果蝇优化算法（DFOA）和离散迁徙鸟群优化算法（DMBO），结合 DFOA、DMBO 和其他最新群智能算法的优化机理及问题特性，设计新颖高效的优化算法。该项目 2019 年度发表 SCI 收录论文 15 篇，其中被 ESI 收录的高被引论文 5 篇，获 2019 年度江苏省科技进步奖二等奖。

纳米单晶多级孔分子筛催化剂的研究 合成了具有 8 元环、10 元环、12 元环和 20 元环的纳米单晶多级孔分子筛，集成了纳米和多级孔分子筛的优势。该方法无须昂贵的介孔模板剂，原料廉价易得，产物催化性能优异。以所制备的 SAPO-11 为例，其在长链烷烃异构化反应中表现出比传统催化剂更高的选择性和异构体收率，在润滑油基础油生产中有潜在的应用价值。2019 年该研究成果发表在化学领域国际顶级学术期刊《德国应用化学》(*Angew. Chem. Int. Ed.*）上。

基于石墨烯可饱和吸收体的多波长锁模机制研究 利用石墨烯作为可饱和吸收体，研究了石墨烯可饱和吸收体的多波长调制特性，探索多波长锁模的微观动力学行为；从实验上研究了半导体泵浦 Nd：GYSGG 锁模激光器的多波长运转特性；搭建了半导体泵浦 Nd：GYSGG 激光器多波长被动锁模实验装置，通过调控泵浦光的激光参数、耦合输出镜的镀膜参数和输出率，以及石墨烯的调制深度等，研究了石墨烯可饱和吸收体的一些参数对锁模阈值、脉冲宽度和稳定性的影响，实现了双波长 Nd：GYSGG 激光器的调 Q 和调 Q 锁模运转。

四元数矩阵计算的实保结构算法及在计算机视觉中的应用 该项目提出一种新的四元数 Householder 变换，给出了 4 种 Householder 变换的实保结构算法，将其应用于四元数 QR 分解及四元数奇异值分解，计算过程更加灵活方便高效。基于以上研究又提出一种在原始彩色图像的红、绿、蓝分量矩阵构成的长方阵的实奇异值分解基础上的彩色图像压缩方法。数值实验表明在选择相同数量奇异值的情况下，该压缩方法的压缩比更高，运算时间更短，PSNR 值略小。2019 年，该项目获山东省高等学校科学技术奖一等奖。

时滞马尔科夫跳变系统分析与控制 该项目针对不同的 Markovian 跳变系统、Markovian 跳变神经网络给出了一系列新的 Lyapunov 函数的构造方法，同时借助最新的积分不等式技术，得到了具有更小保守性的渐近稳定性、指数稳定性及耗散性判据，为各类相关时滞系统的稳定性分析与控制提供了理论依据。针对时变时滞奇异 Markovian 跳变系统设计了反卷积滤波器来估计系统的未知输入；在统一框架下研究了时变时滞奇异 Markovian 跳变系统的扩展耗散滤波器；将渐近凸组合法从确定延迟系统推广到了随机延迟系统，得到了改进的时滞相关稳定性判据和耗散性判据。将多层感知器和径向基函数神经网络中的自适应自然梯度算法应用于 Mackey−Glass 混沌时间序列预测，有效地减小了奇异性现象带来的不利影响，大大提高了预测准确性，为 Markovian 跳变系统、Markovian 跳变神经网络等各类系统的分析与控制提供了算法支持。2019 年，该项目获山东省高等学校科学技术奖一等奖。

单模偏振稳定垂直腔面发射激光器的研发及应用 该项目提出一种新型的单模偏振稳定垂直腔面发射激光器（VCSEL），通过调节 VCSEL 的氧化孔径的尺寸实现了单横模的 VCSEL 激射；根据严格耦合波理论设计了周期性的亚波长光栅，TM 光高透射、TE 光高反射的偏振特性，通过 VCSEL 与亚波长光栅集成，实现了 VCSEL 的偏振稳定特性。基于以上研究又提出一种可应用于紧凑型原子陀螺仪铯原子钟的 894nm VCSEL，具有光束质量好、阈值电流低、单纵模工作、耦合效率高、发散角小、体积小、易于集成等优点，其激射波长与碱金属原子的共振吸收能级一致，是原子陀螺仪专用激光光源。2019 年，该项目实现专利成果转化 1 项，转让金额 100 万元。

分离纯化中药成分的多维超临界流体色谱装置研发 该项目研制了一种全新的多功能色谱切换阀，研制的多功能色谱切换阀可用于多种色谱分离新技术，使得色谱柱选择切换、在线富集、二维分离、模拟移动床等色谱分离新技术更易于实现。设计研制了基于多功能色谱切换阀的全二维色谱仪和多通道全二维色谱仪，实现了超临界流体色谱的分离模式创新和色谱全二维分离；以丹参酮、前胡香豆素等中药单体成分的纯化为研究对象，建立了丹参酮单体成分、前胡香豆素等单体成分的多维超临界流体色谱纯化新工艺。2019 年，该项目通过省科技厅验收。

大型建筑室内环境 LoRa/GPRS 融合通信监控系统及应用 该项目以 STM32 单片机为控制核心，结合现代传感器技术，实现了对室内环境温湿度、光照强度、可燃气体浓度的数据采集；搭建了 LoRa 无线传感网络和 GPRS 远距离通信网络；有效通信距离达到上千米，有效减少了采集节点的布置量，采集节点具备环境参数采集和电器设备控制；采用双模式显示方式，包含计算机上位机显示和手机 APP 显示。该系统利用 Android Studio 开发软件开发了手机客户端 APP 软件，利用 TCP/IP 协议与服务器通信，实现了监测参数的实时显示，用户还可以使用手机 APP 对建筑物内的电器设备进行控制。2019 年，该项目通过山东省教育厅专家鉴定。

新型智能压电材料与传感器件的高性能化研究 该项目以环境友好型钛酸钡、钛酸铋钠、铌酸钾钠基无铅压电材料为基体，通过调控准同型相界获得了极高压电性能（压电常数 =300 ～ 600pC/N，电致应变 =0.4% ～ 0.5%），在此基础上，通过多种稀土离子掺杂使得高性能压电材料同时具有光致发光的特性，实现了压电和发光功能在同一基体上的集成，协同提高了压电活性并耦合发光效应，阐明了相界处各级结构演化深层次机理及其对力—电—光耦合特性的影响机制。敏感材料可以感应电、光、力、热等微小变化，利用功能材料的共通物理原理，突破了以往由于思路单一而遇到的研究瓶颈，缩短了功能材料与传感器件的设计和研发周期，提高其性能和质量。

碳纤维复合材料汽车引擎盖轻量化 该项目与企业合作为北汽越野车公司设计一款碳纤维复合材料轻量化汽车引擎盖，项目采用航空体系惯用的“积木式验证”方法，在设计碳纤维复合材料汽车引擎盖的同时，进行单层板、层合板、试验件、组件等一系列层级的结构验证和强度校核，对各个实验环节工艺参数进行追溯，保证了测试结果的可追溯性，保证了结构产品的稳定性和力学性能均一度。该项目采用大克重多轴向织物预制体方案，提高了产品铺贴效率，系统化地解决了汽车轻量化部件开发中大批量设计、生产制造中的性能问题和质量稳定性问题。

【重点学科建设】 2019 年，学校建设 4 个博士学位授权培育学科、21 个硕士学位一级学科。工程学新晋 ESI 全球排名前 1% 学科，成为继化学之后，又一个进入 ESI 全球前 1% 行列的学科。

【科技创新平台建设】 2019 年，学校整合 40 余个科研平台，组建 7 大学科集群，对接服务国家战略和区域经济社会发展急需。积极推进城校融合“十大工程”和校地发展共同体建设。“籽棉异性纤维精选机关键技术”项目中试产业化成功，填补国内空白。参与乡村振兴和精准扶贫，获批“教育服务新旧动能转换对接产业”项目 1 项。服务海洋强省战略，海洋自由生活线虫多样性分类学研究成果丰硕。聊城大学—聊城发展研究院被山东省新旧动能转换重大工程实施规划列为山东省创新领域重点建设平台。获批“山东省黑毛驴高效繁育与健康养殖工程技术研究中心”“山东省高等学校驴产业科技协同创新中心”2 个省级研发平台。成立鲁太农作物新品种培育推广中心、鲁西生物医学影像研究中心等 10 余家科研机构，催生培育新的学科生长点。

【科技人才培养与队伍建设】 2019 年，学校搭建教师多元发展平台，引进和培育“泰山学者”、国务院政府特殊津贴获得者、山东省智库高端人才、山东省有突出贡献的中青年专家、外专双百计划特聘教授等高层次人才 19 人。推进教师队伍博士化建设计划，引进优秀博士近 70 人。实施“‘光岳’系列人才支持计划”，首批 227 人入选。6 个团队入选“青创人才引育计划”，4 人获聘首批山东智库联盟决策咨询委员会委员。

【学术交流】 2019 年，邀请中科院院士、长江学者等 38 名专家学者做客聊大讲坛；举办“泰山学术论坛——新型发光材料与器件”等 9 次学术会议。积极推进与波兰、罗马尼亚等“一带一路”沿线国家高校的交流与合作，与马来西亚思特雅大学等 14 所高校新建校际关系，签署合作协议 22 份。实施中外合作办学项目 8 项、国际合作研究项目 4 项。与爱尔兰都柏林理工大学等 5 所海外高校联合培养博士。在校生中有 3 个月以上国（境）外学习、实习人数，同比增长 84.52%。实施国际学术交流计划，23 人受聘海内外博士研究生导师。

（聊城大学　罗青龙）

临沂大学

【概述】 临沂大学是省属综合性大学，主管部门是山东省教育厅。学校占地 6000 余亩，校舍面积 108 万平方米，固定资产总值 25.97 亿元，建有图书馆、实验中心、艺术中心、体育中心等设施一流、规模居全国高校前列的教学设施。设有 27 个学院和费县校区、沂水校区 2 个分校区，开设 95 个本科专业，涵盖 11 大学科门类，设有 1 个硕士授权一级学科（化学）、2 个硕士专业学位授权类别（教育、电子信息）；面向全国招生，全日制在校生（含本专科生和研究生）44000 余人；教职工 2700 余人，其中，“国家百千万人才工程”人选、国家杰青、泰山学者等高层次人才 28 人，博士生导师 19 人、硕士生导师 172 人，国家优秀教师 2 人，山东省教学名师 8 人。教学科研仪器设备总值 5 亿元，馆藏纸质图书 474 万余册，中外文期刊 2000 余种，电子图书和电子期刊 158 万册，为省首批教育信息化试点单位，荣获国家级“绿化示范单位”称号，被中国教育后勤协会授予“校园节水·安全供水·智慧管理”样板示范校。

【科研项目与经费】 2019 年，临沂大学获批省部级及以上科研项目 80 项，委托类科研项目 73 项，科研经费总量为 6900 万元（纵向经费 5500 万元，委托类项目经费 1400 万元），科技类项目经费总量为 2018 年的 1.72 倍。张兴林教授的山东自然基金重大基础研究项目获批经费 200 万元，武传坤教授的省重点研究计划重大专项获批经费 500 万元。

【科技成果】 2019 年，临沂大学获得各级各类科技奖励 30 项；发表 SCI、EI 收录的高水平科技论文 360 篇。2019 年授权专利 247 件，其中发明专利 38 件，实用新型 207 件，外观设计 2 件。

【科技成果转化】 2019 年，达成校企校地合作项目 94 项，成立学科性公司 3 家，以技术培训、成果转让、作价投资等方式进行成果转化 4 项，被市厅级以上部门采纳的咨询报告 5 篇。

【一流学科建设】 2019 年，强化一流学科建设，出台了《临沂大学特色学科团队建设规划与实施方案》，以服务山东省八大发展战略和临沂市主导产业为重点，确定了沂蒙文化、肿瘤诊疗、智慧物流、教师教育、资源环境与现代农业、新能源新材料、古生物学共七大重点发展的学科领域，在七大领域集中打造一批研究型与社会服务型特色学科团队，加快推进“七个一”特色优势学科建设。

【科技创新平台建设】 2019 年，临沂大学获批山东省高等学校协同创新中心 1 个、临沂市重点实验室 2 个、临沂市工程技术研究中心 6 个、临沂市发改委工程实验室 6 个。

【学科建设】 2019 年，自主招收的首届 45 名研究生全部入校报到，标志着学校办学层次实现历史性跨越。学校多次召开学科建设推进会，以学科为引领，协助学院做好学科建设规划与优化，在“面”上形成“一学院一学科一专业”的学科专业一体化布局。获批 2019 年山东省高等学校“青创人才引育计划团队”5 个、“青创科技计划创新团队”9 个。提前启动学位授权点增列申报准备工作，力争实现新增硕士点 5 个以上，促进学校内涵提升和高水平应用型大学建设。

【大学科技园建设】 2019 年，在校学生孵化项目 12 项，开展公益讲座、投资路演、创业论坛等创新创业活动 12 场次。现有 12 家教师、校友创办的学科性公司入驻科技园。

【科技人才培养及队伍建设】 继续实施“百名博士教授引进计划”，面向社会召开高层次人才招聘新闻发布会，召开人才工作推进会，全年引进人才 139 人，其中，教授 2 人，副教授 2 人，青年博士 103 人，初级岗工作人员 32 人。强化现有人才培养培育，出台了《攻读博士学位实施办法》和《中青年骨干教师访学研修支持计划》，2019 年，新增读博人员 52 人。积极组织申报“泰山学者”系列工程，2 人获批泰山学者特聘专家。

【科技合作与交流】 临沂大学坚持开放式办学理念，积极拓展与国（境）外高校的合作与交流，与其他国家和地区的 74 余所高校建立友好合作关系，开展学生互换、学分互认和联合培养本科生、研究生。2019 年度出访马来西亚思特雅大学、拉曼大学和菲律宾德拉萨大学、圣保罗大学等 12 所高校；与俄罗斯、法国、意大利、菲律宾、马来西亚、美国等国家的 10 所高校签署合作协议，接待国外友好学校 16 个来访团组；外派教师和管理干部国（境）外培训 79 人次；学生出国留学访学 488 人次；引进国外课程 40 余门；中外合作办学专业 5 个，其中，本科专业 2 个、专科专业 3 个，在校生 987 人。

（临沂大学　张鑫鑫）

滨州学院

【概述】 学校校园占地面积 1697.21 亩，校舍建筑面积 56.7 万平方米，固定资产总值 15.47 亿元。设有 21 个实验教学中心，其中 2 个为省级实验教学示范中心；教学科研仪器设备总值 2.35 亿元，图书馆纸质图书 187 万册、电子图书 124.63 万册。设有 19 个二级学院，61 个本科专业、29 个专科专业，面向全国 30 个省（市、自治区）招生，全日制本专科在校生 18297 人。学校现有专任教师 1080 人，拥有享受国务院政府特殊津贴专家 2 人、泰山学者青年专家 1 人、山东省有突出贡献的中青年专家 2 人、山东省教学名师 5 人、山东省优秀教师 5 人、山东省教学团队 5 个，“黄河英才”特聘教授 4 人，博士生、硕士生导师 80 人。聘请 7 名院士担任学校名誉院长、顾问或客座教授，聘任兼职教授和具有丰富实践经验的兼职教师 157 人。

【科研项目与经费】 2019 年，学校获得各类外来科技项目 71 项。其中，国家级科技项目 8 项，省部级科技项目 45 项；横向课题 109 项。科技项目经费达 2000 余万元。

【科技成果】 2019 年，发表高水平学术论文 116 篇，其中，SCI 收录论文 81 篇，SSCI 收录论文 3 篇，EI 收录论文 10 篇，CSCD 收录论文 22 篇；出版著作 21 部；授权专利 153 件，其中发明专利 22 件。荣获省部级成果奖 3 项。

【科技成果转化】 2019 年，与滨州市科学技术局对接，积极征集企业技术难题与需求；与滨州高新区召开了公司校企合作对接洽谈会，与多个院系签订了专项合作协议；创新开展了“滨州学院博士企业行”活动，50余名博士踊跃报名，先后到山东民强生物科技有限公司、高新区滨航科技有限公司、愉悦家纺等企业对接洽谈，谋求合作，深受企业的欢迎与认可；与东营市进行具体对接，征集并发布部门、企业技术难题与需求200余项，形成了《黄河三角洲区域、航空业合作需求信息统计表》，召开了合作需求项目对接部署会，促成了228项合作协议与项目。2019年实现转移转化科研成果30项，合同金额达1000余万元。

【重点学科与科技创新平台建设】 学校重视科学研究，实施“一流学科建设计划”“1355科技创新工程”，不断强化优势特色，提高科技创新能力。建有省级重点学科7个，山东省黄河三角洲生态环境重点实验室、山东省通用航空运行与制造工程实验室、山东省通用航空运行与制造协同创新中心、山东省海洋经济数据处理与应用工程技术协同创新中心等省级创新平台13个，省高校创新平台5个。

【学术交流】 2019年，承办全国类学术会议7场，其中，山东省科协泰山科技论坛A类项目1场，B类项目2场，滨州市科协渤海科技论坛2场，获得资助经费4.3万元。校内开展“黄河三角洲大讲堂”“航空大讲堂”学术报告活动，邀请校内外专家做报告168场。

（滨州学院　卞　丽）

济宁学院

【概述】 济宁学院是2007年3月经教育部批准设立的一所省属全日制普通本科高等学校，学校设有20个教学单位，48个本科专业、23个专科专业，建有山东省高校重点实验室1个，省高校人文社科研究基地1个，省高校青年创新团队发展计划2项，省级工程技术研究中心1个，省科普教育基地3个。学校科研工作坚持“敢担当、善作为”的年度工作总基调，以深化综合改革为动力，以全面从严治党为保证，紧紧围绕学校各项任务，坚守职责、明确目标、努力实施、求真务实。

【科研项目与经费】 2019年，获批国家自然科学基金项目3项（面上项目1项，青年基金项目2项）、山东省自然科学基金项目10项、山东省重点研发计划项目4项、山东省重点研发项目子课题1项、济宁市重点研发计划项目3项、横向课题23项，到账经费736万元。其中，宋军教授申报的项目“强子化唯象”首次获得山东省自然科学优秀青年基金项目，是学校青年教师首次获得山东省自然科学基金人才类项目资助。

【学科平台建设】 获批“山东省高等学校青年创新团队发展计划”项目2项，其中，“光电功能材料研究创新团队”获批“青创人才引育计划”立项建设、“理论物理创新团队”获批“青创科技计划”立项建设。确定了3个重点发展学科，根据山东省教育厅高教处《关于报送学校重点发展学科名单的通知》，要求根据社会需求，结合自身发展定位和办学特色，确定不超过3个重点发展学科，在征求意见基础上，结合学校学科发展情况，确定化学、物理学、中国语言文学三个学科作为重点发展学科。重点支持建设山东省高等学校优势学科人才团队、山东省高等学校重点实验室“理论物理计算实验室”和山东省高等学校人文社会科学研究平台“曲阜优秀传统文化传承发展研究中心”、济宁市重点实验室“济宁市生物质资源开发与高值化利用重点实验室”建设。继续实施《济宁学院学科平台建设计划》，继续支持智能制造研究院、安全工程技术中心、基础学科建设与理论研究中心、资源开发与高值化利用工程中心四大学科平台建设。重点打造“科研型示范团队”和“技术应用型示范团队”两个科技示范团队建设。

【科研成果及转化】 发表论文225篇，核心期刊论文132篇，其中，SCI、SSCI、EI收录期刊论文99篇，CSSCI收录期刊论文13篇，全国中文核心期刊论文29篇，出版著作12部。2019年1月，软科公布了中国最好大学科研质量排名，济宁学院位列96名，比2018年提升了107个名次，在山东省上榜的前10名高校中，学校位列第7名。共授权专利101件，其中授权PCT国际专利1件、授权中国发明专利17件、实用新型专利80件、外观设计专利3件，取得软件著作权14件。司崇殿博士发明的“节能环保一体化多级微波流化床干燥系统及废气处理方法”（PCT/ZL.2017/093144，第10-2009777号）获得韩国专利授权证书，这是学校首个通过国际PCT途径在韩国获得的专利。完成专利成果转让3件，转让金额8.6万元。

【科技人才培养与队伍建设】 学校现有教职工1200人，其中，具有博士、硕士学位专任教师627人，享受国务院特殊津贴者 5 人，山东省有突出贡献的中青年专家 3 人，山东省教学名师 5 人。发挥山东省研究生联合培养基地的作用，与山东体育学院签订研究生联合培养协议。2019 年，新增兼职硕士生导师 21 人，其中山东师范大学 8 人、山东体育学院 3 人、曲阜师范大学 10 人，截至 2019 年底，学校兼职研究生导师达 58 人。

【科技合作与交流】 学校与济宁高新区管委会共建“济宁靶向抗肿瘤药物研究院”，该研究院利用高新区医药健康平台和生物医药产业集群优势，重点围绕济宁市生物医药产业，在靶向抗肿瘤创新药物研发、大品种药物产业化关键技术改造、新型靶向制剂、特医食品等技术领域，进行科学研究、科技成果转化、科技企业孵化及人才培养，为济宁医药经济发展提供产业支撑和人才智力支持。依托济宁市产业技术研究院，助力新旧动能转换，健全产学研用协同创新机制，共建创新型的产学研合作基地及校企融合的产业发展模式，积极推动形成“平台共建、项目共研、资源共享、成果共创、人才共培”的共同体，推进科研成果转化，实现校企资源的结合和配置优化。学校与济宁市产业技术研究院、山东省鲁南工程技术研究院、高新区科技与创新局共建学科平台；与枣矿集团田陈煤矿、金乡县政府、山东宝龙达实业集团有限公司、济宁市圣奥精细化工有限公司和兖州煤业股份有限公司等签订技术开发合同；与山东韵升科技股份有限公司、山东泛谱检测科技有限公司、山东创信检验检测有限公司、山东修瑞德质量检测技术有限公司、焦点生物科技有限公司、山东艾孚特科技有限公司等企业签署了产学研合作协议；与山东韵升科技股份有限公司成立了济宁学院科技成果转移转化服务平台。邀请国内外专家学者来校讲学，营造良好的学术氛围，鼓励教师积极开展科学研究和学术交流，为广大教师提供选择研究方向和开展研究的机会。采用“请进来，走出去”的方式，邀请知名学者来校讲学 30 余人次，举办各类学术报告 206 场次。参加国内外学术会议 120 余人次，组织社科普及周和科技普及周活动。

（济宁学院　胡彦营）

泰山学院

【概述】 泰山学院于 1958 年 9 月开始举办高等教育，学校背靠雄伟壮丽的泰山，现有南、北两个校区，占地面积 1445 亩，建有党和国家领导人设在高校的第一座图书馆——万里图书馆。现有 15 个二级学院，66 个本科专业，全日制普通在校生 2 万多人。学校有教职工 1341 人，其中，专任教师 969 人，博士研究生 246 人，教授、副教授 405 人，新世纪百千万人才工程国家级人选、政府特殊津贴专家、泰山学者、教育部教学指导委员会委员等省级以上各类专业技术拔尖人才 33 人，省级优秀教学团队 5 个，省高校黄大年式教师团队 1 个。由国内外重点大学和科研机构聘任院士、长江学者、国家教学名师、博士生导师为兼职教授 300 余人。学校是山东省 19 所省级教师教育基地之一，也是省首批具有公费师范生招生资格的 9 所高校之一，2017 年，获批硕士学位授予立项建设单位，2019 年，完成教育部本科教学审核评估专家组进校考察各项工作。现拥有省级重点学科、重点实验室、人文社科基地、协同创新中心等省级科研创新平台 10 个。

【制度建设】 学校先后出台了《泰山学院硕士学位授予立项单位建设实施方案》《泰山学院关于教师教育类专业改革发展的意见》《泰山学院联合培养研究生管理办法（试行）》《泰山学院优秀科研创新团队专项建设经费管理暂行办法》《泰山学院优秀科研成果奖评审办法（试行）》及《泰山学院专利管理办法（试行）》，健全了科研管理制度体系，促进和规范了学校的科研管理工作，完善了科研激励机制。

【学科建设与研究生培养】 2019 年，为优化学科结构与布局、拓宽硕士学位授权点建设范围、提升学校办学层次，全面达到国家新增硕士学位授予单位基本条件，结合学校实际，制定了《泰山学院硕士学位授予立项单位建设实施方案》；为确保联合培养研究生工作的顺利开展，切实提高联合培养研究生的教育质量，修订出台了《泰山学院联合培养研究生管理办法》；积极拓展与其他高校联合培养研究生渠道，顺利完成在校联合培养研究生的日常管理工作。“云计算与智能应用协同创新中心”获批山东省高等学校对接产业类协同创新中心。

【科研项目与成果】 2019 年，学校共组织申报科研项目 44 类 800 余项，获批立项 24 类 222 项，获纵向科研经费 900 余万元。其中，国家级项目 4 项，省部级项目35项。横向科研项目到账经费3000余万元，校外科研经费到账超4000万元。组织申报科研成果67项，有38项成果获奖，其中，获山东省社会科学优秀成果奖3项，山东省高等学校优秀科研成果奖5项。完成各级各类项目结题、验收18类203项。2019年度共取得科研成果806项，其中著作、译著、教材67部，专利授权26件，发表论文713篇。SSCI收录论文16篇，CSSCI收录论文16篇，SCI收录论文76篇，EI、ISTP会议论文检索系统收入论文35篇。

【科技合作与服务】 学校以服务地方经济社会发展为使命，以培养高素质应用型人才为目标，主动对接区域经济社会发展需求，参与省市新旧动能转换重大工程，分别制定了《泰山学院服务山东省新旧动能转换重大工程实施方案》《泰山学院服务泰安行动计划》，鼓励各学院充分利用技术、专业及人才优势，主动融入社会经济发展的广阔市场，为地方经济社会发展提供科技、文化和人才支撑，大力推进应用型研究和产学研合作，积极引导基础研究与应用基础研究的成果向应用研究延伸。2019年，开展技术开发、技术转让、技术咨询和技术服务等实际到账经费3083余万元，该年度学校先后承担了横向项目300余项。学校充分发挥专业教师技术优势，深入开展科技服务，不断加大与地方产业结合力度，逐步实现了人才培养、区域经济社会的“服务·合作·互动·共赢”。

【学术交流】 学校为构建高层次学术交流平台，营造出浓厚的学术交流、勇于创新的科研氛围，多措并举鼓励老师们走出去，知名专家请进来，通过各种渠道与二级学院加强交流，严格按照管理办法要求，进行审批、发布、备案等工作。2019年，学校主办或承办了“纪念五四运动一百周年国际学术研讨会”“教育部社会科学委员会历史学学部2019年工作会议暨七十年来的中国历史学研讨会”“泰山精神与中国传统文化：第三届民间信仰研究高端论坛”“第三届嬴秦文化暨中华嬴秦文化园规划研讨会”“全国媒体智能计算与信息安全学术研讨会”“第二届优化控制理论与网络控制应用研讨会”等12场精彩的学术会议。邀请专家来校作学术讲座89场次。

（泰山学院　王绪东）

青岛农业大学

【概述】 2019年，青岛农业大学以强农兴农为己任，在高水平大学建设征程中又迈出了坚实一步。举办庆祝中华人民共和国成立70周年系列活动，厚植师生爱国主义情怀，召开全校宣传工作会议，凝聚提升广大党员干部师生干事创业的精气神。牢牢把握意识形态工作领导权、话语权、主导权，开展意识形态工作首轮校内巡察，全面构建了“三三六”工作体系。植物学与动物学（含草学）增列山东省一流学科，植物学与动物学、农业科学学科持续保持在ESI全球前1%。学校入列USNews2020世界大学排行榜，4个学科上榜软科2019“世界一流学科排名”，7个学科入选软科2019“中国最好学科排名”，学校位列最新自然指数排名中国内地高校第110位。召开了全校本科教育教学工作会议，坚持“以本为本”，推进“四个回归”。对接“十强”产业深化专业结构调整，成立草业学院，举办国内首个马业科学专业。建立第二课堂成绩单制度，5件作品获挑战杯国赛奖，夺取“优胜杯”。毕业生就业率继续保持在93%以上。获山东省“一事一议”顶尖人才项目资助引进1人，获批“青创人才引育计划”立项建设团队7个。新增双聘院士、中科院百人计划、国家“优秀青年”基金获得者等5人，入选泰山学者特聘专家、青年专家8人，国家、省外专引智项目5个。新增科研活动经费4.7亿元，获批科研项目560项，人文社会科学研究立项达到历史新高，山东省软科学立项数居全省第3位。获省部级以上奖励21项，获奖总数和一等奖数量为历年最高。三大检索收录论文927篇，出版专著33部。获批省部级科技创新平台5个、厅局级科技创新平台5个。科技特派员工作、教育扶贫工作受到国家、省通报表彰，社会服务实现山东省科技帮扶全覆盖。服务国家重大战略需求，成立青岛食品与营养创新研究院。与澳大利亚莫道克大学合作共建中澳农业与环境联合研究院，举办首届学术论坛，选派30余位师生赴澳交流研学。强化与“一带一路”沿线国家高校交流合作，与多个院校联合培养博士生。构建涵盖6个国家24所友好学校的硕士留学项目群，师生公派出国留学资助取得新突破。持续推进社会主义核心价值观“六个融入”，积极创建省级文明校园。开展“学院文化建设年”，打造“一院一品”文化品牌。千名志愿者服务多场大型国内外赛事赛会，获首届山东省青年志愿服务公益创业赛金奖。举行“我和我的祖国”大型文艺晚会，庆祝新中国成立70周年。制作《农大二十四节气》系列微视频，讲好农大故事，多个农大人物、农大案例走上“学习强国”平台。学校连续3年获“山东最佳社会声誉高校”，校团委荣获“全国五四红旗团委”。

【科研项目与经费】 2019年，科研活动经费4.7亿元，比2018年增加59%。新增科研项目560项，立项经费1.79亿元。山东省农业科技园区产业提升工程项目立项和资助经费居全省第1位，资助经费占全省的30.53%。人文社会科学科研立项179项，立项数和经费数达到历史新高，山东省软科学立项数居全省第3位。国家级项目48项，经费2427万元。其中，国家自然科学基金39项，经费1668万元；国家社科基金1项，经费20万元；国防科技创新特区项目1项，经费200万元；国家重点研发计划项目子课题4项，经费516.96万元。省部级项目186项，经费9499.5万元。其中，农业农村部政府购买服务6项，经费210万元；山东省自然科学基金25项，经费345万元；山东省重大科技创新工程项目1项，经费500万元；山东省农业良种工程项目1项，经费600万元；山东省农业科技资金项目（林业科技创新）计划1项，经费220万元；山东省农业科技园区产业提升工程项目计划8项，经费1450万元；山东省重点研发计划（医用食品专项计划）项目1项，经费50万元；山东省重点研发计划项目（公益类）33项，经费570万元；山东省农业重大应用技术创新项目8项，经费1200万元；山东省重点研发计划（鲁渝科技协作）项目4项，经费90万元。厅局级项目136项，经费2571.3万元。其中，山东省高等学校“青创科技计划”团队项目9项，经费161万元；青岛市创新领军人才1项，经费100万元；青岛市科技计划项目18项，经费640万元。横向课题190项，经费3445.1万元。

【科研成果及选介】 2019年，学校获得各级各类科研成果奖励54项。其中，国家科技进步奖二等奖1项、山东省科技进步奖一等奖3项、山东省自然科学奖二等奖1项、山东省科技进步奖二等奖3项、山东省技术发明奖三等奖1项、山东省科技进步奖三等奖3项、高等学校科学研究优秀成果奖（科学技术）科学技术进步奖二等奖2项、神农中华农业科技奖一等奖4项、神农中华农业科技奖三等奖3项、青岛市技术发明奖一等奖1项、青岛市科技进步奖二等奖3项、山东省高等学校科学技术奖一等奖2项、青岛市第33次社会科学成果奖一等奖1项等。学校申请专利534件，其中，发明专利406件，实用新型专利126件。授权发明专利131件，列全省高等院校第12位。获得国家软件著作权112项，获得国家三类新兽药证书1个，国家植物新品种权7个，审定国家水产新品种1个，登记国家非主要农作物品种6个。有10余项技术和品种被山东省农业农村厅和青岛市农委确定为主推技术和主导品种。学校在国内外公开学术期刊发表学术论文2193篇，被SCI、EI和CPCI-S收录927篇，出版著作和教材33部。

花生抗逆高产关键技术创新与应用 2019年，获得国家科技进步奖二等奖。该项目历经18年攻关研究，在抗逆栽培理论及关键技术方面取得重大突破。授权专利42件（其中发明专利26件、国际专利7件），软件著作权32项，论文161篇，著作3部，电教片1部，行业／地方标准11项，肥料正式登记证3项。关键技术拥有自主知识产权并实现产业化和标准化。项目技术多年遴选为农业农村部和山东省主推技术，被科技部列为大田经济作物高效生产新技术。累计推广1.3亿亩，增产351.6万吨，新增利润167.8亿元。

主要根茎类作物机械化生产技术与装备 2019年，获得山东省科技进步奖一等奖。该项目属于农业机械化领域，历时近12年的协同攻关与系统研究，实现了播种与收获环节的机械化关键技术突破、装备创制及大面积的推广应用，项目授权发明专利14件、实用新型专利38件、软件著作权5项，发表论文53篇，制定国家行业标准1项，企业标准13项；研发的23种装备均已通过国家或省级鉴定部门检测，13种列入国家和省支持推广的农业机械产品目录，成为全国推广应用的主导机型。近3年累计销售67551台，新增销售额11.68亿元，新增利润1.75亿元，新增税收1.51亿元。农民新增收入54亿多元，作业应用节支总额165亿元，累计培养农技人员2.37万余人，培养硕士／博士研究生67人，为实现根茎类作物机械化水平的提高和农民增收做出了重要贡献。

废弃混凝土全再生利用关键技术及其应用 2019年，获得山东省科技进步奖一等奖。该项目解决了再生混凝土材料、结构和施工中的关键科学与技术问题，保障了废弃混凝土资源化与高附加值制品安全利用，为实现山东省建筑垃圾资源化战略目标及建筑业可持续发展提供了重要的科技支撑，肖绪文院士担任主任的鉴定委员会对项目给予高度评价，认为项目总体达到国际领先水平。项目获授权国家发明专利28件、实用新型专利44件、软件著作权10项，获批施工工法3项，主编、编制标准9部，出版学术专著5本，发表学术论文150篇（SCI收录29篇、EI收录49篇）。项目创新技术不仅在济南、青岛、临沂、滨州等地实现了规模化应用，也推广到广西和安徽等地，项目整体技术已于2017年3月前成熟应用，引领和示范作用明显，推动了“无废城市”政策的出台。近3年，完成单位与其他应用单位新增销售额8.32942亿元、新增利润5541.52万元，新增税收3082.46万元，社会和生态效益显著。

虾蟹多营养层次绿色养殖关键技术与示范 2019

年，获得山东省科技进步奖一等奖。该项目在十余项国家级课题支持下，经过十余年的自主创新和联合攻关，研发了虾蟹多营养层次绿色养殖系列关键技术，已在我国虾蟹主要养殖区进行示范推广。该成果获授权国家发明专利23件、实用新型专利9件、软件著作权4件；出版专著3部，发表论文331篇（SCI收录105篇）；培育国家审定水产新品种1个；制定国家标准3项、行业标准3项、地方标准5项。中国对虾“黄海3号”水产新品种、海水池塘多营养层次生态健康养殖技术、对虾工厂化循环水养殖技术等2016年被农业农村部遴选为主导品种和主推技术。第三方评价整体技术达国际领先水平。项目已在我国山东、江苏、浙江、河北、辽宁、天津和广东等虾蟹主养区进行了产业化推广应用。2016年以来累计示范推广池塘养殖面积32.1万亩，实现新增销售额19.7亿元，新增利润6.9亿元；工厂化养殖面积33.1万平方米，实现新增销售额9333.8万元，新增利润4258.5万元，经济、社会和生态效益显著。

基于核酸信号放大的疾病标志物均相传感新方法研究 2019年，获得山东省自然科学奖二等奖。该项目面向重大疾病的临床早期诊断需求，围绕具有重要疾病标志意义的生物活性分子，构筑基于核酸信号放大的均相生物传感平台，提出了扩散介导均相电化学生物传感、亲和介导均相电化学生物传感、等温核酸信号放大均相生物传感新策略，建立microRNA、癌胚抗原、端粒酶、DNA甲基转移酶、核苷酸激酶等疾病标志物的简单、快速、高灵敏、高选择性均相识别及传感新方法，丰富和发展了均相生物传感研究领域，扩大了均相生物传感的应用范围，具有重要的科学研究意义和潜在的应用价值。项目进行期间，完成国家自然科学基金5项、山东省自然科学基金3项；获山东高等学校优秀科研成果奖自然科学类一等奖2项(2012年、2014年)。项目第一完成人李峰教授获评山东省泰山学者特聘专家、山东省有突出贡献的中青年专家，获山东省自然科学学术创新奖1项。培养硕士研究生12名，获山东省优秀硕士学位论文2篇。相关研究成果在*Anal.Chem.*、*Biosens. Bioelectron.*、*Chem.Commun.*等学术期刊上发表SCI收录论文共计79篇，其中ESI高被引论文1篇。8篇代表性论文均属JCR期刊分区Q1区，被*Chem.Rev.*、*Chem. Soc.Rev.*、*ACSNano*、*TrAC*、*Anal. Chem.*、*Biosens.Bioelectron.*等学术期刊SCI总被引541次，SCI他引479次，其中单篇最高SCI他引137次。

重大蔬菜害虫烟粉虱绿色防控关键技术研发与应用 2019年，获得山东省科技进步奖二等奖。历经16年在国家973计划、科技支撑计划等项目支持下，深入开展了烟粉虱灾变机制、关键防控技术及技术集成应用研究。授权专利19件（发明专利13件），制定地方技术规程17项、行业标准1项，登记计算机软件著作权2项；发表论文228篇，含SCI收录111篇（单篇影响因子 >12的论文2篇，共被引用1623次）；出版著作10部（主编6部），培养研究生77名；发放技术手册10万余份，培训3万余人次。

梨矮化砧木和优质新品种培育及应用 2019年，获得山东省科技进步奖二等奖。针对山东省梨品种结构不够合理、矮化砧木缺乏影响梨产业优质高效发展等问题，在国家现代梨产业技术体系、山东省良种工程等项目的支持下，历时20余年，围绕梨矮化资源挖掘、高效育种技术、矮化砧木和优良新品种选育等方面开展系统研究，取得了多项原创性成果，创建了梨中间砧矮化、宽行密植栽培技术；集成棚架式高品质生产技术，确立了树体单位空间、单位枝长、单位结果面积的结果量化标准；研发出半自动手压式授粉枪，提高授粉效率8～10倍；制定了《梨优质丰产栽培技术规程》等技术规程。获植物新品种权1个，通过山东省作物品种审定或林木良种审定品种5个；授权国家发明专利3件，其他知识产权7件；制定地方标准6项，发表论文72篇。累计培训技术人员及果农1.5万余人次。成果在山东、河北、山西、辽宁、安徽、河南、甘肃等地示范推广106.7万亩，新增经济效益36.65亿元，经济社会效益显著。

蔬菜叶部重要害虫精准防控技术研发与应用 2019年，获得高等学校科学研究优秀成果奖（科学技术）科学技术进步奖二等奖。针对叶部重要害虫灾变规律不明、缺乏绿色防控技术及集成应用，项目组历经16年在国家973计划、科技支撑计划等项目支持下，深入开展了蔬菜叶部重要害虫灾变机制、关键防控技术及技术集成创新应用研究。授权发明专利20件，制定地方技术规程8项、行业标准1项，发表论文152篇，含SCI收录68篇（共被引用998次）；出版著作10部，培养研究生53名；发放技术手册10万余份，培训3万余人次。

苹果育种技术创建与优质特色新品种选育 2019年，获得神农中华农业科技奖一等奖。针对苹果产业中存在品种结构不合理、缺乏自主产权的免套袋品种及加工品种和功能性品种、缺乏抗寒矮化砧木、新的病害危害日益严重等问题，课题组创新了育种技术和育种策略，选育了12个易着色、加工、红肉、柱型、抗病等特色品种，引进推出了5个抗寒矮化砧木品种，为我国苹果产业提质增效，提供了新品种和新砧木支持。获授权专利10件（其中发明专利3件)、软件著作权4项，发表论文97篇，其中SCI收录13篇。主编著作2部，副主编著作2部。培养博士研究生5名、硕士研究生52名。项目成果经第三方评价，整体成果达到国际先进水平，部分研究达国际领先水平。

作物品种小区试验与繁育机械化关键技术及装备 2019年，获得神农中华农业科技奖一等奖。在国家公益性行业（农业）科研专项等5个项目支持下，针对作物品种小区试验与繁育机械化技术及装备存在的突出问题，项目组历时10多年的协同攻关与系统研究，实现了播种、收获、产后处理环节的机械化理论方法创新、关键技术突破、机械装备创制及推广应用。授权发明专利19件、实用新型专利48件、软件著作权3项，发表论文89篇，出版著作1部，制定技术规范3项、企业标准6项；研发的11种装备均已实现产业化，其中，6种机型填补了国内研发空白，当前，在我国市场上推广销售的作物品种小区试验与繁育机型65%由该项目组研发。在中机美诺、河南豪丰、青岛普兰泰克机械科技有限公司等单位建成了4条装备生产线，近两年累计销售115台。在山东、江苏、河北、河南等地分别建立了作物品种小区试验与繁育机械化示范基地22个、示范区25个，累计播种达2950000个小区、收获达999000个小区。新增产值2471.3万元，新增利润444.7万元，用户累计收益约3165万元，为我国作物品种小区试验与繁育机械化水平的提高奠定了基础。

‘矮玉香’梨（品种权号：CNA20181939.0） 以来自西洋梨的矮生资源与我国白梨品种通过杂交育种途径选育而成，其树体矮生，树势健旺，树冠紧凑，呈直立状。果实纺锤形，平均单果重260g，果皮黄绿色，果面光滑，无锈，果点明显；果肉乳白色，肉极细、松脆，汁液多，风味酸甜，充分成熟时有香味。在山东胶东地区10月上中旬成熟。该品种因冠形优美、品质优良，可以作为庭院果树或在生态观光种植。

‘琴岛红’梨（品种权号：CNA20171050.4） 以‘新梨7号’为母本，‘中香梨’为父本杂交育成。主要特征：果实圆形；果皮黄绿色，果实阳面有粉红色片状红晕，外表美观；中大，平均单果重347g；果肉乳白色，肉细，酥脆，汁多，味甜；果心较小；果实可溶性固形物13.6%，果肉硬度7.1kg/cm^2，品质上；果实发育期130d左右，在青岛地区9月上旬成熟，丰产性好。特点：‘琴岛红’阳面有粉色红晕，外观好，入口有香气、肉质酥脆，可作为特色品种发展。

‘鲁秀’梨（品种权号：CNA20171046.1） 以‘黄金梨’为母本，‘砀山酥梨’为父本杂交育成。主要性状：果实圆形，褐皮，果型端正；中大，平均单果重317g；果肉白色，肉细，石细胞少，疏松，汁多，酸甜，风味浓；果心较小；果实可溶性固形物14.2%，果肉硬度6.1kg/cm^2，品质上；果实发育期120d左右，在青岛地区8月下旬成熟，丰产性好。特点：‘鲁秀’可溶性固形物含量和可滴定酸含量均较高，果型端正，风味浓郁，有一定自花结实能力。

‘鲁蜜’梨（品种权号：CNA20171048.9） 以‘新梨7号’为母本，‘中香梨’为父本杂交育成。主要特征：果实圆形，果皮黄绿色；中大，平均单果重306g；果肉白色，肉质酥脆，味甜、多汁；果心较小；果实可溶性固形物13.2%，果肉硬度5.0kg/cm^2，品质上；果实发育期130d左右，在青岛地区9月上旬成熟。特点：‘鲁蜜’肉质非常酥脆、味甜多汁，重瓣花，开花晚，花期抗寒性较强。

‘鲁冠’梨（品种权号：CNA20171047.0） 以‘新梨7号’为母本，‘中香梨’为父本杂交育成。主要特征：果实圆形，果皮绿色；平均单果重296g；果肉白色，肉质细脆、疏松，味甜多汁；果心较小；果实可溶性固形物可达14.6%，果肉硬度5.2kg/cm^2，品质上；果实发育期135d左右，在青岛地区9月上旬成熟。特点：‘鲁冠’肉质酥脆、味甜多汁，开花早，花期易受冻。

‘鲁翠’梨（品种权号：CNA20171049.8） 以‘新梨7号’为母本，‘中香梨’为父本杂交育成。主要特征：果实圆形，果皮绿色；平均单果重208g；果皮绿色，光滑，果点中大、密；果肉白色，肉质细脆、疏松，味甜多汁；果心小；果实可溶性固形物13.2%，可滴定酸含量0.08%，果肉硬度6.7kg/cm^2，果实发育期135d左右，在青岛地区9月上旬成熟。特点：‘鲁翠’肉质酥脆、味甜多汁，丰产性好。

‘黛红’苹果（品种权号：CNA20162427.9） 以‘贵妃’×‘王林’2000年杂交育成的鲜食加工兼用型大果绿皮红肉苹果新品种。果实近圆形，果形指数0.75。果面成熟时绿色，阳面略带有红晕；果实中大，单果重234g，果面光滑，果点小而疏；果肉红色，果心处变白，汁液中多，风味甜酸，可溶性固形物15.40%，可滴定酸为0.56%，果实硬度7.8kg/cm^2，果实成熟期为9月下旬；已通过农业部植物新品种权和山东省林木良种品种审定。

【科技成果转化】

社会服务“1+5” 2019年社会服务过程中，青岛农业大学落实国家战略布局和山东省总要求，紧盯“两不愁三保障”的精准脱贫总任务，精准发力，逐步探索出具有农业高校特色的“1+5”的社会服务模式，即“以科技部教育部新农村发展研究院为统领，建立一个政产学研用合作共同体，转移转化一批先进科研成果，发展一个特色优势产业，培训一批新型经营主体，培育一个区域发展新动能”，推动学校社会服务提档升，先后被中央电视台、山东电视台和《光明日报》《科技日报》《中国教育报》《农民日报》《大众日报》等10多家媒体宣传报道70余次。2019教育部社会服务论坛上作为全国省属高校唯一代表做主旨发言。2019年，科技特派员制度推行20周年总结大会上，青岛农业大学受到科技部通报表彰。作为科技特派员组织实施单位受到省科技厅通报表彰，姜卓俊、董成双、刘树堂3名科技特派员受到通报表扬。

强化高质量科技创新供给，服务脱贫攻坚 学校把握培育高质量产业这条主线，在不同地区先后打造了高抗玉米、抗逆小麦、优质花生、光伏大棚、加工专用苹果、耐寒茶树、有机韭菜、高产甜瓜、早熟草莓、优质肉牛、特色水禽、杂交扇贝等 10 多个特色农业产业链，有力提高了农产品附加值，带动了当地农村脱贫和农民增收。累计推广农业高新技术、新措施 379 项，推广种植具有自主知识产权的作物新品种 6 个；学校有 13 个农作物新品种和 16 项新技术被山东省和青岛市农业主管部门推选为主导品种和主推技术。2019 年，学校重点扶贫区域新增泗水县，增长到 9 个重点县。2019 年，学校采取扶贫科研项目立项、科技成果转移转化、第一书记帮扶、专家服务团队下乡服务等形式，拓展服务地区总计达到 52 个县乡，专家团队下乡 200 余次，培训各类人员 7 千人次。

组织精兵强将服务社会 学校选派了扶贫科技特派员 420 名，组建扶贫团队 36 个，团队中 80% 以上成员具有高级职称，提供技术指导、巡回讲座、科技培训、现场答疑等技术服务，切中贫困地区产业转型升级的命脉，解决扶贫“最后一公里”的问题，解决瓶颈问题。2019 年，学校开展各类科技服务活动 21 场次，推介成果 210 余项，处里应急事件 18 次，编写实用技术手册、明白纸等技术资料 30 种，发放 2 万册。为 3 个脱贫任务较重的第一书记村，以项目形式培训 350 人次基层科技人才；培训 1500 人次科技致富农户。

服务“强农兴农”根本任务，围绕国家、省战略部署发力 学校积聚力量，助推施乡村振兴、军民融合、新旧动能转换、人才强国等重大战略，服务山东省十强产业发展；围绕青岛市“956”重点产业等重大需求，服务经济社会发展；推介和发布科技成果清单、宣传活动 16 次；全年转让新品种、专利等科技成果 7 项（件），共计金额 636 万元。学校不仅负责“转出去”，更支持“长起来”，学校获批“优质作物新品种种植及病害绿色防控”等 7 项农业科技园区提升工程立项，占比 20% 左右，成为今年社会服务新亮点；服务项目涵盖农学，园艺，动物科学，植物保护等多个学科，在“园区带动科技扶贫新模式创新与示范”和“支撑乡村产业振兴齐鲁样板新模式创新与示范”下，全面服务于乡村振兴战略实施。2019 年 8 月，山东省设立“万名干部下基层”乡村振兴服务队农业产业专家服务团 36 个，为乡村振兴提供农业产业技术服务，学校获批 6 个，占比 17%。学校社会服务坚持“融入青岛，建设青岛，发展青岛”理念，2019 年，组织 3 个学院申报了青岛农业大学服务青岛产业发展重点学科（专业）建设项目，两个学科（专业）通过审核，取得学校服务青岛新旧动能转换“956”产业体系内传统支柱产业（食品饮料）和新兴未来产业（生物医药）领域新的突破，打造了学校高质量服务青岛经济和产业发展新的平台。为积极响应军民融合发展战略，联系江南大学、北部战区海军、青岛市科学技术局、城阳区政府五方共建海军食品创新与营养研究院。设立 11 个省级科技扶贫服务队，服务山东省指定 200 个贫困村，实现科技指导人员全覆盖青岛市所有贫困村。2019 年，发挥教育资源优势，为构建政府、高校、科研机构、企业和用户“五位一体”的农业科技综合服务体系，实现全省“主体多元化、服务专业化、运行市场化”的农业科技服务。研发了《山东省科技特派员管理系统 v1》，系统已注册科技特派员 7000 余人，实现了特派员注册、省市县三级审核认定、特派员工作动态、特派员工作统计等功能。

【科技创新平台建设】 2019 年，学校全面实施学科统领下“213”科技创新平台建设计划，面向国家地方战略需求和行业产业发展需要，夯实学校高质量发展的平台保障，实现建设总量的提升、必要条件的实现和国家平台的谋划三大目标。2019 年，学校共获批、入库建设 14 个科技创新平台，其中，省部级 5 个、厅局级 5 个，入库培育山东省技术创新中心 4 个。由省教育厅批建的山东省花生产业协同创新中心，是学校牵头获批建设的第 3 个协同创新中心；由农业农村部批建的黄淮海产区甘薯全程机械化科研基地，建设资金 1364 万元，是学校首个农业农村部科研基地；山东省发展和改革委员会、山东省海洋局批建了山东省智慧海洋牧场工程技术协同创新中心和山东省近海大型植被与濒危物种生态修复工程技术协同创新中心；由山东省科学技术厅批建山东省马铃薯技术创新中心，是 2019 年山东省唯一批复的省级技术创新中心。青岛市发展和改革委员会批建了青岛市草资源改良与利用技术工程研究中心、青岛市花生生产装备工程研究中心和青岛市果蔬病虫害精准防控工程研究中心；青岛市科技局批建了青岛市中澳作物健康与入侵生物防控国际科技合作基地和青岛市动物发育生物学国际科技合作基地。山东省根茎类作物生产装备技术创新中心、山东省兽药诊断试剂技术创新中心、山东省耐盐作物种质创新与利用工程技术研究中心和山东省海军食品与营养技术创新中心被纳入山东省技术创新中心培育库。组织开展了山东省协同创新中心、山东省国际科技合作基地、山东省重点实验室等科技创新平台的验收考核工作。截至 2019 年 12 月 31 日，建有国家级科技创新平台（研发与培训基地）9 个，省部级创新平台（重点实验室、协同创新中心、工程实验室等）27 个，山东省人文社会科学研究基地 3 个，厅级创新平台[重点实验室、工程（技术）中心和科技合作基地等]29 个。

【学科建设】

强化一流学科建设 2019 年 10 月 10 日，学校植物学与动物学（草学）新增列为山东省一流学科，为该次全省增列的 7 个一流学科之一，获专项建设资金 1 亿元。目前，学校共拥有水产、植物学与动物学（草学）两个山东省一流学科，完成2019年一流学科建设任务。水产学科方面：严格按照建设目标和计划有序推进一流学科建设工作，学科架构进一步优化，学科实力显著提升。2019年，水产学科新增泰山学者领军人才1名，泰山学者青年专家1名，引进博士以上人才14名，培养泰山学者青年专家2名，学术队伍建设任务超额完成；新增2个省级协同创新中心、2个省级科研团队；承担科研项目19项，总经费达到865万元，发表SCI收录论文48篇，授权国家发明专利11项，新增国家水产新品种1个，科研项目、成果论文、科研平台建设任务超额完成；与中科院海洋所开展科教融合协同培养海洋人才，新建两个研究生联合培养基地，水产养殖学专业获批山东省一流本科建设专业。水产在2019中国软科最好学科排名第11名，进入全国前40%，比2018年提升了2名。草学学科方面：在较短时间内，形成了由山东省“一事一议”顶尖人才带领，由长江学者、国家优青、泰山学者、海外特聘专家、国家牧草产业技术体系岗位科学家、山东省牧草创新团队首席专家等组成的高层次人才团队，建成了全省唯一的草学学院，已获批山东首个草学学科的国家自然基金—山东联合基金重点支持项目、青岛市草资源改良与利用技术工程研究中心。

提升学科整体水平 2019年，牵头启动了“十四五”学科规划编制工作。在学校学科规划编制层面，加强学科建设规划编制调研，在完善学科带头人管理制度、推进人文社科学科建设、加强涉农学科建设等方面进行了调研，起草了《学科带头人管理办法》《加强学科建设若干措施》等文件，为“十四五”学科建设规划编制奠定了学科制度、学科布局和学科架构基础；学院学科建设规划层面，组织各学院根据学科建设实际，按照一级学科设置初步摸清学科建设现状，理清“十四五”学科建设思路。此外，着力推进跨学科合作，促进学科交叉融合，积极引导相关学院打造“智慧农业”“人工智能”“科学发展史”等新兴学科；鼓励经管文艺等学科建设发展，大力提升人文社会科学学科水平。2019年，植物与动物学、农业科学学科持续保持在ESI全球前1%。在最新自然指数排名中，学校列中国内地高校第110位，省内高校第6位，全国农林院校第5位。4个学科上榜软科2019“世界一流学科排名”，兽医学进入世界学科排名前100名，列山东省第1位。7个学科入选软科2019“中国最好学科排名”，农业工程列全国第6位，山东省第1位。

完善学科条件建设 2019年，对外争取上级专项资金支持1.57亿元，其中，获省教育厅博士授权立项建设单位专项资金1亿元，一流学科专项建设资金5700元，解决了学科建设特别是博士点申报的资金条件问题；对内突出重点，提高资金利用效率，投入3450万元，完善了海军食品研究院、园艺、植保、资源、作物和中心实验室平台建设，加强了泰山学者等高层次人才配套实验室建设，为学科建设提供了平台支撑条件。

浓厚学科建设氛围 扩大对外交流合作，与内蒙古农业大学、中国农科院北京畜牧兽医研究所等高校和科研院所加强沟通交流，争取博导遴选和合作办学；协助组织了作物学人才培养与教育专业委员会年会等高水平学术会议，加强学术交流合作；组织各学院和相关职能部门处级以上干部赴浙江大学进行学科建设专项培训，提升学科建设管理水平。

【科技人才培养与队伍建设】

坚持标准，突出重点，多途径开展人才引进工作 2019年，学校发布3次普通计划招聘简章和1次青优计划招聘简章，公布了412个岗位计划，学校组织了17次集中考察。全年度共参加了20余场招聘会，通过Science、学术桥、教育在线、神州学人等多个网站发布招聘信息。截至2019年，引进249人，其中博士244人，具有高级职称35人，具有海外留学背景55人，具有博士后工作经历82人。按照“重点建设、重点投入”原则，引进人才向重点建设学科专业倾斜，完善“一事一议”制度，加大“柔性”引智力度。全职引进高层次人才23人：中科院“百人计划”、泰山学者特聘专家、“山东省有突出贡献中青年专家”周功克，中科院“青年创新促进会人才奖”获得者胡瑞波、柴国华，中国农科院“青年英才计划”A类入选者孔英珍，国家“优秀青年”基金获得者张忠华，泰山学者青年专家章晋勇、曲望达、焦付超，泰山产业领军人才陈伟，泰山学者海外特聘教授葛磊，河北省政府特贴专家、河北省教学名师陈景堂，中国农业科学院创新工程“青年英才”A类入选者李玉斌，中共山西省委“三晋英才”青年人才薛曜祖，甘肃省政协“智库”专家委员会专家云立新，国家级特色专业（农业机械化及其自动化）负责人、国家卓越农林人才培养计划项目负责人姬江涛，辽宁省“百千万人才工程”百层次人才、中国农业科学院科技创新工程“果品质量安全风险监测与评估团队”首席科学家聂继云。其他高层次人才吕昭智、古勤生、钟荣珍、房义、张广山、陈建华、Andika。柔性引进高层次人才5人，双聘院士张新友，教育部新世纪优秀人才支持计划入选者房经贵，韩国农机学会国际合作委员会主席郑先钰，马业科学专业高级顾问岳高峰，国家双一流学科艺术学中国古代绘画方向负责人郭建平。学校鼓励各学院聘请国内外有较高知名度的专家学者任“客座教授”进行科研合作、短期聘用、讲座讲学、宏观指导，实质性参与学校教学和科研及发展规划等工作，以团队为依托，为学校学科建设提供支持，引领学科的快速发展。2019年，聘任客座教授23人。

加大校内人才队伍建设，提高人才队伍素质 学历学位提升：定向培养的博士中有19名教师获得博士学位回校工作，5 名教职工考取了博士研究生（1 名海外）。国内外访学：学校拓展省教育厅青年教师成长计划，选派优秀骨干教师赴国内外知名大学或科研机构访学或研修力度，2019 年，派出 49 人进行国际访学，短期出国参加会议等 82 人。2019 年，获出国访学资助 24 人，其中，获国家留学基金委资助 13 人，省公派 3 人，“省校联合培养计划”访学资助 8 人。王增裕教授获得山东省引进顶尖人才“一事一议”项目支持；组织 2019 泰山学者特聘专家、青年专家计划推荐工作，学校 2 位特聘专家、6 位青年专家入选；张玉刚、王东伟获评 2018 年青岛拔尖人才；完成了青年学者泰山国际论坛及分论坛的组织工作；组织了学校“1361”人才工程申报工作；申报入选 7 个山东省高等学校青年创新团队发展计划人才引育计划团队；组织了山东省有突出贡献中青年专家的推荐选拔工作，王家胜、王建林完成了实地考察；王家胜、纪卫宁、韩磊进入城阳区拔尖人才公示；组织了“长江学者奖励计划”青年学者候选人杨然兵参加同行专家评审会答辩评审事宜；组织完成了 2019 年山东省“一事一议”的申报及认证考察工作；推荐杨然兵申报百千万人才工程国家级人选；推荐沈伟、杨然兵、张玉刚申报科技部中青年科技创新领军人才；推荐王东伟、李超、王铭、段星申报“长江学者”青年专家；推荐柴国华、姜新强、李帅帅、王方艳、王祖利、吴薇申报青岛市青年科技奖；完成 1 名山东省金融高端人才，1 人青岛市首席技师，14 名青岛高级专家协会会员，4 人入城阳区法学会法学法律人才“专家库”的推荐工作。

重视团队发展，提供良好平台 搭建高端平台，促进学术交流，申请获批 3 个泰山学术论坛，省教育厅资助经费 110 万元，已成功举办了农业生物学专题论坛。获山东省引进顶尖人才“一事一议”项目支持，获资助 3000 万元；成功引进外专双百团队 1 个。获批山东省高等学校“青创人才引育计划”立项建设团队 7 个，获资金支持 1100 万元。

尊重人才，创新机制，人才发展服务工作水平进一步提高 加快办理新教师的入职手续，积极协助解决实验室建设、配偶工作安排、子女入托、户口办理等问题；完成了 87 名 2018 年引进教师的“教师资格认定工作”，组织了 188 名 2019 年新进教师参加并通过了岗前培训；为 18 名毕业返校的博士报销了学费、路费和住宿费，为 18 名老师申请博士津贴补助；为 45 名高层次人才办理了青岛市人才服务绿卡、50 名高层次人才办理了山东惠才卡；组织申报研究生住房补贴、一次性安家费，为 15 名博士后申请了安家补贴，1 名高层次优秀人才申请购房安家补贴。

【科技交流合作与社会服务】 2019 年 1 月，日照市莒县人民政府副县长纪淑霞一行 7 人来访青岛农业大学，双方围绕开展产学研合作推动乡村振兴座谈；省“千名干部下基层”乡村振兴服务队（沂源）队长、省委第六巡视组副组长（巡视专员）程远军一行 7 人来访青岛农业大学，双方就助力沂源县乡村振兴项目的开展进行深入交流。3 月，在山东省两会胜利闭幕、全国两会正在召开之际，山东省政协委员、青岛农业大学党委书记李宝笃教授一行，赴全国农村产业融合试点示范村——烟台经济开发区潮水镇马家沟村进行实地调研；山东省农业农村专家顾问团畜牧分团 2019 年第一次会议在青岛农业大学召开。4 月，菏泽东明县委常委、组织部部长杨彬一行 8 人来访青岛农业大学，双方围绕进一步深化合作推动乡村振兴举行座谈；江苏省连云港市灌南县人民政府副县长王钢一行来访青岛农业大学；澳大利亚莫道克大学（Murdoch University）校长 Eeva Leinonen、副校长 David Morrison 一行来校访问，双方共同签署中澳农业与环境健康联合研究院协议，并为联合研究院揭牌；挪威科学院院士容淳铭一行 4 人来访青岛农业大学，双方在学术会馆举行座谈。5 月，莱州市委常委、组织部部长邵玉明一行来校进行战略合作对接洽谈；北大荒农垦集团杜敬友一行 8 人来访青岛农业大学，就推进产学研合作相关事宜进行洽谈；青岛市国际食品科学技术交流会议在青岛农业大学举行；平度市人民政府副市长徐广举一行来访青岛农业大学。6 月，鲁东大学党委书记徐东升一行 5 人访问青岛农业大学。7 月，第三届“生鲜食品加工与保鲜”国际学术研讨会在青岛农业大学学术会馆召开；青岛农业大学与乐陵市人民政府乡村振兴战略合作签约暨现代农业转型升级专题培训班开班仪式于学术会馆第一报告厅召开。9 月，青岛农业大学园艺学院原院长、教授王然，副院长、教授王永章，副教授马春晖受诸城市农业农村局邀请，举办青岛农业大学诸城果树研究院果树新技术培训班，为当地果农传经授宝。10 月，青岛农业大学与栖霞人民政府共建“青岛农业大学乡村振兴研究院栖霞分院”和“青岛农业大学合作社学院分院”揭牌仪式在栖霞市体育场举行；潍坊市坊子区区委常委、组织部部长牟杰一行 6 人来访，并召开了潍坊市坊子区与学校双招双引签约座谈会；江苏省农业农村厅副厅长沈毅一行到机电工程学院调研指导工作。11 月，省科技厅对科技特派员及组织实施单位进行通报表扬；临沂市兰陵县委副书记、县长孙伟一行来到青岛农业大学洽谈产学研合作事宜。

（青岛农业大学　刁志凯）

青岛理工大学

【概述】 青岛理工大学是一所以工为主，理工结合，土木建筑、机械制造、环境能源学科特色鲜明，理、工、经、管、文、法、艺多学科协调发展，科学教育与人文教育相结合的多科性大学。学校是省重点建设的应用基础型人才培养特色名校。2005 年被国务院学位委员会批准为博士学位授予权单位。学校现辖市北、黄岛、临沂 3 个校区，市北校区地处青岛市区，黄岛校区位于青岛经济技术开发区，临沂校区位于沂蒙革命老区费县。学校占地面积约 216.55 万平方米，校舍建筑面积 100.34 余万平方米。图书馆藏书约 241.82 万册。教学科研仪器设备总值 4.25 多亿元。近年来，学校挖掘、提炼优质“科研成果转化团队”54 个。一批攻关研究成果在重大工程项目建设中发挥了作用，海洋环境混凝土材料、海洋防腐蚀聚脲材料、海水源热泵等方面进行了科技成果产业化，产生较大的经济效益和社会影响力。作为山东唯一的高校，获 2019 年中国产学研合作创新与促进奖。被誉为“政产学研用”协同创新技术孵化产业的“青岛理工”模式。

【科研项目与经费】 2019 年，学校科研立项累计 600 余项，科研经费累计 9000 余万元。其中，理工类纵向科研立项 161 项，横向科研立项 448 项。

【科研成果】 “十三五”以来，学校 9 次获得国家科技进步奖二等奖。一批攻关研究成果在 C919 大飞机、太空运载器、三峡工程、青藏铁路、高铁列车、胶州湾跨海大桥、海底隧道、青岛地铁、供排水水质安全和废物资源化等重大工程项目建设中发挥了作用，产生良好的经济效益和社会影响力。2019 年，获得自然科学类科研奖励 39 项，作为第 1 完成单位获得山东省科技奖一等奖 2 项，位列省属高校第一；获得国家专利奖 1 项，获中国商业联合会科学技术奖一等奖 2 项，获中国产学研合作促进会产学研合作创新成果奖一等奖 1 项。发表高水平论文 770 余篇，较 2018 年增长 42.8%；著作 27 部，较 2018 年增长 125%；获得授权知识产权数量 495 件，较 2018 年增长 32%，其中发明专利 178 件，国外授权专利 4 件，申请 PCT 26 件，较 2018 年增长 30%。

【应用研究与高技术研究】 学校在海洋环境混凝土和防腐材料、高端装备与智能制造、水污染控制与废水资源化、大型钢结构建筑及抗震、大型地下工程与灾害防治、城市公共安全、城市规划与建筑设计等研究领域形成自己的特色和优势。2016 年，学校土木工程学科获批山东省首批“一流学科”，学校作为全国 62 所高校之一获批“海洋环境混凝土技术”国家级创新引智基地（国家“111 计划”）。

土木与建筑领域 该领域依托山东省混凝土重点强化建设实验室、山东省结构工程重点学科、山东省防灾减灾与防护工程重点学科、山东省混凝土结构耐久性工程技术研究中心、青岛理工大学 BIM 中心、青岛市建材行业中心，在新型建筑结构体系、沿海混凝土结构耐久性、建筑节能技术与设备、太阳能大型热泵集中供热供冷等可再生能源装置与建筑一体化应用方面形成了自己的特色和优势，并在新型墙体材料、高强钢筋、高性能混凝土等新型节能、绿色建材等方面形成了系列配套技术与产品。该领域研究成果在胶州湾海底隧道、胶州湾跨海大桥、青岛胶东国际机场、青岛地铁等国家重大基础设施建设中得到广泛应用。

机械设计与制造领域 该领域依托教育部工业流体节能与污染控制重点实验室、山东省余热利用与节能装备技术重点实验室、山东省高校机械设计与制造重点实验室、山东省高校摩擦学与先进表面工程重点实验室、冶金炉渣高效资源化利用国家地方联合工程研究中心、快速制造国家工程研究中心－青岛示范中心、青岛市 3D 打印工程研究中心，形成了摩擦学与表面工程、机械结构动态特性分析与测控、机械无损检测与故障诊断、大阻尼复合材料等多个研究方向。该领域已与中车集团四方车辆股份公司、中国工程物理研究院总体工程研究所、宝山钢铁集团有限公司、莱芜钢铁集团公司等大型企业建立了产学研合作关系。

能源与环境装备领域 该领域依托山东省能源与环境装备重点强化建设实验室、山东省冶金节能减排工程技术研究中心、青岛市新能源与节能技术重点实验室、青岛市能源与装备工程技术研究中心，针对节能、环保设备及相关领域中的重大技术问题，进行基础理论和应用研究，形成了“流体控制与节能技术”“装备结构动态特性分析与环境噪声控制”“过程控制及信息管理系统”三大特色研究方向。在油田、冶金、民航等领域取得了系列成果。该领域研究成果在青岛钢铁集团、青岛奥帆中心、青特集团有限公司、莱芜钢铁集团有限公司等大型国有企业应用。

环境工程领域 环境工程学科是学校最早创建的学科之一，2017年，获批国家发改委城镇污水处理与资源化国家地方联合工程研究中心，学校在水处理理论与新技术、水资源系统管理与污水资源化、固体垃圾处理等研究上形成了自己的优势，该领域依托的山东省暖通与热泵重点强化实验室、青岛市新型环保技术重点实验室、山东省市政工程重点学科，在给水排水系统分析及优化技术、水处理理论与新技术、水资源系统管理与污水资源化、海水源热泵研发等研究方向上具有优势。该领域研究成果应用于青岛市团岛污水处理厂、海泊河污水处理厂、李村河污水处理厂等城市民生工程。

地下空间开发与利用领域 该领域组建青岛市地下空间工程研究中心和青岛市地下空间产业技术创新战略联盟。根据产业需求、地下空间开发技术发展方向及承担单位已有的工作基础和优势，在城市地下空间开发地质环境及资源禀赋研究、城市地下资源可持续发展规划理论与技术研究、城市地下空间关键建造技术研究、城市地下空间开发的社会与经济研究方面开展工作。重点是以下5个方向的研究和产业化工作：①地下公共设施；②地下交通；③地下市政工程；④地下特种工程；⑤能源地下结构新技术。该领域研究成果广泛应用于三峡工程、青岛地铁等国家重大基础设施建设。

公共安全领域 该领域依托山东省城市灾变与预防控制工程技术研究中心，以国家“十五”科技攻关重点课题“城市公共安全综合试点（青岛）”“青岛市公共安全应急指挥视频监控系统”“崂山森林防火监控系统”等一批重大项目为切入点，初步建立起对城市（企业）危机与安全灾害进行预防监测、预报预警、应急反应和善后处理等一整套功能完备的管理、运行和保障体系。学校自主研发的“崂山森林防火监控系统”，已在崂山森林防火中使用多年，在减少森林火灾中发挥了作用。

【一流学科建设】 学校实施一流学科重点建设和基础学科培育计划，推进学位点建设。2019年，工程学新增ESI排名前1%学科1个，拥有山东省一流学科1个，省一流学科（培育）2个，19个专业获批省一流专业建设点，其中，18个专业获批参评国家一流专业建设点，7个专业获批国家一流专业建设点。

【科技成果转化】

做好技术转移机构运营工作 学校修订《青岛理工大学科技成果转化管理办法》，出台《青岛理工大学新型研发机构管理办法》，不断强化科技成果转化专业队伍建设，开通“线上服务”渠道，推出“科技代办”服务，开展“不间断、全方位、高效率”的精准服务，建立起了“学校＋学院＋团队（个人）”三位一体、“成果转化办＋科发集团”两翼驱动的科技成果转化工作体系，积极构建全链条科技成果转移转化体系，助力科技成果转化落地工作持续有序开展，在梯度维度和区域维度上均取得实际效果。

融入山东高端平台 助推成果转移转化 服务区域经济发展 学校与山东产业技术研究院成功签署全面战略合作协议，双方合作成立山东省环境工程技术研究所，联合青岛大学、山东科技大学、济南大学等省内9所高校共建大学产业技术创新联盟，在数字孪生、城市建设、环境监测、资源化利用、绿色生态等领域，聚焦国家与行业重大需求，瞄准行业“卡脖子”技术，整合科研资源，通力合作，共同推动科研创新、成果转化及产业化等重点工作，全力支撑新旧动能转换重大工程。

实施“优势学科＋”战略，创领环保人居与节能动力领域的发展 学校发挥建筑与土木学科的特色，并将其与相关学科领域深度融合，成立国内首个滨海人居环境学术创新中心，围绕环保人居与绿色节能开展跨学科跨领域的科学研究与技术研发。抓住人居环境节能领域的痛点与需求，对接《山东省新旧动能转换重大工程实施规划》提出的“统筹减排节能，促进绿色发展”的动能转换要求，高伟俊院士为首的科研团队，开展了跨学科跨领域的节能动力技术研发，获批山东省新旧动能转换重大课题“高性能氢燃料电池系统及整车开发与产业化”，该项目一期投资4000万元，主要攻克和填补氢能运储及应用技术空白，在省新旧动能转换项目落地现场观摩会上，该项目得到省委书记刘家义关于高质量发展的“大项目、好项目”的充分肯定与高度评价。

打造产学研联合创新共同体，服务国家战略成效突出 学校紧紧围绕服务国家发展战略，通过实施产学研联合的“五大工程”“12350计划”，中欧地平线2020国际合作计划，在服务国家战略方面取得突出成效。学校构建的政产学研用的创新共同体模式，吸引了高质量的合作资源，推动了协同创新并促进了新技术、新成果的高效转化，被誉为“政产学研用”协同创新技术孵化产业的“青岛理工”模式。学校贯彻习总书记黄河流域生态保护和高质量发展座谈会讲话精神，2019年10月27日，联合筹建成立“三江源生态环境保护研究院”，为保护三江源、保护黄河流域生态环境做出理工奉献，肩负起服务经济社会发展的责任与使命。

打造“政产学研金服用”创新共同体，解决山东省新旧动能转换中的环保瓶颈问题 与亚洲最大的垃圾发电投资运营商中国光大国际有限公司共建“光大—理工环境技术研究院”，投资2200万元建成山东省首家二噁英检测实验室，取得山东省首个CMA认证证书，其检测技术解决了山东省二噁英这一“世纪之毒”的预防与检测难题。以技术研究院为基础，与山东产业技术研究院进行了强强联合，合作成立了“山东省环境工程技术研究所”，并引进中科院大连化学物理研究所、国家杰出青年基金获得者关亚风研究员作为研究院首席科学家，树立了学校在山东省大气环境治理领域的人才标杆。

强强联合国际合作，引领水环境学科国际前沿，服务“一带一路”沿线国家水环境保护 学校通过与挪威、德国、波兰等欧盟国家联合申报并开展的欧盟伊拉莫斯+（Erasmus+）计划资助的“Water Harmony”项目，特别是学校客座教授Harsha Ratnaweera主持的欧洲重点科研项目——欧盟地平线2020计划资助的“Water JPI”项目（总经费1000万欧元），青岛理工大学与新加坡国立大学作为该项目仅有的2所亚洲高校，参与了此项目的核心课题；学校在与挪威科技大学、挪威生命科学大学为代表的欧盟研究机构合作研究基础上，联合这些机构为“一带一路”沿线国家的环境学科人才培养和产学研提供服务；为乌克兰、斯里兰卡等国家的水环境治理提供人才与智力支持，引进挪威资本成立“青岛道斯康环保科技有限公司”，共同研发智慧水务装备，促进学校科研成果在“一带一路”沿线国家落地。

【科技创新平台建设】 学校拥有冶金炉渣高效资源化利用国家地方联合工程研究中心等44个国家、省部、市级重点实验室（基地）、工程（技术）研究中心；设有海洋环境混凝土技术创新引智基地（111计划）、山东省高校蓝色经济区工程建设与安全协同创新中心、山东省高校水污染控制与资源化协同创新中心、山东省高校激光绿色智能制造技术与装备协同创新中心、山东省高校滨海城乡建设工程材料性能提升与绿色建造技术协同创新中心、快速制造国家工程研究中心—青岛示范中心、海尔—理工博士后工作站研发基地、山东省高校大学生创业教育研究基地。学校与费县人民政府、诸城市人民政府、滨州医学院、三韩精密刀具制造有限公司、山东国舜建设集团有限公司签订合作框架协议，双方在平台建设、人才培养、科学研究、资源开发、挂职交流及乡村振兴方面，继续深化合作，实现发展共赢。完成市北区建筑创意产业集聚平台答辩，探索深化产、学、研结合新模式，服务区域高端人才培养、技术转化和社会经济发展。落实产学研合作协议项目67项，合同金额总计1140万元。

【学科建设】 学校设有13个教学院部。拥有2个博士学位授权一级学科、10个二级学科博士点、2个一级学科博士后科研流动站，20个硕士学位授权一级学科、71个二级学科硕士点、11个硕士专业学位类别、63个本科专业。7个专业入选国家级一流本科专业建设点，12个专业入选山东省一流专业建设点。土木工程获批山东省首批一流学科，机械工程、环境科学与工程获批山东省一流学科（培育）。2019年，第4轮全国学科评估B等级1个，现有通过国际实质等效认证的专业数5个，围绕新旧动能转换“十强”产业需求，加强获批的3个专业对接产业项目专业群（覆盖14个本科专业）和新工科专业建设，2019年，新增3个本科专业。

【大学科技园建设】 学校与青岛市北区政府签署战略合作协议，打造“青岛理工大学建筑科技众创园”，为承接“十三五”期间主校区转移和功能转换战略做准备。科技众创园通过完善科技研发、成果转化、创业孵化、创业培训、科技服务、高端配套等六大功能，吸纳学校科技创新团队（企业）进驻，强化科技成果转化，培育孵化学校科技型企业。将学校科技成果直接应用于园区企业，通过园区内的入驻团队转化科技成果，以学校科技成果为核心技术创建高新技术企业，发挥人才培养功能，培养有特色、有潜力、可培育的研究生团队，通过市场化运作模式，强化校园教师及学生的市场化意识，提升学校社会贡献度。

【科技人才培养与队伍建设】 学校现有教职工2458人，其中专任教师1618人。师资队伍中具有博士学位的650人，具有硕士学位的809人；正高级专业技术人员199人，副高级480人；博士生导师65人，硕士生导师568人。学校有全职日本工程院外籍院士1人，俄罗斯工程院和俄罗斯自然科学院外籍院士1人，特聘中国科学院院士1人、中国工程院院士3人、外籍俄罗斯联邦科学院院士1人。教育部“长江学者”特聘教授1人、教学名师1人，国家优秀青年科学基金获得者1人，中科院“百人计划”人选1人，国家有突出贡献中青年专家1人，“百千万人才工程”国家级人选4人，教育部新世纪优秀人才支持计划获得者3人，国家级教学名师1人，全国模范教师、优秀教师6人，享受国务院政府特殊津贴专家23人；“泰山学者优势特色学科团队领军人才”1人，“泰山学者”特聘专家教授、海外特聘专家和青年专家15人，山东省有突出贡献中青年专家14人，山东省高等学校首席专家5人，山东省自然科学杰出青年基金获得者1人、优秀青年基金获得者3人，省级教学名师11人，山东省“外专双百”团队1个，山东省高校黄大年式教学团队1个。学校深入推进科技创新团队建设，重点在产业推进、建筑规划设计、智慧城市工程建设、创意文化、环境能源5个板块领域，组织了24个科技成果转化团队，取得了系列成果和社会经济效益。

【科技合作与交流】 2019年2月，青岛住宅产业现代化管理办公室与青岛理工大学土木学院共同组织“青岛市装配式建筑新技术交流会”；青岛市科技局党组成员、市科创办专职副主任李天传一行3人来校调研服务地方工作开展情况。3 月，费县人民政府副县长谭成亮带队来校考察调研学校科技成果转化工作情况，并召开座谈交流会；青岛高新区投资开发集团有限公司副总经理李林、青岛高新创业投资有限公司投资总监柳帅远一行 5 人来校洽谈对接科技成果转移转化工作。4 月，青岛理工大学 8 个科研团队，12 名教师和专职科研人员深入山东银光钰源、山东凯米特铝业等 20 家建筑和制造业企业，开展技术对接与交流活动；科技处处长李长河、副处长金建英、机械工程学院副院长王优强、土木工学院副院长侯东帅、环境与市政工程学院副院长孙英杰、科技处唐洪伟一行 6 人走访了中国商业联合会、中国循环经济协会、中国产学研合作促进会、中国建筑材料联合会、中国环境科学学会和机械工程学报编辑部等有关行业部门，向各协会介绍了学校在人才培养、专业设置、学科发展、科学研究发展情况。6 月，青岛理工大学与临沂市费县人民政府合作框架协议签订仪式在临沂校区举行。8 月，学校科技处处长、成果转化办主任李长河教授一行到诸城市科技局调研与对接科技成果转化情况，并举办科技成果对接交流会。9 月，青岛沃美达化工建材有限公司董事长张宜文一行 3 人来校对接科技成果转化事宜；费县科技局局长董志举，率山东泉亿机械制造有限公司董事长陈辰等一行 15 人，来校开展成果转化项目深度对接与推进工作。10 月，莱州市委统战部副部长、市工商联主席杜旭昌带队一行 5 人，来校洽谈产学研合作与对接成果转化工作。11 月，于德湖副校长一行，赴苏州科技大学参加建筑类高校科技创新联盟成立大会暨首届协同创新交流会。

（青岛理工大学　路成刚）

鲁东大学

【概述】 鲁东大学是以文理工为主体、多学科协调发展的省属综合性大学。学校坚持学科立校，积极优化学科结构，强化重点建设，突出学科特色，形成了文理见长，教师教育优势突出、特色鲜明，理工渗透的办学格局。现设 22 个学院、74 个研究院（所）、87 个本科专业，有 1 个博士后科研流动站、1 个服务国家特殊需求博士人才培养项目、17 个一级学科硕士点、12 个硕士专业学位类别。拥有专任教师 1607 人，其中，正高级专业技术人员 229 人、副高级专业技术人员 551 人，具有博士学位的教师 912 人，在校生 3 万余人。

【科研项目与经费】 2019 年，学校新上各级各类科技类纵向项目 180 项，立项经费 6005.05 万元，其中，新上国家级项目 58 项，新上省部级项目 92 项，新上厅级项目 19 项。

【科技成果及选介】 发表 SCI、EI 收录高水平论文 404 篇，出版高水平学术专著 4 部，获得授权发明专利 73 件。11 项科技成果获省科学技术与省高校科学技术优秀科研成果奖励，其中，“TiO_2 纳米结构优化调控与可见光催化性能的构效关系研究”获得 2019 年度山东省自然科学奖二等奖，“水肥气一体化精准调控关键技术研发与应用”获得 2019 年度山东省科技进步奖二等奖，山东省高校科学技术优秀成果奖一等奖 1 项、二等奖 3 项、三等奖 5 项。

TiO_2 纳米结构优化调控与可见光催化性能的构效关系研究 该项目得到 973 计划、国家自然科学基金和山东省自然科学基金重点基金的资助。项目研究期间共发表 SCI 收录论文达 94 篇，其中，SCI 影响因子最高达到 30.067，被引用 942 次，单篇最高 SCI 他引达到 194 次；3 篇入选 ESI 高引用论文。

水肥气一体化精准调控关键技术研发与应用 该项目实施过程中，获得了 3 项国家自然科学基金资助，在 *Science of The Total Environment*、*Land Degradation & Developmt*、《农业工程学报》、《土壤学报》等期刊发表相关学术论文 30 余篇，获得国家授权专利 12 件。水肥气一体化精准调控关键技术自 2012 年以来，在烟台、潍坊、威海、三门峡、濮阳等地进行了大面积的推广应用。截至 2018 年底，应用面积累计达 150 余万亩，近 3 年新增产值（销售额）累计 163105 万元，新增利润 53034 万元，产生了显著的经济、社会和环境效益。

【科技成果转化】 2019 年，修订和制定了《鲁东大学科技成果转移转化管理暂行办法》《鲁东大学关于科研管理经费使用的补充规定》《鲁东大学关于横向科研经费使用的补充规定》等管理文件，将成果完成人受益奖励标准提高到 95%，扩大横向经费开支范围，调动科研人员成果转化积极性。2019 年，举办产学研洽谈 100 余场次，承担各类社会委托项目 197 项，到账经费 4196.36 万元，其中，自然科学类横向项目 132 项，到账经费 3348.92 万元，人文社科类横向项目 65 项，到账经费 847.44 万元。

【科技创新平台建设】 2019 年，学校获批建设半导体器件与光电信息技术协同创新中心，山东省港口海岸防灾减灾绿色工程技术创新中心进入山东省技术创新中心培育库，高性能纤维及其复合材料协同创新中心获省财政专项建设经费 600 万元。

半导体器件与光电信息技术协同创新中心 该协同创新中心由鲁东大学牵头，协同山东东仪光电仪器有限公司、山东海富光子科技股份有限公司、金尚新能源科技股份有限公司、中科院长春光机所发光学及应用国家重点实验室、哈尔滨工业大学（威海）等单位联合组建，国际知名半导体物理学家、泰山学者李正教授为学术带头人。中心将积极促进学科交叉与融合，形成基础研究与技术开发、应用紧密结合的产业链，打造半岛区域性半导体光电产业集群。

【学术交流工作】 2019 年，先后邀请了圣地亚哥・德・孔波斯特拉大学 Óscar 教授、西北师范大学吕世虎教授、长江学者叶锦武教授、国家优青殷学仁教授、长江学者、山东农业大学郝玉金教授、楚天学者特聘教授符辉教授、国家优青徐田军教授等 120 余名专家教授来校做报告。举办了第十届全国小麦基因组及分子育种大会、第九期泰山科技论坛、青年地理工作者学术研讨会暨鲁东大学第三届青年地学论坛等多场高层次学术会议。

【校地融合情况】 加大与烟台市政府共建的烟台新旧动能转换研究院力度，培育建设了 15 个新型研发机构（团队）、科技型企业入驻，建设了遗传育种、智能制造 2 个公共研发服务平台。依托与烟台市农科院共建的烟台乡村振兴战略研究院，承担乡村规划项目 3 项，其中，“大户庄园齐鲁样板示范区”创建策划项目，获批山东省首批乡村振兴齐鲁样板工程项目；围绕山东省“1+30+N”创新创共同体建设，协同北京理工大学、中国科学院电子所、北京京仪自动化研究总院等创新资源，建设“烟台智能技术应用联合创新研究院”；联合中科院过程所共建“先进材料与绿色过程技术创新中心”，与中科院兰州化学物理所共建“先进材料与绿色制造科教中心”，整合相关创新资源，组建“生物纳米材料实验室”，融入“先进材料与绿色制造”山东省实验室建设范畴。因服务地方成绩突出，被烟台市委市政府授予 2019 年度“十佳驻烟单位”称号。

（鲁东大学　王　琦　王际科）

齐鲁工业大学（山东省科学院）

【概述】 齐鲁工业大学（山东省科学院）[以下简称“工大（科学院）”]于 2017 年 5 月由齐鲁工业大学和山东省科学院整合组建而成。工大（科学院）下设 16 家独立创新研究机构，分布在济南、青岛、济宁、菏泽 4 个城市，主要研究领域涉及信息、海洋、生物与新医药、生态与环境、新材料、新能源及高效节能、智能制造、现代分析测试和管理科学等，重点开展基础与应用基础研究、重大关键共性技术、前沿技术和社会公益研究。现有国家级平台 5 个，其中，省部共建国家重点实验室 1 个、省部共建国家协同创新中心 1 个、省部共建国家地方联合工程实验室 1 个、国家工程技术研究中心 1 个、国家超级计算中心 1 个；省部级重点学科及研究平台 122 个，其中，教育部重点实验室 1 个、国际科技合作基地 3 个、国家产业技术创新战略联盟 1 个、省级协同创新中心 3 个、省级重点学科 9 个、省技术创新中心 1 个、省级重点实验室 16 个、省级工程实验室 9 个、省工程技术研究中心 26 个、省工程技术创新中心 1 个、省级高校重点实验室 5 个、省产业技术创新战略联盟 5 个、省国际合作研究中心 6 个，省级社科基地（中心）3 个；有省级实验教学示范中心 3 个，省级人才培养模式创新实验区 1 个，建有山东省科学院博士后科研工作站。建筑面积 123 万平方米，拥有大型仪器设备近千台（套），教学科研设备总值 14.8 亿元，图书馆藏书 262 万册，电子图书 479 万册。

【科研重点与计划】 2019 年，工大（科学院）获得研发经费合同额 9.62 亿元，其中，纵向经费 6.08 亿元，横向经费 3.54 亿元。新列“中原城市群综合科技服务平台研发与应用示范”“服务内容资源管理技术研发”一批国家、省级重大项目。

【科研成果】 2019 年，荣获国家科技进步奖一等奖 1 项（参与），省科技进步奖一等奖 3 项（参与）、二等奖 5 项（2 项参与）、三等奖 4 项（参与），省自然科学奖二等奖 1 项，省高等学校科学技术奖一等奖 3 项、二等奖 4 项、三等奖 10 项。申请专利 737 件，其中，国际专利 63 件，发明专利 620 件。授权专利 476 件，其中，国际专利 11 件，发明专利 352 件，实用新型专利 120 件，外观设计专利 4 件。发表高水平论文 1000 篇，出版专著 54 部。

【基础研究】 2019 年，工大（科学院）56 项列入国家自然科学基金计划，98 项列入省自然科学基金项目。

【应用研究与高技术研究】 围绕国家及山东省经济社会需求，新列省级以上应用及高新技术计划项目 407 项，其中在信息技术、海洋技术、新能源新材料等高技术研究领域承担了国家重点研发计划等国家级计划项目 45 项；“基于人工智能的智能车普适拟人化决策控制关键技术研究”“大功率变频电机 VPI 绝缘树脂制备关键技术及应用研究”“金属增材制造的激光超声在线自动检测技术与装备”“高压开关铝合金壳体机器人自动焊接成套装备技术研发与示范应用”“木霉菌精准包衣施用技术”“区块链网络监管与安全防护关键技术”“大宗工业固废协同互补生产宽温度窗口 SCR 脱硝催化剂的关键技术与装备研究”“大数据驱动的制造服务融合技术研究与平台研发”“轨道交通用高强高延展性镁合金型材制备加工关键技术”“基于微生物组学技术的功能型生物活性基质的研发”“水下自主清洁爬壁机器人关键技术研究”“退役动力锂离子电池梯次利用关键技术研究”“西洋参特色中药材产业链关键技术研究及健康产品研发”列入省重大科技创新工程。

【学科建设】 实施学科优先发展战略，投入学科建设经费 1.42 亿元，支撑高水平优势学科建设，瞄准 2020 年学位点申报，培育建设轻工技术与工程等 8 个一级学科博士点，海洋科学等 15 个一级学科硕士点；化学、工程学、材料科学等 3 个学科进入 ESI 学科排名全球前 1%，农业科学等 5 个学科的学科潜力值持续提高；8 个学科入围软科 2019 年中国最好学科排行榜。

【科研成果转化及产业化】 制定了工大（科学院）《促进科技成果转化实施办法》，建立科技成果数据库，签订各类科技成果转化合同 824 项，合同金额 3.49 亿元，新孵化企业 9 家。牵头组建山东高校科研院所知识产权公共服务平台；与济南市签订“1+6+N”科技成果转化平台共建协议；与山东省科技成果交易中心签订战略合作协议。推进工程设计咨询技术成果转化，整合资源组建成立山科工程设计院集团。落实山东省国资委委托，加强对山东山科控股集团有限公司监管，印发《关于落实受省国资委委托对山科控股管理暂行办法》《山东山科控股集团有限公司企业负责人经营业绩考核办法》。建设“山科院众创空间”。

【科研平台建设】 承担了山东省“超级计算大科学工程”，以建设新一代通用超算大科学装置为目标，通过重大科研创新平台和基础设置支撑全省新旧动能转换。“轻工生物基产品绿色技术协同创新中心”获批教育部与山东省共建的协同创新中心，成为山东省 4 个省部共建协同创新中心之一；山东省高强韧性轻质合金材料设计与制备工程实验室、山东省轻工废弃物清洁能源化技术工程实验室获批省工程实验室；人工智能技术应用协同创新中心获批山东省高等学校对接产业类协同创新中心；人机智能协同工程实验室、高性能陶瓷纤维制备及应用工程研究中心、印刷包装智能制造工程实验室 3 个平台，通过专家评审和现场核查；与济南市签署协议共同建设“山东超算及人工智能产业技术研究院”，与威海、日照合作开展产业技术研究院建设，与济南高新区智能装备城共同申请并获批了山东省激光装备创新创业共同体；深入开展与中国科学院沈阳分院的实质性合作，双方协议共建“中国科学院沈阳分院—山东省科学院协同创新创业共同体”。

【科技人才培养与队伍建设】 完善“齐鲁科教英才工程”和“3151”人才计划政策体系，制定了《“高端人才及团队支持计划”实施办法》《“优秀骨干人才海外提升计划”实施办法》《“青年优秀人才培养计划”实施办法》。全年引进各类高层次人才 40 人，优秀博士 220 人。新增百千万人才工程国家级 2 人，教育部新世纪优秀人才支持计划 3 人，中科院“百人计划”1 人，泰山系列人才工程 14 人，外专双百计划人选及团队 5 个，省级杰出青年基金获得者 1 人，省高校青创人才团队入选 7 个，博士后工作站招收进站 18 人。

【科技咨询与服务】 山东省科技发展战略研究所以独立或者联合撰稿形式上报呈阅件 7 篇，其中 4 篇获省省级领导批示。受中共山东省委组织部、省委财经办，省科技厅等部门委托，完成咨询、评估等任务 20 余项。受山东省生态环境厅委托，复核评审了全省 600 多家重点企业的碳排放数据，纠正碳排放核查中的问题，为山东省下一步开展全国碳排放权交易工作奠定了基础。协助省政府煤炭消费压减工作专班完成山东省 2019—2020 年煤炭消费压减指标分解任务，协助起草完成《山东省推进煤炭清洁高效利用实施方案》。超算平台 2019 年度共服务客户 50 余家，重点在轨道交通、计算物理、纳米生物、电磁环境、新材料、公共卫生等领域提供技术服务，支撑科研项目约 50 项。与泰山市泰山区卫计局签订“区域基层公卫信息化平台建设”协议。有效服务社区居民 3.8 万人。山东省分析测试中心全年与 683 家单位和个人签订委托协议 1931 份，接收样品 32687 件，发放报告 2228 份，在水质分析检测、“危险固废”检测、药物检测等方面提供公共服务，完成新建郑州至济南铁路山东段环境现状项目公益检测，山东航空、香港轨道交通（深圳）等单位关键工程构件的失效分析，国家水体污染控制与治理科技重大专项涉及的行业标准方法验证等多项重大公共服务任务。

【科技合作与交流】

国内合作与交流 承办全国科学院联盟理事会第八次会议暨全国省（市、自治区）科学院第35次院长书记联席会，牵头成立全国地方科学院先进材料产业联盟和全国地方科学院科学计算产业联盟，与中科院沈阳分院签订了协同创新创业共同体共建协议。主办了“2019济南国际超级计算产业博览会”，国内外相关单位、机构代表等约600人参会。与荣成市等17个市县区达成合作意向，签订战略合作协议或产学研合作协议。发挥院地协同创新基金的引导作用，32个合作项目获得立项支持，总投资8578万元，其中引导企业投资5260万元。与济南市、威海市、日照市、济南市高新区合作共建新型研发机构。依托工大（科学院）校友会分会，建立8个工大科学院生产力促进中心分中心。

国际合作与交流 2019年6月，工大（科学院）为山东—乌克兰技术创新研究院的中方依托单位，山东省副省长于杰出访乌克兰期间，代表省政府与乌克兰国家科学院完成山东—乌克兰技术创新研究院共建协议的签署。国际科学院协会委员会第32次会议在塔吉克斯坦首都杜尚别召开，山东省科学院正式成为国际科学院协会成员。工大（科学院）国际研究生学院正式启动，向澳大利亚、立陶宛、乌克兰等国家派出14名博士研究生，有25名教师获博士生导师资格。光电工程学院成为由省重点推荐申报国家外国专家局国际化示范推进计划项目。全国首个中乌合作办学机构—工大（科学院）基辅学院正式获批并实现招生。年度国际合作经费首次过亿元。2019年11月7日，由省科技厅、工大（科学院）主办，工大（科学院）激光研究所等承办的“中国——立陶宛先进激光技术及应用论坛”在济南开幕，签署工大（科学院）与立陶宛物理科学与技术研究中心科技合作协议。

【科研成果选介】

纳微复合梯度自润滑刀具设计制备关键技术与应用 该项目以陶瓷刀具产品研发为目标，将陶瓷刀具制造技术与功能梯度设计和纳微米复合技术相结合，自主研制开发能够兼顾减摩耐磨性能的新型梯度自润滑陶瓷刀具，在保持陶瓷刀具良好力学性能的条件下，通过引入固体润滑剂降低了切削力、切削温度和摩擦系数，提高了刀具使用寿命和加工质量。项目所研究的纳微复合梯度自润滑刀具设计制造技术及加工工艺具有高效、清洁、低耗等特点，已在多家机械加工、装备制造等领域企业中得到应用。该刀具可实现高速干切削，有效降低刀具材料的消耗，节约换刀时间，提高生产效率；减小摩擦与磨损，省去冷却润滑系统，减少设备投资，避免切削液造成的环境污染，实现清洁化生产，该项目获得2019年度山东省科学技术进步奖二等奖。

面向互联网健康发展的内容可控传播与可信保障关键支撑技术研发 该项目重点在网络内容可控高效传播和网络内容来源可信保障两个方面开展关键基础支撑技术研究和开发工作。项目研究并提出了软件定义网络内容传播控制体系与方法、软件定义网络全局路径编排算法、基于云计算的内容分发技术、域名系统安全评估、源地址验证测试和网络钓鱼检测方法，并研发了网络钓鱼发现与处置一体化服务平台。项目实现了网络内容的集中可控管理，解决了因内容集中所带来的网络带宽瓶颈问题，提升了网络资源利用率和内容传播效率。项目开展了公益性推广应用，主要包括：在中国联通、多家高校对网络内容可控高效传播技术进行了普及推广，规模覆盖了全国90%以上的省份；开展了长期的网络安全公益性工作，为中国反钓鱼网站联盟提供长期的数据支撑服务；参与了2017年党的十九大网络与信息安全保障工作；为中科院网络中心等多家科研机构和高校的网络基础实验平台建设和技术创新提供了支撑。项目部分成果获得了2017年度中国互联网协会“互联网公益奖”；中国工程院沈昌祥院士认为该项目整体处于国际先进水平。该项目获得2019年度山东省科学技术进步奖二等奖。

基于有机固废质能转换的产业化关键技术体系构建与清洁供能示范 针对制约有机固废质能转换的共性关键技术难题，提出了热解汽化燃气与生物天然气协同互补供能创新模式，开发了多元原料高浓度混合厌氧发酵技术和基于脱焦脱碳的定向热解汽化技术，解决混合原料组分复杂、调控困难及燃气焦油含量高、能量密度低、组分调质难等问题，构建了基于有机固废质能转换的产业化关键技术体系，解决了有机固废的综合消纳和资源化利用的难题，并以有机固废为对象实施清洁供能示范。项目技术已在多家企业进行了推广应用，为我国解决环境污染和资源可持续利用全局性战略发展问题提供可借鉴的技术途径，推动有机固废处理领域的科学技术进步。该项目获得2019年度山东省科学技术进步奖二等奖。

微通道换热器的传热机制、非线性振动与失效分析 开展微通道换热器内部传热机制、非线性振动与失效行为研究，对于解决COB LED芯片、激光器及航空航天等领域大功率光电器件的散热瓶颈问题，提高微通道换热器的传热效率和可靠性，探明了微通道内流动转捩提前机制，突破了微尺度换热实验加热和测温难以同步的难点，获得了定温和定热流加热下的高精度努塞尔数；首次建立了广义边界条件下直通道的三维非线性振动方程，获得了交叉、混沌动力失稳下的临界流速，提出了抑制振动的新型弯头；构建了不依赖坐标系统张量形式的广义界面理论模型，提出了独立于界面网格技术的界面失效模拟算法，成功将扩展等几何分析方法推广到微尺度薄壁结构的裂纹分析与预测；研制出了微通道换热器，率先解决了超大功率LED散热难题，实现了超大功率LED集鱼灯产业化。该项目获得2019年度山东省自然科学奖二等奖。

［齐鲁工业大学（山东省科学院） 尹 奥 魏明志］

哈尔滨工业大学（威海）

【概述】 哈尔滨工业大学（威海）［以下简称哈工大（威海）］作为哈尔滨工业大学（以下简称哈工大）一校三区统一规划，校园占地面积1860余亩。现有全日制在校本科生、硕士和博士研究生11000多人；设有11学院和1个教学部，有42个本科专业，其中9个新工科专业；与哈工大共享27个博士点和39个硕士点，单独设有船舶与海洋工程、海洋科学两个一级学科硕士点；拥有8个山东省重点学科，6个山东省特色专业，船舶与海洋工程和海洋科学是哈工大“985工程”重点建设学科；拥有国家首个浅海海上综合试验场、先进焊接与连接国家重点实验室威海分室、对海监测与信息处理工信部重点实验室、新一代海空天对海观测技术综合试验平台（在建）、海洋工程材料及深加工技术国际联合研究中心等国家级、省部级和市级以上科研平台、重点实验室或研究中心30余个。

【科研项目与经费】 2019年，哈工大（威海）科研经费达2.1亿元，师均38.7万元。纵向计划类项目获批104个，其中，参与国家重点研发计划17项；横向立项项目143个，500万元以上重大项目3个；基金类立项52个。

【科技成果】 2019年，哈工大（威海）取得各类科研成果共计1500余项，获得国家级奖项1项，省部级奖项5项。张洪涛教授完成特种焊接冶金机理与组织性能调控，获国家自然科学奖二等奖，张鹏教授完成旋转电机热控制新技术及应用项目，获黑龙江省技术发明奖二等奖，张盛平教授完成视觉特征的有效表示与学习，获黑龙江省自然科学奖二等奖，张焕洁教授完成基于新生态微界面特性的强化水处理技术，获黑龙江省技术发明奖一等奖，檀财旺副教授完成异种金属激光微焊接关进技术及产业化，获广东省科技进步奖二等奖；材料学院焊接系檀财旺副教授团队与大族激光科技产业集团股份有限公司合作完成的“异种金属激光微焊接关键技术及产业化”项目，荣获2019年度广东省科学技术进步奖二等奖。2019年，SCI收录论文484篇、EI收录论文551篇、SSCI收录论文17篇、CPCIS收录论文30篇，其中，有14篇文献成为高被引论文，2篇论文成为热点。授权发明专利80件，受理发明专利154件。计算机科学与技术学院青年教师齐元凯为第一作者、张盛平教授为共同通讯作者的论文“Hedging Deep Features for Visual Tracking”(组合深度学习特征用于目标跟踪）发表于国际期刊*IEEE Transactions on Pattern Analysis and Machine Intelligence*（IEEE T-PAMI）。IEEE T-PAMI是人工智能领域公认的顶级期刊之一，也是中国计算机学会认定的人工智能领域4个A类期刊之一，最新影响因子9.455。

【基础研究】 2019年，哈工大（威海）获批国家自然科学基金31项，基金专项项目1项，航发联合基金1项，其中，国家自然科学基金面上项目10项；青年基金20项；联合基金1项，获资助基金类直接经费1398万元。青年基金项目支持比例大幅提升，较2018年提高400%。轻质高强材料与智能装备团队成员初冠南教授获批国家基金委航天联合基金重点项目，哈工大（威海）为牵头单位，上海航天精密机械研究所为参与单位。项目针对某飞行器关键构件现有制造技术存在的形状精度差、可靠性低、无法整体制造的难题，提出了一种全新的制造思路——“超低压液力成形新方法”，实现了某飞行器在超临界服役环境中对构件的材料强度和可靠性的超高要求。该团队提出的“充压镦形技术”解决了车企非常青睐的高强/轻质材料的二次成型问题，并在生产能力上达到汽车行业的“高效率、高稳定性、高质量”的三高特性要求。

【应用研究与技术研究】 2019年，哈工大（威海）参与国家重点研发计划17项，计划到威海经费2124.9万元，其中，牵头项目2项，承担课题14项，参与1项。各类省级计划项目46项，其中，山东省重点研发计划（公益类）9项，总经费215万元；山东省重点研发计划（军民融合）2项，总经费350万元；山东省重点研发计划（重大创新工程）2 项，总经费 850 万元；山东省重点研发计划（国际合作）1 项，总经费 280 万元；山东省重点实验室考核优秀，经费 200 万元。徐晓飞教授任首席科学家，由哈尔滨工业大学、清华大学、北方工业大学、中科院软件所、上海交通大学、东南大学、中国科学技术信息研究所等 13 家优势院校、研究机构和企业共同承担的国家重点研发计划“现代服务业共性关键技术研发及应用示范”重点专项获批，该项目旨在服务互联网体系结构与价值链协同理论、价值知觉的服务互联网设计理论与优化技术、服务互联网云平台的运行机制与演化技术等，项目经费上千万元，实施周期是 3 年。

【科技创新平台建设】 2019 年，哈工大（威海）拥有国家首个浅海海上综合试验场、先进焊接与连接国家重点实验室威海分室、对海监测与信息处理工信部重点实验室、新一代海空天对海观测技术综合试验平台（在建）、海洋工程材料及深加工技术国际联合研究中心等国家级、省部级和市级以上科研平台、重点实验室或研究中心 30 余个。山东省焊接重点实验室通过评估，海洋与渔业局协同创新中心平台项目获批 3 项，威海市重点实验室新增 3 个。

【科技成果转化】 近 5 年来，哈工大（威海）与山东省开展产学研合作项目 900 余项，金额近 5 亿元，其中，与威海市开展的产学研合作 600 余项，合同金额近 3 亿元。2019 年，哈工大（威海）签订横向民品合同 201 项，合同额达 10377.29 万元。2019 年，哈工大（威海）汽车工程学院智能车辆团队与河北亿利橡塑集团就“汽车发动机智能检测平台和关键传感器研发项目”达成 630 万元的技术合作，并签订《亿利集团——哈工大汽车传感器联合研发中心协议》，研发中心于 2019 年 3 月正式运营。2020 年 3 月，汽车发动机智能检测模拟平台进入 3D 模拟阶段，并邀请计算机学院相关团队加入，未来该平台拟推广到多个行业，辅助高端智能装备生产线，提高质检质量与效率。2019 年 11 月 1 日，哈工大（威海）与威海市经济技术开发区共同成立威海经济技术开发区天智创新技术研究院。旨在充分整合科技资源，深化哈工大（威海）和威海经济技术开发区的合作，推进哈工大（威海）研究成果的产业化，推动威海经济技术开发区在船舶及装备制造、电子信息、计算机及软件、材料等领域研发能力快速提升，形成具有特色的机器人产品与智能制造产业，高端船舶及配套产业、智能电子信息及软件等产业。2019 年，共有 19 家企业入驻哈工大威海创新创业园，全年销售额 1.2 亿元，合同额 2.3 亿元。海洋学院张宇老师与哈工大（威海）、中节能兆盛环保有限公司合作，以货币资金出资方式创办山东兆盛天玺环保科技有限公司，注册资本 1000 万元，围绕环境监测传感器、水处理技术及装备、固废处理技术及装备开展研究。已实现高温好氧堆肥工艺的菌剂的产业化应用，并与国内多家市政、电力设计院开展广泛合作，多个示范工程稳定良好运行。2019 年，张宇入选泰山产业领军人才，公司全年实现销售收入 1500 万元，合同额达 1.02 亿元。

【科技人才队伍建设】 2019 年，哈工大（威海）引进教学科研岗教师 45 人，数量与质量均创近 5 年新高，其中，引进思政教师 8 人，招聘专兼职辅导员 17 人。申报高层次人才工作取得新突破，获批教育部青年长江学者 1 人、泰山学者特聘专家 2 人、泰山青年专家 4 人；获批山东省级优秀人才 10 人、山东省高校优秀青年创新团队 5 个、威海有突出贡献中青年专家 1 人。首次组织申报科技部人才推进计划中青年科技创新领军人才 5 人，科技部人才交流项目 1 项。

【科技合作与交流】 2019 年，哈工大（威海）科技发展处资助校内学术报告、讲座共计 69 人次。1 月，哈工大刘永坦院士荣获 2018 年度国家最高科学技术奖。7 月，科技部国际合作司副调研员刘华、省科技厅科技合作处副调研员刘春林一行在威海市对外科技交流中心主任汤占胜陪同下到校区考察工作。8 月，哈工大副校长、哈工大（威海）校长徐晓飞率团到上海外高桥造船有限公司、江南造船（集团）有限责任公司、沪东中华造船（集团）有限公司、中国船舶工业集团公司第七〇八研究所走访调研，就校企人才联合培养、精准就业、产学研合作等有关事宜与企业展开对接交流，并与相关企业负责人共同见证和签署了校企联合人才培养协议，出席就业实习基地揭牌等活动；10 月，哈工大副校长、哈工大（威海）校长徐晓飞教授在主楼一号会议室会见了来访的法国南特中央理工大学副校长福阿德·本尼斯教授、国际关系负责人安妮·弗丽蒙迪艾教授一行，双方就学生联合培养项目、科研合作等事宜深入交流。

［哈尔滨工业大学（威海） 王亚琦］

德州学院

【概述】 德州学院是省政府直属全日制综合性普通本科院校，主管部门为省教育厅，前身是 1971 年创建的德州师范专科学校，2000 年更为现名，开始举办本科教育。学校占地 2021 亩，建筑面积 68.2 万平方米，科研教学设备总值 2.22 亿元，馆藏图书 232 万册。现有全日制本专科在校生 26151 人，成人教育在校生 12920 人，联合培养硕士研究生 152 人。学校设 23 个学院，3 个研究院所，67 个本科专业，专业设置涵盖了经济学、法学、教育学、文学、艺术学、历史学、理学、工学、农学、医学、管理学 11 大学科门类。设有山东省重点实验室 1 个，省工程实验室 2 个，省高校重点学科、重点实验室、人文社科研究基地 7 个，省文化艺术科学重点学科 2 个。形成了以文理为基础，工科为重点，大力发展新兴和交叉学科，协调发展、特色鲜明的学科专业体系。

【科研项目与经费】 2019 年，学校获批各级纵向课题 90 项，其中，国家自然科学基金 6 项，省部级项目 41 项，经费到账 669.59 万元；与企事业单位签订横向课题合作协议 151 项，经费到账 815.72 万元。2019 年，到账科研经费共计 1485.31 万元。

【科技成果及选介】 2019 年，学校发表 SCI、EI、SSCI、CSSCI 收录论文 77 篇，其中，SCI 二区以上论文 21 篇，CSSCI 收录论文 16 篇。出版专著 19 部，取得发明专利 11 项。获批市厅级以上科研奖励 91 项，其中，泰山文艺奖美术作品类二等奖 1 项，山东省高校优秀科研成果一等奖 1 项、二等奖 4 项、三等奖 3 项。

一种基于石墨烯增敏的光纤甲烷传感器及制备方法 该发明涉及一种基于石墨烯增敏的光纤甲烷传感器，包括侧边抛磨光纤，所述侧边抛磨光纤的露出纤芯的表面涂有一层掺杂石墨烯的氧化锡薄膜。该发明利用氧化锡的气敏特性，并且石墨烯良好的吸附特性和原子厚度使得甲烷分子均匀并紧密的吸附在敏感薄膜内，实验显示在甲烷浓度从 0% 到 55% 与输出光强度有良好并且合理的线性关系，以及优良的可恢复性，然后通过纤芯与石墨烯的贴附，将倏逝波耦合到石墨烯波导表面形成复合波导，大大提高了光纤甲烷传感器的甲烷传感性和灵敏度。

纯滚动汽车转向机构 该发明提供了一种纯滚动汽车转向机构。纯滚动汽车转向机构是在普通齿轮齿条式转向器的基础上进行改造，将直线齿条改成特殊的曲线齿条，该曲线齿条的曲线形状是根据车轮外倾角、车轮前束、主销后倾角和主销内倾角的参数，在保证汽车各车轮的转向中心完全重合的前提下通过试验获得的。该发明的有益效果是，使汽车各车轮的转向中心完全重合，消除了汽车在转向时车轮的侧滑，转向沉重等缺陷。

一株银杏内生真菌及其应用 该发明从银杏树皮中分离到了具有抗宫颈癌活性的银杏内生真菌层生镰刀菌（Fusarium proliferatum）DZHQ1，通过菌落形态和 18sRNA 测序相结合的方法，判断菌株的种属，然后利用 MTT 法检测菌株粗提物的抗宫颈癌活性，最后利用半制备 HPLC 的方法，对抑制率大于 50% 的菌株的次级代谢产物进行分离，有助于筛选具有抗肿瘤活性的化合物单体。

一种促进杨树快速生长的方法 该发明属于植物种植领域，具体涉及一种促进杨树快速生长的方法。包括杨树断根处理，杨树断根处接种微生物菌剂，接种后用专用填埋材料回填，回填以后压实，1 ~ 2 天以后浇透水。该发明在断根的基础上，结合了微生物和各种适宜有机材料技术，可更好地促进杨树根际微生物存活，缩短杨树根系切口处的恢复，促进杨树新根生长，促进杨树材积积累，提高杨树产业的投入产出比，提高杨树的经济效益。

一种消除局部并行中小写操作的集中校验式盘阵列 该发明提出一种消除局部并行中小写操作的集中校验式盘阵列，实现主要包括数据布局、写操作方法、数据容错等 3 方面内容，其中，写操作方法又包括地址映射、异地数据更新、基于流水技术渐进生成校验。硬盘阵列 RippleRAID4 在单盘容错条件下，既保持了局部并行的节能性，又解决了局部并行带来的小写问题，能够极大提高写性能和整体性能，具有突出的节能效率。

【科技创新平台建设】 2019 年，学校成立 2 个国际合作科研平台，与马来西亚汉文化中心联合成立“中国·马来西亚古代海上丝绸之路义净研究中心”；与马来西亚博特拉大学联合成立“东盟研究中心”，并获批山东省外事研究与发展智库。学校获批 3 个市级工程实验室（研究中心）。“德州市食品加工高浓度有机废水处理及资源化利用工程实验室”“德州市物联网智能传感技术与应用工程实验室”“德州市猪健康大数据及智能信息检测工程研究中心”被德州市发展和改革委员会批准为德州市2019年工程实验室（研究中心）。与国外高校联合成立多个实验室（中心）。其中，与波兰格但斯克工业大学联合成立“机电工程联合实验室”；与英国切斯特大学联合成立“中国传统文化传播中心”；与俄罗斯科学院西伯利亚分院生物物理研究所联合成立“中俄国际生物物理联合实验室”；与俄罗斯别尔哥罗德国立科研大学联合成立“细胞与微生物联合实验室”和“新型药物制剂联合实验室”。

【学科建设】 德州学院将硕士学位授予单位建设作为学校学科建设的头等大事，大力实施学科提升计划，立项建设学科总体实力不断增强。生物学、中国语言文学两个一级学科授权点和生物工程、材料工程两个专业学位领域达到硕士学位授权点基本条件。科研经费由7.05万元提高到9.07万元。出台《德州学院关于赋予科研人员更大自主权的有关规定》，修订《德州学院“十三五”学科带头人和学术带头人管理办法》《德州学院“十三五”重点学科（实验室、研究中心）建设与管理办法》《德州学院科研经费管理办法》《德州学院学术交流活动管理规定》等文件，规范了科研与学科建设管理工作，调动了科研人员的积极性，激发了科研活力。

【科技人才培养与队伍建设】 2019年，学校新增山东省有突出贡献的中青年专家1人，德州市第8批有突出贡献的中青年专家1人，兼职引进“天衢英才”特聘教授3人，校内聘任“天衢英才”6人，通过绿色通道引进享受国务院特殊津贴的高层次人才1人，引进博士62人，学校拥有博士学位的教师达到329人；获批2019年山东省高等学校“青创人才引育计划”立项建设团队1个；生物物理研究院获得山东省教育系统先进集体。

【科技合作与交流】 2019年，召开了首次国际交流工作会议，与国外7所高校、教育机构新建合作关系，加入中俄合作办学高校联盟；举办“2019德州—中俄生物物理前沿交叉合作论坛”等中外学术交流活动；首次获批国家自然科学基金国际合作交流项目；开展校地、校企合作对接40余次，参与联合攻关、技术服务60余项，落实横向课题52项，新建各类合作平台25个，开展各类社会服务70多项；选派教授、博士参与企业产品研发、技术攻关30余项，落实合作项目6项。

（德州学院　王　磊）

菏泽学院

【概述】 菏泽学院于1949年建校，是在冀鲁豫区菏泽师范学校的基础上发展起来的，1958年改建为菏泽师范专科学校，2004年经教育部批准成立普通本科高校。学校现有4个校区，占地面积1436亩，建筑面积57.31万平方米，教学科研仪器设备总值1.60亿元，馆藏纸质图书211.44万册、期刊800余种，拥有电子图书248万册，数据库34个。具有硕士、博士学位的专任教师878人，具有高级职称的专任教师390人，从全国高校和科研院所特聘的专家学者8人。拥有山东省重点学科3个、工程实验室2个、工程技术研究中心2个、高校重点实验室1个，省高校青创人才引育计划建设团队1个，高校对接产业类协同创新中心1个，高校人文社科研究基地1个、中华优秀传统文化传承基地2个，人才培养模式创新实验区1个、实验教学示范中心1个，山东省高水平应用型专业群5个、特色专业6个、卓工计划专业2个、专业综合改革试点项目1个，近3年承担国家、省部级科研课题100余项，获发明专利40余件，获省部级科研奖励3项，具有比较雄厚的教师队伍和科学研究基础。

【科研项目与经费】 2019年，学校获省级以上科技项目11项，其中，国家级2项、省部级9项，科研经费总计172万元。学校全年共投入科技项目经费639万元。

【科技成果】 2019年，获得市厅级以上科技成果奖励68项；发表核心期刊以上科技学术论文146篇，被SCI、EI收录92篇；获得国家授权专利118件，其中发明专利14件。

【应用研究与高技术研究】 获批山东省重点研发计划项目3项：复合材料构件的阵列超声无损检测关键技术研究与应用，设施豇豆重茬土壤环境效应及抗重茬肥料开发与应用研究，基于分位数回归和极值理论的山东未来极端降水变化的短期预测研究，共获科研经费54万元。

【科技创新平台建设】 2019年，学校十大跨学科平台建设经费500万元，已划拨到各平台财务账户。在学校十大跨学科平台基础上，经过积极争取，获批市厅级以上平台11个，其中，2019年，获批山东省工程实验室1个（山东省能源化工与污染控制工程实验室），山东省高等学校对接产业类协同创新中心1个（鲁西南特色高效循环生态农业协同创新中心），山东省高校青创人才引育计划建设团队1个（应用生物技术创新团队），山东省中华优秀传统文化传承基地1个（山东梆子），菏泽市工程实验室2个，菏泽市重点实验室5个。非物质文化遗产研究院、先进动力技术研究院相继成立，积极推进牡丹研究院、环境与新能源研究院、菏泽文化研究院冲击国家级、省部级平台，推进中国牡丹应用技术研究院建设。经过认真调研和科学论证，在现有校级省级平台基础上，与山东悦如农业发展有限公司、菏泽尧舜牡丹生物科技有限公司、山东铁雄新沙能源有限公司、曹县正道牧业科技有限公司等地方重点企业合作，联合申报新建山东省协同创新中心3个（山东省油用牡丹全产业链生产加工集成技术创新中心、山东省清洁能源与先进催化技术创新中心、山东省青山羊良种繁育工程技术创新中心）。化学化工学院李凤海博士牵头申报山东省重点实验室1个（山东省洁净煤技术与资源循环重点实验室）。

【科技人才培养与队伍建设】 2019年，学校有博士研究生导师2人，硕士研究生导师31人，其中新增6人；在读联合培养硕士9人，其中新增3人。贯彻落实《山东省关于加强省内教育扶贫协作的指导意见》，主动开展好协作对接工作。积极推进落实省教育厅和菏泽市共建菏泽学院协议，不断深化省内6所重点高校对口帮扶工作，主动对接，将帮扶工作项目化、具体化，推进学校内涵建设和高质量发展。结合科技特派员及学校专项扶贫乡镇，推进科技扶贫项目落地，获批山东省重点研发项目（特派员专项公益计划）1项，获国家首批农村产业融合示范园子项目1项。涌现了李建奇、王善波、赵贵红等一批科技扶贫先进工作者，学校作为优秀组织单位，被山东省通报表扬。

【学术交流】 2019年，积极推进学术交流活动，邀请顾秉林院士等专家学者到校开展学术报告50余场次。2019世界牡丹大会牡丹栽培技术发展分论坛在牡丹大酒店举行，市委副书记张伦出席论坛并致辞，菏泽学院党委副书记、院长姜同松主持论坛。日本岛根大学教授青木宣明，荷兰著名牡丹种植专家Richard Windhorst，韩国园艺协会会长郑秉龙等7位中外专家学者就牡丹文化、促成栽培和迟滞培养体系、科技创新驱动牡丹产业转型升级发展，以及牡丹产业未来发展等相关问题作了专题发言。积极创新学术交流方式，加强校际合作交流，做好学术交流的常态化和多样化，人文与新闻传播学院组织重华论坛、外国语学院组织的明德论坛，加强了校内的学术交流，取得良好成效。鼓励教师外出学习、进修，参加国内外学术会议，开拓思路、扩展视野，提高教师的业务素质及科研水平。2019年，学校教师外出参加各级各类学术会议200余人次。

（菏泽学院　刘　学）

责任编校：张玉华

科研院所科技发展

KEYAN YUANSUO KEJI FAZHAN

中国科学院海洋研究所

【概述】 中国科学院海洋研究所（以下简称海洋所）始建于1950年8月1日，是从事海洋科学基础研究与应用基础研究、高新技术研发的综合性海洋科研机构，是国际海洋科学领域具有重要影响的研究所。

【科研重点与计划】 2019年，海洋所坚持面向海洋科技国际前沿、国家战略需求和国民经济主战场，按照“陆海统筹、近海大洋统筹、科学与技术统筹、科学与社会发展统筹”的发展思路，深入实施“一四四”规划，强化“十三五”海洋领域布局，致力于综合性海洋科学基础研究和技术研发，立足近海环境演变与生物资源可持续利用的理论创新与关键技术的综合交叉与系统集成，拓展深海环境与战略性资源探索的先导性研究，重点在海洋生物资源认知创新、技术突破与绿色发展，中国近海生态系统演变机制与生态灾害防控，热带西太平洋环流变异及其对气候、环境的影响，深海极端环境探测和生命过程研究方面取得重大突破，同时重点培育西太平洋地质演化及其资源环境效应、海洋生物整合组学创新与应用、海洋生物多样性与系统进化、海洋环境腐蚀与生物污损控制技术等学科方向。

【科研成果】 2019年，海洋所深入实施“一四四”规划，聚焦深海大洋、近海环境和海洋生命等重大科学问题，取得重要进展和有影响的科技成果。海洋大科学研究中心建设稳步推进，中国科学院、山东省、青岛市成立三方共建海洋大科学中心理事会，正式签署三方共建协议，加快推动海洋大科学中心建设工作；中心自筹经费围绕战略研究、前沿交叉和关键技术三大方向启动实施首批自主部署项目，与烟台、威海、东营分别共建烟台产业技术创新与育成中心、威海海洋生物产业技术研究院、东营黄河三角洲生态保护与资源可持续利用研究院；海洋所“近海赤潮灾害应急处置关键技术与方法”项目荣获2019年度国家技术发明奖二等奖，成为该年度海洋科学领域唯一技术发明类奖项；完成西太平洋卡罗琳海山综合调查航次，ROV下潜19次，水下作业时间超过150小时，共获取深海巨型生物标本860号超过255种生物、岩石85块，是迄今为止获取生物量最多的海山航次，为中国深海生物多样性研究保护和资源开发利用提供科技支撑；首次实现深海6000米大水深数据北斗卫星实时传输，突破双向通信技术，实现观测频率可调，显著提高了西太平洋科学观测网深海数据实时传输的安全性、自主性和可靠性，并在若干重要领域得到实际应用。2019年，海洋所全年在研项目832项，新增各类项目课题450项，其中获批国家重点研发计划项目3项，国家自然科学基金项目80项，山东省重大科技创新工程项目5项，策划中科院B类先导专项获批立项。共出版专著13部、398万字，发表论文870篇，其中SCI、EI收录756篇。申请专利140件，其中国内发明专利118件、国际专利3件；授权专利84件，其中国内发明专利64件。共获得各项科技奖励10项，其中国家技术发明二等奖1项、山东省自然科学一等奖1项、海洋科技奖一等奖2项等。

【科研合作与科研成果转化】 2019年，海洋所已经与山东蓝色海洋科技股份有限公司、中海油田服务股份有限公司、山东卫康生物医药科技有限公司等一大批行业龙头或骨干企业建立了良好合作关系，初步形成从北到南，覆盖中国沿海区域的院地合作链条。结合中科院STS网络计划，与辽宁、天津、山东、江苏、浙江、福建、广东等地企业开展项目合作，与地方企业新签订产业类技术合作项目142项；与中国最大的海带生产龙头企业山东寻山集团及国内最大的裙带菜生产企业大连海宝渔业有限公司开展紧密的院地合作，良种种苗培育数目创历史新高；海洋所牵头，与天津工业生物技术研究所等单位承担的中国科学院STS区域重点项目“福建重要海产品产业化关键技术集成与示范”顺利通过验收。集成并示范推广现代海洋农业技术10余万亩；培训海洋产业相关技术人员100余人；参与申报协同创新中心3个。突破了贝类、海参等关键种苗种扩繁技术，与国内有关单位联合选育的第3个国家级杂交扇贝“青农金贝”获水产新品种证书，是国内第1个富含类胡萝卜素的雌雄同体型扇贝新品种；培育的刺参新品种“东科1号”在黄渤海100余家企业得以推广，推广应用2.6万亩；突破了近江牡蛎苗种规模化繁育与中培技术，近江牡蛎养殖链条全面构建完成；自主研发了复层矿脂包覆防腐技术；攻克了海上风电超大直径塔桩与海洋平台异型结构防蚀保护罩设计、制作与搭接的技术难题；研制了绿色氧化自聚合型乳剂，突破了长效抗老化技术瓶颈，防护寿命大于30年，为企业节约维修维护费用超过1

亿元。“近海赤潮灾害应急处置关键技术与方法”相关技术在美国佛州其萨拉索塔乡沿岸示范应用；就改性黏土技术与秘鲁签署多份合作协议；为海带主栽培区山东和辽宁培育了多个优质海带新品种（系），有力促进了中国北方海带栽培产业的提质增效；与水母娘娘海洋生物科技有限公司共同签署项目协议，“水母活性肽与蜇伤解毒剂”成功实现转化。

【科技平台建设】 2019年，海洋所不断加强创新平台建设，极大提升了研究所服务科学研究、区域产业和经济发展的支撑能力。依托科技平台“海洋生物制品开发技术国家地方联合工程研究中心”，成功研制出水母蜇伤解毒剂，该成果的成功转让，彰显了海洋生物活性物质在医用健康等方面的广阔应用前景；在原有海昆肾喜胶囊治疗肾衰基础上，构建了具有神经保护作用的海洋糖库，为抗帕金森病的海洋药物筛选提供了依据；海洋所依托该平台还开展了广泛的国内外技术交流活动达到20人次，对企业技术人员和种植、养殖从业人员进行了培训，共计30余人次。海洋所积极申报并获得建设山东海洋科技成果转移转化中心（海洋创新创业共同体），与青岛国家海洋科学研究中心等有关单位签订合作建设协议；先后与挪威康斯伯格和安德拉、德国CONTROS、国内中海辉固、上海中车艾森迪、上海瑞尔等国内外知名企业建立联合研发中心，开展海洋传感器、水下机器人等关键核心技术攻关，引导山东海洋产业向高端核心零部件制造和信息技术服务等具有高附加值的产业链上游迈进。国内首套具有智能剖面观测能力的三锚式浮标综合观测平台顺利完成布放，第一时间参与“安比”台风观测工作。海洋所积极参与青岛海洋科学与技术国家实验室的建设与运行管理工作，组织承担多项鳌山科技创新计划项目和鳌山科技人才计划项目。中国科学院海洋大科学研究中心探索构建“1（重大科技基础设施集群）+X（核心科学家团队）+N（重大科技任务）”的关键核心技术攻关创新组织模式，加快推动中科院先进科技创新设施、优势科技创新团队、重大科技创新成果等要素向山东集聚，2019年，中心获批科技部重点研发计划支持5项、国家自然科学基金委重大研究计划支持6项、军委科技委基础加强重点研究计划1项、中科院战略性先导科技专项项目2项；为引导和加强前沿交叉和关键技术学科方向布局，中心自筹经费3940万元，重点围绕战略研究、前沿交叉和关键技术三大方向进行自主项目部署，收到118份项目申请，首批资助来自10家单位的30个项目，“科学”号高端用户项目收到56份项目申请，择优资助18项，经费800万元。2019年，海洋所加快推进海洋学院筹建工作，教育教学体系基本构建完成。

【科技人才培养与队伍建设】 2019年，海洋所多人入选“国家重大人才工程”和山东省“泰山学者”等人才项目。加大青年人才培养力度，继续实施“汇泉青年学者”和“优青计划”人才项目。截至2019年底，海洋所在职职工742人，其中专业技术人员666人。拥有中国科学院院士2人、中国工程院院士1人。新世纪“百千万人才工程”国家级人选6人，中国科学院“百人计划”学者23人，国家杰出青年基金获得者7人，山东省“泰山学者攀登计划”人选3人、山东省“泰山学者”特聘专家13人、山东省“泰山学者”海外特聘专家2人、山东省“泰山学者青年专家计划”5人。仅2019年，2人入选山东省“泰山学者攀登计划”、1人入选山东省“泰山学者”特聘专家、3人入选山东省“泰山学者青年专家计划”，引进中国科学院“百人计划”A类2人、C类2人，3人入选中国科学院青年人才促进会会员。年内新进站博士后55人，出站49人。21人获中国博士后科学基金项目资助，5人获山东省博士后基金项目资助。海洋所是国务院学位委员会首批批准的博士、硕士学位授予单位和中国科学院博士研究生重点培养基地，具有博士研究生导师审定权。现有博士研究生导师90人，其中1人次获得中科院院长特别奖导师奖。2019年在读研究生601人，其中博士321人、硕士280人。有133人次分别获得中国科学院大学三好学生（106人次）、优秀学生干部（15人次）、三好学生标兵（6人次）与优秀毕业生（6人次）；30人次分别获得国家奖学金（15人次）、中国科学院优秀博士学位论文（1人次）、中国科学院院长奖（4人次）、地奥奖学金（2人次）、刘瑞玉海洋科学奖（8人次）等奖励。研究生出国交流32人次；毕业博士研究生74人，毕业硕士研究生41人，就业率95.1%。

【国际合作与交流】 2019年，海洋所深化国际交流合作，服务“一带一路”倡议。深化并拓展与印尼、菲律宾、俄罗斯、葡萄牙、巴布亚新几内亚等“一带一路”沿线国家（地区）在海洋生态牧场、多尺度过程与全球变化、生物多样性、深海和极地、生态灾害防控和生物资源利用等方面的合作研究，有力推进中葡星海联合实验室、中俄联合研究中心等海外基地建设。巩固与美国、澳大利亚等发达国家一流海洋研究机构的合作，积极拓展与德国、日本等海洋研究机构在海洋地质、物理海洋、生态环境保护等领域的合作交流。与欧洲、亚洲、大洋洲近10个国家开展了20余场所级研讨会与会晤，新签订或续签所级合作备忘录近10份。组织申报科技部、科学院项目及国际人才计划20余项，获批科技部国家重点研发计划政府间国际科技创新合作重点专项1项、科技部发展中国家杰出青年科学家来华工作计划1项及中科院“一带一路”科技合作专项、国际人才计划2项。

（中国科学院海洋研究所 付 佳）

中国科学院青岛生物能源与过程研究所

【概述】 中国科学院青岛生物能源与过程研究所（以下简称青岛能源所）是由中国科学院、山东省人民政府、青岛市人民政府三方共建并纳入中国科学院“知识创新工程”管理序列的国立科研机构，2006 年 7 月开始筹备建设，11 月通过共建三方验收，2011 年中国科学院与青岛市人民政府签署建设研究所“二期”协议。2019 年 6 月，中科院、山东省、青岛市签署共建协议，以青岛能源所为依托筹建山东能源研究院，建设方案通过省政府常务会议、省委常委会和中科院院长办公会议审议。青岛能源所坚持创新驱动与需求牵引相结合、原始创新与集成创新并重，聚焦新能源与先进储能，兼顾新生物和新材料领域，开展战略性、基础性、前瞻性和系统集成重大创新研究，突破领域前沿科学难题和核心关键技术，提供重大创新成果和系统解决方案，在满足国家和区域重大需求方面发挥不可替代作用，不断为国家和区域经济社会发展作出重大贡献。

【科技创新平台】 2019 年，青岛能源所共建有中科院生物燃料重点实验室、中科院生物基材料重点实验室、山东省合成生物技术创新中心、山东省能源生物遗传资源重点实验室等 18 个省部级平台及 1 个国家级技术转移示范机构。

【科技人才培养】 2019 年，青岛能源所共有在职职工 522 人，其中科技人员 425 人、科技支撑人员 59 人，包括研究员及正高级工程技术人员 53 人、副研究员及高级工程技术人员 109 人；全所进入创新岗位 290 人。共有国家海外高层次人才引进计划入选者 7 人（新增 2 人）；国家杰出青年科学基金 3 人，国家优秀青年科学基金 3 人（新增 2 人）；科技部创新人才推进计划 3 人（新增 1 人）；中国科学院人才计划入选者 18 人。青岛能源所现设有生物学、材料科学与工程、化学工程与技术等 3 个一级学科博士培养点，生物工程、材料工程、化学工程 3 个专业学术点在内的 9 个硕士研究生培养点，并设有生物学、化学工程与技术两个专业一级学科博士后流动站，共有在读研究生 211 人（其中硕士生 89 人、博士生 122 人），在站博士后 64 人，留学生 29 人。

【科研项目】 2019 年，青岛能源所共有在研纵向项目 459 项（包括新增项目 118 项）。其中，主持国家重点研发计划项目 4 项（新增 1 项），课题 5 项（新增 2 项），其他承担或参与科技部项目 16 项（新增 3 项）；参加国家自然科学基金重大项目 1 项、国家自然科学基金重点项目 3 项、面上项目 76 项（新增 15 项）、国家杰出青年科学基金项目 3 项、国家优秀青年科学基金项目 3 项、国家自然科学基金联合基金重点支持项目 2 项（新增 1 项）、国家自然科学基金国际组织间合作研究项目 8 项；承担国家级青年人才计划 1 项；新增主持国家自然科学基金委重大科研仪器研制项目 1 项；主持中国科学院战略性先导科技专项课题 1 项，承担子课题 8 项（新增 3 项）；主持（或承担）院重点部署项目 3 项、院前沿科学重点研究项目 3 项、院科研装备研究项目 2 项（新增 1 项）、院固定资产投资项目 1 项；主持院弘光专项 1 项，承担院 STS 项目 9 项（新增 5 项）；承担山东省自然科学基金重大基础研究项目 15 项；承担山东省自然科学基金重点项目 1 项；承担山东省自然科学基金杰青项目 5 项（新增 1 项）。

【科研成果】 2019 年，青岛能源所发表科研论文 399 篇，其中 391 篇（93%）发表在 SCI 检索期刊上，139 篇（IF>5，34.8%）发表在 *Nat. Commun*、*JACS*、*Angew. Chem. Int. Ed*、*Advanced Materials* 等 Top10 期刊上。申请专利 309 件，PTC 专利 10 件；授权专利 84 件（含美国 2 件，澳大利亚 1 件）。积极服务地方经济发展，推动 1，3 丁二醇、三素综合利用、土曲霉产 Monacolin J（降血脂药物）、木塑铅笔等 5 项项目实现了产业化示范；生物天然气技术在江苏徐州、吉林松原、河南信阳推广示范 3 项。新增横向经费合同额 5139.5 万元，推动与鲁抗、兖矿、潍柴、汉河等一批龙头企业开展实质性合作。联合地方政府共建产业育成基地（10 万平方米）。全院首批（第 10 家）通过《科研组织知识产权管理规范》（GB/T 33250—2016）国家标准认证。获批山东省典型军民融合企业（单位）。获第四届中国创新挑战赛优胜奖项目 1 项。

【国际合作与交流】 2019 年，青岛能源所构建了完善的国际合作网络，与波音、宝洁、壳牌、道达尔等世界 500 强企业及美国可再生能源实验室、牛津大学、慕尼黑工业大学等知名科研机构、大学建立科技合作。2019 年发起“电动汽车动力系统合作联盟”，组织“首届中—日新能源车用动力电池论坛”。举办“博鳌亚洲健康论坛—微生物组学国际研讨会”等国际高端学术论坛，开展“樱花计划”培训班、中德生物技术对接会等“走出去”活动。

（中国科学院青岛生物能源与过程研究所 丁 娜 张瑞东 陈 震）

中国科学院烟台海岸带研究所

【概述】 中国科学院烟台海岸带研究所（以下简称烟台海岸带所）是由中国科学院与山东省、烟台市共同筹建的资源环境领域的国家级研究机构。2006 年筹建，筹建期名为中国科学院烟台海岸带可持续发展研究所（筹），2009 年 12 月通过验收，正式成为中国科学院序列的研究所，2017 年 3 月，与中国科学院海洋研究所融合发展。2019 年，烟台海岸带所深入推动实施研究所“一三五”发展规划，落实与海洋研究所的融合发展，推动海洋大科学研究中心建设，初步实现科技创新工作的高质量发展，获得山东省“富民兴鲁劳动奖状”和烟台市“十佳驻烟单位”。

【科研重点与计划】 2019 年，烟台海岸带所新增各类科研项目 115 项，年度科研项目经费突破亿元。成功申报“蓝色粮仓科技创新专项”“主要经济作物优质高产与产业提质增效科技创新专项”2 项国家重点研发计划项目。瞄准产业化需求，对已有成果进行梳理集成，提出“1∶2”资源配置模式，烟台海岸带所自主前沿部署 1 倍经费，企业配套 2 倍经费，推动成果的产业化和实用化。积极参与推动海洋大科学中心建设，参与核心科研单元和交叉研发集群等创新团队建设，承担 6 项海洋大科学中心重点项目。

【科研成果及选介】 2019 年，烟台海岸带所发表 SCI 收录论文 271 篇，SCI 收录论文篇均被引频次达 17.45，居院资源环境领域研究机构前茅；申请专利 90 件，授权 67 件，软件著作权登记 10 项；推出新产品 5 种，创历史新高；研究所团队新获省部级、学会级科技奖励 6 项，其中山东省自然科学奖一等奖 1 项，海洋工程科学技术奖一等奖 1 项，海洋科学技术奖一等奖 1 项，中国产学研合作创新与促进奖 1 项。

海岸带污染防控与生态修复关键技术的基础研发与工程应用 该项目建立了微地形营造—水位控制的退化滨海湿地生态恢复技术体系，在黄河三角洲国家级自然保护区开始推广，建成恢复示范区 1000 亩，在此基础上，提出了面向滨海湿地生态服务功能的水文连通性、生境异质性和生物多样性的“健康滨海湿地”理论与技术模式，丰富和发展具有区域特色的滨海湿地生态学；探明了滨海水体黑臭演化中的关键驱动机制，提出了通过“控硫”实现水质改善的科学理论，创建了高盐、重污染及强水力扰动（潮汐）滨海黑臭水体的原位修复及水／泥共治技术体系，先后在环渤海地区完成了 24 项滨海黑臭河道综合治理及应急处理重大示范化工程，实现了千吨级 COD 和百吨级氨氮的陆源减排。此项目获 2019 年度中国产学研合作创新成果奖一等奖。

海岸带生物资源保育利用 该项目建立了海岸带特色生物资源库，提出渤海核心微生物组假说；解析了海藻和大型底栖动物的时空分布规律，建立了海洋蓝藻适应光质光强的模型；瞄准海岸带生物产业绿色发展与转型升级需求，稳步推动生物产业技术转化，推出了“医用冷敷凝胶”“复合膳食纤维粉”“野生欧洲越橘海藻面膜”“天然可食用花青素口红”“欧洲越橘海藻果汁”5 项新产品。成果“海岸带功能微生物资源发掘与生物转化技术应用”获 2019 年度海洋工程科学技术奖二等奖；成果“微藻产业转型升级关键技术体系的建立及应用”获 2019 年度中国产学研合作创新与促进奖优秀奖；成果“海洋生物胶原食品健康功能和生物材料功效的精准应用”获 2019 年度海洋科学技术奖一等奖；成果“海洋功能微生物酶资源的开发与转化技术研究”获 2019 年度海洋科学技术奖二等奖。

【科研平台建设】 2019 年，烟台海岸带所依托院“修购专项”建设、CERN 网络台站建设、近海观测网建设及中科院科考船队（大科学研究中心）建设的支撑，夯实基础并吸引院外资金，不断壮大烟台海岸带所以“一所一船两站”为基本架构的科研支撑体系，初步构建了环渤海立体环境监测网。依托中国科学院黄河三角洲滨海湿地生态试验站、中国科学院牟平海岸带环境综合试验站，烟台海岸带所科研支撑能力持续提升，在健康滨海湿地理论与技术模式、近海微塑料污染特征与风险评价等方面取得突出进展，均纳入中科院推选国家野外台站申报序列。“创新一”号近海综合科学考察船顺利完成中科院海洋大科学研究中心“健康海洋”工程等科研任务。针对黄河三角洲农业高新技术产业示范区盐碱地农业发展的需求，黄三角农高区提供规划新址 340 亩，2019 年已完成首批野外定位监测仪器安装调试。与烟台市政府、烟台经济技术开发区管委共建的中科院烟台产业技术创新与育成中心，已完成前期筹备审批工作。

【科技人才培养与队伍建设】 2019 年，烟台海岸带所落实院“1+3”改革要求，实行特别研究助理的人员聘用制度，推动新引进人员的有序流动；配合特别研究助理的招聘，实施优秀博士后激励计划；优化研究组考核制度，建立定量考核和定性评估相结合的考核方式。通过地方科技部门拓展人才项目申报渠道，提升项目申报的成功率，2019 年，2 名外籍青年人才获博士后外籍交流项目支持，2 人入选烟台市“双百计划”，3 人获山东省和烟台市“有突出贡献的中青年专家”荣誉称号。研究生教育中，1 人获院长特别奖，1 人获院长优秀奖，1 人获院优秀博士论文奖。以海洋大科学研究中心建设为契机，拓展与山东省教育厅的合作，积极争取与高校联合培养研究生专项单列指标。

【科技咨询与服务】 2019 年，烟台海岸带所围绕海岸带生态文明建设与可持续发展，发挥科技创新智库作用，积极建言献策，规划咨询及民生建言方面形成特色，20 余个咨询建议被省部级及以上部门采纳。提出的“关于促进我国海洋经济信息化建设的建议”被全国政协采用；提出的“关于推进实施渤海全面禁渔的建议”“打好‘渤海综合治理攻坚战’中要严格控制船舶污染的建议”“关于做好渤海综合整治攻坚战配套制度保障的建议”“极端气候条件下破解黄河三角洲滨海湿地生态环境脆弱性难题的建议”“关于加快推进我国抗生素滥用整治的建议”等 10 余篇建议被山东省政协采用；“关于加快推进长岛海洋生态文明综合试验区建设的建议”得到山东省委书记刘家义批示；“关于成立山东救生救援协会的建议”得到山东省副省长凌文批示。

【科技合作与交流】 2019 年，烟台海岸带所依托领域平台，加强国际交流合作，积极推动未来海岸（Future Earth Coast）东亚国际项目办公室（IPO）等平台建设，推动与德国亥姆霍兹联合会海岸带研究所（HZG）、俄罗斯科学院应用物理研究所（RAS–IAP）、美国国家环保署（EPA）的项目合作，与德国莱布尼兹波罗的海海洋研究所（IOW）签署合作备忘录。

（中国科学院烟台海岸带研究所　杨少丽　王　德）

中国农业科学院烟草研究所

【概述】 中国农业科学院烟草研究所（以下简称烟草所）始建于 1958 年，1959 年 4 月增名“山东省烟草研究所”，1987 年经国家科委批准增挂“中国烟草总公司青州烟草研究所”牌子，受中国农业科学院、中国烟草总公司和山东省人民政府领导，主要开展烟草农业科学研究和成果转化工作。中国烟草遗传育种研究（北方）中心成立于 1999 年，为非独立法人科研事业机构，挂靠烟草所。烟草所建有 19 个国内创新平台和 3 个国际合作平台；青岛中烟种子有限责任公司、上海烟草集团有限责任公司原料研究一室等科技成果转化平台也设在烟草所。截至 2019 年底，烟草所在职职工 188 人，其中专业技术人员 171 人，45 岁以下专业技术人员 121 人；正高级职称 31 人，副高级职称 62 人，中级职称 72 人，中级以下 6 人。具有博士学位 74 人，硕士学位 67 人，本科及以下 30 人。享受政府特殊津贴专家 12 人，农业农村部和山东省突贡专家 3 人，烟草行业学科带头人 2 人，中国农业科学院“农科英才”3 人，中国农业科学院创新团队首席科学家 7 人，柔性引进高层次人才 2 人。

【科技创新】 2019 年，烟草所聚焦世界一流学科和一流科研院所的“两个一流”建设目标，在植物生长发育调控、烟草病害流行与控制、植烟土壤维护与修复、烟草有益功能成分合成等领域取得了 4 项理论突破；在烟草全基因组模块化育种技术、烟草主要病虫害绿色防控技术、烟草化学肥料减施增效技术、烟草有益功能成分综合利用技术等方面取得了 4 项技术突破。国家烟草种质资源中期库新收集烟草种质资源 187 份，新编目珍贵药烟资源 136 份。新增各类纵向项目 45 项，其中国家自然科学基金项目 7 项（面上项目 2 项），山东省自然科学基金项目 9 项，山东省农业技术重大创新项目 1 项，中国烟草总公司重大专项项目 3 项。第一单位发表学术论文 136 篇，其中 SCI 收录论文 72 篇；获得省部级科技成果奖励 3 项，其中二等奖 2 项；通过审定烤烟新品种 2 个；获授权国家发明专利 15 件，实用新型专利 9 件，软件著作权 10 件；

出版著作 10 部；制定国家标准 29 项。

【科技平台】 2019 年，烟草所依托“中国农业科学院青岛特种作物研究中心”，与山东省大蒜工程技术研究中心在大蒜种质创新、连作障碍治理、病虫害绿色防控等领域开展了合作。“农业农村部烟草生物学与加工重点实验室”“中国烟草种质资源平台”“烟草行业烟草基因资源利用重点实验室”“烟草行业烟草病虫害监测与综合治理重点实验室”等创新平台运行良好。农业农村部质量安全中心获得全国生态环保优质农业投入品（烟草和特种作物）评价技术中心、全国名特优新农产品（烟草和香辛料）全程质量控制中心资质，并围绕辅助培育名特优新农产品积极开展工作。依托新更名的农业农村部烟草和香薰植物产品质量安全风险评估实验室（青岛），开展了薄荷、艾草、薰衣草等香薰植物产品领域研究，揭示了热加工厚皮甜瓜汁挥发性异味的分子形成机制和普洱茶渥堆发酵过程中香气成分转化累积规律。

【科技成果转化】 2019 年，烟草所通过承担科技项目、举办各类技术培训、专题讲座、现场咨询等形式多样的科技服务工作，加速推动科技成果转化。育成烤烟新品种中川 208、中烟 300 在全国进行示范种植；成功育成“零”烟碱材料，探索了烟叶作为饲料的可行性；在全国建设绿色防控综合示范区 584 个，面积 172.31 万亩，辐射全国 54.66% 的植烟面积，主推了 6 项技术，示范区、辐射区亩均化学农药用量与 2015 年相比减少 67.35%、60.59%；在三大烟区集成示范推广烟草化肥减施技术 25 万亩，肥料利用率平均提高 15%。建立了特种作物资源圃，构建了太子参无毒苗高效扩繁和金线莲无土栽培体系，开展菰米—鸭—鱼立体种养模式和大蒜繁育、油菜水稻轮作模式等研究，积极探索推广“烟草 +”惠农增收高效种植模式。

【人才培养】 2019 年，烟草所柔性引进高层次人才 1 人，培育 1 人入选中国农业科学院第三批“青年英才计划”培育工程；新引进博士后、博士 5 人；新晋升正高 4 人，副高 14 人；在站博士后 20 人，获得中国博士后创新创业成果大赛团队组优胜奖，4 人获山东省博士创新项目和青岛市博士后应用项目；在读博士研究生、硕士研究生、外国留学生 150 余人，2 名研究生获国家奖学金，2 名研究生被推荐为中国农业科学院优秀毕业论文候选人。

【合作交流】 2019 年，烟草所在已有中美、中加两个国际合作平台的基础上，新建“中美合成生物学联合实验室”“中英生物资源高值利用联合实验室”2 个国际合作平台。与美国弗吉尼亚大学签订协议，双方确定柔性引进人才迈克尔·蒂姆科（Michael P.Timko）教授，开展植物功能基因组和烟草次生代谢调控研究。5 名科研人员获得 2019 年国家公派访问学者项目资助，与荷兰瓦赫宁根大学及比利时列日大学联合培养博士研究生 6 人，全年邀请法国国家科学研究院、德国杜塞尔多夫大学等专家学者 6 批次来所交流合作，派出 16 批 24 人次出国学习和交流。

（中国农业科学院烟草研究所　张　宇）

中国水产科学研究院黄海水产研究所

【概述】 中国水产科学研究院黄海水产研究所（以下简称黄海水产所）系农业农村部所属综合性海洋水产研究机构，主持承担各级各类科研课题 509 项，在研课题合同总经费 6.79 亿元，2019 年累计到位经费 16273.1 万元。主持 973 计划项目 1 项、973 计划课题 1 项，国家重点研发计划项目 13 项（包括政府间国际科技创新合作重点专项 3 项），国家重点研发计划课题 21 项，国家自然科学基金重点项目 2 项，优秀青年基金 1 项，共享航次计划项目 1 项，国际合作与交流项目 1 项，面上及青年等各类项目 56 项。产业技术体系 1 个首席科学家岗位，19 个科学家岗位。2019 年黄海水产所研究分析新时期农业农村部关于渔业绿色高质量发展、山东加快海洋强省建设及青岛发动“海洋攻势”，打造“一带一路”国际合作新平台带来的新机遇新要求新任务，紧紧围绕“一流院所、三个基地”的总目标，按照黄海水产所“十三五”“改革创新，顶天立地，人才优先，协同发展”的工作主线，以构建学科、项目、平台、团队、成果一体化发展的创新体系建设为抓手，积极投身新时期渔业创新发展实践，圆满完成全年各项工作任务，为发展和建设国际一流的现代化创新型研究所，支撑渔业绿色高质量发展及乡村全面振兴做出新贡献。

【科研项目】 2019 年，黄海水产所申报各类课题 214 项，新上各类科研项目（课题）204 项，合同总经费 24569.94 万元。在 2019 年国家自然科学基金项目申报中，获批共享航次计划项目1项，共享航次计划战略研究项目1项，面上及青年项目15项，资助直接经费955万元。申请科技部“蓝色粮仓”重点研发专项，获批项目4项，课题8项。截至2019年底，共承担“蓝色粮仓”专项重点研发计划项目8项，课题16项，为“十四五”产出重大科研成果并保持领先地位奠定了坚实基础。

【科研成果及成果选介】 2019年，黄海水产所共获各级各类科技奖励17项，其中获山东省一等奖1项、二等奖1项，中华农业科技二等奖1项，全国农牧渔业丰收奖1项等。发表论文418篇，其中SCI或其他英文期刊收录论文222篇。申请受理专利66件（发明59件，实用新型7件），获国家授权专利52件（发明36件，实用新型16件），获软件著作权31件。共有16个项目通过阶段性现场验收，74个项目通过结题验收，通过评价成果7项。“虾蟹多营养层次绿色养殖关键技术与示范”“浅海多营养层次综合养殖模式的创建与应用”分获2019年度山东省科技进步奖一等奖、二等奖，“海水鱼循环水养殖关键技术研发与产业化”获2018—2019年度中华农业科技奖科学研究类成果二等奖，“脊尾白虾生态健康养殖模式与推广”获第四届中国水产学会范蠡科技奖一等奖，“中国对虾‘黄海5号’新品种选育及配套关键技术”获2019年度院科技进步奖一等奖。

虾蟹多营养层次绿色养殖关键技术与示范 该项目针对虾蟹养殖系统物质循环利用效率低、抗逆养殖品种缺乏、绿色养殖技术薄弱等制约产业发展的瓶颈问题，系统解析了虾蟹养殖生态系统特征，阐明了主要营养物质高效利用途径；培育出耐氨氮胁迫能力强的中国对虾“黄海3号”新品种和耐高pH中国对虾、耐高温和耐盐碱的脊尾白虾新品系；建立了虾蟹池塘多营养层次生态健康养殖和对虾工厂化养殖等模式。获2019年度山东省科技进步奖一等奖。

浅海多营养层次综合养殖模式的创建与应用 该项目针对浅海养殖面临的超容量养殖、养殖环境恶化、生产效率低下、海洋酸化胁迫等诸多问题和挑战，构建了浅海多营养层次综合养殖理论体系，阐明了养殖生态系统中个体—群落—生态系统水平物质循环和能量流动规律；研发了养殖容量动态评估和养殖系统健康评价技术，创建了浅海多营养层次综合养殖技术，为浅海健康养殖与管理奠定了基础；开发了浅海筏式、底播多种形式的绿色高效养殖模式，成果在山东、河北、浙江等多地实现了产业化应用和推广。获2019年度山东省科技进步奖二等奖。

【科研平台】 2019年，黄海水产所有18个团队入选首批水科院科技创新团队，年度资助经费590万元，稳定支持各科技创新团队的持续发展。依托海洋渔业科学与食物产出过程功能实验室和深蓝渔业工程联合实验室等，参与青岛市“智慧海洋”工程、科技部“三极环境与气候变化重大科学问题预研究”大科学计划及“问海计划”等项目申请。将“南极磷虾渔业开发”纳入青岛市新旧动能转换“海洋攻势”重要作战任务。参与完成青岛市大科学计划和大科学工程发展规划——《蓝色生命计划》。“深蓝渔业”“健康海洋”“透明海洋”等省重大科技创新工程专项正式开始实施。获批海洋科考2019—2020年度运行经费300万元。组织召开鳌山论坛——“现代海洋与水产生物技术论坛”等学术会议10余次。“国家海洋水产种质资源库”入选国家科技资源共享服务平台，成为30个国家生物种质与实验材料资源库之一。农业农村部“国家农业科学渔业资源环境观测实验站（青岛）”获批，2019年正式启动建设，作为百个实验站5个代表之一，在国家农业基础性科技创新能力项目建设运行管理座谈会上做典型发言。获批两个青岛市工程研究中心“青岛市水产品质量安全检测与控制技术工程研究中心”和“青岛市海洋食品与生物制品工程研究中心”。新上院士工作站3个，挂牌基地（中心）6个，在文莱建立“文莱‘一带一路’海水养殖技术研发基地”。

【国际交流与合作】 2019年，黄海水产所成立“中国—墨西哥海水养殖联合研究中心”，牵头发起组建“国际水产养殖科技与产业发展联盟”；组织召开“2019年丝路国家水产养殖国际论坛”“2019中韩渔业联合研究中心年会暨学术研讨会”；成功举办“2019年丝路国家海水养殖技术培训班”“2019年渔业‘走出去’国际合作能力建设培训班暨涉渔农技协负责人国际合作能力建设培训班”“2019年全国海洋渔业安全生产管理培训班”。推荐1名专家成功竞选NACA总干事，15名专家在国际主要渔业科学组织履约履职；黄海水产所专家作为南极海洋生物资源养护委员会（CCAMLR）科委会中国科学家首席代表履约履职，作为中韩海洋生物资源专家组组长参与中韩渔业谈判。新上国合项目7项，新上项目合同总经费469万元，在研项目累计合同经费近4000万元。组织召开学术会议10余次，参会专家超过1000名；签署4项合作备忘录；接待外事来访20余批次、120余人次，提升了黄海水产所在渔业科技领域的国际影响力。

【科技服务】 2019年，黄海水产所编制印发《黄海水产研究所实施乡村振兴战略行动方案》，为渔业渔村振兴提供政策指导和技术支撑；在东营垦利区、威海荣成、河北曹妃甸设立乡村振兴示范点，开展项目帮扶、联合攻关、科技下乡等活动近百次，协助曹妃甸示范点荣获“中国东方对虾之乡”“中国红皮海蜇之乡”等荣誉称号，为产业的健康发展提供技术保障；积极应对鱼虾病害的流行和爆发，针对台风“利奇马”组织专家深入灾区一线指导渔业恢复生产；与青岛市海洋发展局共同承办的中韩渔业资源联合增殖放流活动，放流中国对虾、三疣梭子蟹、牙鲆等苗种40万尾；与乳山市人民政府签署战略合作协议1项，与威海市人民政府合作共建“黄海渔业科技创新研究院”。

【成果转化】 2019年，黄海水产所“四技服务”登记数393项，签订合作协议180余项，创收收入3185.4万元，再创历史新高；2个项目分别获2019年度中国产学研合作创新成果二等奖、优秀奖；专利转让6件；3项技术入选2019年农业主推技术，占全国农业主推技术的4%；科技培训200余次，培训人员22000余人次，培训人数较往年大幅度增加，“蓝梦科技入户工程”惠及全国沿海主产区；组织举办“2019年全国海水养殖绿色发展研讨会”，参加深圳高交会等展会10场，7项成果获展会奖项。

【科技人才培养】 2019年，黄海水产所1人获水科院首届杰出青年称号，1人获国务院特殊津贴，1人获泰山学者青年专家称号，1人获全国农村青年致富带头人标兵称号，1名35岁以下青年科技人员被聘为特聘研究员。根据与青岛科技大学签订共建海洋学院协议，已获批硕士生导师37名。

（中国水产科学研究院黄海水产研究所 冯晓霞）

山东省农业科学院

【概述】 山东省农业科学院（以下简称省农科院）是省政府直属的综合性、公益性省级农业科研单位，是国家农业科技黄淮海创新中心和山东省农业科技创新中心承建单位。拥有11个处室、24个研究试验单位和18处有业务关系的分院，设有1处博士后科研工作站。现有在职职工1963人，专业技术高级岗位786人，博士512人。拥有中国工程院院士1人，百千万人才工程国家级人选4人，农业科研杰出人才及其创新团队6人，泰山系列人才工程人选42人，省有突出贡献中青年专家33人，享受国务院颁发政府特殊津贴专家87人。全院国有资产总值24.7亿元，保存种质资源4万多份、图书资料50万册（卷），拥有7个中外文电子文献数据库，编辑发行《山东农业科学》等7种科技期刊。自1978年全国科学大会以来，省农科院共取得各级各类科技成果1769项，省部级以上奖励852项，其中国家技术发明一等奖1项、二等奖6项，国家科技进步特等奖1项、一等奖1项、二等奖32项。自1982年实行品种审（认）定以来，共有712个品种通过了国家或省审（认）定。在山东省种植面积过千万亩的小麦、玉米、棉花、花生、果树五大类作物中，省农科院育成的品种均占主体地位。主要研究领域涵盖山东乃至黄淮海区域农业发展所需的粮经作物、果树、蔬菜、畜禽、蚕桑、资源环境、植物保护、农产品质量安全、农产品精深加工、农业微生物、农业生物技术、信息技术、农业机械等50多个学科。建有国家和省部级创新平台76个，其中国家及部级创新平台36个，省级创新平台40个，数量居全国省级农科院前列。与国际玉米小麦改良中心、国际半干旱热带作物研究所等10多个国际组织和60多个国家或地区的科研机构、高等院校建立了科技合作关系。与美国、澳大利亚、俄罗斯、乌克兰、印尼、英国等国家，中国台湾地区，以及国际半干旱热带作物研究所、欧盟药敏试验委员会、国际生物应用中心东亚中心建立12个联合实验室；与苏丹、埃及、俄罗斯科研机构成立3个联合研发中心。2008年省农科院成为科技部国际科技合作基地，建有11个山东省引智技术示范推广基地。

【科研项目与经费】 2019年，省农科院科研项目立项经费达到5.32亿元（含创新工程1亿元），其中省财政经费2.97亿元。主持省农业良种工程重大项目10项，立项经费7650万元；主持省重大科技创新工程项目9项，立项总经费3550万元；主持省农业重大应用技术创新项目13项，立项经费达1800万元；主持省农业科技园区产业提升项目15项，经费达1600万元。

【科研成果】 2019年，省农科院共获得各级各类奖励88项，其中省部级以上奖励42项。获得国家科技进步奖二等奖5项（主持2项、参与3项），年获国家奖总数创1978年全国科技大会以来全院最高纪录。获得山东省科技奖11项，其中，主持获得山东省科技奖一等奖2项、二等奖4项、三等奖2项，万书波研究员荣获山东省科学技术最高奖，为2019年全省唯一获此荣誉的科学家。获中华农业科技奖14项，其中，主持获得二等奖1项、三等奖3项。获全国农牧渔业丰收奖5项，其中，主持获得二等奖1项。获得授权专利406件，其中发明专利160件；获得软件著作权545件。取得植物新品种权19项，通过审（鉴／认）定品种37个，82个非主要农作物品种完成登记上报。通过认定行业、地方标准72项。列入2019年度全国农业主推技术3项、省农业（畜牧业）主推技术30项。发表论文1180篇，其中SCI、EI收录论文222篇，出版论著34部。

【重点成果选介】

花生抗逆高产关键技术创新与应用 该项目针对花生生产中旱、涝、酸化、盐碱等非生物逆境、传统穴播两粒或多粒种植引起的生物逆境制约花生产量突破的问题，研究阐明了非生物逆境胁迫机理，首次揭示了钙离子信号途径调控花生抗逆性和荚果发育的分子机制，使花生栽培深入到分子水平，创建了以提高旱、涝、盐碱等非生物逆境抗性、促进荚果饱满度为核心的钙肥调控技术，并研发出土壤钙元素活化技术及系列专用肥，应用之后饱果率提高16.5%；阐明了单粒精播增产机理，提出总生物量基本稳定的前提下提高经济系数的高产新途径，创建了替代传统两粒或多粒穴播的单粒精播技术；创建了控旺长防倒伏促物质运转、防病保叶促干物质积累、防止脱肥促荚果充实的“三防三促”技术，实现了全生育期群体质量的精准调控。以单粒精播为核心技术，建立了花生抗逆高产栽培技术体系，实现了全国花生施肥、播种和田间管理全程精准栽培。项目技术的推广应用，实现了国内花生逆境条件下单产水平的大幅提高，高产攻关旱地亩产花生611.3千克、渍涝地426.7千克、酸性土675.5千克、盐碱地548.6千克，达到抗逆栽培产量最高水平，平均亩增产8%以上，节省种子20%。单粒精播超高产技术创实收亩产782.6千克的世界纪录，突破了高产技术瓶颈，颠覆了“创高产必须穴播2粒”的传统认识，是中国花生种植技术的一次重大变革。项目技术连续多年被遴选为山东省和农业农村部主推技术，为全国花生抗逆高产栽培和扩大花生种植区域提供了科技支撑。获2019年度国家科技进步奖二等奖。

广适高产稳产小麦新品种鲁原502的选育与应用 该项目确立了“两稳两增”(稳定群体、稳定千粒重、增加穗粒数、增强抗倒性）的育种新思路，创新集成了目标突变体创制与杂交选育技术相结合的育种技术体系。培育的广适高产稳产小麦新品种鲁原502，通过国家和四省（自治区）审（认）定，实打产量突破800千克／亩，年推广面积超1500万亩。在国家和山东省区试中产量均居第1位，分别较对照增产10.16%和4.99%，山东省高产创建实打验收最高单产达812.2千克／亩，成为国内三大主推小麦品种之一。鲁原502具有产量潜力高、适应性广、抗倒伏能力强、水分利用效率高、品质优良等突出优点，品种自身调节能力强，适应区域广，推广区域覆盖鲁、皖、冀、苏、晋、新疆等6个省（区）。项目研究制定了鲁原502高产高效栽培技术规程，探索构建了“科研单位＋种业联盟＋农技推广单位＋农业种植合作社”的推广模式，优化集成了“稳群体、增穗重、减氮肥、适节水”的鲁原502高产高效栽培技术体系。鲁原502自推广应用以来，连续多年被列为农业农村部和省级主导品种，年种植面积逐年增长，已累计推广7700.5万亩，增收粮食38.91亿千克，新增经济效益91.83亿元，为山东省乃至黄淮麦区小麦产业发展发挥了重要作用。获2019年度国家科技进步奖二等奖。

黄淮海集约农区氮磷面源污染防控关键技术与应用 该项目揭示了黄淮海农区氮磷面源污染发生规律，明确了主要种植模式下农田氮磷排放特征和驱动因子，更新了主要类型畜禽养殖氮磷排污系数。明确了黄淮海农田土壤氮磷淋溶环境排放阈值，构建了区域地下水和地表水农业源氮磷污染风险评估体系，绘制出污染风险等级图。评估了区域种养体系对地表水富营养化和地下水硝酸盐污染风险等级，首次绘制出风险评估等级图。创建了黄淮海区域种养体系氮磷源头控制与淋溶过程阻隔、养殖废弃物高效处理及农田安全利用等关键技术，发明了养殖固体废弃物厌氧干发酵和污水低成本高效处理新工艺，开发出复合过滤吸附材料及装置，处理效率提高45%以上，研发了粮田和菜田养殖废弃物高效安全利用技术。构建了黄淮海集约农区种养两大体系5类氮磷面源污染防控技术模式，制定了技术规程和标准，建立了示范样板并进行了大面积推广应用。提出了区域种养科学布局和结构优化调整方案，构建了种养两大体系5类氮磷面源污染防控技术模式，在山东、河北、河南等地大面积推广应用，累计应用853.3万公顷，产生经济效益108.97亿元，节约氮磷肥（折纯）68.12万吨和57.52万吨，减少氮排放13.69万吨、磷1.84万吨，环境与社会效益显著。共获授权专利29件，发表论文126篇，出版著作13部，发布地方标准8项，获批新产品登记证6个，授权软件著作权25项。获2019年度山东省科技进步奖一等奖。

猪四种重要疫病防控新技术的研发与应用 该项目摸清了山东4种猪重要疫病的流行本底，探明了病原的分子遗传演化规律，揭示了其致病机制与免疫机制。对PRRS、PED、PCVD和HPS 4种猪重要疫病开展流行病学调查，探明243株PRRSV、31株PEDV、86株PCV2和198株HPS的分子遗传演化规律。筛选和甄别免疫原性强的流行菌毒株，突破纳米佐剂等制苗工艺瓶颈，创制出2种灭活疫苗、1种活疫苗、1种新型核酸候选疫苗及2种新兽药，产品转让13家动保企业，直接转让费达3140万元，实现了产业化生产。项目制备和筛选了新型诊断抗原，优化反应参数，建立了针对4种疫病的抗原检测方法，研制出抗体检测试纸条（卡），实现了快速检测和现地使用，填补了省内空白。构建的猪重要疫病综合防控技术体系，在金锣集团等大型农牧企业和山东、河南等生猪主产区示范推广，累计应用 7532 万头生猪，出栏商品猪成活率提高了 7%。该项目获得国家新兽药证书 4 项、农业部临床试验批件 5 个、地方标准 6 项、授权发明专利 13 件，发表论文 109 篇（SCI 收录论文 32 篇），创造直接经济效益达 60.6 亿元。获 2019 年度山东省科技进步奖一等奖。

【科研平台建设】 2019 年，省农科院获批农业基本建设项目 4 个，其中农业部重点实验室 3 个、农业部观测实验站 1 个，累计争取中央投资 5467 万元；新获批"山东省特色作物工程实验室"和"山东省苹果遗传育种与栽培工程实验室"2 个省级工程实验室；"农业部黄淮地区果树科学观测实验站"等 4 个农业基本项目通过初步验收，"黄淮海玉米全程机械化技术集成与装备中试基地"通过省农业农村厅正式验收。

【科技推广与成果转化】 2019 年，省农科院编制实施了《院乡村振兴科技支撑行动实施方案》，推广新品种新技术 100 余项，带动示范村镇综合经济效益增长 10% 左右。实现三大品牌活动线上线下同步推进，"开放周"被中国科协评为"2019 年全国科普日活动优秀组织单位"，集中开展观摩培训活动 50 余场次，开放各类基地平台 94 处，培训服务农技人员和社会各界人士 4 万余人次，在各类媒体宣传报道 300 余次。新建公益服务平台 22 处。制定并实施全省《粮油绿色高质高效创建工作实施方案》，推进全省粮油绿色整建制发展。与淄博、威海签订战略合作协议，启动市级产业技术体系 4 个、乡村振兴服务团 11 个，在沂源成立"果树产业技术研究院"，全产业链推进区域优势产业发展。争取"鲁渝科技协作计划"项目 15 项，科技扶贫实现新跨越。2019 年全院签订成果转化合同 2314 项，到账金额 7488 万元，涌现出济麦 44 小麦品种、鲁丽苹果品种等千万级的转化成果。

【科技人才培养与队伍建设】 2019 年，省农科院新增省部级及以上等重点人才工程（称号）人选 9 人，其中享受国务院政府特殊津贴专家 2 人、泰山系列人才工程人选 7 人。遴选了"第一书记"及"万名干部下基层"、科技副职等 23 名优秀干部到基层挂职锻炼。引进青年拔尖人才 2 人、优秀博士毕业生 24 人。

【国际合作与交流】 2019 年，省农科院积极响应国家"一带一路"倡议，应邀参加了中国—菲律宾科技合作 15 次联委会和第六届国际农科院院长高层研讨会并作交流汇报。举办了省农科院与韩国京畿道农业技术院结好十周年纪念大会、国际花生科学与技术大会、齐鲁国际讲堂等国际会议。全年新增国际合作项目 16 项，总经费超过 1000 万元，通过"双百计划""高端外国专家项目"引进了俄罗斯、法国等多名院士来院交流合作。截至 2019 年底，省农科院共搭建了 15 个联合实验室和研发中心，数量居全国省级农科院首位。

（山东省农业科学院　隋　洁）

山东省医学科学院

【概述】 2019 年，山东第一医科大学正式成立，同时保留山东省医学科学院牌子 [以下简称校（院）]。山东第一医科大学是山东省重点建设的应用研究型大学，也是山东省最大的医学科学研究机构。校（院）在济南、泰安设有校区，在济南、青岛、济宁等地建有研究机构，总占地面积 6000 余亩。校（院）为首获得上级科技计划项目 540 项，获上级科研经费 16383.382 万元，获得各级科技奖励 102 项，发表 SCI 收录论文 1202 篇，获发明专利授权 95 件。新获批山东省工程实验室 6 个，山东省高等学校协同创新中心 1 个，济南市临床医学研究中心 5 个，济南市医学重点实验室 10 个。

【科研计划】 2019 年，校（院）组织申报上级项目 1748 项，其中，国家自然科学基金项目 416 项，国家社科基金项目 3 项，教育部人文社科研究项目 19 项，省重大项目 92 项，省鲁渝科技协作计划项目 4 项，省基金项目 669 项，省软科学项目 54 项，厅局级项目 491 项。校（院）为首获得上级科技项目 540 项，其中国家级项目 55 项，省级项目 212 项，厅局级项目 273 项。获上级科研经费共 16383.382 万元，包括国家级项目 4123.5 万元，省部级项目 4844.982 万元，厅局级项目 3028.5 万元，科研平台资助经费 4387 万元。组织上级科研项目结题验收 413 项，其中国家基金 43 项，国家社科基金 1 项，省级项目 164 项，厅局级项目 205 项。组织专家对校（院）承担的 3 项省重大专项课题进行综合绩效评价，均被评为"优秀"。

【科技成果】 2019 年，校（院）获得各级科技奖励 102 项，其中省科技进步奖一等奖 2 项、二等奖 6 项、三等奖 2 项，省自然科学奖二等奖 1 项，山东省社会科学优秀成果奖三等奖 1 项，中华医学科技奖三等奖 1 项，吴阶平医学研究奖—保罗·杨森药学研究奖 1 项，省高校科学技术奖（高校本科类）一等奖 2 项、二等奖 5 项、三等奖 8 项，山东省高等学校人文社会科学优秀成果奖三等奖 1 项，省医学科技奖一等奖 2 项、二等奖 5 项、三等奖 17 项。泰安市科技进步奖一等奖 1 项、二等奖 4 项、三等奖 2 项，泰安市社会科学优秀成果奖一等奖 4 项、二等奖 5 项、三等奖 10 项，济南市第十五届自然科学学术创新奖 22 项。共发表 SCI 收录论文 1202 篇，总影响因子 3507.281，其中影响因子 3 以上 497 篇，10 以上 14 篇，5 ～ 10 的 72 篇。强化知识产权的保护和管理，引导科研成果转化，共获得发明专利授权 95 件（含国际专利 7 件）。

【重点成果选介】

食管鳞癌精准放疗关键技术及临床应用 该项目组围绕制约 ESCC 放疗疗效的关键问题，在国家自然科学基金支持下，对 ESCC 精准放疗关键技术及临床应用进行系统研究，相关技术在国内 30 多家单位推广应用，取得良好治疗效果。该项研究成果在 JCR 等期刊发表 SCI 收录论文 42 篇，其中 19 篇发表在 JCR1 区，合计影响因子 193.10，SCI 收录期刊被引 560 次，SCI 收录期刊他引 406 次，最高单篇被引 112 次。获 7 件国家发明专利，3 项软件著作权。经查新机构检索，5 项研究成果为国内外首次报道。研究成果写入 10 部外文著作、3 部临床指南，被美、德、日多国外文经典教科书大篇幅引用。获 2019 年度山东省科技进步奖一等奖、中国图像图形学学会科学技术奖一等奖、中华医学科技奖三等奖、山东医学科技奖一、二等奖各 1 项。

颈椎病中医系统化诊疗体系构建及关键技术研究与应用 该项目是师彬教授及其团队基于多年的临床与基础研究经验，在国家科技支撑计划、国家自然基金等课题支持下，通过流行病学调查、高等级临床循证优化与系列基础研究，根据颈椎病临床分型，创建了集“三维平衡正脊技术”、“解结松筋”疗法、创新型“中药外用制剂联合内服中药浓缩丸剂”三位一体的颈椎病中医系统化诊疗体系，贯通颈椎病“肌筋膜软组织调节—脊柱整体调控”的整体治疗过程。治疗颈椎病患者百万人次，总有效率 96.37%，愈显率 75.23%，复发率（随访一年）降低至 5.32%，在全国 500 余家医疗机构推广应用，取得了显著的社会经济效益。该项目获得授权发明专利 12 件，实用新型专利 16 件，发表核心论文 220 篇，SCI 收录论文 39 篇，IF 97.18，专著 18 部，获得奖励 12 项，参与制定标准规范 3 项，组建了多个有影响力的推广平台，培养研究生 60 余人，培训正脊高级人才 3000 余人。获 2019 年度山东省科技进步奖一等奖。

【基础研究】 2019 年，校（院）有 142 个项目在国家和省基础研究领域获得立项。“幽门螺杆菌感染引起缺血性脑卒中发病风险预测的队列研究”“货运受体 Surf4 对脂代谢和动脉粥样硬化的影响及其分子机制”“Profurin 源性多肽通过 PLTP- 蛋白酶体途径抗动脉粥样硬化的机制研究”等 49 个项目获得国家自然科学基金资助，其中，宋勇峰博士“内分泌激素与脂代谢调控”获得国家优秀青年科学基金项目资助。“基于 PKA/PKD 介导的自噬调控探讨生脉散对心肌肥厚的保护作用及分子机制研究”“寿胎丸调控环状 RNA/microRNA/STAT5 信息轴诱导母胎免疫耐受治疗 RSA 作用与机制研究”“ILC2 抵抗冷应激引发变态反应性疾病的机制及桂枝汤的调控作用”等 93 个项目获得山东省自然科学基金资助，其中“人功能性皮肤再生修复机制研究”“脑卒中神经损伤机制及防治的基础研究”获得山东省重大基础研究项目资助。

【科研立项】 2019 年，校（院）在国家和省级应用研究与高技术研究方面共有 104 个项目获得立项。“多模式影像在恶性肿瘤质子精准治疗中的关键技术和临床应用”和“手机 APP 自我健康管理模式预防痴呆的实施性研究”2 个项目获得国家重点研发计划立项。“国际规范的肿瘤免疫治疗与药物性心脏损伤临床试验研究”和“尘肺治疗药物和防治关键技术研究”2 个项目获得国家科技重大专项立项。“我国沿海地区儿童青少年近视防控体系建设”获得中国工程院咨询研究项目立项。

【科研成果转化及产业化】 2019 年，校（院）新药研发在研化学四类仿制药 7 项；6 个完成工艺交接和验证工作，3 个产品完成全部资料交接工作，正在注册。GLP 安评工作稳步发展，全年签订技术服务合同 32 项，合同额 1288 万元。省医科院药物研究所与德州德药制药有限公司共同开发的药物“注射用艾司奥美拉唑钠”经国家食品药品监督管理总局批准上市（国药准字 H20193267）。

【科研平台建设】 2019 年，校（院）积极参加山东省实验室建设工作，校（院）提出的全生命周期空间组学与健康实验室建设方案已经通过济南市科技局和省科技厅组织的论证。新获批山东省工程实验室 6 个，山东省高等学校协同创新中心 1 个，济南市临床医学研究中心 5 个，济南市医学重点实验室 10 个，获科研平台资助经费共计 4387 万元。各级重点实验室、工程技术研究中心等平台的科研和管理工作顺利进行，山东省罕见疾病防治工程技术研究中心、内分泌与代谢疾病防治研究中心获得省科技厅绩效评估优秀，组织完成山东省重点实验室的 2018 年度报告工作，完成山东省风湿免疫病转化医学重点实验室验收工作。筹建临床研究技术服务平台，目前已主导在建心外科瓣膜病和血液科淋巴瘤2个专病数据库，22个健康医疗大数据联盟已获省卫健委审批公布，生物样本库审批已获得科技部行政许可。

【科技人才培养】 2019年，校（院）有中国工程院院士5人（含双聘院士2人），新世纪百千万人才工程国家级人选3人，国家有突出贡献中青年专家3人，“创新人才推进计划”中青年科技创新领军人才1人，“长江学者奖励计划”青年学者2人，国家优秀青年科学基金项目获得者2人，在职享受国务院特殊津贴专家37人，全国优秀教师2人，国家卫生健康委有突出贡献中青年专家5人，泰山学者攀登计划专家4人，泰山学者特聘专家32人，泰山学者青年专家31人，山东省有突出贡献的中青年专家45人。2019年现有人才培养取得突出成效，2人入选百千万人才工程国家级人选、授予国家有突出贡献中青年专家称号，1人入选“长江学者”青年学者，1人入选享受国务院特殊津贴专家，1人获评全国优秀教师，1人获得齐鲁杰出人才提名奖，11人入选泰山学者特聘专家，9人入选泰山学者青年专家，入选省高校青创人才团队6个。

【科技咨询与服务】 2019年，校（院）加强平台建设，内部强化能力，外部拓宽市场，以市场为导向，充分发挥专业技术优势，积极开展广泛的技术服务工作，取得较好的经济与社会效益。现有的职业卫生、放射卫生、新药药理、农药、食品、消毒剂、化妆品检验与临床评价、涉水产品、司法鉴定等项目，均较好完成了检测与评价任务，年度技术服务总收入4381.86万元。

职业卫生技术服务 校（院）积极筹备国防科工委军工涉密资质审查，顺利通过书面审查和现场考核，取得“军工涉密业务咨询服务安全保密条件备案证书”；稳步推进GLP实验室建设；顺利通过实验动物使用许可证的续展申请；国家卫健委选派校（院）6名技术骨干组建山东援青工作组，到青海省开展2019年重点职业病危害因素监测及帮扶工作，帮助青海省完成2019年重点职业病危害因素监测任务。

辐射防护监测和建设项目职业病危害评价 校（院）完成建设项目职业病危害放射防护评价项目预评价报告68项、控制效果评价报告82项。完成包括力神（青岛）新能源有限公司、重庆中金等12项建设项目放射防护评价项目。在河南、福建、青海、新疆等地开展放射诊疗设备检测，出具检测报告81份；对全省16地市的放射诊疗应用单位进行测量，出具检测报告达1470份。对14267名放射工作人员进行了个人剂量检测，被检测单位1185家，全年个人剂量报告份数2936份；中子剂量计检测单位7家；眼晶体剂量计检测单位4家。2019年度送检放射性检测样品共502个。

职业健康检查 校（院）为济南、青岛、枣庄、日照、滨州、德州、聊城等地市放射工作单位的约9000名放射工作人员进行了职业健康检查；加强职业健康管理的信息化建设，建立的放射工作人员职业健康监护信息网络系统，正在试运行。

医学检测与安全性评价中心 校（院）积极参加“保健食品申报研发技术评审与特医食品产业发展大会”“检测和校准实验室能力认可准则”“检验检测机构资质认定能力评价检验检测机构通用要求”培训；积极拓宽市场，不断强化保健食品的毒理学及功能学实验评价平台建设。

亲子鉴定 校（院）与北基检测有限公司、上海复熹生物有限公司、山东三科生物有限公司签署战略合作协议，筹备山东医科院司法鉴定所临床检测实验室；完成司法鉴定科学研究院DNA亲权鉴定测量审核。

实验动物管理及检验检测 校（院）组织专家完成30家单位的实验动物生产和使用许可的现场评审验收。完成113家单位的许可证年检；举办实验动物从业人员培训班11期，培训实验动物从业人员1006人；完成125家单位的实验动物环境设施检测；完成15家单位79个批次的实验动物等级质量检测。

（山东省医学科学院 聂 伟）

山东省科学技术情报研究院

【概述】 山东省科学技术情报研究院（以下简称“省情报院”）始建于1959年4月，系山东省科学技术厅直属的公益型事业单位，是山东省唯一的省级综合性科技情报研究机构，主要承担科技信息搜集、整理、研究工作，建设管理科技文献信息资源共享平台，面向社会提供科技信息服务，管理科技档案，编纂山东省科技年鉴和山东省科技志。

【科研重点与计划】 2019年，省情报院承担中央专项引导资金项目1项“科学数据中心研究与建设”，省重点研发计划（软课题）2 项“智库网络构建研究”和“山东省深化‘项目评审、人才评价、机构评估’改革对策研究”，课题经费共 127 万元；自筹研发计划（软课题）1 项“山东省氢燃料电池产业技术瓶颈与突破对策研究”；完成省科技厅课题“山东省科技创新政策跟踪分析研究”“山东省省级科学数据现状与管理对策研究”“粤苏浙鲁创新创业生态系统的比较研究”“山东省新旧动能转换‘十强’产业技术创新战略联盟和技术转移联盟建设研究”等 7 项，在研课题 1 项“山东省科学数据中心研究与建设”。

【科研成果】 2019 年，省情报院编辑出版刊物《海水淡化产业发展态势及对策》被省委海洋发展委员会和省海洋局采用，为山东省海水淡化产业发展前期论证提供情报支撑；与青岛市科技信息研究院联合发布《山东专利创新企业百强（2018）报告》，该报告被大众日报头版报道；课题“山东省科研信用系统建设研究”“山东省省级科学数据现状与管理对策研究”“提高海水淡化及综合利用率对策研究”“专利信息分析在科技重大项目立项及重点技术领域竞争发展态势中的应用研究”“推进山东省创新型省份建设的对策研究”“面向产业决策的专利情报研究范式研究”“山东省新旧动能转换‘十强’产业技术创新战略联盟和技术转移联盟建设研究”7 课题共获华东地区科技情报成果奖一等奖 1 项、二等奖 2 项、三等奖 4 项。

【科研改革与体制管理】 2019 年，省情报院有序推进厅党组赋予的人事制度改革试点任务，制定《深化人事制度改革方案》《承接处室事务性工作方案》，改革绩效分配，提取 10% 绩效考核奖金用于奖优奖勤；实行“工作专班”“以干代练”工作机制，确保重大专项绩效评价等工作落地落实；建立了系统规范的内部风险管理机制，梳理单位业务流程，制定《业务工作流程》，提升了工作效率；开展了公开招聘、自主公开招聘、职称聘用，2019 年 2 次公开招聘 12 人，优化了人才队伍结构。

【科技情报服务】 2019 年，省情报院继续做好技术创新跟踪服务，“氢燃料电池产业发展趋势和技术发展方向”等 4 期《技术创新跟踪专报》获省科技厅主要领导肯定批示；实时跟踪国内外科技创新动态，全年编辑推送《今日科技快讯》80 期，获省科技厅主要领导批示达 67 期；贯彻“进位赶超”创新行动，调研撰写《科技文献助力企业创新调研报告》《山东省科技情报智库联盟建设方案》《浙粤情报院（所）奖励性绩效工资分配方案》《东营市科技创新现状》等报告报省科技厅及相关业务处室参考。

【科技文献服务】 2019 年，省情报院积极发挥省级文献服务公共共享服务平台核心作用，对文献平台批量下载、原文传递、统计分析等功能进行了优化升级，打通了 NSTL 济南站接口，在临沂等 4 市、省轻工集体经济科技信息研究所建立科技文献服务站，为当地科技型中小微企业开展专题培训，全省科技文献共享服务体系建设效果十分显著。10 家市级服务站累计服务科研人员 2 万名；获服务对象书面肯定反馈意见 12 封；科技文献用户注册、文献下载量从 2018 年底的 12087 个，增加到 20058 多个；文献使用量从 2018 年底的 30449 篇增至 89372 篇，分别提升 66% 和 193%。

【科技档案管理】 2019 年，省情报院继续做好省科技厅各处室业务档案的接收整理加工和存储工作。全年接收整理项目资料 316 盒，加工上架业务档案 241 盒，提供到馆借阅查询服务 143 人次、资料 2000 余份。

【科技报告工作】 2019 年，省情报院派员赴省农科院开展科技报告改写培训；派员赴烟台开展科技报告撰写培训；“以干代练”培训青岛、德州、菏泽、潍坊 4 市科技情报所及省中医 11 名工作人员，全年培训科技报告撰写员 900 余名，科技报告指导员 110 余名，科技报告注册用户数量全国第一，共享报告数量全国第四；完成科技云科技报告采集加工系统开发，科技报告审核状态可实时查询，提升了改审工作效率。

【科技鉴志编纂】 2019 年，省情报院编纂出版 46 万字《山东省志·科技志（1986—2005）》，上报省史志办参加评奖；完成《山东科技年鉴（2019）》卷印刷发放工作，《山东科技年鉴（2017）》在中国出版协会主办的第六届年鉴编纂出版质量评比中，获地方专业和高校年鉴组综合奖二等奖，框架设计一等奖，条目编写二等奖，装帧设计三等奖，检索、编校质量和出版时效一等奖；完成《院志（2010—2018）》初稿。

【科技宣传服务】 2019 年，省情报院完成全省科技工作会议 H5 页面设计制作，做好“中欧科研快车”“全省科技工作会议”等几十场次科技活动的摄录宣传工作；为厅更新升级若干服务器系统，调试内网交换机及防火墙，做好数据备份加固。

【人才支撑服务】 2019 年，省情报院选派 2 名专业技术人员，赴潍坊、青岛、济南对社发领域、高新领域 14 个 2019 年省科技进步和技术发明一等奖项目开展现场考察，撰写《省科学技术奖现场考察总结报告》；选派 1 名支部书记到厅机关党委帮助工作，主要负责“不忘初心　牢记使命”主题教育、国家级精神文明单位创建等工作；选派 3 名新进人员分别到厅人事处、社发处、规划处工作；选派 1 名部门主任，脱岗参加山东省高等技术研究院成立筹备工作 2 个月。

【科技项目验收及绩效评价】 2019 年，省情报院为省科技厅了解计划项目进度、实施成效提供情报服务。建立了山东省重大专项绩效评价指标体系，完成 2013—2016 年山东省重大科技专项项目绩效评价工作；分 8 组赴 8 市对 2019 年拟立项省重大专项进行现场考察；配合省科技厅相关业务处室，完成 392 项省科技重大科技创新项目综合绩效评价工作及 4986 项重大科技创新工程评审工作。

（山东省科学技术情报研究院　亓　亮　董振宇）

山东省国土测绘院

【概述】 2019 年，山东省国土测绘院（以下简称省测绘院）立项省级重点研发计划科研项目 1 项，申请项目经费 455 万元。依托《山东省“十三五”基础测绘规划》开展年度科技工作任务 51 项。全年申报软件著作权 9 项，申报发明专利 4 件，发表论文 116 篇（SCI 和 EI 收录论文共 6 篇）。山东省自然资源卫星应用技术中心在省测绘院正式挂牌成立，为省、市、县提供卫星遥感影像应用服务。

【重大科技进展】 2019 年，省测绘院在国内率先建成基于北斗三号卫星信号的 124 座站点组成的省域基准站网，实现了软硬件的完全国产和自主可控，形成基于北斗兼容其他卫星导航系统的高精度定位基准服务能力，信号覆盖全省陆域及近海岛屿。自主开发了基准站网服务管理软件，开展自然资源、智慧农业、智慧交通等行业的示范应用，该项目成果使用单位达到 1000 余家，使用终端 3000 余台，对推动山东省经济社会和地理信息产业发展提供有力支撑。创新式开展高程基准的动态监测，探索基于卫星定位测量实现省域高程基准框架的动态监测可行性。获取和处理全省优于 0.5 米分辨率遥感影像 14.4 万平方千米，0.2 米分辨率遥感影像 1.4 万平方千米。接收自然资源卫星影像云服务平台推送的 2 米分辨率卫星影像 3015 景，全省有效覆盖 4 轮，接收亚米级 1220 景，全省有效覆盖 1 轮。形成“陆海一体”、无缝衔接的地形要素数据库，填补了全省潮间带区域基础地理信息数据的空白，实现新型基础测绘技术体系下，全省陆地及潮间带近海区域地形要素的首轮完整覆盖，基于项目研发的潮间带陆海一体化测量系统填补国内空白。完成汇集库数据分析与建库，编制印发《大数据项目建设成果资料管理办法》。网页版、移动版、微信版天地图 • 山东平台软件全年更新 30 余版。完成省平台三维系统升级，更新发布天地图 • 山东政务外网版。建立了“月度发布、季度覆盖”机制，天地图省市县一体化部署和框架数据联动更新。2019 年新增省府办公厅、省编办、省住建厅等部门 11 个应用，累计应用于 48 个省直部门 160 个、市县 2000 多个业务系统。与省大数据局对接，做好空间地理库建设，服务全省政务管理。由省自然资源厅、省国土测绘院联合诸城市委、市政府，共同开展的诸城市乡村振兴“一张图”项目通过验收，形成乡村振兴数据资源中心，涵盖基础地理信息数据、自然资源数据、五大振兴专题数据，形成“1+7”典型示范应用，提供便民惠民、园区产业、社区管理、人才信息、文化旅游、智能决策等服务，在全国首创了测绘地理信息服务乡村振兴新模式，为打造乡村振兴“齐鲁样板”提供了可复制及可推广的经验。

【重要科技成果与奖励】 2019 年，省测绘院获得各类省部级科技进步奖 10 项、工程奖 11 项，其中“潮间带陆海一体化测量系统关键技术研究”“陆海一体时空数据服务平台关键技术研究与应用”2 个项目获 2019 年度测绘科技进步奖二等奖；“全国卫星导航定位基准服务系统关键技术研究及应用”获 2019 年度卫星导航定位科学技术奖一等奖；“潮间带陆海一体化测量系统关键技术研究”“海洋空间数据获取与管理服务平台关键技术研究及应用”2 个项目获 2019 年度山东省自然资源科学技术奖一等奖；“第三次全国土地调查山东省正射影像生产”“山东省 2018 年地理省情监测数据采集项目”等项目获 2019 年度中国地理信息产业优秀工程奖金奖。

（山东省国土测绘院　徐　杰）

山东省林业科学研究院

【概述】 2019年，山东省林业科学研究院（以下简称省林科院）科研立项42项，其中，国家“十三五”重点研发计划2项，国家林草局8项，省重点科技研发等项目24项，与高校、企业合作项目6项，申请项目经费共计1680万元。接骨木、杨树、国槐等11个新品种获国家植物新品种权，杨树、国槐等11个品种通过省级林木良种审定。2019年，省林科院获发明专利56件，完成行业和地方标准11项，出版著作4部，发表论文47篇（SCI收录论文6篇）。潍坊柽柳示范基地作为参观示范点，接待全国各地领导和专家达180余人次。

【重大科技进展】 2019年，省林业科院发挥科研团队优势，“高抗盐绿化树种突破性新品种选育”和“高油抗病核桃新品种选育与示范”2个项目申请山东省农业良种工程项目，申请经费405万元；“山东林草自然资源生命共同体理论体系研究”“林地土壤质量提升关键技术研究与应用”“海岸带生态脆弱区生态修复与功能提升关键技术研究与示范”3个项目申请山东省林业科技创新项目，申请经费520万元；“果材兼用核桃新种质创制及培育关键技术与产业化”申请泰山产业领军人才项目，申请经费200万元。

【科研成果与奖励】 2019年，省林科院有10项成果获得省部级科技奖励，其中“特色浆果良种选育与产业化关键技术创新及应用”获山东省科技进步奖一等奖，主持完成的“景观生态林健康评价和质量提升关键技术”和“枣良种选育与高效栽培技术及应用”获山东省科技进步奖三等奖，参与完成的“经济作物高亲和型微生物肥料创制与产业化应用”获山东省科技进步奖二等奖。“特色浆果采收与贮藏加工关键技术”“环渤海泥质海岸盐渍土壤生态修复关键技术创新与应用”2个项目获国家梁希林业科学技术奖二等奖，主持完成的“旱柳新品种培育及定向栽培关键技术”“重要乡土杨树种质资源收集评价及新品种选育应用”“核桃炭疽病发生流行规律及绿色防控技术研究”3个项目获国家梁希林业科学技术奖三等奖，参与完成的“黑松、赤松种质资源收集评价及良种选育与利用”项目获国家梁希林业科学技术奖三等奖。新品种盆展芍药华丹获2019年北京世园会特等奖。“环保节能木材单板微波干燥技术研究”项目获国家林业和草原局颁发的“中国林业产业创新奖”。

【科技体制改革与创新】 2019年，经山东省市场监督管理局和山东省自然资源厅同意，在新组建的山东省自然资源标准化技术委员会下设林业分技术委员会，秘书处设在山东省林科院，分技术委员会主要职责是结合山东省林业领域实际情况，分析山东省林业领域标准化的需求，建立完善山东省自然资源及林业标准体系，提出标准化发展规划建议及标准制定、修订计划建议，开展林业领域标准的起草、征求意见、技术审查和复审工作，承担林业领域标准送审稿的审查工作，对标准的技术内容、先进性、适用性、采用国际标准、国内标准情况等提出审查结论意见。林业分技术委员会成立后，完成对2019年到期的林业地方标准的审查18项，配合山东省自然资源标准化技术委员会，完成地方标准二次审查9项，申报2020年度地方标准5项。

（山东省林业科学研究院　秦光华）

山东省海洋资源与环境研究院

【科研立项】 2019年，山东省海洋资源与环境研究院（以下简称省海环院）组织了国家、省部级各个类型的项目申报工作，其中包括省自然科学基金、省农业重大应用技术创新等12个类别，获得科研立项20项。

【科研成果及选介】 2019年，省海环院完成项目验收10项，发表学术论文72篇，其中SCI收录10篇，出版专著1部；发布国家标准2项，立项省地方标准3项；获得专利授权8件，软件著作授权13件；获得山东省自然资源科学技术奖二等奖 4 项，山东海洋与渔业科学技术奖一等奖 1 项、二等奖 2 项、三等奖 1 项，海洋优秀科技图书奖 2 项，山东环境科学学会优秀论文奖 2 项。

三种金属纳米材料对紫贻贝的毒性探究 该项目是国家自然科学基金项目，以主要的经济生物和典型的海洋环境监测生物紫贻贝为研究对象，探讨了纳米银的毒性作用机制；运用两步法毒性动力学模型预测了 3 种纳米材料的生物毒性效应，并利用预实验中的技术手段进行验证比较。通过项目的实施，揭示了 AgNPs 及 Ag+ 可能的作用靶点和作用水平，初步筛选出有效的 AgNPs 毒性生物标志物，推测了 AgNPs 的海洋生物毒性效应机制。利用 TK-TD 模型预测并验证 AgNPs、CuO NPs 和 ZnO NPs 的生物毒性效应，初步筛选出 3 种金属纳米材料相关的毒性生物标志物，为这 3 种材料作为水产抗菌剂的安全性评估提供科学依据。

黄渤海重要经济生物产卵场修复与重建技术集成与示范 该项目是国家海洋公益性行业科研专项项目，在界定黄渤海近岸重要产卵场分布、制定近岸海域产卵场危害物质的优先控制名录、构建产卵场修复技术等方面开展了技术创新。项目解决了产卵场调查与界定判别、产卵场海底植被恢复重建技术及产卵场多样化生境构建、产卵场修复效果评价等技术难点。在青岛崂山湾岩礁性鱼类产卵场、莱州湾底栖贝类产卵场、辽东湾绥中岩礁性鱼类产卵场和日照岚山金乌贼产卵场综合修复示范区开展了应用示范。项目发表论文 89 篇，其中 SCI 收录 37 篇；获得和申请专利 21 件，其中发明专利 14 件；获得软件著作权 9 项；编制地方、行业标准 5 项；出版专著 3 部；培养研究生 32 名。技术成果已在威海市、青岛市、东营市、烟台市和大连市等生境修复和改善工作中推广应用，取得了良好的示范作用。

许氏平鲉深远海网箱大规格苗种培育技术集成与应用 该项目是山东省重点研发计划项目，项目通过许氏平鲉工厂化亲鱼全人工控制交尾技术、产仔技术、苗种培育技术和病害防控技术建立了优良苗种规模化繁育技术体系；通过网箱设置、苗种运输、投饲管理、养殖管理和病害防控等技术建立了许氏平鲉大规格苗种培育技术体系；分离鉴定了许氏平鲉致病菌—哈维氏弧菌（V.harveyi）并委托研制疫苗 HTVhs-5306，自主开发了乳酸菌 YH1 和芽孢杆菌 YB1。该项目首次利用哈氏弧菌疫苗对苗种进行免疫，并结合研究组开发的益生菌微生态制剂投喂，有效提高了苗种培育过程中的免疫力和抗病能力，选育苗种成活率 92%，野生苗种成活率 18%，成活率得到极大提高，有利于推动许氏平鲉养殖产业的健康发展。

山东省海带产业链增值路径研究 该项目是山东省农业重大应用技术创新项目，项目通过文献与实地调研相结合的方式，对山东省海带产业的发展现状、产业链特征与价值增值因素进行分析，针对海带产业主要环节生产成本高、经营主体弱小散、创新能力不足，以及产业链横向延伸短、纵向扩展不足、全面整合程度低等问题，重点分析了山东省海带育苗、养殖、加工、销售及消费等环节，剖析了产业链特征，运用全链整合思想，设计各环节产业链的增值路径，分析提出推进山东省海带产业提质增效的政策思路与措施，为政府相关部门制定引导海带产业健康发展的政策提供依据与支撑。

【科技成果转化】 2019 年，省海环院依托省海洋生态修复重点实验室、现代农业产业技术体系、工程技术研究中心等载体，引导学科专家深入一线组织研讨攻关，切实加强科企深度合作。与安源水产、长岛东兴等企业签署全面合作协议，向烟台参福元、纳洋等企业转让专利权，为现代渔业四十里湾、南隍城等海洋牧场，以及烟台裕生源、骅达等企业提供了专业评价和指导，促进了科技成果有效转化，推动了产业提质增效与转型升级。省海环院充分利用在水产新品种繁育、水生动物营养、健康养殖、海洋牧场及水产品质量安全等领域的优势，鼓励院内刺参、藻类、贝类、鱼类等创新团队多方开展科技服务，完善技术创新和人才支撑体系。同时，省海环院还参与组织了山东省海洋生物医药产业发展的调研，参与编制《山东省海洋生物医药产业三年推进计划》。

【科研管理】 2019 年，省海环院进一步提升科学化管理水平，及时做好项目进展督查和保障工作，在重大项目实施中，突出全程跟踪管理与服务，承担的各类项目均按计划有序实施，中央引导地方科技发展专项“海参中新型环境污染物残留机制及控制技术研究”完成了全部工作并申请验收；国家重点研发计划“水产品中重金属蓄积特征及消减技术”完成了镉、无机砷等重金属在水产品中的迁移转化规律研究及 1300 余条数据的汇总分析工作，完善了基础数据库，提交年度执行情况信息和科技报告各 1 份；“渤海入海污染源解析与水质目标管控关键技术研究与示范”召开了年度进展研讨会，对开发完成的海洋环境实验室管理系统和信息服务系统进行了现场交流演示；国家“十三五”海洋创新示范城市项目“海洋生物产品服务平台”开发出海洋功效因子高效制备技术和膜分离技术体系，完善了相关因子检测服务；联合国开发计划署大黄海项目“威海市海洋垃圾防治措施研究”等国家级、省级项目完成了 2019 年度各项目标。省海环院加强项目经费管理和有效使用，实时更新支出情况，严格按照预算进行科研经费的使用和管理，确保专款专用。

【科研平台建设】

农业部渔业产品质量监督检验测试中心 2019年，该中心开展了“水产品中重金属蓄积特征和消减技术研究”“甲基化介导的刺参眠期高温逆境响应机制及胁迫记忆研究”“常用杀虫剂、除草剂农药残留对黄河三角洲滩涂贝类质量安全的影响”“海参中新型环境污染物残留机制及控制技术研究”等项目研究，研究了药物和污染物对水产品的风险防控技术和消减技术，相关技术已发布为国家标准或省地方标准，在省内水产品质量安全监管和渔业生产中得到了广泛应用，为山东省渔业的绿色、健康、可持续发展提供技术支持。参加了农业部办公厅、农业农村部渔政管理局、国家认监委等部门组织的12项次能力验证考核，连续16年一次性通过，顺利通过国家级资质认定“双随机”监督检查、机构考核现场评审等考核评审。

山东省海洋生态修复重点实验室 2019年，该实验室依托省海环院资源学科多年的研究积累，在结合传统优势的基础上，重点开展了海洋资源调查与生态修复研究。为适应研究方向的调整，实验室对人员结构进行了优化，与省内外高校及科研院所进行了深度合作交流，加强了对海洋生态和海洋资源专业方向的优秀中青年学术骨干的引进和培养。围绕生境修复保护、海洋生态预警和生物资源修复等方向，发布了2019年度开放课题申请指南，共收集申报材料37项。完成了全省主要增殖资源年度专项调查，编制上报《2018年度省重点实验室年报》，为海洋资源修复和海洋产业发展提供智力和技术支持。

国家海水鱼产业技术体系—东营综合试验站 2019年，该试验站构建了许氏平鲉工厂化优良苗种繁育技术体系，培育出抗病速生优良品系；开展了“皱纹盘鲍优势新品系培育与应用”研究，选育出新品系“寻山1−3”等，这些新品种的推广应用，推动了山东省养殖产业由数量效益型向质量效益型的转变。依托东营试验基地，黄河三角洲海洋渔业科研推广中心完成了“黄河三角洲参贝菜生态循环型海水农业新模式构建与示范”等10余个项目的研究工作和渔业物联网、数字渔业建设；开展了东星斑、云龙石斑、半滑舌鳎人工育苗试验及室内工业化养成试验；建成的100亩养殖尾水处理工程，为工业化养殖污染治理起到了示范作用。这些项目的示范推广，充分发挥了该中心的科技辐射和带动作用，促进了黄河三角洲渔业结构调整和产业升级。

山东省海水渔用饲料工程技术研究中心 2019年，该中心开展了海洋公益性行业科研专项“经济褐藻新资源开发、养护和高值化利用关键技术研究与应用”、省农业重大应用技术创新项目、省自然科学基金等多项科研项目。针对山东省传统及新兴深远海养殖品种，进行营养需求研究，构建了绿色低碳营养数据库和生态养殖新模式。积极与科研院所和企业对接，先后赴山东、福建、辽宁、湖南、青海、海南等省多家企业深入调研走访，将科研成果在企业转化，服务产业需求，为水科院黄海所、鲁东大学、烟台道尔顿生物工程有限公司、欧密斯（北京）贸易有限公司等多家企事业单位提供了技术服务与支持。

【支撑决策与服务】 2019年，省海环院开展了黄河三角洲生态高值生物产业发展的专题调研，作为《黄河流域生态文明建设》重点调研报告的组成部分，得到了习近平总书记和韩正副总理的批示。成立专项工作组完成了《胶莱运河贯通对渤海水体交换及海洋环境影响的研究论证》，积极服务省政府事务政务决策；为省级领导赴滨州、东营调研海洋经济发展提供相关技术资料，编制完成山东省全面实施“湾长制”工作配套制度、3项省级海湾“一湾一策”污染防治方案、《我省莱州湾生态环境调研分析报告》等支撑材料，为准确定位莱州湾生态环境问题、精准实施综合治理提供了技术支撑；对接国家近岸水质考核目标，编制省委组织部针对地方政府开展的“海洋环境损害”考核方案，完成上年考核结果评价；配合完成“十四五”国控站位和2020年省控站位优化，确保全省监测站位一张图、一套数；积极推进渤海溢油监视监测能力建设，基本完成所有项目建设及分项验收，实现了整个海洋环境立体监测网的联调联试；完成莱州湾省级海湾生态环境状况分析及巡湾技术支持工作，向山东环渤海地区生态环境保护审计组提交了情况汇报材料4批次。此外，省海环院选派技术人员赴海阳参加了海上卫星发射保障工作，起草省政协涉海提案的书面答复材料10余份，开展了长岛附近海域海洋经济生物、海洋生态环境及海域使用现状调查与评价，完成《长岛海洋资源环境本底调查报告与评估》《长岛海洋牧场建设规划（2019—2025）》、“山东省海岸带危险化学品园区产业布局规划技术支持”和《莱州湾（烟台）环境综合治理实施方案》的编制，完成“潍坊市入海排污口现场排查及监测”，以及“基于陆海统筹的海洋环境监测站位优化研究”等自然资源部、省、市级政府部门委托的海洋环境类技术支撑服务工作。

【海洋生态预警与环境监测】 2019年，省海环院结合海洋生态预警监测实际工作需求，对接自然资源部预警监测方案，牵头编制完成了2019年山东省海洋生态预警监测与评价工作、信息产品制作及质量保证等系列方案，监测任务时段涵盖4月至10月；编制2019年山东省海洋生态预警简报、年报、专报等各类信息产品近20期；牵头组织开展了2019年全省海洋生态环境监测评价工作，制定了《2019年山东省海洋生态环境监测与评价工作方案》及4个配套方案并组织实施，共布设全省各类站位955个；全年组织各级监测机构累计出海近30航次，航行1.8万余海里，采集各类样品近 3 万个，获得监测数据 20 余万组，圆满完成了国控山东渤海海水水质监测、渤海海洋环境质量专项监测、山东省海洋生态环境监测、海洋生态空间监测等各类任务；编制并代表省政府发布《2018 年山东省海洋环境状况公报》，完成简报、专报等各类信息产品 27 期共 810 份。2019 年，首次承担了省水产品质量安全风险监测和监督抽查样品复检及对 16 家承检机构的飞行检查工作；完成了上级下达的 8 项检验监测任务，抽检农业部水产品质量安全例行监测、省水产品质量安全监督抽查、贝类风险监测和生产区域划型、水产苗种检验检疫，以及委托检验样品共计 1960 个；牵头起草了《2019 年全省水产品质量安全监督抽查和风险监测方案》等工作方案 4 项，编制了总结分析报告 27 份。

【海洋产业发展】 2019 年，省海环院开展了全省海洋经济运行监测和趋势分析研究及涉海企业直报通报等工作，首次对 1100 多家多源涉海直报企业信息进行了系统核查与校正，选定本年度重点企业 322 家，形成了涵盖沿海 6 市和 14 个主要海洋产业的重点企业名录。建立了“院工作小组为核心，各市主管部门为支撑，各企业直报人员为点源”的三级信息采集体系，依托“山东省海洋经济运行监测与评估系统”进行了数据直报、催报审核、汇总分析等工作，编制完成年度《山东省主要海洋产业发展分析报告》《山东省海洋新兴产业发展分析报告》等各类报告、通报 11 份。积极跟进全省沿海 7 地市海洋及相关产业统计调查工作，编制完成《山东省市级海洋生产总值核算技术方案》并通过专家论证，在实施中重点推进海洋新兴产业核算工作，撰写了《2018 年山东省海洋经济公报》等发展报告 3 份，完成《海洋及相关产业统计调查工作会议纪要汇编》和《山东省海洋及相关产业统计调查参考资料汇编》等材料。

【科技合作与交流】 2019 年，省海环院承办了全国渔业水域污染事故调查鉴定处理技术培训班、国家海水鱼产业经济发展动态暨渔情信息采集工作研讨会、绿潮遥感监测年度总结及海冰遥感监测年度启动会、山东省农产品质量安全追溯体系建设培训班。协助组织加拿大“青企协”对山东省海洋产业进行调研和考察，与俄罗斯远东科学院海洋生物所、日本和歌山县水产实验厂、韩国忠清南道省海洋局、国家海洋环境监测中心、国家林草局调查规划设计院等国内外机构开展学术交流并达成合作意向。全年选送科研人员 150 余人次参加了由自然资源部、农业农村部、商务部研究院、水科院等单位组织的专业技术进修和培训。组织人员参与了“2019 中国海洋经济博览会”、第一届国际海藻与健康产业大会、第四届中国食品科学青年论坛、中国微生物学会年会、全省 2019 年世界海洋日暨全国海洋宣传日活动等研讨交流活动。组织省海环院 20 余名专家承担了“东北亚海洋合作论坛”和“全省现代海洋院士论坛”会议筹备及“一对一”对接工作。举办了“水产品加工及质量安全控制技术学术研讨会”等多次学术会议。

（山东省海洋资源与环境研究院
胡顺鑫　陈丽竹　孙春晓）

山东省水利科学研究院

【概述】 山东省水利科学研究院（以下简称省水科院）建于 1957 年 10 月，隶属于山东省水利厅，是以基础和应用研究为主的社会公益型研究机构，主要承担水利发展相关理论研究及应用研究工作，水利行业相关科技推广和技术咨询及评估工作，以及水利科技信息搜集整理与开发利用工作。2019 年，省水科院在职职工 208 人，下设 14 个业务所室，涵盖防灾减灾、水资源与水环境、农村水利、水土保持、水力学、岩土工程、水工材料结构、水利信息化、水利移民等专业技术领域；顺利通过了省文明委复查，继续保持“省级文明单位”称号；在 2018 年度科技厅事业单位绩效考核中，被核定为“优秀”等次；在水利部科技推广中心山东省推广工作站年度工作考核中获得优秀等级；与中国工程院张建云院士团队联合申报的“济南市院士工作站”获批并揭牌；报送的精神文明成果“春风化雨　润物无声——多措并举营造沉浸式文化氛围”，被评为全国水利系统基层单位文明创建案例。

【科技项目】 2019 年，省水科院承担省部级科研课题 24 项，其中国家重点研发计划项目 3 项、国家自然科学基金项目 1 项、水利部水利技术示范项目 1 项、省重点研发计划项目 4 项，以及省级水利科研与技术推广项目 15 项。获准立项科研项目 6 项，其中省自然科学基金项目 1 项、水利部水利技术示范项目 1 项、省级水利科研与技术推广项目 4 项。通过验收课题 6 项。

【科技成果】 2019 年，省水科院参与完成的 1 项成果获省科技进步奖三等奖。发表学术论文 30 篇，其中 SCI-E 收录 3 篇；出版图书 1 部。编制地方标准 11 项，均已发布实施。授权发明专利 2 件，授权实用新型专利 60 件，登记软件著作权 8 项。

【科技交流活动】 2019 年，省水科院主办了中荷（山东）水利科学技术交流会，中荷双方代表重点围绕水库安全运行综合监测、城市防洪和内涝预警、水生态环境规划与治理及水利工程施工设备应用等方面，开展了深入交流。与西安理工大学签订合作协议，就人才培养、科技攻关、科技成果转化等方面开展深入合作。采用混合离子交换树脂技术，在荣成市建成了日处理水量 5000 立方米的污水深度处理设施，累计投入研发经费 300 余万元。承办了“2019 年山东省灌溉试验站网培训班”“山东省农村饮水安全工程建设与运行管理高级研修班”，邀请行业知名专家学者授课，培训相关专业技术人员 300 余人次。先后组织专业技术人员 19 人次赴德国、日本、捷克等国家，开展学习交流和技术培训。组织部分技术和管理人员参加第十六届国际水利先进技术（产品）推介会。全年出版《山东水利》12 期，发行 5 万余册。

【技术服务】 2019 年，省水科院充分利用技术、人才和资源优势，重点围绕节水评价、水资源论证、水土保持、农村饮水安全巩固提升、农业水价综合改革、水利信息化、水利安全生产标准化等重点工作，积极承揽技术咨询项目，发挥好技术服务承接主体的作用。积极参与项目招投标，承揽技术开发任务，为山东省重点水利工作提供技术支撑和服务的同时，也在一定程度上弥补了省水科院作为差额事业单位的经费不足。

【科技人才培养与队伍建设】 2019 年，省水科院被表彰为省抗击台风抢险救灾先进个人 1 人，荣立二等功；荣获“山东省农林水系统五一劳动奖章”1 人；赴西藏日喀则开展技术援助工作 1 人。完成院内设机构调整，公开招聘博士研究生 1 名、硕士研究生 9 名。

（山东省水利科学研究院 郭 磊）

山东省海洋生物研究院

【概述】 2019 年 2 月，根据中共山东省委机构编制委员会办公室批复，山东省海洋生物研究院（以下简称海生院）归属为山东省农业农村厅。

【科研重点与计划】 2019 年，海生院共承担各类科研项目 72 项，其中新上山东省重点研发计划项目、山东省农业良种工程项目和山东省农业重大应用技术创新项目等各类科研项目 22 项。

【科研成果及重点成果选介】 2019 年，海生院获得海洋工程科学技术奖二等奖 1 项，山东省海洋与渔业科学技术奖二等奖 1 项，进行成果评价 4 项，获得国家水产新品种 1 个，国家发明专利授权 10 件，国家实用新型专利授权 27 件，软件著作权 19 项，出版著作 4 部，发表学术论文 61 篇，其中 SCI 收录 13 篇。

山东省水产经济生物种质资源库建设与共享利用 该项目首次构建了水产经济生物种质资源调查、收集、保存、鉴定和评价技术体系与保护策略，为山东省水产经济种质资源保护提供了技术支撑；建立了山东省水产经济生物种质资源库及水产种质资源网络共享平台，实现了水产经济生物种质资源从实物层、信息层到技术层多方面的共享利用；多次开展海洋生物科普教育等社会公益活动，为海洋文化传播做出了积极贡献。获 2019 年度海洋工程科学技术奖二等奖。

食用海带种质创制技术研究与应用 该项目运用 DNA 条形码技术，将 COI 和 rbcL 序列相结合用于海带种间和品系间种质鉴定；运用杂交、定向选育等技术培育出 4 个食用海带新品系；开展了海带耐高温性状的生理分析，获得了海带耐高温基因 Sjhsp70 全长序列，定量分析了该基因受到高温胁迫时定量表达情况，为海带遗传育种工作提供了理论基础。获 2019 年度山东省海洋与渔业科学技术奖二等奖。

国家水产新品种刺参“鲁海 1 号” 该品种在相同养殖条件下，与未经选育刺参相比，24 月龄刺参体重平均提高 24.8%，养殖成活率平均提高 23.5%，适宜在山东、辽宁、河北和福建等地沿海养殖。通过示范推广，每年可向行业提供优质亲本 2 万余头、大规格苗种 5 亿余头、耳状幼体 400 多亿个，核心示范养殖规模 6300 亩，示范基地刺参生产良种覆盖率达 95% 以上。

【基础研究】 2019 年，海生院开展了魁蚶在高温胁迫下机体的调节机制研究，文蛤、牡蛎对重金属的富集与排出机制研究，不同环境因子对文蛤体内泥沙含量影响的研究，海水青鳉鱼的组织胚胎学研究，基于CR及Cytb基因序列的大泷六线鱼野生群体遗传多样性分析研究，基于COI及Cytb基因序列的长绵鳚群体分子遗传学研究，基于时间与空间尺度的人工鱼礁鱼类群落生态位研究，大型海藻应对植物胁迫的策略研究，不同条件下海藻藻体营养组分研究，环境条件因子对选育刺参生理指标影响研究，海洋多肽在刺参体内的营养作用机理等基础性研究工作。

【应用研究与高技术研究】 2019年，海生院围绕种质资源保存与利用，重要海洋经济生物的育种、增养殖、病害防控、食品加工、生态环境和海洋牧场建设等领域，相继开展了水产生物种质资源收集保护与精准鉴定、新品种选育与性状改良、南种北繁、离岸网箱养殖品种筛选与效果评估技术、渔用疫苗研制、海洋生物蛋白及其衍生品、近岸典型水域生物多样性保护与生态修复、入海污染物监测与总量控制技术等关键技术研究，开展了刺参—对虾生态化养殖模式构建、工厂化养殖尾水处理系统构建、近岸人工海藻场构建、底播型海洋牧场构建等模式研究。

【科研成果转化及产业化】 2019年，海生院围绕海洋经济生物新品种引进、绿色养殖、底播增殖、新模式构建等技术领域，通过合作开发、技术示范推广、培训指导等方式开展科技成果转化。其中，在东营开展了魁蚶底播增殖和鲍工厂化养殖技术示范推广，共引进各类苗种5200余万粒，成活率达80%以上；在滨州开展凡纳滨对虾池塘“135”二茬分级接续养殖技术示范推广，推广面积1.2万亩，产量翻一番；在威海、滨州等地示范推广刺参优质苗种生态培育技术，繁育“鲁海1号”等新品种（系）苗种8000万头以上；在烟台指导当地企业引进三倍体牡蛎新品种20余万粒，成活率和普通牡蛎相比提高15%；在长岛进行了海带良种养殖技术推广3000亩，进行了大泷六线鱼增养殖技术推广，其中深水网箱养殖5000立方，增殖放流10万尾。

【科研平台建设】 2019年，海生院拥有“山东省鲆鲽类（条斑星鲽）遗传育种中心”“山东省海水养殖病害防治重点实验室”“山东省大型海藻资源保护与应用工程技术研究中心”等各类科研平台15个。

【科技人才培养与队伍建设】 2019年，海生院新招聘博士2人，硕士6人，联合培养在读研究生4人，推荐各类科技人才41人次，新增享受国务院政府特殊津贴专家1人，山东省有突出贡献的中青年专家1人，享受青岛市政府特殊津贴专家1人，青岛拔尖人才1人。

【科技咨询与服务】 2019年，海生院先后被山东海洋产业协会认定为“海洋意识教育基地”，被山东水产学会认定为“科普教育基地”。通过面向全省水产企业和基层人员开展水产养殖领域科技培训，面向社会公众开展海洋生物科普教育活动等方式提供科技服务。2019年累计开展产业培训500余人次，科普活动接待学生300余人次，对传播海洋生物知识，提高公众保护海洋生态环境的意识产生了十分积极的作用。2019年，海生院在全省15个地市开展了鲤春病毒血症（SVC）、锦鲤疱疹病毒病（KHVD）、对虾白斑综合征（WSD）和对虾传染性皮下和造血器官坏死病（IHHN）等20种水生动物疫病的公益性监测和服务工作，抽取检测鱼类样品210批次，对虾样品630批次，贝类样品65批次，出具正式检测报告200余份。围绕“刺参安全生产关键技术”“海带新品系繁育及养殖推广技术”“对虾健康养殖及病害防治技术”“海水养殖病害防控技术”等，在大连、青岛、日照、烟台、威海、潍坊、东营等地，通过会议培训、现场指导、发放明白纸等形式，向养殖企业和养殖专业户传授养殖技术和养殖经验，解决生产中遇到的实际问题，共开展科技咨询与服务30余次，服务基层技术人员2000余人，发放明白纸3000余份，科技咨询与服务遍布全省并精准实施。

【科技合作与交流】 2019年，海生院持续深入推进“海生+”系列渔业科技精准对接。在河口，2019年度渔业科技精准对接会议顺利举行，与当地企业合作完成科研项目申报3项，制定8万亩深水海域建设规划，开展了对虾工程化养殖技术转化示范；在滨州，联合当地企业开展了南非斑节对虾绿色健康养殖技术研究，在博兴和无棣等地开展对虾“135”养殖模式示范推广，与当地多家大型企业分别就浅海海洋牧场建设、水产品精深加工技术等领域研究与示范工作，开展广泛的合作；在长岛，召开“海生·长岛”渔业科技精准对接2019年年度会议，结合科技特派员工作，切实推进国家重点研发计划、山东省重点研发计划、烟台市重点研发计划等项目在长岛的实施，围绕海岛区域特色，打造适宜本土的海洋牧场建设技术体系，确保产业受益、社会受益和百姓受益。

（山东省海洋生物研究院 李翘楚 黄 旭）

山东省淡水渔业研究院

【科技项目】 2019年，山东省淡水渔业研究院（以下简称淡水院）共承担国家海洋局、农业部、国家自然科学基金委、省自然科学基金委、省科技厅、省财政厅、省农业厅等各级科技项目37项，其中新上项目15项。

【科技成果及选介】 2019年，淡水院获得科技奖励7项，山东省海洋与渔业科学技术奖科技创新类1项、技术推广类1项、青年科技奖1名；山东省水文局科技进步奖特等奖1项；中国海洋工程科学技术奖二等奖1项；《海洋生态文明建设丛书》《渤海山东海域海洋保护区生物多样性图集》2部图书在海洋优秀科技图书评审中获优；发表学术论文24篇，SCI收录论文2篇，著作1部；授权专利11件（发明2件，实用新型9件），受理发明专利2件。

罗非鱼和速生抗病人工雌核发育草鱼选育 该项目针对山东省罗非鱼和草鱼种业发展现状及存在的突出问题，通过家系选育、群系选育及分子标记辅助育种等手段，选育出聚合了速生与耐盐等优良性状的罗非鱼新种质和速生抗病雌核发育草鱼新种质，进行了规模化育苗。在综合研究罗非鱼性别标记、抗病相关转录组学、草鱼雌核发育诱导技术、草鱼抗病相关基因研究及雌核发育草鱼选育等方面达到国内领先水平。2016—2018年，项目核心成果在济宁、临沂、泰安、淄博、滨州等地推广应用面积达11.5万余亩，新增产值约20.5亿元，新增利润约3.7亿元，有力推动了山东省罗非鱼和草鱼产业的健康快速发展。在国内外核心刊物上发表论文9篇，其中SCI收录2篇；申报发明专利1件，实用新型专利5件。获2019年度山东省海洋与渔业科学技术奖科技创新奖二等奖。

淡水水产经济生物种质资源收集、保护与评价 该项目是省农业良种工程项目子任务，在山东省首次系统性地开展了淡水水产经济生物的调研、收集、保存与保护工作。调查了山东省济宁、泰安、聊城、济南等地区的国家级和省级水产种质资源保护区和良种场；合作建设淡水水产经济生物种质资源保存基地6处，合作保存淡水水产经济生物优良种质资源1500余份；收集保存淡水经济生物种质资源活体9种3000余份，标本62种389份，基因组DNA9种937份；完成了3种代表性淡水水产经济生物种质资源收集和多样性评价，为山东省水产种质资源平台建设提供了淡水水产种质资源的基础资料。获2019年度海洋工程科学技术奖二等奖。

【科技支撑与平台建设】

国家大宗淡水鱼类济南综合试验站 该试验站指导相关示范县开展多种生态养殖模式构建和良种保育工作，累计保存黄河鲤亲本1200组、松浦镜鲤亲本900组、福瑞鲤亲本1000组、东平湖鲤亲鱼1300组，异育银鲫中科3号1500尾；对黄河鲤、松浦镜鲤、福瑞鲤、东平湖鲤、“四大家鱼”等良种进行扩繁，繁育水花累计5.5亿尾，推广养殖面积8万亩；开展了草鱼出血病区域化生态防控技术研究和示范，重点推广了微生态制剂水质调控技术、草鱼出血病疫苗应用技术，推广面积3800余亩，完成了年度目标。

山东省鱼类、虾蟹创新团队 创新团队按照计划开展了科研创新、推广示范、行业调研、渔民培训等工作。2019年3月，山东省现代农业产业技术体系鱼类产业创新团队在聊城市茌平县组织召开了“山东省加州鲈鱼产业发展研讨会”，会议的召开对促进内陆渔业转型升级和推动山东省加州鲈产业发展具有重要意义。4月，团队组织相关人员对山东省加州鲈、乌鳢等优良品种的产业发展问题进行了调研，摸清了这两个品种的养殖情况及产业发展面临的问题，提出了发展建议。5月，与济宁综合试验站、临沂综合试验站、泰安综合试验站联合在试验站所在地区开展了加州鲈和乌鳢的规模化繁育工作，构建了加州鲈和乌鳢良种的繁育技术体系和繁育示范基地。团队还在临沂、德州、济宁等地开展了渔民培训工作。

提升淡水水产品质检能力 中心组织54人次参加各类业务培训，增强了检测检验能力及效率，完成实验室间比对1次，结果为满意。完成了山东省水产品质量安全例行监测和产地水产品质量安全监督抽查任务，共计检测546批次的样品，出具110份检验报告，编制上报12份不合格简报，编制总结分析报告14份，上报数据10972个。承接委托检验共计88批次，其中苗种质量59批次，水产品药残27批次，水质2批次，出具检验报告88份。

各类科研平台运行良好 山东省盐碱地渔业工程技术研究中心在省科技厅组织的2019年度绩效评估中被评为“良好”。黄河下游渔业资源观测实验站项目顺利通过了农业农村部组织的验收。国家级水产良种场

(罗非鱼)、山东省淡水渔业监测中心（渔业污染事故鉴定站)、山东省淡水水产遗传育种重点实验室等其他科研平台均运行良好。

【科技咨询与服务】 2019 年，淡水院开展了病害防治调研与技术服务，及时为渔民解决了生产中的难题。5 月，在省派东平县乡村振兴服务队的协调和帮助下，由山东省虾蟹类创新团队技术支持的东平湖淡水龙虾养殖示范基地在东平县新湖镇正式挂牌成立。参加了“2019 年度水产养殖用药减量行动”“水产养殖主要病原微生物耐药性普查”等公益活动，为济宁、聊城等基层实验室进行了药敏检验实操技术培训。完成了“山东省南美白对虾产业发展及病害防控体系建设”“山东省大宗淡水鱼产业现状与主要病害防控措施”2 项委托调研报告。完成了 2019 年度山东省淡水水产品质量安全例行监测和产地水产品质量安全监督抽查、内陆重要淡水水域环境监测、2019 年度全省淡水养殖业污染普查、2019 年度全省“测水配方”“放鱼养水”任务、《山东省养殖水域滩涂规划》(淡水部分)征求意见稿。对东平县银山镇昆山养殖场死鱼等 6 起事故开展了技术咨询。组织科技人员到省派第一书记的沾化县古城镇调研指导特色水产养殖，提出了保护湿地、发展文化旅游、依托国道开展餐饮服务、科学改造池塘进行生态种养等建议。淡水院 3 名科技人员应邀参加山东乡村广播《第一书记朋友圈》节目，为乡村振兴献计献策；2 名科技人员入选“万名干部下基层”乡村振兴服务队农业产业专家服务团名单；1 名科技人员被省科技厅选派为德州市平原县科技特派员。台风“利奇马”过境后，淡水院选派人员，成立 2 个工作组，前往部分淡水渔业重点地市指导开展生产自救。

【科技合作与交流】 2019 年，淡水院邀请上海海洋大学、中国水产科学研究院淡水渔业研究中心、东海水产研究所等专家来院做学术交流；与上海海洋大学联合培养研究生 3 名；组织淡水院专家参加水产养殖绿色发展暨大水面生态渔业发展研讨会活动；先后参加了山东省现代农业产业技术体系刺参、虾蟹类、贝类和藻类创新团队工作总结交流会；派员参加第十三届全国遗传育种学术研讨会，全球水产养殖论坛暨第十一届中国虾产业发展研讨会，第三届中国鱼台龙虾节产业高峰论坛等会议。为更好地服务地方经济发展，淡水院与东平县新湖镇签约共建“淡水龙虾养殖示范基地”项目；与沂南县人民政府签订产学研战略合作协议；分别与垦利区人民政府、东营市惠泽农业科技有限公司签署政产研战略合作协议和渔业产业发展合作协议，签约共建实验基地。

（山东省淡水渔业研究院　董　俊）

山东省中医药研究院

【概述】 山东省中医药研究院（以下简称省中医药研究院）是由原山东省中医药研究所和山东省针灸科学研究所于 2003 年 1 月合并组建而成，隶属于山东省卫生健康委员会，是集中医药科研、临床、开发于一体的社会公益性全额事业单位。省中医药研究院作为国家重大新药创制平台共建单位和省级研究生联合培养基地，拥有 1 个泰山学者岗位，1 个国家中医药管理局重点研究室，1 个国家中医药管理局重点学科，2 个国家中医药管理局三级实验室，3 个国家中医药管理局传承工作室，1 个山东省名老中医药专家工作室，1 个省级中药炮制传承基地，1 个省工程技术研究中心，1 个省重点实验室，3 个省医药卫生重点学科，3 个省医药卫生重点实验室，2 个省中医药重点学科，3 个省中医药重点实验室及 1 个通过 GPP 认证的制剂中心，具备了较为完善的科研支撑体系。

【科研重点与计划】 2019 年，省中医药研究院在中药质量综合评价技术、中药材规范化种植、中药药效及安全性评价技术、中药品种鉴别及炮制规范化研究、经典方剂物质基础研究、中药新型制剂、金氏脉学的传承推广、亚健康中医诊疗技术等方面进行系统研究。新上各级计划课题 19 项，其中山东省技术创新引导计划项目 3 项，国家中医药管理局中医药行业科研专项子课题 2 项，山东省重点研发公益类项目 2 项，山东省中医药科技发展计划项目 11 项，山东省档案科技计划项目 1 项。

【科研成果及选介】 2019 年，省中医药研究院验收和鉴定科研项目 30 项，获得各级科学技术奖励 4 项，包括山东省科学技术进步奖二等奖 1 项，山东中医药科学技术奖 3 项（二等奖 2 项，三等奖 1 项）。申请国家发明专利 7 件，获国家发明专利授权 8 件；申请实用新型专利 1 件，获得实用新型专利授权 1 件；成功转让国家发明专利 1 件。

丹参、金银花、黄芩系列产品谱—效相关评价技术集成创新及应用 该项目围绕中药谱—效相关质量综合评价体系研究方向，分别对黄芩、金银花、银黄颗粒清热解毒、抗菌消炎作用，丹参及丹红注射液活血化瘀、通脉舒络作用进行了谱—效相关研究及数学模型建立，追踪中药次生代谢产物的组成和变化，建立化学计量学模型，将化学成分与其生物活性相关联，从而达到对中药质量评价的目的；从体现中药多成分、多靶点内涵的角度提出了中药综合质量评价方法，为中药复方制剂质量控制带来了新的思路和技术支撑；创新性地将斑马鱼模式生物应用于大样本药效学评价中，建立了斑马鱼节间血管损伤、血管狭窄、心脏损伤等模型，从全新角度精准验证了丹参等样品“活血化瘀”的作用，提高了新型谱—效相关质量评价系统的精确性。获 2019 年度山东省科技进步奖二等奖。

【研究生教育】 2019 年，省中医药研究院作为山东省首批研究生联合培养基地，培养 8 名山东中医药大学硕士研究生，8 名研究生顺利通过学位论文答辩，取得硕士学位。

【科研人才队伍建设】 2019 年，省中医药研究院有享受国务院政府特殊津贴专家 1 人，山东省有突出贡献的中青年专家 1 人，国家科学技术奖励评审专家 9 人，国家新药评审委员 2 人，国家保健食品评审专家 3 人，省新药评审委员 1 人，国家“创新药物和中药现代化”评审专家 1 人，国家重点新产品评估专家1人，博士生导师 2 人，硕士生导师 10 人，齐鲁卫生与健康领军人才 1 人，齐鲁卫生与健康杰出青年人才 3 人。

【科技咨询与服务】 2019 年，省中医药研究院充分发挥其在中医药科研领域的优势，为中医药产业机构提供科技服务。与山东药品食品职业学院、山东省科学院生物研究所、济南平阴县皮肤病防治所等单位签订横向开发合作协议 6 项，涵盖医疗机构制剂、含量测定、质量评价等领域，累计合同金额为 235.41 万元。

【重点平台建设】

国家中医药管理局中药炮制技术传承基地建设项目 该基地于 2015 年 8 月获国家中医药管理局批准建设，是全国首批 24 家建设单位中唯一一家科研院所单位，基地以中药炮制技术传承和发展为核心，建立了学术和技术传承谱系和官方民间双拜师的人才传承模式，收集或仿制炮制相关古物，挖掘地方特色炮制工艺，编写著作、举办培训、录制传统炮制技术视频，走进社区和校园宣讲中药炮制文化。2019 年 12 月，基地顺利通过国家中医药管理局组织的验收，获得专家评议组高度认可。

山东省名老中医药专家—闫雪生中药制剂传承工作室 该工作室于 2019 年 4 月获山东省中医药管理局建设批准，建设周期 3 年，计划培养继承人 9 人，传承工作室主要是针对名中医药专家闫雪生的学术思想及中药传统剂型、经典名方的开发应用等进行学习继承及创新研究。前期的重点工作是对老专家的专著、论文、笔记，以及承担的科研项目等内容进行搜集、归纳和整理，逐步建立名老专家学术思想的电子资料库，对提升中药制剂研究水平，培养中药制剂专业人才做出积极的贡献。

（山东省中医药研究院　陆永辉）

山东省计量科学研究院

【概述】 2019 年，山东省计量科学研究院（以下简称省计量院）坚持“党建引领、公益立院、科技强院、服务兴院”的发展方针，科研工作取得了良好的效果。重大项目立项领域取得突破，列入山东省重点研发计划（重大科技创新工程）1 项，获国家市场监管总局立项 1 项；高水平科研成果不断涌现，获山东省科技进步奖二等奖 1 项，山东省科技进步奖三等奖 2 项，中国计量测试学会科学技术进步奖 3 项；科研成果转化取得新进展，《科研与技术应用收益管理办法》正式发布实施，为开展科技成果转化提供了政策支持；计量平台建设成效显著，国家节能家电产业计量测试中心通过了国家市场监督管理总局组织的验收并获批成立，与英国密析尔仪表（上海）有限公司建立了联合实验室。

【科研立项】 2019 年，省计量院结合国家衡器产品质量监督检验中心、国家医用计量产品质量监督检验中心、国家黄金钻石制品质量监督检验中心、国家城市能源计量中心、国家节能家电产业计量中心等国家级科技创新平台建设和山东省计量检测重点实验室、山东省标准物质工程技术研究中心建设，着重研究各种计量检测技术、标准和方法。省计量院申报山东省重点研发计划（重大科技创新工程）11 个项目中，“3D 打印用非氧化物陶瓷材料研制及质量控制体系建立”

等 4 个项目完成正式申报；“便携式环境应急紫外光谱气体分析仪的开发及在环境监测中的应用研究”项目获批立项，“轨道交通接触网几何参数测量仪校准装置的研制与应用”获国家市场监管总局立项，“电能表检定装置远程自动校准关键技术的研究”等 7 个项目获山东计量测试学会立项。2019 年，省计量院共承担“轴承套圈厚度变动量检查仪校准规范”等国家计量技术规范起草任务 19 项，其中作为第一起草单位的有 9 项。《防蓝光眼镜片及相关眼镜产品蓝光透射比要求和试验方法》等 3 项山东省地方标准获批立项。

【科研成果】 2019 年，国家计量基标准资源共享平台课题“纳米尺寸测量专题服务”、山东计量测试学会科技项目“新旧动能转换中检测机构发展方向及对策”顺利通过验收。“环境安全防护用标准物质的研制与应用”等 7 项科技成果通过了由山东计量测试学会组织的科技成果鉴定。《在用安装式交流电能表》《汽车氮氧化物检测仪》2 项地方检定规程通过审定，《在用安装式交流电能表检定规程》正式发布实施。《珠宝玉石鉴定　红外光谱法》《珠宝玉石鉴定　紫外可见分光光谱法》2 项中国质量检验协会团体标准顺利通过标委会审定，《珠宝玉石鉴定　红外光谱法》《珠宝玉石鉴定　紫外可见光谱法》《地理标志产品　木鱼石》3 项山东省地方标准通过审定，“甲醇中邻硝基氯苯溶液标准物质”等 33 项标准物质取得了标准物质证书。“一种恒温油槽油汞分离及汞处理装置、方法”等 7 件发明专利、“家用制冷器具用异丁烷制冷剂泄露安全性智能测试系统”等 16 件实用新型专利获得授权。

【科研奖励及选介】 2019 年，省计量院参与承担的项目“环境及安全领域国家系列标准物质研制关键技术与应用”获 2019 年度山东省科技进步奖二等奖；“资源能源关键计量技术的研究及应用”“耐电压测试仪系列国家标准在高端制造及检测领域的应用”2 个项目获 2019 年度山东省科技进步奖三等奖。“安全防护用标准物质的研制与应用”等 3 个项目获中国计量测试学会科学技术进步奖，“热量表耐久性测试关键技术的研究及推广应用”等 11 个项目获 2019 年度山东计量测试学会科学奖，“计量技术机构电子文件档案管理系统与实现”等 4 项成果获 2018—2019 年度山东省档案学优秀成果奖。

环境及安全领域系列国家标准物质研制关键技术与应用　该项目针对环境及安全领域检测缺少实物标准、无法有效溯源的瓶颈问题，经过十余年的研发，创新了标准物质制备技术，建立了标准物质技术体系，健全了环境、安全领域量值溯源体系，广泛服务于省内外千余家生态环境检测机构及万余家工矿企业，推动了行业的快速健康发展。该项目共研制国家有证标准物质 280 种，建立山东省最高社会公用计量标准 42 项，发表论文 81 篇，获授权发明专利 14 件、实用新型专利 18 件，软件著作权 3 项，出版专著 1 部，制定国家规程规范和标准 10 项，地方规范与标准 3 项。获 2019 年度山东省科技进步奖二等奖。

耐电压测试仪系列国家标准在高端制造及检测领域的应用　该项目制定了国内首部耐电压测试仪系列技术标准，构建了耐电压测试仪研发生产、认证监管、检验检测的全链条技术标准体系；研制了新型耐电压测试仪、电气安全性能综合测试仪等系列产品，实现国产装备替代进口，对助推智能制造和供给侧结构性改革等起到了积极推动和重要基础性作用。该研究成果包括系列技术标准，发明专利 1 件，实用新型专利 5 件，外观专利 10 余件，专著 2 部，软件著作权 10 余项，论文 20 余篇。获 2019 年度山东省科技进步奖三等奖。

液气态资源能源关键计量技术的研究及应用　该项目研制了大口径热量表检定装置、气体流量计量原级标准装置、液体流量计量检测装置等系列检测装备，建立了山东省液气态资源能源公正计量保障体系，使流量精准计量在省内供热、石油化工、燃气、水资源利用等行业得到有效控制，确保了全省上亿吨石油化工产品及近 140 亿 m^3 天然气计量的准确可靠，保障了液气态资源能源贸易结算中供需双方的经济利益。该项目的研究成果包括发明专利 11 件，实用新型专利 20 件，制定国家计量技术规范 2 项、地方标准 1 项、地方检定规程 3 项，软件著作权 10 项，发表论文 75 篇。获 2019 年度山东省科技进步奖三等奖。

【科技平台建设】 2019 年，国家节能家电产业计量测试中心获批正式成立。国家节能家电产业计量测试中心是经国家市场监督管理总局批准的具有第三方公正地位的国家级节能家电产业计量测试机构。中心按照国家发展现代产业体系的总体战略要求，以节能家电产业发展需求牵引为导向，以服务和支撑产业发展为使命，以提高产业核心竞争力为目标，以计量测试技术和计量科技创新为手段，创新计量服务模式，以服务于全溯源链、全寿命周期、全产业链的战略定位，促进和引领节能家电产业发展。与英国密析尔仪表（上海）有限公司建立联合实验室，积极参与“国家计量科学数据中心”建设，参与国家核电核岛装备产业计量测试联盟建设。

【学术交流】 2019 年，省计量院累计参加各类学术交流活动 100 余人次。发起成立“国家节能家电产业计量测试联盟”，致力于推进节能家电产业关键、共性及重大前沿计量技术的研发，提升节能家电产业计量技术创新能力，实现节能创新成果的快速产业化，推动节能家电产业结构优化升级，提升核心竞争力。主办了“泰山科技论坛——电器能效计量与提升”“泰山科技论坛——人工金刚石（合成钻石）现状和发展方向研讨”等学术交流会议；派员参加了“2019 年计量创新助力产业发展”“TEMPMEKO 国际温度大会”等学术交流会议。中国科学院宋振骐院士莅临省计量院参观指导工作，对计量院近几年在资质能力、科研创新、服务产业提升、计量惠民等方面所做的工作给予了肯定。

【计量科普】 2019 年，省计量院被山东省科学技术协会和济南市科学技术协会分别评为“2019 年度山东省科普教育基地”和“济南市科普教育基地”，这是继“科普双百工程——三星级山东省科普教育基地”和“中国计量测试学会科普教育基地”称号后，省计量院再获计量科普工作殊荣。此外，省计量院在“5.20 世界计量日”“科技活动周”“质量月”“315 消费者权益日”等活动期间，精心组织开展免费检测、实验室开放、计量科普宣传等活动，取得了良好的效果。

（山东省计量科学研究院　刘继义　张瑞锋　李凤霞）

山东省科学院生物研究所

【概述】 山东省科学院生物研究所（以下简称生物所）成立于 1983 年 5 月，省级公益二类事业单位，隶属山东省科学院。生物所设有生化分析、药物筛选、食品生物技术、工业微生物、微生物药物 5 个研究室和 1 个成果转化中心，主要从事传感器及智能控制、药物毒性及活性筛选与评价、食品加工技术、工业微生物发酵工艺、海洋微生物药物方面的基础、共性关键技术及应用示范研究。拥有山东省生物工程技术创新中心、山东省生物传感器重点实验室、山东省生物检测技术工程实验室、山东省人类疾病斑马鱼模型与药物筛选工程技术研究中心、山东省海洋工程技术协同创新中心、山东省海珍品精深加工工程技术协同创新中心、山东省海洋工程技术协同创新中心、山东省生物传感器技术研究推广中心、生物制造技术研发平台和中澳特色生物资源产业技术创新联合实验室 10 个省级实验室平台，科研仪器设备 1730 台套。在职职工 80 人，其中，正高职称 5 人，副高职称 25 人，博士学位职工 37 人，硕士学位职工 13 人，享受政府特贴人员 3 人，省级有突出贡献的中青年专家 2 人，省科学院杰出青年 3 人，枣庄英才 2 人。积极开展国际交流合作，与加拿大、美国、澳大利亚、法国、英国、德国、以色列、俄罗斯等国家和地区的学术机构建立了良好的合作关系，引进国家高端外国专家 1 人、山东省泰山学者海外特聘专家 2 人、省高端外国专家 1 人、省智惠山东专家 1 人、省高端一圈外国专家 3 人。多名外国专家获“国家友谊奖”“齐鲁友谊奖”。建所以来共取得科研成果 200 多项，获得专利 148 件，国家发明专利 90 余件，国家级新产品 4 项，国家新药证书 2 个，农业部登记新农药 7 项。获得国家发明奖 2 项，国家科技进步奖 1 项，省部级科技进步奖 40 余项，厅局级奖励 60 余项，发表论文 938 篇，SCI 收录 75 篇。

【科教融合】 2019 年，生物所制定了硕士研究生招生专业目录和招生简章；参与制定轻工技术与工程专业、生物与医药专业硕士研究生培养方案。制定了在读研究生双选及培养方案，完成了开题报告、中期筛选。招收硕士研究生 15 人，23 人通过了齐鲁工业大学（山东省科学院）硕导遴选。完成科教融合专项设备采购绩效评价和科教融合专项设备采购计划。

【科研成果】 2019 年，生物所申报各类纵向科研项目 69 项，作为承担单位申报 52 项。获批立项 35 项，经费总额 1727 万元，其中国家级项目 2 项，经费总额 32 万元；省级项目 19 项，经费总额 1137 万元；市级项目 14 项，经费总额 558 万元。全年 R&D 经费总额 3413 万元。发表学术论文 107 篇，被 SCI 收录 75 篇，被 EI 收录 1 篇。申请专利 21 件，其中发明专利 19 件，实用新型专利 1 件，PCT 专利 1 件；获授权专利 26 件，其中发明专利 22 件，实用新型专利 4 件。获得中华中医药学会科学技术奖二等奖 1 项（参与），泰安市科技进步奖一等奖 1 项（参与）；15 件专利获得省科学院 2018 年度发明专利奖励，27 篇学术论文获 SCI 收录优秀论文奖励。登记国家科技成果 1 项，申报山东省科技进步奖二等奖 1 项，山东省自然科学奖一等奖 1 项。

【科研平台建设】 2019 年，生物所获批济南市院士专家工作站 2 项，济南市中药质量生物评价工程研究中心 1 个；建立“中国—韩国天然功能分子联合实验室”“中国—比利时合成生物学联合实验室”；参与申报威海市海洋生物研究院。

【科研人才培养】 2019 年，生物所引进的上海交通大学仁济医院林厚文教授（国家杰青、长江学者）获批泰山学者特聘专家，引进的中科院遗传与发育生物学研究所田志喜研究员（国家优青、杰青，中科院百人计划）作为团队兼职领军人才；联合北京理工大学霍毅欣教授（国家青千），获批山东省高等学校“青创科技计划”团队。

【科技成果转化及选介】 2019 年，生物所与威海人生药业集团股份有限公司、威海海日水产食品有限公司、山东阳成生物科技有限公司等 67 家单位签订了技术服务合同，合同金额 1686 万元。与威海市、商河县、无棣县合作，获批院地产学研协同创新基金项目 5 项，经费 224 万元。

药物活性和毒性检测与评价 药物筛选研究团队构建的 22 种斑马鱼新模型，可实现涵盖重大疾病（恶性肿瘤、心血管疾病、神经系统疾病、骨骼相关疾病）及毒性评价（发育毒性、器官毒性）等 30 余种活性和毒性的筛选评价，形成了国内斑马鱼模型最为齐全的筛选技术体系，为国内外高校院所和制药企业提供了数百次共享技术服务。

发酵过程检测开放共享 生物所实验室积累了系列生物检测技术、标准和产品，“发酵过程生物传感器检测与过程控制技术”已在医药、食品与发酵领域得到广泛应用，向数百家企事业单位提供了共享服务。

食品加工技术开放共享 食品加工技术研究室形成的一系列海产品加工关键技术、相关仪器设备、相关储备技术和人力资源全部对社会开放并提供社会化服务，与威海人生药业集团股份有限公司等公司签订 260 余万元的技术开发合同。

【科技交流与合作】 2019 年，生物所接待来访团组 15 个，30 人次；组织出访团组 5 个，8 人次；出席国际会议 9 人次。建立“中韩天然功能分子联合实验室”“中比合成生物学联合实验室”；推进“中澳特色生物资源产业技术创新联合实验室”“中乌医药生物技术联合实验室”“中乌电化学气体传感器科研创新联合实验室”的建设。申报国际科技合作项目 2 项、国际杰青计划 1 项；获批山东省外专双百团队计划、山东省高端外国专家项目、泉城高端外专计划各 1 项。生物所承办了山东省创新科技讲堂“合成生物学”专题论坛，邀请比利时皇家医学科学院彼得·赫德温（Piet Herdewijn）院士、法国科学家和发明家菲利普·马里埃（Philippe Marlière）教授进行学术交流。

（山东省科学院生物研究所 何秋霞 张显升）

山东省食品发酵工业研究设计院

【概述】 山东省食品发酵工业研究设计院（以下简称食品发酵院）创建于 1963 年，是山东省唯一的集食品发酵工程技术研究、检测、设计为一体的综合性专业研究开发事业单位，2015 年食品发酵院整建制移交省国资委管理，2018 年整建制移交齐鲁工业大学（省科学院）管理。食品发酵院配备 3500m^2 的实验室及相关研发检测设备 241 余台（套），2019 年筹集资金 100 余万元，招标采购荧光显微镜、荧光分光光度计、超低温冰箱、组合式全温培养箱、凝胶成像仪等仪器设备 87 台（套）。截至 2019 年底，食品发酵院已先后获得国家和省部级科技进步奖 71 项，其中获国家科技进步奖二、三等奖 4 项，省部级科技进步奖二等奖以上奖励 30 多项，有效发明专利 48 件，制定国家标准、行业标准及企业标准几十项，在国内外核心期刊上发表论文 510 余篇。国家食品企业质量安全检测技术示范中心、山东省食品发酵工程重点实验室、山东省食品发酵行业技术中心、山东省饮料行业协会秘书处、山东省乳制品工业协会秘书处设在食品发酵院。

【科研重点与计划】 2019 年，食品发酵院以食品与生物科学研究、食品安全和质量控制，以及科技合作交流、研究生培养、面向社会提供相关咨询服务为主要业务，为食品行业发展提供技术支撑，重点研究领域涉及微生物新型发酵技术、天然新型食品添加剂及功能食品基料生产技术、农副产品精深加工及高值高效生物转化技术、特殊用途（医用食品）功能食品生产技术及香精香料生产技术等领域。在国内率先实现了黄原胶、衣康酸、葡萄糖异构酶、人工培养冬虫夏草、赤藓糖醇、D- 核糖、可得然胶等生物聚合物、DHA（二十二碳六烯酸）、葡萄糖酸钠、果蔬深加工制品等技术的产业化。

【科研成果与奖励】 2019 年，食品发酵院申报各级纵向项目 20 项，立项项目 5 项，新上横向项目 20 项，结转国家及山东省、济南市计划项目 10 项，开展探索研究课题 18 项，结题项目 2 项。先后承担完成了食品发酵工程科研、设计成果共计 90 余项。2019 年食品发酵院获得中国轻工行业优秀工程勘察设计奖二等奖

1项、三等奖1项，山东省轻工业联合会科技创新进步奖一等奖1项。获得授权发明专利7件、实用新型专利1件，申请发明专利19件。发表科技论文16篇，其中，SCI收录论文5篇，中文核心期刊论文7篇。

【科研成果产业化】 2019年，食品发酵院充分利用自身工程研究及设计方面的优势，积极促进科技成果的转化，完成的多数成果实现了工业化生产。与山东爱樱维生态农业有限公司、陕西中诺油气科技有限公司、安徽丰原利康制药有限公司、华熙生物科技股份有限公司、吉林省德润肥业有限公司、山东阜丰发酵有限公司、江苏铭仁生物科技发展有限公司等企业签订技术转让及开发等合同11项，合同额达910万元。

【科研管理与体制改革】 2019年，食品发酵院重新修订了科研奖励制度《山东省食品发酵工业研究设计院科研奖励办法》；新制定了经费管理制度《山东省食品发酵工业研究设计院科技成果转化、横向收入收益分配等实施办法》，按照最新科研奖励制度对发表的高水平论文、专利及其他成果进行奖励，奖励相关科技人员30余人，奖励费用27万余元。

【科研平台建设】 2019年，食品发酵院现有科研平台包括“国家食品企业质量安全检测技术示范中心”、“山东省食品发酵工程重点实验室”、“中国轻工业功能制品发酵技术重点实验室”、“山东省食品发酵工程行业技术中心”（与齐鲁工业大学共建）、“山东省特殊医学用途配方食品质量控制工程技术研究中心”（与食品药品研究院合作）。

【科技人才培养与队伍建设】 2019年，食品发酵院入选泰山产业领军人才1人，入选淄博英才及烟台蓝色领军人才1人，入选2019年烟台双百人才1人。有2位职工考取了博士研究生，在职攻读博士学位。43人通过教师资格岗前培训考试，17人获得了教师资格证，被学校聘为教授、副教授15人。指导本科生毕业设计8人，顺利通过毕业答辩并获得优秀毕业设计1人。组织申报2019年度硕士研究生导师遴选，有7人获得硕导资格并招生硕士4人来食品发酵院学习。派出2名专业技术人员到生工学院讲授工厂设计概论及实践应用等，到菏泽校区教授食工专业“AutoCAD”课程。

【科技咨询、服务与工程设计】 2019年，食品发酵院主要职能部门之一山东省食品质量监督检验站，签订委托检验合同20个，为50家企业提供了技术支持，完成30余家企业的化验员培训工作，共完成近800个食品样品委托检验。通过了食品中糖精钠和铅、镉测定的能力验证。食品发酵院主要下属单位之一山东食品发酵工程设计所，接续施工图项目10余项，签订技术咨询和技术服务合同8份，合同额200万元。食品发酵院研究部门香精香料研究所，先后开发销售爆珠香精4个，开发低温不燃烧新型卷烟用香精2个，通过超临界萃取技术开发烟用添加剂2个，仿制其他香精企业产品3个。完成省技术创新项目“玫瑰花精油、纯露绿色节能高效制备新工艺创新”试验，围绕济南市科技发展计划项目“玫瑰花绿色精深加工关键技术集成创新及产业化”，对鲜花采后生物酶解增香、玫瑰精油提取设备的研选及创制进行了研究，获实用新型专利1项。

【学术交流与科普活动】 2019年，食品发酵院在济南举办了“食品生物技术·菌种构建技术专题研讨会”“山东省食品发酵工程重点实验室年会”专题会议，会议邀请北京工商大学、教育部长江学者特聘教授、“国家百千万人才工程”专家等十余名国内食品生物技术研究领域知名高层次专家参加了会议并做了精彩的学术报告。以食品发酵院为依托单位的山东省乳制品工业协会、山东省饮料行业协会联合组织30余家会员单位赴日本参加国际食品及饮料展，参观了世界第一大乳饮料企业—养乐多；组织会员单位参加了省社会组织总会、省消费者协会、省食品工业协会主办的“大社会·大公益‘食品安全、健康保健科普知识’进社区暨庆‘七一’党员活动日”活动；承办了“省乳制品第一届检验职业技能竞赛”活动；组织承办了“山东饮品‘智能制造·提质增效’论坛暨2019年会”；组织和参加国内国际学术会议13次，其中，参加“中国食品科学技术学会第十六届年会”期间有4人入选传统酿造食品分会第一届理事。

（山东省食品发酵工业研究设计院　黄　婧）

山东省农业科学院作物研究所

【科研项目与经费】 2019年，山东省农业科学院作物研究所（以下简称作物所）新上科研项目55项，立项总经费 5701.382 万元，实际可支配经费 4232.382 万元，全年到位科研经费 6718.68 万元。其中，国家重点研发计划课题 3 项，立项总经费 590 万元；国家产业技术体系 5 个岗位、2 个实验站，经费 450 万元；国家自然科学基金项目 2 项，经费 101.69 万元；省产业技术体系 6 个岗位，省良种工程 3 项，省重点研发计划 5 项，省渤海粮仓 1 项，立项总经费超过 4000 万元。

【科研成果及选介】 2019 年，作物所获得成果奖励 7 项，“玉米绿色精深加工关键技术创新与应用”项目获得国家科技进步奖二等奖（第二完成单位），“水稻等五种主要农作物 DUS 测试技术标准和数据库建立和应用”项目获得中华农业科技奖（神农奖）二等奖（第二完成单位），“糯玉米系列新品种选育与梯次加工关键技术研究”获得中华农业科技奖（神农奖）三等奖（第一完成人、第二完成单位），“高产优质广适大豆品种齐黄 34 的选育与应用”“小麦优异种质资源发掘、利用与创制”“粮油作物周年均衡增产增效种植关键技术创新与应用”“优质专用甘薯新品种济薯 25、济薯 26 培育与应用”4 个项目获得山东省农业科学院科技进步奖一等奖。山东省审定小麦品种 3 个；5 个农作物品种通过登记；授权发明专利 11 项，实用新型专利 4 项；获得软件著作权 32 项；授权植物新品种权 6 项；制订省地方标准 12 项；获批农业农村厅主推技术 1 项；发表论文 81 篇（SCI、EI 收录论文 27 篇），主编著作 3 部。

【科研平台建设】 2019 年，作物所申报的山东省特色作物工程实验室获省发改委批复建设，农业农村部黄淮海薯类科学观测实验站正在建设中，承担的“山东省国家农作物品种测试站项目”已完成了第一批经费的招标工作，建立了小麦分子育种平台，小麦分子育种信息共享系统已经在作物所网站上试运行。依托院创新工程“小麦育种体系与关键技术”任务要求，与烟台、菏泽、泰安、济宁和德州农科院等共同建立了多点鉴定平台。

【科技成果转化】 2019 年，作物所组织召开惠民县绿色强筋小麦新品种济麦 44 现场观摩培训会、高粱产业发展研讨会暨现场观摩会；派遣小麦、大豆、甘薯、谷子专家等赴省内外进行技术指导、培训等 100 余人次，培训农民及农技人员 1 万余人次，发放技术资料 6 万余份；持续开展科技帮扶，向惠民县姜楼镇、东明县马头镇的 60 个贫困户赠送济麦 44 良种 8000 斤；院科技开放周作物所试验基地开放活动，共接待山东省省委党校学员，省内农业部门领导、技术人员，中小学生、老师及家长共计 3000 余人次；在院、所网站上传新闻 130 余条，被中国政府网、中央电视台、新华网、农民日报、科技日报、中新网、大公报、山东新闻联播、大众日报等媒体报道 40 余次。作物所全年实现成果转化收入到账金额 859.4 万元，完成济麦、济谷、济梁、济薯、齐黄 5 个商标注册。

【科技人才队伍建设】 2019 年，作物所在职职工 108 人，其中高级职称人员 54 人，博士 57 人。新引进博士 3 人、硕士 2 人，新晋升专业技术三级岗 1 人、四级岗 3 人、六级岗 2 人、七级岗 5 人、八级岗 2 人、九级岗 1 人。赵振东、刘建军、王法宏、宋健民获得山东省农业科学院改革开放 40 周年科技功臣称号，刘开昌、曹新有荣获 2019 年泰山产业领军人才称号，龚魁杰获得枣庄英才称号，訾妍、汪晓璐、李法计被评为院优秀博士毕业生，博士后代红翠申获山东省博士后国际交流计划项目 1 项，崔德周、夏海勇申获非教育系统政府公派出国项目。

【国际科技合作与交流】 2019 年，作物所举办“双月论坛”学术报告会 16 期，邀请国内外 27 位专家学者进行了学术交流，其中 6 位专家受邀做客院“舜耕论坛”。成功组织召开了“绿色发展与粮食安全”国际学术研讨会、山东省作物学会第一次会员代表大会暨 2019 年学术年会和“庆祝建所 60 周年系列学术活动——作物所出国人员学术报告会”。

（山东省农业科学院作物研究所　戴海英　汪宝卿）

山东省农业科学院农产品研究所

【科研项目与经费】 2019 年，山东省农业科学院农产品研究所（以下简称农产品所）新立项经费、到位经费首次突破 4000 万元，创历史新高。新立项项目 37 项，立项总经费 4550.5 万元，其中纵向经费 4243 万元，横向经费 307.5 万元；到位经费 4690.3 万元。纵向项目 28 项，其中农业农村部重点实验室条件建设项目 1 项，国家现代农业产业体系岗位专家 1 项，山东省重点研发计划（公益类科技攻关第二批）1 项，山东省重点研发计划（重大科技创新工程）2项（含子课题1项），山东省重点研发计划（国际科技合作）2项，山东省重点研发计划（鲁渝科技协作）5项，山东省重点研发计划（医用食品）1项，山东省自然基金项目2项（面上项目1项，博士基金1项），山东省农业科技园区产业提升工程4项，山东省农业重大应用技术创新项目1项，省现代农业产业技术体系5项（首席专家1人，岗位专家4人），省泰山学者青年专家项目1项，省外国专家系列专题讲座项目1项，地方标准制定项目1项。

【科研成果】 2019年，农产品所主持完成的“广适高产稳产小麦新品种鲁原502的选育与应用”获2019年度国家科技进步奖二等奖；主持完成的“几种食用菌副产物高值化综合利用及产业化”获2019年度山东省科技进步奖二等奖。发表论文58篇，其中SCI收录16篇，总影响因子46.274，EI收录1篇；申请国家发明专利31件，获得专利授权16件，其中发明专利9件；获得软件著作权7项；获得新品种权1项，审定品种3项。

【基础研究】 2019年，农产品所全面完成了国家自然基金面上项目“琉璃苣种子γ－亚麻酸高效合成的分子与调控机制研究”相关考核指标，发表SCI收录论文6篇，培养硕士研究生3名。国家自然基金青年项目“硫化氢与一氧化氮的交互作用诱导采后香蕉果实耐冷性的机制研究”研究了H_2S与NO信号分子对香蕉低温贮藏条件下抗氧化系统的影响。分别采用适宜浓度的外源H_2S处理、外源NO处理、NO清除剂处理香蕉，研究H_2S及其与NO的交互作用对香蕉抗氧化系统的影响及耐冷性诱导的关系，录用论文2篇。

【应用研究】 2019年，农产品所承担完成的国家重点研发子课题“多酚油料功能脂质高效制备与评价技术研究”探明了酶解预处理对水酶法提取牡丹籽油提油率的影响；探明了不同提取工艺对小麦胚芽油品质的影响及其抗氧化性能研究。发表论文4篇，其中SCI收录1篇；申请国家发明专利2件。省重点研发计划项目“糖尿病专用n-6/n-3 PUFA平衡油脂组件制备技术”研究了油脂微胶囊制备关键技术，得到了适宜糖尿病人的功能油脂微胶囊；探明了n-6/n-3 PUFA对糖尿病的影响。发表论文3篇，其中SCI收录2篇；申请国家发明专利2件。

【科技成果转化及产业化】 2019年，农产品所与企业合作关系日益紧密，与济南沃德爱礼食品有限公司签订合作协议，协商共建“营养健康食品研究中心”；与山东玉皇粮油食品有限公司签订科技合作协议，成立“联合共建实验室”与“食用菌加工示范基地”；成功启动了与东阿阿胶公司的第二期合作项目；与山东西王食品有限公司签订了合作协议书，共同成立“油脂营养健康协同创新中心”；与广富（山东）生物科技股份有限公司、深圳市正欣食品有限公司（深圳木屋烧烤）等多家公司签订合作协议，在产品研发、品质提升等方面提供技术指导与支持；与香港南顺、沃德爱礼、中健禾美、上海微畅、济南艳波格蔬菜种植有限公司、山东玖久同心食品有限公司、山东长谷食品有限公司等多家公司达成了合作意向。农产品所科研团队与吉林省尚宏贸易有限公司、济南真绿色中药饮片公司等多家企业签订横向课题共计17项，合同经费669.7万元。

【科研平台建设】 2019年，农业农村部新食品资源加工重点实验室建设项目正式获得省农业农村厅批复，建设专项经费1729万元，其中中央投资1572万元，自筹157万元，财政资金已全部到位。拟购置31台（套）大型仪器设备，将显著提升现有实验室基础设施条件，可满足开展新食品资源营养成分制备与功效、加工与高值化利用、营养与安全性评价等研究，形成“营养成分制备、加工与评价”一体的新食品资源加工技术体系。农产品所在承建山东省特殊医学用途配方食品工程技术研究中心基础上，联合山东农业大学、省立医院、圣元营养食品有限公司等11家单位，牵头申报了山东省特殊医学用途配方食品技术创新中心，12月份入选省技术创新中心培育库。该中心定位于特殊医学用途配方食品创新综合体建设，构建完善创新链、产业链，围绕人才培养、技术创新示范、成果转化，聚焦原料制备、产品研发、营养与安全评价领域，建成科技创新基地、人才培养基地、成果转化及企业孵育基地、国际合作基地，形成山东省特殊医学用途配方食品产业技术创新高地。

【科技人才培养】 2019年，农产品所在高层次人才引进与培养工作上实现新的突破。陈蕾蕾研究员入选泰山学者青年专家；徐同成研究员入选泰山学者产业领军人才；王文亮研究员入选省委组织部选派的第5批科技副职，挂职邹平市科技副市长。依托“山东省外专双百计划”引进了俄罗斯圣彼得堡实验医学研究所苏沃洛夫院士；陈蕾蕾研究员申报的“第十六届中国青年女科学家奖”已经通过省评审，推荐到国家参评。6名博士入选院优秀博士毕业生支持计划，1人获得院访学研修计划支持。

【科技服务】 2019年，农产品所全年共组织科技服务月活动2次、科技开放周活动3次；开展各类技术培训、技术指导等活动76次，为企业、院校、合作社等培训技术人员2000余人。利用新闻直播间、12396热线、远程网络在线等技术手段，通过科技服务月、科技开放周、专家讲师团、第一书记帮扶等系列活动，将技术推广到生产一线，在全省构建“顶天立地”的推广服务和科技扶贫体系，为推动地方区域经济发展做出贡献。

【科技合作与交流】 2019 年，农产品所先后选派 20 余人次赴英国、荷兰、俄罗斯、加拿大、菲律宾、芬兰等国家进行科技交流访问，与对方建立了良好的关系。在腰果、椰子与 Pili 果加工及剥壳设备研发，药用植物资源开发，科技人员交流，技术人员培训等方面，农产品所与菲律宾科技部工业技术发展研究所达成合作意向，签署了合作协议；与俄罗斯圣彼得堡实验医学研究所共同建立俄国际微生态研究中心等，强化了国内外科研机构的合作与交流。在国内合作交流方面，与中国农业大学、中国农业科学院、北京工商大学、江南大学、天津农学、吉林农业大学、天津科技大学、中山大学、东南大学、浙江大学、大连工业大学、北京农林科学院、贵州农科院等高校或科研院所保持良好合作关系；积极与中国检验检疫科学研究院、中国食品药品检定研究院多次接洽交流，顺利完成了国家标准样品的制备和申报工作。

（山东省农业科学院农产品研究所
邓　鹏　周庆新　张奇志　慕晓懿）

山东省海洋化工科学研究院

【科技项目】 2019 年，山东省海洋化工科学研究院（以下简称海科院）共承担各级各类科技项目 16 项，其中省级重大科技创新工程项目 4 项；市科技发展计划项目 4 项；滨海区科技发展计划项目 1 项；开展自主研发项目 4 项；与日本东丽公司、印度 RAJ ORGOCHEM PRIVATE LIMITED 公司等开展合作项目 3 项。2019 年，海科院共组织申报各级科研计划项目 6 项，其中获批 3 项，内部新立项目 4 项。全年共获得上级经费补助 160 多万元，为各项实验研究顺利实施提供了保障。

【科技成果】 2019 年，海科院共有 3 个科研项目通过验收，其中潍坊市科技发展计划 1 项，自主研发课题 2 项。获奖成果 2 项，其中获山东省科技进步奖三等奖 1 项，获潍坊市国际科技合作奖 1 项。组织申报并受理专利 7 件，其中发明专利 6 件，实用新型专利 1 件；获授权专利 5 件，其中发明专利 2 件，实用新型专利 3 件。发表科技期刊学术论文 7 篇，其中 SCI 收录 2 篇，中文核心期刊收录 1 篇。

【科技成果转化】 2019 年，海科院开发的 2 项技术成果分别在山东天维膜技术有限公司和潍坊科麦化工有限公司等企业得到应用转化，其中，“高交联扩散渗析阴膜制备关键技术研究开发”项目在山东天维膜技术有限公司进行成果转化，年度实现营业收入 1620 万元，新增利润 330 万元；“新型水性功能单体 ADH 的合成工艺研究”在山东天一化学股份有限公司实现产业化，年度实现新增销售收入 5510 万元，新增利润 710 万元。上述项目的推广应用，累计为本地区新增就业人员 80 余人，对于海洋化工行业的发展起到了良好的推动作用。

【科技创新平台】 2019 年，海科院承担了 4 个平台建设项目，通过平台建设，提升了技术服务水平和能力，同时为周边企业提供项目研发、技术培训、检测等各类技术服务。为满足未来发展需求，投资 145 万元完成潍坊研发实验室的建设，在原有设备基础上，投资 100 余万元，新增 1515 凝胶色谱仪、UL-94 水平垂直燃烧箱、氧指数测定仪、PE2400II 元素分析仪等科研检测分析仪器。利用现有条件申报建设了“山东省海卤水综合利用工程技术协同创新中心”“潍坊市工艺绿色化工程技术研究中心”“潍坊市镁硅基阻燃材料重点实验室”。海科院通过各类平台的建设发展，形成专业化团队和先进科研成果，进一步完善了科研项目管理、安全管理及仪器设备管理等规章制度和管理方式，为平台的规范管理及对外技术服务提供了制度保障。

【科技人才培养】 2019 年，海科院通过将研发中心向市区转移、提高研发技术人员薪资待遇等措施，加大人才引进力度，全年引进研发技术人员 10 人。初步组建了阻燃材料及应用开发、功能单体及水性化材料、膜技术与工艺绿色化 3 个研发团队，各研发团队已经初具规模。通过组织各种形式的学术讲座、参加各种形式的学术交流会议、开展多领域的产学研合作与交流等方式，不断提高研究人员的研究技能、解决复杂问题的能力、主观能动性和工作效率，促进了科研成果质量的明显提高。海科院以海洋产业协同创新研究为导向，以研发团队为单元，以产学研合作企业和高校为平台，搭建起立体交叉的人才培养模式，推动了人才队伍建设的快速发展。

【技术咨询与服务】 2019年，海科院为50余家企业提供包括高企申报、知识产权服务、人员培训、仪器设备检测和技术咨询等服务活动，为10余家企业进行项目材料编制、验收策划、项目申报等咨询服务，利用现有人员、技术、仪器设备为相关企业进行海洋精细化工行业的项目检测、产品检测、检测技术培训、产品标准制定等方面的多种技术服务，取得了良好的效果。依托各类大型仪器和设备，为相应行业企业进行各类技术培训130余人次，为当地企业提供海洋精细化工产品的质量检测服务超过8000余项次，为相关行业及企业的技术进步和区域经济发展做出了贡献。

【科技合作与交流】 2019年，海科院积极与国内外知名大学、科研院所、重点企业等进行多种形式的科研合作，积极加强科技协作，对接高端技术。以滨海开发区投资建设的潍坊（滨海）海洋产业技术协同创新研究院为基础，抓住中科院化学所先端高分子材料生产基地转移契机，积极推动市政府、滨海开发区与中科院化学所合作，在滨海开发区成立“中科院化学所潍坊化工新材料产业技术研究院”和“潍坊滨海化工新材料技术成果转移转化基地”(一院一基地)，打造“顶天立地、机制灵活”“政产学研金服用”共同协作的，以技术成果产业化为目的的新型研发机构。届时，将形成以海科院为核心、以海洋产业技术协同创新研究院为基础，以化工新材料产业技术研究院为龙头的“三院叠加、产研结合”的新格局。海科院聘请国内知名专家进行学术讲座6人次，组织参加国内学术会议24人次，依托重点实验室的各类资源，进行项目合作研发及中试试验等技术服务20余次。与中科院化学所、中国科技大学、中国海洋大学、北京理工大学、北京工商大学和中国阻燃协会等多所院校及行业协会进行了包括人才培养、科研项目等在内的广泛技术交流和科技合作，积极融入产学研协同创新体系，发挥自身优势，积极寻求建立创新联盟，不断提高技术创新的能力。

（山东省海洋化工科学研究院　钟世强）

责任编校：董芙蓉

区域科技发展

QUYU KEJI FAZHAN

济 南 市

【概述】 2019年是济南科技发展史上不平凡的一年。全市上下认真学习贯彻习近平总书记“走在前列、全面开放”的目标要求，雷厉风行、快干实干，科创中心建设在“一年有势头、两年有看头、三年有突破”基础上，科技创新效益和质量明显提升。

【科技创新中心建设】 2019年，科创中心建设4大类15项指标绝大部分提前超额完成目标，部分主要指标跃升进位领跑全省。R&D投入总量由185.15亿元增长到235.58亿元，增量全省第一。全市技术合同成交额286.46亿元，首次跃居全省第一。高新技术企业由1630家增长到2238家，增幅达到38%。在《山东省区域科技创新能力评价报告2018》中，济南市综合科技创新指数及增幅均居全省第一。新备案省级院士工作站33家，增量全省第一。新增创新公共平台11家。新增市级以上孵化器14家、泉城众创空间33家。新增省级以上企业研发机构25家，总数达到409家。万人有效发明专利拥有量达到29.25件（其中企业有效发明专利拥有量达到13027件）；新增国际标准2项、国家标准23项，总数达到449项；新增有效注册商标5.65万件，总量达到19.44万件。泉城产业领军人才支持计划创业人才入选20人、创新团队入选25个。新建海外孵化器1家、海外研发机构14家。引进国内外知名大院大所大企业在济新建研发机构74家。

2019年济南市科技创新主要指标完成情况一览表

主要指标	完成值
全社会R&D经费支出（亿元）	235.58
全社会R&D经费支出占GDP比重（%）	2.71
高新技术企业数量（家）	2238
高新技术产业产值占规上工业产值比重（%）	51.23
万人有效发明专利拥有量（件）	29.25
技术合同成交额（亿元）	286.46
有效注册商标（万件）	19.44
国家特色产业基地创新平台（家）	18
市级以上孵化器（家）	57
海外孵化器（家）	4
省级以上研发机构（家）	409
海外研发机构（家）	41
众创空间（家）	149

【高新技术及其产业】 2019年，一批重大项目实现突破。量子通信与量子雷达、量子芯片实现产业化，全球首个可移动量子卫星地面站在济南与“墨子号”卫星对接成功。浪潮服务器市场占有率稳居全球前三。济南二机床集团高端数控冲压机床占据国内市场份额80%、国际市场份额40%。伊莱特重工直径15.8米、单体重150吨的奥氏体不锈钢巨型环锻件轧制成功，打破多项世界纪录。齐鲁制药位居2019中国药品研发综合实力前三强。植物基因编辑产业化项目五年规划初步完成。企业创新能力显著提升。分层次实施企业备案制度，独角兽、准独角兽、瞪羚企业数量居全省首位。加强科技型中小微企业源头培养，入库国家级、省级、市级企业分别达到1004家、851家、1367家。13大类108个项目获得2018年度创新型城市建设专

项资金扶持，兑现总额4957.45万元。2019年企业研发财政补助共补助1478家、资金4.13亿元，获补助企业数量和获补金额均居全省首位。济南市获批国家知识产权运营服务重点城市。

【科技计划】 2019年，在全国范围内率先实现地方科技计划管理系统与国家科技信息管理系统互联互通，在此基础上，对市级科技项目全部采用异地专家网络盲评，最大限度规避项目评审中的利害关系，保证评审工作公平、公正。全年共下达重大科创平台、企业研发补助、后补助项目匹配、创新型城市、临床医学研究中心等各类市级计划30批，安排项目1970余项，安排资金13.8亿余元，年度财政预算资金全部按时执行完毕。承担中央引导地方科技发展专项资金项目5项、获得资金1000万元。建立健全市级财政科技专项资金预算绩效管理，建立科学、合理的项目支出绩效管理体系。结合科技计划改革，探索采用“招投标制”等管理方式，提高财政科技专项资金配置效率和使用效益。2019年度新增省级创新创业共同体1家。济南高新区智能装备产业发展中心获批牵头建设山东省激光装备创新创业共同体。

【科技创新资源与能力建设】

高能级创新平台建设成效突出 2019年，启动规划建设约100平方千米的齐鲁科创大走廊。国家超算中心科技园正式建成启用。引进院士及诺奖团队30余个，引进高层次外国专家及团队50余个。启动“院士谷”建设。山东首个“院士之家”落户济南。山东产业技术研究院、山东高等技术研究院相继揭牌成立。引进北邮、中粮等一批大院大所大企业在济新建研发机构74家，其中与中科院合作实现历史性突破，新引进中科院系院所6家，累计达到10家。聚焦国家、省重大战略，筹建人工智能与网络空间安全、医养健康山东省实验室。大科学装置实现零的突破，“电磁驱动”“载人航天”等一批重大科学基础设施相继落地。

科技服务能力实现大提升 2019年，成立全市科技服务业联盟，全市科技服务业主营业务收入已超过1000亿元。依托科技金融大厦，推广“评、保、贷、投、易”五位一体的科技金融服务模式，引入相关服务机构7大类60余家，举办系列活动95场（次）。省市共建山东省技术成果交易中心挂牌99宗、金额29.04亿元，成交金额19.74亿元。

科技成果转移转化平台建设成效显著 2019年，以省市共建的省技术成果交易中心（济南）平台为核心，以科技成果评估鉴定、挂牌交易、知识产权、科技金融、园区落地、技术经纪业态培育服务为支撑，集聚驻济高校科研院所优质资源，打造济南科技成果转移转化“1+6+N”平台。

【农业与社会发展】

农村科技服务水平不断提升 2019年，围绕“乡村振兴战略”，推进农村科技创新工作。强化科技创新支撑乡村振兴，加快新技术、新品种、新产品、新模式、新业态推广示范，组织企业申报省农业泰山产业领军人才工程高效生态农业创新类、重点研发计划（重大科技创新工程）等。依托引进首席科学家朱健康院士团队、济南植物基因编辑公共技术平台和山东舜丰植物基因编辑研究院，打造植物基因编辑领域国际知名的科研与成果转化基地，先后引进科研及工作人员130余名，其中国家和省级专家6名。出台《济南市农业科技特派员示范基地管理办法》，23家企业通过科技特派员示范基地专家评审。515名科技特派员在省科技厅网站进行了网络注册，实现了省级贫困村科技指导人员全覆盖。组建29个科技扶贫服务队，开展科技服务，为农业产业发展出谋划策，转化推广新品种、新技术。

社会民生科技创新成效显著 2019年，围绕加快新旧动能转换、打造“医疗康养名城”、建设“健康济南”，山东大生命科学工程产业技术研究院揭牌，打造全球领先的国际化研究院。首批认定济南市级临床医学研究中心12家。全方位支持济南国际医学科学中心建设，完成济南全市3442家各级医疗机构累计数据汇聚187.62TB。124个医疗卫生科技创新计划项目获“医疗卫生”专项后补助支持。齐鲁制药、宏济堂等一批重点企业产品研发成效显著。制定印发《市科技局贯彻落实省级环境保护督察组督察反馈意见整改方案》。实施市级社会民生重大专项，立项15项，为全社会各领域民生技术研发和成果推广提供了科技支撑。面向全市征集符合济南市水污染防治重点需求的技术项目，编制了《济南市水污染防治技术指导目录》（第3期）。

【科技成果与奖励】 2019年，济南市共取得重要科技成果240项，获得省级及以上科学技术奖90项。获得国家科学技术奖11项，其中国家科技进步奖一等奖2项、二等奖9项；获得山东省科学技术奖79项，其中省自然科学奖一等奖2项、二等奖5项、三等奖1项，省技术发明奖二等奖1项、三等奖1项，省科学技术进步奖一等奖9项、二等奖34项、三等奖26项。

【政策法规与环境建设】

推进创新平台载体建设 2019年，济南市出台《关于市、区县联合设立专项资金支持重大科技创新平台、新型研发机构、创新基地落地的办法》，充分发挥市、区县两级财政资金引导带动作用，推动引进建设一批重大科技创新平台、新型研发机构、创新基地。出台《济南市加快建设量子信息大科学中心的若干政策措施》《关于加快超算产业化发展的意见》《济南市临床医学研究中心管理办法》《济南市农业科技特派员示范基地管理办法（试行）》等一系列政策，支持重点领域创新平台发展。

促进企业创新发展 2019年，修订出台《济南市中小微企业创新券实施管理办法》及实施细则，针对创新券在门槛设置、流程设计、技术支撑等方面的具体问题，有效解决创新券管理服务过程中出现的问题，更好地服务中小企业创新发展。修订出台《济南市企业研究开发财政补助实施办法》，鼓励引导企业加大研发投入力度，采取省、市、区（县）三级联动，开展企业研究开发财政补助。

提升科技服务能力水平 2019年，出台《济南市加快技术转移转化若干措施》，加快建设技术转移服务体系，推进科技成果转化和产业化。出台《济南市科技服务业发展规划（2020—2022年）》，发挥科技服务业对科技创新和产业发展支撑作用，促进科技经济深度融合。修订出台《济南市科技金融风险补偿金管理办法》，发挥金融支持科技创新的重要作用，缓解科技型中小企业融资难、融资贵问题。

【民营科技企业发展】 2019年，国家级、省级、市级企业库入库企业分别为1004家、851家、1367家，入库企业共3222家。全面落实各项鼓励民营企业发展的优惠政策，落实中小企业技术创新资金351万元，组织项目验收38项。622家企业获得省级小升高补助，列全省第一。济南市505家高新技术企业享受了所得税优惠政策，减免税额19.07亿元，同比增长15.30%和14.33%。2259家企业享受了研发费用加计扣除政策，加计扣除额达到87.78亿元。71481家企业享受小微企业税收优惠政策，减免企业所得税19189万元。

【科技合作与交流】

加快建设国家科技成果转移转化示范区 2019年，依托济南科技金融大厦，以省市共建的山东省技术成果交易中心（济南）平台为核心，以科技成果评估鉴定服务、挂牌交易服务、知识产权服务、科技金融服务、园区落地服务、技术经纪业态培育服务为支撑，集聚驻济高校、科研院所优质资源，打造济南科技成果转移转化“1+6+N”平台。以企业需求为导向，以科技成果转化项目推介会、校地科技合作论坛、高校科技成果区县直通车、企业高校行等活动为抓手，以驻济高校、科研院所为网格化服务点，挂牌交易平台为基础、科技金融为助推、技术转移转化机构为媒介、高端技术转移人才为纽带，构建产业（企业）、学术界、科研、科技成果转化、金融、人才、政策、中介等创新要素融合，形成全社会参与、协同推进、开放多元的科技成果转移转化交易长效机制。组织高端论坛10场，先进科技成果推介会10场，培育技术经纪2000人。

科技开放招引工作成效显著 2019年，首届济南国际超级计算产业博览会、第10届中国—意大利创新活动周、“济南—汉诺威经贸、投资与技术合作交流会”、“济南—德累斯顿推介和合作交流对接会”、2019年量子信息技术学术交流大会等成功举办。海外孵化器、海外研发机构总数达45家。引进院士及诺奖团队30余个，引进高层次外国专家及团队50余个，加快“院士谷”建设，山东第一个“院士之家”落户济南。引进北邮、中粮等一批大院大所大企业在济新建研发机构74家，其中与中科院合作实现历史性突破，引进中科院系院所6家，“中科院济南科创城”启动规划论证。举办国际高层次人才创新创业大赛，获2018年魅力中国—外籍人才眼中最具吸引力的中国城市“最具潜力城市”称号。

【科普工作】

开展“三下乡”集中服务活动 2019年1月25日，在商河县怀仁镇刚家村举办了2019年济南市文化科技卫生“三下乡”集中服务活动。科技下乡活动以科技、农村政策讲解、知识产权普及宣传、农业科技知识咨询服务为主，并组织科技特派员到现场开展“科技特派员在行动”活动，针对蔬果种植、禽畜养殖和繁育及病虫害防治等方面为当地农民提供科技指导和专业服务。现场发放各类农业科技书籍、宣传材料2000余本、多功能生物制剂200余份。

组织开展2019年科技活动周工作 2019年5月19—26日，在全市范围内举办了以“科技强市 科普惠民”为主题的第19届科技活动周。活动周期间，在济南市范围内开展“科普进校园、进社区活动”“科普与保健活动”“科普基地向社会开放活动”等一系列内容丰富、贴近生活的科普惠民活动，满足公众对科技创新的多样化需求，增强公众对科技支撑美好生活的切身感受。

【科技金融】 2019年，济南市科技局、科技金融大厦引进北京市中关村中技知识产权服务集团构建的“评、保、贷、投、易”五位一体服务体系，为山东省内中小微型科技企业知识产权评估难、融资难的问题提供系统性解决方案。全年“评保贷投易五位一体”联动服务模式帮助企业完成融资1.35亿元，涉及企业26家，累计帮助企业总融资达2.6亿元，共涉及企业33家。“泉城科创交易大平台”线上平台注册企业达到3200余家。举办培训、路演、论坛等活动100余场，参与企业超过500家。完成企业调研310家，调研机构23家，调研高校20所。推出成果转化及知识产权类应用产品6项。修订完善《济南市科技金融风险补偿金管理办法》，进一步放宽贷款金额、利率上浮、贷款年限等方面条件。全市合作签约银行达到25家，科技成果转化贷款风险补偿金贷款合计为科技中小微企业发放 351 笔，贷款金额 11.78 亿元，贷款备案 11.02 亿元。自设立科技金融风险补偿金备案制度以来，年度贷款金额、服务企业家数和备案金额三大指标均列全省首位。

【高端人才工作】

引进一批高端人才团队 2019 年，优化人才政策体系，济南市委组织部、市科技局、市教育局等 8 个单位联合制定出台《关于支持人才创新创业发展的若干政策》，为建立省会人才集聚新高地、打造更具活力的创新创业之城提供政策支持。入选国家重点人才工程 8 人，入选泰山产业领军人才 21 人。引进泉城“5150”引才倍增计划创业人才（团队）46 人（个），支持泉城产业领军人才（团队）45 人（个）。配合举办第 2 届济南新动能国际高层次人才创新创业大赛美洲赛区预赛和大赛决赛，引进海内外高层次人才（团队）57 人（个）。山东首个“院士之家”落户济南。承办“2019 海外院士齐鲁行”“2019 院士泉城行暨院士论坛”等一系列院士服务、交流活动。9 名院士和济南市企事业单位签订合作备忘录与合作意向书。

完善外国专家服务体系 2019 年，组织实施一批外国专家项目，56 个外国专家或团队入选各级高层次外专支持计划。开展外国人来华工作许可办理等相关工作，截至 2019 年底，持有效工作许可的外国人共计 693 人，其中 A 类高端人才 127 人，B 类专业人才 543 人，C 类一般从业者 23 人。落实国家和省一系列外国人来华工作便利化服务措施，尝试容缺受理高层次外国人才来济工作申请，为外国人特别是高层次专家来济工作提供更大便利。完成 2019 年度“泉城友谊奖”评选及颁奖工作，瑞典籍院士霍姆伯格等 12 名外国专家获得泉城友谊奖。济南市科技局与济南高新区、山东省科学院激光研究所等承办了高层次外国专家齐鲁行“中国—立陶宛先进激光技术及应用论坛”。

（济南市科技局 李明强 何庆春 刘全祥 刘 倩 袁振峰）

青 岛 市

【概述】 2019 年，青岛市发起科技引领城建设攻势，全力打好科技人才支撑攻坚战、资本助力创新攻坚战、高新技术产业培育攻坚战、高端创新平台建设攻坚战、科技服务提升攻坚战 5 场攻坚战，22 项年度重点攻坚任务全部完成，全社会创新创业生态进一步优化、创新创业氛围日渐浓厚。

【高新技术及其产业】 2019 年，青岛市高新技术企业总数达到 3829 家，同比增长 23%；技术合同交易额 170.6 亿元，增长 9.5%。全市高新技术产业同比增长 6.69%，高于全省平均水平 4.49 个百分点；占规模以上工业产值比重为 53.33%，高于全省平均水平 13.19 个百分点；高新技术产业固定资产投资占工业固定资产投资的比重为 43.9 个百分点，高于全省平均水平 5.2 个百分点。

【科技型企业培育】 2019 年，青岛市加强科技企业梯次培育，国家备案科技型中小企业达 2497 家，增长 38%。实施高企上市培育计划，建立上市高企培育库，成立高企上市服务联盟，新增上市高企 4 家，总数 24 家。全面落实企业优惠政策，4252 家企业享受研发费用加计扣除 117.25 亿元，659 家高企享受所得税减免 20.66 亿元，4 项指标均为全省第一。突出大企业创新领跑作用，发挥海尔卡奥斯平台在不同行业的应用及试点示范，打造具有国际影响力的互联网平台；全省第 1 批 5 家省级创新创业共同体中，青岛市聚合物新材料创新创业共同体、海洋科技成果转移转化中心名列其中，获批数量全省第一。培育瞪羚企业、独角兽企业，青岛日日顺物流有限公司等 4 家企业进入“独角兽企业”榜单，10 家企业获评“山东省瞪羚企业”。

【科技创新平台建设】

青岛海洋科学与技术试点国家实验室 2019 年，该实验室牵头的“透明海洋”“深蓝渔业”等项目入选省重大科技创新工程并启动实施。超算升级项目成功落户。海洋领域首个冷冻电镜中心加快建设。国际高分辨率地球系统预测实验室正式启用。实验室与俄罗斯希尔绍夫海洋研究所签约共建北极联合研究中心，与武汉理工大学签约共建海洋新材料联合实验室，与香港特别行政区和澳门特别行政区相关大学就共建“港澳海洋研究中心”签署《港澳海洋研究中心合作研究框架协议》。

中科院海洋大科学研究中心 2019 年 6 月 17 日，省政府与中国科学院、青岛市政府签约，共建中科院海洋大科学研究中心。该中心将集聚中科院 13 家研究机构，打造辐射全国乃至全球的重大海洋科技创新平台、人才高地和海洋新兴产业培育基地。大科学中心与中海辉固合作成立 ROV 研发中心北方基地，与中科院集成电路创新研究院签约共建中科院海洋大科学研究中心北斗海洋信息中心。

国家高速列车技术创新中心 2019 年，全国政协副主席万钢、科技部副部长黄卫先后到青岛就创新中心平台项目建设进行调研。轨道交通车辆系统集成国家工程实验室、高速磁浮实验中心、高速磁浮试制中心，其主体及外观已完工。时速 600 千米高速磁浮试验样车下线，标志我国高速磁浮技术领域实现重大突破。创新中心纳入市级科技计划管理改革试点，下放轨道交通领域的项目立项权和资金分配权。开展招商引智工作，蒂森克虏伯成立磁技术研发中心入驻创新中心，与中国航发北京航材院签署框架协议，成立航材国创（青岛）高铁材料研究院有限公司。

山东省能源研究院 2020 年 1 月，山东省能源研究院成立。该院依托青岛能源所，在中科院洁净能源创新研究院（青岛）基础上，由山东省、中科院、青岛市三方签约共建，围绕山东省能源产业发展需求，打造能源领域高水平创新平台。山东能源研究院将按照“汇聚人才、汇聚平台、汇聚成果”要求，联合省内外能源领域高校、科研单位和企业，构建起平台、人才、项目、成果等高度集聚、相互协同的创新体系，为全省能源产业新旧动能转换提供核心技术与关键人才支撑。

【海洋科技攻关】 2019 年，组织涉海高校、科研院所和企业等相关优势科研单位承担国家重大科研项目，5 个项目获国家立项支持，3 个项目获山东省立项支持，市科技计划支持 2 个重点研发项目，3 项海洋科技成果获国家科学技术奖。海洋生物医药科技创新中心布局项目进展顺利。海洋抗结直肠癌及术后治疗／联合化疗药物 BG136、HPV 妇科凝胶剂、硝苯地平缓释片等项目的研究工作进展顺利，建成了海洋小分子化合物 3D 数据库和蛋白靶点数据库。支持“蓝色药库”开发计划，建立青岛市支持“蓝色药库”开发计划联席会议制度。

【海洋科技成果转化】 国家海洋技术转移中心是科技部与青岛市共建的国家唯一兼具行业特色优势和区域性优势的技术转移中心。自 2014 年科技部批准建设以来，建设了海洋生物、海洋仪器仪表、海洋新材料、海洋工程和海水养殖等领域 12 个海洋技术转移分中心，在青岛市形成了“一总多分”的海洋技术转移体系，有效促进了海洋技术在本地转移转化。据全国技术合同认定登记系统统计，2019 年，青岛市共完成涉海技术交易 670 项，技术合同成交额 20.99 亿元，同比上涨 15.56%。其中，在海洋环境技术、海洋生物资源开发技术和海洋装备制造技术领域，达成技术交易居多，占成交总量的 87.8%。

【科技人才支撑】 2019 年，青岛市创业创新领军人才新引进 47 人，总数达 256 人；高层次人才团队新引进 3 个，总数达 8 个。11 个项目入选省级高层次外国人才工程，总数达 26 个。截至 2019 年底，68 人入选泰山产业领军人才（高效生态农业创新类、战略性新兴产业创新类、科技创业类）。建立国家技术转移人才培养基地，组织开展技术经理人培训，设立科技金融特派员，支持社会化专业机构开展孵化器从业人员培训，新增科技服务人才 159 名。拓展人才创新创业平台，推荐青岛科技大学、山东科技大学入选科技部高等学校学科创新引智基地。改进科技人才评价方式，优化整合创业创新领军人才、科技创新高层次人才团队等科技人才计划。提升人才服务水平，简化外国人工作许可业务办理流程，审批时限由 20 个工作日缩短至 5 个工作日。

【创业孵化服务】 2019 年，青岛市已有认定孵化机构 347 家（孵化器 179 家、众创空间 168 家），国家级孵化器和国家备案众创空间 99 家。引进启迪控股、华夏基石、创业黑马、春光里、中国科技开发院 5 家国内知名服务机构，以平台思维打造标杆孵化器。启迪控股注册公司 32 家，注册资本达 20 亿元，与启迪合作设立的离岸孵化器在英国剑桥科技园挂牌。华夏基石落地市南区，建设“产业孵化／加速器”＋“上市公司北方总部基地”，已导入 7 家上市公司或头部企业。春光里落地市北区，打造创投生态综合体。创业黑马落地崂山区，建设独角兽加速基地，争取 5 年内为青岛市引进培育科技型企业 200 家以上。中国科技开发院落地平度市，搭建创新创业服务和产业培育平台。支持区市细分产业领域建设专业孵化器，培育涌现出市北柠檬豆、李沧金海牛和吉大汽车研究院、蓝谷川大青岛研究院等一批专业孵化机构。举办“千帆汇”青岛创新创业大赛，首次设立深圳赛区，促成投资意向 47 项，15 个项目获风投支持，5 家深圳赛区获奖企业落地青岛。

【技术转移服务】 2019 年，青岛市科技局制定了产学研对接专项行动方案，开展活动 226 场，发布成果 3000 余项，征集科研合作需求 370 项，达成合作意向 550 项，合同金额超过 2.5 亿元。完善技术转移转化服务体系，推进市场化技术转移平台建设，培养专业化技术转移队伍，全年培养技术经理人 113 名，全市总数达到 839 人。青岛市科技局牵头制定《应用技术类科技成果评价规范》《科技成果挂牌交易服务规范》《科技成果拍卖服务规范》和《技术合同认定登记服务规范》，并经中国标准化协会正式发布。这是国内首套围绕促进技术转移、贯彻技术交易全链条的科技服务领域系列国家团体标准。

【科技金融服务】 2019 年，青岛市举办 2019 全球（青岛）创投风投大会，发布“青岛创投风投十条”政策及实施细则。私募基金管理人达 271 家，同比增长 14.8%，增速全国第一。设立科创母基金，总规模 500 亿元，首期规模 120 亿元，第 1 次出资 20 亿元，聚焦硬科技，对标科创板，重点投向工业互联网、5G、人工智能、先进制造和生命科学等领域，支持原始创新、成果转化及高端科技产业化项目培育。做实科技金融产品，通过“科技贷”“高企贷”“投保贷”“专利质押贷”等产品，累计为 1142 家次中小微科技企业提供贷款支持 38 亿元。实施科技金融特派员计划，依托 81 名科技金融特派员，为中小微科技企业提供融资对接、知识产权、成果转化等服务近 300 家次，辅导企业融资 3.7 亿元。组织“千帆融资通”系列对接活动，举办了海尔海创汇、深圳前海等专场活动 20 余场，促成对接项目 132 个。

【大型科学仪器共享】 2019 年，青岛市大型科学仪器共享服务平台新增入网大型科学仪器 484 台套，总数达 4100 余台套，仪器原值 37.23 亿元；开展大型科学仪器共享服务，受理大型科学仪器管理单位对企业的共享服务补贴申请 646 项，受理大型科学仪器管理单位仪器共享研发项目奖励申请 34 项，受理区市申报的仪器共享企业配套测试补贴 84 项，发放补贴 168.69 万元。

【青岛高新区】 2019 年，青岛高新区被国务院评为“真抓实干成效明显的区域双创示范基地”并列入政策激励名单（全国 14 个，全省唯一）。建立科技型企业分类指导制度，创新创业项目突破 2300 个，167 家企业入库科技型中小企业。引进中科院集成电路创新研究院青岛产业研究院等 10 余家研发机构，引进一大批科技含量高、带动能力强的项目。8 月，在深圳举办“对标深圳 · 筑梦高新”招商推介会，深创投华北金融创投总部等 16 个项目签约，总投资约 100 亿元。

【自创区建设】 2019 年，青岛蓝谷高新技术产业开发区建设国家级海洋经济发展示范区，“打造开放创新合作平台提升科技支撑能力”的做法获国务院大督查通报表扬。围绕海洋大数据及信息化、海洋设备检验检测、海洋工程设计与技术装备、海洋生物、海洋科教文化五大特色产业和风险投资的“5+1”产业布局，开展双招双引，新增注册企业 400 家。华录海洋大数据中心、海洋国家实验室东区、山东大学青岛校区二期、国土资源部青岛海洋地质研究所暨可燃冰钻采船基地码头等项目加快建设。高端创新资源不断集聚，新增各级各类科研创新平台 8 个，实现技术合同 76 项，技术交易额 7.44 亿元，同比增长 786.93%，其中海洋技术交易额 6.79 亿元，占比 91.23%。

【科技项目招引】 2019 年，引进深圳华赛医学细胞生物有限公司人源化细胞平台项目；与中国生物技术发展中心签署《推动青岛市生物医药产业高质量发展战略合作协议》，推动全市生物医药产业高质量发展；与江南大学、青岛农业大学、城阳区等共建青岛特种食品研究院；支持百洋建设医疗人工智能科技创新中心，同清华大学临床医学院共建医学人工智能实验室；支持青岛盛瀚色谱技术有限公司与中物院流体物理研究所开展太赫兹成像仪产业化开发等项目合作；引入由中科院金属所牵头的“高端轴承自主可控制造”先导专项落户青岛市；支持即发集团开展超临界 CO_2 无水染色颠覆性技术研究与应用，建成并运行世界首条 1200 升无水染色产业化示范生产线。

【大科学装置建设】 2019 年，超算升级项目落户青岛，基础设施主体于 10 月封顶。海洋科学考察船队加快建设，“蓝海 101”“东方红 3”“深蓝”号 3 艘重量级科考船入列。吸气式发动机热物理试验装置、海洋生态系统研究设施列入中科院向国家推荐的“十四五”重大科技基础设施项目清单。

【科技计划】 2019 年，青岛市获得中央引导地方科技发展专项资金 1860 万元，重点支持企业国家重点实验室及专业性技术创新平台建设。组织申报国家、省科技项目，获得科技部资金 13312 万元，青岛建华食品机械制造有限公司申报的“畜禽类肉品高效精准机器人自主分割系统”获“智能机器人”专项 1144 万元。18 个项目入选山东省重点研发计划（重大科技创新工程），获得省财政科技专项经费 6988 万元。青岛市科技计划通过财政科技专项资金支持市级科技项目 2250 余项，资金 86898.32 万元。支持“应用于可穿戴产品核心器件的系统级封装技术（SiP）研发及产业化”等 14 个自主创新重点专项，安排资金 2340 万元；支持青岛航空技术产业技术创新基地建设二期等 4 个高端研发机构引进项目，安排资金 11100 万元；支持“建立青岛市新生儿临床常规检验指标参考区间”等科技惠民项目 97 个，安排资金 1119 万元；兑现科技企业研发投入奖励和高新技术企业认定奖励项目 1500 余个，安排资金 50573.8 万元。

【科技成果与奖励】 2019 年，青岛市 11 项科技成果获国家科学技术奖，其中，技术发明奖 3 项，科技进步奖 8 项。100 项成果获省科学技术奖，其中，自然科学奖 9 项，技术发明奖 9 项，科技进步奖 80 项，国际科学技术合作奖 2 项；一等奖项目 12 项，二等奖项目 32 项，三等奖项目 54 项。100 个获奖项目中，青岛市作为第1完成单位牵头获奖的有85项。2019年度青岛市建议授予科学技术最高奖2项，市自然科学奖、市技术发明奖、市科技进步奖共148项，市国际科学技术合作奖5人。

【科技惠民】 2019年，青岛市科技局组织实施科技惠民引导示范专项97项。出台《青岛市科技惠民示范引导专项管理暂行办法》，支持现代农业、人口健康、生态环境与可持续发展、对口支援和科技扶贫、公共安全、城镇发展与社会事业等相关领域科技创新和应用示范。

农业科技创新 开展2019年科技惠民示范引导专项。组织实施作物育种、畜牧业、特色果茶、农业机器人、病虫害防治、水肥一体化、智慧农业等方向一批现代农业技术攻关。重视星创天地建设。星创天地达40家，居副省级城市首位。发挥星创天地促进农业农村创新创业的作用，加快科技成果转移转化。推广应用新品种新技术。2019年征集技术成熟、推广应用价值大的新品种新技术进行推广应用，培训农民2000名以上，其中省定贫困村农民1000人，培育致富带头人20名以上。

社会发展 2019年，青岛市加强社会发展领域科技支撑。在环境保护和公共安全等领域，围绕污水处理、低品位能源应用、大气污染物治理、生活垃圾处理、隧道交通及危化品应急管理、食品安全溯源应用等领域开展科技攻关和应用示范，为环境保护、城市安全提供技术支撑。原油储罐重大风险预警与防控技术研究及应用、颗粒物浓度测量仪测量准确性关键技术的研究项目获省重点研发计划立项支持。

医疗卫生科技 2019年，重点围绕危害人体健康的重大疾病、地方多发病等开展创新方法或临床应用研究。组织开展生物医药领域科技攻关，乙型脑炎灭活疫苗、创伤止血材料、生物电医疗电极产品等项目取得良好进展。杰华生物Ⅰ类生物新药“重组细胞因子衍生蛋白”进入国家医保目录。中皓生物“脱细胞角膜植片”获批创新型Ⅲ类医疗器械注册证书及生产许可证。海信医疗计算机辅助手术系统泌尿、胸肺模块取得CFDA的Ⅱ类医疗器械认证，并推向市场。推荐杰华生物、东海药业、正大制药等优势单位项目获批山东省重点研发等计划支持。

科技扶贫 全面推行科技特派员制度，组织实施青岛市科技支撑乡村产业振兴技术集成与示范应用项目，组建11支科技服务队伍，对全市200个扶贫重点村科技指导人员全覆盖，青岛市1名科技特派员、1个组织单位受科技部表彰，6名科技特派员、2个组织单位受省科技厅表彰。开展平度莱西科技精准扶贫。结合青岛市平度莱西攻势，开展了“新型农村村级分布式光伏发电扶贫示范”“日光温室葡萄促进栽培技术集成应用于示范”等项目。开展对口支援科技帮扶。对菏泽陇南安顺开展了“道地药材调优生产技术体系应用与示范基地建设”“大棚栽培食用菌标准化生产技术示范与应用”等项目，培训科技管理干部39名，派遣科技服务人员9名，培训农户400名以上，培育致富带头人200人。开展科技成果合作交流推介，对接科技成果75项，组织企业向安顺紫云县捐赠20万元，并签署10万元农特产品采购协议。

【国际科技合作与交流】 2019年，强化与上合国家、“一带一路”沿线国家科技合作，面向全球配置创新资源。搭建国际科技合作平台，新增市级国际科技合作基地24家。海尔亚洲研发中心获批全省首批离岸创新创业基地。3家机构入选2019发展中国家技术培训班项目，居计划单列市首位。举办了创意青岛大会科技引领城建设会议、海洋新材料鳌山论坛、斯坦福创新训练营等系列活动，推动高端科技项目在青岛落地转化。

（青岛市科技局　王春玲）

淄　博　市

【概述】 2019年，淄博市净增高新技术企业129家，总量达到512家。全社会研发投入达到133.68亿元，研发投入占GDP比重达到2.63%。全年完成科技成果登记112项，完成技术合同登记1540项，合同成交额达到106亿元。新建院士工作站11家、国家重点人才工程专家工作站14家、市级重点实验室14家。1人入选创新人才推进计划，12人入选泰山产业领军人才，1人获齐鲁友谊奖，11人获淄博友谊奖，9人获“创业齐鲁·共赢未来”高层次人才创业大赛优胜奖，35人入选市英才计划及杰出精英创业。

【政策法规建设】 2019年，制定出台《淄博市建设国家创新型城市实施方案（2019—2020年）》《淄博市科技成果转化贷款风险补偿资金管理办法》《淄博市企业研究开发财政补助实施办法》《淄博市深化科技奖励制度改革方案》。

【研发与投入】 2019年，淄博市研发投入总量达到133.68亿元，研发投入占GDP比重达到2.63%，比2018年提高0.17个百分点，总量列全省第4位，占比居全省第2位。

【高新技术企业发展】 2019年，淄博市净增高新技术企业129家，总量达到512家。科技型中小企业评价入库535家，数量居全省第5位。高新技术企业市级备案169家。兑现93家中小微企业“小升高”补助资金930万元。

【创新平台建设】 2019年，新建院士工作站11家、国家重点人才工程专家工作站14家、市级重点实验室14家。入选山东省技术创新中心培育库20家。与山东大学签约共建科技创新平台5个。山东理工大学获批建设省级大学科技园。

【科技成果与奖励】 2019年，淄博市4个项目获2019年度国家技术发明奖、科技进步奖二等奖，获奖数量居全省第1位；获得2019年度省科学技术奖6项，获奖数量居全省第4位。登记科技成果112项，完成技术合同登记1540项，合同成交额达到106亿元，同比增长20%。

【科技活动】 2019年，与科技部高技术研究发展中心、中国技术市场协会、全国科技振兴城市经济研究会共同举办第18届中国（淄博）新材料技术论坛。举办1场创新驱动发展专题报告会、7场学术论坛和46场学术报告，30名院士、50名国家级高端人才、300余名专家学者参加活动，对接项目500余项，签订合同62项、协议207项，达成合作项目410余项。举办2019山东省暨淄博市科技活动周，开展了省市科技成果展、科普成果展等科普系列活动，社会群众、青少年及大学生共计3000余人参会。举办2019年淄博市“广州科技周”“上海科技周”等活动，组织60余家企业参加，召开了3场产学研项目对接洽谈会，共对接科研技术成果400余项。

【科技人才队伍建设】 2019年，淄博市1人入选创新人才推进计划，12人入选泰山产业领军人才。1人获齐鲁友谊奖，11人获淄博友谊奖，9人获“创业齐鲁·共赢未来”高层次人才创业大赛优胜奖。35人入选市英才计划及杰出精英创业。引进外国专家420余人。实施国家、省、市各级引智项目86个。争取国家、省、市各级引智项目资金1424万元。

【校城融合发展】 2019年，制定出台《关于推进市外高校院所与淄博市经济社会融合发展的实施意见》。受理申报项目500余项，立项99项，补贴博士人才114名，扶持资金6960.8万元。

【科技扶贫】 2019年，组织注册山东省科技特派员442人，组建30个科技扶贫服务队，实现了扶贫重点村全覆盖。申报省科技支撑乡村产业振兴技术集成及应用项目30个，获批扶贫资金289万元。组织开展科技培训、成果推广等科技扶贫帮扶系列活动20余期，培训农业科技人员1000余人。1名科技特派员获科技部通报表扬。6名科技特派员、2个组织实施单位获省科技厅通报表扬。

（淄博市科技局 王 刚）

枣 庄 市

【概述】 2019年，深入实施创新驱动发展战略，积极对标对表徐州市创新指标，精心实施“一二三四五”科技创新工程，全市科技创新质量和效益明显提升，为新旧动能转换和经济高质量发展提供了有力科技支撑。高新技术产业产值占工业总产值比重达到37.68%，同比增长4.73个百分点，高于全省平均值1.51个百分点，提高幅度居全省第4位。新增高新技术企业32家，新增数量再创历史新高，总数达到170家，同比增长23.2%。全市省级以上科技创新平台总数达到95家，较2018年增长53.2%。登记技术合同710项，成交金额25.71亿元，分别同比增长42.6%和41.7%。

【关键技术攻关】 2019年，围绕产业链部署创新链，科技创新支持新旧动能转换能力明显增强。聚焦六大特色产业和优势产业需求，组织实施市级重大科技创新工程，在高端装备、绿色化工、新材料等重点产业和技术领域，安排市级科技立项117项，布局重大科技创新项目 20 个，强化关键技术攻关。5 个项目列入厅市联合支持项目，10 个项目入选省重大科技创新工程项目，8 个项目列入省重点研发计划，共获资金补助 1.78 亿元。制定出台《枣庄市技术创新中心管理办法》，首批建设 78 个市级技术创新中心，认定 59 家市级重点实验室，认定市级科技协同创新中心 41 家，为技术创新提供重要载体和策源地。

【区域创新发展】 2019 年，加快打造区域科技创新高地，具有枣庄特色的区域创新发展格局基本形成。加快打造可持续发展议程创新示范区。枣庄市委、市政府始终坚持把国家可持续发展议程创新示范区创建工作摆在突出位置，作为“天字号”工程，举全市之力全力开展示范区创建工作。在科技部组织召开的 2 次全国可持续发展议程创新示范区创建工作推进会上，枣庄市均取得很好的成绩。加快打造“政产学研金服用”创新创业共同体。山东省无机功能材料与智能制造创新创业共同体列入全省首批“双创”共同体。9 月 21 日，省科技厅在枣庄召开了山东省创新创业共同体建设推进工作座谈会。共同体成员单位已扩大到 30 余个，6 个人才团队 30 余名高层次专家进驻共同体，10 余个重大科技成果进入孵化，共同体运行步入快速发展轨道。10 月 21 日，共同体建设经验在山东科技简报刊发推广。

【科技创新平台】 2019 年，深化产学研协同创新，支撑带动区域创新发展水平显著提升。枣庄市产业技术研究院建设、山东省高档数控机床创新创业共同体、中科院化工新材料技术成果转化与产业化基地等事项纳入厅市会商重要事项。加强与中建材研究总院交流合作，绿色建筑材料国家（山东）重点实验室落户枣庄，完成了 2 万平方米的研发、孵化、检测综合体建设。推荐 34 家企业（科研机构）申报山东省技术创新中心，联泓新材料有限公司（中科院化工新材料技术创新与产业化联盟）等 4 个单位列入省技术创新中心培育名单。新增院士工作站 26 家，新增数量排名全省第 2 位。新获批国家众创空间 3 个、国际合作基地 4 个。全市省级以上科技创新平台总数达到 95 家，较 2018 年增长 53.2%。

【企业创新主体培育】 2019 年，突出企业创新主体地位，科技型企业主力军作用得到充分发挥。组织参加科技型中小微企业创新竞技行动计划和高新技术企业培育行动计划，枣庄鑫金山智能机械股份有限公司及山东梦之翼文化传媒股份有限公司 2 家企业入围第 8 届中国创新创业大赛行业总决赛，6 家企业获全省大赛优胜企业，获得 140 万元项目补助。认定市级科技型中小企业 192 个、科技“小巨人”企业 51 家、科技企业孵化器 9 家，入库全国科技型中小企业信息服务平台企业 158 家。持续实施企业研发投入后补助政策，70 家企业和 33 家“小升高”企业享受省市财政补助资金 1422 万元。加大普惠性政策落实力度，提高企业研发积极性，2018 年全市共有 77 家申请享受研发费用税前加计扣除政策，加计扣除总额 2.24 亿元。深化科技金融融合发展，推行“科创贷”，完善科技成果转化贷款风险补偿机制，与省科技厅及 12 家银行签订了合作协议，全年为 36 家企业发放科技成果转化专项贷款 1.43 亿元，有效缓解科技型中小企业融资难、融资贵的问题。

【高层次人才引进】 2019 年，强化高层次科技人才引育，人才创新创业生态持续优化提升。牢固树立人才引领发展的战略地位，枣庄市科技局认真落实市委人才新政 18 条政策规定，出台《枣庄市优秀外国专家项目评选管理办法》《枣庄市企业引进外国专家项目认定办法》等引智政策，修订完善《枣庄市科技计划项目绩效评价暂行办法》《枣庄市产学研联合基金管理办法》等重要改革文件。开展首届“墨子创新奖”评选活动，评出 12 家单位和 32 项个人。引进并授予 13 名科技类人才“枣庄英才”称号，占全市的 52%。推荐申报 10 名引进人才申报泰山产业领军人才工程，6 人入选。帮助山东益康药业等 3 家企业引进 3 名高层次人才，完成部门柔性人才引进任务。加大国外智力引进工作力度，1 人入选省“外专双百计划”重大引才工程，2 人入选省级高端外国专家项目，益多多生态农业公司等 3 家单位入选省级引智示范推广项目，莺歌食品公司等 3 家单位被省科技厅命名为省级引智示范基地，1 人获省政府齐鲁友谊奖。组织参加第 17 届中国（深圳）国际人才交流大会。召开了海外高端人才机构对接恳谈会。与 10 家海外高端人才机构签订了海外招才引智联络站合作协议。举办了枣庄与驻烟高校院所科技成果对接暨科技合作签约仪式、“双百”结对创新攻关专项行动启动仪式、外国专家枣庄行、枣庄市人民政府—常州大学产学研合作论坛暨项目签约仪式等活动，为海内外各类高端人才提供创新创业平台。扎实做好外国人管理服务工作，新发放外国人来枣工作许可通知 58 件，150 余名外籍专家常年工作在全市创新一线。在全市区（市）委书记和市直有关部门党工委（党组）书记抓人才工作专项述职评议中，枣庄市科技局的得分排名市直部门第 1 名。

【科技精准扶贫】 2019 年，加快推进农业科技创新，助力全市精准扶贫攻坚行动。把科技精准扶贫摆在全局更加突出的位置，加快推进农业科技创新，多措并举加大科技扶贫力度。加强科技特派员队伍建设，新注册省科技特派员 243 名，全市 214 个省级扶贫工作重点村实现科技扶贫指导人员（科技特派员）全覆盖、全公示。实施科技扶贫示范工程，在脱贫攻坚重点区域打造“石榴良种选育及标准化示范推广基地”等4个产业特色鲜明、发展前景广阔、示范带动作用突出、有利于农民增收致富的科技扶贫示范基地。加速农业科技成果落地转化，筛选推广“冬桃新品种引进与栽培技术”等25项农业科技成果，引导先进适用技术成果在脱贫攻坚重点区域进行转化应用，培育农村经济发展新动能。广泛精准开展以实用技术、创业就业培训为主的培训，全年开展活动600余次，受训人数3000余人次，培养科技致富带头人43名，运用推广示范先进的种养殖技术75项，帮扶贫困户近200户。加强农科驿站、星创天地等农业科技扶贫平台建设，优化提升平台功能发挥，山亭区万恒土地流转专业合作社承建的城头镇时村农科驿站等9个农科驿站被省科技厅评为优秀等级，新备案省级农科驿站16家。加强枣—丰（枣庄市与丰都县）、威—枣（威海市与枣庄市）科技扶贫协作。举办枣—丰“优秀创业致富带头人专题培训班”，组织丰都县30名优秀创业致富带头人在枣庄市委党校参加培训。落实《威海市—枣庄市扶贫协作框架协议》。10月15日，在山亭区北庄镇洪门村开展科技扶贫协作系列活动，开展“葡萄优质品种及轻简化高效栽培技术”等专项技术培训，推动威海鑫宝食品有限公司与山东冠宇农业科技有限公司签订了科技成果转移协议，共同开发食用菌先进技术。

（枣庄市科技局　杜益宏）

东营市

【概述】 2019年，全市高新技术产业产值同比增长15.16%，占全市规模以上工业总产值比重为32.12%。全市高新技术产业产值增幅居全省第一。全年承担省级以上科技计划289项，获资金支持1.93亿元。下达市级科技计划项目117项，资金3069.6万元。认定高新技术企业89家，其中新认定高新技术企业57家，同比增长27.7%，全市高新技术企业总数263家。新增省级农科驿站5家。新增市级农业科技园区3家，批准建设市级农业科技园区6家。新备案院士工作站7家。新认定市级重点实验室43家、市级技术创新中心10家。新备案市级科技企业孵化器11家、众创空间15家。全市共有省级重点实验室5家，市级重点实验室116家，院士工作站24家，省级以上工程技术研究中心41家，市级以上科技企业孵化器15家，众创空间27家。全年技术合同成交额56.9亿元，居全省第五。获国家科技进步奖一等奖1项、二等奖6项，省科技进步奖一等奖2项。举办2019年东营市科技活动周。国家创新型城市建设战略研究课题通过科技部验收。创新型城市建设三年行动计划通过论证。

【科技管理转型升级】 2019年，围绕全市“5+2+2”产业创新能力提升，对市级科技项目库进行动态管理，全年入库项目181项。全年承担省级以上科技计划295项，其中省重点研发计划项目12个、厅市联合项目4个，获资金支持2.0691亿元，是往年平均值的6倍。下达市级科技计划项目117项，资金3069.6万元。实施“黄河三角洲渔业园区绿色生产模式创新与示范”等各类升级计划，全年获得资金2342万元。围绕耐盐抗逆作物选育、降盐技术集成等盐碱地农业瓶颈问题，实施中科院科技服务网络（STS）计划项目“黄河三角洲现代生态农业技术系统集成示范”，推进全市农业领域技术创新。1月14日，与东营港经济开发区联合成立山东省高端石化创新创业共同体。

【企业创新发展】 2019年，全年认定高新技术企业89家，其中新认定高新技术企业57家，同比增长27.7%，全市高新技术企业总数达263家。山东国瓷功能材料股份有限公司、胜利油田新大管业科技发展有限责任公司等10家企业被评为全市“十强”高新技术企业；山东九章膜技术有限公司、山东大东联石油设备有限公司等10家企业被评为全市“十新”科技型企业。开展高新技术企申报等政策宣讲活动4次，培训企业407家。新认定市级科技型企业70家，全市市级科技型企业总数达476家。科技部备案科技型中小企业221家，省级科技型中小微企业备案292家。支持全市科技型企业使用创新券，全年使用省级创新券55单，发放省级、市级创新券补助及供给方奖励30万元。全市入网大型科学仪器设备650台（套），同比增长10%，仪器原值4.8亿元。为98家高新技术企业减免税收，为297家科技企业落实研发费用加计扣除18.36亿元。4月24日，东营市科技局、东营市财政局、人民银行东营市中心支行、东营银保监分局联合印发了《东营市科技成果转化贷款风险补偿资金管理办法》，建立了省、市县（区）、合作银行按照35%、35%、30%比例共担风险服务模式，单户企业贷款最高达1000万元。与全市14家科技银行签订合作协议，新开发科技信贷产品4个，全年17家科技型企业获融资1.08亿元，平均贷款利率5.6%。8月15—16日，举办2019年全省中小微企业创新竞技行动计划（新材料领域），28家企业获省奖，2家进入国赛，全市44家企业获贴息资格。

【创新创业平台发展】 2019年，新增省级农科驿站5家。新增市级农业科技园区3家，批准建设市级农业科技园区6家。新备案院士工作站7家。新认定市级重点实验室43家、市级技术创新中心10家。新备案市级科技企业孵化器11家、众创空间15家。全市共有省级重点实验室5家，市级重点实验室116家，院士工作站21家，省级以上工程技术研究中心41家，市级以上科技企业孵化器15家，众创空间27家。围绕规模以上工业企业研发机构、产业技术研究院等开展专题调研，制定印发《东营市技术创新中心管理办法》《东营市重点实验室管理办法》等10余项文件，进一步规范全市省级众创空间、科技企业孵化器等管理。全市纳入省级技术创新中心培育库11家。山东省纤维增强塑料石油管道工程技术研究中心、山东省造纸废弃物综合利用重点实验室分别评为优秀、良好，分别获得省级奖励100万元资金支持。北京航空航天大学东营研究院获中央引导地方科技发展资金200万元支持。对10家市级重点实验室进行了验收和绩效评价。全市市级重点实验室总数达116家。6个创新团队、8家初创期科技企业入驻胜利创新孵化器，开展创新创业训练。

【创新园区建设】 2019年，东营高新技术产业开发区编制完成产业规划、空间规划，推进科创园一期、软件园等平台载体建设。12月18日，东营高新技术产业开发区启动国家高新区创建工作。推进国家现代农业技术创新中心建设等科研平台建设。中国科学院黄河三角洲现代农业工程实验室27个团队、40余名科技人员入驻。推动黄河三角洲农业高新区与东营开展技术互动，带动全市农业增产增效技术研发和模式创新。支持垦利省级农业高新技术产业开发区打造滨海循环农业产业全链条发展新模式，“黄河三角洲渔业园区绿色生产模式创新与示范”项目列入省科技厅园区提升工程，获得资金100万元。10月23日，印发《东营市农业科技园区建设管理办法》，在设施果蔬、现代渔业、现代畜牧业等领域进行布局。12月，首批认定龙居镇耐盐经济作物农业科技园区、汇邦渤海生态种养农业科技园区、一邦水稻产业农业科技园区为市级农业科技园区，批准建设润松林下经济农业科技园区、新户镇生态渔业农业科技园区等6家市级农业科技园区。

【创新人才队伍建设】 2019年，加大高层次人才引进力度，全年入选泰山产业领军人才工程4人，入选“外专双百计划”1人，进入科技部创新人才推进计划答辩环节1人。获省政府齐鲁友谊奖1人。东营市科技局与市委组织部开展2019年度黄河三角洲学者和黄河三角洲产业领军人才申报工作，受理申报黄河三角洲学者13人，产业领军创新人才23人，经考核评价10人入选黄河三角洲学者，20人入选产业领军创新人才。

【科技合作与交流】 2019年，组织企业参加全省院士恳谈会、中科院—山东省成果转化对接会等，与中国科学院、西安交通大学等高校院所开展科技合作，举办山东大学科技成果直通车（东营站）行动等，全年转移转化科技成果26项。组织中俄创新合作周暨首届中俄创新创业大赛，达成合作意向9个。与中国科学院新疆分院、中国科学院兰州化物所、西安交通大学、青岛大学、济南大学等高校院所对接，就西安交通大学东营技术转移中心、青岛大学国丰君达功能材料研究院建设达成初步合作意向。

【科技成果与奖励】 2018年12月31日，印发《东营市加快技术转移体系建设的意见》，在畅通科技成果转化渠道、激发创新主体活力、完善技术转移服务等方面作出规定。5月30日，全市首个科技服务业团体标准《东营市科技成果标准化评价规范》在全国团体标准平台发布。8月29日，组建东营市技术转移转化中心，开展项目对接等活动43次，签订服务协议32项，技术转移转化1000余万元。全市科技成果评价机构达到13家，完成科技成果评价248项。完成技术合同成交额56.9亿元，列全省第7位。全市获国家科学技术奖励一等奖1项、二等奖6项，省科学技术奖励一等奖2项、二等奖2项、三等奖4项。

（东营市科技局　陈建林）

烟　台　市

【概述】 2019年，全社会R&D经费支出187.05亿元，占GDP比重为2.39%，分别居全省第3位和第

4位。地方财政科技支出占公共财政支出的比重为3.83%，居全省第1位。新承担国家和省各类科技计划396项，获支持资金6.87亿元，创历史新高。获2019年度国家科技进步奖二等奖3项，2019年度山东省科学技术奖25项。

【科技计划】 2019年，全市新上国家和省各类科技计划396项，获得支持资金6.87亿元，国家项目3项，省级项目393项。其中，中央引导地方科技发展专项3项，资金400万元；省重点研发计划85项，资金48027万元；省创新公共服务平台（省级工程技术研究中心）专项计划2项，资金200万元；省创新引导计划292项，资金15516万元；省科技创新基地专项计划3项，资金2250万元；省泰山产业领军人才工程计划11项，资金2400万元。全年，安排烟台市科学技术发展计划153项，资金5070万元。其中，重大科技创新类项目22项，资金2700万元；科技创新促进乡村振兴类项目27项，资金710万元；社会民生公益类项目42项，资金720万元；科技领军人才创新类项目3项，资金170万元；科技型中小企业创新竞技项目59项，资金770万元。

【高新技术及其产业化】 2019年，全市高新技术产业产值同比增长12.69%，累计占规模以上工业比重48.26%，居全省第5位。全市新增高新技术企业182家，总数达635家。备案国家科技型中小企业1242家。13家企业入选全省创新能力百强企业，其中万华集团居全省首位。全市共有1151家企业享受2018年度研发费用加计扣除55.11亿元，636家高企享受税收减免14.47亿元。191家中小微企业获“小升高”财政补助1910万元。107个项目获省市创新竞技补助1918.32万元。

【科技成果与奖励】 2019年，全市推荐216项成果进行山东省科技成果登记。获得国家科技进步奖3项，烟台安德利果胶股份有限公司参与完成的“柑橘绿色加工与副产物高值利用产业化关键技术”、五洲丰农业科技有限公司参与完成的“植物源油脂包膜肥控释关键技术创建与应用”、莱州明波水产有限公司参与完成的“水产集约化养殖精准测控关键技术与装备”获国家科技进步奖二等奖。获得山东省科学技术奖25项，中国科学院烟台海岸带研究所陈令新参与完成的“典型纳米材料的生物效应及调控方法原理”获省自然科学奖一等奖；鲁东大学高善民等完成的“TiO_2纳米结构优化调控与可见光催化性能的构效关系研究”获省自然科学奖二等奖；烟台市果茶工作站姜召涛等参与完成的“苹果和梨优质高效育种技术及新品种培育与应用”获省技术发明奖一等奖；万华化学集团股份有限公司牵头完成的“表面材料水性化的关键树脂及应用解决方案”、烟台绿叶动物保健品有限公司参与完成的“猪四种重要疫病防控新技术的研发与应用”获省科技进步奖一等奖；烟台中集来福士海洋工程有限公司完成的“自升式气体压缩平台关键技术研发及应用”、烟台毓璜顶医院完成的“多囊卵巢综合征排卵障碍的机制研究与临床干预策略”、鲁东大学牵头完成的“水肥气一体化精准调控关键技术研发与应用”、烟台大学参与完成的“污染源排放在线监测动态管控技术研究与应用”获省科技进步奖二等奖；山东东方海洋科技股份有限公司牵头完成的“海带良种培育与高效扩繁技术研究与应用”、蓬莱中柏京鲁船业有限公司牵头完成的“北太公海秋刀鱼资源开发与捕捞装备关键技术研发与应用”、烟台桑尼橡胶有限公司完成的“生态气囊支撑坝”、烟台大学牵头完成的“基于视觉测量技术的车轮定位仪”、烟台杰瑞石油服务集团股份有限公司牵头完成的“3000型页岩气大型压裂成套装备研制及产业化”、莱州新忠耀机械有限公司完成的“超低温高韧性高寒高铁核心部件制造技术研究与应用”、山东中际智能装备有限公司牵头完成的“车用高功率密度驱动电机定子绕组制造数字化成套装备及应用”、烟台金润核电材料股份有限公司完成的“非能动实体防火保护结构”、招远市招金金合科技有限公司牵头完成的“金精矿氰渣全组分无害化利用技术研究与应用”、烟台毓璜顶医院牵头完成的“帕金森病及运动并发症发病机制新发现与防治策略”、山东绿叶制药有限公司完成的“无菌制剂智能制造关键技术研究与应用”、烟台东诚药业集团股份有限公司牵头完成的“低分子肝素纯化关键技术及产业化应用”、山东玲珑轮胎股份有限公司完成的“GB/T 21910轿车轮胎湿路面相对抓着性能试验方法等国家标准应用”、滨州医学院完成的“超声引导下经皮原位热消融治疗甲状腺结节的临床研究”、山东省第六地质矿产勘查院参与完成的“金矿深部资源精准预测关键技术创新与应用”、烟台舒驰客车有限责任公司参与完成的“客车系列化缓速器关键技术研发及产业化”获省科技进步奖三等奖。

【科技交流与合作】 2019年，组织走访了中国农业大学、中科院过程工程所、中科院生态环境研究中心、中科院兰州化物所、中科院近代物理所、中科院深圳先进技术研究院、清华大学深圳研究院、中科院沈阳分院等20余所国字号科研院所和“双一流”高校，加强交流对接。推动烟台市政府与高校院所共建中国科学院烟台产业技术创新与育成中心、烟台中科先进材料与绿色化工产业技术研究院等新型研发机构。市政府与海洋大科学研究中心签订战略合作协议。搭建了与中科院13个涉海科研机构的合作交流平台。全年组织产学研对接交流活动16次。组织以“创新引领 合作共赢”为主题的中科院过程工程研究所战略研讨会及合作签约仪式暨烟台成果发布推介会，中科烟台产业技术研究院揭牌，签署4项合作协议。组织中国科学院服务烟台经济高质量发展成果发布会，侯保荣院士就海洋防腐蚀有关知识做了专题报告，现场交流项目30多个。推动与中科院深圳先进研究院、中科院兰州化物所、中科院金属所、中科院自动化所、中科院计算所、中科院烟台海岸带所、上海中医药大学进行项目合作。召开第2届中国（烟台）海工装备国际研讨会，来自中国、乌克兰、挪威、荷兰、德国等国内外知名高校、研究院所、国内知名海工装备总装建造企业的专家学者约100人参加了研讨会，会上签署了“特殊焊接技术职业技能教育培训”和“铜铝复合电缆接头焊接技术”两个三方合作协议。举办创新使命——第2届可持续生物燃料国际会议，来自10个国家的70余名专家学者、企业代表参加会议。参加了在格鲁吉亚第比利斯市举行的丝绸之路高科技园区联盟第4届会议，来自丝绸之路沿线国家的30多个高校、科研机构、高新技术企业的100余位代表出席会议。

【农业科技创新】 2019年，全市农村领域承担省级以上项目8项，经费2081万元。其中由烟台市山东蓝色海洋科技股份有限公司承担的国家蓝色粮仓重点专项“黄渤海现代化海洋牧场构建与立体开发模式”项目获得经费1421万元，由烟台市农科院牵头烟台市16个科技扶贫服务队申报的“烟台市科技支撑乡村产业振兴技术集成与示范应用”项目获批省级重点研发计划（公益类），获得经费185万元。省科技厅对首批建设的农业科技园进行验收，栖霞、海阳、莱阳、莱州、长岛5个省级农业科技园全部通过验收。栖霞园区以全省第3名的优秀等次通过了省科技厅组织的省级农业科技园区验收，同时以全省第2、全国第14的成绩通过了科技部组织的国家农业科技园区验收。新增海阳市小纪镇苗家沟村农科驿站1家。组织开展了2019年度科技特派员选派工作，确认备案194名专家为烟台市科技特派员。2019年全市共实施市级科技特派员项目8项，支持经费150万元。

【生物技术与制药】 2019年，组织开展药物和创新医疗器械研发及产业化奖励，奖励新药和三类器械研发及产业化项目10项，资金709.71万元。绿叶制药有11个在研新药进入临床阶段，其中“注射用利培酮缓释微球”分别在美国和中国提交上市申请。荣昌生物有5个I类新药进入临床阶段，3个入选“十三五”国家“重大新药创制”科技重大专项，其中RC18（泰它西普）在治疗系统性红斑狼疮适应征上展现出领先水平，已提交上市申请。

【科技金融结合】 2019年，开展科技信贷风险补偿工作，缓解科技型中小企业融资难、融资贵的问题。帮助111家企业获得银行贷款，放款金额约5.9亿元，其中“科信贷”34笔1.1亿元，“成果贷”92笔约4.8亿元。自2015年以来累计帮助220家（次）企业获得银行贷款，放款额达10.88亿元。2019年为列入科技信贷补贴范围的30家企业发放了科技信贷补贴81.42万元，连续3年累计发放信贷补贴183.62万元。

【创新平台建设】 全市科技企业孵化器达40家，国家级10家，省级备案15家，科技企业孵化器总面积86万平方米，在孵企业突破1600家。省级以上工程技术研究中心达95家、重点实验室18家。新增省院士工作站13家，总数达47家。

【科技创新服务】 2019年，收录共享国家、省级和市级科技报告234份。烟台市科技服务云平台建设扎实推进。重大科技需求征集系统、高企培育库管理系统等5个系统上线运行，对科技指南发布、高企培育、校地科技成果对接等科技管理工作提供了网络支持服务。平台用户总数1863个，累计推送各类科技资讯达15.3万条，为企业提供服务达1.4万项（次）。截至2019年底全市入网大型科学仪器设备1421台套，总价值约10.3亿元，拨付各类创新券补贴合计1700余万元；科技文献共享服务26万次，下载文献2万余篇。

【科技人才队伍建设】 2019年，5人入选泰山领军人才工程战略性新兴产业类人选，居全省第1位；9人获省第2届“创业齐鲁·共赢未来”创新创业大赛优胜奖（6个创业企业，3个创业项目），同比增量增幅全省最高。6家获胜创业企业转为泰山产业领军人才创业类。引进较高层次外国人才750人，办理69个国家和地区外国人才工作许可证2230份，新增省级引智示范基地3处。2人获省齐鲁友谊奖。获批省“外专双百计划”5项，备选1项目，上级外国专家项目10项。

（烟台市科技局　孙运智）

潍 坊 市

【概述】 2019年，潍坊市科技创新工作深入实施创新驱动发展战略，凝心聚力谋发展、多措并举抓落实，在创新型城市建设、双招双引、创新创业共同体建设等方面取得突出成绩，为全市新旧动能转换、助推高品质城市建设提供了科技支撑。全市高新技术产业产值占规模以上工业总产值的比重达到49.74%，高于全省平均水平9.6个百分点，居全省第3位。组建成立市产业技术研究院，创新创业共同体建设成为新亮点。全年新增泰山产业领军人才工程系列科技领军人才22人。5人入围国家人才工程科技创业领军人才。引进外国人才552人次。1人获中国政府“友谊奖”。1人获省政府“齐鲁友谊奖”。在全市经济社会发展综合考核中，潍坊市科技局被评为优秀等次，并被市委、市政府表彰为全市高质量双招双引工作先进单位。

【创新型城市建设】 2019年，潍坊市创新型城市建设的关键指标稳步提升，创新型城市建设扎实推进，为2020年通过国家验收打下了坚实的基础。2019年4月，在全省率先成立了市委创新发展委员会，进一步加强了党对创新发展的领导，为更好地统筹全市资源、凝聚合力提供了强大的组织保障。10月下旬，省政府督察潍坊市创新型城市建设情况，对潍坊市创新型城市建设工作给予了充分肯定。

【高新技术及其产业】 2019年，围绕高新技术企业认定关键核心指标，通过调研摸底，遴选了一批符合高新技术产业发展方向、创新基础好、有发展潜力，主要从事高新技术产品开发、服务的中小微企业，作为拟申报认定高新技术企业重点对象。深入实施高新技术企业“育苗造林”行动和“小升高”计划，针对高新技术企业认定核心要点，加大对拟申报认定高新技术企业精准服务力度，先后举办了13场高新技术企业申报及相关政策宣讲培训会，培训了超过400家企业的1200多名企业管理、财务等人员。将科技型中小企业作为高新技术企业培育后备力量，广泛发动符合条件的企业参加科技部科技型中小企业评价，组织610家企业进行国家科技型中小企业入库登记，数量居全省第4位。承办了省中小微企业创新竞技行动计划先进制造和现代农业现场竞技活动，全市有71家企业和团队进入各领域前50%。2019年，按照“培养一批、认定一批、储备一批”的发展原则，推荐434家符合条件的企业申报高新技术企业，获批261家，全市高新技术企业总数达到808家，居全省第4位。全市高新技术产业产值占规模以上工业总产值的比重达到49.74%，高于全省平均水平9.6个百分点，居全省第3位。

【科技计划】 2019年，省级重大科技攻关项目实施顺利，57个项目入围厅市联合项目和竞争择优类项目，数量居全省第2位，入围率92.1%，全省第一，获得资金4.9亿元，占全省资金总数的1/7，较2018年提高了16倍。实施市级计划项目196个，安排市级资金4465万元，有力支撑了全市新旧动能转换“十强”产业发展。对接省科技成果转化贷款风险补偿金，设立1000万元市级科技成果转化贷款风险补偿金，与交通银行、工商银行等11家金融机构签订合作协议，备案贷款74笔，发放贷款2.9亿元。

【科技创新资源与能力建设】 2019年，按照统筹规划、突出特色的原则，进一步强化全市科技创新平台发展的顶层设计和规划引导，坚持需求导向、突出重点、分步实施，确保科技创新平台健康有序地建设和发展，逐步完善以公共服务平台为基础、以企业研发平台为主体、以产业化平台为引领，布局合理、功能齐全、开放高效的科技创新平台体系。助推企业提升研发能力、解决“卡脖子”关键技术难题，全年推荐34家单位申报省重点实验室、37家单位申报省技术创新中心。着眼于优化全市科技创新平台布局，提升企业自主创新能力，开展创新平台优化提升工程，对全市近10年来的工程技术研究中心和重点实验室全面排查梳理，对已不再发挥作用的予以撤销。根据产业发展趋势，新建市级工程技术研究中心90家，市级重点实验室94家。开展科技孵化载体规范整顿工作，修订出台了《潍坊市科技企业孵化器管理办法》和《潍坊市众创空间管理办法》，进一步提升了科技孵化载体的孵化、众创能力。新认定奎文区潍坊科技孵化中心、高新区中科创新园和高密市中科智谷科技创业园3家孵化器为国家级孵化器。备案省级以上科技企业孵化器36家，省级以上众创空间39家。新备案山东省院士工作站19家（居全省首位）。逐步形成了国家、省、市各类创新平台优势互补、梯次连续升级的系统布局。截至2019年底，全市共建成国家级工程技术研究中心

2 家（潍柴动力、盛瑞传动），省级工程技术研究中心 116 家，居全省第 2 位；国家级企业重点实验室 1 家（潍柴动力），省级重点实验室 13 家，居全省第 4 位；省级技术创新中心 2 家（潍柴动力，雷沃重工）；市级工程技术研究中心 780 家，市级重点实验室 391 家。

【创新创业共同体建设】 根据省《关于建立山东产业技术研究院推动创新发展的框架意见》精神和省科技厅高能级创新平台建设布局，立足“强内功、促效能”，着力打造“政产学研金服用”创新创业共同体。借鉴苏浙粤等先进地区建设新型研发机构的新思想、新观念、新机制和新政策，研究起草了《关于潍坊市产业技术研究院建设与发展的意见》，并以市政府文件印发实施。9 月 10 日，召开了潍坊市产业技术研究院成立大会，与 8 家加盟院所、4 家合作单位现场签约，建成潍坊市第 1 家“四不像”新型研发机构，也是全省第 3 个组建成立的市级产业技术研究院。该项目获得中央引导地方科技发展专项资金 200 万元。根据省《关于打造“政产学研金服用”创新创业共同体的实施意见》精神和“1+30+N”创新体系部署，组织了市创新创业共同体培训，在全市梳理出了一批具有产业特色的市级创新创业共同体。潍坊先进光电芯片研究院率先成为全省 22 家创新创业共同体之一，为全市创新创业共同体建设树立了标杆。

【农业与社会发展】 2019 年，围绕“乡村振兴”战略实施，加快农业园区提档升级，推动潍坊（寿光）高新区升建国家高新区，多次赴科技部、省科技厅对接汇报工作进展情况，完成了战略发展规划、产业发展规划编制和展示中心框架性装饰，为考核验收做好准备。寿光国家农业科技园区参加科技部综合评估，被评为优秀。5 个省级农业科技园区全部验收合格，其中青州园区被评为优秀。农业良种工程、山东省重点研发计划（公益类）等 30 个项目获立项支持。安排 100 万元专项资金支持 18 个农科驿站的规范化建设。着眼打赢脱贫攻坚战，成立了 20 个科技帮扶队，注册科技特派员 384 名，与全市 337 个省定贫困村签订了科技帮扶协议，实现了科技指导人员全覆盖。成立了乡村振兴服务队，选派了工作能力强的驻村第一书记，筹措资金 86.8 万元开展爱心助学、环境治理、农技培训等重点帮扶活动，助力美丽乡村建设。举办全市科技扶贫干部培训班 2 期，培训一线科技扶贫工作人员 145 人次。对口开展扶贫工作，举办鲁渝协作潍坊—开州科技精准扶贫茶叶技术培训会议，为重庆市开州区全面完成脱贫攻坚任务贡献了潍坊力量。

【科技成果与奖励】 2019 年，进一步完善科技成果转移转化服务模式，建立健全科技成果转移转化机制，科技成果转移转化再现新成效。潍坊市科技局会同市财政局制定了《潍坊市支持培育技术转移服务机构补助资金管理办法》，鼓励技术转移服务机构加入市科技成果转化服务平台。扶持推动科技中介服务机构发展，对全市 11 家技术转移示范机构和 30 项优秀技术合同进行了重点支持。全年完成技术合同登记 3498 项，合同成交总额 77.5 亿元，比 2018 年增长 5 个百分点。完成科技成果登记 158 项。5 个项目获国家科学技术奖，其中潍柴动力空气净化科技有限公司参与完成的项目获国家技术发明奖二等奖，潍柴动力股份有限公司、山东晨鸣纸业集团股份有限公司、诸城兴贸玉米开发有限公司、山东沃华医药科技股份有限公司参与完成的项目获国家科学技术进步奖二等奖。6 项成果获省科技进步奖，其中一等奖 1 项、二等奖 2 项、三等奖 3 项，1 人获国际科技合作奖，数量居全省第 4 位。组织评选出市级科技奖励项目 150 项、市最高奖 1 人、市重大创新奖 3 项、市国际合作奖 5 人。

【知识产权】 2019 年，全市国内专利申请 25651 件，国内专利授权 15677 件，同比分别增长 10.97% 和 22.81%，均居全省第 3 位；PCT 国际专利申请 173 件，增长 14.57%，居全省第 3 位；累计有效发明专利拥有量 7559 件，增长 19.9%，居全省第 3 位。新增商标注册申请 3.6 万件，新增注册商标 2.8 万件，分别增长 21.5% 和 32.4%，全市有效注册商标总量达到 11.04 万件，增长 29.4%。地理标志商标累计 97 件，居全省第 2 位。寿光蔬菜注册成为全市首件地理标志集体商标。“安丘大姜”“青州柿干”入选首批“中欧 10+10”地理标志互认互保产品。专利权质押融资 52 笔、增长 15.6%，质押金额 8.3 亿元、增长 56.6%。开展专利导航与关键核心技术知识产权工作，完成山东华特磁电股份有限公司、山东天瑞重工有限公司专利导航项目验收评审。推荐共达电声、山东航维骨科医疗器械、山东思达特测控设备申报的专利导航项目入选 2019 年度山东省重点产业专利导航项目，豪迈科技有限公司关键核心技术专利群入选山东省关键核心技术知识产权项目。印发了《潍坊市知识产权执法“铁拳”行动方案》，严厉打击专利、商标、地理标志侵权假冒行为，切实维护权利人的合法权益。行动开展以来，处理专利侵权纠纷案件 161 件，查办驰名商标保护案件 2 件，培育地理标志 4 件。制定了《“蓝天”专项行动集中整治工作实施方案》，对全市 17 家备案专利代理机构、59 名专利代理师进行检查，对 32 家无资质专利代理机构全部进行了实地检查。着力构建“强市、强县、强企”试点示范体系，寿光、昌邑获批国家知识产权强县示范试点，全市试点示范县累计达到 8 家、国家知识产权示范园区 1 家。2019 年新增国家知识产权示范企业 4 家、优势企业 18 家，累计分别达到 10 家、60 家。获评中国专利优秀奖 6 项，评选表彰潍坊市专利奖 60 项。组织举办了“全市知识产权创造运用和保护培训班”等多个培训班，提升了知识产权工作人员及重点企业管理人员和技术人员的专业能力和水平。

【科技人才队伍建设】 2019年，全市新增国家人才工程5人，居全省第三。新增泰山产业领军人才工程系列科技领军人才22人，居全省第一。潍坊先进光电芯片研究院郑婉华入选“泰山学者”特聘专家，这是潍坊市科研院所首次入选“泰山学者”。获批国家外国专家项目8个，经费340万元，居全省首位。获批省高端外国专家项目6个，经费356万元。遴选潍柴动力、寿光蔬菜产业集团等企业申报国家人才工程外专项目10个。先后实施引智项目317个，在机械装备、汽车制造等领域解决关键性技术和管理难题近500个。推进“一县（市、区）一基地、一基地一特色”的引智成果推广全覆盖工程，省以上引才引智示范基地达到26处，实现县域全覆盖。全年引进外国人才552人次，盛瑞传动德国专家皮特·谭伯格获中国政府“友谊奖”。潍城区爱乐奇教育培训学校英国专家温雅惠获省政府“齐鲁友谊奖”。中国政府“友谊奖”和省政府“齐鲁友谊奖”的获奖数量居全省第一。

【民营科技企业发展】 潍坊市科技局通过实施全民科技创新行动、加大创新型民营企业培育、鼓励民营企业加强产学研合作、强化对民营企业的科技金融服务等措施，大力推动民营企业开展科技创新活动，促进民营经济快速向稳向好发展。建立健全与民营科技企业的创新对话机制，吸引更多民营科技企业参与全市科技发展规划、科技计划和创新政策的研究工作，建立完善科技项目储备库和专家智库（专家智库中民营企业人才占到了20%），将民营科技企业的创新需求纳入全市科技发展的大局统筹考虑。实施“育苗造林”行动和“小升高”计划，将民营科技型中小企业入库、高新技术企业申报、高新技术产业培育等工作有机结合起来，全力推进民营科技企业发展壮大。加大高新技术企业和研发经费加计扣除等税收优惠政策落实力度，为高新技术企业发展营造良好的营商环境，助力民营企业充分享受国家税收优惠政策。走访全市300家重点科技民营企业和中科院12家分院及重点院属科研单位，打造资源集成、对接精准、务实高效的产学研服务体系。以中科院化学所为依托，已签约共建中科院化学所潍坊化工新材料产业技术研究院及潍坊滨海中试基地，打造全国海洋化工新材料产学研创新合作的典范，为民营企业转型升级与提升核心竞争力提供强有力的科技支撑。全年完成注册企业880多家、技术专家1100多人，发布各类科技成果2400余项、合作院所48所、技术需求317项，最大限度地满足民营科技企业客户对信息技术服务的需求。加大企业研究开发财政补助、创新券、小升高、科技保险等普惠性创新政策的实施力度，引导和激励民营企业增加研发投入，提高企业核心竞争力。修订完善了《潍坊市科技成果转化贷款风险补偿管理办法》，完善市级财政主导的科技成果转化贷款风险补偿机制，引导银行信贷资金支持科技型中小微企业发展，为全市民营科技企业持续健康发展营造良好的创新创业环境。

【科技合作与交流】 2019年，主动对接潍坊市和国内外知名高校院所，全面搭建高校院所与企业合作的信息需求桥梁。组织了“走进西安交通大学”等13次专项对接活动，累计组织300多家企业对接43所科研单位的261名专家，达成合作意向协议239项。引进共建中科院化学所潍坊化工新材料产业技术研究院及潍坊滨海中试基地、山东高科联合环保科学研究院、中国科学院沈阳应用生态研究所潍坊现代农业与生态环境研究院等新型研发机构，促成中科院化学所潍坊化工新材料产业技术研究院、中国农业科学院寿光蔬菜研发中心等科研院所合作项目156项。结合全市产业发展及企业科技需求，创新开展“百院千企”创新合作系列活动，举办首场生物医药产业对接洽谈会。积极开展国际合作对接，推动潍柴动力（东京）科技创新中心等6家海外创新孵化中心建设。

【科普工作】 2019年，潍坊市制定印发了《关于进一步强化措施狠抓落实加快推进全市科学素质纲要工作高质量发展的通知》，在浙江大学举办了潍坊市全民科学素质工作专题培训班，组织召开了潍坊市全民科学素质工作推进会。市科技局联合市文明办举办潍坊市庆祝中华人民共和国成立70周年科普展，联合市委宣传部举办了潍坊市航天科普巡展，联合市科技、教育等部门认定命名市级科普教育基地42家。新增省级科普教育基地20家。推荐20个优秀科普社区、农技协及科普教育基地获国家和省表彰奖补，新建社区科普馆8个，科普长廊10处，科普主题公园2处。创建山东省科普示范工程项目11个，诸城市获得科普示范县。编印出版《我们身边的科学》首部科普图书。全市199名大学生村干部和部分帮扶村贫困户免费订阅科普杂志。开展“大手拉小手”科普行动，邀请中国科学院院士等12名科普专家走进全市26所中小学校作科普报告。组织30名优秀中学生和科技教师走进武汉大学、西安电子科技大学参加高校科学营。发动全市205所中小学校参加全国青少年科学调查体验活动。新区北海学校、潍坊广文中学等6所学校被授予2019年度全国青少年人工智能活动特色单位。举办第19届潍坊市机器人竞赛。5支代表队参加山东省青少年机器人竞赛并全部获奖，有8项获全省冠军，9支代表队推荐全国赛获奖，取得1金4银4铜好成绩，占全省国赛获奖总数的1/2，潍坊一中壹柒智造队获冠军一等奖，为山东全国赛夺冠实现零突破。举办第34

届潍坊市青少年科技创新大赛，132件优秀项目参加省赛并全部获奖，其中一等奖36件。17件作品参评第10届全国青少年科学影像节活动获奖，占全省国赛获奖总数的1/8。探索形成的“智库＋产业”服务模式的主要做法在全省科协系统推广，获评山东省科协2019年度改革品牌A类项目，经验成果获评2019年度山东智库创新项目特等奖。承办了全省磁悬浮动力装备产业创新生态系统专题峰会、中国科协国防科技全国学会党建强会山东科普行、第34届山东省青少年科技创新大赛等活动。

【海洋科技】 2019年，海洋领域承担市级以上各类科技研发项目27个，获无偿经费3418万元。新建院士工作站1家。搭建市级创新平台10家。认定高新技术企业20家。2019年6月，与中科院化学所共建“中科院化学所潍坊化工新材料产业技术研究院”和“中科院化学所潍坊滨海中试基地”。2019年8月，邀请中科院兰化所等9家科研院所参加潍坊市首届海洋动力装备博览会。

（潍坊市科技局　隋晓理）

济　宁　市

【概述】 2019年，全市获批省级以上各类科技计划和奖补项目319项，17个项目获得省级以上科学技术奖励，济宁高新区获批国家创新创业特色载体，济宁高新文化创意园服务有限公司获批2019年度国家级科技企业孵化器，济宁市产业技术研究院成为山东产研院首家地市分院。

【科技计划】 全年获批省级以上各类科技计划和奖补项目319项，实际到位无偿扶持资金3.16亿元，项目数量和资金创历史新高。其中厅市联合重大专项5项、省重大创新工程20项、省重点研发计划医用食品计划2项、省企业科技特派员计划6项，全省首批5个大科学计划入选2个。获批各类科技基地、平台和奖励45项。智能工程装备创新创业共同体已获省人民政府批准。济宁高新区获批国家创新创业特色载体。

【高新技术及其产业】 2019年，健全“培养一批、认定一批、储备一批”的工作机制，加强对企业的政策宣讲和申报辅导，深入创新园区、孵化器、企业，举办高新技术企业培训活动20余次。加强政策引导，综合利用省小升高补助资金、孵化器培育高企奖励资金等各项政策，激励企业申报积极性，87家企业申请2019年山东省中小微企业升级高新技术企业财政补助，获资金870万元。394家企业纳入省企业研究开发财政补助资金补助范围，获批省补助资金5309.54万元。全市高新技术企业净增103家，实现了历史最大增幅，总量突破500家。

【科技成果与奖励】 2019年，太阳纸业股份有限公司参与完成的“制浆造纸清洁生产与水污染全过程控制关键技术及产业化”项目获2019年度国家科学技术进步奖一等奖，曲阜师范大学参与完成的“时延系统的鲁棒控制理论与方法”获2019年度国家自然科学奖二等奖。济宁市共有15个项目获得2019年度山东省科学技术奖，其中省科技进步奖一等奖1项、二等奖4项、三等奖3项，自然科学奖二等奖4项、三等奖3项。2019年完成技术合同登记金额52.09亿元，实现技术交易额47.07亿元，分别比2018年增长20.36%和23.31%。

【科技平台建设】 2019年，济宁市产业技术研究院建成中科院山东综合技术转化中心济宁中心，成为山东产研院首家地市分院，与清华大学、中科院等20余所高校院所建立合作关系，签订创新创业共同体项目3个，加盟专业研究所6家，落地重点项目10个，引进创新团队4个。该院投资4950万元，带动县市区及外部投资超36亿元，放大了财政资金效能，其中引入总投资30亿元的中科院嘉兴绿色化工中心新材料项目，从洽谈到落地开工仅用48天，创造了双招双引的济宁速度。加大对科技孵化器、众创空间的扶持力度，3家孵化器、1家众创空间获批省级高新技术企业培育财政奖励资金60万元。截至2019年底，全市拥有省级以上科技企业孵化器27家、众创空间53家；山东省大型科学设备协作共用网新增会员67家，达到1441家；新增科学仪器66台（套），达到1603台（套）；生成“创新券”512单；39家科技型中小微企业享受省级补贴213万元。

【农业科技发展】 2019年，济宁、邹城国家农业科技园区通过科技部综合验收，其中济宁国家农业科技园区以全国第12名的成绩列入“优秀”行列，成为115家参评园区中获得优秀的20家之一。制定印发了《济宁市农业科技人才专家服务团管理办法》。选派 253 名市派科技特派员与 512 个省定扶贫重点村签订了扶贫协议。山东省 2019 年农科驿站绩效评价结果中，济宁市 9 家省级农科驿站进入全省 100 家优秀农科驿站行列，优秀率占全市的 13.6%，优秀个数在全省排第 4 位。全市拥有 66 家省级农科驿站、51 家市级农科驿站。拥有国家级农业科技园区 2 家，省级 9 家，市级 85 家，省级以上农业科技园区实现县区全覆盖，数量居全省第 1 位。

【创新环境建设】 2019 年，举办了中科院沈阳分院与济宁市战略合作签约仪式暨中科院金属所山东成果对接会，20 个重点项目集中签约，合同金额 63.15 亿元。召开全省引智工作调研暨外国人来华工作许可工作专题座谈会、外国专家项目政策宣讲培训会。举办科技活动周、山东省中小微企业创新竞技行动计划“新能源及节能环保”领域竞技活动、物联网时代新材料产业高级研修班等系列重大活动。举办了第 7 届创新创业大赛，235 家企业参赛，报名数创历年新高。山东卡特智能机器人有限公司的“烟雾式植保无人机”项目获得初创组一等奖，山东金大丰机械有限公司的“4YZL-9 型智能化玉米联合收获机的研发及应用”项目获得成长组一等奖。成立科技宣传工作专班，与电视台、报社等媒体建立合作关系，开播《济宁科技》栏目 4 期。发表省以上信息稿件 60 篇。

【科技人才队伍建设】 2019 年，6 人入选山东省泰山产业领军人才计划。硅步机器人公司获批“外专双百计划”团队项目。益海嘉里董事长郭孔丰获 2019 年度山东省“齐鲁友谊奖”。备案院士工作站 15 家，共计达到 57 家，合作院士 65 人。

【科技管理】 2019 年，制订《济宁市科技局关于成立重点工作推进落实专班的意见》和《济宁市科技局专班工作推进实施细则》，建立六大专班工作推进制度。深化驻村联户和精准扶贫，选派 1 名副县级干部和 2 名科级干部参加万名干部下基层工作服务队。济宁市 32 支扶贫服务队获批全省公益类科技攻关第 2 批计划，获资金 344 万元，资金总量在全省地级市中排名第 3 位。全市 2 个单位被评为全省科技特派员组织管理先进单位，5 人获评科技特派员先进个人。

（济宁市科技局　冯鲁红）

泰 安 市

【概述】 2019 年，全市综合科技创新水平指数居全省第 6 位，较 2018 年上升 3 个位次；企业创新指数居全省第 3 位，较 2018 年上升 8 个位次；规模以上工业企业 R&D 经费支出占主营业务收入比重居全省第 1 位。全市规模以上工业企业实现高新技术产业占规模以上工业总产值的比重达到 44.31%，居全省第 6 位，与全省平均水平相比，由年初低于 0.03 个百分点到年末超过 4.17 个百分点。净增高新技术企业 76 家，总数达到 272 家。全市企事业单位主持或参与完成的科研成果获国家科技进步奖二等奖 3 项，省级各类科技奖励 17 项。泰安市科技局获全省科技管理系统先进集体，连续 17 年获省级文明单位称号。

【高新技术及其产业】 全市净增高新技术企业 76 家，总数 272 家。全市规模以上工业企业实现高新技术产业产值同比增长 3.35%，占规模以上工业总产值的比重达到 44.31%，居全省第 6 位，与全省平均水平相比，由年初低于 0.03 个百分点到年末超过 4.17 个百分点。

【科技计划】 全市 173 个项目（人才、平台）列入国家、省科技计划，获得无偿科技资金支持 3.53 亿元。其中 5 个项目列入省重大科技创新工程厅市联合项目，获支持资金 8390 万元，居全省第 3 位，仅次于济南、青岛；17 个项目列入省重大科技创新工程竞争择优类项目，获支持资金 1.47 亿元，居全省第 8 位；4 个项目列入中央引导地方科技发展专项。

【科技创新资源与能力建设】 2019 年，启动山东省智慧康养创新创业共同体建设。17 家企业纳入山东省技术创新中心培育库。新增院士工作站 12 家，累计达到 36 家。2 家重点实验室、3 家省工程技术研究中心在验收中获得“优秀”等次。新认定市产业技术研究院 104 家，累计达到 350 家。

【农业与社会发展】 2019 年，组建 24 支科技扶贫服务队，实现 374 个省级扶贫工作重点村全覆盖。开展技术培训 16 期，培训农民 824 人次。推荐选派山东省第 1 批科技特派员 509 名，3 家科技特派员组织实施单位和 6 名个人获省科技厅通报表扬。泰山林业科学研究院科技特派员王迎研究员获科技部通报表扬。3家省级农业科技园通过省科技厅验收。40家运营良好的市级农业科技园区重新挂牌认定。11家农科驿站在省科技厅绩效评价中获得优秀等次。

【科技成果与奖励】 2019年，全市企事业单位主持或参与完成的科研成果获国家科技进步奖二等奖3项，省科技进步奖一等奖3项、二等奖6项、三等奖6项，省自然科学奖二等奖2项。3人获泰安市青年科技创新奖，100项成果获泰安市科技进步奖，其中一等奖10项、二等奖30项、三等奖60项。全市完成技术合同登记1976项，成交金额42.61亿元。

【知识产权】 2019年，全市国内有效发明专利拥有量2155件，同比增长10.3%；每万人有效发明专利拥有量3.82件，比2018年末增加0.36件。有效注册商标39693件，比2018年末增长34.8%。办理专利案件56件，受理专利侵权纠纷案件1件。办理商标违法侵权假冒案件68件。新增国家知识产权局认定中国驰名商标3件，总数53件。查处假冒专利案件60件，处理专利侵权纠纷案件49件。新增《企业知识产权管理规范》国家标准认证企业32家，累计92家。新增国家知识产权优势企业9家，总数21家。知识产权质押融资总额9.46亿元，其中专利权质押合同登记45项，专利权质押融资额近4.6亿元。2件专利入选2019年度省级专利导航项目，1件专利列入山东省关键核心技术知识产权（专利群）。

【政策法规与环境建设】 2019年，制定出台《泰安市重点实验室管理办法》《泰安市企业研究开发财政补助实施办法》等政策文件。248家企业获得研究开发财政补助资金9221.01万元。开展科技成果转化贷款风险补偿备案工作，与22家银行签订合作协议，为全市科技型中小微企业提供了71笔共计3.62亿元的少抵押、低利息贷款，居全省第4位。12人入选省级以上人才工程。4个外国专家项目入选省政府“外专双百计划”。引进高层次科技创新创业人才155人，其中院士层次人才14人。

【民营科技企业发展】 2019年，出台“创新50强”培植工作方案，建立包保和重点联系制度，开设“局长直通车”，开展“一对一服务”和“现场办公”等快捷服务，组织专题培训和案例分享，帮助企业落实培植政策、破解融资瓶颈、建立研发平台，全市首批46家“创新50强”企业全年实现营业收入32.8亿元，同比增长20.05%；实现利润0.47亿元，较2018年同期大幅增长；实现纳税额1.46亿元，同比增长24.94%；研究开发费用2.31亿元，同比增长29.78%。7家“创新50强”企业成长为规模以上企业。290家企业通过国家科技型中小企业评价。25家企业和48团队入围省创新创业大赛决赛。2家企业入围第8届中国创新创业大赛全国总决赛并获优胜奖。

【科技合作与交流】 2019年，承办首届“智汇泰安·创赢未来”高层次人才创新创业大赛，吸引76名海内外人才报名参赛。举办第4届“外国专家泰安行”活动，21国60余名外国专家与泰安市200家企业单位现场对接洽谈。举行“才入泰安·势如泰山”招才引智签约仪式，43个人才合作项目现场签约。

【科普工作】 2019年，围绕“科技强泰·科普惠民”主题，举行“2019年泰安市科技活动周暨泰安市食品药品检测产学研研讨会”开幕式。活动周中开展了科技政策宣传培训、高新技术企业申报培训、科技副职助力乡村振兴、科技精准扶贫成果宣传、应急演练和现场体验等丰富多彩的活动。

【区域科技创新体系】 2019年，聚焦“泰山创新谷”建设，形成制度创新成果“创新科技引领体系，打造创新驱动发展新引擎”。发挥泰山创新谷集聚作用，建成首家省外双创中心——泰山创新谷北京双创中心。举办首届北航星空“泰山杯”创新创业大赛。引进高水平研发团队34个，注册成立公司60家。共建高水平产业技术研究院10家，实现产业化项目21项。

（泰安市科技局　李向福）

威　海　市

【概述】 2019年，全市深入实施创新驱动发展战略，加快建设创新型城市，不断完善科技创新体制机制，加速集聚国内外高端创新资源，构建企业为主体的技术创新体系，为加快新旧动能转换、实现高质量发展、开创“精致城市·幸福威海”建设全新局面提供了有力科技支撑。郭永怀高等技术研究院暨威海市产业技术研究院成立，哈工大威海创新创业园开园，山东大学威海工业技术研究院揭牌成立，吉林大学威海仿生研究院、青岛大学威海创新研究院落地建设，“1+4+N”高端创新平台体系建成并高效运转。全年高新技术产业产值增长5.18%，高新技术产业产值占规模以上工业总产值比重达到49.51%，居全省第4位，高新技术产业投资占工业投资的比重为56.9%，居全省第1位。国家科技型中小企业达到634家，高新技术企业达到502家。新认定国家级科技企业孵化器2家、省级大学科技园1家。全市创新平台总数达到919家，其中省级平台325家、国家级平台25家。技术合同交易额56.95亿元，增长35.62%。全市综合科技创新水平指数居全省第4位，创新环境指数居全省第1位，创新绩效指数居全省第3位，创新产出指数居全省第5位。

【高新技术及其产业】2019年，实施科技型企业递进培育工程3年行动计划，强化政策引导激励作用，为103家企业落实省“小升高”企业奖补资金1030万元，为161家高企兑现市级奖励资金1670万元。为全市729家企业兑现2018年研发费用加计扣除优惠27.69亿元，为130家高新技术企业兑现2019年所得税优惠6.48亿元。修订完善企业研究开发财政补助政策，为495家企业兑现补助资金1.18亿元，有效降低企业创新成本、激发企业创新活力。推动13家科技成果转化贷款风险补偿资金合作银行为65家企业发放贷款3.87亿元，同比增长308.54%。近1000家企业纳入科技支行政策扶持范围，实现科技企业的全覆盖。国家技术先进型服务企业总数达到8家，位列全省第2名。国家科技型中小企业达到634家，增长59.3%。国家高新技术企业达到502家，增长27.09%。全年高新技术产业产值增长5.18%，高新技术产业产值占规模以上工业总产值比重达到49.51%，居全省第4位，高新技术产业投资占工业投资的比重为56.9%，居全省第1位。

【科技计划】2019年，连续2年实施全市重点科技创新项目，建立健全月调度、季督导的工作机制，全年7个领域的98个项目，总投资48.17亿元，当年完成投资13.85亿元，完成年度计划的101.47%。重点科技创新项目的实施，增强了创新的计划性、系统性和组织性，为支持经济社会发展、产业转型升级释放和储备了一批好技术、新动能。围绕新材料、先进制造、电子信息、海洋生物及制品、医疗器械及生物医药、船海装备6个领域，挖掘梳理“卡脖子”关键技术创新项目116项，其中对标国际先进技术86项、国内领先技术30项，获批省级重大创新工程项目29项，获资金支持2.5亿元，引导企业投入创新资金10亿元。全年获批各类省级以上项目、补贴1079项，争取资金4.8亿元。

【创新园区建设】2019年，新获批自创区建设资金2750万元，为66个重点创新项目快速推进提供了资金支持，高新区在全国169个高新区综合评价中排名升至第28位。威海（荣成）海洋高新技术产业园以全国第2名的优异成绩通过第7批国家农业科技园区验收，正式进入“国家队”，建成5万平方米研发、中试及产业化设施，引进山东大学、中国海洋大学等高校院所的20多位高层次人才和8个海洋生物领域高端项目，2个产业化项目投产，园区年产值80亿元，努力争创国家农业高新技术产业示范区。环翠、文登、乳山、临港4家省级农业科技园区均高分通过省级园区考核或评估，与中科院海洋所、中国农业大学等11所知名院校开展产学研合作，实施牡蛎育肥饲料研发、乡土树种良种繁育、刺参半人工采苗、西洋参茎叶高值化利用等农业关键技术研发17项，园区创新带动作用更加明显。

【“1+4+N”创新体系】2019年，成立郭永怀高等技术研究院暨威海市产业技术研究院，以“事业单位+公司制”模式运行，实行理事会领导下的院长负责制。威海市政府和省科技厅联合举办郭永怀高等技术研究院暨威海市产业技术研究院成立大会并吸引36家知名高校院所参与共建，加快引进集聚国内外创新资源，设立规模10亿元的专项扶持资金和专项基金，引入市场化机制，加快科技成果转化。工业和信息化部电子信息技术综合研究中心、高性能医疗器械创新中心加快建设。哈工大威海创新创业园开园。加盟共建青岛大学威海创新研究院、山东船舶技术研究院、吉林大学威海仿生研究院、山东海洋信息技术研究院、海洋传感器校验公共服务平台5个平台。威海市与山东大学聚力精致城市与一流大学建设深化校地合作，签署“1+5”6个合作协议，共建山东大学威海工业技术研究院、山东大学威海发展研究院等6个重点合作平台。山东大学威海工业技术研究院正式纳入到国家（威海）区域创新中心平台体系中，“1+4+N”创新格局形成。全市累计投入各类资金9亿多元，36万平方米的国家（威海）区域创新中心二期工程启动实施，引进27个高端研发平台，转化技术创新成果100多项，成立了40多家企业，两年内可产业化项目17项。设立总规模6.5亿元的2支投资基金，已投资25个项目。2000平方米的威海产业创新展示中心建成使用。整合“政产学研金服用”要素资源，威海市产业技术研究院牵头获批建设山东省高端医疗器械创新创业共同体，获得中央引导地方科技发展专项资金300万元。

【企业研发平台】2019年，省级碳纤维、高端医疗器械技术创新中心实施高强型T1000级碳纤维关键技术等研发项目20多项，7家市级技术创新中心投入各类创新资金2亿元，建设研发平台15个，实施在研项目28项，申请发明专利39项，开发并投产新产品28个。山东省内分泌药物工程技术研究中心、山东省槽式太阳能集热技术工程技术研究中心、山东省发动机曲轴连杆技术重点实验室在省绩效评估中获优秀等次。开展了院士工作站绩效评估，9家获优秀等级。新组建市级重点实验室11家、市级工程技术研究中心19家，新备案新型研发机构7家，评定重点新型研发机构8家。全市创新平台总数达到919家，其中省级平台325家，国家级平台25家。

【科技云平台上线运行】 2019年，梳理整合网办政务服务事项28项，汇集各类数据资源2万余条，入驻企事业单位690多家，为全市科技创新提供专业化服务，实现与科技专家、知识产权、科技文献、大型仪器等方面的优秀创新资源平台对接，整合科技文献超过1.7亿篇、知识产权数据超过1.2亿条，收录科技专家3800余名，共享大型科学仪器设施1500余台（套），产生检验检测服务预约单1700余单，预约金额700多万元，为企业申请兑现省级补贴资金56万元。面向全市科技企业开展以“送政策、送信息、送人才、送技术，听需求、听问题、听意见、听智慧”为主题的“四送四听”活动，梳理408条政策，并汇编成《科技创新政策实务手册》，免费为800多家企业发放5000多套。累计举办集中政策发布培训会议8场，梳理解决问题需求120多条。

【科技企业孵化器建设】 2019年，制定《威海市科技企业孵化载体绩效评价工作细则（试行）》，引导省级以上科技企业孵化机构强化服务、上档升级、专业化发展。举办第18届华东科技企业孵化器网络年会和威海科技企业孵化器优秀成果展，组织召开全市科技企业孵化载体建设观摩推进会，进一步提高科技孵化机构知名度、影响力和服务水平，为创新项目和初创企业打造全链条、高质量的孵化载体。环翠区“威海创客大街”、经济技术开发区“东方智慧谷创业街区”、高新区“‘文化路＋火炬路’双创特色街区”3处双创大街创新活跃，累计举办各类双创活动60多次，入驻企业、团队近百家。新增国家级科技企业孵化器2家、省级大学科技园1家，省级以上科技孵化机构达到66家，在孵企业1900余家，孵化国家高新技术企业20多家。发挥创新赛事竞争筛选机制，坚持以赛招才、以赛引智、以赛聚人，不断激发区域双创活力，承办省中小微企业创新竞技行动计划电子信息、人工智能、海洋科技3个领域赛事。威海市90家企业列入省级资金支持范围，15个参赛项目获融资1.1亿元，10家企业入围第8届中国创新创业大赛行业总决赛。举办中国医疗器械创新创业大赛（复赛），以及威高杯、光威杯、北洋杯等本土赛事20多场，吸引参赛项目、团队近千个，协议落地200多个。

【完善农业创新服务体系】 2019年，开展了星创天地、农科驿站建设成效考核及奖励，推动各服务平台不断提高工作实效，建成国家星创天地5家，省级农科驿站22家，开展培训推介活动10余次，培训贫困户、农业技术带头人1000余人次。全市科技特派员队伍达到366人，组建了9支科技扶贫服务队，重点围绕全市180个省定扶贫工作重点村开展科技成果转化应用与示范、科技扶贫示范基地建设、基层科技人才培养，为脱贫攻坚提供科技支撑。

【科技人才队伍建设】 2019年，围绕全市七大千亿级产业集群发展，精准引进、培育一批领军型人才（团队），全市科技领域入选2019年泰山产业领军人才工程项目23个，其中战略性新兴产业创新类4名、科技创业类18名、高效生态农业类1名，入选总数量增长155.6%，总数居全省第1位。5名高层次人才获得省科技厅推荐申报2019年度科技部创新人才推进计划。组织实施校地合作人才资助计划，遴选支持驻威高校人才15名，促进高校科技人才与地方经济发展紧密互动、深度融合。加快集聚院士智力资源，省院士工作站达到41家。在全省率先出台《威海市离岸创新人才引进使用实施办法》《威海市外国专家引进支持计划实施办法》，构建多层次、全方位的外国专家引进、使用、激励政策体系，吸引1650名外国人才到威海市创新创业。组织实施重大引智工程，6个项目入选省外专双百计划，居全省第3位；7个外专项目入选国家、省外专系列项目，项目总量比2018年增长133.3%，实施市级引进国外智力重点项目16项。在引才引智集聚平台建设方面先行先试，探索谋划建设外国专家驿站。1名专家获“齐鲁友谊奖”称号。

【科技成果与转化】 获2019年度国家科技进步奖二等奖1项；获2019年度山东省科学技术奖7项，其中，省科技进步奖一等奖1项、二等奖3项、三等奖3项。全年完成技术合同登记1410项，技术合同交易额56.95亿元，增长35.62%。开展2018年度备案市级技术转移服务机构考核评价，12家优秀机构获得资金补助80万元。加强动态备案管理，技术转移服务机构数量达80家，哈尔滨工业大学（威海）技术转移中心备案为省级技术转移服务机构。组建了威海市科技成果转化产业技术创新联盟，引导服务机构规范化、标准化、专业化发展。引导建设特色区域性、行业性技术交易机构，推动区市建立线上技术转移平台5个，组织线上线下技术对接活动200余次，举办山东大学科技成果直通车（威海站）活动，推动科技成果转化落地。

【国内科技合作与交流】 2019年，摸排企业技术需求200多项，重点走访70余家高校院所，编制优秀成果和企业需求“两张清单”推动供需双方精准对接匹配，帮助企业解决技术难题，全年达成产学研合作项目近百项。围绕全市制造业千亿级产业集群，分领域举办了2019威海科技创新暨成果转化合作大会、中国·威海战略性新材料产业创新合作大会、山东（威海）海洋生物与健康食品产业创新合作大会等活动，吸引84家高校院所的240余位专家学者到威海对接，发布优质技术创新成果1200余项，达成合作54项，其中，共建研发平台或中试基地14项，实施研发项目37项。“中科院—威高计划”“威海市人民政府—山东省科学院产学研协同创新基金”实施合作研发项目22项，投入研发费用6269万元，覆盖了医疗器械、先进智能制造、新材料、海洋生物与食品等重点产业领域，攻克了微创可注射活性骨修复产品、氢燃料电池用高速永磁同步电机及驱动系统等一批关键技术。青岛大学威海创新研究院正式运行，入驻新材料、生态环境、人工智能等3个研发中心，研发人员达到44名，联合企业申报立项8个科研项目。吉林大学威海仿生研究院正式运行，首期入驻12个团队、14个项目，设立研发与转化中心等平台14个。山东大学威海工业技术研究院揭牌成立，重点围绕新材料、智能制造、电子信息3个主攻板块，搭建特种纤维与复合材料工程技术中心等N个协同创新中心，构建“1平台＋3板块＋N中心＋N团队”的科研布局。中船重工716所威海研发中心、威海百合功能食品产业研究院、国际树枝状及超支化聚合物应用技术创新中心、中国（乳山）牡蛎产业研究院等一批研发平台加快建设，与姚建铨院士团队合作项目等多个项目加快推进落地。

【国际科技合作与交流】

打造对韩科技合作桥头堡 2019年，引进韩国优质活跃的创新主体，推动第2届中韩创新大赛升级由省政府和韩国中小企业部主办、省科技厅和威海市政府承办，增加首届中韩工业设计大赛，吸引中韩两国1543个项目参赛，经遴选，50个创新项目、30个工业设计成果晋级。11月19—22日在威海举行大赛总决赛，现场签约科技合作项目45项，36个创新项目落地入孵。在经济技术开发区建设了以韩国技术创新研究院、韩国科技产业园（韩国大学科技园）、韩国湖西大学创业保育园等为主体的韩国科创城，建设5000平方米的韩资企业孵化区、1200平方米的技术转移服务区和3000平方米的配套服务区。出台实施了《关于加快对韩科技创新合作的若干措施（试行）》，对成功招引韩国企业的中介机构，以及落地的韩方创新型企业、研发机构等给予最多不超过200万元的资金支持。科创城已吸引韩国创新项目61个，韩国创新主体集聚区正在加快成型。

构筑对日科技合作新渠道 2019年12月26日，省科技厅、威海市政府与日本技术士会共同在威海市主办首届中日科技创新合作大会，邀请50多位日方专家教授、企业家到威海对接交流，签署合作协议10个，达成合作意向19项，搭建起对日合作新平台。省科技厅与威海市政府在荣成共建了7000平方米的山东国际海洋高新技术交易中心，打造集技术交易、海产品交易、指数交易、质押融资、海洋技术成果转移转化、技术成果和海洋文化展示、科技成果招拍挂、创新创业孵化于一体的海洋创新资源“集散中心”。

培育对欧科技合作产业链 2019年，坚持“合作产业化、产业链条化”，按照“一园（产业园）、一院（研究院）、一会（合作大会）、一馆（展示馆）、一展（产业会展）”的模式培育膜未来产业。7月9日，第16届中欧膜产业技术创新合作大会在威海召开，邀请50多名国内外专家对接交流，签订合作协议8项。中欧膜技术研究院完成10种膜材料开发，申请发明专利10余项。中欧水处理及膜技术创新产业园正式开园，1200平方米的展厅建成使用，一期6.5万平方米建筑建设完成，吸引了总投资9000万元的13家膜领域企业入驻，预计年产值过亿元。以威高血液净化、浩然特塑、格润环保等为代表的生物医药膜制备及材料、国际先进膜新材料、水处理膜等产业基本成型，年产值近百亿元。

集聚“一带一路”国家优质创新资源 2019年，对接引进“一带一路”沿线国家优质创新资源，承办“高层次外国专家山东行”“2019科技政策与管理国际研修班”等活动，邀请来自20多个国家的40名高层次专家、科技主管部门官员到威海考察对接，达成合作意向9项，实施合作项目1项，建成院士工作站1家，搭建了国际化、高端化、专业化的交流对接平台。

（威海市科技局　修鹏远）

日 照 市

【概述】 2019年，日照市以创建国家创新型城市为总抓手，实施创新体系构建、创新平台搭建、创新产业提升、创新主体培育、创新人才集聚五大工程，核心科技指标增幅全省第一，创新资源集聚力度不断加码，区域综合科技创新水平稳步提升，科技在培育经济发展新动能、引领经济社会高质量发展方面作用日趋凸显。全社会研发经费（R&D）支出达到55.15亿元，占GDP的比重达到2.83%，居全省第2位；高新技术企业数量达到219家，增幅连续3年分别居全省第1位、第2位、第1位。全年完成技术合同交易额16.376亿元，同比增长26%。日照市科技局被评为全省科技系统先进集体，在2019年日照市经济社会发展综合考核中位列优秀等次。日照市科技情报研究所在2019年日照市事业单位考核中评为优秀等次。

【创新型城市创建】 2019年，日照市成立创建国家创新型城市工作领导小组，确定32项重点工作，明确牵头和责任单位，稳妥推进创建工作。出台建设国家创新型城市科技创新财政扶持政策、科技创新专项管理办法、市级科技创新发展资金暂行管理办法、科技创新券实施细则等一系列配套政策，从研发立项、平台建设、普惠性补助等多方面强化了对各类创新主体的支持力度。设立市社会创新奖，出台《日照市社会创新奖评选及奖励办法》，研究确定了培育“创新种子”，打造“创新苗圃”，培植“创新树苗”，构建“创新森林”的社会创新工作路径。面向全社会征集“创新种子”候选项目1000余项，组织开展5期社会“创新种子”入围赛，网络关注人数超过1000余万人次，参与投票超过160万人次，通过路演等方式评选267个“创新种子”，进入“创新苗圃”辅导培育。在全省探索开展创新型城市八大载体创建，印发创建指引，年内评选公布37家单位开展创新型单位试点建设。

【高新技术及其产业】 2019年，全市规模以上工业高新技术产业实现产值521.95亿元，同比下降8.18%；占规模以上工业总产值的比重为18.94%，高新技术产业投资增长40.3%，拉动全市投资增长1.8个百分点。出台《日照市企业研究开发财政补助实施办法》，对日照春茗机械制造有限公司、日照众邦电子有限公司等62家企业兑现2018年度企业研究开发财政补助资金1190.73万元。2019年度共推荐133家企业申请补助资金4932.60万元，申请企业数量较2018年增长114.52%，申请补助资金额较2018年增长107.08%。补助资金省级承担2540.08万元，市级及以下承担2392.52万元。按照全市聚力“双招双引”推动生物医药产业高质量发展工作部署，立足生物医药产业技术定位、产业链布局、项目实施策划、重点企业培育和招商对象引进、市场分析预测，摸清生物医药产业链、技术链、创新链，委托中国科学院科技战略咨询研究院承担生物医药产业创新链研编暨招商引资行动方案总体设计工作。

【高新技术企业】 2019年，通过政策培训、专题座谈、调研走访，以及建立高新技术企业认定情况通报制度等方式，加强指导并切实掌握拟申报情况，跟踪申报进度，及时指导企业做好补缺补差工作，做到应报尽报。全年认定企业96家，新增75家，高新技术企业数量达到219家，同比增长52.1%，增幅居全省第1位。推荐49家企业申请中小微企业升级高新技术企业资金扶持，获批扶持资金490万元。组织企业参加省中小微企业创新竞技行动计划。在2019年省中小微企业创新竞技行动计划中，日照市58家企业（团队）报名参赛，36家企业（团队）通过网上初选，16家企业通过现场晋级赛胜出。日照市承办的生物医药领域赛事，7家企业团队胜出（占全省胜出企业团队48家的15%），其中山东沪鸽口腔材料股份有限公司获生物医药领域精英组企业第2名、三三科技获生物医药领域团队组第2名。

【创新平台建设】

加快日照高新区跨越发展 日照高新区创建国家级待部委会商，争取尽快获批。日照大学科技园获批建设省级大学科技园。

成立山东黄海科技创新研究院 9月25日，山东黄海科技创新研究院揭牌成立。研究院下设运营公司实行企业化运作，探索实行项目经理制，按照“技术研发＋专业孵化＋专业基金”路径，建成8个专业研究所，与6家行业龙头企业建设了联合创新中心，加盟6个高校研究院，入驻高层次人才团队14个，孵化科技企业5家。依托山东黄海科技创新研究院，规划建设“山东省特钢材料与装备创新创业共同体”，经省科技厅专家组进行现场考察，省政府常务会议研究通过，拟扶持资金5000万元。

强化省级农业科技园科技创新 推动各类涉农创新资源向4家省级农业科技园区聚集，园区基础条件和特色产业优势进一步增强。岚山、东港、五莲农业科技园通过省验收并获得优秀等次第1名、第7名、第8名的成绩，是全省唯一所有园区成绩都进入前十的地市。

推进岚山省级农高区和东港国家级农业科技园区创建工作 岚山省级农高区创建已完成省科技厅专家组现场考察和会议答辩，征求省直有关部门意见后，按程序报省政府批复。东港农业科技园认真编制国家农业科技园区规划和实施方案，新建市级工程技术研究中心6家，积极争创国家农业科技园区。

建立一批企业科技创新平台 全年新建国家级众创空间2家，院士工作站20家，农科驿站11家，省级引智成果示范推广基地2家，市级工程技术研究中心29家，市级技术创新中心19家。

【农业科技创新】 2019年，日照市农业科技围绕良种良法、高效养殖、农产品精深加工、智能农机、农业环保等农业高新技术领域，争取省级以上项目4个，实施市级项目13个，引进或选育优良品种50多个，转化应用农业科技成果20项。争取省重点研发计划项目1个，资金支持500万元，支持日照市御园春茶业股份有限公司开展“日照绿茶体质增效关键技术集成与产业化”研究。争取园区提升工程项目“日照绿茶体质增效关键技术集成与产业化”1项，支持资金100万元。实施市级动植物品种选育科技项目9项，在抗蚜虫桃新品种、蓝莓新品种、优质葡萄品种等领域实现新突破。

【海洋科技创新】 2019年，推动山东美佳集团有限公司、山东洁晶集团股份有限公司等与青岛海洋研究所、中国海洋大学、武汉大学、武汉理工大学等高校开展合作，“海洋食品加工副产物智能化全利用生产免疫增强饲料蛋白的关键技术与示范”“高黏度褐藻胶清洁生产技术集成”等项目列入省重点研发计划。日照顺风海洋牧场公司与中科院声学研究所合作承担的“重要生物洄游通道断面监测及装备技术”国家项目通过专家验收。山东蓝鲸腾飞海洋科技公司与中科院声学所、中船重工710研究所、上海交大等科研院校共建研发机构，经过3年的攻关，突破了碳纤维缠绕深海高压舱体的核心技术，其产品能耐受深海万米高压，性能达到国内第一、世界领先的水平。该产品具有完全的自主知识产权，广泛应用ROV（遥控潜器）、AUV（自主式水下潜器）、潜标、水下滑翔机等海洋装备。日照港达船舶重工建造了我国第一艘大型养殖工船和全国最大的海洋牧场休闲渔业平台。

【科技专项】 2019年，日照市共有25个项目获省科技创新重大专项立项，获得扶持资金1.56亿元。投入资金1680万元，实施53项市级科技创新项目，聚力突破钢铁新材料产业超高强韧汽车钢关键技术研发，ESP高强度汽车大梁用钢产品研发，汽车及零部件产业智能电液传动与控制单元关键技术研究，生物医药产业高黏度褐藻胶消化工艺和膜法处理工艺技术研究，新一代信息技术产业智慧城市云脑与感知平台研发及应用等一批制约产业发展的关键共性技术和卡脖子难题。日照大学科技发展集团有限公司、日照海达尔加气设备有限公司、山东元泰生物工程有限公司3家企业获省科技厅2019年度中央引导地方资金项目立项扶持500万元。1个引进外国专家项目被科技部列为国家高端外国专家项目资助计划。3个引进国外智力成果示范推广项目被省科技厅列为山东省引智成果示范推广项目。

【研发投入】 2019年，依托“日照市科技大数据平台”完善科技系统内部科技统计调查与监测体系，加大考核和通报力度，对区县高新技术发展状况、研发投入实行季度调查和通报制度。引导企业建立研发准备金制度，对研发投入持续增长的企业发放研发经费后补助。全社会研发经费（R&D）支出达到55.15亿元，占GDP的比重达到2.83%，居全省第2位。

【科技服务】 2019年，日照市以便民利民方便企业办事为宗旨，建成事项全口径、内容全方位、服务全渠道的找政策、找服务、找人才、找技术、找需求的科技创新综合服务平台，实现了科技服务“一网通办”。建成日照市科技文献公共服务平台，注册用户3000余人，文献下载量突破1万篇，有力地支撑了全市科技创新工作大局。

【科技合作与招商】 2019年，日照市与中科院沈阳分院、山东大学等签署全面合作协议，新建山东黄海科技创新研究院、中科院山东综合技术转化中心日照中心，支持创泽智能机器人、天一生物等20家企事业单位建设院士工作站。承办全省唯一的第4届中国创新挑战赛，通过赛事征集企业技术需求203项，梳理提报科技部火炬中心真实技术需求109项，面向全社会进行公开招标，对接48项企业技术需求并提出技术难题解决方案。组织开展武汉理工大学专家日照行、山东科技大学专家日照行等技术对接活动。跟踪推进京东方科技集团液晶显示屏和医院+产业园、中科院过程所与陕西中兴恒泰的钒钛磁铁矿综合利用和产品高值化新技术、埃夫特智能装备股份有限公司工业机器人、钧捷科技（北京）有限公司智能驾驶关键传感器及系统产业等10余个重点项目，签约落地项目3个，超额完成年度招商引资任务。赴德国、瑞士开展科技合作交流，推进与德国弗劳恩霍夫应用研究促进协会开展技术合作和成果转化。引导山东九五农业发展有限公司、山东奥莱电子科技有限公司、日照天一生物医疗科技有限公司寻求国际科技合作。

【科技人才引进与培养】 2019年，日照市4个项目入选泰山产业领军人才计划，2个项目入选省外专双百计划。在省对市人才考核中日照市科技局为全市贡献18分，占全市47%。推荐的美国专家威廉格威克获2019年度省政府"齐鲁友谊奖"。组团参加第17届中国国际人才交流大会，举办日照市科技与海外人才恳谈会，全省仅有2个地市举办此类活动，活动中17个项目进行签约，日照市科技局被省科技厅授予"突出贡献奖"。大会签约专家申报"外专双百"计划2人，1人入围；1位签约外国专家申报"外专千人"计划；备案院士工作站2家，新建海外引才工作站2处，落地合作项目9个。举办科技与海外人才恳谈会、美国硅谷创业者日照行、韩日高端专家日照行等活动，签约18个项目，已落地合作项目9个。其中，签约泰山产业项目1个，入选外专双百计划1人，省高端外国专家项目1项，设立院士工作站2家，新建海外引才工作站2处。山东沪鸽口腔材料股份有限公司的高效能口腔修复用生物材料的研发等2个项目获批国批外国专家项目，山东久力工贸集团有限公司的锂电子二次电池技术示范与推广等3个项目获批省级引智成果示范推广项目，日照广亚机电设备有限公司的测厚仪研发、制造项目等2个项目入选山东省高端外国专家项目资助计划，各类引智项目共获国家、省引智专项资金资助254万元。

【科技扶贫】 2019年，依托科技特派员和科技扶贫服务队，建立科技扶贫示范基地15个，培养科技致富能手50余名。6家农科驿站在省科技厅评估中获评优秀等次。召开优秀科技特派员和农业科技创新产品表彰暨农业科技工作座谈会，表彰20名优秀科技特派员，评选16个农业科技产品。整理发布3期科技特派员扶贫事例。省科技厅对日照科技特派员工作作法给予肯定。日照市政府分管领导在全省科技特派员工作会议上作典型发言。

【科技金融】 2019年，出台贯彻落实省科技成果转化贷款风险补偿资金管理办法通知和科技成果转化贷款工作实施细则，组织召开科技成果转化贷款工作推进会，为企业申请科技成果转化贷款创造良好政策环境。与13家银行签署合作协议，为18家企业争取贷款7460万元。

【科技奖励】 2019年度，日照市共有海恩锯业有限公司和国网山东省电力公司日照供电公司的两个项目获省科技进步奖三等奖。日照市科学技术奖励评审委员会办公室共评出授奖项目90项，其中一等奖项目16项，二等奖项目37项，三等奖项目34项，科技合作奖3项。

【知识产权】 2019年，全市发明专利申请量983件，同比增长2.5%，增速列全省第4位；授权发明专利238件，同比增长-20.7%，增速列全省第14位；全市有效发明专利拥有量1030件，同比增长18.9%，增速列全省第4位；万人拥有有效发明专利量3.53件，列全省第10位。

（日照市科技局　张同对）

临 沂 市

【概述】 2019年，全市净增高新技术企业164家，总量达到533家；高新技术产业产值同比增长8.78%，较全省平均水平高6.58个百分点；占规模以上工业总产值的比重达到39.95%，较2018年提高了9.3个百分点；高新技术产业固定资产投资累计占工业固定资产投资的比重达到31.7%。新增市级以上科技创新平台130个，其中新备案省级院士工作站20个、新建山东省离岸人才基地1个。实施省级以上科技计划72项，获得科技扶持资金4.24亿元。全年登记技术合同388项，交易额达19.75亿元。获省级以上科技奖励11项，其中国家科技进步奖二等奖4项、国家技术发明奖1项，省科技进步奖一等奖3项、二等奖3项。

【高新技术及其产业】 2019年，立足"十优"产业发展，推进"6+1"创新型产业集群培育计划，先进制造、医养健康、电子信息、新型肥业、高端木业、新材料新技术6个工业产业和现代高效生态农业实现创新发展。全市建成7个国家级科技创新产业基地、1个国家试点创新型产业集群、2个省级高新技术产业化基地。临沂高新技术产业产值同比增长8.78%，较全省平均水平高6.58个百分点，居全省第3位；累计占规模以上工业总产值的比重达到39.95%，较2018年提高了9.3个百分点，居全省第7位；高新技术产业固定资产投资累计占工业固定资产投资的比重达到31.7%。举办了高新技术企业认定申报培训会，对高新技术企业相关政策、申报流程等内容进行专题培训，受训企业达到520多家。帮助全市223家企业享受企业研发财政补助资金9502.98万元，其中省级补助资金4918.63万元，市级补助资金4584.35万元。帮助115家企业获山东省中小微企业升级高新技术企业财政补助1150万元。全年帮助310家企业成为国家科技型中小企业评价系统入库企业，303家企业成为山东省科技型中小微企业信息库入库企业，12家企业获得省科技型中小微企业创新竞技行动计划支持。组织342家企业申请认定高新技术企业，241家企业通过认定，净增164家，申报数和净增数均创历史新高，总量达到533家，在全省排名由第8位跃居第5位。

【科技计划】 2019年，围绕国家Ⅰ类新药、5G网络及人工智能、智慧工厂、节能环保等领域，持续加大重大关键技术攻关和成果转移转化力度，实施省级以上科技计划72项，获得科技扶持资金4.24亿元。其中，推荐申报2019年山东省重点研发计划项目131项，经审核入库53项，23个省重点研发计划项目和4个厅市联合项目获得批准，获扶持资金2.98亿元。6家企业获得中央引导地方科技发展专项资金扶持600万元。7个项目获山东省农业科技园区产业提升工程扶持资金800万元。临沂市生产力促进中心承担的“临沂市科技支撑乡村产业振兴技术集成与示范应用”项目获省重点研发计划（公益类科技攻关第二批）项目扶持资金583万元。“新型物理改性凝胶材料”“中温型功能陶瓷离子膜技术及装备研发”“碳化硅微通道反应器高端装备研发及产业化应用”“高端大尺寸液晶玻璃成型关键装备制造及应用”“变频模块散热铝基板”“便携式轻量化高续航性能的锂电池园林植保机械关键技术及装备研发”等关键核心技术获得突破并实现转化。实施市级自主创新重大专项7项，重点研发计划有资项目23项，无资项目118项。加强科技计划项目监管。各类项目经县区择优推荐，形式审查后，委托第三方机构异地组织专家进行评审，专家评审结果作为立项的依据。对到期科技计划项目，委托第三方中介机构组织专家进行验收，共有97个省市项目参加验收，94个项目通过了验收结题。开展项目绩效评价，对2018年市科技局整体预算支出情况和2018年市级科技创新发展专项分别进行绩效评价。经临沂市财政局委托第三方中介机构组织的现场绩效评价，市科技局整体预算支出绩效评价和市级科技创新发展专项绩效评价分别获得85.4分和84.1分。委托第三方中介机构建设了2019年整体预算支出绩效评价指标体系，为以后预算支出绩效评价打下坚实基础。

【创新创业共同体建设】 2019年，确立了创新创业共同体“1234567”建设工作思路，拟定了《临沂市创新创业中心建设方案》，纳入厅市战略合作协议予以重点推进。浙江大学山东（临沂）现代农业研究院、中国物流科技产业研究院、国家超算天津中心天河超算准海分中心、中科院计算技术研究所临沂分所建成启用。临沂商城控股集团有限公司承建的“山东省现代物流创新创业共同体”升级为省级创新创业共同体。

【孵化载体源头孵化能力建设】 全年新备案市级科技企业孵化器2家、众创空间10家。2家众创空间入围2019年度国家级众创空间备案公示名单。全市共建成各类科技孵化器28家、众创空间47家，其中国家级科技企业孵化器3家、国家级众创空间7家，省级科技企业孵化器15家、省级众创空间16家，市级科技企业孵化器10家、市级众创空间24家，总孵化面积195.81万平方米，累计孵化企业2055家。

【提升企业研发平台建设质量】 全市新增省级以上科技创新平台21个，其中新备案省级院士工作站20家，总量达到45家。金正大生态工程集团股份有限公司申报的“山东省离岸人才基地”正式获批，成为全省2家首批省级离岸人才基地之一。7家省级工程技术研究中心通过省科技厅绩效评估，其中金正大生态工程集团股份有限公司承建的“山东省水肥一体化工程技术研究中心”升级为省级示范工程技术研究中心。组织申报省级重点实验室19个，省级技术创新中心50个，入选省技术创新中心培育库12个。新认定市级工程技术研究中心72家、市级重点实验室37家。

【农业与社会发展】

农业科技园区建设稳步推进 莒南国家农业科技园区通过科技部验收。立足设施蔬菜、林果、农业观光、循环养殖、农业良种等产业发展，新建26家市级农业科技示范园。全市共建有国家农业科技园区2个，省级农高区2个，省级农业科技园11个，市级农业科技示范园区46个，在全省率先实现县区省级以上农业科技园区全覆盖。

农业科技研发水平得到提升 2019年，21个项目获国家和省专项资金重点支持，获得省级以上农业科技发展资金项目15项，获支持金额2183万元；中央引导地方科技发展专项资金项目6项，获支持金额600万元；省农业科技园区产业提升工程项目7项，补助经费总额800万元；山东重点研发计划（公益类科技攻关第二批）项目1项，补助经费总额583万元。

农业科技特派员工作成效明显 在费县、平邑、兰陵、莒南、蒙阴、河东6个扶贫重点县区建设了7

家科技扶贫示范基地。莒南县庄氏农业科技有限公司、兰陵县鸿强蔬菜产销专业合作社、兰山区龙湾都市农业科技有限公司、临沂市农泰农业科技有限公司、金阳西红柿种植专业合作社5家单位获批为省乡村振兴工作联系点，组建科技扶贫服务队56个，累计选派科技特派员和基层服务科技人才2292名，全市1161个扶贫重点村实现科技指导人员全覆盖。费县科学技术局作为全省唯一的科技特派员县区组织实施单位受到科技部通报表扬。

重点支持民生科技项目研发 2019年，下达市级医疗卫生计划专项105项（含民营医院8项）。推进沂水县国家可持续发展实验区建设，组织实验区内企业申报市级以上科技项目90项，已立项34项，获上级科技专项资金1986.68万元。新增省级科技创新平台2个、市级9个。

【科技成果与奖励】 全年全市共获国家科技进步奖二等奖4项、国家技术发明奖1项；获省科技进步奖一等奖3项、二等奖3项；评选授予市级科技奖励129项。

国家科技奖励 山东罗欣药业集团股份有限公司牵头完成的“头孢西酮钠等系列头孢类药物共性关键技术及产业化”项目，山东省临沂市水利勘测设计院、山东临沂水利工程总公司参与完成的“河谷场地地震动输入方法及工程抗震关键技术”项目，施可丰化工股份有限公司参与完成的“植物源油脂包膜肥控释关键技术创建与应用”项目，史丹利农业集团股份有限公司参与完成的“花生抗逆高产关键技术创新与应用”4项科技成果获国家科技进步奖二等奖。山东省鲁洲食品集团有限公司参与完成的“淀粉加工关键酶制剂的创制及工业化应用技术”获得国家技术发明奖二等奖。

省级科技奖励 山东新时代药业有限公司牵头完成的“高纯度盐酸表柔比星绿色合成产业化关键技术体系的构建与应用”、鲁南制药集团股份有限公司牵头完成的“基于中药现代化的中药颗粒剂产业化关键技术创新与生产体系的构建”、临沂蓝泰环保科技有限公司参与完成的“废弃混凝土全再生利用关键技术及其应用”3项科技成果获省科技进步奖一等奖。金正大生态工程集团股份有限公司、临沂市农业科学院、山东玉皇粮油食品有限公司参与完成的3项科技成果获得省科技进步奖二等奖。

市级科技奖励 鲁南厚普制药有限公司苏瑞强研究员获得临沂市科学技术最高奖，128项优秀科技成果获得临沂市科学技术奖，其中，“哺乳动物细胞限定化学成分培养基的开发与应用”获临沂市技术发明奖一等奖；“微生物菌剂在土壤修复中的作用研究及产业化开发”获临沂市技术发明奖二等奖；“智慧临沂时空信息云平台”等14项科技成果获临沂市科学技术进步一等奖；“三角包型无菌灌装成型机械的研究与开发”等98项科技成果获临沂市科学技术进步奖二等奖；“智能变电站一键式保护测试装置”等14项科技成果获临沂市科学技术进步奖三等奖。

【知识产权】 2019年，全市发明专利申请2145件，发明专利授权480件，分居全省第7、8位；实用新型申请7886件，授权4539件；外观设计申请3105件，授权2033件。PCT国际专利申请34件，同比增长54.5%，居全省第7位。截至2019年底，全市共有有效发明专利3175件，居全省第7位；每万人口发明专利拥有量（专利密度）3.01件，较2018年底增长0.18件，居全省第15位。

强化知识产权保护 2019年，以服装领域、重点市场、地理标志、展会、民营企业、涉外知识产权保护等为重点，开展知识产权保护专项行动、知识产权执法“铁拳”行动、春茶地理标志专项保护行动和秋季地理标志专项保护行动，严厉打击重点区域、重点领域、重点行业侵权假冒违法行为。全年共查办知识产权案件182件。其中，查处商标违法案件166件，案值123.01万元，罚没款154.58万元；处理专利侵权纠纷案件16件。开展专利代理机构“蓝天”专项整治行动，检查涉嫌无资质代理机构15家，其中“挂证”专利代理师1人、“黑代理”5家。建立知识产权保护重点联系机制，推荐入省知识产权保护重点企业库5家，建立市知识产权保护重点企业库，入库企业32家，支持重点企业、重点行业协会、电商平台开展知识产权保护工作，为优化知识产权营商环境提供有力支撑和保障。

强化知识产权管理与服务 2019年，评选出临沂市专利奖39项，其中一等奖5项、二等奖10项、三等奖24项。山东新时代药业有限公司的“一种盐酸表柔比星冻干粉针及其制备方法”发明专利获中国专利银奖；鲁南制药集团股份有限公司的“蜈蚣药材的质量检测方法”、临沂宏艺科技发展有限公司的“一种增强型水泥助磨剂”2件发明专利获中国专利优秀奖。全市企业、专利权人（申请人）和知识产权服务机构获得省、市两级知识产权奖补资金659万元。全市新增国家知识产权优势企业3家（山东罗欣药业集团恒欣药业有限公司、鲁南厚普制药有限公司、山东绿森塑木复合材料有限公司）、国家示范企业2家（山东新时代药业有限公司、史丹利农业集团股份有限公司），企业工作先进个人1名（杨恒哲），国家示范企业数量实现倍增。山东罗欣药业集团股份有限公司的“特色头孢抗感染药物头孢西酮钠关键技术专利群”被列为第3批山东省关键核心技术知识产权专利群。金锣水务有限公司的“水流域综合整治及黑臭水体快速净化生物处理技术专利导航项目”、山东罗欣药业集团股份有限公司的“头孢类抗菌药物专利导航项目”、鲁南制药集团股份有限公司的“替吉奥等抗肿瘤新药产业化关键技术与应用专利导航项目”3个专利导航项目被列为2019年度山东省专利导航试点项目。

加强知识产权宣传与培训 2019年，依托山东省知识产权（临沂）培训基地、中国知识产权远程教育山东分站临沂大学培训中心等培训资源，组织知识产权主题培训15期，培训2000余人次。

加强知识产权运用 开展了2018年度知识产权质押融资扶持资金申报工作，7家企业获省级质押融资扶持资金117.66万元。全市在国家知识产权局备案的专利权质押合同登记达到14项，同比增长100%，知识产权质押融资金额1.396亿元，同比增长79%。

【政策法规与环境建设】 2019年，临沂市政府出台了《关于深化科技体制改革 加快创新发展 助推新旧动能转换的实施意见》，从科技管理机制改革创新、强化企业技术创新主体地位、激发科研机构创新活力、发挥科技创新支撑引领作用、促进科技与金融紧密结合、推进科技交流合作等方面入手，切实破解制约创新创业的制度藩篱，激发全社会的创新创业活力。全市R&D投入占比达到2.13%，与全省平均水平（2.15%）的差距，由2018年的0.1个百分点缩小到0.02个百分点，基本达到全省平均水平。出台了《临沂市深化科技奖励制度改革方案》，确立了“控制奖励数量、提高奖励质量、优化奖励结构、规范奖励程序”的原则，强化了科技奖励的荣誉性和评审过程的公正，明确市级科技奖励总量原则上控制在100项左右，并规范了市科学技术奖奖项设置，确定了市科学技术进步奖和市技术发明奖一等奖、二等奖、三等奖1：4：5的分配比例。编定了《临沂市科学技术局职责配置、内设机构和人员编制规定》，调整充实了市科技局的机构设置、职能配置和人员编制，优化了科技管理结构，增强了科技管理能力。设立了2000万元规模的科技成果转化贷款风险补偿金、2亿元规模的新旧动能转换创投基金和3000万元规模的市级科技创新券，相继制定出台了《临沂市科技创新券管理办法（试行）》《临沂市科技企业孵化器和众创空间管理办法》《临沂市企业研究开发财政补助实施办法》《临沂市科技成果转化贷款风险补偿资金管理暂行办法》4个规范性文件。委托第三方中介机构组织专家对到期科技计划项目进行验收，共有97个省市项目参加验收，其中94个项目通过验收结题。对市科技局权责清单实行动态管理，梳理行政审批事项1项、行政处罚2项、行政确认6项、其他权力4项、公共服务事项1项。深化“一次办好”改革，共梳理颗粒化办理事项20项，入驻了山东省政务服务网，发布了事项清单和业务手册，并按流程再造要求进行了规范。

【科技合作与交流】

整合市内创新资源 2019年，与临沂大学签署了战略合作协议，以“十优”产业为重点方向，联合共建了传统医药传承与创新研究院等6个研究院。引导规模以上工业企业与临沂大学进行城校融合校企合作项目对接，签订科技合作项目37项。

推进国内产学研合作 2019年，与清华大学、国家超级计算天津中心等高校、科研院所签署了合作协议。承办了中央人才工作协调小组主办的“院士专家沂蒙行”活动。华南理工大学食品科学与工程学院教授、副院长王永华等专家团成员深入重点企业开展服务指导。与阜丰集团、金胜粮油等企业达成了合作意向。组织参加了“中国科学院—山东科技成果转化对接会”“2019山东新旧动能转换青岛展洽会”，达成合作意向13项，签订科技合作协议11项。山东精工密封技术有限公司和山东大学合作研发的“超高压凡尔胶皮”可替代同类进口产品，填补了国内空白，达到国内领先水平。

强化国际科技合作 金正大与德国、挪威科研院所合作开发了氮磷增效NPI、复合微生物刺激素、水溶性纤维素等7类稳定性肥料及新型高效生物菌肥。山东精创与白俄罗斯国立信息技术无线电电子大学合作破解了我国机器人视觉系统的微电机关键技术问题。中瑞电子与白俄罗斯国家科学院联合共建研究中心，开展合作研究项目6项。俄罗斯国家科学院西伯利亚分院临沂产业技术转移中心、天成钢结构巴基斯坦科研基地正式运行。全市共建成海外研发中心6个，国家级科技合作基地4个。

加强高层次科技人才引进培养 2019年，全市共培育科技类泰山产业领军人才8人，其中战略性新兴产业创新类2人、高效生态农业创新类1人、科技企业类5人。在第2届“创业齐鲁·共赢未来”高层次人才创业大赛中，8个创业项目类人选获优胜奖。组织参加了“第17届国际人才交流大会”“中日项目技术洽谈暨工作研讨会”“2019中国·临沂高层次外国专家齐鲁行活动”等合作交流活动。累计引进外国专家243人次。获2019年山东省“齐鲁友谊奖”1项。入选省“外专双百”人才项目3个。

【科普工作】 2019年，制定印发了《临沂市科学技术协会科普基础建设标准（暂行）》，认定临沂市科普教育基地40个，17个基地被命名2019年度山东省科普教育基地。评选表彰临沂市优秀科普示范基地10个，并给予资金扶持。临沂市科技馆、郯城县科技馆、沂水县科技馆被列入2019年度全国科技馆免费开放名单。临沭、费县等5个县区科技馆建设稳步推进。郯城县打造以县科技馆为主体、社区科技馆、校园科技馆和流动科技馆为补充的“一点多面”的大科普格局。在临沂广电终端上线“科普临沂·智慧e站”互动点播项目，利用农村现有场所建设完善科普中国乡村e站。组织专家通过网络直播平台、微课堂、微信等平台录制技术培训视频开展线上辅导培训。临沂市科技馆实施上线微信导览系统，实现地图导览、展项导览和VR导览线上服务。评选青少年科技创新市长奖10名，提名奖10名。举办了第34届临沂市青少年科技创新大赛、第3届临沂市机器人大赛、第8届“七巧科技”系列竞赛等活动，其中22项获省创新大赛一等奖，罗庄区高都小学教师王克伟在第34届全国青少年科技创新大赛中获“科技辅导员创新项目科教制作类”一等奖。开展大篷车巡展活动76次，其中到偏远乡村及学校开展巡展活动55次。举办2019年暑期5D科普电影专用科普大篷车巡展活动，活动覆盖全市12个区县46个村镇社区。

（临沂市科技局　李　振）

德　州　市

【概述】 2019年，举办了中国·德州第4届京津冀鲁技术交易大会，大会已成为全国重要的区域性技术交易品牌活动。全年转化科技成果274项。全市完成技术合同认定登记额27.15亿元。打造“政产学研金服用”创新创业共同体，鼓励企业加大研发投入，全力提升企业创新能力。德州市综合科技创新水平增幅居全省第4位，创新资源指数居全省第7位。建设德州中关村智造大街创新中心、山东中关村前沿技术推广应用中心。启动中关村职业技术经理人培训工作。启动企业周末科技特派员工作。组织德州市新能源和新材料产业企业家赴俄罗斯培训。加强农科驿站管理服务，建立农业科技服务队，扎实推进农业科技创新。

【高新技术及其产业】 2019年，德州市高新技术企业达到245家，较2018年新增48家，高新技术产业产值累计占规模以上工业比重为38.48%，高新技术产业固定资产投资累计占工业固定资产投资的比重为50.3%。

【科技创新资源与能力建设】 2019年度，全市新增企业创新平台151家，其中国家级平台1家、省级平台28家、市级平台122家。马铃薯技术创新中心获批2019年山东省唯一一家省级技术创新中心。全市市级以上科技创新平台总数达到1304家，其中国家级34家、省级313家、市级957家。

【农业与社会发展】 2019年借助科技力量，为精准扶贫提供新思路。充分利用本地资源优势，因地制宜地开发地区特色农产品和旅游资源，借助互联网搭建贫困户与电子商务平台的桥梁，引领农业龙头企业利用科技充分挖掘农村市场。精准实施围绕一个脱贫产业，由一个农业专家带领一个团队，一对一服务农民合作组织，从而促进一个扶贫产业的全面发展，以此来带动一批贫困户脱贫致富。

农业领域省级科技计划实施 2019年，组建了35支科技扶贫服务队，每支服务队因地制宜选择果树、蔬菜、中草药种植、畜禽养殖、农产品深加工等方向示范推广。科技扶贫服务队申报了34项省重点研发项目，覆盖了755个省定贫困村，项目已经全部落地推广，既发挥产业优势，也起到了以点带面示范带动的作用。

农业科技园区体系建设 2019年，按照一区一特色、一区一产业的要求，夯实特色农业产业提质增效的基础。全市11家农业科技园区都建设了农业科技创新综合服务中心。综合服务中心做到了专人、专岗、专职、专业开展与农业相关的技术联合攻关、科技合作、科技成果转移转化、先进技术推广应用、科技人才引进等工作，为园区农业科技创新提供全链条、闭合式服务，促进园区提档升级。推动创新要素向园区聚集，促进园区成为农业创新创业的重要平台、先进农业技术推广应用的重要载体、“新六产”发展的重要园地。

加强科技特派员工作 德州市科技局坚持大专院校专家、行业专业人才、本土业务能手、乡镇涉农站所多级吸纳、层层把关的原则，使不同领域、不同层次的人才进入科技特派员队伍，使之能对农业生产中遇到的问题做到全方位解决。

强化科技扶贫 2019年，依靠先进的农业科技来推动农村地区脱贫产业的高速发展，依托当地农业院校、科研机构的科技力量、人才优势等，将科技扶贫与科技人才充分结合起来，培养符合社会发展的农业科技应用型人才，面向社会领域，积极开展农业科学研究，以科技扶贫带动产业发展。

增强科技对口支援 2019年，围绕秀山县产业发展需求和贫困群众劳动技能提升需求，按照对口支援总体安排，联合组织技术专家，深入受援地区开展技术咨询、农时指导、技术培训、技术示范等科技帮扶活动，承接秀山县科技人员技能培训工作。建立两地人才交流机制，重点支持两地相关技术人员根据扶贫需要开展对接交流，采取就地培训和到德州市培训相结合的方式开展技术人员交流与培训。邀请希森马铃薯产业集团的技术专家对马铃薯高产栽培技术进行培训。鼓励德州的涉农企业与秀山建立长期的合作关系，促进科技成果在当地转移转化，达到企业增效、农民增收的目的。加强沟通联络，双方建立定期互访制度，明确工作衔接，商定科技领域扶贫协作总体思路，协调解决工作中的有关问题，促进两地科技领域扶贫协作工作常态化，帮扶带动秀山坚决打赢脱贫攻坚战。

加强环境保护科技工作 2019 年，山东鸿创环保有限公司、山东川河环保科技有限公司、德州众和环保装备制造有限公司等一批环保企业被认定为高新技术企业。鼓励各县市区建设农业科技园区，提高农业生产的技术水平，开展节水灌溉、滴灌等技术的开发和利用。开展技术交流与合作，加强污水治理工作。引进高校、科研院所成熟环保技术，增强企业孵化器、产业化基地、高新区对环保技术产业化的支持力度。

【科技成果与奖励】 2019 年，“医用高分子材料改性技术以及临床应用”项目获省技术发明奖一等奖，“地热资源探测理论技术突破与清洁供暖产业化应用”项目获省科技进步奖一等奖，“高铁桥梁系列支座设计制造关键技术与应用”获省技术发明奖二等奖，“马铃薯机械化种植关键技术及应用”“奶牛新药研制及细菌病防治”“几种食用菌副产物高值化综合利用及产业化”3 个项目获省科技进步奖二等奖。设立科技成果转化基金，市政府出资 1 亿元设立德州市科技成果转化引导基金，按照“政府资金引导、社会资本参与、专业机构运营”的模式，重点支持科技型中小企业技术研发和科技成果转化项目。

【科技与金融融合发展】 2019 年，设立德州市科技风险补偿资金，引导带动金融机构加大对科技型企业的信贷支持力度。修订《德州市科技成果转化贷款风险补偿资金管理办法》，发挥金融支持科技创新的重要作用。与中国银行、邮储银行、齐鲁银行、德州银行、农业银行、交通银行等 22 家银行机构签订合作协议。对合作银行为德州市行政区域内注册，经国家认定有效期内的科技型中小企业提供科技成果转化贷款发生的风险，由省、市科技风险补偿资金按 70% 的比例给予补偿。设立德州市科技担保补偿资金，引导带动融资担保机构为科技型中小企业开展科技担保业务。2019 年，为山东金珠材料科技有限公司、山东宝鼎重工实业有限公司等 5 家企业提供科技担保 8300 万元。鼓励企业通过融资租赁方式取得研发、检验检测和高端智能化生产设备。共有德州博旺五金工具制品有限公司、伟日（山东）生物科技有限公司等 5 家启航企业通过融资租赁方式购置设备，租赁设备总价值共 3139.97 万元。中国银行制定了针对科技型中小企业的“科贷通宝”业务，为博旺五金、信平电子、久隆恒信、海能仪器、浩阳环境等启航企业提供科技贷款 2500 万元。齐鲁银行开发了“政企增信贷”产品，分别为欧瑞电子、美华工业、金信纺织、永远集团提供科技贷款 1900 万元。邮储银行为欧瑞电子、鲁控电力、俊强五金、广源环保、信诺医疗等提供科技贷款 2200 万元。与中国银行、邮储银行、德州银行、齐鲁银行、农业银行、交通银行、工商银行、建设银行、浦发银行 9 家银行机构签订合作协议，为 14 家科技型中小企业提供科技成果转化贷款 19 笔，计入山东省科技风险补偿备案金额 8580 万元。

【加强技术合同认定登记工作】 2019 年，调度各县市区重视技术合同认定登记工作，不定期报送技术合同交易情况。进一步规范技术合同认定登记行为，提高登记机构政策水平、服务能力和服务质量，组织 7 人次赴济南参加技术经纪人培训工作，7 人次全部获得了省技术经纪人证书。

【规范软科学管理】 2019 年，加强软科学制度建设，引导德州学院、德州职业技术学院、德州市人民医院等专业研究机构及外地高校院所、软科学研究机构积极参与软科学研究。组织德州职业技术学院、华宇工学院、市妇幼保健院等单位申报山东省软科学研究计划共计 16 项。

【强化科技活动周】 2019 年 5 月 19—26 日，在全市范围内组织开展了以“科技强市 • 科普惠民”为主题、以科技扶贫为重点的 2019 年科技活动周系列活动。5 月 18 日，2019 年德州市科技活动周启动仪式在平原县龙门楼举行。启动仪式上，开展了科技成果集中示范活动，组织 20 余家单位集中展示了先进制造技术、农副产品深加工、智能无人系统、生物医药技术、智慧农业应用示范等方面的科技创新成果，现场发放科技政策宣传材料 1000 余份。

【开展创新政策落实情况摸底调查】 2019 年，对全市 2016—2018 年度科技创新政策落实工作情况开展摸底调查。对 2016—2018 年未落实的科技创新平台补助政策，科技成果转化资助政策，孵化器、众创空间、小升高奖补政策，研究开发费用税前加计扣除政策，高新技术企业税收优惠政策，企业研发投入财政后补助、农科驿站、启航企业研发投入奖补政策，启航企业融资租赁补贴政策，国家、省科学技术奖奖励资金，大型仪器共享创新券补助等科技创新政策落实情况进行调查督导。

【创新普法宣传工作】 2019年，举办了法治专题讲座，组织全体干部职工参加普法活动及年度普法考试。结合《宪法》宣传日、“科技活动周”等主题活动，通过举办法制宣传咨询、印制分发宣传资料进一步提高市民的法律意识。

【增强高新技术企业培植力度】 2019年，全市加强高新技术企业申报全过程的指导和服务，通过举办高新技术企业培育暨税收优惠政策宣讲培训会、开展科技型中小企业评价等方式，培育高新技术企业和科技型中小企业。修订出台《德州市高新技术企业认定办法》，进一步规范德州市高新技术企业认定条件及程序，认定德州市高新技术企业78家。2019年推荐高新技术企业170家。累计全市高新技术企业数达到240家。

【科技合作与交流】 2019年，全市1386家企业与682家大院大所建立合作关系，其中规模以上工业企业703家，占全市规模以上工业企业的51%。出台《德州市企业研究生工作站管理办法（试行）》，首次启动德州市企业研究生工作站建设工作，全年认定51家企业建立德州市企业研究生工作站。出台《德州市企业“周末科技特派员”三年行动计划实施方案》，首次开展企业“周末科技特派员”工作，选派108名科研人员为德州市企业“周末科技特派员”。组织开展第2届德州市友谊奖评选，10名外国专家入选德州市友谊奖。

（德州市科技局　邱峥慧）

聊　城　市

【概述】 2019年，聊城市科技局围绕“争创一流、走在前列”目标，聚焦全省“进位赶超”创新行动计划和“四三二一”工程，大力实施科技创新工程，进一步解放思想、狠抓落实，全力发挥科技在全市高质量发展中的支撑引领作用。

【高新技术产业发展】 2019年，聊城市高新技术产业产值占规模以上工业产值比重达到32.24%（列全省第13位），比年初增长0.55个百分点。筛选100余家创新基础好、发展潜力大的企业作为高企重点培育对象，市县两级提前介入，动态跟踪做好培训和指导服务，联合市财政局、税务局召开高新技术企业认定与研发费用加计扣除政策培训会。全年申报116家高新技术企业，申报数量为历年最多，认定77家，全市高新技术企业数量达202家。推动高企优惠政策应享尽享，协调税务部门落实高新技术企业所得税优惠和土地使用税优惠。加速集聚创新资源，获得省级以上各类资金1.5亿元，为历年最多，超2018年1.2亿元，其中获批省级研发补助资金3830万元，为2018年的3倍。华润昂德生物药业公司的“新型长效GLP—1降糖药物的产业化开发”等3个项目列入省重点研发计划（厅市联合）项目，获省财政支持5370万元。德州市人民医院开展的一项基础研究获山东省自然科学基金重大基础研究立项，是全省唯一获得立项的市级单位。

【增强招才引智】 2019年，持续深化产学研协同创新，征集企业技术需求100项，邀请院士等高层次专家参加省创新驱动发展院士恳谈会和江北水城“双招双引”大会。出台《产学研合作引导资金管理实施细则》。加大高层次人才招引力度，获批泰山产业领军人才等高层次人才6人，为2018年的6倍，完成“双招双引”权重分值22分，占全市7个部门新增高层次人才权重分值的1/3。获第17届中国国际人才交流大会优秀组织奖。获山东省“齐鲁友谊奖”1项。举办2019中国·聊城海外高层次人才交流会暨高层次外国专家齐鲁行活动，来自23个国家的60余名海外高层次人才与聊城市企事业单位进行对接。

【创新载体建设】

技术创新平台建设 2019年，新增省级院士工作站11家，为6家院士工作站提供建设资金300万元。申报省级技术创新中心41家，创建了东阿阿胶省技术创新中心。出台《聊城市重点实验室管理暂行办法》，培育认定37家市级重点实验室。

园区载体建设 2019年，聊城市政府出台《关于建立聊城产业技术研究院打造“政产学研金服用”创新创业共同体的推进方案》，拨付启动资金2000万元。与山东产业技术研究院进行对接，建设山东省产研院聊城分院。协助聊城高新区创建国家级高新区，科技部专家组到聊城市召开“以升促建”专家咨询座谈会，推荐高新区申报省级创新创业特色载体。莘县国家农业科技园区通过科技部验收，4家省级农业科技园区获评优秀园区。

孵化器和众创空间建设 2019年，加大科技企业孵化器和众创空间监管培育力度，对6家运营良好的给予财政补助120万元，对2家省级众创空间给予摘牌，2家限期整改，筛选17家拟申报企业进行辅导。聊城市高新技术创业服务中心持续优化环境，建立在孵企业联络员、企业家联谊会制度，开展每周五“老板下午茶活动”，与聊城电台合作《创新创业在水城》节目，举办各类培训讲座和交流活动22期。全年新增孵化企业和大学生创业企业30家。

【优化科技创新环境】

强化科技政策落实 2019年，出台《企业研发投入后补助实施细则》《聊城市技术创新中心管理办法》等一批科技创新政策。引导信贷资金支持科技型中小微企业，同18家银行签订协议，完成科技成果转化贷款风险补偿备案1200万元。狠抓惠企政策落实，编印《科技创新政策汇编》，开展宣讲解读。为244家企业落实研发费用税前加计扣除额达12.9亿元，同比增长177.9%；为157家高新技术企业减免税收4.89亿元，同比增长14.8%。兑现市级高新技术企业、孵化器、院士工作站奖补财政资金5000余万元。

科技统计 2019年，开展了县市区研发经费投入（R&D）情况统计数据核查工作，市科技局联合市统计局，对100余家规模以上企业科技研发经费投入数据进行核查，重点核查2018年度科技研发经费投入数据的真实性、完整性、准确性。完成3家市属科研院所的科学研究和技术服务业科技活动单位统计、3家企业国家级科技计划项目跟踪调查。开展了2018年度地方财政科技支出调查工作。

科技情报 2019年，完成科技查新报告314项。建立全省第7家科技文献共享服务平台聊城服务站，对247家单位和人员免费注册账户。

【科技强农惠民】 2019年，召开了全市科技扶贫工作会，建立了35支科技特派员科技扶贫服务队，247名科技特派员对676个扶贫工作重点村实现了服务全覆盖。向脱贫任务较重的临清、冠县、莘县、阳谷4县市选派了32名高层次人才，每人获得省级资金补助2万元，在当地转化农业科技成果26项，直接培养致富带头人302人次，培训农民659人次。莘县富邦菌业农科驿站被科技日报、大众日报等媒体连续报道。全市6名科技特派员、3个基层单位在全省科技特派员工作会议上受到表扬。3家农科驿站被评为省级优秀农科驿站。同潍坊市和重庆彭水县开展科技扶贫协作，组织专家对彭水县果农开展农技培训。同潍坊市签订《潍坊市—聊城市科技扶贫协作协议书》，潍坊市科技局到聊城同农业企业、贫困村、科技园区对接扶贫工作，并捐赠一批价值12万余元的优质种子和微生物菌剂。

（聊城市科技局 和学勇 梁 辉）

滨 州 市

【概述】 2019年，滨州市委、市政府先后印发《滨州市科学技术奖励办法》《关于加快创建国家创新型城市支撑经济高质量发展的意见》《关于举全市之力加快滨州高新区发展的意见》《关于加快全市技术转移体系建设的实施意见》，加快政府职能由研发管理向创新服务转变，激发创新潜能、释放创新活力。全市研究与试验发展经费占国内生产总值的比重达到2.59%。新增高新技术企业43家，总数达到167家。高新技术产业产值占规模以上工业产值比重为31.00%。组建市级重点实验室9家、市级工程技术研究中心27家、市县联合培育中心13家。全市共有市级重点实验室49家、市级工程技术研究中心132家，省级重点实验室5家、省级工程技术研究中心34家，基本覆盖“十强”产业关键技术领域。新建院士工作站8家，总数达到21家。在加拿大筹建运营“山东省滨州市海外人才和科技项目（加拿大）工作站”，设立了滨州市海外创新中心。举办2019年高层次外国专家齐鲁行——渤海英才·科创滨州暨“一带一路”科教融合发展对接活动。1人入选泰山产业领军人才（科技创业类）计划，1人入选泰山产业领军人才（高效生态农业类）计划。组织认定滨州市第2批农业科技创新团队6个。19家农科驿站通过省科技厅绩效评估，4家评为优秀。滨州国家农业科技园区通过科技部评估。滨城国家农业科技园区通过科技部验收。第1批7家省级农业科技园通过省科技厅验收，其中滨城园区验收成绩为优秀。

【高新技术及其产业】 2019年，实施高新技术企业倍增计划，制定出台《滨州市高新技术企业倍增计划实施方案》《滨州市高新技术企业培育库入库备案管理办法》。新认定高新技术企业73家，全市高新技术企业发展到167家。建立滨州市高新技术企业培育库，110家科技型企业入库培育。全市高新技术产业产值占规模以上工业产值比重为31.00%，较年初增长1.29个百分点。181家企业获得国家科技型中小企业评价入库。89家企业获批2019年第2批省企业研究开发财政补助资金2216.93万元。落实2018年省认定科技企业孵化器、众创空间补助210万元。推荐备案国家众创空间1家。5家企业获得第8届中国创新创业大赛（山东赛区）暨2019年山东省中小微企业创新竞技行动计划优胜奖，2家企业入围国家创新创业大赛决赛。落实2018年山东省中小微企业创新竞技行动计划补助资金96.1万元。

【科技计划】 2019年，全市共获得省级以上各类科技计划项目和平台补助经费21507.07万元（2019年到位经费12447.07万元），其中国家级补助经费200万元、省级补助经费21307.07万元。获批山东省重点研发计划（重大科技创新工程和厅市联合）15项，获得无偿资金1.485亿元。

【科技创新资源与能力建设】 2019年，依托魏桥国科研究院建设的山东省高端铝制造与应用创新创业共同体，经省政府同意、省科技厅公布为第2批省级创新创业共同体。新组织建设市级重点实验室9家、市级工程技术研究中心27家、市县联合培育中心13家。开展2019年度市级重点实验室及工程技术研究中心验收和绩效评估工作，对验收及绩效评估优秀等次的11家平台每家给予10万元补助。

【农业与社会发展】 2019年，认定滨州市接骨木产业农业科技创新团队等6个团队为滨州市第2批农业科技创新团队，涉及苗木、果树、牧草、粮食精深加工等领域，使滨州市农业科技创新团队建设更加丰富充实。山东御馨生物科技有限公司引进的华南理工大学杨晓泉教授入选泰山产业领军人才（高效生态农业创新类）。19家农科驿站通过省科技厅绩效评估，4家评为优秀。滨州国家农业科技园区通过科技部评估，滨城国家农业科技园区通过科技部验收。第1批7家省级农业科技园通过省科技厅验收，其中滨城园区验收成绩为优秀。组织对滨州光伏发电—海水提镁—制氢储氢负碳轻量化镁合金项目及城市危废垃圾综合解决方案—等离子焚烧技术进行论证。编制《滨州市污染防治及节能先进适用技术产品指导目录》，并发布推广。

【科技成果与奖励】 2019年，全市科技成果登记160项。7项科技成果获山东省科技进步奖，其中一等奖1项、二等奖2项、三等奖4项。制定《滨州市科技成果转化贷款风险补偿资金管理暂行办法》。组织开展了全市科技成果转化贷款风险补偿工作，与10家银行开展了合作，滨城区、惠民县、无棣县等8个县市区科技局与滨州市及合作银行三方签署了《滨州市科技成果转化贷款风险补偿业务合作协议》，合作银行已发放贷款11笔，共计4400万元。

【政策法规与环境建设】 2019年，围绕打造高端铝业基地建设，制定出台了《滨州市涉铝研发平台和重大研发成果奖补资金管理实施细则（暂行）》，支持企业围绕铝产业强链补链延链开展创新活动。制定出台了《滨州市重大科研项目补助资金管理实施细则（暂行）》，引导企业积极参与承担重大科研任务，激发企业创新活力。围绕解决滨州市创新发展的“短板”和“堵点”，起草了《关于加快创建国家创新型城市支撑经济高质量发展的意见》。为规范和加强市级科技创新发展资金使用管理，滨州市科技局会同市财政局制定出台了《滨州市科技创新发展资金管理暂行办法》，切实提高资金使用效益。

【科技合作与交流】 2019年，全市组织各类科技交流活动80余次，落实产学研合作协议400余项。完成第28批清华大学博士生社会实践活动，完成科研项目17项，解决技术难题9项，撰写调研报告9万余字，培训人员514人，涉及参保大数据分析平台、公安大数据资源设计智能化落脚点算法系统、科技信息大数据设计与利用系统、制造工艺参数改进等方面。滨州市政府与中科院沈阳分院在滨州签署了全面战略合作协议，成立了中科院山东综合技术转化中心滨州中心和邹平铝谷中心。铝谷中心成为中科院在山东设立的第1个县级行业技术转移转化中心。

【科技扶贫】 2019年，完成省级以上农业科技园区结对帮扶贫困村23个。组建32支科技扶贫服务队。建设“设施蔬菜高效生产科技扶贫示范基地”和“食用菌栽培科技扶贫示范基地”等5处科技扶贫示范基地。10项成果列入省科技扶贫转化应用科技成果。联合省农科院编印《山东省农业科学院盐碱地农业科技成果汇编》。开展科技特派员注册工作，完成全市377名科技特派员注册。刘国利、吴元元、王强、付石军3位科技特派员受到省科技厅通报表扬。为全市562个省定扶贫工作重点村选派科技指导人员276名，科技指导人员覆盖率达100%。

【科普工作】 2019年，滨州市举办了以“科技强市、科普惠民”为主题的科技活动周。依托全市高校、科研院所、企事业单位、科普场馆等39家场所，集中组织开展了科普产品展示、科技专题培训、科技专家走基层、科学使者进校园入社区（农村、企业、军营）志愿服务和金融科技等7项活动。全市科技工作者和广大科普志愿者携手打造了一届亲民、务实、开放、互动、特色鲜明的科技活动周。

（滨州市科技局　孙宇峰）

菏泽市

【概述】 2019 年，菏泽市高新技术产业产值占规模以上工业总产值的比重达到 37.23%，比年初提高 4.61 个百分点。获批国家和省级各类科技计划项目 88 项，获得国家和省各类科技创新奖补资金 18508.94 万元。新建 25 家省级企业创新平台。获批建设山东省生物医药产业创新创业共同体。建成了中原技术市场。新增 1 家国家级科技企业孵化器。取得 217 项科技成果，1 项成果获得省科技进步奖，100 项成果获得市科技进步奖。入选泰山产业领军人才 5 人。1 名外国专家获省政府“齐鲁友谊奖”。发明专利授权量 198 件，PCT 国际专利申请量 9 件。菏泽市科技局被省科技厅授予国际人才交流大会突出贡献奖。

【高新技术及其产业】 2019 年，菏泽市高新技术产业产值同比增长 2.5%，累计占规模以上工业总产值的比重达到 37.23%，提高 4.61 个百分点。219 家企业纳入国家科技型中小企业信息库。63 家企业参加山东省中小微企业创新竞技大赛，山东菏泽德通新材料科技有限公司及“励志橡尚”团队的参赛项目分别在新材料领域精英企业组和团队组获得第 3 名。制定了菏泽市高新技术企业培育库发展计划，全市已有 200 家科技型企业纳入高新技术企业培育库。朗峰新材料（菏泽）有限公司、山东天久生物技术有限公司、菏泽天宇锂电能源科技有限公司等 81 家企业获得高新技术企业认定，全市高新技术企业总数达到 171 家。

【科技计划】 2019 年，菏泽市 88 项科技项目列入省级以上各类科技计划，获得补助资金 15673.19 万元。其中，国家重大新药创制项目 1 项，获得国家财政科技资金支持 322.51 万元；省重大科技创新工程项目 12 项，包括厅市联合项目 5 项、竞争类项目 7 项，获得省财政科技资金支持 11500 万元。实施菏泽市科技创新突破计划，重点支持生物医药、高端化工、新能源新材料等该市主导产业关键技术，安排资金 600 万元支持项目 12 个。

【科技创新资源与能力建设】

企业创新平台建设 菏泽市新建 25 家省级企业创新平台，其中山东省曹县云龙木雕工艺有限公司技术中心等 6 家省级企业技术中心、山东省摩擦材料工程实验室（山东菏泽德通新材料科技有限公司）等 12 家省级工程实验室（工程研究中心）获批建设，山东尚谷农业集团有限公司等 8 家院士工作站通过省科技厅备案。菏泽市省级以上企业创新平台达到 155 家，其中工程技术研究中心 22 家、工程实验室（工程研究中心）34 家、企业重点实验室 1 家、企业技术中心 66 家、院士工作站 29 家、博士后科研工作站 3 家。山东尚舜化工有限公司的“菏泽市橡胶助剂工程研究重点实验室”等 36 家市级重点实验室获批建设。

公共重大创新平台建设 菏泽市首个国字号技术交易平台“中原技术市场”落地菏泽高新区，覆盖周边 5 省 30 个市。山东省生物医药产业创新创业共同体获批建设。山东省生物工程技术创新中心建设持续推进。山东高端化工研究院、菏泽产业技术研究院、凯维思轻量化智能制造（菏泽）研究院成立。

孵化创新平台建设 菏泽启迪创业孵化器有限公司升级为国家级科技企业孵化器，菏泽市省级以上科技企业孵化器达到 12 家，其中国家级 3 家。

【农业与社会发展】 2019 年，获批省级农业科技园产业提升工程 9 项，补助资金 900 万元，支持菏泽市省级农业科技园区提升牡丹、中药材、番茄等特色主导农产品的种养加工水平。菏泽市 9 县区省级农业科技园区发挥技术、资金、人才等资源优势，采取提供就业岗位、订单式回收产品、为贫困户提供农资资料等方式，与 20 个省扶贫工作重点村开展了结对帮扶。山东菏泽国家农业科技园区通过科技部审核验收，实现了菏泽市国家科技园区零的突破。菏泽市省级科技特派员达到 601 名，组建 88 个科技扶贫服务队与 2256 个省扶贫工作重点村进行结对帮扶。菏泽市科技特派员工作获得省科技厅通报表彰，副市长曹升灵在省科技特派员工作会议上做了典型发言。依托农科驿站、星创天地和全市 1100 名科技特派员队伍，带动乡村产业振兴，培养科技致富带头人 750 人。在科技活动周和“扶贫日”期间开展科技下乡，组织各类农业专家 100 余人次，分 25 个专业组到 20 余个扶贫工作重点村、近 30 个农业生产基地开展科技专家基层行活动。

【科技成果与奖励】 2019 年，217 项科技成果通过专家评价鉴定，登记科技成果 226 项。菏泽开发区曹州农用化学有限公司完成的“有机缓释型灌溉液体肥料研究与应用项目”获山东省科技进步奖三等奖。山东友帮生化科技有限公司、山东省科学院菏泽分院完成的“抗血癌新药 Ivosidenib 中间体工艺开发”等 100 项科技成果获得菏泽市科技进步奖。山东步长制药股份有限公司生产技术管理中心总经理王明耿获得首届中国牡丹之都科技创新贡献奖。全年完成登记技术合同交易额 26.24 亿元，同比增长 21.75%。菏泽市入选 2 个省级引智成果示范推广项目、2 个省级引智成果示范推广基地。道中道（菏泽）制药有限公司引进的意大利专家获省政府“齐鲁友谊奖”。

【知识产权】 2019 年，全市申请发明专利 1004 件，授权发明专利 198 件，有效发明专利拥有量达到 1185 件，万人拥有有效发明专利量 1.36 件，PCT 国际专利申请量 9 件。国内注册商标申请量 22998 件，同比增长 22.7%，注册件数 17355 件，同比增长 48.5%。国内注册商标期末有效量 52158 件，同比增长 30.84%。新增马德里国际注册商标申请 220 件，居全省第 1 位，马德里国际注册商标受理量 111 件，马德里国际注册商标期末有效量 167 件，居全省第 6 位。申请地理标志商标 44 件，受理 37 件，新注册 10 件，中国地理标志商标期末有效数 32 件。全市新申请地理标志保护产品 3 个，期末拥有地理标志保护产品 5 个。查处专利假冒侵权案件 17 件，办理商标违法案件 71 件。3 家企业获得《企业知识产权管理规范》国家标准认证。山东丹红制药有限公司获批菏泽市首个国家知识产权示范企业。山东玉皇新能源科技有限公司“石墨烯宏量制备及应用关键技术专利群”被认定为山东省关键核心技术知识产权专利群。

【政策法规与环境建设】 2019 年，菏泽市委、市政府出台了《关于科技创新引领新旧动能转换的 10 条意见》，印发了菏泽市第 1 个有关外国人才引进的规范性文件《关于做好新形势下引进外国人才工作的实施意见》。菏泽市政府重新修订印发了《菏泽市科学技术奖励办法》。加大科技奖励力度，中国牡丹之都科技创新贡献奖每人奖励 50 万元，市科技进步奖一等奖、二等奖、三等奖分别提高到每项奖励 3 万元、2 万元、1 万元。制定出台了《菏泽市高新技术企业培育库备案管理暂行办法》《菏泽市院士工作站绩效考核管理办法》等一系列支持企业创新发展的具体政策。分县区组织开展了高新技术企业认定及科技优惠政策宣讲培训班等活动，共 15 场次，参会 300 企业余家，人数达 800 余人。加强科技创新券政策宣传和应用平台使用培训，为全市 100 余家中小微企业共 260 余人集中开展了培训。

【科技合作与交流】

产学研合作 2019 年，菏泽市开展对接会、请进来、走访高校院所等各类产学研合作对接活动 123 场，228 名专家到县区与 178 家企业对接洽谈，签订各类产学研合作项目 110 余项。组织企业参加青岛国际院士港陈璞院士项目推介会、中科院金属所山东成果对接会等一系列科技合作活动。举办全国首家“中医农业院士（专家）工作站”落户菏泽签约仪式、高层次人才菏泽行系列活动之青岛国际院士港院士报告暨项目推介会等重要活动。组织多家企业赴中科院自动化所、清华大学等高校院所开展走访对接，并就智能机器人研发等项目与专家达成合作意向。邀请中国人民大学、中科院长春光机所等高校院所专家到菏泽开展产学研合作对接活动。

重大战略性科技合作 菏泽市政府与青岛国际院士港签署战略合作框架协议，帮助菏泽引进汇聚全球智力资源和科技创新力量；与中国地质大学（武汉）签署战略合作框架协议，双方开展政、学、研、企全面深入合作；与英国帝国理工大学科技孵化公司签署中国国际先进轻量化技术研究与制造中心（菏泽）项目战略合作协议，加快实现菏泽市在区域、产业、政策和需求等方面的优势条件与国内外高端装备技术成果的有效对接。

国际科技合作 举办了“英国帝国理工学院林建国院士暨轻量化高端专家团菏泽行”“伏羲智库成立仪式暨首届数字发展论坛”及外国专家系列专题讲座等国际科技合作活动。组织企业参加了第 17 届国际人才交流大会、第 4 届中国—阿拉伯国家博览会、第 10 届中国—意大利创新合作周等多个国际性重大科技合作活动。菏泽市科技局被省科技厅授予国际人才交流大会突出贡献奖。

【科普工作】 5 月 20 日，在菏泽高新区举行了 2019 年菏泽市科技活动周启动仪式。菏泽市科技局组织市农林牧专家服务团到菏泽高新区马岭岗镇穆李村开展送技术下乡活动，组织医疗专家服务团到菏泽高新区吕陵镇贾坊社区开展免费义诊活动。在科技活动周期间，围绕“科技强国，科普惠民”这一主题，突出社会热点问题和人民群众的科学需求，在全市范围内举办了科技下乡、科普大讲堂、科普知识展览、科技文艺演出、农村实用技术培训、开放科普教育基地和科技进校园进社区等一系列群众性科技活动。

（菏泽市科技局　卢道遥）

责任编校：杜启明

科技成果和奖励

KEJI CHENGGUO HE JIANGLI

山东省获 2019 年度国家科学技术奖情况

【概述】 山东省获得 2019 年度国家科学技术奖励 33 项，比 2018 年增加 8 项。其中牵头完成科技成果获国家科技奖 13 项，比 2018 年增加 2 项，居全国前列，成绩再创历史新高，充分体现了近年来山东省不断加大科技创新政策支持和资金投入力度、实施新旧动能转换重大工程带来的实质性成效。

【获奖项目特点】

产业技术创新不断突破，为经济高质量发展提供有力支撑 近年来山东省传统产业不断进行理论和技术创新，化工、农业、制造、国土资源等传统优势行业重大科技成果获国家科技奖项目数量达到 23 项，继续保持全国领先优势，科技支撑传统产业提质增效升级作用显著。在纺织制造方面，鲁泰纺织股份有限公司牵头完成的“纺织面料颜色数字化关键技术及产业化”项目，实现了面料颜色数字化技术，其推广应用对全省纺织行业转型升级具有积极示范作用。

高技术新兴产业也有若干技术突破。近年来，不断加大对新兴产业培植力度，电子信息、高端装备、新能源、新材料、生物医药等新兴产业领域科技成果获奖项目数达到 7 项，为高技术产业发展注入强大动力。在生物医药方面，山东罗欣药业集团股份有限公司牵头完成的“头孢西酮钠等系列头孢类药物共性关键技术及产业化”项目，实现了头孢类药物技术创新和产业化，促进并推动了我国头孢类药物的产业化及科学技术进步，3 年累计销售收入达 52 亿元。

企业创新主体地位和作用显著加强，越来越多的企业出现在国家科技奖舞台 校企合作、科教融合、科技成果转化等众多方面亮点纷呈，科技创新活动与经济社会发展结合更加紧密。在今年国家科技奖项目中，山东省共 36 家企业牵头或参与了获奖科技成果的研发和应用推广，企业与高校、科研院所的产学研合作日趋紧密。如山东太阳纸业股份有限公司、山东华泰纸业股份有限公司与齐鲁工业大学、华南理工大学开展技术攻关，联合完成的“制浆造纸清洁生产与水污染全过程控制关键技术及产业化”获得国家科技进步奖一等奖，产生了重大经济和社会效益。

科技支撑“经略海洋战略”取得新突破，彰显海洋科技国际影响力 在海洋科技领域，全省共有 4 项科技成果获奖，反映出山东省大力实施经略海洋战略，多年的积累逐渐产生出可喜的成果。中国海洋大学主持完成的“近浅海新型构筑物设计、施工与安全保障关键技术”，创建了具有自主知识产权的近浅海新型构筑物设计、施工与安全保障关键技术体系，成功应用于以色列、巴基斯坦等国内外 30 余项重要工程，对推进海洋强国与生态文明建设做出了重要贡献。

科技服务“乡村振兴战略”取得新业绩，农业科技创新质量稳步提升 农业科技强省领先地位持续巩固，2019 年山东省以农业、林业、养殖业为代表的传统优势产业获国家科技奖数量达到 9 项，覆盖了作物遗传育种、农艺、园艺、农业工程等多个领域，全方位地提升了农业产业的技术含量，农业科技创新能力得到进一步提升，有效推动了“乡村振兴战略”的落实。山东省农业科学院主持完成的“花生抗逆高产关键技术创新与应用”项目历经 18 年攻关研究，在抗逆栽培理论及关键技术方面取得重大突破，创造了花生实收单产世界纪录。

科技创新驱动能源产业转型升级，助推山东省从能源大省向能源强省转变 2019 年山东省共有 5 项能源领域科技成果获得国家科技奖，以清洁化、高效化、低碳化、智能化为主要特征的科技成果不断涌现，为抢占能源科技竞争制高点提供了有力技术支撑。中石油胜利油田分公司主持完成的“薄储层超稠油高效开发关键技术及应用”项目，研发出了薄储层超稠油高效开发关键技术，形成了 7 项企业技术标准和 4 项科技创新成果，为大幅提高石油资源利用率提供了优势核心技术，技术应用 9 年来，新增动用薄储层超稠油储量 1.88 亿吨，累积增产原油 1846 万吨。

国家自然科学奖

山东省获 2019 年度国家自然科学奖二等奖项目（1 项）

编号	项目名称	主要完成人
Z-107-2-03	时延系统的鲁棒控制理论与方法	张正强（曲阜师范大学、第 5 位）

国家技术发明奖

山东省获 2019 年度国家技术发明奖二等奖项目（5 项）

编号	项目名称	主要完成人
F-303-2-01	近海赤潮灾害应急处置关键技术与方法	俞志明（中国科学院海洋研究所）、于志刚（中国海洋大学）、宋秀贤（中国科学院海洋研究所）、高亚辉（厦门大学）、曹西华（中国科学院海洋研究所）、甄毓（中国海洋大学）
F-307-2-01	耐磨蚀抗热震结构功能材料及涂层技术	崔洪芝（山东科技大学）、王灿明（山东科技大学）、杨庆东（山东能源重型装备制造集团有限责任公司）、王奉双（潍柴动力空气净化科技有限公司）、宋强（山东科技大学）、孙宏飞（山东科技大学）
F-301-2-04	东北玉米全价值仿生收获关键技术与装备	崔守波（山东巨明机械有限公司、第 4 位）
F-305-2-01	淀粉加工关键酶制剂的创制及工业化应用技术	赵玉斌（山东省鲁洲食品集团有限公司、第 6 位）
F-307-2-02	高性能节能抗磨纳米润滑油脂关键技术与产业化	朱磊（青岛康普顿科技股份有限公司、第 6 位）

国家科学技术进步奖

山东省获 2019 年度国家科学技术进步奖一等奖项目（2 项）

编号	项目名称	主要完成单位
J-210-1-01	渤海湾盆地深层大型整装凝析气田勘探理论技术与重大发现	中国石油大学（华东）（第 2 位）
J-211-1-01	制浆造纸清洁生产与水污染全过程控制关键技术及产业化	山东太阳纸业股份有限公司（第 2 位）、山东华泰纸业股份有限公司（第 3 位）、齐鲁工业大学（第 4 位）

山东省获 2019 年度国家科学技术进步奖二等奖项目（25 项）

编号	项目名称	主要完成人	主要完成单位
J-201-2-04	广适高产稳产小麦新品种鲁原 502 的选育与应用	李新华、刘录祥、李鹏、吴建军、高国强、孙明柱、赵林姝、王美华、张凤云、郭利磊	山东省农业科学院原子能农业应用研究所、中国农业科学院作物科学研究所、山东鲁研农业良种有限公司
J-210-2-01	多类型复杂油气藏叠前地震直接反演技术及基础软件工业化	印兴耀、吴国忱、宗兆云、王兴谋、高建虎、杜向东、张广智、张繁昌、曹丹平、王玉梅	中国石油大学（华东）、中国石油化工股份有限公司胜利油田分公司、中海油研究总院有限责任公司、中国石油集团西北地质研究所有限公司
J-210-2-03	薄储层超稠油高效开发关键技术及应用	孙焕泉、张宗檩、束青林、王顺华、杨元亮、胡渤、吴光焕、孙建芳、谢志勤、伦增珉	中国石油化工股份有限公司胜利油田分公司、中国石油化工股份有限公司石油勘探开发研究院
J-212-2-02	纺织面料颜色数字化关键技术及产业化	张瑞云、祈浩忠、张建祥、沈会良、杨红英、刘淑云、纪峰、王广武、薛文良、葛权耕	鲁泰纺织股份有限公司、东华大学、香港理工大学、中原工学院、浙江大学

续表

编号	项目名称	主要完成人	主要完成单位
J-22301-2-01	黄河中下游地区粉土路基建造支撑技术及工程应用	崔新壮、李晋、张军辉、张炯、吴万平、孙亚刚、黄志福、张珂、王广月、王园	山东大学、山东交通学院、长沙理工大学、山东省交通规划设计院、中交一公局集团有限公司、中交第二公路勘察设计研究院有限公司、安徽省交通控股集团有限公司
J-22302-2-04	近浅海新型构筑物设计、施工与安全保障关键技术	李华军、张鸿、刘勇、梁丙臣、翟世鸿、张永涛、杨秀礼、唐桥梁、廖绍华、黄维平	中国海洋大学、中交第二航务工程局有限公司、中国港湾工程有限责任公司、中石化石油工程设计有限公司、中交武汉港湾工程设计研究院有限公司
J-231-2-07	炼化含硫废气超低硫排放及资源化利用成套技术开发与应用	刘爱华、商剑峰、曹东学、王玉亮、王吉平、陈齐全、胡敏、刘剑利、高步良	中国石油化工股份有限公司齐鲁分公司、中国石油化工股份有限公司中原油田普光分公司、山东齐鲁科力化工研究院有限公司、中石化洛阳工程有限公司、中国石油化工股份有限公司九江分公司
J-234-2-05	基于中医原创思维的中药药性理论创新与应用	王振国、张冰、邓家刚、刘树民、付先军、王世军、李峰、曾英姿、张聪、王厚伟	山东中医药大学、北京中医药大学、广西中医药大学、黑龙江中医药大学、山东沃华医药科技股份有限公司、上海医药集团青岛国风药业股份有限公司
J-235-2-04	头孢西酮钠等系列头孢类药物共性关键技术及产业化	杜冠华、李明华、孙松、陈雨、王福清、吕扬、李明杰、刘明霞、宋良伟、宋丽丽	山东罗欣药业集团股份有限公司、中国医学科学院药物研究所、山东罗欣药业集团恒欣药业有限公司、山东裕欣药业有限公司、中科医药行业生产力促进中心有限公司
J-25101-2-04	花生抗逆高产关键技术创新与应用	万书波、张智猛、李新国、李林你、吴正锋、郭峰、张佳蕾、李向东、王铭伦、杨莎	山东省农业科学院、青岛农业大学、山东农业大学、湖南农业大学、史丹利农业集团股份有限公司、青岛万农达花生机械有限公司
J-253-2-06	基于小儿肝胆胰计算机辅助手术系统研发、临床应用及产业化	董蒨、陈永健、卢云、徐文坚、田广野、董岿然、陈哲、朱呈瞻、周显军、王国栋	青岛大学附属医院、青岛海信医疗设备股份有限公司、复旦大学附属儿科医院
J-202-2-01	混合材高得率清洁制浆关键技术及产业化		山东晨鸣纸业集团股份有限公司（第4位）、山东华泰纸业股份有限公司（第5位）
J-202-2-05	人造板连续平压生产线节能高效关键技术		东营正和木业有限公司（第4位）
J-203-2-03	动物专用新型抗菌原料药及制剂创制与应用		齐鲁动物保健品有限公司（第2位）
J-211-2-01	玉米精深加工关键技术创新与应用		山东省农业科学院作物研究所（第2位）、诸城兴贸玉米开发有限公司（第5位）、保龄宝生物股份有限公司（第7位）
J-211-2-03	柑橘绿色加工与副产物高值利用产业化关键技术		烟台安德利果胶股份有限公司（第2位）
J-215-2-01	大尺寸铝合金车轮成型关键技术及应用		青岛航大新材料技术有限公司（第5位）
J-216-2-03	商用车机械自动变速式混合动力系统总成关键技术及其产业化应用		潍柴动力股份有限公司（第3位）、中国重型汽车集团有限公司（第4位）
J-21701-2-02	跨临界 CO_2 热泵的并行复合循环关键技术及其应用		山东美琳达再生能源开发有限公司（第4位）
J-22102-2-02	河谷场地地震动输入方法及工程抗震关键技术		山东省临沂市水利勘测设计院（第6位）、山东临沂水利工程总公司（第7位）
J-25101-2-03	植物源油脂包膜肥控释关键技术创建与应用		五洲丰农业科技有限公司（第2位）
J-25101-2-05	重大蔬菜害虫韭蛆绿色防控关键技术创新与应用		山东省农业科学院植物保护研究所（第3位）、山东农业大学（第5位）
J-25103-2-01	北方玉米少免耕高速精量播种关键技术与装备		山东理工大学（第4位）
J-25103-2-03	水产集约化养殖精准测控关键技术与装备		山东省农业科学院科技信息研究所（第4位）、莱州明波水产有限公司（第5位）
J-25202-2-03	复杂地形下长距离大运力带式输送系统关键技术		山东科技大学（第2位）、力博重工科技股份有限公司（第3位）、山东欧瑞安电气有限公司（第4位）、泰安英迪利机电科技有限公司（第6位）

2019 年度山东省科学技术奖励情况

【概述】 2019 年度省科学技术奖励共授奖 245 项（人），授予山东省农业科学院万书波研究员省科学技术最高奖；授予“典型纳米材料的生物效应及调控方法原理”等 29 项成果山东省自然科学奖，其中一等奖 3 项、二等奖 18 项、三等奖 8 项；授予“宽带信号实时测量分析技术及仪器开发”等 13 项成果山东省技术发明奖，其中一等奖 3 项、二等奖 5 项、三等奖 5 项；授予“山东省化肥减施增效关键技术与应用”等 199 项成果山东省科学技术进步奖，其中一等奖 25 项、二等奖 69 项、三等奖 105 项；授予皮特·谭伯格（Peter Tenberge）教授等 3 名外籍专家山东省国际科学技术合作奖。

【授奖项目特点】

高水平基础研究成果不断涌现，源头创新能力稳步增强。近三年来省自然科学奖数量呈稳步增长态势，反映了在山东省对基础研究领域稳定的资金和政策支持下，全省基础研究优秀成果产出数量稳步增长。

企业技术创新主体地位和作用显著加强，企业成为省科技奖“主角”。越来越多的企业开始出现在省科技奖的舞台。全省 245 项授奖项目中，企业参与完成项目占比达 65%。其中企业牵头完成的项目 95 项，占比达到了 49.8%。

产业技术创新不断突破，为经济高质量发展提供有力支撑。传统产业不断进行理论和技术创新，化工、农业、制造业等山东省传统优势行业授奖项目数量保持领先优势，数量达到 59 项。高技术新兴产业也有较大技术突破，电子信息、高端装备、新能源新材料领域授一等奖项目数量达到 15 项。

致力改善民生的成果竞相涌现，满足人民对美好生活的需要。在农业领域，涌现出了一批全国领先的高质量科技成果。在卫生健康领域，均取得关键技术突破并应用推广，大量患者从中受益。

突出国家级科技项目承接和转化，长期积累和团队合作作用凸显。2019 年度授奖项目获得国家重大科技专项、国家重点研发计划和国家自然科学基金等国家科技计划支持的有 120 项，占比达到近 50%。授奖项目从立项到成果发表或应用，平均时间为 7.2 年，其中自然科学奖近六成的项目经历了超过 8 年的攻关和积累。

山东省科学技术最高奖

（1 人）

万书波 男，山东省农业科学院院长、党委副书记，农业部花生产业技术体系岗位科学家，农业部食品质量监督检验测试中心（济南）主任，山东省农业专家顾问团副团长兼花生分团团长，山东省作物遗传改良与生态生理重点实验室主任。

从事花生栽培研究 30 余年，紧密围绕生产问题开展科学研究，在花生高产与品质栽培理论和技术领域取得了多项重大突破：建立了花生单粒精播高产理论与技术，解决了花生传统 2 粒或多粒穴播用种量大、群体质量差的问题，创造了实收亩产 782.6kg 世界纪录，成为我国花生种植技术的一次重大变革；创建了连作花生高产栽培技术，发现花生根系分泌的化感物质是连作障碍的关键因素，解决了连作花生减产严重的问题；建立了春花生覆膜高产栽培技术，解决了春季升温慢、生育期积温不足的问题，树立了我国大面积高产典范；创新了粮油均衡增产种植制度，发展了麦油两熟双高产技术，创建了玉米花生宽幅间作高效种植模式，引领了我国花生面积持续扩大；创新花生高油和高蛋白栽培理论，创建了花生品质评价基础标准，首次完成中国花生品质区划，建立了标准化优质栽培技术体系，促进了我国花生专业化生产和标准化种植，实现了品质和产量协调提高。

出版著作 21 部，发表论文 220 余篇，授权发明专利 26 项，制（修）定行业标准 25 项、省级标准 48 项。获得国家科技进步奖二等奖 3 项，其中首位 2 项；首位获得省科技进步奖一等奖 2 项；获何梁何利基金科技进步奖、中国作物学会科学技术成就奖；团队获中华农业科技奖优秀创新团队奖。技术成果在生产上得到广泛应用，其学术成就促进了作物栽培学科发展，为我国花生科技进步和产业发展做出了突出贡献。

山东省自然科学奖

2019 年度山东省自然科学奖一等奖项目（3 项）

编号	项目名称	完成人
ZR2019-1-1	典型纳米材料的生物效应及调控方法原理	闫兵（山东大学）、周宏钰（山东大学）、陈令新（中国科学院烟台海岸带研究所）、江桂斌（中国科学院生态环境研究中心）
ZR2019-1-2	二氧化钛纳米带表面微观结构调控与界面效应的研究	刘宏（山东大学）、桑元华（山东大学）、周伟家（山东大学）、田健（山东大学）、李海东（山东大学）
ZR2019-1-3	热带西太平洋暖池热盐结构与变异的关键过程和气候效应	王凡（中国科学院海洋研究所）、李元龙（中国科学院海洋研究所）、杨光（中国科学院海洋研究所）、郑飞（中国科学院大气物理研究所）、张文君（南京信息工程大学）

典型纳米材料的生物效应及调控方法原理 该项目属于环境化学、纳米化学和环境毒理学交叉领域。纳米材料在日常生活中的广泛应用增加了纳米材料对人体的暴露机会，其与生物系统的作用规律影响到纳米技术的研发和纳米毒理学及纳米医学的应用，已成为诸多交叉领域面临的重大基础前沿科学问题。然而，纳米材料组成、粒径、形状和表面化学等性质的多变性增加了研究和调控其生物效应的难度。因而，阐明复杂体系中纳米材料生物效应的调控方法是纳米毒理学亟待解决的难题。该项目立足于学科发展，面向国家和社会重大需求，综合运用环境化学、纳米技术及毒理学等多学科的原理与技术，揭示了纳米材料理化性质对其细胞识别及细胞功能的影响机制，首次阐明了碳纳米管在动物体内的生殖毒性及机制，开创了纳米组合化学方法调控纳米材料生物效应的策略与方法，丰富了纳米毒理学的内涵，推动了该学科的快速发展。主要取得以下创新成果：①揭示了纳米材料典型理化性质对其细胞识别与毒性的影响机制。揭示了不同尺寸石墨烯材料通过嵌入或内吞的方式摄入细胞，聚集状态的多壁碳纳米管通过内吞体进入细胞、通过溶酶体途径排出细胞，纳米材料导致的氧化应激是产生毒性的机制之一，证实了小粒径纳米颗粒具有更高的细胞毒性，为纳米材料的细胞毒性机制提供了研究积累。②首次阐明了碳纳米管在动物体内的生殖毒性及机制。较早从动物水平开展纳米材料毒性及致毒机制方面的研究，首次探究羧基化多壁碳纳米管对小鼠生殖毒性和肝脏急性毒性的影响，揭示了不同电荷纳米材料会使小鼠睾丸内的活性氧含量增加，进而产生急性损伤。尽管这种影响在 60 天后会自动修复，但该研究启示研究人员关注纳米材料对动物体毒性的重要性，引领了纳米毒理领域的发展。③开创了纳米组合化学调控纳米材料生物效应的新方法。通过合成和研究多变量及单一变量纳米组合化学颗粒库调控纳米材料的细胞识别及细胞功能，并运用纳米效应大数据及机器学习和人工智能等方法进行纳米材料结构—效应关系计算机模拟及建立预测模型，为调控纳米材料生物效应提供了新方向，产生了广泛的国内和国际影响。

该项目共发表 SCI 收录论文 150 篇，授权国家发明专利 9 项，应邀为 *Chem.Rev.*、*Chem.Soc.Rev.* 等杂志撰写综述，编撰英文专著 2 部。8 篇代表性论文发表在 *Nat.Nanotechnol.*、*JACS* 和 *NanoLett.* 等本领域著名期刊，SCI 收录他引 939 次，其中 5 篇论文单篇 SCI 收录他引超过 100 次，2 篇入选 ESI 收录高被引论文，*Nat.Nanotechnol.* 的研究入选北京科技报 2010 年中国十大科学进展（列第 5 位）。面对纳米安全这个大众急切关注的问题，项目研究组在报纸等媒体进行了大量普及化宣传，为纳米与健康知识的普及做出了大量努力。在前期工作基础上，获得了国家重点研发计划纳米专项（2016YFA0203103）和国家自然科学基金重大研究计划重点项目（91543204）。基于该项目，1 人获教育部博士研究生学术新人奖，2 人获山东省优秀博士学位论文，1 人入选“百千万人才工程”国家级人选、被授予“有突出贡献中青年专家”荣誉称号，2 人获 ACS 国际会议组织的专题讨论分会表彰，1 人担任 *Ecotox.Environ.Safe.* 共同主编，2 人分别担任 *Environ.Sci.Technol.*、*NanoImpact* 副主编。

二氧化钛纳米带表面微观结构调控与界面效应的研究 半导体光催化剂在环境和能源方面有重要的应用价值。以 p25 为代表的纳米二氧化钛（TiO_2）具有突出的光催化性能，但其光催化应用存在两个限制因素，一是仅在紫外区具有光催化活性，难以实现利用太阳光高效光催化；二是由于颗粒在水中分散能力极强，难以实现光催化反应后的回收，而大尺寸的二氧化钛颗粒光催化效率极低，由于光催化理论的缺失和材料设计的局限性，因此光催化出现 40 余年仍未在水处理上推广应用。该项目在提出 TiO_2 纳米带这种具有特殊结构的纳米材料的合成和批量制备的基础上，通过学科交叉，首次将半导体能带工程方法和表面异质的概念与 TiO_2 纳米带相结合，提出 TiO_2 纳米带表面异质结构，在光催化剂设计和制备方面取得如下突破：

①提出并实现了 TiO_2 纳米带生长与批量制备技术，利用其一维结构特性，首次提出了并实现了利用传统的造纸技术进行 TiO_2 纳米纸张的制备，设计并构建了过滤式连续光催化水处理专利装置，为 TiO_2 光催化技术在污水处理方面的应用开辟了道路。②在国际上首次提出了 TiO_2 纳米带表面异质结构的概念，利用异质结构界面上半导体能带匹配、肖特基效应、p-n 结等内建电场效应，通过能带工程实现了光生载流子界面输运过程的调控；通过将不同带隙的半导体材料与 TiO_2 纳米带进行表面组装，实现了系列高效宽谱光催化剂；同时，首次将铁电／压电理论用于光催化过程中光生载流子输运过程的调控，并利用超声引发的压电响应对铁电纳米材料内建电场周期性更新与调控作用，在国际上首先提出了基于压电响应的超声辅助光催化概念。研究工作推动了光催化基础理论的研究，引领了光催化技术的发展。③提出半导体缺陷态引起的中间态能级与窄带隙半导体对红外光的吸收可以实现红外光催化的假设，实现了缺陷态 Bi_2WO_6 和复杂带隙 In_2S_3 的近红外光催化响应，首次发现 WS_2 纳米片的近红外光催化性质，证实了具有合适能级结构的窄禁带半导体材料的近红外光吸收可以实现载流子分离，并形成自由基，实现对有机污染物的降解，突破了本征窄禁带半导体单相纳米材料的红外光吸收以晶格振动的热转化过程为主的传统认识，为寻找和设计红外光催化材料提供了新的思路；同时，利用碳量子点的红外光吸收，构建碳量子点—缺陷态 TiO_2 纳米带表面异质结构，实现了全太阳光谱光催化剂。有关红外光催化与全太阳光谱光催化的研究，在国际上处于领跑地位，获得了广泛的关注。这项研究的开展，培养硕士毕业生 6 人，博士毕业生 8 人，获得国家杰出青年基金 1 项；选取的 8 篇代表作 SCI 收录他引达到 2031 次， 应邀在 *Chem.Soc.Rev.*、*Adv.Mater.*、*Adv.EnergyMater.* 等行业最重要刊物上发表了系列专题综述，获得二氧化钛纳米带及其异质结构材料的相关发明专利授权 5 项，相关成果在浙江嘉兴瑞奕环保科技有限公司进行了实施，获得了良好的工业化污水深度处理效果，制备了一体化连续光催化工业级水处理设备，并且获批为 2017 年度嘉兴市装备制造业重点领域首台（套）产品。在以上工作基础上，获得了国家自然基金重点项目（51732007）和重点研发专项政府间国际合作项目（2017YFE0102700）的后续支持。

热带西太平洋暖池热盐结构与变异的关键过程和气候效应 热带西太平洋暖池（简称暖池）是全球海洋中最大的暖水团，是驱动大气环流和亚洲季风的主要热源，对全球和我国气候变化具有深刻的影响。暖池的热盐结构和变异机理是近 30 年来国际物理海洋学最重要研究课题之一，而暖池对气候变化的影响则是气候学的前沿热点问题。针对以上科学问题和国家“走向深海大洋，应对气候变化”的宏观战略需求，王凡等人启动并实施了国内第一个大型暖池研究项目。经过多年积极探索，清晰刻画出了暖池的三维温盐结构，发现了一个重要的新水团，系统阐释了暖池热盐变异的物理机制，创新性地揭示了暖池热盐变异对 ENSO 循环和我国南方降水的重要影响，发展出了涵盖盐度反馈过程的新型同化预报系统，显著提高了对 ENSO 事件的预报水平。这些成果有力推动了由我国发起并主导的 NPOCE 计划的实施，初步确立了我国在热带西太平洋暖池研究领域的国际领跑地位，为后续开展更大规模西太平洋科学研究、提升我国的海洋与气候预测能力、实施“一带一路”倡议发挥了重要的先导作用。①先后组织了 3 次大型调查航次，在暖池核心区成功布放 2 套深海潜标，实现了温、盐、海流同步连续观测，为后续西太平洋实时化观测阵列的建立奠定了基础。清晰刻画出了暖池的三维环流和温盐结构，厘清了暖池主要水团的分布、扩散路径和相互作用过程，发现了丰富的小尺度热盐结构。在暖池区域发现并命名了新的温跃层水团“北太平洋次表层水”，该水团呈现出独特的低盐度、高位势涡度特征，起到维持海洋锋面、阻碍南北半球水交换的重要作用。②率先将能够反映温度和盐度综合效应的涩度（spiciness）概念应用到暖池研究中，成功量化了暖池次表层热盐低频变异特征，厘清了风生海洋环流变异的驱动作用和湍流混合的抑制作用。通过改进涡旋三维合成方法，揭示了中尺度涡旋对暖池北部次表层温盐变异的显著作用。披露了副热带—热带温盐信号传递的太平洋内区通道，指出其与近年来频繁发生的中部型厄尔尼诺事件的密切关系。这些成果加深了学界对暖池次表层温盐变异的理解。③揭示了暖池盐度变异在 ENSO 循环中的重要作用，发现盐度异常可以通过改变海洋层结显著影响海气相互作用，为 ENSO 事件的发展提供了一个正反馈机制，有助于提高 ENSO 的可预报性。进而发展了考虑盐度反馈过程的新型 ENSO 同化预报系统，显著改善了对近年厄尔尼诺事件的预报效果。④发现了暖池海温变异对东亚气候的显著影响，特别指出 2009 年的中部型厄尔尼诺事件中暖池海温升高，直接导致了我国南方秋季的严重干旱和粮食减产，系统阐释了暖池影响东亚季风系统的动力学过程，为东亚气候研究提供了新的视角。上述成果的 8 篇代表性论文 SCI 收录他引 145 次，其中有 2 篇的 SCI 收录他引超过 50 次。以该成果为主要学术贡献的项目在 2017 年验收的资源环境领域 14 个 973 项目中被评为 4 个优秀项目之一。该项目先后发表 SCI 收录论文 140 篇，影响因子大于 4.0 的论文 29 篇。项目组成员还提出了订正 XBT 数据偏差的新方案，发布了 1940 年至今的全球海洋温度数据集和基于神经网络反演算法的印—太海洋海气热通量资料，被同行广泛应用。

2019 年度山东省自然科学奖二等奖项目（18 项）

编号	项目名称	完成人
ZR2019-2-1	模糊逻辑框架下的决策与推理	刘华文（山东大学）、谢爱芳（山东大学）、李钢（山东大学）
ZR2019-2-2	开放量子系统中若干量子效应的调控与应用研究	满忠晓（曲阜师范大学）、夏云杰（曲阜师范大学）、段德洋（曲阜师范大学）、张英杰（曲阜师范大学）
ZR2019-2-3	微通道换热器的传热机制、非线性振动与失效分析	刘志刚（山东省科学院能源研究所）、尹硕辉（河海大学）、顾水涛（西南交通大学）、张涛（华中科技大学）
ZR2019-2-4	具有抗肿瘤等生物活性药物中间体的绿色构建	王桦（曲阜师范大学）、魏伟（曲阜师范大学）、杨道山（曲阜师范大学）、文江伟（曲阜师范大学）
ZR2019-2-5	刺激响应性聚氨基酸高分子合成与性质研究	李志波（青岛科技大学）孙静（青岛科技大学）、沈勇（青岛科技大学）、付小会（青岛科技大学）
ZR2019-2-6	基于核酸信号放大的疾病标志物均相传感新方法研究	李峰（青岛农业大学）、侯婷（青岛农业大学）、葛磊（青岛农业大学）、刘晓娟（青岛农业大学）
ZR2019-2-7	氧化应激相关生物活性小分子的荧光成像研究	李平（山东师范大学）张卫（山东师范大学）、张雯（山东师范大学）、肖海滨（山东师范大学）
ZR2019-2-8	基于纳米材料的光电传感策略及在生化检测中的应用研究	王宗花（青岛大学）夏建飞（青岛大学）、周鑫（青岛大学）、毕赛（青岛大学）、张菲菲（青岛大学）
ZR2019-2-9	我国新发和再发禽流感病毒传播与进化规律研究	史卫峰（山东第一医科大学）、高福（中国科学院微生物研究所）、刘翟（中国科学院微生物研究所）、毕玉海（中国科学院微生物研究所）、陈全姣（中国科学院武汉病毒研究所）
ZR2019-2-10	非线性系统鲁棒自适应控制	张正强（曲阜师范大学）、陈为胜（西安电子科技大学）
ZR2019-2-11	切换系统的稳定性分析与控制器设计	宗广灯（曲阜师范大学）、赵旭东（渤海大学）、孙海滨（曲阜师范大学）、武玉强（曲阜师范大学）
ZR2019-2-12	多智能体网络系统的结构分析与分布式控制	纪志坚（青岛大学）、刘开恩（青岛大学）、于海生（青岛大学）
ZR2019-2-13	基于抗氧化剂的阿尔茨海默病多靶点防治策略研究	纪洪芳（山东理工大学）、申亮（山东理工大学）
ZR2019-2-14	对虾先天免疫体系的分子机制解析	李富花（中国科学院海洋研究所）、相建海（中国科学院海洋研究所）、李诗豪（中国科学院海洋研究所）、张晓军（中国科学院海洋研究所）
ZR2019-2-15	高盐水营养物及重金属生物处理与调控理论	周维芝（山东大学）、李倩（山东大学）、黄兆松（山东大学）、许春华（山东大学）
ZR2019-2-16	TiO_2 纳米结构优化调控与可见光催化性能的构效关系研究	高善民（鲁东大学）、黄柏标（山东大学）、王青尧（鲁东大学）、徐慧（鲁东大学）、金仁成（鲁东大学）
ZR2019-2-17	含金属间相合金体系的脱合金机理研究	张忠华（山东大学）、王艳（济南大学）、王孝广（山东大学）
ZR2019-2-18	中华哲水蚤生活史策略研究	孙松（中国科学院海洋研究所）、李超伦（中国科学院海洋研究所）、张光涛（中国科学院海洋研究所）、张芳（中国科学院海洋研究所）、王世伟（中国科学院海洋研究所）

2019 年度山东省自然科学奖三等奖项目（8 项）

编号	项目名称	完成人
ZR2019-3-1	张量优化问题的理论与算法研究	王宜举（曲阜师范大学）、祁力群（香港理工大学）、倪谷炎（国防科技大学）
ZR2019-3-2	临界点理论及其对非线性微分方程的应用	毛安民（曲阜师范大学）、栾世霞（曲阜师范大学）、钱爱侠（曲阜师范大学）
ZR2019-3-3	超细颗粒高温流化床外场强化和混沌特性	郭庆杰（青岛科技大学）、田红景（青岛科技大学）、王翠苹（青岛大学）、刘永卓（青岛科技大学）
ZR2019-3-4	生物电化学传感器的制备及应用研究	王怀生（聊城大学）、贾丽萍（聊城大学）
ZR2019-3-5	金属氧（硫）纳米结构的构筑及其电化学能源储存与转换	郭金学（青岛科技大学）、张晓（青岛科技大学）、唐林（青岛科技大学）
ZR2019-3-6	磁性、催化功能分子材料体系的构筑及结构性质研究	张道鹏（山东理工大学）、刘会（山东理工大学）、姜建壮（北京科技大学）、王平（山东理工大学）、董云会（山东理工大学）
ZR2019-3-7	胶质瘤化疗药物的新探索与逆转化疗耐药机制关键技术研究	靳峰（济宁医学院附属医院）、赵雷（华中科技大学同济医学院附属协和医院）、韩光魁（济宁医学院附属医院）、李根华（济宁医学院附属医院）、冯嵩（济宁医学院附属医院）
ZR2019-3-8	状态受限系统的稳定性和全局吸引集	申涛（济南大学）、Ian R. Petersen（University of New South Wales）、韩春艳（济南大学）

山东省技术发明奖

2019 年度山东省技术发明奖一等奖项目（3 项）

编号	项目名称	完成人
FM2019-1-1	宽带信号实时测量分析技术及仪器开发	许建华（中国电子科技集团公司第四十一研究所）、张超（中国电子科技集团公司第四十一研究所）、杜会文（中国电子科技集团公司第四十一研究所）、詹永卫（中国电子科技集团公司第四十一研究所）、周钦山（中国电子科技集团公司第四十一研究所）、张亚洲（中国电子科技集团公司第四十一研究所）
FM2019-1-2	基于纳米粒子射流的准干式绿色制造关键技术及智能化装置	李长河（青岛理工大学）、曹华军（重庆大学）、张乃庆（上海金兆节能科技有限公司）、卢秉恒（青岛理工大学）、张彦彬（青岛理工大学）、韩志光（山东鹏奥石油科技有限公司）
FM2019-1-3	医用高分子材料改性技术以及临床应用	张海军（山东瑞安泰医疗技术有限公司）、葛均波（复旦大学附属中山医院）、吴德成（中国科学院化学研究所）、王鲁宁（北京科技大学）、周超（山东瑞安泰医疗技术有限公司）、尹玉霞（山东百多安医疗器械有限公司）

宽带信号实时测量分析技术及仪器开发 项目属于电子测量仪器领域。信息技术是全球科技竞争制高点，广泛用于通信、航空航天和国防等国家重点战略领域，电磁频谱资源是国家重要战略资源。业务扩张和频谱资源饱和之间的矛盾日益尖锐，复杂调制层出不穷，电磁环境密集多变，脉冲、跳频、分组、猝发信号随处可见，给信息设备研制生产带来“故障隐患难发现，瞬态事件难截获，异常行为难诊断”的巨大挑战。实时无缝测量分析技术是国家重大工程和重点研发计划重要保障，也是无线通信等国民经济发展的重大需求。基于20年测量技术积累，在国家科研项目支持下，解决了隐蔽、突发、时变信号“难以发现、难以截获、难以分析”重大难题，取得多项原始创新：①发明了异常频谱“鬼影”感知发现方法：发明了基于直方图处理的瞬态频谱“鬼影”效应方法，形成三维“鬼影”频谱图像，解决了海量频谱实时处理，传输和刷新的瓶颈，频谱波形捕获率每秒达781万次，较传统方法提升近万倍；发明指数衰变模型的频谱“鬼影”消隐处理方法，体现瞬态频谱高速运动轨迹，模拟人眼对瞬态事件的视觉暂留效应，实现了微秒量级偶发性信号事件“100%发现”。②发明了信号动态频谱无缝测量方法。发明了基于实时并行帧检波的频谱“瘦身”方法和硬件处理电路结构，同时解决稳态和瞬态信号测量问题，形成随时间变化的三维无缝频谱图，达“现场直播”效果。③发明了瞬态事件触发捕获与多域分析方法。发明了信号多域特征实时检测与预触发存储方法，解决了ns量级偶发性事件全过程截获难题；发明了基于时间概览和时间同步标记的多域关联分析方法，首次解析了频谱事件、时域异常点和异常比特位的关联关系，实现了多域细微特征全方位分析，达“高清重播”效果。发明了信号截获概率测量方法：揭示了100%截获信号持续时间与系统上升时间，处理、传输和刷新速度之间的关系，提出短时信号截获概率定义及测量方法和系统，解决了仪器实时性能评价问题。申请国家发明专利35项，授权21项，软件著作权2项，首次构建了实时测量分析技术体系和性能评价体系，“整体技术达国际最先进水平，在实时分析带宽、信号截获概率指标等方面居国际领先水平”，实现了“稳态测量”到“瞬态测量”的跨越。成果已应用100多家用户，涉及航空航天、通信、雷达、频谱监测等领域，近3年产生效益2.2亿元。成果应用于2019年嫦娥四号“两器互拍”任务，有力支撑了“探月工程”等国家重大工程；服务于“北斗导航”重大工程项目，在保障北斗三号服务“一带一路”任务工程发挥了不可替代作用；用于“两会”等重大活动和军队重要演习的频谱监测，服务于全军“技术安全检查”任务，助力国家电磁空间安全保障；应用于无线通信产品测试，解决了复杂环境下动态射频信号测试问题，推动了新一代无线通信技术发展，有力支撑“新一代宽带无线移动通信网”等国家重点科技计划。获2018年中国电子科技集团公司技术发明奖一等奖，团队获2018年全国工人先锋号，显著提升了我国电子测量仪器领域技术发展和自主创新能力。

基于纳米粒子射流的准干式绿色制造关键技术及智能化装置 绿色制造是国际上广泛关注的制造技术发展前沿，也是中国制造2025制造强国战略部署的五大工程之一。传统切削油液在机械工业的大量普及使用已有数百年的历史，解决了切削加工界面强热力耦合作用下的冷却、润滑和排屑等技术难题，但其使用过程中产生的切削油雾及废弃油液排放导致了严重职业健康危害和环境污染。随着日益严格的环保立法和环保督查政策，切削油液的成本也日益高昂。少无切削油液的准干式制造成为机械工业绿色发展的迫切需要和亟须突破的瓶颈技术。项目围绕上述迫切需求与技术瓶颈，在国家863计划和国家自然科学基金等项目支持下，历经10余年攻关，在国内外率先发明了基于纳米粒子射流的准干式绿色制造关键技术及智能化装置，并通过产业化验证，效果显著。取得的主要技术发明创新如下：①发明了可降解基础油及纳米流体制备关键技术，研发了53种涵盖不同成形工艺的环保型微量润滑基础油及纳米流体，完全替代进口，确保了航空航天等难加工材料的高表面完整性要求，实现源头创新。②揭示了刀具/工件约束空间流场分布规律，首次发明了荷电纳米流体微液滴多能场驱动可控输运新方法与智能装备，解决了纳米流体减量化精准供给和微液滴飘散飞逸的技术难题，填补了国内外空白。③首次发明了纳米流体热物理特性测试新原理与微液滴密度谱检测新技术，揭示了刀具气流场边界条件下的微液滴输运渗透机理及热力学作用规律，研发了纳米流体热物性参数与性能表征参数的智能测试系统，填补了准干式制造特征参数检测的技术空白。④率先揭示了高压高速射流条件下，纳米粒子与携带流体介质微/纳界面热交换本质及其换热能力影响规律，构建了准干式制造工艺体系，解决了航空航天和轨道交通等领域难加工材料的准干式高效加工难题，降低冷却液使用量90%以上、使用成本75%以上。项目授权发明专利110项，其中美国、澳大利亚等国外发明专利5项，中国发明专利105项；其他知识产权88项。2项专利分别获得山东省专利奖一等奖和中国循环经济协会专利金奖、2项入选山东省和青岛市高价值专利、16项已转让、4项已许可产业化。制定了准干式切削仅有2项国家标准，出版著作6部，发表SCI、EI收录论文130余篇（其中JCR1区24篇、机械工程学报13篇），ESI高被引论文3篇，总被引1700余次（Google数据）。得到Zhang L．C院士和国际磨料技术委员会主席徐西鹏教授的正面评价。研究成果获得中国机械工业科学技术奖、中国石油化学工业联合会技术发明奖、中国产学研合作创新成果奖。项目团队在卢秉恒院士的指导下培养了教育部新世纪优秀人才、长江学者奖励计划青年学者、泰山学者特聘专家、山东优秀发明家等高层次人才。技术在中国中车、中国铝业、西南航空等国内800多家制造企业推广应用，构筑了微量润滑基础油制备、多能场智能可控输运、纳米流体热物性检测、准干式制造工艺体系产业链专利群，解决了准干式绿色制造共性关键技术难题；典型应用单位创造效益20.7亿元，近3年新增销售额5亿元、新增利税0.88亿元，取得了显著经济效益和重大社会效益。

医用高分子材料改性技术及临床应用　医用高分子材料是用来诊断、治疗、修复或增进人体功能的材料。其不同的临床应用，面临不同的问题。长期植入材料（如心脏药物支架）存在的再狭窄、内皮修复抑制导致心肌梗死和血栓等风险，需要对其涂层材料进行改性；介入治疗的导管存在感染、凝血、异位及断裂等并发症，临床需要导管材料具备抗菌、抗凝、导电和抗撕裂性能。为此，该项目在国家相关部门支持下前后历时15年，开展了介入医用材料改性技术的研究，并进行产品研发和临床转化应用，针对性解决了心血管病、颅脑疾病、恶性肿瘤等重大疾病介入治疗中的问题，提高了介入和微创产品使用的有效性和安全性。①发明了支架非对称药物涂层技术，降低靶血管再狭窄，有利于内皮修复。采用非对称三面药物涂层技术，血管腔方向药物较少，降低药物对血管内皮的修复抑制；血管壁方向药物较多，结合多层涂覆，可调控药物释放，定向抑制血管平滑肌增生，提高药物生物利用度；和同期进口支架比2～5年心脏不良事件追赶率为6.8% VS 13.1%，显示产品远期安全性。②发明了支架响应性涂层技术，药物平稳释放，吻合血管修复时间支架抗平滑肌增生药物和涂层聚合物通过亚胺或双缩酮动态化学键连接具有pH响应性，在中性和碱性条件下相对稳定，涂层降解产生的弱酸性环境中逐渐解离，避免了药物暴释，使药物释放与靶血管修复过程一致；材料弹性与强度良好，涂层牢固不易脱落。项目产品VS同期进口产品，3年靶病变重建率4.9% VS 6.1%，5年5.2% VS 6.5%，产品临床效果得到确认。③研发了医用材料改性技术，提高导管抗凝、抗菌、导电和抗撕裂性能。抗凝性：利用等离子溅射在特定环境中改变高分子材料表面拓扑结构，形成氨基官能基团，与肝素化学交联键接枝，共聚于高分子材料表面，阻止血小板吸附和凝集，防止血栓生成。抗菌性：通过阳极氧化，在金属材料表面形成梯度微纳多孔氧化膜，减少细菌吸附位点；通过高分子材料渗透性形成抗菌成分储存池在体内缓慢释放，降低感染发生率。导电性：材料添加功能控制剂，促使局部电子跃迁形成隧道电流，导管前端导电可收集心电信号，根据P波形状判断导管尖端在心脏和血管腔的位置，实现心电精确导航，提高置管准确性。抗撕裂性：通过加入结构控制剂如树形POSS与硅橡胶之间相互浸润，三维网格中形成稳定的链间物理交联，4Fr导管抗断裂强度从7～8N提高到11～12N。该项目授权专利22项，其中发明专利8项（PCT专利在美国、德国、日本获得授权），建立了国家级工程实验室，获CFDA注册证14个；制定行标6项；发表论文39篇；获德州市科技进步奖一等奖2项；成果经过省部级鉴定“达国际先进水平”。项目产品进入全国两千多家医院，使用超1000万人次，出口26个国家和地区。据统计3个项目产品国内细分占有率第一，近3年完成单位实现销售收入7.41亿元，改性医用导管累计销售460余万套、冠脉支架超过12万套，按照医院中标价计算，累计实现社会总产值超过35亿元，年节约医疗费10亿元以上。

2019 年度山东省技术发明奖二等奖项目（5 项）

编号	项目名称	完成人
FM2019–2–1	近海生态环境和溢油立体监测与处理关键技术研究、装备研制及应用	刘贵杰（中国海洋大学）、綦声波（中国海洋大学）、于敬东（青岛森科特智能仪器有限公司）、王朋（青州市巨龙环保科技有限公司）、何锐（青岛光明环保技术有限公司）
FM2019–2–2	深地钻探难钻地层钻柱振动控制与提高钻速技术及应用	管志川[中国石油大学（华东）]、刘永旺[中国石油大学（华东）]、史玉才[中国石油大学（华东）]、廖华林[中国石油大学（华东）]、张洪宁[中国石油大学（华东）]、魏文忠[中国石油大学（华东）]
FM2019–2–3	生物基聚酯结构设计及关键增塑技术	高传慧（青岛科技大学）、王传兴（青岛科技大学）、武玉民（青岛科技大学）、刘月涛（青岛科技大学）、孙长春（山东蓝帆化工有限公司）、陈利贞（山东蓝帆化工有限公司）
FM2019–2–4	原料药生产过程中多元共沸物的连续化热集成分离与精密控制技术	王英龙（青岛科技大学）、崔培哲（青岛科技大学）、朱兆友（青岛科技大学）、马艺心（山东科技大学）、杜德清（山东新华制药股份有限公司）、高军（山东科技大学）
FM2019–2–5	高铁桥梁系列支座设计制造关键技术与应用	王守仁（济南大学）、杨学锋（济南大学）、王高琦（济南大学）、韩庆国（山东龙祥新材料科技有限公司）、郭培全（济南大学）、王砚军（济南大学）

2019 年度山东省技术发明奖三等奖项目（5 项）

编号	项目名称	完成人
FM2019–3–1	大深度油藏压裂微地震立体监测技术及装备	刁瑞（中国石油化工股份有限公司胜利油田分公司物探研究院）、尚新民（中国石油化工股份有限公司胜利油田分公司物探研究院）、芮拥军（中国石油化工股份有限公司胜利油田分公司物探研究院）、崔庆辉（中国石油化工股份有限公司胜利油田分公司物探研究院）、李红梅（中国石油化工股份有限公司胜利油田分公司物探研究院）、王东凯（中国石油化工股份有限公司胜利油田分公司物探研究院）
FM2019–3–2	花生饼粕蛋白精深加工技术创新及应用	孙杰（山东省花生研究所）、于丽娜（山东省花生研究所）、杨庆利（青岛农业大学）、龚魁杰（山东省农业科学院作物研究所）、杨伟强（山东省花生研究所）、胡晖（中国农业科学院农产品加工研究所）
FM2019–3–3	新型光敏材料在有机磷农药检测中的应用	姜磊[中国石油大学（华东）]、杨丽敏[中国石油大学（华东）]、马洪超[中国石油大学（华东）]、李建国（青岛奥迪斯生物科技有限公司）、杜秀斌（海利尔药业集团股份有限公司）
FM2019–3–4	难加工关键构件超声抗疲劳制造技术及应用	赵显华（山东华云机电科技有限公司）、付秀丽（济南大学）、炅向博（济南大学）、潘永智（济南大学）、金腾（山东华云机电科技有限公司）、李红霞（山东华云机电科技有限公司）
FM2019–3–5	100% 低地板有轨电车液压制动系统	郝保磊（中车青岛四方车辆研究所有限公司）、牛玉国（中车青岛四方车辆研究所有限公司）、崔雷（中车青岛四方车辆研究所有限公司）、马飞（中车青岛四方车辆研究所有限公司）、苗峰（中车青岛四方车辆研究所有限公司）、张笑慰（中车青岛四方车辆研究所有限公司）

山东省科学技术进步奖

2019 年度山东省科学技术进步奖一等奖项目（25 项）

编号	项目名称	完成单位	完成人
JB2019–1–1	山东省化肥减施增效关键技术与应用	山东农大肥业科技有限公司、山东省土壤肥料总站、中国农业大学、中国农业科学院农业资源与农业区划研究所	刘延生、李季、丁方军、郭跃升、赵秉强、马荣辉、袁亮、马学文、温延臣、董艳红、任莉、陈士更
JB2019–1–2	黄淮海集约农区氮磷面源污染防控关键技术与应用	山东省农业科学院农业资源与环境研究所、农业农村部环境保护科研监测所、河南省农业科学院植物营养与资源环境研究所、北京市农林科学院植物营养与资源研究所、山东黎昊源生物工程有限公司	李彦、张英鹏、安志装、王风、王艳芹、寇长林、刘兆辉、井永苹、李鹏、薄录吉、张克强、郭战玲
JB2019–1–3	主要根茎类作物机械化生产技术与装备	青岛农业大学中机美诺科技股份有限公司、青岛洪珠农业机械有限公司、河南沃正实业有限公司、青岛弘盛汽车配件有限公司	尚书旗、王东伟、杨然兵、王家胜、殷元元、李建东、刘俊锋、郭宁、杨德秋、吴洪珠、何晓宁
JB2019–1–4	猪四种重要疫病防控新技术的研发与应用	山东省农业科学院畜牧兽医研究所、齐鲁动物保健品有限公司、烟台绿叶动物保健品有限公司	吴家强、李俊、魏联果、吕淑荣、于江、王兆、张玉玉、时建立、陈智、田野、贾立华、徐绍建

续表

编号	项目名称	完成单位	完成人
JB2019-1-5	虾蟹多营养层次绿色养殖关键技术与示范	中国水产科学研究院黄海水产研究所、中国海洋大学、青岛农业大学、盐城天邦饲料科技有限公司、广东恒兴饲料实业股份有限公司	李健、王芳、马甡、何玉英、李玉全、常志强、高保全、李吉涛、单洪伟、张振东、陆裕肖、李色东
JB2019-1-6	面向人工智能加速的智能异构计算系统关键技术及应用	浪潮电子信息产业股份有限公司	李仁刚、李鹏翀、王恩东、赵雅倩、李拓、林楷智、王虹莉、公维锋、赵坤、张峰、刘军、张闯
JB2019-1-7	新型智能人机交互与融合计算关键技术研究与产业应用	中国海洋大学、山东省计算中心（国家超级计算济南中心）、青岛海高设计制造有限公司、青岛海洋科学与技术国家实验室发展中心、中国科学院海洋研究所	魏志强、潘景山、贾东宁、冯志群、王雷、唐瑞春、郭猛、任新敏、刘昊、桂琳
JB2019-1-8	采煤塌陷地建设利用关键技术与工程应用	山东科技大学、中煤科工集团唐山研究院有限公司、山东省地矿工程集团有限公司、山东省地矿工程勘察院	陈绍杰、郭惟嘉、江宁、滕永海、高焕毅、尹大伟、常西坤、高志友、汪锋、赵金海、宋恩武、朱伟
JB2019-1-9	地热资源探测理论技术突破与清洁供暖产业化应用	山东省地勘局第二水文地质工程地质大队（山东省鲁北地质工程勘察院）、北京水文地质工程地质大队（北京市地质环境监测总站）、天津地热勘查开发设计院、山东省地质矿产勘查开发局、山东科技大学山东省鲁南地质工程勘察院（山东省地勘局第二地质大队）、山东省地质矿产勘查开发局八〇一水文地质工程地质大队	康凤新、秦耀军、张平平、史启朋、郑婷婷、刘久荣、赵苏民、周群道、赵季初、白通、谭现锋、高宗军
JB2019-1-10	陆相湖盆低渗油藏碎屑岩优质储层成因机制、评价技术及其应用	中国石油大学（华东）、中国石油化工股份有限公司胜利油田分公司	操应长、宋明水、王健、王永诗、远光辉、葸克来、王艳忠、刘惠民、李友强、李趁义、杨田、马奔奔
JB2019-1-11	健康饮食电器智能化关键技术创新及产业化	九阳股份有限公司、中国家用电器研究院、清华大学天津高端装备研究院	王旭宁、徐鸿、王祎珂、柴建云、韩雪、刘挺、马德军、张岱、王志伟、刘超
JB2019-1-12	无乳胶环保机制地毯产业化集成技术	滨州东方地毯有限公司、青岛大学、天津工业大学、香港理工大学	董卫国、韩洪亮、张元明、胡红、刘延辉、王书东、刘以海、陈安、王其美、吴立芬、苏勇、李祥林
JB2019-1-13	表面材料水性化的关键树脂及应用解决方案	万华化学集团股份有限公司、万华化学（宁波）有限公司、万华化学（广东）有限公司	孙家宽、纪学顺、邓俊英、张洁、王海梅、乔义涛、赵伟国、王文学、冯秉哲、王洪武、邱中堂
JB2019-1-14	高纯度盐酸表柔比星绿色合成产业化关键技术体系的构建与应用	山东新时代药业有限公司、山东大学、鲁南制药集团股份有限公司	张贵民、时江华、杨家森、贾春江、朱国、王如、刘德鹏、崔世密、吕永超、程国良、夏燕、苏勤勇
JB2019-1-15	废弃混凝土全再生利用关键技术及其应用	青岛理工大学、青岛农业大学、同济大学、中建八局第二建设有限公司、山东大学、临沂蓝泰环保科技有限公司、青岛北苑混凝土有限公司	肖建庄、李秋义、葛智、潘玉珀、杨彬、罗健林、全洪珠、王长青、马静、秦际峰、刘琼、高嵩
JB2019-1-16	新型铜冶炼清洁冶金技术	东营方圆有色金属有限公司、中国科学院沈阳自动化研究所	崔志祥、王智、魏传兵、王海滨、王卓、杜武钊、崔文昭、侯鹏、孙云强、边瑞民、王斌、郑军涛
JB2019-1-17	极端条件下发动机高稳定性分级分区燃烧技术及应用	中科航星科技有限公司、中国科学院工程热物理研究所	徐纲、朱俊强、穆勇、刘富强、刘存喜、杨金虎、阮昌龙、龚建波、郭磊、胡春艳、杨晓洁、张伟
JB2019-1-18	柴油机高效后处理系统关键技术开发及产业化	潍柴动力股份有限公司、山东大学、无锡威孚环保催化剂有限公司、潍柴动力空气净化科技有限公司	王意宝、白书战、韩峰、王刚、张晓丽、张军、王东升、李建文、栗明、王奉双、张建华、褚国良
JB2019-1-19	食管鳞癌精准放疗关键技术及临床应用	山东省肿瘤防治研究院、复旦大学附属肿瘤医院、东南大学、上海市胸科医院、南京医科大学第一附属医院	李宝生、黄伟、赵快乐、陈阳、傅小龙、孙新臣、朱健、巩贯忠、李振江、张健、白曈、丁秀平
JB2019-1-20	脑胶质瘤免疫微环境分子标志物鉴定的关键技术研发和推广应用	山东大学齐鲁医院	李刚、薛皓、邓林、王俊涛、郭兴、刘青林、张平、袁光、徐书刚、郭小凡、邱伟、高校
JB2019-1-21	腹腔镜袖状胃切除术治疗肥胖症和糖尿病技术体系的建立与应用推广	山东大学齐鲁医院	胡三元、张光永、刘少壮、仲明惟、李峰、王超、王可新、孙栋、韩海峰、郭炜、吴栋、黄鑫
JB2019-1-22	颈椎病中医系统化诊疗体系构建及关键技术研究与应用	山东省医药生物技术研究中心、山东省千佛山医院、南方医科大学、中国中医科学院望京医院	师彬、刘方铭、刘春山、李义凯、冯敏山、王丹丹、孙国栋、于杰、王从安、张波、刘凡杰、曹盛楠

续表

编号	项目名称	完成单位	完成人
JB2019-1-23	基于中药现代化的中药颗粒剂产业化关键技术创新与生产体系的构建	鲁南制药集团股份有限公司山东大学、鲁南厚普制药有限公司、山东新时代药业有限公司	关永霞、范建伟、苑世领、李艳芳、李蔚群、高艳红、杨梅、闫光军、林峰、王永刚、张微、庄会芳
JB2019-1-24	基于高端原料药及制剂的药物结晶关键技术研发及产业化	迪沙药业集团有限公司、威海迪素制药有限公司	王冠、丛日刚、李靖、姜凯、于忠文、高永吉、李广生、付玉麦、肖川、刘庆春、杨德斌、王超
JB2019-1-25	ISO 19699-1 和 ISO 19699-2 等系列国际标准应用	山东昊月新材料股份有限公司、齐鲁工业大学、中国标准化研究院	杨志亮、姚美芹、王益谊、朱翔华、姚金水、杨阳、韩丹丹、杜晓燕

山东省化肥减施增效关键技术与应用 化肥减施增效是实现农业绿色发展的战略途径。项目针对山东化肥用量大，种养有机废弃物肥料化利用水平低，化肥减施增效关键技术、产品、集成应用支撑薄弱等问题，在国家测土配方施肥等项目支持下，历经 15 年产学研推联合攻关，在施肥限量标准、有机废弃物肥料化利用、低成本大产能高效新肥料创制、有机无机肥配施等方面取得多项创新性成果。①构建了主要作物施肥指标体系及高产与环保相协调的施肥限量标准，为化肥精准减施提供了科学依据。针对精准施肥技术支撑薄弱问题，基于 30 余年土壤肥力定位监测和覆盖全省的 1000 多万个养分检测数据，建立了山东省土壤养分数据库，摸清了全省土壤养分状况及演变规律；构建了主要农作物施肥指标体系，首次制定了作物施肥限量标准，开发了化肥精准减施推荐系统。该限量标准与农户常规施肥比较，粮食、蔬菜和苹果分别平均减施化肥 10% ～ 12%、20% 和 17%。②创制出系列腐植酸复合肥、生物有机肥和有机水溶肥等增效减施肥料新产品 63 个，为化肥增效减施提供了产品支撑。针对低成本大产能高效肥料产品缺乏问题，创制出系列堆肥接种菌剂，构建了轻简化快速堆肥技术体系，制定了《畜禽粪便堆肥技术规范》行业标准，堆肥效率提高 20% ～ 30%。首创腐植酸硫脲活化增溶工艺技术，活化率较传统工艺提高 12 ～ 22 个百分点。发明了低成本、大产能腐植酸复合肥连续生产装置，制定了《腐殖酸类肥料分类》《腐植酸复合肥料》国家 / 行业标准。含腐植酸肥料可刺激根系发育，活化土壤养分，减肥潜力达 15%。③创建了化肥有机替代量化指标和主要作物替代减施技术方案，为化肥有机替代减施提供了技术支撑。针对化肥有机替代量化指标缺失问题，利用 32 年长期定位试验群，系统揭示了有机无机肥配施对产量、肥力、环境的影响及牛粪、猪粪、鸡粪替代化肥潜力，建立了 10 年期不同时段主要有机肥种类在小麦—玉米种植体系中的化肥有机替代量化指标。小麦玉米亩基施腐植酸复合肥 40kg，替代传统复合肥 50kg 以上；蔬菜和果树亩基施生物有机肥 500kg 或轻简化堆肥 2500kg，以水肥一体方式按需追施不同配方有机水溶肥，可减施化肥 20% ～ 30%。集成了山东主要作物化肥减施增效技术模式，制定了一批技术规程和标准，成果大面积应用，减肥增效效果显著。针对化肥减施增效技术集成度不高问题，以稳产优质为目标，集成关键技术和产品，构建了粮食作物“精—专—增—还”、主要蔬菜“替—专—精”和主要果树“专—替—精”化肥减施增效技术模式 11 套，经 11 年 1000 多点示范验证，粮食、蔬菜、苹果分别减施化肥 15%、27% 和 22%。成果获授权国家专利 32 项，其中发明专利 19 项，制定国家 / 行业 / 地方 / 协会标准 16 项，发表论文 105 篇，出版著作 10 部，发布技术规程 98 项；培训农技人员 8000 人次，农民 200 万人次。经以张福锁院士为组长的专家组评价，成果整体达到国际先进水平，在省域施肥限量标准等指标体系构建方面达到国际领先水平。成果在山东农业县全覆盖推广应用，近 3 年推广 19505 万亩，累计较 2007 年减施化肥 169 万吨，获经济效益 208.3 亿元，效益显著。

黄淮海集约农区氮磷面源污染防控关键技术与应用 黄淮海地区是我国粮食、蔬菜水果、畜禽产品的核心产区。小麦、玉米、蔬菜和果树种植面积分别约占全国的 69%、30%、32% 和 21%，且复种指数高，区域内畜禽养殖密度大，区域氮磷承载负荷是全国的 2 倍以上，对农产品安全、农业绿色发展和乡村振兴产生了严重威胁。在国家科技支撑计划等课题资助下，项目团队针对该区域集约化程度高、土壤氮磷负荷大、地下水硝酸盐污染风险高，而区域氮磷环境排放阈值和风险评估体系缺失，防控技术不健全等问题，开展了十多年联合攻关，获得如下创新成果：①揭示了黄淮海农区氮磷面源污染发生规律，明确了主要种植模式下农田氮磷排放特征和驱动因子，更新了主要类型畜禽养殖氮磷排污系数。②探明了小麦—玉米、设施和露地蔬菜、果园氮的主要损失途径分别为氨挥发、淋溶、径流，各占氮投入的 16.4%、25.2% 和 22.1%、10.1%，磷以淋溶和径流损失为主，损失量均低于 2%。化肥种类不匹配和用量高是小麦—玉米氨挥发的主要驱动因子，氮投入和灌水量过大是设施蔬菜和露地蔬菜氮磷淋溶的主要驱动因子，地表覆盖度低是果园氮磷损失的主要驱动因子。测算出主导养殖模式现有粪污处理工艺条件下的氮磷排污系数 12 个。③明确了黄淮海农田土壤氮磷淋溶环境排放阈值，构建了区域地下水和地表水农业源氮磷污染风险评估体系，绘制出污染风险等级图。小麦—玉米种植模式以最高产量的土体氮磷含量为环境排放阈值，小麦和玉米播种前土体（0 ~ 1m）硝态氮阈值分别为 213 ~ 270kg/hm^{2}和 165 ~ 230kg/hm^2，Olsen—P 阈值为 60 ~ 80mg/kg；设施蔬菜，新棚的蔬菜定植前土体（0 ~ 1m）硝态氮阈值为 354 ~ 393kg/hm^2，Olsen—P 阈值为 81 ~ 145mg/kg。老棚以环境阈值为目标，制定环境、产量与效益相结合的养分管理方案；评估了区域种养体系对地表水富营养化和地下水硝酸盐污染风险等级，首次绘制出风险评估等级图。④创建了黄淮海区域种养体系氮磷源头控制与淋溶过程阻隔，以及养殖废弃物高效处理和农田安全利用等关键技术。⑤研发了小麦—玉米种植体系氨挥发污染源头控制技术，氨挥发减少 17.8% ~ 38.7%，创建了设施蔬菜氮磷淋溶损失过程物理阻隔和增碳控氮减排技术，氮磷淋溶损失降低 65.8% 和 72.1%，发明了养殖固体废弃物厌氧干发酵和污水低成本高效处理新工艺，开发出复合过滤吸附材料及装置，处理效率提高 45% 以上，研发了粮田和菜田养殖废弃物高效安全利用技术。⑥构建了黄淮海集约农区种养两大体系 5 类氮磷面源污染防控技术模式，制定了技术规程和标准，建立了示范样板并进行了大面积推广应用。⑦提出了区域种养科学布局和结构优化调整方案，构建了种养两大体系 5 类氮磷面源污染防控技术模式，在山东、河北、河南等地大面积推广应用，累计应用 853.3 万公顷，产生经济效益 108.97 亿元，节约氮磷肥（折纯）68.12 万吨和 57.52 万吨，减少氮排放 13.69 万吨、磷 1.84 万吨，环境与社会效益显著。共获授权专利 29 件，发表论文 126 篇，出版著作 13 部，发布地方标准 8 项，获批新产品登记证 6 个，授权软件著作权 25 个。山东农学会评价认定“在集约农田氮磷减排集成技术和设施菜地氮磷流失拦截技术等方面达到国际领先水平”。

主要根茎类作物机械化生产技术与装备 该项目属于农业机械化领域。以土中结果为代表的马铃薯、大蒜、胡萝卜、甜菜、花生等主要根茎类作物是我国重要的经济作物，但因其播种和收获两个关键环节的机械化技术理论缺乏、关键和共性技术尚未突破，导致机具装备支撑严重不足，成为制约我国经济作物产业发展的主要瓶颈之一。在“十一五”“十二五”国家科技支撑计划、国家公益性行业科研专项等项目支持下，针对主要根茎类作物播种和收获过程中存在的共性问题，项目组历时近 12 年的协同攻关与系统研究，实现了播种与收获环节的机械化关键技术突破、装备创制及大面积的推广应用，主要技术内容如下：①发明了基于主要根茎类作物种子特性的仿形态低损送排种的播种，与土中果实靠“松—分—送”取果、有序铺放的共性机械收获作业方法。针对块根、块茎、鳞茎等根茎类作物的种子与果实不规则、体积差异大等物理学特性，研究明确了其与机械系统相互作用实现低损伤取种、送种的运动规律，发明了基于托举、裹包等方式的根茎类作物播种理论方法，被国内广泛应用。围绕根茎类作物土中结果的共同特性，揭示了土中果实与土壤分离的挖松取果及果实与秧蔓分离的摘切取果的机理，为建立根茎类作物机械化低损精量播种、“松—分—送”取果和有序铺放的收获作业共性技术奠定了理论基础。②创建了主要根茎类作物电液、机械相结合的联合精确播种与“切松、分运”融合式果土分离及链夹提送有序铺放收获为核心的技术体系。创新了仿形振动取送种、链耙网式施肥等 11 项播种关键技术，形成了模块化、标准化且易于配套的联合播种机械技术体系；发明了导秧折弯输送、夹送齐顶切秧等 26 项收获关键技术，创建了主要根茎类作物机械化收获的技术体系，显著提升了根茎类作物的机械化技术水平。③创制并推广应用了适应不同种植要求、不同种植区域的 9 种联合播种机、10 种分段收获机和 4 种联合收获机。依据根茎类作物农艺要求，提出了根茎类作物机械化生产的解决方案及其配套机具方法；建立并完善了首个“根茎类作物生产机械化行业技术信息交流平台”；创制出根茎类作物大中小型系列化马铃薯联合播种、胡萝卜精密播种、夏花生播种等 9 种机型，适宜不同区域与土壤特点 14 种马铃薯、大蒜、胡萝卜、甜菜、花生等作物的分段收获机和联合收获机，系统化地解决了根茎类作物田间机械化生产技术难题，明确了根茎类作物生产技术与装备的作业途径，确立了国产根茎类作物机械装备的主导地位。项目授权发明专利 14 项、实用新型专利 38 项、软件著作权 5 项，发表论文 53 篇，制定国家行业标准 1 项，企业标准 13 项；研发的 23 种装备均已通过国家或省级鉴定部门检测，13 种列入国家和省支持推广的农业机械产品目录，成为全国推广应用的主导机型。近 3 年累计销售 67551 台，新增销售额 11.68 亿元，新增利润 1.75 亿元，新增税收 1.51 亿元。农民新增收入 54 余亿元，作业应用节支总额 165 亿元，累计培养农技人员 2.37 万余人，培养硕 / 博研究生 67 人，为实现根茎类作物机械化水平的提高和农民增收做出了重要贡献。

猪四种重要疫病防控新技术的研发与应用 “猪粮安天下”，我国每年生猪出栏约 7 亿头，占世界出栏总量 50% 以上。猪繁殖与呼吸综合征（PRRS）、猪流行性腹泻（PED）、圆环病毒病（PCVD）和副猪嗜血杆菌病（HPS）每年造成损失超过 200 亿元，严重制约养猪业健康发展。项目组在国家和省部课题资助下，对上述疫病的病原学、诊断和防控技术进行了系统研究，创制出安全高效防控产品，进行了大面积的转化和应用，取得了系列创新成果。①摸清了山东 4 种猪重要疫病的流行本底，探明了病原的分子遗传演化规律，揭示了其致病机制与免疫机制。②对 4 种猪重要疫病开展流行病学调查，探明 243 株 PRRSV、31 株 PEDV、86 株 PCV2 和 198 株 HPS 的分子遗传演化规律；明确 PRRSV Nsp1α 蛋白锌指结构抑制宿主先天性免疫的作用，揭示了病毒通过 N 蛋白上调 IL−10 逃逸宿主免疫的机制；发现导致腹泻仔猪高死亡率的 PEDV 流行株在 S 蛋白发生 2 处插入、1 处缺失和多处替换；阐明了 PCV2 的基因型从 PCV2a 到 PCV2b 再到 PCV2d 的演化趋势，证实 Rep 蛋白的 2 处 N−糖基化位点突变降低病毒的复制、1 处突变增强病毒的复制；筛选出 4 个 HPS 毒力基因，确证了 PRRSV 对 HPS 的协同致病作用。③筛选和甄别免疫原性强的流行菌毒株，突破纳米佐剂等制苗工艺瓶颈，创制出 2 种灭活疫苗、1 种活疫苗、1 种新型核酸候选疫苗及 2 种新兽药，实现了产业化生产创新高密度发酵培养、切向流超滤浓缩及纳米铝胶佐剂配苗 3 个新工艺，创制出 HPS 二价灭活疫苗，保护率达 90% 以上；研制出针对 PEDV 变异株的猪传染性胃肠炎、猪流行性腹泻二联活疫苗（SD/L 株 +LW/L 株），显著提高了对 PEDV 变异株的保护率；研制出 PCV2 灭活疫苗，进一步创制出含 CpG 基序的核酸候选疫苗，并用脂质体包被达到缓释效果，免疫保护率达 85% 以上；在动保领域率先研发双氯芬酸钠注射液等两种新兽药，适用于混合或继发感染的对症治疗。上述产品转让 13 家动保企业，直接转让费达 3140 万元。④制备和筛选新型诊断抗原，优化反应参数，建立了针对 4 种疫病的抗原检测方法，研制出抗体检测试纸条（卡）建立了针对 PRRSV 和 PCV 的多重荧光定量 PCR 方法，实现了 3 种不同类型的 PRRSV（经典株、高致病性毒株和疫苗株）与 2 种 PCV（PCV1 和 PCV2）的鉴别诊断；优化 PRRSV 和 PCV2 的 LAMP 技术参数，60 分钟内获可视化结果，灵敏度较 PCR 提高 100 ～ 1000 倍，实现了“早诊断、早发现”；研制出 PCV2 抗体胶体金检测试纸条（卡），5 分钟内获可视化结果，与商品化 ELISA 试剂盒符合率达 95% 以上，实现了快速检测和现地使用，填补了省内空白。⑤集成和创新 4 种重要疫病的疫苗研制、快速诊断、免疫监测、生物安全等关键防控技术，构建了猪重要疫病综合防控技术体系。⑥采取基地示范、成果转化、技术培训等方式，在金锣集团、温氏集团等大型农牧企业和山东、河南等生猪主产区示范推广，累计应用 7532 万头生猪，出栏商品猪成活率提高了 7%。该项目获得国家新兽药证书 4 项、农业部临床试验批件 5 个、地方标准 6 项、授权发明专利 13 件（国际发明专利 1 件），发表论文 109 篇（SCI 收录论文 32 篇），创造直接经济效益达 60.6 亿元，推动了养猪行业和生物制品行业的科技进步。专家评价认为，项目总体达到国际先进水平。

虾蟹多营养层次绿色养殖关键技术与示范 我国虾蟹规模化养殖已有 30 余年，池塘养殖面积占全国海水池塘养殖面积 70% 以上，成为水产养殖的代表性产业。但现有养殖模式存在养殖生态系统结构简单、物质循环利用效率低、抗逆养殖品种缺乏、养殖成功率不稳定等制约产业可持续发展的问题。该项目在十余项国家级课题支持下，经过十余年的自主创新和联合攻关，研发了虾蟹多营养层次绿色养殖系列关键技术，已在我国虾蟹主要养殖区进行示范推广。主要科技创新如下：①解析虾蟹养殖生态系统特征，率先阐明主要营养物质高效利用途径与效率：分析了养殖系统主要微生物和浮游植物群落结构特征，阐明代表性虾蟹养殖系统主要营养元素的收支特点，“虾—蟹—贝—鱼”多营养层次养殖系统氮利用率提高 1 倍，“虾—草—鲢”低盐水生态养殖系统氮利用率提高 45%、有机碳积累量降低 60%、养殖动物二氧化碳排放量的 66% 被浮游植物利用；首次利用 EwE 模型评价虾蟹多营养层次养殖系统主要营养物质传输效率，系统由初级生产者、滤（杂）食性生物和鱼虾蟹 3 个营养级构成，初级生产流入营养级Ⅱ的比例提高 40% 以上，残留在养殖系统中的悬浮物下降 40% ～ 60%。揭示虾蟹生态适应机理，培育抗逆新品种：揭示虾蟹对氨氮等 4 种环境胁迫因子的生态适应机制，阐明环境藻毒素等诱导虾类副溶血弧菌病和白斑综合征等发生机理，发明虾蟹抗病力评估模型，发现三疣梭子蟹和脊尾白虾对逆境的适应性较强；阐释凡纳滨对虾适合工厂化养殖的行为学特征，量化饵料种类、放养密度、环境条件等对三疣梭子蟹捕食活动的影响；培育出耐氨氮胁迫能力强的中国对虾“黄海 3 号”等国家审定新品种，及耐高 pH 中国对虾、耐高温和耐盐碱的脊尾白虾新品系。②提升虾蟹养殖健康管理技术，创新绿色生态养殖模式：研发出营养物质高效利用的虾蟹节能减排养殖技术、免疫功能调节的营养强化技术、基础饵料生物应用技术和药物安全使用技术；创建以虾蟹为主养物种的海水池塘多营养层次生态养殖、低盐水池塘虾鱼生态养殖、滨海型盐碱池塘生态养殖和对虾工厂化养殖等模式；创新基于微生物、藻类和滤食性贝类等的养殖污染物资源化高效利用技术，养殖尾水排放符合《海水养殖水排放要求》行业标准。该成果获授权国家发明专利 23 件、实用新型专利 9 件、软件著作权 4 件；出版专著 3 部，发表论文 331 篇（SCI 收录 105 篇）；培育国家审定水产新品种 1 个；制定国家标准 3 项、行业标准 3 项、地方标准 5 项。中国对虾“黄海 3 号”水产新品种、海水池塘多营养层次生态健康养殖技术、对虾工厂化循环水养殖技术等 2016 年被农业农村部遴选为主导品种和主推技术。第三方评价整体技术达国际领先水平。该项目已在我国山东、江苏、浙江、河北、辽宁、天津和广东等虾蟹主养区进行了产业化推广应用。2016 年以来累计示范推广池塘养殖面积 32.1 万亩，实现新增销售额 19.7 亿元，新增利润 6.9 亿元；工厂化养殖面积 33.1 万平方米，实现新增销售额 9333.8 万元，新增利润 4258.5 万元，经济、社会和生态效益显著。

面向人工智能加速的智能异构计算系统关键技术

及应用　随着信息化社会的飞速发展，人类对信息处理能力的要求越来越高，不仅石油勘探、天气预报、航天国防、科学研究等领域对大数据的高速传输及存储、高性能计算、低功耗等提出更高的要求，金融、政府信息化、教育、企业等更广泛的领域对上述技术的需求也迅猛增长。因此解决上述要求中存在的技术瓶颈问题对推动社会发展关键领域具有重大的推动意义。该项目致力于高性能计算领域，在国际和国内相关研究基础之上，坚持自主创新，在技术上进行了深入革新，创新性地设计并实现了多种优化系统和装置。项目研究内容涉及高端服务器系统搭建、功耗管理、负载均衡、存储优化等方面。在具体技术上利用数据挖掘及深度学习技术，创造性地提出并实现了服务器的自动控制技术、异构集群下的负载均衡技术、以FPGA为控制中心的高速存储技术、硬件资源的异构协同并行计算技术等。对于提升国内乃至国际信息化应用水平、促进信息产业和现代服务业转型、加快产业结构调整、保持经济平稳发展具有十分重要的意义。该项目的主要技术特点包括：①研发了一套FPGA加速卡高速存储系统，以FPGA作为控制中心，集成了PCIe硬核模块的高速稳定的数据传输和DDR3存储模块的高速大容量缓存，具有较高的数据带宽和良好的性能，满足大容量数据的高效传输和存储的要求；提出了一种实现系统地址映射的方法及装置，简化了系统地址映射的流程，提高了系统的工作效率。②研发了基于深度学习的资源管理系统，对计算集群的资源进行统一的智能监控、调度及管理，具有支持多框架、全流程、高效智能的特性。③基于软硬件结合理念，研发了混合异构系统，提出了融合架构，采用高速互联技术，实现对软硬件资源和任务的智能化管理与调度，提高了系统的扩展性、灵活性和可重用性，有效提升数据中心的性能扩展能力、资源利用率，降低能耗。④提出了一种快速从大规模数据中筛选离群数据的方法，采用随机采样来减少参与计算的样本数量，采用并行计算来加速运算速度，解决了大规模数据离群数据筛选中对计算时间和内存空间的要求较高的问题；提出了一种基于模糊积分特征融合的智能动态数据分级方法，可以提高数据分级的处理速度和准确性，提升存储效率。该项目获得授权发明专利22篇，其他知识产权5项，发表论文2篇。解决了目前高性能计算领域中存在的一些技术瓶颈。项目产品浪潮NF5288M5（又名AGX-2）是面向智慧计算、高性能计算和视频加速应用的“AI超级计算机”，推出的顶级性能的新一代2U高度8GPU卡服务器，是全球密度最高、性能最强的AI服务器。目前已广泛应用于互联网、智能安防、智能交通、智能金融、智能医疗及智能制造等业务领域。截至2018年底销售收入近15亿元。

新型智能人机交互与融合计算关键技术研究与产业应用　该项目属于电子信息技术领域。项目在“863”、“973”、国家科技支撑计划、国际科技合作等项目支撑下，围绕智能家电产品的智能化、网络化和协同化等实际应用需求，针对智慧家庭中应用环境复杂、环境变化不确定性大、交互控制手段多样等难点问题，提出了面向家电领域的新型人机智能交互技术和基于多源异构数据融合的智能计算与协同化控制技术等两大产业应用技术，并在个人智能系统、家居智能系统和流通智能系统等关键领域进行了应用，构建了智能化衣食住行应用平台，提升了相关产业的自主创新能力，为其持续创新发展提供支撑。①提出了基于智能感知的多模态人机交互技术，提高了人机交互的自然性和高效性，推动了智慧家庭个性化主动服务的发展。针对智慧家庭中用户需求个性化、应用场景复杂化和交互手段多样化等问题，开展基于多模智能感知的人机交互技术和方法的研究，提出了基于触觉—敲击、视觉—视频行为识别、听觉—语音和嗅觉—气味传感器等多种仿人感知体系相结合的多模态智能人机交互技术，通过多种感知系统对用户和环境进行个性化感知分析，为实现精准、高效的智能人机交互提供决策依据。②研发了基于多源异构数据融合的智能计算技术和面向智慧家居产品的多模态协同化控制技术，有效解决了复杂应用环境中家电的高精度智能分析和协同控制等难点问题。针对多源传感器信号，提出了基于多源异构数据的自适应智能融合计算方法，通过引入基于动态构建的深度神经网络模型，采用迁移学习和强化学习策略，实现了多传感感知信息的高效处理和精准计算，提高了人机交互与控制的效率和准确率；构建了多模态智能协同控制模型，利用声光电磁多种传感器获取个性化的感知数据，通过引入基于传感器—用户—家电的高效协同框架，实现了复杂应用环境下传感器之间、家电之间，以及用户—家电—传感器之间的高精度协同。③建立了个人智能系统、家居智能系统和流通智能系统等为一体的智能化衣食住行应用平台，推动了高端智慧家庭的产业化发展。④开展了面向便携式移动设备的个人智能化系统应用研究，研发了以触觉—敲击、视觉—视频、听觉—语音和嗅觉气味为核心的多模态智能交互技术，提高了个人设备智能化和个性化水平；开展了集智能交互和协同控制为一体的智能家居系统应用研究，构建了多模态智能交互控制平台，实现了复杂环境下家电—环境—用户的高精度交互控制；开展了以食品安全追溯为核心的流通智能系统应用研究，建立了集智能采集、智能监控、智能服务为一体的安全食用产业化平台，实现了食品的溯源追踪和健康管理。项目建立了面向智慧家庭的智能交互与协同控制体系，推出了系列化的产业应用技术和典型应用产品，为智能化衣食住行等相关产业的发展提供了重要的推动作用。累计获得和申请国家发明专利授权20项，软件著作权授权7项，发表论文50余篇，累计获得省市级科技奖励6项。成果在海尔高端智能家电产品中产业化应用，近3年累计销售收入66.94亿元，产生了显著经济和社会效益。

采煤塌陷地建设利用关键技术与工程应用 该项目属于采矿工程、工程地质、矿山环境工程等学科交叉领域。超强度、大规模地下资源开发产生了大量塌陷地，造成环境污染、生态损害，给人民安全、社会稳定带来巨大隐患。塌陷地和空区治理是国家和山东省经济与社会发展规划的重要内容：习近平总书记强调“塌陷区要坚持走符合国情的转型发展之路”；国家“十三五”规划指出“重点支持采煤沉陷区综合治理”；山东省“十三五”规划强调“加强塌陷地综合治理”。该项目依托山东省人民政府重点建设项目、国家自然科学基金等课题，采取理论创新、实验研究、技术改革和综合治理的技术路线，历经十多年科技攻关和工程实践，形成了采煤塌陷地建设利用理论和关键技术体系。①建立了采空区长期稳定及活化失稳理论体系。研制了系列矿山岩石力学实验装备，首次发现了煤岩蠕变过程中微破坏现象，建立了煤柱长期稳定状态预测理论体系及技术方法；构建了条采采空区空间结构力学模型，揭示了条带煤柱与覆岩联动破坏失稳活化机理；解译了破碎矸石长期承载压缩变形演化特征，揭示了长壁采空区破碎矸石压缩变形诱发覆岩结构活化失稳机制。②建立了采煤塌陷地地基稳定性评价方法。提出了建筑荷载影响深度与垮落断裂带高度是否重叠的采煤塌陷地地基稳定性评价方法，开发了考虑不同复杂条件的智能评价系统；构建了集采空区调查与测绘、地球物理勘探和工程钻探于一体的采空区空间形态精细探测技术体系；建立了建筑荷载作用下覆岩承载结构力学模型，明确了建筑荷载作用下采空地层活化失稳机理和失稳判据。③建立了采空地层注浆治理技术体系。研发了“混凝土输送泵+泥浆泵”和“先无压自流，后加压扩散”的采空区注浆系统、工艺及浆液面控制装置和骨料添加系统等系列装备；构建了基于多因素指标的采空区注浆效果综合立体化检测体系；开发了高层、大跨度建（构）筑物抗变形技术，完善了采煤塌陷地新建建（构）筑物抗变形技术体系。欧洲岩石力学学会副主席、挪威工程院院士Chunlin Li和国际著名岩石力学专家Stephansson及澳大利亚联邦科学院首席科学家Shen对该项目取得的研究成果给予了高度评价；中国煤炭工业协会组织的以宋振骐、蔡美峰院士为主任的专家组鉴定项目成果达到国际领先水平。授权发明专利18项、实用新型专利10项、软件著作权4项，发表学术论文45篇（SCI、EI收录论文27篇、ESI收录高被引论文1篇），出版专著2部；研究成果被纳入《煤矿采空区岩土工程勘察规范》（GB 51044—2014）和《建筑物、水体、铁路及主要井巷煤柱留设与压煤开采规范》(2017)；培养了全国优秀科技工作者、中国青年科技奖1名，博士9名，硕士23名；拓展了矿业工程学科方向，推动了采煤塌陷地高值利用科技进步。项目成果在山东蓝海领航电子商务产业园、山东银鹭食品有限公司、河南金石·九天城等地推广应用，消除了采煤塌陷地上建筑危险，具有良好社会、经济效益和示范作用。据已取证数据，近3年增加1081亩建设用地，新增经济效益约5.5亿元，为煤矿城市社会经济高速、可持续发展及新动能发展解决了建设用地瓶颈。

地热资源探测理论技术突破与清洁供暖产业化应用 该项目以开发地热清洁能源、助力节能减排、减轻冬季雾霾为目标，聚焦“采灌均衡、取热不取水”可持续开发，针对地热成矿机制、成矿模式和找矿模型尚缺乏系统认识，采灌均衡条件下的资源评价缺少理论方法支撑，尾水回灌存在技术瓶颈等科技问题，历经10年产学研联合攻关，创建了热储聚热理论和三种成矿模式、三种找矿模型、两项勘查开发技术，实现地热勘查、清洁供暖重大突破。①提出了四元聚热地热成因机制，发展了中低温地热资源成因理论，为找矿突破奠定了理论基础。②建立了开放—对流—腔管状型等3种地热田成矿模式，揭示了不同类型地热田地热水可更新能力、热储层空间赋存规律，明确了找矿方向。③创建了“V”形构造等不同类型地热田的找矿模型，为寻找新的地热田和地热定井提供了靶区定位依据。④提出了“采灌均衡、取热不取水”可持续开采量的动态计算方法，突破了传统的静态资源量评价方法，实现了地热资源可持续开采量的准确计算。⑤研发了高温高压复合钻进和砂岩热储回灌技术，大幅提高了钻效，解决了地热尾水回灌堵塞瓶颈难题，填补了国内空白，实现了大规模生产性回灌。地热找矿突破应用创新理论技术，发现了济南单斜、天津蓟宝隆褶区等100余个大中型地热田，成功钻获2000余眼地热井，并填补了浙江、内蒙古、新疆等13个省市和雄安新区的地热空白区，实现了找热突破。地热清洁供暖产业化应用与节能减排效益京津冀鲁2017年地热清洁供暖面积达1.5亿平方米，替代燃煤450万吨，减排二氧化碳1056万吨、二氧化硫8万吨，实现了地热清洁供暖产业化开发应用，节能减排效益显著，为减轻冬季雾霾、打赢蓝天保卫战做出了积极贡献。针对中国北方砂岩热储和岩溶热储两大主力供暖热储层，分别建立了“采灌均衡、取热不取水”地热能清洁供暖模式，砂岩热储——德州和与天津模式，岩溶热储——菏泽郓城模式，为大规模产业化利用地热能清洁供暖提供了示范引领。该项目共授权发明专利7项，获批国家标准1项、行业标准1项、地方标准1项；授权实用新型专利9项、计算机软件著作权2项；发表SCI收录论文、EI收录论文、中文核心期刊论文70余篇，出版专著9部。获山东省国土资源科学技术奖一等奖14项、美国国际地热大会最佳宣讲论文奖、国际水资源研究所最佳论文奖。2人入选自然资源部科技领军人才、1人入选国土资源部杰出青年科

技人才、1人获山东省资源勘查开发行业科技“杰出贡献奖”、项目团队获山东省资源勘查开发行业科技“杰出科研团队奖”，培训地热地质专业技术骨干100余人，培养博士、博士后和硕士30余人。院士专家鉴定认为：“该成果实现了地热资源勘查研究理论技术上的创新，取得了地热资源勘查、开发的重大突破，经济、社会效益巨大。创立的地热成矿机制、成矿模式、找矿模型和勘查、回灌技术，对于全国深部地热勘查具有重要推广价值和示范作用。总体达到同类研究的国际领先水平”。

陆相湖盆低渗油藏碎屑岩优质储层成因机制、评价技术及其应用 低渗石油资源占我国剩余石油资源的60%以上，其中80%以上分布于陆相湖盆碎屑岩储层中，低渗碎屑岩油藏已成为我国石油勘探开发的重要领域。陆相湖盆低渗碎屑岩油藏具有强非均质性，常表现出“有砂无储、有储无油、有油无产”的现象，储层研究是低渗油藏高效勘探开发的基础和关键。陆相湖盆储集砂体复杂的“成岩—成储”过程，使得低渗油藏碎屑岩有效储层发育机理和分布规律成为储层研究的核心科学问题，储层低渗成因机制、优质储层发育机理、有效储层量化评价与预测等成为陆相湖盆低渗油藏碎屑岩储层研究的世界性难题。针对上述核心科学问题和技术难题，该项目在国家自然科学基金、国家科技重大专项等项目的资助下，历经10余年多学科联合攻关，创建了陆相湖盆低渗油藏碎屑岩优质储层成因理论和评价技术，为石油增储上产、保障国家能源战略安全提供了强有力的技术支撑，取得的主要创新成果如下：①揭示了低渗油藏碎屑岩储层低渗成因机制。发明了地质历史时期低渗碎屑岩储层物性量化恢复技术，形成了基于储层物性恢复的碎屑岩储层低渗过程分析技术，揭示了碎屑岩储层低渗成因机理，探究了钙质、硅质等胶结作用的成因机理，建立了碎屑岩储层低渗发育模式。②阐明了低渗油藏优质碎屑岩储层发育机理。创建了低渗储层成岩—成藏系统，形成了基于成岩演化—物性演化—油气充注一体化分析的成岩—成藏系统研究方法；探究了埋藏环境下长石和碳酸盐矿物的溶解机理，突破了国际上次生孔隙发育理论的传统认识，创建了低渗油藏优质碎屑岩储层发育模式。③形成了低渗油藏碎屑岩有效储层评价技术。厘定了低渗油藏碎屑岩储层评价参数，发明了基于有效开发物性下限的低渗油藏碎屑岩有效储层定量评价技术；创立了沉积成岩综合相及其识别技术，研发了基于沉积成岩综合相的低渗油藏碎屑岩有效储层预测技术。④提出了陆相湖盆低渗碎屑岩油藏“三厘定一综合”的勘探部署思路和“三划分一评价”的开发井网部署思路，实现了基础理论和技术方法与低渗油藏勘探开发实践的紧密结合。指导胜利油田砂砾岩低渗油藏探井成功率由60%提高到91%、注采对应率由41%提高到80%、单井平均产能由7.6t/d提高到15.4t/d，浊积扇低渗油藏探井成功率由65%提高到86%、注采对应率由52%提高到83%，滩坝低渗油藏注采对应率由63%提高到85%。该项目授权发明专利19项，出版专著3部，发表论文135篇，其中SCI收录53篇、EI收录40篇，SCIE收录论文中总被引365次、他引238次，入选ESI检索系统全球TOP 0.1%热点论文1篇；入选首批全国博士后创新人才支持计划1人，培养博士后及研究生100余人，获山东省优秀博士学位论文2篇。近3年，指导胜利油田累计新发现低渗碎屑岩油藏控制储量5117万吨，累计产油152.05万吨，新增利润152233.46万元。以邹才能院士为主任的鉴定委员会认为：该研究成果整体达到了国际先进水平，在低渗油藏碎屑岩优质储层发育机理、评价和预测技术等方面达到了国际领先水平。

电器智能化关键技术创新及产业化 1994年，九阳发明了世界上第一台家用豆浆机，并由此开创了豆浆机进入普通百姓家庭的历史，极大地提高了中国人两千年来饮用豆浆的便利性，市场占有率一直稳居行业第一。但传统家用豆浆机长期以来存在残渣多、工作时间长、清洗不便等技术问题，该项目基于对食材烹饪机理的系统研究，在快速加工、食品营养、智能控制、全自动清洗、绿色节能等方面实现重大技术突破。并在此基础上研发了面条机、炒菜机等家用饮食电器新品类，为现代快节奏生活提供一个涵盖饮品、主食和炒菜的健康美味、便捷高效的完整解决方案。①首创小空间破壁粉碎自熟化技术、防溢出快速熬煮技术、全自动清洗技术，形成以无渣快速制浆和自动清洗为特征的新一代豆浆机产品。研发了小空间高速破壁粉碎装置，将物料强制约束在刀具周围，提升粉碎效率并减小粉碎物料的颗粒度；利用粉碎过程中的摩擦生热，使粉碎和熬煮同步进行；通过智能感应启动，并利用压力水流与刀片旋转离心力，实现自动清洗。应用新技术后，制备豆浆的残渣完全消失，免去了过滤过程，营养释放充分，饮用口感更加细腻；制浆时间从33min缩短至8min，制浆耗能从0.116kWh降低为0.113kWh；免除了制浆后的人工清洗，使用更加便捷。②首创基于立体交错式搅拌、自动面水配比控制和速干快速出面的制面技术，发明了全自动家用快速面条机。提出立体交错式搅拌结构与具有切割叶片的搅拌杯，组成立体加工空间，对面粉进行搅拌、混合、撕扯；通过称重传感器、转矩观测算法动态调整面或水的补偿量，保证面絮的干湿度快速准确达到设定值，提高制面效率；利用三段螺杆挤面装置和面杆反转模式，刮下残余面絮，结合速干技术，快速不粘连出面。应用新技术的全自动快速面条机将制面时间从16.5min缩短至14.5min，面粉残余量从52.2g减少为27.9g以下。研发了立体控温自动翻炒技术和无油烟烹饪技术，实现具有可视化烹饪指导功能的环境友好型智能炒菜机。设计了独特结构的炒菜机搅拌铲，形成全方位立体翻炒。根据菜谱对应的烹饪曲线，精准控温在食用油沸点以下自动翻炒，保证炒菜全程无油烟排放，并获得美味烹饪效果。以 11 位星级厨师研发的 108 道菜谱为基础，整合外部数据资源并进行结构化知识分类与关联，形成面向用户的开放式食谱数据库和智能推荐系统。让不会炒菜的消费者也能轻松烹饪。③建立了家用饮食电器物联网 IoT 云服务平台。集成物联网、大数据等先进技术，充分利用 APP、微信公众号等交互软件和九阳产品的网络功能，将企业、用户和产品实时在线互联，研发了基于语音语义的多轮对话知识问答系统和智能推荐系统，为用户认识、使用和维修产品提供全程便捷服务，实现了公司向“产品＋内容＋服务”的服务型制造企业转型。项目获授权发明专利 40 件，其核心专利荣获中国专利金奖，主导制定豆浆机、面条机国际标准，近 3 年累计销售额 96.9 亿元，利润 17.6 亿元，取得了显著的经济效益。项目成果国际领先，引领提升我国家用饮食电器国际竞争力。

无乳胶环保机制地毯产业化集成技术 该项目属于纺织科学技术领域，是机制地毯生产工艺技术的重大创新。地毯作为重要的铺地材料，需求量增势迅猛，已经为纺织产业一重要经济增长点。机制地毯是地毯主要品种，占比超过 90%，2016 年至 2018 年消耗量以两位数快速增长，其中机织地毯和簇绒地毯平均年消耗量分别增长 11.5% 和 12.08%。随着人们环保和安全健康要求的提高，虽然我国机织地毯和簇绒地毯产能规模庞大，据不完全统计我国机织威尔顿地毯产能约 4700 万 m^2/ 年，机织阿克明地毯产能约 1930 万 m^2/ 年，簇绒地毯产能约 15600 万 m^2/ 年，但因创新不足，我国现行地毯生产一直沿用传统背胶工艺技术，大量使用乳胶类粘结材料，致使地毯生产过程和使用过程 VOC 大量释放，严重影响地毯生产环境和使用健康，同时加工过程能耗高，且产品质量稳定性差、品质档次低。因此，机制地毯现行生产技术已无法满足人们日益提高的环保和安全健康要求，且已成为制约地毯行业健康发展的瓶颈，亟待解决。该项目针对制约我国地毯行业健康发展的瓶颈，立足自主创新，以机制地毯生产过程的清洁化和使用过程的健康化为目标，以基础研究为先导，在攻克专用热熔性粘结材料研发关键技术、专用热熔性粘结材料原位植入技术、地毯热粘合关键技术与装备的基础上，实现了无乳胶环保机制地毯的产业化生产，并成功构建了无乳胶环保机制地毯产业化集成技术体系，主要创新为：①理论创新。提出了机制地毯热熔性粘结材料绒／基原位渗透固结方法，构建了机制地毯热熔性粘结材料原位渗透模型，从机理上解决了传统背胶工艺存在的缺陷，为地毯绒／基原位固结奠定理论基础。②关键技术创新。发明了热熔性粘结材料胚毯原位植入技术，设计并研发了具有负泊松比效应特性的机织地毯经纱制备技术，为高粘度热熔性粘结材料作为机制地毯绒／基粘结剂，有效保障并提升地毯绒／基粘合力，提高机制地毯产品品质，提供了技术支撑。③专用材料创新。开发了适用于不同地毯材质的专用热熔性粘结材料，构建了基于地毯绒头纱、热熔性粘结材料特性及扩散界面分子作用有效提升的绒纱—热熔性粘结材料—基布设计体系。④专用装备创新。研制了无乳胶环保机制地毯专用热粘合设备，在地毯基材有效保护的同时，实现了热熔性粘结材料对绒头与基布的快速高效填充与浸润，有效保障并提高了机制地毯绒／基布的粘合力。该项目获授权发明专利 6 项，实用新型专利 8 项，另申请发明专利 7 项；总体技术水平达到国际领先水平；已形成 500 万 m^2/ 年的产能；产品 TVOC、甲醛、苯乙烯、4- 苯基环己烯释放量优于 GB18587-2001 标准 A 级要求；簇绒地毯耐燃性≤ 12mm，外观保持性≥ 2 级，绒头拔出力 >20N，达到或优于 GB/T 11746—2008 标准要求；外观保持性≥ 3 级，耐燃性≤ 9mm，绒头拔出力 >20N，达到或优于 GB/T 14252—2008 标准要求。投产 3 年实现销售收入 117870 万元，新增利润 25673.5 万元，税金 8893.4 万元，取得良好的经济社会效益。该项目成果对推动地毯行业转型升级和技术进步，实现地毯的生态化，提升地毯档次和附加值，增强国际竞争力具有重要的推动作用。

表面材料水性化的关键树脂及应用解决方案 表面材料是指涂覆于物体表面，起装饰、保护、粘接等功能的高分子材料，如涂料、胶粘剂和合成革。我国表面材料总消费量约 3000 万吨／年，以溶剂型产品为主，每年向大气中挥发的 VOC 超 900 万吨，被喻为人类的“隐形杀手”，也是雾霾的重要成因之一。我国已立法引导行业结构调整，推动表面材料水性化进程，提高表面材料及下游产品档次，实现传统产业转型升级。当前，我国表面材料整体水性化率不足 10%，远低于欧美国家的 40%。究其原因，主要是水性表面材料的树脂（即成膜物质，决定表面材料的核心性能）长期被几家国外跨国公司把持，且国产水性树脂性能又不能满足应用需求。表面材料应用主要集中于国民经济中的涂料、胶粘剂两大行业。国外公司仅出售产品不出售水性化核心技术，因此必须立足于自主创新与规模产业化。针对国民经济各领域对表面材料的功能要求和应用解决方案不一，难以研发出覆盖全部领域的广谱性技术体系的客观实际，该项目依托行业唯一的“聚合物表面材料制备技术国家工程实验室”，以涂料、胶粘剂行业最具代表性的产品为突破口，在特定领域创新性地构建各专项水性化技术体系的基础上，开发了覆盖胶粘剂、工业涂料、织物涂层、建筑涂料等领域的系列化的水性树脂与应用解决方案，解决了国内无法实现水性树脂工业化大生产、产品质量批次稳定性差的瓶颈性问题。①开发了适用于制鞋、家

居、汽车内饰等领域用水性聚氨酯胶粘剂关键树脂及全水性化胶粘剂解决方案，成为胶粘剂领军企业，目前万华水性聚氨酯胶粘剂市场占有率居世界第一。②开发了适用于宜家（全球最大的家具零售商）、高档中式家具、板式家具和地板用木器漆水性化关键树脂及解决方案，成为全国市场占有率第二、能供应高端水性木器漆树脂的行业领先生产商。③开发了高铁、地铁、卡车、乘用车等交通工具，集装箱用金属涂料水性化解决方案，产品已供应宣伟、佐敦等国际知名涂料企业。④开发了纺织涂层用固含量达58%的水性树脂，其关键的曲挠性能国际领先，使万华成为世界上第3家能生产供应鞋材和服装印花用水性涂层树脂的企业。⑤开发了高档水性建筑涂料用水性丙烯酸、水性聚氨酯等树脂，以及乳液脱VOC制超低净味树脂关键技术，形成了弹性、耐污渍、抗甲醛等高档水性建筑涂料系统解决方案，产品供应阿克苏、立邦、宣伟等国际顶级建筑涂料品牌。项目实施期间制定了国家标准2项和行业标准3项，获授权发明专利23件，获得了4项“涂料工业—荣格技术创新奖”，并成为汉高（全球最大胶粘剂企业）、PPG（全球涂料企业巨头）的最佳供应商，培养了泰山产业领军人才1人。成果转化已在烟台、宁波、珠海等万华三大生产基地建成总计21万吨／年的水性树脂生产线，累计实现销售收入20.2亿元，利税3.9亿元。项目的实施，使万华成为世界表面材料水性树脂的主要供应商，为全球涂料和胶粘剂等表面材料的水性化、高性能化发展做出了重大贡献，为山东省新旧动能转换树立了榜样。

高纯度盐酸表柔比星绿色合成产业化关键技术体系的构建与应用 癌症严重危害人类的健康。据世卫组织统计，2018年全球新增1810万癌症病例，死亡人数达960万，而我国新增癌症人数380.4万例、死亡人数达229.6万。因肿瘤病涉及人口众多，《国家中长期科学和技术发展规划纲要（2006—2020年）》将“肿瘤等重大非传染疾病防治”列为优先发展主题，为此实施化工制药方面的技术创新，以满足国家重大需求，有着重要的意义。意大利Farmitlia公司率先开发新型蒽环抗生素类抗肿瘤药物盐酸表柔比星。但其产业化核心技术完全受制于国外公司，被严酷的专利壁垒封锁；国际垄断企业采用独家进口或以技术入股合资建厂的方式占领国内市场。因我国在原料与制剂的合成方法与结晶纯化等核心技术方面未能实现有效突破，无法形成拥有完全自主知识产权的生产体系。难以以生产技术和市场价格的优势惠及国内患者。盐酸表柔比星核心技术集中于两部分：一是工业合成技术及绿色化；二是工业结晶纯化，属于典型的化学工程与工艺技术问题。该项目在国家通用名化学药发展专项、国家科技支撑计划、国家创新能力专项和国家自然科学基金等支持下，历经13年科技攻关，解决了产业化核心技术难题，构建了高纯度盐酸表柔比星绿色合成产业化关键技术体系并实现了规模产业化。该项目主要科技创新如下：①开发了全新的基于高立体选择性酮还原催化酶，开发了有序介孔无机载体—高效酮还原酶复合催化剂的制备技术。解决了原关键中间体合成使用NaBH4还原剂易生成羟基异构体难题，使所合成的中间体具有单一手性构型；解决了14-羰基的还原生成杂质的难题，从根源上保障了中间体的纯度。反应过程温和可控，关键中间体ee值大于99.0%，收率大于95%。具有绿色环保、成本低廉的特点。②提出了树脂纯化与结晶耦合的纯化方案，开发了梯级温控结晶技术，有效地提高了纯化除杂水平；依据推理选育法和定向敲除法，创新集成开发了高产稳定的基因工程菌株生产技术，使前驱体柔红霉素原料发酵单位由2.5g/L提高到3.8g/L。系统揭示了杂质产生机制和杂质谱归属，为有效降低杂质含量与生产工艺参数的合理设置提供了理论依据；解决了来自动物源的乳糖难以达到注射级质量要求的难题，提高了产品的安全性与稳定性，率先实现了注射用盐酸表柔比星（速溶）剂型的国内上市，独家起草5项国家药品质量标准。该项目实施过程中，获得国家授权发明专利8件，生产批件5件，制定国家药品标准5项，整体技术达国际先进水平，产品质量优于原研产品。产品近3年销售额达8.7亿元，新增利税2.1亿元。药品价格不到国际同类产品的二分之一，具有良好的社会、经济效益。该项目对构成整个生产体系的原料制备、催化合成、结晶纯化的三大组成方面，实施了核心关键技术的创新，构建高纯度盐酸表柔比星绿色合成产业化关键技术体系；实现了规模产业化。所制定的国家药品标准等引领了行业相关产品质量水平的提升，打破了国外公司技术封锁，结束了国外此类产品对国内市场的垄断，以示范作用促进了我国化工制药生产领域的科学技术进步。

废弃混凝土全再生利用关键技术及其应用 随着山东省城镇化快速发展，每年产生建筑垃圾超过1亿吨，其中废弃混凝土约占40%，成为制约可持续发展的瓶颈之一；鲁建城管字〔2017〕11号文指出，到2020年，山东省建筑垃圾资源化利用率需达60%以上。另一方面，随着生态保护和节能减排力度加大，导致2018年山东各地砂石骨料价格上涨2倍以上，粉煤灰等矿物掺合料价格也明显上扬。因此，将废弃混凝土资源化全再生利用，变废为宝，意义重大。针对废弃混凝土来源复杂、再生骨料均匀性差、再生微粉品质低等难题，开发了废弃混凝土再生粗骨料、细骨料和微粉的全组分再生利用技术，提出了再生混凝土配合比设计方法，揭示了再生混凝土的应变率效应及其机理，建立了再生混凝土绿色施工方法，形成了完整的理论体系与成套技术。解决了再生混凝土材料、结构和施工中的关键科学与技术问题，保障了废弃混凝土资源化与高附加值制品安全利用，为实现山东省

建筑垃圾资源化战略目标及建筑业可持续发展提供了重要的科技支撑。①创建了废弃混凝土全再生利用的理论框架：建立了考虑附着砂浆定量影响的再生粗骨料分析模型，重构了再生混凝土多重界面结构，提出了降低再生骨料质量波动性的加工工艺，研发了再生微粉深加工技术，实现了废弃混凝土再生粗骨料、细骨料和微粉的全组分高效利用。②提出了再生混凝土材料的制备和调控方法：揭示了再生粗骨料、细骨料和微粉对再生混凝土等再生材料性能的影响规律及其内养护机理，提出了再生混凝土短期（早期收缩）和长期性能控制多路径技术，建立了再生混凝土配合比设计理论与方法，推动了再生混凝土商品化供应。③创立了再生混凝土应变率相关本构关系模型：揭示了约束对再生混凝土力学性能的影响机理，厘清了再生混凝土的应变率效应及其作用规律，构建了再生混凝土结构在地震作用下的损伤指标体系，奠定了再生混凝土结构设计基础。④建立了再生混凝土绿色施工成套技术：研发了再生混凝土预拌、泵送和全自动养护工艺，形成了预制再生混凝土施工工法，开发了用于海绵城市建设的再生制品，提出了再生混凝土工程的智能监测方法，建立了再生混凝土生命周期评价体系。项目获授权国家发明专利 28 项、实用新型专利 44 项、软件著作权 10 项，获批施工工法 3 项，主编 / 编制标准 9 部，出版学术专著 5 本，发表学术论文 150 篇（SCI 收录 29 篇、EI 收录 49 篇）。项目创新技术不仅在济南、青岛、临沂、滨州等地实现了规模化应用，也推广到广西和安徽等地，项目整体技术已于 2017 年 3 月前成熟应用，引领和示范作用明显，推动了“无废城市”政策的出台。近三年完成单位与其他应用单位新增销售额 8.32942 亿元、新增利润 5541.52 万元，新增税收 3082.46 万元，社会和生态效益显著。肖绪文院士担任主任的鉴定委员会对项目给予高度评价，认为项目总体达到国际领先水平。该项目的推广，有利于加快山东省建筑业新旧动能转化，助力美丽山东建设，前景广阔，突显社会公益性。

新型铜冶炼清洁冶金技术　该项目由东营方圆有色金属有限公司与中国科学院沈阳自动化研究所联合研发，是我国自主研发的现代新型铜冶炼工艺，拥有完全自主知识产权。该技术主要针对现有铜冶炼工艺普遍采用熔炼、吹炼、精炼三步法生产阳极板，存在流程长、不连续，中间物料倒运、热损失高、SO_2 等有害烟气无序逸散严重等多项技术难题，研发了新型铜冶炼清洁生产工艺及其装备。东营鲁方金属材料有限公司采用该技术成果建成了年处理 150 万吨多金属矿料的示范生产线，于 2015 年 9 月投产，年处理混合矿料达到 175 万吨，年产阳极板 40 万吨，该技术原料适用性强，多金属捕集率高，能耗低，经专家评审该成果各项技术指标达到国际领先水平。该项目主要技术内容为：建立了新型铜冶炼清洁冶金工艺理论体系。建立计算机仿真实验模拟装置，以多金属冶炼化学反应机理为基础，兼顾各项元素综合回收，采用相平衡实验与热力学软件相结合，构建了新型铜冶炼清洁冶金工艺理论体系，提出清洁冶金新思路，并形成新的流体力学模型，确立铜冶金反应过程中的新型渣系。①研发了新型铜冶炼清洁生产新工艺，实现了短流程连续作业。各种矿料，包括铜硫化矿、金矿、银矿及氧化矿等复杂矿料直接加入多元炉，经多元炉复合熔炼，放出亚白冰铜，热态亚白冰铜连续流入火精炉，经火精炉直接产出阳极板，在此工序取消铜锍、吹炼渣的吊车倒运，彻底解决车间低空污染问题。从矿料到阳极板的产出，过程连续，流程短，减少了等料、保温时间，缩短了冶炼周期，降低了能源消耗。②研发了新型铜冶炼清洁冶金关键装备及其核心装置。研发了集多功能于一体的多元炉装备和火精炉装备；研发了连接多元炉与火精炉之间连续输送亚白冰铜的新型导锍管；研发了适用于多元炉及火精炉的喷枪及智能操控系统，实现了全流程智能化操控。该技术在研发过程中，获得授权发明专利 5 项，授权实用新型专利 5 项。该项目已稳定运行 3 年多，铜、金、银回收率分别达到了 98.2%、98.5%、98.5%，硫固化率大于 99.9%，综合能耗为 176kgce/t 阳极铜，尾气二氧化硫排放浓度 ≤ 100mg/Nm^3，尾气颗粒物排放浓度 ≤ 15mg/Nm^3；近 3 年，累计实现销售收入 707.3 亿元，利税 44.8 亿元，净利润 34.5 亿元；每年减排二氧化碳 > 21.1 万吨，减排二氧化硫 > 569.3 吨；增加就业 500 人。目前，该技术已列入“中智”矿业合作推广项目之一，西藏巨龙矿业有限公司、泰国 BT 金属有限公司均与方圆公司签订合作协议，智利国营铜业、国营矿业和美国奥博特公司、蒙古 HOKO 公司、俄罗斯乌拉尔矿业公司均已完成可行性方案。2018 年 11 月 29 日，该技术成果经专家评价：“整体技术达到国际领先水平。”

极端条件下发动机高稳定性分级分区燃烧技术及应用　升限、速度和机动性是衡量无人机、靶机等的一组重要指标，高空高速大机动飞行器更易于突破敌方雷达探测拦截，高空高速大机动靶机对检验装备的防空能力意义重大。随着无人机和相关装备的升限、速度、机动性不断提升，对航空发动机在高空极端条件下的成功点火和稳定燃烧提出了巨大挑战，是当前小型航空发动机领域的研究和发展热点。该项目在国家两机重大专项，工信部民机专项等多个国家级、部委级计划的支持下，突破核心关键技术，发展了分级分区燃烧技术，实现了发动机在极端条件下的高稳定性燃烧，为无人机 / 靶机和相关装备提高升限、提升生存能力、降低成本提供了重要技术基础。该项目取得的主要技术发明包括：①提出了基于燃油分级且空气分区的分层部分预混旋流燃烧组织技术，采用该技术方案的燃烧室贫油熄火油气比比常规燃烧方案降低

约40%，使高空长航时无人机用小型涡扇发动机升限提高50%，并实现高原点火。②提出了一种适用于小型涡喷发动机的低阻力加力燃烧室和电驱＋杠杆作动的可调尾喷管结构，在国际上首次实现了带加力燃烧室小型涡喷发动机设计，填补了小型超音速无人机缺乏可用动力的技术空白。③提出了一种兼顾稳定性与低成本的分级分区预热式蒸发管燃烧技术，有效拓宽了燃烧室的高原高寒起动性能和高空稳定工作边界，升限提高50%。此外，其低成本设计理念极大提升了小型涡喷发动机的效费比，使靶机等训练器材和相关装备成本显著降低，为大规模实战训练、装备可持续消耗奠定了技术基础。项目共获授权发明专利21件，授权实用新型专利3件，软件著作权1项，发表论文30篇，通过中国科学院组织的科技成果鉴定会，认为该技术是我国小型航空发动机领域的一项重要突破，整体技术居国际领先水平。基于上述技术设计的低污染、高温升燃烧室应用于中国航发商用航空发动机有限责任公司研制的CJ商用大涵道比航空发动机和中国航发沈阳发动机研究所研制的新一代高推重比航空发动机；基于上述技术设计的分级分区预热式蒸发管燃烧燃烧室应用于系列高性能低成本涡喷发动机，配合相关装备使用部门、中航工业洪都、浙江大学、中科方舟、西安科为、西安龙德、四川 磊等多家总体单位的无人机、靶机完成试飞，性能优异，有效提升了我国装备研制水平。中国科学院工程热物理研究所联合青岛市政府，于2016年成立中科航星科技有限公司，实现该技术的产业化应用，近3年累计新增销售额7211万元，累计新增利润746万元，并有效带动山东省内潍坊一立、高密豪迈、莱州中玮等传统制造企业向航空材料、航空模具、精密铸造、精密机加、航空焊接和特种钣金等高端装备制造方向转型，有效辐射和带动了地方经济发展。

柴油机高效后处理系统关键技术开发及产业化 据环保部《中国机动车环境管理年报（2018）》，柴油车的保有量占汽车总保有量的10.2%，但其排放的NOx接近汽车排放总量的70%，PM超过90%，因此柴油机的排放控制是大气污染治理攻坚战的主要目标。当前，降低柴油机排放高效后处理技术是关键，项目开展初期，由于我国排放法规比起发达国家相对滞后，后处理技术均先在发达国家研发成功并应用，我国后处理技术研发起步晚，研究基础薄弱，核心技术差距大，致使后处理关键技术被国外公司掌控。该项目集中了国内后处理技术研发的优势资源，在国家863计划等国家和省部级项目的指导下，攻克了柴油机后处理技术的一系列难题，取得的创新成果如下：①揭示了尿素蒸发分解过程中的化学反应机理和热量传递规律，构建了基于化学反应动力学及流固耦合换热的尿素结晶仿真模型，实现了对尿素结晶的定量、精确位置预测。提出了“结晶能量因子”的概念，作为尿素结晶风险评估的参数用来指导开发设计，发明了双旋流高效SCR混合器，解决了高效SCR应用中的尿素结晶难题。发明了消音孔板与蜂窝载体耦合的阻抗复合型消音管路，拓展了SCR催化器的消声功能。项目产品高风险工况尿素结晶量和降噪指标优于国外产品。②开发了低温活性突出、NO氧化能力优异的新型DOC涂层技术，通过Pt/Pd双金属比例分区涂覆，实现了贵金属减量化。优化了CDPF分区可控涂覆工艺，实现了低背压高捕集率CDPF的批产。开发了快速分子筛材料制备和高效的铜负载技术，催化剂低温活性和氨存储性能指标优于国际同行水平。③开发了基于模型的尿素喷射控制策略和SCR自适应控制策略，提高了系统瞬态响应性和排放耐久性。揭示了后处理系统中DOC、CDPF和SCR之间的传热和传质规律，开发了智能低温CDPF再生技术和后处理系统一体化协同控制技术，提高了后处理系统低温性能和环境适应性。匹配的柴油机产品率先通过VCA欧VI排放认证、中国国六b排放认证和IMO Ⅲ排放认证，并完成了满足美国EPA4排放的检测，为排放升级提供可行的技术途径。④提出了后处理系统排放劣化算法，从后处理系统的失效机理出发，探明了影响后处理总成可靠性的核心因素，建立了后处理系统综合评价试验平台及规范流程，提升了后处理系统的可靠性及排放耐久性。项目授权专利49项，其中发明专利37项，主持和参与制定国家和行业标准10项，专家评价意见认为，该项目总体技术居国际先进水平。近3年搭载该项目产品的发动机实现销售收入750.2亿元，利润134.9亿元，按照贡献率15%计算，该项目实现销售收入112.5亿元，利润20.2亿元，经济效益显著，同时为节能减排国家战略的实施做出了巨大贡献。

项目开发的后处理产品已广泛应用于机动车和船舶等领域，满足了国产柴油机从国四到国六的排放控制技术需求，是当今最严格的排放法规（国六）得以实施的重要保证。2018年3月28日，《凤凰卫视》对潍柴WP10H欧VI动力总成挺进香港市场进行了专题报道，实现了中国动力与世界前沿技术的并跑，标志着我国自主品牌柴油机产品首次进入全球高端市场。

食管鳞癌精准放疗关键技术及临床应用 我国食管癌发病人数占全球50%以上，90%以上为食管鳞癌（ESCC）。放射治疗（简称放疗）是其重要治疗手段。然而，由于东、西方患者差异显著，临床实践中的放化疗方案存在较大争议；加之患者之间亦存在明显个体差异，导致肿瘤放疗敏感性、预后及正常组织损伤差异巨大。在国家自然基金等项目支持下，经十余年联合攻关，建立ESCC精准放疗与临床应用技术体系，提高疗效，取得如下创新：①针对ESCC靶区争议大的问题，优化不同段位和多种治疗模式的放疗靶区，成果写入9部外文书籍，为ESCC放疗精准目标锁定提供标准，实现“靶区精准”。②针对ESCC放疗大体肿瘤靶区（GTV），提出基于多模态影像的 GTV 勾画最佳方法。收录于国际原子能机构顾问编写的 *PET-CT and PET-MR in Oncology* 等多部外文书籍，被美、德、日多国外文经典教科书大篇幅引用。针对 ESCC 放疗临床靶区（CTV），提出业内认可的 CTV 勾画"中国建议"，并分析术后失败模式指导辅助放疗靶区勾画。被写入三部临床指南或专家共识。③针对放疗疗程中肿瘤及正常组织变化引起的放疗精度降低，创新医学影像处理技术，依托 7 项发明专利，为患者提供个体化最优放疗方案，实现"物理精准"。提出多种基于"字典学习"的低剂量 CT 图像处理方法，胸、腹部总体图像质量提升 147%，图像处理时间缩短 66%。3 篇核心文章合计 SCI 检索被引 233 次；获国际一等奖学金。提出一种医学影像类曲线结构提取方法，实现对心脏及冠状动脉快速自动识别和放疗剂量准确评估，降低放射损伤风险。自动提取相似性系数达 0.804，计算时间仅为传统方法的 23%。发表在图像处理顶级期刊，被 4 本图像与信号处理领域顶级期刊在内引用 58 次。提出一种放疗计划移植方法，解决国内外主流放疗计划系统技术局限，推动"量体裁衣"个体化自适应放疗的发展。④针对 ESCC 放疗敏感性和预后异质性难题，揭示东西方 ESCC 遗传学差异，建立放疗疗效、预后预测及放疗增敏方法，实现"生物精准"。发现 ESCC 放疗增敏关键分子，发表在放射肿瘤学权威杂志，被《自然》子刊 *Nat Commun* 论文引用。建立环状 RNA、DNA 及蛋白质差异表达图谱，首次揭示东西方 ESCC 遗传学差异，发表在《自然》子刊 *Nat Commun*，*Cancer Cell*（IF：22.844）评价该研究"有力证明癌症基因组差异存在于不同种族和民族"。⑤针对 ESCC 放疗范围、剂量及同步化疗方案的优化问题，开展 10 项 I、II、III 期系列临床研究，5 年总生存由 26.0% 提高到 44.3%，≥ 4 级毒副反应发生率由 4.0% 降为 1.8%，为 ESCC 同步放化提供新的解决方案，实现"决策精准"。发表 SCI 收录论文 42 篇，19 篇 JCR 1 区，合计 IF 193.10，SCI 检索被引 560 次，SCI 检索他引 406 次，最高单篇被引 112 次。获 7 项国家发明专利，3 项软件著作权。经查新机构检索，5 项研究成果为国内外首次报道。研究成果写入 10 部外文著作、3 部临床指南，被美、德、日多国外文经典教科书大篇幅引用。获中国图像图形学学会科学技术奖一等奖、中华医学科技奖三等奖、山东医学科技奖一、二等奖各 1 项。举办国际会议 16 次，35 人次应邀赴境外作专题报告。成果应用于国内 30 多家医疗机构，每年惠及万余例 ESCC 患者。

脑胶质瘤免疫微环境分子标志物鉴定的关键技术研发和推广应用 人脑胶质瘤是中枢神经系统最常见的恶性肿瘤，肿瘤抑制性免疫微环境被认为是影响其疗效的重要因素。深入解析其形成的分子机制，寻找关键分子标志物，并进行临床鉴定检测方法及设备的研发，将为改善现有胶质瘤免疫治疗策略提供新的理论依据和临床转化支撑。脑胶质瘤免疫微环境中关键分子标志物临床应用的瓶颈在于：如何发现和鉴定具有临床诊断价值的分子标志物；如何对分子标志物进行快速无创的临床检测；如何将检测方法及设备进行临床转化及推广应用。研究团队自 2012 年开始针对上述关键科学问题，进行了为期 7 年的基础与临床研究，取得了以下 4 项主要创新成果：①阐明了多个低氧诱导的胶质瘤分泌性细胞因子促进抑制性免疫微环境形成的分子调控机制：低氧胶质瘤分泌的 IL-6 对免疫抑制微环境的形成及自噬的促进作用；联合应用 IL-6 受体阻断单抗能提高替莫唑胺的化疗效果；MIF 对胶质瘤血管生成拟态和树突状细胞免疫逃逸的促进作用及 G-CSF 的促胶质瘤机制；褪黑素可抑制胶质瘤细胞的侵袭迁移。②阐明了低氧胶质瘤促进免疫微环境中髓系细胞免疫抑制能力的分子调控机制：胶质瘤分泌 POSTN 可促进肿瘤相关巨噬细胞的招募和 M2 极化；低氧胶质瘤外泌体携带的 miR-10a、21、29a、92a 等小 RNA 能促进髓系抑制细胞的增殖和免疫抑制能力；证实了上述外泌体 RNA 在胶质瘤免疫抑制性微环境形成中的关键作用，以及作为分子标志物的可行性。③研发了脑胶质瘤免疫微环境分子标志物鉴定的关键技术和检测设备：首次绘制了胶质瘤免疫微环境中外泌体的全 RNA 表达谱，并通过胶质瘤外泌体全 RNA 测序证实 miRNA 能够作为良好的分子标志物指导免疫治疗和预后评估；构建了人脑胶质瘤脑脊液外泌体 RNA 全组学大数据库并鉴定了多套分子标志物集；建立了胶质瘤脑脊液外泌体的富集、提取方法，及外泌体中 RNA 分子标志物的鉴定和检测方法；提出了脑胶质瘤外泌体 RNA 分子分型指标体系，研发了配套脑脊液外泌体微流控检测芯片设备。④创立了脑胶质瘤分子标志物临床转化及推广应用的新范式：建立了"山东省脑肿瘤医疗大数据暨生物标本库科技创新平台建设联盟"，搭建了多中心临床转化平台；制定了多中心脑胶质瘤医疗大数据队列建设系列章程规范；建立了联盟专用的"山东省脑胶质瘤病例队列注册登记系统"网站和在线"山东省脑肿瘤大数据联盟工作平台"。上述研究得到了 12 项国家自然科学基金和 2 项重大创新工程的资助，发表 SCI 收录文章 42 篇，影响因子合计 120.1 分，其中申报这次奖项的 10 篇论文总影响因子达 61.4，10 以上 2 篇，5 ~ 10 的论文 4 篇，SCI 检索他引次数 200 余次；获得专利 4 项、著作权 1 项；在重大学术会议上发表相关演讲 30 余次。在省卫健委召开的"全省健康医疗大数据科技创新联盟建设暨专病大数据队列研究工作推进会议"上进行了成果经验交流，并在省内 20 余家三甲医院全面推广应用，制定的章程规范提升了山东省脑胶质瘤的医疗质控水平。该项目培养博士后 3 名、博士 9 名和硕士 15 名。该研究成果的推广应用取得了一定的经济效益和良好的社会效益。

腹腔镜袖状胃切除术治疗肥胖症和糖尿病技术体系的建立与应用推广 我国为肥胖症和糖尿病的世界第一大国。目前，减重与代谢手术治疗肥胖症及糖尿病获得了国内外临床指南的广泛推荐。但在21世纪初，欧美减重与代谢手术的金标准术式为腹腔镜胃旁路术（LRYGB）。其手术复杂、并发症多，尤其是将旷置的胃留在了体内，一旦发生癌变难以进行“金标准”的胃镜检查。我国又是胃癌高发国家，该术式不适合在我国广泛推广。腹腔镜袖状胃切除术（LSG）保留了正常的胃肠道解剖顺序，手术操作难度低，并发症少，避免了旷置的胃发生癌变而难以行胃镜检查的风险，较适于在我国应用推广。但欧美国家最初将其作为超级肥胖患者的一期手术或者附加手术，并非独立的减重与代谢手术术式。LSG在我国的应用推广，需要解决以下3个关键科学问题：LSG减重降糖的效果如何？LSG减重降糖的机制是什么？如何规范开展LSG？该项目组于2006年12月开展了国内首例LSG，同时针对上述关键科学问题进行了为期12年的系列研究，获得了13项国家自然科学基金和12项省部级基金支持，总经费821万元，取得了以下3项主要科技创新：①证实了SG是一种独立的减重与代谢手术术式。主要包括：SG治疗肥胖症和糖尿病的近、远期效果评估；LSG和LRYGB治疗肥胖症和糖尿病效果的比较；LSG治疗超级肥胖患者的效果评价；SG和SG+术式的效果比较；SG和新兴手术方式的效果比较。②提出了减重与代谢手术治疗糖尿病的“小肠中心假说”，阐明了“LSG治疗肥胖症和糖尿病的机制”。主要包括：建立了目前最完善的减重与代谢手术的动物模型体系；证实了SG改善糖脂代谢的作用与小肠密切相关，小肠在减重与代谢手术改善糖脂代谢中起到核心作用；揭示了小肠在减重与代谢手术治疗糖尿病中的具体机制；证实了减重与代谢手术可以显著改善机体的胰岛素抵抗、增强胰岛功能。③建立了“标准化的LSG治疗肥胖症和糖尿病的技术方案”。主要包括：将LSG作为独立的减重与代谢手术写入国内指南和经典著作，进一步拓展了LSG的适应证；确立了标准化的LSG手术操作流程；形成了LSG的加速康复外科方案；制定了LSG的全程化管理方案；创建了国内首个多中心减重与代谢手术病例注册系统；制定了山东省减重与代谢手术质量控制标准。该项目“以临床应用推广为导向开展临床和基础研究，以临床和基础研究成果指导临床应用推广”，系列研究在*Ann Surg*、*Int J Obesity*等国际高水平的专业期刊发表SCI收录论文43篇，最高影响因子9.097，累计影响因子160.231；获得实用新型专利3项；创建了山东省“糖尿病与肥胖症外科”、“十三五”高校重点实验室；“山东省腹腔镜技术工程实验室”获批为山东省工程实验室。代表性论文被*Nature Reviews Endocrinology*、*Cell Metabolism*、*Gastroenterology*、*Endocrine Review*等一流期刊广泛引用，或被编辑部正面评论。课题组成员受邀在国内外重要学术会议发表演讲50次，在省内外13家医院进行手术教学演示30余场，帮助省内20家医院建立了LSG的规范化技术体系。培养博士研究生19名、硕士研究生5名。多项公益活动成功引起了全省乃至全国对LSG治疗肥胖症和糖尿病的广泛关注，取得了良好的社会效益。

颈椎病中医系统化诊疗体系构建及关键技术研究与应用 颈椎病发病率逐年递增，严重威胁民众健康，WHO将其列入危害人类健康的十大疾病。中医治疗颈椎病，疗法多样，特色明显，但缺乏科学、规范的中医综合诊疗体系。该项目在多年临床经验基础上，在国家自然基金、科技支撑等12项课题支持下，通过流行病学调查、临床循证优化与系列基础研究，创建了集“三维平衡正脊技术”、“解结松筋”疗法和具有独立知识产权的“中药外用制剂联合内服浓缩丸剂”三位一体的颈椎病中医系统化诊疗体系，贯通颈椎病“肌筋膜软组织调节—脊柱整体调控”的整体治疗过程。主要科技创新：①创立“三维平衡正脊技术”，通过计算机大数据、有限元、运动捕捉等完成技术分析与手法优化。通过29年临床经验总结创立“三维平衡正脊技术”，建立颈椎病三维有限元模型和生物力学数学模型，运用运动捕捉技术、笛卡尔坐标系联合磁共振DWIBS、DTI成像技术，优化手法角度、力度、速度等关键指标。首次阐释了各类型颈椎手法治疗的生物力学机制，建立颈椎病力学评价指标，制定操作规范，临床路径，形成手法操作评价系统，突破了手法治疗难以量化的瓶颈。治疗患者百万人次，总有效率96.37%，愈显率75.23%，复发率降至5.32%，取得显著社会和经济效益，在颈椎病诊疗领域起到较好的示范和引领作用，有力推动了我国中医药科技创新发展。②明确颈椎病“筋膜—肌肉—骨”发病规律，构建“筋肌骨诊疗”新模式，创建“解结松筋”疗法。根据颈椎病临床分型及“骨错缝、筋出槽”病机，将中医“筋骨并重、标本兼治”理念与筋膜学“人体两系统理论”相结合，明确颈椎病“筋膜—肌肉—骨”发病规律，构建以触诊为依托的肌骨超声精确诊断“筋肌骨诊疗”模式，创建“解结松筋”疗法。分子生物学研究揭示了“解结松筋”治疗前后筋膜中浸润淋巴细胞亚型、集群和分布规律，发现炎性分子标志物CD112、IL36、IL17A等表达变化，为实现“解结松筋”治疗颈椎病关键技术推广应用提供现代化科技支撑。③基于循证医学和疗效验证的颈椎病创新型药物研制，为临床治疗颈椎病提供外敷与内服联合用药新途径。建立治疗颈椎病中药数据库，通过数据分析及临床验证，筛选出有效核心药物组方。采用先进的透皮吸收技术，研制了药膏含量高达30%、24h累积释放率 38.70% 的新型外用制剂“颈痛消贴剂”。应用新型辅料研制出祛痹通络丸、清眩明目丸等浓缩丸剂，高效无毒。内服与外用联合用药疗效显著，复发率降至 5.32%，治疗周期缩短 1/3，大幅提升颈椎病临床疗效。该项目共获得授权发明专利 12 项，实用新型专利 16 项，核心论文 220 篇，SCI 收录论文 39 篇，IF 97.18，专著 18 部，奖励 12 项。项目依托单位是国家重点专科，负责人为唯一的“推拿学泰山学者”特聘专家，参与制定标准规范 3 项；正脊专业培训教材 1 部；培养博士生 16 人，硕士生 48 人；组建 3 个推广平台；在全国 500 余家医院推广应用；培训正脊高级人才 3000 余人。受邀在国内外学术会议做主题报告 56 次，与澳大利亚等国家对项目核心技术进行合作，在国内外形成较高学术影响力，获得显著社会和经济效益，为中医正脊走出国门奠定基础。

基于中药现代化的中药颗粒剂产业化关键技术创新与生产体系的构建 中药现代化是传统中医药优势和特色与现代科学技术相结合的产物。中成药大体可分为固体、液体制剂两大类，据不完全统计，2017 年全国中成药产量 364.6 万吨，产值 1594 亿元。中药颗粒剂作为在传统中药汤剂基础上衍生的现代剂型，既保留了汤剂易吸收、疗效快优点，又克服了汤剂服用剂量大、携带储存不便的弊端，发挥出了应有的科学、临床和市场价值，成为现代中药固体制剂的主流代表之一，据不完全统计，2018 年中药颗粒剂占全国中药固体制剂销售额的 20% 左右。目前制约我国中药颗粒剂发展的瓶颈性问题主要集中于：未能及时将不断发展的现代制药工程技术与中药颗粒剂生产相结合，亟须在颗粒剂工艺技术和颗粒剂生产装备方面实施创新，直接影响了中药颗粒剂生产过程中药效物质收率、资源利用率等。质量控制水平亟待提高，它直接关系到产品质量的稳定性、可控性，需对控制技术与方法实施创新；同时现有质量标准难以体现标准的本质作用，即通过提高质量标准引领行业产品质量水平的提升。特殊制剂原料尤其是苦味腥臭味药材，制剂口感问题突出。药物制剂学传统矫味技术难以满足人们对制剂口感易于接受的需求，直接影响到患者用药的依从性。《国家中长期科学和技术发展规划纲要（2006—2020 年）》将“发展现代中药生产制造技术，构建适合中医药特点的技术方法和标准规范体系”列为优先发展主题，国务院《中医药发展战略规划纲要（2016—2030 年）》明确要求“加强技术集成和工艺创新，提升中药装备制造水平，构建中药产业全链条的优质产品标准体系”。在国家 973 计划、国家重大新药创制计划、国家自然科学基金等支持下，历经 14 年联合攻关，解决了制约我国中药颗粒剂产业化的瓶颈性关键共性技术难题，构建了完整的现代中药生产体系，主要创新点如下：①开发了中药全微粉碎与超声震荡筛分技术，创制了高效中药材研磨粉碎与筛分集成系统；开发了多维矫味工艺技术，解决了口感异味突出的难题，有效地改善了临床用药依从性。②开发了柔性可调多段分控加热和侧向分流减压提取放液技术，创制了新型高效中药多功能提取装置；开发了定向聚集与梯级温控柔性油水分离技术，创制了中药材挥发油高效柔性提取系统。③开发了卧螺离心除渣与药液回收技术和离心机密封防爆与智能化控制系统，创制了中药醇沉罐—卧螺离心机组合系统；解决了醇沉不可控、沉淀包裹醇液难回收、污染高能耗大和安全生产等难题。④构建了中药颗粒剂生产全过程质量控制体系；开发了基于谱效关联的中药制剂质量标准与检测方法，提升了生产过程质量可控性和产品质量水平。该项目实施过程中，获国家发明专利 18 件、国家新药证书 8 件、国家药品生产批件 8 件、国家药品标准 7 件。近 3 年新增销售 10.4 亿元，新增利税 2.9 亿元。该项目解决了产业化共性关键瓶颈性技术难题，实现了基于中药现代化的中药颗粒剂产业化关键技术创新；构建了完整的现代中药生产体系；建立的国家药品标准，引领了行业技术水平的提升，有力地推动了中药现代化技术水平的进步。

基于高端原料药及制剂的药物结晶关键技术研发及产业化 我国制药行业制造水平与发达国家相比仍存在差距，主要是因为国内企业自主创新能力不足和国外技术壁垒，导致国内化学药品中的中间体、原料药、制剂工艺相对落后，在关键环节存在三废量大、过程能耗高、质量标准低等诸多问题，极大地制约了我国化学药品产业的持续发展，因而对高端原料药及制剂的研发和生产提出了重大需求。药物结晶作为药品制造共性关键技术，在实现药物分离纯化的同时可大幅提升产品晶型、粒度等理化指标的附加值，具有绿色、节能、高效的技术优势。由于技术研发壁垒较高，国外长期垄断封锁高端药物的结晶技术，在国内高端药品的产业化应用数量极少。要实现药物结晶技术在国产高端药品的产业化应用，需攻克三大产业化关键技术难题：突破制约医药中间体分离纯化的安全、绿色产业化技术瓶颈；创新原料药的多晶型制备技术，突破原研专利封锁；解决现有制剂工艺物料前处理难度大、损耗高，过程缺乏有效控制的难题。该项目通过自主创新攻克三大产业化关键技术难题，实现了高端原料药与制剂的产业化，创新成果如下：①开发了难溶性药物中间体的反应—溶析结晶耦合工艺，解决了过程制备效率低、溶剂消耗量大的技术难题，产品纯度提高至 99.5% 以上，生产成本降低 30% 以上；开发了易溶性关键中间体的蒸发—冷却耦合结晶工艺，避免了传统工艺中易产生油状产物的缺陷，实现了低能耗、高稳定性产品的规模化生产，节约过程能耗 20% 以上；创新了中间体制备中的溶析—冷却耦合结晶工艺，解决了单一精制方式过程收率低、废液处理工序复杂的难题，节约生产成本 15% 以上。②开发了介稳晶型的结晶溶剂体系筛选技术，打破了原研专利垄断，解决了传统工艺易发生混晶的难题；开发了诱导期相分离结晶技术，有效避免了杂质在结晶过程中的析出，产品纯度提高到99.95%以上；创新了非均相成核结晶工艺，攻克了原研制备技术难关，解决了溶剂用量大、耗时长的难题，实现了高品质稳定晶型的稳定规模化生产。③开发了基于过程在线分析的晶体生长调控技术，实现了不同粒度分布产品的精准制备，避免了粉碎带来的杂质增加、物料损耗的技术难题；开发了高剪切流场均相成核结晶技术，实现了制剂直压工艺的稳定生产，彻底避免了湿法制粒的不稳定因素，解决了制剂灌装困难、片重差异大的难题；创新了原料药形态调控结晶技术，实现了原料药外观形状多样化的需求，解决了制剂产品质量不一致的难题，为高端制剂的产业化开发提供了基础。围绕该项目关键技术创新，申请发明专利21项，授权16项，获新药证书1项，起草国家药品标准3项。该项目整体技术达到国际先进水平，成功应用到硝苯地平缓释片（II）、盐酸安非他酮缓释片、替米沙坦等药品产业化中，已在全国千余家二甲以上医院得到应用。近3年累计销售额10亿元，利税3.69亿元。

ISO 19699-1和ISO 19699-2等系列国际标准应用 卫生领域的高吸收性树脂（SAP）对纯水和尿液具备较高的吸收性能，但是，由于血液成分中还存在蛋白质等有机物质，其吸收机理不同，所以，吸血与吸尿、吸水性能存在很大差别；另外，卫生用材料在使用过程中会产生难闻的异味，因此在吸尿、吸血的同时，如何赋予该类材料更好地除异味功能也是该领域的研发重点。该项目针对这些问题，取得了如下创新成果：①采用多步中和和条带式聚合反应保证了传热和传质均匀，使得聚合反应更加稳定，提高了生产效率和成品率；在聚合配方中添加对血液中蛋白质有强烈亲和作用的可聚合氨基酸衍生物，显著提高了吸血性能。②采用无机配位和有机化学交联的复合后处理技术，并控制加料工艺和升温程序，在树脂粉末中形成由外到里渐变式的层级结构交联网，吸血性能大幅度提高，吸血速率由200秒以上降低到48秒以下，有效防止终端用品的侧漏、返渗等现象。③开发了具有复合除臭功能的核—壳结构的微胶囊，外包水溶性材料，壁材为水溶胀型多孔材料，囊芯为复合除臭剂，与尿液、血液等接触会缓释出除臭剂，兼具化学和物理除臭功能，与SAP复配使用，赋予其持久除异味和除臭功能。④主导制定了有关吸血树脂的两项国际标准和吸血、吸尿SAP的两项国家标准，有效实现了技术专利化、专利标准化，规范和引领了卫生领域SAP行业发展。该系列标准的制定实施，及其相关的高吸血、吸尿树脂的开发，使得产品对于黏稠血液的吸收速度在48秒以下，远远优于同类产品200秒左右的水平，为此，“焦点访谈”等中央媒体栏目对此进行了专题报道。

产品性能对比如下：

产品类别	吸血量（g/g）	吸血速度（s）	吸水量（g/g）	吸水速度（s）	吸盐水量（g/g）	吸盐水速度（s）	凝胶强度
获奖项目产品	8.6	48	310	34	55	40	优
日本产品	4.5	187	360	32	48	92	优
德国产品	4.7	204	360	35	52	95	优

在国际标准中以吸血性能为主要指标，将吸血性SAP分为Ⅰ级和Ⅱ级。目前只有该项目产品可以达到Ⅰ级指标，基于此，在标准颁布实施不到两年的时间里，相较于2017年，该项目产品的生产企业在销售额增长44%左右的基础上，利税增长超过200%，显示出了产品分级所带来的巨大引领作用；3年来共新增销售额50262万元，新增利税7281万元。同时提升了国内产品的市场份额，到2018年底完成该企业的市场占有率由10%提升至20%多，国内企业的市场占有率由20%提升至48%。吸血SAP的采用可以节省木浆60%～80%，以该企业年产4万吨SAP为例，可以节省木浆16万～20万吨，相当于少砍伐20～40年树龄的大树340万～420万棵。另一方面，由于产品吸血性能的大幅度提高，意味着其下游产品卫生巾可以做得更薄，而且其防侧漏、防返渗性能更佳，经期妇女的舒适感大大提高，对改善广大妇女的生活大有裨益。因此具有巨大的经济社会和生态效益。

2019 年度山东省科学技术进步奖二等奖项目（69 项）

编号	项目名称	完成单位	完成人
JB2019-2-1	水肥气一体化精准调控关键技术研发与应用	鲁东大学、华北水利、水电大学、莱芜市春雨滴灌技术有限公司、烟台市农业技术推广中心	张振华、雷宏军、杨润亚、孙军娜、张亮、李松、潘红卫、潘英华、朱瑾瑾
JB2019-2-2	滨海农田盐渍土肥力快速提升关键技术与应用	滨州学院、中国科学院地理科学与资源研究所、中国农业大学、山东思科生物科技有限公司	谢文军、武兰芳、王冲、李学平、王振华、姚海燕、赵舰、张衍鹏、李彬彬
JB2019-2-3	经济作物高亲和型微生物肥料创制与产业化应用	山东农业大学、金正大生态工程集团股份有限公司、山东省林业科学研究院、菏泽金正大生态工程有限公司	杜秉海、马海林、陈宏坤、丁延芹、刘方春、徐淑班、邹朋、姚良同、刘幸红
JB2019-2-4	重大蔬菜害虫烟粉虱绿色防控关键技术研发与应用	青岛农业大学、中国农业科学院植物保护研究所、中国农业科学院蔬菜花卉研究所、西北农林科技大学、山东省植物保护总站	褚栋、万方浩、王少丽、张世泽、孙作文、郭磊、刘同先、刘万学、国栋
JB2019-2-5	马铃薯机械化种植关键技术及应用	山东希成农业机械科技有限公司、山东理工大学、浙江农林大学、山东省农业机械科学研究院	李学强、王相友、梁希成、孙传祝、杨自栋、王琳琳、王法明、孙永佳、杨振宇
JB2019-2-6	奶牛新药研制及细菌病防治	齐鲁动物保健品有限公司、山东省兽药质量检验所、齐鲁晟华制药有限公司、青岛蔚蓝生物股份有限公司	李有志、吴连勇、魏秀丽、王海挺、田玉柱、刘全才、蒋贻海、陈玲、崔进
JB2019-2-7	毛皮动物腹泻主要病原防控关键技术创新与应用	山东省动物疫病预防与控制中心、中国农业大学、青岛农业大学	王贵升、刘维全、马泽芳、田夫林、孙圣福、王吉贵、崔凯、张栋、许阳光
JB2019-2-8	梨矮化砧木和优质新品种培育及应用	青岛农业大学、塔里木大学	王然、王彩虹、马春晖、宋健坤、李鼎立、杨英杰、赵瑞雪、黄小三、刘建萍
JB2019-2-9	板栗新品种选育与提质增效关键技术创新及应用	山东省果树研究所	沈广宁、田寿乐、孙晓莉、王金平、许林、艾呈祥、亓雪龙、赵春磊、明桂冬
JB2019-2-10	花生油脂品质形成的分子机理与高油新品种创制	山东省农业科学院生物技术研究中心、山东省潍坊市农业科学院	单雷、付春、彭振英、鲁成凯、唐桂英、徐平丽、宋晓峰、姜言生、柳展基
JB2019-2-11	山东大豆种质资源收集保存与创新利用	山东省农作物种质资源中心、临沂市农业科学院、山东省潍坊市农业科学院	丁汉凤、李娜娜、刘玉芹、曹其聪、宫永超、蒲艳艳、张素梅、陈雪、王栋
JB2019-2-12	浅海多营养层次综合养殖模式的创建与应用	中国水产科学研究院黄海水产研究所、荣成楮岛水产有限公司、威海长青海洋科技股份有限公司、山东宏业食品有限公司、青岛龙盘海洋生态养殖有限公司	蒋增杰、方建光、毛玉泽、房景辉、王军威、常丽荣、孙岐青、郭鸿强、杜美荣
JB2019-2-13	济南泉水形成机理与保护关键技术	山东省地矿工程勘察院、济南大学	李常锁、邢立亭、徐军祥、孙斌、彭玉明、秦品瑞、赵振华、陈奂良、宋广增
JB2019-2-14	复杂条件隧（巷）道约束混凝土支护关键技术及应用	中建山东投资有限公司、山东大学、中建八局第一建设有限公司、山东天勤矿山机械设备有限公司、山东省交通规划设计院、济南大学、兖煤菏泽能化有限公司	王琦、孙智、董文祥、万利、江贝、李延佩、郭念波、亓祥成、樊祥喜
JB2019-2-15	10MHz ~ 110GHz 超宽频段噪声系数测试技术及系列化仪器开发	中国电子科技集团公司第四十一研究所	梁胜利、郑利颖、宋青娥、薛龙、魏连成、程守梅、李文军、安帅伟、潘猛
JB2019-2-16	高性能单纤 8kW 全光纤激光器关键技术研发及产业化	山东海富光子科技股份有限公司、天津大学	史伟、房强、盛泉、李锦辉、许阳、秦玉果、张起航、赵一柱、姚建铨
JB2019-2-17	面向互联网健康发展的内容可控传播与可信保障关键支撑技术研发	山东省计算中心（国家超级计算济南中心）、中国互联网络信息中心、曲阜师范大学	张新常、王茂励、耿光刚、张玮、延志伟、王鲁、李洪涛、赵彦玲、史慧玲
JB2019-2-18	精准医疗下智能影像识别关键技术的研究与应用	山东大学、山东财经大学、山东省千佛山医院	尹义龙、聂秀山、袭肖明、张光、杨公平、孟宪静
JB2019-2-19	基于企业关系网络的供应链协作云服务平台及应用	山东大学、山东山大华天软件有限公司、济南大学	刘士军、潘丽、田裕惠、陈贞翔、武蕾、马帅、马坤、李志、荆山
JB2019-2-20	面向云应用的软件智能生产平台与环境	山大地纬软件股份有限公司、山东大学	李庆忠、郑永清、赵永光、高永昌、钱进、张桂荣、孔兰菊、于秋波、肖宗水

续表

编号	项目名称	完成单位	完成人
JB2019-2-21	深部采场动力灾害防控成套技术及关键装备	山东科技大学、贵州大学、山东大学、中国矿业大学（北京）、重庆大学、山东里能鲁西矿业有限公司、山东科大中天电子有限公司	文志杰、左宇军、石少帅、赵洪宝、陈结、李杨杨、张广超、张涛、汤建泉
JB2019-2-22	深部煤层“强化增透－高效抽采”一体化关键技术及工程应用	山东科技大学、中国矿业大学、陕西正通煤业有限责任公司	王刚、倪冠华、张金魁、刘震、杨永良、孙路路、刘义鑫、江成浩、李钊
JB2019-2-23	深部油气储层高精度地震成像技术及工业化应用	中国石油大学（华东）、中国石油化工股份有限公司胜利油田分公司物探研究院	李振春、黄建平、宋建国、张凯、曲英铭、曹文俊、孙小东、李志娜、秦宁
JB2019-2-24	自升式气体压缩平台关键技术研发及应用	烟台中集来福士海洋工程有限公司	傅强、张健效、宋述占、杜之富、王如壮、韩华伟、孙玉海、张工、尹秀凤
JB2019-2-25	几种食用菌副产物高值化综合利用及产业化	山东省农业科学院农产品研究所、山东玉皇粮油食品有限公司、山东省农业技术推广总站、山东飞达集团生物科技股份有限公司、山东天晴生物科技有限公司	王文亮、王月明、崔文甲、弓志青、贾凤娟、王延圣、陈相艳、张永琥、高霞
JB2019-2-26	基于 MSA 控氧保鲜技术冰箱的研制与应用	青岛海尔股份有限公司	朱小兵、王磊、刘志军、陈建全、梁星、娄喜才、李士东、姬立胜、刘鹏
JB2019-2-27	微蒸汽空气洗洗护模式的创新及产业化	青岛海尔滚筒洗衣机有限公司	吕佩师、蒋玉亮、范景恩、黄世坤、陈超、宿日升、徐永洪、程宝珍、姜文锋
JB2019-2-28	少水节能生态染整关键生产技术研发	华纺股份有限公司	王力民、罗维新、李春光、闫英山、吕建品、刘跃霞、杨玉华、赵成伟、王鲁刚
JB2019-2-29	煤气／天然气中汞污染物的常温脱除技术及应用	山东科技大学	张华伟、梁鹏、田原宇、王力、焦甜甜、张文睿、张亚青
JB2019-2-30	环保型纺织品用硅基阻燃剂的研发与产业化	昌邑市龙港无机硅有限公司	王敬伟、冯守华、蹇锡高、陆安慧、黄科科
JB2019-2-31	精细氧化铝精准调控制备技术开发与产业化	中铝山东有限公司、中南大学、中铝山东新材料有限公司	杜善国、赵善雷、刘桂华、宋国卫、董晓辉、冯晓明、任明林、李广战、刘延东
JB2019-2-32	FRP 废弃物处理及其在木塑复合材料中的资源化高效利用关键技术	山东霞光集团有限公司、济南大学	赵悦英、葛曷一、杨明、陈娟、王冬至、王建荣、李素坤、王世勇、顾元
JB2019-2-33	高速铁路电力接触网用热轧 H 型钢关键技术研究及产业化	山东钢铁股份有限公司	王中学、袁鹏举、赵新华、王培文、霍喜伟、韩蕾蕾、付常伟、李超
JB2019-2-34	大型风电叶片绿色制造关键技术创新及产业化	山东理工大学、连云港中复连众复合材料集团有限公司、山东大学、山东中车风电有限公司	张磊安、魏修亭、贾玉玺、黄雪梅、乔光辉、刘卫生、苏志勇、袁光明、郭云力
JB2019-2-35	纳微复合梯度自润滑刀具设计制备关键技术与应用	齐鲁工业大学	许崇海、衣明东、肖光春、陈照强、张静婕、方斌
JB2019-2-36	风光储接入配电网的智能控制关键技术及装置	国网山东省电力公司青岛供电公司、国网山东省电力公司电力科学研究院、思源清能电气电子有限公司、上海交通大学	撖奥洋、李国杰、李广磊、孙旭日、张松、孙振海、江秀臣、李岩
JB2019-2-37	高比例可再生能源微电网控制运行关键技术	国网山东省电力公司电力科学研究院、山东科技大学、国网山东省电力公司烟台供电公司、山东建筑大学、中国电力科学研究院有限公司、上海交通大学、华北电力大学	孙树敏、苏建军、于芃、文艳、辛征、李笋、曹连民、孙艳霞、魏大钧
JB2019-2-38	直流设备积污特性与污闪综合防治技术及应用	国网山东省电力公司、电力科学研究院、国网山东省电力公司、检修公司、山东大学、清华大学深圳研究生院、山东申烨电气科技有限公司、青州市力王电力科技有限公司、淄博泰光电力器材厂	刘辉、沈庆河、姚金霞、李清泉、刘嵘、张洋、雍军、孟海磊、张燕
JB2019-2-39	特高压交直流混联大电网继电保护智能化关键技术与工程应用	国网山东省电力公司、南京南瑞继保电气有限公司、山东大学、国网山东省电力公司、电力科学研究院	王勇、房光华、李磊、李乃永、梁军、唐毅、朱倩茹、刘萌、杨贵
JB2019-2-40	基于 TPO 的城市道路按需照明关键技术研究与应用	泰华智慧产业集团股份有限公司、山东省计算中心（国家超级计算济南中心）	郝敬全、马述杰、王淑平、丁青艳、邓三、刘菲、张坤、于涛、徐文鹏

续表

编号	项目名称	完成单位	完成人
JB2019-2-41	时速 160 公里城际动车组	中车青岛四方机车车辆股份有限公司	梁君海、王学亮、何丹炉、孙宁、冯永华、郭海霞、李文超、张峰、胡学永
JB2019-2-42	污染源排放在线监测动态管控技术研究与应用	山东省环境监测中心、江苏三希科技股份有限公司、烟台大学	许杨、石敬华、刘常永、范素芳、刘兆伟、于彦伟、张同星、王增国、汪磊
JB2019-2-43	基于有机固废质能转换的产业化关键技术体系构建与清洁供能示范	山东省科学院能源研究所、济南山源环保科技有限公司、山东宝力生物质能源股份有限公司	华栋梁、赵保峰、陈雷、张元成、韩淑媛、孙来芝、张晓东、李岩、赵玉晓
JB2019-2-44	基于免疫策略的山东省乙型病毒性肝炎防控关键技术、示范和成效	山东省疾病预防控制中心	张丽、徐爱强、颜丙玉、吕静静、刘甲野、冯艺、吴文龙、许青
JB2019-2-45	媒介蚊虫杀虫剂抗性现场分子检测方法及生物防治的研究与应用	山东省寄生虫病防治研究所、南京医科大学	公茂庆、沈波、刘宏美、程鹏、张本光、张崇星、王海防、郭秀霞、王怀位
JB2019-2-46	肺癌精准治疗的基础与临床应用研究	山东省肿瘤防治研究院、山东省立医院	孟祥姣、邢力刚、黄召勤、石焕、冯瑞、马长升、王之奇、温强、李波波
JB2019-2-47	前列腺癌恶性进展的新机制和预后评估分子标志物的研究	山东大学、山东大学第二医院、山东省医药生物技术研究中心、山东省立医院	韩博、苑辉卿、王林、张晶、陈蔚文、杨晓庆、田克立、戚美、刘志艳
JB2019-2-48	骨髓源性干细胞定向分化及功能的调控机制和应用	潍坊医学院	成敏、李宏、崔晓栋、张晓芸、官秀梅、徐栋花、闫书山、李鑫
JB2019-2-49	多组学技术在代谢疾病机制及生物大分子功能结构表征研究中的应用	山东省立医院、山东大学齐鲁医院、山东大学	王哲、张群业、迟连利、陈海燕、周洁
JB2019-2-50	糖尿病肾病治疗新靶点的探索	山东省千佛山医院、山东大学齐鲁医院	廖琳、董建军、周晓君、张钟文、赵军玉、张晓倩
JB2019-2-51	颅神经与相关颅底结构解剖及病变影像诊断体系的建立及临床应用	山东省医学影像学研究所、首都医科大学宣武医院	梁长虎、柳澄、李坤成、王道才、黄靖、黄杰、乌大尉
JB2019-2-52	慢性肝脏疾病精准诊疗多模态关键技术研发与应用研究	山东省医学影像学研究所、潍坊医学院、南方医科大学生物医学工程学院	袁振国、王广志、陈智峰、王刚、王锡臻、郭凌飞、朱向玉、刘绍玲、张国栋
JB2019-2-53	Dectin-1 介导的固有免疫在真菌性角膜炎发病机制及临床应用中的研究	青岛大学	赵桂秋、林静、李翠、车成业、彭旭东、王谦、胡丽婷、姜楠、张丽丽
JB2019-2-54	多囊卵巢综合征排卵障碍的机制研究与临床干预策略	烟台毓璜顶医院	郝翠芳、王梅梅、刘振腾、赵冬梅、黄鑫、张宁、魏丽娜
JB2019-2-55	女性生殖系统肿瘤中钙结合蛋白 S100 家族的表达及其临床意义	青岛大学、中国医学科学院	崔竹梅、陈洪岩、华震、王翔宇、田甜、刘芝华、杨晶
JB2019-2-56	胃癌发生与转移的分子机制研究及应用	山东省立医院	李乐平、靖昌庆、郭晓波、商亮、石玉龙、王金申、陈悦之、彭利盼、单可树
JB2019-2-57	口腔正畸骨改建的机制及临床应用	山东大学	魏福兰、刘东旭、刘毅、王春玲、郭杰、杨双艳
JB2019-2-58	牙周组织再生治疗策略的建立和应用	山东大学	葛少华、杨丕山、马保金、张珊、刘红蕊、韩菁
JB2019-2-59	泌尿系肿瘤微环境及代谢模式系列研究	青岛大学	牛海涛、王永华、梁晔、曹延炜、杨学成、陈元滨、梁志娟、王丽萍、李丹
JB2019-2-60	肾细胞癌预后影响机制及临床应用	山东省立医院	傅强、牛志宏、刘帅、刘征、吕家驹、曹庆伟、毕东滨、王法成
JB2019-2-61	中西医结合防治骨折延迟愈合及不愈合的关键技术及临床应用	山东省文登整骨医院、浙江星月生物科技股份有限公司、中国中医科学院望京医院	姜红江、谭训香、严伟、邹晓晖、宋修刚、成永忠、鞠昌军、邹德宝、谭勇海
JB2019-2-62	脐疗防治疾病技术与临床应用	山东中医药大学、山东中医药大学附属医院、山东中医药大学第二附属医院、北京中医药大学、山东大学齐鲁医院	马玉侠、高树中、于岩瀑、刘存志、郭刚、鞠红梅、韩兴军、刘晓岚、马凤君
JB2019-2-63	丹参、金银花、黄芩系列产品谱－效相关评价技术集成创新及应用	山东省中医药研究院、山东省科学院自动化研究所	赵渤年、高燕、丁晓彦、王平、李珂、刘青、吕凌、王变利、崔宁
JB2019-2-64	畜禽新疫苗技术创新体系（企业科技创新）	青岛易邦生物工程有限公司	
JB2019-2-65	猪肠粘膜活性成分的制备、质控体系的构建及产业化开发应用	中国海洋大学、辰欣药业股份有限公司、北京双鹭药业股份有限公司、南通天龙畜产品有限公司	于广利、李国云、蔡超、吕友晶、孙学超、徐灏、魏衍纲、韩国栋

续表

编号	项目名称	完成单位	完成人
JB2019-2-66	典型气候区绿色建筑全寿命期关键技术及标准体系应用	山东省建筑科学研究院、中国建筑科学研究院有限公司、山东省城乡规划设计研究院、中建八局第二建设有限公司、鲁商置业股份有限公司、山东建筑大学、山东建科建筑设计有限责任公司	宋义仲、王昭、路宾、孙晓冰、李迪、韩亚伟、崔洪涛、唐建平、王涛
JB2019-2-67	环境及安全领域系列国家标准物质研制关键技术与应用	山东省计量科学研究院、山东非金属材料研究所、青岛科技大学、济南德洋特种气体有限公司	郭波、荀其宁、许思思、孙倩芸、隋峰、胡德栋、王立建、于清
JB2019-2-68	包装再利用核心技术标准制定与代表性包装的应用示范	山东省产品质量检验研究院、青岛永泰新能源发展有限公司、山东交通学院	苏本玉、王微山、王君、许超、周洋、张智力、李林林、孙筱辰、武吉伟
JB2019-2-69	DL/T1610—2016 等输变电设备巡检及缺陷诊断机器人系列标准研制及产业化应用	国网山东省电力公司、山东鲁能智能技术有限公司	

2019 年度山东省科学技术进步奖三等奖项目（104 项）

编号	项目名称	完成单位	完成人
JB2019-3-1	花生连作障碍生物修复及高效施肥技术	青岛农业大学、山东省花生研究所、青岛力力惠生物科技股份有限公司	崔德杰、王月福、咸洪泉、房增国、陈明娜、邹晓霞
JB2019-3-2	有机缓释型灌溉液体肥料研究与应用	菏泽开发区曹州农用化学有限公司	王连祥、张学杰、邢继东、张学锋、陈尔金、李金凤
JB2019-3-3	新型助剂应用技术及其在环保剂型中的产业化示范	海利尔药业集团股份有限公司、北京广源益农化学有限责任公司	葛尧伦、司国栋、卢忠利、葛家成、张宗俭、韩先正
JB2019-3-4	进境截获重要检疫性杂草鉴定与入侵风险防控关键技术及应用	青岛海关技术中心、中国检验检疫科学研究院、南京海关动植物与食品检测中心	邵秀玲、范晓虹、伏建国、廖芳、徐晗、于文涛
JB2019-3-5	蔬菜新发病害鉴定检测与精准防控技术研究与应用	山东省农业科学院植物保护研究所、南京农业大学、济南市农业科学研究院	齐军山、段亚冰、张悦丽、张博、马立国、陈长军
JB2019-3-6	农产品计算机视觉检测关键技术研究及装备应用	青岛农业大学、青岛大谷农业信息有限公司	韩仲志、李娟、邓立苗、耿琪超、魏蕾
JB2019-3-7	疫苗胚体自动检测装备与分拣机械手的研制及产业化应用	中国石油大学（华东）、中国石油大学胜利学院、滨州学院、滨州市五岳机械设备有限公司、山东绿都生物科技有限公司	刘衍聪、黄超、尹晓丽、伊鹏、林初文、战祥华
JB2019-3-8	山东省奶牛高产群培育关键技术研究与应用	山东农业大学、山东省畜牧总站	师科荣、王中华、林雪彦、胡洪杰、田富洋、罗明久
JB2019-3-9	可饰面定向刨花板制造关键技术研究与产业化	寿光市鲁丽木业股份有限公司	国智武、钟笃章、葛立军、张芳焕、李晓升、霍子微
JB2019-3-10	景观生态林健康评价和质量提升关键技术	山东省林业科学研究院、山东农业大学	王斐、许景伟、胡丁猛、翟国锋、李传荣、燕丽萍
JB2019-3-11	枣良种选育与高效栽培技术及应用	山东省林业科学研究院	韩传明、孙超、杜振宇、王翠香、孟晓烨、宋永贵
JB2019-3-12	甘薯育种技术创新与泰中系列新品种选育	泰安市农业科学研究院、中国科学院上海生命科学研究院、上海辰山植物园	张鹏、孙哲、郑建利、赵丰玲、杨俊、田昌庚
JB2019-3-13	绿色高效参鲍专用复合预混合饲料的开发及应用	青岛玛斯特生物技术有限公司、中国海洋大学	魏万权、张文兵、周怡、倪梦丽、郭本月、刘广
JB2019-3-14	海带良种培育与高效扩繁技术研究与应用	山东东方海洋科技股份有限公司、中国海洋大学、好当家集团有限公司	李晓捷、张壮志、潘金华、杨官品、孙娟、梁广津
JB2019-3-15	北太公海秋刀鱼资源开发与捕捞装备关键技术研发与应用	蓬莱中柏京鲁船业有限公司、上海海洋大学、蓬莱京鲁渔业有限公司	朱清澄、王轰、花传祥、刘玉川、许巍、张衍栋
JB2019-3-16	超长混凝土结构间歇法高效建造关键技术研究与应用	青建集团股份公司、青岛理工大学、青岛青建新型材料集团有限公司	张同波、吴书义、李翠翠、许卫晓、王宇飞、王胜
JB2019-3-17	生态气囊支撑坝	烟台桑尼橡胶有限公司	肖德轩、高为民、樊柯、刘啸坤、李玲
JB2019-3-18	山东省山洪灾害监测预警关键技术研究与应用	济南大学、中国水利水电科学研究院、水发规划设计有限公司、浪潮软件股份有限公司	刘昌军、桑国庆、李庆国、张启义、黄林显、闫成山

续表

编号	项目名称	完成单位	完成人
JB2019–3–19	基于无源耦合技术的超算应用类光模块	青岛海信宽带多媒体技术有限公司	杨思更、何鹏、郑龙、刘旭霞、邵乾
JB2019–3–20	低能耗高动态范围电视液晶显示关键技术研发及产业化	青岛海信电器股份有限公司	刘卫东、张玉欣、郭好磊、徐爱臣、李富琳、高上
JB2019–3–21	基于物联网技术的 RFID 防伪溯源系列产品	山东泰宝防伪技术产品有限公司	石娜、巩坤、张晓丽、田少良、牟晓辉、孟彦军
JB2019–3–22	智能传感器系统级封装关键技术研发及产业化	山东盛品电子技术有限公司	刘昭麟、邢广军、崔广军、栗振超、王谦、王勇
JB2019–3–23	复杂环境下多源信息融合的高精度无缝定位关键技术及其规模化应用	中国石油大学（华东）、中国交通通信信息中心、北京中斗科技股份有限公司、泰斗微电子科技有限公司	崔学荣、李娟、李晶、李忠伟、张勇、许祥滨
JB2019–3–24	泛在能源物联网平台关键技术与应用	积成电子股份有限公司	刁鹏飞、徐军、樊德军、杜晓兵、许岩、王爱杰
JB2019–3–25	基于视觉测量技术的车轮定位仪	烟台大学、烟台开发区海德科技有限公司	毕远伟、胡潇琨、郑小鹏、李瑞旭、童向荣、孟振华
JB2019–3–26	煤矿生产区域粉尘污染机制与增润促凝湿式除尘关键技术	山东科技大学、湖南科技大学、山东威特立邦矿山设备有限公司	聂文、王鹏飞、杨静、程卫民、刘强、彭慧天
JB2019–3–27	矿井高效节能降温供热系统一体化关键技术	兖矿集团有限公司、江南大学、兖州煤业股份有限公司、西安科技大学、兖煤菏泽能化有限公司	王振平、冯小平、王洪权、王保齐、孙学峰、易欣
JB2019–3–28	济南城市地质及三维可视化模型在城市轨道交通建设中的应用示范	山东省地质调查院、济南轨道交通集团有限公司、武汉中地数码科技有限公司	杨丽芝、朱恒华、尚浩、刘春华、卫政润、刘中业
JB2019–3–29	山东省生态地质调查评价技术体系创新及重大成果	山东省地质调查院、山东师范大学	代杰瑞、庞绪贵、吕建树、刘华峰、喻超、赵西强
JB2019–3–30	金矿深部资源精准预测关键技术创新与应用	山东省地质调查院、山东省地质科学研究院、山东省第六地质矿产勘查院	田京祥、倪振平、刘福魁、李秀章、王来明、祝德成
JB2019–3–31	3000 型页岩气大型压裂成套装备研制及产业化	烟台杰瑞石油服务集团股份有限公司、中国石油大学（华东）、烟台杰瑞石油装备技术有限公司	李守哲、董祥伟、王继鑫、刘延鑫、庞罕、张树立
JB2019–3–32	基于脂质代谢的啤酒风味保鲜关键技术开发及应用	青岛啤酒股份有限公司	余俊红、尹花、董建军、黄淑霞、胡淑敏、刘佳
JB2019–3–33	结晶果糖绿色制造系统集成关键技术及产业化	山东西王糖业有限公司、西王药业有限公司	孙学谦、王棣、杨荣玉、王岩、陶兴发、崔强
JB2019–3–34	鸡肉提效增值加工关键技术及应用	青岛农业大学、诸城外贸有限责任公司、青岛市畜牧兽医研究所、青岛三统万福食品科技股份有限公司、山东新和盛农牧集团有限公司	孙京新、肖军霞、黄明、黄国清、郝小静、乔昌明
JB2019–3–35	新一代面食系列加工装备关键技术研发及产业化	山东银鹰炊事机械有限公司、山东建筑大学	郑明刚、李忠民、焦念雷、焦峰、乔卫方、刘新华
JB2019–3–36	家用多维度空气品质智能管理系统	青岛海信日立空调系统有限公司	矫晓龙、任兆亭、高岭、孙鹏飞、刘坤、侯磊
JB2019–3–37	大容积多系统冰箱高效静音关键技术的研究与产业化	海信（山东）冰箱有限公司、西安交通大学	韩丽丽、杨大海、蒲亮、潘毅广、李成武、王国庆
JB2019–3–38	高清洁无浆料医用消毒水刺材料关键技术与应用	山东省永信非织造材料有限公司、东华大学、山东海燕医用材料制造有限公司	史成玉、黄晨、刘双营、夏伦全、李海燕、李军华
JB2019–3–39	含硫气体资源化利用和清洁排放成套技术开发及应用	中国石油化工股份有限公司齐鲁分公司、山东齐鲁科力化工研究院有限公司、中国石油化工股份有限公司、中原油田普光分公司	刘爱华、刘剑利、王吉平、商剑峰、罗保军、高步良
JB2019–3–40	基于车用汽柴油质量提升的产业化关键技术创新与质量控制体系构建	山东省产品质量检验研究院、中国石油大学（华东）、山东金诚石化集团有限公司、济南开发区星火科学技术研究院	邹惠玲、夏攀登、郑金凤、陈小博、郭秀学、车春玲
JB2019–3–41	性能可控的新型聚氨酯弹性体制备关键技术与产业化	山东一诺威聚氨酯股份有限公司、青岛科技大学	陈海良、刘福胜、韩晶杰、刘兆阳、陈淑海、代金辉
JB2019–3–42	环烷基重质原油生产高端产品的技术开发与工业应用	中海沥青股份有限公司	于恩强、张东春、邓文广、张玲、李军、冯涛
JB2019–3–43	抗菌性抗污染中空纤维超滤膜制备关键技术研发及产业化应用	济南大学、山东金汇膜科技股份有限公司、山东科技大学	王秀菊、王立国、马准、宋玉志、王仲鹏、刘思全
JB2019–3–44	扩散渗析器开发及应用	山东天维膜技术有限公司	刘兆明、连文玉、李晓玉、娄玉峰、张鲜苗、李志刚

续表

编号	项目名称	完成单位	完成人
JB2019-3-45	化工装置建设和检维修作业风险管控关键技术与装备	中国石油化工股份有限公司、青岛安全工程研究院、山东齐旺达石油化工有限公司、青岛诺诚化学品安全科技有限公司	王廷春、辛平、穆波、刘洋、苏国胜、施红勋
JB2019-3-46	基于石脑油加氢深度精制生产绿色高纯烷烃制冷剂工艺技术开发应用	东营市俊源石油技术开发有限公司	苗广发、王兵杰、于睿
JB2019-3-47	高性能六方氮化硼粉体关键技术开发及产业化	山东亚赛陶瓷科技有限公司、山东理工大学、山东大学	孙海滨、张振昊、龚红宇、张玉军、李其松、孙莉
JB2019-3-48	基于超纯铁素体不锈钢的化学成膜法太阳能集热技术	山东桑乐太阳能有限公司、济南大学、山东省科学院能源研究所、北京工业大学、桑乐矢崎（山东）新能源有限公司	于洪文、丁海成、刘宗明、高立峰、李光元、段广彬
JB2019-3-49	耐刺扎阻燃轮胎关键技术开发及产业化应用	青岛双星轮胎工业有限公司、青岛科技大学	李勇、汪传生、张德伟、黄义钢、王洋、李绍明
JB2019-3-50	高温复合过滤材料关键技术创新与产业化应用	山东新力环保材料有限公司	齐贵山、宋传波、蒋树军、沈照旭、逯元斌、段良国
JB2019-3-51	基于高分子裂解机理的绿色智能化低温一次法混炼新技术与应用	山东丰源轮胎制造股份有限公司、特拓（青岛）轮胎技术有限公司、青岛科技大学	王中江、杜云峰、李红卫、蒋延华、潘超、王琨
JB2019-3-52	高强薄型节能芳纶输送带的关键技术研究与应用	兖矿集团唐村实业有限公司、兖州煤业股份有限公司	孙桂美、李兴强、马刚、黄孝庭、汪光亮
JB2019-3-53	面向高端个性化定制家电产品的 3D 打印制造关键技术创新体系	青岛科技大学、海尔集团技术研发中心、青岛新材料科技工业园发展有限公司、青岛希迈科自动成型系统有限公司	刘永辉、李伟、李荣勋、李生、宋修强、江建梁
JB2019-3-54	生物质硅碳／单甲基丙烯酸锌协同增强氢化丁腈橡胶的制备及产业化	青岛科技大学、东营百华石油技术开发有限公司	李再峰、王冠中、肖建斌、王铭、成卫海、蒋玉湘
JB2019-3-55	磁性特种功能粘弹材料开发与产业化	青岛科技大学、青岛晟科材料有限公司、青岛新材料科技工业园发展有限公司、青岛昌誉密封有限公司	刘莉、孙立水、张保岗、刘光烨、丁乃秀、杜胜
JB2019-3-56	超低温高韧性高寒高铁核心部件制造技术研究与应用	莱州新忠耀机械有限公司	杨忠耀、杨金铭、田学雷、许荣福、梁安麒、綦学忠
JB2019-3-57	基于高强度与高韧性特种焊接材料的技术开发与产业化	山东索力得焊材股份有限公司、沈阳航空航天大学	关常勇、国旭明、曲传颂、王德柱、孙洪刚
JB2019-3-58	板坯连铸中间包吹氩冶金新技术自主开发与创新	莱芜钢铁集团银山型钢有限公司	郭伟达、武光君、李强笃、袁本明、任科社、卢波
JB2019-3-59	新型高频耦合脉冲 TIG 焊接装备	山东奥太电气有限公司	张光先、常兴国、李朋、张杰、袁志勇、张立国
JB2019-3-60	重卡斜齿双副轴变速器对齿技术创新及其关键结构研发和产业化	中国重型汽车集团有限公司	胡凯、杨伟玲、王辉、魏彦杰、潘书军、欧阳平
JB2019-3-61	车用高功率密度驱动电机定子绕组制造数字化成套装备及应用	山东中际智能装备有限公司、青岛科技大学、山东省机械设计研究院	王晓东、王进、李庆党、王策胜、王东明、成学虎
JB2019-3-62	600 ~ 800 米高扬程大功率矿用隔爆排沙潜水泵	济宁安泰矿山设备制造有限公司、江苏大学、山东安立泰泵业股份有限公司、扬州大学	曹卫东、郝福合、王川、陆伟刚、程永席、宋伟
JB2019-3-63	航空器地面移动装备关键技术开发与产业化	威海广泰空港设备股份有限公司、国家工程机械质量监督检验中心	吴香明、刘燕波、高超、徐强、房彦峰、夏鹏
JB2019-3-64	石材制品高效绿色生产成套数控装备产业化及示范应用	日照海恩锯业有限公司、山东大学	张进生、王永安、鞠军伟、黄波、牛平平、李磊
JB2019-3-65	客车系列化缓速器关键技术研发及产业化	山东交通学院、江苏大学、烟台舒驰客车有限责任公司、山东建筑大学	衣丰艳、胡东海、周稼铭、衣杰、王健、杨君
JB2019-3-66	电感器件的电磁热场数值模拟设计与产业化	青岛大学、青岛云路新能源科技有限公司	王春芳、郑建芬、王世伟、王建刚、曾平、李学华
JB2019-3-67	多表开放接入采集与综合用能服务关键技术及工程深化应用	国网山东省电力公司电力科学研究院、国网山东省电力公司、积成电子股份有限公司、国网山东省电力公司济宁供电公司、网山东省电力公司经济技术研究院	杨剑、杜艳、郭亮、王毓琦、王清、宋忠强
JB2019-3-68	适应源荷多元化发展的电网精准规划关键技术及应用	国网山东省电力公司经济技术研究院、山东大学、山东智源电力设计咨询有限公司、国网山东省电力公司日照供电公司、国网山东省电力公司电力科学研究院	李雪亮、赵龙、田鑫、韩学山、张杰、孙东磊
JB2019-3-69	新型水煤浆循环流化高效清洁燃烧技术	青岛特利尔环保集团股份有限公司	孙云国、杨成、李斌、商桂新、郝玉平、时勇

续表

编号	项目名称	完成单位	完成人
JB2019-3-70	具备冷媒量自适应能力的宽温区空气源热泵系统	青岛海信日立空调系统有限公司	王远鹏、邓玉平、林文涛、梁爱云、李希志、曹培春
JB2019-3-71	节能保鲜系列冷柜的绿色制造及其产业化	青岛海尔特种电冰柜有限公司、青岛科技大学	谢玉刚、尹凤福、丁剑波、宋建林、高福正、任开龙
JB2019-3-72	电机参数自识别技术和 PWM 载频同步技术的开发与应用	海信（山东）空调有限公司	张永良、刘晓飞、荣晓明、陈建兵、殷显鑫、孙江涛
JB2019-3-73	图像引导加速器调强放疗系统关键技术构建及产业化应用	山东新华医疗器械股份有限公司、四川大学	成希革、吴章文、车永新、任旗、隽英昌、梁海鹏
JB2019-3-74	非能动实体防火保护结构	烟台金润核电材料股份有限公司	关晓波、姜振良、门书卉
JB2019-3-75	CRH5 型动车组网络控制系统	中车青岛四方车辆研究所有限公司	李国平、徐燕芬、殷培强、王伟、王凯、田学文
JB2019-3-76	CJ-1 型城际动车组制动系统	中车青岛四方车辆研究所有限公司、青岛思锐科技有限公司	赛华松、王震、王飞、孟庆余、王令军、李培署
JB2019-3-77	CRH3 型动车组前端模块	中车青岛四方车辆研究所有限公司、青岛思锐科技有限公司	刘辉、王坤、张贺、刘 、刘旭东、黄慧
JB2019-3-78	高速列车综合节能关键技术与集成应用示范	中车青岛四方机车车辆股份有限公司	李树典、徐刚、林鹏、刘先恺、杨则云、李恒奎
JB2019-3-79	金精矿氰渣全组份无害化利用技术研究与应用	招远市招金金合科技有限公司、招金矿业股份有限公司	翁占斌、温永杰、杨洪忠、董鑫、徐学佳、吴锋
JB2019-3-80	高发性传播疾病的治疗与传播阻断	山东省皮肤病性病防治研究所	田洪青、刘殿昌、李珍、单晓峰、肖海璐、蒋红伟
JB2019-3-81	先天性甲状腺功能低下患儿致病基因突变及其防治	青岛大学、青岛市妇女儿童医院	刘世国、阎胜利、张立琴、王芳、李莉、孔滨
JB2019-3-82	阿尔茨海默病的遗传新机制及其临床预测模型的构建	青岛市市立医院	谭辰辰、徐伟、李洁琼、卢瑞春、宋敬卉、侯晓禾
JB2019-3-83	帕金森病及运动并发症发病机制新发现与防治策略	烟台毓璜顶医院、烟台市烟台山医院	巴茂文、孔敏、任超、梁辉、于凌、丁伟芳
JB2019-3-84	边缘前脑在长期记忆储存和记忆障碍中作用的分子机制及相关应用	青岛大学	周宇、孔庆暖、郭宗君、于明、李楠、崔琳
JB2019-3-85	大动脉粥样硬化型脑梗死的炎性机制研究	青岛大学	马爱军、潘旭东、朱晓岩、王琨、李宏、王静
JB2019-3-86	急性冠状动脉综合症炎症相关机制的基础与临床	济南市中心医院	苏国海、王广新、李莉、张旦、赵卓、李悦妍
JB2019-3-87	Beta2 糖蛋白 I 介导乙型肝炎病毒活化肝癌细胞核因子 kB 的研究	青岛大学	荆雪、田字彬、孔心涓、刘华、丁雪丽、于亚男
JB2019-3-88	超声引导下经皮原位热消融治疗甲状腺结节的临床研究	滨州医学院	王淑荣、徐庆玲、于守君、张永林、岳雯雯、王锡菊
JB2019-3-89	胰腺癌侵袭转移与肿瘤微环境恶性交叉对话机制研究及临床应用	青岛大学	潘新亭、朱青云、左建新、王新生、赵志慧、朱云朋
JB2019-3-90	胸椎间盘突出症关键手术技术创新与应用	潍坊市人民医院、天津市天津医院、浙江大学医学院附属邵逸夫医院、山东航维骨科医疗器械股份有限公司	徐兆万、伦登兴、胡永成、范顺武、庄青山、孙德修
JB2019-3-91	小儿肺炎指纹图像微观辨证相关性研究及临床应用	山东中医药大学、齐鲁工业大学（山东省科学院）、山东大学齐鲁儿童医院	魏本征、李燕宁、彭欣、张魁星、周朋、任晓强
JB2019-3-92	小儿解感颗粒制备关键技术研究及产业化	山东明仁福瑞达制药股份有限公司、山东中医药大学、山东省药学科学院	吴世德、张玲、贾美春、吴维群、刘杰、侯林
JB2019-3-93	无菌制剂智能制造关键技术研究与应用	山东绿叶制药有限公司	薛云丽、李世旭、左爱侠、林彤慧、张霖、范艳丽
JB2019-3-94	低分子肝素纯化关键技术及产业化应用	烟台东诚药业集团股份有限公司、烟台东诚北方制药有限公司	仰振球、吕惠忠、王建强、单懿、邹文慧、张立勇
JB2019-3-95	GB 4706.12—2006 和 IEC 60335-2-21：2009 在储水式电热水器行业的应用	青岛经济技术开发区海尔热水器有限公司、青岛海尔智能技术研发有限公司	孙京岩、曹冠忠、王圣贤、王滨后、孙强、陈炳泉
JB2019-3-96	典型危化品事故研究与应急关键技术	中国石油化工股份有限公司青岛安全工程研究院、应急管理部化学品登记中心、中国石油化工股份有限公司齐鲁分公司	袁纪武、王正、王春、宫钦月、李磊、赵祥迪
JB2019-3-97	《动车组用不锈钢》系列标准制订及推广应用	中车青岛四方机车车辆股份有限公司	田洪雷、滕克磊、张寅河、刘龙玺、叶结和

续表

编号	项目名称	完成单位	完成人
JB2019-3-98	《动车组用铝及铝合金》系列标准制订及推广应用	中车青岛四方机车车辆股份有限公司	陈文宾、徐世东、吴沛沛、韩德成、孟立春、李文夏
JB2019-3-99	GB/T 21910 轿车轮胎湿路面相对抓着性能试验方法等国家标准应用	山东玲珑轮胎股份有限公司	陈少梅、王锋、魏胜、陈雪梅、王琳
JB2019-3-100	富水矿山充填开采系统协调变形机制与防控关键技术	青岛理工大学、中国石油大学（华东）、中国水利水电科学研究院、山东钢铁集团矿业有限公司、莱芜钢铁集团莱芜矿业有限公司	张黎明、丛宇、王在泉、张玉、刘立鹏、董峻岭
JB2019-3-101	耐电压测试仪系列国家标准在高端制造及检测领域的应用	山东省计量科学研究院、中国计量科学研究院、青岛艾诺智能仪器有限公司	王新军、张勤、邵海明、王岩崧、陈志雄、曹瑞基
JB2019-3-102	液气态资源能源关键计量技术的研究及应用	山东省计量科学研究院、威海市天罡仪表股份有限公司	高进胜、姚依国、朱江、付涛、成琳琳、纪建英
JB2019-3-103	食品药品用高性能包装材料质量安全评价关键技术及产业化应用	山东省产品质量检验研究院、济南兰光机电技术有限公司、齐鲁工业大学（山东省科学院）	周加彦、高翠玲、陈淑祥、姜允中、贺祥珂、陈欣
JB2019-3-104	跨境农产品中重要有害生物防控技术及标准	青岛海关技术中心	张成标、吴兴海、魏晓棠、张京宣、尼秀媚、王英超

2019 年度山东省科学技术进步奖（公共安全项目）三等奖项目（1 项）

编号	项目名称	完成单位	
JB2019-3-105	山东省公安 ********	山东省公安 ****** 烟台 **********	

2019 年度山东省国际科学技术合作奖（3 人）

姓名	性别	国籍	工作单位	合作单位
皮特·谭伯格（Peter Tenberge）	男	德国	德国波鸿鲁尔大学教授	盛瑞传动股份有限公司
斯威特娜拉·拉扎罗娃（Svetlana Lazarova Mintova）	女	法国	法国国家科学研究院教授	中国石油大学（华东）
迈克尔·钱特勒（Michael J. Chantler）	男	英国	英国赫瑞·瓦特大学教授	中国海洋大学

（山东省科学技术厅成果转化与区域创新处　孙腾腾　张惠莉）

责任编校：李绮斌

科技统计

KEJI TONGJI

表 1 2019 年山东省科学研究和技术服务业事业单位机构、人员和经费概况

指标	机构数（个）	从业人员（人）	科技活动人员（不含外聘的流动学者和在读研究生）（人）	本科及以上学历（人）	经费收入总额（万元）	科技活动收入（万元）	经费内部支出总额（万元）	科技经费内部支出（万元）
总计	259	24285	18885	16329	1754093	1307536	1448532	1035654
1. 按机构所属地域分布								
山东省	259	24285	18885	16329	1754093	1307536	1448532	1035654
济南市	96	11360	8585	7583	770476	465776	688487	411416
市辖区	1	268	55	54	13707	144	13922	1171
历下区	40	5001	4015	3551	422940	260148	328267	175648
市中区	13	1208	618	554	71084	34133	71867	38858
槐荫区	6	545	467	421	44600	15194	46032	38209
天桥区	8	1201	897	833	59345	50921	66445	42802
历城区	24	2834	2423	2066	151135	103162	151908	111617
长清区	1	13	3	3	83	83	151	40
章丘区	1	86	86	86	3186	1593	3907	2619
平阴县	1	19	17	11	350	350	351	350
济南高新技术产业开发区	1	185	4	4	4046	50	5639	103
青岛市	39	6464	5348	4690	770507	696175	538886	466111
市南区	13	2793	1886	1681	229772	178455	226763	181891
市北区	6	483	396	350	16567	11971	15026	11702
黄岛区	1	8	0	0	11	0	11	0
崂山区	7	1980	1939	1644	174436	164439	166977	151516
李沧区	3	281	265	222	12276	10378	11563	9743
城阳区	5	229	172	155	6386	3129	5736	3211
即墨区	4	690	690	638	331060	327804	112810	108048
淄博市	20	974	770	668	33881	24003	34419	26667
市辖区	7	364	247	211	15077	12467	14595	14055
张店区	13	610	523	457	18804	11535	19825	12611
枣庄市	3	65	61	50	1090	1090	1119	980
市中区	1	9	5	5	21	21	21	11
薛城区	1	24	24	20	412	412	413	413
峄城区	1	32	32	25	658	658	685	556
东营市	4	130	41	37	1949	1876	3026	1586
市辖区	3	99	19	17	1247	1174	2324	960
东营区	1	31	22	20	702	702	702	627

续表

指标	机构数（个）	从业人员（人）	科技活动人员（不含外聘的流动学者和在读研究生）（人）	本科及以上学历（人）	经费收入总额（万元）	科技活动收入（万元）	经费内部支出总额（万元）	科技经费内部支出（万元）
烟台市	20	1438	1255	1101	56820	46064	57666	50554
市辖区	1	57	50	50	1612	1270	2915	2188
芝罘区	7	368	301	252	11769	7319	11442	9775
福山区	3	608	541	475	25396	20981	23715	20107
莱山区	4	339	300	286	15988	14579	17021	16039
长岛县	2	49	46	27	1867	1737	2311	2192
莱州市	1	8	8	7	71	62	71	62
栖霞市	2	9	9	4	117	117	192	192
潍坊市	11	579	389	288	22981	10093	23483	10332
潍城区	3	170	115	87	4596	4357	4392	3917
寒亭区	2	185	127	82	3701	3624	4070	3619
奎文区	2	39	39	33	819	807	819	811
青州市	1	10	10	7	145	145	141	141
寿光市	2	151	83	73	12837	277	13149	978
昌邑市	1	24	15	6	883	883	912	866
济宁市	10	826	720	576	29302	19160	31376	23145
市辖区	2	136	113	96	3146	2835	2957	2676
任城区	7	685	602	477	26117	16286	28380	20430
汶上县	1	5	5	3	39	39	39	39
泰安市	5	437	319	273	14714	11777	16111	13827
泰山区	4	409	291	263	13813	10876	15210	12947
宁阳县	1	28	28	10	901	901	901	880
威海市	10	279	206	189	4832	3850	4834	3839
市辖区	4	165	151	142	2785	2723	2762	2688
环翠区	2	13	10	9	242	242	214	195
文登区	1	16	12	6	269	269	269	261
荣成市	2	67	29	28	1224	568	1277	621
乳山市	1	18	4	4	312	48	312	73
日照市	11	683	296	204	23873	6965	26011	8665
市辖区	6	241	144	121	5144	4013	5516	4453
东港区	4	419	129	70	18217	2507	19983	3767
莒县	1	23	23	13	512	445	512	446
莱芜市	2	105	93	63	1286	1286	1317	1122
市辖区	1	50	50	31	976	976	1004	885

续表

指标	机构数（个）	从业人员（人）	科技活动人员（不含外聘的流动学者和在读研究生）（人）	本科及以上学历（人）	经费收入总额（万元）	科技活动收入（万元）	经费内部支出总额（万元）	科技经费内部支出（万元）
莱城区	1	55	43	32	310	310	313	237
临沂市	5	318	228	188	8601	6125	8651	5873
市辖区	2	169	112	95	3729	3729	3755	3453
兰山区	2	141	108	90	4857	2381	4879	2403
蒙阴县	1	8	8	3	15	15	17	17
德州市	6	152	130	86	3728	3597	3824	3305
市辖区	2	127	110	71	3452	3434	3554	3104
德城区	1	7	7	7	93	55	93	55
庆云县	1	2	0	0	1	1	10	5
齐河县	1	7	4	0	112	38	75	50
禹城市	1	9	9	8	70	70	92	92
聊城市	3	124	121	94	3197	2932	2731	2385
市辖区	3	124	121	94	3197	2932	2731	2385
滨州市	9	153	140	127	3395	3359	3379	2970
市辖区	7	145	132	120	3323	3287	3307	2898
滨城区	1	6	6	5	55	55	55	55
阳信县	1	2	2	2	17	17	17	17
菏泽市	5	198	183	112	3462	3408	3212	2879
市辖区	3	138	123	73	2994	2940	2665	2332
牡丹区	2	60	60	39	468	468	547	547
2. 按机构所属隶属关系分布								
中央部门属	21	5005	3970	3449	411631	365489	406798	355971
中国科学院	3	1824	1551	1425	126120	119569	138280	121959
地方部门属	238	19280	14915	12880	1342461	942047	1041734	679683
省级部门属	80	9471	7645	6802	653121	463586	564005	398025
副省级城市属	35	2854	2046	1767	423543	328885	208131	128226
地市级部门属	87	4185	3400	2759	115739	92847	116172	93344
3. 按机构从事的国民经济行业分布								
科学研究和技术服务业	259	24285	18885	16329	1754093	1307536	1448532	1035654
研究和试验发展	193	19660	15885	13723	1505115	1183975	1196807	903134
专业技术服务业	32	3810	2354	2052	228738	106420	229534	114170
科技推广和应用服务业	34	815	646	554	20240	17141	22191	18351
4. 按机构服务的国民经济行业分布								
农、林、牧、渔业	64	4851	4060	3275	206589	179869	208606	182441

续表

指标	机构数（个）	从业人员（人）	科技活动人员（不含外聘的流动学者和在读研究生）（人）	本科及以上学历（人）	经费收入总额（万元）	科技活动收入（万元）	经费内部支出总额（万元）	科技经费内部支出（万元）
农业	26	2296	1992	1574	92422	81238	94332	85935
林业	8	300	274	196	8370	6894	10804	8736
畜牧业	3	208	189	147	9276	5781	10713	7634
渔业	7	1071	697	596	57288	51248	56755	49911
农、林、牧、渔专业及辅助性活动	20	976	908	762	39234	34708	36001	30225
制造业	42	3028	2387	1903	158774	84478	146556	85505
农副食品加工业	1	102	56	54	5075	445	4856	553
食品制造业	2	131	105	75	3540	3126	5267	5233
纺织业	3	85	80	38	3030	2521	2739	1332
皮革、毛皮、羽毛及其制品和制鞋业	1	20	14	8	376	47	416	192
家具制造业	1	16	14	8	325	198	253	190
造纸和纸制品业	2	68	40	37	1103	578	1048	541
文教、工美、体育和娱乐用品制造业	1	15	15	12	516	271	514	308
化学原料和化学制品制造业	8	367	287	261	12717	9983	12315	7905
医药制造业	2	401	351	282	12347	9477	13971	11528
化学纤维制造业	2	38	19	13	682	682	677	532
非金属矿物制品业	1	96	8	7	2171	158	2171	747
通用设备制造业	3	55	33	9	1102	1020	1098	760
专用设备制造业	7	448	356	250	14966	12816	16072	13406
铁路、船舶、航空航天和其他运输设备制造业	1	101	101	101	924	924	748	748
计算机、通信和其他电子设备制造业	3	393	258	160	57069	4912	47660	9741
仪器仪表制造业	3	551	551	489	38436	32977	31827	27550
金属制品、机械和设备修理业	1	141	99	99	4397	4344	4927	4241
建筑业	3	706	484	441	32953	27771	39149	20936
房屋建筑业	3	706	484	441	32953	27771	39149	20936
交通运输、仓储和邮政业	1	197	167	167	16270	15893	16494	16274
道路运输业	1	197	167	167	16270	15893	16494	16274
信息传输、软件和信息技术服务业	4	322	276	269	142670	141574	52430	45096
互联网和相关服务	1	113	82	82	1700	1700	1625	1445
软件和信息技术服务业	3	209	194	187	140970	139874	50805	43651
科学研究和技术服务业	114	12551	9562	8475	1044533	786822	825117	581477
研究和试验发展	52	5148	4650	4133	608753	578059	399871	358330
专业技术服务业	38	6900	4484	3974	423841	199531	410097	210951

续表

指标	机构数（个）	从业人员（人）	科技活动人员（不含外聘的流动学者和在读研究生）（人）	本科及以上学历（人）	经费收入总额（万元）	科技活动收入（万元）	经费内部支出总额（万元）	科技经费内部支出（万元）
科技推广和应用服务业	24	503	428	368	11939	9232	15149	12196
水利、环境和公共设施管理业	13	816	717	656	31993	27461	36482	28483
水利管理业	2	210	203	186	11342	10571	11384	10596
生态保护和环境治理业	10	546	468	433	18240	16089	22218	16928
公共设施管理业	1	60	46	37	2412	802	2881	959
教育	2	249	244	219	22995	3884	23896	22084
教育	2	249	244	219	22995	3884	23896	22084
卫生和社会工作	12	1442	869	814	83964	26474	83436	37208
卫生	12	1442	869	814	83964	26474	83436	37208
文化、体育和娱乐业	2	65	65	60	10672	10632	13672	13467
文化艺术业	1	55	55	52	10528	10488	13485	13280
体育	1	10	10	8	144	144	186	186
公共管理、社会保障和社会组织	2	58	54	50	2678	2678	2695	2686
国家机构	2	58	54	50	2678	2678	2695	2686
5. 按机构所属学科分布								
自然科学领域	23	3696	2969	2677	606979	572167	389733	353889
信息科学与系统科学	2	59	45	42	1757	1757	1765	1520
化学	5	389	339	286	13184	10880	16119	12926
地球科学	10	2965	2331	2133	575849	544502	354160	323500
生物学	6	283	254	216	16189	15028	17690	15943
农业科学领域	74	5512	4657	3657	230714	200799	235156	205415
农学	40	3314	2949	2295	132353	117613	134819	121909
林学	11	395	351	252	11456	8244	14288	10235
畜牧、兽医科学	6	408	386	312	18094	14599	19411	16010
水产学	17	1395	971	798	68811	60343	66638	57262
医学科学领域	24	2479	1748	1581	135360	51973	137756	84403
基础医学	5	443	432	374	33696	10176	34346	29990
临床医学	8	710	356	336	58464	10465	53104	18008
预防医学与公共卫生学	4	463	252	241	16111	9999	22551	13819
药学	5	583	480	404	20885	15545	21462	16393
中医学与中药学	2	280	228	226	6204	5788	6294	6194
工程科学与技术领域	102	11423	8435	7457	732538	437297	633782	345319
工程与技术科学基础学科	8	758	556	486	41259	14356	35834	17503
信息与系统科学相关工程与技术	3	217	174	159	4667	4667	4612	4356

续表

指标	机构数（个）	从业人员（人）	科技活动人员（不含外聘的流动学者和在读研究生）（人）	本科及以上学历（人）	经费收入总额（万元）	科技活动收入（万元）	经费内部支出总额（万元）	科技经费内部支出（万元）
自然科学相关工程与技术	8	886	625	493	40426	20948	43500	25581
测绘科学技术	3	748	444	374	54536	31920	57520	34394
材料科学	7	324	283	256	7330	6558	6885	6074
冶金工程技术	1	33	0	0	2476	0	2476	0
机械工程	9	475	335	257	13998	9471	13454	9361
能源科学技术	2	671	657	622	35870	35651	43676	33882
电子与通信技术	7	989	867	691	95443	35762	80937	36796
计算机科学技术	3	282	262	253	143331	140965	52976	44633
化学工程	10	429	286	250	20480	6315	20030	5710
产品应用相关工程与技术	1	17	15	15	1386	683	416	358
纺织科学技术	4	115	93	45	3327	2817	3035	1497
食品科学技术	4	250	185	165	17203	9054	13464	7951
土木建筑工程	8	1828	1162	1097	80896	40368	84508	32838
水利工程	3	786	625	583	62779	11625	60432	11507
交通运输工程	1	197	167	167	16270	15893	16494	16274
环境科学技术及资源科学技术	13	1167	807	750	45629	35140	50629	37560
安全科学技术	4	582	461	396	15647	12292	14642	11903
管理学	3	669	431	398	29586	2813	28263	7143
社会、人文科学领域	36	1175	1076	957	48502	45300	52104	46628
艺术学	3	68	66	53	2174	1925	2236	1740
考古学	1	55	55	52	10528	10488	13485	13280
法学	1	9	5	5	21	21	21	11
社会学	4	415	370	346	17872	16461	17570	15639
图书馆、情报与文献学	25	570	527	452	15809	14729	16738	14366
教育学	1	48	43	41	1954	1532	1868	1406
体育科学	1	10	10	8	144	144	186	186
6. 按机构从业人员规模分								
≥ 1000 人	1	1013	740	654	80741	74580	83826	76497
500 ~ 999 人	6	3632	2735	2560	273613	181430	267848	164002
300 ~ 499 人	8	2832	2112	1661	229324	128125	223892	134348
200 ~ 299 人	15	3689	2589	2346	489797	378591	272014	189514
100 ~ 199 人	47	6340	5154	4428	415029	324389	327212	248206
50 ~ 99 人	56	3942	3285	2890	174523	145478	180707	149931
30 ~ 49 人	42	1580	1226	1000	59190	50919	60756	46266

续表

指标	机构数（个）	从业人员（人）	科技活动人员（不含外聘的流动学者和在读研究生）（人）		经费收入总额（万元）		经费内部支出总额（万元）	
				本科及以上学历（人）		科技活动收入（万元）		科技经费内部支出（万元）
20 ～ 29 人	24	595	471	361	17757	12563	16812	13459
10 ～ 19 人	35	506	451	337	11300	9127	12812	11175
0 ～ 9 人	25	156	122	92	2820	2335	2655	2257

注：提交级别为 0 国家级；从事的国民经济行业代码（BA17）为 73 ～ 75；法人性质（BA29）为 1 事业独立法人（即机构类别 BA20 为 1 ～ 5）。

表 2 2019 年山东省科学研究和技术服务业事业单位人员概况

计量单位：人

指标	从业人员	科技活动人员（不含外聘的流动学者和在读研究生）		外聘的流动学者	非本单位在读研究生	离退休人员
			女性			
总计	24285	18885	7191	2317	2378	13807
1. 按机构所属地域分布						
山东省	24285	18885	7191	2317	2378	13807
济南市	11360	8585	3349	117	383	7009
市辖区	268	55	4	0	0	0
历下区	5001	4015	1614	75	182	3500
市中区	1208	618	248	0	0	866
槐荫区	545	467	200	4	36	325
天桥区	1201	897	262	11	13	678
历城区	2834	2423	991	20	152	1583
长清区	13	3	2	0	0	1
章丘区	86	86	23	7	0	0
平阴县	19	17	5	0	0	4
济南高新技术产业开发区	185	4	0	0	0	52
青岛市	6464	5348	2214	1940	1669	2892
市南区	2793	1886	880	23	968	1313
市北区	483	396	180	1	126	252
黄岛区	8	0	0	0	0	0
崂山区	1980	1939	748	52	303	701
李沧区	281	265	119	0	0	294
城阳区	229	172	67	30	2	2
即墨区	690	690	220	1834	270	330
淄博市	974	770	267	116	10	412
市辖区	364	247	105	116	10	35
张店区	610	523	162	0	0	377
枣庄市	65	61	20	0	0	50
市中区	9	5	1	0	0	0
薛城区	24	24	11	0	0	0
峄城区	32	32	8	0	0	50
东营市	130	41	12	0	0	6
市辖区	99	19	2	0	0	5
东营区	31	22	10	0	0	1
烟台市	1438	1255	464	99	216	770

续表

指标	从业人员	科技活动人员（不含外聘的流动学者和在读研究生）		外聘的流动学者	非本单位在读研究生	离退休人员
			女性			
市辖区	57	50	27	11	5	0
芝罘区	368	301	126	0	0	246
福山区	608	541	156	14	33	419
莱山区	339	300	139	74	178	53
长岛县	49	46	8	0	0	46
莱州市	8	8	3	0	0	1
栖霞市	9	9	5	0	0	5
潍坊市	579	389	100	5	26	188
潍城区	170	115	40	3	26	65
寒亭区	185	127	9	0	0	20
奎文区	39	39	15	0	0	16
青州市	10	10	4	0	0	6
寿光市	151	83	28	2	0	81
昌邑市	24	15	4	0	0	0
济宁市	826	720	230	12	57	388
市辖区	136	113	25	0	0	22
任城区	685	602	202	12	57	366
汶上县	5	5	3	0	0	0
泰安市	437	319	123	5	17	472
泰山区	409	291	121	5	17	449
宁阳县	28	28	2	0	0	23
威海市	279	206	43	0	0	93
市辖区	165	151	26	0	0	23
环翠区	13	10	6	0	0	5
文登区	16	12	1	0	0	19
荣成市	67	29	8	0	0	46
乳山市	18	4	2	0	0	0
日照市	683	296	106	13	0	540
市辖区	241	144	69	13	0	15
东港区	419	129	33	0	0	487
莒县	23	23	4	0	0	38
莱芜市	105	93	27	0	0	17
市辖区	50	50	12	0	0	0
莱城区	55	43	15	0	0	17
临沂市	318	228	70	0	0	494

续表

指标	从业人员	科技活动人员（不含外聘的流动学者和在读研究生）		外聘的流动学者	非本单位在读研究生	离退休人员
			女性			
市辖区	169	112	34	0	0	129
兰山区	141	108	34	0	0	365
蒙阴县	8	8	2	0	0	0
德州市	152	130	48	0	0	102
市辖区	127	110	41	0	0	96
德城区	7	7	4	0	0	6
庆云县	2	0	0	0	0	0
齐河县	7	4	0	0	0	0
禹城市	9	9	3	0	0	0
聊城市	124	121	42	0	0	124
市辖区	124	121	42	0	0	124
滨州市	153	140	32	10	0	90
市辖区	145	132	32	10	0	83
滨城区	6	6	0	0	0	7
阳信县	2	2	0	0	0	0
菏泽市	198	183	44	0	0	160
市辖区	138	123	28	0	0	118
牡丹区	60	60	16	0	0	42
2. 按机构所属隶属关系分布						
中央部门属	5005	3970	1631	149	1390	2163
中国科学院	1824	1551	707	145	974	664
地方部门属	19280	14915	5560	2168	988	11644
省级部门属	9471	7645	3061	124	524	5746
副省级城市属	2854	2046	749	1863	378	1762
地市级部门属	4185	3400	1131	162	58	2185
3. 按机构从事的国民经济行业分布						
科学研究和技术服务业	24285	18885	7191	2317	2378	13807
研究和试验发展	19660	15885	6243	2165	2333	11307
专业技术服务业	3810	2354	724	97	16	2210
科技推广和应用服务业	815	646	224	55	29	290
4. 按机构服务的国民经济行业分布						
农、林、牧、渔业	4851	4060	1662	62	478	3291
农业	2296	1992	809	31	138	1748
林业	300	274	108	0	0	202
畜牧业	208	189	94	10	15	122

续表

指标	从业人员	科技活动人员（不含外聘的流动学者和在读研究生）		外聘的流动学者	非本单位在读研究生	离退休人员
			女性			
渔业	1071	697	265	5	293	611
农、林、牧、渔专业及辅助性活动	976	908	386	16	32	608
制造业	3028	2387	675	47	108	3261
农副食品加工业	102	56	7	0	0	21
食品制造业	131	105	51	0	0	115
纺织业	85	80	25	0	0	213
皮革、毛皮、羽毛及其制品和制鞋业	20	14	7	0	0	33
家具制造业	16	14	3	0	0	30
造纸和纸制品业	68	40	13	0	0	79
文教、工美、体育和娱乐用品制造业	15	15	7	0	0	52
化学原料和化学制品制造业	367	287	95	1	14	558
医药制造业	401	351	193	2	18	202
化学纤维制造业	38	19	5	3	0	62
非金属矿物制品业	96	8	3	0	0	6
通用设备制造业	55	33	7	0	0	187
专用设备制造业	448	356	73	2	0	452
铁路、船舶、航空航天和其他运输设备制造业	101	101	3	0	0	0
计算机、通信和其他电子设备制造业	393	258	32	30	0	737
仪器仪表制造业	551	551	138	9	76	473
金属制品、机械和设备修理业	141	99	13	0	0	41
建筑业	706	484	122	0	0	183
房屋建筑业	706	484	122	0	0	183
交通运输、仓储和邮政业	197	167	36	0	0	28
道路运输业	197	167	36	0	0	28
信息传输、软件和信息技术服务业	322	276	106	21	77	84
互联网和相关服务	113	82	30	12	28	0
软件和信息技术服务业	209	194	76	9	49	84
科学研究和技术服务业	12551	9562	3710	2174	1454	6140
研究和试验发展	5148	4650	1883	1973	579	2123
专业技术服务业	6900	4484	1664	192	874	3735
科技推广和应用服务业	503	428	163	9	1	282
水利、环境和公共设施管理业	816	717	304	5	5	310
水利管理业	210	203	74	0	0	140
生态保护和环境治理业	546	468	210	5	5	90

续表

指标	从业人员	科技活动人员（不含外聘的流动学者和在读研究生）		外聘的流动学者	非本单位在读研究生	离退休人员
			女性			
公共设施管理业	60	46	20	0	0	80
教育	249	244	103	0	0	123
教育	249	244	103	0	0	123
卫生和社会工作	1442	869	425	8	256	329
卫生	1442	869	425	8	256	329
文化、体育和娱乐业	65	65	23	0	0	27
文化艺术业	55	55	17	0	0	26
体育	10	10	6	0	0	1
公共管理、社会保障和社会组织	58	54	25	0	0	31
国家机构	58	54	25	0	0	31
5. 按机构所属学科分布						
自然科学领域	3696	2969	1259	1800	828	1830
信息科学与系统科学	59	45	23	0	0	48
化学	389	339	160	6	25	396
地球科学	2965	2331	954	1789	736	1343
生物学	283	254	122	5	67	43
农业科学领域	5512	4657	1879	57	457	3934
农学	3314	2949	1225	33	123	2516
林学	395	351	136	0	0	316
畜牧、兽医科学	408	386	167	19	41	207
水产学	1395	971	351	5	293	895
医学科学领域	2479	1748	867	87	267	804
基础医学	443	432	191	0	4	251
临床医学	710	356	177	4	88	111
预防医学与公共卫生学	463	252	114	3	39	108
药学	583	480	260	79	10	236
中医学与中药学	280	228	125	1	126	98
工程科学与技术领域	11423	8435	2731	373	824	6437
工程与技术科学基础学科	758	556	168	70	236	202
信息与系统科学相关工程与技术	217	174	69	12	28	48
自然科学相关工程与技术	886	625	177	0	0	836
测绘科学技术	748	444	148	0	0	669
材料科学	324	283	86	48	19	117
冶金工程技术	33	0	0	0	0	279
机械工程	475	335	77	37	0	514

续表

指标	从业人员	科技活动人员（不含外聘的流动学者和在读研究生）	女性	外聘的流动学者	非本单位在读研究生	离退休人员
能源科学技术	671	657	247	51	204	54
电子与通信技术	989	867	191	9	76	1313
计算机科学技术	282	262	110	39	51	85
化学工程	429	286	116	12	0	436
产品应用相关工程与技术	17	15	4	8	0	4
纺织科学技术	115	93	28	0	0	275
食品科学技术	250	185	47	6	24	173
土木建筑工程	1828	1162	383	1	0	367
水利工程	786	625	226	0	0	554
交通运输工程	197	167	36	0	0	28
环境科学技术及资源科学技术	1167	807	354	78	178	214
安全科学技术	582	461	62	2	0	159
管理学	669	431	202	0	8	110
社会、人文科学领域	1175	1076	455	0	2	802
艺术学	68	66	34	0	0	105
考古学	55	55	17	0	0	26
法学	9	5	1	0	0	0
社会学	415	370	161	0	0	250
图书馆、情报与文献学	570	527	214	0	2	393
教育学	48	43	22	0	0	27
体育科学	10	10	6	0	0	1
6. 按机构从业人员规模分						
≥ 1000 人	1013	740	379	23	604	664
500 ~ 999 人	3632	2735	1014	50	559	1338
300 ~ 499 人	2832	2112	875	5	130	1520
200 ~ 299 人	3689	2589	868	1844	222	2223
100 ~ 199 人	6340	5154	1892	124	441	3574
50 ~ 99 人	3942	3285	1315	115	162	2114
30 ~ 49 人	1580	1226	512	142	259	1335
20 ~ 29 人	595	471	160	1	0	461
10 ~ 19 人	506	451	138	8	0	494
0 ~ 9 人	156	122	38	5	1	84

注：提交级别为 0 国家级；从事的国民经济行业代码（BA17）为 73 ～ 75；法人性质（BA29）为 1 事业独立法人（即机构类别 BA20 为 1 ～ 5）。

表 3 2019 年山东省科学研究和技术服务业事业单位从业人员

计量单位：人

指标	从业人员	科技活动人员（不含外聘的流动学者和在读研究生）				生产经营活动人员	其他人员
			科技管理人员	课题活动人员	科技服务人员		
总计	24285	18885	2508	12322	4055	2182	3218
1. 按机构所属地域分布							
山东省	24285	18885	2508	12322	4055	2182	3218
济南市	11360	8585	1012	5775	1798	1431	1344
市辖区	268	55	9	29	17	213	0
历下区	5001	4015	413	2605	997	284	702
市中区	1208	618	106	407	105	428	162
槐荫区	545	467	45	363	59	0	78
天桥区	1201	897	122	604	171	192	112
历城区	2834	2423	293	1692	438	133	278
长清区	13	3	2	0	1	0	10
章丘区	86	86	16	62	8	0	0
平阴县	19	17	4	11	2	0	2
济南高新技术产业开发区	185	4	2	2	0	181	0
青岛市	6464	5348	730	3759	859	65	1051
市南区	2793	1886	278	1200	408	13	894
市北区	483	396	52	269	75	0	87
黄岛区	8	0	0	0	0	8	0
崂山区	1980	1939	186	1621	132	0	41
李沧区	281	265	33	159	73	0	16
城阳区	229	172	35	126	11	44	13
即墨区	690	690	146	384	160	0	0
淄博市	974	770	117	300	353	59	145
市辖区	364	247	40	145	62	29	88
张店区	610	523	77	155	291	30	57
枣庄市	65	61	10	0	51	3	1
市中区	9	5	1	0	4	3	1
薛城区	24	24	4	0	20	0	0
峄城区	32	32	5	0	27	0	0
东营市	130	41	10	16	15	35	54
市辖区	99	19	4	10	5	35	45
东营区	31	22	6	6	10	0	9
烟台市	1438	1255	181	665	409	77	106

续表

指标	从业人员	科技活动人员（不含外聘的流动学者和在读研究生）				生产经营活动人员	其他人员
			科技管理人员	课题活动人员	科技服务人员		
市辖区	57	50	8	41	1	7	0
芝罘区	368	301	40	207	54	36	31
福山区	608	541	65	222	254	0	67
莱山区	339	300	54	186	60	34	5
长岛县	49	46	9	9	28	0	3
莱州市	8	8	0	0	8	0	0
栖霞市	9	9	5	0	4	0	0
潍坊市	579	389	75	247	67	64	126
潍城区	170	115	31	76	8	20	35
寒亭区	185	127	15	108	4	0	58
奎文区	39	39	14	3	22	0	0
青州市	10	10	1	7	2	0	0
寿光市	151	83	10	49	24	41	27
昌邑市	24	15	4	4	7	3	6
济宁市	826	720	112	517	91	56	50
市辖区	136	113	11	86	16	0	23
任城区	685	602	100	429	73	56	27
汶上县	5	5	1	2	2	0	0
泰安市	437	319	41	232	46	73	45
泰山区	409	291	35	214	42	73	45
宁阳县	28	28	6	18	4	0	0
威海市	279	206	29	143	34	14	59
市辖区	165	151	20	126	5	14	0
环翠区	13	10	3	6	1	0	3
文登区	16	12	2	8	2	0	4
荣成市	67	29	3	0	26	0	38
乳山市	18	4	1	3	0	0	14
日照市	683	296	47	181	68	262	125
市辖区	241	144	19	99	26	41	56
东港区	419	129	26	75	28	221	69
莒县	23	23	2	7	14	0	0
莱芜市	105	93	4	37	52	0	12
市辖区	50	50	4	37	9	0	0
莱城区	55	43	0	0	43	0	12
临沂市	318	228	52	122	54	37	53

续表

指标	从业人员	科技活动人员（不含外聘的流动学者和在读研究生）	科技管理人员	课题活动人员	科技服务人员	生产经营活动人员	其他人员
市辖区	169	112	16	64	32	4	53
兰山区	141	108	36	58	14	33	0
蒙阴县	8	8	0	0	8	0	0
德州市	152	130	17	76	37	0	22
市辖区	127	110	9	76	25	0	17
德城区	7	7	7	0	0	0	0
庆云县	2	0	0	0	0	0	2
齐河县	7	4	1	0	3	0	3
禹城市	9	9	0	0	9	0	0
聊城市	124	121	16	94	11	0	3
市辖区	124	121	16	94	11	0	3
滨州市	153	140	35	69	36	6	7
市辖区	145	132	35	69	28	6	7
滨城区	6	6	0	0	6	0	0
阳信县	2	2	0	0	2	0	0
菏泽市	198	183	20	89	74	0	15
市辖区	138	123	15	89	19	0	15
牡丹区	60	60	5	0	55	0	0
2. 按机构所属隶属关系分布							
中央部门属	5005	3970	484	2876	610	302	733
中国科学院	1824	1551	153	1093	305	0	273
地方部门属	19280	14915	2024	9446	3445	1880	2485
省级部门属	9471	7645	807	5396	1442	491	1335
副省级城市属	2854	2046	372	1322	352	630	178
地市级部门属	4185	3400	554	1839	1007	278	507
3. 按机构从事的国民经济行业分布							
科学研究和技术服务业	24285	18885	2508	12322	4055	2182	3218
研究和试验发展	19660	15885	1967	10792	3126	1311	2464
专业技术服务业	3810	2354	416	1218	720	813	643
科技推广和应用服务业	815	646	125	312	209	58	111
4. 按机构服务的国民经济行业分布							
农、林、牧、渔业	4851	4060	483	2915	662	143	648
农业	2296	1992	224	1498	270	83	221
林业	300	274	31	149	94	4	22

续表

指标	从业人员	科技活动人员（不含外聘的流动学者和在读研究生）				生产经营活动人员	其他人员
			科技管理人员	课题活动人员	科技服务人员		
畜牧业	208	189	29	125	35	12	7
渔业	1071	697	88	464	145	13	361
农、林、牧、渔专业及辅助性活动	976	908	111	679	118	31	37
制造业	3028	2387	255	1753	379	317	324
农副食品加工业	102	56	12	37	7	31	15
食品制造业	131	105	9	72	24	0	26
纺织业	85	80	34	24	22	3	2
皮革、毛皮、羽毛及其制品和制鞋业	20	14	3	10	1	0	6
家具制造业	16	14	3	7	4	0	2
造纸和纸制品业	68	40	3	23	14	4	24
文教、工美、体育和娱乐用品制造业	15	15	9	3	3	0	0
化学原料和化学制品制造业	367	287	51	192	44	46	34
医药制造业	401	351	21	319	11	0	50
化学纤维制造业	38	19	7	7	5	12	7
非金属矿物制品业	96	8	1	6	1	8	80
通用设备制造业	55	33	5	18	10	22	0
专用设备制造业	448	356	47	208	101	60	32
铁路、船舶、航空航天和其他运输设备制造业	101	101	5	96	0	0	0
计算机、通信和其他电子设备制造业	393	258	13	243	2	131	4
仪器仪表制造业	551	551	30	488	33	0	0
金属制品、机械和设备修理业	141	99	2	0	97	0	42
建筑业	706	484	59	317	108	177	45
房屋建筑业	706	484	59	317	108	177	45
交通运输、仓储和邮政业	197	167	3	161	3	0	30
道路运输业	197	167	3	161	3	0	30
信息传输、软件和信息技术服务业	322	276	43	214	19	25	21
互联网和相关服务	113	82	22	49	11	25	6
软件和信息技术服务业	209	194	21	165	8	0	15
科学研究和技术服务业	12551	9562	1402	5660	2500	1500	1489
研究和试验发展	5148	4650	657	3253	740	140	358
专业技术服务业	6900	4484	646	2222	1616	1358	1058
科技推广和应用服务业	503	428	99	185	144	2	73
水利、环境和公共设施管理业	816	717	97	507	113	8	91
水利管理业	210	203	19	154	30	0	7

续表

指标	从业人员	科技活动人员（不含外聘的流动学者和在读研究生）				生产经营活动人员	其他人员
			科技管理人员	课题活动人员	科技服务人员		
生态保护和环境治理业	546	468	73	319	76	0	78
公共设施管理业	60	46	5	34	7	8	6
教育	249	244	25	156	63	0	5
教育	249	244	25	156	63	0	5
卫生和社会工作	1442	869	80	611	178	9	564
卫生	1442	869	80	611	178	9	564
文化、体育和娱乐业	65	65	11	28	26	0	0
文化艺术业	55	55	10	28	17	0	0
体育	10	10	1	0	9	0	0
公共管理、社会保障和社会组织	58	54	50	0	4	3	1
国家机构	58	54	50	0	4	3	1
5. 按机构所属学科分布							
自然科学领域	3696	2969	461	2029	479	263	464
信息科学与系统科学	59	45	14	31	0	0	14
化学	389	339	51	262	26	13	37
地球科学	2965	2331	364	1548	419	250	384
生物学	283	254	32	188	34	0	29
农业科学领域	5512	4657	538	3293	826	154	701
农学	3314	2949	291	2216	442	94	271
林学	395	351	43	201	107	12	32
畜牧、兽医科学	408	386	57	268	61	12	10
水产学	1395	971	147	608	216	36	388
医学科学领域	2479	1748	145	1353	250	22	709
基础医学	443	432	44	341	47	0	11
临床医学	710	356	40	280	36	9	345
预防医学与公共卫生学	463	252	21	114	117	2	209
药学	583	480	31	415	34	11	92
中医学与中药学	280	228	9	203	16	0	52
工程科学与技术领域	11423	8435	1154	5067	2214	1706	1282
工程与技术科学基础学科	758	556	88	371	97	122	80
信息与系统科学相关工程与技术	217	174	71	49	54	25	18
自然科学相关工程与技术	886	625	115	399	111	223	38
测绘科学技术	748	444	130	249	65	205	99
材料科学	324	283	21	200	62	2	39
冶金工程技术	33	0	0	0	0	33	0

续表

指标	从业人员	科技活动人员（不含外聘的流动学者和在读研究生）				生产经营活动人员	其他人员
			科技管理人员	课题活动人员	科技服务人员		
机械工程	475	335	63	167	105	64	76
能源科学技术	671	657	46	547	64	0	14
电子与通信技术	989	867	47	773	47	118	4
计算机科学技术	282	262	33	224	5	5	15
化学工程	429	286	48	169	69	78	65
产品应用相关工程与技术	17	15	3	9	3	0	2
纺织科学技术	115	93	39	28	26	15	7
食品科学技术	250	185	20	136	29	31	34
土木建筑工程	1828	1162	127	527	508	447	219
水利工程	786	625	70	214	341	22	139
交通运输工程	197	167	3	161	3	0	30
环境科学技术及资源科学技术	1167	807	134	538	135	181	179
安全科学技术	582	461	59	84	318	41	80
管理学	669	431	37	222	172	94	144
社会、人文科学领域	1175	1076	210	580	286	37	62
艺术学	68	66	10	44	12	0	2
考古学	55	55	10	28	17	0	0
法学	9	5	1	0	4	3	1
社会学	415	370	54	285	31	0	45
图书馆、情报与文献学	570	527	118	223	186	34	9
教育学	48	43	16	0	27	0	5
体育科学	10	10	1	0	9	0	0
6. 按机构从业人员规模分							
≥ 1000 人	1013	740	81	446	213	0	273
500 ~ 999 人	3632	2735	238	1793	704	297	600
300 ~ 499 人	2832	2112	263	1356	493	114	606
200 ~ 299 人	3689	2589	398	1502	689	933	167
100 ~ 199 人	6340	5154	609	3829	716	394	792
50 ~ 99 人	3942	3285	381	2329	575	208	449
30 ~ 49 人	1580	1226	276	610	340	162	192
20 ~ 29 人	595	471	106	214	151	48	76
10 ~ 19 人	506	451	126	211	114	3	52
0 ~ 9 人	156	122	30	32	60	23	11

注：提交级别为 0 国家级；从事的国民经济行业代码（BA17）为 73 ～ 75；法人性质（BA29）为 1 事业独立法人（即机构类别 BA20 为 1 ～ 5）。

表 4　2019 年山东省科学研究和技术服务业事业单位经费支出

计量单位：万元

指标	经费内部支出总额	科技经费内部支出	日常性支出	人员劳务费	其他日常性支出	资产性支出	仪器与设备支出	非基建的科学仪器与设备支出	基建的仪器与设备支出	土建费	资本化的计算机软件支出	专利和专有技术支出	生产经营支出	其他支出
总计	1448532	1035654	792798	363436	429363	242856	176513	145511	31003	59812	3853	2678	239211	173667
1. 按机构所属地域分布														
山东省	1448532	1035654	792798	363436	429363	242856	176513	145511	31003	59812	3853	2678	239211	173667
济南市	688487	411416	324240	150340	173900	87176	72247	62800	9447	13271	934	725	188990	88082
市辖区	13922	1171	863	360	503	308	288	288	0	0	0	20	12751	0
历下区	328267	175648	120558	64159	56399	55090	50618	47823	2795	4031	350	91	102161	50458
市中区	71867	38858	34576	15965	18612	4282	507	503	3	3775	0	0	27841	5169
槐荫区	46032	38209	34598	12910	21688	3611	2065	1105	960	1120	231	195	1351	6473
天桥区	66445	42802	33133	11786	21347	9669	6449	5207	1242	3018	99	104	4758	18885
历城区	151908	111617	98632	43543	55089	12985	11122	6730	4392	1327	235	301	33304	6986
长清区	151	40	40	38	2	0	0	0	0	0	0	0	0	111
章丘区	3907	2619	1451	1277	173	1168	1143	1143	0	0	11	14	1288	0
平阴县	351	350	349	272	77	1	1	1	0	0	0	0	0	1
济南高新技术产业开发区	5639	103	40	30	10	63	54	0	54	0	9	0	5536	0
青岛市	538886	466111	336796	133357	203440	129314	87426	68216	19210	39580	1518	790	8810	63966
市南区	226763	181891	134316	56041	78276	47574	33184	29429	3755	13554	517	319	4630	40243
市北区	15026	11702	10950	7129	3821	753	616	134	481	0	0	137	0	3324
黄岛区	11	0	0	0	0	0	0	0	0	0	0	0	11	0

续表

指标	经费内部支出总额	科技经费内部支出	日常性支出	人员劳务费	其他日常性支出	资产性支出	仪器与设备支出	非基建的科学仪器与设备支出	基建的仪器与设备支出	土建费	资本化的计算机软件支出	专利和专有技术支出	生产经营支出	其他支出
崂山区	166977	151516	110204	44916	65288	41312	37082	22108	14974	4032	169	28	0	15461
李沧区	11563	9743	8844	5918	2926	899	730	730	0	165	0	4	0	1820
城阳区	5736	3211	2880	1726	1155	331	84	84	0	0	2	245	2511	15
即墨区	112810	108048	69601	17628	51974	38446	15730	15730	0	21829	830	57	1659	3103
淄博市	34419	26667	19714	10341	9373	6953	6207	5049	1158	505	178	64	5744	2009
市辖区	14595	14055	10157	2875	7282	3898	3416	2608	808	434	14	35	95	444
张店区	19825	12611	9557	7465	2092	3055	2791	2441	350	71	164	29	5649	1565
枣庄市	1119	980	980	947	33	0	0	0	0	0	0	0	8	131
市中区	21	11	11	11	0	0	0	0	0	0	0	0	8	2
薛城区	413	413	413	386	28	0	0	0	0	0	0	0	0	0
峄城区	685	556	556	551	6	0	0	0	0	0	0	0	0	129
东营市	3026	1586	1539	1193	347	47	47	38	10	0	0	0	1264	176
市辖区	2324	960	913	664	249	47	47	38	10	0	0	0	1264	100
东营区	702	627	627	529	98	0	0	0	0	0	0	0	0	76
烟台市	57666	50554	44671	24855	19816	5883	4124	4008	116	1707	51	1	2466	4647
市辖区	2915	2188	1743	895	849	445	445	445	0	0	0	0	295	432
芝罘区	11442	9775	8717	4868	3849	1058	88	73	16	963	6	1	214	1453
福山区	23715	20107	19537	11048	8489	570	530	530	0	0	40	0	1435	2173
莱山区	17021	16039	13219	7163	6056	2820	2289	2289	0	531	0	0	521	462
长岛县	2311	2192	1276	708	568	916	697	597	100	213	5	0	0	119

续表

指标	经费内部支出总额	科技经费内部支出	日常性支出	人员劳务费	其他日常性支出	资产性支出	仪器与设备支出	非基建的科学仪器与设备支出	基建的仪器与设备支出	土建费	资本化的计算机软件支出	专利和专有技术支出	生产经营支出	其他支出
莱州市	71	62	62	62	0	0	0	0	0	0	0	0	0	8
栖霞市	192	192	117	112	5	75	75	75	0	0	0	0	0	0
潍坊市	23483	10332	8805	5884	2921	1527	1229	872	357	298	0	0	12091	1061
潍城区	4392	3917	3883	3106	777	34	34	34	0	0	0	0	135	340
寒亭区	4070	3619	2982	1459	1523	637	637	637	0	0	0	0	94	357
奎文区	819	811	811	717	94	0	0	0	0	0	0	0	0	8
青州市	141	141	141	128	14	0	0	0	0	0	0	0	0	0
寿光市	13149	978	577	286	291	400	400	200	200	0	0	0	11846	325
昌邑市	912	866	411	188	223	455	157	0	157	298	0	0	15	31
济宁市	31376	23145	18147	12823	5323	4999	2010	1547	463	2950	21	18	4373	3858
市辖区	2957	2676	2427	2144	282	249	189	141	48	42	19	0	188	93
任城区	28380	20430	15681	10644	5037	4749	1821	1407	415	2908	2	18	4185	3765
汶上县	39	39	39	35	4	0	0	0	0	0	0	0	0	0
泰安市	16111	13827	8770	2497	6273	5056	1555	1345	210	1501	1000	1000	1072	1212
泰山区	15210	12947	8285	2017	6268	4662	1555	1345	210	1107	1000	1000	1072	1191
宁阳县	901	880	486	480	5	394	0	0	0	394	0	0	0	22
威海市	4834	3839	3275	2042	1233	564	489	489	0	0	75	0	74	921
市辖区	2762	2688	2177	1197	980	511	436	436	0	0	75	0	74	0
环翠区	214	195	195	169	26	0	0	0	0	0	0	0	0	19
文登区	269	261	261	236	26	0	0	0	0	0	0	0	0	8

续表

指标	经费内部支出总额	科技经费内部支出	日常性支出	人员劳务费	其他日常性支出	资产性支出	仪器与设备支出	非基建的科学仪器与设备支出	基建的仪器与设备支出	土建费	资本化的计算机软件支出	专利和专有技术支出	生产经营支出	其他支出
荣成市	1277	621	568	415	153	53	53	53	0	0	0	0	0	655
乳山市	312	73	73	25	48	0	0	0	0	0	0	0	0	239
日照市	26011	8665	7642	4151	3491	1023	892	892	0	0	51	80	13784	3563
市辖区	5516	4453	3688	1782	1906	765	765	765	0	0	0	0	475	589
东港区	19983	3767	3510	1992	1518	257	127	127	0	0	50	80	13309	2907
莒县	512	446	445	378	67	1	0	0	0	0	1	0	0	67
莱芜市	1317	1122	1093	503	590	29	29	29	0	0	0	0	0	195
市辖区	1004	885	856	273	583	29	29	29	0	0	0	0	0	119
莱城区	313	237	237	230	7	0	0	0	0	0	0	0	0	76
临沂市	8651	5873	5774	5202	571	99	99	66	33	0	0	0	518	2260
市辖区	3755	3453	3376	3100	276	77	77	44	33	0	0	0	81	221
兰山区	4879	2403	2381	2086	295	22	22	22	0	0	0	0	437	2039
蒙阴县	17	17	17	16	1	1	0	0	0	0	0	0	0	0
德州市	3824	3305	3300	2939	361	5	5	5	0	0	0	0	0	518
市辖区	3554	3104	3099	2817	282	5	5	5	0	0	0	0	0	451
德城区	93	55	55	51	4	0	0	0	0	0	0	0	0	38
庆云县	10	5	5	4	1	0	0	0	0	0	0	0	0	5
齐河县	75	50	50	46	4	0	0	0	0	0	0	0	0	25
禹城市	92	92	92	21	70	0	0	0	0	0	0	0	0	0
聊城市	2731	2385	2228	1605	622	157	134	134	0	0	24	0	0	346

续表

指标	经费内部支出总额	科技经费内部支出	日常性支出	人员劳务费	其他日常性支出	资产性支出	仪器与设备支出	非基建的科学仪器与设备支出	基建的仪器与设备支出	土建费	资本化的计算机软件支出	专利和专有技术支出	生产经营支出	其他支出
市辖区	2731	2385	2228	1605	622	157	134	134	0	0	24	0	0	346
滨州市	3379	2970	2945	2617	328	25	22	22	0	0	3	0	19	391
市辖区	3307	2898	2873	2550	323	25	22	22	0	0	3	0	19	391
滨城区	55	55	55	50	5	0	0	0	0	0	0	0	0	0
阳信县	17	17	17	17	0	0	0	0	0	0	0	0	0	0
菏泽市	3212	2879	2879	2139	740	0	0	0	0	0	0	0	0	333
市辖区	2665	2332	2332	1592	740	0	0	0	0	0	0	0	0	333
牡丹区	547	547	547	547	0	0	0	0	0	0	0	0	0	0
2. 按机构所属隶属关系分布														
中央部门属	406798	355971	262810	108133	154677	93162	71254	52064	19190	20797	590	522	15350	35477
中国科学院	138280	121959	91478	45263	46215	30481	26618	26618	0	3161	401	302	0	16321
地方部门属	1041734	679683	529989	255303	274686	149694	105259	93446	11813	39015	3264	2156	223861	138190
省级部门属	564005	398025	305986	145436	160550	92039	72606	64276	8330	15883	1877	1673	60009	105970
副省级城市属	208131	128226	84748	30834	53914	43477	20020	17921	2099	22176	975	307	70221	9685
地市级部门属	116172	93344	84331	55587	28744	9013	7686	6422	1264	956	303	68	14464	8365
3. 按机构从事的国民经济行业分布														
科学研究和技术服务业	1448532	1035654	792798	363436	429363	242856	176513	145511	31003	59812	3853	2678	239211	173667
研究和试验发展	1196807	903134	679612	317022	362590	223522	161117	134808	26309	56513	3544	2349	143391	150282
专业技术服务业	229534	114170	99057	37312	61745	15113	11350	6797	4553	3299	164	300	93622	21742
科技推广和应用服务业	22191	18351	14130	9102	5028	4221	4046	3905	141	0	146	29	2198	1643

续表

指标	经费内部支出总额	科技经费内部支出	日常性支出	人员劳务费	其他日常性支出	资产性支出	仪器与设备支出	非基建的科学仪器与设备支出	基建的仪器与设备支出	土建费	资本化的计算机软件支出	专利和专有技术支出	生产经营支出	其他支出
4. 按机构服务的国民经济行业分布														
农、林、牧、渔业	208606	182441	147026	78308	68719	35414	20379	13932	6446	12544	1176	1316	2926	23239
农业	94332	85935	74818	41357	33462	11117	6100	4021	2079	2735	1002	1281	1746	6652
林业	10804	8736	5898	4019	1879	2838	2822	2542	280	15	0	1	92	1976
畜牧业	10713	7634	5680	1779	3900	1954	1000	872	129	948	6	0	37	3042
渔业	56755	49911	35920	16597	19323	13991	6156	2575	3582	7673	145	17	0	6845
农、林、牧、渔专业及辅助性活动	36001	30225	24710	14557	10154	5514	4301	3923	377	1172	24	18	1052	4725
制造业	146556	85505	70173	37136	33037	15332	10348	7229	3119	4870	59	55	44081	16970
农副食品加工业	4856	553	548	503	45	5	0	0	0	0	2	3	4085	218
食品制造业	5267	5233	4356	2374	1982	878	867	867	0	0	9	2	0	33
纺织业	2739	1332	1332	1186	146	0	0	0	0	0	0	0	160	1247
皮革、毛皮、羽毛及其制品和制鞋业	416	192	192	172	20	0	0	0	0	0	0	0	0	224
家具制造业	253	190	190	129	61	0	0	0	0	0	0	0	0	63
造纸和纸制品业	1048	541	534	273	261	7	7	7	0	0	0	0	61	446
文教、工美、体育和娱乐用品制造业	514	308	308	273	35	0	0	0	0	0	0	0	0	206
化学原料和化学制品制造业	12315	7905	7500	4514	2986	405	303	283	21	51	0	50	719	3691
医药制造业	13971	11528	10165	5191	4974	1363	1351	1351	0	0	11	0	0	2443
化学纤维制造业	677	532	532	239	293	0	0	0	0	0	0	0	82	64
非金属矿物制品业	2171	747	747	214	533	0	0	0	0	0	0	0	347	1077

续表

指标	经费内部支出总额	科技经费内部支出	日常性支出	人员劳务费	其他日常性支出	资产性支出	仪器与设备支出	非基建的科学仪器与设备支出	基建的仪器与设备支出	土建费	资本化的计算机软件支出	专利和专有技术支出	生产经营支出	其他支出
通用设备制造业	1098	760	760	715	45	0	0	0	0	0	0	0	8	330
专用设备制造业	16072	13406	12064	7626	4438	1342	1342	12	1330	0	0	0	710	1956
铁路、船舶、航空航天和其他运输设备制造业	748	748	666	186	480	82	82	82	0	0	0	0	0	0
计算机、通信和其他电子设备制造业	47660	9741	6062	861	5201	3679	1768	0	1768	1911	0	0	37909	10
仪器仪表制造业	31827	27550	21451	11088	10363	6099	3191	3191	0	2908	0	0	0	4277
金属制品、机械和设备修理业	4927	4241	2768	1593	1175	1473	1436	1436	0	0	37	0	0	685
建筑业	39149	20936	18912	4125	14787	2024	1275	158	1117	623	21	105	4284	13930
房屋建筑业	39149	20936	18912	4125	14787	2024	1275	158	1117	623	21	105	4284	13930
交通运输、仓储和邮政业	16494	16274	9714	5372	4342	6560	4165	4165	0	2395	0	0	0	220
道路运输业	16494	16274	9714	5372	4342	6560	4165	4165	0	2395	0	0	0	220
信息传输、软件和信息技术服务业	52430	45096	8941	2784	6157	36155	36140	36020	120	0	0	15	101	7233
互联网和相关服务	1625	1445	1300	970	330	145	130	10	120	0	0	15	100	80
软件和信息技术服务业	50805	43651	7641	1814	5827	36010	36010	36010	0	0	0	0	1	7153
科学研究和技术服务业	825117	581477	448504	199179	249325	132972	96835	79443	17392	32817	2329	992	179431	64210
研究和试验发展	399871	358330	262603	109567	153036	95727	63479	50246	13233	30749	1200	299	11190	30352
专业技术服务业	410097	210951	177097	82786	94312	33854	30167	26029	4138	2068	940	680	166939	32207
科技推广和应用服务业	15149	12196	8804	6827	1977	3392	3190	3169	21	0	189	14	1302	1652
水利、环境和公共设施管理业	36482	28483	26847	13252	13595	1636	1597	1532	65	0	39	0	2266	5733
水利管理业	11384	10596	10494	3657	6837	102	102	102	0	0	0	0	46	742

续表

指标	经费内部支出总额	科技经费内部支出	日常性支出	人员劳务费	其他日常性支出	资产性支出	仪器与设备支出	非基建的科学仪器与设备支出	基建的仪器与设备支出	土建费	资本化的计算机软件支出	专利和专有技术支出	生产经营支出	其他支出
生态保护和环境治理业	22218	16928	15447	9502	5945	1482	1443	1377	65	0	39	0	823	4467
公共设施管理业	2881	959	907	94	813	52	52	52	0	0	0	0	1397	525
教育	23896	22084	21203	6854	14349	881	650	650	0	0	231	0	1351	462
教育	23896	22084	21203	6854	14349	881	650	650	0	0	231	0	1351	462
卫生和社会工作	83436	37208	29860	13761	16099	7348	4365	2246	2119	2788	0	195	4764	41464
卫生	83436	37208	29860	13761	16099	7348	4365	2246	2119	2788	0	195	4764	41464
文化、体育和娱乐业	13672	13467	9548	1307	8240	3919	144	102	42	3775	0	0	0	205
文化艺术业	13485	13280	9403	1205	8198	3877	102	102	0	3775	0	0	0	205
体育	186	186	144	102	42	42	42	0	42	0	0	0	0	0
公共管理、社会保障和社会组织	2695	2686	2070	1357	713	616	616	33	582	0	0	0	8	2
国家机构	2695	2686	2070	1357	713	616	616	33	582	0	0	0	8	2
5．按机构所属学科领域分布														
自然科学领域	389733	353889	256099	91292	164807	97790	68298	55749	12550	27974	1145	372	14089	21756
信息科学与系统科学	1765	1520	1520	1066	454	0	0	0	0	0	0	0	0	245
化学	16119	12926	11274	6235	5039	1652	1551	1530	21	51	0	50	106	3088
地球科学	354160	323500	228094	76955	151139	95406	66017	53488	12529	27923	1145	322	13983	16676
生物学	17690	15943	15212	7036	8176	731	731	731	0	0	0	0	0	1747
农业科学领域	235156	205415	167744	90919	76825	37671	22002	14549	7453	13174	1176	1320	4512	25229
农学	134819	121909	104965	59588	45377	16944	10771	7466	3305	3845	1025	1303	2845	10065
林学	14288	10235	7344	4513	2831	2891	2875	2595	280	15	0	1	1489	2565

续表

指标	经费内部支出总额	科技经费内部支出	日常性支出	人员劳务费	其他日常性支出	资产性支出	仪器与设备支出	非基建的科学仪器与设备支出	基建的仪器与设备支出	土建费	资本化的计算机软件支出	专利和专有技术支出	生产经营支出	其他支出
畜牧、兽医科学	19411	16010	13396	6258	7139	2613	1659	1531	129	948	6	0	37	3365
水产学	66638	57262	42039	20560	21479	15223	6696	2957	3739	8366	145	17	141	9235
医学科学领域	137756	84403	69319	30958	38362	15084	11771	9135	2636	2808	310	195	6806	46547
基础医学	34346	29990	27779	11542	16237	2211	1960	1626	335	20	231	0	1351	3006
临床医学	53104	18008	14161	7402	6760	3847	2532	1324	1207	1120	0	195	4764	30332
预防医学与公共卫生学	22551	13819	10615	2432	8183	3204	1536	799	737	1668	0	0	315	8417
药学	21462	16393	12567	6626	5941	3826	3815	3488	327	0	11	0	377	4693
中医学与中药学	6294	6194	4198	2957	1241	1996	1928	1898	30	0	68	0	0	100
工程科学与技术领域	633782	345319	258563	124602	133961	86756	72768	64694	8075	12081	1145	762	213275	75188
工程与技术科学基础学科	35834	17503	15247	8265	6981	2257	2133	1815	318	0	45	78	14992	3339
信息与系统科学相关工程与技术	4612	4356	3596	2547	1049	761	746	43	702	0	0	15	100	156
自然科学相关工程与技术	43500	25581	20388	9217	11172	5193	3650	432	3218	1095	96	353	13392	4527
测绘科学技术	57520	34394	34394	9518	24876	0	0	0	0	0	0	0	19638	3488
材料科学	6885	6074	3759	2473	1286	2315	1827	1407	420	445	8	35	419	393
冶金工程技术	2476	0	0	0	0	0	0	0	0	0	0	0	437	2039
机械工程	13454	9361	8067	5026	3041	1294	1192	1192	0	0	89	14	1530	2562
能源科学技术	43676	33882	24805	12208	12597	9077	6771	6771	0	2132	174	0	0	9794
电子与通信技术	80937	36796	26878	13048	13830	9918	5003	3235	1768	4819	96	0	39114	5028
计算机科学技术	52976	44633	8623	2620	6003	36010	36010	36010	0	0	0	0	1187	7156
化学工程	20030	5710	5246	2916	2330	464	463	242	221	0	0	0	12521	1799

续表

指标	经费内部支出总额	科技经费内部支出	日常性支出	人员劳务费	其他日常性支出	资产性支出	仪器与设备支出	非基建的科学仪器与设备支出	基建的仪器与设备支出	土建费	资本化的计算机软件支出	专利和专有技术支出	生产经营支出	其他支出
产品应用相关工程与技术	416	358	358	275	83	0	0	0	0	0	0	0	0	58
纺织科学技术	3035	1497	1497	1338	159	0	0	0	0	0	0	0	242	1296
食品科学技术	13464	7951	7331	4334	2997	619	604	604	0	0	11	5	4247	1267
土木建筑工程	84508	32838	30671	12437	18234	2168	1294	177	1117	623	147	104	31928	19742
水利工程	60432	11507	11380	4520	6860	127	127	127	0	0	0	0	44781	4144
交通运输工程	16494	16274	9714	5372	4342	6560	4165	4165	0	2395	0	0	0	220
环境科学技术及资源科学技术	50629	37560	33211	19442	13769	4349	3634	3371	263	531	48	137	6359	6710
安全科学技术	14642	11903	9630	6487	3143	2273	2135	2087	48	42	96	0	1623	1117
管理学	28263	7143	3769	2562	1207	3375	3016	3016	0	0	338	21	20766	354
社会、人文科学领域	52104	46628	41073	25666	15407	5555	1674	1384	290	3775	78	29	528	4948
艺术学	2236	1740	1690	1007	683	50	50	50	0	0	0	0	0	496
考古学	13485	13280	9403	1205	8198	3877	102	102	0	3775	0	0	0	205
法学	21	11	11	11	0	0	0	0	0	0	0	0	8	2
社会学	17570	15639	15439	11881	3559	200	200	200	0	0	0	0	0	1931
图书馆、情报与文献学	16738	14366	12979	10261	2718	1387	1280	1033	247	0	78	29	521	1852
教育学	1868	1406	1406	1199	207	0	0	0	0	0	0	0	0	462
体育科学	186	186	144	102	42	42	42	0	42	0	0	0	0	0
6. 按机构从业人员规模分														
≥ 1000 人	83826	76497	57828	28892	28936	18669	17594	17594	0	498	275	302	0	7329
500 ~ 999 人	267848	164002	112523	44272	68251	51479	40602	24300	16302	10215	520	142	69639	34207

续表

指标	经费内部支出总额	科技经费内部支出	日常性支出	人员劳务费	其他日常性支出	资产性支出	仪器与设备支出	非基建的科学仪器与设备支出	基建的仪器与设备支出	土建费	资本化的计算机软件支出	专利和专有技术支出	生产经营支出	其他支出
300～499人	223892	134348	112219	37672	74547	22130	12137	9756	2381	9981	11	0	45042	44502
200～299人	272014	189514	142666	51001	91664	46848	21734	20194	1540	21738	2276	1100	72609	9892
100～199人	327212	248206	177539	101279	76260	70667	61894	57444	4450	8028	343	403	35954	43052
50～99人	180707	149931	129784	58800	70984	20146	11715	8082	3633	7589	234	609	10040	20737
30～49人	60756	46266	38146	25253	12894	8120	7030	4877	2154	985	12	93	5062	9427
20～29人	16812	13459	11303	8199	3105	2155	1418	998	420	707	1	29	708	2645
10～19人	12812	11175	8891	6885	2006	2284	2032	1929	103	71	181	0	38	1599
0～9人	2655	2257	1899	1183	716	358	358	337	21	0	0	0	119	278

注：提交级别为0国家级；从事的国民经济行业代码（BA17）为73～75；法人性质（BA29）为1事业独立法人（即机构类别BA20为1～5）。

表5 2019年山东省科学研究和技术服务业事业单位课题概况

指标	课题数合计	R&D课题	课题经费内部支出	政府资金	R&D课题经费	课题人员折合全时工作量	R&D课题人员折合全时工作量
	个	个	万元	万元	万元	人年	人年
总计	6358	5422	278273	224911	243259	12936.5	11067.3
1. 按地域分布							
山东省	6358	5422	278273	224911	243259	12936.5	11067.3
济南市	2506	2064	92693	69392	77176	4612.4	3564.8
市辖区	5	5	1026	66	1026	38	38
历下区	874	739	34458	23264	29336	2065.5	1626.2
市中区	312	300	2975	2327	2354	294.7	225.7
槐荫区	50	44	6142	1510	5051	223	195
天桥区	304	179	7115	2629	4328	574.4	294.1
历城区	950	786	39260	37880	33363	1360.6	1129.6
章丘区	10	10	1660	1660	1660	50	50
平阴县	1	1	56	56	56	6.2	6.2
青岛市	2812	2444	142994	120956	126967	5493.5	5063.7
市南区	1545	1438	61643	56398	57798	1675.8	1580.1
市北区	48	33	343	244	236	235.9	187.9
崂山区	974	747	64978	51529	53857	1610	1438.1
李沧区	43	34	3113	3063	2374	147.2	102.5
城阳区	19	17	1703	1272	1618	89	83.5
即墨区	183	175	11215	8450	11083	1735.6	1671.6
淄博市	88	82	7328	4520	7312	357	348
市辖区	50	49	5712	3245	5702	184	183
张店区	38	33	1616	1275	1610	173	165
东营市	10	4	195	195	78	34	12
市辖区	4	4	78	78	78	12	12
东营区	6	0	117	117	0	22	0
烟台市	495	446	11889	10434	10126	764.4	665.6
市辖区	11	11	1070	186	1070	49	49
芝罘区	64	48	971	971	519	147.6	101.9
福山区	81	77	1248	1242	1229	241	231
莱山区	317	297	7844	7279	6874	279.8	257.7
长岛县	20	13	669	669	433	40	26
栖霞市	2	0	87	87	0	7	0

续表

指标	课题数合计	R&D 课题	课题经费内部支出	政府资金	R&D 课题经费	课题人员折合全时工作量	R&D 课题人员折合全时工作量
	个	个	万元	万元	万元	人年	人年
潍坊市	38	23	1195	827	842	175	101
潍城区	23	10	431	397	103	110	46
寿光市	12	10	505	170	480	50	40
昌邑市	3	3	259	259	259	15	15
济宁市	132	121	9595	8612	9051	507.1	469.1
市辖区	3	3	349	349	349	21	21
任城区	128	118	9208	8224	8702	483.1	448.1
汶上县	1	0	39	39	0	3	0
泰安市	91	72	1403	1064	1212	176	128
泰山区	90	72	1370	1031	1212	169	128
宁阳县	1	0	33	33	0	7	0
威海市	33	31	1145	1145	1097	124.8	120.8
市辖区	30	30	1062	1062	1062	114.8	114.8
文登区	1	1	35	35	35	6	6
乳山市	2	0	48	48	0	4	0
日照市	43	38	5897	4642	5678	186.5	175.5
市辖区	16	13	2505	2139	2349	70.5	63.5
东港区	19	18	2963	2074	2928	98	96
莒县	8	7	429	429	401	18	16
莱芜市	2	1	59	59	39	16	10
市辖区	2	1	59	59	39	16	10
临沂市	27	26	1698	913	1658	191	154
市辖区	20	20	410	400	410	101	101
兰山区	6	5	1283	508	1243	87	50
蒙阴县	1	1	5	5	5	3	3
德州市	19	19	617	595	617	81	81
市辖区	19	19	617	595	617	81	81
聊城市	21	19	246	246	231	67	60
市辖区	21	19	246	246	231	67	60
滨州市	29	26	1125	1125	1020	69.8	63.8
市辖区	29	26	1125	1125	1020	69.8	63.8
菏泽市	12	6	195	187	156	81	50
市辖区	12	6	195	187	156	81	50
2. 按隶属关系分布							

续表

指标	课题数合计	R&D 课题	课题经费内部支出	政府资金	R&D 课题经费	课题人员折合全时工作量	R&D 课题人员折合全时工作量
	个	个	万元	万元	万元	人年	人年
中央部门属	2787	2438	132731	113693	117087	3617.6	3291.7
中国科学院	1489	1422	72773	67056	69574	1981.8	1934.9
地方部门属	3571	2984	145542	111218	126173	9318.9	7775.6
省级部门属	2631	2156	91862	70250	76616	4700.6	3707.1
副省级城市属	336	304	17884	14416	16253	2225.5	2047.5
地市级部门属	534	473	27783	21377	26604	1924.7	1664.9
3. 按课题来源分布							
国家科技项目	2082	1948	115610	107976	107837	3934.5	3548.8
地方科技项目	2475	2167	97742	78044	87442	6207.2	5474.6
企业委托科技项目	514	257	19597	1250	10390	763.8	442.5
自选科技项目	448	389	13462	9718	12020	1042.9	858.9
国际合作科技项目	22	21	1214	1005	1194	26.8	26.6
其他科技项目	817	640	30648	26918	24376	961.3	715.9
4. 按课题活动类型分布							
基础研究	1572	1572	53551	49411	53551	3210.7	3210.7
应用研究	2041	2041	100929	84140	100929	3435.7	3435.7
试验发展	1809	1809	88779	69552	88779	4420.9	4420.9
研究与试验发展成果应用	465	0	15820	11071	0	1070.5	0
技术推广与科技服务	471	0	19193	10737	0	798.7	0
5. 按课题所属学科分布							
自然科学领域	1937	1654	104367	87835	90344	3982.9	3652.3
数学	2	2	63	29	63	1.4	1.4
信息科学与系统科学	13	11	797	762	762	50.7	42.7
物理学	25	21	934	634	745	68.3	56.3
化学	80	74	5123	1688	5048	230.5	210.9
地球科学	1633	1366	91168	79700	77531	3368.6	3086.9
生物学	183	179	6280	5020	6193	262.4	253.1
心理学	1	1	1	1	1	1	1
农业科学领域	2074	1727	82069	72188	70484	3341.7	2732.5
农学	1203	996	51973	44395	44687	2235.4	1812.7
林学	49	39	1240	881	1121	170.5	136.5
畜牧、兽医科学	187	128	10963	10336	8635	294	215.1
水产学	635	564	17892	16576	16040	641.8	568.2
医学科学领域	352	321	20946	12047	18378	1361.9	1191.5

续表

指标	课题数合计	R&D 课题	课题经费内部支出	政府资金	R&D 课题经费	课题人员折合全时工作量	R&D 课题人员折合全时工作量
	个	个	万元	万元	万元	人年	人年
基础医学	64	63	2148	2137	2078	214.2	209.2
临床医学	71	67	6076	1379	5046	231.8	208.8
预防医学与公共卫生学	38	37	1452	1439	1407	226.5	223.5
药学	81	67	9015	5637	7897	408	306
中医学与中药学	98	87	2256	1454	1951	281.4	244
工程科学与技术领域	1703	1443	68423	50522	61843	3978.2	3250.6
工程与技术科学基础学科	97	70	873	740	577	274.6	160.6
信息与系统科学相关工程与技术	58	51	2741	1625	2502	190.8	178.3
自然科学相关工程与技术	409	403	24662	22008	24517	996.2	993.1
测绘科学技术	35	23	1010	430	409	81.9	29.8
材料科学	138	119	5020	3787	4544	378.5	325.9
矿山工程技术	2	1	25	25	15	6	3
机械工程	22	14	2140	1180	1841	198.3	149.3
动力与电气工程	24	19	837	812	790	34.2	29.7
能源科学技术	70	64	2649	959	2435	110.8	101.8
电子与通信技术	82	77	3883	2103	3793	346.5	333.5
计算机科学技术	95	82	2534	2528	2274	167.4	135.9
化学工程	37	30	2630	817	1539	153.4	94.4
产品应用相关工程与技术	17	16	1074	1053	1069	76.7	72.7
纺织科学技术	8	0	76	0	0	16	0
食品科学技术	107	73	3908	3347	3185	134.1	108.4
土木建筑工程	92	38	842	169	457	246.7	98.6
水利工程	23	18	1990	987	1624	68.6	53.1
交通运输工程	93	78	1485	39	1224	42.6	37.4
环境科学技术及资源科学技术	200	181	8639	6581	7784	265.7	241.5
安全科学技术	8	5	600	530	518	33	19
管理学	86	81	806	802	747	156.2	84.6
社会、人文科学领域	292	277	2469	2319	2210	271.8	240.4
马克思主义	24	24	208	208	208	13.8	13.8
哲学	18	18	114	114	114	10.4	10.4
宗教学	6	6	73	73	73	3.8	3.8
文学	2	2	5	5	5	1.1	1.1
艺术学	9	9	35	24	35	44.5	44.5
历史学	10	10	57	57	57	5.5	5.5

续表

指标	课题数合计	R&D 课题	课题经费内部支出	政府资金	R&D 课题经费	课题人员折合全时工作量	R&D 课题人员折合全时工作量
	个	个	万元	万元	万元	人年	人年
考古学	3	3	118	60	118	16	16
经济学	106	105	701	698	700	64.8	63.8
政治学	6	6	18	18	18	4.7	4.7
法学	7	7	45	45	45	3.9	3.9
社会学	32	28	212	210	127	28.6	15.6
民族学与文化学	37	37	222	222	222	19.6	19.6
新闻学与传播学	3	3	8	8	8	1.8	1.8
图书馆、情报与文献学	13	3	181	176	9	19.3	1.9
教育学	15	15	412	402	412	24	24
体育科学	1	1	60	0	60	10	10
6. 按课题技术领域分布							
非技术领域	670	634	22185	20492	21426	1499.2	1392.7
信息技术	230	193	8240	6276	7068	635.7	526.9
生物和现代农业技术	2615	2216	109952	96710	96795	4248.3	3582.3
新材料技术	188	164	8367	5802	8049	521.6	459.2
能源技术	261	251	10901	9587	10652	569	551
激光技术	40	35	1444	1443	1154	112.1	95.1
先进制造与自动化技术	127	108	8081	4741	7438	524.3	455.2
航天技术	1	1	260	60	260	1	1
资源与环境技术	1459	1154	68104	54228	54976	2345.6	1965.1
其他技术领域	767	666	40739	25571	35442	2479.7	2038.8
7. 按课题的社会经济目标分布							
环境保护、生态建设及污染防治	778	572	29826	20734	22231	1049.9	894.4
环境一般问题	189	183	7451	6599	6454	270.3	261.9
环境与资源评估	271	111	8878	4647	3818	194.6	104.6
环境监测	117	102	4681	3798	4142	190.1	179.1
生态建设	68	61	2774	1774	2551	141.8	136.2
环境污染预防	48	46	3279	2084	3129	70.3	63.3
环境治理	64	54	1878	1146	1548	105	94
自然灾害的预防、预报	21	15	885	685	589	77.8	55.3
能源生产、分配和合理利用	411	376	25328	21492	23818	942.1	879.1
能源一般问题研究	18	17	2107	1571	2107	71.9	70.9
能源矿产的勘探技术	8	7	1069	1066	1049	24.9	21.9
能源矿物的开采和加工技术	4	3	29	29	16	39	18

续表

指标	课题数合计	R&D 课题	课题经费内部支出	政府资金	R&D 课题经费	课题人员折合全时工作量	R&D 课题人员折合全时工作量
	个	个	万元	万元	万元	人年	人年
能源转换技术	10	8	241	227	206	28.3	17.3
能源输送、储存与分配技术	5	3	71	52	44	6.1	3.9
可再生能源	336	314	20574	17604	19269	716.2	699
能源设施和设备建造	6	5	50	20	40	11.3	11.2
能源安全生产管理和技术	2	1	22	22	15	5	2
节约能源的技术	20	16	1151	886	1057	35.7	31.2
能源生产、输送、分配、储存、利用过程中污染的防治与处理	2	2	15	15	15	3.7	3.7
卫生事业发展	376	339	21596	13037	18750	1306.4	1131.4
卫生一般问题	87	78	6164	2045	5736	176.4	154
诊断与治疗	78	66	4242	1533	3221	386.1	310.9
预防医学	16	16	62	50	62	87	87
公共卫生	39	38	4768	4651	4268	242.4	230.4
营养和食品卫生	29	23	1402	1338	1073	58	40.7
药物滥用和成瘾	3	3	468	468	468	4.9	4.9
社会医疗	29	23	2753	1621	2247	167.6	127.4
卫生医疗其他研究	95	92	1737	1330	1675	184	176.1
教育事业发展	17	17	731	661	731	34.7	34.7
教育一般问题	16	16	671	661	671	24.7	24.7
其他教育	1	1	60	0	60	10	10
基础设施及城市和农村规划	160	123	2169	472	1737	244.5	184.6
交通运输	89	75	1488	102	1214	42.6	37.4
通信	12	12	173	141	173	89	89
广播与电视	1	0	3	0	0	2	0
城市规划与市政工程	37	22	222	42	163	82.4	45
农村发展规划与建设	13	7	162	116	71	23.1	10.8
交通运输、通信、城市与农村发展对环境的影响	8	7	121	71	116	5.4	2.4
基础社会发展和社会服务	259	191	8637	6596	6814	747.8	508.8
社会发展和社会服务一般问题	34	20	716	616	378	79.2	49.5
社会保障	27	23	1875	1587	1843	83.8	62.8
公共安全	84	67	1510	1250	1254	245.7	185.5
社会管理	4	3	22	16	9	14	9
法律与司法	1	1	50	50	50	1.2	1.2
遗产保护	4	4	120	62	120	18	18

续表

指标	课题数合计	R&D 课题	课题经费内部支出	政府资金	R&D 课题经费	课题人员折合全时工作量	R&D 课题人员折合全时工作量
	个	个	万元	万元	万元	人年	人年
文艺、娱乐	8	8	33	22	33	44	44
传媒	3	3	34	33	34	2.3	2.3
科技发展	18	4	607	606	123	77.5	13.8
国土资源管理	7	6	45	13	42	4.9	4.8
其他社会发展和社会服务	69	52	3626	2342	2930	177.2	117.9
地球和大气层的探索与利用	1092	1028	71233	64206	65450	2738.4	2601.1
地壳、地幔，海底的探测和研究	124	117	5106	3408	4613	308	290.4
水文地理	7	5	634	559	461	28.8	21.1
海洋	912	859	61878	57896	57021	2278.7	2175.7
大气	26	26	330	329	330	24	24
地球探测和开发其他研究	23	21	3286	2014	3026	98.9	89.9
民用空间探测及开发	10	9	326	326	226	14.5	11
空间探测一般研究	2	2	154	154	154	5.7	5.7
飞行器和运载工具研制	1	1	8	8	8	2	2
卫星服务	7	6	164	164	64	6.8	3.3
农林牧渔业发展	2299	1956	89836	79171	78737	3699.2	3121.9
农林牧渔业发展一般问题	232	195	9341	8744	8316	377.9	310.6
农作物种植及培育	759	659	33037	26638	30135	1417.7	1246.1
林业和林产品	44	39	1120	773	1046	175	155.2
畜牧业	171	113	10005	9354	8213	254.9	193.2
渔业	615	546	18542	17240	16885	626.9	559.1
农林牧渔业体系支撑	447	377	16800	15434	13374	808.9	628
农林牧渔业生产中污染的防治与处理	31	27	991	988	767	37.9	29.7
工商业发展	508	371	20784	12345	17107	1571.9	1130
促进工商业发展的一般问题	12	9	1130	1130	1072	38.4	25.4
产业共性技术	35	34	1810	1171	1790	149	143
食品、饮料和烟草制品业	71	36	1918	1235	1010	95	26
纺织业、服装及皮革制品业	9	1	101	15	25	18	2
化学工业	49	35	4742	534	3623	187	110
非金属与金属制品业	21	19	488	308	438	35	31
机械制造业（不包括电子设备、仪器仪表及办公机械）	49	41	2517	1492	2292	260	230
电子设备、仪器仪表及办公机械	45	44	1404	1133	1399	133	133
其他制造业	13	10	980	640	917	47	33

续表

指标	课题数合计	R&D 课题	课题经费内部支出	政府资金	R&D 课题经费	课题人员折合全时工作量	R&D 课题人员折合全时工作量
	个	个	万元	万元	万元	人年	人年
建筑业	33	13	242	58	66	79	29
信息与通信技术（ICT）服务业	13	13	900	490	900	57	57
技术服务业	149	108	4253	3985	3318	458	299
商业及其他服务业	3	2	43	43	1	6	2
工商业活动中的环境保护、污染防治与处理	6	6	256	109	256	9	9
非定向研究	399	399	4034	3922	4034	349	349
自然科学领域的非定向研究	56	56	1521	1479	1521	87	87
工程与技术科学领域的非定向研究	10	10	164	130	164	24	24
农业科学领域的非定向研究	1	1	4	4	4	1	1
医学科学领域的非定向研究	22	22	393	365	393	56	56
社会科学领域的非定向研究	308	308	1929	1927	1929	178	178
其他	2	2	23	17	23	3	3
其他民用目标	29	21	3162	1341	3015	136	119
国防	20	20	610	610	610	102	102
8. 按课题合作形式分布							
独立完成	4856	4193	195064	163278	168681	9295	8093
与境内独立研究机构合作	542	459	29156	26696	26486	1209	949
与境内高等学校合作	194	176	12942	11060	12116	664	618
与境内注册其他企业合作	467	342	23295	9936	20090	1080	820
与境外机构合作	30	25	1514	1202	1392	46	37
其他	269	227	16301	12738	14494	643	550
9. 按课题服务的国民经济行业分布							
农、林、牧、渔业	1911	1581	72707	63165	62314	3117	2552
农业	978	807	41043	33802	35099	1881	1535
林业	42	31	1113	802	989	140	108
畜牧业	152	99	7737	7109	6122	210	153
渔业	265	218	8976	8049	7966	412	354
农、林、牧、渔专业及辅助性活动	474	426	13839	13402	12137	474	402
采矿业	14	11	1092	908	1066	55	46
煤炭开采和洗选业	3	2	130	130	110	9	6
石油和天然气开采业	8	6	244	242	238	22	16
黑色金属矿采选业	1	1	4	4	4	0	0
有色金属矿采选业	2	2	714	532	714	24	24

续表

指标	课题数合计	R&D 课题	课题经费内部支出	政府资金	R&D 课题经费	课题人员折合全时工作量	R&D 课题人员折合全时工作量
	个	个	万元	万元	万元	人年	人年
制造业	554	457	30142	19335	26799	1731	1443
农副食品加工业	62	37	2079	1356	1268	143	75
食品制造业	61	44	1952	1604	1484	53	45
酒、饮料和精制茶制造业	6	5	103	92	96	9	8
烟草制品业	4	4	173	0	173	4	4
纺织业	5	2	44	1	28	9	3
皮革、毛皮、羽毛及其制品和制鞋业	1	1	25	15	25	2	2
木材加工和木、竹、藤、棕、草制品业	2	2	114	64	114	10	10
家具制造业	1	1	460	150	460	14	14
造纸和纸制品业	3	3	197	0	197	20	20
石油、煤炭及其他燃料加工业	5	5	279	276	279	21	21
化学原料和化学制品制造业	51	43	5954	1944	5824	207	193
医药制造业	96	80	7789	4625	6613	415	307
化学纤维制造业	2	2	80	0	80	17	17
橡胶和塑料制品业	3	1	161	21	140	9	3
非金属矿物制品业	14	13	460	451	457	32	30
黑色金属冶炼和压延加工业	2	2	263	129	263	5	5
有色金属冶炼和压延加工业	2	2	429	411	429	14	14
金属制品业	7	6	90	84	84	11	10
通用设备制造业	26	17	1195	662	969	143	107
专用设备制造业	116	111	4779	4503	4515	248	235
汽车制造业	4	3	139	130	130	9	7
铁路、船舶、航空航天和其他运输设备制造业	3	3	66	20	66	13	13
电气机械和器材制造业	14	12	527	282	460	47	35
计算机、通信和其他电子设备制造业	32	30	1602	1333	1582	195	192
仪器仪表制造业	31	28	1122	1122	1062	80	73
废弃资源综合利用业	1	0	60	60	0	2	0
电力、热力、燃气及水生产和供应业	24	17	1099	892	905	37	33
电力、热力生产和供应业	13	6	444	315	251	17	12
燃气生产和供应业	2	2	31	28	31	3	3
水的生产和供应业	9	9	624	549	624	18	18
建筑业	86	38	770	160	406	233	100
房屋建筑业	52	23	366	125	146	145	59

续表

指标	课题数合计	R&D 课题	课题经费内部支出	政府资金	R&D 课题经费	课题人员折合全时工作量	R&D 课题人员折合全时工作量
	个	个	万元	万元	万元	人年	人年
土木工程建筑业	24	13	356	25	240	65	37
建筑安装业	1	0	10	10	0	2	0
建筑装饰、装修和其他建筑业	9	2	38	0	20	21	4
交通运输、仓储和邮政业	88	75	1433	50	1192	37	32
道路运输业	87	74	1417	34	1176	36	32
多式联运和运输代理业	1	1	16	16	16	0	0
信息传输、软件和信息技术服务业	70	62	2949	2392	2762	156	137
电信、广播电视和卫星传输服务	1	1	13	13	13	1	1
互联网和相关服务	13	13	710	510	710	38	38
软件和信息技术服务业	56	48	2226	1870	2040	116	98
科学研究和技术服务业	3122	2742	146289	125113	128738	6339	5597
研究和试验发展	1667	1667	75240	71050	75240	3584	3584
专业技术服务业	1409	1066	69829	53075	53081	2586	1989
科技推广和应用服务业	46	9	1221	988	417	169	25
水利、环境和公共设施管理业	248	218	9963	6641	8775	377	337
水利管理业	9	6	537	118	277	26	18
生态保护和环境治理业	237	210	9421	6518	8492	346	315
公共设施管理业	2	2	5	5	5	5	5
教育	46	41	5325	733	4722	128	114
教育	46	41	5325	733	4722	128	114
卫生和社会工作	162	148	6225	5420	5350	635	585
卫生	162	148	6225	5420	5350	635	585
文化、体育和娱乐业	13	13	213	84	213	72	72
文化艺术业	12	12	153	84	153	62	62
体育	1	1	60	0	60	10	10
公共管理、社会保障和社会组织	20	19	67	19	19	21	19
中国共产党机关	1	0	49	0	0	2	0
国家机构	19	19	19	19	19	19	19

注：提交级别为 0 国家级；从事的国民经济行业代码（BA17）为 73 ～ 75；法人性质（BA29）为 1 事业独立法人（即机构类别 BA20 为 1 ～ 5）。

表 6 2019 年山东省科学研究和技术服务业事业单位课题经费内部支出

计量单位：万元

指标	课题经费内部支出	基础研究	应用研究	试验发展	R&D 成果应用	科技服务
总计	278273	53551	100929	88779	15820	19193
1. 按机构所属地域分布						
山东省	278273	53551	100929	88779	15820	19193
济南市	92693	14159	29058	33959	9537	5981
市辖区	1026	1026	0	0	0	0
历下区	34458	7769	10561	11006	3312	1809
市中区	2975	954	1400	0	545	75
槐荫区	6142	450	4340	261	1092	0
天桥区	7115	175	1363	2791	663	2124
历城区	39260	3728	10462	19174	3925	1972
章丘区	1660	0	932	728	0	0
平阴县	56	56	0	0	0	0
青岛市	142994	33173	64219	29575	4480	11547
市南区	61643	15407	27221	15170	1673	2172
市北区	343	120	4	113	107	0
崂山区	64978	10858	33270	9730	2275	8846
李沧区	3113	304	405	1666	310	428
城阳区	1703	454	753	411	85	0
即墨区	11215	6031	2565	2487	31	102
淄博市	7328	155	333	6824	10	5
市辖区	5712	100	52	5550	10	0
张店区	1616	55	281	1274	0	5
东营市	195	78	0	0	0	117
市辖区	78	78	0	0	0	0
东营区	117	0	0	0	0	117
烟台市	11889	3350	2162	4614	775	989
市辖区	1070	6	0	1064	0	0
芝罘区	971	10	193	317	44	409
福山区	1248	7	43	1180	19	0
莱山区	7844	3328	1623	1924	553	417
长岛县	669	0	304	129	160	76
栖霞市	87	0	0	0	0	87
潍坊市	1195	97	399	347	332	20
潍城区	431	0	36	67	327	0

续表

指标	课题经费内部支出	基础研究	应用研究	试验发展	R&D成果应用	科技服务
寿光市	505	97	103	280	5	20
昌邑市	259	0	259	0	0	0
济宁市	9595	1402	714	6935	415	129
市辖区	349	349	0	0	0	0
任城区	9208	1053	714	6935	415	91
汶上县	39	0	0	0	0	39
泰安市	1403	101	256	855	116	75
泰山区	1370	101	256	855	83	75
宁阳县	33	0	0	0	33	0
威海市	1145	0	378	720	15	33
市辖区	1062	0	378	685	0	0
文登区	35	0	0	35	0	0
乳山市	48	0	0	0	15	33
日照市	5897	977	1596	3105	0	219
市辖区	2505	0	1596	753	0	156
东港区	2963	714	0	2215	0	35
莒县	429	264	0	137	0	28
莱芜市	59	0	0	39	20	0
市辖区	59	0	0	39	20	0
临沂市	1698	0	1243	415	0	40
市辖区	410	0	0	410	0	0
兰山区	1283	0	1243	0	0	40
蒙阴县	5	0	0	5	0	0
德州市	617	0	148	469	0	0
市辖区	617	0	148	469	0	0
聊城市	246	0	0	231	15	0
市辖区	246	0	0	231	15	0
滨州市	1125	60	424	536	105	0
市辖区	1125	60	424	536	105	0
菏泽市	195	0	0	156	0	39
市辖区	195	0	0	156	0	39
2. 按机构所属隶属关系分布						
中央部门属	132731	30196	61346	25545	4502	11142
中国科学院	72773	16858	40964	11753	1359	1840
地方部门属	145542	23355	39583	63235	11318	8051
省级部门属	91862	12650	28379	35587	9591	5654
副省级城市属	17884	7039	4528	4686	823	808

续表

指标	课题经费内部支出	基础研究	应用研究	试验发展	R&D成果应用	科技服务
地市级部门属	27783	1634	4635	20335	565	614
3. 按课题来源分布						
国家科技项目	115610	28936	46221	32680	3629	4144
地方科技项目	97742	15159	31737	40545	7393	2908
企业委托科技项目	19597	362	4582	5446	1478	7728
自选科技项目	13463	1892	6735	3394	891	551
国际合作科技项目	1214	407	466	321	20	0
其他科技项目	30648	6795	11188	6394	2409	3863
4. 按课题所属学科分布						
自然科学领域	104367	35434	38143	16767	3439	10584
数学	63	29	0	35	0	0
信息科学与系统科学	797	550	197	15	20	15
物理学	934	102	279	364	189	0
化学	5124	536	1338	3175	25	50
地球科学	91168	31264	34314	11953	3131	10506
生物学	6280	2952	2015	1226	74	13
心理学	1	0	1	0	0	0
农业科学领域	82069	6919	19626	43939	7177	4408
农学	51973	4437	12922	27328	5058	2228
林学	1240	140	219	762	22	97
畜牧、兽医科学	10963	696	2517	5423	942	1386
水产学	17892	1647	3968	10425	1155	697
医学科学领域	20946	5195	7690	5494	1661	907
基础医学	2148	1775	292	10	0	70
临床医学	6076	712	4334	0	1030	0
预防医学与公共卫生学	1452	311	1095	2	0	45
药学	9015	2020	1292	4586	376	742
中医学与中药学	2256	378	677	897	255	50
工程科学与技术领域	68423	4815	34531	22498	3543	3037
工程与技术科学基础学科	873	7	526	45	296	0
信息与系统科学相关工程与技术	2741	207	780	1515	239	0
自然科学相关工程与技术	24662	158	18699	5660	143	2
测绘科学技术	1010	297	68	44	586	15
材料科学	5020	1258	1495	1791	466	9
矿山工程技术	25	0	15	0	10	0
机械工程	2140	0	1678	163	189	111
动力与电气工程	837	112	664	15	12	36

续表

指标	课题经费内部支出	基础研究	应用研究	试验发展	R&D成果应用	科技服务
能源科学技术	2649	341	883	1210	60	155
电子与通信技术	3884	98	581	3115	87	3
计算机科学技术	2534	150	1317	808	92	168
化学工程	2630	69	556	914	60	1030
产品应用相关工程与技术	1074	0	325	743	5	0
纺织科学技术	76	0	0	0	76	0
食品科学技术	3908	88	1121	1976	309	415
土木建筑工程	842	53	72	333	197	187
水利工程	1990	0	418	1205	168	199
交通运输工程	1485	58	213	953	200	61
环境科学技术及资源科学技术	8639	1612	4433	1740	335	519
安全科学技术	600	0	263	255	13	70
管理学	806	308	425	14	0	59
社会、人文科学领域	2469	1189	939	82	0	258
马克思主义	208	171	37	0	0	0
哲学	114	109	5	0	0	0
宗教学	73	66	7	0	0	0
文学	5	5	0	0	0	0
艺术学	35	35	0	0	0	0
历史学	57	57	0	0	0	0
考古学	118	118	0	0	0	0
经济学	701	87	592	22	0	1
政治学	19	15	4	0	0	0
法学	45	14	31	0	0	0
社会学	212	27	100	0	0	85
民族学与文化学	222	69	153	0	0	0
新闻学与传播学	8	5	3	0	0	0
图书馆、情报与文献学	181	0	9	0	0	173
教育学	412	412	0	0	0	0
体育科学	60	0	0	60	0	0
5. 按课题技术领域分布						
非技术领域	22185	17301	3040	1086	9	750
信息技术	8240	1804	2853	2412	889	283
生物和现代农业技术	109952	11003	38086	47706	8251	4907
新材料技术	8367	1481	3188	3380	283	35
能源技术	10901	475	6580	3598	77	172
激光技术	1444	28	275	851	290	0

续表

指标	课题经费内部支出	基础研究	应用研究	试验发展	R&D成果应用	科技服务
先进制造与自动化技术	8081	20	3577	3841	528	116
航天技术	260	260	0	0	0	0
资源与环境技术	68104	17587	23202	14186	3442	9687
其他技术领域	40739	3593	20128	11720	2052	3245
6. 按课题的社会经济目标分布						
环境保护、生态建设及污染防治	29826	6992	10499	4740	1789	5806
环境一般问题	7451	2782	3066	607	175	821
环境与资源评估	8878	1814	969	1035	812	4248
环境监测	4681	797	2578	767	411	128
生态建设	2774	816	889	846	137	87
环境污染预防	3279	432	2239	457	50	100
环境治理	1878	204	492	852	109	220
自然灾害的预防、预报	885	147	266	176	95	201
能源生产、分配和合理利用	25328	2021	15673	6124	124	1386
能源一般问题研究	2107	1552	53	502	0	0
能源矿产的勘探技术	1069	0	939	110	20	0
能源矿物的开采和加工技术	29	11	5	0	14	0
能源转换技术	241	181	19	6	20	14
能源输送、储存与分配技术	71	11	34	0	0	27
可再生能源	20574	133	14329	4808	61	1244
能源设施和设备建造	50	0	0	40	0	10
能源安全生产管理和技术	22	0	0	15	0	7
节约能源的技术	1151	134	288	636	10	84
能源生产、输送、分配、储存、利用过程中污染的防治与处理	15	0	7	7	0	0
卫生事业发展	21596	5909	9424	3417	1795	1052
卫生一般问题	6164	963	4436	338	383	46
诊断与治疗	4242	507	1024	1689	703	318
预防医学	62	60	1	2	0	0
公共卫生	4768	1890	2328	50	500	0
营养和食品卫生	1402	130	387	557	56	272
药物滥用和成瘾	468	0	257	211	0	0
社会医疗	2753	1246	625	376	94	412
卫生医疗其他研究	1737	1115	366	194	58	4
教育事业发展	731	412	259	60	0	0
教育一般问题	671	412	259	0	0	0
其他教育	60	0	0	60	0	0
基础设施及城市和农村规划	2169	109	592	1036	319	114

续表

指标	课题经费内部支出	基础研究	应用研究	试验发展	R&D成果应用	科技服务
交通运输	1488	58	322	834	196	79
通信	173	17	115	41	0	0
广播与电视	3	0	0	0	0	3
城市规划与市政工程	222	0	73	90	35	24
农村发展规划与建设	162	8	42	22	83	8
交通运输、通信、城市与农村发展对环境的影响	121	26	40	50	5	0
基础社会发展和社会服务	8637	1026	1357	4431	1138	684
社会发展和社会服务一般问题	716	342	17	18	71	268
社会保障	1875	0	10	1833	19	13
公共安全	1510	237	411	607	256	0
社会管理	22	0	3	6	13	0
法律与司法	50	0	50	0	0	0
遗产保护	120	120	0	0	0	0
文艺、娱乐	33	33	0	0	0	0
传媒	34	32	2	0	0	0
科技发展	607	0	43	80	156	328
国土资源管理	45	0	42	0	0	3
其他社会发展和社会服务	3626	263	779	1888	624	73
地球和大气层的探索与利用	71233	26816	29512	9122	1966	3817
地壳、地幔，海底的探测和研究	5106	1612	667	2334	417	76
水文地理	634	461	0	0	174	0
海洋	61878	22259	28746	6016	1116	3741
大气	330	276	38	17	0	0
地球探测和开发其他研究	3286	2209	62	755	260	0
民用空间探测及开发	326	29	180	17	0	100
空间探测一般研究	154	20	134	0	0	0
飞行器和运载工具研制	8	8	0	0	0	0
卫星服务	164	1	46	17	0	100
农林牧渔业发展	89836	7406	23627	47704	6520	4579
农林牧渔业发展一般问题	9341	1193	2680	4443	530	495
农作物种植及培育	33037	3155	8011	18969	1500	1402
林业和林产品	1120	140	29	877	7	67
畜牧业	10005	670	2439	5104	890	902
渔业	18542	1774	3568	11542	1079	578
农林牧渔业体系支撑	16800	397	6470	6508	2327	1098
农林牧渔业生产中污染的防治与处理	991	76	429	262	186	37
工商业发展	20784	754	7082	9271	2023	1655

续表

指标	课题经费内部支出	基础研究	应用研究	试验发展	R&D成果应用	科技服务
促进工商业发展的一般问题	1130	51	338	683	15	44
产业共性技术	1810	63	1219	508	0	20
食品、饮料和烟草制品业	1918	1	391	619	824	84
纺织业、服装及皮革制品业	101	0	0	25	76	0
化学工业	4742	82	693	2848	44	1075
非金属与金属制品业	488	32	110	296	50	0
机械制造业（不包括电子设备、仪器仪表及办公机械）	2517	100	841	1351	135	91
电子设备、仪器仪表及办公机械	1404	11	987	401	5	0
其他制造业	980	15	655	247	63	0
建筑业	242	10	22	34	38	138
信息与通信技术（ICT）服务业	900	106	30	765	0	0
技术服务业	4253	248	1677	1393	774	161
商业及其他服务业	43	0	1	0	0	42
工商业活动中的环境保护、污染防治与处理	256	37	118	101	0	0
非定向研究	4034	1482	2552	0	0	0
自然科学领域的非定向研究	1521	473	1049	0	0	0
工程与技术科学领域的非定向研究	164	118	46	0	0	0
农业科学领域的非定向研究	4	4	0	0	0	0
医学科学领域的非定向研究	393	234	158	0	0	0
社会科学领域的非定向研究	1929	637	1293	0	0	0
其他	23	17	6	0	0	0
其他民用目标	3162	594	172	2248	146	2
国防	610	0	0	610	0	0
7. 按课题合作形式分布						
独立完成	195064	39844	78905	49932	9568	16815
与境内独立研究机构合作	29156	5423	5438	15624	1878	793
与境内高等学校合作	12942	3967	3047	5103	675	151
与境内注册其他企业合作	23295	751	8927	10413	2255	950
与境外机构合作	1514	532	527	334	122	0
其他	16301	3036	4085	7374	1323	485
8. 按课题服务的国民经济行业分布						
农、林、牧、渔业	72708	6126	19555	36633	6232	4162
农业	41043	3844	10792	20463	3766	2179
林业	1113	40	206	743	30	94
畜牧业	7738	589	1841	3693	597	1018
渔业	8976	412	2409	5146	834	175
农、林、牧、渔专业及辅助性活动	13839	1241	4308	6589	1005	696

续表

指标	课题经费内部支出	基础研究	应用研究	试验发展	R&D成果应用	科技服务
采矿业	1092	721	110	235	22	4
煤炭开采和洗选业	130	0	110	0	20	0
石油和天然气开采业	244	3	0	235	2	4
黑色金属矿采选业	4	4	0	0	0	0
有色金属矿采选业	714	714	0	0	0	0
制造业	30142	3951	9428	13420	2016	1326
农副食品加工业	2079	45	114	1108	669	142
食品制造业	1952	70	623	791	163	305
酒、饮料和精制茶制造业	103	1	0	96	6	0
烟草制品业	173	0	70	103	0	0
纺织业	45	0	1	28	16	0
皮革、毛皮、羽毛及其制品和制鞋业	25	0	0	25	0	0
木材加工和木、竹、藤、棕、草制品业	114	100	0	14	0	0
家具制造业	460	0	460	0	0	0
造纸和纸制品业	197	0	0	197	0	0
石油、煤炭及其他燃料加工业	279	218	0	61	0	0
化学原料和化学制品制造业	5954	1161	1039	3624	56	75
医药制造业	7789	1957	1903	2753	434	742
化学纤维制造业	80	0	28	52	0	0
橡胶和塑料制品业	162	0	0	140	21	0
非金属矿物制品业	460	238	113	106	3	0
黑色金属冶炼和压延加工业	263	0	134	129	0	0
有色金属冶炼和压延加工业	429	0	0	429	0	0
金属制品业	90	14	0	70	0	6
通用设备制造业	1195	0	666	303	219	7
专用设备制造业	4779	46	3019	1450	264	0
汽车制造业	139	0	130	0	8	0
铁路、船舶、航空航天和其他运输设备制造业	66	0	25	41	0	0
电气机械和器材制造业	527	39	366	55	20	47
计算机、通信和其他电子设备制造业	1602	7	477	1098	17	3
仪器仪表制造业	1122	56	261	746	60	0
废弃资源综合利用业	60	0	0	0	60	0
电力、热力、燃气及水生产和供应业	1099	31	232	643	60	134
电力、热力生产和供应业	444	22	203	26	60	134
燃气生产和供应业	31	4	0	27	0	0
水的生产和供应业	624	5	29	590	0	0
建筑业	770	40	37	329	189	175

续表

指标	课题经费内部支出	基础研究	应用研究	试验发展	R&D成果应用	科技服务
房屋建筑业	366	26	5	115	147	73
土木工程建筑业	356	14	22	204	41	75
建筑安装业	10	0	0	0	0	10
建筑装饰、装修和其他建筑业	38	0	10	10	1	17
交通运输、仓储和邮政业	1433	58	241	893	180	61
道路运输业	1417	58	241	877	180	61
多式联运和运输代理业	16	0	0	16	0	0
信息传输、软件和信息技术服务业	2949	821	1028	914	172	15
电信、广播电视和卫星传输服务	13	13	0	0	0	0
互联网和相关服务	710	231	47	431	0	0
软件和信息技术服务业	2226	577	981	482	172	15
科学研究和技术服务业	146289	36968	58750	33020	5073	12479
研究和试验发展	75240	24207	33118	17915	0	0
专业技术服务业	69829	12561	25631	14889	5008	11740
科技推广和应用服务业	1221	200	2	215	65	739
水利、环境和公共设施管理业	9963	1822	4902	2051	514	674
水利管理业	537	0	152	125	168	92
生态保护和环境治理业	9421	1817	4750	1925	347	582
公共设施管理业	5	5	0	0	0	0
教育	5325	428	4294	0	530	73
教育	5325	428	4294	0	530	73
卫生和社会工作	6225	2434	2334	583	784	91
卫生	6225	2434	2334	583	784	91
文化、体育和娱乐业	213	153	0	60	0	0
文化艺术业	153	153	0	0	0	0
体育	60	0	0	60	0	0
公共管理、社会保障和社会组织	67	0	19	0	49	0
中国共产党机关	49	0	0	0	49	0
国家机构	19	0	19	0	0	0

注：提交级别为0国家级；从事的国民经济行业代码（BA17）为73～75；法人性质（BA29）为1事业独立法人（即机构类别BA20为1～5）。

表 7 2019 年山东省科学研究和技术服务业事业单位课题人员折合全时工作量

计量单位：人年

指标	课题人员折合全时工作量	基础研究	应用研究	试验发展	R&D 成果应用	科技服务
总计	12936.5	3210.7	3435.7	4420.9	1070.5	798.7
1. 按机构所属地域分布						
山东省	12936.5	3210.7	3435.7	4420.9	1070.5	798.7
济南市	4612.4	1080	1266.4	1218.4	656.7	390.9
市辖区	38	38	0	0	0	0
历下区	2065.5	661.4	473.3	491.5	283	156.3
市中区	294.7	80.5	145.2	0	49	20
槐荫区	223	56	95	44	28	0
天桥区	574.4	18.7	129.2	146.2	129	151.3
历城区	1360.6	219.2	399.7	510.7	167.7	63.3
章丘区	50	0	24	26	0	0
平阴县	6.2	6.2	0	0	0	0
青岛市	5493.5	1754.2	1666.5	1643	205.2	224.6
市南区	1675.8	710.2	628.3	241.6	62.8	32.9
市北区	235.9	54	5.9	128	48	0
崂山区	1610	242.9	817.6	377.6	59.2	112.7
李沧区	147.2	25.3	12	65.2	17.7	27
城阳区	89	23	48.5	12	5.5	0
即墨区	1735.6	698.8	154.2	818.6	12	52
淄博市	357	23	30	295	1	8
市辖区	184	4	17	162	1	0
张店区	173	19	13	133	0	8
东营市	34	12	0	0	0	22
市辖区	12	12	0	0	0	0
东营区	22	0	0	0	0	22
烟台市	764.4	160.8	121.8	383	48.6	50.2
市辖区	49	14	0	35	0	0
芝罘区	147.6	9.5	29.8	62.6	17	28.7
福山区	241	4	18	209	10	0
莱山区	279.8	133.3	61	63.4	13.6	8.5
长岛县	40	0	13	13	8	6
栖霞市	7	0	0	0	0	7
潍坊市	175	17	51	33	68	6
潍城区	110	0	27	19	64	0

续表

指标	课题人员折合全时工作量	基础研究	应用研究	试验发展	R&D 成果应用	科技服务
寿光市	50	17	9	14	4	6
昌邑市	15	0	15	0	0	0
济宁市	507.1	103.7	50	315.4	26	12
市辖区	21	21	0	0	0	0
任城区	483.1	82.7	50	315.4	26	9
汶上县	3	0	0	0	0	3
泰安市	176	18	51	59	44	4
泰山区	169	18	51	59	37	4
宁阳县	7	0	0	0	7	0
威海市	124.8	0	47.7	73.1	2	2
市辖区	114.8	0	47.7	67.1	0	0
文登区	6	0	0	6	0	0
乳山市	4	0	0	0	2	2
日照市	186.5	33	45	97.5	0	11
市辖区	70.5	0	45	18.5	0	7
东港区	98	24	0	72	0	2
莒县	18	9	0	7	0	2
莱芜市	16	0	0	10	6	0
市辖区	16	0	0	10	6	0
临沂市	191	0	50	104	0	37
市辖区	101	0	0	101	0	0
兰山区	87	0	50	0	0	37
蒙阴县	3	0	0	3	0	0
德州市	81	0	24	57	0	0
市辖区	81	0	24	57	0	0
聊城市	67	0	0	60	7	0
市辖区	67	0	0	60	7	0
滨州市	69.8	9	32.3	22.5	6	0
市辖区	69.8	9	32.3	22.5	6	0
菏泽市	81	0	0	50	0	31
市辖区	81	0	0	50	0	31
2. 按机构所属隶属关系分布						
中央部门属	3617.6	1173	1464.5	654.2	183	142.9
中国科学院	1981.8	521.4	1087.9	325.6	28.8	18.1
地方部门属	9318.9	2037.7	1971.2	3766.7	887.5	655.8
省级部门属	4700.6	1149.1	1260.7	1297.3	652.5	341
副省级城市属	2225.5	658.2	304.7	1084.6	94	84

续表

指标	课题人员折合全时工作量	基础研究	应用研究	试验发展	R&D成果应用	科技服务
地市级部门属	1924.7	125.2	310.3	1229.4	115	144.8
3. 按课题来源分布						
国家科技项目	3934.5	1352.4	1202.3	994.1	297.4	88.3
地方科技项目	6207.2	1428.1	1408.8	2637.7	467.8	264.8
企业委托科技项目	763.8	6.2	192.9	243.4	70.7	250.6
自选科技项目	1042.9	150.2	342.9	365.8	114	70
国际合作科技项目	26.8	4.5	15.9	6.2	0.2	0
其他科技项目	961.3	269.3	272.9	173.7	120.4	125
4. 按课题所属学科分布						
自然科学领域	3982.9	1823.7	901.9	926.7	139.7	190.9
数学	1.4	0.8	0	0.6	0	0
信息科学与系统科学	50.7	33.4	5.3	4	3	5
物理学	68.3	14.3	23	19	12	0
化学	230.5	67.3	50.3	93.3	7.6	12
地球科学	3368.6	1591.6	751.6	743.7	109.8	171.9
生物学	262.4	116.3	70.7	66.1	7.3	2
心理学	1	0	1	0	0	0
农业科学领域	3341.7	381.7	632.2	1718.6	409.7	199.5
农学	2235.4	187.6	397.2	1227.9	307.9	114.8
林学	170.5	31	35.3	70.2	17	17
畜牧、兽医科学	294	48.1	55.2	111.8	27.3	51.6
水产学	641.8	115	144.5	308.7	57.5	16.1
医学科学领域	1361.9	553.9	344.7	292.9	88.3	82.1
基础医学	214.2	184.2	23.5	1.5	0	5
临床医学	231.8	82.9	125.9	0	23	0
预防医学与公共卫生学	226.5	115.2	98.3	10	0	3
药学	408	126.9	42.6	136.5	33	69
中医学与中药学	281.4	44.7	54.4	144.9	32.3	5.1
工程科学与技术领域	3978.2	313.3	1465.4	1471.9	432.8	294.8
工程与技术科学基础学科	274.6	6	109.6	45	114	0
信息与系统科学相关工程与技术	190.8	11.4	73.3	93.6	12.5	0
自然科学相关工程与技术	996.2	52.9	580.7	359.5	2.8	0.3
测绘科学技术	81.9	13.6	13.7	2.5	51.4	0.7
材料科学	378.5	48.1	105.9	171.9	49.6	3
矿山工程技术	6	0	3	0	3	0
机械工程	198.3	0	119.3	30	30	19
动力与电气工程	34.2	4.9	21.3	3.5	1	3.5

续表

指标	课题人员折合全时工作量	基础研究	应用研究	试验发展	R&D 成果应用	科技服务
能源科学技术	110.8	28	34.7	39.1	1.5	7.5
电子与通信技术	346.5	5.7	55	272.8	11	2
计算机科学技术	167.4	12.7	75.7	47.5	6.5	25
化学工程	153.4	2.5	29.7	62.2	2	57
产品应用相关工程与技术	76.7	0	21.7	51	4	0
纺织科学技术	16	0	0	0	16	0
食品科学技术	134.1	5.5	29.4	73.5	14	11.7
土木建筑工程	246.7	9	13.6	76	84	64.1
水利工程	68.6	0	15.1	38	4	11.5
交通运输工程	42.6	1.2	7.5	28.7	3.8	1.4
环境科学技术及资源科学技术	265.7	66.4	107.5	67.6	7.7	16.5
安全科学技术	33	0	13.5	5.5	4	10
管理学	156.2	45.4	35.2	4	10	61.6
社会、人文科学领域	271.8	138.1	91.5	10.8	0	31.4
马克思主义	13.8	10.3	3.5	0	0	0
哲学	10.4	10	0.4	0	0	0
宗教学	3.8	2.7	1.1	0	0	0
文学	1.1	1.1	0	0	0	0
艺术学	44.5	44.5	0	0	0	0
历史学	5.5	5.5	0	0	0	0
考古学	16	16	0	0	0	0
经济学	64.8	6	57	0.8	0	1
政治学	4.7	1.7	3	0	0	0
法学	3.9	1.4	2.5	0	0	0
社会学	28.6	1.9	13.7	0	0	13
民族学与文化学	19.6	11.8	7.8	0	0	0
新闻学与传播学	1.8	1.2	0.6	0	0	0
图书馆、情报与文献学	19.3	0	1.9	0	0	17.4
教育学	24	24	0	0	0	0
体育科学	10	0	0	10	0	0
5. 按课题技术领域分布						
非技术领域	1499.2	1052.5	169.4	170.8	0.8	105.7
信息技术	635.7	88.1	189.6	249.2	68.2	40.6
生物和现代农业技术	4248.3	596.3	1096.8	1889.2	451.2	214.8
新材料技术	521.6	71.3	138.9	249	49.4	13
能源技术	569	44.9	358.1	148	6.5	11.5
激光技术	112.1	9	23.3	62.8	17	0

续表

指标	课题人员折合全时工作量	基础研究	应用研究	试验发展	R&D 成果应用	科技服务
先进制造与自动化技术	524.3	3.8	225.5	225.9	57.6	11.5
航天技术	1	1	0	0	0	0
资源与环境技术	2345.6	851.5	592.9	520.7	192.7	187.8
其他技术领域	2479.7	492.3	641.2	905.3	227.1	213.8
6. 按课题的社会经济目标分布						
环境保护、生态建设及污染防治	1049.9	268.4	340.4	285.6	55.3	100.2
环境一般问题	270.3	89.3	118	54.6	1.3	7.1
环境与资源评估	194.6	50	28.2	26.4	24.1	65.9
环境监测	190.1	30.3	84.9	63.9	7.9	3.1
生态建设	141.8	58.1	20.9	57.2	4.8	0.8
环境污染预防	70.3	19	28	16.3	5	2
环境治理	105	19.1	16.9	58	4.2	6.8
自然灾害的预防、预报	77.8	2.6	43.5	9.2	8	14.5
能源生产、分配和合理利用	942.1	84.8	546.4	247.9	40	23
能源一般问题研究	71.9	34.3	9.2	27.4	0	1
能源矿产的勘探技术	24.9	0	16.9	5	3	0
能源矿物的开采和加工技术	39	17	1	0	21	0
能源转换技术	28.3	13.8	2.5	1	10	1
能源输送、储存与分配技术	6.1	1.1	2.8	0	0	2.2
可再生能源	716.2	14.1	500.3	184.6	5.5	11.7
能源设施和设备建造	11.3	0	0	11.2	0	0.1
能源安全生产管理和技术	5	0	0	2	0	3
节约能源的技术	35.7	4.5	13.2	13.5	0.5	4
能源生产、输送、分配、储存、利用过程中污染的防治与处理	3.7	0	0.5	3.2	0	0
卫生事业发展	1306.4	517.7	370.9	242.8	96.4	78.6
卫生一般问题	176.4	32.2	108.5	13.3	18.8	3.6
诊断与治疗	386.1	90.9	72.1	147.9	43.2	32
预防医学	87	66	11	10	0	0
公共卫生	242.4	120.5	106.9	3	12	0
营养和食品卫生	58	4	13.8	22.9	6.8	10.5
药物滥用和成瘾	4.9	0	3.9	1	0	0
社会医疗	167.6	67	30	30.4	9.2	31
卫生医疗其他研究	184	137.1	24.7	14.3	6.4	1.5
教育事业发展	34.7	24	0.7	10	0	0
教育一般问题	24.7	24	0.7	0	0	0
其他教育	10	0	0	10	0	0
基础设施及城市和农村规划	244.5	4.5	55.2	124.9	32	27.9

续表

指标	课题人员折合全时工作量	基础研究	应用研究	试验发展	R&D成果应用	科技服务
交通运输	42.6	1.2	13.5	22.7	3.7	1.5
通信	89	1.2	17	70.8	0	0
广播与电视	2	0	0	0	0	2
城市规划与市政工程	82.4	0	17	28	18	19.4
农村发展规划与建设	23.1	0.8	7.5	2.5	7.3	5
交通运输、通信、城市与农村发展对环境的影响	5.4	1.3	0.2	0.9	3	0
基础社会发展和社会服务	747.8	134.8	168.5	205.5	163	76
社会发展和社会服务一般问题	79.2	39.1	1.9	8.5	15.8	13.9
社会保障	83.8	0	2	60.8	17	4
公共安全	245.7	16.3	96.3	72.9	60.2	0
社会管理	14	0	4	5	5	0
法律与司法	1.2	0	1.2	0	0	0
遗产保护	18	18	0	0	0	0
文艺、娱乐	44	44	0	0	0	0
传媒	2.3	2.1	0.2	0	0	0
科技发展	77.5	0	12.2	1.6	15.7	48
国土资源管理	4.9	0	4.8	0	0	0.1
其他社会发展和社会服务	177.2	15.3	45.9	56.7	49.3	10
地球和大气层的探索与利用	2738.4	1403.7	519.7	677.7	64.2	73.1
地壳、地幔，海底的探测和研究	308	210.3	33	47.1	10.9	6.7
水文地理	28.8	21.1	0	0	7.7	0
海洋	2278.7	1097.4	467.2	611.1	36.6	66.4
大气	24	7.3	9.1	7.6	0	0
地球探测和开发其他研究	98.9	67.6	10.4	11.9	9	0
民用空间探测及开发	14.5	3.8	6.8	0.4	0	3.5
空间探测一般研究	5.7	1.7	4	0	0	0
飞行器和运载工具研制	2	2	0	0	0	0
卫星服务	6.8	0.1	2.8	0.4	0	3.5
农林牧渔业发展	3699.2	458.7	808.6	1854.6	350.4	226.9
农林牧渔业发展一般问题	377.9	46.1	93.1	171.4	28	39.3
农作物种植及培育	1417.7	128.9	226.6	890.6	97.6	74
林业和林产品	175	31	16.5	107.7	5	14.8
畜牧业	254.9	46.8	44.7	101.7	28.7	33
渔业	626.9	132	136.2	290.9	52.9	14.9
农林牧渔业体系支撑	808.9	67.4	284.8	275.8	130.7	50.2
农林牧渔业生产中污染的防治与处理	37.9	6.5	6.7	16.5	7.5	0.7
工商业发展	1571.9	111.1	422.4	596.5	256.7	185.2

续表

指标	课题人员折合全时工作量	基础研究	应用研究	试验发展	R&D 成果应用	科技服务
促进工商业发展的一般问题	38.4	12	8	5.4	4	9
产业共性技术	149	10	73.7	59.3	0	6
食品、饮料和烟草制品业	95	1	10	14	66	4
纺织业、服装及皮革制品业	18	0	0	2	16	0
化学工业	187	20	32	59	9	68
非金属与金属制品业	35	7	4	20	4	0
机械制造业（不包括电子设备、仪器仪表及办公机械）	260	2	102	127	21	9
电子设备、仪器仪表及办公机械	133	6	70	58	0	0
其他制造业	47	4	21	9	14	0
建筑业	79	2	5	23	19	32
信息与通信技术（ICT）服务业	57	7	4	47	0	0
技术服务业	458	40	90	170	106	54
商业及其他服务业	6	0	2	0	0	4
工商业活动中的环境保护、污染防治与处理	9	2	3	4	0	0
非定向研究	349	163	186	0	0	0
自然科学领域的非定向研究	87	48	39	0	0	0
工程与技术科学领域的非定向研究	24	11	13	0	0	0
农业科学领域的非定向研究	1	1	0	0	0	0
医学科学领域的非定向研究	56	46	10	0	0	0
社会科学领域的非定向研究	178	57	121	0	0	0
其他	3	1	2	0	0	0
其他民用目标	136	36	10	73	13	4
国防	102	0	0	102	0	0
7. 按课题合作形式分布						
独立完成	9295	2646	2526	2921	619	583
与境内独立研究机构合作	1209	241	250	458	191	69
与境内高等学校合作	664	130	142	346	36	10
与境内注册其他企业合作	1080	26	334	460	171	90
与境外机构合作	46	7	16	15	7	1
其他	643	162	167	222	46	46
8. 按课题服务的国民经济行业分布						
农、林、牧、渔业	3117	370	641	1541	356	209
农业	1881	165	330	1040	234	112
林业	140	21	30	57	12	20
畜牧业	210	36	40	76	20	38
渔业	412	36	134	184	47	10
农、林、牧、渔专业及辅助性活动	474	111	107	183	43	30

续表

指标	课题人员折合全时工作量	基础研究	应用研究	试验发展	R&D 成果应用	科技服务
采矿业	55	27	6	13	3	6
煤炭开采和洗选业	9	0	6	0	3	0
石油和天然气开采业	22	3	0	13	0	6
黑色金属矿采选业	0	0	0	0	0	0
有色金属矿采选业	24	24	0	0	0	0
制造业	1731	260	450	733	181	107
农副食品加工业	143	3	12	60	55	13
食品制造业	53	4	16	26	3	5
酒、饮料和精制茶制造业	9	1	0	7	1	0
烟草制品业	4	0	1	3	0	0
纺织业	9	0	1	2	6	0
皮革、毛皮、羽毛及其制品和制鞋业	2	0	0	2	0	0
木材加工和木、竹、藤、棕、草制品业	10	10	0	0	0	0
家具制造业	14	0	14	0	0	0
造纸和纸制品业	20	0	0	20	0	0
石油、煤炭及其他燃料加工业	21	14	0	8	0	0
化学原料和化学制品制造业	207	44	42	107	5	9
医药制造业	415	136	69	102	39	69
化学纤维制造业	17	0	1	16	0	0
橡胶和塑料制品业	9	0	0	3	6	0
非金属矿物制品业	32	18	7	5	2	0
黑色金属冶炼和压延加工业	5	0	2	3	0	0
有色金属冶炼和压延加工业	14	0	0	14	0	0
金属制品业	11	2	0	8	0	1
通用设备制造业	143	0	84	23	30	6
专用设备制造业	248	9	127	99	13	0
汽车制造业	9	0	7	0	2	0
铁路、船舶、航空航天和其他运输设备制造业	13	0	3	10	0	0
电气机械和器材制造业	47	5	27	4	10	2
计算机、通信和其他电子设备制造业	195	2	18	173	1	2
仪器仪表制造业	80	14	20	40	6	0
废弃资源综合利用业	2	0	0	0	2	0
电力、热力、燃气及水生产和供应业	37	6	12	15	2	3
电力、热力生产和供应业	17	0	8	4	2	3
燃气生产和供应业	3	1	0	3	0	0
水的生产和供应业	18	6	4	8	0	0
建筑业	233	6	15	80	80	53

续表

指标	课题人员折合全时工作量	基础研究	应用研究	试验发展	R&D 成果应用	科技服务
房屋建筑业	145	4	8	47	61	25
土木工程建筑业	65	2	5	31	17	11
建筑安装业	2	0	0	0	0	2
建筑装饰、装修和其他建筑业	21	0	2	2	2	15
交通运输、仓储和邮政业	37	1	5	25	4	1
道路运输业	36	1	5	25	4	1
多式联运和运输代理业	0	0	0	0	0	0
信息传输、软件和信息技术服务业	156	46	52	40	13	5
电信、广播电视和卫星传输服务	1	1	0	0	0	0
互联网和相关服务	38	10	6	23	0	0
软件和信息技术服务业	116	35	46	17	13	5
科学研究和技术服务业	6339	2073	1846	1678	355	387
研究和试验发展	3584	1626	1084	874	0	0
专业技术服务业	2586	439	757	794	339	257
科技推广和应用服务业	169	8	6	11	15	130
水利、环境和公共设施管理业	377	83	129	125	21	19
水利管理业	26	0	9	9	4	5
生态保护和环境治理业	346	82	120	112	17	14
公共设施管理业	5	1	0	4	0	0
教育	128	29	85	0	11	2
教育	128	29	85	0	11	2
卫生和社会工作	635	246	176	162	43	7
卫生	635	246	176	162	43	7
文化、体育和娱乐业	72	62	0	10	0	0
文化艺术业	62	62	0	0	0	0
体育	10	0	0	10	0	0
公共管理、社会保障和社会组织	21	0	19	0	2	0
中国共产党机关	2	0	0	0	2	0
国家机构	19	0	19	0	0	0

注：提交级别为 0 国家级；从事的国民经济行业代码（BA17）为 73 ～ 75；法人性质（BA29）为 1 事业独立法人（即机构类别 BA20 为 1 ～ 5）。

表 8　2019 年山东省科学研究和技术服务业事业单位 R&D 人员

计量单位：人

指标	R&D人员	女性	按工作量分		按学历分			
			R&D全时人员	R&D非全时人员	博士毕业	硕士毕业	本科毕业	其他
总计	16438	6427	11354	5084	5046	5393	4405	1594
1. 按机构所属地域分布								
山东省	16438	6427	11354	5084	5046	5393	4405	1594
济南市	5383	2210	4205	1178	1108	1966	1765	544
市辖区	55	4	5	50	1	11	42	1
历下区	2442	1011	1908	534	499	956	713	274
市中区	308	137	289	19	96	104	96	12
槐荫区	341	135	207	134	65	117	142	17
天桥区	407	129	365	42	58	153	142	54
历城区	1751	766	1366	385	374	598	599	180
章丘区	62	23	55	7	15	26	21	0
平阴县	17	5	10	7	0	1	10	6
青岛市	7545	3033	4498	3047	3282	2408	1351	504
市南区	2380	1214	1889	491	943	725	566	146
市北区	257	148	217	40	46	121	81	9
崂山区	1947	755	1469	478	674	657	355	261
李沧区	173	81	108	65	61	31	63	18
城阳区	170	70	94	76	26	60	67	17
即墨区	2618	765	721	1897	1532	814	219	53
淄博市	426	148	366	60	40	103	191	92
市辖区	255	106	198	57	22	67	106	60
张店区	171	42	168	3	18	36	85	32
东营市	16	2	13	3	3	3	9	1
市辖区	16	2	13	3	3	3	9	1
烟台市	1100	426	728	372	362	319	299	120
市辖区	67	30	56	11	18	46	2	1
芝罘区	179	71	131	48	19	37	73	50
福山区	295	108	226	69	31	130	116	18
莱山区	519	209	279	240	294	103	90	32
长岛县	40	8	36	4	0	3	18	19
潍坊市	199	62	184	15	11	49	91	48
潍城区	112	34	107	5	8	22	47	35
寿光市	72	26	62	10	3	25	40	4
昌邑市	15	2	15	0	0	2	4	9

续表

指标	R&D人员	女性	按工作量分		按学历分			
			R&D全时人员	R&D非全时人员	博士毕业	硕士毕业	本科毕业	其他
济宁市	578	189	495	83	62	251	177	88
市辖区	22	12	22	0	2	18	0	2
任城区	556	177	473	83	60	233	177	86
泰安市	219	103	155	64	71	74	67	7
泰山区	219	103	155	64	71	74	67	7
威海市	138	31	62	76	64	25	40	9
市辖区	126	30	62	64	64	23	36	3
文登区	12	1	0	12	0	2	4	6
日照市	233	49	175	58	3	59	116	55
市辖区	98	24	69	29	2	29	64	3
东港区	113	23	90	23	1	24	45	43
莒县	22	2	16	6	0	6	7	9
莱芜市	50	12	15	35	0	1	30	19
市辖区	50	12	15	35	0	1	30	19
临沂市	222	63	196	26	11	36	145	30
市辖区	112	31	104	8	4	23	68	17
兰山区	102	30	87	15	7	12	75	8
蒙阴县	8	2	5	3	0	1	2	5
德州市	85	22	82	3	5	22	25	33
市辖区	85	22	82	3	5	22	25	33
聊城市	95	36	70	25	3	32	44	16
市辖区	95	36	70	25	3	32	44	16
滨州市	93	29	72	21	20	34	28	11
市辖区	93	29	72	21	20	34	28	11
菏泽市	56	12	38	18	1	11	27	17
市辖区	56	12	38	18	1	11	27	17
2.按机构所属隶属关系分布								
中央部门属	4699	2083	3540	1159	1842	1425	981	451
中国科学院	2666	1302	1963	703	1178	797	575	116
地方部门属	11739	4344	7814	3925	3204	3968	3424	1143
省级部门属	5536	2328	4340	1196	1364	2074	1627	471
副省级城市属	3420	1073	1244	2176	1583	1049	588	200
地市级部门属	2187	719	1760	427	225	590	984	388
3.按机构从事的国民经济行业分布								
科学研究和技术服务业	16438	6427	11354	5084	5046	5393	4405	1594
研究和试验发展	15166	6036	10525	4641	4857	4951	3918	1440

续表

指标	R&D人员	女性	按工作量分		按学历分			
			R&D全时人员	R&D非全时人员	博士毕业	硕士毕业	本科毕业	其他
专业技术服务业	925	272	580	345	150	294	376	105
科技推广和应用服务业	347	119	249	98	39	148	111	49
4. 按机构服务的国民经济行业分布								
农、林、牧、渔业	3521	1451	2744	777	812	984	1106	619
农业	1800	757	1285	515	412	477	533	378
林业	195	82	132	63	28	44	104	19
畜牧业	201	84	178	23	50	46	48	57
渔业	643	238	618	25	201	176	191	75
农、林、牧、渔专业及辅助性活动	682	290	531	151	121	241	230	90
制造业	1672	447	1215	457	288	555	599	230
农副食品加工业	46	3	39	7	0	10	34	2
食品制造业	27	13	25	2	4	12	8	3
皮革、毛皮、羽毛及其制品和制鞋业	2	2	2	0	0	1	1	0
造纸和纸制品业	40	13	40	0	0	7	30	3
化学原料和化学制品制造业	173	41	165	8	41	68	62	2
医药制造业	349	196	349	0	46	128	112	63
化学纤维制造业	9	2	6	3	1	2	6	0
通用设备制造业	8	2	8	0	0	0	4	4
专用设备制造业	204	22	167	37	6	60	121	17
铁路、船舶、航空航天和其他运输设备制造业	101	20	37	64	63	20	18	0
计算机、通信和其他电子设备制造业	268	15	92	176	0	9	140	119
仪器仪表制造业	445	118	285	160	127	238	63	17
建筑业	129	46	95	34	16	67	31	15
房屋建筑业	129	46	95	34	16	67	31	15
交通运输、仓储和邮政业	30	4	30	0	9	13	8	0
道路运输业	30	4	30	0	9	13	8	0
信息传输、软件和信息技术服务业	284	99	214	70	47	170	61	6
互联网和相关服务	94	24	73	21	6	59	29	0
软件和信息技术服务业	190	75	141	49	41	111	32	6
科学研究和技术服务业	9433	3749	6035	3398	3645	3053	2124	611
研究和试验发展	6215	2256	3842	2373	2839	1742	1218	416
专业技术服务业	3138	1465	2123	1015	787	1281	877	193
科技推广和应用服务业	80	28	70	10	19	30	29	2
水利、环境和公共设施管理业	349	130	291	58	64	135	117	33
水利管理业	75	14	55	20	13	25	37	0
生态保护和环境治理业	274	116	236	38	51	110	80	33

续表

指标	R&D人员	女性	按工作量分		按学历分			
			R&D全时人员	R&D非全时人员	博士毕业	硕士毕业	本科毕业	其他
教育	209	103	123	86	41	50	108	10
教育	209	103	123	86	41	50	108	10
卫生和社会工作	780	388	576	204	122	356	234	68
卫生	780	388	576	204	122	356	234	68
文化、体育和娱乐业	26	7	26	0	1	6	17	2
文化艺术业	16	1	16	0	1	4	11	0
体育	10	6	10	0	0	2	6	2
公共管理、社会保障和社会组织	5	3	5	0	1	4	0	0
国家机构	5	3	5	0	1	4	0	0
5. 按机构所属学科分布								
自然科学领域	4980	1987	2578	2402	2514	1444	838	184
化学	285	122	223	62	72	112	81	20
地球科学	4446	1715	2110	2336	2337	1264	693	152
生物学	249	150	245	4	105	68	64	12
农业科学领域	3968	1604	3143	825	860	1071	1272	765
农学	2565	1064	1961	604	495	695	830	545
林学	212	87	142	70	28	45	114	25
畜牧、兽医科学	354	144	297	57	115	87	72	80
水产学	837	309	743	94	222	244	256	115
医学科学领域	1638	813	1307	331	272	684	515	167
基础医学	397	184	257	140	99	115	139	44
临床医学	302	114	156	146	76	104	91	31
预防医学与公共卫生学	221	124	209	12	18	125	76	2
药学	513	270	502	11	48	218	159	88
中医学与中药学	205	121	183	22	31	122	50	2
工程科学与技术领域	5417	1810	3902	1515	1286	2067	1619	445
工程与技术科学基础学科	503	157	353	150	124	293	73	13
信息与系统科学相关工程与技术	99	27	78	21	7	63	29	0
自然科学相关工程与技术	500	129	339	161	36	162	241	61
测绘科学技术	28	2	25	3	0	20	8	0
材料科学	272	80	238	34	110	99	40	23
机械工程	256	70	228	28	15	53	134	54
能源科学技术	897	355	821	76	343	300	219	35
电子与通信技术	668	120	353	315	127	241	188	112
计算机科学技术	262	110	182	80	64	132	54	12
化学工程	169	59	136	33	13	58	89	9

续表

指标	R & D 人员	女性	按工作量分 R&D 全时人员	R&D 非全时人员	按学历分 博士毕业	硕士毕业	本科毕业	其他
产品应用相关工程与技术	15	3	10	5	1	2	12	0
食品科学技术	130	38	123	7	34	41	43	12
土木建筑工程	221	89	128	93	17	133	53	18
水利工程	135	22	60	75	15	44	73	3
交通运输工程	30	4	30	0	9	13	8	0
环境科学技术及资源科学技术	785	326	507	278	342	222	153	68
安全科学技术	30	3	25	5	0	10	20	0
管理学	417	216	266	151	29	181	182	25
社会、人文科学领域	435	213	424	11	114	127	161	33
艺术学	48	25	40	8	3	16	20	9
考古学	16	1	16	0	1	4	11	0
社会学	253	123	253	0	98	72	72	11
图书馆、情报与文献学	65	36	62	3	12	27	17	9
教育学	43	22	43	0	0	6	35	2
体育科学	10	6	10	0	0	2	6	2
6. 按机构从业人员规模分								
≥ 1000 人	1364	778	975	389	573	423	312	56
500 ~ 999 人	2220	886	1799	421	748	803	562	107
300 ~ 499 人	1427	622	1073	354	256	430	385	356
200 ~ 299 人	3591	1161	1146	2445	1962	958	571	100
100 ~ 199 人	4050	1483	3166	884	780	1468	1326	476
50 ~ 99 人	2423	993	2035	388	525	792	772	334
30 ~ 49 人	966	391	862	104	167	420	298	81
20 ~ 29 人	180	61	125	55	8	68	66	38
10 ~ 19 人	169	41	134	35	20	25	89	35
0 ~ 9 人	48	11	39	9	7	6	24	11

注：提交级别为 0 国家级；从事的国民经济行业代码（BA17）为 73 ～ 75；法人性质（BA29）为 1 事业独立法人（即机构类别 BA20 为 1 ～ 5）。

表 9　2019 年山东省科学研究和技术服务业事业单位 R&D 人员折合全时工作量

计量单位：人年

指标	R&D 折合全时工作量	研究人员	按活动类型分组 基础研究	应用研究	试验发展
总计	13898	11046	4223	4387	5288
1．按机构所属地域分布					
山东省	13898	11046	4223	4387	5288
济南市	4497	3393	1370	1620	1507
市辖区	38	27	38	0	0
历下区	2035	1427	843	621	571
市中区	297	295	105	192	0
槐荫区	232	214	70	104	58
天桥区	373	246	23	180	170
历城区	1453	1121	277	497	679
章丘区	55	55	0	26	29
平阴县	14	8	14	0	0
青岛市	6347	5387	2336	2070	1941
市南区	2222	1820	1069	843	310
市北区	217	201	57	25	135
崂山区	1643	1303	271	943	429
李沧区	153	67	36	18	99
城阳区	110	71	32	66	12
即墨区	2002	1925	871	175	956
淄博市	374	327	23	31	320
市辖区	204	175	4	17	183
张店区	170	152	19	14	137
东营市	15	12	15	0	0
市辖区	15	12	15	0	0
烟台市	923	635	252	178	493
市辖区	60	50	17	0	43
芝罘区	143	102	17	34	92
福山区	281	185	7	30	244
莱山区	401	284	211	93	97
长岛县	38	14	0	21	17
潍坊市	191	114	29	94	68
潍城区	107	70	0	63	44
寿光市	69	29	29	16	24
昌邑市	15	15	0	15	0

续表

指标	R&D折合全时工作量	研究人员	按活动类型分组 基础研究	应用研究	试验发展
济宁市	531	429	121	60	350
市辖区	22	21	22	0	0
任城区	509	408	99	60	350
泰安市	186	130	32	77	77
泰山区	186	130	32	77	77
威海市	124	111	0	49	75
市辖区	118	105	0	49	69
文登区	6	6	0	0	6
日照市	205	85	35	55	115
市辖区	79	29	0	55	24
东港区	106	48	24	0	82
莒县	20	8	11	0	9
莱芜市	17	9	0	0	17
市辖区	17	9	0	0	17
临沂市	203	190	0	92	111
市辖区	106	100	0	0	106
兰山区	92	87	0	92	0
蒙阴县	5	3	0	0	5
德州市	82	72	0	24	58
市辖区	82	72	0	24	58
聊城市	80	50	0	0	80
市辖区	80	50	0	0	80
滨州市	73	64	10	37	26
市辖区	73	64	10	37	26
菏泽市	50	38	0	0	50
市辖区	50	38	0	0	50
2. 按机构所属隶属关系分布					
中央部门属	4159	3419	1568	1799	792
中国科学院	2375	2122	715	1280	380
地方部门属	9739	7627	2655	2588	4496
省级部门属	4724	3664	1465	1599	1660
副省级城市属	2569	2211	865	442	1262
地市级部门属	1947	1481	156	411	1380
3. 按机构从事的国民经济行业分布					
科学研究和技术服务业	13898	11046	4223	4387	5288
研究和试验发展	12909	10280	4002	4026	4881
专业技术服务业	714	542	189	280	245

续表

指标	R&D折合全时工作量	研究人员	按活动类型分组		
			基础研究	应用研究	试验发展
科技推广和应用服务业	275	224	32	81	162
4. 按机构服务的国民经济行业分布					
农、林、牧、渔业	3091	2226	502	802	1787
农业	1559	1116	220	401	938
林业	134	125	31	31	72
畜牧业	187	128	45	30	112
渔业	632	460	134	118	380
农、林、牧、渔专业及辅助性活动	579	397	72	222	285
制造业	1410	960	241	432	737
农副食品加工业	39	30	0	0	39
食品制造业	26	13	0	22	4
皮革、毛皮、羽毛及其制品和制鞋业	2	2	0	0	2
造纸和纸制品业	40	24	0	0	40
化学原料和化学制品制造业	169	118	11	44	114
医药制造业	349	163	161	97	91
化学纤维制造业	7	6	0	4	3
通用设备制造业	8	8	0	8	0
专用设备制造业	170	137	9	73	88
铁路、船舶、航空航天和其他运输设备制造业	93	80	0	49	44
计算机、通信和其他电子设备制造业	130	55	0	0	130
仪器仪表制造业	377	324	60	135	182
建筑业	99	66	9	15	75
房屋建筑业	99	66	9	15	75
交通运输、仓储和邮政业	30	30	1	6	23
道路运输业	30	30	1	6	23
信息传输、软件和信息技术服务业	236	178	38	65	133
互联网和相关服务	78	66	0	0	78
软件和信息技术服务业	158	112	38	65	55
科学研究和技术服务业	7894	6699	2978	2582	2334
研究和试验发展	5264	4388	2205	1488	1571
专业技术服务业	2558	2250	773	1057	728
科技推广和应用服务业	72	61	0	37	35
水利、环境和公共设施管理业	309	206	76	168	65
水利管理业	62	49	7	16	39
生态保护和环境治理业	247	157	69	152	26
教育	134	115	43	91	0
教育	134	115	43	91	0

续表

指标	R&D折合全时工作量	研究人员	按活动类型分组 基础研究	应用研究	试验发展
卫生和社会工作	664	535	319	221	124
卫生	664	535	319	221	124
文化、体育和娱乐业	26	26	16	0	10
文化艺术业	16	16	16	0	0
体育	10	10	0	0	10
公共管理、社会保障和社会组织	5	5	0	5	0
国家机构	5	5	0	5	0
5. 按机构所属学科分布					
自然科学领域	4162	3701	2156	1028	978
化学	224	155	74	79	71
地球科学	3692	3343	1961	884	847
生物学	246	203	121	65	60
农业科学领域	3511	2451	531	840	2140
农学	2283	1529	253	567	1463
林学	148	133	45	31	72
畜牧、兽医科学	312	235	74	63	175
水产学	768	554	159	179	430
医学科学领域	1416	1045	686	376	354
基础医学	294	281	170	123	1
临床医学	216	145	142	74	0
预防医学与公共卫生学	217	186	133	73	11
药学	506	262	214	77	215
中医学与中药学	183	171	27	29	127
工程科学与技术领域	4379	3482	669	1917	1793
工程与技术科学基础学科	441	407	0	99	342
信息与系统科学相关工程与技术	83	71	0	5	78
自然科学相关工程与技术	366	317	55	271	40
测绘科学技术	27	25	0	27	0
材料科学	244	175	64	52	128
机械工程	228	153	0	145	83
能源科学技术	821	758	42	564	215
电子与通信技术	483	355	60	143	280
计算机科学技术	207	128	70	82	55
化学工程	149	86	29	27	93
产品应用相关工程与技术	12	6	0	0	12
食品科学技术	123	68	9	36	78
土木建筑工程	152	117	9	58	85

续表

指标	R&D 折合全时工作量	研究人员	按活动类型分组		
			基础研究	应用研究	试验发展
水利工程	73	56	7	20	46
交通运输工程	30	30	1	6	23
环境科学技术及资源科学技术	640	453	269	236	135
安全科学技术	28	11	0	19	9
管理学	272	266	54	127	91
社会、人文科学领域	430	367	181	226	23
艺术学	46	35	46	0	0
考古学	16	16	16	0	0
社会学	253	238	76	177	0
图书馆、情报与文献学	62	44	0	49	13
教育学	43	24	43	0	0
体育科学	10	10	0	0	10
6. 按机构从业人员规模分					
≥ 1000 人	1265	1160	541	642	82
500 ～ 999 人	1859	1601	352	859	648
300 ～ 499 人	1221	677	666	285	270
200 ～ 299 人	2656	2408	1153	662	841
100 ～ 199 人	3506	2665	602	964	1940
50 ～ 99 人	2184	1549	571	744	869
30 ～ 49 人	877	731	245	150	482
20 ～ 29 人	140	109	36	41	63
10 ～ 19 人	148	117	57	28	63
0 ～ 9 人	42	29	0	12	30

注：提交级别为 0 国家级；从事的国民经济行业代码（BA17）为 73 ～ 75；法人性质（BA29）为 1 事业独立法人（即机构类别 BA20 为 1 ～ 5）。

表 10　2019 年山东省科学研究和技术服务业事业单位按活动类型和经费来源分 R&D 经费内部支出

计量单位：万元

指标	R & D 经费内部支出	按活动类型分			按经费来源分			
		基础研究	应用研究	试验发展	政府资金	企业资金	国外资金	其他资金
总计	572264	170996	215444	185824	478374	27489	223	66178
1. 按机构所属地域分布								
山东省	572264	170996	215444	185824	478374	27489	223	66178
济南市	198418	43577	77600	77241	155792	5802	0	36825
市辖区	1026	1026	0	0	72	254	0	700
历下区	102033	24676	38952	38406	85455	1509	0	15070
市中区	10752	6526	4226	0	10077	552	0	123
槐荫区	16308	3600	11803	905	3462	0	0	12846
天桥区	8383	389	4023	3971	4285	1312	0	2786
历城区	57269	7010	17307	32951	49794	2175	0	5300
章丘区	2297	0	1289	1008	2297	0	0	0
平阴县	350	350	0	0	350	0	0	0
青岛市	293556	113801	123007	56748	256657	19533	223	17143
市南区	144742	55948	57795	30999	126761	7098	47	10836
市北区	4500	2046	198	2256	4470	0	0	30
崂山区	98700	25931	58483	14286	85806	11566	176	1152
李沧区	6261	436	1350	4476	6261	0	0	0
城阳区	1684	454	819	411	1295	34	0	356
即墨区	37670	28986	4363	4321	32064	835	0	4770
淄博市	13344	594	688	12062	10805	650	0	1889
市辖区	9592	474	328	8790	8705	488	0	400
张店区	3751	120	359	3272	2100	162	0	1489
东营市	330	330	0	0	330	0	0	0
市辖区	330	330	0	0	330	0	0	0
烟台市	29309	7858	4843	16607	24624	164	0	4521
市辖区	2188	8	0	2180	2188	0	0	0
芝罘区	1993	56	208	1728	1993	0	0	0
福山区	8722	7	43	8673	5148	0	0	3574
莱山区	14484	7788	2969	3727	13570	164	0	750
长岛县	1922	0	1624	298	1725	0	0	197
潍坊市	1820	138	1006	676	1227	88	0	505
潍城区	431	0	152	279	398	33	0	0
寿光市	675	138	139	398	170	0	0	505

续表

指标	R&D经费内部支出	按活动类型分			按经费来源分			
		基础研究	应用研究	试验发展	政府资金	企业资金	国外资金	其他资金
昌邑市	714	0	714	0	659	55	0	0
济宁市	16800	3403	2227	11170	11967	1067	0	3766
市辖区	349	349	0	0	349	0	0	0
任城区	16451	3055	2227	11170	11619	1067	0	3766
泰安市	1419	174	362	883	1394	0	0	25
泰山区	1419	174	362	883	1394	0	0	25
威海市	1542	0	382	1160	1542	0	0	0
市辖区	1281	0	382	899	1281	0	0	0
文登区	261	0	0	261	261	0	0	0
日照市	6001	1061	1637	3303	4610	185	0	1206
市辖区	2390	0	1637	753	2024	0	0	367
东港区	3182	764	0	2418	2158	185	0	840
莒县	429	297	0	132	429	0	0	0
莱芜市	88	0	0	88	88	0	0	0
市辖区	88	0	0	88	88	0	0	0
临沂市	2652	0	2230	422	2652	0	0	0
市辖区	410	0	0	410	410	0	0	0
兰山区	2230	0	2230	0	2230	0	0	0
蒙阴县	13	0	0	13	13	0	0	0
德州市	2470	0	590	1880	2239	0	0	231
市辖区	2470	0	590	1880	2239	0	0	231
聊城市	1864	0	0	1864	1864	0	0	0
市辖区	1864	0	0	1864	1864	0	0	0
滨州市	1576	60	871	644	1508	0	0	67
市辖区	1576	60	871	644	1508	0	0	67
菏泽市	1075	0	0	1075	1075	0	0	0
市辖区	1075	0	0	1075	1075	0	0	0
2. 按机构所属隶属关系分布								
中央部门属	264143	94438	119563	50142	229065	18750	223	16104
中国科学院	120072	32234	72205	15634	110122	7896	194	1860
地方部门属	308121	76558	95880	135682	249309	8738	0	50074
省级部门属	199343	43808	76208	79327	159714	5580	0	34048
副省级城市属	48104	25854	9230	13020	40435	1692	0	5977
地市级部门属	49982	3411	7110	39461	41869	1110	0	7003
3. 按机构从事的国民经济行业分布								
科学研究和技术服务业	572264	170996	215444	185824	478374	27489	223	66178

续表

指标	R & D经费内部支出	按活动类型分			按经费来源分			
		基础研究	应用研究	试验发展	政府资金	企业资金	国外资金	其他资金
研究和试验发展	538814	160306	206755	171753	452769	26551	223	59271
专业技术服务业	24235	9354	5029	9853	16930	938	0	6367
科技推广和应用服务业	9215	1336	3660	4219	8675	0	0	540
4. 按机构服务的国民经济行业分布								
农、林、牧、渔业	122520	12969	34790	74761	95931	11631	29	14929
农业	53855	6388	14956	32511	39584	9636	0	4635
林业	3163	607	278	2278	3125	0	0	39
畜牧业	4640	737	841	3062	3764	47	0	829
渔业	41336	3964	9904	27468	30891	995	29	9422
农、林、牧、渔专业及辅助性活动	19526	1273	8810	9442	18569	953	0	4
制造业	41530	4714	13657	23159	23937	2031	0	15562
农副食品加工业	443	0	0	443	0	428	0	15
食品制造业	1750	0	1306	444	659	0	0	1092
皮革、毛皮、羽毛及其制品和制鞋业	35	0	0	35	15	0	0	20
造纸和纸制品业	534	0	0	534	0	534	0	0
化学原料和化学制品制造业	4234	1	986	3247	628	271	0	3335
医药制造业	10333	4328	3391	2615	7778	159	0	2396
化学纤维制造业	367	0	226	140	0	0	0	367
通用设备制造业	125	0	125	0	125	0	0	0
专用设备制造业	4233	46	1836	2351	3516	0	0	717
铁路、船舶、航空航天和其他运输设备制造业	583	0	382	201	583	0	0	0
计算机、通信和其他电子设备制造业	6012	0	0	6012	2333	0	0	3679
仪器仪表制造业	12880	339	5405	7137	8299	639	0	3942
建筑业	769	145	125	500	137	0	0	632
房屋建筑业	769	145	125	500	137	0	0	632
交通运输、仓储和邮政业	1210	64	328	818	423	0	0	787
道路运输业	1210	64	328	818	423	0	0	787
信息传输、软件和信息技术服务业	43292	3358	19342	20592	42752	0	0	540
互联网和相关服务	900	0	0	900	360	0	0	540
软件和信息技术服务业	42392	3358	19342	19692	42392	0	0	0
科学研究和技术服务业	320582	132911	124280	63392	289960	13736	194	16691
研究和试验发展	217373	102298	70448	44627	199270	4679	176	13248
专业技术服务业	100520	30613	52281	17627	88069	9057	18	3376
科技推广和应用服务业	2689	0	1551	1138	2622	0	0	67
水利、环境和公共设施管理业	10490	2823	5587	2080	7675	0	0	2815
水利管理业	1758	128	323	1307	705	0	0	1053

续表

指标	R&D经费内部支出	按活动类型分			按经费来源分			
		基础研究	应用研究	试验发展	政府资金	企业资金	国外资金	其他资金
生态保护和环境治理业	8732	2695	5264	773	6970	0	0	1762
教育	13000	1406	11593	0	1881	0	0	11118
教育	13000	1406	11593	0	1881	0	0	11118
卫生和社会工作	14356	8432	5587	337	11348	90	0	2918
卫生	14356	8432	5587	337	11348	90	0	2918
文化、体育和娱乐业	4360	4174	0	186	4174	0	0	186
文化艺术业	4174	4174	0	0	4174	0	0	0
体育	186	0	0	186	0	0	0	186
公共管理、社会保障和社会组织	156	0	156	0	156	0	0	0
国家机构	156	0	156	0	156	0	0	0
5. 按机构所属学科分布								
自然科学领域	210009	112435	78379	19194	192538	6847	18	10605
化学	7800	1373	3393	3034	4170	606	0	3024
地球科学	187975	103138	71210	13627	176224	6241	18	5491
生物学	14234	7924	3776	2534	12144	0	0	2091
农业科学领域	144324	13044	38599	92681	114080	12348	29	17868
农学	84874	6504	23639	54731	66072	11225	0	7578
林学	3513	957	278	2278	3474	0	0	39
畜牧、兽医科学	11200	1088	3384	6728	10324	47	0	829
水产学	44736	4494	11298	28944	34210	1076	29	9422
医学科学领域	46982	16918	19409	10655	29289	959	0	16734
基础医学	18051	5305	12662	85	6631	0	0	11420
临床医学	6113	5217	896	0	3134	90	0	2888
预防医学与公共卫生学	3846	1151	2653	42	3846	0	0	0
药学	14439	3434	1769	9236	11397	647	0	2396
中医学与中药学	4533	1811	1430	1292	4281	222	0	30
工程科学与技术领域	155851	20588	72602	62661	128069	7335	176	20270
工程与技术科学基础学科	2480	0	1158	1322	1645	835	0	0
信息与系统科学相关工程与技术	1056	0	156	900	516	0	0	540
自然科学相关工程与技术	6832	1159	4736	938	6278	219	0	335
测绘科学技术	210	0	210	0	100	0	0	110
材料科学	5101	1141	1096	2864	3156	647	0	1299
机械工程	7184	0	3635	3548	5202	1265	0	717
能源科学技术	33697	2121	24077	7499	30521	1890	176	1110
电子与通信技术	17194	339	5530	11325	8934	639	0	7621
计算机科学技术	42887	3812	19383	19692	42887	0	0	0

续表

指标	R & D经费内部支出	按活动类型分			按经费来源分			
		基础研究	应用研究	试验发展	政府资金	企业资金	国外资金	其他资金
化学工程	2286	138	435	1713	689	534	0	1062
产品应用相关工程与技术	358	0	0	358	358	0	0	0
食品科学技术	5278	194	1941	3144	3740	428	0	1111
土木建筑工程	1591	145	797	650	137	702	0	752
水利工程	1810	128	346	1336	745	12	0	1053
交通运输工程	1210	64	328	818	423	0	0	787
环境科学技术及资源科学技术	23126	9794	7367	5965	21113	164	0	1849
安全科学技术	512	0	257	255	506	0	0	6
管理学	3039	1554	1151	334	1119	0	0	1920
社会、人文科学领域	15100	8012	6455	632	14398	0	0	701
艺术学	550	550	0	0	35	0	0	515
考古学	4174	4174	0	0	4174	0	0	0
社会学	7065	1882	5183	0	7065	0	0	0
图书馆、情报与文献学	1718	0	1272	446	1718	0	0	0
教育学	1406	1406	0	0	1406	0	0	0
体育科学	186	0	0	186	0	0	0	186
6. 按机构从业人员规模分								
≥ 1000 人	75296	24583	45942	4770	69291	5987	18	0
500 ～ 999 人	121028	28378	55622	37028	106526	2751	205	11546
300 ～ 499 人	53825	31857	13320	8648	37442	9800	0	6582
200 ～ 299 人	67161	34221	23690	9250	51994	1305	0	13862
100 ～ 199 人	140808	18704	43213	78891	122593	4562	0	13653
50 ～ 99 人	81482	21470	25224	34788	64602	1693	0	15187
30 ～ 49 人	23941	10013	5868	8061	18122	1323	0	4496
20 ～ 29 人	4083	725	1424	1934	3875	55	0	153
10 ～ 19 人	3577	1045	790	1743	3284	0	0	293
0 ～ 9 人	1063	0	351	712	646	12	0	405

注：提交级别为 0 国家级；从事的国民经济行业代码（BA17）为 73 ～ 75；法人性质（BA29）为 1 事业独立法人（即机构类别 BA20 为 1 ～ 5）。

表 11 2019 年山东省科学研究和技术服务业事业单位按经费类别分 R&D 经费内部支出

计量单位：万元

指标	R&D经费内部支出	日常性支出	人员劳务费	其他日常性支出	资产性支出	土建费	仪器与设备支出	资本化的计算机软件支出	专利和专有技术支出
总计	572264	412267	213805	198462	159997	45666	112584	1047	700
1. 按机构所属地域分布									
山东省	572264	412267	213805	198462	159997	45666	112584	1047	700
济南市	198418	136219	77411	58809	62199	8044	53603	433	118
市辖区	1026	718	216	503	308	0	288	0	20
历下区	102033	56511	34969	21542	45522	2299	43101	121	2
市中区	10752	6894	3876	3018	3858	3775	83	0	0
槐荫区	16308	14098	6648	7450	2210	530	1610	0	70
天桥区	8383	6537	4053	2484	1846	114	1654	78	0
历城区	57269	49957	26397	23560	7312	1327	5723	235	26
章丘区	2297	1154	980	173	1143	0	1143	0	0
平阴县	350	349	272	77	1	0	1	0	0
青岛市	293556	209106	93345	115761	84451	32951	50439	543	518
市南区	144742	113037	49239	63798	31705	7980	23001	410	314
市北区	4500	4333	3229	1104	167	0	30	0	137
崂山区	98700	71314	30348	40966	27386	3008	24253	125	0
李沧区	6261	5410	4373	1038	851	165	682	0	4
城阳区	1684	1593	1088	505	92	0	84	2	6
即墨区	37670	13419	5069	8349	24251	21799	2389	6	57
淄博市	13344	9852	5296	4557	3491	505	2937	14	35
市辖区	9592	6345	2538	3807	3247	434	2765	14	35
张店区	3751	3507	2758	750	244	71	172	1	0
东营市	330	294	71	223	37	0	37	0	0
市辖区	330	294	71	223	37	0	37	0	0
烟台市	29309	25001	14688	10313	4309	957	3340	11	1
市辖区	2188	1743	895	849	445	0	445	0	0
芝罘区	1993	1738	1595	143	255	213	36	6	1
福山区	8722	8722	5108	3614	0	0	0	0	0
莱山区	14484	11665	6433	5231	2820	531	2289	0	0
长岛县	1922	1133	657	476	789	213	571	5	0
潍坊市	1820	1131	703	428	689	298	392	0	0
潍城区	431	396	310	87	34	0	34	0	0

续表

指标	R&D经费内部支出	日常性支出	人员劳务费	其他日常性支出	资产性支出	土建费	仪器与设备支出	资本化的计算机软件支出	专利和专有技术支出
寿光市	675	475	205	270	200	0	200	0	0
昌邑市	714	259	188	71	455	298	157	0	0
济宁市	16800	12474	8995	3479	4327	2901	1406	2	18
市辖区	349	349	312	37	0	0	0	0	0
任城区	16451	12125	8683	3442	4327	2901	1406	2	18
泰安市	1419	1274	1211	63	145	10	105	20	10
泰山区	1419	1274	1211	63	145	10	105	20	10
威海市	1542	1460	817	643	82	0	82	0	0
市辖区	1281	1199	582	617	82	0	82	0	0
文登区	261	261	236	26	0	0	0	0	0
日照市	6001	6001	3470	2531	0	0	0	0	0
市辖区	2390	2390	1227	1163	0	0	0	0	0
东港区	3182	3182	1882	1301	0	0	0	0	0
莒县	429	429	361	67	0	0	0	0	0
莱芜市	88	59	53	6	29	0	29	0	0
市辖区	88	59	53	6	29	0	29	0	0
临沂市	2652	2598	2202	396	55	0	54	0	0
市辖区	410	366	254	112	44	0	44	0	0
兰山区	2230	2219	1935	284	11	0	11	0	0
蒙阴县	13	12	12	0	0	0	0	0	0
德州市	2470	2465	2255	209	5	0	5	0	0
市辖区	2470	2465	2255	209	5	0	5	0	0
聊城市	1864	1706	1155	551	157	0	134	24	0
市辖区	1864	1706	1155	551	157	0	134	24	0
滨州市	1576	1554	1428	125	22	0	22	0	0
市辖区	1576	1554	1428	125	22	0	22	0	0
菏泽市	1075	1075	706	370	0	0	0	0	0
市辖区	1075	1075	706	370	0	0	0	0	0
2. 按机构所属隶属关系分布									
中央部门属	264143	198922	86444	112478	65220	13728	50481	541	471
中国科学院	120072	89884	44809	45075	30188	3153	26342	397	297
地方部门属	308121	213345	127361	85984	94777	31938	62104	506	229
省级部门属	199343	139351	80536	58815	59992	9242	50225	416	108
副省级城市属	48104	20364	10487	9877	27740	22176	5458	39	67
地市级部门属	49982	45494	29977	15517	4489	519	3891	40	39

续表

指标	R&D经费内部支出	日常性支出	人员劳务费	其他日常性支出	资产性支出	土建费	仪器与设备支出	资本化的计算机软件支出	专利和专有技术支出
3. 按机构从事的国民经济行业分布									
科学研究和技术服务业	572264	412267	213805	198462	159997	45666	112584	1047	700
研究和试验发展	538814	386517	199869	186649	152297	43463	107339	1002	493
专业技术服务业	24235	18345	9836	8509	5890	2202	3483	14	192
科技推广和应用服务业	9215	7405	4100	3304	1810	0	1763	32	15
4. 按机构服务的国民经济行业分布									
农、林、牧、渔业	122520	100254	56239	44014	22266	9862	12176	195	34
农业	53855	49253	28892	20361	4602	1638	2927	21	16
林业	3163	2879	1753	1126	284	14	269	0	1
畜牧业	4640	3476	1456	2020	1164	199	960	6	0
渔业	41336	27529	13214	14314	13807	7673	5972	145	17
农、林、牧、渔专业及辅助性活动	19526	17117	10924	6193	2409	338	2048	24	0
制造业	41530	31854	19160	12693	9676	4863	4786	22	5
农副食品加工业	443	438	435	3	5	0	0	2	3
食品制造业	1750	1604	781	824	146	0	136	9	2
皮革、毛皮、羽毛及其制品和制鞋业	35	35	18	17	0	0	0	0	0
造纸和纸制品业	534	534	273	261	0	0	0	0	0
化学原料和化学制品制造业	4234	3892	2731	1161	342	51	291	0	0
医药制造业	10333	8971	5095	3876	1363	0	1351	11	0
化学纤维制造业	367	367	88	279	0	0	0	0	0
通用设备制造业	125	125	120	5	0	0	0	0	0
专用设备制造业	4233	4221	3286	935	12	0	12	0	0
铁路、船舶、航空航天和其他运输设备制造业	583	501	108	393	82	0	82	0	0
计算机、通信和其他电子设备制造业	6012	2333	268	2065	3679	1911	1768	0	0
仪器仪表制造业	12880	8834	5958	2876	4047	2901	1146	0	0
建筑业	769	284	219	65	485	78	407	0	0
房屋建筑业	769	284	219	65	485	78	407	0	0
交通运输、仓储和邮政业	1210	932	921	11	278	35	243	0	0
道路运输业	1210	932	921	11	278	35	243	0	0
信息传输、软件和信息技术服务业	43292	7257	2355	4902	36035	0	36020	0	15
互联网和相关服务	900	875	775	100	25	0	10	0	15
软件和信息技术服务业	42392	6382	1580	4802	36010	0	36010	0	0
科学研究和技术服务业	320582	237734	113805	123929	82848	26146	55333	792	577
研究和试验发展	217373	159044	70300	88744	58329	25153	32888	279	10

续表

指标	R&D经费内部支出	日常性支出	人员劳务费	其他日常性支出	资产性支出	土建费	仪器与设备支出	资本化的计算机软件支出	专利和专有技术支出
专业技术服务业	100520	77180	42251	34929	23340	993	21268	513	567
科技推广和应用服务业	2689	1511	1254	257	1178	0	1178	0	0
水利、环境和公共设施管理业	10490	9459	6130	3328	1032	0	993	39	0
水利管理业	1758	1758	1089	669	0	0	0	0	0
生态保护和环境治理业	8732	7701	5041	2659	1032	0	993	39	0
教育	13000	12350	5729	6620	650	0	650	0	0
教育	13000	12350	5729	6620	650	0	650	0	0
卫生和社会工作	14356	11479	8704	2775	2877	906	1902	0	70
卫生	14356	11479	8704	2775	2877	906	1902	0	70
文化、体育和娱乐业	4360	543	420	123	3817	3775	42	0	0
文化艺术业	4174	399	318	81	3775	3775	0	0	0
体育	186	144	102	42	42	0	42	0	0
公共管理、社会保障和社会组织	156	123	122	1	33	0	33	0	0
国家机构	156	123	122	1	33	0	33	0	0
5. 按机构所属学科分布									
自然科学领域	210009	149837	60538	89299	60172	22369	37209	277	317
化学	7800	7497	5605	1892	303	51	252	0	0
地球科学	187975	128832	48287	80545	59142	22318	36230	277	317
生物学	14234	13508	6646	6862	726	0	726	0	0
农业科学领域	144324	119279	68310	50970	25044	10492	14320	195	38
农学	84874	76239	45713	30526	8635	2308	6263	44	20
林学	3513	3228	2025	1203	285	14	270	0	1
畜牧、兽医科学	11200	9377	4866	4512	1823	199	1618	6	0
水产学	44736	30435	15706	14729	14301	7971	6169	145	17
医学科学领域	46982	37806	23996	13811	9176	926	8101	79	70
基础医学	18051	16632	9929	6704	1419	20	1399	0	0
临床医学	6113	4286	2592	1694	1827	530	1227	0	70
预防医学与公共卫生学	3846	2980	2089	892	866	376	490	0	0
药学	14439	10613	6530	4084	3826	0	3815	11	0
中医学与中药学	4533	3295	2857	438	1238	0	1171	68	0
工程科学与技术领域	155851	94112	53771	40341	61739	8103	52863	497	275
工程与技术科学基础学科	2480	1974	1007	966	507	0	449	0	57
信息与系统科学相关工程与技术	1056	998	897	101	58	0	43	0	15
自然科学相关工程与技术	6832	6655	5100	1555	177	70	100	2	6
测绘科学技术	210	210	180	30	0	0	0	0	0

续表

指标	R & D经费内部支出	日常性支出	人员劳务费	其他日常性支出	资产性支出	土建费	仪器与设备支出	资本化的计算机软件支出	专利和专有技术支出
材料科学	5101	3438	2157	1280	1663	445	1175	8	35
机械工程	7184	5914	3169	2745	1269	0	1192	78	0
能源科学技术	33697	24705	12141	12564	8992	2132	6735	125	0
电子与通信技术	17194	9468	6283	3185	7726	4812	2914	0	0
计算机科学技术	42887	6877	1987	4891	36010	0	36010	0	0
化学工程	2286	2084	1065	1019	202	0	202	0	0
产品应用相关工程与技术	358	358	275	83	0	0	0	0	0
食品科学技术	5278	5127	3087	2040	151	0	136	11	5
土木建筑工程	1591	1093	946	147	498	78	419	0	0
水利工程	1810	1786	1113	673	24	0	24	0	0
交通运输工程	1210	932	921	11	278	35	243	0	0
环境科学技术及资源科学技术	23126	19472	11369	8103	3654	531	2947	39	137
安全科学技术	512	512	343	169	0	0	0	0	0
管理学	3039	2510	1731	779	529	0	273	235	21
社会、人文科学领域	15100	11232	7191	4041	3867	3775	92	0	0
艺术学	550	500	496	4	50	0	50	0	0
考古学	4174	399	318	81	3775	3775	0	0	0
社会学	7065	7065	3682	3384	0	0	0	0	0
图书馆、情报与文献学	1718	1718	1394	324	0	0	0	0	0
教育学	1406	1406	1199	207	0	0	0	0	0
体育科学	186	144	102	42	42	0	42	0	0
6. 按机构从业人员规模分									
≥ 1000 人	75296	56920	28438	28482	18376	490	17318	271	297
500 ～ 999 人	121028	81408	32927	48482	39619	9670	29412	500	37
300 ～ 499 人	53825	46305	18492	27813	7520	3123	4386	11	0
200 ～ 299 人	67161	41410	19913	21497	25751	20641	5055	26	30
100 ～ 199 人	140808	90646	58394	32252	50162	4005	45780	149	229
50 ～ 99 人	81482	68083	38059	30025	13399	6369	6937	79	13
30 ～ 49 人	23941	19609	12191	7419	4332	985	3242	12	93
20 ～ 29 人	4083	3583	2393	1190	500	312	187	0	1
10 ～ 19 人	3577	3257	2465	792	320	71	249	0	0
0 ～ 9 人	1063	1045	535	511	18	0	18	0	0

注：提交级别为 0 国家级；从事的国民经济行业代码（BA17）为 73 ～ 75；法人性质（BA29）为 1 事业独立法人（即机构类别 BA20 为 1 ～ 5）。

表 12 2019 年山东省科学研究和技术服务业事业单位 R&D 经费外部支出

计量单位：万元

指标	R & D 经费外部支出	对境内研究机构支出	对境内高等学校支出	对境内企业支出	对境内其他单位支出	对境外机构支出
总计	19674	12805	5271	1520	79	0
1. 按机构所属地域分布						
山东省	19674	12805	5271	1520	79	0
济南市	4075	2967	603	503	2	0
历下区	1075	282	500	291	2	0
市中区	254	0	41	212	0	0
天桥区	49	16	34	0	0	0
历城区	2697	2669	28	0	0	0
青岛市	15155	9533	4635	957	30	0
市南区	6976	3752	2770	453	0	0
崂山区	4406	2623	1753	0	30	0
即墨区	3773	3158	112	504	0	0
淄博市	43	0	0	35	8	0
市辖区	8	0	0	0	8	0
张店区	35	0	0	35	0	0
烟台市	295	285	1	0	9	0
芝罘区	295	285	1	0	9	0
潍坊市	6	0	1	4	0	0
寿光市	6	0	1	4	0	0
济宁市	70	20	30	20	0	0
任城区	70	20	30	20	0	0
临沂市	30	0	0	0	30	0
市辖区	30	0	0	0	30	0
2. 按机构所属隶属关系分布						
中央部门属	11381	6375	4523	453	30	0
地方部门属	8292	6430	748	1066	49	0
省级部门属	4084	3252	552	281	0	0
副省级城市属	4027	3158	153	716	0	0
地市级部门属	153	20	31	55	47	0
3. 按机构从事的国民经济行业分布						
科学研究和技术服务业	19674	12805	5271	1520	79	0
研究和试验发展	19511	12741	5212	1520	39	0
专业技术服务业	163	64	59	0	40	0
4. 按机构服务的国民经济行业分布						
农、林、牧、渔业	9940	6676	2771	453	39	0

续表

指标	R & D 经费外部支出	对境内研究机构支出	对境内高等学校支出	对境内企业支出	对境内其他单位支出	对境外机构支出
农业	2669	2639	0	0	30	0
林业	10	0	1	0	9	0
畜牧业	285	285	0	0	0	0
渔业	6976	3752	2770	453	0	0
制造业	119	20	30	69	0	0
农副食品加工业	70	20	30	20	0	0
医药制造业	14	0	0	14	0	0
专用设备制造业	35	0	0	35	0	0
建筑业	49	16	34	0	0	0
房屋建筑业	49	16	34	0	0	0
信息传输、软件和信息技术服务业	694	206	488	0	0	0
软件和信息技术服务业	694	206	488	0	0	0
科学研究和技术服务业	8800	5823	1948	997	32	0
研究和试验发展	8392	5793	1818	781	0	0
专业技术服务业	408	30	130	217	32	0
水利、环境和公共设施管理业	8	0	0	0	8	0
生态保护和环境治理业	8	0	0	0	8	0
公共管理、社会保障和社会组织	64	64	0	0	0	0
国家机构	64	64	0	0	0	0
5. 按机构所属学科分布						
自然科学领域	8039	5717	1818	504	0	0
地球科学	8039	5717	1818	504	0	0
农业科学领域	9940	6676	2771	453	39	0
农学	2669	2639	0	0	30	0
林学	10	0	1	0	9	0
畜牧、兽医科学	285	285	0	0	0	0
水产学	6976	3752	2770	453	0	0
医学科学领域	14	0	0	14	0	0
药学	14	0	0	14	0	0
工程科学与技术领域	1681	412	682	548	40	0
信息与系统科学相关工程与技术	64	64	0	0	0	0
自然科学相关工程与技术	77	0	47	0	30	0
材料科学	353	77	0	277	0	0
机械工程	35	0	0	35	0	0
计算机科学技术	694	206	488	0	0	0
化学工程	6	0	1	4	0	0
食品科学技术	70	20	30	20	0	0

续表

指标	R&D经费外部支出	对境内研究机构支出	对境内高等学校支出	对境内企业支出	对境内其他单位支出	对境外机构支出
土木建筑工程	303	16	75	212	0	0
水利工程	14	0	12	0	2	0
环境科学技术及资源科学技术	8	0	0	0	8	0
管理学	58	30	28	0	0	0
6. 按机构从业人员规模分						
500～999人	11362	6357	4550	453	2	0
300～499人	14	0	0	14	0	0
200～299人	4027	3158	153	716	0	0
100～199人	3868	2941	566	301	60	0
50～99人	293	285	0	0	8	0
30～49人	99	64	0	35	0	0
20～29人	10	0	1	0	9	0

注：提交级别为0国家级；从事的国民经济行业代码（BA17）为73～75；法人性质（BA29）为1事业独立法人（即机构类别BA20为1～5）。

表 13　2019 年山东省科学研究和技术服务业事业单位 R&D 经费日常性支出

计量单位：万元

指标	R＆D日常性支出	按活动类型分组			按来源分组				
		基础研究	应用研究	试验发展	政府资金	企业资金	事业单位资金	国外资金	其他资金
总计	412267	120028	159172	133067	334982	25072	48726	219	3268
1．按机构所属地域分布									
山东省	412267	120028	159172	133067	334982	25072	48726	219	3268
济南市	136219	31490	55128	49601	102167	5672	25834	0	2546
市辖区	718	718	0	0	46	254	418	0	0
历下区	56511	19113	20917	16481	44460	1495	8678	0	1879
市中区	6894	2681	4213	0	6232	552	110	0	0
槐荫区	14098	2040	11153	905	2672	0	11426	0	0
天桥区	6537	245	3514	2779	3926	1220	1382	0	10
历城区	49957	6345	14682	28930	43329	2152	3819	0	657
章丘区	1154	0	648	506	1154	0	0	0	0
平阴县	349	349	0	0	349	0	0	0	0
青岛市	209106	77209	92304	39592	175618	17498	15302	219	468
市南区	113037	48429	43602	21006	96706	5637	10183	43	468
市北区	4333	1976	198	2159	4333	0	0	0	0
崂山区	71314	17784	42912	10619	59721	11417	0	176	0
李沧区	5410	397	1176	3837	5410	0	0	0	0
城阳区	1593	454	802	336	1210	34	348	0	0
即墨区	13419	8169	3614	1635	8237	411	4770	0	0
淄博市	9852	160	411	9282	7984	460	1385	0	24
市辖区	6345	100	124	6121	6047	298	0	0	0
张店区	3507	60	287	3160	1937	161	1385	0	24
东营市	294	294	0	0	294	0	0	0	0
市辖区	294	294	0	0	294	0	0	0	0
烟台市	25001	6471	3498	15031	20869	162	3808	0	162
市辖区	1743	6	0	1737	1743	0	0	0	0
芝罘区	1738	46	200	1491	1738	0	0	0	0
福山区	8722	7	43	8673	5148	0	3574	0	0
莱山区	11665	6412	2329	2924	11304	162	199	0	0
长岛县	1133	0	927	206	936	0	35	0	162
潍坊市	1131	97	497	536	793	33	305	0	0
潍城区	396	0	140	257	363	33	0	0	0
寿光市	475	97	98	280	170	0	305	0	0
昌邑市	259	0	259	0	259	0	0	0	0

续表

指标	R&D日常性支出	按活动类型分组			按来源分组				
		基础研究	应用研究	试验发展	政府资金	企业资金	事业单位资金	国外资金	其他资金
济宁市	12474	3047	1385	8042	10761	1062	651	0	0
市辖区	349	349	0	0	349	0	0	0	0
任城区	12125	2698	1385	8042	10412	1062	651	0	0
泰安市	1274	139	326	809	1249	0	5	0	20
泰山区	1274	139	326	809	1249	0	5	0	20
威海市	1460	0	328	1132	1460	0	0	0	0
市辖区	1199	0	328	870	1199	0	0	0	0
文登区	261	0	0	261	261	0	0	0	0
日照市	6001	1061	1637	3303	4610	185	1206	0	0
市辖区	2390	0	1637	753	2024	0	367	0	0
东港区	3182	764	0	2418	2158	185	840	0	0
莒县	429	297	0	132	429	0	0	0	0
莱芜市	59	0	0	59	59	0	0	0	0
市辖区	59	0	0	59	59	0	0	0	0
临沂市	2598	0	2219	378	2598	0	0	0	0
市辖区	366	0	0	366	366	0	0	0	0
兰山区	2219	0	2219	0	2219	0	0	0	0
蒙阴县	12	0	0	12	12	0	0	0	0
德州市	2465	0	589	1876	2234	0	231	0	0
市辖区	2465	0	589	1876	2234	0	231	0	0
聊城市	1706	0	0	1706	1706	0	0	0	0
市辖区	1706	0	0	1706	1706	0	0	0	0
滨州市	1554	60	850	644	1506	0	0	0	48
市辖区	1554	60	850	644	1506	0	0	0	48
菏泽市	1075	0	0	1075	1075	0	0	0	0
市辖区	1075	0	0	1075	1075	0	0	0	0
2. 按机构所属隶属关系分布									
中央部门属	198922	75692	87708	35522	167459	17083	14000	219	162
中国科学院	89884	24499	53744	11642	83176	6320	199	190	0
地方部门属	213345	44335	71464	97546	167523	7989	34726	0	3106
省级部门属	139351	32219	54327	52805	107558	5453	23326	0	3014
副省级城市属	20364	6276	8153	5935	17035	1268	2061	0	0
地市级部门属	45494	2920	6725	35848	38075	915	6411	0	92
3. 按机构从事的国民经济行业分布									
科学研究和技术服务业	412267	120028	159172	133067	334982	25072	48726	219	3268
研究和试验发展	386517	111721	152476	122321	316180	24326	42525	219	3268

续表

指标	R＆D日常性支出	按活动类型分组			按来源分组				
		基础研究	应用研究	试验发展	政府资金	企业资金	事业单位资金	国外资金	其他资金
专业技术服务业	18345	7158	4118	7070	11913	746	5686	0	0
科技推广和应用服务业	7405	1149	2579	3677	6890	0	515	0	0
4．按机构服务的国民经济行业分布									
农、林、牧、渔业	100254	10808	28053	61393	74672	11567	13137	29	849
农业	49253	5773	13480	30000	35143	9600	3834	0	677
林业	2879	530	272	2076	2840	0	39	0	0
畜牧业	3476	690	616	2170	3446	20	0	0	10
渔业	27529	2610	6372	18547	17083	995	9260	29	162
农、林、牧、渔专业及辅助性活动	17117	1205	7312	8600	16160	953	4	0	0
制造业	31854	4019	12181	15654	21552	2026	8251	0	24
农副食品加工业	438	0	0	438	0	423	15	0	0
食品制造业	1604	0	1213	391	659	0	945	0	0
皮革、毛皮、羽毛及其制品和制鞋业	35	0	0	35	15	0	20	0	0
造纸和纸制品业	534	0	0	534	0	534	0	0	0
化学原料和化学制品制造业	3892	1	875	3015	556	271	3065	0	0
医药制造业	8971	3763	2970	2238	6509	159	2303	0	0
化学纤维制造业	367	0	226	140	0	0	367	0	0
通用设备制造业	125	0	125	0	125	0	0	0	0
专用设备制造业	4221	46	1836	2339	3504	0	693	0	24
铁路、船舶、航空航天和其他运输设备制造业	501	0	328	173	501	0	0	0	0
计算机、通信和其他电子设备制造业	2333	0	0	2333	2333	0	0	0	0
仪器仪表制造业	8834	209	4607	4018	7350	639	844	0	0
建筑业	284	54	46	185	137	0	147	0	0
房屋建筑业	284	54	46	185	137	0	147	0	0
交通运输、仓储和邮政业	932	49	253	630	235	0	697	0	0
道路运输业	932	49	253	630	235	0	697	0	0
信息传输、软件和信息技术服务业	7257	483	3064	3710	6742	0	515	0	0
互联网和相关服务	875	0	0	875	360	0	515	0	0
软件和信息技术服务业	6382	483	3064	2835	6382	0	0	0	0
科学研究和技术服务业	237734	94423	94202	49110	212810	11389	11749	190	1597
研究和试验发展	159044	70646	53041	35357	143163	4409	9745	176	1550
专业技术服务业	77180	23777	40272	13131	68183	6980	2004	14	0
科技推广和应用服务业	1511	0	889	621	1464	0	0	0	47
水利、环境和公共设施管理业	9459	2472	5022	1964	6977	0	2152	0	329
水利管理业	1758	128	323	1307	705	0	1053	0	0
生态保护和环境治理业	7701	2344	4699	657	6273	0	1099	0	329

续表

指标	R & D日常性支出	按活动类型分组			按来源分组				
		基础研究	应用研究	试验发展	政府资金	企业资金	事业单位资金	国外资金	其他资金
教育	12350	1406	10943	0	1881	0	10468	0	0
教育	12350	1406	10943	0	1881	0	10468	0	0
卫生和社会工作	11479	5915	5286	278	9455	90	1466	0	468
卫生	11479	5915	5286	278	9455	90	1466	0	468
文化、体育和娱乐业	543	399	0	144	399	0	144	0	0
文化艺术业	399	399	0	0	399	0	0	0	0
体育	144	0	0	144	0	0	144	0	0
公共管理、社会保障和社会组织	123	0	123	0	123	0	0	0	0
国家机构	123	0	123	0	123	0	0	0	0
5. 按机构所属学科分布									
自然科学领域	149837	77338	58448	14051	134676	5385	8038	14	1724
化学	7497	1373	3294	2830	4096	606	2795	0	0
地球科学	128832	68347	51627	8858	118829	4780	5210	14	0
生物学	13508	7618	3527	2362	11751	0	33	0	1724
农业科学领域	119279	10857	30889	77534	90340	12205	15809	29	896
农学	76239	5867	20414	49958	57840	11164	6510	0	725
林学	3228	879	272	2076	3189	0	39	0	0
畜牧、兽医科学	9377	1007	2894	5476	9347	20	0	0	10
水产学	30435	3103	7308	20023	19964	1021	9260	29	162
医学科学领域	37806	12757	17588	7462	22075	770	14410	0	552
基础医学	16632	4656	11903	73	5907	0	10641	0	84
临床医学	4286	3535	751	0	2262	90	1466	0	468
预防医学与公共卫生学	2980	404	2564	13	2980	0	0	0	0
药学	10613	2868	1348	6398	7853	458	2303	0	0
中医学与中药学	3295	1295	1022	978	3073	222	0	0	0
工程科学与技术领域	94112	14889	45792	33431	77278	6712	9850	176	96
工程与技术科学基础学科	1974	0	1098	875	1563	411	0	0	0
信息与系统科学相关工程与技术	998	0	123	875	483	0	515	0	0
自然科学相关工程与技术	6655	1159	4559	938	6109	219	328	0	0
测绘科学技术	210	0	210	0	100	0	110	0	0
材料科学	3438	631	791	2016	1945	636	786	0	71
机械工程	5914	0	2867	3047	3997	1200	693	0	24
能源科学技术	24705	1761	17469	5474	22751	1777	0	176	0
电子与通信技术	9468	209	4733	4527	7985	639	844	0	0
计算机科学技术	6877	938	3105	2835	6877	0	0	0	0
化学工程	2084	97	393	1594	687	534	862	0	0

续表

指标	R & D日常性支出	按活动类型分组			按来源分组				
		基础研究	应用研究	试验发展	政府资金	企业资金	事业单位资金	国外资金	其他资金
产品应用相关工程与技术	358	0	0	358	358	0	0	0	0
食品科学技术	5127	194	1848	3085	3740	423	964	0	0
土木建筑工程	1093	54	705	335	137	702	254	0	0
水利工程	1786	128	335	1322	724	9	1053	0	0
交通运输工程	932	49	253	630	235	0	697	0	0
环境科学技术及资源科学技术	19472	8162	6270	5041	18013	162	1297	0	0
安全科学技术	512	0	257	255	506	0	6	0	0
管理学	2510	1509	776	225	1070	0	1440	0	0
社会、人文科学领域	11232	4187	6455	590	10613	0	619	0	0
艺术学	500	500	0	0	25	0	475	0	0
考古学	399	399	0	0	399	0	0	0	0
社会学	7065	1882	5183	0	7065	0	0	0	0
图书馆、情报与文献学	1718	0	1272	446	1718	0	0	0	0
教育学	1406	1406	0	0	1406	0	0	0	0
体育科学	144	0	0	144	0	0	144	0	0
6. 按机构从业人员规模分									
≥ 1000 人	56920	18584	34730	3606	52380	4526	0	14	0
500 ～ 999 人	81408	18908	38093	24408	69095	2636	9472	205	0
300 ～ 499 人	46305	30353	11672	4281	33771	9764	2303	0	468
200 ～ 299 人	41410	13150	22061	6200	27740	1303	12367	0	0
100 ～ 199 人	90646	12835	23705	54107	76829	4481	8587	0	748
50 ～ 99 人	68083	15268	22513	30303	52925	1642	13423	0	94
30 ～ 49 人	19609	9260	4405	5944	15138	709	1853	0	1910
20 ～ 29 人	3583	724	947	1913	3430	0	153	0	0
10 ～ 19 人	3257	948	696	1614	3046	0	164	0	47
0 ～ 9 人	1045	0	351	694	629	11	405	0	0

注：提交级别为 0 国家级；从事的国民经济行业代码（BA17）为 73 ～ 75；法人性质（BA29）为 1 事业独立法人（即机构类别 BA20 为 1 ～ 5）。

表 14 2019 年山东省科学研究和技术服务业事业单位专利

指标	专利申请受理数（件）	发明专利（件）	专利授权数（件）	发明专利（件）	国外授权（件）	拥有有效发明专利总数（件）	专利所有权转让及许可数（件）	专利所有权转让及许可收入（万元）
总计	3022	2239	1971	918	24	6233	124	8921
1. 按机构所属地域分布								
山东省	3022	2239	1971	918	24	6233	124	8921
济南市	1312	1002	870	407	11	2446	94	7084
市辖区	1	0	1	0	0	18	2	3
历下区	562	472	377	215	0	1203	36	240
市中区	14	3	8	0	0	10	0	0
槐荫区	2	0	25	16	3	32	0	0
天桥区	96	56	93	36	0	136	13	6655
历城区	511	396	356	140	8	1036	43	186
章丘区	115	64	10	0	0	0	0	0
济南高新技术产业开发区	11	11	0	0	0	11	0	0
青岛市	1125	932	600	347	10	2776	28	1837
市南区	307	238	216	141	1	1533	18	1300
市北区	40	21	33	19	0	36	0	0
崂山区	464	413	202	134	3	841	10	537
李沧区	29	22	38	16	1	177	0	0
城阳区	12	10	11	7	0	47	0	0
即墨区	273	228	100	30	5	142	0	0
淄博市	37	17	33	5	0	40	0	0
市辖区	11	9	6	4	0	15	0	0
张店区	26	8	27	1	0	25	0	0
枣庄市	4	0	3	0	0	0	0	0
峄城区	4	0	3	0	0	0	0	0
东营市	10	7	10	9	0	30	0	0
市辖区	5	2	5	4	0	25	0	0
东营区	5	5	5	5	0	5	0	0
烟台市	179	134	124	70	0	323	0	0
市辖区	4	4	0	0	0	0	0	0
芝罘区	30	12	23	3	0	20	0	0
福山区	33	14	29	5	0	42	0	0
莱山区	111	104	72	62	0	259	0	0
长岛县	1	0	0	0	0	2	0	0
潍坊市	18	13	21	4	0	65	0	0
潍城区	10	6	15	4	0	44	0	0

续表

指标	专利申请受理数（件）	发明专利（件）	专利授权数（件）	发明专利（件）	国外授权（件）	拥有有效发明专利总数（件）	专利所有权转让及许可数（件）	专利所有权转让及许可收入（万元）
寒亭区	0	0	3	0	0	0	0	0
青州市	0	0	0	0	0	1	0	0
寿光市	8	7	3	0	0	20	0	0
济宁市	121	59	85	23	3	192	0	0
市辖区	18	0	29	0	0	31	0	0
任城区	103	59	56	23	3	161	0	0
泰安市	45	36	59	11	0	96	0	0
泰山区	45	36	59	11	0	96	0	0
威海市	10	7	7	6	0	14	0	0
市辖区	10	7	7	6	0	10	0	0
文登区	0	0	0	0	0	4	0	0
日照市	7	2	2	0	0	21	2	0
市辖区	4	1	0	0	0	0	2	0
东港区	3	1	2	0	0	21	0	0
莱芜市	23	5	27	24	0	24	0	0
市辖区	0	0	4	1	0	1	0	0
莱城区	23	5	23	23	0	23	0	0
临沂市	96	13	85	4	0	142	0	0
市辖区	34	4	34	0	0	113	0	0
兰山区	62	9	51	4	0	29	0	0
德州市	7	2	6	1	0	5	0	0
市辖区	7	2	6	1	0	5	0	0
聊城市	8	0	8	2	0	3	0	0
市辖区	8	0	8	2	0	3	0	0
滨州市	14	8	31	5	0	50	0	0
市辖区	14	8	31	5	0	50	0	0
菏泽市	6	2	0	0	0	6	0	0
市辖区	6	2	0	0	0	6	0	0
2. 按机构所属隶属关系分布								
中央部门属	836	724	466	327	4	2549	29	1640
中国科学院	554	505	248	201	3	1020	17	1430
地方部门属	2186	1515	1505	591	20	3684	95	7281
省级部门属	1404	1070	1036	463	17	2873	93	7281
副省级城市属	277	230	87	34	3	133	0	0
地市级部门属	321	110	306	73	0	473	2	0
3. 按机构从事的国民经济行业分布								

续表

指标	专利申请受理数（件）	发明专利（件）	专利授权数（件）	发明专利（件）	国外授权（件）	拥有有效发明专利总数（件）	专利所有权转让及许可数（件）	专利所有权转让及许可收入（万元）
科学研究和技术服务业	3022	2239	1971	918	24	6233	124	8921
研究和试验发展	2796	2124	1843	867	24	6069	120	8918
专业技术服务业	61	32	79	23	0	120	4	3
科技推广和应用服务业	165	83	49	28	0	44	0	0
4. 按机构服务的国民经济行业分布								
农、林、牧、渔业	692	485	531	220	6	2358	47	185
农业	327	210	261	98	5	824	3	157
林业	26	23	12	12	0	93	0	0
畜牧业	46	37	23	11	1	111	38	0
渔业	79	61	72	39	0	811	6	28
农、林、牧、渔专业及辅助性活动	214	154	163	60	0	519	0	0
制造业	477	355	315	135	6	835	16	418
农副食品加工业	9	2	6	0	0	2	0	0
食品制造业	22	21	9	8	0	54	2	38
纺织业	3	3	2	2	0	12	0	0
造纸和纸制品业	1	1	0	0	0	0	0	0
化学原料和化学制品制造业	52	50	21	17	0	68	0	0
医药制造业	59	49	50	40	0	259	0	0
化学纤维制造业	0	0	0	0	0	0	2	0
非金属矿物制品业	0	0	0	0	0	4	0	0
通用设备制造业	1	0	0	0	0	0	0	0
专用设备制造业	113	71	66	7	1	60	4	180
铁路、船舶、航空航天和其他运输设备制造业	6	6	6	6	0	7	0	0
计算机、通信和其他电子设备制造业	10	8	9	2	0	11	0	0
仪器仪表制造业	201	144	137	53	5	335	8	199
金属制品、机械和设备修理业	0	0	9	0	0	23	0	0
建筑业	31	16	40	9	0	52	13	6655
房屋建筑业	31	16	40	9	0	52	13	6655
交通运输、仓储和邮政业	28	8	31	7	0	7	0	0
道路运输业	28	8	31	7	0	7	0	0
信息传输、软件和信息技术服务业	84	65	38	24	0	122	22	0
互联网和相关服务	15	6	10	2	0	10	0	0
软件和信息技术服务业	69	59	28	22	0	112	22	0
科学研究和技术服务业	1573	1211	892	473	9	2644	25	1463
研究和试验发展	983	789	589	332	6	1890	11	405
专业技术服务业	448	349	265	116	3	727	14	1059

续表

指标	专利申请受理数（件）	发明专利（件）	专利授权数（件）	发明专利（件）	国外授权（件）	拥有有效发明专利总数（件）	专利所有权转让及许可数（件）	专利所有权转让及许可收入（万元）
科技推广和应用服务业	142	73	38	25	0	27	0	0
水利、环境和公共设施管理业	101	76	82	16	0	109	0	0
水利管理业	72	49	61	2	0	63	0	0
生态保护和环境治理业	29	27	21	14	0	46	0	0
教育	0	0	0	0	0	3	0	0
教育	0	0	0	0	0	3	0	0
卫生和社会工作	36	23	42	34	3	103	1	200
卫生	36	23	42	34	3	103	1	200
5. 按机构所属学科分布								
自然科学领域	514	444	316	223	4	1358	13	1075
化学	89	83	42	35	0	149	0	0
地球科学	350	287	209	133	1	1008	13	1075
生物学	75	74	65	55	3	201	0	0
农业科学领域	768	536	636	239	5	2518	47	185
农学	497	347	429	151	3	1220	3	157
林学	26	23	12	12	0	93	0	0
畜牧、兽医科学	98	70	77	22	2	287	38	0
水产学	147	96	118	54	0	918	6	28
医学科学领域	110	81	89	71	3	360	2	203
基础医学	12	4	12	4	0	13	0	0
临床医学	23	20	33	33	3	99	1	200
预防医学与公共卫生学	2	2	1	1	0	8	0	0
药学	56	46	30	26	0	197	0	0
中医学与中药学	17	9	13	7	0	43	1	3
工程科学与技术领域	1617	1173	925	380	12	1981	62	7458
工程与技术科学基础学科	138	130	44	13	3	29	1	0
信息与系统科学相关工程与技术	38	11	33	25	0	33	0	0
自然科学相关工程与技术	172	82	134	12	1	144	4	180
测绘科学技术	10	5	7	4	0	7	0	0
材料科学	58	58	33	31	0	145	2	0
机械工程	132	70	23	12	0	13	0	0
能源科学技术	352	319	112	84	3	390	9	380
电子与通信技术	208	149	152	61	5	352	8	199
计算机科学技术	75	64	34	28	0	132	22	0
化学工程	14	13	9	2	0	37	0	0
产品应用相关工程与技术	1	1	0	0	0	0	0	0

续表

指标	专利申请受理数（件）	发明专利（件）	专利授权数（件）	发明专利（件）	国外授权（件）	拥有有效发明专利总数（件）	专利所有权转让及许可数（件）	专利所有权转让及许可收入（万元）
纺织科学技术	3	3	2	2	0	12	0	0
食品科学技术	72	55	31	17	0	196	2	38
土木建筑工程	42	16	47	9	0	53	13	6655
水利工程	72	49	77	3	0	79	0	0
交通运输工程	28	8	31	7	0	7	0	0
环境科学技术及资源科学技术	139	122	91	66	0	284	0	0
安全科学技术	21	0	27	0	0	26	0	0
管理学	42	18	38	4	0	42	1	6
社会、人文科学领域	13	5	5	5	0	16	0	0
图书馆、情报与文献学	13	5	5	5	0	16	0	0
6. 按机构从业人员规模分								
≥ 1000 人	137	118	84	64	0	450	10	1050
500 ～ 999 人	529	458	315	164	3	1548	27	7069
300 ～ 499 人	156	97	102	65	1	553	5	379
200 ～ 299 人	483	354	330	100	3	575	6	183
100 ～ 199 人	824	529	641	257	8	1655	32	202
50 ～ 99 人	606	451	358	198	5	1074	4	38
30 ～ 49 人	246	219	83	59	4	285	38	0
20 ～ 29 人	18	5	35	3	0	48	0	0
10 ～ 19 人	21	6	21	6	0	41	0	0
0 ～ 9 人	2	2	2	2	0	4	2	0

注：提交级别为 0 国家级；从事的国民经济行业代码（BA17）为 73 ～ 75；法人性质（BA29）为 1 事业独立法人（即机构类别 BA20 为 1 ～ 5）。

（山东省科技统计分析研究中心　闫　峰　杜廷霞）

责任编校：董芙蓉

科技大事记

KEJI DASHIJI

2019 年山东省科技大事记

1 月

3 日 《山东省区域科技创新能力评价报告 2018》在济南发布。

8 日 2018 年度国家科学技术奖励大会在北京举行，山东共有 25 个项目获奖，作为第一完成人的有 12 项，较 2017 年增加了 6 项；获奖数量占全国总数的比例由 2017 年度的 7% 提高到 11%，其中，自然科学奖 3 项，技术发明奖通用项目 4 项，科技进步奖通用项目 17 项，国际科技合作奖 1 项，基本覆盖了各授奖领域。

9—10 日 2019 年全国科技工作会议在北京召开，省科技厅党组书记、厅长唐波在会上作典型交流发言。

22 日 2019 年鲁渝科技扶贫协作第一次联席会议在重庆举行，山东省科学技术厅与重庆市科学技术局举行深化科技扶贫协作框架协议签约仪式。省科技厅党组书记、厅长唐波和重庆市科技局党委书记、局长许洪斌出席并讲话。

24 日 2019 年山东省外国专家春节座谈会在济南举办。副省长于杰出席并与在鲁工作的部分外国专家亲切座谈，听取意见建议。省政府副秘书长辛树人主持，省外国专家局局长张祝秀参加座谈。会后，7 位外国专家赴北京参加了在华外国专家春节座谈会，受到李克强总理亲切接见。

25 日 省委常委、济南市委书记王忠林到省科技厅走访，并就科技创新工作进行座谈交流。省科技厅党组书记、厅长唐波主持会议并讲话。

29 日 省科技厅制定《山东省新型研发机构管理暂行办法》。

△ 省科技厅荣获“省级节约型公共机构示范单位”称号，仅 3 家省直部门获此殊荣。

2 月

3 日 省政府发布《山东省人民政府关于建立山东产业技术研究院推动创新发展的框架意见》，提出采取理事会决策下的产研院院长负责制，搭建“产研院 + 投资发展公司 + 专业研究所等创新主体”的组织架构，加快建立“政产学研金服用”一体化、创新创业创富一体化、研究开发产业一体化的创新体制机制。

17 日 省科技厅党组书记、厅长唐波在济南会见了烟台市委副书记、市长陈飞一行，双方就科技创新工作进行了座谈交流。省科技厅副厅长李储林、一级巡视员张士新，烟台市副市长张代令参加会见。

21 日 全省科技工作暨党风廉政建设工作会议在济南召开。会议传达学习习近平总书记对科技工作的重要指示精神，传达学习十九届中央纪委三次全会、省纪委十一届四次全会精神和全国科技工作会议精神，总结 2018 年工作，部署 2019 年任务。省科技厅党组书记、厅长唐波作工作报告，厅领导郭九成、于书良、王红梅、李储林、潘军、张士新、张祝秀、许勃出席。

22 日 中科院科技服务网络计划（STS 计划）—“黄河三角洲现代生态农业技术系统集成示范”项目实施推进会在东营召开，省政府与中科院共建黄河三角洲现代农业技术创新中心的首个重大合作项目落地实施。中科院科技促进发展局副局长孙命、省科技厅副厅长潘军、东营市副市长韩利学出席。

3 月

1 日 省科技厅和沈阳新松机器人自动化股份有限公司合作共建山东新松人工智能研究院签约暨揭牌仪式在济南举行。副省长于杰、省政府副秘书长辛树人出席。沈阳新松机器人自动化股份公司创始人、总裁曲道奎，省科技厅党组书记、厅长唐波分别致辞并签署框架协议。签约仪式由李储林主持。

△ 省科技厅召开机构改革干部大会，宣读省委、省政府批准的《山东省科学技术厅职能配置、内设机构和人员编制规定》和厅党组《关于内设机构人员调整的决定》。

4 月

4 日 山东省科学技术奖励大会在济南召开，省委书记刘家义出席并为省科学技术最高奖获得者青岛海洋科学与技术国家实验室发展中心吴立新院士颁奖。省委副书记、省长龚正出席并讲话，省政协主席付志方出席，省委副书记杨东奇主持。省领导王可、关志鸥、于晓明、于杰出席。

5 日 中国泰山第五届国际高新技术、高端人才、高科技项目洽谈会在泰安举行，省科技厅党组书记、厅长唐波分别会见了山东省“外专双百计划”专家、新西兰皇家科学院院士沃特豪斯先生和2018年度中国政府友谊奖获得者、山东省改革开放40周年最具影响力的外国专家卢特哈德先生，并为卢特哈德先生颁发中国政府友谊奖省政府奖金。张祝秀参加洽谈会。

8日　山东省与中国科学院科技合作座谈会暨合作协议签约仪式在北京举行。省委书记刘家义、中科院院长白春礼出席并讲话，副省长于杰出席，中科院副院长张亚平主持。省委副秘书长、办公厅主任、政研室主任陈迪桂，省委组织部常务副部长于富华，省政府副秘书长辛树人，省科技厅党组书记、厅长唐波出席。

9日　山东省自然科学基金委员会召开全体会议，审议通过了2019年山东省自然科学基金资助项目。省科技厅党组书记、厅长唐波主持并讲话，厅党组成员、副厅长于书良参加会议。

30日　省科技厅、省财政厅印发《国家重点科研项目补助资金管理实施细则》和《国家重点科研项目奖励资金管理实施细则》。

5月

7日　省委书记刘家义在北京分别走访了科技部和中国工程院，举行座谈会交流合作事宜，共谋山东发展。科技部部长王志刚、中国工程院院长李晓红分别出席座谈会。陈迪桂、于富华、唐波参加座谈会。

15日　省科技厅、省财政厅印发《山东省自然科学基金管理办法》。

19日　郭永怀高等技术研究院暨威海市产业技术研究院成立大会在威海举行，省科技厅党组书记、厅长唐波主持成立大会。

22日　山东省科技活动周启动仪式在淄博市博物馆举行。省政协副主席、致公党山东省委主委赵家军，省科技厅党组书记、厅长唐波，淄博市委书记周连华参加启动仪式。

6月

5日　第八届中国创新创业大赛（山东赛区）暨2019年山东省中小微企业创新竞技行动计划启动会在济南召开，李储林出席活动。

17日　2019山东省创新驱动发展院士恳谈会在山东大厦举行。大会以“智汇齐鲁、科创未来”为主题，116名院士济济一堂，共话科技创新。省委书记刘家义出席恳谈会并发言，中国工程院院长李晓红、中国科学院副院长张涛致辞，省委副书记、省长龚正主持。会上举行了揭牌和签约仪式，山东省人民政府、中国科学院、青岛市人民政府签约共建中科院海洋大科学中心、山东能源研究院；山东省人民政府、中国工程院签约共建中国工程科技发展战略山东研究院。山东院士专家学者联合会暨院士之家（济南）、中国工程科技发展战略山东研究院揭牌。中国工程院副院长钟志华、何华武，有关省领导，各市、省直部门，部分高等院校和企业负责同志参加恳谈会。

7月

11日　山东省科技领导小组成立。省委副书记、省长龚正任组长，副省长于杰任副组长，成员包括省政府副秘书长辛树人，省委军民融合办常务副主任王建祥，以及省发展改革委、省教育厅、省科技厅等省直部门主要负责人。

12日　省科技厅、省财政厅印发《山东省自然科学基金项目资助经费管理办法》。

15日　省科技厅、省财政厅印发《山东省创新券使用管理办法》。

19日　省政府办公厅印发《关于深化项目评审、人才评价、机构评估改革的实施意见》。

22日　省政府印发《关于健全科技创新市场导向制度的若干意见》。

28日　山东产业技术研究院理事会第一次、第二次会议在济南召开。副省长于杰主持，济南市委副书记、市长孙述涛，省政府副秘书长辛树人，省科技厅党组书记、厅长唐波等理事会成员出席。

8月

1日　全国人大常委会委员、全国人大社会建设委员会副主任委员、中科院院士姚建年带领调研组到淄博市东岳集团，就化学、化工问题进行专题调研。全国人大代表、天津大学党委书记李家俊参加调研，省科技厅党组书记、厅长唐波等陪同相关活动。

6日　省科技厅印发《山东省农科驿站备案管理办法》。

9日　省科技厅印发《山东省科技企业孵化器和众创空间管理办法》。

19日　省科技厅、省财政厅印发《山东省支持菏泽市技术转移补助资金实施细则》。

26日　省委书记刘家义在威海会见了参加高层次外国专家山东行活动的专家，省领导孙立成、于杰，科技部领导陆明，省科技厅党组书记、厅长唐波参加会见。

△　山东省果树研究所举办重大科技成果“鲁丽”苹果新品种发布会。“鲁丽”以1000万元的转让价格创下我国苹果新品种转让费最高纪录，经技术合同认定登记减免税收200余万元，成为山东省内研发、省内产业化的典范。

9 月

1 日　省科技厅、省人力资源社会保障厅、省外办、省公安厅联合印发《外国人来山东工作便利化服务若干措施（试行）》。

2 日　第十八届中国（淄博）新材料技术论坛暨国际科技成果招商洽谈会开幕式在淄博举行。30 名院士、200 余名专家齐聚淄博，17 项有代表性的科技合作项目现场签约，省科技厅党组成员、副厅长于洪文参加活动。

4 日　中国科学院副院长张亚平带队到黄三角农高区考察调研，并召开省院共建黄河三角洲现代农业技术创新中心座谈会。副省长于杰出席，东营市委书记、省黄三角农高区党工委书记李宽端，省科技厅党组书记、厅长、省黄三角农高区管委会主任唐波，省外国专家局局长张祝秀，省黄三角农高区领导张润国、毕建明，东营市领导王晓军参加活动。

5 日　省科技厅印发《关于深入推进科技扶贫助力乡村振兴若干措施》。

7 日　中原技术市场成立暨首届中原技术交易高峰论坛在菏泽举办。科技部成果转化与区域创新司副司长杨显武，中国技术市场协会副会长武毅，省科技厅党组成员、副厅长于洪文，菏泽市委书记张新文等出席论坛。

12 日　山东大学科技成果发布会暨重大项目签约仪式在千佛山校区举行，省科技厅二级巡视员许勃、省工商联副主席郭建礼、山东大学常务副校长王琪珑、副校长李术才出席签约仪式。山东大学淄博先进制造与人工智能研究院等 5 个重大平台、氧化铝特种陶瓷材料及相关应用专利等 4 项重点成果转化项目现场签约，技术转让合同总金额 9500 万元。

△　省科技厅、省财政厅修订印发《山东半岛国家自主创新示范区发展建设资金管理办法》。

△　省科技厅印发《山东省技术创新中心建设方案》。

18 日　省科技厅、省财政厅、省税务局联合印发《山东省企业研究开发财政补助实施办法》。

10 月

7—16 日　省科技厅党组书记、厅长唐波率团访问塞尔维亚、瑞士、德国。在塞尔维亚出席了由科技部与塞尔维亚创新和技术发展部共同主办的“第 4 届中国—中东欧国家创新合作大会”。在瑞士，代表团访问了阿尔高州高科技孵化中心、因诺瓦尔科技园、保罗·谢尔研究院。在德国柏林，唐波出席了以“科技、合作、创新”为主题的中德科技创新合作大会，并在科技部党组书记、部长王志刚见证下与中国（德国）研发创新联盟签订了战略合作协议书。

22 日　山东省科学技术厅与重庆市科学技术局在济南召开 2019 年鲁渝科技扶贫协作第二次联席会议暨科研院所共建协议签约仪式。唐波、许洪斌出席并讲话。

23 日　省科技厅会同省委组织部等部门印发《关于进一步加强基础科学研究的实施意见》。

△　省科技厅会同省教育厅等部门印发《山东省科学数据管理实施细则》。

11 月

10 日　山东高等技术研究院在济南成立。省委、省政府举行成立座谈会，省委书记刘家义，科技部部长王志刚，中国科学院院长白春礼，诺贝尔物理学奖得主、美国麻省理工学院教授丁肇中出席座谈会并讲话，省委副书记、省长龚正主持，省科技厅党组书记、厅长唐波，厅党组成员、副厅长于书良参加活动。

14 日　全省科技特派员工作会议在济南召开，副省长于杰出席并讲话，省科技厅党组书记、厅长唐波主持。会议通报表扬了全省 88 名科技特派员和 35 家组织实施单位，省科技厅党组成员、副厅长于书良参加会议。

15 日　中国科学院—山东省科技成果转化对接会在青岛成功举办，省科技厅党组成员、青岛国家海洋科学研究中心主任李储林主持开幕式。

18 日　省科技厅印发《山东省技术转移先进县（市、区）创建活动方案》。

22 日　2019 年全国科技管理系统党建工作交流座谈会在北京召开。科技部党组书记、部长王志刚出席并讲话，部党组成员、副部长黄卫，部党组成员、中纪委驻科技部纪检监察组组长王宾宜分别讲话，部党组成员、副部长、机关党委书记李萌主持有关座谈活动并做总结发言，省科技厅党组书记、厅长唐波在会上作典型交流发言。

28 日　第十届中意创新合作周济南分会场开幕式举行，科技部党组书记、部长王志刚，省委副书记、省长龚正，意大利教育大学科研部部长洛伦佐·菲奥拉蒙蒂出席并致辞。省和济南市领导王忠林、于杰、殷鲁谦、雷杰，意大利驻华使馆临时代办冯竹森出席开幕式，孙述涛主持开幕式，唐波，张祝秀参加开幕式。

12 月

3 日　全省科技支撑新旧动能转换培训班在济南开班，副省长于杰出席并作动员讲话，省委组织部副部长龚文东，省委党校常务副校长徐闻，省科技厅党组成员、副厅长于书良出席。省政府副秘书长辛树人主持开班仪式。

10日　2019年度“齐鲁友谊奖”颁奖仪式暨外国专家建言会在济南举行。副省长于杰到会讲话并为获奖专家颁发奖章和证书，科技部引进国外智力与管理司副司长赵慧君出席并致辞，省政府副秘书长辛树人宣读表彰决定，省科技厅党组书记、厅长唐波主持仪式，省外国专家局局长张祝秀参加会议活动。

17日　山东省第一届科技创新战略咨询专家委员会成立大会暨第一次全体会议在济南召开。副省长于杰出席并为受聘委员颁发聘书，包括11名院士在内的30位专家委员围绕山东省实验室布局建设建言献策，唐波主持成立大会。

30日　《山东省区域科技创新能力评价报告2019》（简称《报告》）发布。《报告》从全省科技创新基本情况、区域科技创新能力指标和综合科技创新水平等方面对2018年全省及17市综合科技创新能力进行了分析评价。

（山东省科学技术厅办公室　田　博）

责任编校：姜常梅

附　录

FULU

山东省科学技术厅
山东省外国专家局
内设机构及主要领导名单

（2019 年 12 月 31 日在职者）

厅领导

唐波：厅党组书记、厅长兼山东信息通信技术研究院管理中心主任，黄河三角洲农业高新技术产业示范区党工委副书记、管委会主任

于书良：厅党组成员、副厅长

王红梅：厅党组成员、省纪委监委驻省科技厅纪检监察组组长

于洪文：厅党组成员、副厅长

李储林：厅党组成员、青岛国家海洋科学研究中心主任

潘军：厅党组成员、副厅长

张祝秀：厅党组成员、副厅长，省外国专家局局长

徐茂波：厅一级巡视员

许勃：厅二级巡视员

办公室
（省国防动员委员会科技动员办公室）

主任：何 伟

人事处

处长：祝恩元

机关党委

专职副书记：董守义

政策法规与创新体系建设处

处长：徐 峰

战略规划处

处长：房德山

资源配置与管理处

处长：祝恩元（兼）

重大专项办公室

主任：梁恺龙

基础研究处

处长：王洪国

科技合作处

副处长（主持工作）：李 涛

成果转化与区域创新处
（国家自主创新示范区建设指导办公室）

二级调研员（主持工作）：王宝立

高新技术发展及产业化处

处长：陈成刚

农村科技处

处长：王守宝

社会发展科技处

处长：郝君良

海洋科技处

处长：孙高祚

引进智力与出国培训管理处（科技人才工作处）

处长：于　浩

外国专家服务处

处长：杜广选

（山东省科学技术厅人事处）

山东省市、县科技局领导名单

（2019 年 12 月 31 日在职者）

济南市科技局

党组书记、局长，市外国专家局局长：吕建涛
党组副书记、副局长：高冬梅
党组成员、副局长：刘德志
党组成员、副局长：王　芳
党组成员、副局长：贾文涛
党组成员、副局长，市外国专家局副局长：张　宾
党组成员、正处级领导干部：李明强
正处级领导干部（班子成员）：何文红
党组成员、正处级领导干部：申洪柱
党组成员、大科学中心发展促进处处长：张永刚
二级巡视员：马素刚
副局级领导干部、二级巡视员：于海波
副局级领导干部：陈启璋
副局级领导干部：闫循民
一级调研员：李海波
一级调研员：陈　锐
济南科技创新促进中心主任：张振敏
济南市科学技术开发中心主任：王庆河
历下区科技局局长：杨　锋
市中区科技局局长：张华国
槐荫区科技局局长：吴承乙
天桥区科技局局长：张　明
历城区科技局局长：杨　蓓
长清区工信局（科技局）局长：方宝军
章丘区工信局（科技局）局长：郭伟宏
济阳区科技局局长：王　民
莱芜区科技局局长：魏永振
钢城区工信局（科技局）局长：刘汉兵
平阴县工信局（科技局）局长：卞　伟
商河县科技局局长：石少波
高新区科技经济运行局局长：刘宠宝
莱芜高新区企业服务局：张新春

青岛市科技局

局长、党组书记：吕　鹏
党组成员、青岛生物能源与过程研究所党委副书记：许　辉
副局长、党组成员：宋长虹
副局长、党组成员：吴绪永
副局长、党组成员：徐凌云
青岛市科技创新委员会办公室专职副主任、党组成员：李天传
党组成员：于炳波
副巡视员：高　杰
副巡视员：管崇亮
青岛市市南区科学技术局局长：刘海波
青岛市市北区科学技术局副局长（主持工作）：李佐民
青岛市李沧区科学技术局局长：徐敬青
青岛市崂山区科技创新委员会副主任：赵　敏
青岛市西海岸新区工业和信息化局局长：谢龙目
青岛市城阳区科学技术局局长：张　建
青岛市即墨区科学技术局局长：郑春雷
胶州市工业和信息化局局长：刘　强
平度市工业和信息化局局长：杨海波
莱西市工业和信息化局局长：徐　宏
青岛市高新区管委会科技创新部部长：蔡文静
青岛市蓝谷管理局科技创新部部长：刘玉龙

淄博市科技局

党组书记、局长、一级调研员：于秀栋
党组成员、副局长：赵晓煜
副局长、三级调研员：吴建虹
党组成员、副局长：张明光
二级调研员：臧金强

三级调研员：林志强
副县级干部：李 伟
四级调研员：胡 冰
四级调研员：吴晓娟
张店区科技局局长：王 磊
淄川区科技局局长：汪洪新
博山区科技局局长：马登旭
周村区科技局局长：黄瑞金
临淄区科技局局长：徐昭玲
桓台县科技局局长：崔瑞霞
高青县科技局局长：郭立敏
沂源县科技局局长：孟凡东
高新区科技局局长：曹叶禄
经济开发区产业发展促进局：巩方胜
文昌湖旅游度假区经发局局长：赵迎春

枣庄市科技局

党组书记、局长：邵 磊
党组副书记、副局长、二级调研员：国际昌
党组成员、副局长：刘合生
党组成员、副局长：杨升光
党组成员、副局长：王其军
党组成员、市外专局局长：朱广地
滕州市科技局党组书记、局长：朱绍邦
薛城区科技局局长：宋洪燕
山亭区科技局党组书记、局长：周忠辉
市中区科技局局长：李 晶
峄城区科技局党组书记、局长：王 莹
台儿庄区科技局党组书记、局长：王友峰
高新区科技局党组书记、局长：赵 伟

东营市科技局

党组书记、局长：邵红双
副局长：郭乃利（挂职中国石油大学（华东）科技处副处长）
党组成员、副局长：高 琼
党组成员、副局长：徐自文
党组成员、副局长、市外国专家局局长：王富杰
四级调研员：杨学武
四级调研员：王新俊
副县级干部：任鸿飞（挂职广饶县县委常委、市直下派驻广饶县工作队队长）
东营区科技局局长：李光强
河口区科技局局长：韩松青
垦利区科技局局长：胡金涛
广饶县科技局局长：项 建
利津县科技局局长：董永生

烟台市科技局

党组书记、局长：李勇军
党组成员、二级调研员：李瑞庆
党组成员、副局长：王有林
二级调研员：王培学
党组成员、副局长：许 博
党组成员、副局长：王艳莉
党组成员、副局长：刘忠彦
党组成员、生产力促进中心主任：辛献杰
副县级领导干部：郤德华
四级调研员：曲连波
芝罘区科技局局长：徐继亮
福山区科技局局长：孔祥良
莱山区科技局局长：曲 悦
牟平区科技局局长：赵 强
海阳市科技局局长：王悦燕
莱阳市科技局局长：祝学丹
栖霞市科技局局长：王福正
蓬莱市科技局局长：王兆旭
长岛海洋生态文明综合试验区经济发展局局长：张令佐
龙口市科技局局长：王树林
招远市科技局局长：栾浩光
莱州市科技局局长：方向东
经济技术开发区经发科技局局长：姚光磊
高新区科技与经发局局长：于红绫

潍坊市科技局

党组书记、局长：高玉国
局副局长：安卫红
党组成员、副局长：董 民
党组成员、副局长：李振忠
党组成员、副局长：张宏岩
党组成员、四级调研员：辛 冲
外国专家局局长：周 锴
四级调研员：卢芳芳
四级调研员：丁 映
奎文区科技局局长：倪海滨
潍城区科技局局长：李海燕
坊子区科技局局长：周 明
寒亭区科技局局长：李治江
青州市科技局局长：万金亮
诸城市科技局局长：王增军
寿光市科技局局长：孙永乐
安丘市科技局局长：杨德江
昌邑市科技局局长：赵卫东

高密市科技局局长：马丽红
临朐县科技局局长：李贤军
昌乐县科技局局长：王秀彬
高新区科技局局长：陈秉政
滨海区经济运行和科技商务局局长：陈明涛
保税区经发局局长：刘珍荣
峡山区科技局局长：聂国雨
经济区经发局局长：郑　虎

济宁市科技局

党组书记、局长：李　斌
一级调研员：宋洪泰
二级调研员：李连习
党组副书记、副局长：徐西胜
党组成员、副局长：马红卫
党组成员、副局长：苏　振
三级调研员：邵新才
三级调研员：薛启利
科技系统机关党委专职副书记：王　萍
任城区科技局局长：陆书华
兖州区科技局局长：周生建
曲阜市科技局局长：谷传超
邹城市科技局局长：蔡庆华
泗水县科技局局长：单英姿
微山县科技局局长：綦宝进
鱼台县科技局局长：杨景春
金乡县科技局局长：程树民
嘉祥县科技局局长：郑全顺
汶上县科技局局长：马洪联
梁山县科技局局长：高　原
济宁高新区科技创新局局长：王运华
济宁经济开发区经济发展局局长：张　健
济宁太白湖区经济发展局局长：赵红雨

泰安市科技局（外专局）

党组书记、局长、一级调研员：张庆云
党组副书记、二级调研员：刘桂选
党组成员、泰山科学院党支部书记：陈士昌
党组成员、副局长：梁晨阳
党组成员、副局长：陈书林
党组成员、副局长：王东之
党组成员、副县级干部：陈吉霞
副县级干部：何　青
四级调研员：孙迎胜
四级调研员：李华定
四级调研员：郑允柱
泰山区科技局局长：谭培生
岱岳区科技局局长：张洪进
新泰市科技局局长：崔玉军
肥城市科技局局长：张　鹏
宁阳县科技局局长：刘钦虎
东平县科技局局长：张茂节
泰安高新区科技局局长：董　梅

威海市科技局

党组书记、局长：王厚全
党组成员、副局长：赵　静
二级调研员：王　杰
党组成员、副局长：王军伟
党组成员、山东生产力促进中心主任：夏国强
党组成员、威海市对外科技交流中心主任：汤占胜
副局长：姜　新
党组成员、副局长，市外专局局长：王君秋
党组成员、威海市高技术创业服务中心主任：姜松波
四级调研员：夏海敬
四级调研员：李世强
四级调研员：刘　俊
环翠区科技局局长：黄松娟
文登区科技局局长：于进军
荣成市科技局局长：迟勇猛
乳山市科技局局长：邵明磊
高新区科技局局长：蒋延传
经济技术开发区科技局负责人：崔兴超
临港区科技金融办公室主任：王战胜
综合保税区经济发展局局长：王　伟
南海新区产业发展与科技创新局局长：丛　磊

日照市科技局

党组书记、局长：杨洪福
党组成员、副局长：王　军
党组成员、副局长：刘相鸿
党组成员、副局长：潘　宁
东港区科技局局长：李　锋
岚山区科技局局长：张继波
莒县科技局局长：贾庆毅
五莲县科技局局长：代梅芳
日照经济技术开发区高新技术产业园管委主任：夏　平
日照高新区创业服务中心主任：高　磊

临沂市科技局

党组书记、局长、一级调研员：姚书华
党组成员、副局长：胡俊保
副局长：刘庆云
党组成员、副局长：姜良友
党组成员、四级调研员：刘　鸣
一级调研员：董瑞东
二级调研员：赵世荀
四级副调研员：谢　莹
四级副调研员：成少忠
三级副调研员：阚吉恩
副县级干部：王晨光
兰山区科技局局长：张家玮
罗庄区科技局局长：张雪莲
河东区科技局局长：李丽娜
郯城县科技局局长：岳德强
苍山县科技局局长：孙　静
莒南县科技局局长：陈为超
沂水县科技局局长：郭一磊
蒙阴县科技局局长：于德秀
平邑县科技局局长：徐常永
费县科技局局长：董志举
沂南县科技局局长：高泽祥
临沭县科技局局长：王济壮
高新技术产业开发区科技局局长：季兰龙
经济技术开发区科技局局长：王　蕊
临港经济开发区科技局局长：卢晓光

德州市科技局

党组书记、局长：张慧君（女）
党组副书记、二级调研员：王希刚
党组成员、副局长：王秀勇
党组成员、副局长：耿　欣
党组成员、副局长：时建强
副县级干部：田晓静（女）
副县级干部：赵向阳
四级调研员：邢书明
四级调研员：刘金刚
德城区科学技术局局长：王　垒
禹城市科学技术局局长：高长东
乐陵市科学技术局局长：刘艳霞（女）
宁津县工业和信息化局（加挂科学技术局牌子）
　工信局局长：李超峰
科技局局长：王德志
齐河县科学技术局局长：王宗财
陵城区科学技术局局长：贾洪哲（女）
临邑县科学技术局局长：麻红让
平原县工业和信息化局（加挂科学技术局牌子）局长：霍德强
武城县工业和信息化局（加挂科学技术局牌子）局长：刘世全
夏津县科学技术局局长：白希彬
庆云县工业和信息化局（加挂科学技术局牌子）局长：刘春明
德州经济技术开发区科技局局长：赵　兴
运河经济开发区经济发展局局长：吴金东

聊城市科技局

党组书记、局长：王越军
党组成员、副局长：李学胜
副局长：范纯志
党组成员、副局长：王海涛
党组成员、聊城市高新技术创业服务中心主任：李　旭
四级调研员：王惠峰
聊城市高新技术创业服务中心副县级领导干部：张伯勇
东昌府区科技局党组书记：张明东
局长：李明艳
临清市科技局局长：袁　博
东阿县工信局局长：张正伟
莘县科技局：杨晓民
阳谷县工信局：周凤举
冠县工信局：宋永强
高唐县工信局：沈　军
茌平县科技局：赵　君
经济开发区经贸发展局：周厚君
高新区经贸发展局：潘　勇
旅游度假区经济发展局：姜振涛

滨州市科技局

党组书记、局长，市外国专家局局长：孙学森
党组副书记，市外专局副局长：张　兵
党组成员、副局长：邢红辉
党组成员、副局长：刘东芳
副局长：李朝晖
党组成员、副局长：吕肇华
三级调研员：刘　峰
滨城区科技局局长：张　谦
沾化区科技局局长：周庆坤
惠民县科技局局长：霍先成
阳信县商务和科学技术局局长：刘玉勇
无棣县科技局局长：王秀丽

博兴县科技局局长：吴瑞芹
邹平市科技局局长，邹平市外国专家局局长：商献文
滨州经济技术开发区科技中心主任：窦红心
高新区科技局局长：陈爱锋
北海经济开发区经济发展局局长：李景民

菏泽市科技局

局长：杜　岩
党组书记、副局长：司品供
党组成员、副局长：徐　静
党组成员、总工程师：韩世平
党组成员、副局长：彭金俭
党组成员、副局长：张宇锋
党组成员、外国专家局局长：宋宏臣
四级调研员：马月伦
四级调研员：周　琨
牡丹区科技局局长：张　伟
定陶区科技局局长：张同庆
曹县科技局局长：王振飚
成武县科技局局长：黄胜昔
单县科技局局长：刘守民
巨野县科技局局长：于维峰
郓城县科技局局长：杨际民
鄄城县科技局局长：冯　星
东明县科技局局长：魏　徽
开发区经发局局长：宋崇东
高新区科技局局长：张　宇

（各市科技局）

2019 年度山东省有突出贡献的中青年专家名单

（共 120 名）

马晓丽　济南市中心医院医学实验诊断中心主任技师
闫家河　商河县森林保护站工程技术应用研究员
朱瑞华　平度市农业技术推广站站长，农艺师
刘显荣　青岛海信激光显示股份有限公司副总经理，工程师
张　奎　海尔智家股份有限公司正高级工程师
王重海　山东工业陶瓷研究设计院有限公司总经理，正高级工程师
刘　进　沂源县果品产销服务中心农艺师
耿文超　山东省桓台第一中学中小学高级教师
于伟利　枣庄市实验小学中小学正高级教师
王延玲　滕州市农业技术指导站站长，高级农艺师
司留启　山东国瓷功能材料股份有限公司副总经理，高级工程师
李晓亮　山东华泰纸业股份有限公司董事长，高级工程师
周　红　东营市一邦农业科技开发有限公司董事长，农艺师
刘建军　招远市农业技术推广中心主任，农业技术推广研究员
牟伟丽　蓬莱汇洋食品有限公司技术中心副主任，高级工程师
李　波　莱州明波水产有限公司总经理，工程技术应用研究员
孙国庆　山东潍坊润丰化工股份有限公司高级工程师
王冬梅　潍坊市奎文区宝通街小学中小学正高级教师
宫新建　潍坊恒彩数码影像材料有限公司高级工程师
陆希峰　鲁南煤化工研究院正高级工程师
胡顺全　新风光电子科技股份有限公司总经理兼技术总监，高级工程师
施陈博　山东明佳科技有限公司高级工程师
杨树田　泰安华鲁锻压机床有限公司高级工程师
王明义　威海市立医院中心实验室副主任，主任技师
门庆永　莒县农业技术推广站高级农艺师
王怀利　金正大生态工程集团股份有限公司正高级工程师
冯　中　山东新时代药业有限公司高级工程师
刘萃颖　临沂市兰山区果树技术推广中心主任，农业技术推广研究员
张志军　德州市第一中学中小学正高级教师
韩开顺　平原县畜牧业发展中心畜牧兽医站站长，高级兽医师

张　淹　东阿阿胶股份有限公司中药研究所副所长，副主任中药师
邢成云　山东省北镇中学中小学正高级教师
王明耿　山东步长制药股份有限公司副主任中药师
孟　伦　山东狮克现代农业投资有限公司助理农艺师
樊庆军　菏泽市果树技术站正高级工程师
胡锡俊　山东大学数学学院副院长，教授
黄性涛　山东大学教授
蒋　奇　山东大学教授
解　型　山东大学教授
王　琦　山东大学教授
王　栋　中国海洋大学教授
包木太　中国海洋大学海洋化学理论与工程技术教育部重点实验室副主任，教授
曾景斌　中国石油大学（华东）副教授
孔　强　山东师范大学教授
冯永刚　山东师范大学教育学部副部长，教授
张吉旺　山东农业大学农学院副院长，教授
魏　珉　山东农业大学教授
李培强　山东农业大学教授
孙丽君　山东财经大学文学与新闻传播学院院长，教授
柳士彬　曲阜师范大学教授
李　佳　山东中医药大学教授
程　祥　山东理工大学机械工程学院副院长，教授
母锐敏　山东建筑大学市政与环境工程学院副院长，教授
徐　磊　山东工艺美术学院人文艺术学院院长，教授
刘伟韬　山东科技大学矿业与安全工程学院副院长，教授
孙　林　山东科技大学教授
孙志鸿　山东艺术学院音乐学院副院长，教授
陈庆敏　山东农业工程学院副教授
李　晋　山东交通学院交通土建工程学院副院长，教授
李树彬　山东警察学院讲师
陈彦亮　山东工商学院教授
邱立平　济南大学土木建筑学院院长，教授
钟永光　青岛大学人文社科处处长，教授
姜　彦　青岛大学附属医院耳鼻咽喉头颈外科主任，主任医师
张新光　烟台大学教授
何丽丽　聊城大学音乐与舞蹈学院副院长，教授
从兴顺　枣庄学院副教授
张宝刚　潍坊医学院教授
文国兴　滨州学院教授
卜建华　滨州医学院马克思主义学院副院长，教授
孟纯阳　济宁医学院教授
雷晓武　济宁学院教授
李　芳　泰山学院教师教育学院副院长，教授
王家胜　青岛农业大学教授
王建林　青岛农业大学教授
刘仕伟　青岛科技大学化工学院副院长，教授
赵　健　青岛科技大学教授
刘良忠　鲁东大学教授
孔凡功　齐鲁工业大学生物基材料与绿色造纸国家重点实验室常务副主任，教授
盖　宁　德州学院教授
丁文利　山东科技职业学院党委副书记，教授
高永昌　山东省社会保险事业中心社会保障卡管理服务处处长，正高级工程师
代杰瑞　山东省地质调查院物化探所所长，高级工程师
赵登超　山东省林业科学研究院经济林所副所长，高级工程师
彭岩波　山东省生态环境规划研究院生态规划部主任，高级工程师
卜发东　山东省建筑科学研究院工程技术应用研究员
胡发文　山东省海洋生物研究院副研究员
高中强　山东省农业技术推广总站副站长，农业技术推广研究员
杨晓刚　山东画院研究室主任，一级美术师
孙　涛　山东省立医院主任医师
李长忠　山东省立医院妇科主任，主任医师
高绪胜　山东省胸科医院结核科二病区主任，主任医师
刘成虎　山东省医疗器械产品质量检验中心高级工程师
林永强　山东省食品药品检验研究院主任药师
张军进　山东省地质矿产勘查开发局第三地质大队高级工程师
谭现锋　山东省鲁南地质工程勘察院（山东省地质矿产勘查开发局第二地质大队）院长，工程技术应用研究员
王旭平　山东省科学院新材料研究所研究员
司洪宇　山东省科学院能源研究所副研究员
高　赞　山东省计算中心（国家超级计算济南中心）研究员
张　伟　山东社会科学院研究员
刘华绪　山东省皮肤病性病防治研究所副研究员
胡　漫　山东省肿瘤防治研究院副主任医师
陈子雷　山东省农业科学院农业质量标准与检测技术研究所研究员
秦卓明　山东省农业科学院家禽研究所研究员

刘　飞　山东省药学科学院生物药物研究所副所长，副研究员
宫怀正　山东新华制药股份有限公司车间主任兼技术主任，高级工程师
林楷智　浪潮电子信息产业股份有限公司正高级工程师
牛　林　国家电网有限公司技术学院分公司电网检修培训部副主任，教授
李立生　国网山东省电力公司电力科学研究院设备状态评价中心副主任，正高级工程师
徐俊祥　山东电力工程咨询院有限公司高级工程师
张庆建　青岛海关技术中心高级工程师
殷海涛　山东省地震台网中心副主任，研究员
苏朝光　中国石油化工股份有限公司胜利油田分公司物探研究院正高级工程师
曹嫣镔　中国石油化工股份有限公司胜利油田分公司石油工程技术研究院副院长，研究员
冯海暴　中交一航局第二工程有限公司副总经理兼技术研发中心经理，高级工程师
张全斌　中国科学院海洋研究所研究员
李金花　中国科学院烟台海岸带研究所副研究员
郭占勇　中国科学院烟台海岸带研究所海岸带生物资源高效利用研究与发展中心副主任，研究员
王亚海　中电科仪器仪表有限公司正高级工程师
王　峰　中电科仪器仪表有限公司正高级工程师

2019 年新增选两院院士名录

陈子江　女，汉族，1959 年 10 月生，湖南浏阳人，医学博士，教授，主任医师，博士生导师，山东大学副校长，农工党山东省委会副主委，农工党中央委员会常委。从事妇产科学、生殖内分泌学和生殖遗传学领域的临床诊疗与科学研究 20 余年。山东省科学技术最高奖获得者、泰山学者攀登计划专家，主持国家重大科学研究计划—973 项目、863 项目、国家自然基金等课题多项；获国家级奖励 3 项；发表 SCI 收录论文 170 余篇。主编论著与教材多部。2009 年获"全国优秀博士学位论文指导教师"荣誉称号。2019 年 11 月，当选为中国科学院院士。

李术才　男，汉族，1965 年 12 月生，河北涞水人，博士，教授，博士生导师，山东大学副校长，长江学者特聘教授，国家杰出青年科学基金获得者，新世纪百千万人才工程国家级人选，第九届中国青年科技奖获得者，山东省最高科技奖获得者。主要从事断续节理岩体力学特性和锚固机理及不良地质超前预报研究，承担了包括国家 863 项目、973 项目、国家杰出青年基金及海外青年合作基金、国家自然科学基金重点及面上项目等国家及省部级项目 10 余项，企业委托国家重大工程项目 20 多项。获得国家科技进步二等奖 4 项、省部级一等奖 5 项；发表高水平学术论文 200 余篇，其中 SCI 收录论文 21 篇，EI 收录论文 122 篇，出版专著 3 部。2019 年 11 月，当选为中国工程院院士。

（山东省人力资源和社会保障厅　程绍明）

2019 年山东省出台的重要科技政策和法规

山东省人民政府
关于建立山东产业技术研究院推动创新发展的框架意见

鲁政字〔2019〕26 号

各市人民政府，各县（市、区）人民政府，省政府各部门、各直属机构，各大企业，各高等院校：

为深入实施创新驱动发展战略，深化科技体制机制改革，现就建立山东产业技术研究院（以下简称产研院），推动创新发展提出如下意见。

一、总体要求

以习近平新时代中国特色社会主义思想为指导，认真贯彻党的十九大和十九届二中、三中全会精神，深入落实习近平总书记视察山东重要讲话、重要指示批示精神，牢牢把握“两个走在前列，一个全面开创”总要求，坚持新发展理念，着力破除制约科技创新的思想障碍和制度藩篱，推动管理机制创新与技术创新深度融合，促进技术创新集群式突破，建设以需求为导向、运行机制灵活高效、研发转化体系健全、对接国际一流水平的新型研发机构，打造引领全省创新驱动发展的核心引擎和制度创新的示范样板，为加快新旧动能转换、实现高质量发展提供科技创新支撑。

突出市场导向。坚持深化市场化改革，充分发挥市场在资源配置中的决定性作用和更好发挥政府作用，紧紧围绕产业链部署创新链，完善人才链、资本链和价值链，按照市场方式确定科研方向、开展重大技术创新，以市场化手段组织创新资源，促进技术创新和市场应用无缝对接。

创新体制机制。坚持大胆探索、先行先试，赋予产研院充分的发展自主权，全面构建市场导向的管理机制、灵活包容的人才机制、开放创新的合作机制，建立多元化股权收益激励机制及成果导向的绩效评价机制和分配机制，最大限度激发和释放创新创造活力。

引领产业升级。围绕新旧动能转换重大工程实施，聚焦新一代信息技术、高端装备、新能源新材料、医养健康、现代高效农业、军民融合等重点领域，突出产业应用技术研发，打通“政产学研金服用”通道，带动产业链强链、补链、延链，加快发展新产业、新业态，助推“十强”产业健康发展。

树立全球视野。深化对外开放，扩大交流合作，对标国际先进，充分利用全球创新资源，大力引进海内外一流的战略科学家和科技领军人才，研发具有全球影响力的产业成果，打造展示山东优势产业和科技创新的对外窗口，建设开放融合共享的国际化创新平台。

凝聚创新合力。充分发挥全省创新资源优势，调动政府、企业、园区等各方积极性，构建省级统筹协调，济南市具体承建，其他市和开发区、龙头企业、高校院所、社会资本等多方参与的产研院建设格局，形成辐射全省的产业技术研发及转化网络，打造全省协同创新新体系。

二、目标步骤

（一）**总体目标**。加快建立“政产学研金服用”一体化、创新创业创富一体化、研究开发产业一体化的创新体制机制，以体制机制的创新带动创新效益效率的最大化，将产研院打造成为前沿新兴产业的策源地、创新创业生态的建设者、国际开放合作的新高地，形成科研机构改革先行区、创新驱动发展示范区、体制机制改革试验区，为全省推动制度创新提供样板。

（二）**建设阶段**。

第一阶段（2019—2020 年）：建立产研院运营管理制度，初步构建市场化运作的新型研发机构治理体系，在创新专项经费管理、人事制度、绩效考核、科技成果和知识产权管理、科技项目管理等方面形成比较完善的科技创新体制机制，实现动态科学管理，建立起有利于人才创新创业的制度与环境。

第二阶段（2021—2025 年）：建成具备良好自我发展能力、具有国际影响力的新型研发机构，引进培养一批具有世界水平的科学家、科技领军人才与团队，在量子科技、大数据、人工智能等产业前沿性、关键性、共性技术领域实现大突破，涌现一批在行业内具有重要影响的上市企业，催生一批原创性新兴产业。建设“百千万”工程，努力实现加盟新建科研机构100家左右，累计衍生孵化企业1000家左右，转移转化先进技术10000项左右。

三、组织架构

采取理事会决策下的产研院院长负责制，搭建以“产研院＋投资发展公司＋专业研究所等创新主体”的组织架构。加强党的领导，按照有关规定设立产研院党组织。

（一）山东产业技术研究院理事会。理事会成员由山东省、济南市政府领导，相关部门负责人，产研院负责人，重点高校、科研院所、企业负责人，科技界、经济界等相关人士组成。

理事会负责研究审议产研院拟定的重大政策及发展中遇到的重大事项，选聘、考核产研院院长及副院长，审定产研院发展规划、年度工作计划和经费预算等，聘请第三方机构对产研院运营管理进行综合评估。

（二）山东产业技术研究院。产研院负责开展产业战略研究和重大技术集成项目的组织、产业研发创新机构建设与动态管理，统筹产研院资金的使用与管理等工作。产研院采用企业化管理模式，自主确定内部组织架构和职能，报理事会审议通过，不受相关行政机关单位干涉。产研院设院长1名，副院长若干名，日常管理由院长全面负责。

产研院出资设立山东产业技术研究院投资发展公司，公司董事长由产研院院长兼任。投资发展公司代表产研院开展产业研发创新机构投资、海外平台投资、专业园区投资及运营、管理投资引导基金等工作。

（三）产业研发创新机构。产研院以多种形式设立产业研发创新机构，主要包括专业研究所、产业技术创新中心、企业联合创新中心等。

专业研究所采取新建、加盟、兼并收购等多种方式组建，主要开展全球专业领域人才和创新成果集聚，从事产业核心技术、关键共性技术和战略前瞻性技术的研发，接受企业委托的合同科研，衍生孵化高新技术企业等工作。

产业技术创新中心由产研院与地方政府、开发区共同组建，优先在新一代信息技术、高端装备、新能源新材料、医养健康、现代高效农业等产业领域布局，主要开展产业技术创新、创新资源和要素整合、产业技术扩散、产业创新投融资服务等。

企业联合创新中心由产研院与龙头企业共同建设，主要通过征集和提炼企业愿意出资解决的行业关键技术需求，提供相应解决方案，形成产业链和创新链的重要交汇。

四、支持政策

（一）赋予产研院运营管理自主权。

1. 产研院为不纳入编制管理的独立法人事业单位，无主管部门，无行政级别，实行企业化管理、市场化运营。

2. 产研院对专业研究所等机构进行考核评价，重点考核承担纵向科研项目、开展合同科研项目、衍生孵化企业等指标。创新重大科研项目组织实施模式，建立以“项目经理制”为核心的自主化、独立化科研管理运营机制。

3. 产研院自主选聘人员，实行全员聘用制，实行市场化的内部薪酬分配机制，允许高校、科研院所等事业单位的科研人员兼职取酬。

4. 授权产研院自主开展职称评审、证书发放和评审结果使用，省内高校、科研院所认可产研院的职称评审结果。

5. 产研院专业研究所取得的科技成果，归专业研究所所有，转化收益自行处置。

（二）加大财政金融支持力度。

6. 设立产业技术创新专项资金，产业院成立前2年山东省、济南市财政分别安排5亿元，5年内逐步增加至各10亿元，主要用于产研院机构建设、重大原创技术项目的组织实施、各类创新资源的集聚、人才队伍建设及产业创新服务能力建设等。各市要列支相应财政资金，扶持本地加盟的专业研究所建设。

7. 产研院投资发展公司吸引社会资本，设立投资引导基金，投资产研院各专业研究所衍生孵化项目。省市相关引导基金在同等条件下优先给予产研院衍生企业融资支持。

8. 建立完善产研院企业融资风险补偿机制，引导金融机构加大信贷投放力度，产研院衍生企业可按最高比例和标准享受现行科技成果转移转化贷款风险补偿。

（三）加强技术研发和成果转化服务。

9. 支持产研院建设科技成果转化服务平台，对开展相关技术合同认定登记的，产研院给予一定额度的奖补。鼓励国内外科技成果到产研院进行二次开发、转移转化，为产研院申报省各类科技计划项目或专项资金建立专门渠道。

10. 建立产研院高新技术企业认定、知识产权服务、企业研发费用加计扣除等政策落实的专门服务渠道。省市财政部门对产研院进口科研用仪器设备给予一定比例的经费支持。

11. 产研院及专业研究所转化职务科技成果并以股份或出资比例等形式给予个人的奖励，在获奖人取得股份、出资比例时，可暂不缴纳个人所得税。取得按股份、出资比例分红或转让股权、出资比例所得收入时，按规定缴纳个人所得税。

（四）健全有利于激发科研人员创新活力的制度。

12. 鼓励高校院所教师、科研人员等到产研院兼职，高校院所认可其在产研院的工作业绩，并作为考核和职称评聘的依据。允许高校院所科研人员携带科技成果到产研院开展技术开发和创办企业，并享受相关政策待遇。

13. 产研院的各类人才享受省市相关人才政策。放宽产研院人员出国限制，允许持普通护照出国开展交流合作。建立外籍高层次人才绿卡制度，取消工作许可签证的年龄限制，提供永久居留或长期居留许可等出入境便利。对持有外国人永久居留证的高层次人才，给予户籍居民同等待遇。

14. 建立符合创新规律的容错机制，对确因不可抗拒力研发或投资失败造成的财政资金损失，经相关程序予以核销处理，鼓励科研人员敢于挑战、勇于创新。

五、组织实施

（一）加强组织领导。成立产研院建设工作专班，负责产研院建设顶层设计和资源统筹协调，采取“一事一议、特事特办”的方式研究解决产研院建设运营中出现的问题。各市政府、开发区建立相应工作机制，协同推动产研院建设。

（二）加快载体建设。在济南规划建设产研院和山东高端创新成果展厅，由济南市负责承建，依托产研院打造“齐鲁科创基地”。

（三）加强法制保障。研究起草支持产研院建设发展的地方性法规，确保产研院法人治理结构、独立自主的管理运营机制于法有据。

（四）强化监督管理。加强产研院专业研究所设立、项目评审等专家咨询论证，实施信息披露和年度报告制度，每年接受省审计厅、省财政厅审计检查，每三年接受一次第三方机构的综合评估。

山东省人民政府

2019 年 2 月 2 日

山东省人民政府
关于打造“政产学研金服用”创新创业共同体的实施意见

鲁政字〔2019〕49 号

各市人民政府，各县（市、区）人民政府，省政府各部门、各直属机构，各大企业，各高等院校：

为深入践行新发展理念，大力实施创新驱动发展战略，支撑全省经济实现高质量发展，现就打造创新创业共同体提出如下实施意见。

一、明确总体要求

（一）指导思想。以习近平新时代中国特色社会主义思想和党的十九大精神为指导，坚持发展是第一要务、人才是第一资源、创新是第一动力，以建设一流科研设施、集聚一流创新人才、产出一流科研成果、形成一流转化机制为目标，以科技体制改革和制度创新为动力，布局建设一批创新创业共同体，促进“政产学研金服用”创新要素有效集聚和优化配置，全面提升科技创新供给能力，为经济高质量发展提供动力源泉。

（二）主要目标。用 5 年左右的时间，以山东产业技术研究院为示范样板，培育 30 个以上省级创新创业共同体，同时带动各地建设一批不同主体、不同模式、不同路径、不同方向的创新创业共同体，形成“1+30+N”的创新体系，创新驱动发展成效更加显著。

——“政”，政府主导创环境，政府推动科技创新的协调联动机制更加完善，精简高效的政务生态基本形成。

——“产”，企业主体强创新，企业创新主体地位更加突出，高新技术产业产值占规模以上工业总产值比重达到 40% 左右，有研发活动的规模以上工业企业占比达到 40% 左右。

——“学”，各类人才激活力，国家一流学科或进入全国学科评估 A 等级的学科数量力争达到 20 个左右。

——“研”，科技研发出成果，全社会研发投入持续增长，国家级重大创新平台数量实现倍增，培育新型研发机构 300 家以上。

——“金”，金融配套强保障，多层次、多渠道、多元化的创新投入机制基本形成，非金融企业直接融资占比达到 25% 左右。

——“服”，中介服务提效率，科技服务实现专业化、产业化、品牌化发展，科技服务业增加值达到 2000 亿元左右。

——“用”，成果转化增效益，技术创新的市场导向机制更加完善，科技进步贡献率达到 63% 左右。

二、统筹推进创新创业共同体建设

（一）实施 5 年培育计划。发挥济南、青岛、烟台核心作用，统筹东中西部布局，重点依托山东半岛国家自主创新示范区和高新区，探索不同建设路径和模式，开展创新创业共同体培育工作。省级创新创业共同体建设由市政府或省直有关部门提出申请，并制定

建设规划，确定预期目标，省政府统筹支持建设，建设期2～3年。（省科技厅等有关部门和各市政府按职责分工负责）

（二）集中打造示范样板。按照省级统筹、省市共建原则，在济南组建山东产业技术研究院，充分赋予其自主权和决策权，集聚全球高层次人才团队，提升创新能力和产业化水平。支持青岛、烟台市探索建设以对外开放合作、大企业引领、促进中小微企业高质量发展等为特色的创新创业共同体。支持其他城市立足本地资源禀赋、产业基础，因地制宜探索建设各具特色的创新创业共同体。（省委编办、省科技厅、省教育厅和各市政府按职责分工负责）

（三）构建新型运行机制。鼓励多元主体参与创新创业共同体建设，探索事业单位＋公司制、理事会制、会员制等多种新型运行机制。省财政安排资金，根据创新创业共同体建设的目标绩效，给予每个省级创新创业共同体最多5000万元补助，建设初期先期补助40%，按建设进度拨付40%的经费，建设期满达到预期绩效目标的再给予20%的补助，未达到绩效目标的相应收回前期投入资金。积极引导各市、高新区成立创新创业共同体基金，形成省市区联动的投资体系。（省科技厅、省财政厅、省地方金融监管局和各市政府按职责分工负责）

三、构建“政产学研金服用”融合创新生态

（一）促进产学研融合创新。

1．发挥重大科研项目的桥梁作用。每年组织安排30～50项省级以上重大科研项目，支持行业骨干企业联合省内外高等学校、科研机构开展攻关。改革技术评价为主的单一评审方式，组建由技术、财务、金融、投资、管理等领域专家组成的专家委员会，对重大项目和承担单位的创新能力、商业模式、管理运营等方面进行综合评价。（省科技厅、省工业和信息化厅、省财政厅按职责分工负责）

2．释放创新人才的带动作用。深化高等学校、科研机构科研体制改革，建立现代科研管理体系和运行机制。推动高等学校、科研机构横向科研项目经费管理改革，鼓励采取多种形式与企业合作开展横向课题研究，科技成果转化效益可作为科研人员职称评定的重要参考。选聘优秀科技企业家到高等学校担任“产业教授”，推行产学研联合培养研究生的“双导师制”。选派科技特派员到企业共同开展科研活动，在高等学校、科研机构科研人员中培育一批高水平“科技副总”。（省教育厅、省科技厅、省工业和信息化厅、省人力资源社会保障厅、省国资委按职责分工负责）

3．突出企业创新主体作用。支持行业骨干企业联合高等学校、科研机构共建技术创新中心、重点实验室、新型研发机构等创新载体，推动产学研协同创新。继续实施“小升高”培育行动计划，不断壮大高新技术企业队伍。每年遴选一批创新能力强、成长性好的高新技术企业进行重点扶持、精准服务，推动其发展成为具有产业创新引领能力和国际竞争力的科技领军企业。（省发展改革委、省科技厅、省工业和信息化厅、省财政厅、省国资委按职责分工负责）

（二）推动科技金融深度融合。

1．强化对科技型小微企业的金融支持。支持各地建立财政资金引导的政策性天使投资基金和创业投资基金，对初创期、种子期科技型企业进行股权投资。鼓励上市公司、企业家、各类商会组织出资设立天使投资基金和风险投资基金，参股、控股产业链上下游小微企业。鼓励行业骨干企业、社会力量建设孵化器，采取“孵化＋投资”的模式，直接对在孵企业进行天使投资。对省级以上科技企业孵化器，省财政按照其投资单个企业首轮实际投资额的最高10%给予奖励，年度累计奖励金额最多不超过100万元。（省科技厅、省财政厅、省地方金融监管局按职责分工负责）

2．创新金融服务模式。探索建立“科技成果价值评估＋市场＋投资基金＋政策性担保＋科技银行”的科技企业融资模式，打造“评、保、贷、投、易”五位一体科技金融服务体系。完善科技成果转化贷款风险补偿机制，鼓励银行创新金融产品，满足企业融资需求。探索组建科技保险机构。鼓励保险机构积极开发针对不同发展阶段的科技型企业，以及高等学校、科研机构技术研发、小试中试等环节的保险产品。（省科技厅、省财政厅、省市场监管局、省地方金融监管局、山东银保监局按职责分工负责）

3．整合金融创新资源。支持各地依托创新创业共同体组建科技金融集团，打造综合型科技金融服务平台。积极探索在办公用房补助、投资专项奖励等方面制定相关政策，吸引、支持各类投资机构发展。支持科技型企业利用多层次资本市场融资发展，充分发挥科创板作用，为科技型企业提供更多资本支持。（省教育厅、省科技厅、省财政厅、省地方金融监管局、省税务局和各市政府按职责分工负责）

（三）优化科技服务生态。

1．推动科技服务专业化。支持各地围绕产业链布局服务链，引进培育有资质、高水平的专业服务机构和人才团队，提高服务水平。推动科技企业孵化器专业化发展。实施科技创新品牌培育工程，重点围绕研发设计、孵化育成、技术交易、知识产权等分别打造科技服务百强品牌，发挥示范引领作用。（省发展改革委、省科技厅、省市场监管局和各市政府按职责分工负责）

2．促进科技服务产业化。培育一批新型服务机构，加快发展科技服务业。围绕“十强”产业补齐服务短板，统筹布局一批中试基地和检测分析平台，满足成果转化和工程化需求。支持产业园区聚焦特定产业领域和技术方向，整合各类服务机构和平台公司，通过共同出资、技术入股、创新平台共建或人才联合

培养等方式，形成紧密合作的创新服务综合体。（省发展改革委、省科技厅和各市政府按职责分工负责）

3. 完善科技成果转移转化服务体系。加快济青烟国家科技成果转移转化示范区建设，开展体制机制创新和政策先行先试。选择符合条件的地区开展技术合同认定权下放试点，形成省市县三级联动、线上线下同步的技术市场服务体系。（省科技厅、省财政厅和济南、青岛、烟台市政府按职责分工负责）

四、强化工作体系保障

（一）完善工作推进体系。建立创新创业共同体建设工作协调机制，统筹协调推进创新创业共同体建设。省科技厅牵头负责创新创业共同体五年培育计划的组织实施。

（二）完善政策支持体系。用足、用好中央和省出台的相关政策措施，建立健全多角度、全链条的扶持政策体系。各级、各部门要针对创新创业共同体实际需求，在登记注册、奖励补助、建设用地、人员编制、项目审批及建设运营资金等方面给予配套政策支持。围绕技术创新、成果转化、科技金融、院所改革、人才激励等研究制定创新性政策措施，加强政策的相互衔接及配套落实。

（三）完善创新生态体系。推进“一次办好”改革，加快政府职能转变，优化营商环境。完善金融、财税、国际贸易、人才、知识产权保护等制度，优化市场环境，更好地释放各类创新主体创新活力。完善科技创新容错纠错和科研诚信建设，鼓励各类创新主体积极作为、勇于探索。支持各地因地制宜，构建具有本地特色的创新创业生态，对各地实践成果及时总结和宣传推广，形成良好创新氛围。

（四）完善考核激励体系。省科技厅牵头负责制定具体评价体系和考核办法，对创新创业共同体实行目标导向的绩效考核，形成有进有出、优胜劣汰的动态管理机制。建立专家指导咨询制度，加强对创新创业共同体建设的技术指导、决策咨询和科学评价，指导推进创新创业共同体建设。

山东省人民政府
2019年3月18日

山东省人民政府办公厅
关于深化项目评审、人才评价、机构评估改革的实施意见

鲁政办发〔2019〕21号

各市人民政府，各县（市、区）人民政府，省政府各部门、各直属机构，各大企业，各高等院校：

为贯彻落实《中共中央办公厅、国务院办公厅印发〈关于深化项目评审、人才评价、机构评估改革的意见〉的通知》（中办发〔2018〕37号），以深化项目评审、人才评价、机构评估（以下简称“三评”）改革为科技管理改革的突破口，优化科技创新环境，激发广大科技人员和各类创新主体的积极性、创造性，经省政府同意，结合我省实际，现提出以下实施意见。

一、推进项目评审更加科学公正

（一）建立项目指南编制与发布机制。编制省科技计划项目指南要聚焦全省新旧动能转换“十强”产业和社会发展重大需求，瞄准重大原创性、颠覆性、交叉学科创新和能够“领跑”“并跑”的核心技术、关键共性技术等。要充分听取省有关部门、高校、科研院所及企业等的意见和建议，逐步实行网上公开征求意见并进行审核评估。省科技计划实行年度项目指南定期发布制度，建立重大科技项目及时立项机制。省哲学社会科学项目指南应注重研究的政治方向、学术创新、社会效益、实践价值等。（省科技厅、省发展改革委、省教育厅、省工业和信息化厅、山东社科院等分工负责）

（二）实施项目分类评审方式。省科技计划项目一般采取公开竞争的方式择优遴选承担单位。对省委、省政府确定的重大项目或大科学计划、大科学工程等，可采取定向择优或定向委托等方式确定承担单位。属于政府采购范畴的，按照政府采购相关规定执行。（省科技厅、省发展改革委、省教育厅、省工业和信息化厅、省财政厅、山东社科院等分工负责）

（三）完善项目评审标准和程序。制定科学合理、定性与定量相结合的项目评审标准，综合考虑项目负责人和团队的实际能力及项目要求，不把论文、专利、承担项目、获奖和荣誉性头衔等作为限制性条件。对重大原创性、颠覆性、交叉学科创新项目建立非常规评审机制。推行视频评审、立项公示等措施，实现评审全过程可申诉、可查询、可追溯，保证项目评审公平公正。（省科技厅、省发展改革委、省教育厅、省工业和信息化厅、省财政厅、山东社科院等分工负责）

（四）规范评审专家选取使用。制定科技专家库入库标准，拓宽产业专家入库渠道。根据项目类别合

理确定专家组，主要选取活跃在科研和生产一线、真懂此行此项的专家参与评审。开展会议评审的，原则上在评审结果公示时公布专家名单。建立完善专家诚信记录、动态调整、责任追究制度。（省科技厅、省发展改革委、省教育厅、省工业和信息化厅、省财政厅、山东社科院等分工负责）

（五）提高项目评审质量效率。合理确定项目评审的工作量，确保评审专家在充分了解项目和评审规则的基础上，独立作出科学评审结论。评审答辩时项目负责人原则上应亲自汇报，不在项目申报团队内的人员不得参与答辩。（省科技厅、省发展改革委、省教育厅、省工业和信息化厅、省财政厅、山东社科院等分工负责）

（六）优化项目成果评价验收。完善科技计划项目验收办法，可采取提交科技报告、同行评议、第三方评估等方式进行，项目验收实行一次性综合评价。主管部门（举办单位）对所属科研单位的科研成果每年按不高于30%的比例进行抽查。（省科技厅、省发展改革委、省教育厅、省工业和信息化厅、省财政厅、山东社科院等分工负责）

（七）强化科技计划绩效评估。科技计划绩效评估重点评估计划目标完成、管理、产出、效果、影响等。推动绩效评估通过公开竞争等方式择优委托第三方开展，逐步建立第三方评估机构评估结果负责制和信用评价机制。（省科技厅、省发展改革委、省教育厅、省工业和信息化厅、省财政厅、山东社科院等分工负责）

二、改进科技人才评价方式

（一）树立科技人才评价的正确导向。科技人才评价要克服唯论文、唯职称、唯学历、唯奖项等倾向，突出品德、能力、质量、贡献和业绩。实行代表性成果评价，突出成果的工程化、产业化、市场化水平和影响力。坚持个人评价与团队评价相结合，正确评价所有参与者的实际贡献。（省委组织部、省科技厅、省发展改革委、省教育厅、省工业和信息化厅、省人力资源社会保障厅等分工负责）

（二）科学分类设置评价标准。坚持德才兼备原则，建立健全科技人才分类评价标准。对基础研究人才，重点评价其提出、分析和解决重大科学问题的能力，其代表性成果的原创性、前瞻性。对应用研究和技术开发人才，重点评价其核心技术、关键共性技术创新与集成能力，其代表性成果取得的经济、社会和生态效益。对科技成果转移转化和推广应用人才，重点评价其科技、金融与市场要素整合能力，科技成果推广应用及产生的经济社会效益。对实验技术和科研条件保障人才，重点评价其工作绩效。（省委组织部、省科技厅、省发展改革委、省教育厅、省工业和信息化厅、省人力资源社会保障厅等分工负责）

（三）创新科技人才评价方式。建立以同行评价为基础、市场评价和社会评价为补充的多元化评价机制。对基础研究人才，以同行学术评价为主，强化国际同行评价。对应用研究和技术开发人才、科技成果转移转化人才，以同行专家和用户评价为主，突出市场评价。对实验技术和科研条件保障人才，以行业专家和服务对象评价为主，注重社会评价。灵活采用考试、评审、考评结合、实践操作、业绩展示等评价方式，提高评价的精准性。合理确定评价周期，鼓励实行聘期评价。（省委组织部、省科技厅、省发展改革委、省教育厅、省工业和信息化厅、省财政厅、省人力资源社会保障厅等分工负责）

（四）发挥用人单位的评价主体作用。支持符合条件的高校、科研院所、大型企业等用人单位自主评价科技人才。按照《中共山东省委办公厅山东省人民政府办公厅印发〈关于深化职称制度改革的实施意见〉的通知》（鲁办发〔2018〕1号）精神，分类完善职称评价标准，不将论文、外语、专利、计算机水平作为应用型人才、基层一线人才职称评审的限制性条件。坚持以用为本、评用结合，促进人才评价与选聘、培养、使用和激励相结合。（省委组织部、省科技厅、省发展改革委、省教育厅、省工业和信息化厅、省人力资源社会保障厅等分工负责）

三、建立科研院所评估管理制度

（一）推进法人治理结构建设。推进科研院所实行章程管理，建立健全决策、执行、监督相互协调、相互制衡、相互促进的治理机制。切实发挥单位党组织把方向、管大局、保落实的重要作用，坚决防止党的领导弱化、党的建设缺失。（省科技厅、省委组织部、省委编办、省发展改革委、省教育厅、省财政厅、省人力资源社会保障厅等分工负责）

（二）落实法人自主权。省属科研院所主管部门（举办单位）要加快推进政事分开、管办分离。省有关部门要落实省属科研院所在机构编制、人事管理、收入分配、科研经费管理、科技成果转化收益处置使用等方面的自主权，扩大科研仪器设备采购、基本建设项目管理自主权，改进科研人员出国、兼职管理。健全自主权的行使规则与监督制度，保障科研院所依法依规管理运行。（省科技厅、省委编办、省发展改革委、省教育厅、省财政厅、省人力资源社会保障厅等分工负责）

（三）建立绩效评价长效机制。建立综合评价与年度抽查评价相结合的科研院所绩效评价长效机制，引导科研院所增强科技创新能力。对科研院所综合评价，以5年为评价周期，其间每年按一定比例开展年度抽查评价。

根据科研院所科研活动类型，分别建立评价指标体系。坚持以创新质量贡献绩效为导向，公益一类科研院所重点考核科技产出、公益服务、人才队伍等情况；公益二类、三类科研院所重点考核创新效益、技术服务和人才队伍等情况。（省科技厅、省委编办、省

发展改革委、省教育厅、省财政厅、省人力资源社会保障厅等分工负责）

（四）发挥绩效评价的激励约束作用。加强绩效评价结果与行政管理机制的衔接，在科技计划项目承担、财政拨款、科技创新基地建设、科研院所领导人员考核评价、编制调整、人事管理、绩效工资总量核定等工作中，将绩效评价结果作为重要依据。（省科技厅、省委编办、省发展改革委、省教育厅、省财政厅、省人力资源社会保障厅等分工负责）

四、加强监督评估和科研诚信体系建设

（一）强化监督评估。强化对科技“三评”活动全过程和重点环节的监督评估，实行重点监督和随机抽查相结合，确保科学、规范、高效。加强对各类主体履职尽责和任务完成情况的监督评估，强化绩效评估的动态调整，评估结果作为对相关主体监督管理的重要参考。（省科技厅、省委编办、省发展改革委、省教育厅、省财政厅、省人力资源社会保障厅等分工负责）

（二）加强科研诚信建设。省科技厅、省委宣传部分别负责自然科学和哲学社会科学领域科研诚信工作的统筹协调、宏观指导，建立科研诚信管理体系，完善调查核实、惩戒处理等制度，逐步建立科研领域守信激励机制。高校、科研院所等单位要完善创新管理和科研诚信教育制度，引导科研人员、教师、青年学生等潜心科研。（省委宣传部、省科技厅、省教育厅、省科协、山东社科院和各省属高校、科研院所等分工负责）

五、加强组织实施，确保科技“三评”改革落到实处

各级、各有关部门要深化“放管服”改革，根据职责分工，细化任务举措，加强政策协同，抓好“三评”改革的组织实施。各市、各部门、各单位要结合实际制定具体方案，切实推进“三评”改革措施落地落实。各项目评价主体要敢于担当，各项目管理专业机构要履职尽责，保障“三评”改革顺利实施。要及时总结推广各市、各相关评价主体在落实科技“三评”改革中的典型事例和成功经验，鼓励开展科技评价改革试点，发挥示范和带动作用。

山东省人民政府办公厅
2019 年 7 月 18 日

山东省人民政府
关于健全科技创新市场导向制度的若干意见

鲁政发〔2019〕13 号

各市人民政府，各县（市、区）人民政府，省政府各部门、各直属机构，各大企业，各高等院校：

为进一步释放创新创造活力，促进现代产业发展，根据《国务院关于优化科研管理提升科研绩效若干措施的通知》（国发〔2018〕25 号）和《国务院办公厅关于抓好赋予科研机构和人员更大自主权有关文件贯彻落实工作的通知》（国办发〔2018〕127 号）等文件精神，结合我省实际，提出以下意见。

一、建立完善市场导向的科研项目管理体制机制

（一）完善科技计划布局和管理。持续推进省级科技计划体系改革，加大科技创新专项资金整合力度，建立统一的省级科技计划管理平台，实现项目信息共享。对接国家重大战略任务，建立科技、产业和用户多方参与的项目指南形成机制，实行年度指南定期发布公示制度。完善分级责任担当机制，减少对项目实施的直接干预。（责任单位：省科技厅、省发展改革委、省教育厅、省工业和信息化厅、省财政厅等）

（二）完善项目申报评审和过程管理。推动科研项目由重立项向重项目绩效和标志性成果转变。精简项目申报要求，实现项目基本信息一次报送，入库共享动态管理。减少科研项目研发周期各类评估、检查、抽查、审计等活动，推动部门间监督、检查信息互认共享，出现对相关政策认定不一致时，加强与政策制定部门会商沟通。完善项目验收制度，将技术验收和财务验收合二为一，开展一次性综合绩效评价。（责任单位：省科技厅、省发展改革委、省教育厅、省工业和信息化厅、省财政厅、省审计厅等）

（三）改革科研项目经费管理制度。简化财政科研项目预算编制，直接费用中除设备费外，其他科目费用调剂权全部下放给项目承担单位。探索建立科研项目经费“包干制”，不设绩效支出、劳务费等科目比例限制，强化项目成果产出评价。（责任单位：省财政厅、省发展改革委、省教育厅、省科技厅、省工业和信息化厅、省人力资源社会保障厅等）

（四）完善科研项目分类评价制度。实行科研项目绩效分类评价。建立以研发质量为导向的科研投入综合评价制度，推行中长期项目绩效评价，主要评价财政经费投入对其创新能力提升、标志性成果产出、高

质量人才培养、产业创新发展的重大影响，构建高质量的项目研发导向。(责任单位：省科技厅、省发展改革委、省教育厅、省工业和信息化厅、省财政厅等)

二、强化企业技术创新的主体地位

(五)构建企业主导的产业技术创新机制。 建立企业技术创新对话、决策咨询机制，吸收企业参与研究制定科技创新规划、计划和政策。建立企业出题、科研人员揭榜的产学研协同创新机制，鼓励企业推进项目、人才、平台一体化建设。(责任单位：省科技厅、省发展改革委、省教育厅、省工业和信息化厅、省财政厅等)

(六)激励企业增强自主创新能力。 支持企业建设各类创新平台，增强企业创新能力。实施海外工程师引进计划，引导和鼓励企业大力引进产业发展急需的“高精尖缺”海外人才。(责任单位：省工业和信息化厅、省科技厅、省发展改革委、省国资委等)

(七)支持企业创新产品和服务。 加大对创新产品和服务的推广力度，扩大首购、订购等非招标方式的应用支持，加快推进装备首台套、材料首批次、软件首版次的示范应用。对符合国家首台(套)重大技术装备推广应用指导目录的工业企业产品，在实现首台(套)销售后，省、市、县(市、区)可视财力情况给予引导支持。(责任单位：省工业和信息化厅、省财政厅、省税务局等)

三、进一步扩大高校、科研院所自主权

(八)进一步落实高校、科研院所自主权。 全面落实党中央、国务院赋予科研机构和人员更大自主权的系列政策措施。推广高校科技体制改革试点经验，在岗位设置、内设机构调整、人员聘用、薪酬分配、经费管理等方面，进一步落实好高校和科研院所自主权。高校、科研院所按规定自主拟定岗位设置方案，自主聘用人员，聘用结果报同级事业单位人事综合管理部门备案。完善科研人员在事业单位与企业之间流动时社保关系转移接续政策。合理扩大高校、科研院所科研基建项目自主权，缩短审批周期，将利用自有资金、不申请政府投资的科研基建项目由审批制改为备案制。(责任单位：省科技厅、省委编办、省教育厅、省发展改革委、省财政厅、省人力资源社会保障厅等)

(九)开展赋予科研人员职务科技成果所有权或长期使用权试点。 在不影响国家安全、国家利益的前提下，开展赋予科研人员职务科技成果所有权或长期使用权的改革试点，将“先转化、后奖励”改变为“先确权、后转化”。科研人员执行本单位自立项目所完成的科技成果归单位所有，根据本单位内部规定或者与科研人员的约定，允许科研事业单位以奖励方式将科技成果的所有权赋予科研人员或者给予长期使用权。(责任单位：省科技厅、省教育厅、省财政厅、省市场监管局、省国资委等)

(十)支持科研人员创新创业。 允许转制院所和事业单位管理人员、科研人员，在按有关规定履行审批程序后，以“技术股＋现金股”形式持有股权，引入技术经理人全程参与成果转化，鼓励高校、科研院所以订单等方式参与企业技术攻关。组织开展将企业任职经历作为高校新聘工程类教师必要条件试点。(责任单位：省科技厅、省发展改革委、省教育厅、省财政厅、省人力资源社会保障厅、省国资委等)

四、加快建设支撑产业创新发展的创新平台载体

(十一)打造一流的高端产业创新平台。 完善优化国家级、省级各类创新平台总体布局，改革完善各类创新平台管理体制机制。积极争创国家级创新平台，落实各项支持政策，特别重大的采取“一事一议”方式予以支持。完善引进顶尖人才“一事一议”实施办法，鼓励支持企业、高校、科研院所建设“国际顶尖科学家实验室”。(责任单位：省科技厅、省发展改革委、省工业和信息化厅、省财政厅等)

(十二)推动科技资源开放共享。 完善重大科研基础设施和大型科研仪器开放共享政策。事业单位性质的供给方单位，提供山东省大型科学仪器设备协作共用网内大型科研仪器开放共享，获取的服务收入及补助资金可按科技成果转化收入进行分配。(责任单位：省科技厅、省教育厅、省工业和信息化厅、省财政厅、省人力资源社会保障厅等)

(十三)促进新型研发机构发展。 研究制定更加积极的新型研发机构扶持政策，在承担政府项目、人才引进、投融资等方面可享受国有科研机构待遇。对符合条件的新型研发机构，进口国内不能生产或者性能不能满足需要的科学研究、科技开发和教学用品，免征进口关税和进口环节增值税、消费税。(责任单位：省科技厅、省发展改革委、省教育厅、省工业和信息化厅、省财政厅、省人力资源社会保障厅、省自然资源厅、青岛海关、济南海关、省税务局等)

(十四)提升协同创新能力。 加快推进山东产业技术研究院、高等技术研究院和能源研究院建设。制定促进创新联盟发展的措施，鼓励构建以企业为主导、产学研合作的产业技术创新战略联盟，进一步优化创新联盟在重点产业和重点区域的布局。强化军民科技协同创新，深入实施省军民融合科技创新专项，推进军民融合科技协同创新平台建设。(责任单位：省科技厅、省委军民融合办、省发展改革委、省教育厅、省工业和信息化厅、省财政厅等)

五、构建供需紧密结合的科技转移转化体系

(十五)提升科技成果转移转化服务能力。 建立开放、高效、专业的技术市场服务体系。完善科技成果转移转化服务机构财政补助政策，对促成科技成果在我省转化且年度技术合同成交额在1000万元以上的服务机构，省财政按合同成交额的一定比例给予最高50万元经费补助；对承担省重大科技成果转化任务、进入示范性国家技术转移机构范围的服务机构，省财政

给予每家最高600万元奖励。（责任单位：省科技厅、省教育厅、省财政厅等）

（十六）落实科技成果转化激励政策。省属高校、科研院所对其持有的科技成果，可以自主决定转让、许可或者作价投资，不需报主管部门、财政部门审批或者备案，并通过协议定价、在技术交易市场挂牌交易、拍卖等方式确定价格。对按照有关规定以股权形式给予个人奖励约定的，可进行股权确认，有关部门应当予以承认，并根据职责权限落实相关事项。（责任单位：省税务局、省科技厅、省发展改革委、省财政厅、省市场监管局、省国资委等）

（十七）支持促进知识产权创造和运用。支持高价值知识产权创造，提高《专利合作条约》国际专利（PCT）申请单位和个人资助标准，扩大专利创造大户、PCT申请大户奖励范围并提高阶梯奖励标准。建立山东省新旧动能专利信息大数据中心和新旧动能转换高价值专利储备库，支持新旧动能转换重点产业领域核心技术专利（群）创造和保护。（责任单位：省市场监管局、省财政厅等）

六、保障措施

（十八）加快政府职能转变。深化"放管服"改革，加快推动科技管理向创新服务转变。健全省深化科技体制改革工作协调机制，发挥山东省科技领导小组指导和协调作用，研究解决创新驱动发展中的重大问题，健全科技宏观决策统筹协调机制。建立山东科技创新战略专家咨询委员会。

（十九）建立尽职免责机制。对科技体制改革过程中出现的偏差失误，只要不违反党的纪律和国家法律法规，勤勉尽责、未谋私利，能够及时纠错改正的，不作负面评价，免除相关责任或从轻减轻处理。对勤勉尽责，因不可抗拒、不可预测因素造成未达到预期目标的承担单位及项目负责人予以免责。对相关领导干部和部门在勤勉尽责、没有牟取非法利益的前提下，免除其决策责任。重视科研试错探索，健全鼓励创新、宽容失败的容错纠错机制，鼓励科研人员敢为人先、大胆探索。

（二十）强化政策落实。各市和省直有关部门（单位）要加强业务指导和督查，对与新出台政策精神不符的规定进行清理和修改，对政策落实过程中遇到的体制机制问题，可采取试点方式进一步探索。省属高校、科研院所、医疗机构、国有企业应在本文件印发后六个月内制定本单位的具体管理办法，建立完善相关管理制度。

中央驻鲁单位可参照本文件享受相关政策。

本意见自印发之日起施行。此前发布的有关政策规定，凡与本意见不一致的，按照本意见执行。

山东省人民政府
2019年7月20日

山东省人民政府
关于深化创新型省份建设若干措施的通知

鲁政字〔2019〕142号

各市人民政府，各县（市、区）人民政府，省政府各部门、各直属机构，各大企业，各高等院校：

为深入贯彻习近平新时代中国特色社会主义思想和党的十九大精神，全面落实习近平总书记视察山东重要讲话、重要指示批示精神，大力实施创新驱动发展战略，以高质量创新引领高质量发展，根据《山东省人民政府关于印发山东省创新型省份建设实施方案的通知》（鲁政发〔2017〕38号）精神，经省委、省政府研究，现就深化创新型省份建设制定如下措施。

一、总体要求

坚持发展是第一要务、创新是第一动力、人才是第一资源，把科技创新摆在山东发展全局的核心位置，聚焦新旧动能转换、乡村振兴、海洋强省、三大攻坚战、军民融合、打造对外开放新高地、区域协调发展、重大基础设施建设等八大发展战略，加快创新型省份建设攻坚。到2020年，全省全社会研发（R&D）经费支出占地区生产总值（GDP）的比重达到2.6%以上，国家级高新区达到15家左右，高新技术企业达到13000家以上，50%以上的设区市建成创新型城市，综合科技创新水平指数力争提升3～4个位次，具有山东特色的创新体系更加协同高效，我省跻身全国创新型省份前列，为实现"走在前列、全面开创"目标，建设新时代现代化强省提供强大动能。

二、加快推动区域创新协调发展

1. 加快打造一批具有影响力的区域科技创新中心。支持济南加快建设齐鲁科创大走廊、国际医学科学中心、量子大科学中心、国家超级计算济南中心等重大创新载体，打造以信息技术、生物医药等为特色的区域性科技创新中心，创建综合性国家科学中心。支持青岛以推动青岛海洋科学与技术试点国家实验室入列和中科院海洋大科学中心建设为契机，布局建设重大科技基础设施和大科学装置群，打造以海洋、轨道交通、新能源、军民融合为特色的科技引领城。支持烟台与威海协同培育以先进制造、高端装备、新材料为特色的区域科技创新中心，打造面向日韩和东北亚的区域开放创新高地。

2. 加快建设更多创新型城市。支持各市立足自身资源禀赋、产业特征、区位优势、发展水平等基础条件，加快创新型城市创建进程。对率先建成创新型城市、在建成创新型省份中发挥重要支撑作用的市，省财政给予奖励。到 2020 年，济南、青岛、烟台、济宁、潍坊、东营等市创新型城市建设水平进一步提升，力争淄博、威海、日照、临沂、泰安、滨州、德州等市建成创新型城市。

3. 积极打造德枣科技创新走廊。支持德州、济南、泰安、济宁、枣庄等京沪高铁沿线城市对接京津冀协同发展、长江三角洲一体化发展等国家战略，布局建设产业技术研究院、大学科技园、技术转移机构、中试基地等创新载体，打造高新技术产业聚集带。力争到 2020 年，走廊 5 市建设各类创新创业载体 50 家以上，高新技术企业总数达到 4000 家以上。

4. 推动鲁西地区加快创新崛起。采取省市共建等方式在鲁西地区建设一批省级创新平台和高水平研发机构，省财政结合现有科技创新发展资金统筹给予支持。支持省内外高校、科研单位在鲁西地区设立大学科技园、新型研发机构，省财政择优给予支持。支持在鲁西工业强县探索建设公司化运营、专业化管理的省级高新区。支持枣庄加快创建国家可持续发展议程创新示范区，支持滨州打造中国“铝谷”平台。

三、加快打造一批引领高质量发展的创新高地

5. 加快开发区改革创新发展。坚持开发区市场化改革取向和去行政化改革方向，推进多种形式的“党工委（管委会）+”体制改革。支持国家级开发区和发展水平较高的省级开发区整合或托管区位相邻、产业相近、分布零散的产业园区。引导经济开发区向创新型园区转型。实施开发区高新技术企业倍增计划。到 2020 年，争取日照、菏泽、聊城省级高新区升级为国家高新区；全省高新区规模以上工业总产值超过 2.3 万亿元，高新技术企业数量占全省比例达到 25% 左右；全省经济开发区培育营业收入过千亿元的产业集群 10 个以上；各类科技园区营业总收入达到 2.8 万亿元以上。

6. 提升山东半岛国家自主创新示范区示范引领作用。推动山东半岛六市国家高新区一体化协同创新发展，按照“以蓝色经济引领转型升级”的战略定位，布局建设一批重大创新平台和全球技术转移转化中心，集聚高端创新资源。力争到 2020 年，济南、青岛高新区全国综合排名在 2018 年基础上实现位次前移；山东半岛国家自主创新示范区高新技术企业达到 3000 家左右，其中，济南高新区超过 1000 家，青岛高新区超过 500 家，淄博、潍坊、威海高新区超过 400 家，烟台高新区超过 300 家；产值过千亿元的创新型产业集群达到 10 个左右。

四、加快培育重点领域创新发展新优势

7. 加快研发突破一批前沿引领性技术。加强基础研究前瞻布局，在新一代人工智能、量子科学、智能制造、脑科学、生物技术、生命科学、前沿材料、海洋科学等领域组织实施一批重大基础研究项目和大科学计划。积极参与洁净能源、量子技术、农业科学国家实验室创建。主动对接国家重点实验室体系重组部署，聚焦八大发展战略实施和一流学科建设，重组山东省重点实验室体系，布局建设一批山东省实验室，争取在化学、生物学、医药、材料、制造、能源、海洋等我省具有优势的学科领域新创建若干国家重点实验室。到 2020 年，省财政科技资金中基础研究投入占比争取达到 6% 左右，新增国家重点实验室 5 个以上。

8. 加快培育一批重大产业技术和产品。在人工智能、生物技术、生命健康、燃料电池、高性能芯片等领域布局建设一批技术创新中心，在新一代信息技术、高端装备、智能制造、新能源新材料、工业互联网等领域建设一批制造业创新中心，在云计算装备、洁净能源等领域组建一批产业创新中心，承担一批国家重点研发计划项目，形成一批重大产业技术和产品。到 2020 年，争取建设一批国家技术创新中心、国家制造业创新中心和国家产业创新中心。

9. 加快掌握一批产业核心专利和技术标准。实施“十强”产业知识产权行动计划，强化产业化导向的专利组合和布局，加大对发明专利和 PCT 国际专利申请的资助力度。实施专利国际化战略，鼓励企业开展海外知识产权布局。实施标准化战略，加快构建技术标准体系。到 2020 年，每万人发明专利拥有量达到 12 件以上，年 PCT 国际专利申请量达到 2500 件，新制定地方标准、国家标准和国际标准 450 个左右，形成一批“十强”产业重点领域核心技术知识产权群。

10. 加快建设一批现代优势产业集群。大力推进“现代优势产业集群 + 人工智能”，争创国家人工智能和实体经济融合发展先导区，支持济南、青岛创建国家新一代人工智能创新发展试验区。强化科技成果与“十强”产业的精准对接，支持企业牵头实施重大科技成果产业化，加快培育高新技术产业基地和创新型产业集群。鼓励各市根据创新型产业发展定位，制定个性化的产业创新扶持政策。到 2020 年，全省“十强”产业领域技术合同交易额达到 1000 亿元，过千亿元的创新型产业集群达到 20 个左右；到 2025 年，全省高技术产业主营业务收入占规模以上工业企业主营业务收入比重比 2018 年提高 5 个百分点。

五、全面提升各类主体创新能力

11．加快培植一批引领发展型科技企业。实施科技型企业梯次培育工程，建立高新技术企业培育库，完善覆盖不同发展阶段的企业创新扶持政策体系。实施科技型企业上市培育计划，推动符合条件的企业到科创板上市发展。争取到2020年，培育科技型中小企业达到3万家左右，全省高新技术企业超过1.3万家，瞪羚企业达到300家以上，涌现出一批具有影响力的独角兽企业和创新型领军企业。其中，济南、青岛高新技术企业数量争取达到3000～5000家，烟台、潍坊争取达到1000家以上，淄博、济宁、威海、临沂争取超过600家，其他各市争取达到300家左右。落实高新技术企业税收增长奖励机制，强化国有企业技术创新经营业绩考核。到2020年，力争规模以上工业企业研发经费支出占主营业务收入的比重达到1.55%，省属国有工业企业研发费用投入年均增幅不低于10%；规模以上工业企业中开展研发活动的企业占比达到30%以上，实现大型工业企业研发机构全覆盖，全省每万名就业人员中研发人员数达到60人年以上。

12．加快创建一批一流大学和一流学科。加快推进高等教育高质量发展，支持驻鲁高校加快创建一流大学和一流学科，强化数学、化学、材料等学科建设。研究制定重点建设大学实施方案和一流学科筑峰计划实施方案，主动布局、重点建设一批优势特色学校和学科。加强人工智能、信息科学、纳米技术、脑科学、生物技术、医养健康等交叉学科布局，建设一批协同创新中心和大学科技园。到2020年，全省高校知识产出能力显著增强、人才凝聚作用显著提升，发表ESI高被引论文1500篇左右，力争80个左右学科进入ESI学科排名前1%，并实现进入前1‰的突破。

13．加快打造一批“政产学研金服用”创新创业共同体。实施创新创业共同体培育计划，加快将山东产业技术研究院打造成为示范样板，培育政产学研金服用协同联动、融合发展的创新创业生态。加快山东高等技术研究院建设，与中国科学院、中国工程院等大院大所、一流高校合作新建一批重大科研机构，省财政按“一事一议”方式给予支持。到2020年，建成20家左右区域性、专业性的省级创新创业共同体，建成市级创新创业共同体100家以上，带动知识密集型服务业增加值占GDP比重提高到15%以上，培育一批高素质的创新中介从业人员。

14．加快凝聚一批高层次创新人才。出台《山东省人才发展条例》，制定加强新形势下引才用才举措，深入实施高层次人才工程，搭建若干“诺奖科学家实验室”，建设一批海外人才离岸创新创业基地，强化高精尖缺人才“一事一议”精准引进机制。到2020年，力争通过“一事一议”方式引进顶尖人才40名左右，省级以上高层次人才工程培养引进人才累计达到4000名左右。

15．全面提升公民科学素质。调整优化高等教育结构，做大做强研究生教育，稳步发展本科教育，全面落实高等职业教育百万扩招政策，到2020年，力争每万人拥有受大专及以上教育程度人口数实现较大增长。加强科普基础设施建设，实现市级综合性科技馆全覆盖，到2020年，50%以上县（市、区）建成科普场馆，公民具备基本科学素质的比例达到10.5%左右。

六、强化对创新型省份建设的支撑保障

16．加强组织领导和统筹协调。强化各级党组织对推进创新型省份建设工作的领导。建立省科技领导小组领导下的创新型省份建设协调机制，统筹推进创新型省份和创新型城市建设。各市建立健全创新型城市建设工作协调机制，制定落实创新驱动发展战略、加快创新型城市建设的政策措施，加大创新型城市建设推进力度。健全县级科技行政部门，配齐配强科技管理队伍，加强必要经费保障。

17．加大科技创新投入力度。整合设立省科技创新发展资金，省财政每年安排不少于100亿元支持创新型省份建设。发挥省财政资金引导作用，鼓励金融、社会资本支持科技创新，持续提高全社会研发投入水平。到2020年，50%以上的设区市全社会研发（R&D）经费支出占地区生产总值（GDP）的比重达到2.6%以上。其中，青岛力争超过2.85%，济南、淄博、烟台、潍坊、威海、临沂力争超过2.7%，泰安力争超过2.6%，枣庄、济宁力争超过2.5%。对实现投入强度目标且研发投入对全省贡献大或提升幅度高的市，省财政给予奖励。

18．持续深化体制机制改革创新。深化科技领域“放管服”改革，健全科技创新市场导向制度，进一步强化企业技术创新主体地位，扩大高校、科研院所自主权。深入推进项目评审、人才评价、机构评估改革，不断优化科技创新环境，激发广大科技人员和各类创新主体的积极性创造性。加强科研诚信体系建设，健全科研诚信协同工作机制，优化监督管理机制，建立科技创新容错机制，进一步弘扬科学家精神。加快形成更加公平开放的市场环境，进一步优化创新创业生态。

19．加强创新型省份建设进展监测评价。省科技、统计部门会同有关部门建立创新型省份建设指标监测评价体系和进展监测机制，提高监测数据统计的全面性和时效性，结合监测情况及时完善创新型省份建设推进机制。建立第三方评价机制，定期开展16市区域创新能力监测评价，加强对各市创新型城市建设的指导。

山东省人民政府

2019年7月26日

中共山东省委办公厅　山东省人民政府办公厅印发《关于弘扬科学家精神加强科研诚信建设的若干措施》的通知

鲁办发〔2019〕15 号

各市党委和任命政府，省委和省政府各部门（单位），各人民团体，各高等院校：

《关于弘扬科学家精神加强科研诚信建设的若干措施》已经省委、省政府同意，现印发给你们，请结合实际认真贯彻落实。

关于弘扬科学家精神加强科研诚信建设的若干措施

为贯彻落实《中共中央办公厅、国务院办公厅印发〈关于进一步加强科研诚信建设的若干意见〉的通知》和《中共中央办公厅、国务院办公厅印发〈关于进一步弘扬科学家精神加强作风和学风建设的意见〉的通知》精神，激励和引导全省广大科技工作者求真务实、勇于攀登，营造诚实守信的科研生态，现结合我省实际，制定如下措施。

一、建立科研诚信建设工作机制和责任体系

1. 省科技厅、山东社科院分别负责全省自然科学领域、哲学社会科学领域科研诚信建设的统筹协调与宏观指导，建立对社会普遍关注、涉及多个部门和单位的重大科研诚信案件的联合调查处理机制。

2. 省信用建设管理部门要将科研诚信建设纳入全省社会信用体系建设一体推进；发挥信用服务机构出具的科研诚信信用报告作用，推进信用报告应用；提升监管信息化水平，实现诚信信息互联互通；指导建立科研活动守信联合激励、失信联合惩戒的发起响应机制和信用修复机制。

3. 相关行业主管部门和高校、科研院所、企业要建立健全科研诚信审核、科研伦理审查等有关机制，对违反项目申报实施、经费使用、评审评价等规定，违背科研诚信、科研伦理要求的，按程序进行核查处理并公开曝光。科技计划管理部门要修改完善科技计划项目管理办法，健全信用承诺制度和信用合同管理，运用综合信用评价，强化项目科研诚信审核。

4. 省科协要大力弘扬科学家精神，开展科学道德、作风、学风建设的宣讲教育。各类学会、协会、研究会等社会团体要强化自我管理，将科研诚信作为会员人会及日常教育内容，承接科研诚信建设情况动态监测和第三方评估服务，对重大科研诚信事件进行监测和分析。

二、强化科研道德准则和行为规范意识

5. 科研项目承担单位要树立“红线意识”，不得有以下行为：（1）骗取科技活动承担或参与资格和财政性资金；（2）弄虚作假，伪造或提供虚假材料；（3）拒不履行合同（任务书、协议书等）约定，将科研任务转包、分包他人，随意降低目标任务和约定要求；（4）截留、挤占、挪用、转移科研经费；（5）违反合同约定的保密规定，泄露与研究内容相关的技术、商业秘密，违反科研伦理规范；（6）隐瞒、迁就、包庇、纵容科研违规行为；（7）其他违规失信行为。

6. 科研人员要坚守诚信底线，恪守科学研究行为准则和规范，不得有以下行为：（1）抄袭、剽窃、侵占他人研究成果；（2）编造研究过程，伪造、篡改研究数据、图表、结论，购买、代写论文或项目申请书，虚构同行评议专家及评议意见；（3）以提供虚假信息等弄虚作假的方式或采取贿赂、利益交换等不正当手段获取科技计划项目、科研经费、奖励、职务职称等；（4）违反人类生命健康、实验动物保护等科研伦理规范；（5）违反研究成果署名、论文发表等规范要求；（6）其他违规失信行为。

7. 评审专家、咨询专家、评估人员、经费审计人员等要独立、客观、公正开展评审评估工作，不得有以下行为：（1）与相关单位或人员恶意串通；（2）擅自泄露或使用评估评审对象的技术秘密、评审资料；（3）泄露评估评审结果、专家意见和相关的保密信息；（4）利用评审专家身份为单位或个人谋取不正当利益；（5）其他违规失信行为。

三、构建科研违规和失信行为调查处理机制

8. 对违反科研诚信的行为可向被举报人所在单位，被举报人单位的上级主管部门，科研项目、科技奖励、科技人才计划等的管理部门或机构进行举报。举报应有明确的举报对象和违规事实，有客观的证据材料或查证线索。

9. 调查处理责任单位依法对科研诚信案件调查处理。被调查人是自然人的，由其被举报时的工作单位负责受理；被调查人担任单位主要负责人或被举报对象是单位的，由该单位的上级主管部门负责受理。财政资金资助的科研项目或科技奖励、科技人才申报中的科研失信行为，由其管理部门或机构按照“谁主管、谁调查，谁委托、谁调查”的原则进行调查处理。已发表论文存在科研失信行为的，由其通讯作者或第一作者所在单位负责牵头调查处理。

10. 调查处理责任单位对案件调查采取诚信调查和学术评议相结合的方法。诚信调查由调查责任单位的专门机构负责，对案件涉及的事实情况进行调查；学术评议由调查责任单位委托本单位学术委员会或根据需要成立专家组，对案件的学术问题进行审查评议，专家组应当不少于 5 人，由相关领域的科技专家、管理专家、科研道德伦理专家等组成。调查中需要与被调查人、证人等谈话的，参与调查人员不得少于 2 人，谈话内容应当书面记录，并经谈话人和谈话对象签字确认。

11. 调查处理责任单位完成调查后，要形成调查报告。报告内容应包括举报内容说明、调查过程、查实的基本情况、违规事实认定与依据、调查结论、有关人员的责任、被调查人的确认情况及处理意见或建议等。

调查报告经调查处理责任单位审议通过后，形成处理决定书。处理决定书应包括责任人的基本情况（身份证件号码、社会信用代码等）、违规事实情况、处理决定和依据、救济途径和期限及其他应当载明的内容。

处理决定书要书面送达被调查人，告知实名举报人，报送相关管理部门。对社会舆论广泛关注的科研诚信案件，要及时向社会发布调查处理结果。

12. 调查处理责任单位要根据调查具体情况及情节轻重，提出以下处理意见：科研诚信诫勉谈话；取消项目立项资格，撤销已获资助项目或终止项目合同，追回科研项目经费；撤销获得的奖励、荣誉称号，追回奖金；依法开除学籍，撤销学位、教师资格，收回医师执业证书等；一定期限直至终身取消晋升职务职称、申报财政科研项目、担任评审评估咨询专家、被提名为院士候选人等资格；依法依规解除劳动合同、聘用合同；终身禁止在政府举办的学校、医院、科研机构等从事教学、科研工作等处罚，并记入科研诚信严重失信行为数据库或列入观察名单。严重违背科研诚信责任人属于公职人员的，依法依规给予处分；属于党员的，依纪依规给予处分。涉嫌诈骗、贪污科研经费等违法犯罪行为的，依法移交监察、司法机关处理。

对包庇、纵容甚至骗取各类财政资助项目或奖励的单位，视情节轻重，采取责令限期整改、警告、通报批评、约谈或惩戒主要负责人或法定代表人、暂停或终止相关科技活动和财政性资金拨款、追回已拨付财政性资金、记入科研诚信严重失信行为数据库等处理措施。

13. 相关部门对列入严重失信行为记录的责任人和责任单位，参照国家发展改革委等 41 部委《关于对科研领域相关失信责任主体实施联合惩戒的合作备忘录》有关规定，依规依法实施联合惩戒。

四、完善科研诚信建设激励和保障措施

14. 各级党委和政府要强化组织领导，把加强科研诚信和作风学风建设摆上重要日程，纳入社会信用体系建设总体部署，并提供必要的工作保障。各相关部门应当开展科研守信联合激励，将科研诚信状况作为行政许可、公共采购、评先创优等工作重要参考。对诚信典型实施“绿色通道”和“容缺受理”等便利服务措施；在计划申报、项目和人才推荐、专家遴选、承担政府购买服务等科技活动中，给予优先选择或支持。

15. 省科技厅、山东社科院要联合建立科研诚信数据库，建立科研诚信信息采集、记录、评价、应用等管理制度；运用信息技术手段，对科研管理进行全流程监测，实现信用数据可比对、过程可追溯、问题可监测。建立科研诚信建设情况督查和通报制度，对责任部门工作落实情况进行调度、通报、表扬。

16. 新闻媒体要大力宣传科学家精神，大力宣传科研诚信典范榜样，建立宣传报道科研进展和科技成就制度。充分发挥社会公众、新闻媒体等对科研诚信建设的监督作用。

中共山东省委办公厅
山东省人民政府办公厅
2019 年 8 月 20 日

（山东省科学技术厅政策法规与创新体系建设处）
责任编校：姜常梅

索　引

SUOYIN

关键词索引

说 明

1. 本索引采用关键词索引，以信息条目的标题、摘要或正文中出现的具有检索意义的词汇作为索引标目。

2. 本索引基本按汉语拼音音序排列，首字相同时，以第二字排序，以此类推。以数字开头的排在最前面。

3. 索引标目后面的数字表示内容所在页码，数字后面的字母 a、b 分别表示该页的左、右栏。

4. 特载、科技统计、大事记和附录栏目不列入索引范围。

0 ～ 9

A

B

C

D

E

F

G

H

J

K

L

M

N

P

Q

R

S

T

U

W

X

Y

Z

CONTENTS

Special Records

Management of Science and Technology

Science and Technology Development of Industry

Science and Technology Development in High-Tech Industrial Development Zones

Science and Technology Development in Universities

Science and Technology Development in Research Institutes

Science and Technology Development of Regions

Science and Technology Achievements and Awards

Science and Technology Statistics

Chronicle of Science and Technology

Appendix

Index